国家科学技术学术著作出版基金资助出版

科学专著：生命科学研究

药用植物的结构、发育与药用成分的关系

胡正海 主编

上海科学技术出版社

图书在版编目(CIP)数据

药用植物的结构、发育与药用成分的关系 / 胡正海主编. —上海：上海科学技术出版社，2014.10
（科学专著. 生命科学研究）
ISBN 978-7-5478-2215-9

Ⅰ.①药… Ⅱ.①胡… Ⅲ.①药用植物—研究 Ⅳ.①Q949.95

中国版本图书馆 CIP 数据核字(2014)第 086682 号

本书出版受"上海科技专著出版资金"资助

责任编辑　季英明　兰明娟　孙丽伟
装帧设计　戚永昌

药用植物的结构、发育与药用成分的关系
胡正海　主编

上海世纪出版股份有限公司
上海科学技术出版社　出版
（上海钦州南路 71 号　邮政编码 200235）
上海世纪出版股份有限公司发行中心发行
200001　上海福建中路 193 号　www.ewen.co
上海中华商务联合印刷有限公司印刷
开本 787×1092　1/16　印张 42　插页 14
字数 900 千字
2014 年 10 月第 1 版　2014 年 10 月第 1 次印刷
ISBN 978-7-5478-2215-9/Q·24
定价：220.00 元

本书如有缺页、错装或坏损等严重质量问题，
请向工厂联系调换

内 容 提 要

本书包括总论和专论两部分,总论部分概述药用植物结构的一般规律、药用植物主要药用成分,综述药用植物结构、发育及与主要药用成分的关系。专论部分以主编及其团队 30 多年的系统科研成果为主,分章介绍药用植物柴胡、牛膝、远志、芍药、秦艽、地黄、何首乌、甘草、薯蓣、枸杞、绞股蓝的研究概况,各器官的形态结构特点、药用部分的结构发育规律、主要药用成分的积累部位和在植物生长发育中的动态变化,以及不同原植物和不同生长环境对结构和药用成分的影响。

本书阐述的专业研究成果,既可用于指导药用植物的开发利用和提高其产量和质量,又可供从事中药学、植物学、农学和林学的教学、科研工作使用,也可供从事药材生产的科技人员及相关科技部门的人员参考使用。

主　编　**胡正海**

委　员　（以姓氏笔画为序）

　　　　王太霞　（河南师范大学）

　　　　刘世彪　（吉首大学）

　　　　李金亭　（河南师范大学）

　　　　郑国琦　（宁夏大学）

　　　　赵　猛　（山西师范大学）

　　　　曹玉芳　（青岛农业大学）

　　　　彭　励　（宁夏大学）

　　　　彭华胜　（安徽中医药大学）

　　　　蔡　霞　（西北大学）

　　　　廖海民　（贵州大学）

　　　　谭玲玲　（青岛农业大学）

　　　　滕红梅　（运城学院）

　　　　魏朔南　（西北大学）

《科学专著》系列丛书序

进入 21 世纪以来,中国的科学技术发展进入一个重要的跃升期。我们科学技术自主创新的源头,正是来自科学向未知领域推进的新发现,来自科学前沿探索的新成果。学术著作是研究成果的总结,它的价值也在于其原创性。

著书立说,乃是科学研究工作不可缺少的一个组成部分。著书立说,既是丰富人类知识宝库的需要,也是探索未知领域、开拓人类知识新疆界的需要。特别是在科学各门类的那些基本问题上,一部优秀的学术专著常常成为本学科或相关学科取得突破性进展的基石。

一个国家,一个地区,学术著作出版的水平是这个国家、这个地区科学研究水平的重要标志。科学研究具有系统性和长远性,继承性和连续性等特点,科学发现的取得需要好奇心和想象力,也需要有长期的、系统的研究成果的积累。因此,学术著作的出版也需要有长远的安排和持续的积累,来不得半点虚浮,更不能急功近利。

学术著作的出版,既是为了总结、积累,更是为了交流、传播。交流传播了,总结积累的效果和作用才能发挥出来。为了在中国传播科学而于 1915 年创办的《科学》杂志,在其自身发展的历程中,一直也在尽力促进中国学者的学术著作的出版。

几十年来,《科学》的编者和出版者,在不同的时期先后推出过好几套中国学者的科学专著。在 20 世纪三四十年代,出版有《科学丛书》;自 20 世纪 90 年代以来,又陆续推出《科学专著丛书》、《科学前沿丛书》、《科学前沿进展》等,形成了一个以刊物名字样科学为标识的学术专著系列。自 1995 年起,截至 2010 年"十一五"结束,在科学标识下,已出版了 25 部专著,其中有不少佳作,受到了科学界和出版界的欢迎和好评。

为了继续促进中国学者对前沿工作做有创见的系统总结,"十二五"期间,《科学》的编者和出版者决定对**科学**系列学术著作做新的延伸,将**科学**专著学术丛书扩展为三个系列品种,即《**科学**专著:前沿研究》、《**科学**专著:生命科学研究》、《**科学**专著:大科学工程》,继续为中国学者著书立说尽一份力。

随着中国科学研究向世界前列的挺进,我们相信,在**科学**系列的学术专著之中,一定会有更多中国学者推陈出新、标新立异的佳作问世,也一定会有传世的名著问世!

周光召

《科学》杂志编委会主编

2011 年 5 月

前　言

药用植物是指具有防治疾病和保健作用的植物,属于天然药物的主要组成部分,也是我国中药的主要来源。根据1958年、1966年及1983年三次全国中药资源普查,我国药用资源(包括植物、动物和矿物)共12 694种,其中药用植物11 202种,隶属383科2 313属,因此,我国药用植物资源十分丰富。

药用植物之所以能防病治病,其物质基础是植物体内含有相关的药用化学成分(生物活性成分)。这些药用化学成分通常是植物体内的次生代谢产物,储存在植物体的一定器官、组织和细胞内,并且在植物生长发育过程中其分布和含量发生动态变化,同时,自然或栽培环境的差异也影响其植物结构和药用成分的含量。为此,研究药用植物的结构、发育及其与药用化学成分的关系对探讨植物的次生代谢产物在体内的合成部位、运输途径和储存场所及在生长发育过程中积累动态的变化规律具有重要的理论意义。同时,可为植物药材的适时采挖、合理采收、保证药材的产量和质量提供科学依据,并可为药用植物的科学栽培、规范化种植、提高药材的产量和质量提供一定科学依据,具有重要生产实践意义。

药用植物的应用与研究在我国已有2 000多年历史,并都以"本草"方式总结和记载当时的药物应用知识,公元1世纪编著的首部《神农本草经》中收载药物365种,其中植物药237种。至1848年先后编写了主要本草类著作约22种,其中李时珍(1596)的《本草纲目》收载的1 892种药物中,药用植物有1 100余种,以上本草类书籍记载的主要内容是药用植物的形态、产地和医疗用途。新中国成立后,国家对中医药的发展十分重视。在药用植物研究方面,研究并总结出版了大量专著,如《中国药用植物志》(1955～1985),收载药用植物600余种;《中药志》(修订版,1982～1994),收载植物药637种,涉及药用植物2 100余种;《常用中药材品种整理和质量研究》(南方编,1994～1997)《常用中药材品种整理和质量研究》(北方编,1995～2003)。这些专著反映了我国学者多年来运用现代植物学、植物化学和药理学等领

前言

域的知识和实验技术研究中药(包括药用植物)的成果,对中药学的发展和提高做出重要贡献。在以往对药用植物的研究工作中,存在各学科分工明确,各自为政,协作渗透不足等现象。药用植物各有其形态结构特征,不仅是植物药材的重要鉴别性状,而且与其药用成分的积累相关。同时,不同植物的生长年限不同,在其生长发育过程中,植物体内的药用成分(多数为次生代谢产物)产生动态变化,而且各药用成分在植物体内都有其合成部位、转运途径和贮存场所。以上规律的研究和阐明具有理论和实践意义,需要多学科的知识和技术互相结合。

基于以上认识,笔者从20世纪70年代末开始,以中国西部地区的重要药用植物为研究对象,研究其药用部分的结构及其发生发育规律。在5项国家自然科学基金和6项陕西省科研基金资助下,应用植物解剖学、组织和细胞化学、植物生理学和植物化学的知识和技术相结合,较系统地研究药用植物的结构及其发育规律,以及与主要药用成分积累的关系,先后总结发表学术论文149篇,获陕西省高等学校科学技术一等奖1项,陕西省科学技术进步奖二等奖1项、三等奖3项,陕西省自然科学优秀学术论文奖一等奖4项、二等奖2项。本书是在上述科研成果的基础上,吸收国内外其他学者的相关研究成果,由胡正海教授主持撰写并改编、统稿,赵猛协助整理。各章的编写人员分工为:第1章胡正海,第2章蔡霞、谭玲玲,第3章李金亭,第4章滕红梅,第5章彭华胜,第6章魏朔南,第7章王太霞,第8章廖海民,第9章彭励,第10章曹玉芳,第11章郑国琦,第12章刘世彪。本书是笔者及其研究团队长期研究工作积累的成果。

本书有以下特点:应用多学科交叉的手段研究和阐述药用植物的结构、发育规律,以及与其药用成分积累的关系研究成果的总结;所研究的药用植物多数为我国的传统中药,还包括制药的原料植物,其研究结果既可为提高药用植物的产量和质量提供科学依据,还可为研究其次生代谢产物的生物合成提供基础资料;补充了以往药用植物研究中对其植物学研究和化学成分研究之间有机联系上的不足,构建具有理论和实践意义的将植物结构、发育与药用成分的积累有机联系的药用植物研究思路,其研究结果可供植物学和中药学教学、科研工作共同参考。

　　本书所依托的科研工作得到国家自然科学基金委员会和陕西省多项基金资助,本书在编写中得到上海科学技术出版社编辑们的支持,在此一并表示诚挚的谢意。由于笔者水平有限,书中存在不足和错漏之处,请读者和同行专家提出宝贵意见。

　　在本书编纂过程中,得到了我爱人吴韵梅主任药师的鼓励和帮助,谨以此书永志纪念。

胡正海

2014 年 2 月

目 录

第1章　总论 1
　§1.1　药用植物结构的一般规律 1
　　1.1.1　根类药材 2
　　1.1.2　根茎类药材 4
　　1.1.3　茎木类药材 6
　　1.1.4　皮类药材 7
　　1.1.5　叶类药材 9
　　1.1.6　花类药材 11
　　1.1.7　果实和种子类药材 16
　§1.2　药用植物的药用成分概述 22
　　1.2.1　生物碱类 23
　　1.2.2　黄酮类化合物 32
　　1.2.3　萜类和挥发油 36
　　1.2.4　醌类化合物 43
　　1.2.5　甾体及苷类 45
　§1.3　药用植物的结构与其药用成分的关系 48
　参考文献 57

第2章　柴胡 59
　§2.1　柴胡的研究概况 59
　　2.1.1　本草考证 59
　　2.1.2　生物学特性 61
　　2.1.3　化学成分及药理作用 66
　　2.1.4　资源状况 70
　　2.1.5　栽培技术和采收加工 73
　§2.2　柴胡各器官的结构发育规律 74
　　2.2.1　柴胡各营养器官的结构发育规律 74
　　2.2.2　狭叶柴胡各营养器官的结构发育规律 84
　　2.2.3　柴胡的胚胎学研究 92
　　2.2.4　狭叶柴胡的胚胎学研究 100
　§2.3　柴胡皂苷在各器官的分布状况 105
　§2.4　黄酮类化合物在各器官的组织化学定位 108
　§2.5　柴胡皂苷在各器官的含量变化 111
　　2.5.1　不同生长年限、不同器官中柴胡总皂苷含量的比较 111
　　2.5.2　不同生长年限根中柴胡总皂苷及柴胡皂苷a含量的变化 112
　　2.5.3　不同生长发育时期根中柴胡总皂苷及柴胡皂苷a含量的动态变化 112
　　2.5.4　根的不同部位中柴胡总皂苷及柴胡皂苷a含量的比较 113
　§2.6　黄酮类化合物在各器官的含量变化 114

目录

2.6.1 不同年限、不同器官中黄酮类化合物含量的比较 …………………… 114
2.6.2 不同生长发育期茎、叶中黄酮类化合物含量的动态变化 …………… 114
§2.7 不同产地柴胡药用化学成分含量的比较 …………………………………… 116
2.7.1 不同产地柴胡药材中柴胡总皂苷和柴胡皂苷 a 含量的比较 ………… 116
2.7.2 不同产地狭叶柴胡药材中柴胡皂苷和柴胡皂苷 a 含量的比较 ……… 117
§2.8 讨论 …………………………………………………………………………… 118
2.8.1 两种柴胡根和茎的结构发育特点 ……………………………………… 118
2.8.2 两种柴胡分泌道的结构特点及在各器官的分布 ……………………… 119
2.8.3 两种柴胡孢子发育及胚和胚乳发育特点 ……………………………… 120
2.8.4 两种柴胡营养器官中主要药用成分的分布规律及其生物学意义 …… 122
2.8.5 两种柴胡各器官中主要药用成分含量的变化规律及其应用 ………… 123
参考文献 …………………………………………………………………………… 126

第3章 牛膝 ……………………………………………………………………… 133
§3.1 牛膝的研究概况 ……………………………………………………………… 133
3.1.1 原植物及本草考证 ……………………………………………………… 133
3.1.2 生物学特性 ……………………………………………………………… 135
3.1.3 化学成分 ………………………………………………………………… 139
3.1.4 药理作用 ………………………………………………………………… 142
3.1.5 栽培技术和采收 ………………………………………………………… 145
§3.2 牛膝形态结构特征 …………………………………………………………… 147
3.2.1 叶的形态结构 …………………………………………………………… 147
3.2.2 茎的形态结构 …………………………………………………………… 149
3.2.3 根的形态结构 …………………………………………………………… 150
3.2.4 花和果实的形态结构 …………………………………………………… 151
§3.3 牛膝营养器官的发育解剖学研究 …………………………………………… 158
3.3.1 根的发育解剖学研究 …………………………………………………… 158
3.3.2 茎的发育解剖学研究 …………………………………………………… 164
3.3.3 叶的发育解剖学研究 …………………………………………………… 170
§3.4 三萜皂苷在牛膝中的组织化学定位 ………………………………………… 172
§3.5 三萜皂苷在牛膝生长发育过程中的积累动态 ……………………………… 173
3.5.1 齐墩果酸的高效液相色谱图 …………………………………………… 173
3.5.2 春播牛膝根中三萜皂苷含量的动态变化 ……………………………… 174
3.5.3 夏播牛膝不同发育阶段各器官中齐墩果酸含量的动态变化 ………… 175
§3.6 蜕皮甾酮在牛膝生长发育过程中的积累动态 ……………………………… 177
3.6.1 蜕皮甾酮的高效液相色谱图 …………………………………………… 177
3.6.2 夏播牛膝不同发育时期各器官中蜕皮甾酮的积累动态 ……………… 178
§3.7 道地与非道地产区牛膝的主要差异及影响其形成的主要因子 …………… 179
3.7.1 品种及栽培技术 ………………………………………………………… 179
3.7.2 不同产地牛膝药材特征的比较 ………………………………………… 180
3.7.3 不同产地的主要生态因子 ……………………………………………… 182
3.7.4 药材与其环境因子的相关性分析 ……………………………………… 183

§3.8 讨论 ··· 185
　　3.8.1 牛膝根的发育解剖特点 ··· 185
　　3.8.2 牛膝茎的发育解剖特点 ··· 186
　　3.8.3 牛膝叶的发育解剖特点 ··· 187
　　3.8.4 牛膝营养器官结构与三萜皂苷积累的关系 ··· 188
　　3.8.5 牛膝生长发育过程中三萜皂苷的积累动态及其实践意义 ······················· 188
　　3.8.6 牛膝生长发育过程中蜕皮甾酮的积累动态及其实践意义 ······················· 190
　　3.8.7 牛膝药材质量与环境因子的相关性及其道地性形成的可能机制 ············ 191
参考文献 ··· 193

第4章 远志 ·· 200
§4.1 远志的研究概况 ··· 200
　　4.1.1 原植物及本草考证 ·· 200
　　4.1.2 生物学特性 ·· 201
　　4.1.3 化学成分 ··· 204
　　4.1.4 药理作用 ··· 206
　　4.1.5 栽培和采收加工技术研究 ·· 208
　　4.1.6 资源状况及药材质量评价的研究 ·· 211
§4.2 两种远志的形态结构特征 ·· 214
　　4.2.1 细叶远志的形态结构特征 ·· 214
　　4.2.2 卵叶远志的形态结构特征 ·· 221
§4.3 细叶远志营养器官的结构发育规律 ·· 226
　　4.3.1 根的发育解剖 ··· 226
　　4.3.2 茎叶的发育解剖 ··· 232
§4.4 细叶远志各器官中主要药用成分的组织化学定位 ····································· 235
　　4.4.1 三萜皂苷的组织化学定位 ·· 236
　　4.4.2 䒥酮在各器官的分布状况 ·· 237
　　4.4.3 脂肪油在根中的定位 ··· 237
　　4.4.4 多糖在根中的定位 ·· 238
§4.5 细叶远志营养器官中总皂苷和远志皂苷元的动态变化 ······························ 238
　　4.5.1 营养器官中远志总皂苷的含量比较和动态变化 ···································· 238
　　4.5.2 根中皂苷积累部位的确定 ·· 239
　　4.5.3 不同生长年限及不同发育时期的根中远志皂苷元的积累动态 ··············· 241
§4.6 卵叶远志各器官中主要药用成分的组织化学定位及远志皂苷元含量的
　　　动态变化 ·· 242
　　4.6.1 营养器官中主要药用成分的组织化学定位 ·· 243
　　4.6.2 营养器官中远志皂苷元含量的动态变化 ··· 245
§4.7 细叶远志和卵叶远志根的比较 ·· 246
　　4.7.1 根的形态及性状比较 ··· 246
　　4.7.2 根的内部结构和皂苷的积累储存部位比较 ·· 247
　　4.7.3 根中远志皂苷元的百分含量和产量比较 ··· 248
§4.8 主产区不同产地细叶远志药材的比较 ··· 249

4.8.1　细叶远志栽培情况 ·· 250
　　4.8.2　主产区不同产地细叶远志的比较 ·· 250
　　4.8.3　细叶远志不同产地的主要环境因子特点及其与主要药用成分的相关性
　　　　　 ··· 252
§4.9　讨论 ··· 254
　　4.9.1　两种远志营养器官和花器官的结构及发育特点 ························· 254
　　4.9.2　两种远志营养器官的结构与主要药用成分积累的关系 ··············· 256
　　4.9.3　两种远志根的比较及其实践意义 ·· 259
　　4.9.4　主产区不同产地远志药材比较及其主要环境因子特征分析 ········ 260
参考文献 ··· 261

第5章　白芍 ·· 268

§5.1　白芍的研究概况 ·· 268
　　5.1.1　原植物 ·· 268
　　5.1.2　本草考证 ··· 269
　　5.1.3　生物学特性 ·· 271
　　5.1.4　化学成分及药理作用 ··· 274
　　5.1.5　资源状况及道地药材 ··· 275
§5.2　芍药各器官的形态结构特征 ·· 277
　　5.2.1　根的形态结构 ··· 277
　　5.2.2　茎的形态结构 ··· 278
　　5.2.3　叶的形态结构 ··· 278
　　5.2.4　花的形态结构 ··· 280
　　5.2.5　果实的形态结构 ·· 280
§5.3　芍药药用部位的结构发育规律 ··· 281
　　5.3.1　根的初生结构 ··· 281
　　5.3.2　根的次生结构 ··· 282
　　5.3.3　四大产区白芍根中生长轮与生长年限的关系 ···························· 283
　　5.3.4　不同年限芍药根的韧皮部与木质部面积的变化 ························· 286
§5.4　芍药苷类化合物在芍药根中的组织化学定位 ··································· 287
　　5.4.1　芍药根中芍药苷类化合物的组织化学定位 ······························· 287
　　5.4.2　芍药茎中芍药苷类化合物的组织化学定位 ······························· 288
§5.5　主要药用成分在芍药药用部位的发育中的动态变化 ························· 288
　　5.5.1　芍药苷在根的发育中的动态变化 ·· 288
　　5.5.2　生长年限与不同品种对芍药苷含量积累的影响 ························ 290
§5.6　讨论 ··· 291
　　5.6.1　白芍来源 ··· 291
　　5.6.2　药用芍药与观赏芍药种质差异 ·· 292
　　5.6.3　芍药根中生长轮与栽培年限的关系 ··· 292
　　5.6.4　不同产地不同年限芍药中芍药苷的积累动态及其原因分析 ········ 293
　　5.6.5　芍药根的结构、发育与芍药苷关系对生产实践的指导意义 ········ 293
参考文献 ··· 294

第6章 秦艽 ··· 298
　§6.1 秦艽的研究概况 ··· 298
　　6.1.1 本草考证 ··· 298
　　6.1.2 原植物的生物学特性 ·· 300
　　6.1.3 主要化学成分及药理研究 ····································· 301
　　6.1.4 资源分布 ··· 303
　　6.1.5 药材质量评价 ··· 305
　　6.1.6 栽培 ··· 307
　§6.2 秦艽的形态结构特征 ·· 310
　　6.2.1 根的形态结构 ··· 311
　　6.2.2 花茎的形态结构 ·· 312
　　6.2.3 叶的形态结构 ··· 312
　　6.2.4 花的形态结构 ··· 313
　§6.3 秦艽根的发育解剖 ·· 313
　　6.3.1 根尖及其组织分化 ··· 313
　　6.3.2 初生生长和初生结构 ·· 314
　　6.3.3 次生生长和次生结构 ·· 314
　　6.3.4 异常次生结构的发生和发育 ·································· 316
　§6.4 龙胆苦苷在秦艽根中的分布 ······································ 316
　　6.4.1 香草醛组织化学定位 ·· 317
　　6.4.2 氨水荧光反应定位 ··· 317
　§6.5 不同生长发育期和不同生境的秦艽根中龙胆苦苷积累动态 ··· 318
　　6.5.1 龙胆苦苷高效液相色谱分析 ·································· 318
　　6.5.2 不同结构及不同生长时期根中主要药用成分的积累动态 ··· 319
　　6.5.3 不同生长环境对根内龙胆苦苷积累的影响 ············· 320
　§6.6 秦艽药材四种原植物的比较研究 ······························· 321
　　6.6.1 原植物形态特征比较 ·· 322
　　6.6.2 根的结构特征比较 ··· 323
　　6.6.3 根中主要药用成分含量的比较 ······························ 325
　§6.7 秦艽原植物高效液相色谱指纹图谱的比较 ················· 326
　　6.7.1 秦艽高效液相色谱指纹图谱测定 ··························· 327
　　6.7.2 小秦艽高效液相色谱指纹图谱测定 ······················· 328
　　6.7.3 麻花艽高效液相色谱指纹图谱研究 ······················· 330
　　6.7.4 三种秦艽原植物相似度计算 ·································· 330
　§6.8 讨论 ··· 331
　　6.8.1 秦艽根的发育解剖学特点 ····································· 331
　　6.8.2 秦艽根的结构与药用成分积累的关系 ···················· 333
　　6.8.3 秦艽根中药用成分含量及变化动态 ······················· 334
　　6.8.4 土壤元素与秦艽中龙胆苦苷积累的相关性 ············· 335
　　6.8.5 气象因子与秦艽中龙胆苦苷积累的相关性 ············· 336
　　6.8.6 秦艽原植物龙胆苦苷积累的适宜环境因子 ············· 337
参考文献 ·· 338

第7章 地黄 ... 343

§7.1 地黄的研究概况 ... 343
- 7.1.1 原植物及本草考证 ... 344
- 7.1.2 化学成分及药理作用 ... 345
- 7.1.3 资源状况 ... 349
- 7.1.4 道地性历史变迁 ... 350
- 7.1.5 栽培历史和现状 ... 350
- 7.1.6 形态解剖学研究 ... 351

§7.2 地黄块根的结构发育规律 ... 352
- 7.2.1 块根的形态发生 ... 352
- 7.2.2 块根的结构发育 ... 354

§7.3 地黄药用成分在营养器官中的分布状况 ... 358
- 7.3.1 块根中梓醇的组织化学定位 ... 358
- 7.3.2 块根中梓醇积累部位的超微结构 ... 358

§7.4 地黄生长发育过程中梓醇的积累动态 ... 360
- 7.4.1 怀地黄不同营养器官中梓醇的定性测定 ... 360
- 7.4.2 不同发育阶段的块根中梓醇含量的测定结果 ... 361
- 7.4.3 不同发育阶段的叶和茎中梓醇含量的测定结果 ... 361
- 7.4.4 怀地黄块根不同组织中梓醇含量的测定结果 ... 361

§7.5 不同产地地黄药材比较 ... 362
- 7.5.1 不同产地的主要生态因子 ... 362
- 7.5.2 不同产地地黄块根形态结构比较 ... 363
- 7.5.3 不同产地地黄块根中梓醇含量比较 ... 365
- 7.5.4 不同产地主要生态因子与地黄块根中梓醇含量的相关性 ... 365

§7.6 讨论 ... 366
- 7.6.1 地黄药用部分的植物形态学本质 ... 366
- 7.6.2 地黄块根次生生长的特殊性 ... 367
- 7.6.3 地黄块根的发育与梓醇的积累关系 ... 367
- 7.6.4 地黄叶的发育与梓醇的积累关系 ... 368
- 7.6.5 怀地黄道地性形成的可能机制及环境因子与地黄质量的相关性 ... 368
- 7.6.6 怀地黄 GAP 制定和实施中应注意的问题 ... 371

参考文献 ... 371

第8章 何首乌 ... 379

§8.1 何首乌的研究概况 ... 379
- 8.1.1 何首乌的原植物及本草考证 ... 379
- 8.1.2 何首乌的生物学研究 ... 382
- 8.1.3 何首乌的化学成分 ... 383
- 8.1.4 何首乌的药理应用 ... 386
- 8.1.5 何首乌的栽培技术 ... 388

§8.2 何首乌幼苗的形态解剖 ... 389
- 8.2.1 幼苗形态 ... 389

　　　　8.2.2　幼苗的解剖结构 ……………………………………………………………… 391
　　　　8.2.3　过渡区的初生维管系统 ……………………………………………………… 394
　§8.3　何首乌成年植株的形态解剖 ………………………………………………………… 397
　　　　8.3.1　块根的结构与发育 …………………………………………………………… 397
　　　　8.3.2　叶的结构 ……………………………………………………………………… 401
　　　　8.3.3　茎的结构 ……………………………………………………………………… 401
　　　　8.3.4　花和果实的结构 ……………………………………………………………… 404
　§8.4　蒽醌类物质在何首乌营养器官内的组织化学定位 ………………………………… 404
　　　　8.4.1　块根的组织化学 ……………………………………………………………… 404
　　　　8.4.2　茎的组织化学 ………………………………………………………………… 404
　　　　8.4.3　叶的组织化学 ………………………………………………………………… 406
　§8.5　何首乌中蒽醌类物质含量的动态变化 ……………………………………………… 406
　　　　8.5.1　不同器官中蒽醌类物质的含量差异 ………………………………………… 406
　　　　8.5.2　不同年限和生长季节的块根中蒽醌类物质的含量变化 …………………… 407
　　　　8.5.3　块根不同部位中蒽醌类物质的含量变化 …………………………………… 407
　§8.6　何首乌中二苯乙烯苷含量的动态变化 ……………………………………………… 408
　　　　8.6.1　不同器官中二苯乙烯苷的含量差异 ………………………………………… 408
　　　　8.6.2　不同季节块根中二苯乙烯苷的含量变化 …………………………………… 409
　　　　8.6.3　块根不同部位中二苯乙烯苷的含量变化 …………………………………… 409
　　　　8.6.4　不同产地何首乌块根中二苯乙烯苷的含量差异 …………………………… 410
　§8.7　讨论 …………………………………………………………………………………… 411
　　　　8.7.1　何首乌幼苗的初生维管系统 ………………………………………………… 411
　　　　8.7.2　何首乌块根的增粗机制 ……………………………………………………… 412
　　　　8.7.3　何首乌主要药用成分含量的变化规律及其实践意义 ……………………… 413
参考文献 ………………………………………………………………………………………… 415

第9章　甘草 …………………………………………………………………………………… 419
　§9.1　甘草研究的概述 ……………………………………………………………………… 419
　　　　9.1.1　药用甘草的基源植物及其本草考证 ………………………………………… 419
　　　　9.1.2　甘草的分布与资源现状 ……………………………………………………… 421
　　　　9.1.3　甘草主要药用成分与药理作用研究 ………………………………………… 423
　　　　9.1.4　甘草药材质量评价与道地性研究 …………………………………………… 427
　§9.2　乌拉尔甘草的形态结构特征 ………………………………………………………… 430
　　　　9.2.1　形态特征 ……………………………………………………………………… 431
　　　　9.2.2　营养器官的结构特征 ………………………………………………………… 433
　§9.3　乌拉尔甘草根及根状茎的结构发育规律 …………………………………………… 440
　　　　9.3.1　根的结构发育规律 …………………………………………………………… 440
　　　　9.3.2　根状茎的结构发育规律 ……………………………………………………… 443
　§9.4　三萜皂苷在乌拉尔甘草中的组织化学定位 ………………………………………… 446
　　　　9.4.1　三萜皂苷在不同发育时期乌拉尔甘草根中的组织化学定位 ……………… 446
　　　　9.4.2　三萜皂苷在不同发育时期乌拉尔甘草根状茎中的组织化学定位 ………… 447
　§9.5　甘草酸在乌拉尔甘草中的免疫组织化学定位 ……………………………………… 448

§9.6 乌拉尔甘草主要药用成分在营养器官中的积累动态变化 …………………… 449
 9.6.1 甘草酸、甘草苷及甘草总黄酮在乌拉尔甘草营养器官中的积累动态…… 449
 9.6.2 不同生长发育期根及根状茎中甘草酸、甘草苷和总黄酮含量变化………… 452
 9.6.3 不同产地甘草的根及根状茎中甘草酸及甘草苷含量比较 ……………… 453
§9.7 乌拉尔甘草腺毛的结构发育与黄酮类成分的组织化学定位 ……………… 454
 9.7.1 乌拉尔甘草腺毛的形态结构与发育过程 ………………………………… 454
 9.7.2 腺毛发育过程中黄酮类成分的组织化学定位 …………………………… 456
§9.8 讨论 ………………………………………………………………………… 458
 9.8.1 乌拉尔甘草的形态结构特征及与其耐旱性关系 ………………………… 458
 9.8.2 乌拉尔甘草根和根状茎的结构发育与甘草酸积累的关系 ……………… 459
 9.8.3 腺毛的结构与叶片中黄酮类物质的关系 ………………………………… 460
 9.8.4 甘草根和根状茎中主要药用成分积累变化规律与甘草规范化种植 …… 461
参考文献 …………………………………………………………………………… 462

第10章 薯蓣 ……………………………………………………………………… 469

§10.1 薯蓣的研究概况 …………………………………………………………… 470
 10.1.1 本草考证 ………………………………………………………………… 470
 10.1.2 分类学研究、生态分布与资源状况 …………………………………… 472
 10.1.3 形态解剖学和细胞学研究 ……………………………………………… 475
 10.1.4 组织培养的研究 ………………………………………………………… 477
 10.1.5 化学成分的研究 ………………………………………………………… 478
 10.1.6 薯蓣皂苷元的结构、分离和鉴定 ……………………………………… 481
 10.1.7 甾体皂苷元含量的测定与提取 ………………………………………… 482
 10.1.8 药理作用及医药开发 …………………………………………………… 483
 10.1.9 引种栽培研究 …………………………………………………………… 484
§10.2 盾叶薯蓣的形态结构 ……………………………………………………… 486
 10.2.1 盾叶薯蓣地上部分的形态结构 ………………………………………… 486
 10.2.2 盾叶薯蓣根状茎的形态结构 …………………………………………… 488
§10.3 盾叶薯蓣根状茎的结构发育规律 ………………………………………… 490
 10.3.1 根状茎生长点的结构 …………………………………………………… 490
 10.3.2 初生结构的分化 ………………………………………………………… 491
§10.4 薯蓣皂苷在盾叶薯蓣根状茎中的分布 …………………………………… 493
 10.4.1 薯蓣皂苷在根状茎顶端的积累与分布 ………………………………… 493
 10.4.2 薯蓣皂苷在一年生根状茎中的积累与分布 …………………………… 494
 10.4.3 薯蓣皂苷在二年生根状茎中的积累与分布 …………………………… 494
§10.5 盾叶薯蓣实生苗根状茎的形态发生及其薯蓣皂苷的积累 ……………… 495
 10.5.1 胚的结构 ………………………………………………………………… 495
 10.5.2 胚芽的分化及其实生苗根状茎的形成 ………………………………… 495
 10.5.3 实生苗根状茎初生结构的形成 ………………………………………… 499
 10.5.4 实生苗根状茎中薯蓣皂苷的积累 ……………………………………… 501
§10.6 盾叶薯蓣根状的超微结构及薯蓣皂苷的积累 …………………………… 501
 10.6.1 根状茎顶端分生组织的超微结构 ……………………………………… 501

10.6.2　根状茎中无维管束分布区域的超微结构 503
　　10.6.3　根状茎中有小维管束分布区域的超微结构 503
　　10.6.4　根状茎中有大维管束分布区域的超微结构 503
§10.7　盾叶薯蓣营养器官中薯蓣皂苷元含量的动态变化 504
　　10.7.1　测定薯蓣皂苷元含量的高效液相色谱图 504
　　10.7.2　种子繁殖的实生苗其根状茎中薯蓣皂苷元含量的测定 506
　　10.7.3　不同生长期营养繁殖的根状茎中薯蓣皂苷元含量的测定 507
§10.8　不同性别、不同品种的盾叶薯蓣根状茎中薯蓣皂苷元含量的差异 508
　　10.8.1　不同性别植株根状茎的不同部位中薯蓣皂苷元含量的差异 508
　　10.8.2　不同品种、不同性别植株根状茎中薯蓣皂苷元含量的差异 510
§10.9　讨论 512
　　10.9.1　盾叶薯蓣根状茎的形态学本质 512
　　10.9.2　关于盾叶薯蓣根状茎的形态发生 513
　　10.9.3　根状茎生长增粗的机制 513
　　10.9.4　根状茎的发育与薯蓣皂苷积累的关系 513
　　10.9.5　根状茎中不同部位的结构差异与薯蓣皂苷元含量的关系 515
　　10.9.6　不同生长期根状茎中薯蓣皂苷元含量的变化以及根状茎适宜采挖时期的确定 515
　　10.9.7　生产中栽培品种的选择 516
参考文献 516

第11章　宁夏枸杞 524
§11.1　宁夏枸杞的研究概况 524
　　11.1.1　原植物及本草考证 524
　　11.1.2　生物学特性研究 525
　　11.1.3　化学成分研究 528
　　11.1.4　资源状况、药材质量评价及道地性研究 531
§11.2　宁夏枸杞果实与种子的形态发育研究 532
　　11.2.1　花形态结构特征的观察 532
　　11.2.2　果实的形态发育 533
　　11.2.3　种子的形态发育 536
§11.3　宁夏枸杞的果实结构发育与果实内糖分运输和积累的研究 538
　　11.3.1　花各组成部分的结构及果实的结构发育 539
　　11.3.2　果实发育过程中淀粉代谢及质体超微结构研究 542
　　11.3.3　果实糖分的运输和积累与果实韧皮部超微结构关系的研究 544
　　11.3.4　果实多糖类物质的组织化学定位及枸杞多糖和总糖的动态变化 555
§11.4　不同产地、不同品种枸杞果实糖分积累及其与土壤环境因子相关性研究 558
　　11.4.1　不同产地土壤理化因子比较 558
　　11.4.2　不同品种(种)和产地枸杞果实糖分组成规律研究 559
　　11.4.3　果实糖分积累与土壤环境因子相关性研究 560
§11.5　灌水量对宁夏枸杞果实糖分积累的影响及其合理灌溉量的研究 561

目录

  11.5.1 合理灌溉量的研究 ……………………………………………………… 563
  11.5.2 不同灌水处理对果实糖分积累和产量的影响 ………………………… 572
 §11.6 讨论 ……………………………………………………………………………… 575
  11.6.1 果实和种子发育的相关性 …………………………………………… 575
  11.6.2 果实结构发育与果实内糖分的运输和积累的关系 ………………… 576
  11.6.3 不同产地、不同品种果实糖分积累与土壤环境因子的相关性 …… 579
  11.6.4 适宜灌溉量的确定及其对果实产量和主要品质的影响 …………… 581
 参考文献 ……………………………………………………………………………… 583

第 12 章 绞股蓝 ………………………………………………………………… 595
 §12.1 绞股蓝的研究概况 …………………………………………………………… 595
  12.1.1 原植物及其本草考证 ………………………………………………… 595
  12.1.2 生物学特性 …………………………………………………………… 599
  12.1.3 化学成分及药理作用 ………………………………………………… 605
  12.1.4 产品开发及应用 ……………………………………………………… 608
 §12.2 绞股蓝的形态结构特征 ……………………………………………………… 609
  12.2.1 根的形态结构 ………………………………………………………… 609
  12.2.2 茎的形态结构 ………………………………………………………… 610
  12.2.3 叶的形态结构 ………………………………………………………… 612
  12.2.4 生殖器官的形态结构 ………………………………………………… 614
 §12.3 绞股蓝药用部位的结构发育规律 …………………………………………… 617
  12.3.1 根的发育规律 ………………………………………………………… 617
  12.3.2 茎的发育规律 ………………………………………………………… 618
  12.3.3 叶的发育规律 ………………………………………………………… 619
 §12.4 绞股蓝皂苷在营养器官中的分布 …………………………………………… 619
  12.4.1 人参皂苷在根中的分布 ……………………………………………… 620
  12.4.2 人参皂苷在茎中的分布 ……………………………………………… 620
  12.4.3 人参皂苷在叶中的分布 ……………………………………………… 620
 §12.5 绞股蓝皂苷含量在营养器官中的动态变化 ………………………………… 621
  12.5.1 绞股蓝总皂苷含量在营养器官中的季节性变化 …………………… 621
  12.5.2 绞股蓝总皂苷含量在营养器官不同部位的差异 …………………… 623
  12.5.3 绞股蓝总皂苷含量在不同性别植株中的变化 ……………………… 624
  12.5.4 绞股蓝总皂苷含量在不同倍性染色体植物中的变化 ……………… 624
  12.5.5 绞股蓝总皂苷含量在不同外界条件下的变化 ……………………… 624
 §12.6 讨论 ……………………………………………………………………………… 631
  12.6.1 绞股蓝是具有根状茎的耐阴植物 …………………………………… 631
  12.6.2 绞股蓝皂苷在营养器官中的合成和积累部位 ……………………… 632
  12.6.3 绞股蓝皂苷含量的变化规律与科学采收 …………………………… 633
  12.6.4 光照设计对于绞股蓝栽培的指导意义 ……………………………… 635
 参考文献 ……………………………………………………………………………… 636

索引 …………………………………………………………………………………… 644

第 1 章 总 论

药用植物是指具有防治疾病和具有保健作用的植物。药用植物防病治病的物质基础是植物体内含有相关的药用化学成分(生物活性成分)。这些药用成分通常是植物体内的次生代谢产物,储存在植物体的一定器官、组织和细胞内,并且在植物的生长发育过程中含量发生动态变化。例如菊科植物蛔蒿(*Seriphidium cinum*)可治疗蛔虫等寄生虫病,其药用成分为山道年(santonin),主要储存在植物篮状花序总苞片的薄壁组织细胞内,其含量在未开放的花中最高,开花以后迅速降低。又如藤黄科植物金丝桃(*Hypericum* spp.)的主要药用成分金桃素(hypericin)和假金桃素(pseudohypericin)是由其叶和花内的分泌组织——分泌细胞团产生和储存,可治疗抑郁症等疾病。据吕洪飞和胡正海(2001)报道,我国产的金丝桃属植物有 8 组 55 种 8 亚种,其中仅 3 组(贯叶连翘组、遍地金组和毛金桃组)5 种植物的叶和花具分泌细胞团,含有金桃素类化合物,其他种植物体内无分泌细胞团,不含金桃素。因此,研究药用植物的结构、发育与其药用成分的关系对探讨植物次生代谢产物在植物体内的合成部位、运输途径和储存场所及在植物生长发育过程中积累动态的变化规律具有重要理论意义。同时,为植物药材的适时采挖、合理采收提供科学依据,为药用植物的科学栽培、规范化种植、提高药材的产量和质量提供科学依据,具有重要的生产实践意义。

药用植物种类繁多,药用化学成分多样。不同种类药用植物的形态结构、生长发育方式、药用化学成分积累的部位和动态变化规律的特点存在差异,同时它们之间也具有一定的共性。本章主要概述药用植物的结构,药用化学成分以及两者间相关性的共性内容,第 2~12 章分别介绍 11 种药用植物的结构、发育及与其主要药用成分积累的关系。

§1.1 药用植物结构的一般规律[1-7]

药用植物的种质资源十分丰富。我国先后在 1958 年、1966 年以及 1983 年组织了三次全国中药资源大规模普查。统计结果表明,我国药用资源(包括植物、动物和矿物)共 12 694 种。其中,药用植物 11 020 种,隶属于 383 科 2 313 属。不同种类药用植物的外部形态各异,生长环境不同,其内部结构也存在差异,但它们之间存在一些共性。通过长期防病治病的医药实践,总结出各种药用植物可供医药使用的药用部分通常也是该植物主要药用化学成分含量最高的器官或部分,包括根、根茎、茎木、皮、叶、花、果实、种子、树脂、全草等。现按药用植物的药用部分依次介绍其内部结构的一般规律。

1.1.1 根类药材

根类药材指其药用部分为根。根的外部形态通常呈圆柱形或长圆锥形,有的肥大呈块状。其上无节和节间,也无叶和芽。

根类药材的内部结构,通常指不同年生根的成熟结构。不同类群药用植物根的结构特点不同,双子叶植物根通常都为次生结构,由周皮和次生维管组织构成,其中央一般无髓。周皮由木栓层、木栓形成层和栓内层组成。木栓层和栓内层组成细胞的层数,在不同药用植物中存在差异。还有一些植物根不产生周皮,如龙胆,根的表皮始终存在;细辛、川乌根的表皮破毁后,由皮层的外层细胞壁木化行使保护作用。维管组织占根的大部分体积,由韧皮部、维管形成层和木质部组成,成熟的根中,初生韧皮部细胞已被挤毁,仅有次生韧皮部,其组成细胞除聚集成群的筛管和伴胞外,薄壁组织细胞通常占多数,有的还有韧皮纤维或石细胞。维管形成层呈环状,由多层细胞组成。次生木质部为木质部的主要部分,其组成细胞有导管、薄壁组织细胞和木纤维,导管常呈辐射状排列,薄壁组织细胞和木纤维的数量在不同植物存在差异,但初生木质部细胞仍保留在根中央。在维管组织中木质部的面积通常远大于韧皮部,但也有的相反,如远志。此外,在维管组织内具有呈辐射向分布的维管射线,将其他组织分隔开,如柴胡(图1-1)、马兜铃[1](图1-2)。

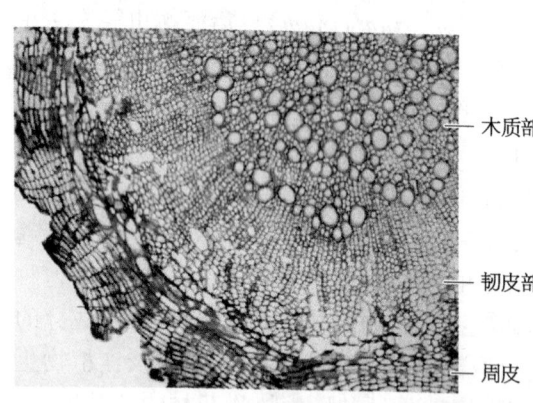

图1-1 柴胡根横切面

单子叶植物的根都是初生结构,由表皮、皮层和中柱组成。表皮细胞为一层,少数植物可平周分裂成多层,形成根皮,如麦冬、百部。皮层为多层薄壁组织细胞组成,占根体积的大部分,最内一层细胞称内皮层,其细胞壁上常具凯氏带。中柱由中柱鞘和维管束组成,中柱鞘为一层薄壁组织细胞,位于中柱外侧;维管束为辐射型,其数目在不同植物中不同,初生韧皮部和初生木质部相间排列,前者由筛管、伴胞和薄壁组织细胞组成,后者由导管、木纤维和薄壁组织细胞组成;有些植物根中央有薄壁组织的髓部,如百合[5](图1-3)、百部[1](图1-4)。

有些双子叶植物的根在生长发育过程中在产生上述正常次生结构后,继续产生一些异常结构(anomalous structure),也称三生构造。在药用植物根中通常有三类。① 同心环状排列的异常结构:一些植物根的初生和次生维管组织形成后,在其次生韧皮部的外沿的一些薄壁组织细胞恢复分裂能力,形成异常形成层,它们向外分裂产生韧皮部和结合组织,向内产生木质部和结合组织,从而在正常次生韧皮部外侧形成一圈被结合组织分

§1.1 药用植物结构的一般规律

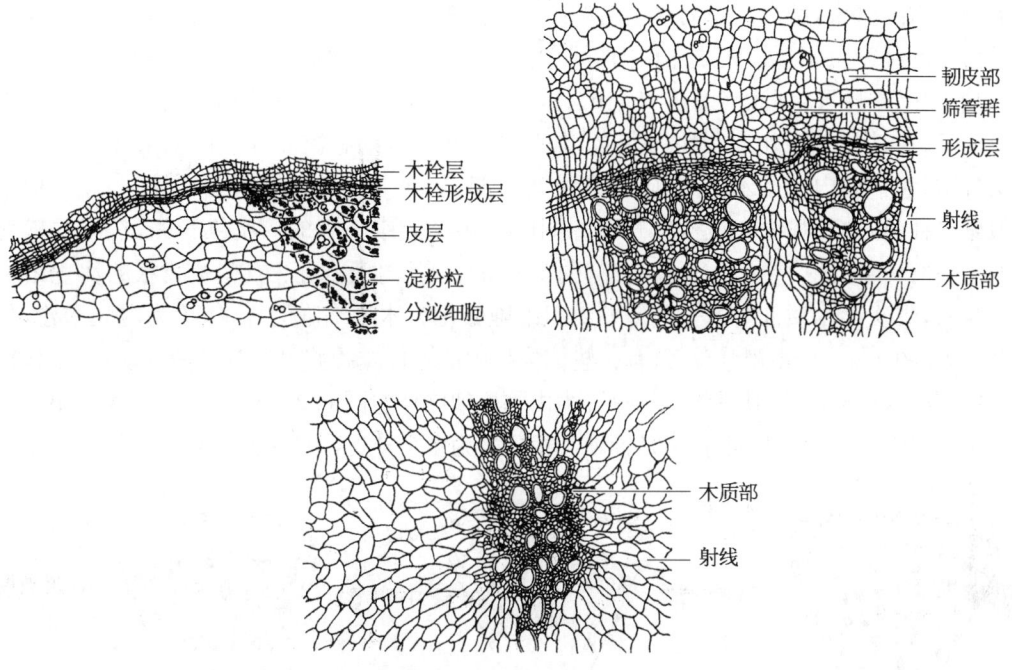

图1-2 马兜铃根的横切面[1]

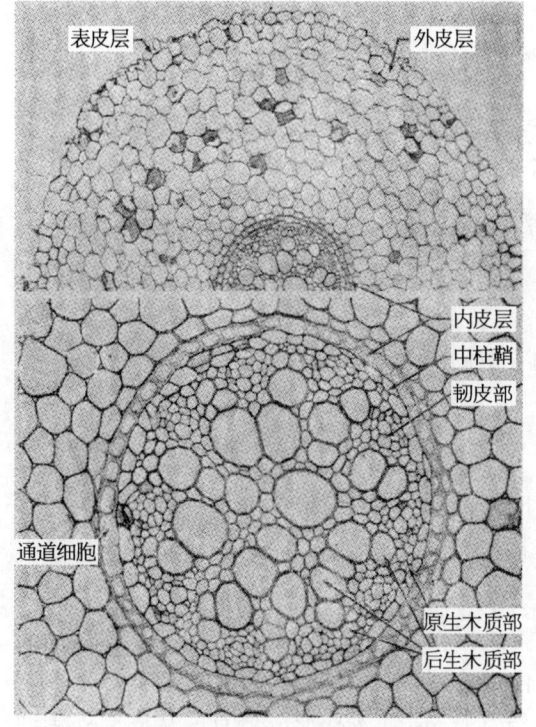

图1-3 百合根的横切面[5]

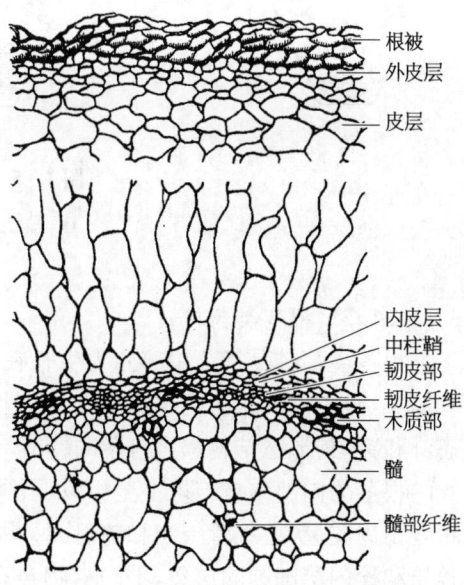

图1-4 直立百部（块根）横切面[1]

隔的异常维管束,结合组织为薄壁组织细胞,有些种为厚壁组织细胞,其维管束的组成分子与正常维管束相似。在成熟根内可形成多轮,其数目与物种相关,都呈同心环状排列,如川牛膝、牛膝及商陆[1](图1-5a、b、c)。② 附加维管柱:有些植物根的次生维管组织形成后,在其韧皮部外方,围绕韧皮纤维束的薄壁组织细胞恢复分裂能力形成异常形成层细胞,它们向内产生木质部,向外产生韧皮部,从而形成异常的周韧维管束,其结构类似维管柱,成熟的根内在正常维管柱的周围有多个大小不等的周韧维管束,在根的横切面上呈"云锦花纹"特征,如何首乌[1](图1-5d)。③ 内涵木栓:有些植物根的次生结构产生后,其次生木质部内的一些薄壁组织细胞分化为木栓细胞的环带,称为内涵木栓,如黄芩[1](图1-5e)、新疆紫草;还有一些植物根内的木间木栓将维管柱分隔成块,其中包括韧皮部和木质部,从而使其维管柱分隔为由木栓细胞环包围的2~5个束,在较老的根中由于束间组织的死亡裂开而分离,从而使其根分裂为多个分支,如甘松[1](图1-5f)、秦艽。

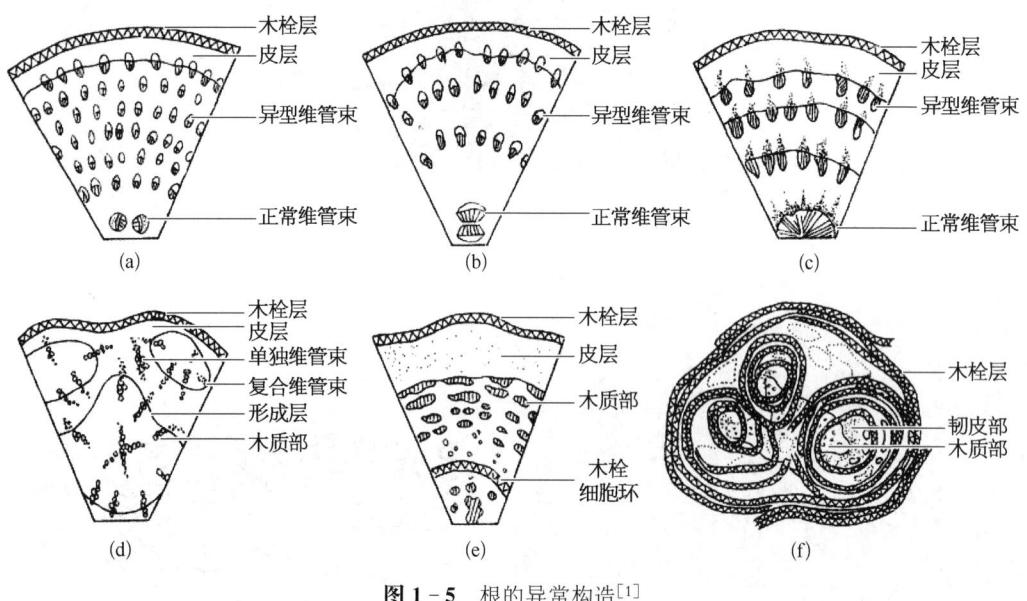

图1-5 根的异常构造[1]

(a) 川牛膝;(b) 牛膝;(c) 商陆;(d) 何首乌;(e) 黄芩;(f) 甘松

1.1.2 根茎类药材

根茎类药材是指药用部分为生长在地下的茎,属于变态茎,包括根状茎、块茎、球茎和鳞茎,其中以根状茎药材占多数。以上变态茎的形状不同,但都有节、鳞状或膜片状变态叶和芽,其形态结构都具有茎的特征。

根茎的内部结构与地上茎相似,不同植物类群根茎的成熟结构不同。双子叶植物的根茎由周皮、次生维管组织和髓组成。周皮由木栓层、木栓形成层和栓内层构成,其中木栓层和栓内层细胞的层数,不同植物存在差异。此外,其木栓形成层有的从皮层外侧细胞发生,从而其成熟结构内尚存在部分皮层细胞。维管组织中初生韧皮部细胞已挤毁,初生木质部细胞虽存在,但面积很小,主要为次生维管组织。次生维管组织排列成一圈,被宽大的髓射线分隔成束,次生韧皮部组成分子除筛管、伴胞外,薄壁组织丰富,有的含纤维束或在韧皮部外侧具石细胞,束内形成层明显。次生木质部由导管、木纤维和薄壁组织组成,后者在不同植物中的数量存在差异。髓部明显,有的中央具髓腔,如黄连(图1-6)、虎杖[1](图1-7)。

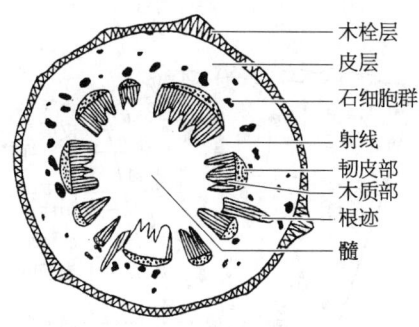

图1-6 黄连的根茎横切面[1]

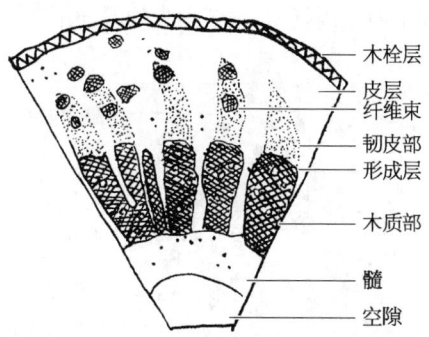

图1-7 虎杖的根茎横切面[1]

有些药用双子叶植物的根茎中也存在异常结构,常见的有两种。① 髓维管束:如大黄的根茎内除正常维管束外,其宽大的髓内有许多星点状异型维管束,由木质部包围韧皮部,并有星芒状射线[2](图1-8),红景天根内,也有髓维管束。② 木间木栓:如甘松的根茎内具有木间木栓,它们呈环状将维管柱的一部分韧皮部和木质部包围从而使维管柱被分隔成多束[1](图1-9)。

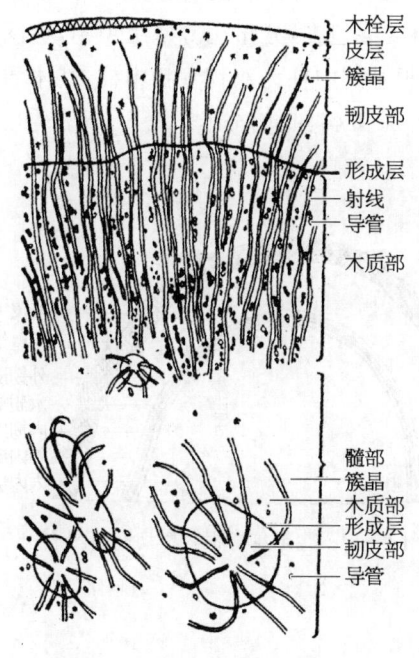

图1-8 大黄(根茎)横切面[2]

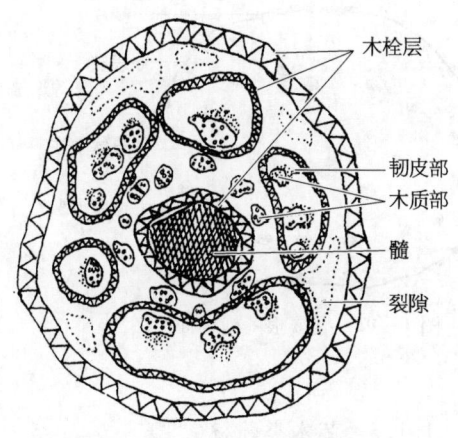

图1-9 甘松根状茎横切面[1]

单子叶植物根茎的结构都是初生结构,由表皮、皮层和中柱组成。表皮细胞一层,许多植物根茎的表皮始终存在,有些植物的表皮以后破毁,由皮层的外层细胞分化为木栓细胞行使保护功能,如姜、藜芦。皮层为薄壁组织,其厚度不一,薄壁组织中常散布叶迹维管束,都为外韧型,也有周木型或两者都有,如石菖蒲,有的还有纤维束。内皮层大多明显,具凯氏带,有的内皮层不明显,如知母。中柱内维管束多数,散生在薄壁组织内,其维管束多为外韧型,有的植物为周木型或周韧型,根茎中央的髓部不明显,如石菖蒲[1](图1-10)、干姜[2](图1-11)。

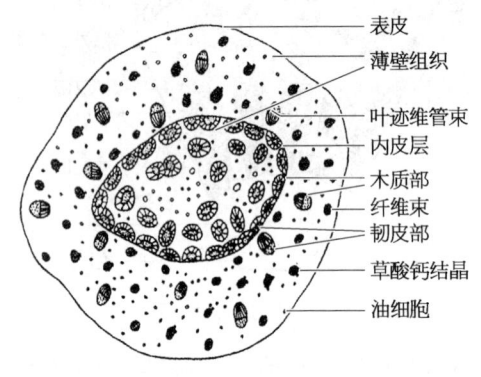

图1-10 石菖蒲根茎横切面[1]

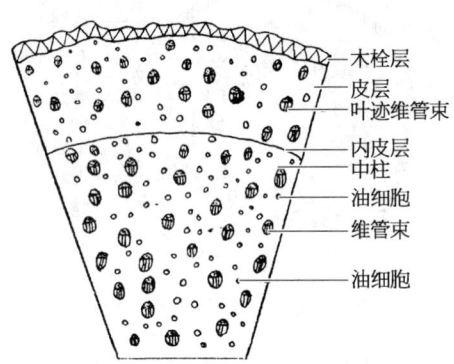

图1-11 干姜根茎横切面简图[2]

蕨类植物中,绵马贯众、狗脊等的药用部分为根茎,其根茎的内部结构由表皮、皮层和中柱组成。表皮细胞一层。皮层中紧邻表皮的数层细胞为厚壁组织细胞,称下皮层,其内为薄壁组织细胞。中柱的结构有多种类型,常见的为网状中柱,在其横切面上常见许多呈环状排列的周韧维管束,每个维管束都被内皮层包围,分布在薄壁组织中,称网状中柱(又称分体中柱),如槲蕨[2](图1-12)。有的根茎的中柱为双韧管状中柱,其木质部连成环状,其内外都有韧皮部和内皮层,中央为髓部薄壁组织,如金毛狗脊[2](图1-13)。蕨类植物维管组织中韧皮部具筛胞,无伴胞,木质部具管胞,无导管。

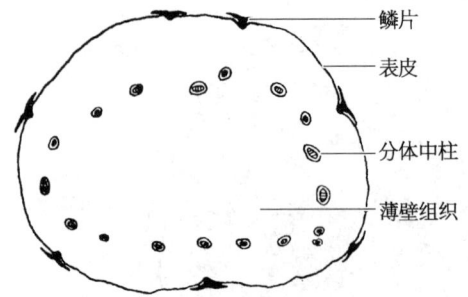

图1-12 槲蕨根茎横切面简图[2]

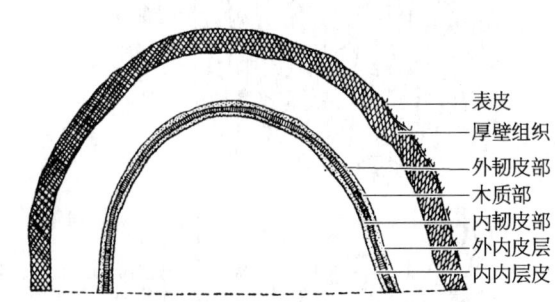

图1-13 金毛狗脊根茎横切面简图[2]

1.1.3 茎木类药材

茎类药材是指其药用部分为茎,多为双子叶植物。茎类药材包括多种类型:木本茎,如桑枝、桂枝和大血藤等；草本茎，如何首乌茎藤；茎的变态，如皂角茎刺；茎的木材（多为心材），如沉香、苏木。

茎的外形多数为圆柱形。其内部结构由表皮或周皮、皮层、维管柱和髓组成。草本茎的外方被一层表皮细胞包被，具角质层，有的具表皮毛；木本茎外方为周皮，由木栓层、木栓形成层和栓内层组成，表皮已破毁。草本茎的皮层明显，近邻表皮的几层细胞为厚壁组织，其内为薄壁组织，内皮层不明显；木本茎具周皮，若木栓形成层发生在皮层以内，皮层破毁消失，若发生在皮层中，周皮内尚可见部分皮层。维管柱由韧皮部、形成层和木质部组成，在草本茎中常由髓射线分隔成束，在木本茎中常连接成一圈。韧皮部由筛管、伴胞、薄壁组织细胞组成，草本茎韧皮部外侧常有初生韧皮纤维束，而木本茎的次生韧皮部内常有韧皮纤维束[4]；维管形成层由多层细胞组成；木质部由导管、木纤维、木薄壁组织细胞和木射线细胞组成，在粗大的木本茎次生木质部内由于维管形成层季节性活动所产生的导管直径的差异，可以看到年轮结构即生长轮，还可看到外侧具功能的木质部（边材）和中央无功能的木质部（心材）的结构[2,4]。其髓部由薄壁组织细胞组成，草本茎的髓大，木本茎的髓小，在髓的周围常有多层厚壁的小型细胞构成的髓鞘（图1-14至图1-17）。

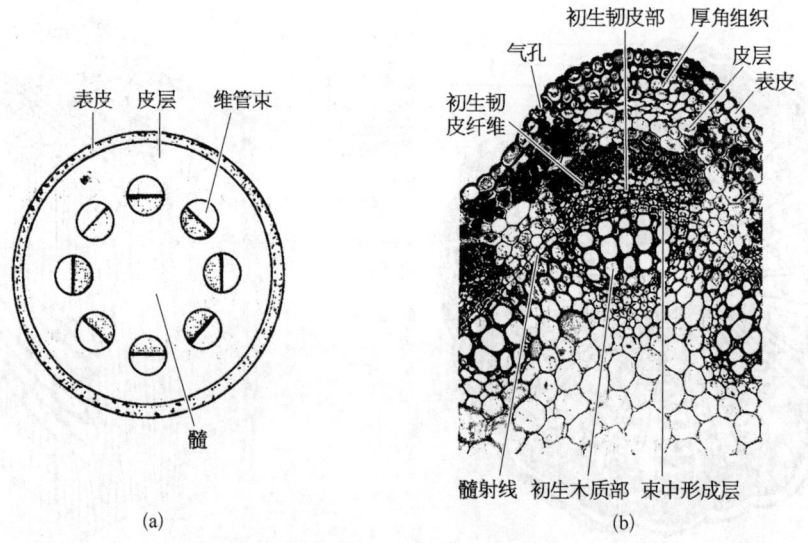

图1-14 茎的初生结构[4]
(a) 茎初生结构横切面轮廓图；(b) a图的局部放大图

1.1.4 皮类药材

皮类药材是指其药用部分是树皮，大部分为双子叶植物的茎干树皮，还有少数植物为根皮。

由于在药用前其皮部已剥离，故茎干树皮呈条状或板片状，而根皮则呈筒状、短片状，其外表面粗糙，而内表面较光滑。

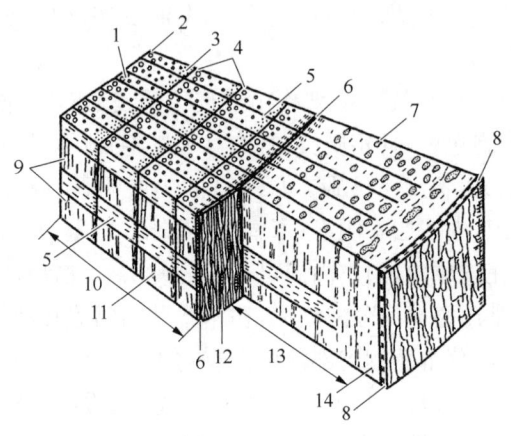

图 1-15　茎次生结构的基本特征[4]
1.横切面;2.早材;3.晚材;4.生长轮;5.射线;6.维管形成层;7.纤维;8.周皮;9.轴向系统;10.次生木质部;11.径向面;12.弦向面;13.次生韧皮部;14.皮层

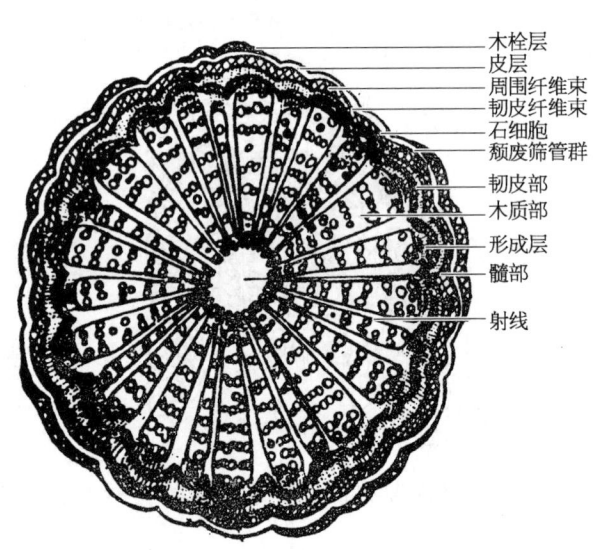

图 1-16　小木通茎横切面[2]

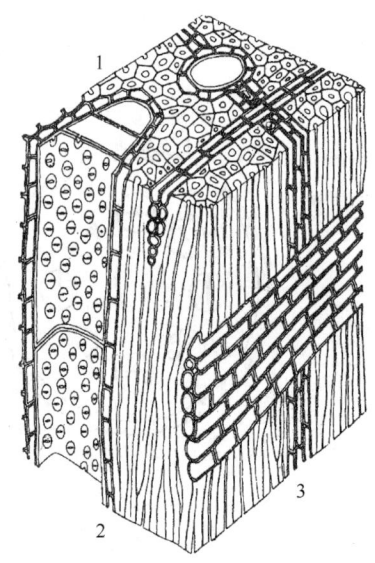

图 1-17　降香三切面详图[2]
1.横切面;2.切向纵切面;3.径向纵切面

　　皮类药材的内部结构由周皮、皮层和韧皮部组成。周皮由木栓层、木栓形成层和栓内层组成。其中,木栓层的细胞为厚壁的死细胞,其细胞层数、细胞壁的厚度和木栓化程度以及细胞内含物性质在不同种类植物的树皮中存在差异,如杜仲的木栓层细胞的内壁特厚,厚朴的最内一层木栓层细胞特厚。木栓形成层为薄壁、扁平、排列整齐的细胞。栓内层为几层生活薄壁组织细胞,从外向内呈径向整齐排列,细胞内有叶绿体,又称绿皮层,有的植物栓内层细胞发达,其内层细胞排列不整齐,形状不规则,与内侧的薄壁组织细胞难以区分,如远志。多年生茎干的树皮中,由于茎的直径不断增粗,往往在树皮外侧形成多层周皮构成的死树皮。

皮层的结构存在多种情况,1~2年生枝条的树皮通常由皮层外侧的薄壁组织细胞反分化成为木形成层形成周皮,故周皮以内仍有皮层结构,由薄壁组织组成,有的植物的皮层中还有纤维、石细胞[7](图1-17)。在多年生木本茎内,由于自外向内依次产生多层周皮,皮层已破毁消失,最内的周皮与次生韧皮部连接[2,7](图1-18至图1-20)。根的周皮的木栓形成层通常由中柱鞘薄壁组织细胞形成,为此根皮类药材仅由周皮和韧皮部构成(图1-21)。

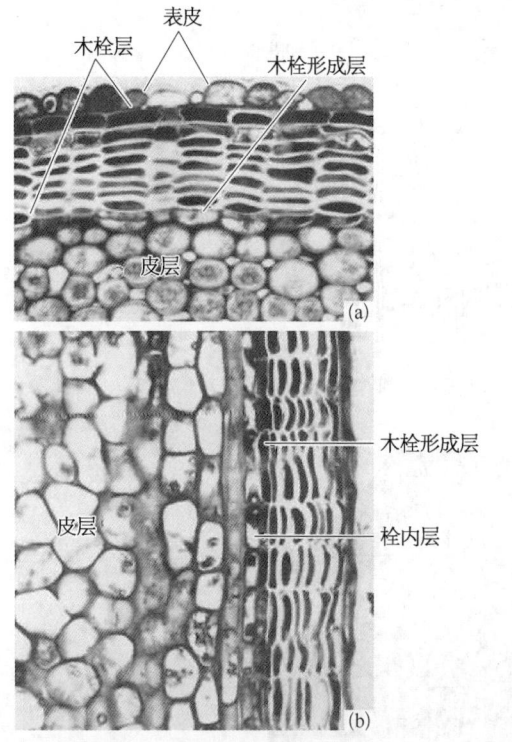
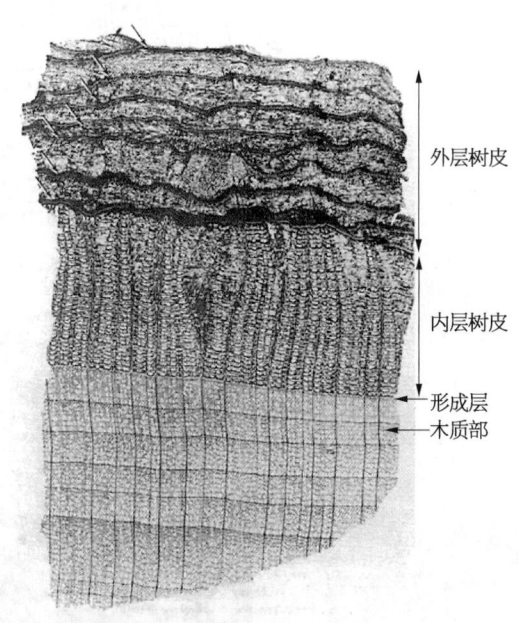

图1-18　周皮的纵(b)、横(a)切面[7]　　图1-19　木本茎的皮部横切面[7]

韧皮部主要为次生韧皮部,其结构特点在茎类药材中已介绍。

1.1.5　叶类药材

叶类药材一般指成熟的叶,多数为单叶,仅少数为复叶的小叶,如番泻叶。叶片都呈绿色、扁平片状,形状十分多样,不同种类植物的叶片形状不同,多数具叶柄。

叶片的形状多样,但其内部结构都由表皮、叶肉和叶脉组成。不同种类植物叶片的三部分结构特点存在差异。

表皮分为上、下表皮,多为一层细胞,仅少数植物为多层细胞,称复表皮,如夹竹桃。表皮细胞为生活细胞,横切面都呈长方形,表面观呈不规则状,外表面具角质层。细胞内通常不含叶绿体,有的含不同形状的碳酸钙结晶(称钟乳体),如桑、穿心莲。表皮上具气

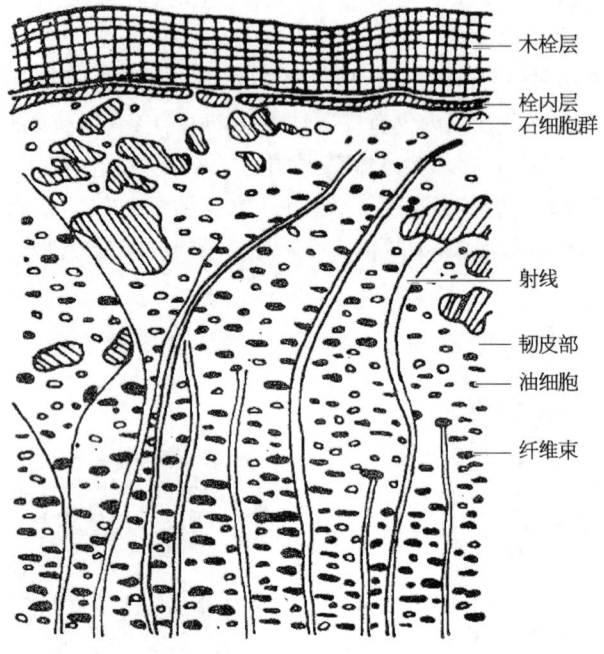

图1-20 厚朴(干皮)横切面简图

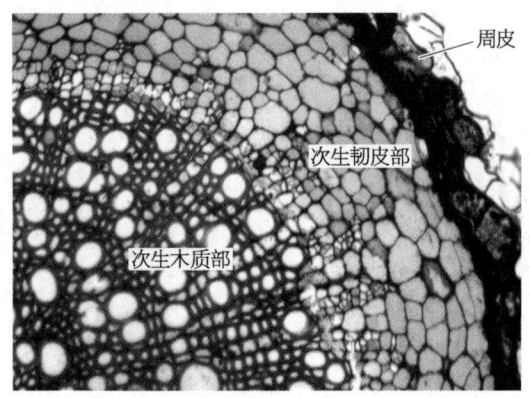

图1-21 远志根的皮部横切面

孔器,有的具腺毛或非腺毛,气孔器的类型和在上、下表皮上的分布和数量,腺毛和非腺毛的结构类型在不同植物中存在差异。

叶肉是指上、下表皮之间含有叶绿体的同化薄壁组织。在双子叶植物叶片中一般可分为栅栏组织和海绵组织两部分,具此类结构的称异面叶[6],如图1-22a;在单子叶植物叶片中一般仅由同形的同化薄壁组织细胞组成,称等面叶[6],如图1-22b。

栅栏组织是指上表皮内1至数列长柱形薄壁组织细胞,排列紧密,整体呈栅栏状,其细胞内有大量叶绿体。有的植物上、下表皮内都有栅栏组织,如桉树。主脉部分通常无栅栏组织,但有些植物的栅栏组织也通过主脉部分,如番泻叶[2](图1-23)。上、下表皮

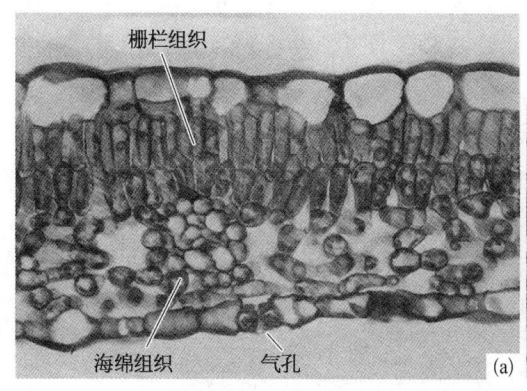
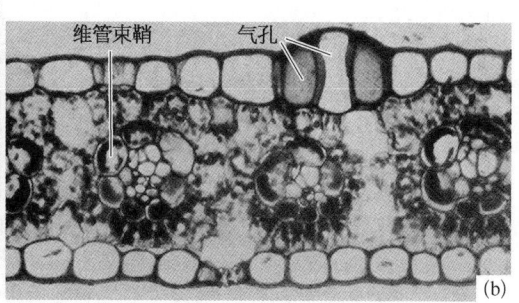

图1-22 异面叶(a)和等面叶(b)的横切面结构[6]

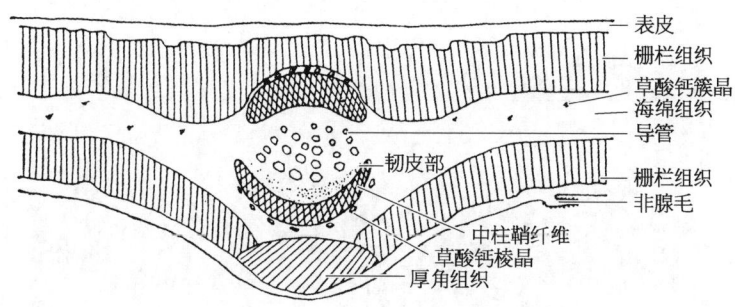

图1-23 番泻叶横切面[2]

内都有栅栏组织的叶片,也称等面叶。海绵组织是指下表皮内排列疏松、形状不规则的薄壁组织细胞,细胞内含少量叶绿体,海绵组织通常占叶肉的大部分,其细胞内常有草酸钙结晶,海绵组织中有的植物还有黏液细胞、油细胞及分泌腔等,小叶脉维管束也分布其中。

叶脉是指叶片中具有运输和支持功能的维管束及其相邻组织,包括主脉和各级侧脉。主脉(中脉)位于叶片中央,由外向内包括上、下表皮、厚角组织、薄壁组织,中央为维管束,其木质部位于上方、韧皮部位于下方,呈近半月形[2](图1-24),有的植物主脉维管束为多个,有些植物主脉部分也有栅栏组织分布。

1.1.6 花类药材

花类药材包括花序、完整的花或花的一部分,多数来源于双子叶植物。药材为花序的如菊花、款冬花;已经开放的花,如洋金花、红花;尚未开放的花蕾,如辛夷、槐米;花的一部分,如莲的雄蕊、藏红花的柱头等。

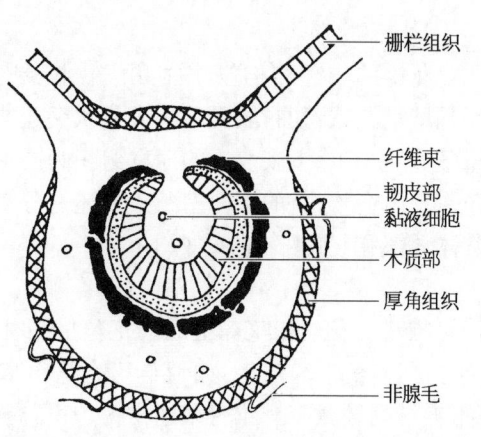

图1-24 枇杷叶横切面[2]

花的形态十分多样,不同类群植物的花各有其形态特点,是植物分类鉴定的性状特征。被子植物的完整花都由萼片、花瓣、雄蕊、雌蕊和花梗组成,它们的内部结构具有叶器官的共性。

萼片的基本结构类似叶片,由上、下表皮、薄壁组织和维管束组成。其表皮细胞一层,表面观呈不规则形,也具有气孔器,有些植物具非腺毛或腺毛。薄壁组织细胞都是同形不规则细胞,有些植物中含有叶绿体。维管束位于薄壁组织内,其木质部和韧皮部数量少。有些植物薄壁组织中还有分泌结构,如丁香的油囊,红花的分泌道[5](图 1-25c)。有的植物的花萼外还有苞片,其内部结构类似萼片。

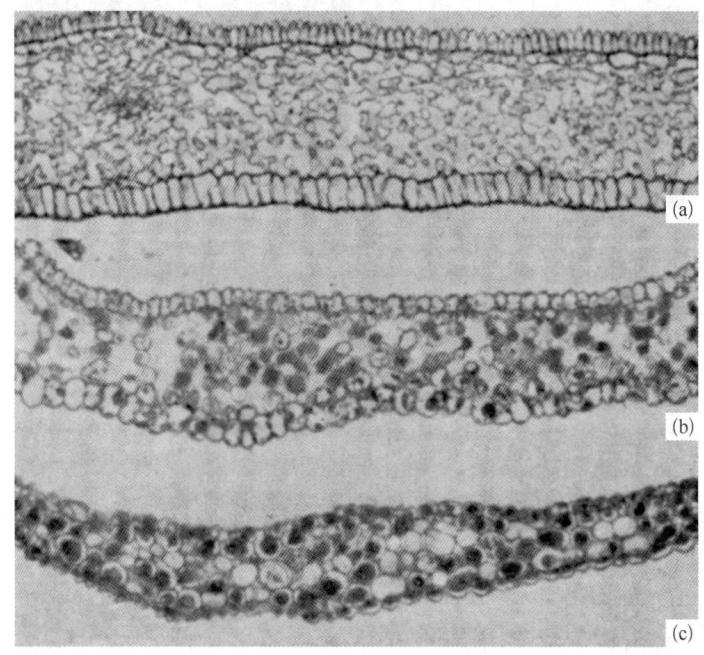

图 1-25　蔷薇花瓣的横切面(a)和岩须属花瓣(b)与萼片(c)的横切面

1. 花瓣

花瓣的内部结构似叶片,由上、下表皮,薄壁组织和维管束组成。表皮细胞一层,其垂周壁呈波状弯曲,表面常具乳头状突起或绒毛,上表皮通常无气孔器,有的下表皮有少量气孔器。上、下表皮间的薄壁组织为同形不规则薄壁组织细胞,排列疏松,细胞内常具色素等内含物,有的在薄壁组织内还有分泌结构。维管束分布在薄壁组织中,数量较少,其木质部和韧皮部也少[5](图 1-25)。

2. 雄蕊

雄蕊由花丝和花药组成。花丝呈圆柱状,由表皮、薄壁组织和维管束组成。表皮细胞一层,有的有表皮毛,如闹羊花的花丝基部有两种非腺毛。薄壁组织为同形薄壁组织细胞,排列较紧密。维管束通常为一束,周韧型[4](图 1-26),花药位于花丝顶端,由花粉囊和药隔组成,通常呈 2 个裂片,由药隔相连。每个裂片一般有 2 个花粉囊,少数为 1 个,每个花粉囊由其壁层和药室组成。花粉囊的壁层在发育早期由花药表皮、内壁、中层和绒毡层组成,在花药成熟时,仅剩细胞壁具条状增厚的内壁细胞,两个药室之间的薄壁组织隔膜也破毁。药隔是连接两个花药裂片的组织,由表皮、薄壁组织和维管束组成,其维管束与花丝维管束连接[4](图1-27)。

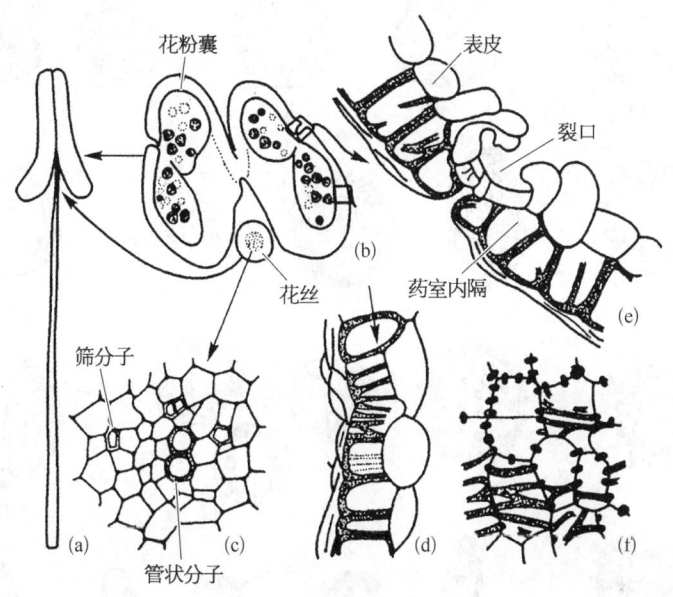

图1-26 李属的雄蕊[4]

(a) 雄蕊外形;(b) 花药;(c) 花丝维管束;(d)、(e) 花药壁横切面;(f) 药室内壁的表面观及次生壁的切面观察

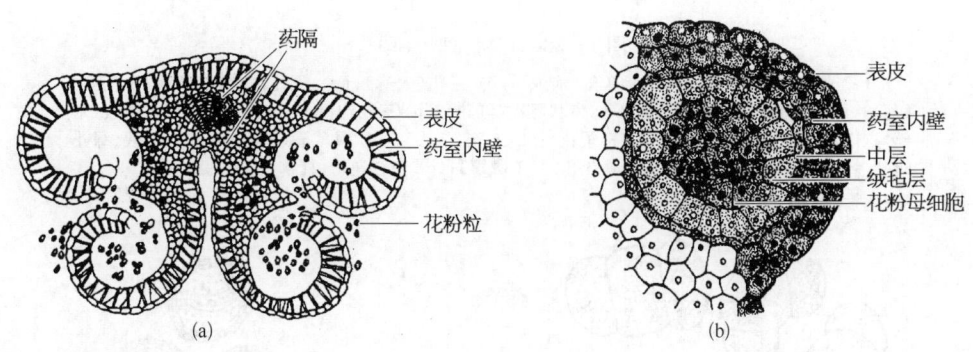

图1-27 花药的结构[4]

(a) 成熟的花粉囊;(b) 未成熟的花粉囊

花药的花粉囊是产生和储存花粉粒的场所。成熟的花粉粒为种子植物的雄配子体,由细胞壁包裹着1个营养核和1个生殖核或2个精子构成。花粉粒的细胞壁又可分为内壁(内层)和外壁(外层)。内壁较薄,由纤维素和果胶质组成;外壁较厚,由花粉素组成,并含脂肪类物质和色素,能长期保存,其外壁有萌发孔或萌发沟,并有不同微形态的雕

纹。因此,花粉粒的形状、大小及表面纹饰(图1-28)是药用植物分类的重要鉴定性状[1]。有的药用植物的药用部分是花粉粒,如松花粉(图1-29)具气囊、蒲黄花粉(图1-30)表面具网状雕纹,即为其重要鉴别特征。

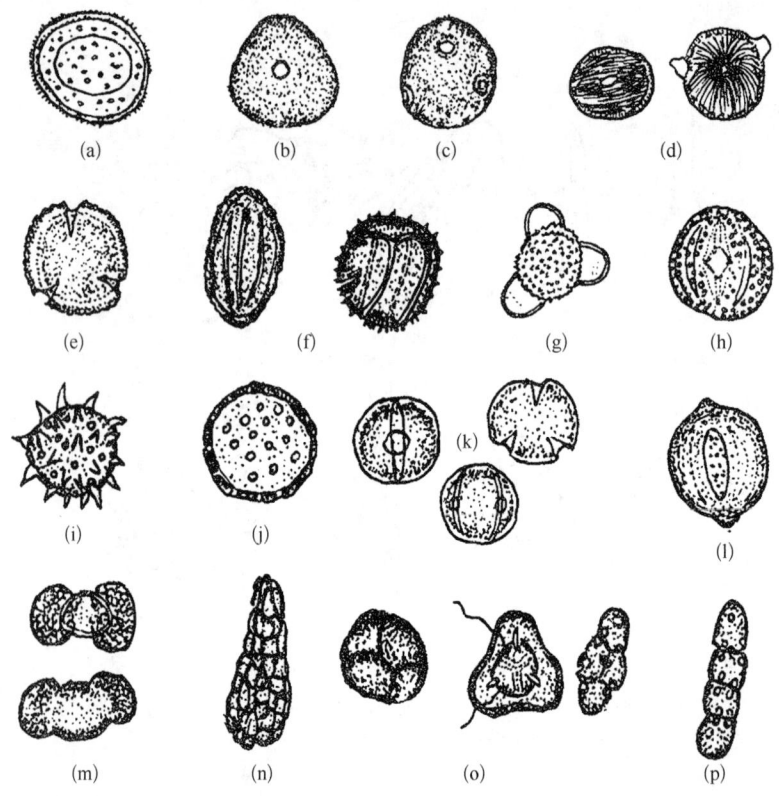

图1-28 花粉类型示例[1]

(a) 刺状雕纹(番红花);(b) 单孔(水烛);(c) 三孔(大麻);(d) 三孔沟(曼陀罗);(e) 三沟(莲);(f) 螺旋孔(谷精草);(g) 三孔,齿状雕纹(红花);(h) 三孔沟(钩吻);(i) 散孔,刺状雕纹(木槿);(j) 散孔(芫花);(k) 三孔沟(密蒙花);(l) 三沟(乌头);(m) 具气囊(油松);(n) 花粉块(绿花阔叶兰);(o) 四合花粉,每粒花粉具3孔沟(羊蹄躅);(p) 四合花粉(杠柳)

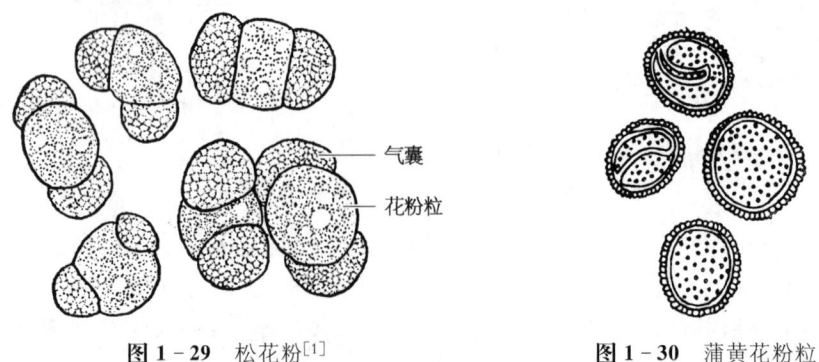

图1-29 松花粉[1]   **图1-30 蒲黄花粉粒**

3. 雌蕊

雌蕊由柱头、花柱和子房组成。从其形态发生分析,雌蕊是由1或多枚心皮构成,而心皮的基本结构类似叶器官。因此,雌蕊的内部结构既有叶片结构特征,同时由于适应有性生殖又有结构变化特征。

4. 柱头

柱头是雌蕊花柱的顶端部分,通常膨大呈头状,也有的分枝呈羽毛状,其功能是接受花粉粒。柱头表面通常具乳头状突起,有的缺乏,其表皮下为排列较疏松的薄壁组织细胞[4](图1-31)。

5. 花柱

花柱为雌蕊的子房与柱头间的圆柱状结构,在不同种植物中,长短不一,为花粉管从柱头到子房的结构。其内部结构由表皮、薄壁组织和维管束组成。表皮细胞一层,其内为多层薄壁组织细胞,维管束分布在薄壁组织中,维管束的数目与构成雌蕊的心皮数相同。在花柱中

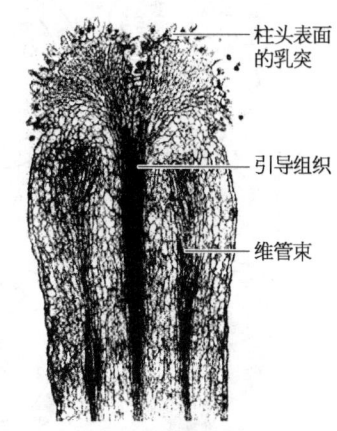

图1-31 柱头与花柱纵切面[4]

央具有充满分泌液的腔道,称花柱道,此类花柱称中空型(开放型),存在于单子叶植物和一些双子叶植物中;在中柱的中央无花柱道,而是染色深的腺质细胞构成的引导组织,称实心型(闭合型),存在于一些双子叶植物中[4]。花柱道和引导组织是花粉管经过花柱的通道(图1-32)。

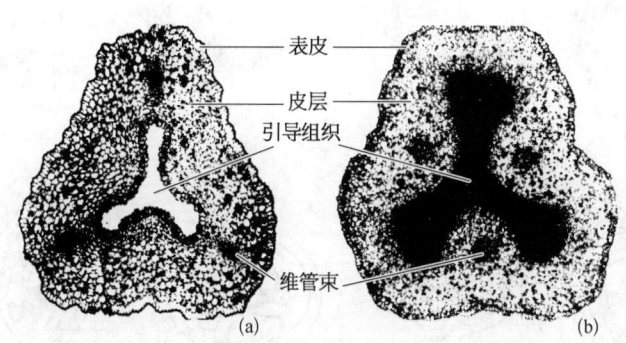

图1-32 花柱的类型[4]
(a)百合的开放型花柱;(b)灯笼花的闭合型花柱

6. 子房

子房为雌蕊下部的膨大部分,由子房壁和胚珠构成。子房壁的内部结构类似叶器官,由内、外表皮,薄壁组织和维管束组成。内、外表皮都为1层细胞,其中外表皮上有气孔器,有的具表皮毛。薄壁组织细胞多层,有的分布有分泌结构;维管束每个心皮有3条,中央的1条为中脉,边缘2条为侧脉,都由木质部和韧皮部组成。胚珠为种子的前体,着生在子房壁内侧的突出结构——胎座上,发育成熟的胚珠由珠被包围珠心组成,珠

心内一般具有8个细胞构成的胚囊(雌配子体)[1]。雌蕊的子房由于组成的心皮数量及其连接的情况不同可以分为多种类型[4](图1-33,图1-34)。

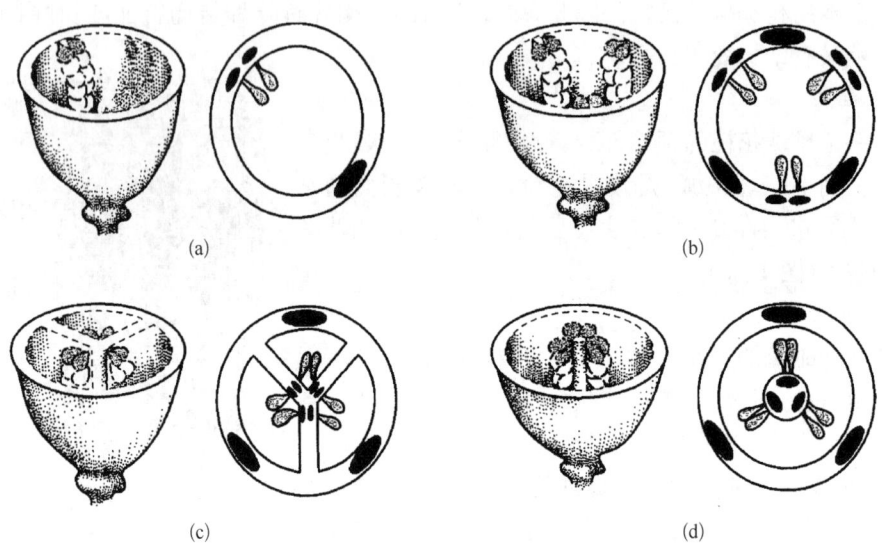

图1-33 心皮及胎座
(a)边缘胎座;(b)侧膜胎座;(c)中轴胎座;(d)特立中央胎座

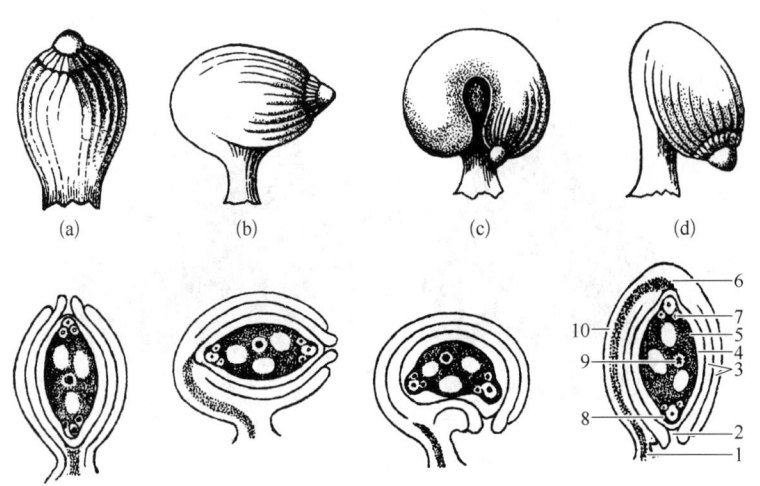

图1-34 胚珠的类型及构造[4]
(a)直生胚珠;(b)横生胚珠;(c)弯生胚珠;(d)倒生胚珠
1.珠柄;2.珠孔;3.珠被;4.珠心;5.胚囊;6.合点;7.反足细胞;8.卵细胞和助细胞;9.极核细胞;10.珠脊

1.1.7 果实和种子类药材

果实和种子是由受精后的子房和胚珠发育形成,属被子植物的两种不同器官。但在药用时,果实类药材大多数以果实的果皮及其内的种子共同入药,如枸杞、马兜铃、乌梅等,仅少数只用果皮,如连翘、橙皮。但有些药用植物的药用部分仅为种子,如车前、葶苈、青葙等,也有的仅为种子的一部分,如杏的种子中的胚(杏仁)、绿豆种子中种皮(绿豆衣)。果实和种子两类药材的关系密切,但它们的形态和内部结构存在明显不同,故分述于下。

1. 果实类药材

果实由果皮和种子组成。果实的类型很多,有不同的分类方法。果实类药材都是干燥的成熟或近成熟果实,按其果皮的质地不同可分为两类:肉质果和干果。肉质果指其果实成熟时,果皮肥厚多汁,肉质化;按其果皮的来源和性质又可分为核果、浆果、柑果和梨果。干果指其果实成熟时,果皮失水干燥,成为坚硬的壳状,果皮内常含有较多厚壁组织;按其成熟时是否开裂又分为裂果和闭果。大多数果实是由子房发育而来,其果皮都由外果皮、中果皮和内果皮组成,但肉质果和干果成熟时质地不同,不同类型果实特点不同,它们的果皮结构存在差异。

肉质果的果皮结构中,外果皮由1层表皮细胞和其内数层厚角组织细胞组成。有的表皮细胞中含色素,如川花椒;有的具非腺毛或腺毛,如吴茱萸。中果皮由薄壁组织构成,为果皮的主要部分,其内分布有维管束,常分枝成网状。薄壁组织细胞排列较疏松,富含内含物,有的还含有石细胞和油细胞,如荜澄茄。内果皮为果皮的最内层,浆果的内果皮仅1层内表皮细胞,如宁夏枸杞、北五味子[2](图1-35);核果的内果皮由多层石细胞构成,如桃[3](图1-36)、杏。

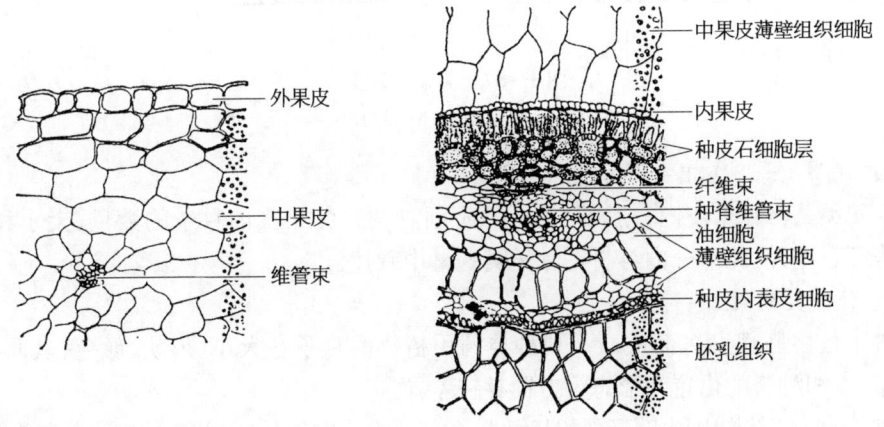

图1-35 北五味子(果皮及种子)通过种脊部分横切面图[2]

干果的果皮中都有厚壁组织细胞,但分布的位置不同,果实成熟时失水呈干壳状。其中,荚果的外果皮由1层表皮细胞和下皮层细胞组成,两者都具有厚的细胞壁,中果皮为多层薄壁组织细胞,内果皮由多层厚壁组织细胞和薄壁的内表皮细胞组成,其中外、内果皮中厚壁细胞的排列方向近垂直,以利果皮开裂[3],如沙苑子(扁茎黄芪的果实)(图1-37)。而角果的外、中果皮都是薄壁组织细胞,内果皮为厚壁组织细胞,如葶苈、白芥。瘦果的外果皮为厚壁组织,中、内果皮都由薄壁组织构成,内果皮在果实干燥成熟后

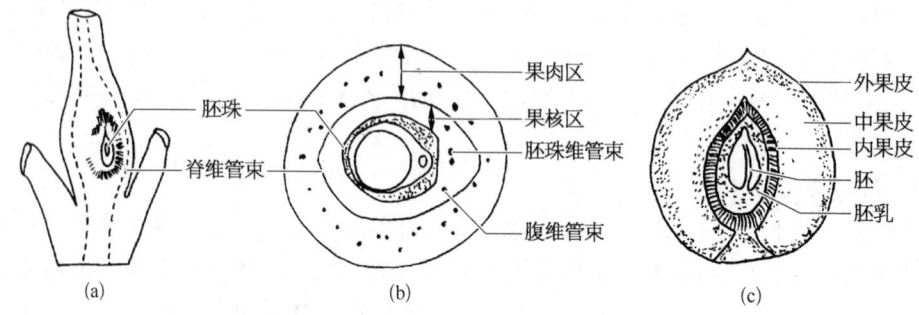

图1-36 桃果实的发育与结构[3]

(a) 桃的子房纵切面结构；(b) 桃的子房横切面结构；(c) 桃的果实纵切面结构

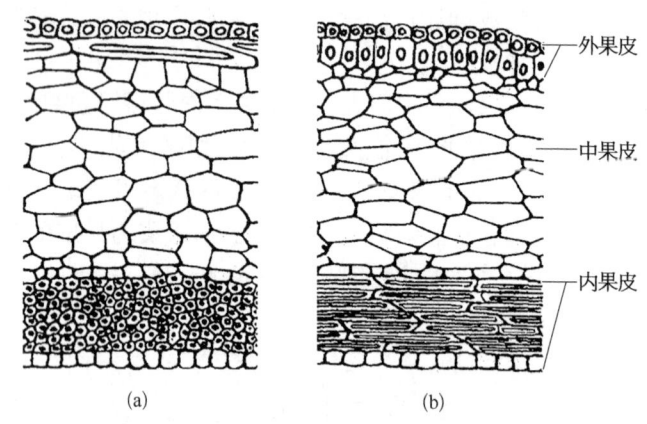

图1-37 荚果的果皮[3]

(a) 纵切面；(b) 横切面

常破毁[4]（图1-38），如牛蒡、草红花。

果实类药材在果皮内一般都具种子，不同种类植物果实内种子的数量、大小和形态结构也存在差异，此部分内容将在种子类药材中叙述。

2. 种子类药材

种子是由胚珠发育而成。不同种类药用植物的种子在大小、形状、颜色、表面纹理、种脐、合点和种脊的位置和形态等方面存在差异。

种子的内部结构由种皮、胚乳和胚组成，各部分的结构在不同药用植物中也存在差异。

种皮是由胚珠的珠被发育而成，多数植物在发育中外珠被退化，仅由内珠被发育成种皮，少数植物的内、外珠被都发育为种皮。种皮的厚薄、结构组成在不同植物存在差异，通常在种皮内存在下列1种或数种组织。① 表皮层：多数种子的表皮层由1层薄壁组织细胞构成。但有的种子其表皮细胞的细胞壁内含丰富黏液质，能遇水膨胀，如白芥、车前和葶苈的种子[2]（图1-39）；有的种子的表皮层分布有石细胞群，如杏、桃的种子，或表皮层都由石细胞组成，如莨菪的种子（天仙子）；有的种子的表皮层分化为狭长形厚壁的栅状细胞，如青葙、扁茎黄芪等豆科种子[4]（图1-40）。② 栅状细胞层：有些种子的表

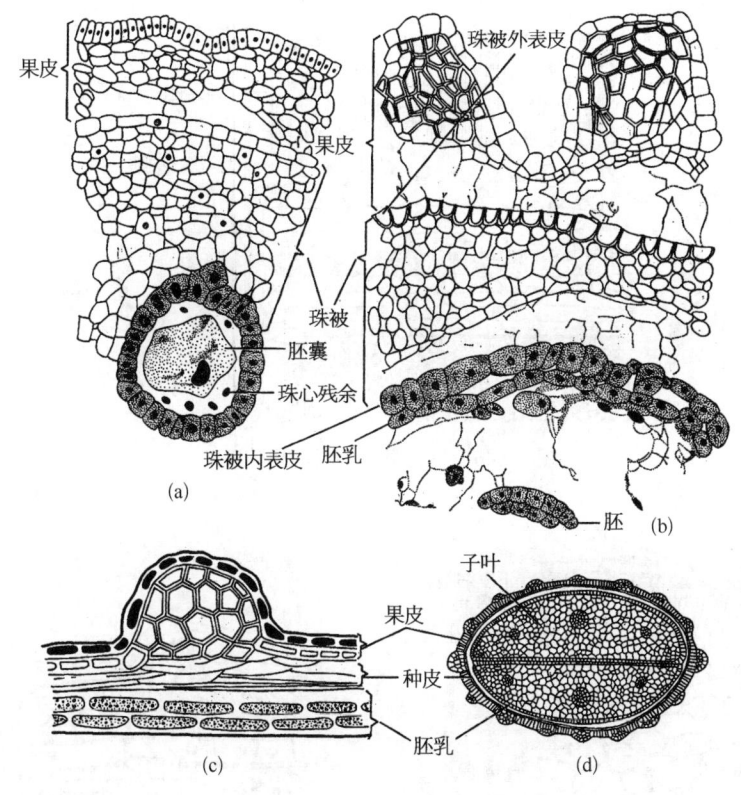

图 1-38 莴苣连萼瘦果[4]

(a) 子房局部横切面；(b) 受精 1 周后果实横切面；(c) 成熟的果皮；(d) 果皮横切面

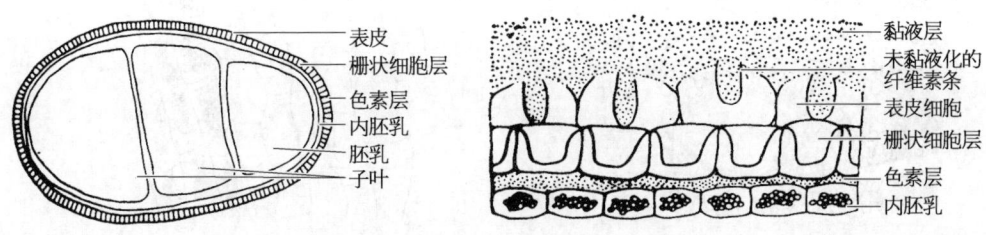

图 1-39 北葶苈子(种子)横切面[2]

皮层下方有栅状细胞 1 至数层，其细胞壁增厚并木质化，如决明的种子；有的种子在栅状细胞外缘可见一条折光率较强的光辉带，如菟丝子、牵牛的种子[2]（图 1-41）。③ 色素层：有的种子具有颜色，其表皮细胞含有色素物质，有的其内层细胞中也含色素物质，如白豆蔻等的种子。④ 油细胞层：有的种子的表皮层下具有油细胞层，其细胞内储存挥发油，如砂仁的种子[2]（图 1-42）。⑤ 石细胞：有的种子的表皮层以内的细胞都分化成石细胞，如栝楼的种子；有的种子的内种皮细胞分化为石细胞，如白豆蔻。⑥ 营养层：多数植物种子在表皮层以内有多层薄壁组织细胞，细胞内储存淀粉粒，称营养层。但在种子成熟过程中淀粉被消耗，故成熟的种子中，这些细胞萎缩变形。

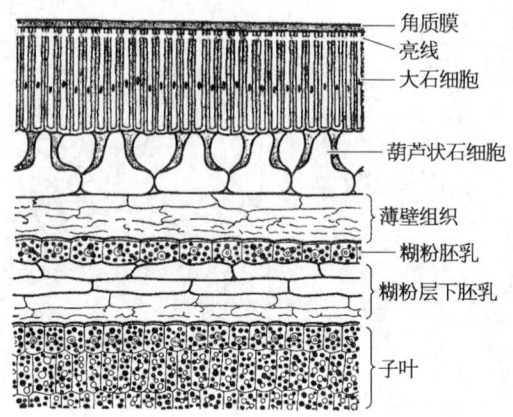

图1-40 豆类坚硬种皮的横切面[4]

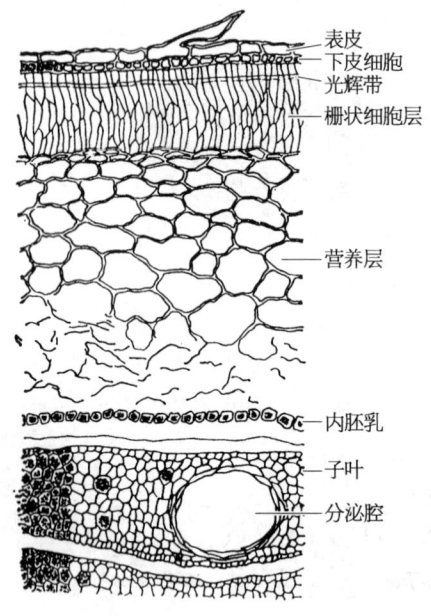

图1-41 牵牛子横切面[2]

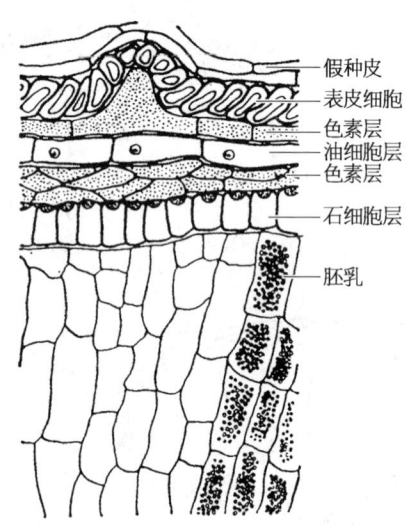

图1-42 阳春砂种子横切面[2]

胚乳是由受精的极细胞发育而成,通常由薄壁组织细胞组成,其细胞内富含淀粉粒、糊粉粒或脂肪油等营养物质,为种子内储存养料的组织。一些种子在成熟时,胚乳发达,称具胚乳种子(图1-43),如禾本科植物的种子[1,4]。许多植物的种子在发育过程中胚乳细胞内的营养物质分解,供应其胚的生长,在成熟种子中胚体发达,而胚乳仅剩1~2层残留细胞,称无胚乳种子[1,4](图1-44),如豆科植物的种子。有些植物的胚珠发育成种子时,其珠心或珠被的一部分发育成外胚乳,包围在胚乳和胚的外方,也属营养组织,因而前述胚乳又称内胚乳,有的种子的外胚乳插入内胚乳中,如槟榔、白豆蔻的种子[2](图1-45)。

§1.1 药用植物结构的一般规律

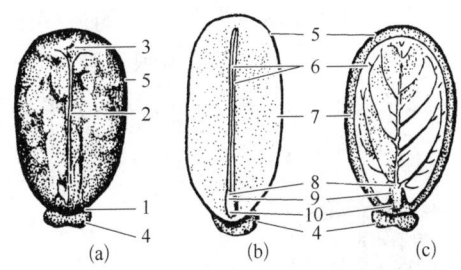 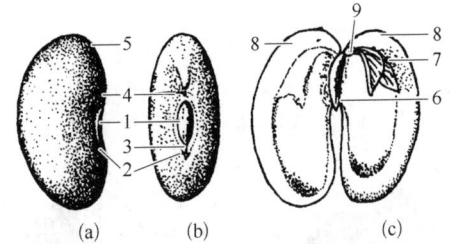

图1-43 蓖麻种子(有胚乳种子)[1]

(a) 外形;(b) 与子叶垂直面纵切;(c) 与子叶平行面纵切
1.种脐;2.种脊;3.合点;4.种阜;5.种皮;6.子叶;
7.胚乳;8.胚芽;9.胚茎;10.胚根

图1-44 菜豆种子(无胚乳种子)[1]

(a) 菜豆外形;(b) 菜豆外形,示种孔、种脊、种脐、合点;(c) 菜豆的构造剖面(已除去种皮)
1.种脐;2.合点;3.种脊;4.种孔;5.种皮;6.胚根;7.胚芽;8.子叶;9.胚茎

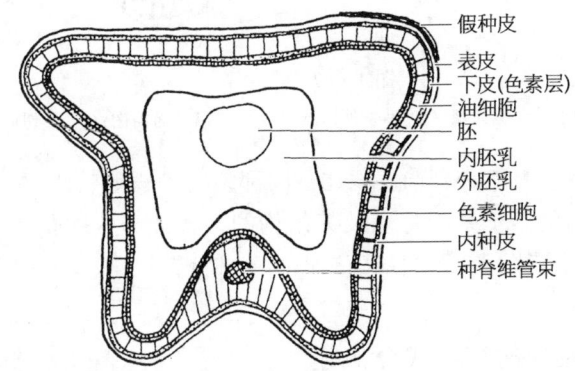

图1-45 白豆蔻种子横切面[2]

胚是由受精卵发育形成的植物幼体,由子叶、胚轴、胚芽、胚根组成。其中,双子叶植物胚的子叶为2片(图1-46a),单子叶植物胚的子叶为1片[4](图1-46b)。有胚乳种子

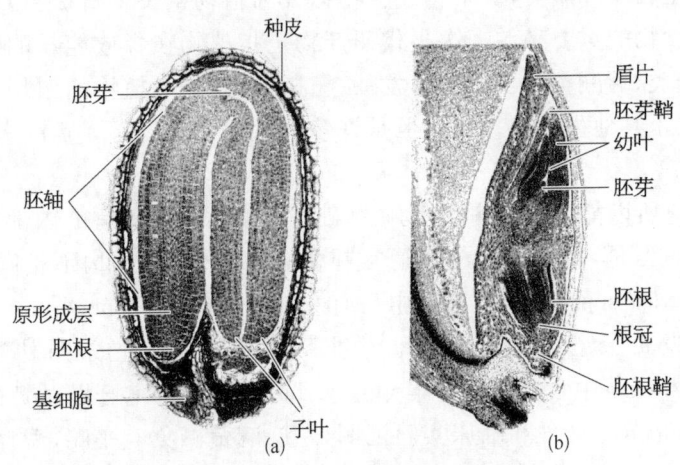

图1-46 胚的结构

(a) 荠胚纵切面;(b) 小麦胚纵切面[4]

中胚体细小,而无胚乳种子中胚体肥大,其营养物质都储存在两片肥厚子叶的薄壁组织细胞内。胚的各组成部分的内部结构都处于初生分生组织阶段的薄壁组织细胞,但不同程度地显示出根、茎、叶结构的分化。不同种类植物胚的形状也存在一定差异,如胚体直立的、不同程度弯曲的,胚子叶的形态也有变化[2](图 1-47)。

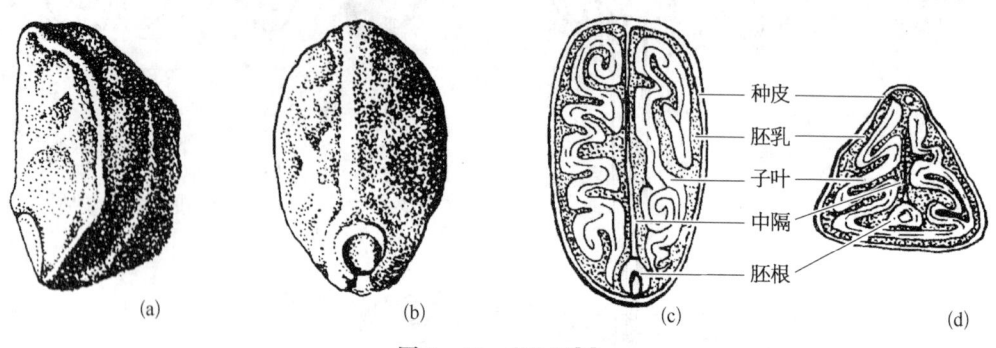

图 1-47　牵牛子[2]
(a) 种子外形侧面观；(b) 种子外形腹面观；(c) 纵切面简图；(d) 横切面简图

以上是按照植物药材的类型简要叙述其内部结构的一般特点,反映了药用植物的各营养器官和生殖器官的基本结构特点及其结构的多样性。这些基本知识也是研究药用植物的结构及与其药用成分关系的基础知识的一部分。

§1.2　药用植物的药用成分概述[8-10]

药用植物的种类繁多,其植物体内所含的化学成分复杂,而且不同种类植物的化学成分还存在一定差异。根据其化学成分在植物体内产生的途径可以分为两类:初生代谢产物和次生代谢产物。初生代谢产物是指植物在获得能量的代谢过程中产生的物质,如糖类、蛋白质和脂类,属于构成植物体或为植物生长发育提供营养的物质,也是人类生活中食物的重要来源。次生代谢产物是指植物在释放能量的代谢过程中产生的物质,如苷类、黄酮类、生物碱、挥发油、树脂等,它们对植物的作用大部分尚不清楚,有的具有防止其他生物的作用。但是许多次生代谢产物是人类医药、化工等产业的重要原料。

药用植物之所以能防病治病,其物质基础是植物体一些器官的内部结构中含有相应的药用成分。但是,每种药用植物通常都含有多种性质、结构不相同的化学成分。例如麻黄(*Ephedra* spp.)的地上全草中含有左旋麻黄碱(L-ephedrine)等多种生物碱类物质以及挥发油、淀粉、树脂、叶绿素、纤维素、草酸钙等其他成分；甘草(*Glycyrrhiza uralensis*)的根和根茎中含有甘草皂苷(glycyrrhizin)等多种皂苷以及黄酮类、淀粉、纤维素、草酸钙等成分。药理和临床实验证明,左旋麻黄碱具有平喘、解痉作用,而甘草酸则具有消炎、抗过敏、治疗胃溃疡的作用。因此,左旋麻黄碱、甘草酸被分别认为是治疗上述疾病的麻黄、甘草中的有效药用成分,而淀粉、纤维素、草酸钙等通常被认为是无效化学成分。以上两类化学成分都属于植物体内次生代谢产物。但是,也不能机械地认为植物体内的初生代谢产物,如糖类、蛋白质等在所有植物中都是无效化学成分。在有些植物中已证实有些初生代谢产物也属于有效化学成分,例如鹧鸪菜中的氨基酸为驱虫的有效化学成分,天花粉(栝楼块根)中蛋白质为引产的有效化学成分,猪苓子实体中的多糖为抗肿瘤的有效化学成分。但是,从现有的药用植物中药用化学成分的研究报道分析,大部分药用成分是植物体内的次生代谢产物。植物体内的初生代谢产物和次生代谢产物之间存在密切关系。绿色植物含有叶绿素,可以通过光合作用将二氧化碳和水合成糖类,并放出氧气。所生成的糖类再通过不同途径(戊糖磷酸途径及糖酵解途径)代谢,产生腺苷三磷酸(ATP)及辅酶 A 等植物生命活动不可缺少的物质,并通过固氮反应得到一系列氨基酸,进而产生糖类、蛋白质、脂类、核酸等植物生命活动不可缺少的物质。上述过程普遍存在于绿色植物中,是维持植物生命活动不可缺少的代谢过程,通常称植物初生(一次)代谢过程,而其产物则称初生(一次)代谢产物。以后,一些初生代谢产物作为原料或前体,在特定条件下,又进一步经历不同的代谢过程,生成如生物碱、萜类、黄酮类等化合物。此代谢过程对维持植物生命活动不起重要作用,在不同种类植物中的生物合成途径和产物也不同,通常称次生(二次)代谢过程,其产物称次生(二次)代谢产物。植物的次生代谢产物类型较多,化学结构差异较大,其中不少类型经实验证明具有生理活性,是药用植物的药用成分。

药用植物化学成分很复杂,其中已知的药用化学成分类型繁多,国内外已出版许多此领域的专著。例如吴立军(2003)主编的《天然药物化学》教材中,从药物化学角度将天然药物的化学成分归分为 10 类;周荣汉(1993)主编的《中药资源学》教材中,从资源开发利用的角度介绍天然产物,归分为 20 类。本书主要叙述笔者研究的 11 类药用植物的结构特点及其生长发育规律,在此基础上应用组织化学和细胞化学技术研究其主要药用成分在植物体内部结构中的积累部位和动态变化,应用植物化学技术分析测定其主要药用成分在药用植物的不同器官、不同生长季节以及不同生长年限的含量变化,探讨药用植物的结构、发育及与主要药用成分积累的关系,为研究植物的结构、发育与其次生产物积累的关系及提高药用植物的产量和质量提供科学依据。从本书研究的内容和要求出发,参照已出版的药用植物药用化学成分方面的专著内容,有重点地简述药用化学成分如下。

1.2.1 生物碱类

生物碱(alkaloids)是一类天然产的含氮有机化合物,此类化合物是含负氧化态氮原子,存在于生物有机体中的环状化合物。生物碱主要存在于植物体内,仅在极少数动物中存在。在植物界的低等类群中生物碱分布较少或无:藻类中缺乏;菌类中除麦角菌外尚无报道;地衣、苔藓类中仅发现少数简单的吲哚类生物碱;蕨类中存在烟碱等简单类型生物碱,而结构复杂的生物碱集中分布于小型叶蕨类如木贼科、卷柏科和石松科植物中。生物碱主要存在于种子植物类群，其中裸子植物仅在紫杉科红豆杉属（*Taxus*），松科松属（*Pinus*）、云杉属（*Picea*）、油杉属（*Keteleeria*），麻黄科麻黄属（*Ephedra*），三尖杉科三尖杉属（*Cephalotaxus*）等植物中含生物碱；单子叶植物中，主要分布在百合科、石蒜科和百部科等植物中；双子叶植物中较多，主要分布于毛茛科、木兰科、小檗科、防己科、马兜铃科、番荔枝科、罂粟科、芸香科（以上属离瓣花类群），龙胆科、夹竹桃科、马钱科、茜草科、茄科、紫草科和菊科（以上属合瓣花类群）等植物中。

1. **生物碱的理化性质**

生物碱的种类很多，迄今已从自然界分离出数万种生物碱，它们在理化性质上也有较大差异，存在以下共性。

（1）物理性状　大多数生物碱为结晶形固体，少数为非结晶形粉末，如乌头原碱（aconine），还有少数为液体，如烟碱、毒芹碱（coniine）等，后者通常不含氧原子，具挥发性。生物碱味苦，一般无色，少数有色，如小檗碱为黄色，血根碱（sanguinarine）的盐呈红色。多数生物碱分子中具有手性，故具旋光性。

（2）酸碱性　大多数生物碱具有碱性，因其化学结构中都有一个或一个以上的氮原子，这些氮原子有一对孤电子，对质子有一定吸引力，故呈碱性。但生物碱的碱性强弱与其分子结构有很大关系，因此，不同种类的生物碱，由于其分子结构存在差异，其碱性强弱也存在差异。

（3）溶解度　生物碱及其盐类的溶解度不同。大部分游离生物碱的极性较小，不溶或难溶于水，能溶于乙醇、氯仿、乙醚等有机溶剂。生物碱的盐类极性较大，多数能溶于水及醇，不溶或难溶于苯、氯仿、乙醚等。但季铵碱、酰胺型碱及一些含极性基团较多的游离生物碱则能溶于水。植物体内绝大多数生物碱是以盐的形式存在。

（4）沉淀反应　生物碱能在酸性水溶液或酸性稀醇（<50%）中与生物碱沉淀试剂生成难溶性沉淀。因此，利用这种沉淀反应可以测试是否存在生物碱。但是，测试的浸出液或组织切片往往还含其他有机化合物，有些物质也可与沉淀试剂产生沉淀。因此，在进行生物碱定性检查时，通常需用3种以上沉淀试剂进行对照观察，常用的生物碱沉淀试剂有碘-碘化钾（Wagner试剂）、碘化铋钾（Dragendorff试剂）、碘化汞钾（Mayer试剂）、硅钨酸（Bertrand试剂）等。

（5）显色反应　许多生物碱能与某些试剂产生不同颜色反应，因而也可用于检测是否具有生物碱，常用的试剂有Mandelin试剂（1%钼酸铵的浓硫酸溶液）、Frohoe试剂（1%钼酸钠或5%钼酸铵的浓硫酸溶液）、Macrguis试剂（30%甲醛溶液0.2 ml与10 ml浓硫酸混合）等。在测试时，也要注意浸出液中杂质的干扰。

2. **生物碱的分类**

生物碱的种类繁多，其来源不同，化学结构存在差异。对生物碱的分类主要有三种方法：来源分类、化学分类和生源结合化学分类。由于后一种分类方法能反映生物碱的生源和化学本质及其相互关系，为目前常用的生物碱分类方法。

§1.2 药用植物的药用成分概述

根据生源结合化学的分类方法，生物碱的主要类型分类如下[9]（图1-48）。

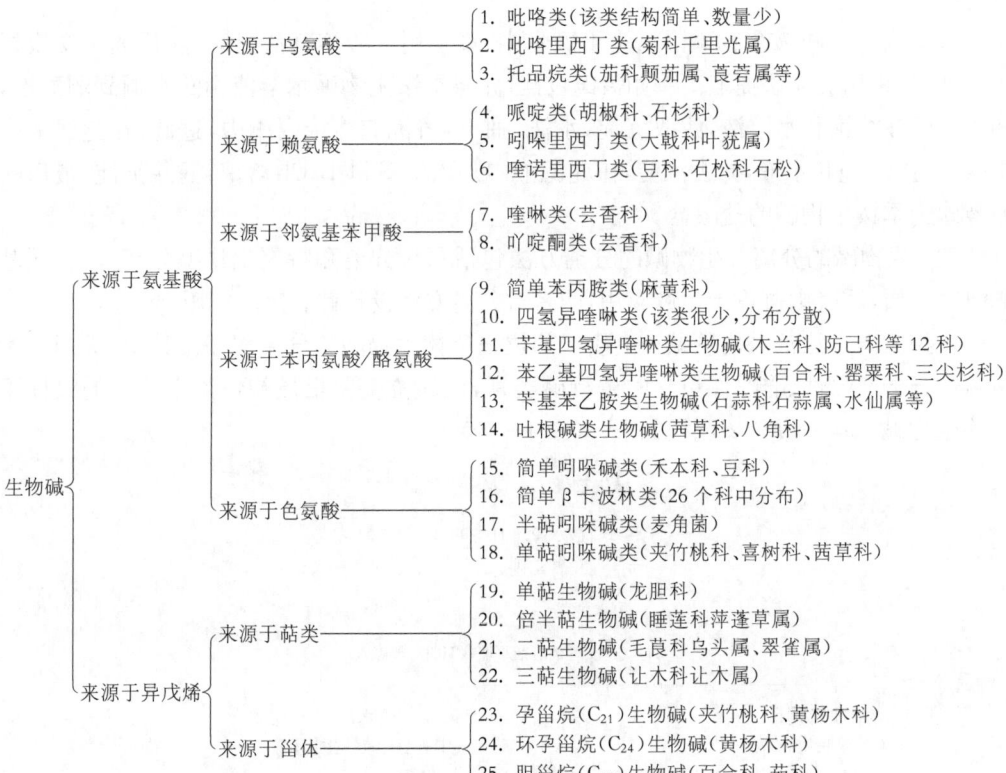

图1-48　生物碱的分类

从图1-48反映，不同类型生物碱在生源上有一定联系，但是分别分布在不同植物类群中，有的分布的植物类群多，有的仅分布在某些科、属植物中。所列的25类生物碱的化学结构各有特点，《天然药物化学》等书中已有介绍，这里不再详述。

3. 生物碱的提取与分离

各种生物碱的化学结构不同，理化性质也存在差异，因此它们的提取分离方法也不完全相同。现简要介绍总生物碱的提取方法及主要药用生物碱的提取分离方法。

（1）总生物碱的提取　总生物碱的提取方法主要有溶剂法、离子交换树脂法和沉淀法。

1）溶剂法：根据生物碱的特性有三种方法。① 水或酸水-有机溶剂提取法：水或0.5%～1%矿酸水提取，浓缩提取液，再用碱碱化出游离生物碱，然后用有机溶剂萃取。② 醇-酸水-有机溶剂提取法：用醇提取生物碱，用酸水使生物碱成盐溶解，再过滤、碱化，然后用有机溶剂萃取。③ 碱水-有机溶剂提取法：材料先用碱水浸泡，再用有机溶剂直接进行固-液提取，然后回收有机溶剂即得总生物碱。

2）离子交换树脂法：将酸水液与阳离子交换树脂进行交换，使生物碱与非生物碱成分分离,交换后的树脂用碱液或10%氨水碱化后,再用有机溶剂洗脱,回收有机溶剂得总生物碱。

3) 沉淀法:季铵生物碱因易溶于碱水中,难于用一般溶剂法提取,除用离子交换树脂法外,常采用沉淀法提取。例如雷氏铵盐,先将季铵生物碱水溶液用酸水调到弱酸性,加入雷氏铵盐饱和水溶液,滤取沉淀,水洗、抽干,将沉淀溶于丙酮中,过滤,在此滤液中加入 Ag_2SO_4 饱和水液,滤去沉淀,在此滤液中加入计算量 $BaCl_2$ 溶液,滤除沉淀,最后的滤液即为季铵生物碱的盐酸盐。

(2) 生物碱的分离　生物碱的分离方法包括系统分离和特定生物碱分离,前者属基础研究性质,后者则侧重于生产应用,两者对分离方法设计都有定向作用。

系统分离方法常采用总碱→类别或部位→单体生物碱的分离程序。其中,类别是指按碱性强弱或酚性、非酚性粗分的生物碱类别,而部位主要指最初色谱中洗脱的极性不同的生物碱。其一般分离流程如下[9](图1-49)。

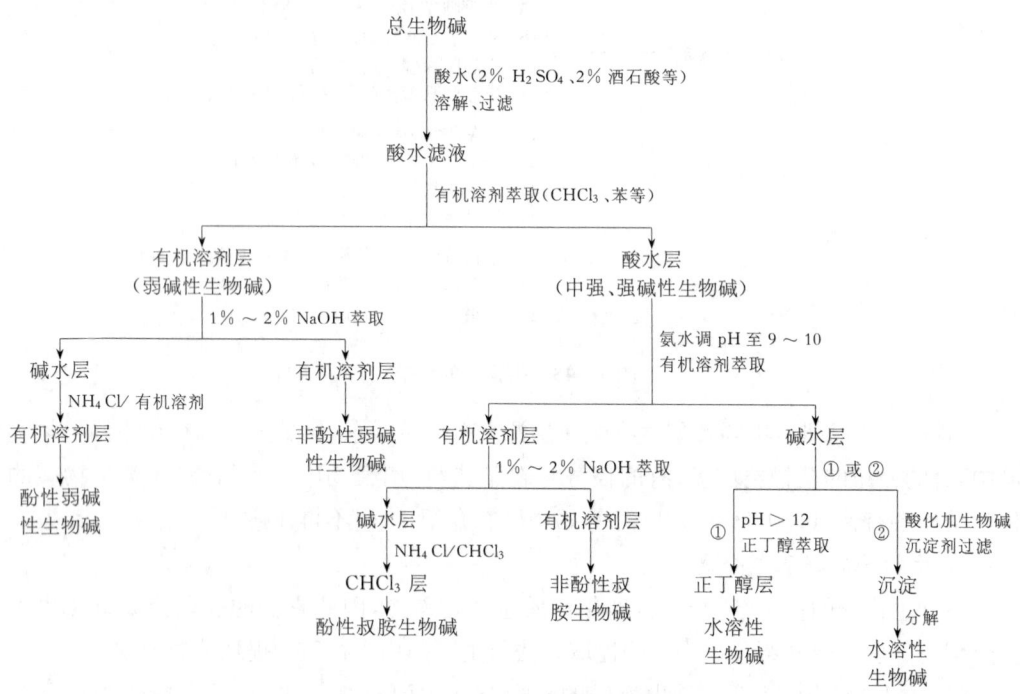

图1-49　生物碱的一般分离流程

特定生物碱的分离是基于欲分离的特定生物碱的结构、理化特性的充分理解。许多药用生物碱的生产都采用此类分离方法。药用生物碱在工业生产中重视综合利用,包括一种药用植物同时提取多种生物碱,如从罂粟果实中分离吗啡碱、可待因、蒂巴因、罂粟碱、那可丁。从药用植物中分离出相关生物碱,再转化成药用生物碱,如由爱康宁(ecgonine)、长春碱(VLQ)分别转化成药用的可卡因和长春新碱(VCR)等。以下列举部分药用生物碱工业生产的主要分离方法[8](表1-1)。

表 1-1　药用生物碱工业生产的主要分离方法

生物碱	植物原料	提取	分离	分离原理
麻黄碱 伪麻黄碱	麻黄(全草)	碱化甲苯提取	草酸→沉淀(草酸伪麻黄碱)→伪麻黄碱；母液—HCl→盐酸麻黄碱	A
东莨菪碱	洋金花	离子交换树脂法	HBr→氢溴酸东莨菪碱	A,C
莨菪碱 山莨菪碱 樟柳碱 红古豆碱	唐古特山莨菪(根)	碱化/氯仿 提取—2% H_2SO_4 酸水液	pH9/CCl_4→CCl_4(莨菪碱+红古豆碱)—$CHCl_3$, pH 8→碱水液；$CHCl_3$/pH9/CCl_4→CCl_4(樟柳碱)；碱水液(山莨菪碱)	A,B
小檗胺 小檗碱	三颗针(根)	酸水浸取(渗滤)液	盐析NaCl→沉淀(小檗碱)；母液 pH 8.5~9→pH 9以上→pH 2~8 HCl→沉淀(盐酸小檗碱)；碱水液	A,B
巴马亭	黄藤(根)	0.5%~1% H_2SO_4 渗滤	40% NaOH pH 7~7.5/90%乙醇,△→85%~90% EtOH,△→pH 9 NaCl沉淀；混悬稠液 上清液(弃去)/粗品—pH 2~3 HCl滤液→盐酸巴马亭	A,C(4.5%)
1-四氢巴马亭	华千金藤(根)	酸水渗滤	酸滤液—NaCl/HCl→沉淀	A
汉防己素	粉防己(根)	酸水渗滤	石灰乳→pH 9~10→沉淀→干燥苯提液(粗品)—丙酮/苯→精品	B,D
利舍平	催吐萝芙木(根)	水润湿苯提	苯提液—硫酸钾→滤液→沉淀(粗品)—加甲醇-冰醋酸/水→加NH_4OH→利舍平	A

(续表)

生物碱	植物原料	提 取	分 离	分离原理
土的宁马钱碱	皮氏马钱(种子)	石灰水碱化/苯提取液	苯液 $\xrightarrow{6\% \text{ HCl}}$ 沉淀(盐酸土的宁)(粗品) $\xrightarrow{\text{HCl}}$ 酸提液 $\xrightarrow{\text{pH 12}}$ 苯液萃取 → CHCl_3 液 视两者含量多少,优先用 ① HCl 或 ② H_2SO_4 ① 沉淀(盐酸土的宁) ② 沉淀(硫酸马钱碱)	B,D
一叶萩碱	一叶萩(叶、茎)	离子交换树脂法或酸水活性炭吸附法	$\text{Et}_2\text{O} \xrightarrow{\text{HBr}} \text{Et}_2\text{O}$ 提液 $\xrightarrow{90\% \text{ EtOH}}$ 晶体(一叶萩碱) 沉淀(X)	A,B,C
加兰他敏	紫花石蒜(鳞茎)	醇提取	$\xrightarrow[\text{无水乙醇}]{\text{pH 9~10}} \text{CHCl}_3$ 液 $\xrightarrow{5\% \text{ HCl}}$ 酸液 $\xrightarrow{\text{pH 8}}$ EtOAc 提取物 粗品(氢溴酸加兰他敏)	B
喜树碱	喜树(根)	酸水渗滤	$\text{CHCl}_3 \xrightarrow{\text{氯仿}}$ 氯仿提取物 $\xrightarrow{\text{甲醇}(1:1),\text{回流}}$ 滤液 → 析晶 → 粗品	B,F
秋水仙碱	丽江山慈姑(鳞茎)	醇提 酸转溶	酸水液 $\xrightarrow{\text{CHCl}_3}$ 氯仿提取 → EtOAc 提取物(粗品)	A
长春碱	长春花(全草)	水润湿/苯提取	$\xrightarrow[\text{氯仿}]{\text{pH 6~7}}$ 氯仿提取液(总弱碱) $\xrightarrow{\text{Al}_2\text{O}_3}{\text{苯-氯仿}(d=1.3)}$ $\xrightarrow{\text{pH 3.8~4.1}}{5\% \text{ H}_2\text{SO}_4\text{-无水乙醇}}$ 游离弱碱 硫酸盐晶体 前段(长春碱) 后段(长春新碱) $\xrightarrow{\text{无水乙醇}/5\% \text{ H}_2\text{SO}_4\text{-无水乙醇}}{\text{pH 8.8~4.1}}$ 硫酸长春碱 硫酸长春新碱	(控制 pH 8.8→4.1成盐) G
长春新碱				

注:A 指盐溶解度差异;B 指碱溶解度差异;C 指高含量;D 指较高含量或主成分;E 指碱性差异;F 指弱碱性;G 指色谱法。

4. 生物碱的作用和用途

生物碱广泛存在于植物界,许多重要药用植物如罂粟、麻黄、乌头、防己、莨菪、苦参、长春花、三尖杉等的主要药用成分为生物碱。同一种植物中通常可含多种生物碱,如麻黄含7种,长春花含100余种。生物碱具有多种生物活性,不同药用生物碱的作用和用途不同,现列举药用生物碱的来源、作用和用途[8]如下(表1-2)。

表1-2 药用生物碱的来源、作用和用途

中文名	英文名	主要来源	作用与用途
3-乙酰乌头碱*	3-acetyl-aconitine	毛茛科植物伏毛铁棒锤(*Aconitum flavum*)	镇痛
氢溴酸山莨菪碱	anisodamine hydrobromide	茄科植物唐古特山莨菪(*Anisodus tanguticus*)	抗胆碱药。用于胃肠道绞痛,急性微循环障碍,有机磷中毒
硫酸阿托品	atropine sulfate	茄科植物天仙子(*Hycscyamus niger*)、洋金花(*Datura metel*)	抗胆碱药。可解除平滑肌痉挛,用于急性微循环障碍、有机磷中毒,眼科用于散瞳
盐酸小檗碱	berberine chloride	毛茛科植物黄连(*Coptis chinensis*)、小檗科植物台湾十大功劳(*Mahonia japonica*)	抑菌药。用于肠道感染、菌痢、眼结膜炎、化脓性中耳炎等
咖啡因	caffeine	茜草科植物咖啡(*Coffea arabica*)、山茶科植物茶(*Camellia sinensis*)	中枢兴奋药。用于中枢性呼吸及循环功能不全
喜树碱*	camptothecin	珙桐科植物喜树(*Camptotheca acuminata*)	抗肿瘤药
磷酸可待因	codeine phosphate	罂粟科植物罂粟(*Papaver somniferum*)	止咳药
盐酸可卡因	cocaine hydrochloride	古柯科植物古柯(*Erythroxylum coca*)	局麻药。用于表面麻醉
秋水仙碱	colchicine	百合科植物丽江山慈姑(*Iphigenia indica*)、秋水仙(*Colchicum autumnale*)	抗肿瘤药、抗痛风药
北山豆根碱*	dauricine	防己科植物蝙蝠葛(*Menispermum dauricum*)	具降压、解痉作用
左旋多巴	L-dopa	豆科植物油麻藤(*Mucuna sempervirens*)	抗震颤麻痹药

(续表)

中文名	英文名	主要来源	作用与用途
马来酸麦角新碱	ergometrine maleate	麦角菌科麦角菌(Claviceps purpurea)寄生在黑麦(Secale cereale)子房中形成的菌核	收缩子宫。用于产后止血、加速子宫复原
盐酸麻黄碱	ephedrine hydrochloride	麻黄科植物草麻黄(Ephedra sinica)	拟肾上腺素药。有松弛支气管平滑肌、收缩血管、兴奋中枢等作用
酒石酸麦角碱	ergotamine tartrate	麦角菌科麦角菌(Claviceps purpurea)寄生在黑麦(Secale cereale)子房中所形成的菌核	能使脑动脉血管的过度扩张与搏动恢复正常,主要用于偏头痛
水杨酸毒扁豆碱*	eserine salicylate	豆科植物毒扁豆(Physostigma venenosum)	有抗胆碱酯酶作用,主要用于治疗青光眼
氢溴酸加兰他敏	galanthamine hydrobromide	石蒜科植物黄花石蒜(Lycoris aurea)	抗胆碱酯酶药。用于重症肌无力、小儿麻痹后遗症
高三尖杉酯碱	homoharringtonine	粗榧科植物三尖杉(Cephalotaxus fortunei)	抗肿瘤药
石杉碱甲*	huperzine A	石松科植物千层塔(Huperzia serrata)	抗老年痴呆症
刺乌头碱*	lappaconitine	毛茛科植物高乌头(Aconitum sinomontanum)	止痛、局麻
山梗菜碱	lobeline	桔梗科植物山梗菜(Lobelia sessilifolia)、北美山梗菜(Lobelia inflata)	中枢兴奋药。用于治疗呼吸衰竭,并有祛痰作用,治疗呼吸道疾病
野百合碱*	monocrotaline	豆科多种植物	具抗癌和降血压作用
盐酸吗啡	morphine hydrochloride	罂粟科植物罂粟(Papaver somniferum)	镇痛药
那可丁	narcotine	罂粟科植物罂粟(Papaver somniferum)、虞美人(Paparer rhoeas),芸香科植物甜橙(Citrus sinensis)	镇咳药
盐酸罂粟碱	papaverine hydrochloride	罂粟科植物罂粟(Papaver somniferum)	血管扩张药。用于解除动脉痉挛

（续表）

中文名	英文名	主要来源	作用与用途
硝酸毛果芸香碱	pilocarpine nitrate	芸香科植物毛果芸香 (*Pilocarpus jaborandi*)	兴奋胆碱反应系统、缩瞳、收缩平滑肌，主要用于治疗青光眼
硫酸奎尼丁	quinidine sulfate	茜草科植物鸡纳树 (*Cinchona succirubra*)	抗心律失常药
盐酸奎宁	quinine hydochloride	茜草科植物鸡纳树 (*Cinchona succirubra*)	抗疟药
利舍平	reserpine	夹竹桃科植物萝芙木 (*Rauwolfia verticillate*)、云南萝芙木 (*Rauwolfia yunnanensis*)	降压药
颅痛宁	scopolamine hydrobromide	防己科植物华千金藤 (*Stephania rotunda*)	镇痛药
氢溴酸东莨菪碱	securinine nitrate	茄科植物东莨菪 (*Scopolia japonica*)、天仙子 (*Hyoscyamine niger*)、颠茄 (*Atropa belladonna*)	抗胆碱药。用于镇静、晕动、麻醉药辅助药
硝酸一叶萩碱*	dltetrahydropalmatine	大戟科植物一叶萩 (*Flueggea suffruticosa*)	用于小儿麻痹后遗症、面神经麻痹
四氢帕马丁*	Tetrahydropalmatine	罂粟科植物延胡索 (*Corydalis yanhusuo*)、防己科植物天仙藤 (*Fibraurea recisa*)	镇痛药
川芎嗪*	tetrandrine	伞形科植物川芎 (*Ligusticum chuanxiong*)	用于缺血性脑血管疾病
粉防己碱*	theobromine	防己科植物粉防己 (*Stephania tetrandra*)	具有镇痛、消炎、降压、肌肉松弛以及抗菌、抗癌等作用
可可碱	theophylline	梧桐科植物可可 (*Theobroma cacao*)、山茶科植物茶 (*Camellia sinensis*)	扩张冠状动脉、兴奋心肌、松弛支气管平滑肌、利尿
茶碱	theophylline	山茶科植物茶 (*Camellia sinensis*)	平滑肌松弛，用于支气管性哮喘
硫酸长春碱	vinblastine sulfate	夹竹桃科植物长春花 (*Catharanthus roseus*)	抗肿瘤药

(续表)

中文名	英文名	主要来源	作用与用途
硫酸长春新碱	vinblastine sulfate	夹竹桃科植物长春花（*Catharanthus roseus*)	抗肿瘤药

* 为非药典收载，但具有显著活性的药用天然化合物。

1.2.2 黄酮类化合物

黄酮类化合物(flavonoids)泛指两个具有酚羟基的苯环通过中央三碳原子相互连接而成的一系列化合物，具有不同颜色的天然色素。此类化合物广泛存在于自然界，多数存在于种子植物和蕨类植物中，苔藓植物中含黄酮类化合物的种类不多，藻类、菌类植物中尚未发现。

1. 黄酮类化合物的理化性质

(1) 性状　黄酮类化合物多为结晶性固体，少数如黄酮苷类为无定形粉末。若其组成分子中存在交叉共轭体及助色团(—OH、—OCH$_3$等)，能呈现黄色等颜色。

(2) 溶解度　一般游离黄酮难溶于水，易溶于甲醇、乙醇、醋酸乙酯等有机溶剂及稀碱液中，但其糖苷由于增加了极性基团(—OH)，因而增加了其在水中的溶解度，减少了在有机溶剂中的溶解度。

(3) 酸碱度　黄酮类化合物的组成分子中多具酚羟基，故呈酸性，可溶于碱性水溶液中。但不同黄酮类化合物的酚羟基数目和位置不同，因此其酸性的强弱不同，黄酮类化合物分子中γ吡喃环上1-氧原子是醚的结构，有孤立电子对，故显弱碱性，可与无机酸形成鲜盐，呈现特殊颜色，可用于鉴别。但鲜盐不稳定，遇水即分解。

(4) 显色反应　黄酮类化合物的显色反应主要与其分子的酚羟基及γ吡喃酮环有关。通常应用还原反应，常用盐酸-镁粉、盐酸-锌粉、四氢硼钠等；金属盐类试剂的综合反应，常用铝盐、铅盐、锆盐(Zr)。各类黄酮类化合物经以上试剂测试，呈现出不同颜色[8](表1-3)。

表1-3　各类黄酮类化合物的显色反应

类别	黄酮	黄酮醇	二氢黄酮	查耳酮	异黄酮	橙酮
盐酸＋镁粉	黄→红	红→紫红	红、紫、蓝	—		
盐酸＋锌粉	红	紫红	紫红			
硼氢化钠	—	—	蓝→紫红			
硼酸-柠檬酸	绿黄	绿黄*	—	黄		
醋酸镁	黄*	黄*	蓝*	黄*	黄*	
三氯化铝	黄	黄绿	蓝绿	黄	黄	淡黄

（续表）

类　　别	黄　酮	黄酮醇	二氢黄酮	查耳酮	异黄酮	橙　酮
氢氧化钠水溶液	黄	深黄	黄→橙（冷） 深红→紫（热）	橙→红	黄	红→紫红
浓硫酸	黄→橙*	黄→橙*	橙→紫	橙、紫	黄	红、洋红

＊表示有荧光。

根据表 1-3 中的颜色反应，可以初步鉴定是否含黄酮类化合物及其类型。

2. 黄酮类化合物的分类

黄酮类化合物在植物界分布广泛，其类型也繁多，生理活性多样。据报道，1993 年该类化合物已发现有 4 000 种，其主要结构类型[8]如表 1-4。

表 1-4　黄酮类化合物的主要结构类型

名　　称	三碳链部分结构	名　　称	三碳链部分结构
黄酮类 （flavones）	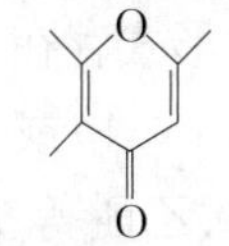	黄烷-3-醇类 （flavan-3-ols）	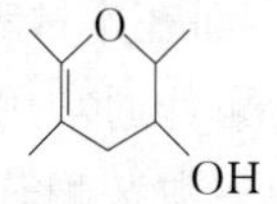
黄酮醇类 （flavonol）	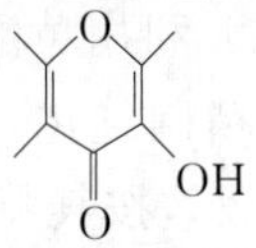	异黄酮类 （isoflavanones）	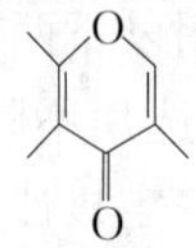
二氢黄酮类 （flavanones）	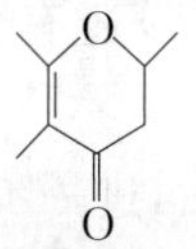	二氢异黄酮类 （isoflavanones）	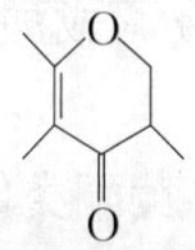
二氢黄酮醇类 （flavanonols）	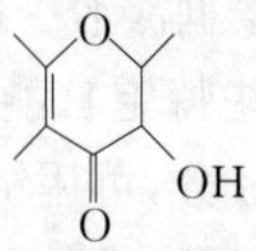	查耳酮类 （chalcones）	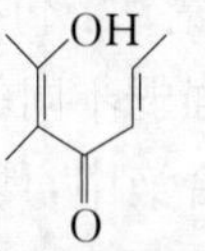
花色素类 （anthocyanidins）	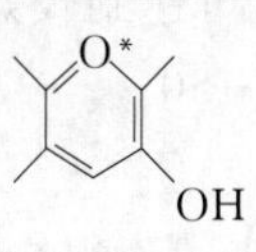	二氢查耳酮类 （dihydrochalcones）	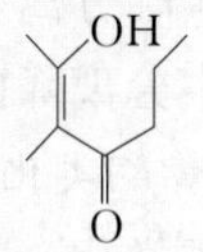
黄烷-3,4-二醇类 （flavan-3,4-diols）	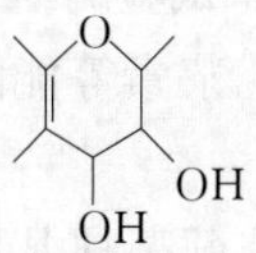	橙酮类 （噢呋类） （aurones）	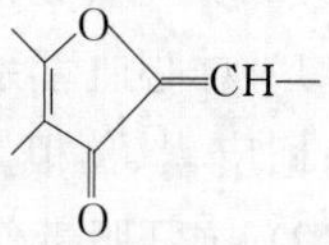
双苯吡酮类 （酮类） （xanthones）	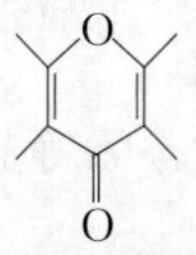	高异黄酮类 （homoisoflavones）	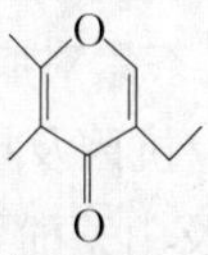

表1-4中不同结构类型的黄酮类化合物一般存在于不同类群植物中,有的植物类群存在数种不同结构类型。如黄酮类仅在报春花等少数植物中,其衍生物则分布在伞形科、槭树科、菊科、豆科等9个以上科中;黄酮醇类主要存在于双子叶植物漆树科、伞形科、夹竹桃科、五加科、萝藦科、菊科以及石蒜科植物中;二氢黄酮及二氢黄酮醇类主要存在于豆科、芸香科、菊科和桃金娘科植物中,而山姜素(alpinetin)等多存在于姜科,杜鹃素(farrerol)等存在于杜鹃花科及贯众等蕨类植物中;异黄酮类主要存在于豆科、蔷薇科和鸢尾科植物中;二氢异黄酮类主要存在于豆科、肉豆蔻科植物中;双苯吡酮类主要存在于金丝桃科、龙胆科、桑科、远志科、山榄科、大风子科、百合科、鸢尾科植物中,并在蕨类、真菌和地衣内也有发现;查耳酮类主要存在于双子叶植物的原始科中,但在菊科的红花中也存在;二氢查尔酮主要存在于豆科、爵床科和番荔枝科等植物中,并在苔藓、蕨类的一些属中存在;橙酮类主要存在于菊科、玄参科、苦苣苔科及莎草科等进化类群植物中,但有学者曾在蕨类植物北京石韦(*Pyrrosia davidii*)中发现此类化合物。

3. 黄酮类化合物的提取和分离

(1) 黄酮类化合物的提取　药用植物叶、花和果实中的黄酮类化合物通常以苷的形式存在,而在木材等坚硬组织中则多数以游离苷元的形式存在。

黄酮苷通常用极性较大的混合液,如甲醇-水(1∶1)或甲醇、沸水(多糖苷类)提取。大多数黄酮苷元则用极性较小的溶剂,如氯仿、乙醚等提取。提取所得的粗提取物通常用以下两种方法精制处理。① 溶剂萃取法:利用黄酮化合物与混入的杂质极性不同,选用不同溶剂进行萃取,可达到提取物的精制纯化。② 碱提取醋沉淀法:黄酮苷有一定极性,可溶于水,难溶于酸水,易溶于碱水,按其特性可用碱水提取,再将碱水提取液调成酸性,黄酮苷类即可沉淀析出。此外,还有使用黄酮苷精制的炭粉吸附法。

(2) 黄酮类化合物的分离　黄酮类化合物提取后,进一步分离工作的常用方法如下。① 柱色谱法:包括硅胶柱色谱、聚酰胺柱色谱、葡聚糖凝胶。② 梯度pH萃取法:适合于酸性强弱不同的苷元的分离。③ 根据分子中某些特定官能团进行分离:在黄酮类成分的混合液中,具有邻二酚羟基成分与无此结构的成分,可用铝盐片分离。

在实际分离工作中,经常将上述方法相互配合,可达到较好的分离效果。例如,从柠檬果皮中分离降血压有效成分的操作过程[8]如图1-50。

4. 黄酮类化合物的作用和用途

黄酮类化合物的生物活性多样,根据药效及临床试验的结果简要归纳如下。

(1) 对心血管系统的作用　芦丁、橙皮苷、d-儿茶素等能降低血管脆弱性及异常通透性;槲皮素、葛根素等具有明显的扩冠作用。

(2) 抗肝胆毒作用　水飞蓟宾、水飞蓟宁及水飞蓟亭具很强的保肝作用,用于肝炎治疗;t-儿茶素对脂肪肝及半乳糖胺引起肝中毒有疗效。

(3) 抗菌及抗病毒作用　木犀草素、黄芩苷及黄芩素等具一定的抗菌作用;槲皮素、桑色素及山柰酚等具抗病毒作用。

§1.2 药用植物的药用成分概述

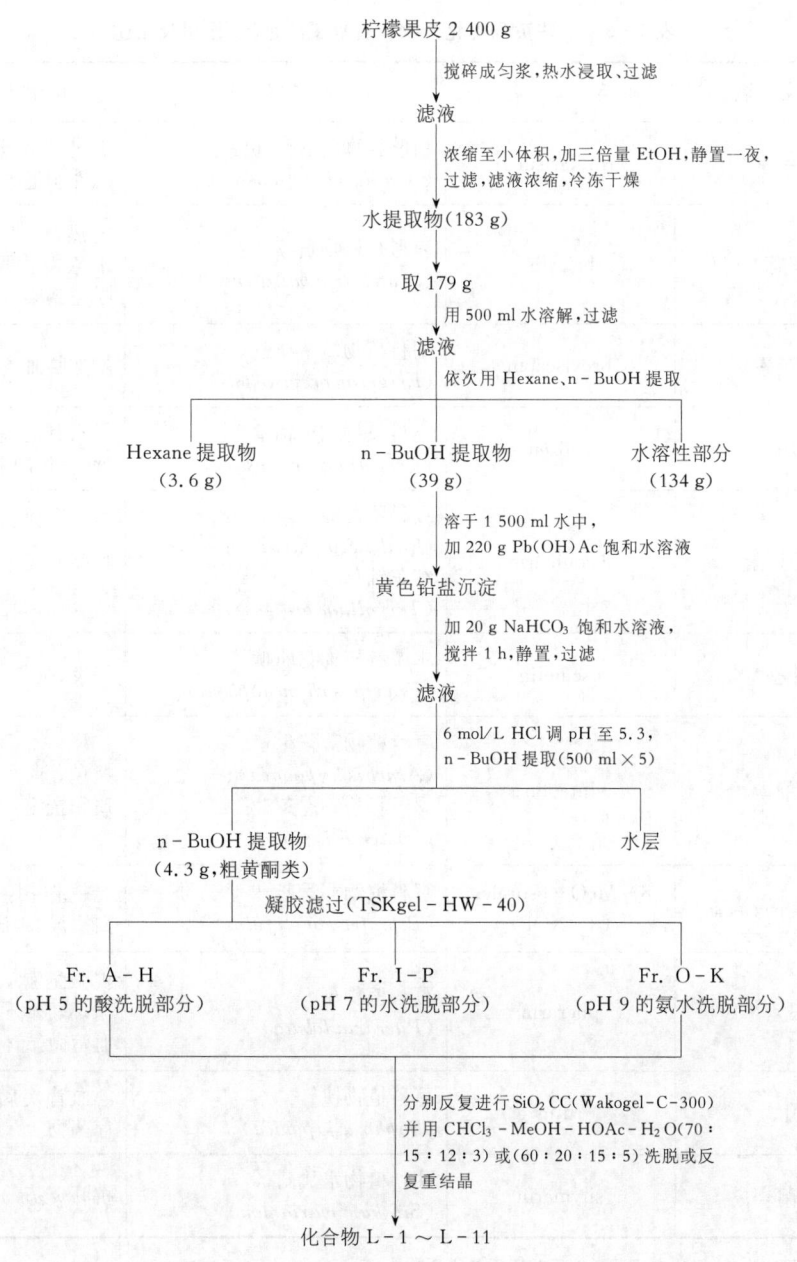

图1-50 从柠檬皮分离降血压成分流程图

(4) 雌性激素样作用 染料木素、金雀花异黄素、大豆素等异黄酮类都具有雌性激素样作用,有学者认为因其结构与己烯雌酚相似之故。

(5) 泻下作用 芸实苷A具有致泻的功能。

(6) 解痉作用 异甘草素、大豆素等能解除平滑肌的痉挛作用;大豆苷、葛根黄素等葛根黄酮素可缓解高血压患者的头痛症状;还有一些黄酮类具平喘止咳作用[8](表1-5)。

表 1-5　一些黄酮类化合物和香豆素的来源、作用及用途

中文名	英文名	主要来源	作用与用途
亮菌甲素*	armillarisin A	白蘑科真菌假蜜环菌（*Armillariella tabescens*）	促进胆汁分泌,用于急性胆道感染
黄芩苷*	baicalin	唇形科植物黄芩（*Scutellaria baicalensis*）	清热、解毒、消炎,用于急慢性肝炎、上呼吸道感染
灯盏花素*	breviscapin	菊科植物短葶飞蓬（*Erigeron breviscapus*）	增加脑血流量
大豆素*	daidzein	豆科植物红车轴草（*Trifolium pretense*）	具有雌激素样作用,解痉、抗缺氧
双香豆素	dicoumarin	豆科紫苜蓿（*Medicago Sativa*）的腐草、红车轴草（*Trifolium pratense*）的鲜草	抗凝血药
七叶亭*	esculetin	木犀科植物花曲柳（*Fraxinus rhynchophylla*）	消炎、抗菌
木犀草素*	luteolin	豆科植物落花生（*Arachis hypogaea*）、忍冬科植物忍冬（*Lonicera japonica*）	抗菌、消炎、解痉、祛痰和抗癌
8-甲氧基补骨脂素*	8-MeO-psoralen(8-NOP)	豆科植物补骨脂（*Psoralea corylifolia*）	光敏作用,用于治疗白癜风、牛皮癣
葛根素*	puerarin	豆科植物葛（*Pueraria lobata*）	扩张冠脉,改善冠脉循环、脑循环及周围血管微循环
芦丁*	rutin	豆科植物槐（*Sophora japonica*）	心血管疾病的辅助治疗药物
水飞蓟亭*	silymarin	菊科植物水飞蓟（*Silybum marianum*）	抗肝炎药

*为非药典收载,但具有显著活性的药用天然化合物。

1.2.3　萜类和挥发油

1. 萜类化合物

萜类化合物（terpenoids）是指异戊二烯的聚合体及其衍生物,从生源分析,凡由甲戊二烯酸衍生,且分子符合$(C_5H_8)_n$通式的衍生物都称为萜类化合物。此类化合物种类繁多、结构多变、生物活性广泛,是一类重要的天然药用成分。

(1) 萜类化合物的理化性质

1) 物理性状：萜类中的单萜和半萜类多为有特殊香气的油状液体或低熔点的固体，单萜的沸点比倍半萜低；二萜、二倍半及三萜类多为晶体性固体。萜类亲脂性强，能溶于脂溶性有机溶剂，难溶于水，但单萜和半萜能随水蒸气蒸馏。味苦，故萜类又称苦味素，但少数如甜菊苷为甜味。多数萜类具不对称碳原子，具光学活性，且多有异构体存在，而低分子的萜类具较高折光率。

2) 化学性质：萜类化合物中含双键和醛、酮等羰基的可与某些试剂发生加成反应，产生结晶物沉淀；不同氧化剂在不同条件下，可将萜类中各种基团氧化，生成各种氧化产物。萜类中的三萜及皂苷在无水条件下，与强酸、中等强酸作用，能产生颜色变化或荧光；皂苷水溶液经强烈振摇能产生持久性泡沫，反映皂苷具表面活性，其水溶液能破坏红细胞，具有溶血作用。

(2) 萜类化合物的结构类型 萜类化合物主要分布在植物中，已发现22 000多种。通常按其分子结构中异戊二烯单位的数量分为8类[8]（表1-6）。此外，还根据其分子结构中碳环的有无和数目又分为链萜、单环萜、双环萜、三环萜和四环萜。由于萜类多数是含氧衍生物，故按含氧情况又将萜类分为醇、醛、酮、羧酸、酯及苷等萜类。

表1-6 萜类化合物的分类及分布

分 类	碳原子数	通式$(C_5H_8)_n$	存 在
半 萜	5	$n=1$	植物叶
单 萜	10	$n=2$	挥发油
倍半萜	15	$n=3$	挥发油
二 萜	20	$n=4$	树脂、苦味素、植物醇
二倍半萜	25	$n=5$	海绵、植物病菌、昆虫代谢物
三 萜	30	$n=6$	皂苷、树脂、植物、乳汁
四 萜	40	$n=8$	植物胡萝卜素
多聚萜	$7.5\times10^3\sim3\times10^5$	$(C_5H_8)_n$	橡胶、硬橡胶

单萜是由2个异戊二烯单位构成，含10个碳原子的化合物，分布于种子植物的腺体、油管和树脂道中，是其挥发油的主要成分。有些单萜以苷的形式存在，不具挥发性。单萜包括链状型和环状型两大类，各类又包括许多种化合物，如薰衣草烷、香茅醇、薄荷醇、α紫罗兰酮等。

倍半萜是由3个异戊二烯单位构成，含15个碳原子的化合物。该类分布在植物界和微生物界，多以挥发油形式存在，在植物中多以醇、酮、内酯和苷的形式存在。倍半萜可按其结构中碳环数分为无环、单环到十二环型倍半萜，包括数千种化合物。如金合欢烯、青蒿素、棉酚、α山道年等。

二萜是由 4 个异戊二烯单位构成,含 20 个碳原子的化合物,多为结晶性固体。广泛分布在植物界,植物分泌的乳汁、树脂等都是二萜的衍生物,松柏类植物中较多。不少重要药物如紫杉醇、丹参酮、银杏内酯、甜菊苷等都属此类。此类也分链状和环状两大类。

二倍半萜是由 5 个异戊二烯单位构成,含 25 个碳原子的化合物。分布在蕨类植物、植物病原菌、地衣及一些昆虫分泌物中。该类在 1965 年发现第一个二倍半萜,现已在天然产物中发现 6 种类型约 30 种化合物,如蛇孢假壳素、网肺酸等。

三萜是由 6 个异戊二烯缩合而成,含 30 个碳原子的化合物。三萜类化合物有的以游离形式存在,有的则与糖结合成苷的形式存在,后者多数可溶于水,振摇后可产生似肥皂水样泡沫,故又称三萜皂苷。三萜及其皂苷广泛存在于菌类、蕨类和种子植物及动物中,以双子叶植物中分布多。据报道,游离三萜主要存在于菊科、豆科、大戟科、楝科、卫矛科、茜草科、橄榄科、唇形科等植物中,而三萜皂苷在豆科、五加科、葫芦科、毛茛科、石竹科、伞形科、鼠李科、报春花科等植物中分布较多。该类化合物的结构类型很多,多数三萜为四环三萜、五环三萜,少数为链状、单环、双环和三环三萜,已发现 2 000 余种。其中,四环三萜主要有达玛烷、羊毛脂烷、甘遂烷、葫芦素等类型;五环三萜主要有齐墩果烷、乌苏烷、羽扇豆烷和木栓烷等类型。三萜及其皂苷具有多种生物活性,如常用中药人参、甘草、柴胡、远志和桔梗中都含有,其药用化学成分研究深入。

此外,萜类中还有四萜化合物,主要为胡萝卜羟色素;多聚萜类化合物,主要为橡胶和硬橡胶。

(3) 萜类化合物的提取和分离　萜类化合物的结构类型多样,因此其提取和分离方法因结构类型不同而存在变化。

萜类的提取通常采用以下三种方法。

溶剂提取法:苷类化合物先用醇提,再减压浓缩后转溶于水中,滤除杂质后乙醚或石油醚萃取,再去杂质后用正丁醇萃取,减压回收得粗总皂苷。非苷类化合物也用醇提,减压浓缩后用乙酸乙酯萃取,回收溶剂后得总萜化合物。

碱提取酸沉淀法:应用于内酯化合物在热碱液中,开环成盐而溶于水中,酸化后又闭环析出原内酯化合物的特性来提取倍半萜类内酯化合物。

吸附法:活性炭吸附法用于苷类水溶液,洗去杂质,再用有机溶剂洗脱,回收溶剂即得纯品;大孔树脂吸附苷法用于将苷水溶液通过大孔树脂吸附,也用水、醇洗脱,也可得纯的化合物。

萜类的分离通常采用以下三种方法。

结晶分离:有些萜类的萃取液回收到小体积时,往往有结晶析出,滤除结晶,再以适量溶媒重结晶,可得纯的萜类化合物。

柱色谱分离:萜类分离一般用硅胶作吸附剂,洗脱剂用非极性有机溶剂。

利用结构中特殊功能团进行分离:利用萜类结构中含氧功能团进行分离,如上述倍半萜内酯的分离方法。

上述萜类化合物成分的分离方法,在应用时常互相配合使用。如萝摩科植物须药藤

(*Stelmatocrypton khasianum*)的茎用于治疗感冒、风湿痛等症,含有齐墩果烷型和乌苏烷型三萜及 C_{21} 甾体皂苷。须药藤茎的醇提取物用石油醚、乙酸乙酯及正丁醇提取。正丁醇部分经分离得到 4 个 C_{21} 甾体皂苷及 4 个三萜皂苷,其分离过程如下[8](图 1-51)。

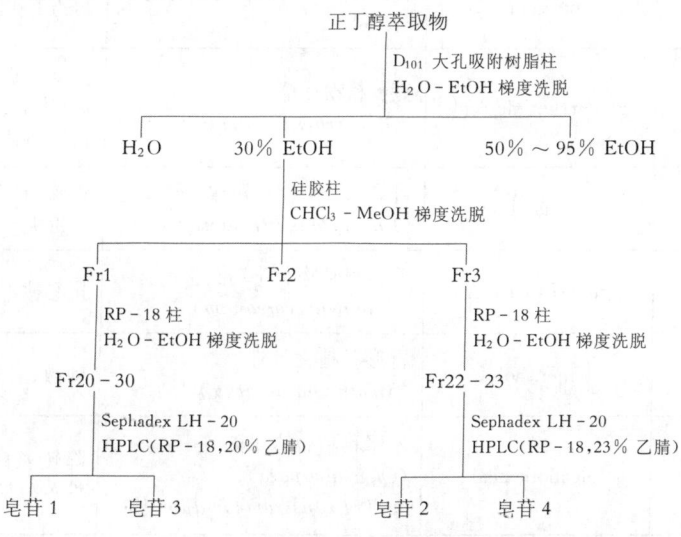

图 1-51 须药藤茎提取皂苷的流程图

(4) 萜类化合物的作用和用途 萜类化合物具有广泛的生物活性,据报道,萜类化合物具有消炎、抗肿瘤、抗菌和病毒、降低胆固醇、抗生育等活性。其中有些药用化学成分作为药物已在临床应用,如齐墩果酸用于治疗肝炎、甘草次酸琥珀酸半酯的钠盐用作抗溃疡药,雷公藤提取物用于类风湿关节炎等症。表 1-7 列出 18 种萜类化合物的来源、作用[8]。

表 1-7 18 种萜类化合物的来源、作用和用途

中文名	英文名	主要来源	作用与用途
穿心莲内酯*	andrographolide	爵床科植物穿心莲 (*Andrographis paniculata*)	抗菌、消炎,用于上呼吸道感染、菌痢
青蒿素	artemisinin	菊科植物黄花蒿 (*Artemisia annua*)	抗疟药
龙脑	borneol	姜科植物姜 (*Zingiber officinale*)、樟科植物乌药 (*Lindera aggregata*)、南天星科植物白菖蒲 (*Acorus calamus*)	开窍醒神,清热止痛
樟脑	camphor	樟科植物樟 (*Cinnamomum camphora*)	皮肤刺激药

(续表)

中文名	英文名	主要来源	作用与用途
薯蓣皂苷元*	diosgenin	薯蓣科多种植物所含皂苷的水解产品	制药工业原料
甘草次酸*	glycyrrhetinic acid	豆科植物甘草（*Glycyrrhiza uralensis*）	具肾上腺皮质激素样作用，消炎、抗肿瘤，镇咳、祛痰、利尿
愈创木醇*	guaiol	桃金娘科植物柠檬桉（*Eucalyptus citriodora*）	镇咳、祛痰，用于治疗支气管炎
关附甲素*	guan-fu base A	毛茛科植物黄花乌头（*Aconitium coreanum*）	抗心律不齐
薄荷脑	menthol	唇形科植物薄荷（*Mentha haplocalyx*）	刺激、清凉、消炎等作用
齐墩果酸*	oleanolic acid	木犀科植物木犀榄（*Olea europaea*）、女贞（*Ligustrum lucidum*）等	降转氨酶，用于治疗急性黄疸型肝炎
松 醇*	pinitol	松科植物糖松（*Pinus lambertiana*）、豆科植物夜门关（*Lespedeza cuneata*）、和葛（*Pueraria lobata*）	镇咳、祛痰，用于治疗多年慢性气管炎
山道年*	santonin	菊科植物蛔蒿（*Serphidium cinum*）、滨蒿（*Artemisia maritima*）	驱蛔虫
甜菊苷	stevioside	菊科植物甜叶菊（*Stevia rebaudiana*）	甜味剂
紫杉醇*	taxol	紫杉科植物东北红豆杉（*Taxus cuspidata*）、短叶紫杉（*Taxus brevifolia*）	抗癌药
麝香草酚*	thymol	唇形科多种植物	杀菌、祛痰，用于治疗气管炎、百日咳等
川楝素*	toosendanin	楝科植物川楝（*Melia toosendan*）	驱蛔虫
雷公藤甲素*	triptolide	卫矛科植物雷公藤（*Tripterygium wilfordii*）、昆明山海棠（*Triptreygium hypoglaucum*）	抗白血病和抑制肿瘤

（续表）

中文名	英文名	主要来源	作用与用途
芫花萜*	yuanhuacin A	瑞香科植物芫花（*Daphne genkwa*)、瑞香(*Daphen odora*)，大戟科植物草乌桕(*Stillingia sylvatica*)	中期妊娠引产药，有抗癌作用

* 为非药典收载，但具有显著活性的药用天然化合物。

2. 挥发油

挥发油(volatile oil)又称精油，是一类具有芳香气味的油状液体的总称。常温下能挥发，可随水蒸气蒸馏。挥发油在植物界分布广，主要存在于种子植物中的芳香植物内，约有 56 科，其中菊科、芸香科、伞形科、唇形科、姜科、樟科植物中最多。挥发油在植物体内存在的部位常各不相同，有的全株都有，有的仅在某一器官内。在同一植物的不同部位中，其所含挥发油的成分也存在差异。挥发油在植物体内通常储存在腺毛、分泌细胞、分泌腔道等分泌结构中。

(1) 挥发油的理化性质

物理性状：挥发油在常温下多呈无色或淡黄色，仅少数呈其他颜色；大多具芳香气或其他特殊气味；在常温下为透明液体，有的在冷却时其主要成分可结晶析出；在常温下可自行挥发而不留痕迹。

溶解度：挥发油不溶于水，溶于各种有机溶剂。

物理常数：挥发油的沸点介于 70～300 ℃；多数比水轻，比重介于 0.85～10.65；有光学活性，比旋度在 97°～177°；具强折光性，折光率介于 1.43～1.61。

稳定性：挥发油与空气及光线接触，会逐渐氧化变质，使比重增加，颜色变深，香味消失，形成树脂样物质，从而不能随水蒸气蒸馏。故需封闭保存在棕色瓶中，并置低温处。

(2) 挥发油的组成和分类　挥发油所含化学成分较复杂，一种挥发油中可含数十种到数百种成分。构成挥发油的成分类型可分为如下四类，其中萜类化合物多见，故挥发油与萜类关系密切。

萜类化合物：挥发油中的萜类成分主要为单萜、倍半萜及其含氧衍生物，而后者多数是生物活性较强或具芳香气味的主要组分。如松节油中蒎烯含量约 80%、樟脑油含樟脑 50%、薄荷油含薄荷醇 80%。

芳香族化合物：在挥发油中的含量仅次于萜类，有萜源衍生物，如百里香草酚、孜然芥烯等；苯丙烷类衍生物，如桂皮醛、茴香脑等。

脂肪族化合物：包括小分子脂肪族化合物，如甲基正壬酮、正庚烷等，还包括小分子醇、醛或酸类化合物，如正壬醇、异戊醛等。

其他类化合物：包括一些挥发油样物质，如芥子油、挥发杏仁油、大蒜油等，也能随水蒸气蒸馏。

(3) 挥发油的提取和分离

挥发油成分的提取常采用以下三种方法。

水蒸气蒸馏法：将原料粗粉在蒸馏器中加水浸泡后，直接加热蒸馏，挥发油受热与水蒸气同时蒸馏出来，收集蒸馏液，经冷却后分取油层。此法操作简便、成本低、收率高，但成分易变化，芳香气味可能变味。

浸提法：一些不宜用蒸馏法提取的挥发油原料，可直接利用有机溶剂进行浸提。常用的浸提方法有油脂吸收法(玫瑰油、茉莉花油用此法)、溶剂萃取法、超临界流体萃取法。

冷压法：此法适用于新鲜含挥发油多的原料，如橘、柠檬的果皮，将其捣碎冷压后，静置分层可得粗品，能保持新鲜香味，但易混有杂质。

上述方法提取的挥发油一般为混合物，要进一步分离纯化，常用的分离方法如下。

冷冻法：将挥发油置于0℃以下使其析出结晶，再经重结晶可得纯品，如纯薄荷脂的分离。

分馏法：利用挥发油中不同组分对温度及氧要求不同，通常在减压下进行，一般在35～70℃/10 mmHg被蒸馏出的为单萜烯类，在70～100℃/10 mmHg被蒸馏出的为单萜的含氧化合物，在更高温度下被蒸馏出的为倍半萜烯及其含氧化合物。

化学方法：包括利用酸、碱性不同进行分离，利用功能团特性进行分离。

利用化学法系统分离挥发油中各成分的流程如下[8](图1-52)。

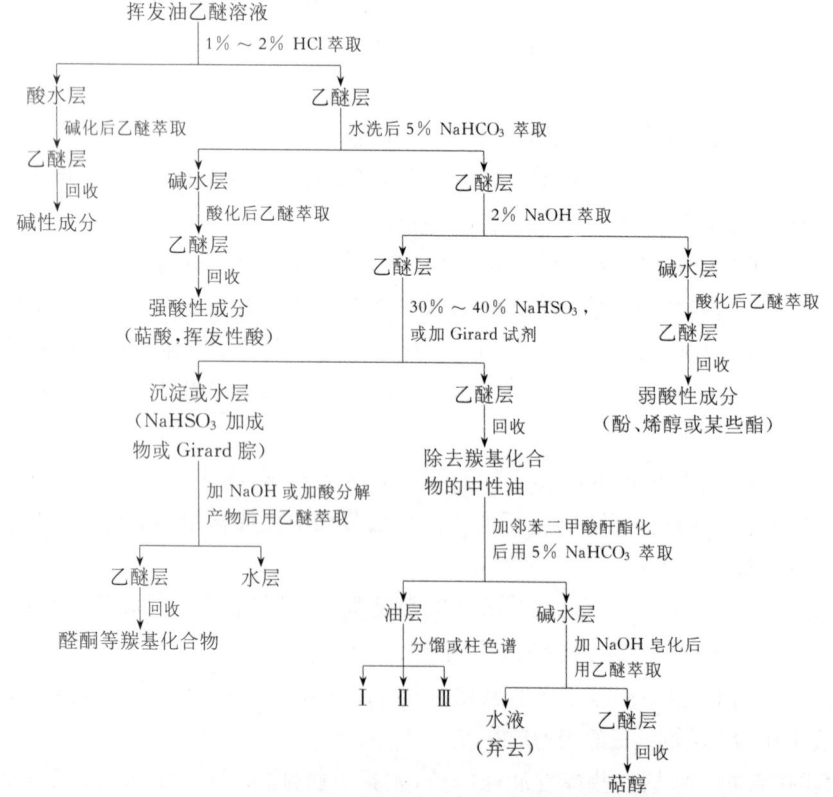

图1-52 挥发油化学方法分离的流程图

色谱分离法：此法常与分馏法结合，即将分馏的馏分溶于石油醚，将其通过硅胶吸附柱，依次用石油醚、己烷、乙酸乙酯等组成的混合溶剂洗脱，洗脱液分别以 TLC 进行检查每一馏分中的成分。

(4) 挥发油的作用和用途　挥发油在医药方面具有去痰、止咳、平喘、祛风、健胃、解热、镇痛、抗菌、消炎等作用。如香柠檬油能抑制大肠杆菌、白喉菌等多种致病菌；柴胡挥发油能退热；丁香油有局部麻醉、止痛作用；土荆芥油可驱虫等。

挥发油在香料工业、食品工业中也广泛应用，在香料工业上有芳香"浸膏""净油""香膏""头香"等制品，在食品工业中是重要调味添加剂。

现列举 6 种挥发油的来源、作用和用途[8]（表 1-8）。

表 1-8　6 种挥发油的来源、作用及用途

中文名	英文名	主要来源	作用与用途
丁香罗勒油 （丁香酚）	eugenol	唇形科植物丁香罗勒 （*Ocimum gratissimum*）	局部止痛、防腐
八角茴香油 （茴香脑）	anethole	木兰科植物八角茴香 （*Illicium verum*）	芳香调味剂、健胃药
肉桂油 （桂皮醛）	cinnamaldehyde	樟科植物肉桂 （*Cinnamomum cassia*）	祛风药、健胃药
芸香草油* （胡椒酮）	piperitone	禾本科植物芸香草 （*Cymbopogon distans*）	平喘、松弛支气管平滑肌，用于慢性支气管炎
松节油 （α,β-蒎烯）	α,β-pinene	松科松属多种植物	皮肤刺激药，用于肌肉、关节疼痛
桉油 （桉油精）	eucalyptol	桃金娘科植物蓝桉 （*Eucalyptus globulus*）	解热、镇痛、抗菌

* 为非药典收载，但具有显著活性的药用天然化合物。

1.2.4　醌类化合物

醌类化合物（quinones）是指其分子内具有不饱和环二酮结构即醌式结构或容易转变成这样结构的天然化合物。多具有酚羟基，自然界一些酚性化合物如多元酚、鞣质等很易氧化成醌类，因此醌类常与鞣质等伴存。醌类化合物主要分为苯醌、萘醌、菲醌和蒽醌四类，广泛存在于植物界，少数存在于海绵动物中，主要分布在种子植物内。

1. 醌类化合物的理化性质

(1) 物理性状　天然存在的醌类成分因其母核上多有酚羟基取代故为有色晶体，呈黄色、橙色、棕红色、紫红色，若无取代的醌类则基本无色。在四类醌类中，苯醌和萘醌多以游离状态存在，而蒽醌一般结合成蒽醌苷，由于其极性大难得结晶。

(2) 升华性　游离的醌类一般具有升华性。小分子的苯醌和萘醌类还有挥发性，可

随水蒸气蒸馏。

(3) 溶解度　游离醌类极性小,能溶于有机溶剂,不溶于水。当醌类和糖结合成苷后,极性增大,易溶于甲醇、乙醇中,热水中也可溶解,但冷水中溶解度低,不溶于极性小的有机溶剂苯、乙醚中。

2. 醌类化合物的结构类型

醌类化合物可分苯醌、萘醌、菲醌和蒽醌四类。

(1) 苯醌类　苯醌类(benzoquinones)化合物从结构上又可分为邻苯醌和对苯醌两类。前者的结构不稳定,天然存在的苯醌多数属于对苯醌的衍生物。

苯醌类化合物存在于种子植物的 27 个科中,海藻及海绵中也有存在。如 2,6-二甲氧基对苯醌存在于荔枝草(*Salvia plebeia*)果实中,为黄色结晶,具抗菌作用;密花醌存在于朱砂根(*Ardisia crenata*)根中,具抗毛滴虫作用。

(2) 萘醌类　萘醌类(naphthoquinones)化合物从结构上包括 α-(1,4 醌类)、β-(1,2 醌类)及 amphi-(2,6 醌类)三种类型,但从自然界得到的大多数属 α 萘醌类,且常与鞣质伴生。

萘醌类化合物分布在种子植物约 20 个科中,地衣、藻类中也有,其中 β-1,2 醌类较少,仅分布于少数科属,如卫矛科、紫葳科、玄参科、柿树科的一些属内。α-1,4 萘醌类分布较广泛,分布在夹竹桃科、紫葳科、紫草科、大戟科、无患子科、胡桃科、蓝雪科、百合科和鸢尾科等。其中如胡桃科中的胡桃醌具抗菌、抗癌及中枢神经镇静作用,雪蓝科中的雪蓝酸具抗菌、止咳和祛痰作用;紫草中的紫草素、异紫草素具止血、抗菌和抗癌作用。

(3) 菲醌类　天然菲醌类(phenanthraquinones)化合物包括邻菲醌和对菲醌两类。菲醌类化合物分布在唇形科、豆科、番荔枝科、使君子科、蓼科、兰科及杉科中,并从地衣中分离到。例如从丹参中分离出多种菲醌衍生物,都属邻菲醌类和对菲醌类衍生物,具有抗菌和扩张冠状动脉的作用;落羽松(*Taxodium distichum*)中分离出落羽松酮、落羽松二酮。

(4) 蒽醌类　蒽醌类(anthraquinones)化合物包括蒽醌衍生物及其不同程度的还原产物,有氧化蒽酚、蒽酚、蒽酮的二聚体等。蒽醌类在植物界分布广泛,存在于种子植物 30 多个科内,并在地衣和真菌中也发现。其中含量较多的有蓼科、鼠李科、茜草科、兰科、芸香科和百合科植物。

蒽醌衍生物常以游离态及与糖结合成苷两种形式存在,根据其羟基在蒽醌母核上的分布情况,又可分两类:大黄素型为大黄中主要蒽醌成分;茜草素型如茜草中的茜草素、木糖和葡萄糖的蒽醌苷类化合物。

蒽酚或蒽酮衍生物为蒽醌在酸性条件下被还原,生成蒽酚及其互变异构体蒽酮。蒽酚衍生物可以游离苷元或结合成苷两种形式存在,如柯桠素(chrysarobin)对霉菌有杀灭作用。

二蒽醌类衍生物为两分子蒽醌结合成的化合物,如大黄及番泻叶中致泻的主要药用成分番泻苷 A、B、C、D 等和藤黄科金丝桃属植物中能抑制中枢神经作用的金桃素属于二蒽酮类,豆科决明属植物中的双扁豆双醌属二蒽醌类。

3. 醌类化合物的提取分离

醌类化合物的结构类型多,它们的理化性质差异大,而且都以游离苷元和苷两种形式存在,因此其提取分离方法难以通用。

(1) 游离醌类的提取分离　游离醌类的提取方法包括以下几种。① 有机溶剂提取法:适合于极性较小的游离醌类,通常用极性小的有机溶剂溶取。② 碱提取-酸沉淀方法:将酚羟基与碱成盐而溶于碱中,再酸化后酚羟被游离而沉淀析出。③ 水蒸气蒸馏法:适用于分子量小的苯醌及萘醌类化合物。游离醌类的常用分离方法如下。① 化学分离法:由于蒽醌是醌类化合物中主要结构类型,可利用羟基蒽醌中酚羟基的位置和数目不同,对分子的酸性强弱影响不同而进行羟基蒽醌类化合物的化学方法分离。② 硅胶色谱法:如日本决明子(*Cassia obtusifolia*)用此方法分离出 13 种羟基蒽醌衍生物及类似物。

(2) 蒽醌苷类的分离　蒽醌苷类因含糖,极性大,水溶性强,分离和纯化困难,一般采用色谱法分离。近年的研究实践证明,使用葡聚糖凝胶柱色谱和反相硅胶柱色谱方法可使极性较大的蒽醌苷类化合物得到有效分离。如大量蒽醌苷类分离后,可依次先后得到二蒽酮苷、蒽醌二葡萄糖苷、蒽醌单糖苷和游离苷元;茜草中的蒽醌苷成分可分离出三种蒽醌衍生物的双糖苷单体化合物。

(3) 醌类化合物的作用和用途　醌类化合物具有多种生物活性,主要有以下方面。

泻下作用:泻下作用是蒽醌类的主要生物活性,为中药大黄的重要作用。经过其各种蒽醌成分的比较药效研究证实,其泻下的主要活性成分为具有二蒽酮类结构的番泻苷类成分,而芦荟大黄素、大黄酸等活性低,大黄素及大黄素甲醚等则无效。

抗菌作用:蒽醌化合物大多具抗菌作用,其苷元比苷活性强,如大黄素、大黄酸、芦荟大黄素等对多种细菌具抗菌作用。苯醌中的 2,6-二甲氧基对苯醌具较强的抗菌作用,萘醌中的胡桃醌也有抗菌作用。

抗癌作用:苯醌中的胡桃醌、拉帕醌具有抗癌作用。

此外,苯醌中的密花醌具抗毛滴虫、阿米巴原虫作用。萘醌中蓝雪醌能止咳、祛痰,紫草素类衍生物可促进血液凝固,菲醌中的丹参醌类具扩张冠状动脉作用。

1.2.5 甾体及苷类

甾体化合物(steroids)的结构中,都具有一个环戊烷骈多氢菲的母核和三个侧链。所以"甾"很形象地表示了此类化合物的基本骨架。甾核 C-3 位有羟基取代,可与糖结合成苷。根据其侧链结构的不同,天然的甾类成分可分为多种类型:C_{21} 甾类、甾体皂苷类、强心苷类、植物甾醇、昆虫变态激素、胆酸类等。甾类成分在无水条件下,与强酸能产生多种颜色反应,类似三萜化合物,现仅简述与药用关系密切的 C_{21} 甾、甾体皂苷和强心苷三类成分。

1. C_{21} 甾类化合物

C_{21} 甾(C_{21}-steroids)是一类含有 21 个碳原子的甾体衍生物。此类化合物目前已应用于临床,具有消炎、抗肿瘤、抗生育等方面的生物活性,引起各国学者重视。

C_{21}甾类成分在植物体内除以游离形式存在外,也可和糖缩合成苷类存在。近年的研究发现,玄参科、毛茛科、夹竹桃科、萝藦科植物中都存在C_{21}甾苷类。如萝藦科鹅绒藤属的断节参(Cynanchum wallichii)根可治疗风湿性关节炎,现已从根中分离到断节参苷(五糖苷),另从同属的青羊参(Cynanchum otophyllum)根茎中分离出青阳参苷Ⅰ和青阳参苷Ⅱ(三糖苷),都具有抗惊厥作用。

2. 甾体皂苷

甾体皂苷(steroidal saponins)是一类由螺甾烷类化合物与糖结合的寡糖苷。目前甾体皂苷类化合物已发现一万多种,并发现具有重要的生物活性,如防止心脑血管疾病、抗肿瘤、降血糖和免疫调节等作用,从而引起国内外重视。如从黄山药(Dioscorea panthaica)根茎中提取的甾体皂苷制成的"地奥心血康胶囊"内含 8 种甾体皂苷。甾体皂苷主要分布在百合科、薯蓣科、龙舌兰科、姜科、豆科、玄参科、蒺藜科、苦木科和茄科植物中。

(1) 甾体皂苷的理化性质　甾体皂苷元多呈结晶,能溶于有机溶剂,不溶于水。若其苷元与糖结合成苷,则溶于水,易溶于热水,而不溶于有机溶剂。

甾体皂苷在无水条件下,与某些酸类产生类似三萜皂苷的颜色反应,但甾体皂苷与醋酐-硫酸反应,最后出现绿色,而三萜皂苷出现红色,可以区分。

(2) 甾体皂苷的结构类型　甾体皂苷的皂苷元基本骨架属于螺甾烷的衍生物,根据其螺甾环结构中C_{25}的构型和环的环合状态,可将甾体皂苷分为四种类型。① 螺甾烷醇类:C_{25}为 S 构型。② 异螺甾烷醇类:C_{25}为 R 构型。③ 呋甾烷醇类:F 环为开链衍生物。④ 变形螺甾烷醇类:F 环为五元四氢呋喃环。

菝葜(Smilax china)根中的菝葜皂苷,其皂苷元属于螺甾烷醇类;多皮刺茄(Solanum aculeatissimum)根中分离的 aculeatiside A 和 B 属于变形螺甾烷醇类;薯蓣根茎中的薯蓣皂苷元属于异螺甾烷的衍生物。

(3) 甾体皂苷的提取分离　甾体皂苷的提取与分离方法,基本与三萜皂苷相似。但甾体皂苷一般不含羧基,呈中性,亲水性较弱。由于甾体皂苷元是合成甾体激素和甾体避孕药物的原料,故在实用中将甾体皂苷水解,提取皂苷元。甾体皂苷元常用的提取方法有酸水解法、有机溶剂提取法。提取总皂苷后,再用硅胶柱谱进行分离或高效液相色谱法制备,取得单体。

3. 强心苷类

强心苷(cardiac glycosides)是存在于植物体内具有强心作用的甾体苷类化合物,它们的分子结构是甾体母核的 C-17 上连接一个内酯环。目前强心苷成分已发现数百种。强心苷存在于种子植物十几个科中,主要为夹竹桃科、萝藦科、十字花科、卫矛科、大戟科、豆科、桑科、玄参科、毛茛科、梧桐科和百合科植物的果实、叶和根中。

(1) 强心苷的理化性质　强心苷多为无色结晶或无定形粉末,可溶于水、丙酮及醇类等极性溶剂,几乎不溶于醚、苯等非极性溶剂。

强心苷类似其他苷类,其苷键可被酸、酶水解。强心苷中苷键由于糖的结构不同,水解的难易有差别,水解产物也有差异。

强心苷除甾体母核能产显色反应外,还可因其结构中含有不饱和内酯环和2-去氧糖而产生显色反应。如 Legal 反应呈深红色或蓝色、Keddle 反应呈红色或深红色、Raymond 反应呈紫红色或蓝色、Baljet 反应呈橙色或橙红色。

(2) 强心苷的结构类型　强心苷的分子结构是甾体母核的 C-17 上连接一个内酯环,如内酯环为五元内酯环时则为强心甾(cardenolide),为六元内酯环时则称为海葱甾(scillanolide)或蟾酥甾(bufanolide)。母核与各种不同的糖连接成苷。

五元内酯环强心苷类如从玄参科地黄属毛花地黄的叶中已分离出 30 多种强心苷,是由五种强心苷元与不同糖缩合而成,其中许多成分已临床应用,夹竹桃科羊角拗属旋花羊角拗(*Strophanthus gratus*)的种子中分离的乌本苷为乌本苷元的 L-鼠李糖苷,为速效强心苷。

六元内酯环强心苷存在于百合科、景天科、鸢尾科、毛茛科、檀香科和楝科中,已发现 100 多种,如百合科海葱(*ornithogalum caudatum*)中含有的原海葱苷 A、海葱苷 A 与葡萄糖海葱苷 A 等,都是海葱苷元的衍生物;蟾酥是蟾蜍耳后腺、皮下腺的分泌物加工而成,属于六元内酯环型强心苷元的衍生物,药理试验证明具有强心利尿,升压消炎等作用。

(3) 强心苷的提取与分离

强心苷的提取:提取原生苷,必须抑制其植物体内酶的活动,为此被提取的原料应新鲜,采集后要低温快速干燥。如提取次级苷,可利用酶进行酶解获得。由于原生苷易溶于水而难溶于亲脂性溶剂,但次级苷则易溶于亲脂性溶剂而难溶于水。因此,应根据以上特性分别选择溶剂按常规方法提取不同性质强心苷。所得粗品再通过溶剂法、铅盐法或吸附法除去杂质,进行纯化。

强心苷的分离:强心苷的分离主要有三种方法:两相溶剂萃取法、逆流分配法和色谱分离法。当所分离的强心苷的组分复杂时,往往要使用多种方法配合应用反复分离,才能达到满意效果。

(4) 强心苷的作用和用途　强心苷是治疗心力衰竭的重要药物[8](表 1-9),但在临床应用中发现治疗宽度狭窄和不易控制的缺点,故此方面的研究仍在继续深入。

表 1-9　6 种强心苷的来源、作用和用途

中文名	英文名	主要来源	作用与用途
铃兰毒苷*	convallatoxin	百合科植物铃兰(*Convallaria majalis*)	强效强心药
去乙酰毛花苷 C（西地兰）	deslanoside（cediland）	玄参科植物毛花洋地黄(*Digitalis lanata*)	速效强心药
洋地黄毒苷	digitoxin	玄参科植物毛花洋地黄(*Digitalis lanata*)	强心药

(续表)

中文名	英文名	主要来源	作用与用途
地高辛	digoxin	玄参科植物毛花洋地黄（*Digitalis lanata*）	强心药
蟾力苏*	resibufogenin	蟾蜍科植物中华大蟾蜍（*Bufo gargarizans*）	强心、升压、兴奋呼吸等作用，用于心力衰竭、外伤性休克
毒毛花苷 K*	strophanthin K	夹竹桃科植物毒毛旋花（*Strophanthus kombe*）	强心药。用于急性心肌衰竭

* 为非药典收载，但具有显著活性的药用天然化合物。

近年的研究还发现,有些强心苷对肿瘤也有疗效。如从多变小冠花(*Coronilia varia*)种子提取的 hyrcanoside 及其次级苷 deglucohyrcanoside 对人鼻咽表皮癌细胞有明显抑制作用。

以上简要介绍了药用植物中生物碱、黄酮类、萜类和挥发油、醌类、甾体及其苷类等药用化学成分的性质、结构类型、提取分离方法以及作用和用途,以供研究药用植物的结构、发育与其药用化学成分关系的参考。药用植物中还有糖类、苯丙素类等药用化学成分,在本书中不做专门介绍。

§1.3 药用植物的结构与其药用成分的关系

药用化学成分是药用植物,所以能防病、治病的物质基础。此类化学成分多数是植物次生代谢过程的产物,它们在药用植物体内都有其合成部位、运输途径和储存场所。在不同类群植物中,由于其遗传特性和内部结构特点不同,上述过程存在差异。在同一种植物中,在不同器官内以及不同的生长发育时期,药用成分的含量以及其储存场所也可能发生变化。因此,药用植物的结构、发育与其药用成分积累存在密切的关系。研究并阐明药用植物的内部结构特点及其发生、发育规律,在此基础上研究其主要药用成分在植物体内积累的部位以及在生长发育中的动态变化规律,分析探讨药用植物的结构、发育与药用成分的相关性,对药用植物的科学栽培、合理采收,提高药用植物的产量和质量可以提供科学依据,同时也可为研究、探讨植物的结构、发育与其次生代谢产物产生、储存的关系提供基础资料。基于以上认识,笔者从 20 世纪 90 年代开始,应用植物解剖学、细胞化学和组织化学、电子显微镜以及植物化学等技术结合,先后较系统地研究了多种药用植物的结构、发育以及与其主要药用成分积累的关系。

"芦荟"是历版《中华人民共和国药典》(一部)收录的药用植物,其药用部分为叶的液汁浓缩干燥物,主要药用化学成分为蒽醌类化合物芦荟苷(aloin)。芦荟属(*Aloe*)植物隶属百合科,为多年生、常绿、肉质草本植物,约有 500 种,原产非洲南部,我国仅有中华芦荟(*A. vera* var. *chinensis*)一种,2010 年版我国药典收录的"芦荟"原植物为库拉索芦荟(*A. barbadensis*,即 *A. vera*)[11]。

通过 4 种芦荟叶的解剖学研究表明[12],其内部结构都由表皮、同化组织、储水组织以及一轮位于同化组织与储水组织之间的维管束组成(图 1-53)。其维管束结构特殊,在维管束鞘内的韧皮部外侧为数个大型薄壁组织细胞,约占维管束面积的 70%,而韧皮部和木质部的输导组织仅占 30%左右(图 1-54)。应用醋酸铅沉淀法测试,其蒽醌类化合物储存在大型薄壁组织细胞内(图 1-55)。新鲜叶的切片在荧光显微镜下观察,其蒽醌类化合物的荧光也局限在维管束内(图 1-56)[13]。以上观察结果表明,芦荟的蒽醌类物质储存在叶片维管束的大型薄壁组织细胞(又称芦荟素细胞)中。芦荟茎的解剖结果表明,其茎的维管束有两类:初生的外韧有限维管束和次生的周木维管束(图 1-57),以上两类维管束中都无大型薄壁组织细胞。茎的提取物与芦荟素标准品进行薄层层析结果也表明,其茎内无蒽醌类化合物[14-15],从而为叶片是芦荟的药用部分提供了科学依据。

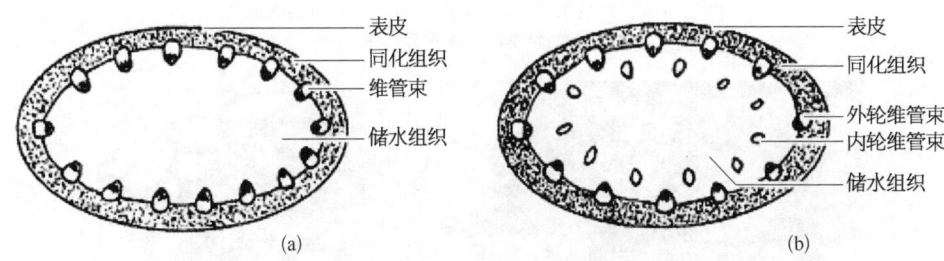

图 1-53 芦荟叶片横切面模式图
(a) 木立芦荟叶片横切面结构,只有一圈维管束;(b) 中华芦荟叶片横切面的结构有两圈维管束

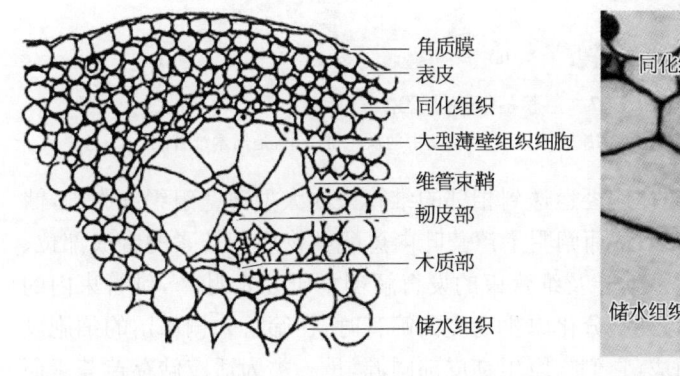

图 1-54 芦荟叶片横切面的一部分

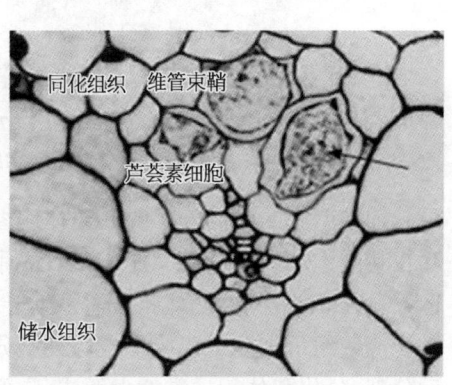

图 1-55 芦荟蒽醌类化合物的组织化学定位——醋酸铅沉淀法

通过细胞化学定位和透射电镜研究观察表明[17],芦荟的蒽醌类物质芦荟素的合成场所是在叶片同化组织细胞的质体内的片层间,以后其质体膜突出形成小泡,所合成的芦荟素转入小泡内,然后小泡脱离质体释放到细胞质内,它与内质网融合或直接与质膜融合,从而将芦荟素释放到细胞的质膜外,通过质外体途径运送到维管束鞘细胞内,以后再

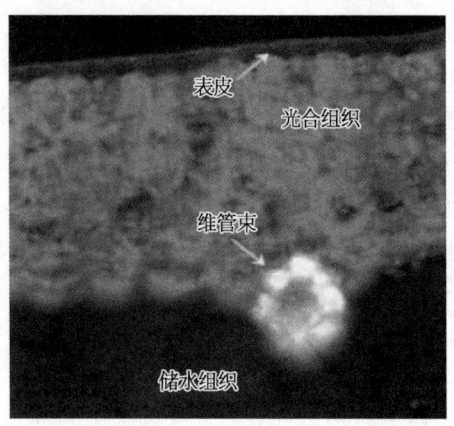

图 1-56 芦荟叶横切面荧光显微镜观察——
芦荟蒽醌类化合物的显微荧光定位

在荧光显微镜下,用紫光或蓝光观察,同化组织细胞中的叶绿素发出红色荧光,维管束中芦荟素细胞内的蒽醌类物质发出黄绿色荧光,储水组织无荧光产生

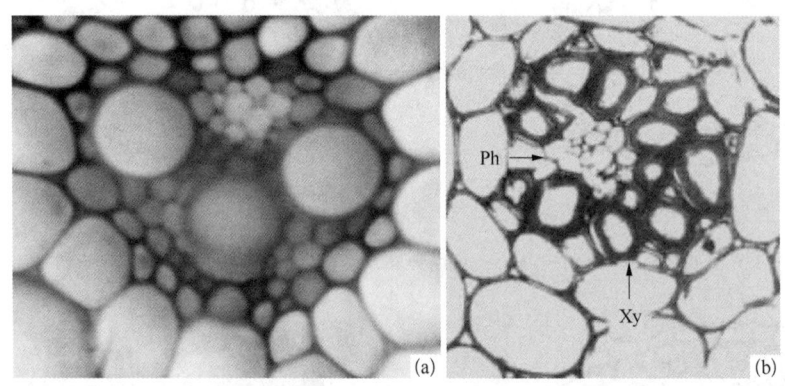

图 1-57 芦荟茎中的维管束
(a) 芦荟茎中的初生维管束,是外韧维管束;(b) 芦荟茎中的次生维管束,是周木维管束

经其细胞壁上的胞间连丝的共质体途径运送到相邻的维管束的大型薄壁组织细胞内,储存在其液泡中(图 1-58,图 1-59)从而阐明了芦荟叶内蒽醌类物质芦荟素的合成部位、运输途径和储存场所。同时,通过其叶及维管束的发育解剖学研究表明[18],维管束内的大型薄壁组织细胞是由原形成层细胞分化原生韧皮部筛管时,在筛管外侧保留的细胞以后分裂、分化和体积异常增大而成,它们与原生韧皮部同源,是一类为适应储存芦荟素而特化的大型韧皮薄壁组织细胞(图 1-60)。

芦荟属植物的种类繁多,不同种植物的形态结构存在差异。在上述研究基础上,应用植物解剖学和植物化学技术结合,比较研究了 9 种芦荟属植物(分 3 组,每组 3 种)叶的结构与其芦荟素含量的关系[19],发现叶中维管束的密度、维管束内大型薄壁组织细胞所占比例以及同化组织的厚度与其芦荟素的含量呈正相关(表 1-10)。以后,又分别应用光学和荧光显微镜、植物化学方法比较了 6 种芦荟属植物叶维管束结构与其芦荟素含量

§1.3 药用植物的结构与其药用成分的关系

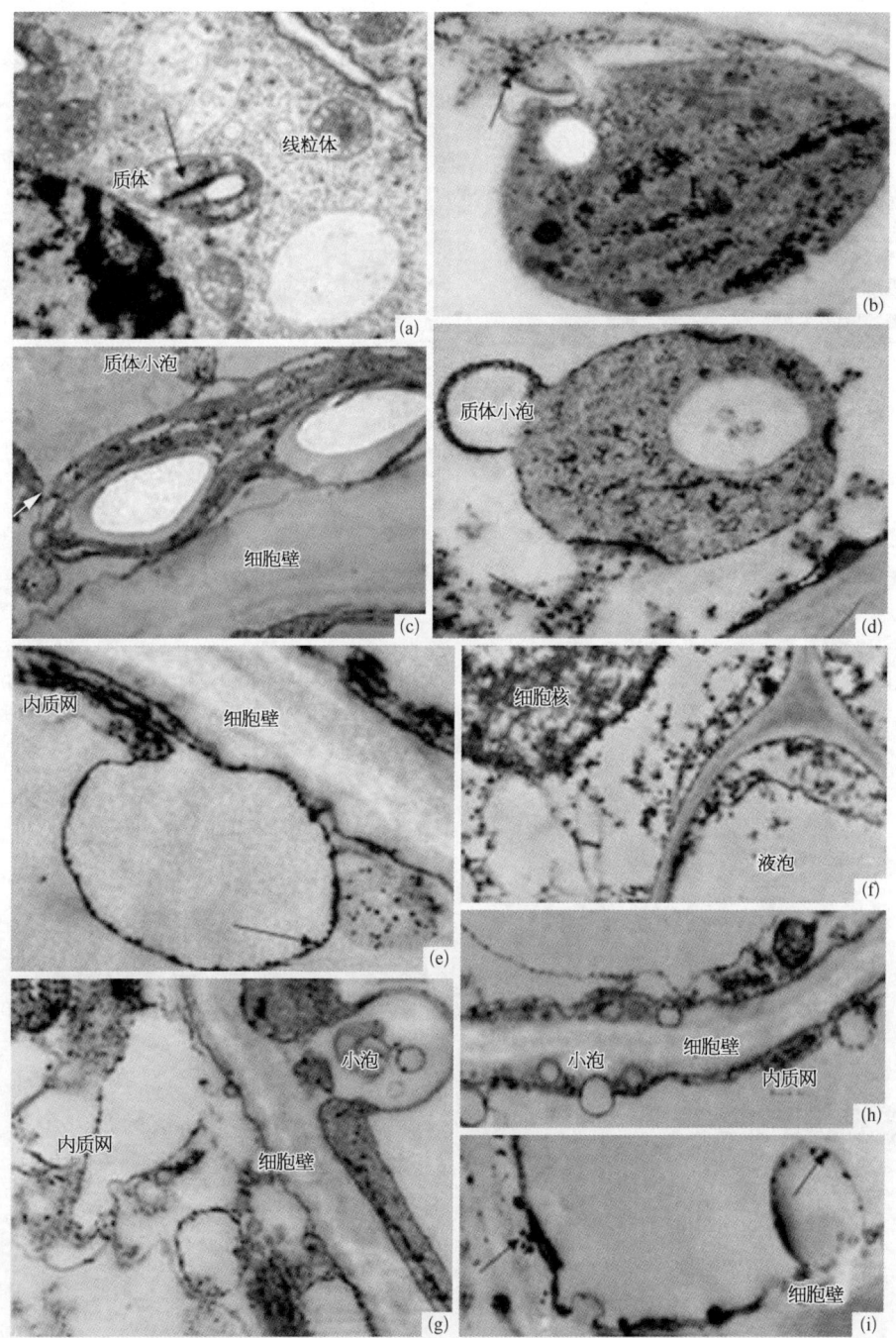

图 1-58 芦荟叶片超薄切片的透射电镜图像 I

(a) 含有芦荟素沉淀的发育早期质体(箭头所示);(b) 完全发育的质体含有大量芦荟素沉淀和脂肪体,注意从质体中以小泡形式释放的芦荟素(箭头所示);(c) 质体膜突出形成芦荟素小泡(箭头所示),同时质体开始降解;(d) 即将降解的质体中的芦荟素小泡,注意芦荟素沉积在小泡膜下方;(e) 内质网小泡中芦荟素沉淀(箭头所示);(f) 芦荟素沉淀分布在胞质中,而胞间隙没有;(g) 包含芦荟素膜泡的胞饮小泡;(h) 芦荟素通过小泡进行的跨膜转运;(i) 小泡释放芦荟素沉淀到细胞壁中(箭头所示)

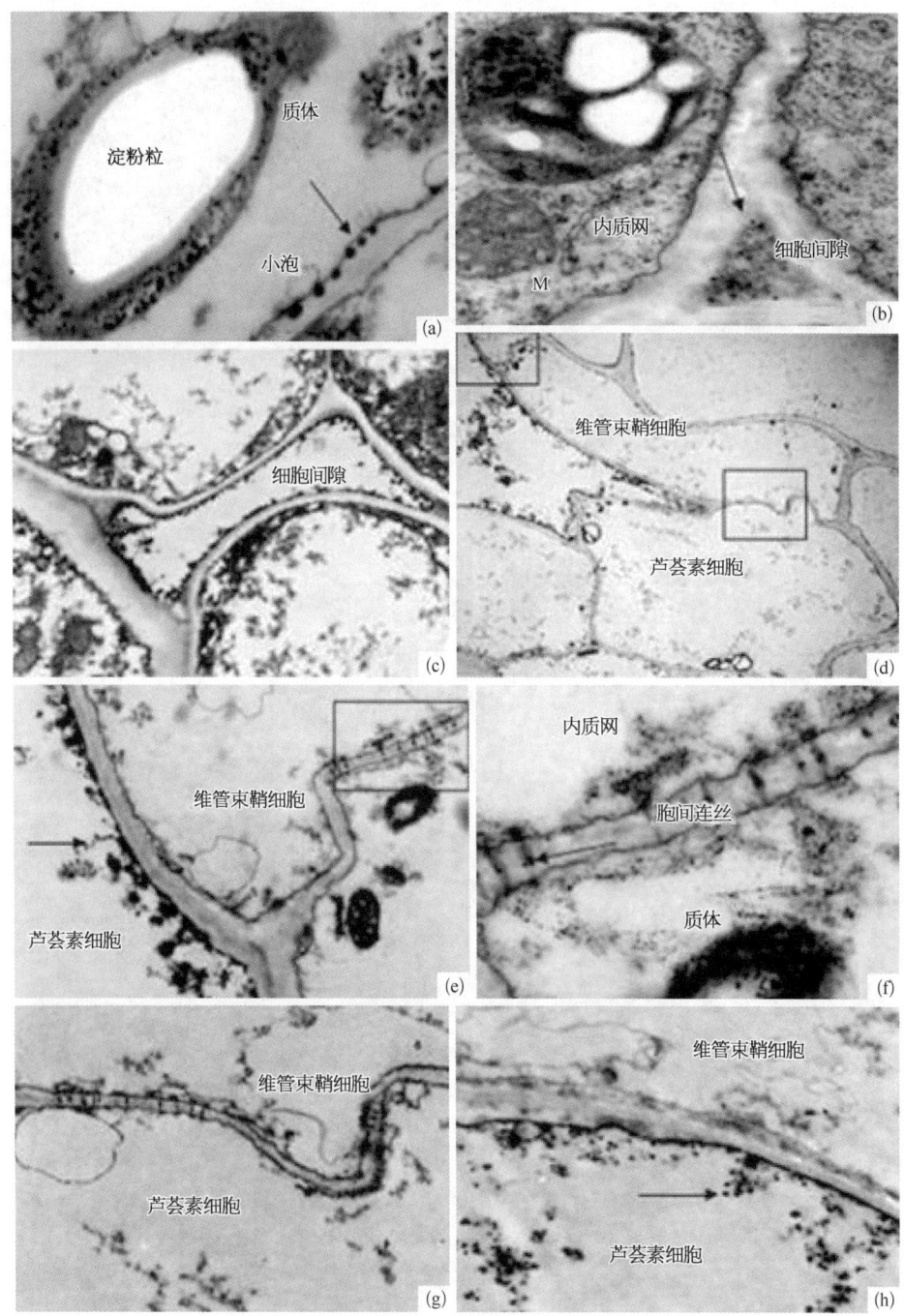

图 1-59　芦荟叶片超薄切片的透射电镜图像 Ⅱ

(a) 芦荟素释放到原生质膜外(箭头所示);(b) 芦荟素转运到胞间隙(箭头所示);(c) 芦荟素沉淀在胞间隙积累;(d) 维管束鞘细胞和芦荟素细胞,示后者中的芦荟素沉淀;(e) 为 d 图的一部分(左侧方框中),示芦荟素细胞中的沉淀(箭头所示);(f) 为 e 图的一部分,示鞘细胞间胞间连丝(箭头所示)中的芦荟素沉淀,质体通过内质网与胞间连丝相联系;(g) 为 d 图的一部分(中间的方框中),示鞘细胞和芦荟素细胞间大量的胞间连丝;(h) 成熟叶片中,芦荟素细胞中存在大量芦荟素沉淀,而鞘细胞中没有,仅残留一些膜结构

§1.3 药用植物的结构与其药用成分的关系

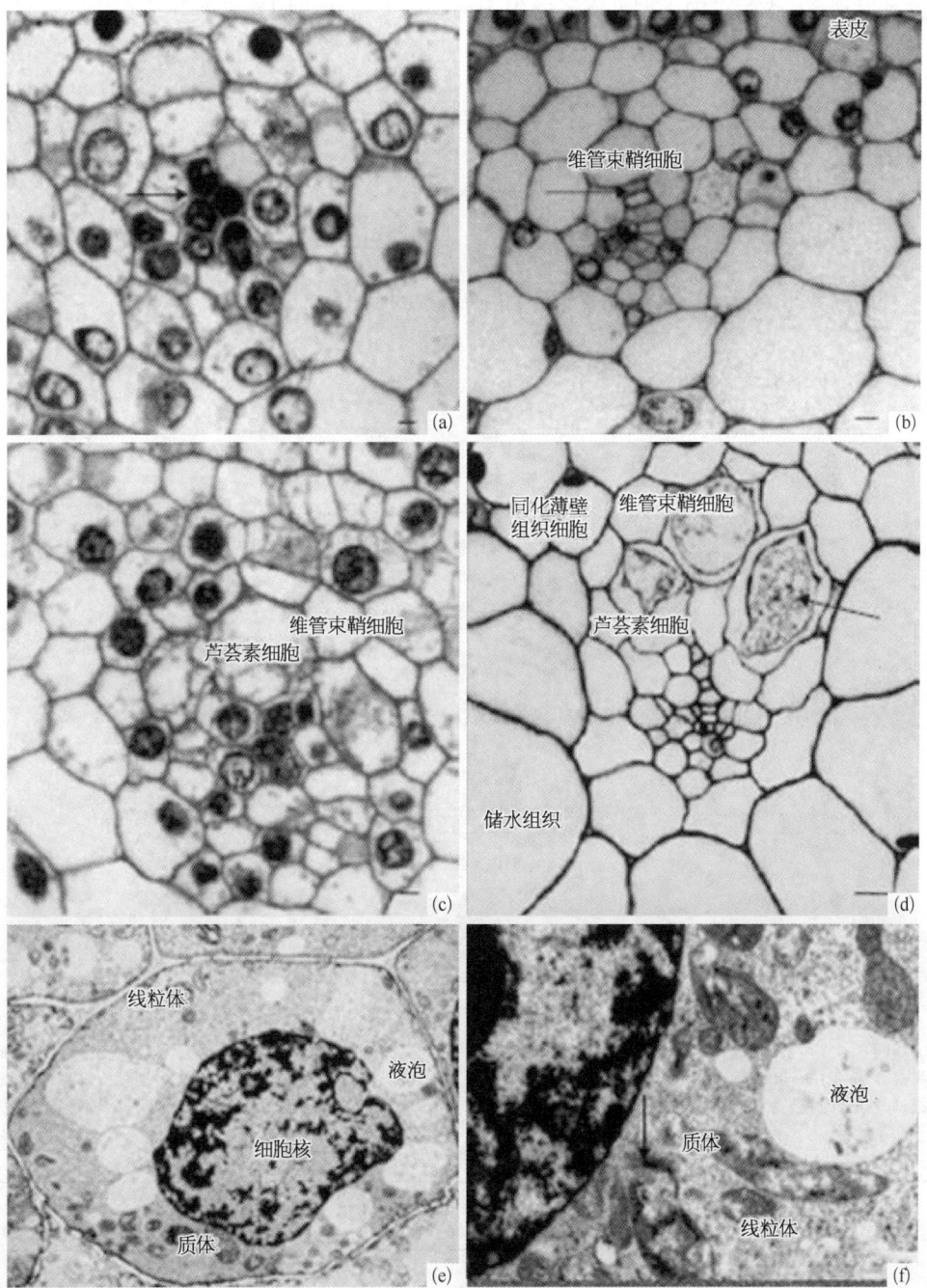

图1-60 芦荟叶片横切面(示维管束和芦荟素细胞发育)

(a) 叶片初生分生组织,示原形成层束(箭头所示);(b) 原形成层束仍保留一圈原形成层细胞在初生韧皮部的筛管外围(箭头所示),这些细胞就是原始的芦荟素细胞;(c) 增大的芦荟素细胞和维管束鞘细胞出现;(d) 成熟叶片中,芦荟素细胞占据维管束的大部分,芦荟素细胞中有明显的芦荟素沉淀(箭头所示),中央大的基本分生组织细胞即储水组织;(e) 发育早期的同化薄壁组织,示大的细胞核、小液泡群和丰富的线粒体;(f) 质体片层不明显,质体中出现芦荟素沉淀(箭头所示)

的关系发现[20],维管束内大型韧皮薄壁组织细胞的发育状况明显影响其芦荟素的含量(图1-61,表1-11)。以上研究结果为选育高含量药用成分的芦荟种类提供了植物解剖学指标。

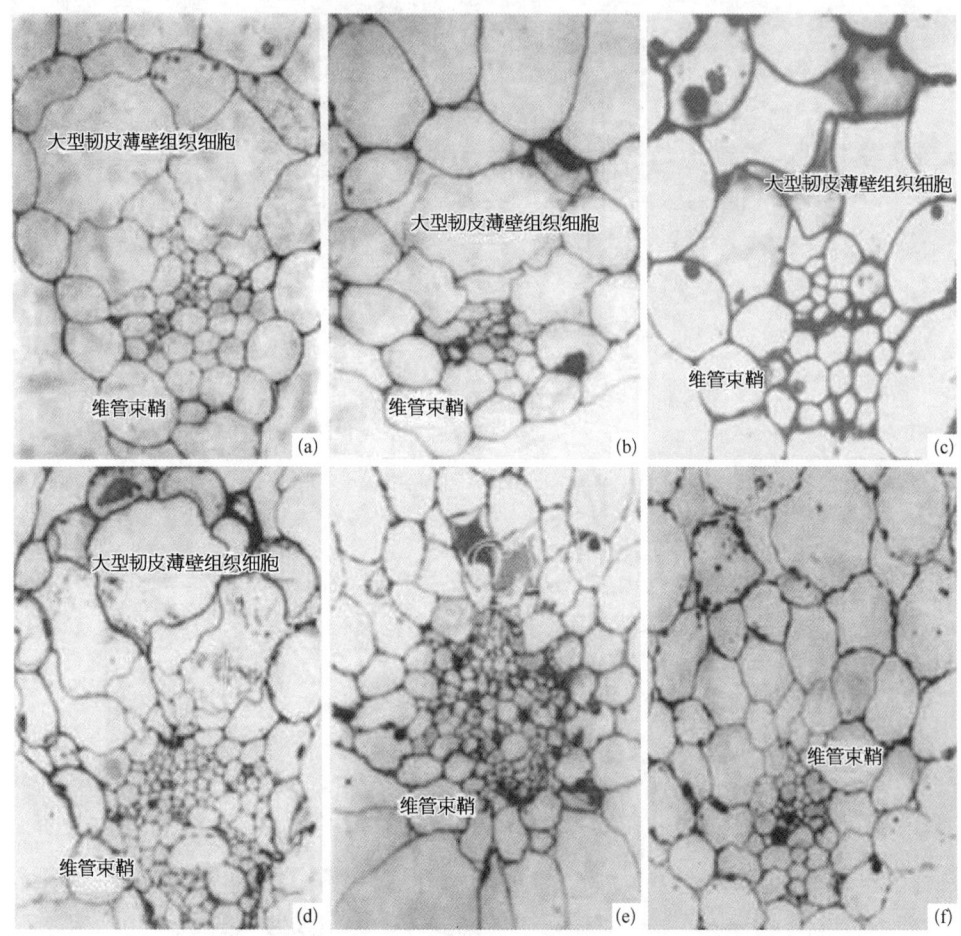

图 1-61　6 种芦荟维管束横切面比较

（a）木立芦荟叶维管束,具有大型韧皮薄壁组织细胞；(b) 库拉索芦荟叶维管束,具有大型韧皮薄壁组织细胞；(c) 易变芦荟叶维管束,具有大型韧皮薄壁组织细胞；(d) 中华芦荟叶外轮维管束,具有大型韧皮薄壁组织细胞；(e) 皂叶芦荟叶维管束,大型韧皮薄壁组织细胞不发达；(f) 绿芦荟叶维管束,大型韧皮薄壁组织细胞不发达

表 1-10　芦荟属植物叶的结构与蒽醌类物质含量的关系

组号	维管束密度（个/mm）	大型薄壁组织细胞占维管束比例(%)	同化组织厚度（μm）	伤流液干物质中芦荟素含量(%)
Ⅰ	1.9	1.38	830	8.5
Ⅱ	2.3	1.8	1 100	22.2
Ⅲ	3.3	3.1	1 240	63.0

注：Ⅰ组包括中华芦荟(A. vera var. chinensis)、库拉索芦荟(A. barbadensis)和 A. comeronii；Ⅱ组包括 A. costanera、A. mitriformis 和易变芦荟(A. mutabilis)；Ⅲ组包括 A. hereroensis、木立芦荟(A. arborescens)和 A. crypsopada。

§1.3 药用植物的结构与其药用成分的关系

表1-11 6种芦荟叶中芦荟素的含量

芦 荟 种	叶中芦荟素含量(%)	相对标准差
木立芦荟(A. arborescens)	0.602	1.22
库拉索芦荟(A. barbadensis)	0.266	1.18
易变芦荟(A. mutabilis)	0.123	1.13
中华芦荟(A. vera var. chinensis)	0.110	1.26
皂叶芦荟(A. saponaria)	0.009	1.38
绿芦荟(A. greenii)	0.076	1.24

同一种芦荟的不同叶片以及同一叶片的不同部分的内部结构也存在一定差异,并影响其芦荟素的含量[13,21,22]。应用植物解剖学和植物化学技术比较研究了同一株芦荟茎上从顶部到基部不同叶龄叶片的结构表明,叶片的基本结构相同,主要区别是其维管束内大型韧皮薄壁组织细胞的大小和发育程度不同,植株上部的幼叶和中部的成熟叶片中都具有发育良好、体积大的大型韧皮薄壁组织细胞,而植株基部的老叶内,此类细胞衰老、萎缩、体积变小,同时,幼叶尚未完全展开,其维管束的密度也较大。不同叶中叶片的提取物经高压液相色谱检测,其芦荟素含量在幼叶中最高,向下逐渐减少,但中部叶中减少不显著,而在基部老叶中芦荟素含量减少明显。反映不同叶龄叶片的结构差异与其芦荟素含量变化存在相关性。芦荟叶呈剑形,肉质。通过对同一片叶的叶尖、中部和基部的提取物检测表明,其芦荟素含量叶尖＞中叶＞基部,其含量差异也与三部分的内部结构不同有关。叶尖的维管束密度大,大型韧皮薄壁组织细胞多,而叶基的储水组织所占比例大,维管束密度小,是芦荟素含量差异的主要原因。以上研究结果为芦荟药用部分的合理采收、加工提供了科学依据。据报道,芦荟中的蒽醌类物质对动物有毒害作用,上述不同叶龄叶片及同一叶片的不同部分中蒽醌类物质含量的差异,也有利于防止动物啃食幼叶及叶尖,是该植物在自然界的一种化学防护对策[22]。

又如金丝桃是民间使用的药用植物,其植物体内含有蒽醌类物质金丝桃素(hypericin)等药用化学成分,具有抗抑郁、抑制中枢神经等作用,因此也是提取金丝桃素类物质的制药原料。民间用药使用其地上部分,提取金桃素类物质也以其茎、叶和花为材料。但是金桃素类物在植物体内的储存场所不明确。金丝桃属(Hypericum)是藤黄科中最大的属,全世界约有400种,我国产55种6变种,分属8个组,该属的植物是否都含金丝桃素类物质,尚未见报道。针对以上问题,应用植物解剖学、组织化学和植物化学技术,研究常见的贯叶金丝桃(H. perforatum),也称贯叶连翘的茎、叶和花的内部结构[23],发现其基本结构类似一般双子叶草本植物,但在其叶片、萼片及花瓣内具有两类分泌结构:分泌囊和分泌细胞团(图1-62)。经组织化学定位和荧光显微镜观察表明,分泌细胞团内储存金丝桃素类蒽醌物质,而分泌囊内储存挥发油,不含金桃素类物质(图1-63,图1-64)。贯叶金丝桃各器官的提取物经高压液相色谱检测表明,具有分泌细胞团结构的器官中含金丝桃素,而缺乏的不含有,叶片边缘部分具分泌细胞团,能检测金丝桃素,而叶片中央部分无分泌细胞团,而有分泌囊,未检测到金丝桃素[24]。以上实验结果表明,金丝桃属植物中,金丝桃素类蒽醌类成分仅储存在其分泌结构中的分泌细胞团细胞内。在此基础上,比较研究了我国产的金丝桃属 8 组 21 种植物叶和花被片的结构,发现仅在贯叶连翘组、遍地金组和毛金桃组 3 组 6 种植物中具分泌细胞团,其中毛金丝桃的叶中缺乏,仅萼片和花瓣内有分泌细胞团,而其他 5 组 15 种植物只有分泌囊。通过薄层层析和高压液相色谱检测结果表明,上述 6 种植物具有分泌细胞团的器官内含有金丝桃素类物质。而无分泌细胞团的 15 种植物体内无金丝桃素类物质。因此,分泌细胞团是金丝桃素的储存结构,可以作为鉴定该属植物是否含金丝桃素的解剖学指标。研究中还发现,分泌细胞团分布的密度和分泌细胞团的体积大小与其金丝桃素的含量呈正相关[25,26]。以上研究结果为金丝桃属植物资源的合理开发利用以及选育高含量药用成分的种类提供了科学依据。

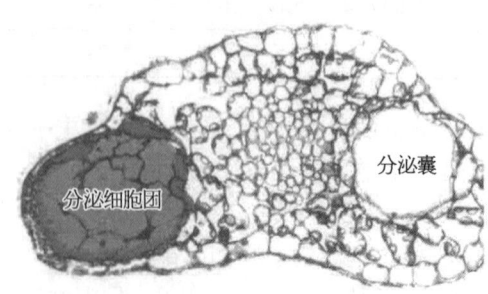

图 1-62 叶半薄切片经醋酸镁甲醇液处理,分泌细胞团呈紫红色,分泌囊无色(彩图见图版)

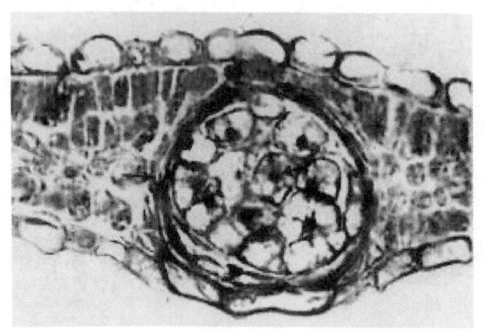

图 1-63 贯叶连翘叶经醋酸铅溶液处理后,分泌细胞团的细胞中产生沉淀

图 1-64 贯叶连翘叶冰冻切片经 5% NaOH 水溶液处理后,分泌细胞团由红色变成绿色(彩图见图版)

通过不同发育时期叶片的解剖研究表明[27],分泌细胞团发生于叶片的初生分生组织时期。此时的叶片内部结构由原表皮、基本分生组织和原形成层组成。分泌细胞团的原始细胞起源于基本分生组织内,为一个体积较周围细胞大、染色较深的细胞,以后经多次垂周和平周分裂成细胞团,进而细胞团周围的 2、3 层细胞分化成长条状的鞘细胞,而其内部的细胞体积增大,并含有金丝桃素类物质,分化为不规则形的分泌细胞,其细胞间未出现细胞间隙,故称分泌细胞团。当分泌细胞团发育成熟时,叶片的内部结构已分化为表皮、叶肉和叶脉三部分,分泌细胞团位于叶肉组织中。在上述研究基础上,应用透射电镜和细胞化学定位技术研究分泌细胞团发生、发育过程中,分泌细胞超微结构的变化以

及其金丝桃素类物质的产生部位和储存场所[28]。研究结果表明,分泌细胞团在原始细胞阶段,其细胞核大、细胞质浓、液泡小、内质网和高尔基体明显,未见到嗜锇物质(金丝桃素类物质),以后原始细胞经多次分裂形成细胞团。在此过程中,其细胞内小液泡数目增加,以后相互融合成大液泡,内质网、高尔基体的数目增加,细胞质中的管状结构分泌黑色嗜锇物质,质体的膜状结构也与嗜锇滴联系。接着上述管状结构及其嗜锇滴进入液泡中,质体中的管状分子也分泌嗜锇滴进入液泡,内质网、高尔基体与嗜锇滴也有联系。分泌细胞发育成熟时,其细胞内具有一个大液泡。其中充满黑灰色的嗜锇物质(金丝桃素类物质)。根据以上观察研究结果表明,金丝桃属植物的金丝桃素类物质的合成部位是在其分泌细胞团内,主要由其分泌细胞的细胞质中管状分子和质体内膜状结构产生,内质网和高尔基体等细胞可能参与,它们分泌的金丝桃素类物质以后通过液泡膜转运到液泡中储存。

以上两类药用植物的结构、发育以及与其药用化学成分的关系的研究结果表明,不同种类的药用植物的主要药用化学成分的结构和性质不同,它们在植物体内的合成部位、转运途径和储存场所也存在差异,在同属不同种植物中,由于其储存药用成分的结构的有无,或者其发育程度不同,可直接影响该成分的含量,甚至有无;在同一种药用植物的不同器官中,由于储存药用成分的结构存在差异,也影响该成分的有无和含量差异。此外,在药用植物的生长发育过程中,随着植物的内部结构和生理生化的变化,其药用成分含量也发生动态变化。因此,研究并阐明上述药用植物的结构与其药用成分的关系不仅具有理论意义,而且对提高药材的产量和质量,也有生产实践意义。

本书第2～12章将分章叙述柴胡、牛膝、远志、芍药、秦艽、地黄、何首乌、甘草、薯蓣、枸杞、绞股蓝等药用植物的结构、发育,以及与其主要药用成分积累关系方面的研究结果。

参考文献

[1] 杨春澍,等.药用植物学[M].上海:上海科学技术出版社,1997.

[2] 李家实,等.中药鉴定学[M].上海:上海科学技术出版社,1996.

[3] 强胜,等.植物学[M].北京:高等教育出版社,2006.

[4] 胡正海,等.植物解剖学[M].北京:高等教育出版社,2010.

[5] Esau K. Anatomy of seed plants [M]. 2nd ed. New York: John Wiley and Sons, 1977.

[6] Fahn A. Plant anatomy [M]. 2nd ed. Oxford: Pergamon Press, 1982.

[7] Evert R F. Esau's plant anatomy: meristems, cells and tissues of the plant body: their structure, function and development [M]. 3rd ed. New York: John Wiley and Sons, 2006.

[8] 周荣汉,等.中药资源学[M].北京:中国医药科技出版社,1993.

[9] 吴立军,等.天然药物化学[M].4版.北京:人民卫生出版社,2003.

[10] 郭巧生,等.药用植物资源学[M].北京:高等教育出版社,2007.

[11] 国家药典委员会.中华人民共和国药典(2010年版,一部)[M].北京:中国医药科技出版社,2010:151-152.

[12] 沈宗根,胡正海,Gutterman Y. 四种药用芦荟叶的形态解剖学研究[J].西北植物学报,1999,19(4):688-693.

[13] Shen Zong-Gen, chauser-valfson E, Hu zheng-Hai. Anatomy, histochemistry and phytochemistry of leaves of *Aloe vera* var. *chinese*[J]. Acta Botanica Sinica, 2001, 43(8):780-787.

[14] 王太霞,李景原,胡正海.芦荟维管束的结构与芦荟素积累的相关性[J].广西植物,2003,23(6):436-439.

[15] 李景原,沈宗根,胡正海.木立芦荟茎的发育解剖及其异常结构的研究[J].西北植物学报,2003,23(1):96-100.

[16] Liao H M, Sheng X Y, Hu Z H. Ultrastructure studies on the process of aloin production and accumulation in *Aloe arborescens* (Asphodelaceae) leaves [J]. Botanical Journal of Linnean Society, 2006, 150:241-247.

[17] 王太霞,李景原,沈宗根,等.芦荟叶的芦荟素细胞的发育和蒽醌类物质的积累[J].实验生物学报,2003,36(3):361-367.

[18] 沈宗根,李景原,Gutterman Y,等.9种芦荟属植物叶的结构和芦荟素含量的比较研究[J].西北植物学报,2001,21(2):278-286.

[19] Li Jing-Yuan, Wang Tai-Xia, Shen Zong-Gen, et al. Relationship between leaf structure and aloin content in six species of *Aloe* L. [J]. Acta Botanica Sinica, 2003, 45(5):549-600.

[20] 李景原,王太霞,胡正海.木立芦荟不同叶龄叶的解剖结构和芦荟素的含量测定[J].中草药,2002,33(7):646-648.

[21] Shen Z, Chauser-Volfson E, Hu Z, et al. Leaf age, position and anatomical influences on the distribution of the secondary metabolites, homonatalion and three isomers of aloeresin in *Aloe hereroensis* (Aloaceae) leaves[J]. South African Journal of Botany, 2001, 67:312-319.

[22] 沈宗根,李景原,胡正海.芦荟属植物叶内蒽醌类物质的分布与其化学防御的关系[J].应用生态学报,2002,13(11):1381-1384.

[23] 刘文哲,胡正海.贯叶连翘的分泌结构及其与金桃素积累的关系[J].植物学报,1999,41(4):369-372.

[24] Lü Hong-Fei, Shen Zong-Gen, Li Jing-Yuan, et al. The patterns of secretory structure and their relation to hypericin content in *Hypericum* [J]. Acta Botanica Sinica, 2001, 41(10):1085-1088.

[25] 胡正海,吕洪飞.金丝桃属的分泌结构与金丝桃素关系的研究[J].西北大学学报(自然科学版),2002,32(5):459-464.

[26] 吕洪飞,胡正海.贯叶金丝桃不同器官的分泌细胞团分布的密度与金丝桃素含量的相关性研究[J].中草药,2003,34(10):1045-1047.

[27] 吕洪飞,胡正海.贯叶连翘分泌结构的发育及其内含物积累的研究[J].西北植物学报,2001,21(2):287-292.

[28] Liu Wen-Zhe, Lü Hong-Fei, Hu Zheng-Hai. Ultrastructure of the multicellar nodules in *Hypericum perforatum* leaves[J]. Acta Botanica Sinica, 2002, 44(6):649-656.

第 2 章 柴 胡

§2.1 柴胡的研究概况

柴胡始载于《神农本草经》,列为上品[1],药用历史已有 2 000 多年。柴胡性寒,味微苦,归肝、胆经。具有和解表里、疏肝升阳等功效,主要用于感冒发热、寒热往来等疾病。《中华人民共和国药典》(以下简称《中国药典》)(2010 年版,一部)收载其来源为伞形科植物柴胡(*Bupleurum chinense* DC.)或狭叶柴胡(*Bupleurum scorzonerifolium* Willd.)的干燥根[2]。其中,柴胡分布于我国东北、华北、西北、华中、华东各地,主产于河北、陕西、甘肃等省,生长于向阳山坡、路边、岸旁或草丛中。狭叶柴胡对气候要求不严格,广泛分布于我国黑龙江、吉林、辽宁、河北、山东、山西、陕西、江苏、安徽、广西、内蒙古及甘肃等地,生长于干燥的草原及向阳山坡上、灌木林边缘。

近年来的研究发现,柴胡除具有镇痛、解热、镇咳、消炎、抗病原体、抗溃疡等作用外,还有保肝、调节免疫的功能,尤其是对心血管疾病有显著作用,引起人们的广泛关注,从而对柴胡各个领域的研究不断深入。本章系统介绍柴胡和狭叶柴胡各器官的形态结构和发育规律、主要药用成分在其营养器官中的组织化学定位,以及主要药用成分在不同器官、不同部位中的含量差异和不同发育期的动态变化。

2.1.1 本草考证

柴胡原名茈胡,汉代的《神农本草经》[1]载:"茈胡,味苦平,一名地薰。"《名医别录》[3]载:"一名山菜,一名茹草叶,一名芸蒿,辛香可食。生洪农川谷及冤句,二月八月采根暴干。"上述文献指出柴胡在汉唐时期的正名与别名,且指出柴胡的嫩苗也能食用,根的采收时间是 2 月或 8 月。宋代的《本草图经》首次以柴胡为名收载。苏颂[4]曰:"柴胡生洪农山谷及冤句,今关陕、江湖间近道皆有之,以银州者为胜。二月生苗,甚香。茎青紫,叶似竹叶,稍紧,亦有似邪蒿,亦有似麦门冬而短者,七月开黄花。生丹州结青子,与他处不类。根赤色,似前胡而强。芦头有赤毛如鼠尾,独窠长者好。二月八月采根,暴干。张仲景治伤寒有大、小柴胡及柴胡加龙骨、柴胡加芒硝等汤,故后人治寒热,此为最要之药。"以上指出柴胡在关陕、江湖附近一带有分布,以银州(今陕西米脂县)产者质量为好。2 月长苗气味芳香,茎色青紫,7 月开黄花,有叶像竹叶而稍紧密且小,也有像邪蒿者[此处邪蒿指伞形科西风芹属(*Seseli*)植物而非菊科蒿属(*Artemisia*)植物],也有似麦冬叶短者等多个不同品种,以及生长在丹州的结青子而与其他产地不同的品种。其根红色似前胡而强,芦头有红毛如鼠尾,独苗生长的为优,为今药材中之"红柴胡"类型。柴胡为张仲景及后人治伤寒(寒热往来)最重要的药。另外,宋代唐慎微著《证类本草》中附有五幅柴胡图谱,分别为淄州柴胡、江宁府柴胡、寿州柴胡、丹州柴胡和襄州柴胡,潘胜利等[5]考证认为,淄州柴胡与襄州柴胡分别为柴胡(北柴胡)的幼苗和成草;江宁府柴胡为今江苏、安徽一带使用的少花红柴胡(*B. scorzonerifolium* Willd. f. *pauciflorum* Shan et Y. Li)(春柴胡)类似;寿州柴胡可能为石竹科植物银柴胡;丹州柴胡则多为狭叶柴胡或其近缘种银州柴胡。由此可见,柴胡传统药用品种为红柴胡类和北柴胡类。

明代,医药学家从临床应用和形态上发现柴胡和银柴胡(石竹科植物)的区别,并观察到柴胡有北柴胡、南柴胡、竹叶柴胡等不同产地之别。明代缪希雍在《神农本草经疏》[6]中云:"按今柴胡俗用有二种,色白黄而大者,为银柴胡,用以治劳热骨蒸;色微黑而细者,用以解表发散。"李时珍曰:"近时有一种,根似桔梗、沙参,白色而大,市人以伪充银柴胡,殊无气味,不可不辨。"

李中立的《本草原始》[7]中有两张附图:一张旁注为"柴胡色黑疗伤寒寒热往来如疟之症第(侯)",另一张旁注为"银柴胡形色黄白多皱肉有黄纹"。缪希雍和李中立所指的银柴胡都属今石竹科植物披针叶繁缕(*Stellaria dichotoma* L. var. *lanceolata* Bge.)的根,在外形上与伞形科柴胡有明显区别,而且具有独特的清虚热功效。李时珍也指出了两者在形、色、味上的明显差异,认为该品(石竹科银柴胡)伪充银柴胡(银州产的伞形科银州柴胡的简称),无柴胡(伞形科)特有的气味,应注意分辨。明代医学家们还发现两种被称为"银柴胡"药材的区别,一种为疗伤寒(寒热往来)之伞形科柴胡佳品,即产于古银州的银柴胡;另一种为治劳热骨蒸之石竹科银柴胡属植物,但此时代的本草著作中未将银柴胡专条列出。

"北柴胡"之名出于《本草纲目》[8]:"北地所产者,亦如前胡而软,人谓之柴胡是也,入药亦良,南土所产者不似前胡,正如蒿根,强硬不堪使用,其苗有如韭叶者,竹叶者,以竹叶者为胜,其如邪蒿者最下也。"从李时珍和此前医家的论述中可知,柴胡药材的质量与品种和产地有关,产于古银州根赤色、独根较长的银州柴胡为传统药用柴胡之佳品,经谢宗万等[9]考证为伞形科植物银州柴胡(*B. yinchowense* Shan et Y. Li),属红柴胡类;产于北地的柴胡入药亦良;产于南土的叶如竹叶者即竹叶柴胡类亦可药用。

清代,赵学敏在《本草纲目拾遗》[10]中将银柴胡从柴胡中列出为一种新药材,澄清了银柴胡与柴胡的混乱。但柴胡因有多个品种,加之外形识别较困难,存在不同品种之间和非柴胡掺杂其中的混杂现象,甚至有误人致死的严重问题。在清代吴其浚的《植物名实图考》[11]中有较详细的论述:"柴胡,《本经》上品,陶隐居已以芸蒿为柴胡,《本草图经》有竹叶、斜蒿叶、麦冬叶数种,今药肆所蓄,不知何草。江西所出,已非一类,医者以为伤寒要药,发散之剂,无不用者,误人致死,相承不悟,盖不知非真柴胡也。"《本草从新》[12]云:"柴胡所用甚多,今药客入山收买,将白头翁、丹参、小前胡、远志苗等俱杂在内,谓之统柴胡,药肆中俱切为饮片,其实真柴胡无几,须拣去别种,用净柴胡为要。"可以看出在当时的商品药材中已有不同叶形的柴胡品种混用,甚至有未鉴别清楚的杂草充当柴胡药用,且饮片掺杂严重,医者只知柴胡为伤寒要药,但不知是非真柴胡,用后有误人致死的问题。

从以上本草记载分析,古人已发现柴胡具有不同品种。现代应用的药材名称,如北柴胡、红柴胡、银州柴胡、竹叶柴胡等都有本草依据,其原植物都是伞形科柴胡属的植物,且其主流品种为北柴胡类和红柴胡类药材。

2.1.2 生物学特性

1. 药用柴胡在柴胡属中的分类位置

柴胡属(*Bupleurum*)隶属伞形科(Umbelliferae)芹亚科(Apioideae)阿米芹族(Ammineae Koch)。模式种为圆叶柴胡(*B. rotundifolium* L.)。在伞形科中,柴胡属以具全缘的单叶及平行叶脉而容易与其他属相区别。在柴胡属中,小苞片的宽度、叶的形状、伞幅的多少及果实棱槽油管数等性状作为主要分类依据[13]。

舒璞等[14]对柴胡属植物的形态、解剖和花粉的性状进行了综合研究,对我国的14种2变种1变型柴胡属植物进行了数量分类研究。首次提出了中国柴胡属植物的分类系统,分为大叶柴胡亚属和真叶柴胡亚属,又把真叶柴胡亚属分为2组,即大苞组和小苞组。它们各自的特点如下。

(1) 大叶柴胡亚属具有明显的根茎。叶大型,基部扩大成心形或耳状抱茎,一级叶脉羽状,部分叶脉呈网状。花瓣顶端小舌片开裂,裂口呈三角形。花柱长。分生果横剖面近圆形。

(2) 真叶柴胡亚属无明显的根茎。叶较窄小,基部不扩大成心形或耳状抱茎,叶脉近平行或成弧形。花瓣顶端小舌片内卷,但不开裂。花柱短。分生果横剖面五角形。

大苞组:伞幅较长(2~5.25 cm),小伞形花序直径较大(7.5~15 mm),小伞形花序花的数目较多(11~30朵),总苞片卵形至广卵形;小总苞片大(长4.3~8 mm,宽2~4 mm),花瓣状,卵形至近圆形。

小苞组:伞幅较短(0.75~2.25 cm),小伞形花序直径较小(1.2~6.5 mm),总苞片、小总苞片多窄小(长1.5~3.5 mm,宽0.7~1.3 mm),钻形、披针形至卵状披针形,不似花瓣状。

在此分类系统中,柴胡和狭叶柴胡都属真叶柴胡亚属的小苞组。

梁之桃等[15]利用随机扩增多态性DNA(random amplified polymorphic DNA,RAPD)分析技术对大叶柴胡、柴胡、狭叶柴胡、竹叶柴胡和小叶黑柴胡5种柴胡属植物进行了分类鉴定,研究结果支持舒璞等的分类方法。

2. 药用柴胡各器官的形态特点

(1) 根的外部形态 柴胡的主根呈圆柱形或长圆柱形,根头膨大,常有分枝,长5~15 cm;顶端残留3~15个茎基或短纤维状叶基或片状叶鞘,下部常分枝。表面黑褐色或浅棕色,具纵皱纹、支根痕及皮孔。质硬而韧,不易折断,断面呈片状纤维性,皮部浅棕色,木部黄白色[16,17]。

狭叶柴胡的主根发达,呈圆锥形,较细,根头顶端有多数纤维状叶残基,下部多不分枝,表面红棕色或黑棕色。近根头处多具紧密环纹,质稍软,易折断,断面略平坦,具败油味[16]。

(2) 茎的外部形态 柴胡茎高50~85 cm,一或数茎丛生,表面有细纵槽纹,实心,上部多回分枝,微作"之"字形曲折。

狭叶柴胡茎高30~80 cm,茎基部常有多数叶柄残余纤维;茎多回分枝,也呈"之"字形曲折[18]。

(3) 叶的外部形态 柴胡叶一般为单叶全缘,基生叶倒披针形或狭椭圆形,长4~7 cm,宽6~8 mm,顶端渐尖,基部收缩成柄,早枯落;茎中部叶倒披针形或广线状披针形,长3~12 cm,宽6~18 mm,顶端渐尖或急尖,有短芒尖头,基部收缩成叶鞘抱茎,7~9脉,叶表面鲜绿色,背面淡绿色,常有白霜;茎顶部叶同形,但更小[18]。

狭叶柴胡的基生叶披针形至线状披针形,基部渐窄成柄,长6~16 cm,宽3~8 cm,5~7脉;茎生叶无柄,质厚,较硬挺,长6~12 cm,宽2~8 cm,顶端渐尖,叶缘白色,骨质;上部叶小,同形[18]。

(4) 花的形态特点 柴胡的花序自叶腋间伸出,为复伞形花序,梗细,常水平伸出,形成疏松的圆锥状。总苞片2或3枚,或无,甚小,狭披针形,长1~5 mm,宽0.5~1 mm,3脉,很少1或5脉。伞幅3~8,纤细,不等长,长针形,长1~5 cm。小总苞片5枚,披针形,长3~3.5 mm,宽0.6~1 mm,顶端尖锐,3脉,向叶背突出。小伞直径4~6 mm。花5~10朵。花柄长1 mm。花直径1.2~1.8 mm。花瓣鲜黄色,上部向内折,中肋隆起。小舌片矩圆形,顶端2浅裂;雄蕊5枚,与花瓣互生;雌蕊由2心皮组成,子房下位,2室,每室有一倒悬的胚珠。花柱基深黄色,宽于子房[18]。

狭叶柴胡的伞形花序自叶腋间抽出,花序多,直径1.2~4 cm,形成较疏松的圆锥状花序。伞幅(3)4~6(8),长1~2 cm,很细,弧形弯曲。总苞片1~3枚,极细小,针形,长1~5 mm,宽0.5~1 mm,1~3脉,有时紧贴伞幅,常早落。小伞形花序直径4~6 mm,小总苞片5枚,紧贴小伞,线状披针形,长2.5~4 mm,宽0.5~1 mm,细而尖锐,等于或略超过花时小伞形花序。小伞形花序有花6(9)~11(15)朵,花柄长1~1.5 mm;花瓣黄色,舌片几与花瓣的对半等长,顶端2浅裂。花柱基厚垫状,宽于子房,深黄色,柱头向两侧弯曲。子房主棱明显,表面常有白霜[18]。

(5) 果实及种子的形态特点 柴胡的果为双悬果,宽椭圆形,左右扁平。分果瓣形似香蕉,凹凸或平凸,长2.5~3.6 mm,宽0.8~1.2 mm,厚0.8~1.1 mm。表皮褐色、粗糙、皱缩,顶端具宿存花萼和花柱残基,弓形背面上5条棱,腹面具2条细纵纹。种子胚乳具油性,胚小。千粒重1.358~1.472 g[18,19]。

狭叶柴胡的果也为双悬果,椭圆形。分果瓣形似香蕉。微弯,长2.7~3.7 mm,宽0.7~0.8 mm,厚0.7~0.9 mm。表皮黄褐色。顶端花萼及花柱宿存,基端圆钝,背面拱凸,具5条棱,腹面平或凹,中央具一纵槽,具一白色细线状悬果柄,与果实顶端相连。千粒重1.301g[19]。

3. 药用柴胡花粉的形态特点

柴胡属植物花粉在形状、纹饰特征和孔膜外突与否等方面存在种间差异,而这些差异是本属花粉形态的重要区别特征。根据形状和孔膜外突特征可将本属植物花粉分为3类:近菱形、孔膜外突类;卵形、孔膜不外突类;近长方形、孔膜不外突类。其中近菱形、孔膜外突类花粉是柴胡属基本类型。另外,本属花粉的外壁纹饰特征大致可分为2类,即皱波状纹饰较明显类和皱波状纹饰较不明显类,这与以小总苞片特征划分所得的类群基本吻合,说明本属花粉外壁纹饰与小总苞片特征之间有相关现象,对该属植物分类及系统演化的研究有重要作用[20]。

柴胡的花粉粒近菱形或近长方形,极面观为钝三角形或近圆形,两端一般钝三角形,大小为$(18.1 \sim 25.8)21.4 \mu m \times 14.2(11.2 \sim 18.1) \mu m$,极轴/赤道轴为$1.19 \sim 1.93$。具三孔沟,沟长达两极,沟界极区直径约$6.1 \mu m$,沟间距约$8.0 \mu m$。外壁具皱波状纹饰,纹饰明显[20]。

狭叶柴胡的花粉粒近菱形,极面观钝三角形,两端钝三角形,大小为$(15.9 \sim 19.0)17.7 \mu m \times 13.6(12.6 \sim 14.2) \mu m$,极轴/赤道轴为1.30。具三孔沟,孔膜外突。沟界极区直径约$5.5 \mu m$,沟间距在赤道增宽,约为$10.2 \mu m$。外壁具皱波状纹饰,纹饰明显。同时,狭叶柴胡花粉粒的萌发孔位置为边孔,是国产柴胡属植物中唯一具边萌发孔的类群[14,20]。

4. 药用柴胡种子的萌发特性

药用柴胡种子具有以下生物学特性。① 柴胡种子具有形态后熟的特性。柴胡种子细小,胚也很小。② 柴胡种子中可能存在发芽抑制物质。邓友平等[21]研究发现,柴胡全种子的水提取物抑制其种子发芽,确认了抑制物的存在。③ 柴胡种子存在种皮障碍,这也是影响柴胡种子发育缓慢的一个原因。魏建和等[22]对柴胡种子研究发现,其种皮对种子水分和气体吸收没有障碍,但在去除种皮后种子萌发率显著提高。郝建平等[23]的研究也表明,损伤种皮可使柴胡种子萌发率提高20%,并且大幅缩短种子的萌发时间。

正因为药用柴胡种子具有上述生物学特性,因此在自然状态下萌发率低,且完成发芽过程时间长。在生产实践中,存在出苗难、出苗率低且不整齐的问题。针对这些问题,为了找出简便易行且能促进萌发的方法,许多学者进行了多方面的探索。目前常见的柴胡种子处理方法如下。

(1) 激素处理 根据已有的报道,处理柴胡种子萌发的激素有细胞分裂素、赤霉素和生长素吲哚乙酸3种。

细胞分裂素(6-BA):邓友平等[24]研究发现,6-BA能显著促进柴胡种子萌发,其中以$50 \mu g/ml$效果最好,能使发芽率从57.5%提高到84.5%。

赤霉素(GA_3):彭琳等[25]用$1.0 mg/kg$ GA_3、1.0% $KMnO_4$和60 ℃热水3种方法处理柴胡种子,结果表明,用$1.0 mg/kg$ GA_3处理柴胡种子,发芽率最高。而邓友平等[24]

用 GA₃ 浸泡柴胡种子 24 h,得出以 50 μg/ml 浸泡的效果最好,能使发芽率从 57.5% 提高到 67.6%。蔡艳丽等[26]分别用 0.10 mg/ml、0.25 mg/ml 和 0.5 mg/ml GA₃ 处理柴胡和狭叶柴胡种子。结果表明,柴胡和狭叶柴胡均以 0.25 mg/ml 处理的发芽率最高,发芽率分别为 74.3% 和 54%。

吲哚乙酸(IAA):邓友平等[24]用 IAA 浸泡柴胡种子 24 h,得出以 50 μg/ml 浸泡效果最好,能使发芽率从 57.5% 提高到 79.3%。

(2)药剂处理 处理柴胡种子萌发的药剂主要有高锰酸钾、氯化钙和过氧化氢。

高锰酸钾($KMnO_4$):陈宏旭等[27]用 0.8%~1.0% 的 $KMnO_4$ 溶液浸种 10~15 min,可提高出苗率 12.6%~15.4%。雷燕妮等[28]将柴胡种子用 1% $KMnO_4$ 浸种处理 24 h,然后对种子进行石蜡切片。观察发现,经过 1% $KMnO_4$ 溶液处理的种子,其子叶长度、胚的大小及其在胚腔中所占比例均远远高于 40 ℃ 温水和 20 ℃ 温水处理的种子。而且经过 1% $KMnO_4$ 溶液处理的种子,其发芽率也高于 60 ℃ 热水浸泡 15 min 的柴胡种子。此外,徐丽霞等[29]研究表明,山西陵川和甘肃礼县两地种植的柴胡种子经 1% $KMnO_4$ 浸种 24 h 后,其发芽率分别为 82% 和 75%,而对照仅为 41% 和 39%。庄云等[30]用不同浓度的 $KMnO_4$ 对柴胡种子进行浸种处理,最后得出结论是,为了保证大田种植和成活率,用 0.6% $KMnO_4$ 浸种 12 h 处理的柴胡种子,发芽率和发芽势与对照比差异显著。追其原因为 $KMnO_4$ 是氧化性比较强的氧化剂,它能消除种子表面的病菌及其他有害物质,具有抑菌效果。同时其氧化性也可能破坏柴胡果实的外皮,从而有利于种子吸胀,促进其萌发。

氯化钙($CaCl_2$)和氯化镁($MgCl_2$):汪之波等[31]用不同浓度 $CaCl_2$ 和 $MgCl_2$ 处理柴胡种子。结果表明,两种药品对种子发芽率、发芽势、发芽指数、根长和芽长均有明显作用,浓度低于 80 mg/L 时起促进作用,高于 160 mg/L 时起抑制作用,用浓度为 80 mg/L 的 $MgCl_2$ 处理,最有利于柴胡种子的萌发。

过氧化氢(H_2O_2):王秀琴等[32]研究了几种药剂处理对柴胡种子活力的影响,实验表明,采用 1.5% H_2O_2 处理能显著提高柴胡种子的发芽率。

(3)沙藏处理 邓友平等[33]的实验表明,通过沙藏处理,能明显促进柴胡种子萌发,其发芽率由原来的 57.5% 提高到 66.8%,且种子萌发的启动日和高峰日也明显提前。此外,据葛淑俊等[34]报道,沙藏处理 10 d 后可以使柴胡种子比对照提前 8 d 萌发,萌发率由 30% 提高到 43.5%,出苗率由 13.5% 提高到 24.5%。由此可知,沙藏对促进柴胡种子萌发的效果明显。研究者们认为沙藏处理能给种子一种机械刺激,使其内部发生一系列生理生化变化,较迅速地完成形态后熟,使原来不能萌发的状态逐步转化为可以萌发状态,从而使柴胡种子提前萌发并提高其发芽率。

(4)电磁辐射处理 于晓艳等[35]研究了微波辐射对柴胡和狭叶柴胡种子发芽率的影响。结果表明,大规模播种可采用 40 ℃ 温水浸种 8 h,流水冲洗 4 h,150 W 微波辐射 25 s(柴胡)、20 s(狭叶柴胡),采用柳枝浸提液为萌发剂均可以提高它们的发芽率。董汇泽等[36]的研究则表明,采用超声波对野生柴胡种子处理 25 min,其种子发芽率为

88.89%,比对照高 44.45%;且超声处理时间在 15~35 min,对柴胡种子的萌发及种子活力均有一定的促进作用。后来,董汇泽等[37]又研究了超声波＋GA_3二因素对柴胡种子萌发的影响。结果表明,当超声处理时间为 20~30 min,GA_3浓度为 $32×10^{-6}$~$59×10^{-6}$ml/L时,可明显促进柴胡种子的萌发。究其原因可能因为电磁辐射能提高分子运动能量,分子运动速度加快,使种子内部处于休眠状态的成分被激活而转化为活跃状态,从而促进种子萌发,同时还能增强作物的抗逆能力[38]。

(5) 低温储存 杨成民等[39]发现经低温(0~4 ℃)处理 8 周的柴胡种子的胚长度增长至对照的 3 倍,且比对照的发芽势高。朴锦等[40]采用 4 ℃储存并以 GA_3 处理柴胡种子发芽率高达 80.0%。可见低温对柴胡的种胚发育及种子发芽有明显的促进作用,能解除种子的胚休眠,提高种子萌发率。

(6) 温水浸种 胡继鹰等[41]研究表明,用 40 ℃温水和 GA_3 预处理种子不仅能显著提高柴胡的出苗率,而且能明显提早出苗和促进生长,提高药材产量,认为浸种主要是使种子充分吸收水分,利于萌发;雷燕妮[28]观察了不同水温浸种 24 h 后柴胡种胚的解剖形态,发现 40 ℃温水浸种的种胚吸水情况良好,胚占胚腔的比例达 41.22%,而 20 ℃处理仅为 17.30%,可见 40 ℃温水浸种有利于柴胡萌发的吸胀阶段种胚吸水。吸胀吸水是萌发的第一步,快速充分吸水的柴胡种子种胚细胞活化快,能适应萌发过程内部生理变化需要,从而有效提高萌发率。

5. 药用柴胡的生长发育规律

柴胡为多年生植物。研究发现,柴胡第 1 年生长的主方向为地上部干物质。进入第 2 年,主根平均直径最大,产量最高。第 3 年后,群体封闭,产量和质量均呈下降趋势[42]。

张阳等[43]以一年生柴胡为试验材料,通过观察发现:从播种到长出叶需 54 d 左右,出苗缓慢,幼龄苗生长也慢。观察还发现,一年生柴胡植株的高度增长比较缓慢,日增量很小,但从 7 月初到 8 月末,此阶段增长迅速,其生长量大;在生长旺季的叶数增长幅度非常大,直到 10 月初开始停滞、衰退,并且柴胡植株的高度和叶数呈正相关,决定柴胡产量的根、茎粗度和叶片数的关系也呈极显著正相关。因此得出结论:柴胡在 8 月中旬至 9 月初达到生长高峰。

于英等[44]通过对引种野生柴胡的物候期及其各器官的生长发育规律进行调查研究,结果表明,柴胡个体发育可划分营养生长期和生殖生长期;其物候期可分为返青期、苗期、抽茎拔节期、孕蕾期、开花期、坐果期、果熟期和枯萎期;年生育期为 180~200 d;植株呈单茎或丛生,株高 65~90 cm,总叶面积随株高的增高而增加,盛花期植株的叶面积最大,叶面积指数最高;开花特性为有限花序,无限分枝型植株,其根长、根重在开花盛期和坐果初期后呈快速增长;根长在土壤结冻前基本趋于最大;而根重增长至 10 月上中旬基本趋于最大,以后呈直线下降趋势。

魏建和等[45]于 2003 年用植物生长分析的方法调查各器官数量,总结出柴胡植株由根、根茎、主茎、基生叶、主茎叶、各级分枝和叶、顶花序和各级侧生花序组成;一、二级分枝干物质占全部分枝的 93.8%,三、四级分枝弱小但数量多,根冠比只有 0.19;植株具

三、四级侧生花序,以一级和二级为主要构成部分;繁殖器官消耗了全部干物质的38.1%;主根长度只有17.2 cm,与侧根的干物质重约各占50%。并由此认为柴胡家种时间短,野生性强,很多性状不符合以根为收获物的要求,应加以合理调控和选育。

6. 药用柴胡的核型分析

宋芸等[46]利用柴胡属6种植物的核型数据,应用核型似近系数聚类分析并计算物种间的核型进化距离,结果显示,狭叶柴胡与柴胡核型似近系数最大(0.992 0),核型进化距离最小(0.008 0),亲缘关系最近。

对柴胡属植物的核型研究发现,该属植物多倍现象普遍存在。在染色体构成中,只有近中部着丝点和中部着丝点两种类型,未发现端部或近端部着丝点染色体[47]。柴胡(二倍体)的核型公式是 $2n=12=6m+4sm+2st$,染色体组总长度为31.26 μm,绝对长度范围是4.30~6.96 μm,按相对长度系数,第1对为长染色体,第2对为中长染色体,第3~6对为中短染色体。染色体长度比为1.62,臂比大于2的染色体2对,核型为2A型[48]。柴胡(四倍体)染色体数 $2n=24$,具有1~4个B染色体,核型公式 $K2n=24=14m+10sm(2SAT)$,核型对称性为Stebbins 2B[49]。狭叶柴胡染色体数 $2n=12$,核型公式 $K2n=12=10m(2SAT)+2sm$,核型对称性为Stebbins 1A[47]。

2.1.3 化学成分及药理作用

1. 化学成分

药用柴胡的质量与化学成分的组成、积累变化有直接的关系。药用柴胡的化学成分较复杂,迄今为止已报道含有柴胡皂苷、黄酮、挥发油、甾醇、香豆素、有机酸、糖类、木脂素、生物碱及多炔类成分等。其中,具有药理作用的化学成分为4类,即柴胡皂苷、黄酮、挥发油和多糖[50]。目前,从柴胡属植物中分离出的皂苷已达50余种,其中柴胡皂苷a、b、d含量较高,生物活性强,常与柴胡总皂苷一起作为检测柴胡质量的标准[51]。

柴胡的药用部位为根,根内主要含皂苷、挥发油、柴胡醇(bupleurumol)、油酸(oleic acid)、亚油酸(linoleic acid)、棕榈酸(palmitic acid)、硬脂酸(stearic acid)、廿四酸(lignoceric acid)及葡萄糖等。此外,梁鸿等[52]还首次从柴胡根中分离得到了水仙苷、腺苷、尿苷等化合物。其茎叶中含黄酮、挥发油等,果实含油11.2%,其中有洋芫荽子酸(petroselinic acid),反式洋芫荽子酸(petroselidic acid)和亚油酸、槲皮素(quercetin)、山奈苷(kaempferitrin)及山奈酸-7-鼠李糖苷(kaempfero-7-rhamnoside)[53]。狭叶柴胡的根含皂苷、脂肪油、挥发油、柴胡醇等,茎叶含芸香苷等[54]。总之,狭叶柴胡和柴胡根中所含皂苷类成分基本相似,但地上部分的成分有明显差异。

(1) 柴胡的主要药用化学成分

挥发油:含2-甲基环戊酮、柠檬烯、月桂烯、香芹酮、反式-葛缕醇、长叶薄荷酮、桃金娘烯醇、α 萜品醇、里哪醇、牻牛儿醇、n-十三(碳)烷、[E]-牻牛儿丙基酮、α 荜澄茄油烯、δ 荜澄茄油烯、葎草烯、反式-石竹烯、长叶烯(longifolene)、努特卡酮、十六(烷)酸、六氢法呢基丙酮、戊酸甲酯、己酸甲酯、庚酸甲酯、2-庚烯酸甲酯、辛酸甲酯、2-辛烯酸甲酯、壬酸甲酯、2-壬烯酸甲酯、戊酸、己酸、庚酸、2-辛烯酸、壬烯-2-酸、苯酚、邻甲氧基苯酚、γ庚内酯、γ辛内酯、对甲氧基苯乙酮、γ癸内酯、丁香酚、4-羟基-3-甲氧基苯己酮、γ十一酸内酯、γ壬内酯、对-乙氧基苯乙醇、玛索依内酯、2-甲基-5-羟基-7-甲氧基色酮、对甲酚、间-乙基苯酚、香芹酸、香草醛、甲苯酚、乙苯酚、百里酚(thymol)、香草醛乙酸酯(vanillin acetate)、辛醛、正己醇、环己醇、1,2,3-三甲基环己烷、萘、(E)-柠檬醛、(反,反)-2,4-二烯辛醛、5-甲基麝香草醚、2-丁基环己酮、水芹醛、2-甲基-3-烯-5-癸酮、丙酸龙脑酯、2,4-二烯十二醛、2,4-二烯癸醛、1,4-二乙氧基苯、4-[苯乙烯基]-2-2-丁酮、2-乙基-4-甲基-1,3-戊二烯基苯、白菖烯、α瑟林烯、二苯并呋喃、叩巴萜、正十五烷、对苯基苯甲醛[55]。

皂苷：含柴胡皂苷Ⅰa、Ⅰb、Ⅱ，柴胡皂苷Ⅰa相当于柴胡皂苷a、b(saikosaponin a、b)，柴胡皂苷Ⅰb相当于柴胡皂苷d(saikosaponin d)、柴胡皂苷Ⅱ相当于柴胡皂苷c(saikosaponin c)，另含柴胡皂苷b_2、3″-O-乙酰基柴胡皂苷、6″-O-乙酰基柴胡皂苷d[56]。

有机酸：果实含岩芹酸(petroselic acid)、岩芹地酸(petroselidic acid)及亚油酸[56]。

甾醇类：茎叶中含α菠菜甾醇(α-spinasterol)、β谷甾醇(β-sitosterol)[56]。

黄酮类：含槲皮素、槲皮素-3-L-鼠糖、山奈苷(山奈酚-3,7-二鼠李糖苷，kaemepferitrin)、山奈酚-7-鼠李糖苷(kaempferol-7-rhamnoside)、山奈酚、山奈酚-3-O-α-L-呋喃阿拉伯糖苷-7-O-α-L-吡喃鼠李糖苷、福寿草醇[56,57]。

其他：含川白芷内酯(anomalin)、二十九烷-10-酮(nonacosan-10-ketone)，还含钾、钙、铝等金属元素[56]，根中还含有多糖(分子量8 000及9 900)[58]。多糖主要由L-阿拉伯糖、核糖、D-木糖、L-鼠李糖、D-葡萄糖、D-半乳糖等组成[59]。

(2) 狭叶柴胡的主要药用化学成分

挥发油：含β萜品烯、柠檬烯、茨烯、β-2-葑烯(β-2-fenchene)、长叶薄荷酮、异冰片(isoborneol)、β萜品醇、里哪醇、α胡椒烯、荜草烯、α法呢烯、香橙烯、顺式-石竹烯、反式石竹烯、β榄香烯、γ衣兰油烯、绿叶烯、努特卡酮、喇叭茶醇、2-甲基-环戊醇(2-methyl-cyclopentanol)、2-甲基-庚烯-1(2-methyl-heptene-1)、4-甲基-己醛(4-methyl-aldehyde)、α侧柏烯(α-thujene)、α蒎烯(α-pinene)、茨烯(camphene)、β蒎烯(β-pinene)、2-戊基呋喃(2-pentyl-furan)、月桂烯(myrcene)、水芹烯(phellandrene)、对聚伞花素(P-cymene)、β罗勒烯(β-ocimene)、2-辛烯醛(2-octenal)、γ松油烯(γ-terpinene)、二甲基苯乙烯(dimethyl-styrene)、α松油烯(α-terpinene)、葑酮(fenchone)、芳樟醇(linalool)、正十一烷(n-undecane)、松香芹醇(pinocarveol)、萘(naphthalene)、γ松油醇(γ-terpineol)、桃金娘烯醛(myrtenal)、α松油醇(α-terpineol)、桃金娘醇(myrtanol)、α侧柏酮(α-thujone)、1-特丁基-茴香脑(1-tert-butyl-anisole)、2-甲基-4-特丁基酚(2-methyl-4-tert-butyl-phenol)、乙酸龙脑酯(bornyl acetate)、2,4-癸二烯醛(2,4-decadienal)、牻牛儿醇甲酸酯(methylgeranate)、α胡椒烯(α-copaene)、α雪松烯(α-cedrene)、β榄香烯(β-elemene)、α姜黄烯(αcurcumene)、β石竹烯(β-caryophyllen)、α蛇麻烯(α-humulene)、1,4-二甲氧基-2,3,5,6-四甲基苯(1,4-dimethoxy-2,3,5,6-tetramethyl benzene)、菖蒲二烯(acoradiene)、γ杜松烯(γ-cadinene)、α榄香烯(α-elemene)、β没药烯(β-bisabolene)、mayurone、橙花叔醇(nerolidol)、愈创木醇(guaiol)、金合欢醇(farnesol)[56]。

皂苷：狭叶柴胡中所含的皂苷成分基本与柴胡相似，还有柴胡皂苷元F，柴胡次皂苷F，3″-O-乙酰基柴胡皂苷d，6″-O-乙酰基柴胡皂苷d，4″-O-乙酰基柴胡皂苷d以及柴胡皂苷r等[60,61]。

黄酮类：含槲皮素(quercetin)、异鼠李素(isorhamnetin)、芸香苷(rutin)、水仙苷(narcissin)、芦丁[56]。

其他：狭叶柴胡中也含有多糖，主要由阿拉伯糖、核糖、木糖、甘露糖、葡萄糖、半乳糖组成[59]。

2. 药理作用

柴胡是我国的传统常用中药，性味苦凉，有疏散退热、疏肝解郁、升阳举气之功效，用于治疗寒热往来，胸满胁痛，口苦耳聋，头痛目眩等。柴胡的主要药用成分为柴胡皂苷和挥发油。近代药理研究表明，柴胡具有多种生理生物活性。现将柴胡的药理作用研究结果综述如下。

(1) 解热　柴胡味苦而微辛，有和解退热的功效。《本草纲目》中称柴胡是"引清气退热必用之药"。薛燕等[62]利用大鼠腹腔注射柴胡挥发油、皂苷、皂苷元对酵母皮下注射致热大鼠的解热作用进行研究，实验结果表明柴胡的挥发油、皂苷、皂苷元都有解热作用。此外，柴胡皂苷对大肠杆菌、伤寒杆菌或副伤寒疫苗等所引起的动物实验发热均有明显解热作用；人体试验及临床研究还发现柴胡皂苷对感冒发热的总有效率高达95%[63]。

柴胡对外感内伤所致高热均可奏效，尤其对风热外感发热疗效最佳，且退热平稳，无反跳现象，也可安全用于儿童及孕妇[64]，这是其他退热药无法比拟的。因而，临床上常用柴胡制成的柴胡注射剂治疗各种热症，如感冒发热、癌症发热等。

(2) 抗病毒　研究发现，黄酮类化合物是一类天然多酚类化合物，是许多中药发挥抗病毒作用的主要有效成分。柴胡茎叶中含有大量的黄酮类化合物，该药用部位对乙型流感病毒感染小鼠具有明显的保护作用，能明显降低乙型流感病毒感染小鼠肺指数值，具有较高的肺指数抑制率，阻止肺组织渗出性病变，降低小鼠死亡率[65]。

此外，柴胡中的有效成分柴胡皂苷a、d和二次生成的柴胡皂苷b_1、b_2、b_3、b_4对流感病毒、肝炎病毒、牛痘病毒、I型脊髓灰质炎病毒、疱疹病毒等均具有较好的抑制作用，其抗病毒机制可能是因为此类化合物能抑制病毒的Na^+，K^+-ATP酶，影响病毒的能量和水盐代谢，从而起到抗病毒的作用[66]。

由于柴胡具有较强的抗病毒能力，因此也常被用来治疗病毒性呼吸道感染，如流行性腮腺炎，这是一种由核糖核酸病毒中黏液病毒所导致的急性呼吸道传染病。有文献报道用柴胡治疗流行性腮腺炎，症状消失快，腮腺肿胀明显好转，没有出现并发症，未见毒副作用[67,68]。

(3) 抗细菌内毒素　研究结果表明,对注射细菌内毒素的小鼠,柴胡提取液能提高其生存率,延长平均生存时间,与地塞米松磷酸钠无显著差异。体外抗内毒素实验表明,浓度大于25%的柴胡提取液对细菌内毒素有明显破坏作用[69],从而说明柴胡对于细菌内毒素有拮抗作用。现在治疗细菌内毒素所致疾病常用抗生素类药物,但此种药物有一定的毒副作用,所以进一步研究柴胡的抗细菌内毒素作用,特别是明确柴胡抗细菌内毒素的有效成分,并且将其制成药应用于临床,可以在一定程度上避免滥用抗生素,减轻用药后所产生的不良反应给患者带来的痛苦,加大临床疗效[70]。

(4) 消炎　在动物急性炎症模型(小鼠二甲苯性耳肿胀、大鼠蛋清性足肿胀和小鼠角叉菜胶性足肿胀)和亚急性炎症模型(棉球所致肉芽肿)实验中,灌服柴胡的水煎液或静脉注射柴胡乳剂,均能显著抑制其肿胀程度,减轻疼痛反应[71,72]。柴胡消炎的有效成分被认为是柴胡皂苷,该类成分对多种致炎剂所致踝关节肿和结缔组织增生性炎症均具有抑制作用,能够降低毛细血管通透性,减少炎症因子的渗出,抑制炎症组织组胺释放及白细胞游走,对炎症发生、发展的许多环节均具有抑制作用[73]。

(5) 保肝作用　近年来,在研究柴胡皂苷对肝脏的药理作用方面,其主要进展为发现其具有对抗多种因素导致的肝损伤和肝纤维化。

抗肝损伤方面,周世文等[74]发现柴胡皂苷通过加强肝脏对毒物代谢而起到对 CCl_4 实验性肝损伤小鼠发挥保肝的作用;李振宇等[75]也通过实验证明了柴胡根具有保护 CCl_4 所致小鼠急性肝损伤的作用。李素婷[76]研究发现柴胡皂苷 d 对乙醇损伤大鼠肝细胞有保护作用,其机制可能与柴胡皂苷 d 消除自由基、抑制脂质过氧化作用有关。林明栋等[77]体外研究首次发现柴胡分离组分 CH-5(柴胡粗皂苷)能显著抑制小鼠肝制备腺苷酸环化酶(AC)的活性,在一定浓度有明显量效关系。

抗肝纤维方面,肝纤维化是慢性肝病的共有病理变化,不同病因导致的慢性肝损伤,使得肝细胞外基质(ECM)合成增加、降解不足,过多沉积在肝内引起肝纤维化。肝纤维化主要病理机制为:肝细胞慢性损伤、星状细胞激活导致细胞外基质产生、细胞因子紊乱后促进活化肝星状细胞的凋亡[78]。研究发现,柴胡皂苷通过其自身消炎和免疫调节的生物特性,实现对肝纤维化机制的干预,首先通过消炎作用减少肝星状细胞和肝窦内皮细胞释放的炎性介质,阻止其在肝纤维化过程的启动和加剧作用;其次抑制星状细胞激活,起到抗纤维化关键作用。此外,柴胡皂苷可调节细胞因子使网络处于一种平衡,阻止肝纤维化中细胞因子瀑布效应,导致 ECM 过度沉积,而形成肝纤维化[79]。

(6) 提高免疫力　从中草药中寻找免疫调节剂,是近20年来国内比较活跃的一个研究领域。实验表明,柴胡具有正向调节免疫功能的作用,其提取液对小鼠脾淋巴细胞的增殖、白细胞介素-2 和肿瘤坏死因子的分泌水平,均有明显的增强作用[80]。其中,柴胡多糖被认为是提高机体免疫能力的有效成分之一。此类成分可以增强吞噬细胞和自然杀伤细胞的功能,提高病毒特异性抗体滴度,提高淋巴细胞转核率,提高皮肤迟发性过敏反应[73]。

此外,柴胡皂苷也具有免疫调节作用,可引起腹膜巨噬细胞明显凝聚,激活巨噬细胞的扩展性、吞噬性、胞内酵母菌杀死和酸性磷酸酶活性,而且增加巨噬细胞表面受体表达,并通过刺激 T 淋巴细胞和 B 淋巴细胞参与机体的免疫调节[73]。

以上实验表明,柴胡对体液免疫和细胞免疫均具有增强作用,拥有良好的开发前景。从而提示柴胡可以作为免疫促进剂进行开发研究。

(7) 抗肿瘤作用　近 50 年来,人类应用化学药物来治疗肿瘤,抗肿瘤药物的水平不断提高,但大多数抗肿瘤化学药物在杀灭肿瘤细胞的同时,对人体的正常组织也造成了巨大的损伤,出现了多种毒副作用,如呕吐、肾毒性、肺毒性、骨髓毒性等,妨碍了疗效的发挥。因此中药抗肿瘤的研究变得至关重要。据报道,柴胡提取物对人肝癌 SMMC-7721 细胞线粒体代谢活性、细胞增殖以及小鼠移植 S180 实体肿瘤有明显抑制作用[81]。

对于白血病这一造血系统恶性肿瘤,近期研究发现柴胡对其也有防治作用。将单体成分柴胡皂苷 d(SSd)作用于白血病细胞 K562,用药后 K562 细胞的细胞数、分裂指数均下降,K562 细胞的增殖被抑制[82]。荧光染色法观察后发现:K562 经 10 μg/ml SSd 处理 24 h 后,开始出现凋亡小体,48 h 后出现大量死细胞;间接免疫荧光法检测发现 K562 细胞的癌基因 *Bcl-2* 基因表达下降[83],将 SSd(10 μg/ml)作用于人急性早幼粒白血症细胞(HL 60)糖皮质激素受体 mRNA,发现 SSd 可上调 HL 60 细胞糖皮质激素受体 mRNA 表达,并抑制细胞生长[84]。

这些研究结果为临床用柴胡治疗癌症、白血病提供了科学依据,将柴胡的这些作用进一步研究并应用于临床,以期能提高肿瘤患者的健康水平和生活质量。

(8) 抗惊厥作用　现代药理研究表明,柴胡皂苷和柴胡挥发油均有抗惊厥作用,柴胡皂苷 150 mg/kg 与挥发油 300 mg/kg 合理配伍后有很强的抗惊厥作用[85];柴胡皂苷还可以延长猫的睡眠时间[86],故柴胡对治疗神经精神科疾病有较好的疗效,如惊恐症、神经分裂症等[87]。此外,柴胡作用于毛果芸香碱致癫痫的家兔和大鼠,可使癫痫发作次数和发作持续时间显著减少、发作间隔时间延长,研究结果显示柴胡对癫痫模型大脑皮质放电及中枢神经系统的突触传递过程有明显抑制作用[88]。由此可见,柴胡对癫痫病有显著的抑制作用。

(9) 抗抑郁作用　现代医学表明,柴胡是对抑郁症治疗应用广泛且疗效较好的药物之一,柴胡皂苷 a 是起作用的主要有效成分。戈宏炎等[89]利用不可预知的应激和孤养模型研究了柴胡皂苷抗抑郁的效应及机制。研究结果表明,柴胡皂苷可以改善抑郁大鼠的抑郁表现,并可以保护海马区神经元,提高抑郁大鼠脑内 NE、5-HT、多巴胺、脑源性神经营养因子含量,从而认为柴胡皂苷 a 可以显著逆转由抑郁导致的脑内单胺类神经介质的降低,减少由此造成的神经细胞损伤,从而达到治疗抑郁症的目的。张峰等[90]对慢性应激抑郁模型大鼠应用柴胡治理,使用高效液相色谱法检测抑郁模型组、柴胡治疗组和正常对照组大鼠脑组织中单胺类神经递质及其代谢物含量变化,结果显示具有抗抑郁作用。

2.1.4　资源状况

柴胡属是 1753 年由林耐(Linnaeus)建立,隶属于伞形科芹亚科阿米芹族[14]。在伞形科植物中[13],柴胡属以全缘的单叶及平行的叶脉,较易与其他属植物区别。柴胡属植物分布广泛,迄今为止,全世界报道的柴胡属植物有200多种,主要分布在欧亚大陆及北非地区。单人骅等[91]在1974年发表了"中国柴胡属的种类及其分布",首次对中国的柴胡属植物进行了系统整理,共记载35种6变种及7变型。据1979年出版的《中国植物志》(第五十五卷,第一分册)记载,中国有36种17变种和7变型[13]。此后,宋诚挚等[92]又相继发表了6个新种,分别是韭叶柴胡(*B. kunmingense* Y. Li. et S. L. Pan)、多枝柴胡(*B. polyclonum* Y. Li. et S. L. Pan)、泸西柴胡(*B. luxiense* Y. Li. et S. L. Pan)、会泽柴胡(*B. huize* S. L. Pan sp. nov)、四川柴胡(*B. sichuanense* S. L. Pan et Hsu)和甘肃柴胡(*B. gansuense* S. L. Pan et Hsu)[92]。其中在民间作为药用的有25种8变种3变型,其药用部位及主要分布地区见表2-1。

表2-1 我国主要的药用柴胡品种

序号	名称	拉丁名称	药用部位	主要分布地区
1	柴胡	*Bupleurum chinense* DC.	根	东北、华北、西北、华中、华东
2	烟台柴胡	*B. chinense* DC. f. *vanheurckii*(Muell.-Arg.) Shan et Y. Li	根	山东、山西、辽宁、吉林
3	百花山柴胡	*B. chinense* DC. f. *octoradiatum* (Bunge) Shan et Sheh	根	北京、河北、山西、辽宁、吉林
4	狭叶柴胡	*B. scorzonerifolium* Willd.	根	东北、华北、西北、华中、华东
5	少花红柴胡	*B. scorzonerifolium* Willd. f. *pauciflorum* Shan et Y. Li	全草	江苏南部、安徽东部
6	小叶黑柴胡	*B. smithii* Wolff var. *parvifolium* Shan et Y. Li	根	甘肃、宁夏、青海、内蒙古、河北、山西、陕西
7	黑柴胡	*B. smithii* Wolff	根	河北、河南、陕西、山西、甘肃、青海、内蒙古
8	银州柴胡	*B. yinchowense* Shan et Y. Li	根	陕西、甘肃、宁夏、内蒙古
9	锥叶柴胡	*B. bicaule* Helm	根	内蒙古、宁夏、河北、陕西、山西
10	线叶柴胡	*B. angustissimum*(Franch.) Kitagawa	根	内蒙古、河北、陕西、山西、甘肃、青海
11	窄竹叶柴胡	*B. marginatum* Wall. ex DC. var. *stenophyllum*(Wolff) Shan et Y. Li	全草	云南、贵州、四川、西藏、广西、广东、福建、湖南、湖北
12	竹叶柴胡	*B. marginatum* Wall. ex DC.	全草	云南、贵州、四川、广西、湖南、湖北

第2章 柴　胡

（续表）

序号	名　称	拉　丁　名　称	药用部位	主要分布地区
13	多枝柴胡	*B. polyclonum* Y. Li et S. L. Pan	全草	云南北部和中部
14	韭叶柴胡	*B. kunmingense* Y. Li et S. L. Pan	全草	云南中部
15	丽江柴胡	*B. rockii* Wolff	全草	云南、四川、西藏
16	会泽柴胡	*B. huize* S. L. Pan sp. nov	根	云南、四川
17	泸西柴胡	*B. luxiense* Y. Li et S. L. Pan	全草	云南中部、东部
18	四川柴胡	*B. sichuanense* S. L. Pan et Hsu	全草	四川西北部
19	柴首	*B. chaishoui* Shan et Sheh	全草	四川西北部
20	汶川柴胡	*B. wenchuanense* Shan et Y. Li	全草	四川西北部
21	马尔泰柴胡	*B. malconense* Shan et Y. Li	全草	甘肃、青海
22	小柴胡	*B. tenue* Buch.-Ham. ex D. Don	全草	云南、贵州、四川、湖北、广西
23	矮小柴胡	*B. tenue* Buch.-Ham. ex D. Don var. *humile*(Franch.)	全草	云南、四川
24	兴安柴胡	*B. sibiricum* Vest	根	黑龙江、内蒙古、辽宁
25	甘肃柴胡	*B. gansuense* S. L. Pan et Hsu	根	甘肃南部
26	空心柴胡	*B. longicaule* Wall. ex DC. var. *franchetii* de Boiss.	全草	云南、四川、湖北、陕西、甘肃
27	抱茎柴胡	*B. longicaule* Wall. ex DC. var. *amplexicaule* C. Y. Wu	全草	四川西北部
28	秦岭柴胡	*B. longicaule* Wall. ex DC. var. *giraldii* Wolff	根	陕西、甘肃、宁夏
29	川滇柴胡	*B. candollei* Wall. ex DC.	全草	云南、贵州、四川
30	黄花鸭跖柴胡	*B. commelynoideum* de Boiss. var. *flaviflorum* Shan et Y. Li	全草	甘肃、青海、四川、西藏
31	大叶柴胡	*B. longiradiatum* Turcz.	根	东北、内蒙古、甘肃
32	长白柴胡	*B. komarovianum* Lincz.	根	吉林、黑龙江
33	细茎有柄柴胡	*B. petiolulatum* Franch. var. *tenerum* Shan et Y. Li	全草	云南、四川、西藏
34	密花柴胡	*B. densiflorum* Rupr.	根	新疆、青海、甘肃
35	阿尔泰柴胡	*B. krylovianum* Schischk. ex Kryl.	根	新疆
36	大苞柴胡	*B. euphorbioides* Nakai	全草	吉林

注：大叶柴胡因有毒，现已禁用。

柴胡属植物的分布非常广泛,目前除海南省未见报道外,其余各省区均有柴胡属植物分布。野生柴胡的药源分布在我国可分为六个区,华北和西北地区是柴胡和红柴胡的主产区,两类药材常混杂生长,柴胡的产量大于红柴胡,河北曾是出口"津柴胡"的主要供应地,但近年产量减少,质量也有所下降。西北的甘肃、陕西,华北的山西、内蒙古成为柴胡的主要产区;东北是红柴胡的生产区,质量较佳,大叶柴胡有毒,不可药用;西南地区是竹叶柴胡的主产地和使用地;华东地区曾是红柴胡的主产区之一,但近年产量下降,主要靠调运北方产柴胡;华南及华中地区曾有少量柴胡,现也主要调运北方产柴胡。

柴胡是大宗常用中药材,野生资源早在 20 世纪 70 年代已不能满足需求,80 年代初山西、河南、甘肃、陕西等省就开展了野生变家种试验,由于《中国药典》对中药柴胡原植物的规定以及对柴胡品种的质量比较研究结果,目前在人工栽培种中主要选择柴胡种植,甘肃、山西、陕西成为柴胡的主要种植区,内蒙古和东北也有栽培。科技部已在山西建立了柴胡规范化种植研究基地,陕西、吉林、黑龙江等省将柴胡列为本省的规范化种植品种,使该种的研究进入到新的阶段,资源供应也逐渐由野生变为家种。由于种源不纯和各地区相互引种,在栽培区内存在不同农家类型的混杂。因此,很有必要对家种柴胡开展种质资源及药材质量评价等较深入的研究工作,为优良品种的选育和优质药材的生产提供研究基础。

2.1.5 栽培技术和采收加工

1. 高产栽培技术

柴胡的高产栽培技术包括以下几个方面。

(1) 选种 选择生长健壮、无病虫害的 2~3 年生柴胡作留种母株。于 9~11 月当果实由青稍转为褐色时,将全株割回,置通风干燥处,晾干后熟数日。然后,晒干、脱粒、净选,储存备用[93]。注意隔年种子一般不使用。

(2) 选地整地 柴胡适宜的土壤质地为疏松砂质壤土或腐殖质土,不宜在黏土、易积水的地块种植。

(3) 播种 柴胡播种有春播和秋播两个时期。春播一般在 4 月上旬进行。在整好的畦面上,按行距 15~18 cm 横向开 1.5 cm 深的沟,将种子与细砂拌匀后,均匀撒入畦内,覆盖 0.5 cm 厚的土,稍压紧后浇水、盖草,保温保湿。春播 15~20 d 即可出苗。秋播在土壤封冻前完成,于翌年春季出苗。也可挖窝点播,行距 25 cm,株(穴)距 20 cm,穴底整平,先施肥盖土,然后播种、覆土、浇水、盖草,保温保湿[94,95]。

(4) 田间管理 对于柴胡的田间管理要注意以下几个方面。① 出苗前要保持畦面湿润,一般播种后 15~20 d 出苗,当苗基本出齐后除去覆盖物,让幼苗充分接受阳光。② 间定苗,苗高 3~6 cm 时进行间苗,6 cm 以上时结合松土锄草进行定苗,株距为 7~10 cm。③ 中耕除草,苗高 10 cm 时松土除草。中耕除草的意义不仅在于疏松土壤,改善土壤理化性质和消除杂草,而且还有保墒增温和减轻病虫害的作用,同时为柴胡根系的生长和对养分的吸收创造良好条件。④ 控茎和促根,柴胡茎秆细弱,遇风雨易倒伏,结合中耕除草可进行根部培土;株高 40 cm 时须打顶,要不断除去多余的丛生基芽,以达到控制茎生长、促进根部迅速生长和提高产量与质量的目的。⑤ 追肥,移栽前结合除草,施较浓的人畜粪水 1 次。7~8 月柴胡生长较快,打顶后可根据长势选择适宜的肥料追肥,追肥量尿素 150.0 kg/hm²、过磷酸钙 187.5 kg/hm²。⑥ 浇水,第 1 年种子发芽出苗和苗期最怕干旱,往往因干旱出苗不齐或小苗枯死,因此遇旱应浇水保苗;出苗后要浇大水,每次都要浇透,浇后应适时中耕松土;7~9 月雨量大时应注意排涝,以防烂根烂苗[96-99]。

(5) 病虫害防治　柴胡的主要病虫害有根腐病、锈病、斑枯病、蚜虫、黄凤蝶幼虫和赤条蝽象等。根腐病在高温多雨、排水不良时易发生,要注意开沟排水、轮作倒茬,最好与禾本科作物轮作。防治锈病用 50% 多菌灵 1 000 倍液、40% 福星 8 000 倍液、65% 代森锰锌 500 倍液喷雾。斑枯病用 70% 甲基托布津 600 倍液、10% 世高 2 000~2 500 倍液、75% 百菌清 600 倍液喷治。蚜虫在苗期及早春返青时危害叶片,常聚集在嫩茎及叶上吸取汁液,造成苗株枯萎。防治方法是喷 40% 乐果 800~1 500 倍液灭杀或 25% 唑蚜威 1 500 倍液喷雾。黄凤蝶幼虫在 7~8 月危害叶片和花蕾,除人工捕捉外,每隔 7 d 喷洒 1 次 90% 美曲膦酯 800 倍液或用 40% 乐果乳油 1 500~2 000 倍液喷洒防治,每隔 5~7 d 防治 1 次,连喷 2~3 次。赤条蝽象在 6~8 月靠口针吸取嫩枝、叶柄、花蕾的汁液,使植株生长不良,防治方法同防治黄凤蝶幼虫[94,96,97,100,101]。

2. 采收加工

柴胡播种后第 2 年,当霜降后地上茎叶枯萎时或第 3 年春季土壤解冻后幼苗出芽前采挖。采挖时不可伤根,尽量保持根的完整性。挖出后去残茎,抖掉泥土,晾干即成。然后,按根茎粗 0.6 cm 以上、0.4~0.6 cm 和 0.4 cm 以下三个等级捆成 0.5 kg 左右小把出售。商品规格要求身干、折断有松脆声、残茎不超过 1 cm、无须毛、无杂质、无虫蛀和霉变。质量以身干、根粗长、无茎苗者为佳[93,95,98]。

§2.2　柴胡各器官的结构发育规律
2.2.1　柴胡各营养器官的结构发育规律
1. 根的发育解剖学研究

根据谭玲玲等[102]的报道,柴胡根的发育过程包括原分生组织、初生分生组织、初生生长和次生生长四个发育阶段。

从柴胡主根的根尖纵切面上观察,根尖可分为根冠、分生区(生长点)、伸长区和根毛区四部分。根冠位于生长点的前端,由多层薄壁组织细胞构成。分生区是位于根冠内方的顶端分生组织。它包括原分生组织和初生分生组织。从根尖纵切面中可以明显看出,原分生组织分为 3 个细胞群,即外面为表皮原-根冠原原始细胞群,中间为皮层原原始细胞群,最内部分为中柱原原始细胞群(图 2-1a)。从横切面看,原分生组织的细胞呈等径的多边形,细胞壁薄,细胞质浓厚,细胞核大,细胞排列整齐而紧密,表现出典型的分生组织的细胞学特点(图 2-1b)。

由原分生组织所衍生的细胞发生一定程度的分化,由外向内分化为根冠原、表皮原、

§2.2 柴胡各器官的结构发育规律

皮层原和中柱原，它们共同组成初生分生组织（图2-1c）。从横切面看，其细胞排列层次明显，最外一层细胞是表皮原，细胞质浓，细胞核大，细胞排列整齐而紧密。表皮原之内有3、4层由基本分生组织组成的皮层原，这些细胞的细胞质相对较稀薄，细胞核大。中央是由6、7层细胞组成的中柱原，这些细胞的细胞质相对最浓厚，细胞核也很大，细胞排列紧密（图2-1c）。

柴胡根的初生生长是通过其初生分生组织细胞的分裂及其衍生细胞的体积增大活动，以后，这些衍生细胞分化，形成根的初生结构。其中，根冠原的衍生细胞分化为根冠薄壁组织细胞，而表皮原、皮层原和中柱原的衍生细胞则分别分化为表皮、皮层和中柱，共同构成根的初生结构（图2-1d）。

在根的初生结构分化中，皮层细胞最早分化（图2-1e），然后是中柱和表皮。在中柱分化前，皮层原细胞的体积先增大，细胞质开始液泡化。紧邻表皮的1层细胞，成为体积较小、排列紧密的外皮层细胞，其内为6、7层排列疏松的近圆形皮层薄壁组织细胞，直径大，液泡化明显，皮层最内层细胞的体积也较小，排列紧密，但细胞壁上凯氏带不明显（图2-1d）。在中柱分化中，外围的中柱鞘细胞最早分化成1层小型薄壁组织细胞，接着在其内侧相对的2处分化出原生韧皮部的筛管，以后在2个原生韧皮部束间，紧邻中柱鞘处分化出原生木质部的小导管（图2-1f）。木质部束与韧皮部束相间排列。其后，在原生韧皮部的内侧分化出筛管、伴胞和韧皮薄壁组织细胞，组成后生韧皮部（图2-1f）。在原生木质部导管分化成熟后，其内侧分化出多个大口径的导管和木薄壁组织细胞组成的

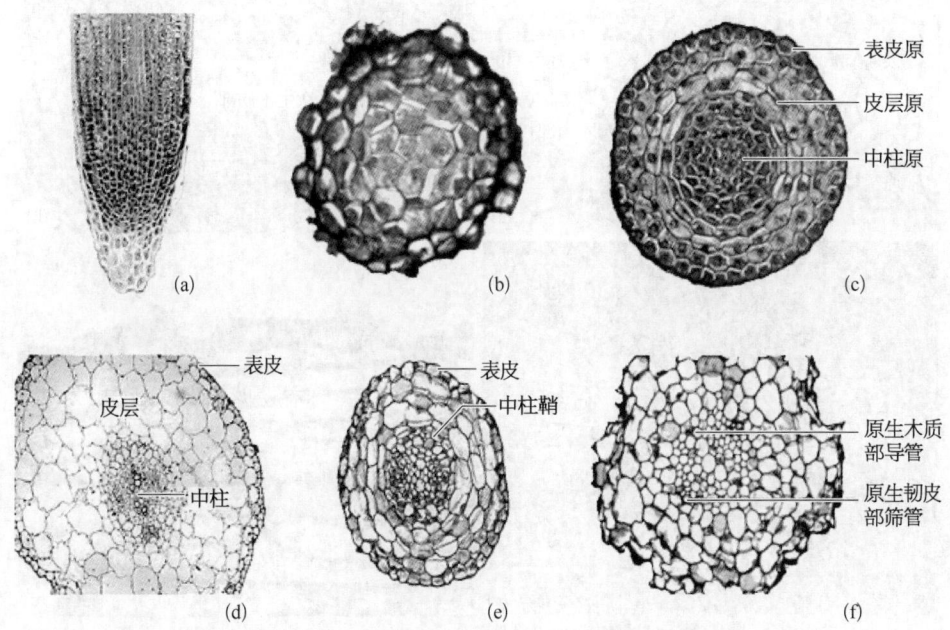

图2-1　柴胡根初生结构的发育过程

(a)根尖的纵切面；(b)根尖原分生组织横切面；(c)根尖初生分生组织横切面；(d)幼根横切面，示初生结构；(e)幼根横切面，示皮层的分化；(f)幼根横切面，示原生韧皮部筛管和原生木质部导管的分化

后生木质部(图2-1f)。以后,2个初生木质部束的导管群在根中央连接(图2-1d)。为此,柴胡根初生结构中,木质部为二原型,其发生过程为外始式。在上述分化过程中,其表皮原分化为1层排列紧密并具根毛的表皮细胞(图2-1d)。至此,由表皮、皮层和中柱构成的根的初生结构已分化形成。

当初生结构中的后生木质部导管将分化成熟时,位于初生木质部和初生韧皮部之间的未分化的原形成层细胞开始进行平周分裂,产生的新细胞呈扁平状,在根横切面上排列呈弧形(图2-2a),以后在形成层弧两端的中柱鞘细胞也恢复细胞分裂能力,转变为形成层细胞,新产生的形成层细胞与形成层弧连接起来,使2个形成层弧连接在一起,从而形成1个完整的形成层环(图2-2b)。形成层环在横切面上最初呈梭形。以后因为形成层环凹入的部分产生的次生木质部细胞数量多,从而将凹入部分的形成层向外推移。结果使形成层环在横切面上逐渐成为近圆形(图2-2b、c)。以后维管形成层细胞向内产生次生木质部,向外产生次生韧皮部。在次生木质部中,有大量的木薄壁组织细胞,导管口径大,分散其中。而位于导管两侧的为细胞壁加厚、木质化的木纤维,它们在木质部中成群分布。其次生韧皮部则由大量韧皮薄壁组织细胞和少量筛管、伴胞组成。在次生生长开始以后,中柱鞘的细胞恢复分裂能力,形成木栓形成层。木栓形成层进行切向分裂,向

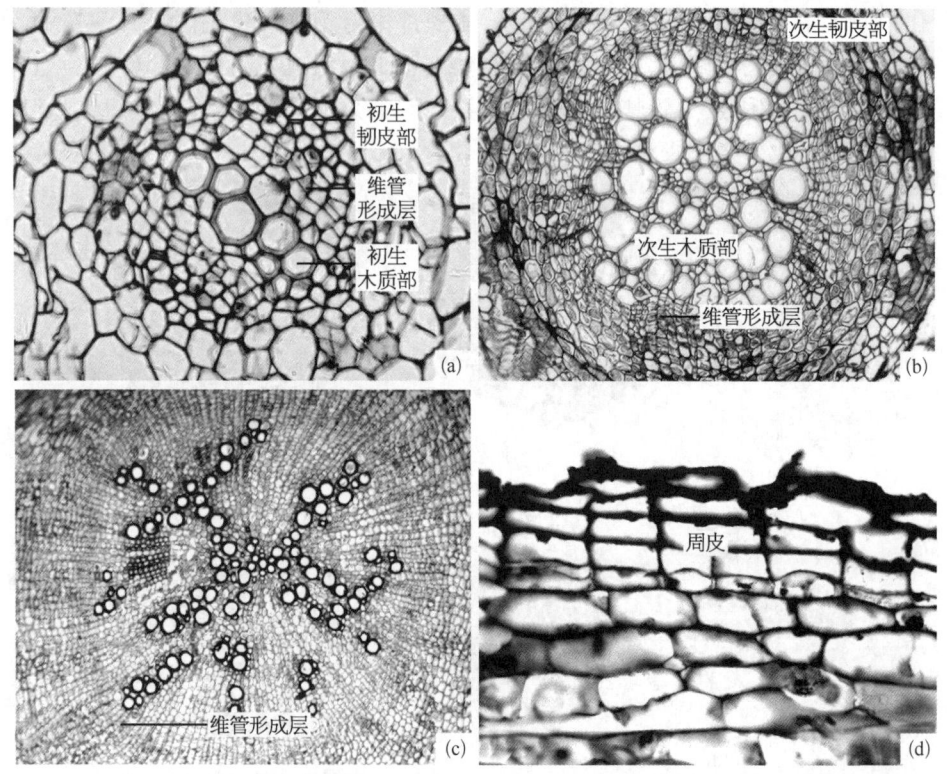

图2-2 柴胡根次生结构的发育过程

(a)示维管形成层在初生木质部和初生韧皮部间产生;(b)示维管形成层的分化;(c)示维管形成层近圆形;(d)周皮横切面

外产生木栓层细胞,向内产生栓内层细胞,共同组成周皮(图 2-2d)。随着周皮的产生,其外方的表皮和皮层薄壁组织细胞逐渐死亡脱落。中柱鞘在产生木栓形成层前,先进行平周分裂,形成多层细胞组成的中柱鞘细胞环,其中有一些细胞分化为分泌道原始细胞,以后它们以裂生的方式形成分泌道。根的以上结构发育过程即次生生长,通过次生生长使根的直径不断增粗。

一年生柴胡主根的结构从外到内由周皮、中柱鞘薄壁组织环和次生维管组织组成(图 2-3a)。周皮为 5～6 层排列整齐呈长方形的细胞,其中最外面的 3～4 层为木栓层细胞,细胞壁栓质化;其内为木栓形成层和栓内层,栓内层一般由 1 层细胞组成,为生活的薄壁组织细胞(图 2-2d)。周皮内方有多层中柱鞘薄壁组织细胞,其细胞近圆形,排列较疏松,细胞内含有丰富的内含物,具有明显的细胞核。同时,在中柱鞘薄壁组织中有分泌道分布,分泌道一般由 3～4 个上皮细胞围绕其腔道构成,其上皮细胞多呈不规则的三角形或多边形,细胞质浓,细胞核明显,内含物丰富(图 2-3b)。次生维管组织包括次生韧皮部、维管形成层和次生木质部。其中,次生韧皮部约占根横切面积的 1/4,由筛管、伴胞及韧皮薄壁组织细胞组成,细胞排列整齐,并有少量分泌道分布。维管形成层呈环状,

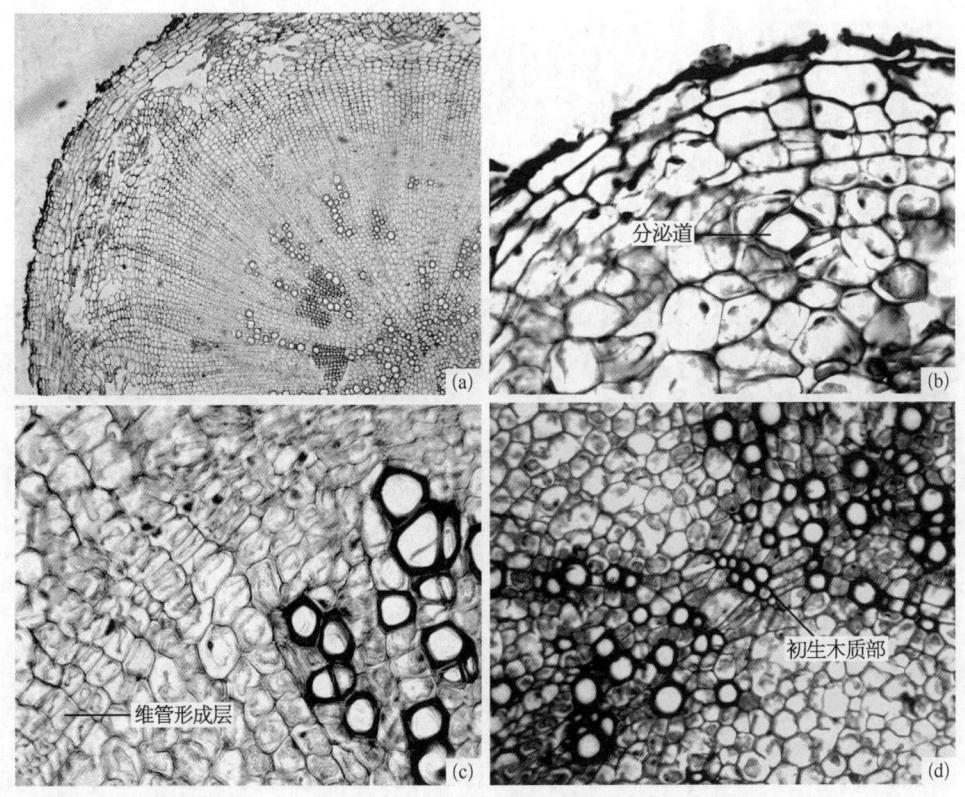

图 2-3 柴胡一年生根的结构

(a) 一年生主根的横切面;(b) 根横切面的一部分,示中柱鞘薄壁组织中的分泌道;(c) 根横切面的一部分,示维管形成层细胞;(d) 根横切面的一部分,示二原型的初生木质部

由 3~5 层细胞构成。其细胞呈砖形,排列整齐,细胞质浓厚(图 2-3c)。次生木质部约占主根横切面的 2/4,在其最内方仍可见呈二原型的初生木质部(图 2-3d);在次生木质部中,具有大量的木薄壁组织细胞,导管口径较大(图 2-3d),散生于薄壁组织细胞中。木纤维成群分布,少单个分散(图 2-4a)。根中无髓部。

二年生主根的结构自外向内也是由周皮、中柱鞘薄壁组织和次生维管组织组成(图 2-4b),但其各类组织的细胞数量增加,因此其主根直径可达一年生的 2~2.5 倍。在二年生根中,随着次生生长的持续进行,周皮的细胞层数增加至 6~8 层,中柱鞘薄壁组织由于内部的压力,其细胞间出现裂隙,其分泌道发育成熟,由 6~8 个上皮细胞围绕细胞间隙构成,分泌腔呈卵圆形(图 2-4c)。次生维管组织各部分细胞数量增加,但次生木质部面积仍大于次生韧皮部,两者的比例与一年生根基本相同。此时,次生韧皮部外围区域的韧皮薄壁组织细胞由于被挤压而形状不规则,细胞间也出现裂隙,筛管和伴胞被挤毁,而其内部的韧皮薄壁组织细胞则仍排列整齐,筛管、伴胞分散在韧皮薄壁组织细胞间,分泌道数量明显增加,并排列成 1 轮(图 2-4d)。次生木质部在接近根的中央部分,导管口径相对小,数量少,分散于木薄壁组织细胞间;而在接近维管形成层的木质部中,导管口径大,多成辐射状分布,且在其周围存在成群的木纤维,其数量较一年生根明显增

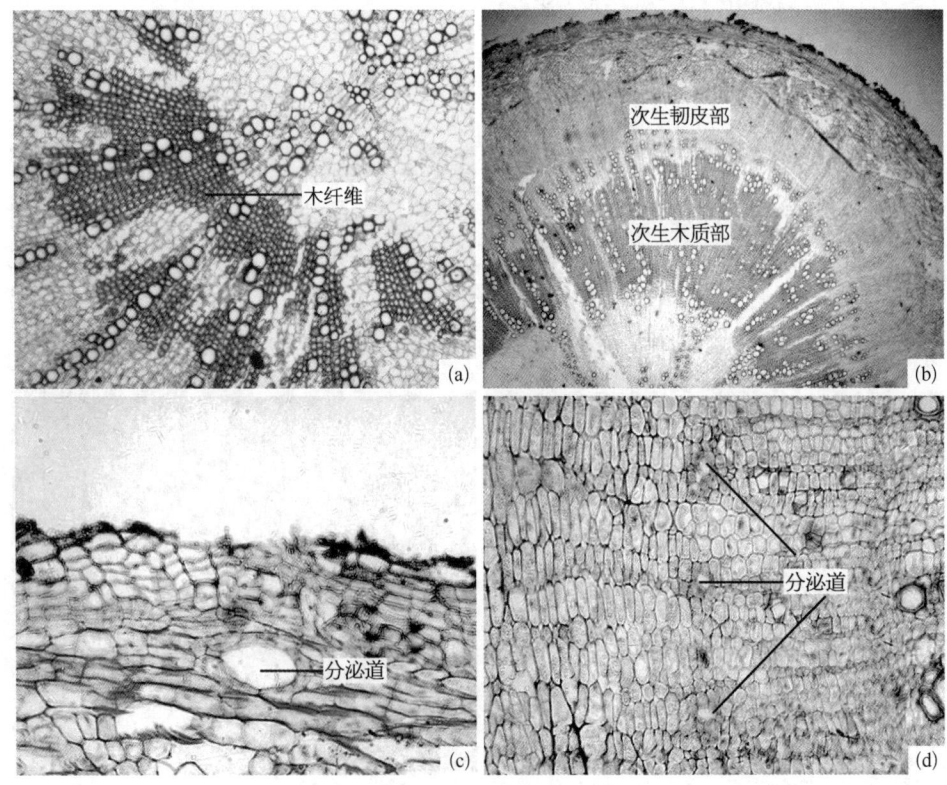

图 2-4 柴胡根的结构

(a) 一年生主根的横切面,示次生木质部;(b) 二年生主根的横切面,示各部分结构;(c) 二年生主根的横切面,示中柱鞘薄壁组织中的分泌道;(d) 二年生主根的横切面,示次生韧皮部中的分泌道

加(图2-4b),维管射线明显,多由2~3列细胞构成,为多列射线。

2. 茎的发育解剖学研究

谭玲玲等[103]报道,柴胡茎的发育过程包括原分生组织、初生分生组织、初生生长和次生生长四个阶段。

从茎尖纵切面观察,茎的生长点呈圆锥状突起。原分生组织细胞较小,液泡化程度低,原生质浓厚,排列紧密。它由原套和原体两部分组成,原套位于生长锥的外围,由两层排列整齐的细胞组成,原体位于原套所包围的中央部分(图2-5a)。原分生组织下面的衍生细胞在一定距离处分化出初生分生组织,由原表皮、基本分生组织和原形成层组成。原表皮为最外围的一层细胞,细胞排列紧密,细胞核大而液泡化程度较低。基本分生组织包括位于原表皮内的皮层基本分生组织和位于中央部分的髓基本分生组织。其中皮层基本分生组织细胞排列紧密,细胞核大而液泡化程度较低;中央的髓基本分生组织其细胞较大而液泡化程度高。在两类基本分生组织之间的为原形成层。它们在茎的横切面上排列成一圈,由较小的、原生质非常浓厚且排列紧密的细胞组成(图2-5b)。

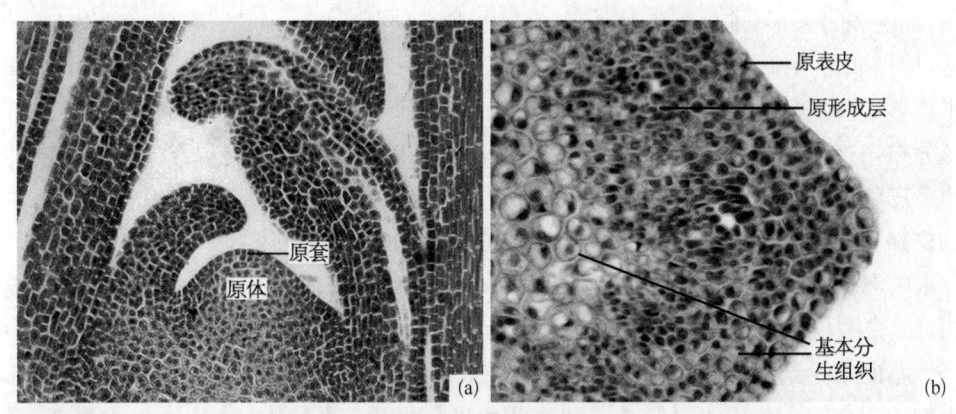

图2-5 柴胡茎端的发育过程
(a)茎端纵切面,示原分生组织;(b)茎端横切面,示初生分生组织

柴胡茎的初生生长是通过其初生分生组织细胞的分裂及其衍生细胞的体积增大活动,以后这些衍生细胞分化,形成了茎的初生结构。其中原表皮的衍生细胞分化为表皮,而基本分生组织的衍生细胞分化为皮层和髓,而原形成层的衍生细胞则分化为维管组织。

上述三种初生分生组织中,基本分生组织和原表皮分化较早,但直到初生维管组织分化结束时才完全成熟。原形成层的分化最为复杂。观察茎的连续横切片可以发现,原生韧皮部的筛管最早分化出来,以后原生木质部的导管分子才分化出来(图2-6a)。其后在原生韧皮部的内侧分化出筛管、伴胞和韧皮薄壁组织细胞,组成后生韧皮部。而在原生木质部的外侧则分化出多个大口径的导管和木薄壁组织细胞,组成后生木质部(图2-6b)。此时位于初生木质部和初生韧皮部之间的原形成层不再分化而仍保持分生组织状态。当原生木质部分子已经成熟而后生木质部仍在分化时,它们转化为束中形成层。至此,由表皮、皮层、维管束和髓组成的茎的初生结构已分化完成。

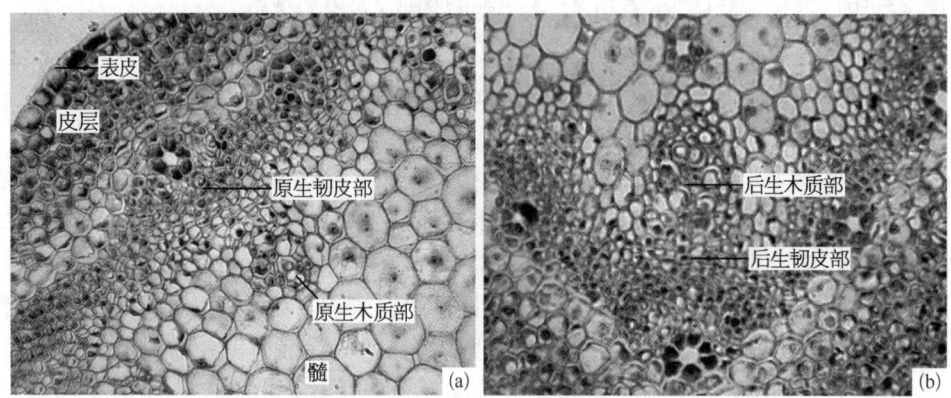

图 2-6　柴胡茎初生结构的发育过程
(a) 幼茎横切面,示原生韧皮部和原生木质部的分化；(b) 幼茎横切面,示后生韧皮部和后生木质部的分化

茎的初生结构由表皮、皮层、维管束、髓和髓射线组成(图2-6a)。表皮由1层细胞组成,细胞多为长形,排列整齐而紧密,有气孔分布(图2-6a)。皮层的最外部有6~8层细胞,排列非常紧密,细胞核大,细胞质浓厚,具有叶绿体；而最内部的几层薄壁组织细胞呈多边形,直径较大,排列紧密,无胞间隙。在皮层薄壁组织中与维管束相对的位置有分泌道分布,它们位于靠近韧皮部的皮层组织中。此时的分泌道还未发育成熟,围绕其空腔的上皮细胞中细胞质非常浓厚(图2-6b)。维管束排列成一圈,为外韧型维管束,由初生韧皮部、束中形成层和初生木质部组成。初生韧皮部由筛管、伴胞和韧皮薄壁组织构成,初生木质部由导管和木薄壁组织细胞组成。其导管数量少但口径大。各维管束之间被多列髓射线薄壁组织细胞分隔,中央为髓,较发达,由大量薄壁组织细胞构成(图2-6)。

当茎的初生结构中后生木质部分子正在成熟时,原排列不整齐的位于初生木质部和初生韧皮部之间未分化的原形成层细胞开始进行平周分裂,向内产生次生木质部,向外产生次生韧皮部(图2-7a)。此时,髓射线与束中形成层相邻的薄壁组织细胞分化形成

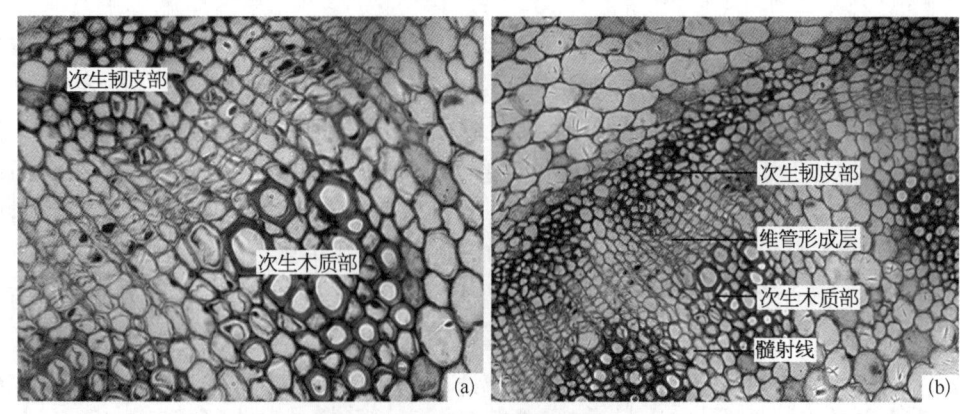

图 2-7　柴胡茎次生结构的发育过程
(a) 茎横切面,示次生韧皮部和次生木质部结构；(b) 茎横切面,示维管形成层

束间形成层,与束中形成层相连接,在横切面上成为一个由6~8层细胞组成的完整的形成层环(图2-7b)。其中束间形成层细胞分裂仅产生薄壁组织细胞,加长髓射线(图2-7)。

一年生茎的次生结构从外到内由表皮、皮层、维管柱组成(图2-8a)。表皮仍由1层细胞组成,细胞多为长形,排列整齐而紧密,无内含物,偶见气孔分布。皮层的外部有4~6层细胞,排列紧密,细胞内含有大量叶绿体,内部由多层薄壁组织细胞构成,细胞近圆形,直径较大,排列疏松,有胞间隙。此时,皮层薄壁组织中的分泌道已发育成熟,由5~8个上皮细胞围绕空腔组成(图2-8a)。维管柱由维管束、髓和髓射线组成。维管束为并生外韧维管束。其中韧皮部由筛管、伴胞和韧皮薄壁组织构成,木质部中导管口径较大而数量较少(图2-8b)。茎的中央为髓,较发达,由大量薄壁组织细胞构成,细胞间隙大(图2-8a、c),髓中也有分泌道分布(图2-8a、c)。由于髓发育成熟较早,以后随着茎的次生生长,其中央的髓薄壁组织细胞不断破毁,致使茎的中央常形成一个大的髓腔。髓射线由4~8列薄壁组织细胞组成。

二年生茎的结构自外向内也是由表皮、皮层和维管柱组成(图2-8d),其基本组成与一年生茎的结构相同。表皮为1层细胞,皮层外部含叶绿体的细胞的层数增多,其细胞多为圆形,排列紧密。在茎的棱角处具发达的厚角组织。次生木质部和次生韧皮部的组

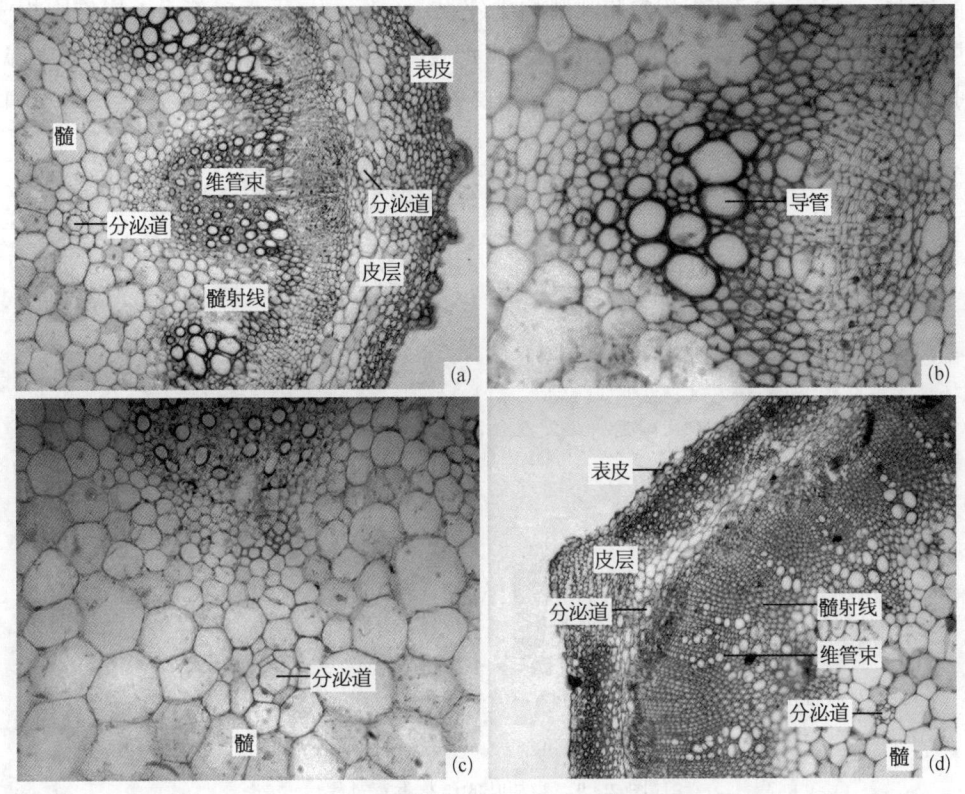

图 2-8 柴胡茎的次生结构

(a) 示一年生茎横切面;(b) 示茎中维管束结构;(c) 示茎髓中分泌道;(d) 示二年生茎横切面

成分子数量增加,维管束之间的髓射线细胞的壁加厚成为厚壁组织。同时,皮层和髓部中的分泌道依然存在(图2-8d)。

3. 叶的发育解剖学研究

据谭玲玲等[103]报道,柴胡叶的发育过程包括原分生组织、初生分生组织和成熟结构三个阶段。

从横切面观察,叶发生初期的叶原基时期,其结构由原分生组织组成,其细胞都呈等径的多边形,排列紧密,细胞壁薄,细胞质浓厚,细胞核大,细胞排列整齐(图2-9a)。以后,由叶原基发育为幼叶,其内部结构由原分生组织细胞分裂,其衍生细胞分化为初生分生组织。叶的初生分生组织由原表皮、基本分生组织和原形成层组成(图2-9b)。原表皮为最外面的一层细胞,细胞排列紧密,细胞核明显而液泡化程度较低。原表皮内为多层基本分生组织,细胞直径较大,液泡化程度较高。原形成层呈束状,分布在基本分生组织中,其细胞在三者中细胞直径最小,且细胞质最为浓厚。并且此时的叶内已分化出分泌道,但尚处发育初期(图2-9b)。

以后,随着叶的生长发育,初生分生组织逐渐停止细胞分裂,细胞分化形成叶的初生结构。原表皮、基本分生组织和原形成层分别分化为表皮、叶肉和叶脉。柴胡叶属于典型的异面叶。叶片由表皮、叶肉和叶脉构成(图2-9c)。上、下表皮都由1层细胞构成,细胞多为长砖形,排列整齐;在叶脉处的表皮细胞呈近圆形且排列紧密。上、下表皮都有气孔分布(图2-9d),下表皮上分布的气孔较多。叶肉发达,分化明显,由栅栏组织和海

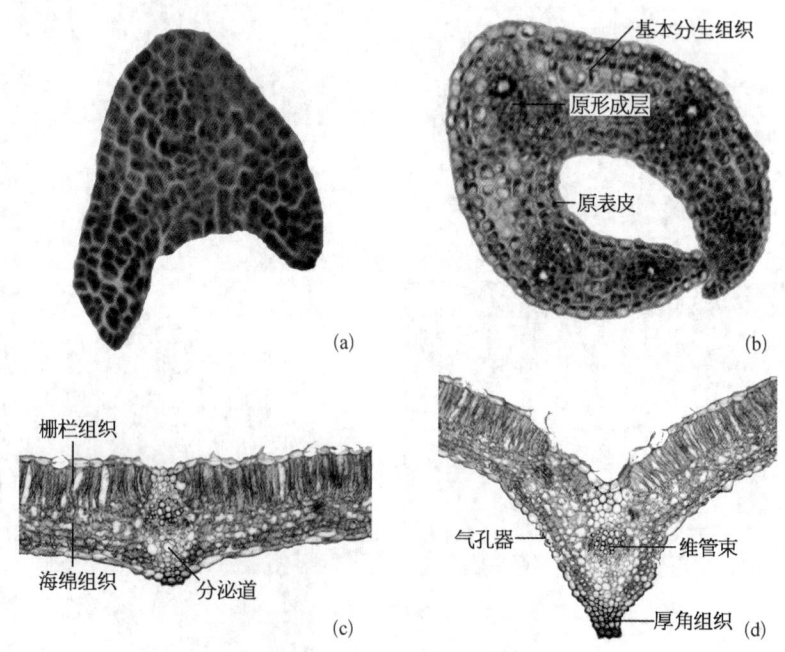

图2-9 柴胡叶的结构发育过程

(a) 叶原基横切面,示原分生组织;(b) 幼叶横切面,示初生分生组织;(c) 成熟叶片的横切面;(d) 成熟叶片横切面,示中脉的结构

绵组织构成。栅栏组织位于上表皮内,为1层排列整齐的长柱形细胞,下表皮内为海绵组织,由3~5层形状不规则、排列疏松的细胞构成。栅栏组织和海绵组织细胞中都含有大量的叶绿体,两者各自约占叶肉厚度的1/2。叶脉为平行脉,主脉由表皮、厚角组织、薄壁组织和维管束组成。表皮由1层细胞构成,细胞多为近圆形,排列整齐;厚角组织分布在上、下表皮内,而下表皮内分布较多。薄壁组织细胞近圆形,分布在维管束上、下方,胞间隙不发达,且不含叶绿体,但在薄壁组织中有分泌道分布(图2-9c)。维管束类型为外韧型维管束,木质部位于上方,导管口径大,排成5~7列(图2-9d)。

4. 柴胡各器官中分泌道的研究

柴胡的营养器官和生殖器官中普遍具有分泌道结构。分泌道是挥发油的合成和储存场所,其结构和分布特点是分类鉴别的特征。柴胡分泌道都由1层分泌细胞(上皮细胞)包围着长形腔道组成,但分泌细胞的数量在各器官中存在差异。其分泌道都是裂生方式产生的,属于裂生类型分泌道。各器官中分泌道的特点如下。

(1) 根中分泌道　柴胡根的初生结构由表皮、皮层和中柱组成(图2-1d),其初生结构中未见分泌道,分泌道只存在于次生结构中。根的次生结构由周皮、中柱鞘薄壁组织和次生维管组织组成(图2-4b)。分泌道分布在中柱鞘薄壁组织和韧皮薄壁组织内(图2-4c、d),在次生韧皮部中排列成一圈。

(2) 茎中分泌道　柴胡的茎由表皮、皮层和维管柱组成(图2-8a)。分泌道分布在靠近维管束韧皮部的皮层薄壁组织中(图2-8a)。在髓的薄壁组织细胞中也有少数小分泌道存在(图2-8c)。

(3) 叶中分泌道　叶片由表皮、叶肉和叶脉构成(图2-9c)。叶脉为平行脉,主脉由表皮、厚角组织、薄壁组织和维管束组成。分泌道分布在维管束上、下的薄壁组织中(图2-9c)。

(4) 苞片中分泌道　柴胡具复伞形花序。在各伞形花序基部着生小总苞片5枚,其结构与叶片结构相似,由表皮、基本组织和叶脉组成(图2-10a)。上、下表皮都由1层细胞构成;基本组织分化为栅栏组织和海绵组织;叶脉由表皮、厚角组织和维管束组成,分泌道分布在厚角组织和维管束之间(图2-10a)。

(5) 花中分泌道　柴胡花两性,萼齿不显,由花瓣、雄蕊和雌蕊构成(图2-10b)。花瓣5枚,其结构由表皮、基本组织和维管束组成(图2-10d)。其中表皮由上、下2层表皮细胞构成;基本组织由大量圆形薄壁组织细胞组成;维管束分布在基本组织中,在其韧皮部中有分泌道分布(图2-10d)。雄蕊5枚,由花药和花丝构成(图2-10c)。花丝由表皮、薄壁组织和单一维管束组成。成熟花药为两个裂瓣,中间由药隔相连(图2-10c);同一裂瓣的两个花粉囊相通。成熟花药的花药壁仅存药室内壁和表皮(图2-10c),在花丝和花药中未见分泌道。雌蕊由2枚心皮形成,由柱头、花柱和子房组成,子房下位,2室,每室具有1个胚珠。子房壁由内、外表皮细胞、薄壁组织及维管束构成;在薄壁组织中有分泌道分布(图2-10e)。

柴胡的花柄由表皮、皮层和维管柱组成(图2-10f)。表皮细胞1层;皮层细胞3~5

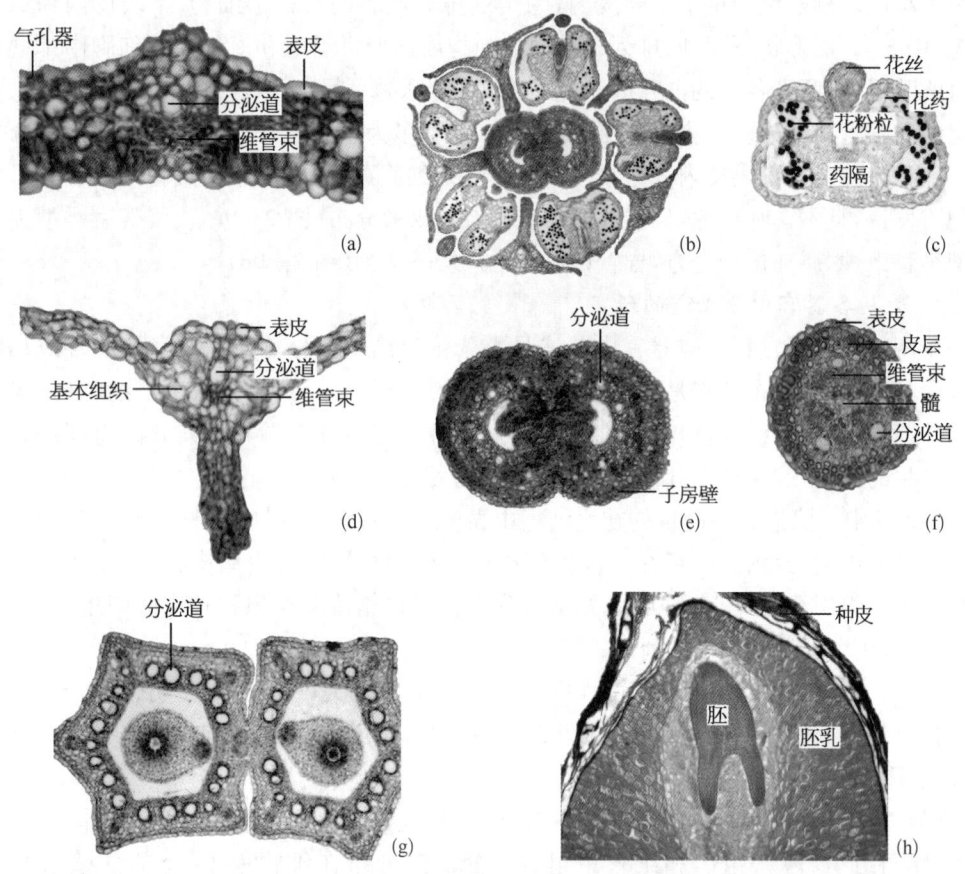

图 2-10 柴胡各器官中分泌道的分布位置

(a) 苞片横切面;(b) 花横切面,示各组成部分的结构;(c) 花药和花丝横切面;(d) 花瓣横切面;(e) 子房横切面;(f) 花柄横切面;(g) 果实横切面;(h) 种子纵切面

层;中央为维管柱,分泌道分布在维管束的韧皮部中(图 2-10f)。

(6) 果实中分泌道　柴胡果实为双悬果(图 2-10g),由 2 枚各具 1 个种子的分果组成。每个分果具有 5 个果棱,在每个果棱内分布 1 个外韧型维管束。其果壁由多层薄壁组织细胞组成,分泌道分布在果壁内侧的薄壁组织中,排列成一圈(图 2-10g)。

(7) 种子中分泌道　柴胡种子由种皮、胚和胚乳构成(图 2-10h)。种子中未见分泌道分布。

2.2.2 狭叶柴胡各营养器官的结构发育规律

1. 根的发育解剖学研究

根据郑丽等[104]的报道,狭叶柴胡根的发育过程包括原分生组织、初生分生组织、初生生长和次生生长四个发育阶段。

(1) 根尖及其组织分化　从根尖纵切面观察,根尖可分为根冠、分生区(生长点)、伸长区和根毛区四部分。根冠位于根尖的最前端,由多层薄壁组织细胞构成,体积较大,液泡化程度高,有细胞间隙。分生区位于根冠内方,包括原分生组织和初生分生组织。从根尖纵切面观察,原分生组织分为3个细胞群,即外面为表皮原-根冠原的原始细胞群,中间为皮层原原始细胞群,最内部分为中柱原原始细胞群(图2-11a)。

从根尖横切面上观察,原分生组织的细胞呈等径的多边形,细胞壁薄,细胞质浓厚,细胞核大,细胞排列整齐而紧密,表现出典型的分生组织的细胞学特点(图2-11b)。由原分生组织细胞分裂产生的衍生细胞分化成初生分生组织,由外向内依次为根冠原、表皮原、皮层原和中柱原。从横切面看,初生分生组织细胞已开始分化,细胞排列层次明显,形态上有所不同。最外层是根冠原,其分化要早于其他三部分,液泡化明显;其内1层细胞是表皮原,细胞为切向伸长的长方楔形,楔形的尖端嵌入皮层原细胞之间,细胞质浓,细胞核大,细胞排列整齐而紧密。表皮原内方有5层由基本分生组织组成的皮层原,

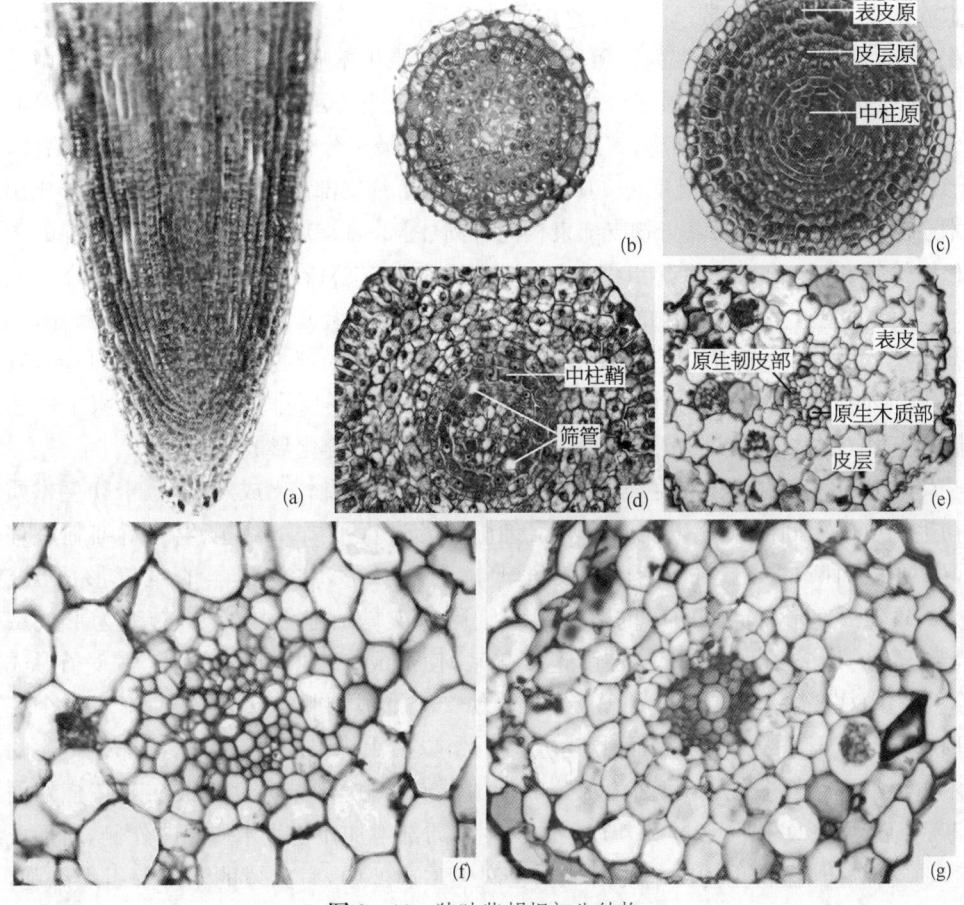

图 2-11 狭叶柴胡根初生结构

(a) 根尖纵切面;(b) 根尖原分生组织横切面;(c) 根尖初生分生组织横切面;(d) 根横切面,示原生韧皮部筛管的分化;(e) 一年生主根横切面一部分,示原生韧皮部和原生木质部的分化;(f) 一年生主根横切面一部分,示初生维管组织;(g) 一年生主根横切面一部分,示三原型初生维管组织

细胞体积由内向外逐渐增大,细胞排列较疏松,有明显的细胞间隙,细胞质相对较稀薄,细胞核大。中央的细胞组成中柱原,这些细胞的细胞质相对浓厚,核质比大,细胞排列紧密(图2-11c)。

(2) 根的初生生长和初生结构　狭叶柴胡根的初生生长是通过其初生分生组织细胞的分裂及其衍生细胞的体积增大活动完成。以后,这些衍生细胞分化形成根的初生结构。其中,根冠原的衍生细胞分化为根冠薄壁组织细胞。而表皮原、皮层原和中柱原的衍生细胞则分别分化为表皮、皮层和中柱,共同构成根的初生结构。

在根的初生结构分化中,皮层细胞最早分化,然后是中柱和表皮。在中柱分化前,皮层原细胞的体积先增大,细胞质开始液泡化,但细胞质仍然较为浓厚,细胞核明显。在中柱分化过程中,皮层原细胞进一步分化,紧邻表皮的1层细胞成为体积较小、排列紧密的外皮层细胞;其内为6~7层近圆形皮层薄壁组织细胞,排列疏松,直径大,液泡化明显,约占整个根面积的2/3;皮层最内层细胞的体积较小,细胞排列紧密,此层细胞是内皮层,细胞壁上未见明显凯氏带。内皮层之内是中柱,中柱最外1层细胞是中柱鞘,这层细胞体积较小,排列紧密,没有细胞间隙;中柱鞘之内是原生木质部和原生韧皮部。在中柱分化中,其外围的中柱鞘细胞最早分化成一圈小型薄壁组织细胞,接着在其内侧相对的两处分别分化出1个多角形细胞,其细胞腔透亮,即为最早分化成熟的原生韧皮部筛管,以后形成2个原生韧皮部束(图2-11d)。在2个原生韧皮部束间,紧邻中柱鞘处分化出原生木质部的导管,木质部束与韧皮部束相间排列(图2-11e),其后,在原生韧皮部的内侧分化出筛管、伴胞和韧皮薄壁组织细胞,组成后生韧皮部;在原生木质部导管分化成熟后,其内侧分化出多个大口径的导管和木薄壁组织细胞组成的后生木质部。因此,柴胡根初生结构中,木质部为二原型(图2-11f),有些根中木质部为三原型(图2-11g),其发生过程为外始式。在上述分化过程中,其表皮原分化为一层排列紧密,并具根毛的表皮细胞。至此,由表皮、皮层和中柱构成的根的初生结构已分化形成。

(3) 根的次生生长和次生结构　当后生木质部导管将分化成熟时,位于初生木质部和初生韧皮部之间的未分化的原形成层细胞开始进行平周分裂,产生的新细胞呈扁平状,最初为间断的条状,后在根横切面上排列呈弧形,成为最早的维管形成层(图2-12a);随后在形成层弧两端的薄壁组织细胞也恢复细胞分裂能力,转变为形成层细胞,新产生的形成层细胞与形成层弧连接起来,使形成层向两侧扩展。以后2条形成层弧之间的中柱鞘细胞也转变为形成层细胞,使2个形成层弧连接在一起,形成一个完整的形成层环。形成层环在横切面上最初呈梭形,以后因为形成层环凹入的部分产生的次生木质部细胞数量多,从而将凹入部分的形成层向外推移,结果使形成层环在横切面上逐渐成为近圆形(图2-12b)。新形成的次生木质部附加在初生木质部的外侧,新形成的次生韧皮部叠加在初生韧皮部的内侧。在次生木质部中,有大量的木薄壁组织细胞,导管口径大,分散其中。而位于导管周围的为细胞壁加厚、木质化的木纤维,它们在木质部中有分布。次生韧皮部由大量韧皮薄壁组织细胞和少量的筛管、伴胞组成。

在次生生长开始以后,中柱鞘先进行平周分裂,形成由多层细胞组成的中柱鞘细胞

§2.2 柴胡各器官的结构发育规律

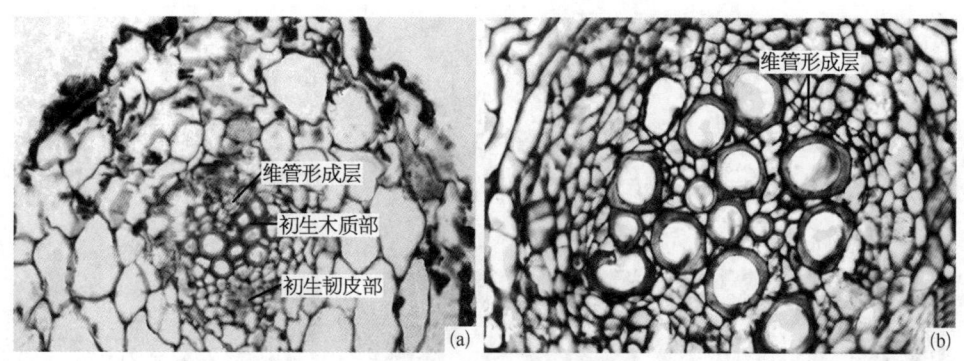

图 2-12 一年生狭叶柴胡根的结构
(a) 一年生主根横切面的一部分,示维管形成层在初生木质部和初生韧皮部间产生;(b) 一年生主根横切面的一部分,示形成层近圆形

环,以后外侧的中柱鞘细胞继续分裂,形成木栓形成层。木栓形成层进行切向分裂,向外产生木栓层细胞,向内产生栓内层细胞,共同组成周皮(图 2-13a)。随着次生维管组织的体积增大,其周皮外方的表皮和皮层薄壁组织细胞逐渐死亡脱落,最终周皮完全取代表皮成为根的次生保护组织。周皮为数层排列整齐呈长方形的细胞,其中最外面为木栓层细胞,细胞壁栓质化;其内为木栓形成层和栓内层,栓内层由 1 层生活的薄壁组织细胞组成(图 2-13b)。周皮内为中柱鞘环,中柱鞘在恢复分裂能力产生木栓形成层前,先进行平周分裂,形成由多层排列较疏松的薄壁组织细胞,细胞近圆形,具细胞间隙,细胞内含有丰富的内含物,具明显的细胞核。以后由于根的直径不断增粗,压力逐渐增大,此部分也受到挤压而产生破裂。同时,在中柱鞘薄壁组织中有分泌道原始细胞,以后它们以裂生的方式形成分泌道,分泌道一般由 3、4 个上皮细胞围绕其腔道构成,其上皮细胞多呈不规则的三角形或多边形,细胞质浓,细胞核明显,内含物丰富(图 2-13c)。随着次生生长的进行,维管组织的组成也发生变化。次生韧皮部约占根横切面积的 2/5,由筛管、伴胞及韧皮薄壁组织细胞组成,细胞排列整齐;维管形成层呈环状,由 3~5 层长方体细胞构成,排列整齐,细胞间隙小,细胞质浓厚。次生木质部约占主根横切面的 1/2,由大量木薄壁组织细胞和口径较大的导管组成,导管聚集成群,从内向外周围呈辐射状排列。因此,一年生狭叶柴胡的根从外到内由周皮、中柱鞘薄壁组织环和次生维管组织组成(图 2-13d),根中无髓部。

(4) 多年生根的结构　多年生主根外表面呈红棕色,其内部结构与一年生根类似,自外向内也是由周皮、中柱鞘薄壁组织和次生维管组织组成(图 2-13e),但其各类组织细胞的数量增加。在多年生根中,周皮的细胞层数已增加至 16~18 层,表层断裂成帽状结构。中柱鞘薄壁组织由于所承受的压力继续增加,细胞出现裂隙。同时,其分泌道发育成熟(图 2-13f)。次生维管组织中次生木质部面积仍大于次生韧皮部,其面积比约为 3∶2。此时,韧皮射线由内向外扩大呈漏斗状,由 6~8 列细胞构成,从而将次生维管组织分隔成狭锥形。次生韧皮部外围的韧皮薄壁组织细胞由于被挤压而形状不规则,细胞间

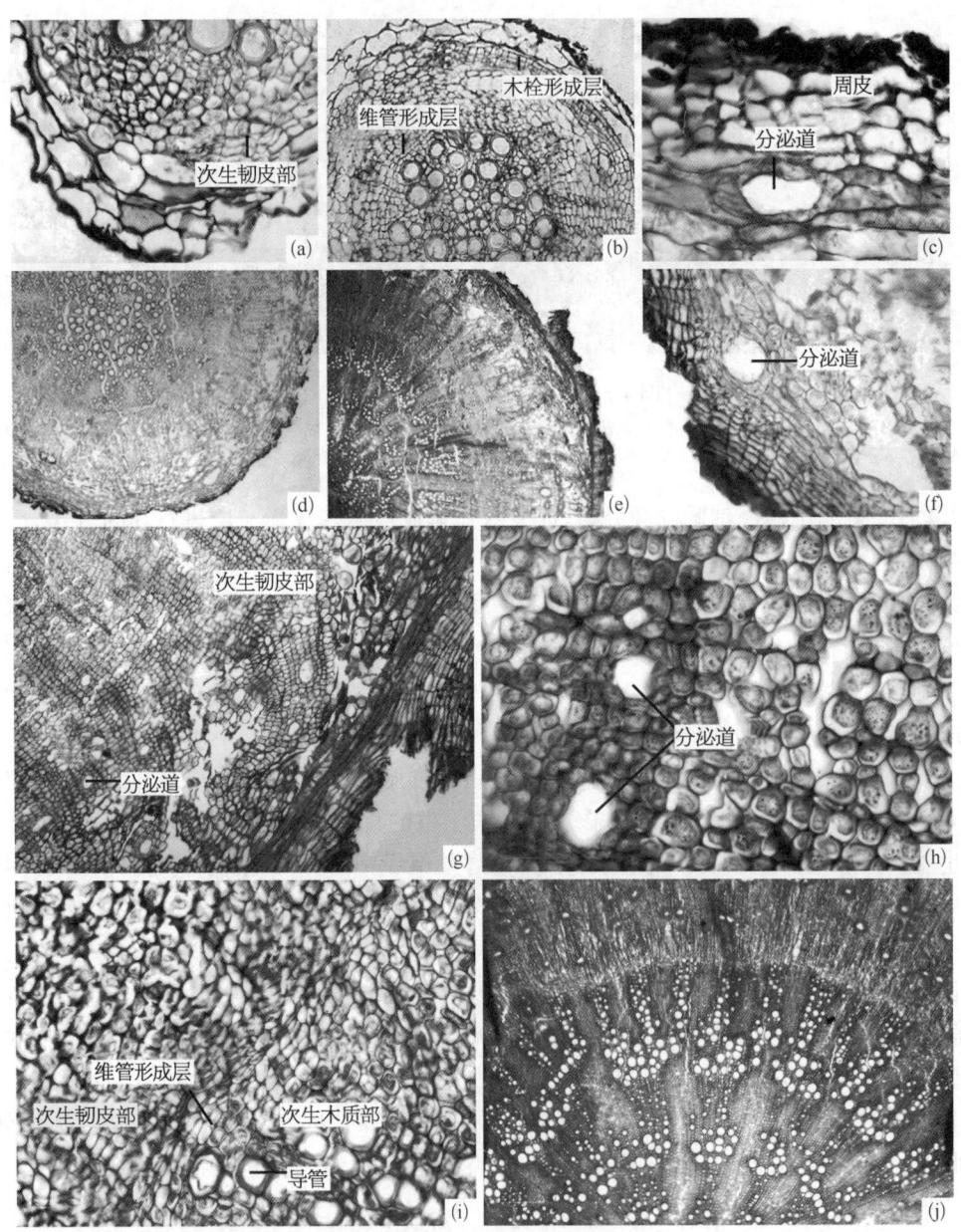

图 2-13 狭叶柴胡根次生结构

(a) 一年生主根横切面一部分,示次生韧皮部;(b) 一年生主根横切面一部分,示周皮的发生;(c) 一年生主根横切面一部分,示中柱鞘薄壁组织内的分泌道;(d) 一年生主根横切面一部分,示各部分比例;(e) 多年生主根横切面一部分,示各部分比例;(f) 多年生主根横切面一部分,示中柱鞘薄壁组织内的分泌道;(g) 多年生主根横切面一部分,示周皮内方被挤破的次生韧皮部;(h) 多年生主根横切面一部分,示次生韧皮部中的分泌道;(i) 多年生主根横切面一部分,示形成层;(j) 多年生主根横切面一部分,示次生木质部

出现许多小裂隙,筛管和伴胞被挤毁,而其内部的韧皮薄壁组织细胞则排列整齐,细胞呈圆形或近圆形,筛管、伴胞分散在韧皮薄壁组织细胞间,并可见较多的分泌道(图 2-13g、 h)。韧皮薄壁组织细胞中含有丰富的内含物。维管形成层呈环状,由 4、5 层细胞组成,细胞呈砖形,排列紧密,细胞质浓厚(图 2-13i)。次生木质部导管的直径大小不一,数量多,成群分散于木薄壁组织细胞间,呈辐射状分布,并在其周围有木纤维,其数量较一年生根明显增加(图 2-13j)。

2. 茎的发育解剖学研究

(1) 茎尖及其组织分化　从茎尖纵切面上观察,茎的生长点呈圆锥形(图 2-14a)。由原套和原体两部分组成原分生组织,细胞较小,液泡化程度低,原生质浓厚。原套位于生长锥的外围,由 2 层排列整齐的细胞组成;原体位于原套所包围的中央部分。从横切面看,原分生组织的细胞呈等径的多边形,体积较小,细胞壁薄,细胞核大,细胞排列整齐而紧密,表现出典型的分生组织的细胞学特点(图 2-14b)。

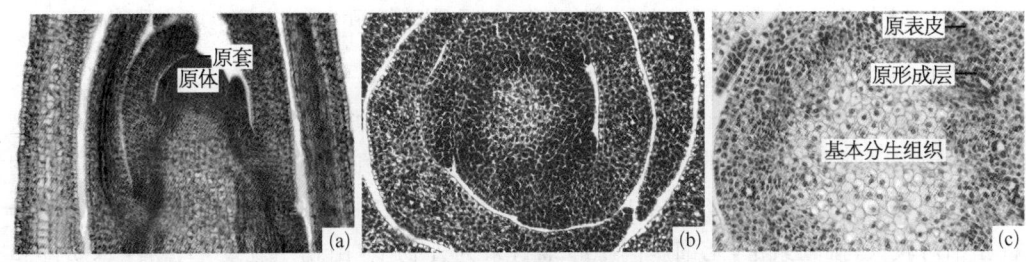

图 2-14　狭叶柴胡茎端的发育过程
(a) 茎端纵切面,示原分生组织;(b) 茎端横切面,示原分生组织;(c) 茎端横切面,示初生分生组织

原分生组织下面的衍生细胞在一定距离处分化出初生分生组织,由原表皮、基本分生组织和原形成层组成。原表皮为最外面的一层细胞,细胞排列紧密,细胞核大且液泡化程度较低;基本分生组织包括位于原表皮内的皮层基本分生组织和位于中央部分的髓基本分生组织,其中皮层基本分生组织细胞也是排列紧密,细胞核大而液泡化程度较低;而中央的髓基本分生组织其细胞较大而液泡化程度高。在两类基本分生组织之间的为原形成层,它们在茎的横切面上排列成一圈,由体积较小、原生质非常浓厚且排列紧密的细胞组成(图 2-14c)。

(2) 茎的初生生长和初生结构　狭叶柴胡茎的初生生长是通过其初生分生组织细胞的分裂及其衍生细胞的体积增大活动来完成的。

观察茎的连续横切片,原表皮和基本分生组织分化发生较早,但直到初生维管组织分化结束时才完全成熟,原形成层分化较晚且最为复杂。在茎结构发育的初生分生组织阶段以后,原表皮分化为表皮,基本分生组织的衍生细胞分化为皮层和髓,原形成层分化成维管组织。分泌道在此时已经开始分化,是原生韧皮部最外缘的细胞形成。最早的原生韧皮部筛管在一些原形成束的外缘分化出来,接着原生木质部的导管才出现(图 2-15a)。随后原形成层分别向内和向外分化出后生韧皮部和后生木质部组成分子(图 2-15b)。此时位于后生木质部和后生韧皮部之间的原形成层细胞不再分化而保持分生组织状态。当原生木质部分子已经成熟而后生木质部仍在分化时,它们转化为束中形成层。

第 2 章 柴　胡

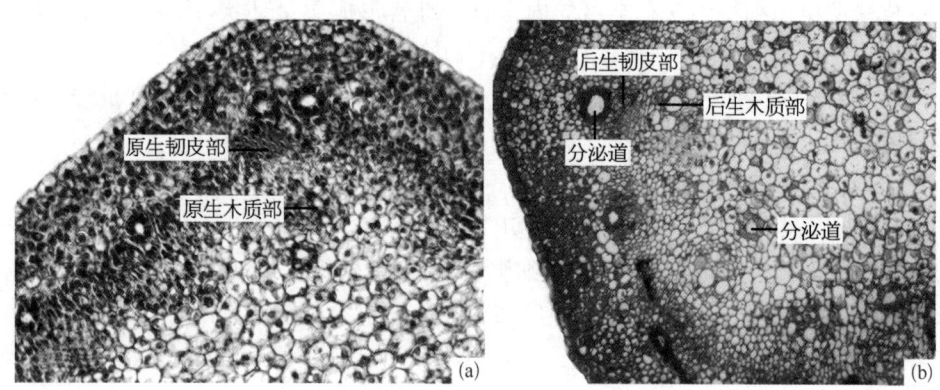

图 2-15　狭叶柴胡茎初生结构的发育过程
(a) 幼茎横切面,示原生韧皮部和原生木质部的分化；(b) 幼茎横切面,示后生韧皮部和后生木质部的分化

茎的初生结构由表皮、皮层、维管束、髓和髓射线组成。表皮由一层在横切面上呈长方形的细胞组成,排列整齐而紧密,细胞切向壁较厚,具有角质层(图 2-15b)。皮层有 8、9 层细胞,外面 5、6 层细胞的体积比内部的皮层薄壁组织细胞小,排列紧密,细胞核大,细胞质浓厚,细胞壁也较厚。皮层的内部几层由薄壁组织细胞构成,呈圆形或等径多边形,直径相对较大,排列紧密,无细胞间隙。维管束为外韧型,由初生韧皮部、初生木质部和束中形成层组成。初生韧皮部由筛管、伴胞和韧皮薄壁组织构成,初生木质部由导管、木薄壁组织细胞组成。在初生韧皮部的最外方分布有分泌道(图 2-15b)。各维管束之间被多列髓射线薄壁组织细胞分隔。茎的中央为髓,由大量薄壁组织细胞构成。在髓中靠近维管束的位置有分泌道分布(图 2-15b)。此时的分泌道还未发育成熟,围绕其空腔的上皮细胞中细胞质浓厚。

(3) 茎的次生生长和次生结构　当初生结构中的后生木质部分子正在成熟时,位于初生木质部和初生韧皮部之间未分化的原形成层细胞开始进行平周分裂,向内产生次生木质部,向外产生次生韧皮部。此时,髓射线中与束中形成层相邻的薄壁组织细胞恢复分生能力,形成束间形成层(图 2-16a),束间形成层产生以后和束中形成层衔接起来,因此整个形成层在横切面上成为一个由 4、5 层细胞组成的完整的形成层环(图 2-16b)。形成层进行切向分裂,增加细胞层数,向外形成次生韧皮部母细胞,以后分化成次生韧皮部,添加在初生韧皮部的内方,向内产生次生木质部母细胞,以后分化成次生木质部,添加在初生木质部的外方。

因此,茎的次生结构从外到内由表皮、皮层、维管组织和髓组成(图 2-16c)。表皮由一层长形细胞组成,排列整齐而紧密,无内含物,细胞壁厚,外侧细胞壁有角质层。皮层外部为 4、5 层薄壁组织细胞,细胞排列非常紧密,其中含有大量叶绿体,其内部的 3、4 层细胞近圆形,直径较大,细胞排列疏松,有胞间隙。在茎的棱角处分化出发达的厚角组织,向内由椭圆形薄壁组织细胞构成。维管束为外韧维管束,其中韧皮部由筛管、伴胞和韧皮薄壁组织构成,而存在于韧皮部外侧的分泌道已发育成熟,由 5~8 个上皮细胞围绕

§2.2 柴胡各器官的结构发育规律

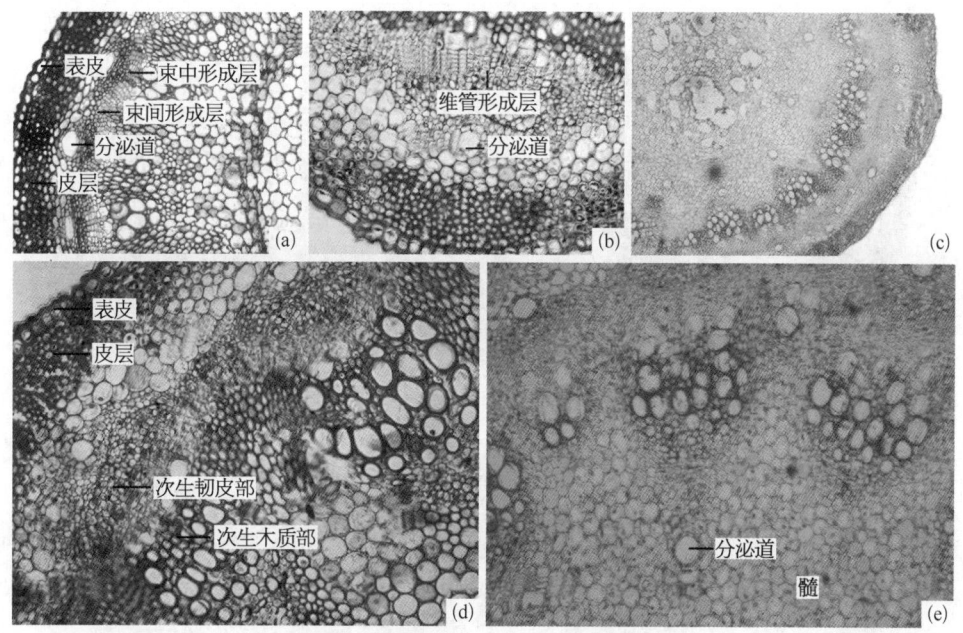

图 2-16 狭叶柴胡茎次生结构
(a)茎横切面一部分,示束间形成层;(b)茎横切面一部分,示维管形成层环;
(c)茎横切面一部分,示次生结构;(d)茎横切面一部分,示次生结构、表皮及皮层;(e)茎横切面一部分,示髓及分泌道

空腔组成(图2-16d);木质部中导管口径较大。横切片观察分散的维管束直径多为150~209 μm,其中最大导管直径约14.2 μm。茎的中央为髓,较发达,由大量薄壁组织细胞构成,细胞间隙大,其中也有分泌道分布(图2-16e)。由于髓发育成熟较早,随着茎的发育,茎中央的髓薄壁组织细胞不断破毁(图2-16c)。

3. 叶的发育解剖学研究

在狭叶柴胡茎顶端分生组织的侧面,由于第2层原套细胞发生平周分裂(图2-14a)以及之后其内侧原体细胞的分裂,从而外凸形成叶原基。从叶原基的横切面上看,叶原基分生组织的细胞都呈等径的多边形,细胞壁薄,细胞质浓厚,细胞核大,细胞排列整齐(图2-17a)。

随着叶原基的生长,叶的原分生组织的衍生细胞分化出初生分生组织。叶的初生分生组织由原表皮、基本分生组织和原形成层束组成(图2-17b)。原表皮为一层排列紧密的长方形细胞,细胞核明显。其内的基本分生组织为椭圆形,细胞核明显且出现液泡化。原形成层束位于基本分生组织中,细胞质浓密且细胞核明显,此时叶的基本分生组织内的分泌道已开始分化。

随着叶的初生分生组织不断分化,其中原表皮分化成表皮,基本分生组织分化成叶肉组织,原形成层束分化成叶脉,形成叶的初生结构,其叶片为典型的等面叶(图2-17c)。

表皮分布在叶肉的外侧,上下各一层,上表皮细胞厚14 μm,下表皮细胞厚17 μm,表

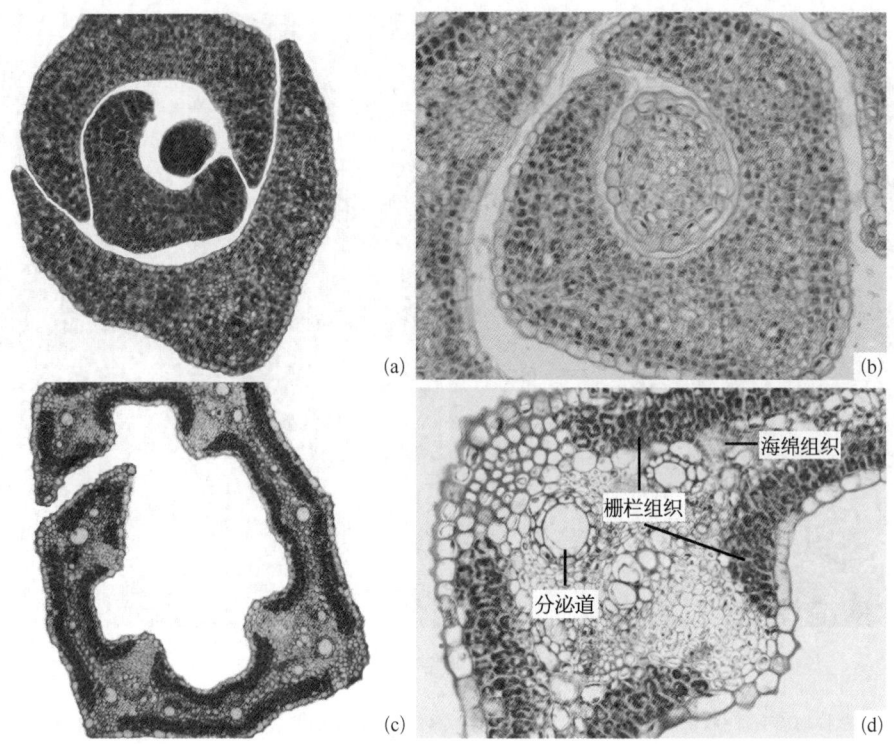

图 2-17 狭叶柴胡叶的结构发育过程

（a）叶原基横切面,示原分生组织；(b)幼叶横切面,示初生分生组织；(c)幼叶横切面,示等面叶；
(d) 成熟叶横切面一部分,示中脉的结构

皮细胞多为长砖形,排列整齐,其外切向壁上覆盖厚的角质层。基本分生组织分化成栅栏组织和海绵组织,栅栏组织为2、3层排列整齐的长柱形细胞,垂直分布在上下表皮的内侧,细胞核明显,其中含有大量的叶绿体;海绵组织由4~6层形状不规则、排列紧密的细胞构成（图2-17d）。叶脉为平行脉,主脉居中,由表皮、厚角组织、薄壁组织和维管束组成。厚角组织分布在下表皮内,薄壁组织细胞近圆形,分布在维管束上、下方,胞间隙不发达,且不含叶绿体,在薄壁组织中有分泌道分布,维管束类型为外韧型维管束,木质部位于上方,导管口径大,排成5~7列,在韧皮部外侧有分泌道分布。

2.2.3 柴胡的胚胎学研究

柴胡在自然环境中,种子发芽率低,出苗率低。为此,笔者系统研究了柴胡和狭叶柴胡的胚胎发育特点,为柴胡的引种栽培提供科学依据。

1. 胚珠的发育以及珠心座的形成

柴胡的子房2室,每室具有1个胚珠。据陈莹等[106]报道,柴胡胚珠发育初期,由子房胎座表皮下的细胞局部分裂产生胚珠原基,原基前端发育成珠心,基部发育成珠柄。珠心与珠柄之间的细胞一侧发育快,一侧发育慢,在孢原时期即开始弯曲,随着胚珠的发

育,弯曲角度越来越大。在造孢细胞时期,珠心基部开始出现珠被原基,到大孢子母细胞时期单层珠被已出现(图2-18a)。大孢子四分体时期,包围珠心的珠被端部细胞增生形成狭长的珠孔,珠孔与珠柄平行,形成薄珠心的倒生胚珠(图2-18a)。珠被与珠心合并处为合点。胎座的维管束通过珠柄延伸到合点。胚珠发育的同时珠心中间的胚囊也在发育。

柴胡为薄珠心胚珠(图2-18b~e)。当功能大孢子第一次有丝分裂完成时,两侧靠珠孔端的珠心细胞和顶端的珠心表皮开始解体(图2-18f,g),到八核胚囊时期,顶端的珠心细胞已经全部消失,而使胚囊直接毗邻珠被绒毡层,但珠心基部和两侧的一些珠心细胞保持自己的细胞质和形状,留存较久,而成为珠心座细胞(图2-18j),它们的细胞核都可染上较深颜色。

在四分体时期可以看出胚囊两侧的内层珠被细胞开始径向延长,细胞质浓厚。到功能大孢子第一次有丝分裂完成时,这些细胞继续径向延长,变得扁平,并且排列比较整齐。在二核胚囊时期,这些细胞中可观察到较大的细胞核,到四核时期,其中的大液泡比较明显。

2. 大孢子发生和雌配子体的形成

据陈莹等[105]报道,柴胡大孢子的发生始于珠心表皮下的1个孢原细胞,这个细胞体积较大、细胞质浓厚、细胞核较大,明显区别于其他珠心细胞,孢原细胞不经分裂,直接增大成为大孢子母细胞(图2-18b)。大孢子母细胞体积较大,细胞核也较大。大孢子母细胞经减数分裂分别形成二分体(图2-18c)和线型四分体(图2-18d)。在很少数情况下观察到双线型四分体(图2-18e)。此时,胚囊两侧的内层珠被细胞开始径向延长,细胞质浓厚(图2-18d)。四分体形成后远离合点端的3个大孢子停止发育并解体(图2-18f),但也有线型四分体中珠孔端的2个大孢子先解体,合点端的倒数第2个大孢子发育成功能大孢子,而合点端的1个大孢子随着功能大孢子的有丝分裂逐渐解体(图2-18g)。

功能大孢子体积逐渐增大,发育为单核胚囊。单核胚囊第一次有丝分裂形成二核胚囊(图2-18f,g),胚囊两侧的内层珠被细胞也继续径向延长,变得扁平,并且排列比较整齐(图2-18f)。功能大孢子有丝分裂形成的2个核随即进行第二次有丝分裂,分裂后胚囊两极各有2个核,中间为1个大液泡,此时可见胚囊纵轴拉长,胚囊体积进一步增大(图2-18h),此时,珠心表皮与胚囊间的几层细胞退化,四核胚囊(图2-18h)直接位于大液泡比较明显的内层珠被细胞层(图2-18h)之内。四核胚囊经最后一次有丝分裂形成八核胚囊,此时内层珠被细胞层发育为珠被绒毡层(图2-18k)。初期珠孔与合点端各有4个核,随后两端各有1个核移向胚囊中部组成2个极核(图2-18k),不久2个极核融合为1个次生核,次生核的核体积较大,细胞质浓。与此同时,珠孔端3个核形成卵器(图2-18i),合点端3个核形成3个反足细胞(图2-18j)。由上可见,胚囊发育属于典型的蓼型胚囊。

八核胚囊中珠孔端为2个助细胞和1个卵细胞,卵细胞核明显(图2-18i)。助细胞在珠孔端具丝状器(图2-18l),细胞核在近珠孔端,而大液泡位于合点端(图2-18i)。

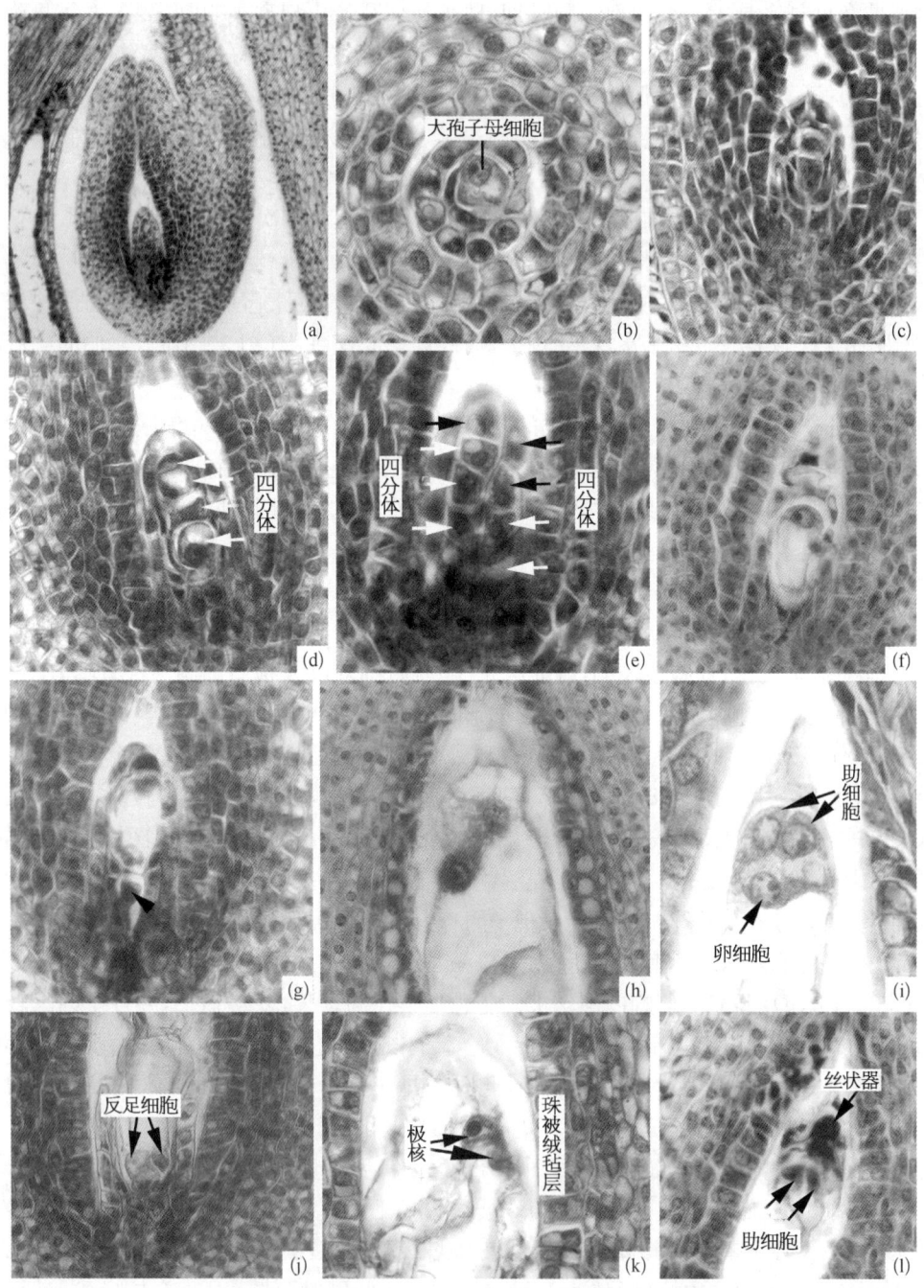

图 2-18 柴胡大孢子发生和雌配子体的形成过程

(a) 示薄珠心的倒生胚珠;(b) 示大孢子母细胞;(c) 示大孢子母细胞第一次有丝分裂,产生 2 个细胞;(d) 示 1 个线型四分体;(e) 双四分体;(f) 珠孔端 3 个大孢子退化,示合点端功能大孢子已完成第一次有丝分裂;(g) 珠孔端 2 个大孢子和合点端的 1 个大孢子退化,合点端第 2 个大孢子发育为功能大孢子且已完成第一次有丝分裂,而合点端的大孢子(箭头)仍然保留;(h) 四核胚囊时期,示珠孔端两个核;(i) 成熟胚囊,示卵器;(j) 成熟胚囊,示 3 个反足细胞和珠心座;(k) 成熟胚囊,示两极核靠在一起以及珠被绒毡层;(l) 助细胞丝状器极核位于胚囊中央,排列方向不定,有的横向排列,有的纵向排列,也有的斜向排列。成熟胚囊中次生核周围有浓厚的细胞质,并且次生核逐渐向卵器方向移动,直至靠在卵细胞上。反足细胞的细胞质浓厚,在胚囊发育早期为3-细胞(图2-18j),以后反足细胞拉长并向珠心组织基部侵入,在极核融合时期解体。

3. 小孢子的发生及雄配子体发育

据陈莹等[105]报道,柴胡的花药具4个小孢子囊,单侧外向排列。刚形成的花药原基结构简单,外面是一层表皮细胞,表皮以内是一群分裂活跃的分生细胞。以后由于花药角隅处的细胞分裂较快,从而形成裂瓣,在每个裂瓣的两侧表皮下分别分化出孢原细胞(图2-19a)。随后两侧的孢原细胞各自进行平周分裂,分别形成周缘细胞和初生造孢细胞(图2-19b)。周缘细胞再进行一次平周分裂和多次垂周分裂,形成2层壁细胞。这2层壁细胞随后各再进行一次平周分裂,形成4层壁细胞(图2-19c)。以后4层细胞继续生长,并出现分化:外面2层细胞体积增大较慢,呈狭长的长方形或梭形,里面的2层,尤其是最内的一层细胞体积迅速增大并径向延长,原生质体浓厚(图2-19c)。随着花药壁的进一步发育,这4层细胞中有些细胞还能进行一次平周分裂。最后,起源于最外层的细胞分化为药室内壁;起源于第2层的细胞分化为中层;起源于第3层的细胞也分化为中层,但随后被挤压成狭长状,并逐渐解体;起源于第4层的细胞最后分化为绒毡层(图2-19d)。当药室中的细胞尚处于次生造孢细胞后期时,花药壁已经发育完全,从外到内分别为表皮、药室内壁(1层)、中层(1~2层,并较早解体)、绒毡层(1层)。

绒毡层位于最内层,直接与花粉相邻。在小孢子母细胞时期,其细胞体积增大,细胞质浓厚(图2-19d),小孢子四分体时期,绒毡层细胞是单核(图2-19e),随后进行一次核分裂,在四分体分离后成为双核细胞(图2-19f)。单核小孢子在进行核分裂时可见绒毡层细胞的内切向壁上出现很多脂质球状体并不断进入到小孢子囊中(图2-19g)。随后这些球状体逐渐融合、增大,并多个聚集在一起,分散于小孢子囊中;而绒毡层细胞中的原生质体则逐渐解体(图2-19g)。成熟花粉时期,可看到一些绒毡层细胞解体后的残留物先贴于药壁,后逐渐消失。绒毡层细胞大小、形态均匀一致,表明来源相同,位置基本固定,属于腺质性绒毡层。

花药成熟后,同一裂瓣的2个小孢子囊相通,以后于相通处开裂。开裂后的花药壁只剩下纤维状加厚的药室内壁和残留的表皮细胞(图2-19h)。

造孢细胞经数次有丝分裂形成小孢子母细胞(图2-19d),小孢子母细胞经减数分裂形成小孢子。小孢子母细胞减数分裂中,第一次减数分裂后即形成细胞壁把二子核隔开为二分体,二分体再经一次分裂形成四分体(图2-19e)。此种胞质分裂方式为连续型。

四分体时期小孢子没有明显的液泡,四分体为共同的胼胝质包围,四个小孢子之间也有明显的胼胝质壁所分开,故柴胡的四分体几乎均为四面体型(图2-19e)。以后,四分体互相分开成为单核小孢子(图2-19f)。小孢子刚从四分体中释放出来时,细胞壁较薄,核位于中央,无明显液泡(图2-19i)。随后小孢子的核逐渐靠近壁的一侧,另一侧出现了一个液泡,此液泡逐渐增大(图2-19j)。

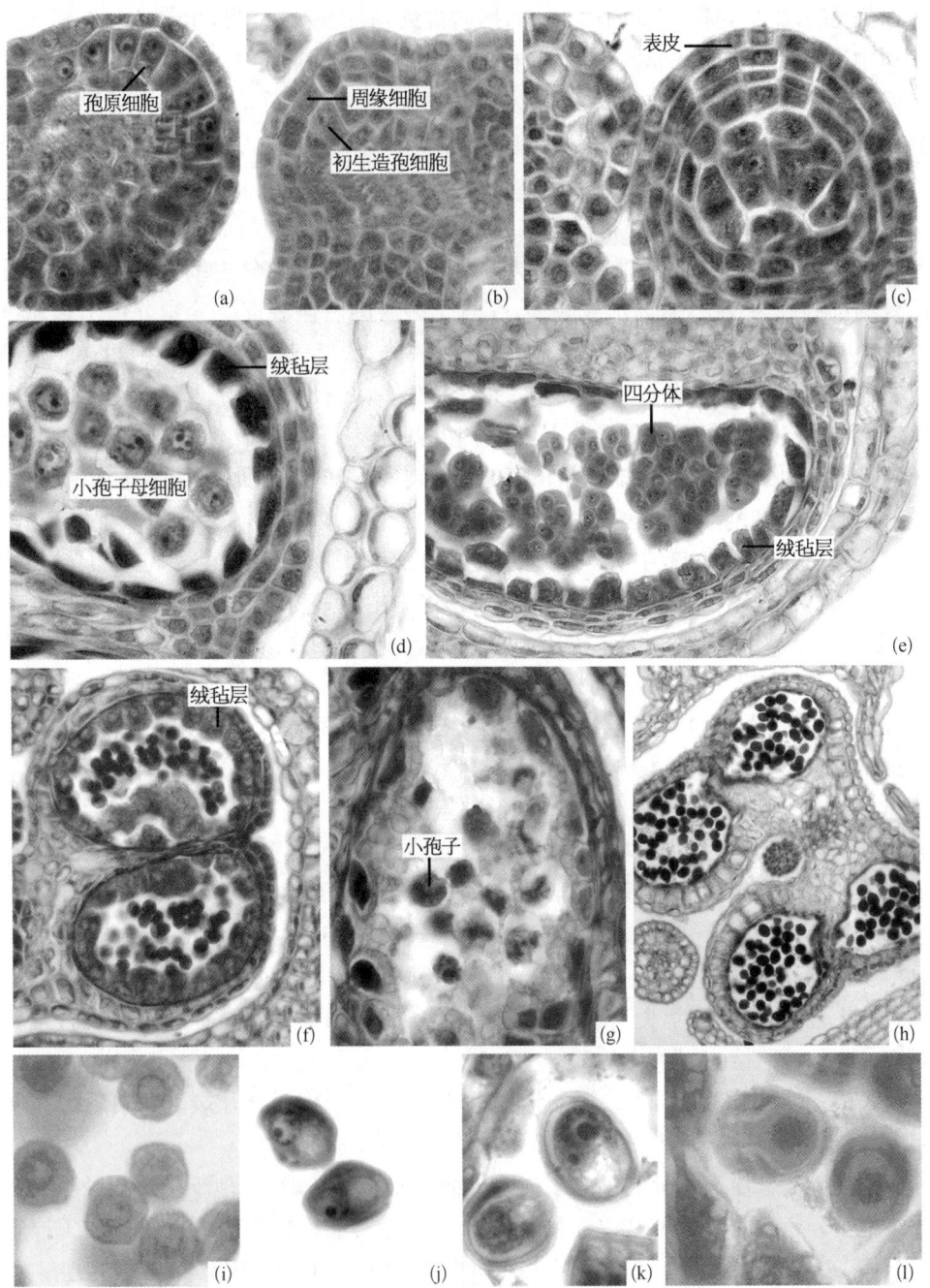

图 2-19 柴胡小孢子发生和雄配子体的形成过程

(a) 孢原细胞;(b) 孢原细胞平周分裂产生周缘细胞和初生造孢细胞;(c) 表皮以及 4 层小孢子囊壁;(d) 小孢子母细胞准备减数分裂,示成熟绒毡层细胞质浓厚;(e) 小孢子四分体,示绒毡层细胞单核;(f) 四分体分离,绒毡层细胞有 2 个核;(g) 脂质球状体进入小孢子囊,并附着在小孢子上;(h) 成熟花粉囊;(i) 单核小孢子早期,核位于细胞中央,无明显液泡;(j) 小孢子核靠边期,示一侧的大液泡;(k) 二细胞花粉,示生殖细胞游离于营养细胞细胞质中;(l) 3-细胞型花粉粒,营养核变得不规则,生殖核"八"字排列小孢子在进一步发育中,经一次不均等分裂形成二细胞花粉,二细胞花粉初期生殖细胞为梭形,贴于花粉壁上,与营养细胞之间有明显的细胞壁。随后,旁边的营养核逐渐移动到生殖细胞相对一面,大液泡居于生殖细胞和营养核之间。不久,生殖细胞游离于营养细胞质中(图2-19k)。接着生殖细胞再进行一次有丝分裂形成2枚精子,此时营养核变得不规则(图2-19l),从而成熟的花粉粒为3-细胞型。

精子为柳叶形或眉形,大多是两条精子平行位于营养核的一侧,也有2条精子眉状"八"字形排列(图2-19l)。

4. 胚和胚乳的发育

据陈莹等[106]报道,柴胡合子的分裂晚于初生胚乳核的分裂,在合子分裂前胚囊中已经形成少数胚乳游离核(图2-20a)。合子的第一次分裂方向为横向,形成顶细胞和基细胞(图2-20b),它们细胞质浓厚,细胞核大,基细胞在珠孔端有一个明显的大液泡(图2-20b)。此后,顶细胞和基细胞都横向分裂形成4-细胞原胚,基细胞分裂形成的2个胚柄细胞后期不再继续分裂(图2-20c、d),而顶细胞分裂后形成的第2个细胞经过一次横分裂后,又形成2个细胞,还可以看到这2个细胞正处于不同分裂期(图2-20c)。这2个细胞分裂后,原胚发育成7-细胞原胚(图2-20d)。以后2个胚柄细胞解体,其他所有的细胞进行各方向的分裂(图2-20e),进而形成多细胞胚(图2-20e),随着细胞数目的进一步增多形成球形胚(图2-20f)。所以,柴胡的胚柄不发达,在胚发育中,胚柄不参与胚体的形成,其胚胎发生属于典型的茄型。球形胚两侧出现子叶原基形成了早期的心形胚(图2-20g),随着子叶原基和胚体的伸长,形成后期心形胚,此时,可以看到原形成层开始分化(图2-20h)。在鱼雷期胚时,原表皮、基本分生组织和原形成层的分化已经比较明显(图2-20i)。由于子叶和胚轴的进一步伸长,形成了双子叶胚,这个时期,可以观察到胚芽和胚根的分化(图2-20j)。

据陈莹等[106]报道,柴胡胚乳发育类型属于核型胚乳。其2个极核在胚囊中部靠拢,随后融合形成次生核。完成受精后初生胚乳核远离珠孔端,然后开始第一次分裂。它先于合子分裂。合子开始分裂时,胚乳核已分裂多次(图2-20a)。早期分裂形成的胚乳游离核一般为圆形或椭圆形,少量成各种不规则形状,沿着胚囊周缘分布成一层(图2-21a)。胚乳核的前几次分裂是同步的,游离核后期胚囊中央也有大量游离核产生。此外,还观察到珠孔端的胚乳核比其他部位的体积大,核仁更多,且被浓厚的细胞质包围(图2-20a、d、e)。随着游离核的不断增多,胚囊迅速增大,纵向伸长更加明显。胚乳游离核是从胚囊周围开始以自由壁的方式形成细胞(图2-21b),最后,胚乳细胞充满整个胚囊除胚以外的所有空间(图2-21c)。之后,胚乳细胞体积增大,细胞质浓厚,表现出成熟细胞的特性,并且排列变得整齐(图2-21d)。从球形胚开始,随着胚的不断发育,胚周围的胚乳细胞原生质逐渐降解消失,为胚的发育提供了营养(图2-20f~h)。到胚发育至双子叶胚时,珠孔端及胚囊中央的胚乳细胞已完全消失,合点端和胚囊外围有少数胚乳细胞也处于解体状态(图2-20j)。

柴胡的子房壁包括多层细胞,从外向内可以分为外表皮细胞、多层薄壁组织细胞、

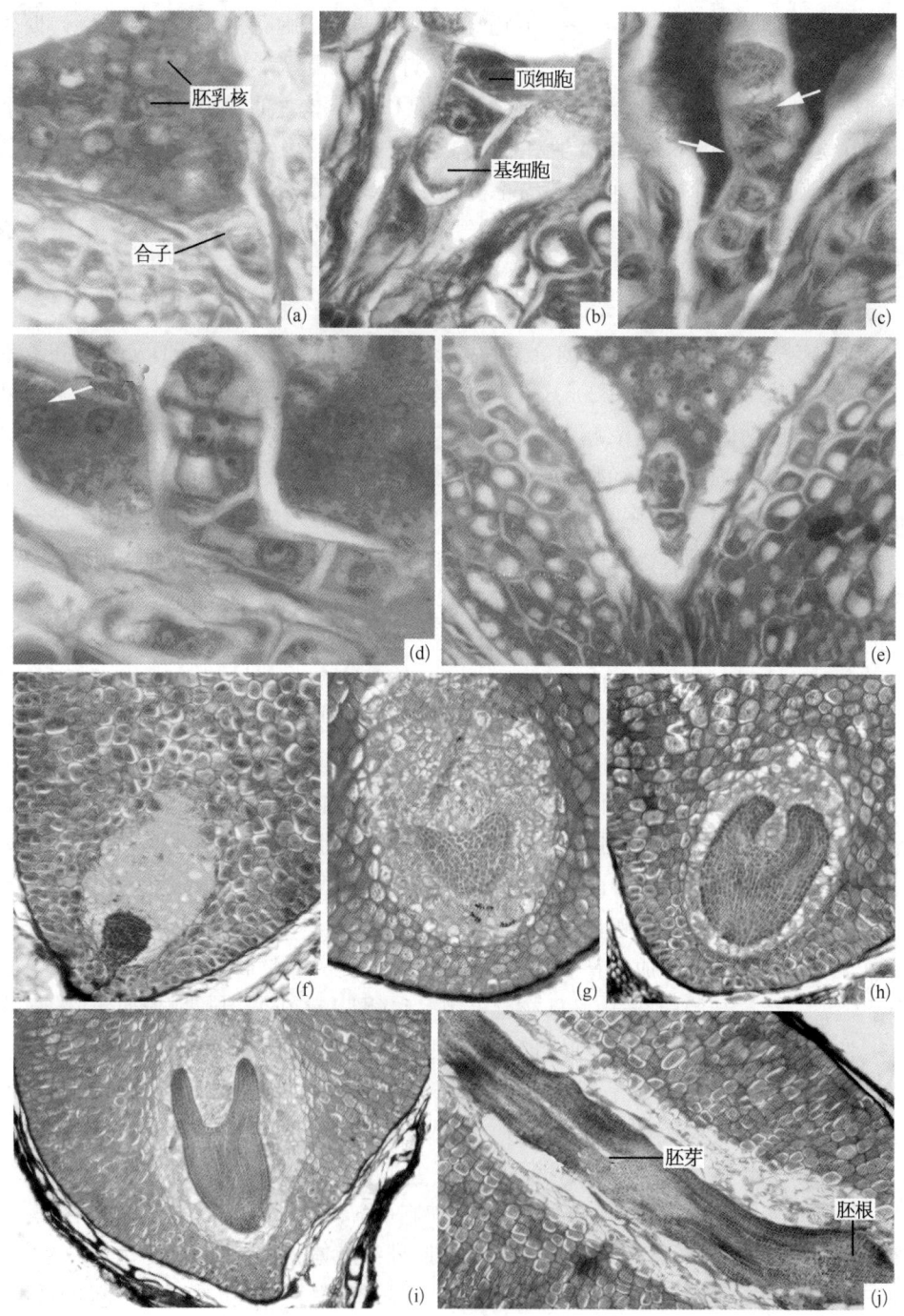

图 2-20 柴胡胚的发育过程

(a) 示合子以及胚乳游离核;(b) 示合子横分裂后形成的顶细胞和基细胞;(c) 示基细胞分裂后形成 2 个胚柄细胞,顶细胞分裂也形成 2 个细胞且第 2 个细胞分裂又形成 2 个细胞(见箭头),共同构成 5-细胞胚; (d) 示 7-细胞原胚以及珠孔端的胚乳核(见箭头);(e) 示多细胞原胚;(f) 示球形胚;(g) 示心形胚早期; (h) 示心形胚后期;(i) 示鱼雷胚;(j) 示子叶以及胚轴伸长,可见胚芽和胚根

1或2层长形细胞。单层珠被也由多层细胞构成,但随着胚体以及胚乳细胞化,珠被细胞由胚囊逐渐向外降解(图2-21a~c)。当果实发育成熟时,子房壁发育为果皮,外表皮细胞发育为外果皮,多层薄壁组织细胞发育为中果皮,在中果皮内分布有分泌道和维管束,并相间排列,而其内的1~2层长型细胞发育为内果皮,细胞壁木质化(图2-21d)。此时珠被已经降解至1层细胞,发育为种皮,外与内果皮相连,内与胚乳相连(图2-21d)。

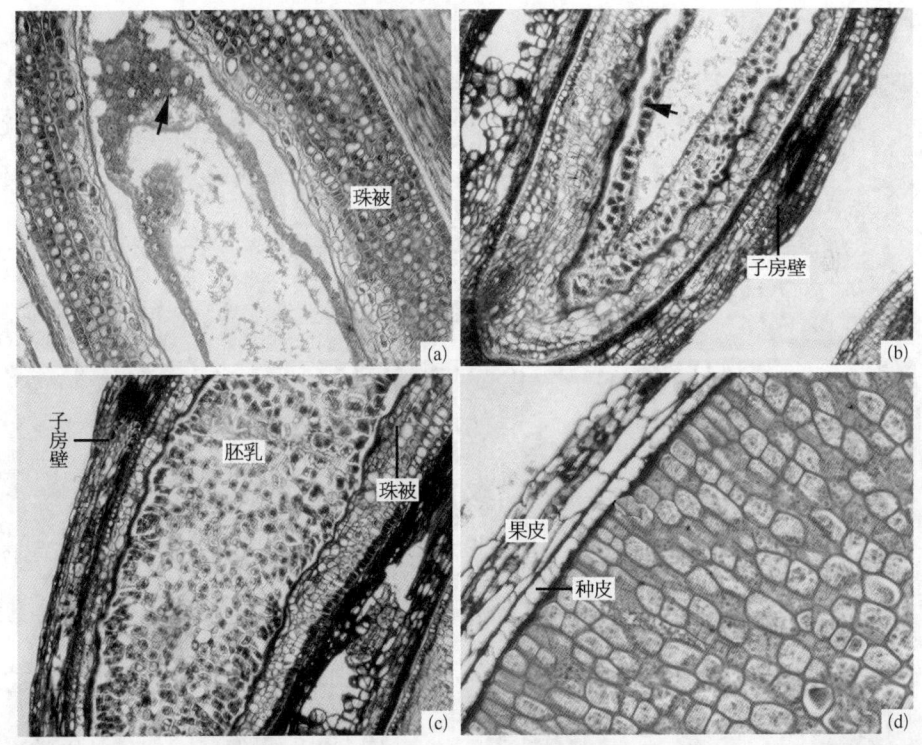

图 2-21 柴胡胚乳发育过程
(a) 示胚乳游离核(箭头);(b) 示胚乳游离核从外开始形成细胞(箭头),珠被以及子房壁;(c) 示胚囊中的胚乳游离核都已形成细胞以及发育中的果皮和种皮;(d) 采收期果实的果皮、种皮以及胚乳

对采收期100枚柴胡有胚种子中不同发育时期胚的个数进行统计,并在显微镜下测量其胚和胚乳以及种子的大小,计算胚率后得到表2-2。

表 2-2 柴胡种子采收时胚发育阶段及胚率测定

胚发育时期(100枚种子中不同发育时期胚的百分率)		种 胚		胚 乳		胚率(胚长/胚乳长,%)
		长(μm)	宽(μm)	长(μm)	宽(μm)	
球形胚(20%)		78.75	71.25	1 965	915	4.01
心形胚(70%)	前期(57.1%)	102.5	98.33	1 880	923.33	5.45
	中后期(42.9%)	130.83	101.67	1 926.67	980	6.79
鱼雷胚(10%)		243.75	140	2 200	995	11.08

注:表中数据为各时期有胚种子的平均值。

2.2.4 狭叶柴胡的胚胎学研究

1. 大孢子的发生及雌配子体的发育

据豆强红等[107]报道,狭叶柴胡子房2室,每室具有1枚倒生型胚珠(图2-22a)。狭叶柴胡的孢原细胞与其他珠心细胞之间存在明显差异,细胞质浓厚,体积较大,紧贴珠心表皮(图2-22b)。随着狭叶柴胡的发育,孢原细胞体积逐渐增大直接行使大孢子母细胞

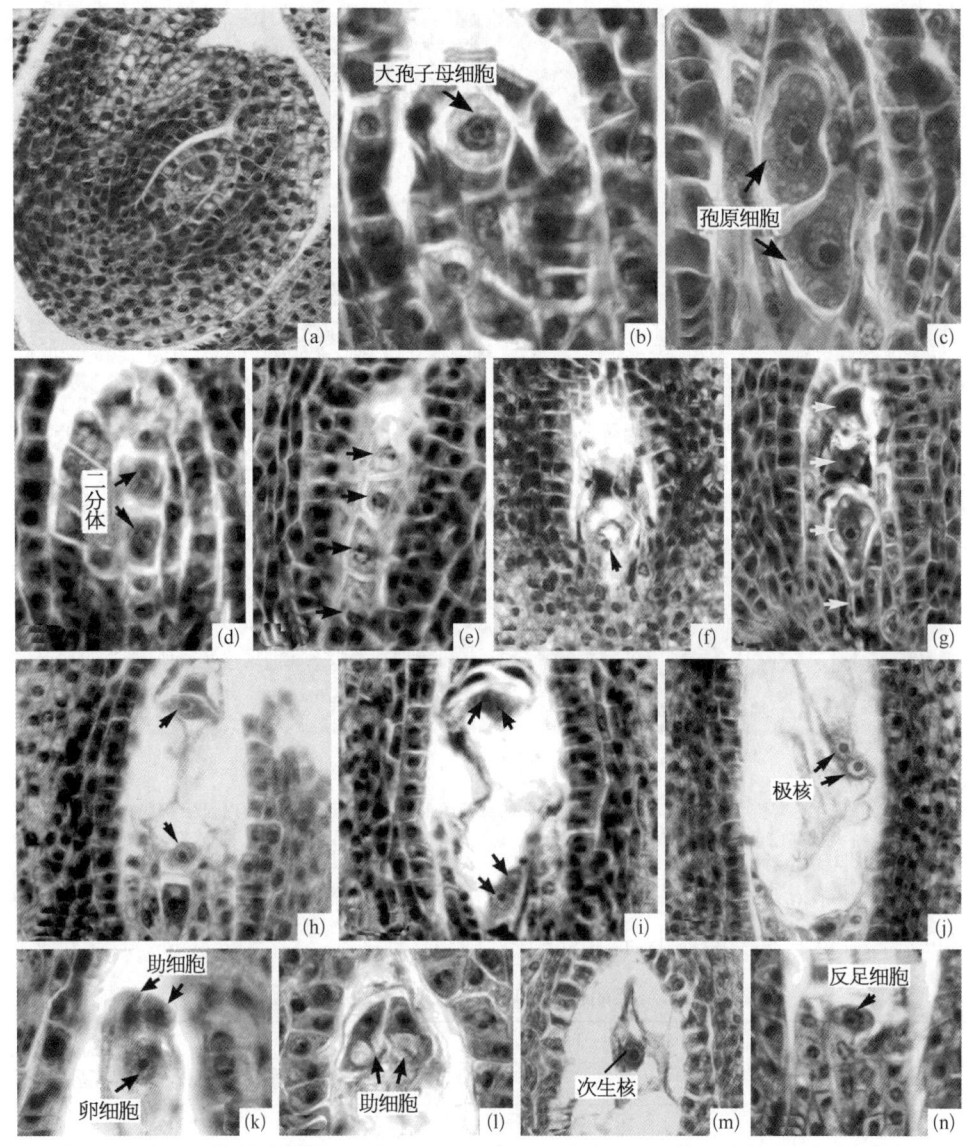

图2-22 狭叶柴胡大孢子的发生及雌配子体的发育过程

(a)示倒生胚珠;(b)示大孢子母细胞;(c)示2个孢原细胞;(d)示大孢子母细胞分裂形成二分体;(e)示线型四分体;(f)示合点端的功能大孢子;(g)示线型四分体中合点端第2个大孢子开始伸长变大,发育为功能大孢子,合点端的大孢子退化;(h)示二核胚囊时期;(i)示四核胚囊;(j)示2个极核;(k)示卵器;(l)示2个助细胞;(m)示次生核;(n)示反足细胞和珠心座

功能,个别情况会有2个孢原细胞同时存在于珠心表皮下面(图2-22c)。紧接着大孢子母细胞形态发生变化,细胞核逐渐移向珠孔端,细胞体积纵向增大,大孢子母细胞经减数分裂形成二分体(图2-22d),随后二分体细胞各进行一次细胞分裂形成线型四分体(图2-22e)。四分体形成后,其中的3个大孢子原生质体解体退化,最终只有合点端的大孢子有功能(图2-22f),有时候会出现合点端第2个大孢子发育为功能大孢子(图2-22g)的情况。

随着狭叶柴胡无功能大孢子的逐渐解体,功能大孢子也相继发生一系列变化,细胞质逐渐液泡化,细胞体积纵向延伸,细胞核向胚囊中央移动,形成单核胚囊(图2-22f)。单核胚囊时期,扁平状的珠被内表皮细胞排列比较整齐,逐渐向胚囊内部延伸。接着单核胚囊通过细胞分裂形成二核胚囊(图2-22h),此时,胚囊开始纵向延伸,体积进一步增大,二核胚囊的2个核分别向珠孔端与合点端移动,当2个核移向胚囊两端以后各进行一次有丝分裂形成四核,此时,胚囊中央的小液泡相继接连形成中央大液泡(图2-22i)。位于珠孔端与合点端两核分别进行一次有丝分裂形成8个核,4个核位于珠孔端,另外4个核位于合点端,接着珠孔端与合点端各有1个核向胚囊中央移动最终形成2个极核(图2-22j)。随后8个核相继产生细胞壁最终形成细胞,因此狭叶柴胡胚囊发育模式属于蓼型胚囊。

最初分化形成的2个助细胞位于珠孔端,呈楔形,与卵细胞组成"品"字形排列(图2-22k),之后被合点端形成大液泡将其核推向珠孔端,助细胞的细胞质呈现很强的极性分布(图2-22l)。

刚分化形成的卵细胞无液泡,细胞质浓厚,细胞核体积较大,位于胚囊的珠孔端(图2-22k)。随着发育的进行,卵细胞开始液泡化,细胞核移向合点端,成熟的卵细胞呈现出明显的极性。

中央细胞高度液泡化,占据胚囊的绝大部分体积,合点端与反足细胞相接,珠孔端包围卵器。中央细胞内部存在1个由二极核融合而成的次生核(图2-22m),次生核的周围具有浓厚的细胞质,细胞核大,整个细胞逐渐移向卵细胞,为接受精子提供最佳位置。

胚囊发育的早期阶段,合点端具有3个细胞质浓厚的反足细胞,之后逐渐侵入珠心组织基部,胚囊中的极核相互融合以后,反足细胞逐渐解体(图2-22n)。

2. 小孢子的发生及雄配子体的发育

据豆强红等[107]报道,狭叶柴胡花药壁发育类似于一般双子叶植物花药壁发育模式。扁长形的表皮细胞紧密排列着生于花药原基的周围,行使其保护功能。随着花药原基的生长,表皮细胞也在进行连续的细胞分裂,不断增加细胞数量。当花粉粒成熟以后,表皮细胞逐渐解体消失。表皮细胞以内具有大量的分生细胞,代谢旺盛,具有很强的分裂能力,随着花药进一步发育,花药原基四角处的细胞分裂速度加快,最终个别细胞分化形成孢原细胞(图2-23a),早期形成的孢原细胞体积大于周围其他细胞,细胞核明显,细胞质浓厚。紧接着孢原细胞进行一次平周分裂,向外形成初生壁细胞,向内形成初生造孢细胞(图2-23b)。初生壁细胞随后进行一次平周分裂和连续多次垂周分裂,从而形成2层

第2章 柴 胡

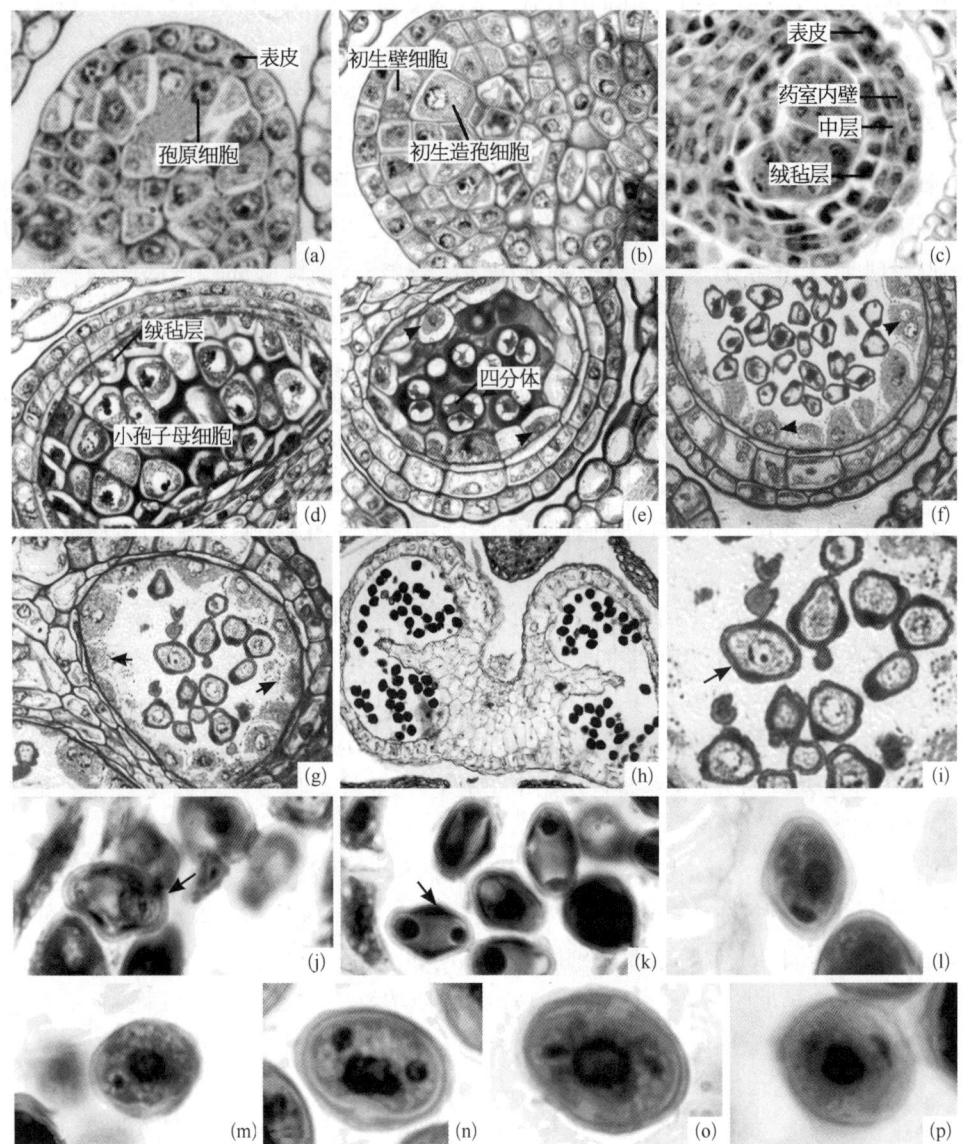

图 2-23　狭叶柴胡小孢子的发生及雄配子体的发育过程

(a) 示孢原细胞;(b) 示孢原细胞进行一次有丝分裂;(c) 示四层花药壁细胞;(d) 示小孢子母细胞;(e) 示单核绒毡层细胞;(f) 示双核绒毡层细胞;(g) 示绒毡层内切向壁上的颗粒状分泌物;(h) 示成熟时期的花药;(i) 示最初形成的单核小孢子;(j) 示小孢子细胞核被中央大液泡挤到细胞的边缘;(k) 示小孢子二核时期;(l) 示 2 个小孢子核细胞化;(m) 示生殖细胞从花粉壁上脱离;(n) 示营养细胞和 2 枚精子,精细胞刚刚形成时为圆球形;(o) 示 2 个精细胞位于营养核两侧,变为椭球形;(p) 示 3-细胞型成熟花粉粒,2 个精细胞呈"八"字排列壁细胞,随后2层壁细胞当中靠近表皮的一层细胞接着进行一次平周分裂形成3层壁细胞(图2-23c)。随着狭叶柴胡花药发育的进行,3层壁细胞开始出现细胞分化,最外面的一层细胞发育为药室内壁;第2层细胞进一步分化形成中层,最初形成的中层细胞体积较大,随着小孢子母细胞的减数分裂,中层细胞被周围其他细胞相继挤压变成扁平状,到发育的后期逐渐解体;第3层细胞最后分化形成绒毡层(图2-23d),绒毡层细胞体积明显大于中层细胞,具有浓厚的细胞质,初生造孢细胞发育为小孢子母细胞时期,绒毡层细胞的体积进一步增大,细胞质更加浓厚。绒毡层细胞核数目在小孢子不同发育时期不同,小孢子四分体时期为单核绒毡层细胞(图2-23e),随后到单核小孢子时期,绒毡层细胞核出现双核(图2-23f)。单核小孢子时期,在绒毡层内切向壁上形成了大量由绒毡层细胞原生质体解体所产生的颗粒状物质(图2-23g)。狭叶柴胡花药发育成熟以后,同侧2个小孢子囊因花药壁开裂而相通(图2-23h)。

在狭叶柴胡花药壁发育的同时,初生造孢细胞经过连续的细胞分裂形成次生造孢细胞,次生造孢细胞继续分裂形成小孢子母细胞。小孢子母细胞与花药壁细胞存在明显的形态差异,细胞质浓厚、细胞核大、细胞中央有核仁和染色质形成的圆球体,染色较深(图2-23d)。小孢子母细胞经过减数分裂形成四分体(图2-23e),其中小孢子母细胞减数分裂第一次分裂后不形成细胞壁,并未出现二分体,胞质分裂属于典型同时型。狭叶柴胡小孢子四分体被共同的胼胝质包围,呈四面体型(图2-23e)。

随着狭叶柴胡发育的进行,包裹四分体的胼胝质壁逐渐解体从而形成单核小孢子(图2-23i)。单核小孢子继续发育,细胞质高度液泡化,许多小液泡相互融合最终形成中央大液泡,将小孢子核从细胞中央逐渐挤向花粉壁边缘,从而形成单核靠边期花粉(图2-23j)。随后紧贴花粉壁位置的小孢子核经过一次不均等的有丝分裂形成2个子核(图2-23k),接着进行不均等的胞质分裂形成2个大小悬殊的细胞,营养细胞核呈球形,体积明显大于生殖细胞,占据花粉的大部分位置;生殖细胞体积小,细胞核呈椭圆形,细胞凸透镜状,紧贴花粉壁(图2-23l)。随着发育的进行,生殖细胞逐渐从花粉细胞壁分离,最终游离于营养细胞的细胞质中(图2-23m)。位于营养细胞质中的生殖细胞进行一次有丝分裂形成2个精细胞,最初形成的精细胞为圆形(图2-23n),随着发育的进行,精细胞的形状也发生变化,逐渐变为梭状(图2-23o)。狭叶柴胡花粉粒发育成熟以后,2枚眉形精子呈"八"字形位于营养核的两侧(图2-23p)。

3. 胚及胚乳的发育

据司静静等[108]报道,狭叶柴胡的合子(图2-24a)细胞质浓厚,细胞核周围被大量染色较深的颗粒包围。当受精极核经过几次有丝分裂形成8~9个胚乳游离核之后,合子经过一次横向分裂,形成顶细胞和基细胞(图2-24b),两者的体积大小相近,其中基细胞细胞质较稀,染色较浅;顶细胞染色较深,细胞质浓厚。随后基细胞进行一次横向分裂形成cm和ci 2个细胞,cm紧接着进行一次纵裂,形成4-细胞原胚(图2-24c),随后基细胞连续进行数次横向和纵向分裂形成胚柄细胞(图2-24d)。基细胞经过连续的有丝分裂形成胚柄细胞后,顶细胞经过一次横向分裂形成二分体(图2-24e),随后二分体细胞

第 2 章 柴 胡

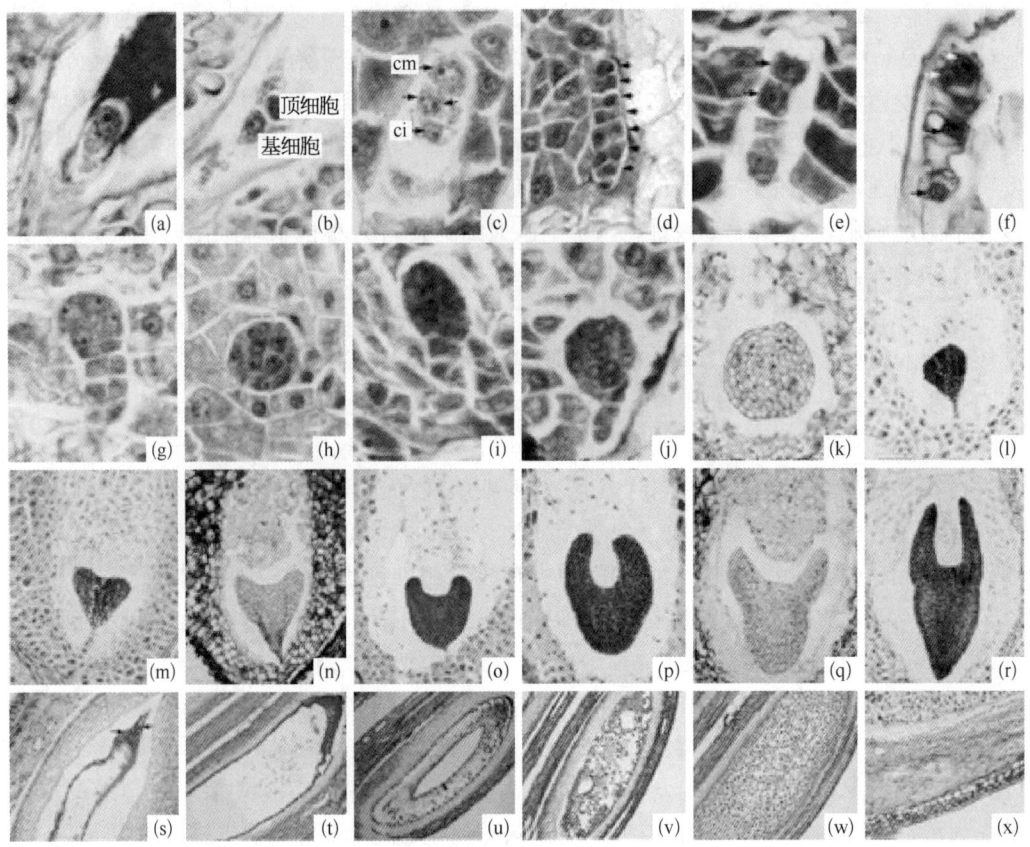

图 2-24 狭叶柴胡胚及胚乳发育过程

(a)示合子;(b)示顶细胞和基细胞;(c) 4-细胞原胚,示基细胞分裂为 ci 和 cm,cm 又纵分裂为 2 个细胞(箭头所示);(d)示胚柄细胞(箭头);(e)示顶细胞经过一次横向分裂形成 2 个细胞(箭头);(f)示四分体(箭头);(g)示八分体;(h)示 16-细胞原胚;(i)示棒形胚;(j)示多细胞原胚;(k)示球形胚;(l)示心形胚早期Ⅰ;(m)示心形胚早期Ⅱ;(n)示心形胚中期;(o)示心形胚后期Ⅰ;(p)示心形胚后期Ⅱ;(q)示心形胚后期Ⅲ;(r)示鱼雷胚;(s)示初生胚乳核(箭头);(t)示胚乳核细胞化Ⅰ;(u)示胚乳核细胞化Ⅱ;(v)示胚乳细胞充满整个胚囊Ⅰ;(w)示胚乳细胞充满整个胚囊Ⅱ;(x)示果皮、种皮以及胚乳

ci 示基细胞横向分裂形成的一个细胞;cm 示基细胞横向分裂形成的另一个细胞

各进行一次分裂形成四分体(图 2-24f),四分体细胞继续分裂形成八分体(图 2-24g),接着八分体细胞各进行一次平周分裂形成 16-细胞原胚(图 2-24h),此后细胞进行多次分裂形成棒状原胚(图 2-24i)。随着胚体细胞的进一步分裂形成早期球形胚(图 2-24j),后期球形胚(图 2-24k)。

据司静静等[108]报道,狭叶柴胡胚胎发育模式属于茄型。在球形胚发育后期,球形胚两侧细胞分裂速度加快,细胞数量逐渐增加,在球形胚两侧出现子叶原基突起,两个突起之间形成一个凹陷,胚体分化为早期心形胚(图 2-24l、m),此时胚柄十分明显。随着子叶原基和胚体的伸长,形成中期心形胚(图 2-24n)和后期心形胚(图 2-24o),当发育至后期心形胚阶段,胚柄细胞解体退化,仅残留少量的胚柄细胞,同时胚体原形成层开始分化(图 2-24p、q)。随着狭叶柴胡的进一步发育,细胞出现了高度的细胞分化最终形成鱼雷期胚(图2-24r)。

随着狭叶柴胡发育的进行,2个极核融合形成次生核,位于胚囊中央,次生核通过受精作用形成初生胚乳核(图2-24s)。随后初生胚乳核经过连续的有丝分裂形成大量的胚乳游离核,早期形成的胚乳核大多数为圆形,珠孔端胚乳核数量较多、体积较大,随后胚乳游离核沿胚囊周缘分布。当胚乳核经过数次细胞分裂以后,胚乳核开始通过自由壁的方式形成胚乳细胞(图2-24t、u),随着狭叶柴胡进一步发育,胚乳细胞分布于整个胚囊中(图2-24v、w)。当胚发育至球形胚阶段,胚周围的胚乳细胞逐渐的解体、消失,为胚的发育提供营养物质(图2-24k～r)。

狭叶柴胡的子房壁包括多层细胞:由表皮细胞以及多层薄壁组织细胞构成(图2-24x)。随着狭叶柴胡的继续发育,当狭叶柴胡果实发育成熟时,子房壁发育为果皮,珠被发育为种皮。

对采收期狭叶柴胡果实胚发育情况进行统计,并用Motic测量软件测定种子、胚和胚乳大小,计算胚率后得到表2-3。

表2-3 狭叶柴胡采收期果实胚发育阶段及胚率测定

胚发育时期(100枚种子中不同发育时期胚的百分率)		种胚		胚乳		胚率(胚长/胚乳长,%)
		长(μm)	宽(μm)	长(μm)	宽(μm)	
球形胚(26%)		66.72	62.48	1 604	606	4.16
心形胚(67%)	早期(44.2%)	79.93	72.14	1 719	670	4.65
	后期(55.8%)	163.21	124.36	1 892	871	8.63
鱼雷胚(7%)		216.05	158.47	2 059	963	10.49

§2.3 柴胡皂苷在各器官的分布状况

三萜类化合物在无水条件下,与强酸、中强酸或Lewis酸作用,发生羟基脱水、双键迁移、双分子缩合等反应,生成的共轭二烯结构单元,在酸作用下可形成正碳离子而呈现颜色[109]。此外,根据香草醛与三萜酸类成分有较好选择性显色反应特点,可采用5%香草醛-冰醋酸和高氯酸混合试剂作为三萜皂苷成分的显色剂,此显色剂可使三萜皂苷成分呈现淡红—红—紫红的颜色变化[110,111]。因此,可根据各器官切片的显色反应检测其柴胡皂苷的储存部位。

以5%香草醛-冰醋酸和高氯酸混合试剂作为显色剂,参照柴胡和狭叶柴胡营养器官的解剖结构,对其中的柴胡皂苷进行组织化学定位研究[112]。研究表明,在两种柴胡的不同营养器官中柴胡皂苷的积累部位存在差异。

柴胡一年生根的初生结构中,表皮、皮层及初生木质部细胞无显色反应,而中柱鞘、初生韧皮部细胞被染成了淡红色(图2-25a);在具有次生结构的一年生根中,维管形成层和次生韧皮部被染成了红色,其余组织不显色(图2-25b);二年生根与一年生根次生结构中柴胡皂苷的分布情况相同,但前者的维管形成层和次生韧皮部被染成了紫红色(图2-25c)。在茎中,表皮、皮层及分布在皮层和髓中的分泌道上皮细胞均被染成紫红色,维管束中的形成层和韧皮薄壁组织细胞呈淡红色,其余组织不显色(图2-25d);在叶中,表皮和叶肉细胞包括海绵组织和栅栏组织中都含有柴胡皂苷,均被染为淡红色,但叶脉的各个组成部分均不显色(图2-25e)。

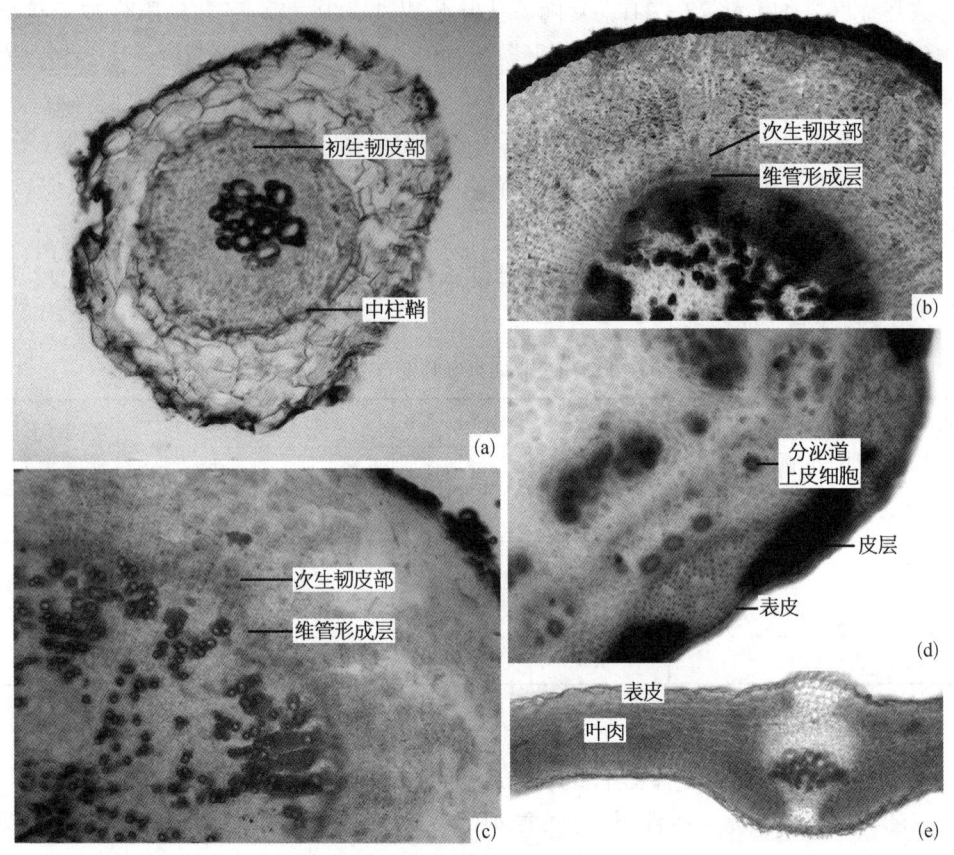

图2-25 柴胡营养器官中柴胡皂苷的组织化学定位(彩图见图版)
(a) 一年生幼根横切面,示柴胡皂苷的分布;(b) 一年生成熟根横切面,示柴胡皂苷的分布;(c) 二年生根横切面,示柴胡皂苷的分布;(d) 茎横切面,示柴胡皂苷的分布;(e) 叶横切面,示柴胡皂苷的分布

狭叶柴胡根中,维管形成层被染成紫红色,次生韧皮部以及次生木质部内靠近维管形成层的部分木薄壁组织细胞呈淡红色,其余组织不显色(图2-26a);在茎中,表皮、皮层被染成紫红色,维管束中的形成层和韧皮薄壁组织细胞呈淡红色,其余组织不显色(图2-26b、c);在叶中,表皮和叶肉细胞都被染成紫红色,而叶脉不显色(图2-26d)。

同时,还观察了经70%乙醇配制的FAA固定液处理后的柴胡各营养器官对照材料,发现其各类组织与皂苷显色剂都不产生显色反应(图2-27)。

总结以上观察结果,柴胡和狭叶柴胡的各营养器官中柴胡皂苷的储存部位可分别归纳,如表2-4所示。

§2.3 柴胡皂苷在各器官的分布状况

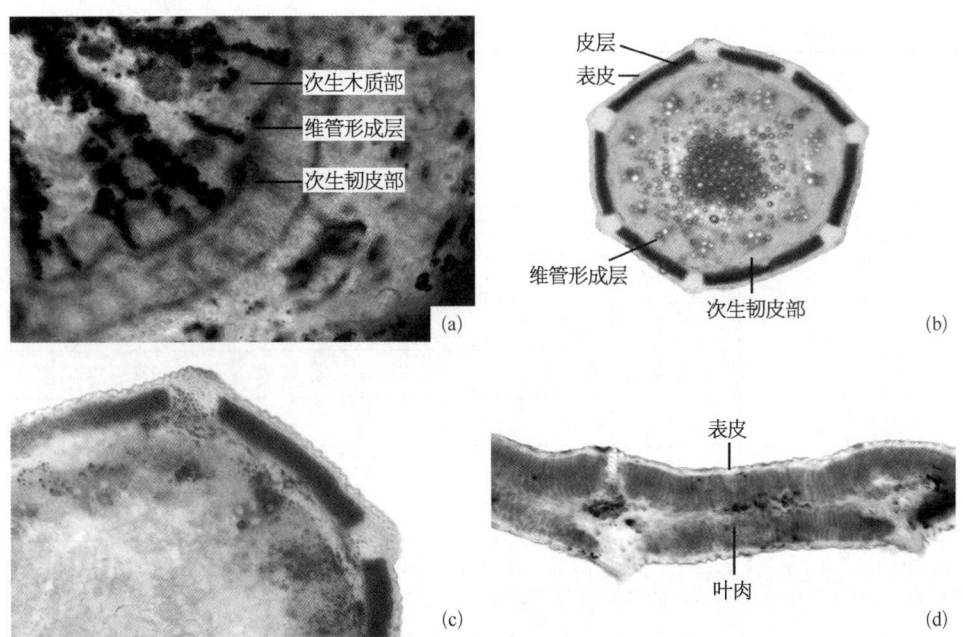

图2-26 狭叶柴胡营养器官中柴胡皂苷的组织化学定位(彩图见图版)
(a) 根横切面,示柴胡皂苷的分布;(b)、(c) 茎横切面,示柴胡皂苷的分布;(d) 叶横切面,示柴胡皂苷的分布

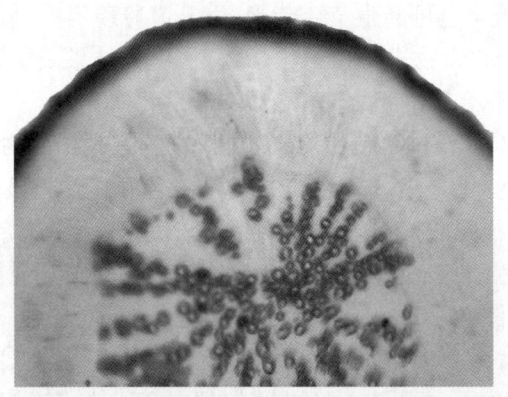

图2-27 柴胡根对照材料的横切面(示无显色反应,彩图见图版)

表2-4 柴胡和狭叶柴胡营养器官中柴胡皂苷的组织化学定位结果比较

器 官	结 构	柴 胡	狭叶柴胡
根	周皮	—	—
	中柱鞘薄壁组织	—	—
	次生韧皮部	++	+
	维管形成层	++	+++
	次生木质部	—	+

(续表)

器 官	结 构	柴 胡	狭叶柴胡
茎	表皮	+++	+++
	皮层	+++	+++
	次生韧皮部	−	+
	维管形成层	+	+
	次生木质部		
	分泌道上皮细胞	+++	−
叶	上、下表皮	+	+++
	叶肉细胞	+	+++
	叶脉	−	

注:"+++"表示被皂苷染色剂染色后,呈现的颜色为紫红色;"++"表示红色;"+"表示淡红色;"−"表示不显色。

§2.4 黄酮类化合物在各器官的组织化学定位

黄酮类化合物经 NaOH 溶液染色呈黄色至橙色;经醋酸镁甲醇溶液染色后可产生绿色荧光[113];经 NA 溶液染色可产生黄色荧光[114]。谭玲玲等[115]应用上述组织化学方法对两种柴胡中的黄酮类化合物进行组织化学定位,研究结果表明,在柴胡和狭叶柴胡不同营养器官中,黄酮类化合物的积累部位相同。

柴胡的切片经 NaOH 溶液染色,在表皮中呈橙色,在棱角处的厚角组织、部分皮层细胞及髓鞘细胞中呈黄色(图 2-28a);经 NA 溶液染色并在荧光显微镜下观察,发现在上述组织中产生黄色荧光(图 2-28b)。叶的切片经 NaOH 溶液染色,在表皮和上、下表皮内的厚角组织中呈黄色(图 2-28c);经 NA 溶液染色并在荧光显微镜下观察,在上述组织中也产生黄色荧光(图 2-28d)。

狭叶柴胡茎的切片经 NA 溶液染色后,置荧光显微镜下,在表皮、棱角处的厚角组织、部分皮层细胞以及位于木质部内侧的髓鞘细胞中产生黄色荧光(图 2-29a,b);经 1% 醋酸镁甲醇溶液染色后,经荧光显微镜观察,在上述组织中产生绿色荧光(图 2-29c);经 5% NaOH 溶液染色后,在表皮、棱角处的厚角组织和部分皮层细胞中呈黄色(图 2-29d)。

叶的横切片经 1%醋酸镁甲醇溶液染色后,在荧光显微镜下观察,在表皮、位于叶缘和上、下表皮内的厚角组织中产生绿色荧光(图 2-30a);经 5% NaOH 溶液染色后,在上述组织中呈现黄色(图 2-30b);经 NA 溶液染色后,在荧光显微镜下观察,在上述组织中产生黄色荧光(图 2-30c)。

两种柴胡根的横切面经上述显色剂染色后,在根切片中各类组织内均未产生明显的颜色变化。

§2.4 黄酮类化合物在各器官的组织化学定位

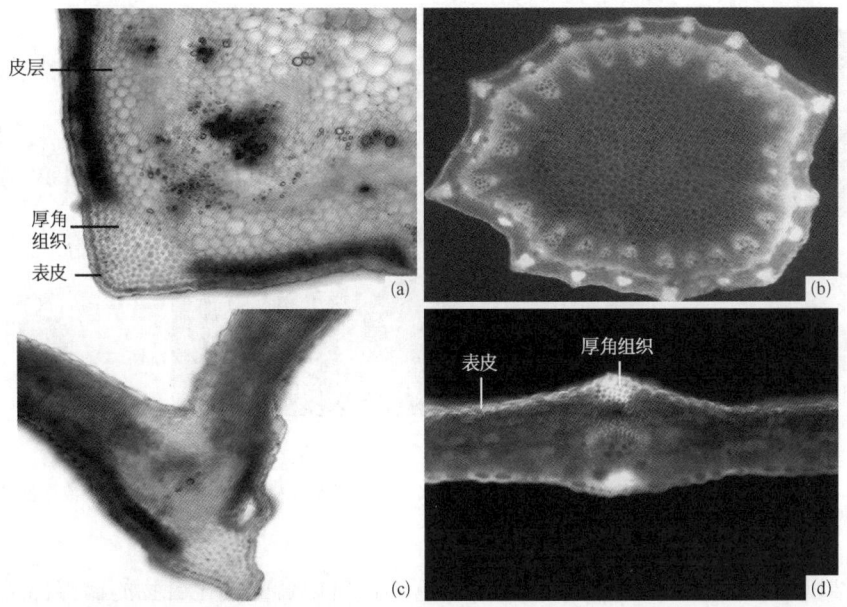

图2-28 柴胡茎叶中黄酮类化合物的组织化学定位(彩图见图版)

(a) 柴胡茎横切片经5% NaOH溶液染色；(b) 柴胡茎横切片经NA溶液染色；(c) 柴胡叶横切片经5% NaOH溶液染色；(d) 柴胡叶横切片经NA溶液染色

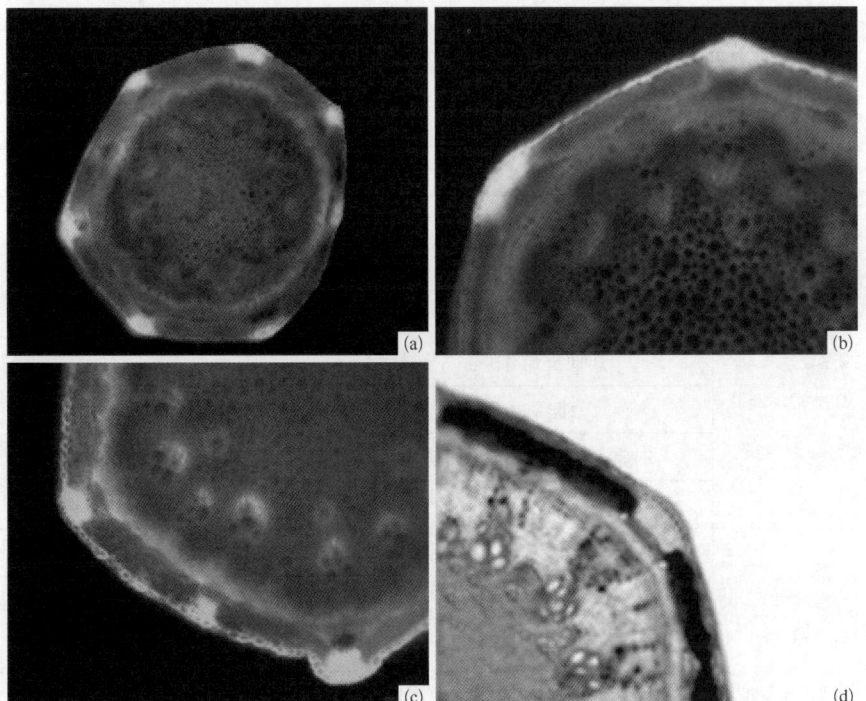

图2-29 狭叶柴胡茎中黄酮类化合物的组织化学定位(彩图见图版)

(a)、(b) 狭叶柴胡茎横切片经NA溶液染色；(c) 狭叶柴胡茎横切片经1%醋酸镁甲醇溶液染色；(d) 狭叶柴胡茎横切片经5% NaOH溶液染色

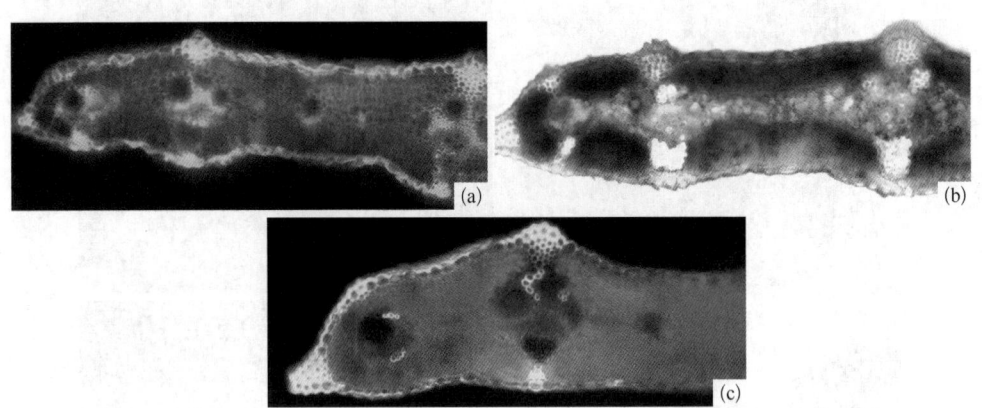

图 2-30　狭叶柴胡叶中黄酮类化合物的组织化学定位(彩图见图版)

(a) 狭叶柴胡叶横切片经 1% 醋酸镁甲醇溶液染色；(b) 狭叶柴胡叶横切片经 5% NaOH 溶液染色；(c) 狭叶柴胡叶横切片经 NA 溶液染色

总结以上观察结果，柴胡和狭叶柴胡的营养器官中黄酮类化合物的储存部位可分别归纳如表 2-5。

表 2-5　柴胡和狭叶柴胡营养器官中黄酮类化合物的组织化学定位结果比较

器　官	结　构	柴　胡	狭叶柴胡
根	周皮	—	—
	中柱鞘薄壁组织	—	—
	次生维管组织	—	—
茎	表皮	＋	＋
	棱角处厚角组织	＋	＋
	靠近韧皮部的部分皮层细胞	＋	＋
	其他皮层细胞	—	—
	维管束	—	—
	木质部内侧的髓鞘细胞	＋	＋
	髓	—	—
叶	表皮	＋	＋
	叶缘厚角组织	＋	＋
	叶肉组织	—	—
	叶脉中的厚角组织	＋	＋
	叶脉的其他部位	—	—

注："＋"表示此部位中有黄酮类化合物存在；"－"表示此部位中没有黄酮类化合物存在。

§2.5 柴胡皂苷在各器官的含量变化

柴胡以根入药,具解表和里、退热、疏肝解郁等功效,柴胡皂苷是该种植物的主要药用成分。为此,研究不同生长年限、不同生长发育时期的柴胡各器官中柴胡皂苷的积累动态变化,可为提高柴胡药材的质量和产量及优良品种的选育等提供科学依据。

2.5.1 不同生长年限、不同器官中柴胡总皂苷含量的比较

取一年生和二年生柴胡的各器官采用紫外分光光度法[112],测定其中柴胡总皂苷的含量,结果见图2-31。

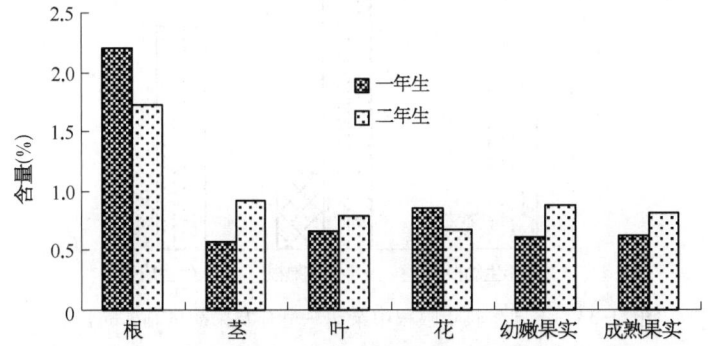

图2-31 不同生长年限的柴胡各器官中柴胡总皂苷含量

从图2-31可见,不同生长年限柴胡各器官中都含有柴胡总皂苷,其中,根中的含量明显高于其他器官。而其他各器官之间含量相差不大。同时,随着生长年限的增加,茎、叶和果实中的柴胡总皂苷含量均增加,而根和花中的含量则降低。

取多年生狭叶柴胡的各器官,测定柴胡总皂苷的含量,测定结果见图2-32。

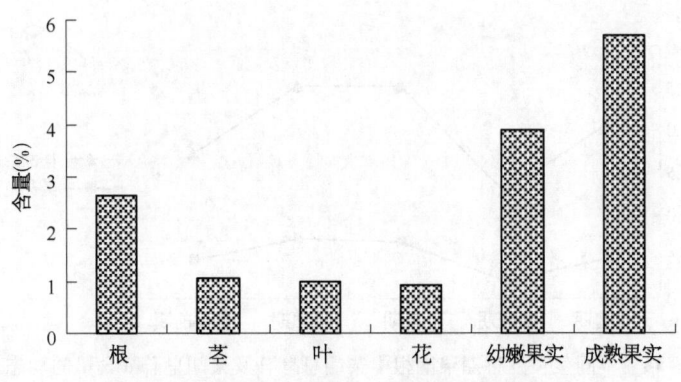

图2-32 狭叶柴胡各器官中柴胡总皂苷的含量

由图2-32可见,狭叶柴胡各器官中,以果实和根中含量较高,其中又以成熟果实中含量最高,为5.708%;其余器官中,茎、叶和花三者中的含量相差不大,分别为1.045%、0.981%和0.921%。

2.5.2 不同生长年限根中柴胡总皂苷及柴胡皂苷 a 含量的变化

取柴胡一年生幼根、成熟根及二年生根,分别利用紫外分光光度法[112]和高效液相色谱法[112]对其柴胡总皂苷和柴胡皂苷 a 的含量进行测定,其柴胡总皂苷的含量分别为1.273%、2.203%和1.724%;柴胡皂苷 a 的含量分别为0.272%、0.580%和0.449%(图2-33)。对以上数据进行比较分析,可以看出柴胡一年生、二年生成熟根中的含量均高于幼嫩根;且一年生成熟根中的含量高于二年生成熟根。

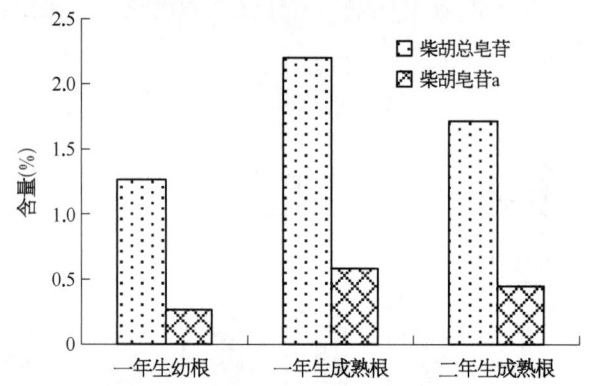

图 2-33 不同生长年限根中柴胡总皂苷及柴胡皂苷 a 的含量

2.5.3 不同生长发育时期根中柴胡总皂苷及柴胡皂苷 a 含量的动态变化

分别于开花前期(5月中旬)、盛花期(7月下旬)、果期(9月中旬)、果熟期(10月中旬)和枯萎前期(11月上旬)采集柴胡根,对其所含的柴胡总皂苷以及柴胡皂苷 a 的含量进行测定,结果见图2-34。

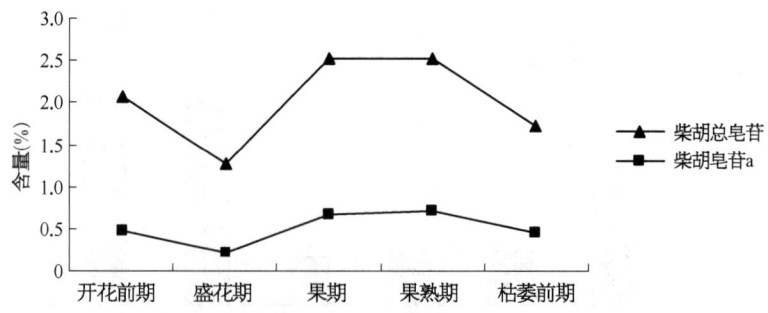

图 2-34 不同生长发育期柴胡根中柴胡总皂苷及柴胡皂苷 a 含量的动态变化

图2-34表明,从开花前期经盛花期、果期、果熟期到枯萎前期的生长发育过程中,其根中柴胡总皂苷的含量呈动态变化。在开花前期,柴胡总皂苷含量比较高,但进入开花期,柴胡总皂苷的含量降到整个生长期的最低水平,仅为最高值的50%。随后柴胡总皂苷含量开始上升,在9月、10月为果实生长期和果熟期,其含量达到最高值,为2.532%。

11月后,植株进入枯萎期,柴胡总皂苷含量又减少,下降到最高值的68%。同样,各个时期根中柴胡皂苷a的含量也不同。从图中也可以看到,柴胡皂苷a的含量变化规律与柴胡总皂苷含量的变化具有一致性,也是在果熟期含量最高。

2.5.4 根的不同部位中柴胡总皂苷及柴胡皂苷a含量的比较

将柴胡的根分成四部分:中柱鞘细胞环、韧皮部和维管形成层合称"皮部";木质部;主根;侧根。分别对各部分中的柴胡总皂苷和柴胡皂苷a的含量进行测定,结果见图2-35。

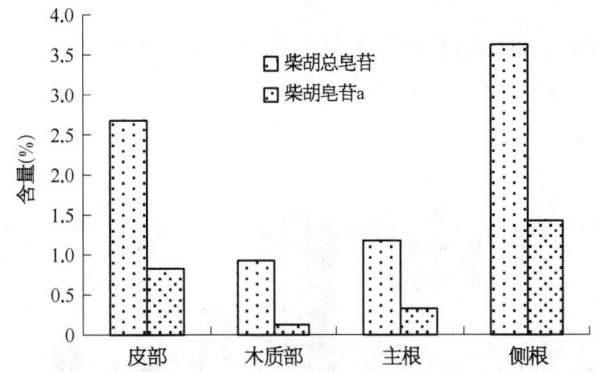

图2-35 柴胡不同部位根中柴胡总皂苷和柴胡皂苷a的含量比较

由图2-35可以看出,根的不同部位的柴胡总皂苷含量存在较明显的差异。皮部的含量远远大于木质部的含量,约为其含量的2.9倍,这与前面的组织化学定位的研究结果相符。侧根中总皂苷的含量远高于主根,主根中柴胡总皂苷含量仅为侧根中的32%。柴胡皂苷a含量在根不同部位中的变化规律与柴胡总皂苷相似,皮部中柴胡皂苷a的含量约为木质部中的6.2倍,侧根中柴胡皂苷a的含量是主根中的4.4倍。

狭叶柴胡根的上述四部分,经分别测定其中柴胡总皂苷和柴胡皂苷a的含量,结果见图2-36。

由图2-36可以看出,狭叶柴胡根不同部位之间柴胡总皂苷和柴胡皂苷a的含量也不同。皮部中两者的含量均大于木质部,其中皮部的柴胡皂苷a含量为0.211%,而在木质部中未检测到柴胡皂苷a。同时,侧根中两者的含量也都大于主根,主根中两者的含量分别为3.047%和0.703%,而侧根中两者的含量分别为主根中的1.37倍和1.71倍。

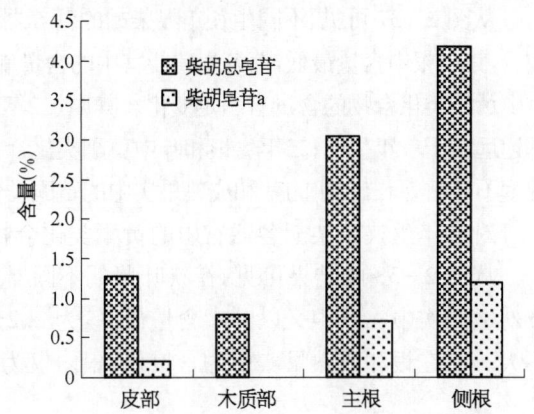

图2-36 狭叶柴胡根不同部位中柴胡总皂苷及柴胡皂苷a的含量

§2.6 黄酮类化合物在各器官的含量变化

黄酮类化合物是柴胡中另一种重要药用成分,具有利胆、抑菌、杀菌等作用[116],现代医学研究表明,它还能维持血管正常的渗透压,防止血管脆化,对多种炎症、冠心病、心绞痛等也有良好的疗效[117-119]。有关柴胡属植物中黄酮类化合物的分离、提取及含量测定已有一些报道。罗思齐等[120]从柴胡等7种柴胡地上部分分离出8种黄酮类化合物。梅赞等[121]建立了一种同时测定柴胡属植物地上部分6种黄酮类成分含量的高效液相色谱(HPLC)法。因此,对柴胡各器官中的黄酮类化合物含量及其动态变化的研究具有重要意义。

2.6.1 不同年限、不同器官中黄酮类化合物含量的比较

应用紫外分光光度法[122]对不同年限柴胡的不同器官中黄酮类化合物的含量进行测定,结果见图2-37。

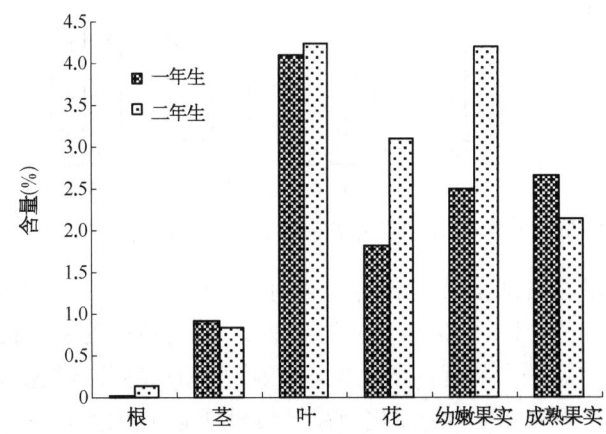

图2-37 不同生长年限柴胡不同器官中黄酮类化合物的含量

从图2-37可见,不同生长年限柴胡的营养器官中,黄酮主要积累在叶内,茎和根中含量较少,其中根中含量最低,而各生殖器官中的含量都比较高。同时,随着生长年限的增加,各器官中黄酮类化合物的含量有一定变化。其中,二年生的花和幼嫩果实中的黄酮类化合物含量都远远高于一年生的;二年生根和叶中黄酮类化合物的含量虽较一年生根有所增加,但增加的幅度不显著,而二年生的茎和成熟果实中的黄酮类化合物含量较一年生的有所减少。

对多年生狭叶柴胡各器官中的黄酮类化合物含量进行测定,测定结果见图2-38。

从图2-38的结果可见,在狭叶柴胡不同器官中,黄酮类化合物主要积累在茎、叶、花及幼嫩果实中。其中又以叶中含量最高,为2.259%;其他三种器官中总黄酮的含量相差不大。而在根和成熟果实中的含量低,根内仅为0.032%。

2.6.2 不同生长发育期茎、叶中黄酮类化合物含量的动态变化

分别于开花前期(5月中旬)、盛花期(7月下旬)、果期(9月中旬)、果熟期(10月中

§2.6 黄酮类化合物在各器官的含量变化

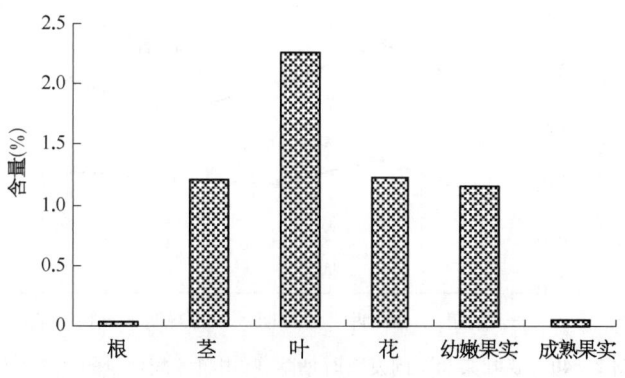

图 2-38 狭叶柴胡不同器官中总黄酮的含量

旬)和枯萎前期(11 月上旬)采集柴胡的茎和叶,对其所含的黄酮类化合物的含量进行测定,结果见图 2-39。

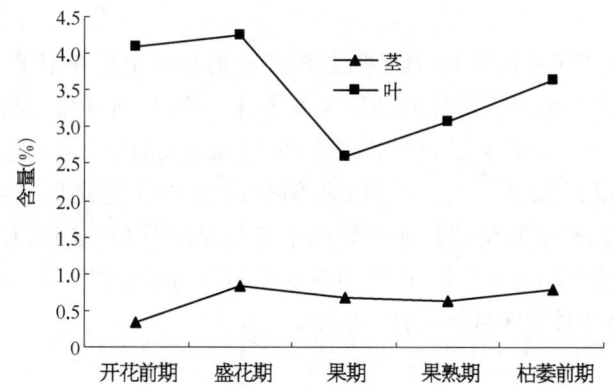

图 2-39 柴胡茎、叶不同发育时期黄酮类化合物的含量

从图 2-39 的结果可见,柴胡茎、叶中黄酮类化合物含量的变化随生长发育期不同而呈现出一定的动态变化:黄酮类化合物都在盛花期的茎、叶中含量最高,当植株坐果时其含量有所下降,而在果实成熟时,其含量又开始上升,在枯萎前期,其含量又达到另一个比较高的值。

分别于开花前期(5 月中旬)、盛花期(7 月下旬)、果期(9 月中旬)、果熟期(10 月中旬)和枯萎前期(11 月上旬)采集狭叶柴胡的茎和叶,对其所含的黄酮类化合物的含量进行测定,结果见图 2-40。

图 2-40 的结果表明,狭叶柴胡茎和叶中黄酮类化合物含量的变化随生长发育时期不同也呈现出一定的动态变化规律。从开花前期到盛花期,黄酮类化合物的含量呈上升趋势,在盛花期,两者中总黄酮的含量均达到最高,在茎中为 1.212%,在叶中为 2.259%。在茎中,从盛花期到果期,黄酮类化合物含量下降;从果期经果熟期到枯萎前期,含量又呈上升趋势,从而在枯萎前期又达到比较高的含量。在叶中,从盛花期经果期到果熟期,总黄酮含量一直下降,到果熟期达到最低值,含量仅为 1.634%;但从果熟期到枯萎前期,

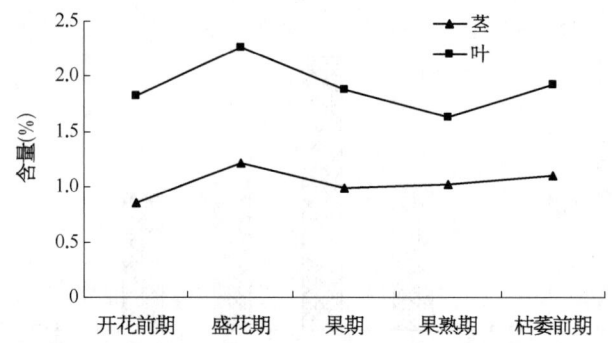

图 2-40 狭叶柴胡不同发育时期茎、叶中总黄酮含量的动态变化

含量又开始上升,最终达到 1.924%。

§2.7 不同产地柴胡药用化学成分含量的比较

目前,野生柴胡药材资源已近枯竭,商品以栽培为主。由于我国柴胡资源分布广泛,栽培柴胡产地的自然环境差异大,且各地栽培柴胡的种源也存在混淆,其药用成分含量差异悬殊,从而导致各地柴胡药材的品质参差不齐。所以,科学地评价柴胡的质量十分重要。柴胡的药用成分非常复杂,但其主要药用成分为柴胡皂苷,因此,柴胡的质量一般以柴胡皂苷的含量高低来评价。为此,我们采用紫外分光光度计和高效液相色谱法[123,124]对我国不同产地的柴胡和狭叶柴胡中柴胡总皂苷和柴胡皂苷 a 的含量进行测定,进而考察药用柴胡的药材质量,以期为制定柴胡药用成分的含量标准,掌握和评价其品质及寻找药材最佳种植区域提供科学依据。

2.7.1 不同产地柴胡药材中柴胡总皂苷和柴胡皂苷 a 含量的比较[123]

对从全国 16 个省区收集的柴胡药材中柴胡总皂苷和柴胡皂苷 a 的含量进行测定,测定结果见表 2-6。

表 2-6 不同产地柴胡药材中柴胡总皂苷和柴胡皂苷 a 的含量(%)

产 地	柴胡总皂苷含量	柴胡皂苷 a 含量	产 地	柴胡总皂苷含量	柴胡皂苷 a 含量
辽 宁	1.314	0.000	湖 北	1.794	0.246
新 疆	1.622	0.126	山 西	1.782	0.589
黑龙江	2.966	0.439	陕 西	2.532	0.676
湖 南	2.276	0.676	甘 肃	1.300	0.227
贵 州	2.173	0.333	吉 林	1.473	0.092
北 京	1.485	0.142	宁 夏	2.899	0.955
河 北	1.655	0.154	山 东	1.958	0.251
内蒙古	2.786	0.534	浙 江	1.379	0.069

从表 2-6 中可见,不同产地柴胡药材中的柴胡总皂苷和柴胡皂苷 a 的含量差异很大。从柴胡总皂苷含量分析,各产地的含量都在 1.3%~3.0%。其中黑龙江、内蒙古及宁夏的柴胡药材中柴胡总皂苷含量较高,其中又以黑龙江的含量最高,为 2.966%;而辽宁和甘肃两省柴胡药材中柴胡总皂苷的含量较低,其中甘肃最低,仅为 1.3%。而柴胡皂苷 a 以宁夏的含量最高,为 0.955%;浙江和吉林两省的含量较低,分别为 0.069% 和 0.092%,均低于 0.1%。在辽宁省的柴胡根中没有检测到柴胡皂苷 a。

此外,还收集了陕西省 6 个不同产区的柴胡药材,并对其中柴胡总皂苷和柴胡皂苷 a 的含量进行了测定,结果见表 2-7。

表 2-7 陕西省不同产地柴胡药材中柴胡总皂苷和柴胡皂苷 a 的含量(%)

产 地	柴胡总皂苷含量	柴胡皂苷 a 含量	产 地	柴胡总皂苷含量	柴胡皂苷 a 含量
西安市	1.670	0.372	榆林市	2.754	0.681
咸阳市	2.240	0.433	汉中市	2.898	1.049
渭南市	2.550	0.608	安康市	1.528	0.231

从表 2-7 可见,陕西省不同产地产的柴胡药材中,柴胡总皂苷和柴胡皂苷 a 的含量不同。在 6 个产地中,汉中市和榆林市的柴胡总皂苷含量较高,分别为 2.898% 和 2.754%;西安市和安康市的含量相对较低,分别为 1.670% 和 1.528%。柴胡皂苷 a 以汉中市的含量最高,为 1.049%,远远高于其他产地;安康市的含量最低,仅为汉中市的 22%。陕西省不同产区同一柴胡药材中的柴胡总皂苷和柴胡皂苷 a 的含量差异一致。汉中产的柴胡药材中柴胡总皂苷和柴胡皂苷 a 含量均最高,分别为 2.898% 和 1.049%;安康产柴胡药材中两者含量均最低,分别为 1.528% 和 0.231%。

2.7.2 不同产地狭叶柴胡药材中柴胡总皂苷和柴胡皂苷 a 含量的比较[124]

对从全国 9 个省区收集来的狭叶柴胡药材中柴胡总皂苷和柴胡皂苷 a 的含量也进行测定,测定结果见表 2-8。

表 2-8 不同产地狭叶柴胡药材中柴胡总皂苷和柴胡皂苷 a 的含量(%)

产 地	柴胡总皂苷含量	柴胡皂苷 a 含量	产 地	柴胡总皂苷含量	柴胡皂苷 a 含量
四 川	2.687	1.03	湖 北	2.752	0.35
江 苏	4.674	0.185	辽 宁	1.305	0.116
安 徽	3.577	0.259	河 北	1.329	0.069
甘 肃	2.766	0.72	陕 西	2.635	0.644
内蒙古	2.135	0.179			

从表 2-8 可见,不同产地狭叶柴胡药材中的柴胡总皂苷和柴胡皂苷 a 的含量差异很

大。柴胡总皂苷含量以江苏省的狭叶柴胡药材中柴胡总皂苷含量最高,为 4.674%;甘肃、湖北、四川和陕西四省含量次之,为 2.6%～2.8%;而辽宁和河北两省的含量相对较低,分别为 1.304%和 1.329%。而柴胡皂苷 a 以四川、甘肃和陕西三省的含量较高,其中四川的含量最高,为 1.03%;而河北省狭叶柴胡药材中的柴胡皂苷 a 含量最低,仅为 0.069%。

§2.8 讨论
2.8.1 两种柴胡根和茎的结构发育特点
1. 根的结构发育特点

通过对柴胡和狭叶柴胡根的结构发育过程的研究表明,柴胡和狭叶柴胡根初生结构的分化与次生结构的发生过程,类似一般多年生草本双子叶植物根的发育规律[125]。其发育过程都包括四个阶段:原分生组织阶段、初生分生组织阶段、初生生长阶段和次生生长阶段。其中柴胡根初生结构分化后形成的初生木质部脊数,我们的观察结果为二原型[102],与 Metcalfe 和 Chalk[126]报道的柴胡属植物根共有的解剖学特征一致,但李广民等[127]曾报道为三原型,这可能与取材的部位不同有关。而狭叶柴胡的初生木质部多数为二原型,少数为三原型[104]。

研究还发现在柴胡和狭叶柴胡根的次生结构中存在不同于其他双子叶植物根的结构,即一般双子叶植物根的次生结构均由周皮和次生维管组织组成,而柴胡和狭叶柴胡根的次生结构除了包括上述两个部分外,在两者之间还存在中柱鞘薄壁组织[102,104]。一般双子叶植物根的中柱鞘细胞在根发生次生生长中会恢复分生能力,参与维管形成层和木栓形成层的形成;同时,许多植物侧根的发生也是起源于中柱鞘[128]。而在柴胡和狭叶柴胡中,其中柱鞘在产生木栓形成层前,先进行平周分裂,形成了由多层细胞组成的中柱鞘薄壁组织,然后才形成木栓形成层产生周皮。因此,虽然随着周皮的产生,其外方的表皮和皮层薄壁组织细胞逐渐死亡脱落,但存在于周皮内方的中柱鞘薄壁组织细胞环则仍然被保留,成为柴胡和狭叶柴胡根的次生结构的一个组成部分。据报道苜蓿(*Medicago sativa*)根的周皮内也存在中柱鞘的薄壁组织,但韧皮部与中柱鞘的薄壁组织混在一起很难分清[125]。在柴胡和狭叶柴胡根中,其韧皮部和中柱鞘薄壁组织容易区分。因为从根的横切面上,可以看到韧皮部的薄壁组织细胞排列紧密且整齐,细胞近圆形且直径较小;而中柱鞘薄壁组织细胞则形状不规则,直径较大,且由于根的直径不断增粗、压力逐渐增大而受到挤压,从而使这部分细胞之间产生许多裂隙[102]。

两种柴胡根的发育及其解剖学特征虽基本相似,但也存在一定差别,主要表现如下。① 在多年生根中,木质部与韧皮部的比值不同。柴胡中木质部与韧皮部的面积比为 2∶1,而狭叶柴胡中木质部与韧皮部的面积比约为 1.25∶1。② 柴胡根中,木质部导管周围分布着较多的木纤维,在根的横切面上,常呈连续或不连续的环状分布,有时在根的横切面上呈多环;而在狭叶柴胡根的木质部中,木纤维群较少。因此,柴胡质硬而韧,不易折断,而狭叶柴胡质稍软而脆,易折断[104]。

此外，狭叶柴胡是旱生植物，其根的结构也表现出对旱生环境的适应性。在狭叶柴胡多年生根中周皮发达，能保护根部抵御干旱环境；导管大而多，有利于水分运输，从而提高在干旱环境中维持植物正常生理生态功能的能力[104]。

2. 茎的结构发育特点

柴胡茎的结构发育过程类似一般多年生草本双子叶植物茎的发育规律[125]，其发育也包括原分生组织、初生分生组织、初生生长和次生生长四个阶段[103]。但在发育过程中，也存在其独特的特点，这些特点主要表现在维管形成层的次生生长活动中。在一般双子叶植物的茎中，束中形成层和束间形成层虽然来源不同，但当束间形成层和束中形成层在横切面上衔接起来成为一个完整的形成层环后，两者在分裂活动和分裂产生的细胞性质以及数量上都相似，都分裂产生次生韧皮部和次生木质部，组成次生维管组织[128]。而在柴胡茎的发育过程中，茎的初生维管组织类型为外韧型维管束，彼此被宽的髓射线分开。在次生生长过程中，次生维管组织仅由束中形成层产生，而束间形成层细胞仅分裂产生薄壁组织细胞，从而使髓射线延伸。后来，这些薄壁组织细胞的细胞壁又加厚且木质化成为厚壁组织，李广民等[127]将其称为"机械组织"。因此，柴胡和狭叶柴胡茎中的维管束始终保持分离状态，它们径向伸展成楔形。这与K.伊稍[125]报道的多年生草本植物苜蓿属植物茎的次生生长类型相似。其茎也具有相当宽的束间区域，但其束间形成层分裂不是产生薄壁组织细胞，而是产生少量的韧皮部和大量的厚壁组织细胞，这些厚壁组织细胞则排在木质部的一边。此外，柴胡和狭叶柴胡茎的次生生长仅有维管形成层的活动，并无木栓形成层的活动，因此其茎的次生结构中不具有周皮[103]。

2.8.2 两种柴胡分泌道的结构特点及在各器官的分布

1. 分泌道的结构特点

两种柴胡各器官中都具有分泌道，是其药用成分储存结构，也是其分类鉴定的特征之一。其分泌道通常为圆形或椭圆形的腔道，腔道周围具有一层生活的薄壁组织细胞称为上皮细胞。这些上皮细胞的形状、大小和数目因在不同器官中存在差异。例如，位于柴胡果实中的分泌道的上皮细胞数目较多，而位于茎的髓部、苞片等结构中的分泌道的上皮细胞数目则较少；两种柴胡分泌道的上皮细胞仅一层，其外围无鞘细胞包围。这与同科鸭儿芹[129]、珊瑚菜[130]及泽泻科慈姑的葡匐茎[131]以及五加科八角金盘[132]茎叶中的分泌道的结构相同，而与漆树科的植物，如青麸杨[133]、火炬树[134]、漆树[135]、光叶黄栌[136]、黄连木[136]以及苦木科的臭椿[137]等的分泌道结构不同，它们都由一层分泌细胞包围腔道，其外又有多层薄壁组织细胞组成的鞘细胞所包围，分属于两种不同结构类型的分泌道。

植物中的分泌道根据其发生方式不同可分为裂生、溶生和裂溶生三种类型[137]。在上述各种具有分泌道的植物中，八角金盘[132]、青麸杨[133]、火炬树[134]、漆树[135]、光叶黄栌[136]、黄连木[136]及臭椿[137]的分泌道的发生方式均为裂生的。而Warning[138]在1934年提出欧防风属（*Pastinaca*）植物根中初生韧皮部中分泌道为溶生型；辛华等[130]报道珊瑚菜植株中分泌道的发生方式也为溶生型。柴胡叶的发育研究中,发现其上皮细胞的原始细胞出现后,在原始细胞之间先产生裂隙,以后随着叶片的生长裂隙逐步扩大,最后形成一个圆形的分泌道,而其周围的上皮细胞一直保持着完整的细胞形状。因此,柴胡叶中分泌道的发育方式为裂生型。

2. 各器官中分泌道的分布特点

Metcalfe 和 Chalk[127]指出:在伞形科植物的解剖学特征中,分泌道是普遍存在的。研究发现,在两种柴胡的根、茎、叶、苞片、花和果实中都有分泌道存在,但种子中没有。归纳起来:在根中,分泌道均主要存在于中柱鞘薄壁组织和次生韧皮部的薄壁组织细胞中;在茎中,存在于皮层和髓中;在叶中,存在于叶脉维管束上下的薄壁组织中;在花中,花柄和花瓣的韧皮部、雌蕊子房的薄壁组织中以及小总苞片叶脉下表皮内厚角组织与维管束之间,有分泌道存在;在果实中,分泌道分布在果壁靠近内方的薄壁组织中。综上分析,柴胡各器官中的分泌道都分布在薄壁组织中,而且通常分布在维管组织内或其附近,这与辛华等研究的珊瑚菜中分泌道的分布规律很相似[130]。同时也反映维管组织可能与分泌道中物质的合成有关。另外,Willianm[139]还认为分泌道可能与植物光合作用的运输有关,因此分泌道的分布部位可能与其功能相适应。

此外,关于柴胡根中分泌道的来源,周亚福等[140]认为分布于中柱鞘薄壁组织中的分泌道来源于中柱鞘细胞,属初生分泌道;分布于次生韧皮部的薄壁组织细胞中的分泌道来源于维管形成层切向分裂向外形成的衍生细胞,属次生分泌道。Gershenzon 等[128]认为,分泌道中的分泌物对食草动物有毒性、还可以抑制其取食。柴胡根的初生结构中未发生分泌道,而在次生生长过程中才出现,这与牟颖等研究的鸭儿芹根中分泌道的分布规律相同。分析其原因主要为幼根皮层的薄壁组织细胞新陈代谢旺盛,抵御外部不良干扰能力较强,其表皮和内皮层对维管束也具有一定的保护作用,加之初生生长很短,所以分泌道未发育。随着次生生长,根不断增粗延长,在此过程中表皮和皮层脱落,在根的外侧、周皮之内形成一轮分泌道,当土壤摩擦损毁根的周皮时,其中的分泌物可以起到化学防御的作用[128]。而地上部分茎叶中分泌道出现早,在茎叶的初生分生组织阶段分泌道就已经形成。这可能是因为茎叶位于地上部分,容易受昆虫及其他动物的侵害,所以茎叶中的分泌道在其生长早期就形成,从而在茎叶发育早期可形成一个防御体系。

2.8.3 两种柴胡孢子发育及胚和胚乳发育特点

1. 大孢子发育特点

柴胡和狭叶柴胡为薄珠心,倒生胚珠。孢原体积较大,直接发育为大孢子母细胞,大孢子母细胞进行减数分裂形成线形的大孢子四分体,蓼型胚囊。Davis[141]指出伞形科植物普遍具有多细胞孢原的现象。袁秋红等[142]发现在伞形科防风属植物防风(Saposhnikovia divaricata)中多细胞孢原可以直接发育为大孢子母细胞,并陆续进入二分体和四分体阶段,但最终只有一个大孢子母细胞继续正常发育。在柴胡和狭叶柴胡大孢子发育过程中发现,大多数情况下仅有一个孢原细胞位于珠心表皮下,并且直接发育为大孢子母细胞；偶尔也发现双四分体，说明这两种植物具有多细胞孢原的现象，但最终只形成一个胚囊。张满朝等[143]报道在伞形科当归属当归(*Angelica sinensis*)的大孢子线型四分体中合点端倒数第2个大孢子发育为功能大孢子。在柴胡四分体中既具有合点端的大孢子为功能大孢子的情况，也有合点端第2个大孢子发育为功能大孢子的情况。在狭叶柴胡中合点端的大孢子存留时间较久，直至单核胚囊分裂形成二核胚囊的过程中方才逐渐退化消失。

此外，到八核胚囊时，两侧和顶端的珠心细胞已经全部消失，而使胚囊直接毗邻内珠被，但珠心基部和两侧的一些细胞留存较久，形成珠心座。这种结构在伞形科当归属当归中也有报道[143]。珠心座位于合点端维管束的末端，并且反足细胞陷于珠心座内，所以推测它的功能可能与胚囊的水分以及营养物质的供应有关。在柴胡和狭叶柴胡的胚珠中，珠被最内层的细胞分化为珠被绒毡层。当顶部及两侧上方的珠心细胞解体后，珠被绒毡层包围着胚囊。其细胞径向延长且扁平，细胞质浓厚，染色较深，细胞核大而显著。Kapil和Tiwari[144]认为珠被绒毡层可能有从周围组织向胚内胚囊内转运营养物质的功能，以保证在受精时维持某种生理状态。

2. 花药壁和小孢子发育特点

柴胡花药壁发育类型为基本型，腺质绒毡层，小孢子母细胞减数分裂为同时型，四分体正四面体型，成熟花粉为3-细胞型。这与Davis总结的伞形科植物的胚胎学特征[141]基本一致。

根据Davis[141]对被子植物花药壁发育类型的划分，柴胡的花药壁发育属于基本型。周缘细胞经2次平周分裂形成4层细胞，其中有些细胞仍能进行一次平周分裂，最后分别发育为纤维状加厚的药室内壁、中层和绒毡层。中层细胞在随后的花药壁发育中逐渐解体，到小孢子母细胞时期，中层细胞几乎消失殆尽。然而，狭叶柴胡花药壁的中层仅由一层细胞构成，因此狭叶柴胡花药壁的发育属于双子叶型。柴胡和狭叶柴胡花药绒毡层细胞在小孢子发育至雄配子体时期分泌出许多小球体，其成分可能是脂类物质。关于小孢子发育过程中绒毡层细胞中球状体的产生，国内外已有报道，但对其来源、功能观点不一。有的认为球状体来源于质体[145,146]，有的认为来源于高尔基体小泡发育形成的圆球体[147]；有的认为球状体与乌氏体的形成有关[148-150]，也有认为球状体中的脂类物质直接参与花粉壁的形成[146,151]。根据笔者的观察，球状体进入小孢子囊后附着在小孢子上，花粉壁随之形成，因此推测球状体参与花粉壁的形成。

3. 胚和胚乳发育特点

柴胡胚的发育过程中，合子的第一次分裂方向为横向，形成顶细胞和基细胞，顶细胞经过分裂形成胚体，而基细胞只进行一次分裂，因此，柴胡的胚柄不发达，且胚柄不参与胚体的形成。狭叶柴胡合子横分裂形成基细胞和顶细胞之后，基细胞连续进行数次横向和纵向分裂，形成胚柄细胞，顶细胞形成的胚体部分被其推向胚乳中，当狭叶柴胡胚发育至心形胚阶段时其胚柄最为发达。笔者认为胚体通过胚柄与子房壁相连，吸收孢子体输送来的营养物质供胚的发育，当狭叶柴胡胚发育至心形胚后期阶段，胚柄细胞逐渐解体退化。王仲礼等[152]发现短柄五加(*Acanthopanax brachypus* Harms)从棒形胚向早期心形胚发育的整个过程中胚柄细胞增多,胚柄逐渐伸长,认为发达的胚柄细胞能够将短柄五加的胚体推向胚囊的中央,浸没在胚乳组织中,为胚体的进一步发育提供更加理想的空间。胡适宜[153]对豇豆以及Marinos[154]对豌豆胚柄研究认为,植物胚体发育的早期阶段,胚柄细胞大量吸收胚珠珠孔端珠心组织中的营养成分输送给胚体,供胚体进一步发育,在胚体发育的后期阶段其营养物质主要来源于胚乳细胞。因此,胚柄在整个胚体的发育过程中起到辅助供养的作用。

柴胡和狭叶柴胡的胚胎发生属于典型的茄型。这与其他伞形科植物基本相同[141]。胚乳的发育属于核型。初生胚乳核的分裂远远早于受精卵的分裂。在胚发育的早期,胚乳处于游离核阶段,并且珠孔端的胚乳核体积较大,有浓厚的细胞质包围,甚至这些浓厚的细胞质包围着胚体,所以这时期胚发育所需的营养除了来自不发达的胚柄从胚珠吸收之外,还有可能来源于其周围浓厚的细胞质。在球形胚时胚乳细胞开始形成,随着胚体的逐渐发育,体积的增大,胚体周围的胚乳细胞不断解体。所以,胚从球形胚开始其营养物质的来源主要是胚乳。在种子成熟时,细胞化的胚乳占种子绝大部分体积,在种子后熟过程中,为胚的进一步发育提供养料。经过组织化学检测发现,柴胡胚乳中储存物为蛋白质和脂类。而且脂类物质是在经苏丹Ⅲ过夜染色后才显色的,说明脂类含量可能较少,而蛋白质居多。

4. 胚的发育对种子萌发的影响

魏建和等[22]研究认为,种子成熟度是影响种子萌发率的重要因素之一。柴胡果实成熟以后,有20%柴胡果实胚处于球形胚时期,胚率为4.01%;有70%柴胡果实胚发育至心形胚时期;鱼雷胚时期仅占10%,胚率为11.08%,柴胡采收期果实胚存在形态后熟现象。狭叶柴胡采收期果实胚处于不同的发育阶段,有26%处于球形胚时期,胚率为4.16%;67%处于心形胚时期,其中有29.6%处于早期心形胚时期,胚率为4.65%,37.4%处于后期心形胚,胚率为8.63%;仅有7%果实处于鱼雷胚时期,胚率为10.49%。研究结果与陈莹等对柴胡研究相比较,狭叶柴胡果实存在更加严重的形态后熟现象。柴胡果实中的胚存在严重的形态后熟现象。这在三岛柴胡中也有报道[155-157]。因此,在狭叶柴胡种子萌发时,胚体必须经过长时间的发育完成其形态后熟才能萌发,所以萌发需要的时间比较长,由于狭叶柴胡比柴胡存在更加严重的形态后熟现象,所以狭叶柴胡种子更难萌发,因狭叶柴胡采收期果实胚处在不同的发育阶段,完成形态后熟也需要不同的时间,导致狭叶柴胡出苗不整齐。

2.8.4 两种柴胡营养器官中主要药用成分的分布规律及其生物学意义

皂苷类成分是高等植物中广泛存在的一类次生代谢产物,具有含量高、生理活性强的特点。而植物次生代谢的一个基本特征就是次生代谢产物在植物体内不是普遍存在的,而是限制在一些特定的器官或组织与细胞中[158]。应用组织化学定位技术是确定药用成分在器官组织中分布和积累的一种有效手段[159]。因此,一些学者应用组织化学手段研究表明,皂苷类化合物在不同植物、不同器官及同一器官的不同发育时期中的分布是存在差异的。人参皂苷在西洋参的根中主要分布在周皮、韧皮部和分泌道中[111];而在人参根中,则存在于韧皮部、木质部导管附近的薄壁组织细胞和木射线细胞中[160];绞股蓝人参皂苷主要分布在营养器官的同化组织及韧皮薄壁组织细胞中,厚角组织、表皮及周皮的栓内层也有少量分布[111,159]。利用类似的组织化学定位方法,对柴胡和狭叶柴胡的营养器官以及不同发育时期的根中的柴胡皂苷进行组织化学定位研究。结果表明,在根中,中柱鞘、维管形成层及次生韧皮部、次生木质部中的薄壁组织为其主要积累部位;在茎中,表皮和皮层为其主要的分布部位,另外在维管束中的维管形成层和韧皮薄壁组织中也有少量积累;在叶中,则主要分布在表皮和叶肉组织中,叶脉中不存在皂苷类成分[114,115,122]。因此,在不同药用植物中,皂苷在植物体内的储存部位存在差异。

黄酮类化合物是两种柴胡中另一种重要的药用成分,具有利胆、抑菌、杀菌等作用[116]。关于黄酮类化合物在植物不同器官中的分布,李刚等[161]曾对苦楝果和叶、银杏外种皮和叶中黄酮类化合物的含量进行测定,总结出两种植物都以叶片中含量最高。我们应用组织化学方法对黄酮类化合物在柴胡和狭叶柴胡营养器官中的积累分布规律进行研究,结果表明,在两种柴胡中,黄酮类化合物主要分布在其地上部分,在根中含量很少,以至于用黄酮显色剂与根切片进行反应,难以显示黄酮类化合物存在的具体位置。而显色剂与茎、叶的切片进行反应的结果表明,黄酮类化合物在茎中主要分布在表皮、棱角处的厚角组织、部分皮层细胞以及髓鞘细胞中;在叶中则主要分布在表皮和厚角组织中[162,163]。上述结果可能与黄酮类化合物的某些理化性质有关。据报道,黄酮类化合物具有驱虫、杀虫的作用,能防御草食动物对植物的吞噬及病原微生物的侵害。同时,黄酮类化合物还是主要的紫外吸收物,可以减少 UV-B 辐射对植物的伤害,并促进紫外吸收物的合成。因此,与地下的根相比较,其地上器官茎、叶中需要更多的黄酮类化合物来增强对自身的保护。在其茎、叶中,黄酮类化合物主要分布在表皮、皮层及厚角组织中,可能也与上述生理作用有关[162,163]。

2.8.5 两种柴胡各器官中主要药用成分含量的变化规律及其应用

1. 柴胡皂苷含量的变化规律及其应用

通过对柴胡和狭叶柴胡不同器官中柴胡总皂苷含量的测定结果表明,柴胡根中柴胡总皂苷的含量远远高于其他器官;狭叶柴胡根中柴胡总皂苷含量也比较高。就营养器官而言,一年生柴胡根中的柴胡总皂苷含量是其茎的 3.9 倍,是叶的 3.3 倍;而狭叶柴胡茎中和叶中的总皂苷含量也仅是根中含量的一半。因此,我国的传统柴胡以根入药是合理的,《中国药典》规定柴胡和狭叶柴胡的药用部位为根是有科学依据的。而一些地区用柴胡地上部分代替根入药或与根混用是错误的,应予以纠正[122]。

柴胡和狭叶柴胡根各部位中柴胡总皂苷及柴胡皂苷 a 的含量不同。含量测定的结果表明,柴胡根的皮部中柴胡总皂苷的含量远远大于木质部中,约为木质部中的 2.9 倍,这与组织化学定位研究结果一致。两种实验方法都表明,在柴胡根中,柴胡皂苷主要积累于皮部中。同时,对柴胡侧根和主根中柴胡总皂苷及柴胡皂苷 a 的含量测定结果表明,直径较大的主根和直径较小的侧根比较,侧根中的柴胡总皂苷含量远远高于主根,主根中柴胡总皂苷的含量仅为侧根中的 32%。而在狭叶柴胡根中,其皮部与木质部中柴胡总皂苷含量也存在差异,其皮部中的柴胡总皂苷含量为 1.275%,木质部中的为 0.792%,皮部中的含量约为木质部中的 1.6 倍,这也与组织化学研究结果相符。组织化学定位研究表明,狭叶柴胡根中的柴胡皂苷不仅存在于皮部,在木质部中靠近维管形成层的木薄壁组织细胞中也有积累。同时,狭叶柴胡主根与侧根中柴胡总皂苷的含量差异较小。其侧根中含量为 4.177%,主根中为 3.047%,主根中的含量约为侧根中的 70.4%。总体来说,在两种柴胡根的不同部位中,柴胡总皂苷及柴胡皂苷 a 的变化规律都是皮部中的含量大于木质部中的含量,侧根中的含量大于主根中的含量,其原因可能与这些部分内薄壁组织数量多相关。因此,其药材质量在内部结构上,可以用皮部与木质部之比作为判断柴胡皂苷含量的组织学标准,而在药材的外观性状上,应以主根细长、侧根多者的质量为佳[112]。

对不同年生的柴胡根中的柴胡总皂苷及柴胡皂苷 a 含量测定结果表明,一年生根中柴胡皂苷的含量高于二年生根。因此,柴胡可以当年采收,因为此时药材中的柴胡皂苷含量高,药材质量好。但从生产实际考虑,一年生根的生物产量较低,经济效益差,而二年生柴胡的生物产量高,柴胡皂苷的总含量高,所以可以从实际出发确定柴胡药材的适宜采挖年限[112]。

不同生长季节的柴胡根中柴胡皂苷含量也存在差异。从开花前期经盛花期、果期、果熟期到枯萎前期的生长发育过程中,其含量的动态变化趋势是从高到低,再升高,再由高到低,呈现一系列波动。之所以会呈现一系列的波动,这与植物的生长发育规律相关。在 5 月以前,柴胡植株正处于营养生长期,地上部分生长旺盛,大量制造和积累同化产物,运向地下根部,因此,此时根中柴胡总皂苷的含量较高。7 月,柴胡进入开花期,要消耗大量养分和水分,因此柴胡总皂苷的积累不多,其含量约为最高值的 50%,为整个生长期的最低水平。7 月以后营养生长变缓,但果实逐渐成熟,生殖生长高峰已过,是柴胡总皂苷积累的最佳时期。11 月以后随着气温下降,柴胡体内的高分子物质开始分解和转化,为越冬做生理准备,这时期柴胡总皂苷含量又开始下降[112]。根据上述生长期内柴胡总皂苷含量的动态变化,可以看出在春季营养期和秋季果熟期的柴胡中的总皂苷含量都比较高,相差不明显,这与潘泽惠等[164]的研究报道相似。但生产上决定一个适合的采收期,不应以某个物候期根中柴胡总皂苷含量最高来确定,应结合根的总生物量、柴胡皂苷得率等综合因素来确定。因此,按有效成分收量(根重×有效成分含量)作为确定采收期的指标,并根据柴胡在生长后期根干重会持续增加的报道[44,165],可认为柴胡的最佳采收期应在秋季果熟期,即 10 月中下旬为柴胡的最佳采收期[112]。

对于不同产地柴胡药材中柴胡皂苷成分的含量,一些学者进行了研究报道。我们对 16 个不同省区的柴胡和 9 个不同省区的狭叶柴胡药材中柴胡总皂苷和柴胡皂苷 a 的含量测定表明,不同产地两种柴胡药材中柴胡皂苷含量差异都较大。从柴胡药材分析,以黑龙江产的柴胡总皂苷含量最高，为2.966%；宁夏产的柴胡皂苷a含量最高，为0.955%；而甘肃产的药材中柴胡总皂苷含量最低，仅为1.3%；柴胡皂苷a含量较低的产地是浙江，为0.069%。此外，在辽宁省的柴胡药材中没有检测到柴胡皂苷a。从狭叶柴胡药材分析，江苏产的柴胡总皂苷含量最高，为4.674%；四川产的柴胡皂苷a含量最高，为1.03%；而辽宁产的药材中柴胡总皂苷含量相对最低，为1.304%；河北产的柴胡皂苷a含量最低，仅为0.069%。通过比较，可以看出同一药材中柴胡总皂苷含量高者，柴胡皂苷a含量不一定高，反之亦然。因此，不能单独用柴胡总皂苷或柴胡皂苷a来评价药材的质量，要两者均高才是质量比较好的药材。另外，通过比较，还可以看出目前市场上流通的柴胡药材中皂苷类成分的含量相差很大。因此，为保证药用柴胡的质量，急需在《中国药典》中规定柴胡药材中皂苷类成分的含量标准。同时，不同产地药材中柴胡皂苷含量的差异与当地的气候、种植环境、采摘时期及栽培方式等多种因素有关，因此，如何控制其质量稳定，探讨影响药材质量变化的基本因素等问题，有待于进行深入的研究。同时，为了保证药材的质量，改变中药制剂疗效不稳定的现状，需从源头抓起，实行药材的GAP管理[123,124]。

2. 黄酮类化合物含量的变化特点及其应用

对两种柴胡中黄酮类化合物的含量进行测定的结果表明，在柴胡和狭叶柴胡各器官中，叶片的黄酮类化合物含量最高，各生殖器官中含量也较高，但根中含量非常低，这与组织化学的研究结果一致。此外，幼嫩果实中黄酮类化合物的含量高于成熟果实，这与黄酮类化合物具有驱虫、杀虫的作用，能防御草食动物对植物的吞噬及病原微生物的侵害的理化性质有关。成熟果实的果皮坚硬，对自身能起到一定的保护作用，而幼嫩果实则需要更多的黄酮类化合物作为化学防御手段来增强对自身的保护。这个结果与杨贵明等[166]提出的"黄酮类化合物在幼嫩部位含量较高"的观点一致。

柴胡和狭叶柴胡茎、叶中黄酮类化合物的含量随植株生长期的变化而有较大波动，表明物候期是影响柴胡茎、叶中黄酮类化合物积累的主要因素之一。从开花前期经盛花期、果期、果熟期到枯萎前期的生长发育过程中，黄酮类化合物的动态变化趋势为从低到高，再降低，再从低到高，呈现一系列的波动。但在整个发育时期中，两种柴胡中黄酮类化合物的含量均在盛花期最高，经过一定的波动，在枯萎前期时又恢复到一个比较高的水平。据报道，黄酮类化合物具有吸引昆虫及参与植物授粉活动等功能[161]，因此，两种柴胡在盛花期茎、叶及花中黄酮类化合物含量都维持一个较高的水平，可能与其传粉昆虫的生物学行为有关。而两种柴胡在枯萎前期的茎、叶中黄酮类化合物含量保持另一个较高水平，则可能由于此时天气逐渐变冷，植物体本身停止生长，次生代谢相对增加，从而导致茎、叶中黄酮类化合物的累积增加[162,163]。黄酮类化合物是一类重要的药用成分，其生理作用广泛：维持血管正常的渗透压，防止血管脆化，对多种炎症、冠心病、心绞痛等均有良好疗效。此外，黄酮类化合物还是一种良好的活性自由基清除剂，具有调整免疫和内分泌作用，并具有抗癌、消炎等多种医疗保健作用[167]。因此，在资源日益紧张的今天，建议在柴胡和狭叶柴胡植株枯萎前采挖其根时，采收地上部分，提取其中的黄酮类化合物作为药用,达到综合开发利用这两种药用植物的目的。

参考文献

[1] 孙星衍辑. 神农本草经[M]. 北京:人民卫生出版社,1963:16.

[2] 国家药典委员会. 中华人民共和国药典(2010年版,一部)[M]. 北京:中国医药科技出版社, 2010:232.

[3] 梁·陶弘景. 名医别录[M]. 尚志钧校辑. 北京:人民卫生出版社,1986:21.

[4] 宋·苏颂. 本草图经[M]. 合肥:安徽科学技术出版社,1994:68.

[5] 潘胜利,顺庆生,柏巧明,等. 中国药用柴胡原色图志[M]. 上海:上海科学技术文献出版社, 2002:9.

[6] 明·缪希雍. 神农本草经疏[M]. 北京:人民卫生出版社,1991:90.

[7] 明·李中立. 本草原始[M]. 明万历年间刻本·卷一:15.

[8] 明·李时珍. 本草纲目[M]. 第二册. 北京:人民卫生出版社,1977:785.

[9] 谢宗万. 中药材品种论述[M]. 2版. 上海:上海科学技术出版社,1991:317-331.

[10] 清·赵学敏. 本草纲目拾遗[M]. 北京:人民卫生出版社,1983:77.

[11] 清·吴其浚. 植物名实图考[M]. 北京:商务印书馆,1957:162.

[12] 清·吴仪洛. 本草丛新[M]. 北京:人民卫生出版社,1990:13.

[13] 中国科学院中国植物志编辑委员会. 中国植物志(第五十五卷,第一分册)[M]. 北京:科学出版社, 1979:215-293.

[14] 舒璞,袁昌齐,佘孟兰,等. 中国柴胡属药用植物的数量分类研究(Ⅰ)[J]. 西北植物学报,1998, 18(2):277-283.

[15] 梁之桃,秦民坚,王峥涛,等. 柴胡属5种植物RAPD分析与分类鉴定[J]. 中草药,2002,33(12): 1117-1119.

[16] 何斜. 银柴胡、北柴胡、南柴胡的鉴别[J]. 海峡药学,2006,18(5):108-109.

[17] 王振宇,李南,李淑莲. 柴胡的真伪鉴别[J]. 中医药学报,2003,31(4):24-25.

[18] 潘胜利,郭济贤,程丹华,等. 柴胡类专题研究[M]. 福州:福建科学技术出版社,1994.

[19] 毕胜,袁美升,刘华瑞,等. 北柴胡和南柴胡的区别[J]. 中国林副特产,2001(3):46.

[20] 莫日根,吴庆如. 内蒙古柴胡属植物花粉形态及其分类[J]. 内蒙古大学学报,1994,25(9): 554-560.

[21] 邓友平,赵力强,张立鸣. 北柴胡与三岛柴胡种子萌发特性研究[J]. 中药材,1996,19(2):55.

[22] 魏建和,李昆同,程惠珍,等. 种子成熟度及种皮对北柴胡和三岛柴胡种子萌发的影响[J]. 中国中 药杂志,2003,28(7):614-617.

[23] 郝建平,徐笑飞,杨东方,等. 北柴胡快速繁殖及种子萌发条件研究[J]. 中草药,2008,39(5):752.

[24] 邓友平,赵力强,张立鸣. 外源激素促进北柴胡和三岛柴胡种子萌发的研究[J]. 中草药,1996, 27(7):427-429.

[25] 彭琳,季良,赛都拉. 柴胡种子发芽特性的研究[J]. 新疆农业科学,2003,40(3):182-183.

[26] 蔡艳丽,顾琳琳. 赤霉素对柴胡种子发芽率的影响[J]. 吉林林业科技,2010,39(3):43.

[27] 陈宏旭,高义富,李戈莲,等.柴胡种子处理及高产栽培技术研究[J].种子,2003(6):96-97.
[28] 雷燕妮.北柴胡种子萌发的生物学特性[J].商洛学院学报,2008,22(2):53-55.
[29] 徐丽霞,杨新根,杨东方,等.北柴胡种子发芽条件研究[J].山西农业科学,2008,36(10):23-24.
[30] 庄云.不同化学药剂对柴胡种子萌发的影响[J].吉林农业科技学院学报,2010,19(4):4-6.
[31] 汪之波,周向军,郝春红.两种化学试剂对黄芩和柴胡种子萌发的影响[J].种子,2009,28(6):54-58.
[32] 王秀琴,郑群,艾沙,等.不同药剂处理对柴胡种子活力的影响[J].种子,2002(2):23-24.
[33] 邓友平,赵力强,张立鸣.沙藏和激素处理对北柴胡和三岛柴胡种子萌发的影响研究[J].中国中药杂志,1996,21(4):208-210,255.
[34] 葛淑俊,孟义江,甄瑞,等.不同处理方法对柴胡种子萌发的影响[J].中国农学通报,2006,22(4):178.
[35] 于晓艳,于辉,任亚超,等.北柴胡和狭叶柴胡的萌发试验研究[J].现代生物医学进展,2009,9(20):3962-3963.
[36] 董汇泽,杨君丽,张生菊.超声波对野生柴胡种子萌发及活力的影响[J].中国种业,2005(12):46-47.
[37] 董汇泽,杨君丽.超声波+赤霉素处理促进柴胡种子萌发[J].中国种业,2007(11):57-58.
[38] 姚入宇,陈兴福,邹元锋,等.北柴胡种子生物学研究进展[J].中国中药杂志,2011,36(17):2429-2432.
[39] 杨成民,曹海禄,魏建和,等.发芽温度及种质对柴胡种子萌发的影响[J].中草药,2007,38(3):426.
[40] 朴锦,邵天玉,吕龙石.不同贮藏法和处理法对长白山区柴胡种子发芽率的影响[J].延边大学农学学报,2007,29(1):27.
[41] 胡继鹰,张正磷,何德刚.柴胡种子处理对发芽及生长的影响[J].中药材,2004,27(8):553.
[42] 丁自勉,张旭.柴胡生物学研究进展[J].中国野生植物资源,2005,24(2):11-13.
[43] 张阳,李敏,柳林,等.柴胡生长发育规律的分析[J].中国林副特产,2010(5):45-46.
[44] 于英,王秀全,包玉晓,等.北柴胡生长发育规律的研究[J].吉林农业大学学报,2003,25(5):523-527,530.
[45] 魏建和,程惠珍,李昆同,等.北柴胡植株生长分析[J].中药材,2003,26(9):617-619.
[46] 宋芸,乔永刚,吴玉香.6种柴胡属植物核型似近系数聚类分析[J].中国中药杂志,2012,37(8):1157-1160.
[47] 姜传明,徐娜,王好友,等.东北柴胡属细胞分类学研究Ⅰ.6种柴胡的核型分析[J].植物研究,1994,14(3):267-272.
[48] 潘泽惠,庄体德,周雪林,等.四种中药柴胡植物的核型分析[J].植物资源与环境,1995,4(4):41-45.
[49] Jiang C M. Cytotaxonomical studies on *Bupleurum* L. in northeast China Ⅰ. karyology analysis of six taxa and their significance of taxonomy[J]. Bulletin of Botanical Research,1994,14(3):267-275.
[50] 张本.柴胡属植物的化学成分和药理作用的研究概况[J].国外药学-植物药分册,1982,3(2):2-9.

[51] 贾琦,张如意.柴胡皂苷研究进展[J].药学学报,1989,24(12):961-971.

[52] 梁鸿,赵玉英,邱海蕴,等.北柴胡中新皂苷的结构鉴定[J].药学学报,1998,33(1):37-41.

[53] Liang H, Bai Y J, Zhao Y Y, et al. The chemical constituents from the roots of *Bupleurum chinense* DC. [J]. Journal of Chinese Pharmaceutical Sciences, 1998, 7(2): 98-99.

[54] 贾冬梅.浅谈柴胡之药理作用[J].黑龙江中医药,2005(6):45-46.

[55] 齐凯琴.柴胡提取物防醉作用的研究[J].天然产物研究与开发,1995,17(3):20-23.

[56] 余传隆,黄泰康,丁志遵.中药辞海(第二卷)[M].北京:中国医药科技出版社,1996:2035-2041.

[57] Zhang T T, Zhou J S, Wang Q. Flavonoids from aerial part of *Bupleurum chinense* DC. [J]. Biochemical Systematics and Ecology, 2007, 35(11): 801-804.

[58] 郑虎占,董泽宏,佘靖.中药现代研究与应用(第四卷)[M].北京:学苑出版社,1998:3686-3688.

[59] 杜景红,左廷兵,李凤兰,等.柴胡属植物研究进展[J].东北农业大学学报,2003,34(3):352-359.

[60] Tan L, Zhao Y Y, Zhang R Y, et al. A new saikosaponin from *Bupleurum scorzonerifolium*[J]. Journal of Chinese Pharmaceutical Sciences, 1996, 5(3): 128-131.

[61] Bai Y J, Zhao Y Y, Tan L, et al. Studies on the chemical constituents from the roots of *Bupleurum scorzonerifolium*[J]. Journal of Chinese Pharmaceutical Sciences, 1999, 8(2): 105-108.

[62] 薛燕,白金叶.柴胡解热成分的比较研究[J].中药药理与临床,2003,19(1):11.

[63] Chang L C, Ni L T, Liu L T, et al. Cytotoxicity and anti-hepatitis B virus activities of saikosaponins from *Bupleurum* species[J]. Planta Medica, 2003, 69(8): 705-709.

[64] 任广来,刘旭海.柴胡功用浅说[J].山东中医杂志,2001,20(5):371-372.

[65] 冯煦,王鸣,赵友谊,等.北柴胡茎叶总黄酮抗流感病毒的作用[J].植物资源与环境学报,2002,11(4):15-18.

[66] 孙世君.柴胡的药理学分析以及临床应用[J].中国医药指南,2010,29(8):210-211.

[67] 廖剑平,陈英.柴胡、利巴韦林加紫金锭治疗流行性腮腺炎疗效观察[J].江西中医药,2002,33(4):44.

[68] 张燕.柴胡、病毒唑注射治疗流行性腮腺炎56例疗效观察[J].天津中医,2000,17(3):45.

[69] 刘萍,杨芳寅,周素文,等.中药柴胡抗内毒素的实验研究[J].中成药,2002,24(8):627-628.

[70] 刘云海,陈永顺,谢委,等.柴胡总皂苷抗内毒素活性研究[J].中药材,2003,26(6):423-425.

[71] 胡继鹰,许湘,潘克英,等.保康北柴胡解热抗炎作用的药效学研究[J].中医药学刊,2005,23(4):631-632.

[72] 金顺姬.柴胡的药理作用及临床应用[J].现代医药卫生,2009,25(7):1074-1075.

[73] 杨柳,王雪莹,刘畅,等.北柴胡化学成分与药理作用的研究进展[J].中医药信息,2012,29(3):143-145.

[74] 周世文,周宇,徐传福.中药抗肝细胞损伤有效成分研究进展[J].中国医学杂志,1995,30(2):67-68.

[75] 李振宇,李振旭,赵润琴,等.北柴胡根及其地上部分解热、保肝药理作用的比较研究[J].中国实用医药,2010,5(12):173-174.

[76] 李素婷,姜凌雪,周晓慧,等.柴胡皂苷d对乙醇损伤原代培养大鼠肝细胞的保护作用及其机制研究[J].时珍国医国药,2008,19(11):2752.

[77] 林明栋,曾熙兰,胡本荣.柴胡分离组分对腺苷酸环化酶的影响(二)[J].中药药理与临床,1991,

7(4): 17-21.

[78] 黄幼异,黄伟,孙蓉.柴胡皂苷对肝脏的药理毒理作用研究进展[J].中国实验方剂学杂志,2011,17(17): 298-301.

[79] 朱兰香,刘世增,顾振纶.柴胡皂苷的药理作用及抗肝纤维化的应用[J].中草药,2002,33(10): 5-6.

[80] 刘晓斌,高燕,刘永仙,等.北柴胡提取组分对小鼠淋巴细胞活性的影响[J].细胞与分子免疫学杂志,2002,18(6): 600-601.

[81] 宋景贵,肖正明,李师鹏,等.柴胡提取物对人肝癌细胞和小鼠S180肉瘤的抑制作用[J].山东中医大学学报,2001,25(4): 299-301.

[82] 夏薇,崔新羽,崔清潭.柴胡皂苷d(SSd)对K562细胞增殖的抑制作用[J].华北大学学报,2002,3(2): 113-115.

[83] 夏薇,崔新羽,陈静波.柴胡皂苷d(SSd)对K562细胞凋亡及基因表达影响的研究[J].中国现代医学杂志,2002,12(10): 21-23.

[84] 步世忠,许金廉,孙继虎,等.柴胡皂苷d上调人急性早幼粒白血病细胞糖皮质激素受体mRNA对细胞生长的影响[J].中国中西医结合杂志,2000,20(5): 350-352.

[85] 刘燕,廖卫平,高玫梅.柴胡萃取成分抗惊厥作用的实验研究[J].新中医,2001,33(9): 76-77.

[86] 孙兵,郝洪谦,郑开俊,等.柴胡皂苷对猫睡眠节律电活动机理的初探[J].天津医科大学学报,2000,6(3): 274-276.

[87] 黄传健,周华玲.柴胡在神经精神科疾病中的运用[J].湖北中医杂志,1999,21(12): 566.

[88] 徐淑梅,郑开俊,何津岩,等.柴胡对癫痫模型电活动的调制[J].中国应用生理学杂志,2002,18(3): 294-296.

[89] 戈宏炎,陈博,许丹,等.柴胡皂苷a对抑郁模型大鼠脑中单胺类神经递质及其代谢产物含量的影响[J].高等学校化学学报,2008,29(8): 1535.

[90] 武佰玲,刘萍.中草药抗抑郁作用的研究进展[J].中国医院用药评价与分析,2011,11(7): 581-585.

[91] 单人骅,李颖.中国柴胡属的种类及其分布[J].植物分类学报,1974,12(3): 261.

[92] 宋诚挚.柴胡的药用植物历史演变[J].中医药信息,2007,24(5): 29-30.

[93] 赵小梅.柴胡规范化栽培技术[J].现代农村科技,2012(10): 18.

[94] 焦万来,于洋.柴胡栽培技术[J].新农业,2011(5): 56.

[95] 代燕青.柴胡无公害栽培技术[J].发展,2011(3): 143.

[96] 付祥来,邢作山.柴胡及其栽培技术[J].中国农技推广,2003(4): 39.

[97] 雷涛.柴胡人工高效栽培技术[J].甘肃农业科技,2000(7): 43.

[98] 黄菊林,周水根.种植柴胡把四关[J].特种经济动植物,2003(11): 31.

[99] 李淑珍,王洪晶,田英林,等.狭叶柴胡的栽培技术[J].中国林副特产,1994(2): 43-44.

[100] 董珍.柴胡高产栽培技术[J].农业科技与信息,2010(19): 39-40.

[101] 叶恩富.柴胡种植技术[J].云南农业,2004(7): 7.

[102] 谭玲玲,蔡霞,胡正海.北柴胡根的发育解剖学研究[J].西北植物学报,2005,25(11): 2198-2203.

[103] 谭玲玲,廖海民,蔡霞,等.北柴胡茎叶的发育解剖学研究[J].西北大学学报(自然科学版),2008,

38(2):249-252.

[104] 郑丽,蔡霞,胡正海.狭叶柴胡根的发育解剖学研究[J].植物研究,2009,29(6):659-664.

[105] 陈莹,蔡霞,胡正海,等.北柴胡大小孢子发生和雌雄配子体发育的研究[J].西北植物学报,2007,27(6):1134-1140.

[106] 陈莹,蔡霞,胡正海,等.北柴胡胚和胚乳的发育及对其种子萌发的影响[J].植物研究,2008,28(1):14-19.

[107] 豆强红,蔡霞.狭叶柴胡大小孢子发生和雌雄配子体发育的研究[J].广西植物,2010,30(1):45-50.

[108] 司静静,豆强红,蔡霞.狭叶柴胡胚及胚乳发育的研究[J].西北植物学报,2012,32(11):2211-2214.

[109] 姚新生.天然药物化学[M].3版.北京:人民卫生出版社,2001.

[110] 苏红文,胡正海.不同年生西洋参根的解剖结构和组织化学研究[J].石河子农学院学报,1995,13(3):1-8.

[111] 林如,曹玉芳,胡正海.绞股蓝营养器官的结构与人参皂苷的组织化学定位研究[J].西北植物学报,2002,22(4):796-800.

[112] Ling-ling Tan, Xia Cai, Zheng-hai Hu, et al. Localization and dynamic change of saikosaponin in root of *Bupleurum chinense*[J]. Journal of Integrative Plant Biology,2008,50(8):951-957.

[113] 高锦明.植物化学[M].北京:科学出版社,2003:168.

[114] Rainer Schmitz Hoerner, Gottfried Weissenböck. Contribution of phenolic compounds to the UV-B screening capacity of developing barley primary leaves in relation to DNA damage and repair under elevated UV-B levels[J]. Phytochemistry, 2003,64:243-255.

[115] 谭玲玲,蔡霞,胡正海.北柴胡和狭叶柴胡营养器官结构及其化学成分比较研究[J].中草药,2010,41(8):1380-1383.

[116] 韩强,李映丽,吕居娴,等.四种柴胡地上部分黄酮成分比较[J].西北药学杂志,1996,11(4):154-155.

[117] 魏循,王仲英.马齿苋总黄酮含量的测定[J].光谱实验室,2003,20(1):128-129.

[118] 章程辉,王秀兰.罗望子黄酮类化合物提取工艺研究[J].广西热带农业,2008(3):52-54.

[119] 杨晓凤,韩梅,胡莉.分光光度法测定老鹰茶中黄酮类化合物[J].西南农业学报,2011,24(3):1234-1235.

[120] 罗思齐,金慧芳.我国西南地区六种药用柴胡属植物地上部分的化学成分研究[J].中国中药杂志,1991,16(6):353-356.

[121] 梅赞,杨杰,范慧佳,等.4种柴胡地上部分黄酮类成分的含量测定[J].中国新药杂志,2011,20(10):932-935.

[122] 谭玲玲,胡正海,蔡霞,等.柴胡药用成分的组织化学定位及其含量比较[J].分子细胞生物学报,2007,40(4):214-222.

[123] 谭玲玲,蔡霞,胡正海.不同产地北柴胡中柴胡皂苷的测定[J].中草药,2009,40(12):1993-1995.

[124] 谭玲玲,蔡霞,胡正海.不同产地狭叶柴胡中柴胡皂苷含量的测定[J].时珍国医国药,2010,21(10):2431-2432.

[125] 伊稍 K 著.种子植物解剖学[M].李正理译.上海:上海科学技术出版社,1982:161-166.

[126] Metcalfe R,Chalk L. Anatomy of the dicotyledons(Vol. Ⅰ)[M]. Oxford:Clarendon Press, 1957:712-724.

[127] 李广民,钱丽霞.西北产 6 种药用柴胡营养器官的比较解剖学研究[J].武汉植物学研究,1990, 11(4):396-398.

[128] 陆时万,徐祥生,审敏健编.植物学(上册)[M].2 版.北京:高等教育出版社,1991.

[129] 牟颖,刘启新.鸭儿芹不同器官分泌道结构及分布的比较解剖研究[J].植物资源与环境学报, 2009,18(2):1-8.

[130] 辛华,丁雨龙.珊瑚菜植株分泌道发育和分布的解剖学观察[J].植物资源与环境学报,2008, 17(2):66-70.

[131] 施国新,徐祥生,陈维培.慈姑匍匐茎中分泌道的初步研究[J].西北植物学报,1988,8(2): 92-98.

[132] 石旭,王玉良,李牡丹,等.八角金盘茎叶的初生结构及分泌道的发育特征[J].贵州农业科学, 2009,37(9):43-45.

[133] 马淑英,胡正海.青麸杨分泌道的解剖学研究[J].西北植物学报,1997,17(5):88-93.

[134] 马淑英,胡正海.火炬树分泌道的发育解剖学研究[J].西北植物学报,1997,17(5):112-117.

[135] 傅淑颖,魏朔南,胡正海.漆树各器官中乳汁道的分布与结构特征研究[J].西北植物学报,2007, 27(4):651-656.

[136] 马淑英,胡正海.西北地区漆树科四属植物分泌道的解剖学研究[J].西北植物学报,1992,12(3): 180-187.

[137] 史宏勇,周亚福,郭建胜,等.臭椿茎中分泌道的发育及其组织化学研究[J].西北植物学报,2011, 31(7):1291-1296.

[138] 刘惠纯,景汝勤,胡正海.白芷叶中分泌道显微和超微结构的研究[J].新疆大学学报(自然科学版),1992,9(2):86-92.

[139] 谭玲玲,蔡霞,胡正海.狭叶柴胡各器官结构与其分泌道的分布规律[J].广西植物,2011,31(1): 20-24.

[140] 周亚福,蔡霞,胡正海.北柴胡分泌道的发育及组织化学研究[J].武汉植物学研究,2008,26(4): 329-336.

[141] Davis G L. Systematic embryology of the angiosperm[M]. New York,London,Sydney:Wiley, 1966:267-268.

[142] 袁秋红,申家恒.防风大、小孢子发生与雌、雄配子体发育[J].西北植物学报,2005,25(6): 1065-1071.

[143] 张满朝,王耀芝,丁慧宾.当归的胚胎学研究[J].兰州大学学报(自然科学版),1991,27(2): 193-195.

[144] Kapii R N,Tiwari S C. Plant embryological investigation and fluorescence microscopy:An assessment of integration[J]. International Review of Cytology — A Survey of Cell Biology,1978, 53:291-331.

[145] 戴大临,郭建民,梁昌恒,等.润楠雄配子体发育的超微结构研究Ⅳ——绒毡层的变化[J].西南师范大学学报(自然科学版),1990,15(1):84-92.

[146] 胡适宜,徐丽云,马纯燕.春兰花药壁及其绒毡层特性[J].植物学报,1992,34(8):581-587.

[147] 徐奇元,韩翠芳,杨经略.糜子绒毡层及雄配子体的超微结构[J].内蒙古农牧学院学报,1994,15(2):51-55.

[148] 梁秀银,张仪,刘淑君,等.芝麻花药绒毡层发育的超微结构的研究[J].农业生物技术学报,1994,2(2):54-60.

[149] Echlin P, Godwin H. The ultrastructure and ontogeny of pollen in *Helleborus foetidus* L. Ⅰ. The development of the taptum and ubich bodies[J]. Journal of Cell Science, 1968,3:161-174.

[150] Rowley J R. Ubisch body development in *Poa annua*[J]. Grana Palynologica,1963,4:25-36.

[151] Piffanelli P, Ross J H E, Murphy D J. Biogenesis and function of the lipidic structures of pollen grain[J]. Sex Plant Reprod,1998,11:65-80.

[152] 王仲礼,刘林德,田国伟,等.短柄五加胚和胚乳发育的研究[J].植物研究,1999,19(1):40-47.

[153] 胡适宜.豇豆胚胎发育早期的胚柄及胚乳中的传递细胞[J].植物学报,1983,25:1-7.

[154] Marinos N G. Embryogenesis of the pea (*Pisum sativum*) Ⅰ: An unusual type of plastid in the suspensor cell [J]. Protoplasma,1970,71:227-233.

[155] 王秀丽,王义,王秀全,等.三岛柴胡种子生物学特性研究[J].吉林农业大学学报,1997,19(2):54-57.

[156] Toyohiko Kawatani, Yoshizo Kareki, Yoshie Momonoki. Studies on the germination of seeds of *Bupleurum falcatum* L. I. Influence of the time elapse after seed harvest and Light conditions on the germination[J]. Proc Crop Sci Japan,1976,45(2):243-246.

[157] Yoshie Momonoki, Tadao Hasegawa, Yasuo OTA, et al. Studies on the germination of seeds of *Bupleurum falcatum* L. 2-21. The germination inhibitors of *Bupleurum falcatum* seeds[J]. Proc Crop Sci Japan,1978,47(1):25-28.

[158] 张泓.植物培养细胞的形态分化与次生代谢产物的生产[J].植物学通报,1994,11(1):12-19.

[159] 刘世彪,林如,胡正海.绞股蓝人参皂贰的组织化学定位及其含量的变化[J].实验生物学报,2005,38(2):54-60.

[160] 郑友兰,李向高.吉林人参与西洋参生药学和组织化学的比较研究[J].吉林农业大学学报,1986,8(4):30-35.

[161] 李刚,岳仁芳.苦楝和银杏中总黄酮含量测定及比较[J].广西农业科学,2004,35(6):448.

[162] 谭玲玲,蔡霞,胡正海.北柴胡各器官中黄酮类化合物动态变化研究[J].中草药,2008,39(2):286-287.

[163] 谭玲玲,蔡霞,胡正海.狭叶柴胡中黄酮类化合物含量及其动态变化研究[J].南方农业学报,2012,43(2):223-226.

[164] 潘泽惠,庄体德,周雪林,等.中药柴胡不同采收期的皂贰含量[J].植物资源与环境学报,1997,6(1):60-61.

[165] 杨成民,魏建和,程惠珍,等.柴胡皂苷含量动态变化[J].中药材,2006,29(4):316-318.

[166] 杨贵明,薛秋生,甄占萱.不同生长时期桑叶中黄酮类物质的含量差异研究[J].时珍国医国药,2006,17(1):50-51.

[167] 李文芳,黄美娥,唐纯翼,等.甘薯地上部分黄酮类化合物含量变化[J].天然产物研究与开发,2006,18(2):304-307.

第3章 牛 膝

牛膝(*Achyranthes bidentata* Blume)为苋科(Amaranthaceae)牛膝属(*Achyrarthes*)多年生草本植物,以干燥根入药,是我国重要的大宗中药材之一。自明代以后,其主要产区集中于河南古怀庆府地区(今河南省焦作市境内),并将产于古怀庆府的牛膝称为怀牛膝,是我国著名的四大怀药之一[1]。牛膝的主要药用成分是三萜皂苷、蜕皮甾酮及牛膝多糖。本章系统介绍了牛膝各器官的形态结构和发育规律、三萜皂苷在牛膝营养器官中的组织化学定位、不同季节播种的牛膝生长发育过程中三萜皂苷积累动态和变化规律、正常时节播种的牛膝生长发育过程中蜕皮甾酮的积累动态和变化规律,并对不同产地牛膝根的形态和主要药用成分三萜皂苷、蜕皮甾酮、牛膝多糖的含量、药材和土壤中无机元素的含量以及产地的气候和栽培土壤的理化状况等进行比较和相关性分析,在此基础上探讨牛膝道地性形成的可能机制。

§3.1 牛膝的研究概况
3.1.1 原植物及本草考证

牛膝为苋科牛膝属多年生草本植物,牛膝属植物在全世界约有15种,分布于两半球热带及亚热带。我国产5种,除东北与内蒙古外,该属植物广布全国,其中怀牛膝习称道地药材,为传统的栽培药用植物。该属中除牛膝外,民间作为药用的同属植物还有土牛膝(*A. aspera* L.)、钝叶土牛膝(*A. aspera* L. var. *indica* L.)、柳叶牛膝[*A. longifolia* (Makino) Makino]、红柳叶牛膝[*A. longifolia* (Makino) Makino f. *rubra* Ho]等[2]。牛膝株高70~120 cm,根细长,圆柱形,直径5~10 mm,土黄色;茎直立,四棱形,绿色或带紫色,有白色贴生或开展的柔毛,或近无毛,分枝对生,茎节略膨大;单叶对生,叶柄长5~30 mm;叶片椭圆形或卵圆状披针形,长5~12 cm,宽2~6 cm,先端渐尖,基部楔形或广楔形,全缘,两面被柔毛;穗状花序顶生及腋生,长可达10 cm;花期后花向下反折贴近总花梗;总花梗长1~2 cm,有白色柔毛;花多数,密生,长5 mm;苞片1枚,长2~3 mm,宽卵形,干膜质,顶端长渐尖;小苞片2枚,刺状,长2.5~3 mm,顶端弯曲,基部两侧各有1枚卵形膜质小裂片,长约1 mm;花被片披针形,5枚,长3~5 mm,光亮,无毛,顶端急尖,有1条中脉;雄蕊5枚,长2~2.5 mm,花丝基部1/5或2/5处与子房合生;退化雄蕊顶端齿形或浅波状;雌蕊1枚,子房长椭圆形,长2~3.5 mm,子房上位,1室,倒生胚珠1

枚;胞果长圆形,果皮薄,包于宿萼内。花期8~9月,果期9~10月[3,4]。

牛膝类药材常用品种有两种,即苋科牛膝属的牛膝(Achyranthes bidentata Blume)和杯苋属的川牛膝(Cyathula officinalis Kuan)。《中国药典》也将牛膝类药材分为牛膝和川牛膝两种。《神农本草经》中并没有牛膝和川牛膝之分,至明清之后始将两者分别记载。川牛膝分布于四川、云南、贵州等省,以主产四川而得名,为晚近发展的中药新品种。虽然牛膝和川牛膝皆有活血通经的作用,但牛膝长于补肝肾、强筋骨,川牛膝则长于活血祛瘀通利,故在临床用药时须加以区别。牛膝始载于《神农本草经》,列为上品,又名百倍,其后历代本草均有收载。陶弘景[5]曰:"牛膝,今出近道,蔡州者最良。大柔润,其茎有节似牛膝,故以为名也。乃云有雌雄,雄者茎紫色而节大者为胜尔。"即药名相形之义,并认为牛膝有雌雄两种。

对牛膝植物形态描述最早的为《本草图经》[6]:"牛膝,今江淮、闽粤、关中亦有之,然不及怀州者为真。春生苗,茎高二、三尺,青紫色,有节如鹤膝,又如牛膝状,以此名之。叶尖圆如匙,两两相对,于节上生花作穗,秋结实甚细。此有二种,茎紫节大者为雄,青细者为雌。二月、八月、十月采根,阴干。根长大而柔润者佳。叶亦可单用。"并有单州牛膝、怀州牛膝、归州牛膝、滁州牛膝四幅图。单州为今山东单县,滁州即今安徽滁县,归州即今湖北宜昌[7]。除归州牛膝附图不精确外,其余三幅图的茎直立,叶对生,呈椭圆形、卵圆形或披针形,穗状花序,这些都与牛膝属牛膝植物特征相符,也与苏颂描述的形态一致。从其植物形态描述以及附图分析,怀州牛膝根直、侧根少,与现今的怀牛膝完全吻合;滁州牛膝枝叶繁茂,根分枝多,与当今各地野生的土牛膝(A. bidentata)类似;单州牛膝叶披针形,与今之柳叶牛膝(红牛膝)(A. longifolia)相似。历来本草描述的牛膝有雌雄之分,即指两株形态不尽相同的植物,其最佳品是茎紫色或红色,节明显膨大者。

怀牛膝之名首见于明代方贤所著《奇效良方》,因主产怀庆府而得名[8]。对怀牛膝的产地历代本草记载比较清晰,汉代《吴普本草》[9]记载"牛膝生河内";《唐代千金翼方》[10]记载"怀州出牛膝",《日华子诸家本草》也有"怀州者长白,近道苏州者色紫"之说;明代《本草品汇精要》[11]言"怀州者为佳";《本草蒙筌》[12]云"地产尚怀庆";《本草纲目》[13]则更进一步指出:"牛膝处处有之,谓之土牛膝,不堪服,惟北土及川中人家栽莳者为良。"从而把牛膝的栽培品(怀牛膝)与野生品(土牛膝)区别开来。寇宗奭[14]在其《本草衍义》中记载牛膝:"今西京作畦种,有长三尺者最佳。""西京"即今河南洛阳,说明早在宋代怀牛膝已经在河南北部地区引种栽培,沿用至今。

分析以上地名,河内,汉代所置郡名,隋代改为河内县,其后历代相同,清代为怀庆府治,1913年裁府留县,更名沁阳。怀州,北魏所置州名,金代改为南怀州,后又更名为怀孟路,明代改为怀庆府,即今沁阳。怀庆,春秋时属晋南阳地,战国时属魏,元代改为怀庆路,明清改府,1913年更名为沁阳县。由此可知,上述本草专著中提及的河内、怀州及怀庆,均指河南省沁阳,考虑行政区域的变更,上述地名大抵指太行山脉与黄河夹角地带,涉及当今河南省的沁阳、焦作、武陟、修武、博爱等市县[15]。这一地域北靠太行山,南临黄河,两合土壤,土层深厚,疏松肥沃,雨量适中,气候温和,其得天独厚的生长环境,使所产牛膝身条通顺、粗壮、皮色黄鲜、肉质肥厚,质量好,产量高,久负盛名而享誉中外,成为优质道地药材。

历代本草所载牛膝多指怀牛膝,且自唐代以来,大都以怀产者为佳,其道地地位至少在唐宋已经确立[16],虽然山东、江苏、福建、四川等地也有分布,但均不及河南质优,从《名医别录》《本草图经》《证类本草》《本草纲目》等对牛膝原植物的描述,证明怀牛膝确是历代本草沿用的牛膝,为传统药用牛膝的正品。现今,怀牛膝仍作为久负盛名的优质道地药材使用,以补肝肾、强筋骨、逐瘀通经、引血下行之效广泛运用于临床。

3.1.2 生物学特性

1. 牛膝的形态解剖学研究

(1) 营养器官的形态和结构　牛膝以根入药,它的形态发育及结构特征对药材鉴别和产量有直接影响,因此成为解剖结构研究的主要对象。《中国药典》[17]中较详细地描述了牛膝的药材性状及结构特征:呈细长圆柱形,挺直或稍弯曲,长 15～70 cm,直径 0.4～1 cm。表面灰黄色或淡棕色,有微扭曲的细纵皱纹、排列稀疏的侧根痕和横长皮孔样的突起。质硬脆,易折断,受潮后变软,断面平坦,淡棕色,略呈角质样而油润,中央维管束木质部较大,黄白色,其外周散有多数黄白色点状异常维管束,断续排列成 2～4 轮。横切面观,木栓层为数列扁平细胞,切向延伸。栓内层较窄。外韧型维管束断续排列成 2～4 轮,最外轮的维管束较小,有的仅 1 至数个导管,束间形成层几连接成环,向内维管束较大;木质部主要由导管及小的木纤维组成,根中心木质部集成 2～3 群。薄壁组织细胞含草酸钙砂晶。《中华本草》[4]中绘有牛膝横切面简图(图 3-1)。

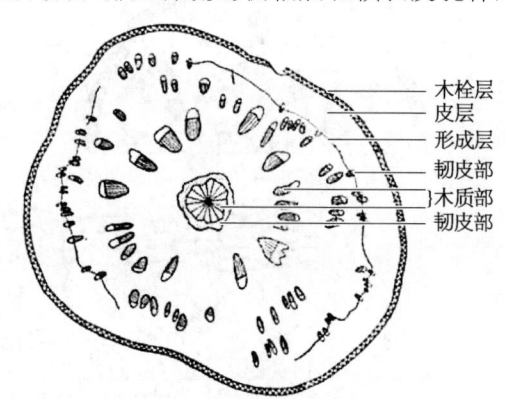

图 3-1　牛膝根横切面简图
(引自《中华本草》)

在《常用中药材品种整理和质量研究》(第 1 册)[2]中对牛膝类药材的组织构造进行了比较,并绘图比较了牛膝类药材根横切面的异同(图 3-2)。

牛膝类药材组织构造检索表

1. 三生维管束排列成 2～5 轮环。
  2. 内、外轮维管束均呈径向延长;维管束较小。
    3. 木栓层细胞仅数列;砂晶多,方棱晶少 ·················· 1. 牛膝
    3. 木栓层细胞 10 列以上;砂晶及方棱晶均少 ·········· 4. 野牛膝
  2. 内轮维管束呈径向延长,外轮不规则;维管束大型。
    4. 导管直径 21～85 μm;砂晶及方棱晶均少 ··········· 5. 钝叶土牛膝
    4. 导管直径 25～635 μm;砂晶少,方棱晶多 ··········· 6. 红柳叶牛膝
1. 三生维管束排列成 4～9(11)轮环。
    5. 方晶及柱晶长达 76 μm 左右 ························· 2. 川牛膝
    5. 方晶及柱晶长在 50 μm 以内 ························· 3. 头花杯苋

第3章 牛　膝

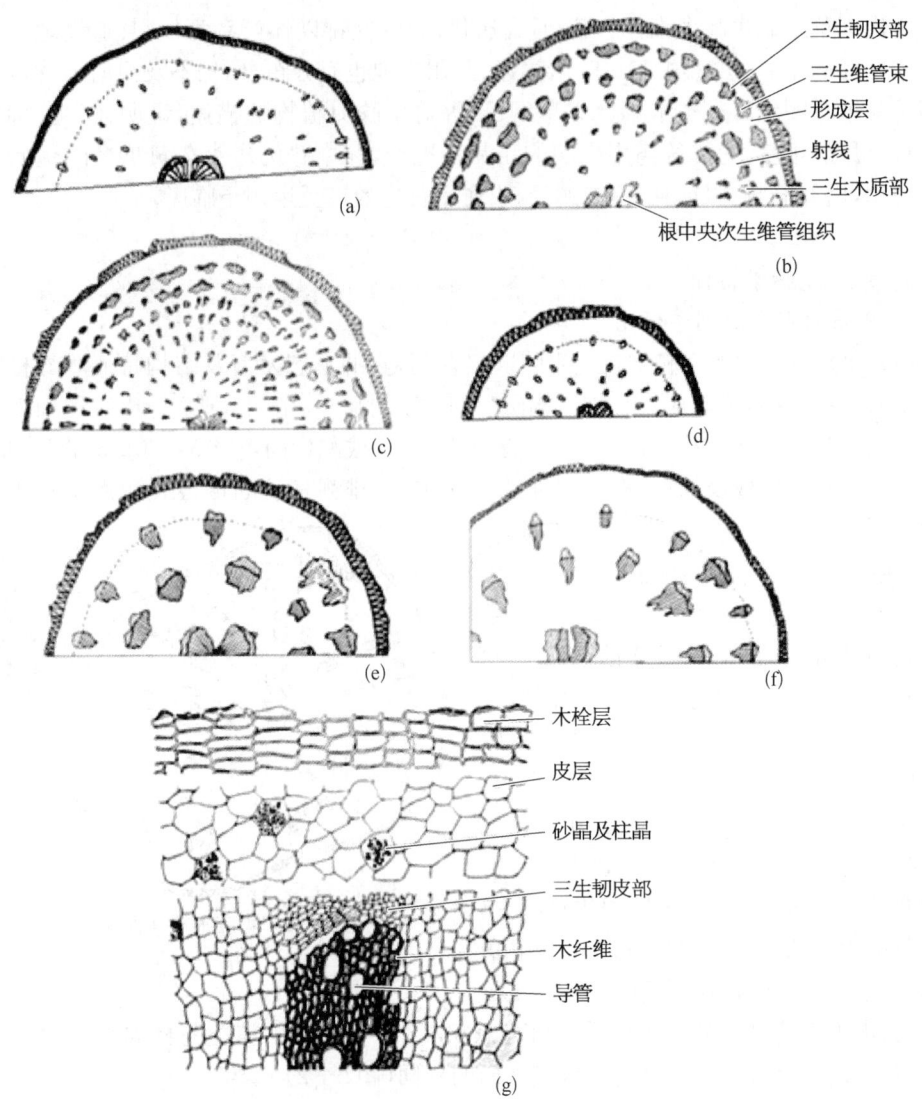

图 3-2　牛膝类根横切面简图（引自《常用中药材品种整理和质量研究》）

(a) 牛膝；(b) 川牛膝；(c) 头花杯苋；(d) 野牛膝；(e) 钝叶土牛膝；(f) 红柳叶牛膝；(g) 川牛膝根组织图

张泓[18,19]、卫云等[20]对牛膝根中三生结构（异常次生结构）的解剖学及变化规律进行了研究，发现牛膝根初生结构和次生结构类似于一般的草本双子叶植物根，原生分生组织分化为表皮原、皮层原、中柱原，三者进一步分化为表皮、皮层、中柱，构成初生构造。初生木质部多为二原型，偶见三原型。正常的次生结构由周皮和次生维管组织组成。周皮发生之前，中柱鞘细胞发生平周和垂周分裂，形成 2~3 层近方形的细胞，木栓形成层在最外层中发生，周皮以内仅有几层保留下来的中柱鞘细胞，中央为维管柱。由于原生木质部放射棱顶端的维管形成层只形成射线细胞，从而次生维管组织被 2 条宽大射线分隔成 2 个扇面形，分别排列在初生木质部两侧。次生木质部由导管、纤维和少量薄壁组织细胞组成。次生韧皮部由筛管、伴胞和韧皮薄壁组织细胞组成。额外形成层由次生韧皮部外侧的薄壁组织细胞及次生射线外方的薄壁组织细胞进行反分化,经不定向细胞分裂产生的细胞形成。纵切面观,额外形成层细胞呈纺锤状,叠生排列。以后额外形成层向内向外分裂产生一厚层基本组织,随后其中的一些细胞开始分化,向外产生三生韧皮部,向内产生三生木质部,形成外韧型的三生维管束(异常维管束)。三生木质部常由多个导管、少量木纤维、木薄壁组织细胞组成;三生韧皮部由筛管、伴胞和韧皮薄壁组织细胞组成。三生维管束之间的额外形成层向内外两侧产生薄壁组织细胞,形成三生维管束之间的径向薄壁结合组织,从而形成第一圈三生维管束。随后,第一圈三生维管束外侧由第一圈额外形成层最先衍生的基本组织细胞产生第二圈额外形成层,然后以同样的方式产生第二圈三生维管束及其间的径向薄壁结合组织。额外形成层的发生和活动可重复多次以离心方式分化形成第三圈、第四圈三生维管束。一年生牛膝根的上部三生维管束最多可达4圈,属整齐的同心环状类型[21],其间由薄壁结合组织细胞将三生维管束隔开。牛膝根中三生维管束的圈数随个体生长发育而增加,但有相对稳定期,即在一定生长期内其圈数保持不变。在同一生长期同一根中,越靠近根上部,三生维管束的圈数越多,越靠近根下部,圈数越少;外圈三生维管束的数目多于其相邻内圈;从根径向纵切面上可看到三生维管束上下、内外相连。牛膝根中三生结构的发生和分化使根加粗,其加粗主要依靠三生结构中各种组织的产生,特别是薄壁结合组织细胞数目的增多及体积的增大。从生药学角度看,根薄壁组织细胞中草酸钙结晶的形态和分布、纤维和导管及薄壁组织细胞的形态特征等在药材鉴别中也具有重要意义。

(2) 生殖器官的形态和结构　牛膝为穗状花序,顶生及腋生,长3～5 cm,花绿色,始花密而多,随花序轴伸长而变稀疏,花期后反折,总花梗长1～2 cm,花梗及花序轴密生白色柔毛;花长5 mm,具1枚苞片,长2～3 mm,宽卵形,干膜质,顶端长渐尖;小苞片2枚,刺状,长2.5～3 mm,顶端弯曲,基部两侧各有1片卵形膜质小裂片,长约1 mm;花被片披针形,5枚,长3～5 mm,光亮,无毛,顶端急尖,有1条中脉;雄蕊5枚,长2～2.5 mm,基部合生,黄褐色,光滑,退化雄蕊顶端齿形或浅波状;子房上位,柱头单一[3,4];果实为胞果,包被在宿存的花被内,椭圆形或矩圆形,长2.5～3 mm。顶端残留单一的花柱,基部可见果柄痕。果皮薄膜状,深褐黑色,有黑色纵纹数条。种子单一,悬生于胞果顶端的一侧,呈椭圆形,两端稍平截,长约2.5 mm,宽约1.5 mm,表面褐色,常有残留的果皮包被。其顶端一侧具有1枚不甚明显的瓣状物,此为胚根鼓起所致,种脐即在其旁的小凹陷中。胚弯曲,略呈螺旋状,紧紧包围椭圆形的胚乳。子叶的顶端位于胚根内侧,弯卷于胚乳中,两片子叶扁形,较胚根长[22]。

2. 组织培养和毛状根培养的研究

组织培养的目的在于改造品质和某些重要有效成分的规模化生产。牛膝不同外植体的愈伤组织诱导和芽分化与培养基、植物激素的种类及质量浓度有直接关系。董诚明等[23]以牛膝茎、叶作为外植体,MS培养基为基础,附加不同浓度的2,4-D、6-BA激素,结果在12种组合的培养基中,诱导牛膝茎、叶愈伤组织的最佳培养基为MS+1.5 mg/L

2,4-D+0.5 mg/L 6-BA,在这一培养基上开始形成愈伤组织所需时间最短,诱导率最高,愈伤指数和愈伤组织生长量也最大,而且茎、叶作为外植体都能诱导愈伤组织。诱导愈伤组织分化芽的最佳培养基为 MS+0.5 mg/L 2,4-D+0.5 mg/L 6-BA。而李明军等[24]对怀牛膝叶片和茎段愈伤组织的诱导及分化研究表明,MS+0.5 mg/L KT+1.5 mg/L 2,4-D 对叶片愈伤组织的诱导效果最好,出愈率达 100%;MS+0.5 mg/L KT+1.5 mg/L NAA 对茎段愈伤组织的诱导效果最好,出愈率均达 100%;MS+0.5 mg/L KT+1.5 mg/L NAA 有利于叶片形成的愈伤组织分化为根,MS+0.5 mg/L 6-BA+1.5 mg/L NAA 则有利于茎段形成的愈伤组织分化为芽。以牛膝子叶为外植体,在 MS+1.5 mg/L 2,4-D+0.5 mg/L 6-BA 培养基上愈伤组织诱导效率最高,愈伤组织指数最大,形成愈伤组织时间最短,齐墩果酸含量最高,是原药材含量的 2.85 倍[25]。Wesely Edward Gnanaraj 等[26]报道,用牛膝的幼茎作外植体进行快繁研究,结果在 MS+3.0 mg/L 6-BA 培养基上,94.7%的外植体可产生不定芽,而 MS+5.0 mg/L 6-BA 产生的不定芽数目最多,MS+3.0 mg/L KT 诱导得到的不定芽最长,1/2MS+1.0 mg/L IBA 获得的不定根和不定芽的数量最多,不定根的平均长度也最大。

毛状根培养技术是将发根农杆菌(*Agrobacterium rhizogenes*)含有 Ri 质粒中的 tDNA 片段整合到植物细胞的 DNA 上,从而诱导出毛状根。近年来,应用 Ri 质粒转化植物,特别是药用植物的应用研究越来越受到重视。这种转化的发状根不仅生长快,而且药用有效成分往往含量高[27]。郭凤蕊等[28]利用发根农杆菌转化牛膝的子叶和下胚轴,诱导出了抗卡那霉素的发状根。将诱导的发状根进行固体平板培养和液体悬浮培养,在附加外源激素 0.1 mg/L BA 和 0.1 mg/L NAA 时,能促进发状根的成活、侧根的形成以及提高增殖倍数。毕博等[29]报道,利用发根农杆菌-1025 转化牛膝的叶片,并在培养基中添加 50 μmol/L 乙酰丁香酮可以明显提高牛膝发根的转化效率,诱导率可达 90%。

3. 分子生物学及分子标记技术应用

20 世纪 90 年代以来国内外学者采用 rDNA ITS 序列分析、RAPD、RFLP 和 rbcL (ribulose-1,5-biphosphate arboxylase/oxygen subunit gene)序列分析等技术广泛应用于动植物遗传育种、基因诊断、居群遗传学、生物系统与进化研究。王源园等[30]对不同产地、不同栽培品种的牛膝属植物及川牛膝的 rDNA ITS 序列分析表明,牛膝与川牛膝及土牛膝碱基序列有明显差异,但同种内不同产地、不同栽培品种间的碱基序列无差异。因此,该方法可用于牛膝种间及真伪品鉴定,但尚不能用于鉴别道地药材。

王淑美等[31]采用 RAPD 技术对 4 种 10 个牛膝类样品进行的遗传关系研究表明,川牛膝和牛膝属的遗传距离较大,而牛膝属 8 个样品中,土牛膝与其他样品存在明显的遗传距离,韩国牛膝(*A. bidentata japonic*)与牛膝(野生或栽培)没有明显的遗传分化。在《中国植物志》中,*A. bidentata japonic* 被处理为牛膝的变种 *A. bidentata* var. *japonic*。

4. 多倍体育种研究

牛膝栽培品种引种时,由于土壤、气候等环境条件的差异,常导致生长发育不良,致使药材的品质和产量逐年下降。据报道,利用人工处理诱导产生多倍体育种法可提高牛膝类药材的质量。牛膝的染色体为 $2n=42$,吕世民等[32]采用秋水仙素诱导牛膝多倍体的育种方法,经过连续七代定向培育,选育出的四倍体变异株($4n=84$),其蜕皮激素含量较原二倍体高 10 倍以上。姚乾元等[33]从牛膝四倍体和单倍体中分离蜕皮激素,结果表明,从四倍体中分离的蜕皮激素较原二倍体高 14 倍以上,从单倍体中分离的蜕皮激素则与原二倍体接近。

5. 指纹图谱的研究

中药指纹图谱是指某种或某产地中药材经适当的处理后,采用一定的分析手段,得到能够标示该中药材或中成药特性的某类或数类成分的色谱或光谱的图谱。指纹图谱的作用主要是反应复杂成分的中药及其制剂内在质量的均一性和稳定性。目前,《中国药典》对牛膝和川牛膝的质量控制仅限于显微鉴别和齐墩果酸的薄层鉴别,不能系统、完整地反映药材的内在质量。郑晓珂等[34]采用高效液相色谱法,选用 Shim-pack VP-ODS 色谱柱,构建牛膝指纹图谱,在 280 nm 处,45 min 内标示了 13 个共有峰。而王源园等[30]采用 HPLC/UV/MS 法,选用 Agilent zorbax SB-C_{18}柱,构建牛膝药材的指纹图,得到了药材的 HPLC/UV 指纹图谱,标示了 4 个共有峰,并借助 HPLC/MS 技术对其主要色谱峰进行了初步归属,为控制牛膝药材质量提供了依据。但作为一个能够实际应用于中药质量评价的判断标准,现阶段的指纹图谱在理论和实践上都仍需要继续研究。

3.1.3 化学成分

对牛膝类药材的全面研究始于 20 世纪 60 年代,发现具有多种化学成分及药理作用。牛膝根内含有皂苷类、甾酮类、多糖类、甜菜碱和多种微量元素等多种药用成分,其中以齐墩果酸型三萜皂苷、蜕皮甾酮和多糖类为其主要活性成分[35]。

1. 皂苷类

牛膝中含有多种皂苷类成分,具有多种生物活性,据报道从牛膝分离鉴定的皂苷均为以齐墩果酸为苷元的三萜皂苷。三萜皂苷经水解后生成齐墩果酸(oleanolic acid)、葡糖醛酸等。齐墩果酸是生药怀牛膝的主要有效成分之一,属五环三萜类化合物,具有保肝、护肝、强心等作用[36]。

王广树等[37]采用大孔树脂、硅胶、ODS 柱色谱分离纯化,从牛膝中分离得到了 3-O-[2′-O-β-D-吡喃葡萄糖基-3′-O-(2″-羟基-1″-羧乙氧基羧丙基)]-β-D-葡糖醛酸基齐墩果酸-28-O-β-D-吡喃葡萄糖苷和齐墩果酸 3-O-[3′-O-(2″-羟基-1″-羧乙氧基羧丙基)]-β-D-葡糖醛酸苷 2 个牛膝皂苷;李娟等[38]利用硅胶柱、ODS柱、制备液相等进行分离,利用光谱技术和化学常数鉴定化合物的结构,从怀牛膝分离并鉴定了 7 种牛膝皂苷:即齐墩果酸、竹节参皂苷-1、齐墩果酸-3-O-β-D-吡喃葡糖醛酸苷、齐墩果酸-3-O-β-D-(6′-丁酯)-吡喃葡糖醛酸苷、齐墩果酸-3-O-β-D-(6′-甲酯)-吡喃葡糖醛酸苷、3-O-(β-D-吡喃葡糖醛酸)-齐墩果酸-28-O-(β-D-吡喃葡萄糖)、竹节参皂苷 IVa 乙酯。杨柳等[39]从牛膝根中分离得到了一种新的阿魏酪胺苷,即 N-trans-feruloyl-3-methoxytyramine-4′-O-β-D-glucopyranoside。

关于牛膝中齐墩果酸的含量报道不一,吴玖涵等[40]用超临界流体色谱法测定显示牛膝中齐墩果酸的含量为 1.96%,李秀珍[41]用薄层比色法测定其含量为 1.88%~1.98%,王荣娣[42]用薄层扫描法测定其含量为 0.92%。刘舞霞等[44]考察了江苏栽培品种与怀牛膝及野生品种的质量,认为齐墩果酸、蜕皮激素含量均无明显差异,但与野生品种相比,齐墩果酸含量较低。刘伟等[45]通过薄层扫描法对河南、山东、河北三个产地牛膝中齐墩果酸的含量进行测定,结果表明,河南产怀牛膝齐墩果酸的含量为 1.85%,明显高于其他产地(河北 1.74%,山东 1.45%)。化学测定结果表明,牛膝属植物中均含齐墩果酸,其中红柳叶牛膝中含量最高,为 2.09%;钝叶土牛膝最低,为 1.14%;杯苋属的川牛膝和头花杯苋不含齐墩果酸。

另外,不同的炮制方法对齐墩果酸的含量也有影响。殷玉生[46]分析了不同炮制方法的牛膝药材,结果表明,以酒炒的总皂苷含量最高,且呈现较强的镇痛作用,是较理想的炮制方法。

2. 植物甾酮类

甾酮类化合物也是牛膝药材的主要药用成分,牛膝中主要有蜕皮甾酮(ecdysterone,即 β-ecdysone,分子式为 $C_{27}H_{44}O_7$)和牛膝甾酮(inokosterone),这两种甾酮为同分异构体。其中蜕皮甾酮为甾酮中的主要活性成分,具有促进蛋白质合成,抑制由于药物引起的血糖升高,降胆固醇作用,使受损的细胞再生[47],与牛膝"补肝肾,强筋骨"功效相吻合。

孟大利等[48]采用多种色谱分离手段,利用理化性质及 NMR、MS 等波谱技术对化合物进行结构鉴定,从牛膝中得到 5 个化合物,分别鉴定为漏芦甾酮 B(rhapontisterone B)、旌节花甾酮 D(stachysterone D)、红苋甾酮(rubrosterone)、β 谷甾醇(β-sitosterol)和胡萝卜苷(daucosterol);赵婉婷等[49]采用大孔树脂、硅胶柱色谱、制备型 HPLC 色谱等方法分离从中药牛膝中分离得到了旌节花甾酮 A(stachysterone A)、罗汉松甾酮 C(podecdysone C)、β 蜕皮甾酮(β-ecdysterone)、25-R-牛膝甾酮(25-R-inokosterone)、25-S-牛膝甾酮(25-S-inokosterone)。

张翠英等[50]采用高效液相色谱法对 4 个省 8 个产地的牛膝中蜕皮甾酮的含量进行测定,发现以河南栽培的牛膝中蜕皮甾酮的含量最高,质量最好。这与传统认为牛膝以河南省怀庆府所产为道地药材的评价相一致。不同种类的牛膝类药材其蜕皮激素含量也不同,牛膝最高,为 0.072%,钝叶土牛膝最低,为 0.018%,川牛膝为 0.057%。

除根外,牛膝茎叶中也含有甾酮[51],但随着牛膝的生长发育进展,植物体内物质的积累与转移,甾酮的含量在根中由低到高,而在茎叶中则由高到低,到采挖期(约 11 月 15 日)根中甾酮含量达到最高,茎叶中含量最低[52]。这为确定牛膝最佳采收期及茎叶的开发利用提供了科学依据。

3. 糖类

牛膝多糖(achyranthes bidentata polysaccharides,ABPS)是从牛膝中分离提取得到

的一类含量较高的生物活性多糖,其分子量比其他生物活性多糖小,水溶性好,毒性低,具有增强免疫、抑制肿瘤转移、升高白细胞数和保护肝脏的功能,对动物和人的肿瘤细胞有直接毒性作用,并能提高记忆力和耐力[53,54],目前已广泛应用于免疫调节和肿瘤治疗。B. Yu 等[55]从牛膝中得到一种具有果糖短链的多糖,它大多数以 2→6,少数以 2→1 方式与 β-D-呋喃果糖基相连。方积年等[56]从牛膝中分离得到一种有免疫活性的肽多糖 ABAB,分子量为 2.3×10^4,它是由 D-葡萄糖、D-半乳糖、D-半乳糖酸、L-阿拉伯糖和 L-鼠李糖组成,摩尔比为 12∶2∶3∶1∶1,其主链由(1→4)-D-葡萄糖酸和(1→4)-D-半乳糖酸残基组成。ABAB 中肽的含量为 24.7%,主要为甘氨酸、谷氨酸、天门冬氨酸和丝氨酸。另外,惠永正等[57]从牛膝根中分离得到一水溶性寡糖,分子量为 1 300~1 400,由 6 个葡萄糖残基和 3 个甘露糖残基组成,摩尔比为 2∶1。李根林等[58]采用酚-硫酸法对 8 个产地的牛膝进行多糖含量的测定表明怀牛膝中多糖的含量最高。Y. H. Liu 等[59]从川牛膝中分离提取到一种具有生物活性的多糖 RCP,其分子量主要分布在 1 000~2 200。RCP 是一高度分支的果聚糖,它以(2→1)连接为骨架,其上有大量的(2→6)连接的分支,且属于新蔗果三糖系列。在 93.17%果糖残基中,24.15%是末端果糖,26.24%是 1-连接果糖,20.46%是 6-连接果糖,22.32%是 1,6-连接果糖。在 6.83%的葡萄糖残基中,2.14%是末端葡萄糖,4.69%是 6-连接葡萄糖。

4. 黄酮类和生物碱

Nicolov Stefan 等[60]应用 2-D 纸色谱方法从牛膝中提取分离得到了 5 种酚性化合物,其中利用柱层析和制备纸层析方法得到了其中 3 种纯净的化合物。通过与标准品比较、在甲醇以及其他诊断试剂中进行 UV 测定,确定了这 3 种为苷类化合物,分别是槲皮素-3-O-芸香糖苷、槲皮素-3-O-葡萄糖苷、山柰酚-3-O-葡萄糖苷。Ratra Parminde 等[61]首次分别对怀牛膝和土牛膝的生物碱类成分进行了分析。在这之后,G. Bisht 等[62]从牛膝中进一步分离得到了生物碱类化合物以及香豆素类化合物。

据报道[63],牛膝中还含有甜菜碱,它是一种主要的水溶性生物碱,其结构与胆碱的化学结构相似,具有胆碱的一些生理活性,能抗脂肪肝、降压、抗肿瘤,其氯化物铝盐还具有抗溃疡作用及治疗胃炎、促进伤口愈合等作用。

5. 其他成分

巢志茂等[64]利用 GC-MS 联用法首次分析了牛膝干燥根中挥发油的化学成分。共鉴定了 45 个化合物,除棕榈酸外,其余 44 个化合物均系首次在该植物中报道。他们还对牛膝根的水浸渍液的正丁醇萃取部分采用硅胶柱层色谱进行分离和纯化,共鉴定了 5 个化合物,即 β 谷甾醇、琥珀酸、正丁基-β-D-吡喃果糖苷、尿囊素和磷酸镁,后 3 个化合物为首次从该属植物中分离得到。

韦松等[65]从牛膝乙醇提取物中分离出 8 个化合物,分别鉴定为 α 菠甾醇、β 谷甾醇、大黄酚、邻苯二甲酸二丁酯、软脂酸、α 菠甾醇葡萄糖苷、胡萝卜苷和蜕皮甾酮。G. Bishit 等[66]从牛膝的干燥根中分离得到了布洛芬和大黄素甲醚成分。

据报道[67],河南产的怀药中富含微量元素,如 K、Na、Ca、Mg、Fe、Cu、Zn、Mn、Co、

Cr、Ni 等。牛膝无机成分中 Fe、Ca、Mg、K、Na 和 P_2O_5 的含量分别为 0.453%、0.048%、0.079%、1.115%、0.476%和 0.543%,其中 K 的含量最高[68],这与现代临床药理学认为牛膝的"下行"功能可能是 K 的作用相吻合。Zn、Cu、Mn、Ca 含量也较其他产地品种丰富。而野生品中 Zn、Fe 的含量高于栽培品。

3.1.4 药理作用

牛膝以干燥根入药,含有多种药用成分,是我国重要的大宗药材之一。中医将牛膝根入药分为生用和熟用两种。生牛膝即牛膝根洗净、干燥后直接入药,可活血、通经,治产后腹痛、月经不调、闭经、难产、尿血、淋病、鼻出血、虚火牙痛、脚气水肿、喉痹、痈肿和跌打损伤。生牛膝用酒或盐水浸泡后焙干即得熟牛膝,熟牛膝有补肝肾、强筋骨之功效,可治腰膝骨痛、四肢拘挛、痿痹、肝肾亏虚和跌打瘀痛。各种炮制品的药理作用无显著性差异,但生牛膝中齐墩果酸含量最高[69],故牛膝以生品入药为好。近年来牛膝的药理研究引起了国内外专家的广泛关注,尤其是对牛膝多糖的研究已有了新的发现和进展[70],并被广泛应用于临床,取得了满意的效果,其主要药理作用如下。

1. 免疫调节作用

牛膝多糖能提高小鼠单核巨噬细胞的吞噬功能,明显增加小鼠血清溶血素水平和抗体形成细胞数量,表明其对体液免疫和非特异性免疫均有明显增强作用[71]。而向道斌等[72,73]的深入研究证实牛膝多糖不仅能明显提高血清总 IgG 及抗体溶血素的含量,并可增加脾腔 PFC 数,对抗环孢霉素 A 引起的 PFG 及 IgG 的下降。体外则能刺激小鼠脾细胞增殖,增强 NK 细胞活性和促进伴刀球蛋白 A(ConA)诱导的淋巴毒素产生,增强二硝基氟苯诱导的迟发型超敏反应和对抗环磷酰胺对 NK 活性的抑制作用,并可增强 LPS 诱导的 β 淋巴细胞增殖。但不能提高伴刀球蛋白 A 诱导的 T 淋巴细胞增殖反应和白细胞介素-2 的产生,对伴刀球蛋白 A 诱导的 T 细胞增殖反应和淋巴因子的产生无明显影响。这说明牛膝多糖对 T 淋巴细胞功能的影响是有选择性的,对 NK 细胞的杀伤活性的增强作用是明显的。宋义平等[74]从牛膝根中提取出一分子量为 $4.17×10^3$ 的牛膝多糖,并证明它不仅可以增强 H_{22} 腹水型肝癌小鼠的自然杀伤细胞(NK 细胞)和淋巴因子激活的杀伤细胞(LAK 细胞)的杀瘤活性,并可显著提高小鼠的 TNF 和淋巴因子的产生水平,其效果和猪苓多糖相当,表明分子量为 $4.17×10^3$ 的牛膝多糖具有成为一种新的抗肿瘤免疫增强药物的潜力。李宗锴等[53]用体内外方法对老年鼠一些免疫功能进行研究的结果表明,牛膝多糖(ABPS)在体外可以提高老年鼠 T 淋巴细胞的增殖能力和淋巴因子的分泌,在体内能显著提高老年大鼠 T 淋巴细胞和血清中淋巴毒素或淋巴毒素及 NO 的产生和 NOS 的活性,降低其可溶性白细胞介素-2 的产生。表明牛膝多糖具有免疫调节剂的作用。

季敬璋等[75]以牛膝多糖分别对哮喘和肺癌患者的外周血单个核细胞(PBMC)进行体外诱导培养,结果表明牛膝多糖能初步纠正肺癌和哮喘患者 Th1 和 Th2 细胞因子的失平衡,并能在转录水平和翻译水平促进 Th1 类细胞因子的分泌,而抑制 Th2 类细胞因子的分泌。此研究不仅证明了 Th 细胞是牛膝多糖作用的靶细胞,而且进一步证明了牛膝多糖通过增强 Th1 类细胞因子的表达,抑制 Th2 类细胞因子的表达,促进 Th1 类免疫应答。

目前牛膝多糖新型免疫药物已投入临床应用,药理研究和多家医院的临床试用研究表明,牛膝多糖具有显著的增强人体免疫功能的作用,能升高血清溶血素和脾脏内抗体形成细胞数,提高血清免疫球蛋白,激活网状内皮系统的吞噬功能,促进淋巴细胞增殖,增强 NK 细胞和 CIL 细胞的活性。并能抑制肿瘤患者因化疗引起的白细胞下降,其有效率可达 97%,可促进恢复免疫系统的损伤,对慢性肝炎患者能恢复肝功能,显著改善患者的体征,还可增强人体骨髓造血功能,明显抑制肿瘤的生长,无毒副作用。

2. 子宫兴奋作用与抗生育作用

朱和等[76]报道,牛膝总皂苷(ABS)在 0.125~1.0 mg/ml 时,对体外大鼠子宫平滑肌产生浓度依赖性收缩。子宫收缩潜伏期缩短,收缩面积前移。在 0.5 mg/ml 时,对不同生理状态下的大鼠体外子宫均有明显的兴奋作用,对晚孕子宫作用最强,对幼龄子宫作用最弱;对大鼠子宫颈无明显兴奋作用,但对大鼠子宫角有明显兴奋作用,张力增加,收缩振幅增高,频率加快。王世祥等[77]报道,0.1~0.4 mg/ml 牛膝总皂苷与 10 μg/ml 5-HT 合用能使体外大鼠子宫收缩明显增强,两者均能使高 K^+ 去极化后的体外大鼠子宫产生依细胞内 Ca^{2+} 性和依细胞外 Ca^{2+} 性收缩。实验结果表明,ABS 激活受体激活性 Ca^{2+} 通道(ROC)而促使细胞外 Ca^{2+} 内流;另外,牛膝总皂苷通过促进 5-HT 及 PG 的合成与释放使离体大鼠子宫平滑肌产生依细胞内 Ca^{2+} 性和依细胞外 Ca^{2+} 性收缩。郭胜民等[78,79]报道,0.12 g/L 怀牛膝皂苷 A 对不同生理状态下大鼠体外子宫均有明显兴奋作用,其兴奋作用强弱依次为:晚孕组>早孕组>中孕组>动情期、已烯雌酚诱导动情期组>间情期组>幼龄组,提示其兴奋大鼠体外子宫可能受雌激素水平的影响。并指出,怀牛膝皂苷 A 在 0.06 mg/ml、0.12 mg/ml、0.24 mg/ml、0.48 mg/ml 对大鼠、小鼠及家兔体外子宫平滑肌呈明显兴奋作用,作用迅速、持久,且作用强弱呈浓度依赖性。预先给大鼠用吲哚美辛(75 mg/只)灌胃或浴槽内加吲哚美辛(20 mg/ml)预处理子宫标本,均可明显减弱怀牛膝皂苷 A 对大鼠体外子宫的兴奋作用。氯丙嗪(0.5 mg/L)也可明显减弱其对未孕、已孕大鼠体外子宫的兴奋作用,提示其子宫兴奋作用可能与 5-HT 及 PG 的合成与释放有关[80]。朱和等[81]报道,ABS 灌胃给小鼠具有显著的抗生育作用,并呈剂量依赖性关系。

3. 肿瘤抑制作用

王一飞等[82]报道,牛膝总皂苷在体外可以抑制小鼠埃利希腹水癌细胞(EAC)的生长,且其抑瘤效应呈现量效关系,随着药物浓度的升高,牛膝总皂苷对埃利希腹水癌细胞的细胞毒作用逐渐增强。认为牛膝总皂苷对肿瘤细胞具有明显的抑制效应,一方面可能与其细胞毒性有关,另一方面也可能与免疫调节作用有关。

余上才等[83]报道,牛膝多糖对小鼠肉瘤 S180 细胞和人白血病 K562 细胞的增殖均有明显抑制作用,能显著提高荷瘤小鼠脾细胞诱生 LAK 细胞活性和淋巴毒素生成。而淋巴毒素在体外能杀伤肿瘤细胞,在体内能导致肿瘤出血性坏死;LAK细胞则具有广泛杀肿瘤细胞和异质细胞的能力,对正常细胞无毒性。表明牛膝多糖能通过激活机体的免疫系统间接达到抗肿瘤作用。

据报道[84],牛膝提取物(主要成分为皂苷、甾酮和多糖等成分)在体外对人淋巴细胞样白血病细胞株 K562 和人胃癌细胞株 BGC823 的增殖具有明显抑制作用,能使细胞周期停滞于 G_0/G_1 期,诱导细胞凋亡可能是其发生作用的机制之一。牛膝提取物虽然在体外不能促进小鼠脾细胞的生长增殖,但对巨噬细胞的吞噬功能却有较强的刺激作用,并可促进细胞因子 TNF 和 IL-6 的产生以及 IL-6 mRNA 的表达。说明该提取物具有抗肿瘤作用,不仅对免疫功能没有抑制作用,而且可以通过延缓肿瘤细胞周期、诱导凋亡、增强巨噬细胞对肿瘤细胞的杀伤作用及分泌细胞因子如 TNF、IL-6 等参与其抗肿瘤机制。

4. 消炎、抗菌和镇痛作用

在对牛膝消炎、抗菌作用的研究中发现,牛膝的不同炮制品都有一定程度的镇痛消炎作用,其中以酒炙牛膝作用强而持久[85],而其消炎消肿作用强于抗菌作用[86]。牛膝无促肾上腺皮质激素样作用,因此其消炎作用并非通过肾上腺皮质释放皮质激素所致,而是提高机体免疫功能、激活小鼠巨噬细胞系统对细胞的吞噬作用,以及扩张血管、改善循环促进炎性病变吸收等。

5. 对记忆力、耐力及抗衰老作用的影响

李献平等[87]以20%牛膝水煎液浸泡新鲜桑叶饲喂家蚕幼虫,可使家蚕龄期延长。全宏勋等[88]采用新鲜种蛋,由气室穿过卵壳膜注射牛膝提取液,结果鸡胚胎的重量明显增加,且对鸡胚中轴器官、脊索细胞的分裂有明显促进作用。F. Tan 等[89]以果蝇为动物模型研究4个牛膝多糖组分的抗衰老作用,结果表明除大分子组分水溶性多糖 Con. 1 对果蝇无抗衰老作用外,其余3个小分子量组分都可显著或极显著地使果蝇平均体重增加,平均寿命延长。

马爱莲等[90]以怀牛膝水煎液给小鼠连续灌服 7 d,可明显改善戊巴比妥所致的记忆障碍,用跳台法使首次跳下的潜伏期明显延长,5 min 内错误次数明显减少,使 Y 型臂法第3天正确反应率明显提高,且可明显延长小鼠负荷游泳时间。表明其有良好的改善记忆和提高耐力作用。

自由基学说在抗衰老作用中备受重视,因而抗氧化、清除自由基等研究异常活跃。用怀牛膝粉拌食喂养大鼠,发现牛膝可提高全血超氧化物歧化酶(SOD)的活性,降低血清过氧化脂质(LPO)的形成[91],提高机体清除自由基的能力。

6. 对心血管系统、神经系统和消化系统的作用

研究表明[92],牛膝种子中的皂苷可使离体蛙、兔和豚鼠的心脏收缩力增强,并呈剂量依赖性关系,还能使衰竭状态的心脏张力和节律增加,但对正常心脏的心率无明显影响。另外,牛膝皂苷还可增强大鼠心脏的磷酸化 A 的活性,但不影响总磷酸酶的活性[93]。

崔瑛等[94]以高脂诱发饲料造成的鹌鹑动脉粥样硬化模型,经预防给药实验,发现给予怀牛膝的鹌鹑，其血清 TC、TG 水平显著低于模型组，表明抑制血脂升高是怀牛膝发挥抗动脉粥样硬化作用途径之一；其血清过氧化脂质水平显著低于模型组，表明降低血清过氧化脂质水平是怀牛膝发挥抗动脉粥样硬化的又一途径。江黎明等[95]从牛膝中筛选出一种特异性抑制神经生长因子与其受体结合的活性物质 N42-A。牛膝多糖对老年大鼠大脑皮层 NO 的产生及 NOS 的活性无影响。

7. 抗骨质疏松作用

牛膝是一种补骨中药，临床上常用于骨折后骨痂不易形成及失用性脱钙的防治，具有显著疗效。研究表明[96,97]，牛膝的醇提物可以增大骨小梁密度、面积、总体积及密质骨面积，减小骨髓腔面积，阻止维 A 酸所造成的大鼠骨矿质的丢失，提高骨密度，对维 A 酸所致骨质疏松大鼠连续 2 周灌服怀牛膝水煎液，可明显减轻大鼠骨质疏松状态，提高大鼠自发活动及血 Ca、血 P、股骨 Ca、股骨 P 含量，对血中 ALP 水平有降低作用，对骨密度及骨羟脯氨酸含量有明显提高。高晓燕等[98]的研究还发现，牛膝蜕皮甾酮对体外培养成骨样细胞 UMR106 有显著促进增殖作用。潘秋辉[99]利用 cDNA 微阵列技术对其分子水平的药理作用进行研究，发现蛋白激酶 A 调节亚基Ⅰβ(protein kinase A regulatoryⅠβ,PKARⅠβ)与其促细胞增殖作用密切相关。牛膝能够导致 PKARⅠβ 基因表达上调，促进体外培养的成骨细胞系 HFOB 1.19 和人骨髓间充质干细胞(hMSC)的增殖，而不影响其分化[100,101]。高晓燕[102]将从牛膝中提取出来的胡萝卜苷和成骨样细胞 UMR106 共同体外培养，发现含量较高的化合物——胡萝卜苷具有显著的促进细胞增殖的作用，且呈明显的剂量-效应关系。因此，推断胡萝卜苷是牛膝中促进成骨样细胞增殖的活性成分之一。

8. 其他作用

巢志茂等[103]研究表明，牛膝水提物的高分子物质部分有细胞毒性，对 P388 白血病细胞有显著的体外细胞毒性。而低分子物质部分无此作用。聂淑琴等[104]对不同方法炮制牛膝的特殊毒性做了研究，结果表明，生牛膝醚提取物仅在 0.8 μg/ml 浓度对 EB 病毒就有激活作用，而酒制牛膝可明显降低牛膝生品对 EB 病毒的激活活性。所以从毒理学角度评价，牛膝酒制优于盐制。据报道牛膝多糖对正常小鼠血糖无明显作用，但对高血糖小鼠具有明显降糖作用[105]。

3.1.5 栽培技术和采收

1. 牛膝的生长习性

牛膝属深根系作物，根部最长可向下生长 1 m 左右，喜温暖气候，光照充足；不耐严寒，怕涝，适宜于土层深厚、肥沃的砂质壤土或腐殖质土壤，偏砂或稍黏土壤也可，过于黏重的土壤不宜种植。根部生长期喜黄墒，厌湿墒。地表 5~10 cm 含水量在 18% 左右较为适宜。怀牛膝前茬作物以小麦、玉米等禾本科作物为佳，忌前茬种植山药、豆类、油料类等植物的地块，以防止根瘤病的发生。牛膝连作根皮光滑，粗长，分叉少，产量高[106]。生长期 140 d 左右。

第3章 牛　膝

2. 种植技术

（1）选地整地　应选择地势较高,阳光充足,气候温和,土层深厚,疏松肥沃的砂质壤土,便于灌溉和排涝,忌洼地、盐碱地。6月中旬将选好的地块施足底肥,底肥以有机肥为好,每公顷约施经腐熟的厩肥 45 000 kg,饼肥 1 500 kg,根据土壤的情况,也可适量施入化肥,一般每公顷施磷肥 750～1 500 kg,碳氨 750 kg,硫酸钾 750 kg,然后深翻 60～70 cm,下种前浇水踏地,耙平,使土壤上虚下实,按 150～200 cm 宽作畦,以备下种[107-109]。

（2）繁殖与种植　怀牛膝多采用种子繁育,种子分秋子、蔓薹子,蔓薹子又可分为秋蔓薹子、老蔓薹子,产区药农认为秋子品质较好。秋子培育方法为:霜降后,在怀牛膝采挖时节,挑选根部粗长,表皮光滑,无分叉及须根少的植株,去掉地上部分,保留芦头(芽),取芦头下 20～25 cm 根部即为牛膝薹,在阴凉处挖坑深 30 cm,垂直放入牛膝薹,填土压实越冬。翌年3月下旬或4月上旬,按行距 75 cm、株距 60 cm 挖穴,每穴呈三角形植入牛膝薹3根,苗高 20～30 cm 时,每株施尿素 150 g,适量浇水,秋后种子成熟后采种即为秋子。秋子种植的牛膝所产的种子为秋蔓薹子,秋蔓薹子种植的牛膝所产的种子为老蔓薹子。种子质量的优劣直接决定牛膝的产量和质量。秋子发芽率高,不易出现旺长现象,且产品主根粗长均匀,分叉少,既高产也稳定[110]。蔓薹子出苗差,主根分叉多,品质差,而秋子种植的牛膝无论在产量还是等级均优于秋蔓薹子[111]。

怀牛膝播种过早,茎叶生长茂盛,发叉多,结籽多,根部反而长得短并易木质化,品质差;过晚,则根部长得短而细,产量低。卫云等[112]探讨了怀牛膝在山东的最适播种期,发现播种期提前,植株地上部分发达,随着播种期推迟,地上部分各器官愈来愈小,根的长度、粗细与重量等数值增加,以7月15日播种组的根质量最佳;播种过晚,植株生长时间短,地上部分和根的生长均较差。

怀牛膝在河南的最佳播种期为头伏末二伏初。种子用水浸泡 12 h 后,取出晾至松散,与适量河沙拌匀,条播按行距 15 cm 播种,撒播分3次将种子均匀撒入田间,用竹耙搂地,然后用脚踩实或用石磙镇压即可[106,110]。一般播种后 5～7 d 即可出苗。

（3）田间管理　苗高 6～7 cm 时间苗,原则是去掉弱苗及过高苗,按株距 6～8 cm 保留高度相对一致的幼苗。定苗前后中耕 2～3 次,并结合浅锄松土,将表土内的细根锄断,利于主根生长。怀牛膝追肥一般分3次进行。第一次在定苗后,幼苗期若植株生长过慢,可根据情况追施尿素每公顷 45～75 kg,反之不能追肥,以免引起徒生徒长,引起倒伏,影响产量及质量;第二、三次分别在8月初、9月中旬追施尿素每公顷 750 kg,追肥最好结合降雨进行或追肥后浇水。牛膝在不同生长期对水分具有不同的要求,在播种到出苗及秋季的根膨大期应适当浇水,在生长中期要适当控制水分,如水过多,常易引起植株徒长,不利根系的发育和膨大。除幼苗期需常保持土壤湿润外,以后一般不宜多浇水。雨季及时排除积水。适时播种是控制徒长最有效的途径,若一旦发生徒长情况,叶面喷施多效唑、割掉植株顶端和花序,株高控制在 45～50 cm,或大量施用尿素,以减少养分消耗,使根部积累多的营养,促使主根加粗,提高其品质和产量[106,110]。

3. 采收与加工

牛膝收获期以霜降后、封冻前最好,霜降前采挖的怀牛膝晒干后心部发黑。一般在10月下旬至11月上旬收获。采收前轻浇1次水,再一层一层向下挖,挖掘时先从地的一端开沟,然后顺次采挖,要做到轻、慢、细,不要将根部损伤,要保持根部完整。挖回的牛膝,去掉侧根及不定根,按粗细分开,分别捆成小把晾晒,晒8~9 d至七成干时,取回堆放室内盖席。闷2 d后再晒干。此时的牛膝称毛牛膝。将毛牛膝打捆投入水中,使之沾水,立即拿出,交错分开放入熏炕中,用席覆盖后,以硫黄熏。每50 kg毛牛膝用硫黄0.7 kg,到硫黄烧完为止。熏后再晾晒,晒至8~9成干时,分别按粗细捆成小把,再晾至全干,即可供药用。一般3~4 kg鲜根可加工1 kg干货。成品分为头肥、二肥、平条3个等级,以根条粗长、肉肥、皮细、灰黄色者为佳,根条瘦小、分叉多、略带柴性者次之[106-108]。

§3.2 牛膝形态结构特征

牛膝为苋科牛膝属多年生草本植物,别名对节草、山苋菜等,以其干燥根入药,是我国重要的大宗中药材之一。由于野生牛膝(图3-3)的根分叉多、主根不明显、产量低、品质差,不能满足市场的需要,因此,牛膝的规范化种植已在河南焦作及河北安国实施,取得了良好的经济和社会效益。在研究牛膝的化学成分、药理以及临床应用等方面的基础上,进一步研究其形态结构及发育过程,具有重要的生物学意义。

图3-3 牛膝

3.2.1 叶的形态结构

牛膝为单叶对生,叶柄长5~20 mm,叶片椭圆形或阔披针形,长4~8 cm,宽2~5 cm,顶端锐尖,基部楔形或阔楔形,全缘,两面被疏柔毛,具羽状网脉。李金亭等[113]用石蜡切片法研究了牛膝成熟叶片的结构,发现其叶片横切面由表皮、叶肉和叶脉组成,为典型的异面叶(图3-4a)。表皮由一层不规则的扁平细胞组成,细胞中无叶绿体,外壁具薄的角质层,成为一层紧密而结合牢固的保护组织(图3-4b)。气孔仅分布于下表皮,散生排列,属不定式气孔类型,由4,5个副卫细胞围绕2个保卫细胞组成(图3-5)。上下表皮均分布有表皮毛,但上表皮较少。荧光显微镜观察发现,牛膝的表皮毛为非腺毛,有两种类型:一种较长,由2个细胞组成,基部的细胞呈短柱状,顶部的细胞极长,呈针状(图3-6a);另一种较短,由5个细胞组成,基部的2个细胞较顶部的3个细胞长(图3-6b)。叶肉组织分化明显,栅栏组织细胞3、4层,细胞呈长圆柱形,含叶绿体多;海绵组织疏松,细胞形状不规则,含叶绿体较少,具发达的胞间隙,在一些叶肉细胞中含有草酸钙簇晶(图3-4b)。

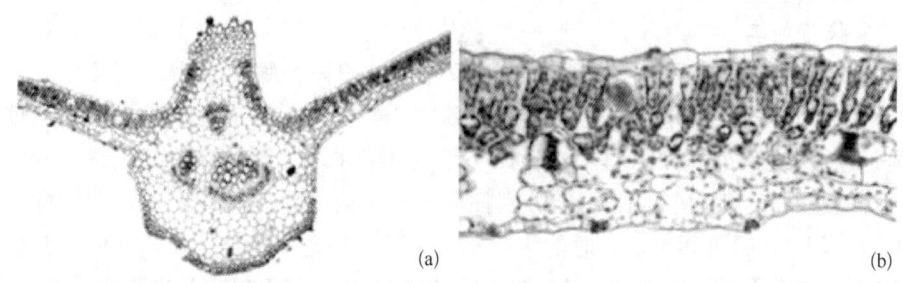

图 3-4　牛膝叶片横切面
（a）示叶脉维管束结构；(b) 示叶片结构

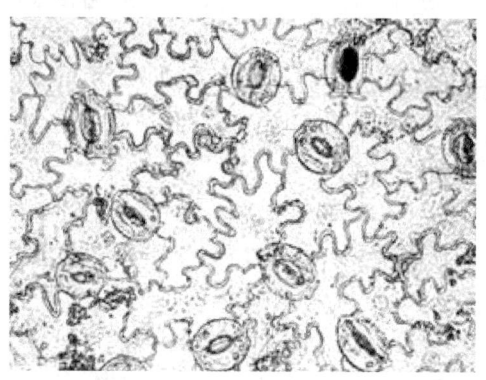

图 3-5　牛膝叶片下表皮

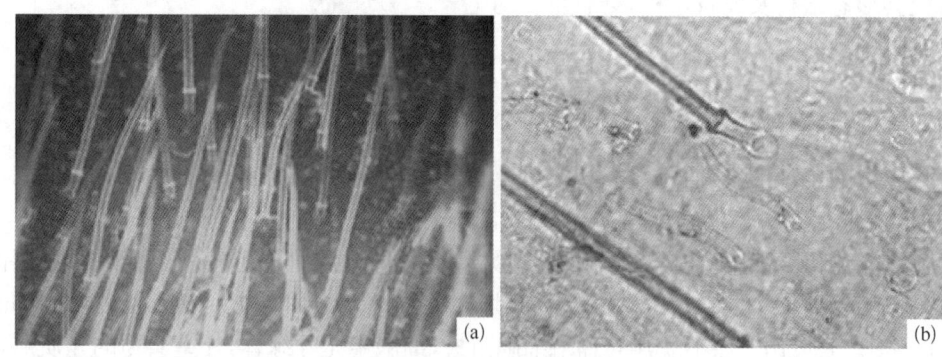

图 3-6　牛膝叶表皮毛
（a）示表皮毛的种类和形态；(b) 示短型表皮毛

叶片的主脉由数个外韧型维管束组成,呈环状排列(图 3-7a)。在木质部和韧皮部之间具有形成层,但分生能力很弱,只产生少量的次生组织(图 3-7b)。机械组织位于上下表皮内侧,但在叶背面高度发达,因而在叶片背面隆起形成肋。中脉从侧面分出较小的叶脉,由此再分出小脉,它们彼此相连,形成网状脉序。从粗脉到细脉,机械组织依次减少,木质部和韧皮部的结构也随之简化,但叶脉的外部由薄壁组织细胞形成的维管束

§3.2 牛膝形态结构特征

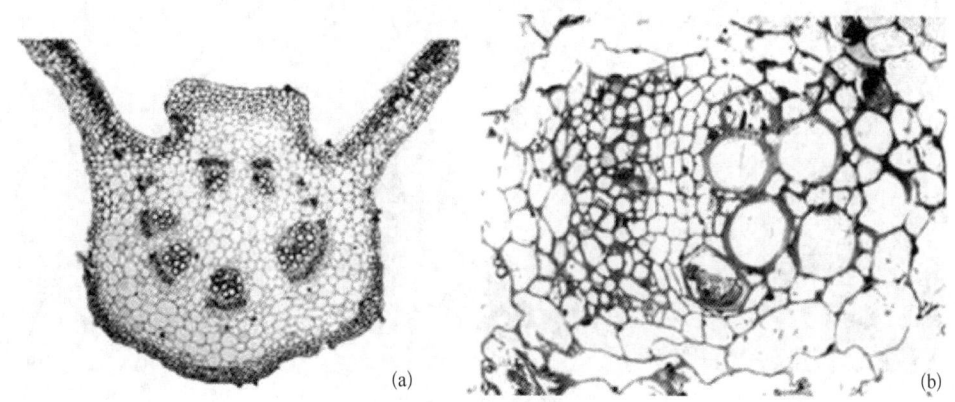

图3-7 牛膝叶片横切面
(a) 示叶脉；(b) 示叶脉维管束

鞘细胞包围。中脉的维管束数目和排列变化也很大，在同一叶片中，其维管束数目从下到上逐渐减少。

叶柄横切面观察，呈半圆形，其近轴面有凹槽。从外到内由表皮、厚角组织、薄壁组织和维管束组成。表皮细胞一层，排列紧密，有表皮毛分布。表皮内为厚角组织，以增强叶柄的支持功能。薄壁组织细胞较大，其间分布有7、8束大小不等的外韧型维管束，呈半圆形排列，两侧的较小。维管束由初生木质部、形成层和初生韧皮部组成，木质部位于叶柄近轴面的沟槽方向(图3-8)。

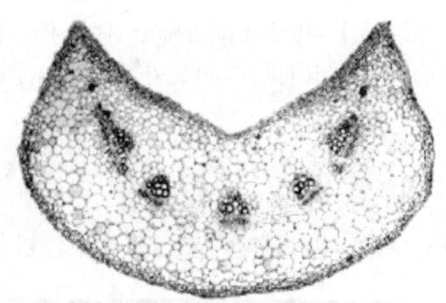

图3-8 牛膝叶柄横切面

3.2.2 茎的形态结构

牛膝的茎直立，四棱形，茎节略膨大，疏被柔毛。李金亭等[114]报道，牛膝成熟茎的横切面从外到内由表皮、皮层和维管柱构成。表皮细胞1层，长形或类方形，排列整齐而致密，细胞内不具叶绿体，其外壁略凸起，并具角质层，有表皮毛。皮层薄壁组织细胞3～5列，内含叶绿体，有些细胞中含黄棕色物质。在茎的棱角处有发达的厚角组织。维管柱由维管束、髓和髓射线组成。维管束为并生外韧型维管束，沿髓周围排列成一圈，其韧皮部狭窄，由筛管、伴胞和韧皮薄壁组织构成，木质部由导管、木纤维和少量薄壁组织细胞组成。在维管束的木质部和韧皮部间有一层形成层细胞，而维管束间无形成层细胞。在正常维管束的外面尚有一圈异常维管束，位于正常维管束束间(髓射线)处，其木质部由2～4个导管成群排列成整齐或不整齐的径向系列，异常维管束的韧皮部不明显。位于茎的角隅处的维管束外侧有成束排列的初生韧皮纤维(图3-9a)。

茎的中央为发达的髓，由大量薄壁组织细胞构成，近中心处有2个游离的外韧型髓

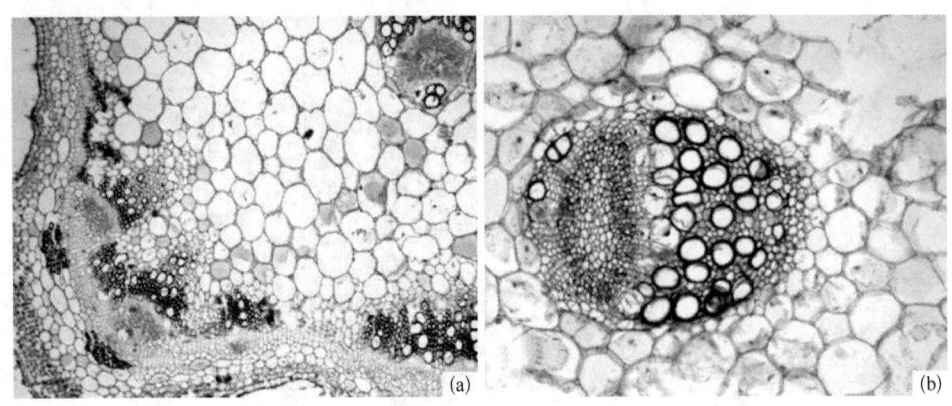

图 3-9 牛膝茎
(a) 牛膝茎横切面(局部);(b) 示茎髓维管束

维管束,由木质部、韧皮部和形成层组成。其形成层细胞呈环状排列,将产生的韧皮部完全包围起来,其韧皮部由筛管、伴胞和体积较小的韧皮薄壁组织细胞形成环状,将体积较大的薄壁组织细胞群包裹在中央。木质部由导管、木纤维和少量木薄壁组织细胞组成(图 3-9b)。

3.2.3 根的形态结构

牛膝多以一年生根入药,其根较粗壮,主根明显,长圆柱形,可达 100 cm 左右,直径 0.4~1 cm,黄白色,肉质(图 3-10)。石蜡切面观察表明[115],在一年生牛膝根上部的横切面,由周皮、三生维管束和次生维管组织构成(图 3-11a)。周皮由木栓层、木栓形成层和栓内层组成,木栓层由 2~3 层细胞组成,位于根的最外部,其细胞较小,细

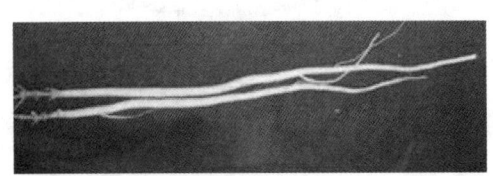

图 3-10 牛膝根(彩图见图版)

胞壁栓质化;栓内层由多层体积较大的薄壁组织细胞构成,位于木栓形成层的内侧;木栓形成层位于木栓层和栓内层之间,由一层扁平细胞组成(图 3-11b)。次生维管组织呈柱状,由次生木质部、次生韧皮部和维管形成层组成,2 条宽大的射线将维管柱分隔为 2 个扇面形(图 3-11c)。次生木质部较大,由导管、纤维和少量薄壁组织细胞组成;次生韧皮部较狭窄,由筛管、伴胞和韧皮薄壁组织细胞组成;维管形成层由 1、2 层扁平细胞组成(图 3-11d)。在中央维管柱的外围,有 2~5 轮外韧型三生维管束以同心环状的方式排列,其间由薄壁结合组织细胞将三生维管束隔开(图 3-11a)。三生维管束由三生木质部、三生韧皮部和其间的额外形成层细胞组成,其木质部常由多个导管、少量木纤维、木薄壁组织细胞组成;其韧皮部由筛管、伴胞和韧皮薄壁组织细胞组成;三生维管束的形成层由一层扁平细胞组成(图 3-11e)。同一条根中,越靠近根下部,三生维管束的圈数越少,但外圈三生维管束数均多于其相邻的内圈。

§3.2 牛膝形态结构特征

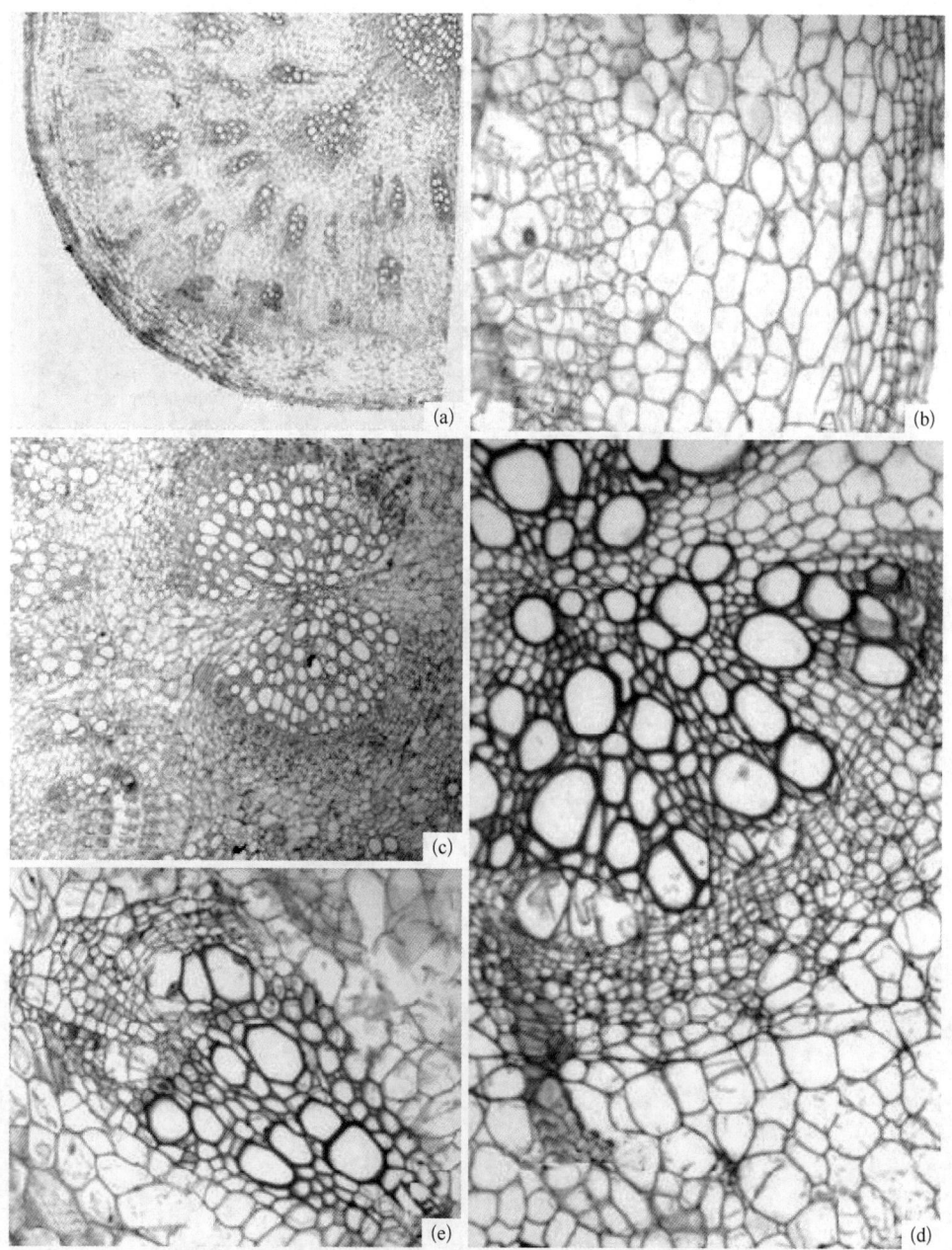

图 3-11 一年生牛膝根横切面
(a) 示以同心圆排列的三生维管束；(b) 示周皮结构；(c)、(d) 示次生维管束结构；(e) 示三生维管束结构

3.2.4 花和果实的形态结构

牛膝为穗状花序，顶生及腋生，顶生者常三穗同出，其侧生者较中间者短，花绿色，初时花密而多，下部平伸，上部向上，集成圆锥状（图3-12a）。花后序轴伸长而变稀疏，花

期后花反折贴近花梗。花总梗即无花部分长 1~2 cm，花梗及序轴均密生白色柔毛(图 3-12b)；花两性，由苞片、小苞片、花被、雄蕊和雌蕊组成(图 3-12c)；牛膝为异花传粉，传粉昆虫主要为半翅目的蝽类昆虫。牛膝的果实为胞果(图 3-13b)，胞果成熟后苞片和花被宿存(图 3-13a)。

图 3-12　牛膝花序
(a) 早期的花序；(b) 晚期的花序；(c) 小花

图 3-13　牛膝胞果
(a) 示苞片和花被宿存；(b) 示去掉宿存苞片和花被的胞果

1. 苞片、小苞片和花瓣的结构

苞片 1 枚，长 2~3 mm，宽卵形，干膜质，顶端长渐尖（图 3-14a）。横切面观由表皮、基本组织和 1 条维管束组成，薄壁组织较少，其细胞内缺乏叶绿体（图 3-14c）。

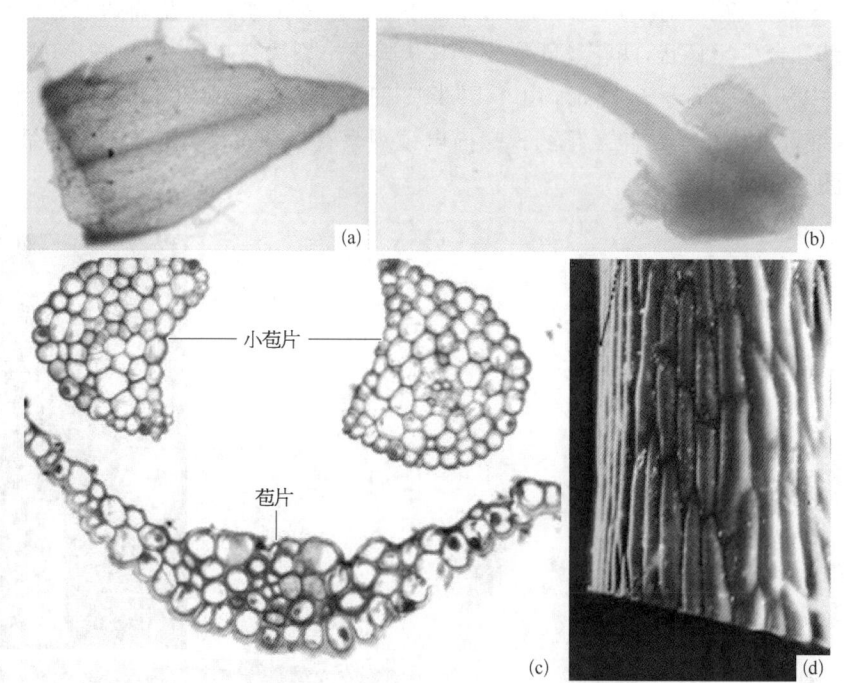

图 3-14 牛膝苞片和小苞片结构
(a) 苞片；(b) 小苞片；(c) 苞片和小苞片横切面；(d) 小苞片表面扫描图

小苞片 2 枚，刺状，长 2.5~3 mm，顶端弯曲，基部两侧各有 1 枚卵形膜质小裂片，长约 1 mm（图 3-14b）。中部横切面呈马蹄形，由表皮、基本组织和 1 条维管束组成（图 3-14c）。表皮细胞 1 层，排列紧密，扫描电镜观察其表面可见表皮细胞呈长柱状（图 3-14d）；表皮内为基本组织，其细胞中无叶绿体；基本组织中有 1 条维管束。

花被片披针形，5 枚，长 3~5 mm，光亮，无毛，顶端急尖，有 1 条中脉。横切面观由表皮、基本组织和维管束组成。表皮细胞 1 层，细胞排列紧密；基本组织无栅栏组织与海绵组织的分化，其细胞排列疏松，胞间隙发达，细胞内有叶绿体；在基本组织中部有 1 条维管束，

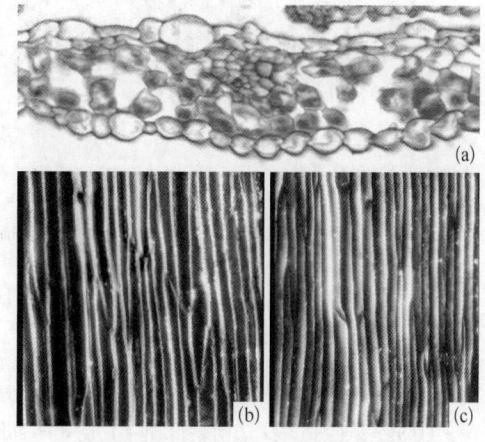

图 3-15 牛膝花被片结构
(a) 花被片横切面；(b) 花被片腹面扫描图；
(c) 花被片背面扫描图

为花被片内水分和营养物质的供应通道(图3-15a)。扫描电镜对其表面进行观察,发现其上下表皮细胞均为长柱状(图3-15b、c)。

2. 雄蕊的结构

雄蕊5枚,与花瓣对生,长2～2.5 mm,每枚雄蕊均由花丝和花药两部分组成,花丝细长,其基部合生呈杯状,两花丝间形成一耳状膜质小裂片突起,花药长圆形(图3-16a、b)。花丝中部横切面呈扁圆形,由1层表皮细胞、薄壁组织和1条维管束组成(图3-16c),维管束从花丝延伸至花药。扫描电镜观察花丝表面光滑,表皮细胞呈长柱状,无纹饰(图3-16d)。

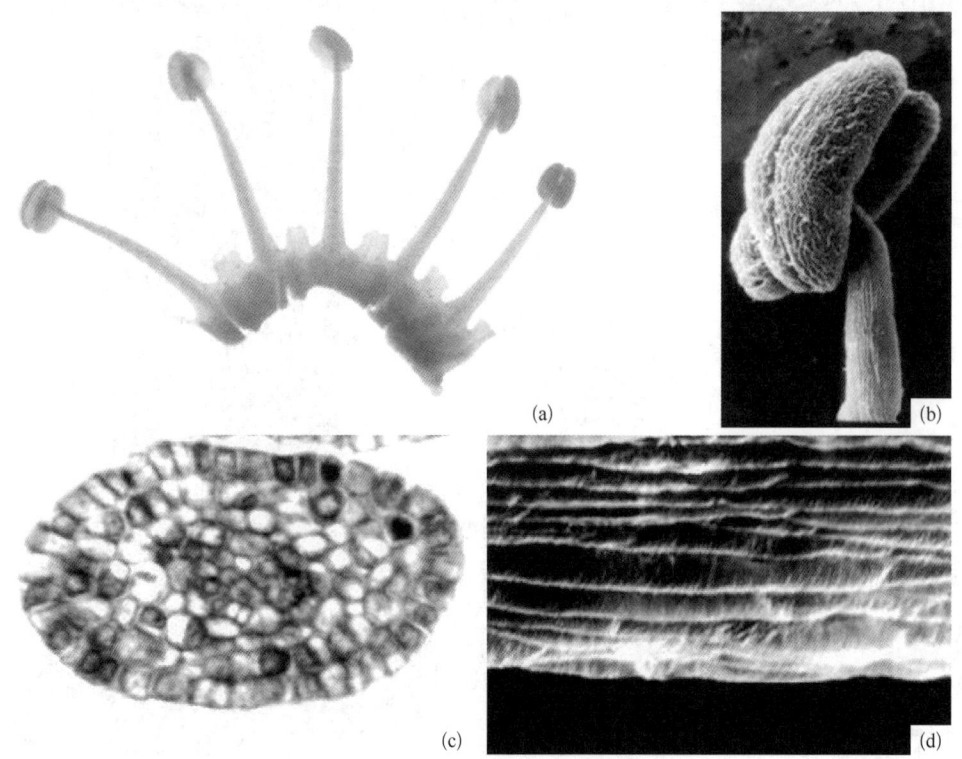

图3-16 牛膝雄蕊的结构

(a) 示雄蕊基部连在一起;(b) 花药扫描电镜图;(c) 花丝横切面;(d) 花丝扫描电镜图

牛膝的花蜜腺位于雄蕊基部内侧,从成熟的花基部横切面观,各雄蕊基部的花蜜腺相互连接成圆环状,属雄蕊蜜腺(图3-17a),纵切面观由分泌表皮及产蜜组织组成(图3-17b)。分泌表皮1层,其细胞排列紧密,外壁被有薄的角质层;产蜜组织由6～10层等径的多边形细胞组成,其细胞排列紧密,细胞壁薄,核大,原生质浓厚(图3-17c)。

花药具4个长圆形的花粉囊,分为左右两部分,每部分各有2个花粉囊(图3-16b),中间由药隔相连,花隔由薄壁组织细胞包围2条维管束组成(图3-18);成熟

§3.2 牛膝形态结构特征

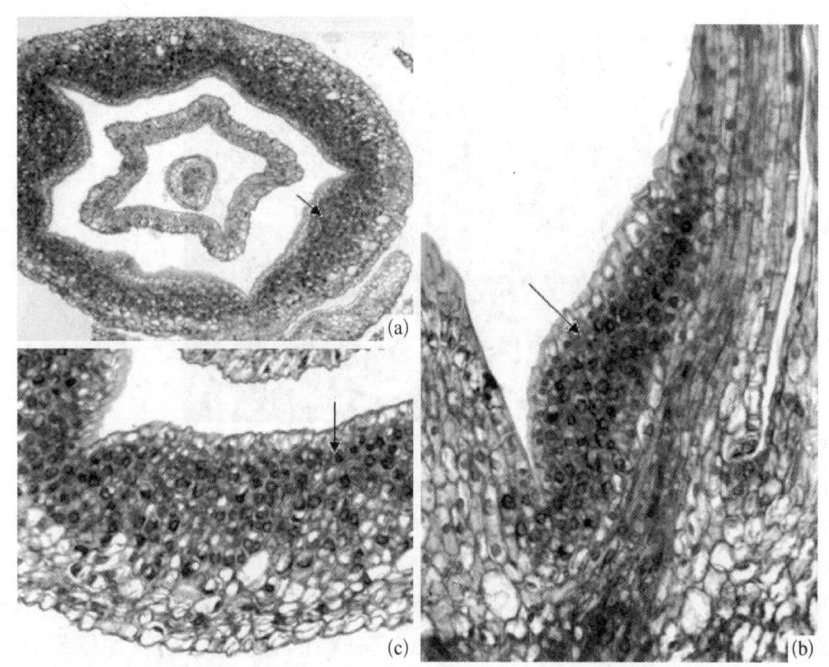

图 3-17 牛膝雄蕊蜜腺结构(箭头示产蜜组织)
(a) 花蕾基部横切面,示连成环状的雄蕊蜜腺;(b) 蜜腺纵切面;(c) 蜜腺横切面

的花粉囊壁由表皮和纤维层组成,表皮细胞 1 层,较小,排列紧密;纤维层的细胞壁上有带状加厚(图 3-18 箭头所示),这种带状加厚有助于花药的开裂和花粉的散放。花粉囊内具多数花粉粒,在两花粉囊之间的交接处有几个薄壁的唇形细胞,其体积较大,在花药成熟开裂时从此处形成裂缝,二花粉囊相互沟通,是成熟花粉散出之处。扫描电镜观察牛膝的花粉呈椭圆形,大小约 $24.9~\mu m \times 16.6~\mu m$,其表面具颗粒状突起纹饰(图 3-19)。

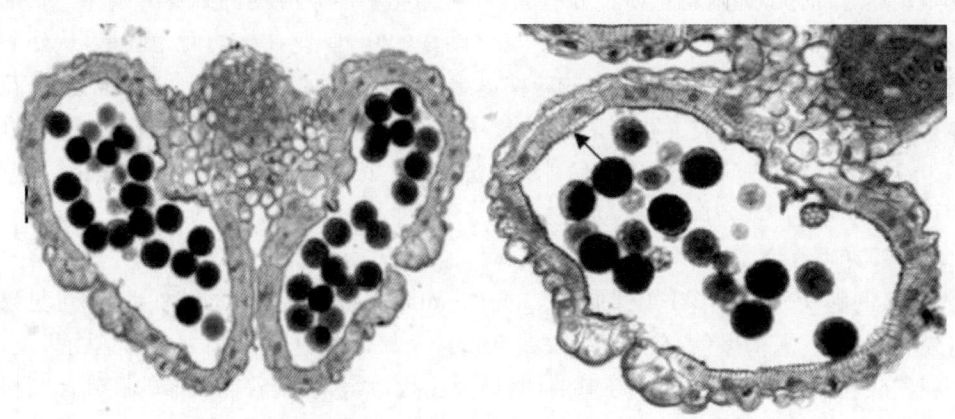

图 3-18 牛膝花药横切面(箭头示纤维层细胞壁上的带状加厚)

第3章 牛　　膝

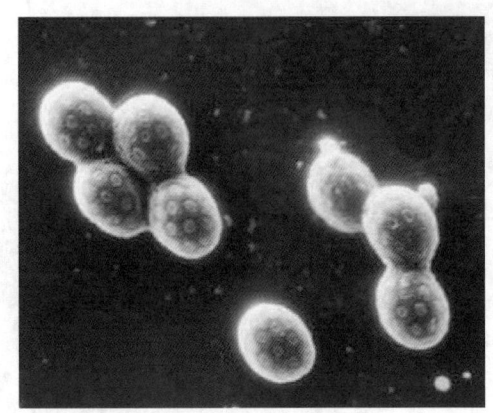

图3-19　牛膝花粉扫描图

3. 雌蕊的结构

雌蕊呈花瓶状,由1枚心皮构成,比雄蕊长,子房上位,1室,含1枚胚珠,花柱细而长,柱头单一(图3-12c)。子房纵切面呈花瓶形状,基生胎座上具1枚胚珠,胚珠具2层珠被,胚珠和胎座之间由珠柄相连(图3-20a),珠柄由1层表皮细胞、薄壁组织和1条维管束组成(图3-20b)。在胚珠发育的初期,子房壁由表皮、薄壁组织和维管束组成,随着胚珠的进一步发育,子房壁细胞逐渐收缩、变形。子房横切面呈不规则的多边形,子房室中可见1枚胚珠的横切面(图3-20c)。

从牛膝花柱的纵切面可见花柱上端数层细胞的胞核较大,细胞质浓厚,柱头上的表皮细胞向上延长形成指状突起(图3-20d)。柱头上的指状突起细胞及其下的数层细胞具有腺质细胞的特点,它们组成一个明显的分泌区,形成柱头的花粉接受面,因此,牛膝的柱头为湿性柱头。随着柱头的进一步发育成熟,指状突起伸长,顶端略有膨大,同时其下部分泌层的细胞排列变得较为疏松,形成细胞间隙(图3-20e)。牛膝柱头的这种独特结构,显然对"捕捉"和附着花粉十分有利,并可为花粉萌发时提供必要的条件。扫描电镜观察柱头指状突起细胞表面光滑,无纹饰(图3-20f)。花柱横切面为圆形,从外到内由外表皮、薄壁组织、内表皮和中空的花柱道组成。在其薄壁组织中有2条维管束;花柱的内表皮细胞向内又形成了乳状突起,构成了特殊的通道细胞或称引导组织细胞[116](图3-20g),可向通道内产生分泌物,有利于花粉管的生长。扫描电镜观察花柱及子房壁的表面光滑,表皮细胞均为长柱状,无纹饰(图3-21,图3-22)。

4. 果实的结构

牛膝的胞果为椭圆形或矩圆形,长2.5～3 mm,顶端残留单一的花柱,基部可见果柄痕,果皮薄膜状,深褐黑色,有黑色纵纹数条(图3-13b)。胞果横切面呈圆形,由果皮、种皮、胚和胚乳组成(图3-23)。胚弯曲,略呈螺旋状,紧紧包围着椭圆形的胚乳。胚根弯卷于胚乳中,两片子叶扁形,较胚根长,胚根与胚轴间无明显界线(图3-24)。其果皮薄且干燥,疏松地包裹在种子外面。种子类型为双子叶有胚乳种子。

§3.2 牛膝形态结构特征

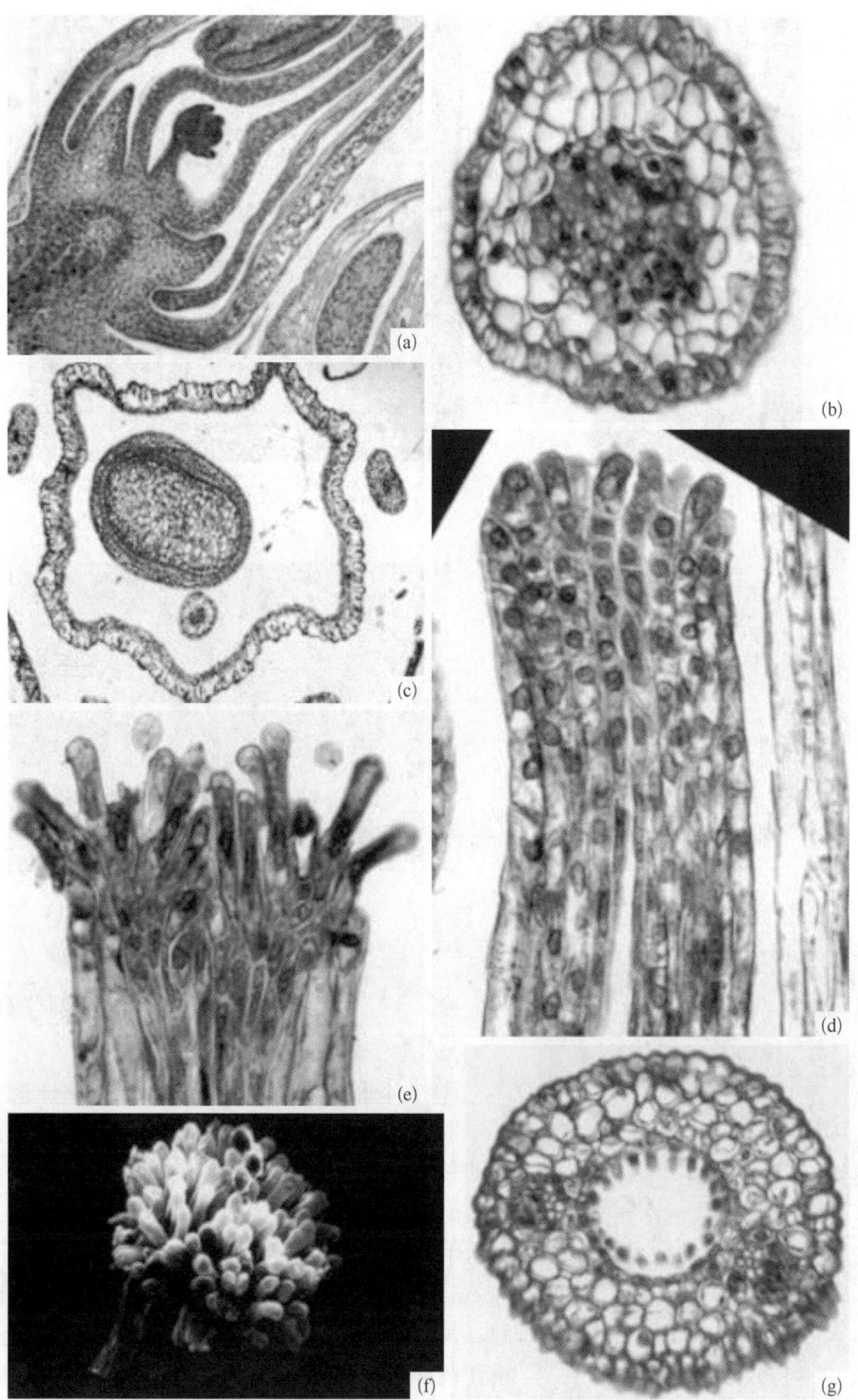

图 3-20 牛膝雌蕊的结构
(a) 子房纵切面；(b) 珠柄横切面；(c) 子房横切面；(d)、(e) 花柱纵切面；(f) 柱头扫描；(g) 花柱横切面

图3-21 牛膝花柱表面扫描图

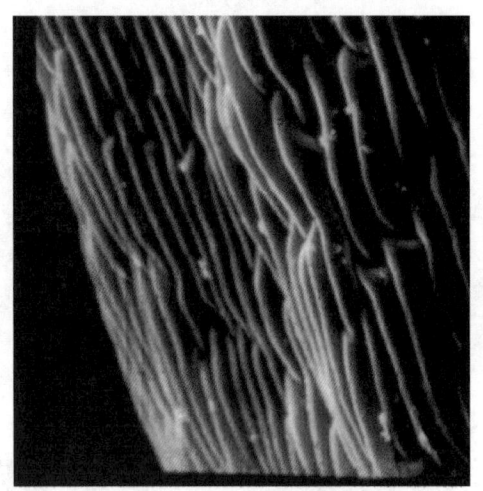
图3-22 牛膝子房壁表面扫描图

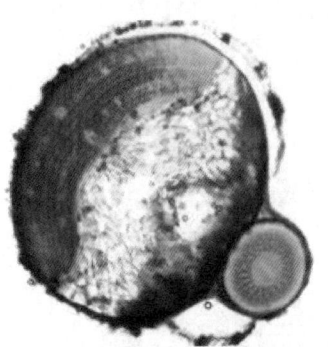
图3-23 牛膝胞果横切面

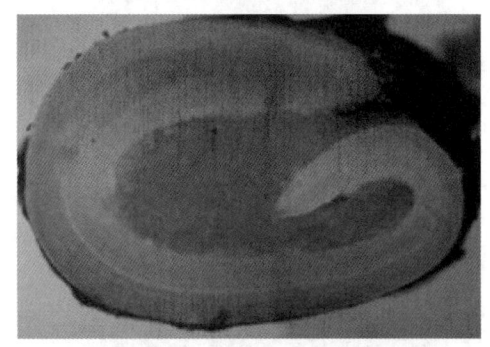
图3-24 牛膝胞果纵切面

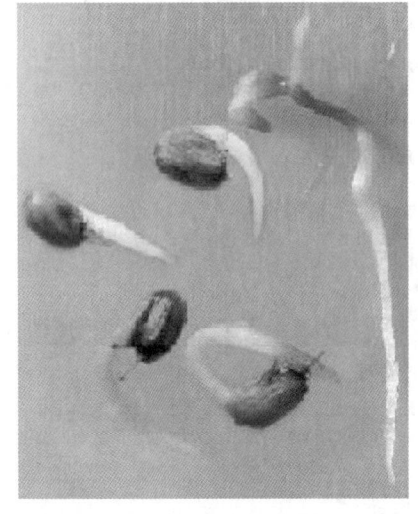
图3-25 牛膝幼苗主根的形成

§3.3 牛膝营养器官的发育解剖学研究

3.3.1 根的发育解剖学研究

1. 牛膝根的发生

牛膝的种子播种5～7 d后开始萌动,胚根首先突破种皮,向下生长,形成幼苗的主根(图3-25)。牛膝为深根系植物,其主根向下垂直生长,深入土层可达1 m以上。在出苗后的30 d内,其主根可长至14 cm左右,而直径增加不明显。以后,在根增长的同时,其直径快速增加。牛膝根的长度和直径是鉴定其药材品质的重要指标之一,但其长度和直径与不同产地土壤的结构、类型、水肥的情况及土壤微生物的种类和活动情况等有密切的关系。

开始了初步分化,形态和排列方式彼此有所不同。最外一层细胞是表皮原,在横切面上为切向引长的长方楔形,其尖端嵌入皮层原细胞之间,胞质较浓,细胞核大,细胞排列整齐紧密;表皮原之内有4~5层由基本分生组织细胞组成的皮层原,这些细胞的体积大小不一,细胞排列疏松,有明显的细胞间隙,细胞质相对较稀薄,液泡明显;中央是由6~7层细胞组成的中柱原,其细胞的体积较小,细胞质相对浓厚,核质比大,细胞排列紧密(图3-26c)。

位于分生区稍后方的部分为伸长区,其细胞分裂已逐渐停止,分化加速,细胞体积扩大,并沿根的长轴方向延伸,使根显著伸长,因而在土壤中继续向前推进,有利于根不断向新的环境转移,以吸取更多的养分。

成熟区内根的各种细胞已停止伸长,并且多已分化成熟,此部分的组成细胞处于体积增大、结构分化阶段,为根的初生结构(图3-27)。由于其表皮细胞的外壁常向外突起并延伸形成表皮毛,故此部分又称根毛区。

牛膝根的初生生长是通过其初生分生组织细胞的分裂及其衍生细胞的体积增大活动完成。以后,这些衍生细胞分化,形成了根的初生结构。其中,根冠原的衍生细胞,分化为根冠薄壁组织细胞,而表皮原、皮层原和中柱原的衍生细胞则分别分化为表皮、皮层和中柱,共同构成根的初生结构(图3-27)。表皮由一层细胞组成,排列整齐而紧密,其中一些细胞的外壁突出形成根毛;皮层位于表皮的内方,由4~5层薄壁组织细胞组成,细胞排列疏松,有明显的胞间隙,皮层最内一层为内皮层,细胞体积相对较小,排列紧密,无胞间隙,其径向壁和部分横向壁因沉积木质和栓质而显著增厚,形成明显的凯氏带(图3-28);中柱由中柱鞘和初生维管组织构成,中柱鞘外缘紧贴着内皮层,由一层薄壁组织细胞组成,包围在初生维管组织的外面,初生维管组织由初生木质部和初生韧皮部组成,两者相间排列。

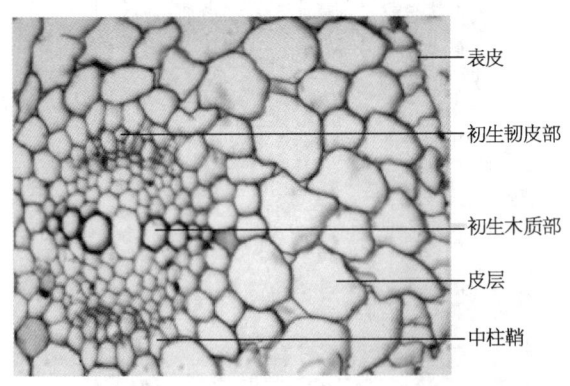

图3-27 牛膝根横切面(示初生结构)

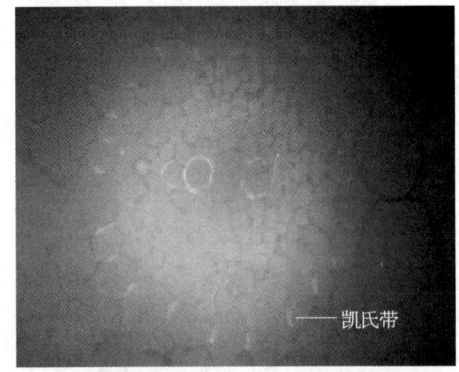

图3-28 根横切面的荧光显微照片

在根的初生结构分化中,皮层细胞最早分化,然后是中柱和表皮。在中柱分化前,皮层原细胞的体积先增大,细胞质已开始液泡化(图3-29)。在中柱分化过程中,其外围中柱鞘内侧2个相对部位的细胞最早分化出原生韧皮部筛管,以后在2个原生韧皮部束间,紧邻中柱鞘处分化出原生木质部的小导管。木质部束与韧皮部束相间排列。其后,在原生韧皮部的内侧分化出筛管、伴胞和韧皮薄壁组织细胞,组成后生韧皮部。当原生木质部导管分化成熟后,其内侧分化出口径较大的导管组成的后生木质部,使2个初生木质部束的导管群在根中央连接起来。在初生木质部和初生韧皮部之间有3~4层薄壁组织细胞。因此,牛膝根初生结构中,木质部多为二原型,偶见三原型,其发生过程为外始式。在上述分化过程中,其表皮原分化为1层排列紧密、体积较小的表皮细胞(图3-27)。至此,由表皮、皮层和中柱构成的根的初生结构已分化形成。

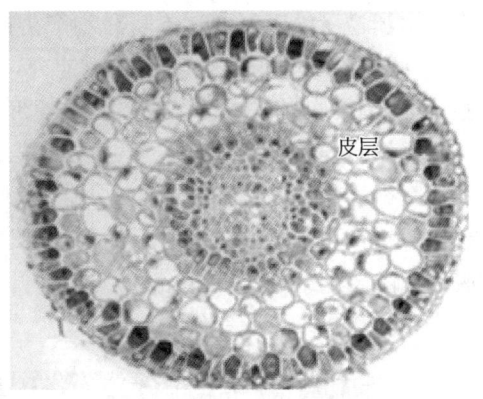

图3-29 根横切面(示皮层分化)

当初生结构中的后生木质部导管将分化成熟时,在初生木质部和初生韧皮部之间的一些薄壁组织细胞首先恢复分生能力,形成2个弧形的形成层片段,并逐渐向两侧扩展,直至初生木质部脊处,与该处的中柱鞘细胞相连。这时该处的中柱鞘细胞也恢复分生能力,参与维管形成层的形成。至此,弧状的形成层带彼此相衔接,成为完整连续的椭圆形形成层环(图3-30a)。在形成层环形成的过程中,次生生长即开始,在初生木质部和初生韧皮部之间的形成层细胞先进行切向分裂,向内产生的细胞形成次生木质部,向外产生的细胞形成次生韧皮部。由于向内产生的次生木质部数量多,从而使维管形成层环逐渐变为圆形。新形成的次生木质部附加在初生木质部的两侧,新形成的次生韧皮部叠加在初生韧皮部的内方。次生木质部由导管、木纤维、少量木薄壁组织细胞组成;次生韧皮部由大量韧皮薄壁组织细胞和少量的筛管、伴胞组成。由于2个初生木质部顶端的形成层细胞只形成射线薄壁组织细胞,因此,次生维管组织被隔成2个扇状束,分别排列在初生木质部两侧,而在每个扇状束中又可产生较窄的维管射线(图3-30b)。此时,初生韧

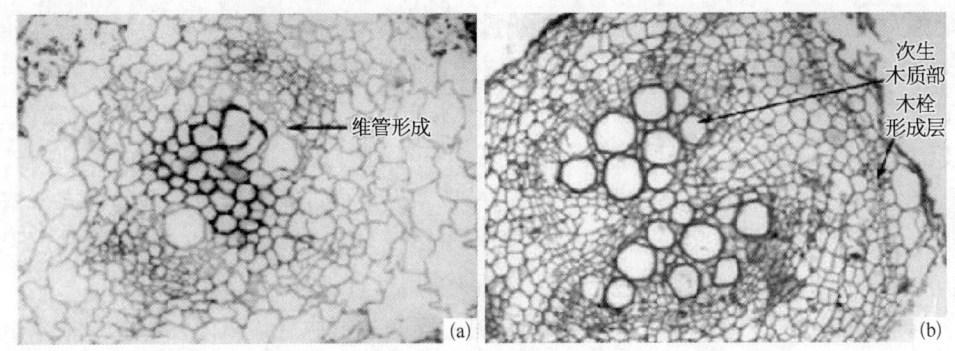

图3-30 牛膝根横切面
(a)示维管形成层的产生;(b)示木栓形成层的产生

皮部由于遭受维管形成层不断活动产生的新的组织的挤压而破毁。在次生维管组织分化的同时，中柱鞘的细胞恢复分裂能力，进行平周和垂周分裂，形成2或3层近方形细胞，最外层细胞形成木栓形成层。木栓形成层进行切向分裂，向外产生2或3层细胞壁栓质化的木栓层细胞，向内产生多层体积较大的薄壁组织细胞构成栓内层，从纵切面看，其细胞都呈长柱状（图3-31）。木栓层、木栓形成层和栓内层共同构成周皮，由周皮对根行使保护作用。随着根的不断加粗，表皮和皮层细胞逐渐解体、脱落（图3-30b），在尚未脱落的内皮层细胞上，凯氏带仍清晰可见（图3-32）。因此，牛膝根的次生结构从外到内由周皮和次生维管组织组成。

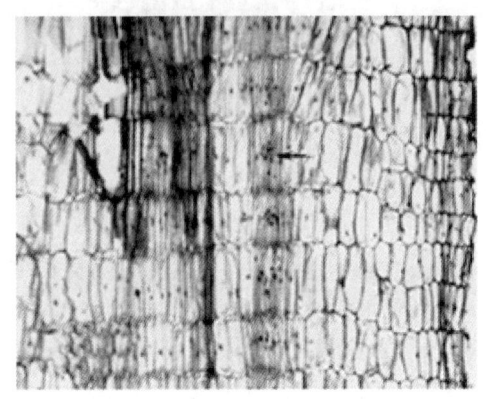

图3-31 牛膝根纵切面（示额外形成层细胞呈叠生排列）

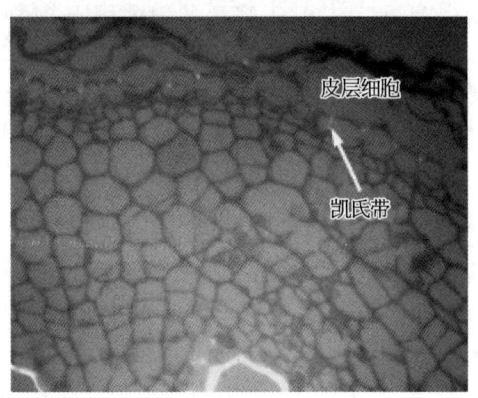

图3-32 牛膝根横切面荧光显微照片

牛膝根除具有双子叶植物正常的初生和次生结构外，还有由额外形成层分化产生的三生结构。当次生维管束分化将近完成时，维管形成层活动减弱，而在次生韧皮部最外侧邻近中柱鞘部位的薄壁组织细胞反分化，经不定向分裂产生不整齐的细胞群，其中的一些细胞进行径向分裂形成弧状的额外形成层片段（图3-33a），以后它沿韧皮部外缘切向延伸，随后次生射线外方邻近中柱鞘部位的薄壁组织细胞也转变为额外形成层，它们相衔接后形成第一圈椭圆状的额外形成层（图3-33b）。额外形成层首先进行切向分裂产生3~5层径向排列的薄壁组织细胞，构成形成层区，随后其中一些部位的细胞开始分化，向外产生的细胞形成三生韧皮部，向内产生的细胞形成三生木质部，构成大小不一的外韧型三生维管束。三生木质部由多个导管、木纤维和少量木薄壁组织细胞组成；三生韧皮部由筛管、伴胞、韧皮薄壁组织细胞组成。三生维管束之间的额外形成层向内外两侧只产生薄壁组织细胞，这些细胞的体积进一步增大形成三生维管束之间的径向薄壁结合组织，最后形成了第一圈三生维管束（图3-33c）。在切向纵切面上，额外形成层无纺锤状原始细胞和射线原始细胞之分，它们都呈纺锤状，且为叠生排列（图3-31）。

当第一圈三生维管束分化将近完成时，第一圈额外形成层最早向外衍生的基本组织中靠外方的一些细胞恢复分生能力，产生第二圈额外形成层（图3-33d）。第二圈额外形成层也同时向内外两侧产生多层薄壁组织细胞。其中向内产生的细胞分化为两圈三生

§3.3 牛膝营养器官的发育解剖学研究

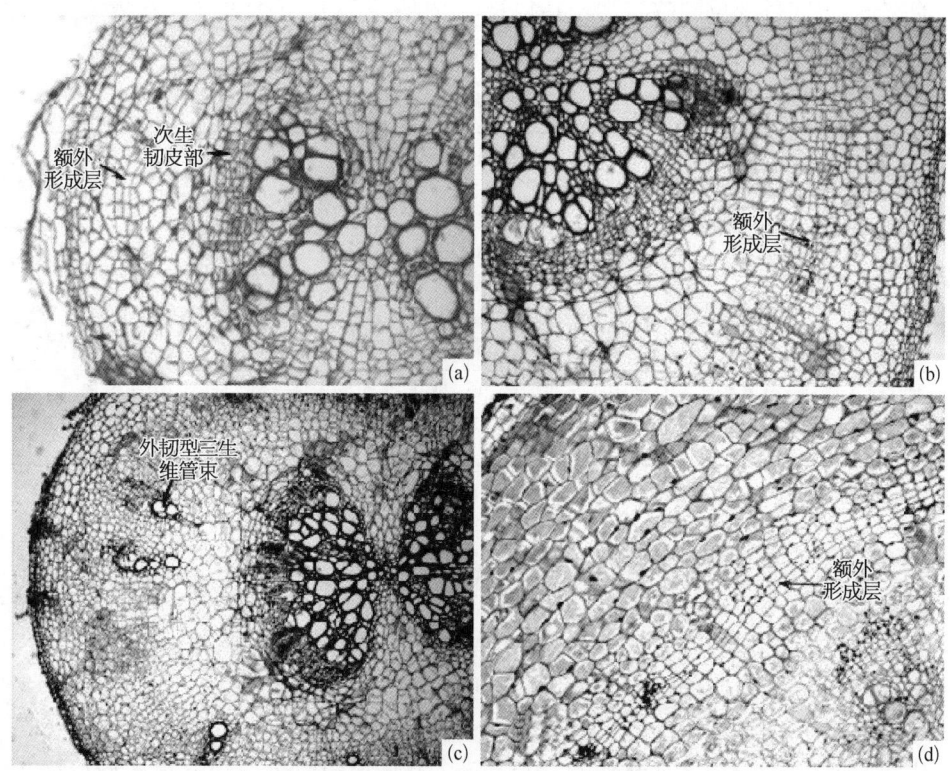

图 3-33 牛膝根横切面(示额外形成层的分化及三生维管束的产生)
(a) 示第一圈额外形成层的分化;(b) 示第一圈额外形成层;(c) 示第二圈额外形成层的分化;(d) 示第二圈额外形成层

维管束之间的切向薄壁结合组织,然后以同样的方式产生第二圈三生维管束及其间的径向薄壁结合组织。由于同一圈额外形成层各部分的发生和分化活动不是同步进行,所以同一圈内各个三生维管束处在不同的发育阶段。额外形成层的发生和活动可重复多次,以离心方式分化可形成多圈三生维管束。一年生牛膝根上部最多可达五圈三生维管束,其三生结构呈整齐的同心环状排列,其间由薄壁结合组织细胞将三生维管束分隔开。

在牛膝的生长过程中,根的加粗主要依靠三生结构中各组织的产生,特别是薄壁结合组织细胞数目的增多及体积的增大。牛膝根中三生维管束的圈数,随着根的个体发育而增加,但各相对部位的三生维管束圈数相对稳定;在同一生长期同一根的不同部位中,三生维管束圈数一般是不同的,越靠近根上部,三生维管束圈数越多,越靠近根下部,三生维管束圈数越少,但外圈三生维管束的数目均多于其相邻内圈。

出苗后每隔 30 d 随机取材一次,将根分为上(子叶节下 1.5 cm 处)、中(全长的 1/2 处)、下(全长下部 1/4 处)三段,测量形态数据并进行统计学处理。由表 3-1 可知,主根在出苗后 30~120 d 其根长呈快速增长趋势,而其直径和三生维管束的分化则在出苗后 30~60 d 呈加快趋势;不同生长期相应部位上产生的三生维管束圈数不同,随着根生长时间的推迟,根的各部位圈数增加。其根长、加粗及各部位三生维管束圈数均在出苗后120 d前后同步达到高峰。一年生牛膝根上部三生维管束通常可达5圈。

表3-1 牛膝根的生长动态

出苗后天数	根长(cm)	直径(mm)			三生维管束圈数		
		上	中	下	上	中	下
30	14.2	2.2	0.8	0.5	1	0	0
60	28.1	6.9	1.8	1.0	3	1	0
90	55.0	8.3	2.6	1.7	4	2	1
120	84.7	9.9	3.3	2.2	5	3	1
150	85.2	10.0	3.4	2.3	5	3	1

3.3.2 茎的发育解剖学研究

李金亭等[114]报道,牛膝在茎尖下1~2节间茎的初生和早期次生维管结构正常,类似于一般草本双子叶植物。但在茎端下第三节间,牛膝茎中存在两种不同类型的异常结构,即正常维管系统外围的三生结构和髓中的髓维管束。

1. 茎尖及其组织分化

从茎尖纵切面观察,茎的生长点呈圆锥形,由原套和原体两部分组成原分生组织。原套位于生长点的外围,由2层细胞组成,原体位于原套所包围的中央部分(图3-34)。原套细胞形状规则,排列整齐,大小均一,主要进行垂周分裂,以保持表面生长的连续进行;原体细胞形状和大小的变化都比较大,可进行平周分裂和各个方向的分裂,连续地增加体积,使茎端膨大;从横切面看,原分生组织的细胞呈等径的多边形,体积较小,细胞壁薄,细胞质浓厚,液泡化程度低,细胞核大,细胞排列整齐而紧密,表现出典型的分生组织的细胞学特点(图3-35)。

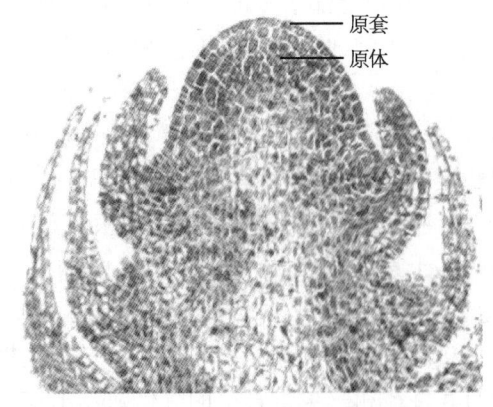

图3-34 牛膝茎尖纵切面

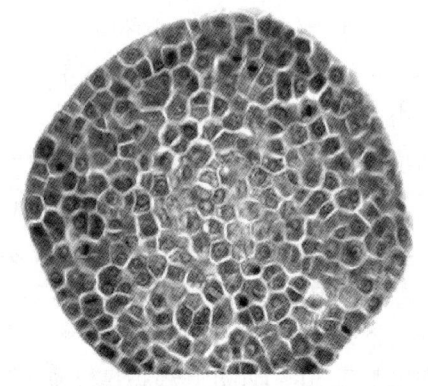

图3-35 牛膝茎尖横切面(示原分生组织)

§3.3 牛膝营养器官的发育解剖学研究

原生分生组织下面的衍生细胞在一定距离处分化出初生分生组织——原表皮、原形成层和基本分生组织。原表皮为最外面的一层细胞,细胞排列紧密,液泡化程度较低;基本分生组织包括位于原表皮内的皮层基本分生组织和位于中央的髓基本分生组织,其中皮层基本分生组织细胞排列也较紧密,细胞核大,细胞质液泡化程度较低;而中央髓基本分生组织的细胞体积较大,细胞质液泡化程度高。在两类基本分生组织之间有由体积较小、原生质非常浓厚且排列紧密的细胞组成的原形成层环,在茎的 4 个棱角处及其中间的部位,环状原形成层中分化出一些染色更深的束状区域,即为原形成层束。在髓基本分生组织中也有由一些体积较小、原生质非常浓厚的细胞组成的 2 个原形成层束(图 3-36a),称髓原形成层束,将来发育为髓维管束。

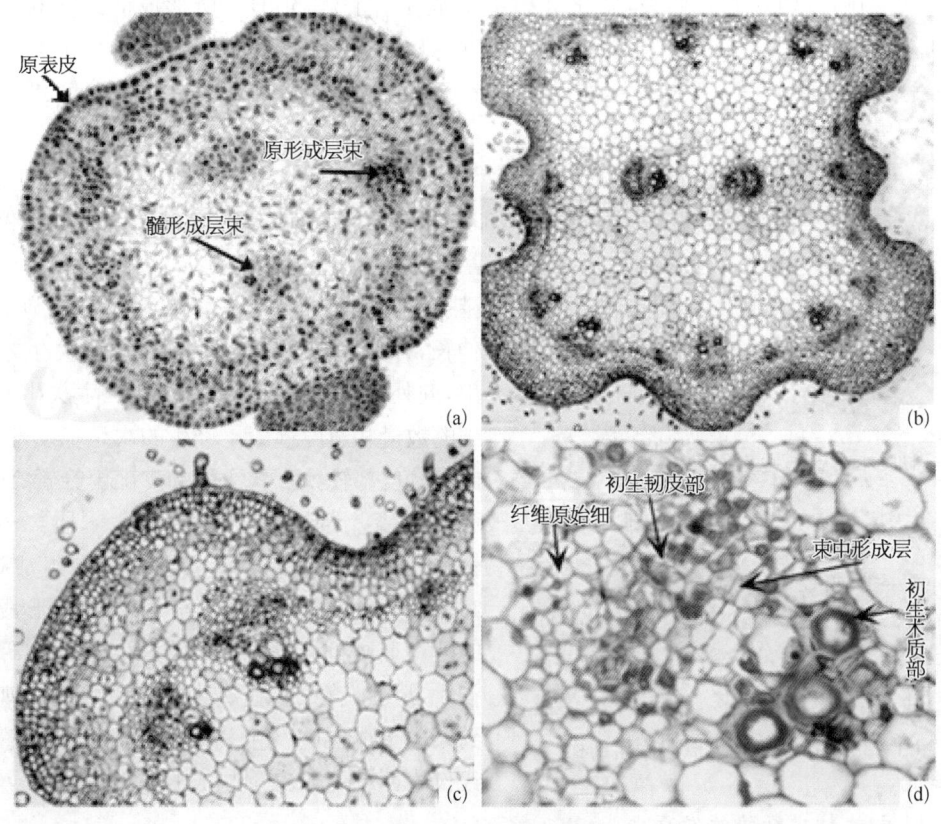

图 3-36　牛膝茎横切面
(a) 示茎端初生分生组织;(b)、(c) 示初生结构;(d) 正常维管束

2. 茎的初生生长和初生结构的形成

牛膝茎的初生生长表现为顶端分生组织下面体轴的伸长和加粗。在顶端,节间非常短,所以叶原基和幼叶簇集在一起。随后,在叶着生的区域(节)之间迅速伸长,形成节间,初生分生组织分化出表皮、皮层和维管柱,组成茎的初生结构(图 3-36b)。

在牛膝茎的初生分生组织的发育过程中,原表皮的衍生细胞分化为表皮,包被在整个茎的最外面,起着保护内部组织的作用。表皮由一层近方形的细胞组成,排列整齐而紧密,外壁被有较厚的角质层,表面密被表皮毛(图3-36b、c)。皮层基本分生组织的衍生细胞分化为皮层,其中紧邻表皮的3~5层细胞分化为厚角组织,其内的4~6层细胞分化为薄壁组织,幼茎的皮层细胞内分布有大量的叶绿体,在茎的4个棱角处厚角组织中较多(图3-36c)。而位于皮层基本分生组织与髓基本分生组织之间的原形成层束分化最为复杂。根据茎尖连续纵横切片观察,在原形成层束外侧的原生韧皮部筛管最早分化出来,其后原生木质部导管分子才在原形成层束的内缘出现,以后分别向外向内分化出后生韧皮部和后生木质部分子,而原形成层束的中央部分的细胞不再分化,保持分生组织状态。当原生木质部分子已经成熟而后生木质部仍在分化时,这些细胞沿切向方向伸长,转化为束中形成层(图3-36d)。所形成的维管束主要分布在茎的4个棱角处及其中间部分,在茎内排列成一圈。髓基本分生组织的衍生细胞分化为髓和髓射线,其中2个髓原形成层束则分化为2个相对的外韧型髓维管束(图3-36b)。

3. 茎的次生生长和次生结构的形成

次生生长是维管形成层活动在茎中增加维管组织数量的过程,开始于茎体轴已停止伸长的部分。这种生长使体轴加粗,但其长度不增加。

当正常维管束中后生木质部分子尚未成熟时,原排列不整齐的束中形成层细胞切向伸长,并进行切向分裂,向内产生次生木质部,向外产生次生韧皮部,由于产生次生木质部的数量和速度远大于产生的次生韧皮部,因此其韧皮部较狭窄。次生韧皮部由筛管、伴胞和韧皮薄壁组织细胞组成;次生木质部由导管、木纤维和少量木薄壁组织细胞组成(图3-37)。此时,初生韧皮部由于维管形成层的活动而被推向外方,遭受挤压破损,仅保留初生韧皮维管束。在次生维管束之间未观察到束中形成层的产生和活动,因此,其维管射线仅由薄壁组织细胞构成的髓射线。

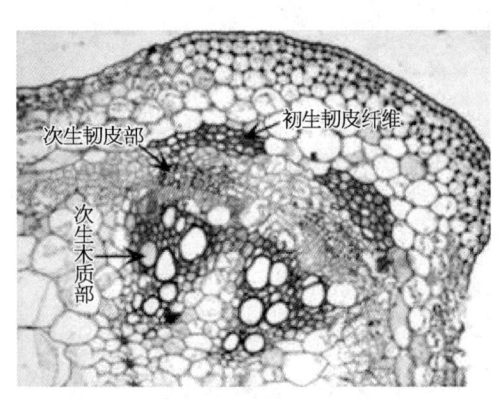

图 3-37 牛膝茎横切面(示次生结构)

4. 初生韧皮纤维的发育

在牛膝茎中,当原生韧皮部分化时其外方仍保留1~2层原形成层细胞,它们排列不规则。原生木质部导管分子出现后,这些原形成层细胞经切向分裂增至3~4层,由于其中部的细胞分裂较快,因此形成的细胞群成帽状位于维管束的最外侧,这些细胞即为初生韧皮纤维原始细胞(图3-36d)。由于初生韧皮纤维原始细胞的体积较小,因此与皮层细胞之间区别明显。以后,随着后生韧皮部的分化,纤维原始细胞继续分裂,形成新月形的束状结构。当次生维管组织普遍成熟,额外形成层开始产生时,初生韧皮纤维原始细胞的壁开始加厚,并逐渐发育成熟。以后,由于额外形成层的产生和活动,成熟的初生韧皮纤维被推向皮层,从而与茎中次生韧皮部分隔开来(图3-38)。

5. 茎内三生结构的发生和发育

根据对牛膝茎的连续纵、横切片的观察,我们发现牛膝在茎尖下1~2节间茎中初生和早期次生结构类似于一般草本双子叶植物,以后茎的加粗主要依靠额外形成层活动产生三生结构。

在茎端下第三节间,当次生维管组织分化将近完成时,维管形成层活动减弱,在纤维原始细胞内侧紧靠次生韧皮部及髓射线外侧

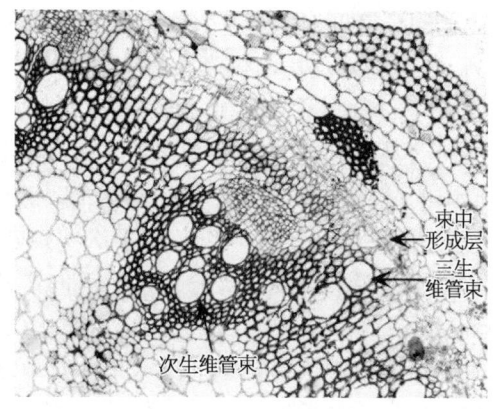

图3-38 牛膝茎横切

的一些细胞经过多次不定向分裂形成一轮环状的额外形成层。额外形成层细胞首先进行切向分裂,形成由3~5层扁平细胞组成的额外形成层区。由于其细胞在形状、大小与皮层薄壁组织细胞和髓射线细胞差别比较大,所以较易区分出来(图3-39a)。当额外形成层开始活动时首先向内侧进行单向分裂产生数层细胞,其中一些部位的细胞分化为导管和其间的纤维细胞,构成三生维管束的木质部。其导管的分化较快,紧邻额外形成层

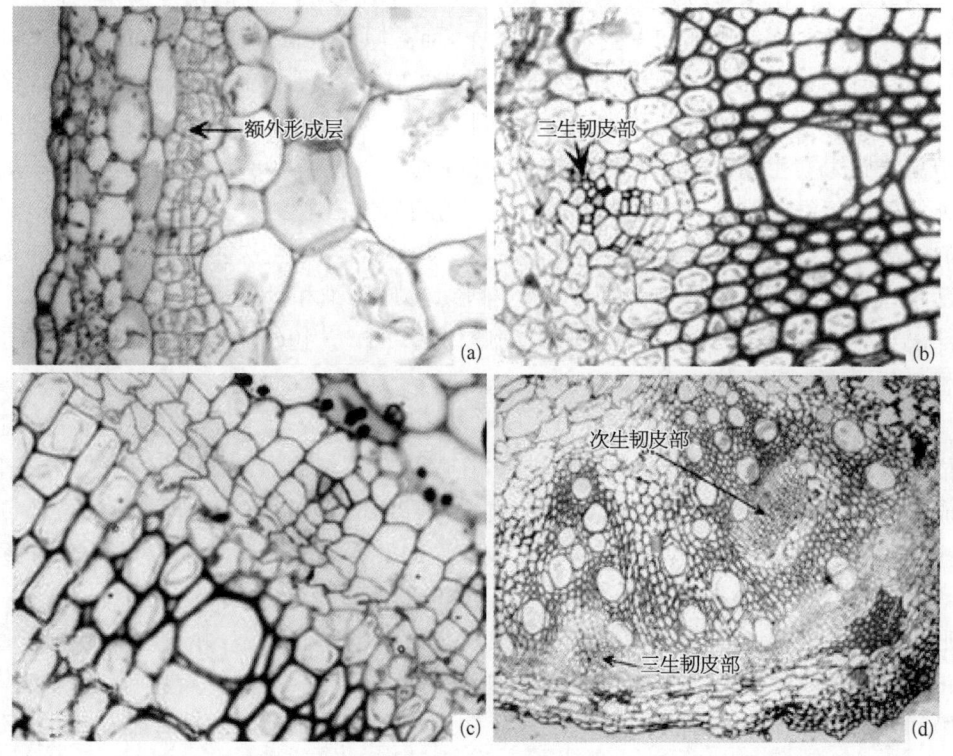

图3-39 牛膝茎横切面

(a) 示额外形成层;(b)、(c) 示三生韧皮部的分化;(d) 示"岛状"的三生韧皮部

内侧的导管母细胞迅速生长扩大,常由2～4个导管成群排列成整齐或不整齐的径向系列,导管之间及其两侧为大量连续排列的木纤维,它们共同组成三生木质部束。在维管束间的额外形成层则产生木质部间的径向结合组织,其细胞壁后期增厚并木质化,横切面观其细胞较大,呈矩形,而木纤维细胞呈三角形或多边形(图3-39b)。三生韧皮部的分化较晚,在对应三生木质部外方的额外形成层区的外缘,少数几个细胞转化为韧皮母细胞(图3-39c),经多次不定向分裂形成三生韧皮部束。以后三生韧皮部外侧的薄壁组织细胞又反分化形成新的额外形成层片段,并与原来的额外形成层连接起来,将三生韧皮部束包围在分生组织中间,形成"岛状"的三生韧皮部(图3-39d)。三生结构中的木质部则穿插于次生维管束之间的髓射线中,从而在茎内形成一圈三生结构。由于额外形成层开始分化的时间不一致,所以三生维管束的发育不是同步的,通常在正常维管束间(髓射线)部位处的三生维管束最先分化完成,而对着正常维管束外侧的三生维管束分化较晚。

6. 髓维管束的发育

在牛膝茎的初生结构分化中,髓基本分生组织分化为髓薄壁组织的同时,其中2个髓原形成层束则分化为2个相对排列的外韧型髓维管束。据茎端连续纵、横切片观察,髓维管束的分化与正常维管束的分化是同步的,其原生韧皮部筛管在髓原形成层束外缘最早分化出来,以后原生木质部导管分子才在形成层束的内缘出现,并分别向外向内分化出后生韧皮部和后生木质部分子,而髓原形成层束中央部分的细胞不再分化,保持分生组织状态。当原生木质部分子已经成熟而后生木质部仍在分化时,这些仍保持分生组织状态的细胞沿切向方向伸长,转化为束中形成层(图3-40a)。此时,位于髓维管束初生韧皮部外侧的薄壁组织细胞脱分化,进行不定向分裂,形成不规则排列的薄壁组织细胞群,成帽状覆盖在初生韧皮部的外侧(图3-40b)。随后束中形成层的细胞进行切向分裂,向内产生少量次生木质部,向外产生次生韧皮部,形成外韧型的髓维管束。髓维管束的韧皮部由筛管、伴胞、韧皮纤维和韧皮薄壁组织细胞组成,木质部由导管、木纤维和少量木薄壁组织细胞组成(图3-40c)。至此,茎髓部形成了2个相对的外韧型髓维管束。

牛膝茎中的2个髓维管束一般为外韧型,位于髓的中央,呈游离状态,与正常维管束在位置上没有相关性。随着茎的不断增粗,在髓维管束结构中还会产生一些异常变化,形成新的维管束类型,如有的在髓维管束韧皮部外面的薄壁组织细胞群中,靠近外侧的一些薄壁组织细胞首先恢复分生能力,形成弧形的异常形成层片段(图3-40c),并逐渐向两侧扩展,直至与髓维管束形成层完全连接起来,形成一个形成层环(图3-40d)。异常形成层细胞进行切向分裂,向内产生的细胞分化为异常韧皮部,并与原来的髓维管束的正常韧皮部连接起来,形成完整的环状韧皮部,把薄壁组织细胞群包围在环状韧皮部的中间,随后向外产生的细胞在某些部位分化为异常木质部,但异常木质部与正常木质部始终不连成环状,从而形成不完全的周木型维管束(图3-40e);另外,在茎的发育中,有时2个外韧型的髓维管束还会发生移动或扭转,使其木质部或韧皮部连在一起(图3-40f,g)。

§3.3 牛膝营养器官的发育解剖学研究

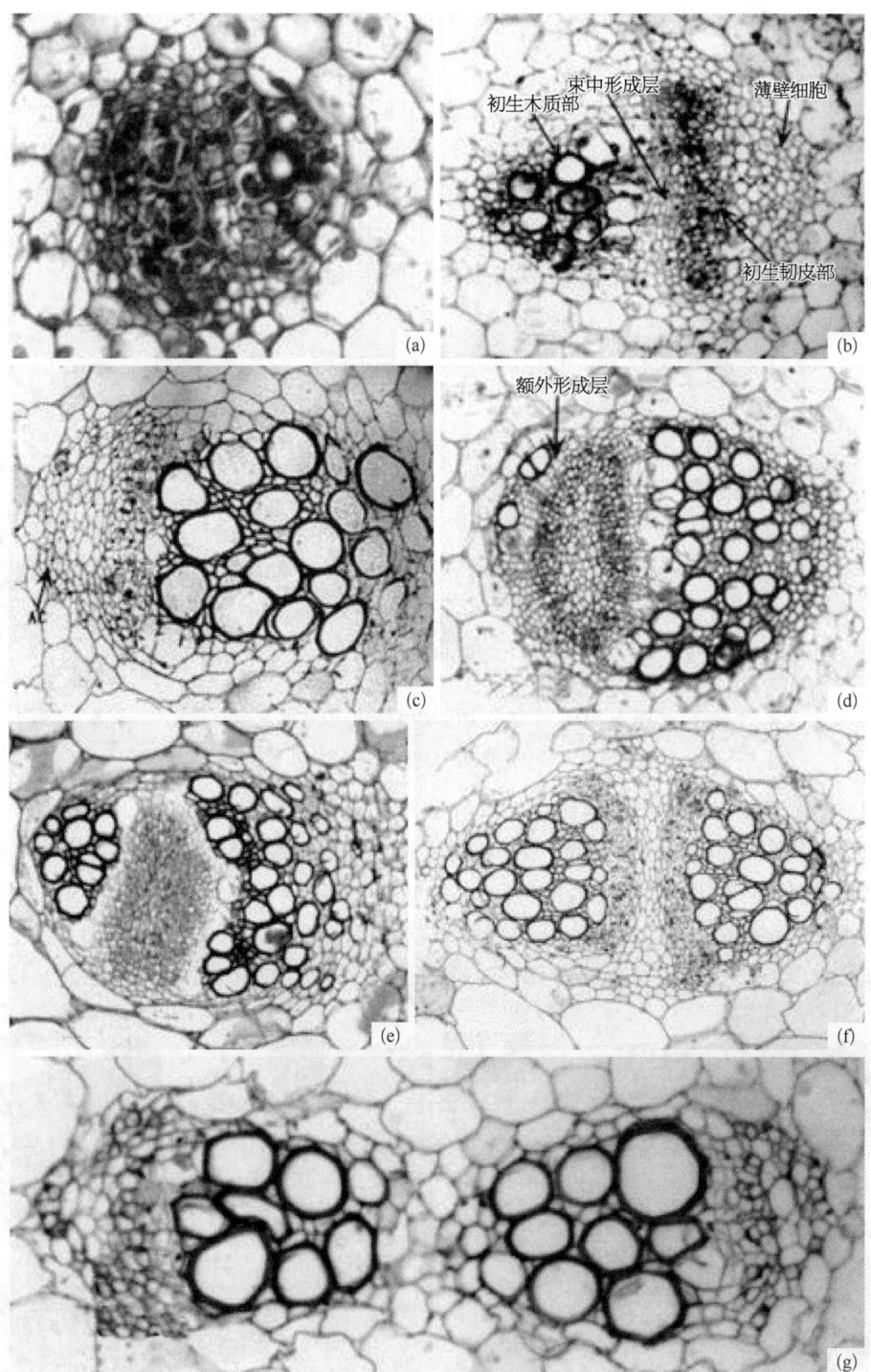

图 3-40 牛膝茎横切面(示髓维管束的发育)

(a)~(c) 示髓维管束的发育过程；(d)、(e) 示髓维管束异常结构的产生；(f) 韧皮部相连的 2 个髓维管束；(g) 木质部相连的 2 个髓维管束

3.3.3 叶的发育解剖学研究

1. 叶原基的起源及发育过程

牛膝的叶是由叶原基逐步发育而成的。牛膝茎尖先端呈锥形,叶原基发生于茎尖生长锥的基部,由表面的几层原始细胞进行分裂,使侧面形成最初的突起(图3-41a),通常称叶原座[117]。叶原座是叶原基发生的开始阶段,由叶原座再向长、宽、厚三个方向发展,形成叶原基(图3-41b)。其厚度生长开始与停止均较早,从而使叶原基在早期即成为扁平形,以后由叶原基经顶端生长、边缘生长和居间生长形成成熟叶片。

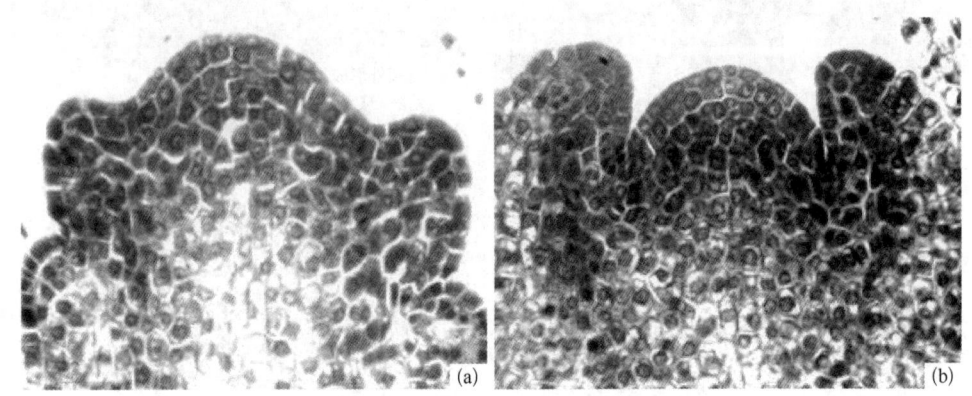

图 3-41 牛膝茎尖纵切面(示叶原基的产生)
(a) 叶原座;(b) 叶原基

2. 叶发育过程中内部结构的变化

牛膝叶的发育可划分为原分生组织、初生分生组织和初生结构形成三个阶段。

(1) 原分生组织阶段 由生长点上发生的叶原基从横切面观察,呈三角形,由同形、排列紧密的分生组织细胞构成。其组成细胞均呈多角形或近圆形,细胞核大,细胞质浓厚,细胞壁薄,呈现出典型的分生组织细胞特征,此阶段称原分生组织阶段(图3-42a)。

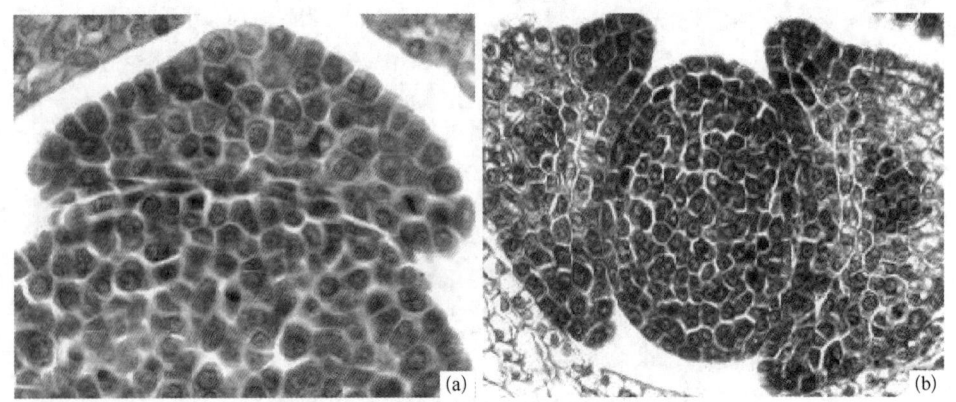

图 3-42 不同发育阶段叶原基横切面
(a) 原分生组织阶段;(b) 初生分生组织阶段早期

(2) 初生分生组织阶段　原分生组织进一步分化,形成初生分生组织。牛膝叶的初生分生组织由原表皮、基本分生组织和原形成层束组成(图3-42b)。原表皮为最外面的一层细胞,细胞排列紧密,细胞核大,细胞质浓厚;原表皮内的2～5层基本分生组织细胞呈多角形,其直径较原表皮细胞略大,细胞核仍较大,细胞质开始液泡化;在基本分生组织的中央有一些体积较小、原生质非常浓厚的细胞组成原形成层束,将来发育为叶脉维管束。

(3) 初生结构形成阶段　在牛膝叶的初生分生组织的发育过程中,原表皮衍生的细胞分化为表皮,包裹在整个叶的外面,起着保护内部组织的作用。表皮由一层近方形的细胞组成,排列整齐而紧密,细胞质开始液泡化。在叶表皮细胞分化的同时,部分细胞体积明显增大,外壁突起,细胞核转移到细胞的顶端,形成表皮毛的原始细胞,随后经横向分裂,发育形成表皮毛(图3-43a)。

在叶表皮分化的同时,原形成层束上方及下方的基本分生组织衍生的细胞迅速分裂,细胞体积快速增大,细胞质高度液泡化,形成机械组织,分布在表皮内方,由于机械组织在下表皮内方最发达,因而在叶片背面隆起形成明显的脉肋,而向上也稍有突起(图3-43b、c)。紧靠表皮的2～3层细胞呈多边形,其体积较小,将来发育为厚角组织,原形成层束远轴面的细胞分化为初生韧皮部,近轴面的细胞分化为初生木质部(图3-43c)。

基本分生组织细胞主要进行垂周分裂,使叶片面积迅速扩大,而厚度不增加。最初形成的叶肉组织由同形、近等径、排列整齐而紧密、细胞核大、细胞质浓厚、具分生组织细胞特

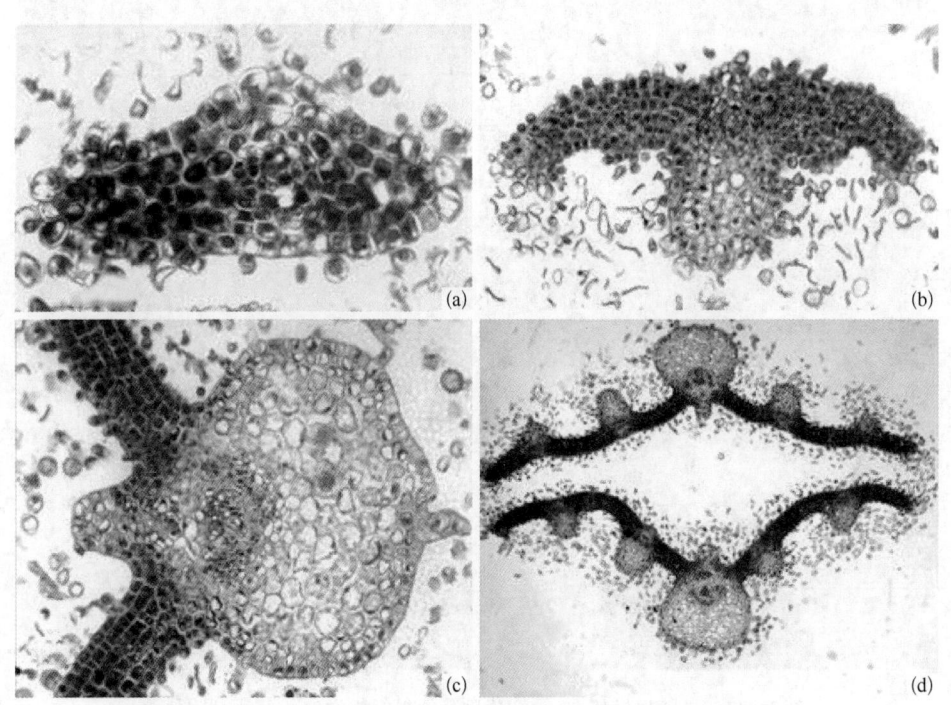

图3-43　牛膝叶原基横切面
(a)、(b) 初生分生组织阶段中期;(c)、(d) 初生分生组织阶段后期

征的细胞构成,细胞内未观察到叶绿体,无栅栏组织与海绵组织的分化(图3-43c)。由于此阶段叶片的叶脉部分明显比叶肉部分粗大,因此,在横切面上形成串珠状形状(图3-43d)。

以后,随着叶的进一步发育,近轴面表皮下叶肉细胞分化形成栅栏组织,远轴面表皮下叶肉细胞分化形成海绵组织,并在下表皮组织中分化出气孔器。同时在叶脉的初生韧皮部与初生木质部之间产生束中形成层,由其分化出少量的次生韧皮部和次生木质部。

§3.4　三萜皂苷在牛膝中的组织化学定位

皂苷类化合物是牛膝的主要药用成分之一,能与浓硫酸发生颜色反应,形成从淡红色到紫红色的系列颜色反应,可用于皂苷类物质的组织化学定位研究。李金亭等[113]参照牛膝营养器官的解剖结构,对其中所含的三萜皂苷进行组织化学定位研究,发现各营养器官的冰冻切片与显色剂作用5～10 min以后,其皂苷类物质都呈现粉红色到紫红色的颜色反应,可以显示皂苷类物质在器官内的存在部位。

在牛膝根发育过程中,不同发育时期根的结构内三萜皂苷的分布部位和积累情况不同[118]。在根的初生结构中,表皮、皮层及初生木质部细胞无显色反应,而中柱鞘、初生韧皮部及初生韧皮部和初生木质部之间的薄壁组织细胞内呈淡粉红色(图3-44a);在根的

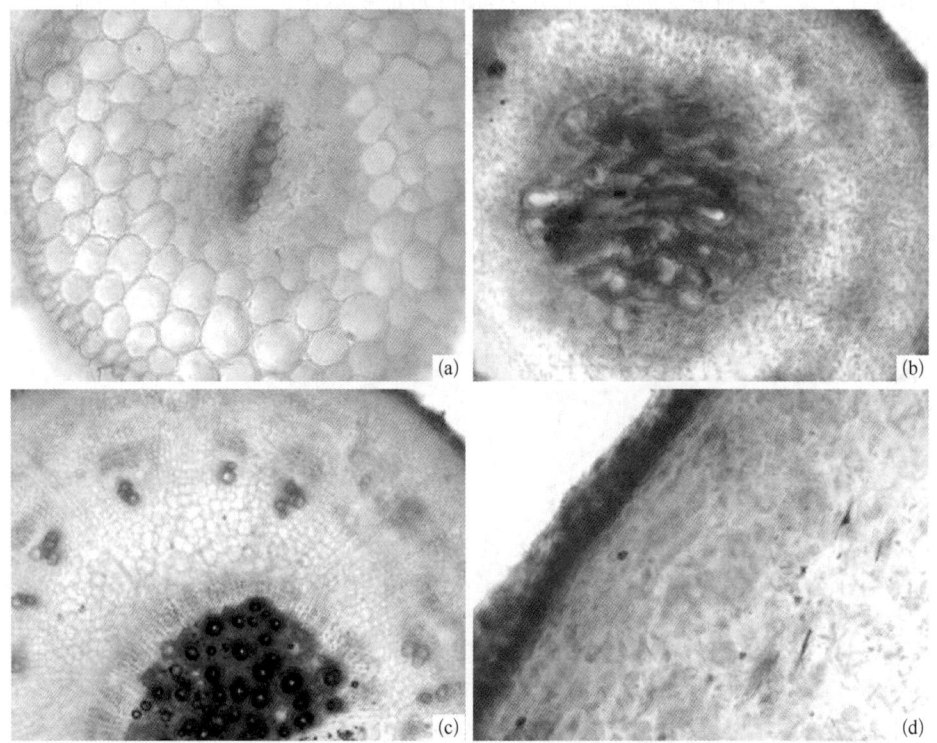

图3-44　牛膝根横切面(示三萜皂苷的组织化学定位,彩图见图版)
(a) 示初生韧皮部及中柱鞘细胞呈淡红色;(b) 示次生韧皮部、额外形成层及栓内层细胞呈深红色;
(c) 示次生韧皮部、三生维管束韧皮部细胞呈紫红色;(d) 示栓内层细胞呈深红色

次生结构中,次生韧皮部(图 3-44b)及栓内层的薄壁组织细胞内(图 3-44d)呈紫红色;随着根的进一步发育,除上述结构外,由次生韧皮部外侧邻近中柱鞘部位的薄壁组织细胞脱分化形成的额外形成层细胞内呈紫红色(3-44b),以后由额外形成层细胞分化产生的三生韧皮部的组织细胞也呈紫红色(图 3-44c)。

在茎的结构中,其正常维管束和髓维管束的韧皮部细胞内都呈紫红色,而木质部、髓薄壁组织、维管柱外围的组织均不显色(图 3-45)。

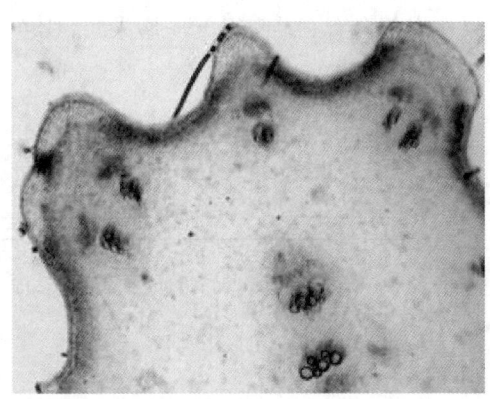

图 3-45 牛膝茎横切面(示三萜皂苷的组织化学定位,彩图见图版)

在成熟叶的结构中,栅栏组织和主脉维管束的韧皮部细胞呈紫红色,上下表皮及海绵组织细胞不显色(图 3-46a、b)。在衰老的叶片中,叶绿体被膜消失,叶绿体解体,聚集成泡状,叶肉组织就不显红色,反映其细胞内已无三萜皂苷积累或原有三萜皂苷已在叶片衰老脱落前被转运出去(图 3-46c)。

以上根、茎、叶的对照切片经组织化学检测,其结构都不产生上述皂苷显色反应。

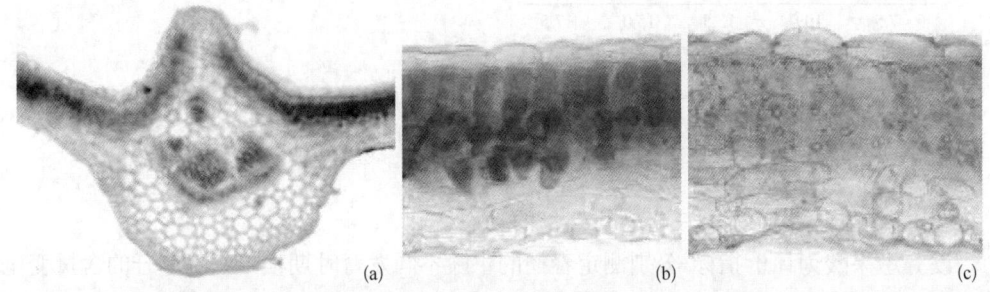

图 3-46 牛膝叶横切面(示三萜皂苷的组织化学定位,彩图见图版)
(a) 示叶脉维管束韧皮部呈紫红色;(b) 示栅栏组织细胞呈紫红色;(c) 老叶横切面,示叶肉组织不显色

§3.5 三萜皂苷在牛膝生长发育过程中的积累动态

牛膝中含有多种三萜皂苷,其皂苷元均为齐墩果酸。齐墩果酸是牛膝的主要有效成分之一。不同产地牛膝中齐墩果酸的含量差异较大[119],研究比较不同季节播种的牛膝和不同发育时期不同器官中齐墩果酸的积累动态,可为牛膝的种植、采收以及提高牛膝药材质量提供科学依据。

3.5.1 齐墩果酸的高效液相色谱图

李金亭等[113]通过组织化学实验研究,发现牛膝的根、茎、叶中都含有三萜皂苷,为了进一步证实三萜皂苷的存在,采用高效液相色谱仪,以齐墩果酸(oleanolic acid,OA)为指标测定不同发育时期牛膝各营养器官中三萜皂苷的含量,结果表明,牛膝各营养器官及果实中都含有三萜皂苷元齐墩果酸,其色谱图见图3-47。

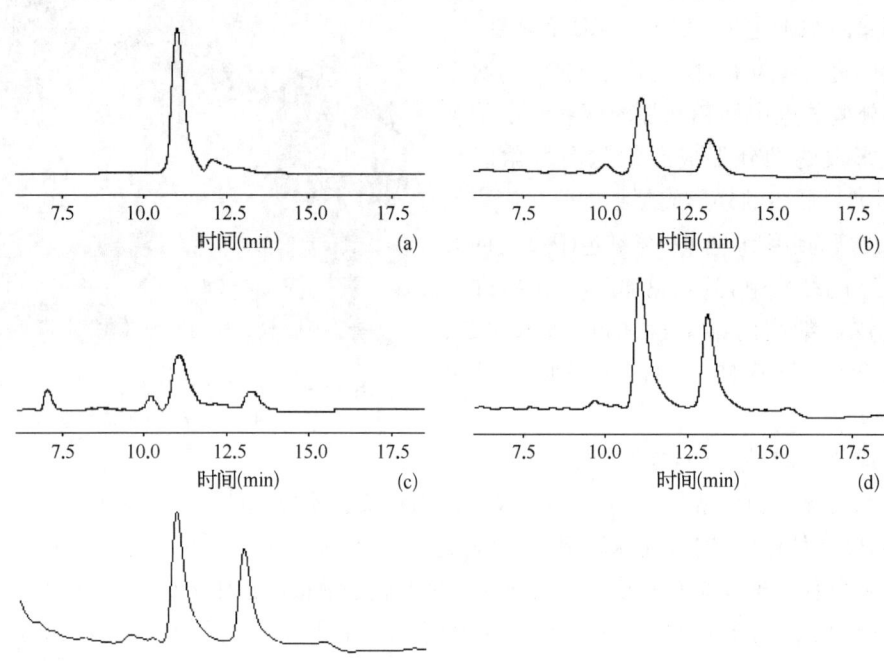

图3-47 齐墩果酸对照品和牛膝样品的高效液相色谱图
(a) 对照品;(b) 根;(c) 茎;(d) 叶;(e) 果实

3.5.2 春播牛膝根中三萜皂苷含量的动态变化

以齐墩果酸为评价指标,分别测定春播的牛膝不同发育时期根中三萜皂苷的含量变化。从不同生长期根中齐墩果酸的含量积累动态过程(图3-48;表3-3)可以看出,在牛膝的整个生长过程中,根中齐墩果酸的积累量呈"S"形曲线增长:5~6月(出苗后30~60 d内),牛膝处于营养生长期,地上部分生长旺盛,齐墩果酸的百分含量呈快速升高趋势,由1.198 5%增至1.517%,增加约26.6%,为全年的第一个高峰;7月初牛膝开始抽穗、开花,由营养生长期进入生殖生长期,齐墩果酸的百分含量快速下降,至8月降至0.821 2%,减少了约45.9%;8~9月是春播牛膝的盛果期,受精后的子房积累大量营养物质,迅速膨大成熟,此阶段牛膝根中齐墩果酸的含量基本稳定在全年最低水平;此后,随着果实逐渐发育成熟,根中齐墩果酸的含量又快速升高,至11月达全年的最高峰(2.341%),但12月其含量又稍有下降(2.260 9%)。

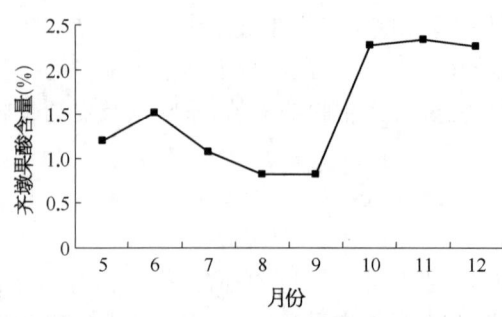

图3-48 牛膝根中齐墩果酸含量动态变化

§ 3.5 三萜皂苷在牛膝生长发育过程中的积累动态

表 3-2 牛膝根干重与其总齐墩果酸积累量的相关分析

取材月份	5	6	7	8	9	10	11	12
齐墩果酸含量(%)	1.198 5	1.517	1.075 9	0.821 2	0.822 3	2.266 8	2.341	2.260 9
干重(g/株)	0.021 2	0.267 9	0.934 5	1.236 5	1.248 3	3.174 6	3.475 3	3.168 8
齐墩果酸含量(mg/株)	0.254 1	4.063 4	10.054 3	10.154 1	10.264 8	71.961 8	81.356 8	71.643 4

从表 3-2 和图 3-49 可以看出,在春播牛膝的整个生长期中(5~11 月),除盛果期外(基本稳定),其根中干物质重量(生物量)的积累持续增加,每株根干重由 0.021 2 g 增加至 3.475 3 g,增长 163.93 倍;11 月以后,随着地上部分逐渐枯萎,12 月其根中干物质重量又稍有下降,与齐墩果酸含量的变化趋势基本一致。

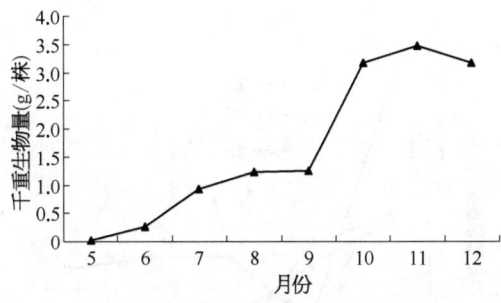

图 3-49 牛膝根中干重的积累动态

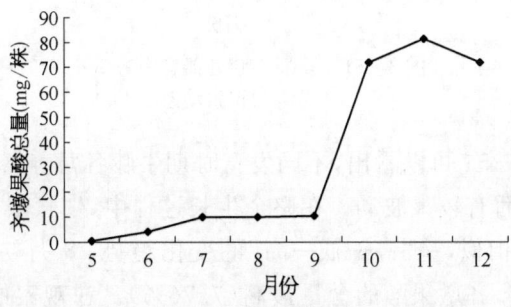

图 3-50 牛膝根中齐墩果酸总量积累动态

由齐墩果酸含量和根干重的乘积得到每株根的齐墩果酸总量。从表 3-3 和图 3-50 可以看出,在春播牛膝的整个生长期内,根中齐墩果酸的总量(mg/株)随根干重的增加而升高,与根生物量(g/株)呈极显著相关($R=0.973\ 6$),至 11 月根中齐墩果酸的总量与生物量同时达到全年的最高峰;但在 11 月以后,地上部分枝叶逐渐枯萎,到 12 月时两者的量又都略有下降。

3.5.3 夏播牛膝不同发育阶段各器官中齐墩果酸含量的动态变化

对夏播牛膝不同发育时期其根、茎、叶及成熟果实中齐墩果酸含量的动态变化进行测定[110],其结果见表3-3和图3-51。

表3-3 夏播牛膝各器官中齐墩果酸含量的动态变化

采样月份	齐墩果酸含量(%)			
	根	茎	叶	果实
8	7.76	4.09	4.13	
9	1.03	2.76	3.37	
10	2.95	1.17	0.25	
11	2.90	1.09	0.06	7.73
12	2.59	1.47		

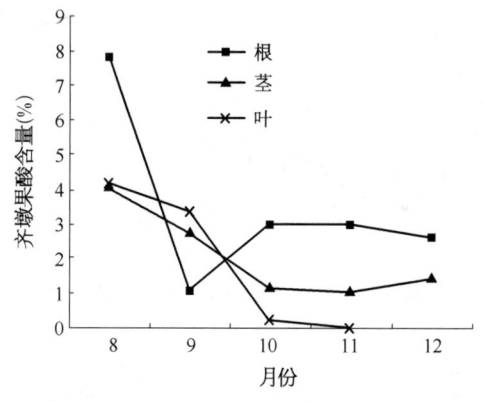

图3-51 夏播牛膝各器官中齐墩果酸的积累动态

从表3-3和图3-51可以看出,不同发育时期牛膝各营养器官中齐墩果酸的含量随植株生长期的变化而有较大波动。在整个生长过程中,牛膝根中齐墩果酸的含量变化与春季播种的牛膝相似,呈"高—低—高"的变化趋势:8月初,牛膝处于营养生长期,地上部分生长旺盛,齐墩果酸的含量最高(7.76%)。在观察中发现,夏播牛膝在8月20日开始抽穗、开花,由营养生长进入生殖生长,齐墩果酸的含量快速下降,至9月(夏播牛膝的盛果期)达全年的最低峰(1.03%);随着果实逐渐发育成熟,根中齐墩果酸的含量又迅速升高,至10月达2.95%,并趋于稳定水平。其茎、叶中齐墩果酸的含量都在8月最高,以后呈逐渐下降的趋势,至10月茎中齐墩果酸的含量基本趋于稳定,而叶中仍继续快速下降;11月后牛膝的根已发育成熟,地上部分逐渐进入枯萎期,叶中含量已极低(0.06%),此时,牛膝营养器官中齐墩果酸含量为根>茎>叶,而果实中含量高达7.73%;12月地上部分已全部枯萎,但此时根中齐墩果酸的含量稍有下降,而茎中的含量却略有提高。

另外,11月中旬采收牛膝根后,对其干重进行统计($n=30$),为3.139 g/株。

§3.6 蜕皮甾酮在牛膝生长发育过程中的积累动态

蜕皮甾酮为《中国药典》规定的衡量其药材质量的指标[17],具有促进蛋白质合成、抑制由于药物引起的血糖升高、降低血浆胆甾醇、使受损的细胞再生等作用[120-124],近年来受到越来越多人的关注。研究牛膝不同器官中蜕皮甾酮的积累动态,可以为牛膝的适时采挖及综合开发利用提供科学依据。

3.6.1 蜕皮甾酮的高效液相色谱图

李金亭等[125]对夏播牛膝进行了高效液相测定,结果表明,其根、茎、叶及成熟果实中均含有蜕皮甾酮(图3-52)。

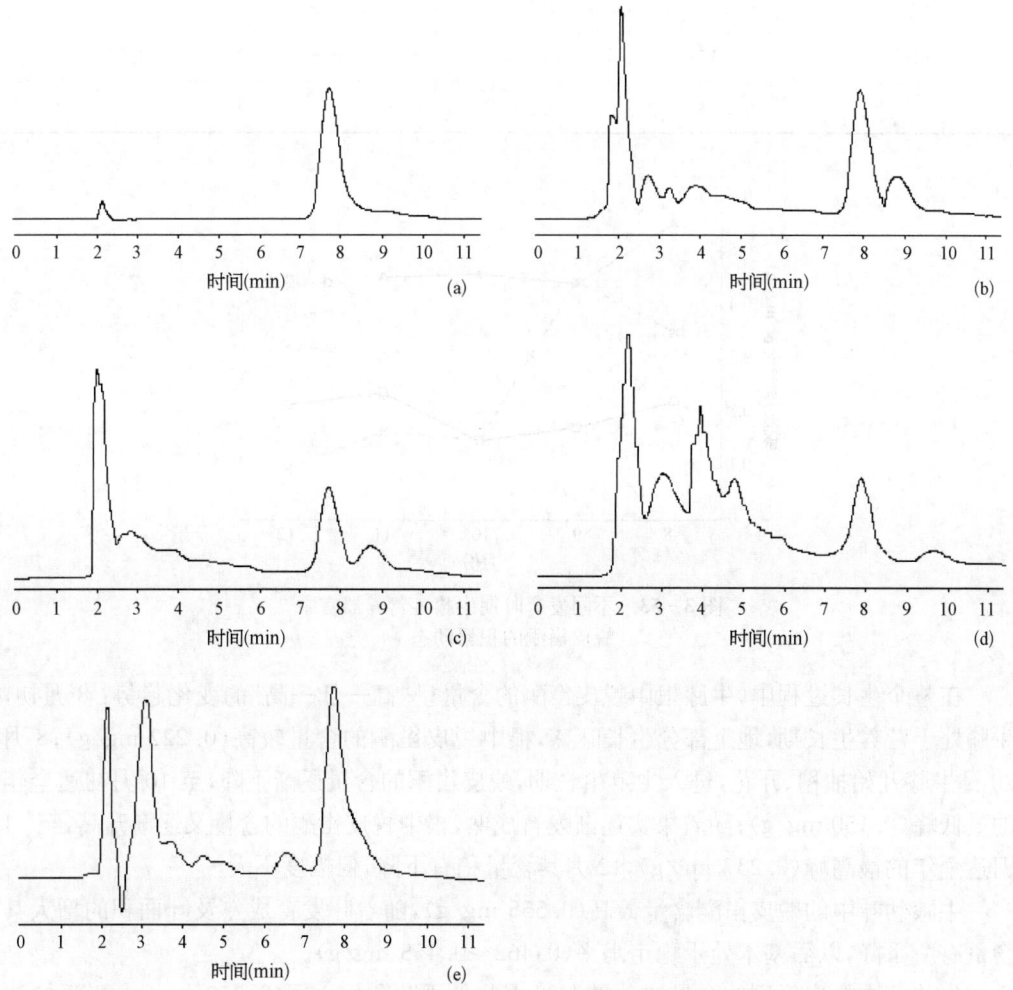

图3-52 蜕皮甾酮标准品和牛膝样品的高效液相色谱图
(a) 对照品;(b) 根;(c) 茎;(d) 叶;(e) 果实

3.6.2 夏播牛膝不同发育时期各器官中蜕皮甾酮的积累动态

采用高效液相色谱法,分别测定不同发育时期牛膝根、茎、叶及成熟果实中蜕皮甾酮的积累动态,测定结果见表3-4和图3-53。从中可以看出,不同发育时期牛膝各器官中蜕皮甾酮的含量随植株生长期的变化有较大波动。

表3-4 不同发育时期牛膝各器官中蜕皮甾酮含量

采样月份	各器官蜕皮甾酮含量(mg/g)			
	根	茎	叶	果实
8	0.222	0.352	0.555	
9	0.172	0.443	0.443	
10	0.150	0.145	0.462	
11	0.237	0.193	0.455	3.914
12	0.214	0.098		

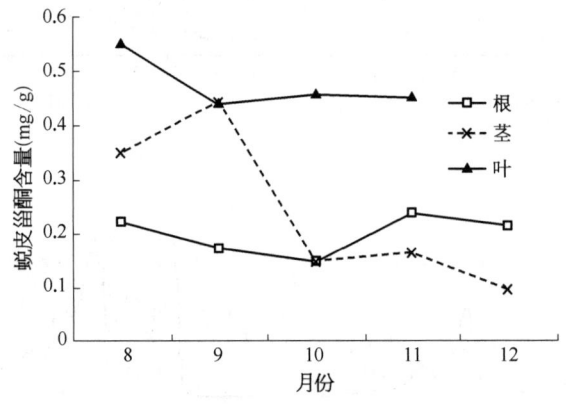

图3-53 不同发育时期牛膝各营养器官中蜕皮甾酮的积累动态

在整个生长过程中,牛膝根中蜕皮甾酮的含量呈"高—低—高"的变化趋势:8月初,牛膝处于营养生长期,地上部分生长旺盛,根中蜕皮甾酮的含量较高(0.222 mg/g);8月20日牛膝开始抽穗、开花,进入生殖生长期,蜕皮甾酮的含量逐渐下降,至10月初达全年的最低峰(0.150 mg/g);随着果实逐渐发育成熟,根中蜕皮甾酮的含量又逐渐升高,至11月达全年的最高峰(0.237 mg/g),12月其含量稍有下降,但幅度不大。

牛膝幼叶中的蜕皮甾酮含量最高(0.555 mg/g),随着叶发育成熟及叶面积的增大其含量有所下降,以后基本处于稳定水平(0.462~0.455 mg/g)。

牛膝茎中蜕皮甾酮的含量波动最大,8月初处于叶和根之间(0.352 mg/g),随后快速上升,至9月初与叶中蜕皮甾酮含量相当,以后又呈逐渐下降的趋势,至10月初降至0.145 mg/g,与根中的含量相当;此后的变化趋势和根相似。11月采集成熟的果实,测定果实中蜕皮甾酮的含量为 3.914 mg/g，远远高于牛膝营养器官中蜕皮甾酮的含量，此时牛膝各器官中蜕皮甾酮含量为果实＞叶＞根＞茎。

§3.7 道地与非道地产区牛膝的主要差异及影响其形成的主要因子

我国对中药道地性的认识源远流长，远在《神农本草经》中就有"土地所出，真伪新陈，并各有法"的记载，强调了区分产地，讲究道地的重要性。在我国传统中医药的长期医疗实践过程中，药材的道地性一直是评价药材品质的独特综合性标准。道地药材是指经过人们长期医疗实践证明质量好、临床疗效高、传统公认的且来源于特定地域的名优正品药材。出产道地药材的产区称道地产区，这些产区具有特殊的地质、气候和生态条件。

牛膝在我国的种植、应用已有 3 000 多年的历史，秦汉时期在怀庆府就有人工栽培，由于怀牛膝身条通顺、粗壮、皮色黄白鲜艳、肉质肥厚、油性大、产量高、质量好，早在新唐书《地理志》中就有记载[126]：怀州武德二年，上贡牛膝。此后历代都列为贡品上贡朝廷。目前，我国牛膝的规范化种植除在河南焦作实施外，在河北安国也有比较大的栽培面积，对不同产地牛膝的外部形态、内部结构、主要有效成分的含量、无机元素的含量以及不同产地的气候、土壤理化状况、土壤中无机元素的含量等环境因子进行比较分析，探讨道地产区牛膝形成的一些特征性指标，可以为牛膝质量评价及其 GAP 基地建设提供科学依据。

3.7.1 品种及栽培技术

1. 牛膝的栽培品种

牛膝道地产区（河南焦作）有四个常用农家品种，即白牛膝、核桃纹、大疙瘩风筝棵、小疙瘩风筝棵。从植株形态分析其主要差异为：白牛膝和核桃纹的叶片均呈卵圆形，前者的叶片较薄而平展，后者的叶片较厚，且呈皱褶状，叶片颜色也较前者更为浓绿；白牛膝的茎为绿色，核桃纹的茎呈紫红色。大疙瘩风筝棵和小疙瘩风筝棵牛膝的叶片均呈卵圆状披针形，茎为紫红色，只是前者的芦头比后者大，因此这两个栽培品种又统称风筝棵。四个栽培品种的主要药用部位根的形态、产量并没有大的差异，蜕皮甾酮含量也没有明显的差异[127]。但由于风筝棵的抗病能力较强，因此道地产区大面积种植的基本上都是风筝棵。

另外，生产中采用的种子类型不同，将直接影响牛膝药材的品质及产量。生产中应用的种子类型主要有秋子、秋蔓苔子等。由于秋蔓苔子出苗差，主根分叉多，品质差，而秋子发芽率高，不易出现旺长现象，主根分叉少，粗而长，高产稳定，所以药农通常选择秋子种植。

2. 栽培技术

河南的武陟驾部、温县农科所、温县赵堡、新乡、陕西西安均在 7 月上旬播种，采用条播，行距 15 cm，当苗长至 6~7 cm 时，按 6~8 cm 的株距进行间苗，以后按常规方法进行田间管理。

河北安国则采用撒播,苗生长期间不间苗,牛膝的密度非常大,田间管理方法与上述各产地基本相同。所产牛膝主根较短,呈猪尾状,其外观不如道地产区,但由于种植密度大,其总产量并不比道地产区低。

3.7.2 不同产地牛膝药材特征的比较

1. 不同产地牛膝外观形态特征的比较

不同产地牛膝样品编号为:WZJB(武陟驾部)、WSZB(温县赵堡)、WNKS(温县农科所)、AGZZ(安国郑章)、SXXA(陕西西安)、HNXX(河南新乡)。

从外部形态看,道地产区河南武陟及温县产的牛膝根部身条通顺、长而粗壮,主根分叉少,皮色白,色泽鲜艳,肉质肥厚;而非道地产区产的牛膝根部相对较短而细,呈猪尾状,主根分叉较多(图3-54;表3-5),与道地产区的牛膝形成明显的差别;对道地产区与非道地产区牛膝根的内部结构进行观察比较,没有发现明显的差异。

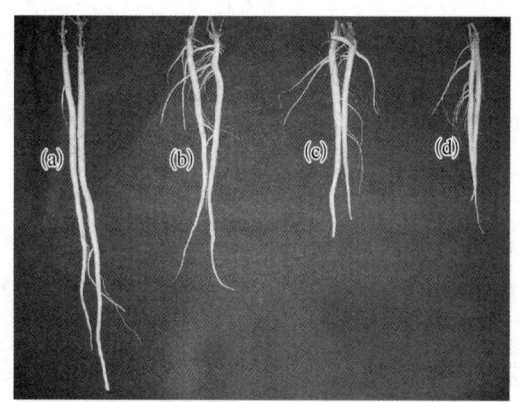

图3-54 不同产地牛膝一年生根
(a)河南武陟产;(b)河北安国产;(c)河南新乡产;(d)陕西西安产

表3-5 不同产地牛膝根部外观特征

	WZJB	WSZB	WNKS	AGZZ	SXXA	HNXX
长度(cm)	46.44	48.75	39.36	29.40	28.33	28.37
最粗处直径(cm)	0.94	0.98	0.88	0.84	0.76	0.80

注:表内各数据均为20条根的平均值。

2. 不同产地牛膝根中主要药用成分的含量

李金亭等[128]采用高效液相色谱法和比色法测定并比较了不同产地牛膝根中主要有效成分齐墩果酸、蜕皮甾酮和多糖含量,结果见表3-6。

§3.7 道地与非道地产区牛膝的主要差异及影响其形成的主要因子

表 3-6 不同产地牛膝根中主要药用成分的含量(%)

样 品	齐墩果酸	蜕皮甾酮	多 糖
WZJB	4.410	0.030	8.650
WSZB	4.460	0.037	8.730
WNKS	4.130	0.031	8.240
AGZZ	4.180	0.025	7.810
SXXA	3.200	0.029	7.120
HNXX	2.900	0.024	6.180
道地产区均值	4.333	0.032	8.540
非道地产区均值	3.427	0.026	7.037
均值	3.880	0.029	7.788
相对标准偏差	0.171	0.159	0.127
F 检验	0.132	0.656	0.187
t 检验	0.043	0.033	0.019

由表 3-6 可见,道地产区牛膝中齐墩果酸、蜕皮甾酮和多糖含量均高于非道地产区,通过 F 检验与 t 检验分析达到显著水平。表明河南古怀庆府地区牛膝质量的确要优于其他产地的牛膝,其道地性有一定的科学依据。

3. 不同产地牛膝药材中无机元素含量的特征

(1) 药材的无机元素含量分析　牛膝药材中除含有齐墩果酸、蜕皮甾酮和多糖等主要有效成分外,还含有丰富的无机元素。但产地不同,栽培土壤的质地及理化状况不同,所产药材中无机元素的种类及含量也有较大差异。研究表明[128],牛膝药材中道地产区高于非道地产区的元素有钾、铜、铁和铬;非道地药材中钠、钙、镁、磷、锌、铝、硼及有毒元素镉和铅的含量均明显高于道地产区。从 F 检验和 t 检验结果看,道地药材较高的铬含量及较低的锌含量差异达显著水平,可作为道地牛膝的标志特征。

(2) 药材中主要药用成分和无机元素含量的相关性分析　对牛膝药材中主要药用成分齐墩果酸、蜕皮甾酮、多糖和 16 种无机元素的含量进行相关性分析表明[128],牛膝药材中无机元素钠和铝、钛,钙和镁、硼、镉,镁和硼,锌和铬,铝和镉,镉和钛的含量均呈显著相关($P<0.01$),而钾和铅、钠和铁、镉,钙和铝、钛,镁和镉,铜和铅,硼和镉,铬元素的含量具有相关性($P<0.05$),表明这几种元素兼有很好的协同作用。其中有毒元素铅和铜、钾,铬和硼、锌的含量则呈明显负相关,提示在生产中适当增施钾肥,可能有助于降低药材中重金属元素铅的含量。研究结果表明,齐墩果酸和许多元素呈负相关,其中与钙、

镁、硼及锌呈明显的拮抗关系($P<0.01$),而与铬呈正相关($P<0.05$);蜕皮甾酮与微量元素铜的含量呈显著正相关($P<0.05$);多糖与钙、镁、锌、铝、硼、镉的含量呈明显负相关,但与铬的含量呈明显正相关($P<0.05$);药材中齐墩果酸和多糖的含量呈显著正相关($P<0.01$)。

3.7.3 不同产地的主要生态因子

1. 不同产地的气候因子

通过收集整理,牛膝不同产地的气候因子如表3-7。

表3-7 牛膝不同产地的气候因子

气候因子	HNJZ	AGZZ	SXXA	HNXX	非道地产区均值	均值
年均温度(℃)	14.9	12.7	11.5	14.0	12.73	13.28
年均降水量(mm)	620.2	575.4	924.0	606.7	702.03	681.58
年均蒸发量(mm)	1 501.7	1 910.4	1 808.6	1 908.7	1 875.90	1 782.35
无霜期(d)	237.0	187.0	206.0	208.3	200.43	209.58
年日照时数(h)	2 460.1	2 685.3	2 486.2	2 428.2	2 533.23	2 514.95
年积温(≥10 ℃)	4 653.8	4 326.0	4 868.6	4 649.7	4 614.77	4 624.53

注:HNJZ为河南焦作,包括武陟驾部、温县赵堡和温县农科所三个道地产区,其气候因子相同。

由表3-7均数分析可知,牛膝道地产区与非道地产区的气候因子存在一定差异,其中道地产区的年均温度和年无霜期的天数较非道地产区高,而年均降水量、年均蒸发量和年日照时数则低于非道地产区,年积温(≥10 ℃)基本没有差异。

2. 不同产地土壤的理化性质比较

道地药材是人们传统公认的且来源于特定产地的名优正品药材,其居群变异与环境适应是道地药材形成的生态机制[129],而土壤生态是生态环境中主要的因子之一,所以研究道地药材的成因和质量,必须研究它所依赖生存的土壤环境。

由于成土因子(包括自然因子和人为因子)和过程不同,使得每种土壤具有自身的理化生物特性,也就形成了特有的土壤生物作用。而土壤矿质元素作为植物的"营养库",对植物的生长发育、产量、初生和次生代谢物质的种类、数量均有很大影响,所以研究道地药材的土壤环境时,首先要研究支撑它们生长的土壤的理化性质,为道地药材提供土壤环境因子的依据。

(1)生长土壤的质地及理化状况 由表3-8均数比较分析可知,牛膝道地产区土壤的pH和速效氮的含量均高于非道地产区,而有机质、速效磷和速效钾的含量则较非道地产区低。

表3-8 牛膝不同产地土壤质地及理化状况

产地	土壤质地	pH	有机质(g/kg)	速效氮(mg/kg)	速效磷(mg/kg)	速效钾(mg/kg)
WZJB	砂质壤土	8.60	7.55	66.71	8.19	74.92
WSZB	砂质壤土	8.70	18.65	71.35	10.06	87.69
WNKS	砂质壤土	8.50	16.00	64.48	11.57	83.17
AGZZ	砂质壤土	8.30	12.69	49.21	9.91	64.94
SXXA	黏壤土	6.50	19.77	72.44	17.53	187.03
HNXX	黏壤土	8.20	20.00	48.81	13.91	159.87
道地产区均值		8.60	14.07	67.51	9.91	81.93
非道地产区均值		7.43	17.49	56.82	13.78	137.28

（2）土壤的无机元素含量分析 对不同产地牛膝土壤中无机元素分析比较发现[128]，不同产地土壤中无机元素的含量有明显差异，道地产区土壤中的锌、硼、锰、铝含量高，分别是非道地产区的2.7027倍、1.8778倍、1.3216倍和1.024倍；道地产区土壤中铜的含量明显低于非道地产区，通过F检验与t检验，差异达显著水平，可作为道地产区土壤的标志特征。

（3）土壤中无机元素的相关性分析 土壤中的微量元素往往不是孤立的，它们之间常常有一定的相关性。牛膝土壤中无机元素的相关性分析表明[128]，牛膝生长土壤中许多无机元素含量相互密切相关，大体可以分为两组，一组呈正相关关系，如硅和钾、硼、钛，钛和钾、铬，锌和铝，铬和钛等；另一组呈负相关关系，如铜和硼、钾、硅、磷，铁和镁等。

3.7.4 药材与其环境因子的相关性分析

对牛膝药材与土壤中无机元素的相关性进行分析[128]，结果表明，牛膝药材与土壤中无机元素均呈显著正相关（$P<0.01$），说明牛膝药材中的这些无机元素的含量与土壤质地背景密切相关，土壤无机元素含量直接影响其栽培药材中的无机元素含量；对牛膝药材中主要药用成分与其环境因子的相关性分析表明，齐墩果酸与多糖的含量呈显著正相关（$P<0.01$），但与土壤中速效磷、速效钾的含量呈负相关，其他土壤因子及气候因子对齐墩果酸的含量未见明显相关；年均蒸发量与蜕皮甾酮、多糖的含量呈负相关。土壤的pH与药材中齐墩果酸、蜕皮甾酮、多糖的含量没有明显的相关性，根据土壤pH的均数分析，说明牛膝在微碱性的土壤中都能较好地生长。

富集系数又称吸收系数，表示植物从土壤中摄取元素强烈程度的概念（某元素在植物中的含量/土壤中的含量），即表示植物对元素的必需程度。由表3-9中富集系数的均数可知，牛膝对镁、磷和钾的富集能力较强，其富集系数分别是3.5755、3.342和1.8408，其次是锌、钾、铜、钠、钙、铬。道地药材对铁、铜、铬和磷的富集能力强，其富集系数分别是非道地药材的3.5818倍、1.6378倍、1.1761倍和1.1048倍，此富集特点可作为道地牛膝的标志特征。

表3-9 不同产地牛膝药材中无机元素富集系数

元素 产地	K	Na	Ca	Mg	P	Cu	Fe	Zn	Mn	Al	B	Cd	Pb	Cr	Si	Ti
WZJB	0.8282	0.1087	0.0748	1.5425	2.5216	0.1936	0.0192	0.1429	0.1057	0.0138	0.0105	0.03125	0.0816	0.1427	0.0161	0.0039
WSZB	1.8970	0.1099	0.0728	3.6802	4.3469	0.2388	0.0214	0.2191	0.0918	0.0138	0.0114	0.021277	0.0636	0.1451	0.0161	0.0035
WNKS	1.8672	0.0971	0.0729	1.2079	3.6570	0.2312	0.2131	0.3498	0.0887	0.0154	0.0124	0.016666 7	0.0568	0.1232	0.0199	0.0028
AGZZ	1.0483	0.0760	0.1083	5.1677	3.4092	0.1409	0.0124	1.0641	0.0748	0.0188	0.0153	0.024272	0.1036	0.0905	0.0234	0.0030
SXXA	2.5095	0.1712	0.2299	5.9720	2.4113	0.1782	0.0188	1.5230	0.1265	0.0229	0.0370	0.087209	0.0519	0.1032	0.0223	0.0045
HNXX	2.8944	0.5031	0.2622	3.8829	3.7064	0.0861	0.0396	0.6877	0.1168	0.02914	0.0963	0.259259	0.1917	0.1556	0.0240	0.0100
道地产区均值	1.5308	0.1051	0.0735	2.1436	3.5085	0.2212	0.0846	0.2373	0.0954	0.0144	0.0114	0.023065	0.0673	0.1370	0.0174	0.0034
非道地产区均值	2.1507	0.2501	0.2001	5.0075	3.1756	0.1351	0.0236	1.0916	0.1060	0.0236	0.0495	0.12358	0.1158	0.1164	0.0232	0.0058
平均数	1.8408	0.1776	0.1368	3.5755	3.3420	0.1781	0.0541	0.6644	0.1007	0.0180	0.0305	0.073322	0.0915	0.1267	0.0203	0.0046

§3.8 讨 论

3.8.1 牛膝根的发育解剖特点

1. 初生结构和次生结构

牛膝根的初生结构与次生结构及其分化、发生过程,类似多年生草本双子叶植物根的结构和发育规律[130]。其发育过程也包括四个阶段:原分生组织阶段、初生分生组织阶段、初生生长阶段和次生生长阶段。从牛膝的初生构造来看,整个维管柱的直径仅占根径的1/5,初生木质部仅由8～10个口径很小的导管组成,且无髓存在。由此可见,在牛膝根的初生结构中皮层薄壁组织细胞占主导地位。而维管形成层形成以后,产生大量的次生结构,同时中柱鞘细胞也恢复分生能力,产生木栓形成层,外部的表皮和皮层细胞逐渐解体脱落。因此,次生结构发生以后,次生维管组织占主导地位。

关于牛膝根中木栓形成层的起源,卫云等[20]认为是在根的次生维管束形成的同时,由表皮细胞反分化,经平周分裂形成的。而李金亭等[116]报道,在牛膝根的初生结构中,当维管形成层形成时,表皮和皮层细胞仍然存在。当次生维管组织开始分化时,中柱鞘的细胞恢复分裂能力,进行平周和垂周分裂,形成2～3层近方形的细胞,最外层的细胞形成木栓形成层。木栓形成层产生木栓层后,皮层和表皮细胞死亡、脱落,此时在尚未完全脱落的内皮层细胞上凯氏带仍清晰可见,从而证实其木栓形成层起源于中柱鞘细胞,并非起源于表皮细胞。

2. 三生结构

牛膝根除具有双子叶植物正常的初生和次生结构外,还有由额外形成层分化产生的三生结构。牛膝根的三生结构属整齐的同心环状排列,其分化方向为离心式。

(1) 第一圈额外形成层的发生　在不同的植物中,第一圈额外形成层发生的位置有很大变化,可以起源于皮层、初生韧皮部外侧保留的原形成层细胞、初生韧皮部的薄壁组织细胞、中柱鞘和韧皮薄壁组织细胞、次生韧皮部薄壁组织细胞和韧皮射线细胞。据李金亭等[118]报道,牛膝根中第一圈额外形成层是由次生韧皮部外侧的薄壁组织细胞和射线细胞反分化产生的。

牛膝根中继生的各圈额外形成层都是在前一圈额外形成层最初向外产生的薄壁组织细胞中发生的,各圈额外形成层以离心的顺序依次出现。在前一圈三生维管束分化完成或接近完成时,后一圈额外形成层才开始发生。其三生维管束的圈数与额外形成层的圈数是一致的。并且额外形成层无纺锤状原始细胞和射线原始细胞之分,切向纵切面观呈叠生排列。

(2) 额外形成层的活动和维管束圈数　据报道,具异常结构的植物中,其额外形成层的活动方式主要有三种类型[131]。① 由一个分生组织区单向活动,向内产生结合组织和三生维管束。② 由一个分生组织区持续活动,向内产生木质部和结合组织,在分生组织区内形成韧皮部。当木质部和韧皮部之间的分生组织细胞停止分裂,形成厚壁或薄壁组织细胞之后,韧皮部外侧的分生组织细胞重复上述分生活动。③ 多圈额外形成层参与三生生长,每一圈额外形成层向内产生木质部和结合组织,向外产生韧皮部和结合组织。

而新的形成层在前一圈额外形成层向外分化的薄壁组织中产生。牛膝根中额外形成层的发生与活动方式属于第三种类型。

牛膝根中三生维管束圈数随其生长发育而增加,根的各相对部位的三生维管束圈数则相对稳定;在同一生长期同一根的不同部位中,三生维管束圈数一般是不同的,越靠近根上部,三生维管束圈数越多,越靠近根下部,圈数越少,但外圈三生维管束数目均多于其相邻的内圈。根中薄壁结合组织占的比例大,根的加粗主要依靠三生结构中薄壁结合组织细胞数目的增多及体积的增大。

3.8.2 牛膝茎的发育解剖特点

1. 茎的初生结构和次生结构

牛膝茎的初生结构和次生结构的分化,类似于一般草本双子叶植物茎的发育规律[130]。其发育过程包括四个阶段:原分生组织阶段、初生分生组织阶段、初生生长阶段和次生生长阶段。但是,牛膝茎的维管形成层的产生和活动不同于一般草本双子叶植物的茎。李金亭等[114]研究发现,牛膝茎的初生维管组织由外韧维管束组成,彼此被宽的髓射线分开,它在次生生长过程中,次生维管组织仅由束中形成层产生,而与束中形成层相邻的薄壁组织细胞并未分化形成束间形成层,因此,维管束仍保留分离状态,它们径向伸展成楔形。其结构类似葫芦科植物茎。

被子植物茎内初生韧皮部外缘的纤维,由于在不同植物中存在不同的起源,所以历来存在一些争论。牛膝茎内的韧皮纤维来源于原形成层,应属于原生韧皮部性质。与其他植物不同的是,在牛膝茎的发育过程中,随着额外形成层的产生,其纤维原始细胞群被推向外侧,与正常维管束分开,以后在额外形成层开始产生三生结构时才逐渐发育成熟。

2. 茎中额外形成层的发生和活动方式

研究发现,在牛膝的轴器官中均存在由额外形成层分化产生的三生结构。据报道此类异常结构普遍存在于20余科的植物中,但大多仅出现在根中,而在根和茎中同时出现的仅有苋科的莲子草属(*Alternanthera*)和苋属(*Amaranthus*)等少数种类[132]。

植物的三生生长是由额外形成层的活动完成的,但在不同的植物中,额外形成层发生的位置有很大变化,可以起源于皮层、中柱鞘、韧皮薄壁组织细胞、原形成层细胞和韧皮射线细胞等。在牛膝茎中,当次生维管束分化将完成时,其维管柱外侧尚存在1~2层薄壁组织细胞,它们的液泡化程度低,细胞核明显,因此,这些细胞属于保留的原形成层细胞。从观察结果可以看出,牛膝茎中的额外形成层就是由这些细胞恢复分裂能力分化产生的,牛膝茎中额外形成层应该产生于原形成层保留的细胞。

目前在发现三生结构的大多数植物中,其三生生长均是由于额外形成层双向活动的结果[133]。牛膝茎中的额外形成层在三生生长早期只进行单向活动,即向内交替分化三生木质部和结合组织。三生韧皮部分化得较晚,由三生木质部外方的额外形成层中少数几个细胞转化为韧皮母细胞,经多次不定向分裂形成三生韧皮部束,并被额外形成层围绕起来形成韧皮部"岛"。这与E. Balfour[134,135]对一些植物茎的异常结构研究结果基本一致。据李金亭等[114]对牛膝茎不同茎节的切片观察,发现其茎中只形成一圈额外形成层,而且从茎端下第三节间开始一直持续地向内产生三生结构,其三生结构主要起着增加机械支持力和水分运输的功能。

3. 髓维管束的起源和发育

髓维管束存在于双子叶植物的48科植物中,其中苋科有5属植物具髓维管束,它们是牛膝属(*Achyranthes*)、莲子草属(*Alternanthera*)、青葙属(*Celosia*)、杯苋属(*Cyathula*)和钩牛膝属(*Pupalia*)[132]。关于髓维管束的来源,存在不同的看法。大多数学者认为,髓维管束与其他维管束一样,也来源于原形成层。在牛膝茎中,髓基本分生组织的衍生细胞分化为髓薄壁组织的同时,其中2个髓原形成层束则分化为髓维管束。因此,牛膝茎中的髓维管束也来源于原形成层束。

据报道,髓维管束的木质部完全是由形成层产生的次生木质部[128]。但在牛膝茎中的髓维管束的形成层产生和活动之前,其形成层束的内侧已分化出初生木质部,所以其木质部由初生木质部和次生木质部共同组成,髓维管束的发育与茎中正常维管束的发育是同步的。许多植物茎中的髓维管束与正常维管束在位置上存在一定的相关性,例如蓼科 *Rumex orientalis* 植物茎中的髓维管束常常位于较大的正常维管束的内侧[136]。而牛膝茎中的2个髓维管束一般为外韧型,位于髓的中央,呈游离状态,与正常维管束在位置上没有相关性。

髓维管束的结构类型比较复杂,即使在同一种植物中也可能存在多种类型。牛膝茎中的髓维管束多为外韧型,但在发育过程,有时由于在其韧皮部外侧产生的异常形成层的活动或者是2个髓维管束的相互合并也会形成不完全的周木型。在实验中观察到,牛膝的髓维管束在经过茎的节部时会发生分裂,形成4个髓维管束后进入叶柄。因此,不完全的周木型髓维管束的形成可能与其以后的分裂有关。

4. 茎的结构特征与生理功能的适应

牛膝为草本植物,根长可达50～80 cm,是次生代谢产物的主要储存场所;茎高可达60～80 cm,而直径只有0.5～0.7 cm。因此需要形成一种能很好适应其生理功能的内部结构。牛膝茎中存在两种不同类型的异常结构,即正常维管系统外围的三生维管组织和髓中的髓维管束。茎中的三生结构主要由导管、木纤维和径向厚壁结合组织组成,髓维管束的木质部和韧皮部都较发达,这些结构特征增强了机械支持和物质输导的功能,是适应其生理功能的结果。

3.8.3 牛膝叶的发育解剖特点

牛膝的叶为典型的异面叶,其结构、发生和发育类似一般被子植物[137]。在牛膝叶的发育过程中,表皮、叶肉组织分化最早,维管束最迟,但其发育成熟的时间最早,在叶原基的横切面上,可看到其主脉和侧脉均比相邻的叶肉组织粗大,形成串珠状结构。形成这种结构的原因与叶脉的功能是分不开的,叶原基和幼叶都处于快速的分化或生长时期,细胞的分化及生长都离不开水分、有机营养物和矿质元素等物质,这些物质都需要叶脉来运输,所以叶脉的快速发育能完成此项功能。

3.8.4 牛膝营养器官结构与三萜皂苷积累的关系

皂苷类成分在高等植物中分布广泛,前人对人参、西洋参、竹节参、绞股蓝等植物的皂苷都进行过组织化学定位研究,发现皂苷在不同植物器官中存在的类型及分布模式具有多样性。对牛膝营养器官中皂苷类化合物的组织化学定位研究表明,在根的初生结构中,皂苷类物质主要分布于中柱鞘、初生韧皮部及初生韧皮部和初生木质部之间的薄壁组织细胞内;在根的次生结构中,主要分布于次生韧皮部及栓内层的薄壁组织细胞内。随着根的进一步发育,次生韧皮部最外侧邻近中柱鞘部位的薄壁组织细胞反分化形成额外形成层,由额外形成层分化产生三生维管束;在额外形成层细胞、三生维管束的韧皮部细胞内均有皂苷类物质的分布和积累。在茎中,皂苷类物质主要分布于其正常维管束和髓维管束的韧皮部细胞内。在叶中,主要分布于栅栏组织和主脉维管束的韧皮部细胞内。

在牛膝的生长过程中,由于根的加粗主要是由于三生结构的发生和分化,三生结构在牛膝的成熟根中占主要地位,因此其三生结构是药用成分皂苷类物质的主要储存场所,而牛膝的叶可能是皂苷类物质的主要合成场所之一,叶脉和茎中的维管束韧皮部则是皂苷类物质向根中转运的通道。其叶片枯萎时皂苷消失也是一种佐证。王英平等[138]在人参的研究中,采用 ^{14}C 标记醋酸盐底物,在酶液中加入人参组织碎片来测定各器官的放射强度,发现叶片>茎>韧皮部>木质部,并初步认为人参植株的根、茎、叶均具有合成皂苷的能力,以叶片的合成能力最大,茎次之,根最小。因此,牛膝中皂苷类物质的生物合成及转运途径尚有待进一步研究。

3.8.5 牛膝生长发育过程中三萜皂苷的积累动态及其实践意义

牛膝是用量较大的常用中药材之一,但对其最适播种期及种植密度尚有争议。卫云等[139]对不同播种期怀牛膝植株的生长状况、根的解剖结构及水溶性浸出物等质量指标进行了比较,认为怀牛膝播种过早,茎叶生长茂盛,枝杈多,结籽多,根部长得短并易木质化,品质差;过晚,则根小,产量低。

1. 不同季节播种的牛膝根中三萜皂苷含量的动态变化

应用高效液相色谱法,以齐墩果酸为评价指标,分析了春播牛膝不同发育时期根中三萜皂苷的积累规律,发现齐墩果酸的百分含量随着根的生长发育而波动,从营养生长期、开花期、盛果期至果实成熟期,呈高—低—高的动态变化趋势,并不是呈直线上升。此结果与毛鸡骨草、陆英等[140,141]药用植物中齐墩果酸的动态变化规律是一致的。在出苗后 30~60 d(5~6 月),牛膝根干重及主要药用成分三帖皂苷元齐墩果酸的含量都迅速升高,尤其是齐墩果酸的百分含量,于出苗后 60 d 达到全年的第一个高峰(1.517%);7~8 月,根干重进一步增加,而齐墩果酸的百分含量则呈快速下降趋势,至 8 月降到全年的最低峰,8~9 月则维持在全年最低的水平;10~11 月,根干重及齐墩果酸的百分含量都快速上升,至 11 月中旬两者同步达到全年的最高峰。在牛膝根的生长发育过程中,三萜皂苷含量的这种变化规律与根中三生结构的发育、根的增长、加粗相符,并与组织化学实验的结果是一致的。

形成这种变化规律的原因是因为春播牛膝5～6月正处于营养生长期,地上部分生长旺盛,大量制造和积累的同化产物运向地下根部,其根迅速增长加粗,三生结构快速分化,因此其根生物量及主要药用成分三帖皂苷的含量都迅速升高,说明植物器官结构与功能的一致性。随后牛膝进入生殖生长期,其生殖器官的生长发育和对营养物质的消耗,使根中皂苷百分含量及根的生物量都快速下降,由此说明生殖生长活动可能不利于根中干物质及皂苷类物质的积累。8～9月春播牛膝进入盛果期,受精后的子房积累大量营养物质,迅速膨大成熟,而且其果实中也积累了大量的三萜皂苷,所以此阶段内牛膝根的干重及齐墩果酸的百分含量基本稳定在全年最低的水平;此后,随着果实逐渐发育成熟,叶中合成的同化产物及三萜皂苷快速转运至根中,使根中干物质及齐墩果酸的百分含量快速升高,至11月牛膝植株的地上部分枝叶临近枯萎,根中三萜皂苷的总量与根生物量均达到全年的最高峰。在牛膝根的整个生长过程中,根中三萜皂苷元的总量随着根生物量的增加而升高,与根的生物量呈极显著相关($R=0.9736$)。

按照牛膝道地产区的播种时间(7月上旬),分析夏播牛膝在不同发育时期其根中三萜皂苷的积累规律,发现其变化趋势与春播牛膝基本一致,即在牛膝的营养生长期根中齐墩果酸的百分含量高,而在其生殖生长期齐墩果酸的含量最低,果实基本成熟后根中齐墩果酸的含量又迅速升高,至11月达到稳定水平。

研究结果表明,牛膝根中三萜皂苷的积累与其生长发育密切相关,不同季节播种的牛膝其根的增长、加粗、三生维管束圈数、三萜皂苷总量及根干重的量均在11月达到高峰。但春播牛膝生长周期长,11月根中干物质重量(3.4753 g/株)与夏播牛膝(3.139 g/株)没有显著性差异,而齐墩果酸的含量(2.341%)却低于夏播牛膝(2.90%),因此7月上旬播种怀牛膝最为合适,不但可提高土地的利用率,而且牛膝的产量和质量都可达到最高水平。

2. 夏播(7月上旬)牛膝各器官中齐墩果酸含量的动态变化

分析夏播牛膝各器官中三萜皂苷的积累规律,发现不同发育时期牛膝各营养器官中齐墩果酸的含量随植株生长期的变化均有较大波动[113]。8月初,牛膝根、茎、叶中齐墩果酸的含量分别为7.76%、4.09%和4.13%,都处于全年的最高峰。因为此时牛膝处于营养生长期,地上部分生长旺盛,大量制造积累同化产物和三萜皂苷,运向根部,使根迅速增长加粗,三生结构快速分化,因此其根、茎、叶中三帖皂苷的含量都迅速升高。这一规律提示我们,此时期是三萜皂苷积累的高峰,应该在8月初增加施肥,加强管理措施,以提高其根的产量和质量。

8月中旬以后,牛膝进入生殖生长期,根内齐墩果酸的含量快速下降,至9月(盛果期)达全年的最低峰(1.03%);茎中齐墩果酸的含量也大幅度下降,由4.09%降至2.76%,而叶中齐墩果酸的含量下降幅度相对较小。这可能是由于牛膝由营养生长期转入生殖生长期,其生殖器官的生长发育对营养物质的大量消耗,使根中三萜皂苷的含量快速下降。我们测定牛膝成熟果实中齐墩果酸的含量高达7.73%,说明此时根、茎中齐墩果酸含量的下降与开花结实具有密切的关系。因为牛膝根和果实的迅速生长期是相互重叠的,两者均需要消耗大量的营养物质,而开花后果实开始发育,叶中合成的皂苷类物质相当一部分转运到果实中,造成根和茎中三萜皂苷的含量急剧下降,证明生殖生长活动确实不利于根中皂苷类物质的积累。因此,在生产栽培上可以摘除花穗,或采取其他措施,抑制其生殖器官的生长发育和对营养物质的消耗,以提高牛膝根的产量和质量。

随着果实逐渐发育成熟,对营养物质的消耗相对减少,根中齐墩果酸的含量又逐渐升高,至10月达2.95%,并趋于稳定水平。此时茎中齐墩果酸的含量降至1.17%,也基本趋于稳定,而叶中齐墩果酸的含量随老叶的增多快速下降;11月后牛膝的根已发育成熟,地上部分逐渐进入枯萎期,叶中含量已极低(0.06%),此时牛膝各营养器官中齐墩果酸含量为根>茎>叶。

有效成分积累动态与植物生长发育阶段是确定根类药用植物适宜采收期的2个重要指标[142]。生产上决定一个适合的采挖期,不应以某个物候期根中三萜皂苷的含量最高来确定,应结合根的总生物量、三萜皂苷得率等综合因素来确定。虽然8月牛膝根中三萜皂苷的含量最高,但其生物量低,10月其含量趋于基本稳定水平,而根的生物量还在继续增加。11月牛膝植株的地上部分枝叶临近枯萎,牛膝的根经过了生长高峰期,其三萜皂苷的总量与生物量均达到高峰,此时应为牛膝根的最佳采收期,三萜皂苷的总量最高,田间生物产量最大,容易获取较高的经济效益,这一研究结果也与传统习惯的采收期相吻合。

在传统用药时,牛膝仅以根入药,地上部分全部舍弃。但在地上部分枯萎时其茎中仍含有较高含量的齐墩果酸,这与杨秀伟[143]的报道是一致的。在一些中药如银杏传统以种子入药,而通过对银杏叶的研究,发现叶中也含有较高含量的黄酮类物质,目前银杏叶不仅入药,而且还加工成保健品。牛膝的果实虽然较小,生物量低,但所含齐墩果酸量是其根的2.67倍,在资源日益紧张的今天,应对牛膝地上部分,尤其是茎和果实进行综合开发利用。

3.8.6 牛膝生长发育过程中蜕皮甾酮的积累动态及其实践意义

牛膝营养器官中蜕皮甾酮的含量随植株生长期的变化也有较大波动,表明物候期是影响牛膝营养器官中蜕皮甾酮积累的主要因子之一。关于蜕皮甾酮在植物体不同器官中的分布,Tamars Savchenko 等[144]曾发现在短柄野芝麻(*Lamium album*)的幼叶、幼茎、侧芽及花和种子中蜕皮甾酮含量最高。对牛膝不同发育时期各营养器官中蜕皮甾酮的高效液相色谱测定结果表明[125],8月初牛膝处于营养生长期,其根、茎、叶中蜕皮甾酮含量均较高,它们间的含量差异依次为叶>茎>根。

8月中旬以后,牛膝由营养生长期转入生殖生长期,叶中含量逐渐下降,而茎中则不断升高,至9月初时茎、叶中含量基本达到一致,以后叶中蜕皮甾酮的含量基本趋于稳定水平,而茎中则快速下降,至10月初时与根中的含量相当,达到全年较低的水平,此后随着果实逐渐发育成熟,根、茎中蜕皮甾酮的含量又逐渐升高,至采收期(11月),各器官的含量差异依次为果实(3.914 mg/g)＞叶(0.455 mg/g)＞根(0.237 mg/g)＞茎(0.193 mg/g)。由此表明,牛膝的叶可能是蜕皮甾酮的合成场所,在生殖生长期合成的蜕皮甾酮主要转运到果实中,致使根茎中含量较低。因此,牛膝的果实是蜕皮甾酮主要储存器官,根是次要储存器官,而茎可能主要起运输的作用。所以同一药用植物入药时,应根据其药用成分含量来取植物的不同器官才能得到最佳效果。

据报道,蜕皮甾酮是某些昆虫生活周期与新陈代谢所必需的变态激素,对其生活行为和生理调节有重要的影响[145],而对植物的生长发育则无植物内源激素样的调节功能[146]。在牛膝的整个生长过程中,叶中的蜕皮甾酮含量始终维持在较高水平,可能与其传粉昆虫的生物学行为及活动有一定的相关性,从而提示蜕皮甾酮在牛膝中的存在有可能是牛膝与其传粉昆虫协同进化过程中的具有化学生态学意义的代谢产物。

11月牛膝植株的地上部分临近枯萎,牛膝根的生物产量、根中三萜皂苷及蜕皮甾酮的量均达到高峰,是其最佳采收期。在传统用药时,牛膝仅以根经不同炮制而入药,地上部分全部舍弃。但此时地上部分的茎叶中仍含有一定量的蜕皮甾酮,这与李鸿英[51]、张华[52]等的报道是一致的。建议在种植集中的道地产区对牛膝的地上部分,尤其是果实进行综合开发利用。

3.8.7 牛膝药材质量与环境因子的相关性及其道地性形成的可能机制

1. 牛膝品种及栽培技术

中药材品种的种质不仅决定中药材的外观形态,而且直接影响中药材的化学成分和药效。因此,中药材品种的种质统一和稳定是保证药材质量稳定的前提和基础。目前怀牛膝产地种植的主要品种为风筝棵,道地药材怀牛膝的栽培实践也说明选择优质品种作为道地牛膝的主要栽培品种的必要性。

不同产地牛膝栽培技术的主要差别是种植密度不同。据报道,不同种植密度下,牛膝各器官生长动态相似,但其根的产量存在极显著差异[147]。因此,在牛膝栽培生产中,应根据牛膝各器官的生长动态合理密植,促进牛膝主根根长增加和干物质积累,以达到高产、优质的目的。

2. 牛膝药材中主要药用成分和无机元素含量的相关性分析

不同产地牛膝药材不仅外观存在一定差异,其主要药用成分及无机元素的含量也存在明显差异。

牛膝中的主要药用成分是齐墩果酸、蜕皮甾酮和多糖,这些成分通常作为牛膝质量优劣的评价指标。对不同产地牛膝药材中主要有效成分齐墩果酸、蜕皮甾酮和多糖含量测定结果表明,道地产区牛膝中齐墩果酸、蜕皮甾酮和多糖含量均明显高于非道地产区,具有显著性差异[128],表明河南古怀庆府地区所产牛膝的质量的确实优于其他产地的牛膝,其道地性有一定的科学依据。

H. A. Schroeder[148]指出:微量元素对生命而言比维生素更重要,许多维生素可从体内合成,而微量元素只能从外界摄取。药材中的微量元素常常作为评价道地药材的特征指标之一,早在20世纪80年代中期李向高等[149]就初步分析了云南三七与广西三七的微量元素含量并找出了它们之间的差异,最近对金银花、丹参、三七等药材道地性的研究中,也把微量元素含量作为其道地性研究的重要内容[150-152]。微量元素是影响中药材质量的重要因素之一,道地药材与非道地药材在微量元素的含量上有较大的差异,这些元素可能通过与中药的有效成分的络合、螯合作用调节人体内微量元素的平衡,达到治病的目的。现代医学证实,微量元素对人体的新陈代谢、生长发育、疾病的发生和发展起着特殊的作用。中药的疗效不仅与有机成分有关,还与所含的无机元素的种类及质量分数密切相关,但目前尚缺乏中药材无机元素和药用成分含量关系方面的研究。李金亭等[128]的分析结果表明,牛膝道地药材中铬、铜、铁和钾的含量较高,分别是非道地产区的1.3534倍、1.2144倍、1.1169倍和1.0219倍;非道地药材中钠、钙、镁、磷、锌、铝、硼及有毒元素镉和铅的含量均明显高于道地产区,这与低毒高效的道地药材质量标准相符。从F检验和t检验结果看,道地药材较高的铬含量及较低的锌含量差异达显著水平,可作为其标志特征。对牛膝药材中主要药用成分齐墩果酸、蜕皮甾酮、多糖和16种无机元素的含量进行相关性分析表明,牛膝药材中钠与铝、钛,钙与镁、硼、镉,镁与硼,锌与铬,铝与镉,镉与钛的含量呈极显著正相关($P<0.01$),而铅与铜、钾,钠与铁、镉,钙与铝、钛,镁与镉,硼与镉、铬元素的含量呈显著正相关($P<0.05$),表明这几种元素兼有很好的协同作用。其中有毒元素铅与铜、钾,铬与硼、锌的含量则呈明显负相关,提示在生产中适当增施钾肥,可能有助于降低药材中重金属元素铅的含量。同时在中药材规范化种植生产中,要注意微肥的配比和用量,以提高药材的质量和产量。

药材中齐墩果酸和许多元素的含量呈负相关,其中与钙、镁、硼及锌呈明显的拮抗关系,而与铬呈正相关($P<0.05$),与多糖含量也呈显著正相关;蜕皮甾酮与微量元素铜的含量呈显著正相关($P<0.05$);多糖与钙、镁、锌、铝、硼、镉的含量呈明显的负相关,但与铬的含量呈显著正相关($P<0.05$);药材中齐墩果酸和多糖的含量呈显著正相关($P<0.01$)。由此说明微量元素铬与牛膝的生长代谢密切相关,对药材中齐墩果酸和多糖的含量具有直接的影响,多糖的代谢可能也和齐墩果酸的积累有关。研究表明,铬具有降血糖的作用,而具有治疗冠心病作用的中药中其锌铜比值都较低[153]。牛膝具有消炎镇痛、活血化瘀、降血糖、抗动脉硬化等多种功效,这与其道地药材中较高的铬、铜、铁、钾及较低的锌含量可能有关,进一步证实了道地药材中微量元素与药效间存在相关性。

3. 牛膝不同产地的主要环境因子特征分析

药用植物的生长发育与其产地的土壤、气候、温度、水分、阳光、肥料等自然条件关系十分密切。其中土壤生态环境是形成道地药材的重要因子之一,土壤肥力是土壤特征的主要内容,其中土壤养分含量和酸碱性又是土壤肥力的主要指标,对植物的生长发育及产量、质量均有直接的影响,因此在研究道地药材时往往要在了解其产地气候特征的前提下深入研究其生长土壤的特征。对不同产地牛膝环境因子的分析表明,气候因子中牛膝道地产区的年均温度和无霜期的天数较非道地产区高,而年均降水量、年均蒸发量和年日照时数则低于非道地产区,年积温(≥10℃)基本没有差异;土壤因子中速效氮的含量和 pH 高于非道地产区,而有机质、速效磷和速效钾的含量则较非道地产区低。不同产地土壤中无机元素的含量存在明显差异,道地产区土壤中的锌、硼、锰、铝含量高,而铜的含量明显低于非道地产区。道地产区土壤中高含量的锌、硼、锰、铝和低含量的铜达到显著水平,此特征可作为道地产区土壤的标志特征。

中药材中的无机元素与土壤地质背景密切相关,土壤中无机元素含量直接影响药材中微量元素含量。不同产地牛膝药材与土壤中无机元素均呈显著正相关($P<0.01$),说明牛膝药材中无机元素的含量与土壤中无机元素的含量密切相关。道地药材对铁、铜、铬和磷的富集能力强,可作为道地药材的标志特征。

4. 牛膝药材与环境因子的相关性分析

中药材产地的水、土(特别是土壤)、气候条件、栽培技术的不同以及微量元素在地球上分布的不同造成了各地药材质量上的差异。对牛膝药材中主要药用成分与其环境因子的相关性分析表明,齐墩果酸与多糖的含量呈显著正相关($P<0.01$),但与土壤中速效磷、速效钾的含量呈负相关,而年均蒸发量与蜕皮甾酮、多糖的含量则呈负相关,其他土壤因子及气候因子对齐墩果酸的含量未见明显相关。由于牛膝道地产区的年均蒸发量明显低于非道地产区,土壤中速效磷、速效钾的含量低于非道地产区,这可能不利于牛膝地上部分的生长,但反而有利于根中齐墩果酸和多糖的积累,从而导致道地药材中齐墩果酸、多糖和蜕皮甾酮含量高于非道地产区,其机制还有待进一步深入研究。

参考文献

[1] 张贵君. 常用中药鉴定大全[M]. 哈尔滨:黑龙江科学技术出版社,1993:156-158.

[2] 徐国钧,徐珞珊. 常用中药材品种整理和质量研究(南方协作组,第一册)[M]. 福州:福建科学技术出版社,1994:241-263.

[3] 中国科学院中国植物志编辑委员会. 中国植物志(第二十五卷,第二分册)[M]. 北京:科学出版社,1979:228-231.

[4] 国家中医药管理局《中华本草》编委会. 中华本草(2)[M]. 上海:上海科学技术出版社,1999:858-860.

[5] 梁·陶弘景. 名医别录[M]. 北京:人民卫生出版社,1986.

[6] 宋·苏颂. 本草图经[M]. 胡乃长注. 福州:福建科学技术出版社,1988.

[7] 臧励和. 中国古今地名大辞典[M]. 香港:商务印书馆香港分馆,1931.

[8] 袁秀蓉,常章富. 怀牛膝、川牛膝本草考证[J]. 中国中药杂志,2002,27(7):585.

[9] 汉·吴普. 吴普本草[M]. 尚志钧校. 北京:人民卫生出版社,1987:15.

[10] 唐·孙思邈. 千金翼方[M]. 北京:人民卫生出版社,1983:5.

[11] 刘文泰. 本草品汇精要[M]. 北京:人民卫生出版社,1982:232.

[12] 陈嘉谟. 本草蒙筌[M]. 王淑民校. 北京:人民卫生出版社,1988:38.

[13] 明·李时珍. 本草纲目[M]. 北京:华夏出版社,2002:543-546.

[14] 寇宗奭. 本草衍义[M]. 上海：商务印书馆,1957.
[15] 张治民. 怀牛膝、川牛膝本草考证[J]. 职业与健康,2004,20(10)：127-128.
[16] 张洪海. 怀牛膝品质初步评价[J]. 时珍国医国药,1998,9(6)：585.
[17] 国家药典委员会. 中华人民共和国药典(2010年版,一部)[M]. 北京：中国医药科技出版社,2010：67-68.
[18] 张泓,胡正海. 药用植物根中的异常次生结构[J]. 西北大学学报(自然科学版),1984(4)：59-66.
[19] 张泓,胡正海. 药用植物牛膝根中异常次生结构的发育解剖学研究[J]. 西北植物学报,1988,8(2)：85-91.
[20] 卫云,郭庆梅,马书太,等. 怀牛膝根内部结构的研究[J]. 山东中医药大学学报,1997,21(6)：452-455.
[21] 卫云. 种子植物根的三生构造分类的初步探讨[J]. 山东中医药大学学报,1986,10(4)：31.
[22] 胡正海,田兰馨,李广民. 栽培中药的种子识别[M]. 西安：陕西科学出版社,1981：15-16.
[23] 董诚明,张丽萍,刘杰. 怀牛膝组织培养的研究[J]. 河南中医,2002,22(4)：63-64.
[24] 李明军,李萍,洪森荣,等. 怀牛膝愈伤组织诱导及分化的研究[J]. 河南师范大学学报,2005,33(4)：118-121.
[25] 张丽萍,董诚明,金盖宇. 怀牛膝组织培养及齐墩果酸含量分析的研究[J]. 河南中医学院学报,2003,18(107)：32-33.
[26] Wesely Edward Gnanaraj,Johnson Marimuthu Antonisamy,Mohanamathi R B,et al. In vitro clonal propagation of Achyranthes aspera L. and Achyranthes bidentata Blume using nodal explants[J]. Asian Pacific Journal of Tropical Biomedicine,2010,2(1)：1-5.
[27] 刘伟华,徐香玲,姜静,等. 植物基因工程中Ri质粒的研究与应用[J]. 植物研究,1995,15(3)：386-390.
[28] 郭凤蕊,唐桂芬,兰尊海,等. Ri质粒转化牛膝及其发状根的培养[J]. 河南科学,1997,15(4)：447-450.
[29] 毕博,徐大卫,闻玉丽,等. 不同培养条件对牛膝发根诱导的研究[J]. 中国现代中药,2010,12(7)：9-11.
[30] 王源园,张尊建,王兴旺,等. 牛膝的HPLC/UV/MS指纹图谱研究[J]. 中药材,2003,26(11)：787-789.
[31] 王淑美,梁生旺,周开亚,等. 牛膝的rDNA ITS序列分析[J]. 中草药,2004,35(5)：559-562.
[32] 吕世民,梁可均,葛传吉,等. 怀牛膝多倍体育种的研究[J]. 中药通报,1988,13(7)：11-13.
[33] 姚乾元,胡德福. 怀牛膝多倍体和单倍体中蜕皮激素的分离[J]. 中国中药杂志,1989,14(4)：18.
[34] 郑晓珂,董三丽,冯卫生,等. 怀牛膝HPLC指纹图谱研究[J]. 中国实验方剂学杂志,2004(4)：6-8.
[35] 李金亭,胡正海. 牛膝类药材的生物学与化学成分的研究进展[J]. 中草药,2006,37(6)：952-956.
[36] 王兵. 齐墩果酸的研究[J]. 中国药学杂志,1992,27(7)：394.
[37] 王广树,周小平,杨晓虹,等. 牛膝中酸性三萜皂苷成分的分离与鉴定[J]. 中国药物化学杂志,2004,14(1)：40-42.
[38] 李娟,毕志明,肖雅洁,等. 怀牛膝的三萜皂苷成分研究[J]. 中国药学杂志,2007,42(3)：

178 - 180.

[39] YANG Liu, JIANG Hai, WANG Qiu-Hong, et al. A new feruloyl tyramine glycoside from the roots of *Achyranthes bidentata*[J]. Chinese Journal of Natural Medicines,2010,10(1): 16 - 19.

[40] 吴玫涵,李修禄,王梅,等. 用超临界流体色谱法测定怀牛膝及其制剂中齐墩果酸的含量[J]. 药学学报,1992,27(9): 690 - 694.

[41] 李秀珍. 怀牛膝根中游离齐墩果酸及其皂甙的薄层比色测定[J]. 中药通报,1988,30(10): 37 - 38.

[42] 王荣娣,钱频菲. 怀牛膝齐墩果酸薄层扫描测定方法的研究[J]. 中药材,1989,12(1): 34 - 36.

[43] 张启伟. 怀牛膝中齐墩果酸薄层扫描测定方法的研究[J]. 中国药学杂志,1995,12(1): 592 - 594.

[44] 刘舞霞,史叶龙. 牛膝栽培品种的质量考察Ⅰ[J]. 中药材,1988,9(12): 26 - 28.

[45] 刘伟,焦红军. 不同产地牛膝中齐墩果酸的薄层扫描测定[J]. 河南中医学刊,2000,15(4): 12 - 13.

[46] 殷玉生. 怀牛膝的炮制方法探讨[J]. 中成药,1989,11(2): 17 - 18.

[47] Michael Courreur, Lenarets V, et al. Effects of ecdysterone on the differentiation of normal human keratinocyte in vitro[J]. Eur J Dermatol, 1994,4(7): 558.

[48] 孟大利,侯柏玲,汪毅,等. 中药牛膝中的植物甾酮类成分[J]. 沈阳药科大学学报,2006,23(9): 562 - 565.

[49] 赵婉婷,孟大利,李铣,等. 牛膝的化学成分[J]. 沈阳药科大学学报,2007,24(4): 207 - 230.

[50] 张翠英,梁生旺,张广强. 不同产地牛膝中蜕皮甾酮的含量测定[J]. 中国药学杂志,2001,36(10): 699 - 700.

[51] 李鸿英. 牛膝茎叶的蜕皮甾酮含量测定[J]. 中药材科技,1982(3): 30.

[52] 张华,张子忠,卫云. 不同采收期牛膝中甾酮含量探讨[J]. 中药材,2000,23(12): 734 - 735.

[53] 李宗锴,李电东. 牛膝多糖的免疫调节作用[J]. 药学学报,1997,32(12): 881.

[54] Xiang D B, Li X Y. Effects of *Achyanthes bidentata* polysaccharides on interleukin-1 and tumour necrosis factor alpha production from mouse peritoneal macrophages[J]. Acta Pharmacologica Sinica,1993,14(4): 332 - 336.

[55] Yu B, Tian Z Y, Hui Y Z. Structural study on a bioactire fructan from the root of *Achyranthes bidentata* Bl.[J]. Chin J Chem, 1995,13(6): 539 - 544.

[56] 方积年,张志华,刘柏年. 牛膝多糖的化学研究[J]. 药学学报,1990,25(7): 526 - 529.

[57] 惠永正,邹卫,田庚元. 牛膝根中一活性寡糖(ABS)的分离和结构研究[J]. 化学学报,1989,47(6): 621 - 622.

[58] 李根林,杜天信,梁生旺. 怀牛膝中多糖的含量测定[J]. 中国实验方剂学杂志,2002,8(5): 6 - 7.

[59] Liu Y H, He K Z, Yang M, et al. Structure of bioactive fructan from the root of *Cyathula officinalis*[J]. Acta Botanica Sinica, 2004, 46(9): 1128 - 1134.

[60] Nicolov Stefan, Thuan Ngugen, Zheljazlov Valcho. Flaronoids from *Achyranthes bidentata* Bl.[J]. Acta Hoctic, 1996: 426.

[61] Rtra Parminder S. Alkaloids in two species of *Achyranthes* at different stages of their growth[J]. Curr Trends Life Sci, 1979, 4 (Adv Ecol): 81 - 85.

[62] Bisht G, sandhu H. Chemical constituents and antimicrobial activity of *Achyranthes bidentata*[J].

J Indian Chem Sci,1990,67(12):1002-1003.

[63] 巢志茂,张淑运,聂淑琴.怀牛膝不同炮制品中甜菜碱的研究[J].中国中药杂志,1995,20(10):597-598.

[64] 巢志茂,何波,尚尔金.怀牛膝挥发油成分分析[J].天然产物研究与开发,1999,11(4):41-43.

[65] 韦松,梁鸿,赵玉英,等.怀牛膝中化合物的分离鉴定[J].1997,22(5):293-295.

[66] Bishit G, Sandhu H, Verma S. Constituents of *Achyranthes bidentata* [J]. Fitoterapia, 1993, 64(1):85.

[67] 刘风楼,荆祥兆,穆清宝,等.地黄、牛膝、山药中微量元素的测定[J].中国药学杂志,1988,16(1):61-62.

[68] 刘舞霞,杨赞藏,舒传福.牛膝栽培品的质量考察Ⅱ[J].中药材,1990,13(9):31-33.

[69] 施锁平.牛膝不同炮制方法对镇痛作用的影响[J].现代中药研究与实践,2003,17(4):40-41.

[70] Li Q J, Zheng Z J, Peng Y, et al. Opposite effects on tumor growth depending on dose of *Achyranthes bidentata* polysaccharides in C57BL/6 mice[J]. International Immunopharmacology, 2007,7(5):568-577.

[71] 唐黎明,吕志筠,章小萍,等.牛膝多糖药效学研究[J].中成药,1996,18(5):31-33.

[72] 向道斌,葛家壁,李晓玉.牛膝多糖对小鼠体液免疫反应的增强作用[J].上海免疫学杂志,1994,14(3):134-136.

[73] 向道斌,蒋超,李晓玉.牛膝多糖对T淋巴细胞和天然杀伤细胞功能的影响[J].中国药理学与毒理学杂志,1994,8(3):209-212.

[74] 宋义平,刘彩玉,周刚,等.牛膝多糖对小鼠细胞免疫功能的影响[J].中药新药与临床药理,1998,9(3):158-162.

[75] 季敬璋,胡璟谊,吕建新.牛膝多糖对$CD4^+$ T细胞的诱导和分化作用研究[J].中国病理生理杂志,2006,22(2):228-233.

[76] 朱和,车锡平.牛膝总皂苷对动物子宫平滑肌的作用[J].中草药,1987,18(4):17-20.

[77] 王世祥,车锡平.怀牛膝总皂苷对离体大鼠子宫的兴奋作用及机理研究[J].西北药学杂志,1996,11(4):160-162.

[78] 郭胜民,车锡平,范晓雯.怀牛膝皂苷A对动物子宫平滑肌的作用[J].西安医科大学学报,1997,18(2):216-218.

[79] 郭胜民,车锡平,范晓雯.怀牛膝皂苷A的抗生育作用和对离体子宫平滑肌的作用[J].西北药学杂志,1996,11(增刊):46-49.

[80] 郭胜民,车锡平,范晓雯.怀牛膝皂苷A对离体大鼠子宫兴奋作用机理的研究[J].西安医科大学学报,1997,18(4):473-475.

[81] 朱和,车锡平.怀牛膝总皂苷(ABS)对大小白鼠抗生育作用的研究[J].西安医科大学学报,1987,8(3):246-248.

[82] 王一飞,王庆端,刘晨江,等.怀牛膝总皂甙对肿瘤细胞的抑制作用[J].河南医科大学学报,1997,32(4):4-6.

[83] 余上才,章育正.牛膝多糖抗肿瘤作用及免疫机制实验研究[J].中华肿瘤杂志,1995,17(4):275-278.

[84] 胡洁,齐义新,李巧霞,等.中药牛膝提取物抗肿瘤活性的初步研究[J].中华微生物和免疫学杂

志,2005,25(5):415-419.

[85] 陆兔林,毛春芹,张丽,等.牛膝不同炮制品镇痛抗炎作用研究[J].中药材,1997,20(10):507-508.

[86] 史玉芬,郑延彬.牛膝抗炎、抗菌作用的研究[J].中药通报,1988,13(7):428-431.

[87] 李献平,刘世昌.四大怀药对家蚕寿命及生长发育的影响[J].中国中药杂志,1990,15(9):51-54.

[88] 全宏勋,邹丹,张国软,等.麦饭石、牛膝对早期鸡胚发育的影响[J].河南中医,1993,13(5):208-209.

[89] Tan F, Deng J. Analysis of the constituents and anti-senile function of *Achyranthes bidentata* polysaccharides[J]. Acta Botanica Sinica, 2002, 44(7): 795-798.

[90] 马爱莲,郭焕.怀牛膝对记忆力和耐力的影响[J].中药材,1998,21(12):624-625.

[91] 张志英,王绍冲,郭连魁.牛膝抗衰老作用的生物化学研究[J].山西医科大学学报,1995,26(1):4-7.

[92] Guptoi S S, Bhagwat A W, Ram A K. Cardiac stimldant activity of the saponin of *Achyranthes aspera* (Linn.)[J]. Indian J Med Res, 1972, 62(3): 462.

[93] Ran A K. Effect of saponin of *Achyranthes aspera* on the phosphorylase activity of rat heart[J]. Indian J Physiol Pharmacol, 1971, 15(3): 107.

[94] 崔瑛,侯士良.怀牛膝预防动脉粥样硬化的实验研究[J].基层中药杂志,1998,12(1):30-31.

[95] 江黎明,李志明,韩宝铬.神经生长因子受体活性中草药及其成分的筛选[J].中草药,1994,25(2):79-81.

[96] 高昌琨.怀牛膝对维甲酸所致大鼠骨质疏松防治作用的实验研究[J].基层中药杂志,2001,15(2):9-11.

[97] 崔洪英,张柏丽,安秀玲.补肾中药对骨质疏松大鼠骨形态的影响[J].天津中医,1997,14(5):226-227.

[98] 高晓燕,王大为,李发美.牛膝中脱皮甾酮的含量测定及促成骨样细胞增殖活性[J].药学学报,2000,35(11):868-870.

[99] 潘秋辉,洪岸,蒲含林,等.双龙接骨丸含药血清促进成骨细胞的增殖及其分子机制的研究[J].中国中西医结合杂志,2004,24(6):198-201.

[100] 孙奋勇,潘秋辉,洪岸.牛膝促进成骨细胞增殖的作用与机理研究[J].中药材,2004,27(4):264-266.

[101] 董群伟,孙奋勇,王华,等.牛膝血清对体外培养人间充质干细胞增殖与分化的影响[J].广东药学院学报,2006,22(2):185-187.

[102] 高晓燕,苏又凡,李发美.牛膝中胡萝卜甙对成骨样细胞的促进增殖作用及其含量测定[J].承德医学院学报,2003,20(1):1-4.

[103] 巢志茂,神藤平二郎,松本潮,等.牛膝高分子物质的细胞毒性及其组成的初步研究[J].中国药杂志,1995,34(5):299-230.

[104] 聂淑琴,薛宝云,梁爱华,等.炮制对牛膝特殊毒性的影响[J].中国中药杂志,1995,20(5):275-278.

[105] 李海泉.牛膝多糖降糖作用实验研究[J].安徽医药,2004,8(5):326-327.

[106] 杨胜亚,崔援军,刘超,等.怀牛膝种植与加工[J].中草药,2002,33(5):470-471.

[107] 王新民,张重义,李宇伟,等.怀牛膝 GAP 栽培技术标准操作规程[J].安徽农业科学,2006,34(5):922-923,926.
[108] 杜占芬,谢新玲.牛膝的高产栽培技术[J].北京农业,2002(6):15.
[109] 朱鲁,席新顺.怀牛膝生长的土壤基础及优质丰产规范化栽培技术[J].河南农业,2004(10):22.
[110] 白锦雯,刘亚非.怀牛膝栽培技术[J].河南农业科学,2002(7):36.
[111] 杨胜亚,刘超,崔援军,等.怀牛膝不同品种及不同类型种子的质量评价[J].中国医学研究与临床,2005,3(5):55-56.
[112] 卫云,李岩坤,高玉敏,等.山东省怀牛膝播种期的探讨[J].山东农业科学,1987(6):43-45.
[113] Jinting Li, Zhenghai Hu. Accumulation and dynamic trends of triterpenoid saponin in vegetative organs of Achyranthus bidentata [J]. Journal of Integrative Plant Biology, 2009, 51(2): 122-129.
[114] 李金亭,高鹏,朱命炜,等.牛膝(苋科)轴器官中异常结构的研究[J].武汉植物学研究,2008,26(2):113-118.
[115] 李金亭,谭玲玲,胡正海.牛膝根的发育解剖学研究[J].西北植物学报,2006,26(10):1973-1978.
[116] 胡适宜.被子植物生殖生物学[M].北京:高等教育出版社,2005.
[117] Foster A S. Leaf differentiation in angiosperms[J]. Bot Rev,1936(2):249-372.
[118] 李金亭,彭励,胡正海,等.牛膝根的结构发育与三萜皂苷积累的关系[J].分子细胞生物学报,2007,40(4):121-128.
[119] 李先端,胡世林.不同产地牛膝中齐墩果酸含量测定[J].中国中药杂志,1995,20(8):459-461.
[120] Michael D, Courreur T, Lenaerts V, et al. Effects of ecdysterone on the differentiation of normal human keratinocytes in vitro[J]. Eur J Dermatol, 1994,4(7):558.
[121] Otaka T. Chromosomal action of ecdysone [J]. Nature, 1980,285(12):435.
[122] Catalan R E, Martines A M, Aragones M D. In vitro effect of ecdysterone on protein kinase activity [J]. Comp Biochem Physion(B),1982,71(2):301.
[123] Takei M, Endo K, Nishimoto N, et al. Effect of ecdysterone on histamine release from rat peritoneal mast cells [J]. Pharm Sci, 1991,80(4):309.
[124] Qiu C, Yongpeng X, Zongyin Q. Effect of ecdysterone on glucose metabolism in vitro [J]. Life Science, 2006, 78: 1108-1113.
[125] 李金亭,滕红梅,胡正海.牛膝营养器官中蜕皮甾酮的积累动态研究[J].中草药,2007,38(10):1570-1573.
[126] 宋·欧阳修.新唐书·地理志[M].北京:中华书局,1986.
[127] 杨胜亚,刘超,崔援军,等.怀牛膝不同品种及不同类型种子的质量评价[J].中国医学研究与临床,2005,3(5):55-56.
[128] 李金亭,张晓伟,魏慧芳,等.牛膝道地与非道地产区药材及土壤中无机元素分析[J].河南师范大学学报,2010,38(5):131-135.
[129] 肖小河,夏文娟,陈善墉.中国道地药材研究概论[J].中国中药杂志,1995,20(6):323-327.
[130] 伊稍 K.种子植物解剖学[M].李正理译.上海:上海科学技术出版社,1982.
[131] 胡正海,张泓.植物异常结构解剖学[M].北京:高等教育出版社,1993.
[132] Metcalfe C R, Chalk L. Anatomy of the dicotyledons[M]. Oxford:Clarendon Press, 1950, 2:

1074 - 1084.

[133] 张泓,郑平,胡正海. 川牛膝茎中异常结构的解剖学研究[J]. 西北大学学报, 1993, 23(4): 360 - 365.

[134] Balfour E. Anomalous secondary thickening in Chenopodiaceae, Nyctaginaceae and Amaranthaceae[J]. Phytomorphology, 1965, 15(2): 111 - 122.

[135] Balfour E. The development of the vascular system Macropiper excelsum Forst. II. The mature stem[J]. Phytomorphology, 1958, 8: 224 - 233.

[136] Joshi A C. The anatomy of *Rumex* with species reference to the morphology of the internal bundles and the origin of the internal phloem in the Polygonaceae[J]. Amer Jour Bot, 1936, 23(5): 362 - 369.

[137] Fahn A. Plant anatomy [M]. 3rd ed. Oxford: Pergaman Press, 1982: 237 - 247.

[138] 王英平,张连学,王克强,等. 人参皂甙生物合成部位研究[J]. 特产研究, 1994(4): 18 - 20.

[139] 卫云,李岩坤,高玉敏,等. 山东省怀牛膝播种期的探讨[J]. 山东农业科学, 1987(6): 43 - 45.

[140] 黄荣韶,罗永明,胡彦,等. 毛鸡骨草总皂甙含量测定及其动态变化研究[J]. 广东农业科学, 2006, 6: 28 - 30.

[141] 邹盛勤,陈武. 陆英中乌索酸和齐墩果酸动态含量的研究[J]. 安徽农业科学, 2005, 33(4): 642 - 643,666.

[142] 韩建萍,梁宗锁. 矿质元素与根类中草药根系生长发育及有效成分累积的关系[J]. 植物生理学通讯, 2003, 39(1): 78 - 82.

[143] 杨秀伟. 怀牛膝有效药用成分初步研究[J]. 吉林农业大学学报, 1984, 6(1): 47 - 54.

[144] Tamars S, Michaela B, Satyajit D S, et al. Phytoecdysteroids from *Lamium* spp.: identification and distribution withim plants [J]. Biochemical Systematics and Ecology, 2001, 29: 891 - 900.

[145] Rees H H. Ecdysterone biosynthesis and inavtivation in relation to function [J]. Eur J Entomol, 1995, 92(1): 9 - 39.

[146] Machackova I, Vagner M, Slama K. Comparision between the effects of 20-hydroxyecdysone and phytohormones on growth and development in plants [J]. Eur J Entomol, 1995, 92 (1): 309 - 316.

[147] 王文颇,李彦生,周印富. 牛膝在不同种植密度下的生长动态规律[J]. 中国中药杂志, 2005, 30 (14): 1069 - 1072.

[148] Schroeder H A. 痕量元素与人[M]. 北京: 科学出版社, 1979.

[149] 李向高,郑友兰,贾继红. 人参属植物三七中药材中微量元素的比较分析[J]. 中药材, 1985, 9(1): 33 - 36.

[150] 张重义,李萍,陈君,等. 金银花道地与非道地产区土壤微量元素分析[J]. 中国中药杂志, 2003, 28(3): 207 - 213.

[151] 赵杨景,陈四宝,高光耀,等. 不同产地丹参的无机元素含量及其生长土壤的理化性质[J]. 中国中药杂志, 2004, 29(9): 844 - 850.

[152] 金航,崔秀明,徐珞珊,等. 三七道地与非道地产区药材及土壤微量元素分析[J]. 云南大学学报(自然科学版), 2006, 28(2): 144 - 149.

[153] 赵曼容. 微量元素在寻找新活性物质中的应用研究[J]. 西北植物学报, 2001, 21(3): 579 - 583.

第 4 章 远 志

远志为我国大宗常用中药材以及传统出口药材之一。《中国药典》中规定中药远志的原植物为远志（又名细叶远志）(*Polygala tenuifolia* Willd.)或卵叶远志(*P. sibirica* L.)[1-3]。细叶远志和卵叶远志都隶属于远志科(Polygalaceae)远志属(*Polygala*)，为多年生草本植物，以干燥根入药。远志药材的主要药用成分为皂苷、𠮿酮、寡糖酯类、脂肪油、多糖等。本章以药材的主流细叶远志及其主要药用成分皂苷为重点，系统介绍两种远志各器官的形态结构及发生发育规律，皂苷、𠮿酮、脂肪油和多糖在其营养器官中的组织化学定位，皂苷在其生长发育过程中含量的积累动态和变化规律，并对两种远志的药材品质进行比较，对主产区不同产地细叶远志药材的皂苷、多糖含量、主要环境因子进行比较研究及相关性分析。

§4.1 远志的研究概况

4.1.1 原植物及本草考证

全世界约有 500 种远志科远志属植物，分布于欧亚大陆和美洲的亚热带和温带地区。我国有 42 种 8 变种，分布于全国各地，其中西南和华南地区种质资源最丰富[4,5]。该属中有多种植物在各地民间作为药用，如远志(*P. tenuifolia* Willd.)、卵叶远志(*P. sibirica* L.)、黄花远志(*P. arillata* Buch.-Ham.)、小花远志(*P. arvensis* Willd.)、华南远志(*P. glomerata* Lour.)、新疆远志(*P. hybrida* DC.)、瓜子金(*P. japonica* Houtt.)、黄花倒水莲(*P. fallax* Hemsl.)、长毛远志(*P. wattersii* Hance)、苦远志(*P. sibirica* Linn. var. *megalopha* Franch.)、合草(*P. subopposita* S. K. chen)等[6,7]。在国外，除了细叶远志外，使用同属植物美远志(*P. senega* L.)[8]也有数百年的历史，其功效与细叶远志相近。

《中国药典》[1-3]中规定中药远志的原植物为远志(又名细叶远志)或卵叶远志。其中细叶远志是我国 42 种重点保护的三级野生植物之一。

细叶远志为多年生草本，高 15～50 cm。根圆柱形，长达 40 cm，肥厚，淡黄白色，具有少数侧根。茎直立或铺散，丛生，上部多分枝。叶互生，叶片狭线形或线状披针形，长 1～4 cm，宽 1～3 mm，无柄或近无柄。花淡蓝紫色，长约 6 mm。蒴果扁平，边缘有狭翅(图 4-1)。

§4.1 远志的研究概况

图4-1 细叶远志植株

图4-2 卵叶远志植株

卵叶远志与细叶远志相似,主要区别在于茎多分枝,被短绒毛。叶纸质至近草质,椭圆形至矩圆状披针形或宽披针形,长1～3 cm,宽3～6 mm;微被柔毛,具骨质短尖头,主脉在上表面隆起,侧脉不明显;有短柄。花蓝紫色,长5.5～6.5 mm。蒴果近倒心形,直径约5 mm,具狭翅(图4-2)。

远志药材始载于《神农本草经》[9],列为上品。曰:"远志,味苦,性温,治咳逆伤中,补不足,除邪气,利九窍,益智慧,耳聪目明,不忘,倍力,久服轻身不老,叶名小草……生川谷。"以后,远志一直作为安神药使用,历代主要本草都有收载。《本草纲目》[10]也有"主咳逆伤中,补不足,除邪气,利九窍,益智慧,耳目聪明,不忘,强志,倍力,久服轻身不老"的记载。李时珍称"此草服之能益智强志,故有远志之称。"

《本草经集注》[11]云:"小草状似麻黄而青。"但后来《开宝本草》谓"茎叶似大青而小",与前者不同[6]。《本草图经》收载上述两种,曰:"今河、陕、洛西周郡亦有之。根黄色,形如篙根,苗名小草。状似麻黄而青,又如荜豆,叶亦有似大青而小者。三月开花白色,根长及一尺。四月采根阴干,古方通用远志、小草。"[6]《本草纲目》[10]也有记载:"远志有大叶、小叶二种,陶弘景所说者小叶也,马志所说者大叶也。"所以从《开宝本草》以来,就一直沿用两种远志。在《植物名实图考》[12]中还绘有两种植物图。从历代本草形态描述来看,所收载的两种远志就是远志科植物细叶远志(*P. tenuifolia* Willd)和卵叶远志(*P. sibirica* L.),前者为"小叶者",是最早使用的品种;后者为"大叶者",大约在唐宋时期开始使用。

4.1.2 生物学特性

1. 形态解剖学研究

(1) 生殖器官的形态特征 细叶远志的总状花序长2～14 cm,偏侧生于小枝顶端,常稍弯曲;花淡蓝紫色,长约6 mm,花梗细弱,长3～6 mm;苞片3枚,极小,易脱落;萼片5枚,外轮3枚较小,线状披针形,内轮2枚呈花瓣状,花瓣3枚,基部合生,两侧花瓣为歪倒卵形,中央花瓣较大,呈龙骨瓣状,背面顶端有撕裂成条的鸡冠状附属物;雄蕊8枚,花丝 2/3 以下联合成鞘状,上部 1/3 两边各 3 枚合生,中间 2 枚离生;子房倒卵形,扁平,花柱线形,柱头两列,蒴果扁平,边缘有狭翅,绿色。种子密被白色短绒毛,上端有白色发达的种阜,3 裂下延。花期 5~8 月,果期 7~10 月[6]。

卵叶远志的总状花序则为腋生或假顶生,通常高出茎顶;萼片 5 枚,背部及边缘具缘毛,外面 3 枚小,披针形,内轮 2 枚大,花瓣状;花瓣 3 枚,蓝紫色,侧生花瓣倒卵形,2/5 以下与龙骨瓣合生,龙骨瓣较长,背面顶端有撕裂成条的鸡冠状附属物;雄蕊 8 枚,3/4 以下联合成鞘状,1/4 以上各 4 枚合生;子房倒卵形。蒴果近倒心形,直径约 5 mm,具狭翅,翅宽 0.5 mm。种子黑棕色,被白色短绒毛,种阜 3 裂下延。花期 4~7 月,果期 5~9 月[6]。

(2) 根的解剖结构　根是远志的药用器官,其结构特征对药材鉴别和产量有直接影响,因此成为解剖研究的主要对象。细叶远志根的初生结构主要由表皮、皮层和中柱构成。次生结构具有双子叶植物根的典型特点,由周皮和维管组织构成。横切面观,其木栓层由 10 余列细胞组成,外侧 1~2 列细胞大多扁平,切向延长,径向壁较整齐;内侧细胞形状不规则,壁略呈微波状弯曲,有纹孔,壁呈间断状。皮层薄壁组织细胞类圆形或长圆形,有纹孔群,有时有横隔而形成母子细胞,细胞内充满脂肪油滴。韧皮部宽广。形成层不明显。木质部导管散在或数个成群,圆多角形,直径 6~42 μm;木纤维多成群排列,多角形,直径 5~20 μm,壁厚 3~4 μm;木薄壁组织细胞较小,壁木质化增厚;射线宽 1~3 列细胞。无髓[6]。根组织及粉末观察,丰富的脂肪油滴以及木栓细胞有细密纹孔这两个特征在细叶远志中很稳定,可以将木栓细胞壁有细密纹孔作为鉴别细叶远志的依据之一[6]。

卵叶远志根的初生结构与细叶远志根类似。次生结构也是由周皮和维管组织构成,木栓层为 5~12 列细胞,厚 98~260 μm,外侧 3~8 列细胞类长方形或多角形,排列较整齐,壁木质化,有纹孔,壁呈间断状;内侧 2~6 列细胞不整齐,壁微木质化或不木化,有少许脂肪油滴散在。皮层较窄,偶见母子细胞,有脂肪油滴。韧皮部较宽,有时可见封闭组织。木质部导管散在或切向排列成环,不规则多角形或类圆形,直径 15~46 μm;木纤维多成群,直径 10~15 μm,壁厚约 3 μm,与木化的木薄壁组织细胞紧密排列;木射线宽 1 列细胞,少数 2~3 列,壁微木化[6]。

对于细叶远志茎叶部分的结构仅见到一些简单的描述[13],而卵叶远志的茎叶结构未见报道。

(3) 花粉粒形态　我国学者曾对远志属 8 种植物花粉粒做了扫描电镜观察。其中,细叶远志的花粉粒近球形,大小为 25.3 μm×26.5 μm,具有 16~18 个孔沟,沟间距约 2.8 μm,脊较光滑;沟膜宽 1.3~2 μm,表面纹饰模糊,极面有颗粒状纹饰;卵叶远志的花粉粒长球形,大小为 28(31)μm×30(32)μm,具有 16 个孔沟,沟间距离约 3 μm,脊较光滑;沟膜宽 1.4~2 μm,表面有颗粒状纹饰,两极面有凹陷的沟纹,形似脑纹[6]。

2. 生态学特性研究

两种远志都是适应性很强的中旱生植物,喜凉爽忌高温,耐干旱怕水涝,常见于北方地区向阳山坡草地、林缘、田埂和路旁处,亚热带中高山地也有零星分布[14]。常分布于沙棘灌丛、榛灌丛、白羊草草原、线叶菊草原、羊茅—线叶菊—石生杂草类草原、百里香草原、铁杆蒿草原等[15]。远志适宜的气候条件为：全年太阳总辐射量为 502.32～586.04 kJ/cm²，以 565.11 kJ/cm² 为最佳；年平均气温 4～6 ℃，能承受−30 ℃的低温，耐 38 ℃的高温，但持续时间过长，地上茎会提前凋萎，甚至影响种子成熟；年降水量 300～500 mm。春季植物返青季节和开花期需水量多，降水量的最佳范围为 200 mm 左右，适宜土壤为栗钙土、灰色土和草原黄砂土。黏土和低湿地不适于生长[16]。

3. 生长发育特性研究

北方地区远志 3 月底开始返青，4 月中下旬展叶，5 月初现蕾，5 月中旬开花，花期较长，至 8 月中旬仍有开花，但后期花的果实不能成熟[17]。6 月中旬主枝上的果实成熟开裂。9 月底地上部分停止生长，进入休眠期。当年播种的细叶远志冬季其根长度可达 25 cm 以上。在人工种植条件下，其生长发育进程可加快或提前一些，提早出苗约 15 d，倒苗推后约 30 d。

田伟等[18]对太行山区远志播种期进行了研究，结果表明播种时期对细叶远志的生长影响较大，细叶远志的最佳播种期为夏末秋初的雨季。

4. 组织培养研究

人工栽培远志主要以种子进行繁殖，种子繁殖中存在以下问题：远志果实为蒴果，成熟后自然开裂，难于采收；蚂蚁喜食远志种子，易造成缺苗；种苗生长速度慢，生长周期长等。因此，组织培养是远志人工栽培和良种快速繁殖的有效途径之一。秦金山等[19]用细叶远志的叶片作为外植体诱导出完整植株。采用 MS+0.5 mg/L NAA+0.1 mg/L 6-BA 的培养基来诱导愈伤组织，避光培养，温度为 20～25 ℃，一个月后产生大量黄白色的愈伤组织，诱导率为 56%；采用 MS+2.0 mg/L 6-BA+0.2 mg/L NAA 和 MS+0.5 mg/L 6-BA 的培养基诱导愈伤组织再分化，光照培养，温度为 23～28 ℃，3 周后可分化成苗，分化率均为 100%；诱导小苗生根的培养基为 MS+2.0 mg/L IBA。

王光远等[20]用 MS+1.0 mg/L 2,4-D 组成的培养基诱导幼叶产生愈伤组织，在 MS+4.0 mg/L 6-BA+1.0 mg/L IAA 的培养基中诱导愈伤组织分化；幼茎、带腋芽茎段在 MS+4 mg/L 6-BA+0.5 mg/L IAA 的培养基中，经过 5 周培养，每个腋芽都萌发出 5～12 个丛生芽，幼茎在培养 6 周后每个茎段平均有 12～26 个幼芽。诱导生根的培养基为 1/2MS+0.2 mg/L NAA 或 1/2MS+0.2 mg/L NAA+0.2 mg/L IAA。其中由茎段和腋芽可直接分化得苗，缩短了时间，苗比正常的粗壮。

胡侃等[21]用细叶远志无菌种苗的茎尖和茎段为外植体，获得了再生试管植株。发现 MS+1.5 mg/L 6-BA+0.1 mg/L KT+0.2 mg/L NAA 对细叶远志芽的增殖与生长具有良好的促进作用，芽的平均增殖率为 560%；附加 0.2 mg/L IBA、0.5 mg/L NAA、1.0 mg/L DSC 的 1/2MS 培养基适宜远志无根苗的生根，平均生根率为 95%，平均生根数为 5 条，平均根长为 11 cm。同时发现 DSC 是诱导细叶远志试管苗生根的一种理想外源激素。通过种子诱导无菌苗，再通过丛生苗进行植株的繁殖、扩大，建立起细叶远志的快速繁殖体系。这一方法为推动细叶远志人工种植和生产提供了有效的技术手段。

赵鑫鑫等[22]以细叶远志的叶片、嫩茎和嫩根为材料，采用组织培养的方法，进行愈伤组织的诱导和分化,试管苗的生根、移栽和定植的研究,建立细叶远志嫩根无性系。结果表明,MS+0.5 mg/L 6-BA+1.5 mg/L 2,4-D+0.5 mg/L NAA 是嫩根愈伤组织诱导培养和继代培养的理想培养基;MS+0.8 mg/L 6-BA+0.1 mg/L NAA+1.8 mg/L AgNO$_3$和 MS+0.8 mg/L 6-BA+0.1 mg/L NAA+2.1 mg/L AgNO$_3$两种培养基是嫩根愈伤组织分化培养的理想培养基;1/4 MS+0.2 mg/L NAA 是不定芽生根培养和试管苗生根继代培养的理想培养基;定植成活的试管苗保持了野生细叶远志的所有生物学性状。

虽然人们对两种远志的生物学研究有一定积累,但由于远志栽培历史不长,对其授粉习性、种质资源等基础研究严重不足[23]。因此,很有必要加强这方面工作,为远志栽培育种研究奠定基础。

4.1.3 化学成分

对两种远志的化学成分研究相对较多。国内外学者对两种远志的化学成分进行了较为系统的研究,表明远志的主要成分为皂苷类、呫酮、寡糖酯类、生物碱、糖类、脂肪油、树脂及四氢非洲防己胺等物质。

1. 皂苷类

皂苷为远志属植物的主要成分之一,也是远志药材祛痰止咳、镇静的主要活性成分。最早研究始于 1837 年,Quevene 从美远志(*P. senega*)中分离得到了皂苷元(senegenin),但未鉴定结构。Pelletier 等[24]于 1971 年首次报道了从细叶远志中得到的次级苷细叶远志皂苷(tenuioflni)并鉴定其结构。此后,国内外学者对该属多种植物进行化学成分研究。日本学者查明细叶远志根含远志皂苷 onjisaponin A、B、C、D、E、F、G 7 种三萜皂苷,并鉴定了远志皂苷 A、B、E、F 和 G 的结构[25,26]。1998~1999 年彭汶铎连续报道了从细叶远志中分离出 5 种新的远志皂苷,分别为远志皂苷 2D、3D、5D、3C、H[27,28]。这些新的远志皂苷与远志皂苷 A、B、C、D、E、F、G 具有相同的苷元,但糖的位置、数量和连接方式尚待确定。远志皂苷被酸水解,可得远志酸(senegenic acid, polygalic acid)、远志皂苷元(senegenin)和羟基远志皂苷元(hydroxy senegenin)。近年来由于分离纯化技术的进步,各种微量分析方法特别是质谱和核磁共振等新技术的发展,皂苷化合物的结构研究工作取得了巨大进展。结果表明远志属植物所含的皂苷类成分均为五环三萜型,基本母核为齐墩果酸。孙红祥等[29]从远志属的 11 种 1 变种植物中分离得到 95 种皂苷成分。随着人们研究的不断深入,新的皂苷种类不断被发现。2011 年 Li Chuang-jun 等[30]在细叶远志的根中又发现新的皂苷种类。

远志皂苷元的含量在不同物候期具有动态变化。万德光等[31]应用薄层扫描法测定了不同物候期卵叶远志根中远志皂苷元的含量,结果表明现蕾期卵叶远志根中远志皂苷的含量最高,其动态规律为现蕾期>盛花期>果期>果后营养期。

《中国药典》中规定远志的药用部分为根,刘友平等[32]对两种远志不同部位的总皂苷含量进行了测定,结果显示细叶远志茎叶部分总皂苷含量为 2.46%,根中总皂苷含量为 3.29%;卵叶远志茎叶部分总皂苷含量为 1.50%,根中总皂苷含量为 1.61%。表明细叶远志和卵叶远志地上部分均含有活性成分皂苷,且含量不低于1%,提示两种远志地上部分有一定的药用价值。

2. 𠮿酮

𠮿酮(xanthone)又称苯骈色原酮,是一类黄色或类白色的酚性化合物,与黄酮类化合物有相似的颜色反应和谱学特征[33]。𠮿酮通常存在于一些较高等的植物科中,如龙胆科、桑科、藤黄科、远志科、豆科等植物及真菌和地衣中,具有利尿、抗菌、抗癌、抗抑郁等活性[34]。根据 Peres 分类法,𠮿酮类化合物主要分为 5 种结构类型:简单的氧代𠮿酮、𠮿酮糖苷、异戊烯基取代的𠮿酮、𠮿酮木脂素及其他𠮿酮类化合物[34]。研究者从两种远志根提取物的乙醚或氯仿层中分离出了大量含有荧光性的𠮿酮类化合物,共有 31 种,其中简单氧代𠮿酮 30 种,𠮿酮碳苷 1 种[35]。

3. 寡糖酯类

寡糖酯类成分是中药远志及远志科其他植物中存在的独特化学成分,近年来发现寡糖酯类成分具有脑保护作用和抗老化作用,从而引起人们重视。远志属植物的寡糖酯类成分研究始于 20 世纪 90 年代,Miyase 首次从细叶远志根中分离鉴定出 16 个新的寡糖多酯化合物,命名为 tenuifolioses A - P,它们是五糖链的多酯类[36,37]。之后,该作者还报道了 15 种具有 2 个或更多乙酰酯残基的双糖和三糖的分离和结构鉴定,所有这些化合物的呋喃果糖残基上均具有 1 或 2 个肉桂酰酯基[38]。1999 年 Miyase 从卵叶远志中分得了 6 个新的蔗糖酯类(sibiricoses A_1、A_2、A_3、A_4、A_5、A_6)和 4 个已知的这类化合物[39]。此外,Ikeya 在细叶远志根中还分离和鉴定了 5 个新苯丙烷类蔗糖酯(tenuifoliside A、B、C、D、E)和 1 个已知化合物[40,41]。远志属植物中的寡糖酯成分主要以蔗糖为共同的母核,在此基础上以不同形式的糖苷键连接葡萄糖(少数为鼠李糖),分子中最高糖分子数为 5,主要是乙酸、苯甲酸类和苯丙烯酸类与糖分子成酯[42]。远志中寡糖酯类成分的研究加深了对其多种药理活性的理解。

4. 生物碱

金宝渊等[43]于 1993 年用薄层层析、紫外光谱、红外光谱以及核磁共振和质谱手段从细叶远志根中分离到 7 种生物碱:N_9-甲酰基哈尔满、1-丁氧羰基-β-咔啉、1-乙氧羰基-β-咔啉、1-甲氧羰基-β-咔啉、川芎咔啉碱(perlolyrine)、降哈尔满和哈尔满。其中 1-丁氧羰基-β-咔啉为首次报道的新化合物。

5. 多糖

多糖具有免疫调节、抗肿瘤、抗病毒作用。赵云生等[44]应用苯酚-硫酸显色法对山西道地药材远志 16 份不同品种样品进行了糖类含量测定。大部分远志药材的总糖含量达 22% 以上,其中可溶性多糖含量一般在 12% 以上,粗多糖含量大多在 10% 以下。裴瑾等[45]测定了细叶远志及地上部分多糖的含量,表明细叶远志中多糖含量较高,具有开发利用价值。

6. 脂溶性和挥发性成分

孙晓飞等[46]对细叶远志脂肪油的脂肪酸甲酯化物经气相色谱-质谱(GC-MS)分析

测定出 18 种成分,经检索鉴定了其中 17 种成分。其脂肪油的主要成分为油酸、亚油酸、软脂酸、11-二十碳烯酸和硬脂酸。其中油酸相对含量高达 87.0%;亚油酸相对含量为 7.31%;软脂酸相对含量为 3.27%。油酸、软脂酸具有降血脂、抗动脉粥样硬化、抗血小板聚集及血栓形成的作用。亚油酸具有降血脂作用,并促进饱和脂肪酸及由其所衍生的脂类、胆甾醇等在血液中的运行,以减少沉积在血管壁上的可能性,从而达到防止动脉硬化的目的。这与中药远志具有消肿、降压的药理作用相一致。章俊如等[47]采用超临界 CO_2 流体萃取技术,提取远志药材中的脂溶性成分,运用气相色谱-质谱联用技术对萃取成分进行分离鉴定,并采用峰面积归一化法计算各成分相对百分含量。对远志萃取物气相色谱-质谱分析结果共检测出 17 个峰,其成分占总流出峰面积的 99.21%。在鉴定组分中,相对含量在 1.00% 以上的化合物有 6 种,含量占总鉴定化合物的 97.75%,含量由高到低依次为 2,2-二甲基戊烷(46.81%)、己烷(12.29%)、2,2-二甲基丁烷(10.89%)、2,3-环氧基辛烷(10.74%)、3,3-二甲基戊烷(9.60%)、2,3-二甲基戊烷(7.42%)。

房敏峰等[48]对不同产地和部位细叶远志脂溶性成分的气相色谱-质谱分析结果表明,12 个产地野生细叶远志药材中检测出脂溶性成分 30 个,栽培细叶远志 6 个部位共检测出脂溶性成分 26 个。

李萍等[49]利用气相色谱-质谱-计算机联用技术,分析了细叶远志药材中的挥发性成分,共分离出 55 种化合物,其中鉴定出 18 种化合物,有醇类、酮类、酸类、酯类、胺类、有机酸及烷烃类化合物。远志具有祛痰、止咳、安神益智的作用,可能与其含有丰富的胺类、酸类化合物有关。远志药材挥发性成分的系统研究,为拓宽远志的利用途径积累了资料。

7. 其他成分

乔俊缠等[50]利用空气-乙炔火焰原子吸收光谱法测定了细叶远志和卵叶远志根中 Zn、Cu、Fe、Mn、K、Ca、Mg 的含量。结果显示,两种远志中富含 Fe、K、Ca、Mg,除 Mg 外,卵叶远志根中其他 6 种金属元素的含量均高于细叶远志。

此外,从两种远志中分离出的成分还包括树脂、3,4,5-三甲氧基桂皮酸、多巴胺受体活性化合物——四氢非洲防己胺[51],以及一个新的乙酰酚酮苷 sibiricaphenone[39]。

4.1.4 药理作用

1. 祛痰镇咳作用

彭文铎等[28]采用酚红法和氨水引咳法测定 4 种远志皂苷(分别简称 2D、3D、5D、3C)的祛痰镇咳作用,结果发现多数具有比较明显的祛痰和镇咳作用。其中 3D 可能是祛痰作用的主要成分,2D、3C 则为镇咳的主要成分,作用甚至强于等剂量的可待因和喷托维林。

2. 镇静和抗惊厥作用

远志药材的镇静安神作用古已用之,现代药理研究对卵叶远志皂苷类成分的镇静活性和机制进行了探讨,研究提示该物质的体内作用机制为多巴胺和 5-羟色胺受体拮抗作用。该成分可抑制阿扑吗啡诱导的小鼠刻板行为和攀登行为,可缓冲 5-羟色胺和 MK-801 诱导的高活性 5-羟色胺症状,并显示剂量相关性[52]。

另外的研究表明,远志根皮、未去木心的远志全根和根部木心对戊巴比妥类药物均有协同作用。镇静作用物质基础及药动学研究表明,远志寡糖 A、C(tenuifoliside A、C)是镇静作用的物质基础,在体内肠道细菌作用下远志寡糖 A、C 转化成具有镇静活性的 3,4,5-三甲氧基桂皮酸(TMCA)而产生镇静安神作用,研究结果表明,远志药材具有持续的镇静作用主要是含有 3,4,5-三甲氧基桂皮酸的天然前体药物所致[53]。

3. 抗氧化和清除自由基作用

远志具有益智作用。清除自由基,降低体内过氧化脂质无疑是益智作用重要的一个环节。李光植等[54]报道细叶远志水煎液能显著提高白细胞中 SOD、肝组织 GSH-Px 活性,并可通过提高体内抗氧化能力,清除衰老或老化机体过多生成的自由基,抑制或减轻机体组织和细胞的过氧化过程,从而起到延缓衰老的作用。

闫明等[55]采用 D_2-半乳糖致小鼠衰老模型,观察不同剂量的远志药材提取物对小鼠血清中 SOD 和肝细胞中 GSH-Px 活力的影响。结果发现,高、低剂量的远志水提物均能提高血清中 SOD 和肝细胞中 GSH-Px 活性,降低血清 MDA 含量,且高剂量比低剂量差异显著(分别为 $P<0.01$ 和 $P<0.05$)。说明远志药材提取物可通过清除机体生成的过多自由基、改善机体的抗氧化能力,发挥延缓衰老的作用。

孙桂波等[56]从细胞水平研究了远志皂苷(tenuigenin,TEN)对过氧化氢(H_2O_2)所致 PC12 细胞损伤的保护作用,结果发现,远志皂苷能使损伤细胞乳酸脱氢酶(LDH)漏出量明显降低($P<0.05$),降低 MDA 含量($P<0.05$),提高 SOD 活性($P<0.05$),明显改善 H_2O_2 导致的细胞损伤,可使细胞存活率升高。韩国学者 Jin Gyu Choi[57]研究发现远志药材具有抗氧化剂和抗细胞凋亡活动,从而能够抑制帕金森综合征中毒素导致的神经元死亡。

4. 抗痴呆和脑保护作用

早在《神农本草经》中就记载远志具有益智、聪耳明目、抗健忘等作用[9]。

陈勤等[58]给模型大鼠连续饲喂远志皂苷 60 d 后,发现远志皂苷能显著升高脑内 M 受体密度和增强乙酰胆碱转移酶活性,能有效抑制脑胆碱酶活性,明显提高拟痴呆大鼠的学习记忆能力,因此,对老年性痴呆的胆碱能系统功能减退有一定的改善和治疗作用。

饭冢进[59]为探讨远志的脑保护活性,对 KCN 低氧脑障碍的作用进行了研究,发现几种酰基糖具有缩短正向反射消失持续时间的作用,表明远志脑保护作用的部分原因与酰基糖有关。

此外,细叶远志根的水提液对 P 物质和脂多糖(LPS)刺激鼠星形胶质细胞分泌的肿瘤坏死因子(TNF)和白细胞介素-1(IL-1)有明显的抑制作用,进而产生对 CNS 的消炎活性,因而可防治各种脑病[60]。Yabe 等研究发现远志皂苷 onjisaponin 对星形细胞分泌神经生长因子(NGF)有诱导作用,远志皂苷 A、B、E、F 和 G 能显著提高星形细胞中的神经生长因子水平,远志皂苷 F 也能刺激大鼠前脑细胞中乙酰胆碱 mRNA 表达,进一步证实了远志皂苷对阿尔茨海默病的治疗作用[61]。

5. 免疫增强作用

Nagai 等[62]对新皂苷 senegasaponin 的免疫增强活性进行了研究,结果表明以原远志皂苷元骨架作为母核,28 位连接不同糖的皂苷都具有免疫佐剂活性。并证明了从远志的甲醇提取物中分离到的远志皂苷 A、E、F、G 具有流感疫苗和百日咳疫苗的有效安全佐剂活性。各皂苷与流感疫苗合并接种可明显增加血清血凝效价,并明显增加血清 HA 抗体和抗流感病毒 IGA、IgG 抗体效价,最高可增加 27~50 倍,鼻内疫苗合并远志皂苷 F 可抑制感染鼠支气管肺泡盥洗流感病毒,与百日咳疫苗合并应用,血清 IgG、鼻皂苷 IgA 抗体效价也明显增加。

6. 对心脏的作用

彭汶铎[63]用尾袖法测定清醒大鼠和肾性高血压大鼠收缩压,并与麻醉后左侧颈总动脉记录的平均动脉压比较,研究远志皂苷的降压作用及其机制,结果表明远志皂苷有降压作用,此作用与迷走神经兴奋、神经节阻断以及外周 α 肾上腺,M 胆碱能和 H_1 受体无关。在对离体兔心肌的研究中发现,远志皂苷对离体兔心肌具有抑制作用[27]。

7. 促进体力和智力作用

郑秀华等[64]通过对大鼠穿梭行为及脑区域性代谢影响的研究发现,灌胃给予远志药材提取物 0.28 g/kg,服药后第 5~9 天,条件反应及非条件反应次数增多,间脑中辅酶Ⅰ(NAD^+)浓度显著增高,海马、尾纹核和脑干内辅酶Ⅰ和还原性辅酶Ⅰ(NADH)浓度均增高,表明远志药材具有促进体力和智力的作用。

8. 抗突变、抗癌活性

朱玉琢[65]采用小鼠精原细胞姐妹染色单体互换实验。结果发现,远志对雄性生殖细胞遗传物质具有保护功能。马俊英等[66]报道远志水提液在 2.5 mg/ml 浓度下对 Yac-1、K562、L929 表现出明显的细胞毒效应,提示远志体外实验有抗癌作用。Tao Xin 等[67,68]通过实验发现远志中提取纯化的一种水溶性多糖和两种酸性多糖具有抗癌活性。

远志除具有以上药理作用外,近来学者还证实远志具抗真菌活性、抑制 MAO 作用以及止痛[69]、解酒[70]、多巴胺受体活性、抗病毒、利胆、利尿与消肿等作用[64]。

4.1.5 栽培和采收加工技术研究

20 世纪 50 年代之前,我国野生远志药材的年总产量估算为 10 000 t,所需求的远志药材全部由各省区的野生品供应。当时的市场需求不旺,产量过剩,供大于销,价格偏低。因为远志价格较低,农民采挖得不偿失,所以野生资源基本上没有遭到破坏,这一状况一直延续到 80 年代。进入 90 年代后,我国医药行业异军突起,用远志药材开发了大量的新药、特药和中成药,同时还有一定数量的出口。由于需求量逐年上升,极大地带动远志药材价格连年上涨。据有关省区农村经济调查队调查显示,20 世纪 90 年代后期,产量已降至 4 000~5 000 t。进入 21 世纪后,由于国内外医药市场对野生远志的需求升温,产区滥采滥挖愈演愈烈,全国野生产量已下降至 500 t。由于野生远志药材的无序采集,几近濒临绝种的边缘[71]。

由于连年采挖,只采不育,导致远志属植物的野生资源日益枯竭,而市场对远志需求的连年增长,使价格呈逐年上升之势,刺激人工种植远志应运而生,自 20 世纪 90 年代对细叶远志野生驯化及种植技术的研究就开始了[72]。

1. 人工种植

繁殖方法以种子繁殖为主,也可用分根繁殖。

(1) 选地整地 细叶远志为多年生宿根性草本植物,选择地势高、向阳、排水良好的砂质壤土栽培,有利于其生长发育[73,74]。一般选山坡地,无论荒山、荒地、林带、草原、平地均可种植。整地时,必须深翻土层,打破犁底层,采取上翻(活土层)、下松(死土层)的办法。由于远志是多年生植物,翻地时必须一次施足底肥,以有机肥为主、化肥为辅,每亩(1 亩 = 666.67 平方米,下同)施腐熟农家肥 250～350 kg,深翻 25～35 cm;同时,每亩再施尿素 30 kg、优质磷肥 40 kg、钾肥 20 kg[75]。

(2) 播种与分根繁殖 细叶远志可以用根和种子繁殖,种子繁殖是主要繁殖方式。

旱地细叶远志一般采用种子直播,从 4 月中下旬至 8 月中下旬均可播种。田伟等[18]研究表明,远志的最佳播种期为夏末秋初的雨季。旱垣地播种的关键期为下过透雨后,也可播后等雨,播前翻好地后前 15 d 用氟乐灵处理土壤,每亩用 200 g 氟乐灵兑水 30 kg,均匀喷洒地面,喷后及时耙糖,使药土混合 5～8 cm,半月后开始播种。旱地远志播种量大,一般出苗后不间苗,不再补苗,当次播成,要保证 80% 种子出苗即可,每亩用种子量 2～3 kg,采取宽幅播种,幅宽 10 cm,按行距 25 cm 开约 20 cm 的浅沟,用自制滚筒滚播。播后镇压或直接用药材专用播种耧下播(用种量可自动调节),盖草以麦穗壳最好,地面覆盖度 4% 为宜。盖草的目的是保持土壤墒情。土墒好时 15 d 后出苗,冬播后在第 2 年春季下雨才能出苗[75]。

细叶远志种子细小,刚出土的幼苗抵抗力极弱,出苗 20 d 内应加强管理。苗期应勤除草,保持地表疏松,避免杂草掩盖植株[76]。远志属植物的籽粒较小,种子发芽需较高温度,难以达到生产上苗全、苗齐、苗壮的要求。赵云生等[77]研究发现,水浇地采取浸种催芽或沙藏结合浅播浅浇水的方式播种,出苗率较高;对于没有水浇条件的地块,采用表层浅播待雨或盖麦糠的方式较为合适。

细叶远志还可无性繁殖,选直径 0.3 cm 左右的根,截成 5～6 cm 的小段,于上冻前或 4 月上旬下种,株距 15～20 cm,每隔 10～12 cm 放短根 2～3 段,覆土 3 cm,每亩需栽 20～30 kg,以芦头部分的种栽发芽率最高[78]。

分根繁殖较易进行,关键在于使伤口形成愈伤组织及生根,一般繁殖系数为 3～5。宜在冬春季芽未萌动前进行,此时干旱少雨,便于伤口愈合及不定根的产生。试验证明带根越多,成活率越高。伤口用草木灰处理,沾满切口为度[72]。

在实际生产实践中,细叶远志多采用种子进行有性繁殖,而种子的质量与幼苗的状况密切相关。因此种子的质量及发芽研究受到人们的关注。薛辉[79]通过种子繁殖实验观察,阐述了细叶远志种子萌发与种子处理及温湿度的关系,并证明有性繁殖适宜条件与季节气候的重要性。田伟等[80]通过标准发芽试验探讨温度、光照及发芽床等因子对细叶远志种子萌发的影响,设 20 ℃、25 ℃、30 ℃、35 ℃、40 ℃恒温及 20 ℃/25 ℃、25 ℃/30 ℃变温共 7 个温度处理,设纸上、纸间、沙上和沙间共 4 种发芽床处理,光照时间设 0 h、12 h、24 h 共 3 个处理。试验确立了细叶远志种子发芽的标准条件:发芽温度以 30 ℃最佳;纸上与纸间都适合种子的萌发,以纸间为最佳发芽床;光照对细叶远志种子的萌发影响不显著。

田洪岭[81]等研究了 6 - BA、H_2O_2、$KMnO_4$、H_2O 和 GA_3 对细叶远志种子进行浸泡处理、低温冷冻处理及不同预处理对远志种子萌发的影响,结果表明,不同药剂处理对当年采收细叶远志种子萌发的启动日影响不大,但高峰有不同程度的提前,其中以 H_2O 处理的种子萌发高峰出现得最早,种子的萌发率以 10 mg/L 6 - BA 为最高。不同冷冻时间处理的当年采收种子,萌发的启动日没有明显变化,其发芽率较对照均有提高,但促进作用不大,冷冻 3 d 的效果最好,与对照相比,种子萌发的高峰日提前 2 d,萌发率高 8%。

贺玉林等[82]测定不同来源的细叶远志种子千粒重、含水量、净度和发芽率等指标,利用聚类分析方法制定分级标准,结果将细叶远志种子质量等级分为 3 个等级。此方法制定的质量分级标准可为细叶远志种子的质量控制标准提供依据。

(3) 田间管理 细叶远志种子细小,刚出土的幼苗,特别是只有两片真叶的小苗,抵抗力极弱,最怕气温突然下降与升高,也怕暴雨和地面板结,因此加强幼苗管理十分重要,只要在 20 d 内保住苗,月余后就能进入安全期。当苗高 2~3 cm 时,可去掉保护设施,随即喷水,保持地表湿润,炼苗。苗高 4~5 cm 时进行间苗、定苗、去杂、去病、去弱、去劣。定苗株距 3~6 cm。缺苗断垄处要结合间苗、补栽,保证单位面积群体数量[83]。

细叶远志播种后调节土壤水分和株间温度是提高保苗率的关键,幼苗期以气温 15~20 ℃为佳,土壤含水量 50% 左右为宜。细叶远志植株矮小,要在齐苗后、花前、果后进行集中除草。多雨季节要注意排除畦沟的积水。花蕾形成初期要及时摘蕾,可促进根系发育、增加干物质积累、提高产量和品质,这时追肥也可提高根的产量[84]。

为保证旱地细叶远志的高难度效益生产,需科学合理追施化肥。如春季播种的细叶远志地在秋季应追施 1 次化肥,每亩用质量分数为 45% 的撒可富复合肥 50 kg。第 2 年为追肥的关键年,从开春至秋冬追施 2 次,每亩用质量分数为 40% 的硝酸磷钾 40 kg 或尿素 30 kg、磷肥 50 kg、硫酸钾 25 kg。追肥一般在雨后进行,还应遵循"雨多多施,雨少少施"的原则[75]。田伟等[85]研究了氮磷钾施用量对细叶远志产量及药用成分的影响,结果表明,氮磷钾肥对细叶远志的产量影响较大,而对远志酸含量的影响,氮最为明显。

(4) 病虫害防治 细叶远志不易发生病虫害。主要病害有根腐病和叶枯病,虫害主要是蚜虫。

根腐病发病初期,根和根茎局部变褐,腐烂;叶柄基部发生褐色,棱形或椭圆形烂斑,最后叶柄基部烂尽、叶子枯死、根茎腐烂。在多雨季节发生,危害根部。防治方法是早发现早拔掉并烧毁,病穴用 10% 石灰水消毒。发病初期也可用 50% 的多菌灵 1 000 倍液进行喷灌,隔 7~10 d 喷 1 次,连喷 2~3 次[83]。

叶枯病在高温季节易发生,危害叶片。植株从下部叶片开始发病,以后逐渐向上蔓延。发病初期叶面产生褐色圆形小斑,随后病斑不断扩大,中心部呈灰褐色,最后叶片焦枯,植株死亡。防治方法是代森锰锌800～1 000倍液或瑞毒霉1 000倍液叶面喷洒1～2次[83]。

蚜虫5月下旬至6月上旬危害植株嫩叶,可用40%乐果乳剂2 000倍液喷杀,每周喷1次,喷2次即可控制危害。用40%的氧化乐果1 500倍液喷洒,每6～7 d喷1次,连喷2次[74]。

2. 采收与加工

(1) 采收 种子应在7～8月果实成熟时及时收获。通常种子繁殖的生长3年即可采收,根部繁殖的第2年即可采收,秋季地上部分枯萎后挖取根部[74]。

(2) 加工 两种远志都以根入药。远志商品有"远志筒""远志肉""远志棍"之分。细叶远志一般在播种后第3年秋季采收,先挖出根部,采挖时要小心,不要碰伤肉皮。除净泥土和杂质后,先放在水泥地面上暴晒3～4 d。晒到半干时,将根条装入袋中,装满踏实,放入室内,让晒过的远志条"发汗",3 d后趁水分未干时选粗大整齐的根放在平板上来回搓至皮肉与木心分离,抽去木心,抽去心的根称"远志筒"。抽筒时要轻、巧、准,抽出的筒越长越好。较小的根用木棒敲打使其松软,去掉木心,晒干,因皮部不成筒状,故名"远志肉"。过于细小,不能抽去木心直接晒干的叫"远志棍"[86]。最后根据远志筒的长短粗细分类包装,以备出售(图4-3)。晒干的远志储存于干燥通风处。远志以筒粗、肉厚、去净木心者为佳。

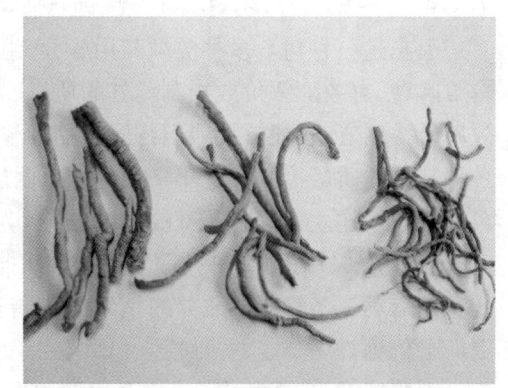

图4-3 各级远志筒(从左到右分别为一、二、三级远志筒)

4.1.6 资源状况及药材质量评价的研究

1. 资源状况

《中国药典》中规定中药远志的原植物为远志(又名细叶远志)(*P. tenuifolia* Willd)或卵叶远志(*P. sibirica* L.)[1-3]。

野生状态的细叶远志在中国分布于黑龙江、吉林、辽宁、内蒙古、河北、山西、陕西、宁夏、甘肃、青海、河南、山东、江苏、安徽、浙江、江西、湖南、四川等省区,主要分布在西北、华北和东北地区,而福建、云南、湖北、西藏等地无分布。卵叶远志与细叶远志基本相同,西藏、云南有分布,但在江苏、安徽、浙江、湖北无分布[87,88]。

根据徐国钧等调查发现,现在市场上远志药材的主流品种是细叶远志,此外有少量的卵叶远志和瓜子金[6]。远志药材的产地均集中在北方,以山西和陕西两地产量最大,传统也认为这两地产的质量最好；东北、华北、甘肃、河南以及山东、安徽等省的部分地区也有一定产量[6,89]。

2. 药材质量评价研究

关于远志药材的质量，传统以"身干，色黄，筒粗，肉厚，去尽木心者"为品质优劣评价标准，2005年版及以前版本的《中国药典》一直将显微组织鉴别和细叶远志皂苷的薄层色谱鉴别作为远志的质量控制标准，因此，皂苷含量一直作为评价药材质量的主要标准。近年来，学者们运用不同的手段和方法对远志药材中的总皂苷、远志皂苷元以及去羟基远志皂苷元含量进行了测定。刘友平等采用薄层扫描法测定10个不同产地远志中远志皂苷元的含量，含量为0.52%~0.98%[90]；采用分光光度法对12个不同产地远志药材中总皂苷含量进行测定，含量为2.52%~4.38%[32]；采用高效液相色谱法测量了6个省份10个不同产地远志药材中去羟基远志皂苷元的含量，含量为0.82%~1.44%[91]。杨国红等[92]采用反相高效液相色谱法测定山西6产地远志药材中远志皂苷元的含量，含量为1.47%~1.59%，表明不同产地远志质量有较大的差异。

远志是一种包含多种类型药用成分、组分复杂的中药材，仅靠测定某类成分的含量，较难客观、有效地评价或控制药材的质量。指纹图谱技术作为一种多组分复杂样品的有效质量控制方法，能够反映出待测样品的整体性、特征性，目前已被广泛用于中草药及其各种制剂的质量控制。近年来为更加全面反映远志药材的质量，姜勇等[93]利用高效液相色谱法技术建立了远志药材的指纹图谱，为远志的质量控制提供了有效的方法和参考。范丽芳等[94]采用HPLC-UV方法对19批远志药材进行了测定，体现了远志皂苷、㕸酮及寡糖酯类等多种化学成分的指纹图谱特征，分离度较好，为远志药材质量的全面鉴别提供了依据。

刘艳芳等[95]建立了远志中各主要类型成分代表性化合物的多指标定量方法，通过将远志中皂苷、㕸酮和寡糖酯类成分的各自代表性成分——细叶远志皂苷、远志酮Ⅲ和3,6-二芥子酰基蔗糖含量综合考察来确定药材的质量，该方法已被《中国药典》(2010年版)收录，为远志的质量控制提供了更有效、更可靠的方法。

3. 环境因子与药材质量的关系

王光志等[96]以远志酸为考察对象研究环境因子与药材质量的相关性。结果表明，远志酸含量与7月平均温度、年降水量、年日照时数以及无霜期等气候因子存在线性关系；与土壤全氮、全磷、有效磷、速效钾、有机质含量以及水分含量等土壤因子存在线性关系。影响远志酸含量的地理气候因子主要是年日照时数和无霜期，土壤因子主要是有效磷与土壤水分含量。

房敏峰等[97]研究了环境因子与细叶远志脂溶性和水溶性成分的相关性，结果表明，细叶远志脂溶性成分含量与7月均温、1月均温呈线性关系；水溶性成分含量与年均气温、纬度、年均降水量呈线性关系。对细叶远志总脂溶性成分积累影响最大的是7月均温，其次是1月均温；每个组分其影响因子也不尽相同。影响细叶远志水溶性成分含量的主要地理气候因子是年均气温、纬度及年均降水量。

赵云生等[98]采用高效液相色谱法对山西12个不同农业气候区的野生细叶远志的皂苷元含量进行测定。结果表明,山西不同气候区远志资源的皂苷元含量有明显差异,并发现山西产远志种质资源皂苷元含量与该资源所分布的农业气候区具有一定的相关性。李占林等[99]比较了山西各气候区药材的生境、鲜、干根性状特征以及果实(种子)特征。结果表明,山西各气候区野生远志生境不同,其鲜根性状与药材性状在粗度、颜色、分枝、表皮纹理、韧皮部断面厚薄与色泽上均有差别,栽培种质与野生种质资源相比,鲜、干根性状特征差异尤为明显,说明山西不同气候区远志种质资源药材性状具有多样性。

4. 不同炮制方法对药材质量的影响

远志味苦,生用戟人咽喉,临床使用的远志都要经过炮制。"炒""焙""炙""制"是不加辅料炮制的方法,应用辅料的炮制方法更多,如"甘草煮""甘草汤浸""姜炒""姜汁腌""酒蒸""米浴"等,远志的炮制品有甘草炙远志、蜜炙远志、远志炭等。用甘草汁制远志能减其燥性、缓和药性、减轻或消除远志的毒副作用,而蜜炙有去远志的温燥之性,并能增强润肺止咳之功[100,101]。

诸多学者研究证明,不同炮制方法对远志药材质量有较大影响。黄德杰等[102]以远志皂苷的含量为指标,对《中国药典》(1977年版)和《上海市中药饮片炮制规范》(1980年版)中的两种方法进行比较,发现远志皂苷含量随炮制清炒增删而升降,而且生远志仅用清炒炮制也能增加皂苷含量,证明远志炒后确能增加皂苷含量。高万林等[103]报道《中国药典》(1985年版)中制远志优于《江苏省中药饮片炮制规范》(1980年版)的制远志,且制远志的质量与甘草的质量有关。何文彬[104]通过对生品远志和各种炮制法所制的远志的薄层层析和含量测定,证明经炮制的全远志、远志肉所含远志皂苷比生品及《中国药典》(1990年版)的制远志所含的高,表明其炮制法是可行的,与古人"用甘草汤浸晒"相同。李希等[105]以远志药材浸出物的量及薄层层析鉴别为指标,比较了不同炮制工艺的好坏。结果表明,远志浸出物的量是蜜远志>远志>炒远志>制远志>炒制远志,而薄层鉴别结果显示其成分未明显变化。夏厚林[106]采用高效液相色谱法研究远志药材蜜炙前后高效液相色谱指纹图谱的差异,结果发现蜜炙对远志化学成分种类影响不大,但改变了成分间的比例关系,蜜炙方法具有较好的重现性和稳定性。冯向东[107]采用高效液相色谱法对远志甘草炮制前后远志皂苷元、远志酸的含量进行测定,结果发现远志经甘草炮制后远志皂苷元含量变化不明显,远志酸含量下降。林敬开等[108]研究了生远志、制远志、蜜远志中皂苷类成分含量的差异,表明不同炮制方法能改变远志皂苷类成分的含量,蜜远志的远志酸含量与远志皂苷元含量均低于生远志与制远志。王光志等[109]研究了5种不同炮制方法对远志质量的影响,结果表明5种炮制方法中以清炒法对远志醇浸出物以及远志酸含量影响显著。房敏峰等[110]考察了17种不同炮制方法对远志中皂苷元组成和含量的影响,结果表明炮制对远志中皂苷元的组成和含量有明显影响。

§4.2 两种远志的形态结构特征
4.2.1 细叶远志的形态结构特征

图4-4 山西新绛种植基地栽培的细叶远志

细叶远志别名小草、远志、小鸡腿等,是远志药材的主流。由于野生远志的过度采挖,资源逐年减少,不能满足市场的需要,因此,近年来细叶远志的种植在各地较为普遍,据滕红梅[111]的调查,规范化种植已经在山西新绛(图4-4)和陕西合阳(图4-5)等地实施,取得了良好的经济和社会效益。

以往对细叶远志的研究主要集中在根的化学成分、药理以及临床应用等方面,滕红梅等[111]用石蜡切片法对其营养器官及生殖器官的内部结构进行了研究,分述如下。

 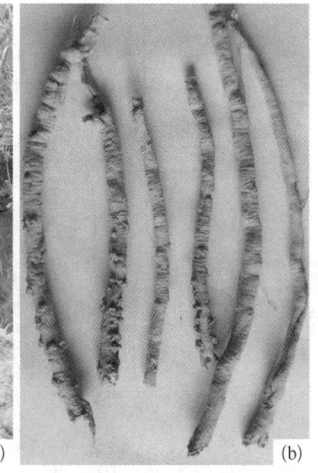

图4-5 陕西合阳栽培的细叶远志
(a) 植株形态;(b) 远志药材

1. 茎叶的形态结构

细叶远志的茎直立或铺散,丛生,上部多分枝(图4-1)。叶互生,披针形至线形,长1~3 cm,宽0.4~1 cm,全缘。叶柄短或近无柄,先端尖,基部渐狭,无毛或稍有微毛(图4-6)。

成熟茎的结构从外到内由表皮、皮层和维管柱构成(图4-7a)。表皮为一层细胞,呈方形或长方形,大小不一,排列紧密,并有气孔和表皮毛,外切向壁具有角质层。皮层由4~5层薄壁

图4-6 细叶远志茎叶形态

组织细胞组成,近圆形或长圆形,细胞排列疏松,有胞间隙,细胞中含有叶绿体,其中靠外侧的细胞中叶绿体较丰富,靠内侧的皮层薄壁组织中分化出一圈染色较深的厚壁组织细胞,包围在次生韧皮部的外方。次生韧皮部由筛管、伴胞以及韧皮薄壁组织构成,细胞排列非常紧密。维管形成层由2~3层砖状且排列整齐的细胞构成。次生木质部主要由呈径向排列的木纤维构成,导管分散或成行排列,口径较大,次生木质部与射线相间排列。髓由大型薄壁组织细胞组成,细胞之间有胞间隙(图4-7)。

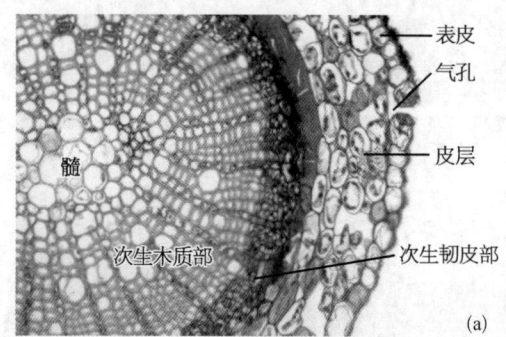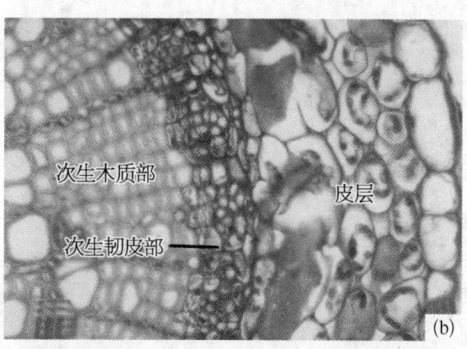

图 4-7 细叶远志茎横切面
(a) 茎横切面的一部分;(b) a图的局部放大

叶表面扫描电镜观察和表皮制片观察显示,其上表皮具有较为密集的表皮毛(图4-8a、b),表皮毛细长弯曲。上表皮细胞近方形或不规则形,相邻的表皮细胞彼此镶嵌紧密,细胞壁外凸(图4-8c、d),气孔器密度相对较小。下表皮细胞多为不规则形,细胞壁外凸,没有表皮毛分布。气孔器明显外凸,分布较为密集(图4-8e、f)。

叶片由表皮、叶肉和叶脉构成。叶片的横切面显示,上、下表皮均由一层细胞构成,细胞多为方形或长方形,不规则,排列紧密。上、下表皮都有气孔器分布,气孔器具有孔下室(图4-9)。叶肉分化明显,由栅栏组织和海绵组织构成。栅栏组织为一层排列整齐的长柱状或长骨状细胞,长柱状细胞排列紧密,长骨状细胞具有明显的胞间隙,栅栏组织细胞中含有大量的叶绿体;海绵组织由3~4层形状不规则、排列疏松的细胞构成,胞间隙较大,在有些叶肉细胞中含有晶体(图4-9b)。主脉的维管束为外韧维管束,木质部位于上方(图4-9b)。

2. 根的形态结构

根为药用部位,根的长短、粗细与其生长年限、环境条件以及野生还是栽培等因素密切相关(图4-10a)。不同条件及生长状态下根的形态和基本结构相似。细叶远志的根为圆柱形,较为细长,主根发达,为直根系(图4-10a)。根的基部与茎相连处膨大,俗称"芦头"(图4-10b)。主根上具有侧根和不定芽,其中靠近"芦头"处不定芽较多(图4-10c、d)。因此,可以用其根来进行营养繁殖。

从根的横切面观察,其成熟根从外到内由周皮和次生维管组织组成(图4-11a)。周皮由木栓层、木栓层形成层和栓内层组成,木栓层较厚,由7~10层细胞构成,排列紧密。

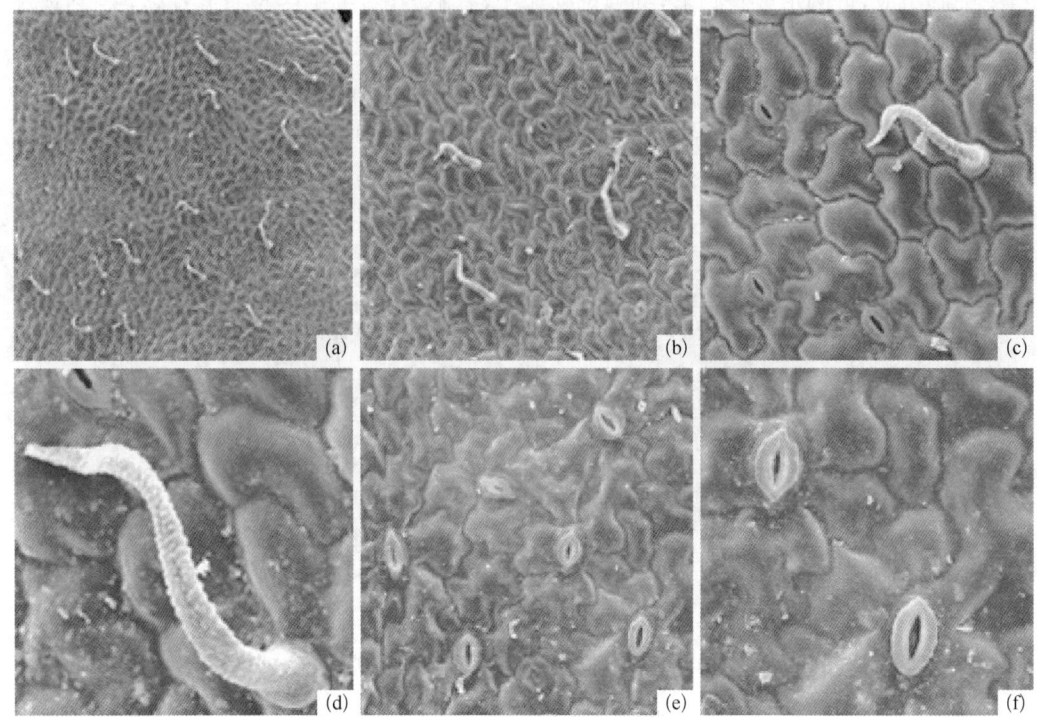

图 4-8 细叶远志叶表皮的扫描电镜照片
(a)～(d) 上表皮；(e)、(f) 下表皮

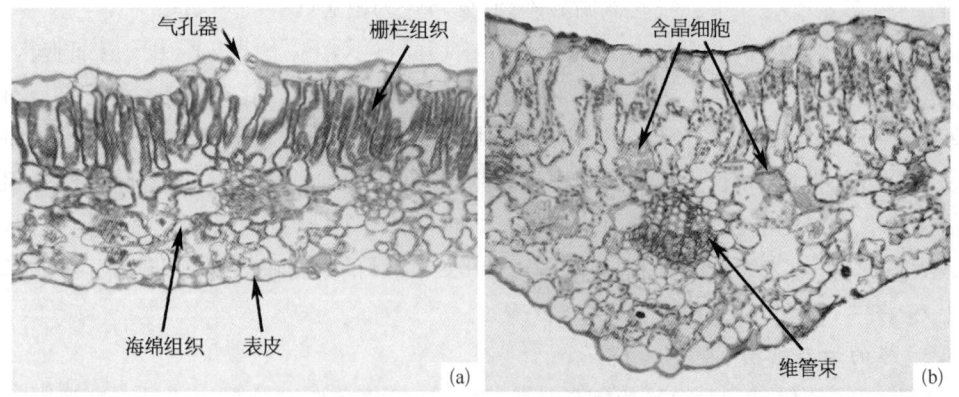

图 4-9 细叶远志叶片横切面
(a) 叶片横切面一部分；(b) 叶片通过主脉的横切面

次生维管组织包括次生韧皮部、维管形成层和次生木质部。其中，次生韧皮部占根横切面积的 3/5～2/3，主要由韧皮薄壁组织细胞组成，细胞呈圆形或近圆形，细胞中有一些内含物(图 4-11a)，其中靠近外侧的薄壁组织细胞体积较大，有些细胞进行分裂后 2 个子细胞还连接在一起，形成母子细胞，靠近内侧的薄壁组织细胞体积较小，其间有少量筛管

§4.2 两种远志的形态结构特征

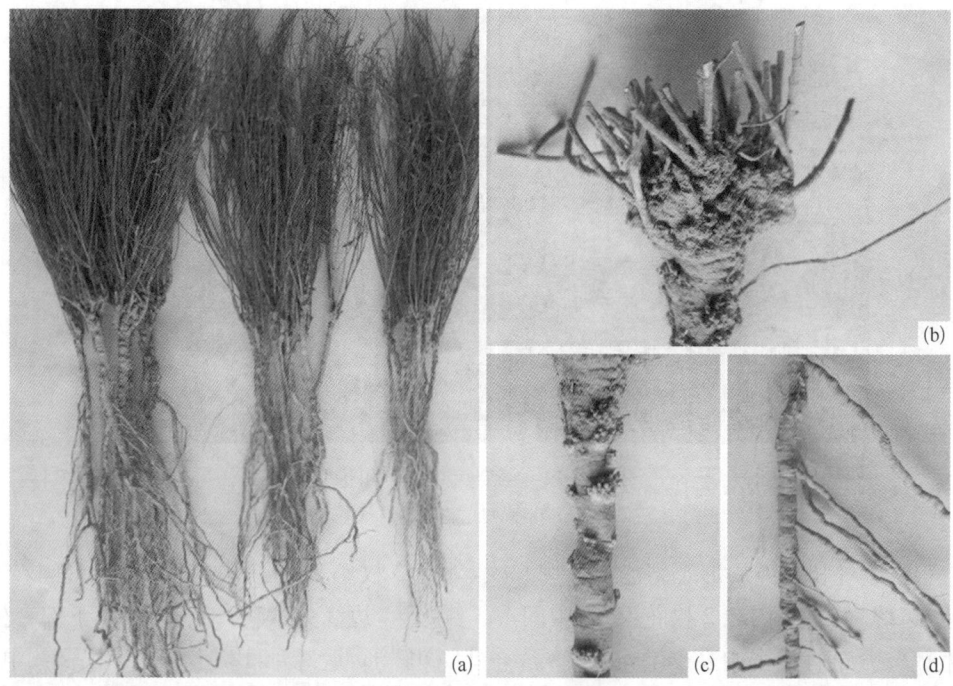

图4-10 细叶远志根的形态
(a) 运城栽培细叶远志的一、二、三年生根；(b) 根的芦头；(c) 主根上的不定芽；(d) 主根上的侧根

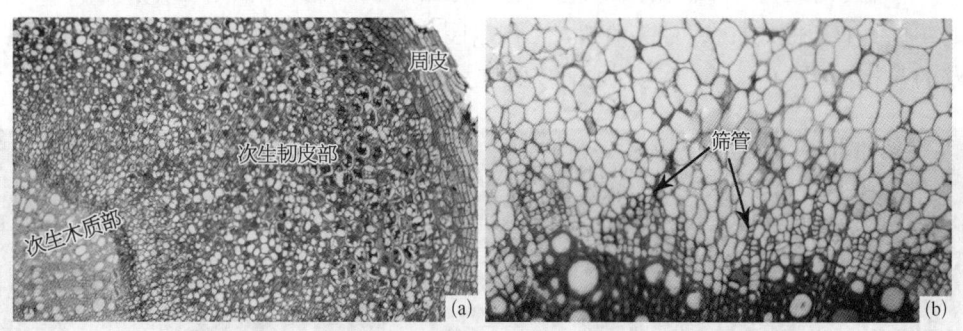

图4-11 细叶远志根横切面
(a) 主根(野生植物)横切面一部分,示各部分比例；(b) a图的局部放大

和伴胞,未见韧皮纤维(图4-11b)。维管形成层呈环状,由3～5层细胞构成,其细胞呈砖形,排列紧密。次生木质部占主根横切面的1/3～2/5,在次生木质部中,导管口径较大,分布频率较高,木纤维成群分布,少见单个分散；维管射线不甚明显,数量较少。

3. 花和果实的形态结构

总状花序顶生或偏生于小枝顶端,长5～7 cm,略俯垂(图4-6,图4-12a)。花两性,两侧对称,由萼片、花瓣、雄蕊和雌蕊组成(图4-12b)。果实为蒴果,边缘有狭翅,基部有宿存萼片。

第4章 远 志

图4-12 细叶远志花序和花
(a) 花序；(b) 花的解剖

(1) 萼片和花瓣的形态结构　萼片5枚，外轮3枚小，卵圆形，中间靠主脉的1/2为绿色，边缘为白色；内轮2枚花瓣状，中间1/3黄绿色，边缘为紫色。花瓣3片，下部合生，合生部位分布有较密的表皮毛，边缘2片较小，椭圆形，近基部1/3与雄蕊鞘贴生；中央花瓣较大，龙骨状，顶端有流苏状附属物，流苏状附属物及其边缘为淡紫色，靠近主脉的小部分为绿色（图4-12b）。

(2) 雌蕊的结构　雌蕊由柱头、花柱和子房三部分组成。扫描电镜观察显示，成熟雌蕊的花柱具有弯曲的柱头，柱头两裂，不等长（图4-13a）。柱头表面呈蜂窝状，上边具有散落的花粉粒（图4-13b）。花柱的表皮细胞呈长方形，纵向排列紧密（图4-13c）。

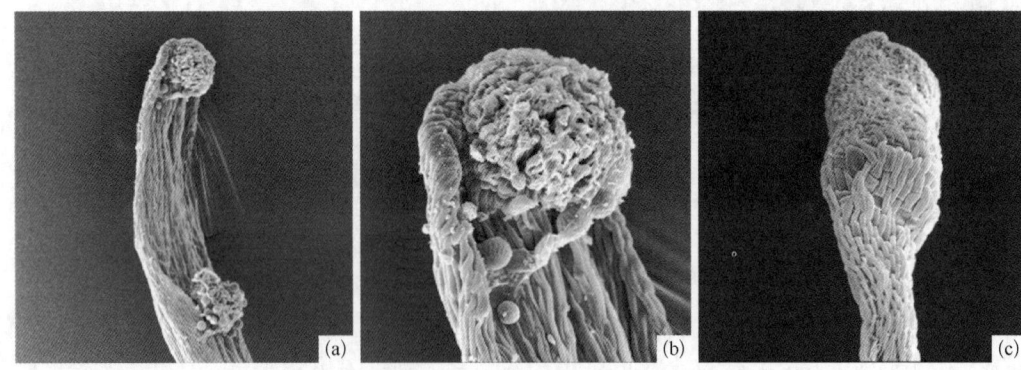

图4-13 细叶远志雌蕊的扫描电镜照片
(a) 雌蕊柱头；(b) 柱头形态及上边的花粉粒；(c) 花柱表皮细胞形态

雌蕊子房上位，侧扁，倒卵形，由2心皮构成2室，每室1枚胚珠，胚珠倒生，双珠被（图4-14a～d）。在胚珠发育早期，在珠心外逐步形成内外两层珠被，内珠被较薄，外珠被较厚（图4-14e），外珠被的细胞增长较快，因此，逐渐将内珠被和珠心包被（图

4-14f),以后,内外珠被包围珠心,于顶端形成珠孔(图 4-14a、b)。在胚珠生长过程中,由于胚珠基部的珠柄一侧的生长速度较其他部分的速度快,因此,胚珠逐渐弯曲下垂,最后形成倒生状态。靠近珠柄的外珠被与珠柄贴合,逐渐形成一条向外突出的隆起,即珠脊(图 4-14d)。

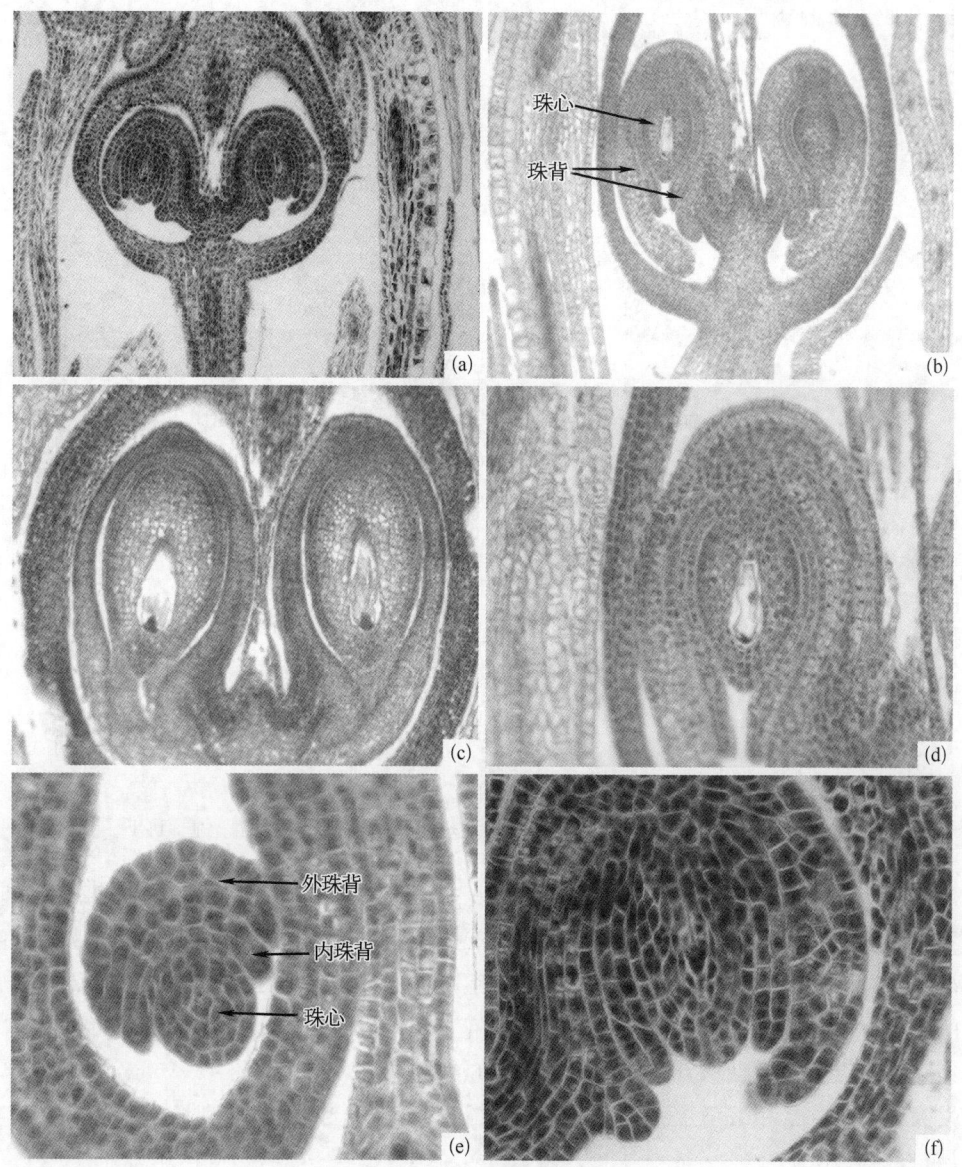

图 4-14 细叶远志雌蕊纵切面
(a)~(d) 雌蕊的子房和胚珠的结构;(e)、(f) 胚珠发育早期

(3) 雄蕊的结构 雄蕊 8 枚,花丝愈合成鞘状,近上端分离,其中两侧各 3 枚全部合生,中间 2 枚 2/3 以上分离。从花的横切面连续切片可以看到,在雄蕊顶部具花药 8 枚

(图4-15a);8枚雄蕊花丝的顶部分离(图4-15b);花丝近2/3以下的切片显示两边3枚花丝合生,中间2枚花丝合生(图4-15c);花丝基部的切片显示8枚雄蕊花丝基部联合成鞘状,有8条维管束(图4-15d)。

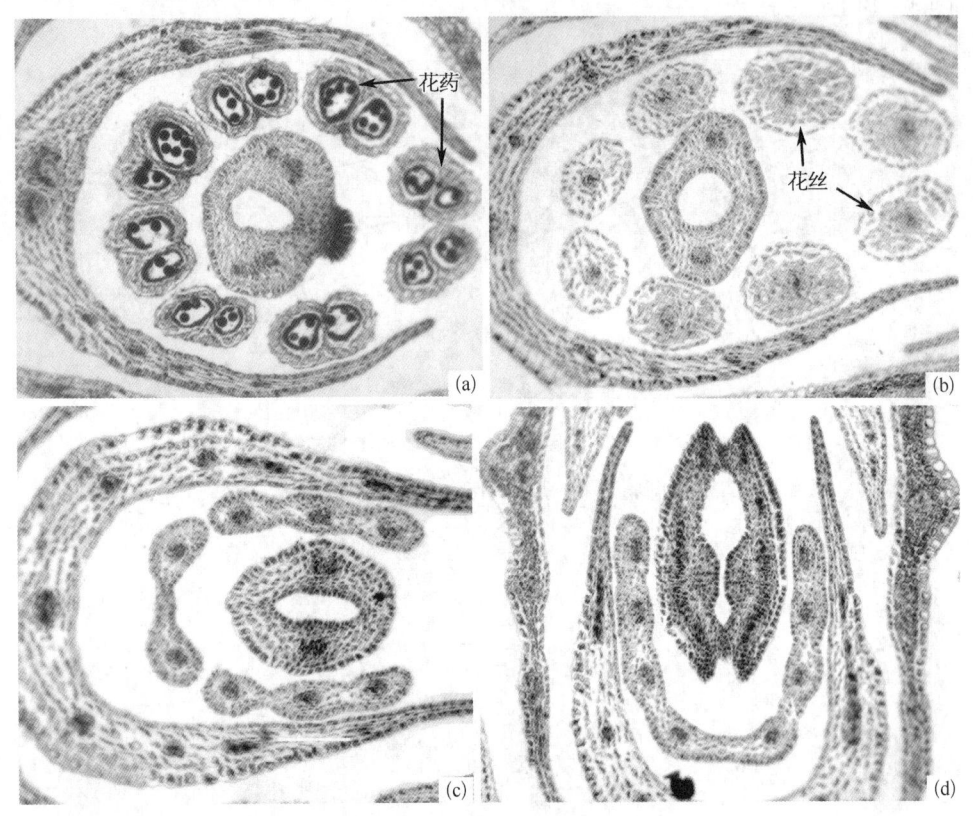

图4-15 细叶远志雄蕊横切
(a) 经花药切片;(b) 经花丝顶切片;(c) 花丝近2/3以下切片;(d) 花丝基部切片

雄蕊纵切片显示,花药长椭圆形(图4-16a);横切面显示,花药2室,每室具有2个花粉囊(图4-16d),花粉囊内含多数花粉粒,花粉粒为长球形,表面具有饰纹(图4-16c、d)。成熟的花粉囊壁由表皮和纤维层组成,表皮细胞一层,较小,排列紧密;纤维层的细胞壁上有带状加厚(图4-16d)。在花药发育早期,花药壁由表皮、纤维层、中层和绒毡层4层细胞组成,其中,绒毡层细胞的细胞质非常浓厚(图4-16a),随着小孢子的发育进程,中层和绒毡层细胞逐渐解体(图4-16b),当花药成熟时,仅包含表皮和纤维层(图4-16d)。

(4) 果实的结构 蒴果近倒心形,扁平,长5.5~6 mm,无毛,成熟时沿心皮边缘开裂。果皮由外表皮、基本组织及维管束组成。

种子长倒卵形,微扁。种皮棕黑色,栓质,密被灰白色绒毛,先端有黄白色种阜。种子类型为双子叶有胚乳种子,胚乳丰富,由排列紧密的薄壁组织细胞组成,胚为直立型,

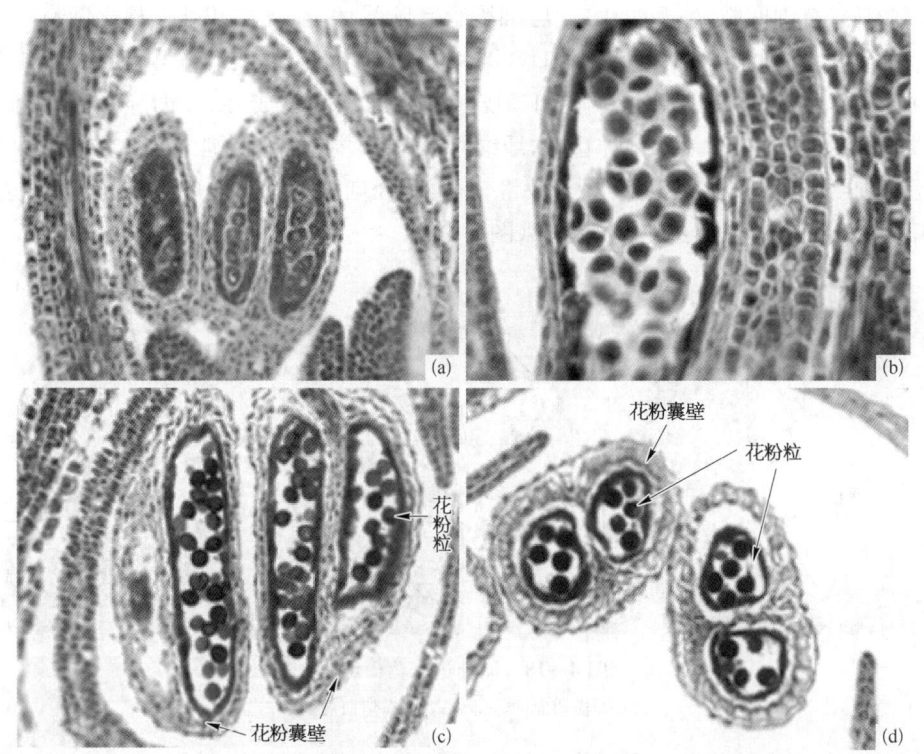

图 4-16 细叶远志花药切面
(a) 花药的早期形态；(b) 花药壁的结构和呈四分体状体的花粉粒；(c) 成熟花药纵切面；(d) 成熟花药横切面

较小,胚轴极短,不明显,2 枚子叶肥大,长圆形,先端钝圆,基部凹入呈心形,下面有一短圆的胚根(图 4-17)。

4.2.2 卵叶远志的形态结构特征

在《中国药典》中规定卵叶远志以干燥的根入药,在民间则以全草入药。以往对卵叶远志的研究较少,而对其解剖结构的研究是进一步开发利用卵叶远志的基础。

卵叶远志为野生,在调查过程中未发现有人工栽培的。卵叶远志多生于干旱、贫瘠的环境中,植株较矮小,茎多分枝,幼嫩的植物叶色嫩绿,较老的植株叶色为深绿色。

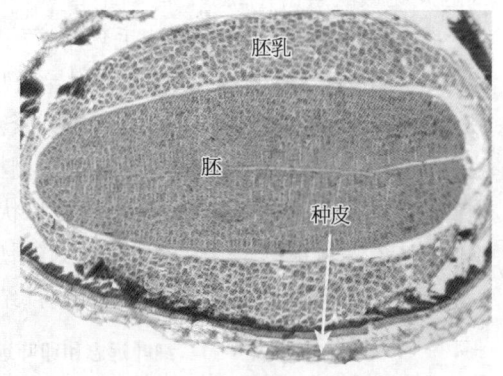

图 4-17 细叶远志种子纵切

1. 茎、叶的结构

卵叶远志成熟茎的结构从外到内由表皮、皮层、维管柱组成(图 4-18a)。表皮为一层细胞,呈方形或长方形,大小不一,排列紧密,外切向壁具有角质层,并有气孔器和表皮毛,气孔器的孔下室明显(图 4-18)。皮层具 4~5 层薄壁组织细胞,近圆形或长圆形,细胞排列疏松,有胞间隙,外侧的2~3层细胞含有叶绿体,在皮层和维管柱之间有一圈细胞壁显著加厚排列紧密的厚壁组织细胞(图4-18)。维管柱由维管束和髓组成。维管束相连成一圈,其韧皮部由筛管、伴胞和韧皮薄壁组织细胞构成,组成细胞小,排列紧密。维管形成层不明显。木质部由导管、木纤维和少量木薄壁组织细胞组成。木纤维数量较多,呈径向规则排列;导管孔径较大,数量较少,呈径向排列。茎的中央为髓,较发达,由大型薄壁组织细胞构成,细胞呈近圆形(图4-18)。

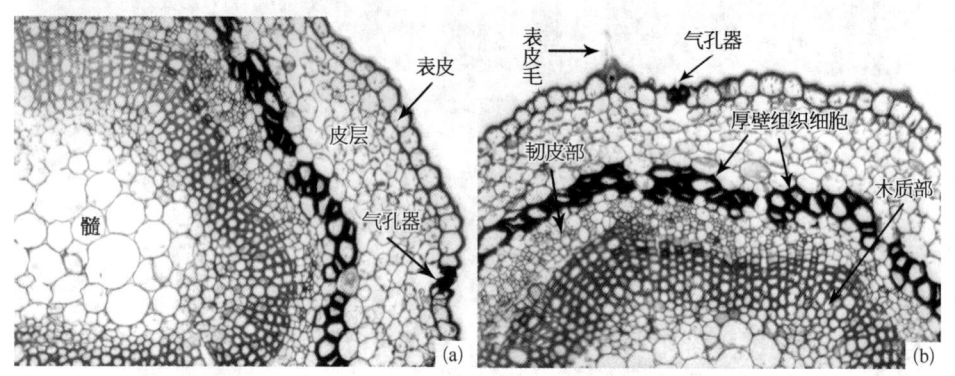

图4-18 卵叶远志茎横切面
(a) 横切面的一部分;(b) 横切面局部

叶表面扫描电镜和叶表皮制片观察显示,其上表皮具有表皮毛(图4-19a~c、h),表皮毛细长略弯,表面具突起(图4-19 b、c)。上表皮细胞近方形或不规则形,相邻的表皮细胞彼此镶嵌紧密,细胞外壁外凸(图4-19c、d)。下表皮细胞多为不规则形,细胞外壁外凸(图4-19e~g),没有表皮毛分布,气孔器明显外凸,分布密集(图4-19g、i)。

叶片由表皮、叶肉和叶脉构成,为异面叶(图4-20 a、b)。上、下表皮均由一层细胞构成,细胞多为方形或长方形,不规则,排列紧密。下表皮上分布有气孔(图4-20 a,b)。叶肉分化明显,由栅栏组织和海绵组织构成。栅栏组织细胞一层,柱状,具有明显的胞间隙,细胞中含有大量叶绿体;海绵组织由3~4层形状不规则、排列疏松的细胞构成,胞间隙较大,细胞中含有少量叶绿体。叶脉的维管束为外韧维管束,木质部位于上方(图4-20b)。

卵叶远志和细叶远志的叶形态和内部结构具有一定差异,两者的比较结果见表4-1。

表4-1 细叶远志和卵叶远志叶片的形态和结构特征比较

特 点	细叶远志	卵叶远志
形态	披针形至线形	卵形或椭圆状披针形
表皮毛形态及数量	细长弯曲,较密集,上表皮233个/mm²;下表皮无	细长略弯,较稀疏,上表皮44个/mm²,下表皮无
气孔器数量	上表皮444个/mm²,下表皮1 500个/mm²	上表皮无,下表皮4 320个/mm²
叶肉中有无晶体细胞	有	无

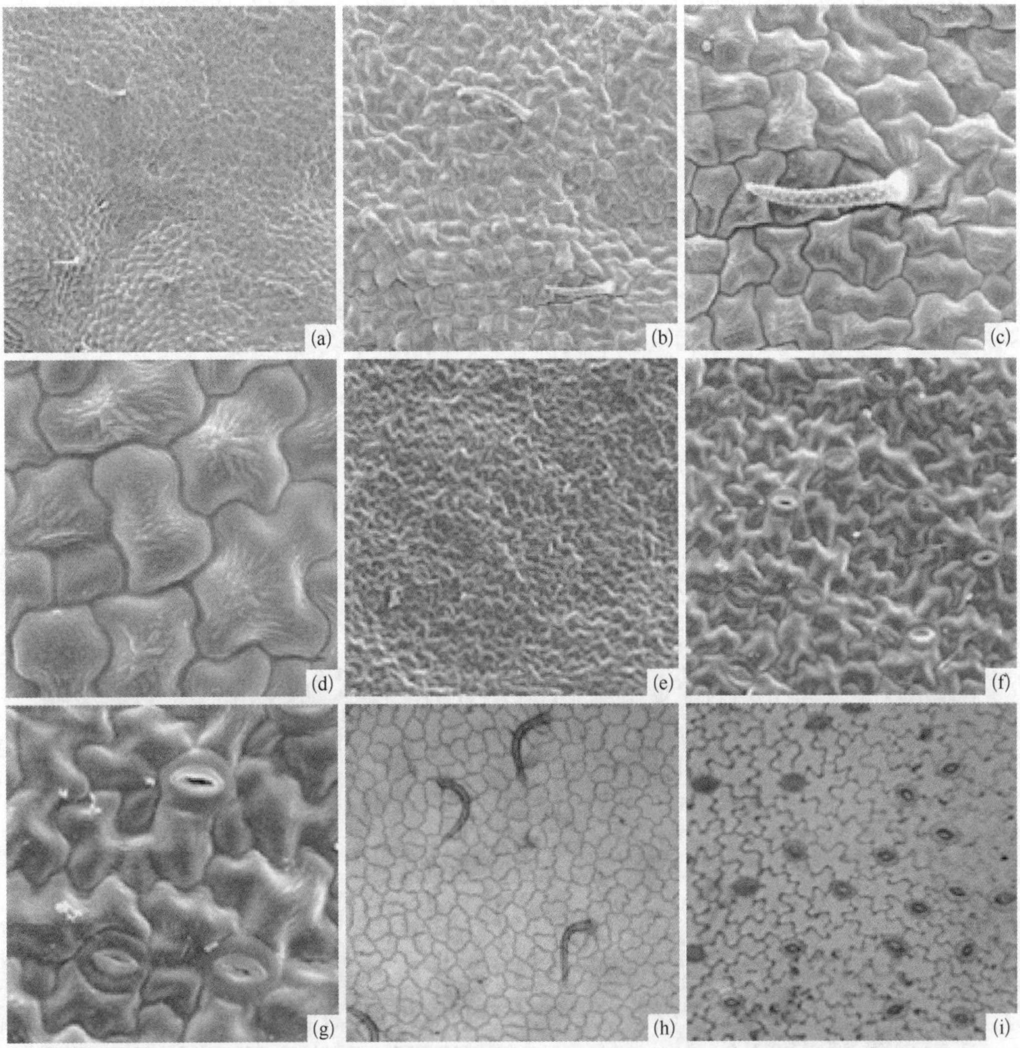

§4.2 两种远志的形态结构特征

图 4-19 卵叶远志叶的表面结构
(a)~(d) 上表皮的扫描;(e)~(g) 下表皮的扫描;(h) 上表皮的装片;(i) 下表皮的装片

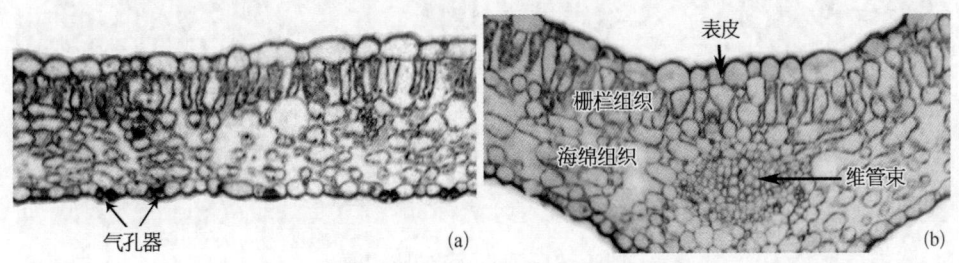

图 4-20 卵叶远志叶片横切面
(a) 叶片横切面的一部分;(b) 经过主脉的横切面

从表中可以看出,细叶远志的叶片细长,表皮毛的数量较多,叶肉中含有晶体细胞,上下表皮均具有气孔器,而卵叶远志的叶片宽,仅下表皮有气孔器,密度较大。

2. 根的形态结构

卵叶远志根的基本结构与一般双子叶草本植物根的结构相类似。其成熟主根从外到内是由周皮和次生维管组织组成(图4-21a、c)。周皮较厚,由木栓形成层、木栓层和栓内层组成(图4-21a、c)。最外方为4~5层木栓层细胞,细胞为规则的长方形,排列整齐紧密(图4-21a),其中有些木栓层细胞形状已经被挤毁(图4-21c)。木栓形成层为1~2层长方形细胞,其内为1~2层栓内层细胞(图4-21c)。次生维管组织包括次生韧皮部、维管形成层和次生木质部(图4-21a~c)。其中,次生韧皮部的厚度约占根直径的1/3,主要由韧皮薄壁组织细胞组成,细胞形状不甚规则,呈近方形,排列紧密,筛管和伴胞仅出现在靠近形成层的次生韧皮部中(图4-21b~d)。维管形成层由2~3层细胞构成,不明显。次生木质部的直径约占主根直径的2/3,在次生木质部中,导管口径大小不一,星散分布,分布频率较高,木纤维成群呈规则的径向排列;维管射线明显,多由1列细胞构成,少数为2列细胞,木薄壁组织细胞稀少(图4-21 b,c)。

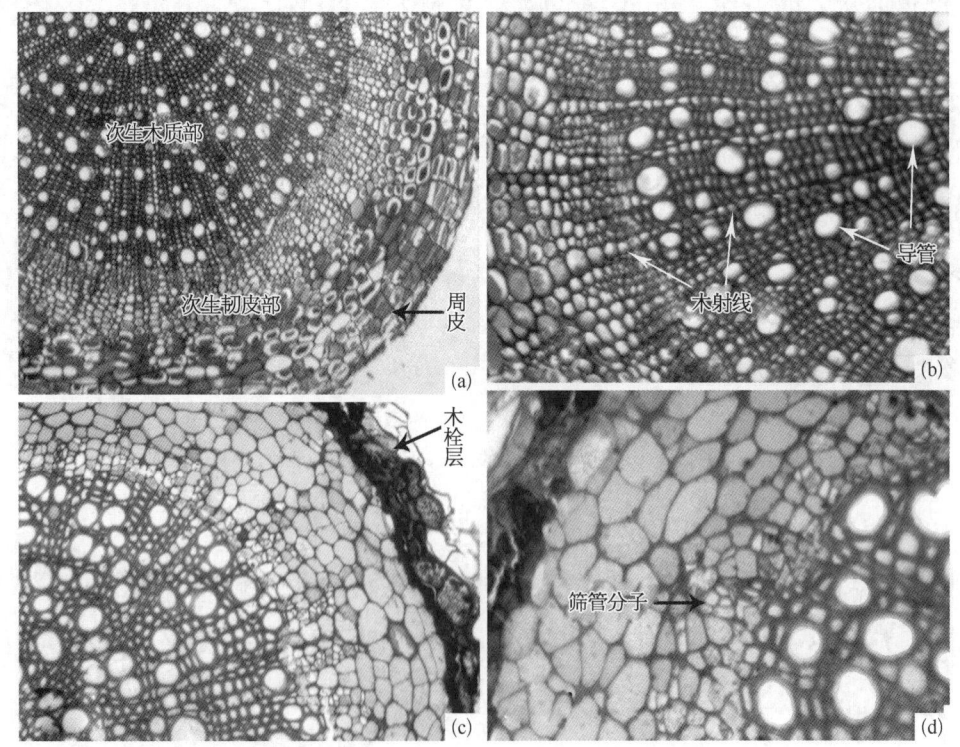

图4-21 卵叶远志根横切面

(a)、(b)石蜡切片:(a)根横切面的一部分;(b) a图的局部放大;(c)、(d)半薄切片:(c)根横切面的一部分;(d) c图的局部放大

§4.2 两种远志的形态结构特征

3. 花器官的形态结构

卵叶远志的总状花序腋生或假顶生,通常高出茎顶,具少数花。花小,稀疏排列,淡紫色,长 5.5~6.5 mm;两性,两侧对称,由萼片、花瓣、雄蕊和雌蕊组成。萼片 5 枚,背部

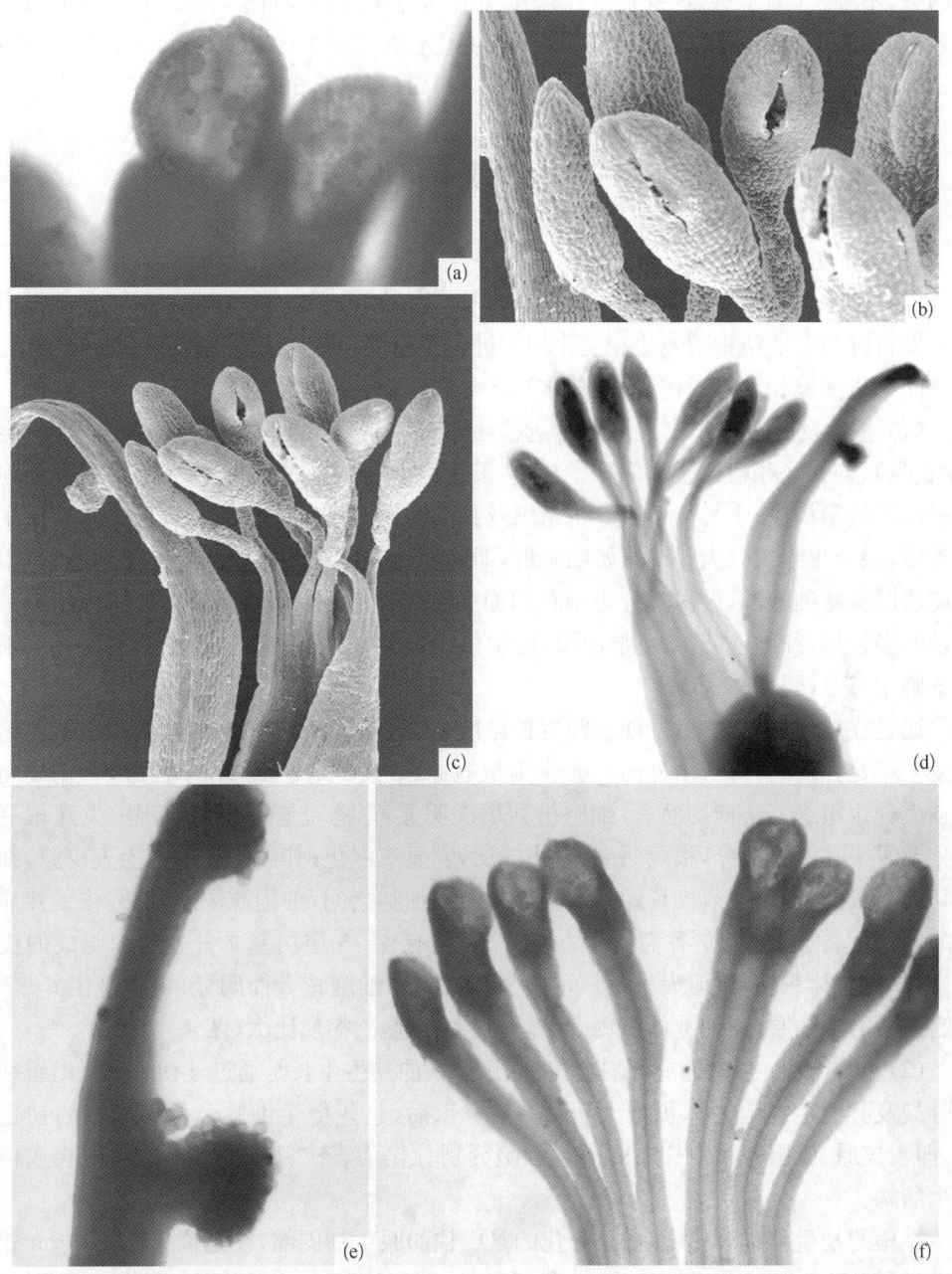

图 4-22 卵叶远志的雌雄蕊

(a) 裂开的花药和花粉粒;(b)、(c) 雌雄蕊的扫描电镜照片;(d) 雌雄蕊解剖照片;(e) 雌蕊柱头和花粉粒;(f) 8 枚雄蕊花丝部分联合

及边缘具缘毛,外轮3枚小,披针形,内轮2枚大,花瓣状。花瓣3枚,蓝紫色,侧生花瓣倒卵形,2/5以下与龙骨瓣合生,龙骨瓣较长,背面顶端有撕裂成条的流苏状附属物。

花的中央为雌雄蕊,雌蕊由柱头、花柱和子房三部分组成。成熟雌蕊的花柱弯曲,柱头两裂,不等长(图4-22c～e)。柱头表面黏附散落的花粉粒(图4-22e),子房卵形。雄蕊8枚,2/3以下联合成鞘状,1/3以上各4枚合生(图4-22c、d、f),花药顶孔裂(图4-22a～c)。蒴果近倒心形,直径约5 mm,具狭翅,翅宽0.5 mm。

§4.3 细叶远志营养器官的结构发育规律

4.3.1 根的发育解剖

1. 根的发育

细叶远志以其干燥根入药,滕红梅等[112]以栽培细叶远志为对象,对细叶远志根不同生长发育时期内部结构的发生和变化规律进行了研究,旨在为进一步研究细叶远志药用成分的积累部位和动态变化,提高药材的产量和质量提供理论依据。

(1) 根尖及其组织分化　从细叶远志主根的根尖纵切面观察,可分为根冠、分生区(生长点)、伸长区和根毛区四部分。其中,根冠位于生长点的前端,由多层排列不规则的薄壁组织细胞构成;生长点由原分生组织及其刚衍生的细胞所组成。从根尖纵切面中可以看出,原分生组织分为3个原始细胞群,即外面为表皮原和根冠原的原始细胞群,中间为皮层原原始细胞群,最内部分为中柱原原始细胞(图4-23a),原分生组织的细胞都呈等径的多边形,细胞壁薄,细胞质浓厚,细胞核大,细胞排列紧密,表现出典型的分生组织的细胞学特点(图4-23b)。

通过连续横切片观察,发现在距生长点顶端约180 μm处,由原分生组织所衍生的细胞发生一定程度的分化,由外向内分化为根冠原、表皮原、皮层原和中柱原,它们共同组成初生分生组织。从横切面看,细胞排列层次明显,形态上有所不同。观察发现根冠原分化要早于其他三部分,根冠原细胞2～3层,明显液泡化;其内一层细胞为表皮原,细胞为切向引长的长方楔形,楔形的尖端嵌入皮层原细胞之间,细胞质浓厚,细胞核大并靠近根的近轴面,细胞排列整齐而紧密;表皮原之内有4～5层由基本分生组织组成的皮层原,这些细胞体积较大,但大小不一,排列相对疏松,细胞核大而明显;中央是由6～7层细胞组成的中柱原,其细胞体积较小,排列紧密,细胞的核质比大(图4-23c)。

(2) 根的初生生长和初生结构　细叶远志根的初生生长是通过其初生分生组织细胞的分裂及其衍生细胞的体积增大活动完成。以后,这些衍生细胞分化形成根的初生结构,即表皮原、皮层原和中柱原的衍生细胞分别分化为表皮、皮层和中柱,共同构成根的初生结构。

在根的初生结构分化中,最早分化的是中柱的原生韧皮部,在距顶端约420 μm处分化出最早的原生韧皮部中的筛管,分化后的筛管管腔透亮,缺乏伴胞;此时,皮层原细胞的体积增大,细胞质开始液泡化,但细胞质仍较为浓厚,细胞核明显,表皮原细胞也开始液泡化(图4-23d)。以后,皮层原细胞的体积进一步增大,细胞质液泡化明显。其中,靠

§4.3 细叶远志营养器官的结构发育规律

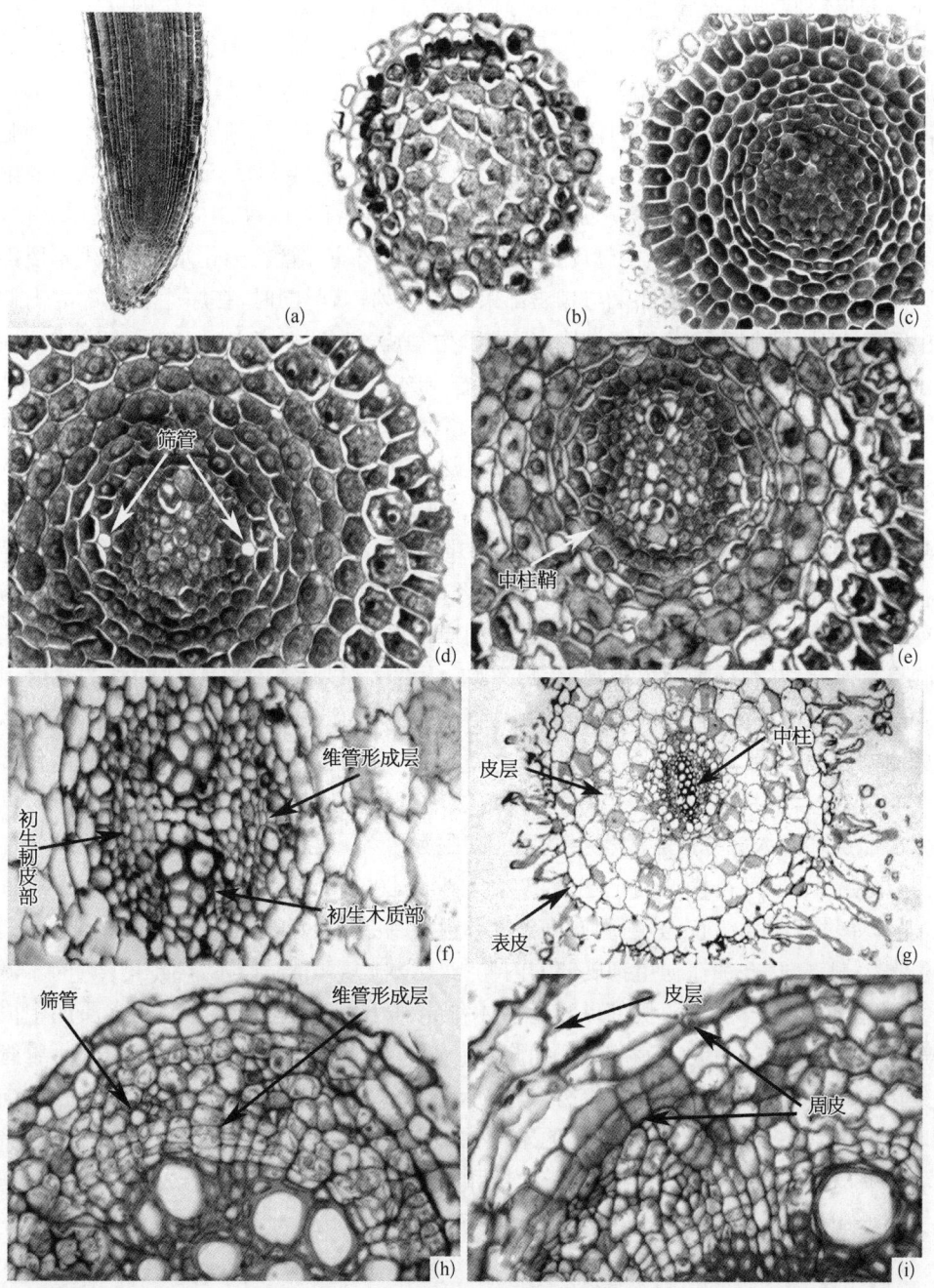

图 4-23 细叶远志根的结构发育

(a) 根尖的纵切面;(b) 根尖横切面示原分生组织;(c) 根尖横切面示初生分生组织;(d) 根横切面,示原生韧皮部筛管的分化;(e) 根横切面一部分,示初生结构的分化过程;(f) 根横切面一部分,示维管形成层在初生木质部和初生韧皮部间产生;(g) 根横切面,示初生结构;(h) 根横切面一部分,示形成层环的一部分;(i) 周皮的发生

227

近外围的皮层原细胞先分化，依次向心分化，最后形成 4～5 层排列疏松的近圆形皮层薄壁组织细胞，其直径大，液泡化明显，最内一层细胞分化为体积较小、排列紧密的内皮层细胞；同时，中柱的原生木质部脊部位的细胞也开始液泡化，可以看到二原型木质部样式的离心轮廓，中柱最外层细胞的体积增大，即为发育中的中柱鞘细胞；此时表皮原细胞的液泡化程度逐渐增加，由径向延长逐步分化为近乎等径（图 4-23e）。细叶远志根的中柱虽然分化较早，但分化的时间较长，在表皮和皮层分化将完成时，中柱还在继续分化，距顶端约 560 μm 处，在 2 个原生韧皮部束间原生木质部的导管已分化形成，后生木质部导管即将分化成熟，而且木质部束与韧皮部束相间排列；与此同时，在原生韧皮部的内侧分化出筛管、伴胞和韧皮薄壁组织细胞，组成后生韧皮部（图 4-23f）。在原生木质部导管分化成熟后，其内侧分化出多个大口径的导管和木薄壁组织细胞组成的后生木质部，以后，2 个初生木质部束的导管群在根中央连接，此时部分表皮细胞外壁突起形成根毛（图 4-23g）。至此，由表皮、皮层和中柱构成的根的初生结构已分化形成。其根的初生木质部为二原型，发生过程为外始式，根中无髓。在初生结构中整个中柱的直径仅占根径的 1/5，皮层薄壁组织细胞占主导地位（图 4-23g）。

（3）根的次生生长和次生结构 当初生结构中的后生木质部导管将分化成熟时，位于初生木质部和初生韧皮部之间的未分化的原形成层细胞开始进行平周分裂，产生的新细胞呈扁平状，在根横切面上排列呈弧形（图 4-23f），以后在形成层弧两端的薄壁组织细胞也恢复分裂能力，转变为形成层细胞，新产生的形成层细胞与形成层弧连接起来，使形成层向两侧扩展。以后 2 条形成层弧之间的中柱鞘细胞也转变为形成层细胞，使 2 个形成层弧连接在一起，形成一个完整的形成层环；形成层环在横切面上最初呈梭形，以后因为形成层环凹入部分产生的次生木质部细胞数量多，从而将凹入部分的形成层向外推移，结果使形成层环在横切面上逐渐成为近圆形（图 4-23h）。维管形成层环形成过程中，即开始进行次生生长，其细胞向内产生次生木质部，叠加在初生木质部的外方，向外产生次生韧皮部，叠加在初生韧皮部的内侧；次生木质部由导管、木纤维和少量的木薄壁组织细胞组成，导管呈多角状，口径较大，木纤维细胞壁加厚明显，它们在木质部中成群分布；次生韧皮部是由韧皮薄壁组织细胞、筛管和伴胞组成（图 4-23h）。在次生维管组织分化的同时，中柱鞘的细胞恢复分裂能力，形成木栓形成层。木栓形成层进行切向分裂，向外产生 2～3 层细胞壁栓质化的木栓层细胞，向内产生 1～2 层栓内层细胞，后者为生活的薄壁组织细胞，木栓形成层、木栓层和栓内层共同组成周皮，构成根的次生保护组织。随着周皮的产生，其外方的表皮和皮层薄壁组织细胞逐渐死亡脱落（图 4-23i）。

（4）不同年龄主根结构的比较解剖 一年生细叶远志的主根从外到内由周皮和次生维管组织组成。其直径为 2.5～3.0 mm，周皮的木栓层细胞为 4～5 层，排列紧密。次生维管组织包括次生韧皮部、维管形成层和次生木质部。其中，次生韧皮部厚度约占根直径的 2/3，主要由韧皮薄壁组织细胞组成，细胞呈圆形或近圆形，其中靠近外侧的薄壁组织细胞体积较大，靠近内侧的薄壁组织细胞体积较小，其间有少量筛管和伴胞，韧皮薄壁组织细胞中有一些内含物（图 4-24a）。维管形成层呈环状，由 3～5 层细胞构成，其细胞

§4.3 细叶远志营养器官的结构发育规律

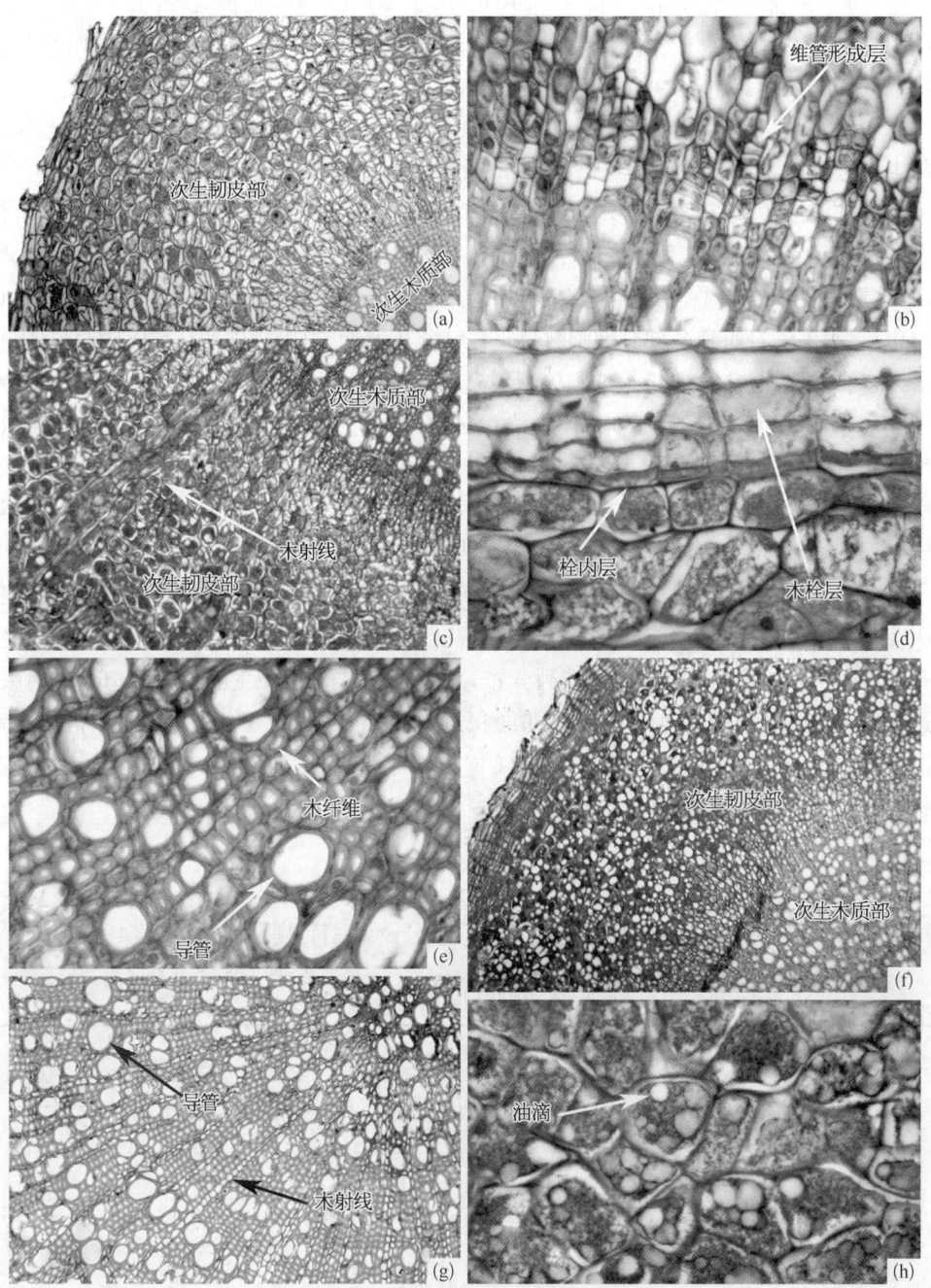

图 4-24 不同年龄主根结构的比较

(a) 一年生主根横切面一部分;(b) a 图的局部放大;(c) 二年生主根横切面一部分;(d) c 图的局部放大,示周皮的结构;(e) 二年生主根横切面一部分,示次生木质部的导管和木纤维;(f) 三年生主根横切面一部分,示各部分比例;(g) 三年生主根横切面一部分,示次生木质部;(h) 三年生主根横切面一部分,示韧皮薄壁组织细胞中丰富的内含物和油滴呈砖形,排列紧密,细胞质浓厚(图 4-24b)。次生木质部约占主根直径的 1/3,在次生木质部中,导管口径大小不一,分布频率较高,木纤维成群分布,少见单个分散;维管射线不甚明显,数量较少(图 4-24b)。

二年生主根直径达 4.0~5.0 mm,其结构自外向内也是由周皮和次生维管组织组成,与一年生主根结构相同,但其各类组织细胞的数量增加,次生韧皮部厚度约占根直径的 3/5,次生木质部约占主根直径的 2/5。在二年生根中,木栓层细胞层数已增加至 5~6 层,外侧的木栓层细胞为长方形,排列整齐,径向壁较整齐;内侧细胞形状不规则,壁略呈微波状弯曲,木栓形成层细胞扁平,细胞质浓厚,栓内层细胞近方形或长方形,含有丰富的内含物(图 4-24d)。次生维管组织各部分细胞数量也较一年生增加,次生韧皮部具有比较明显的韧皮部射线,其外围的韧皮薄壁组织细胞体积较大,筛管和伴胞被挤毁,而其内部的韧皮薄壁组织细胞较小,可见到少量的筛管和伴胞,次生韧皮部细胞中内含物较为丰富(图 4-24c,d)。次生木质部中,导管呈多角形,大小不一,直径为 8~69 μm,分散在成群的木纤维中,其数量较一年生根明显增加,在木纤维群中还夹杂着少量的木薄壁组织细胞,木射线明显,数量较一年生根明显增加,多由 1 列细胞构成,少数为 2~3 列细胞(图 4-24e)。

三年生主根直径达 7.0~8.0 mm,各类组织的细胞数量和面积均增加。次生韧皮部和次生木质部的厚度比例与二年生根接近。周皮的木栓层细胞增加至 7~9 层(图 4-24f)。次生木质部中导管成径向列分布,频率较高,导管最大直径为 76 μm,木射线数量进一步增加(图 4-24g),次生韧皮部面积进一步增加,薄壁组织细胞中的内含物十分丰富,可观察到明显的脂肪油滴(图 4-24 h)。四年生主根直径达 8.5~9.0 mm,其内部结构与三年生主根结构相似。

2. 主根的生长动态

为了进一步了解在生长发育过程中细叶远志根的各部分变化特点,对不同生长年份不同生长发育时期主根的长度、直径、皮部厚度及干重进行测量,结果见表 4-2。

表 4-2 细叶远志根的生长动态

		开花前期	花果期	果后期	枯萎期	枯萎期增长率(%)
根长(cm)	一年生根	20.8±0.9	25.1±0.8	26.8±0.7	27.8±0.7	
	二年生根	27.9±1.1	28.7±1.1	29.4±1.0	31.6±1.0	13.67
	三年生根	33.4±1.5	36.3±1.1	37.6±0.6	40.2±2.8	27.22
	四年生根	40.9±1.8	42.5±2.0	42.7±1.8	43.6±2.2	8.46
直径(mm)	一年生根	2.50±0.13	2.90±0.12	3.00±0.14	3.00±0.11	
	二年生根	4.00±0.40	4.30±0.21	4.40±0.17	4.50±0.19	50
	三年生根	6.50±0.52	7.00±0.34	7.94±0.45	8.00±0.47	77.78
	四年生根	8.24±0.26	8.94±0.36	9.25±0.23	9.48±0.44	18.5

§4.3 细叶远志营养器官的结构发育规律

（续表）

		开花前期	花果期	果后期	枯萎期	枯萎期增长率(%)
皮部厚度(mm)	一年生根	1.52±0.06	1.76±0.06	1.84±0.04	1.92±0.08	
	二年生根	2.48±0.22	2.64±0.18	2.68±0.14	2.80±0.16	45.83
	三年生根	4.36±0.10	4.40±0.22	4.48±0.18	4.52±0.34	61.43
	四年生根	4.68±0.22	4.90±0.24	5.33±0.14	5.47±0.21	21.02
干重(g)	一年生根	0.775±0.069	1.211±0.084	1.87±0.114	1.54±0.178	
	二年生根	1.652±0.064	1.822±0.080	2.92±0.414	2.865±0.311	85.32
	三年生根	7.151±0.454	7.617±0.305	9.09±1.153	8.84±0.976	208.55
	四年生根	9.896±0.478	10.47±0.365	11.57±0.931	11.41±0.761	29.07

从表中可知，在细叶远志主根的生长发育过程中，随着生长年份的递增，其根的长度、直径、皮部厚度和干重都递增。在4个年份的生长发育过程中，从开花前期到枯萎期，同一年份根的长度、皮部厚度和直径随季节逐步递增，但干重在前期上升而枯萎期则呈现下降（图4-25）。

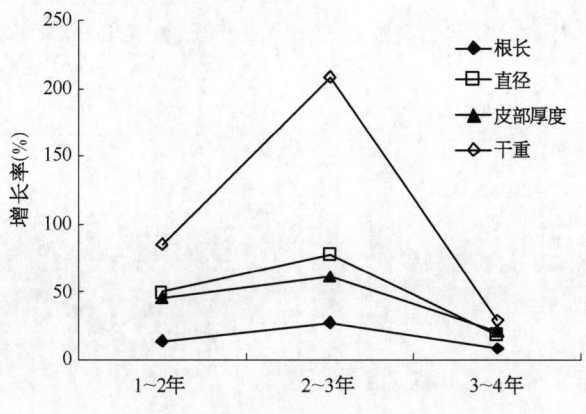

图4-25 枯萎期根的增长率

在生长发育的末期（枯萎期10月），4个生长年份中不同指标的增长率显示，从根长看，二年生主根的长度比一年生根的根长增加13.67%，三年生根比二年生根的根长增加27.22%，四年生根比三年生根的根长增加8.46%；从根直径看，则分别增加50%、77.78%和18.5%；皮部厚度分别增加45.83%、61.43%和21.02%；干重则分别增加85.32%、208.55%和29.07%。从中可以看出，在1~4年的生长发育过程中，根的生长量的增加幅度呈现出较大的波动性。

从图4-25可以看出，根长、直径、皮部厚度和干重4个衡量指标中，干重的增长变化幅度最为明显,增长量最大。依次为直径、皮部厚度和根长,根长的增长量最小。4个生长年份中,在第2~3年中,其生长量的变化最大,尤其是干重的积累增加幅度非常显著,在第1~2年中,其生长量的变化不大,在第3~4年中,其生长量的变化幅度最小,生长速度减慢。可见,根的长度、直径、皮部厚度及干重(生物量)的积累在第2~3年中最大。

4.3.2 茎叶的发育解剖

1. 茎的发育

茎尖的纵切面观察表明,茎的生长点呈圆锥状突起(图4-26a)。原分生组织由原套和原体两部分组成。组成细胞较小,排列紧密,原生质浓厚,液泡化程度低。原套位于生长锥的外围,由2层排列整齐的细胞组成,原体位于原套所包围的中央部分(图4-26a)。原分生组织下面的衍生细胞在一定距离处分化出初生分生组织,由原表皮、基本分生组织和原形成层组成(图4-26b)。原表皮为最外围的一层细胞,细胞排列紧密,细胞核大而液泡化程度较低;基本分生组织包括位于原表皮内的皮层基本分生组织和位于中央部分的髓基本分生组织。其中皮层基本分生组织细胞排列紧密,细胞核大而液泡化程度较低;而中央的髓基本分生组织细胞较大而液泡化程度高。在两类基本分生组织之间的为原形成层,由2~3层体积较小、原生质非常浓厚且排列紧密的细胞组成(图4-26b)。

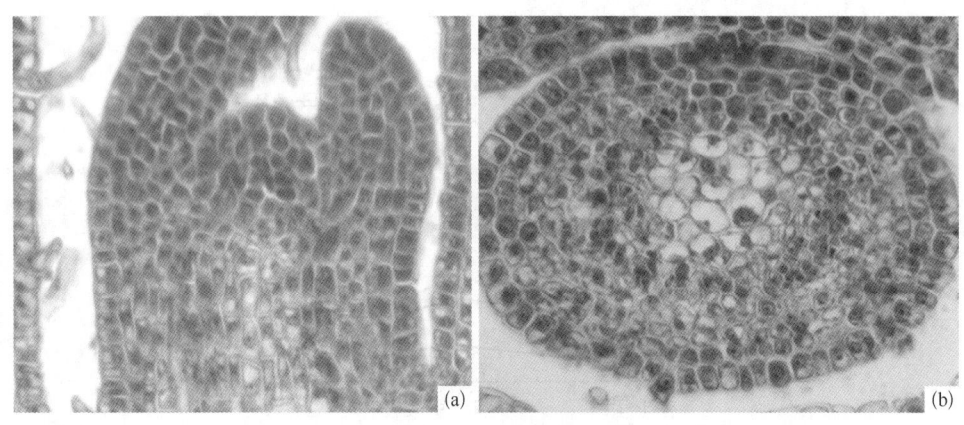

图4-26 茎尖结构
(a) 茎尖纵切面;(b) 茎尖横切面,示初生分生组织

细叶远志茎的初生生长是通过其初生分生组织细胞的分裂及其衍生细胞的体积增大活动完成。初生生长过程中形成了茎的初生结构。其中原表皮的衍生细胞分化为表皮,基本分生组织的衍生细胞分化为皮层和髓,而原形成层的衍生细胞则分化为维管组织。

上述三种初生分生组织中,基本分生组织和原表皮分化较早,原表皮细胞径向延长,体积明显增大,但细胞质仍较为浓厚,个别细胞外壁突起形成单细胞的表皮毛。半薄切片显示,在表皮细胞中具有较为丰富的嗜锇滴,有些表皮原细胞分化为气孔母细胞(图4-27a)。皮层基本分生组织细胞进行径向和切向分裂,使细胞的数量增加,同时,细胞

§4.3 细叶远志营养器官的结构发育规律

的体积增大并液泡化,其中靠近表皮的一层细胞形状近长方形,呈径向整齐排列,细胞中也具有嗜锇滴,而其他的皮层细胞则近圆形,大小不一。此时,髓基本分生组织细胞体积明显增大,液泡化程度增加形成髓细胞。在皮层基本分生组织和髓基本分生组织之间的原形成层细胞已分裂,形成多层细胞组成的环状组织(图4-27a)。

原形成层的分化过程较为复杂。观察茎的连续横切片可以发现,在原形成束的外侧,原生韧皮部的筛管最早分化,其后在内侧的原生木质部的导管分子才分化出来(图4-27b)。随后在原生韧皮部的内方又分化出筛管、伴胞和韧皮薄壁组织细胞,形成后生韧皮部。而在原生木质部的外侧则分化出多个大口径的导管和木薄壁组织细胞,组成后生木质部(图4-27b)。此时位于初生木质部和初生韧皮部之间的原形成层不再分化而保持分生组织状态。当原生木质部分子已经成熟而后生木质部仍在分化时,它们转化为束中形成层。此时,茎的表皮、皮层和髓的细胞也已分化成熟。由表皮、皮层、维管组织和髓组成茎的初生结构(图4-27b)。表皮由一层细胞组成,细胞为方形或长方形,大小

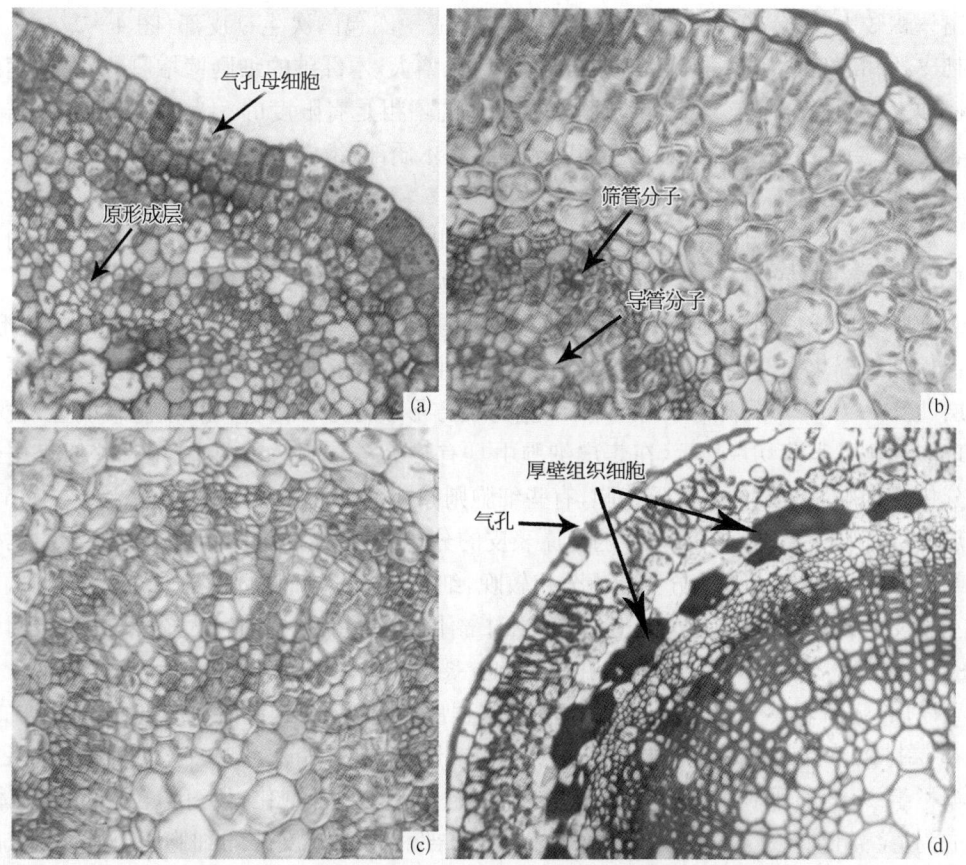

图4-27 细叶远志茎的结构发育

(a) 茎横切面的一部分,示初生分生组织的分化;(b) 茎的初生结构;(c) 茎横切面的一部分,示维管形成层的活动;(d) 茎的次生结构

不一,排列紧密,外切向壁具有角质层,偶见有气孔和表皮毛分布(图4-27b)。皮层由4~5层薄壁组织细胞组成,细胞内含有叶绿体。维管柱由维管束和髓组成。其中韧皮部由筛管、伴胞和韧皮薄壁组织构成,组成细胞小,排列非常紧密。木质部由木纤维、导管和少量的木薄壁组织细胞组成,木纤维数量较多,成径向规则排列,导管口径较大,数量较少,排列不规则。茎的中央为髓,较发达,由大型薄壁组织细胞构成,细胞为近圆形,排列紧密(图4-27b)。

次生生长是由维管形成层的活动在茎中增加维管组织数量的结果,开始于茎体轴已停止伸长的部分。当初生结构中的后生木质部分子正在成熟时,原来位于初生木质部和初生韧皮部之间未分化的原形成层细胞开始进行平周分裂,向内产生次生木质部,向外产生次生韧皮部,而同时维管束之间的薄壁组织细胞分化形成束间形成层。因此整个形成层在横切面上成为一个由2~3层细胞组成的形成层环,形成层向外产生次生韧皮部,向内形成次生木质部(图4-27c)。

在以后的发育过程中,表皮的气孔器逐渐发育出孔下室,皮层内侧的薄壁组织中分化出体积较大、染色较深的厚壁组织细胞,连接成一圈包围次生韧皮部(图4-27d)。次生韧皮部和次生木质部进一步增加,导管的口径增大,木纤维的细胞壁增厚,从而使茎的直径加大。由于维管形成层活动期较短,故茎的增粗是有限度的。为此,茎的次生结构由表皮、皮层、维管柱(主要为次生韧皮部和次生木质部)组成。

2. 叶的发育

从叶原基的横切面上看,叶原基呈半月形,由原分生组织构成,其细胞都呈等径的多边形,细胞壁薄,细胞质浓厚,细胞核大,细胞排列紧密(图4-28a)。

叶原基形成后,先是顶端生长,使叶原基迅速伸长,接着是边缘生长,形成叶的雏形,其衍生细胞分化出初生分生组织。叶的初生分生组织包括原表皮、基本分生组织和原形成层(图4-28b)。原表皮分化最早,细胞为长方形或方形,排列紧密,细胞核明显,较早出现液泡化。半薄切片显示,在表皮细胞中具有较为丰富的嗜锇滴,其中一些原表皮细胞分化为细胞质浓厚的气孔母细胞,有些细胞则向外突起,逐渐形成表皮毛(图4-28b)。原形成层细胞分裂、分化较早,伴随着原表皮的分化,原形成层细胞分化形成最初的维管束细胞(图4-28b)。基本分生组织分化较晚,细胞近方形,细胞质浓密且细胞核明显,靠近上表皮的1~2层细胞排列整齐紧密,相对靠下表皮的细胞排列较为疏松,具有胞间隙(图4-28c、d)。此时,表皮上的气孔母细胞分裂形成2个细胞(图4-28c)。

以后,随着表皮细胞的分化成熟,液泡化程度进一步增强,此时,原来靠近上表皮的1~2层排列整齐紧密的细胞仍具有较浓厚的细胞质,并开始发育出较多的叶绿体,将成为栅栏组织,而靠下表皮的排列较为疏松的细胞开始明显液泡化,发育出较少的叶绿体,将成为海绵组织(图4-28e)。此时,初生木质部和初生韧皮部的细胞已开始分化(图4-28e)。

在进一步的发育过程中,表皮细胞完全液泡化,气孔器的保卫细胞分化成熟,并出现孔下室,叶肉细胞分化为栅栏组织和海绵组织,其细胞中叶绿体数目进一步增加,叶脉维

§4.4 细叶远志各器官中主要药用成分的组织化学定位

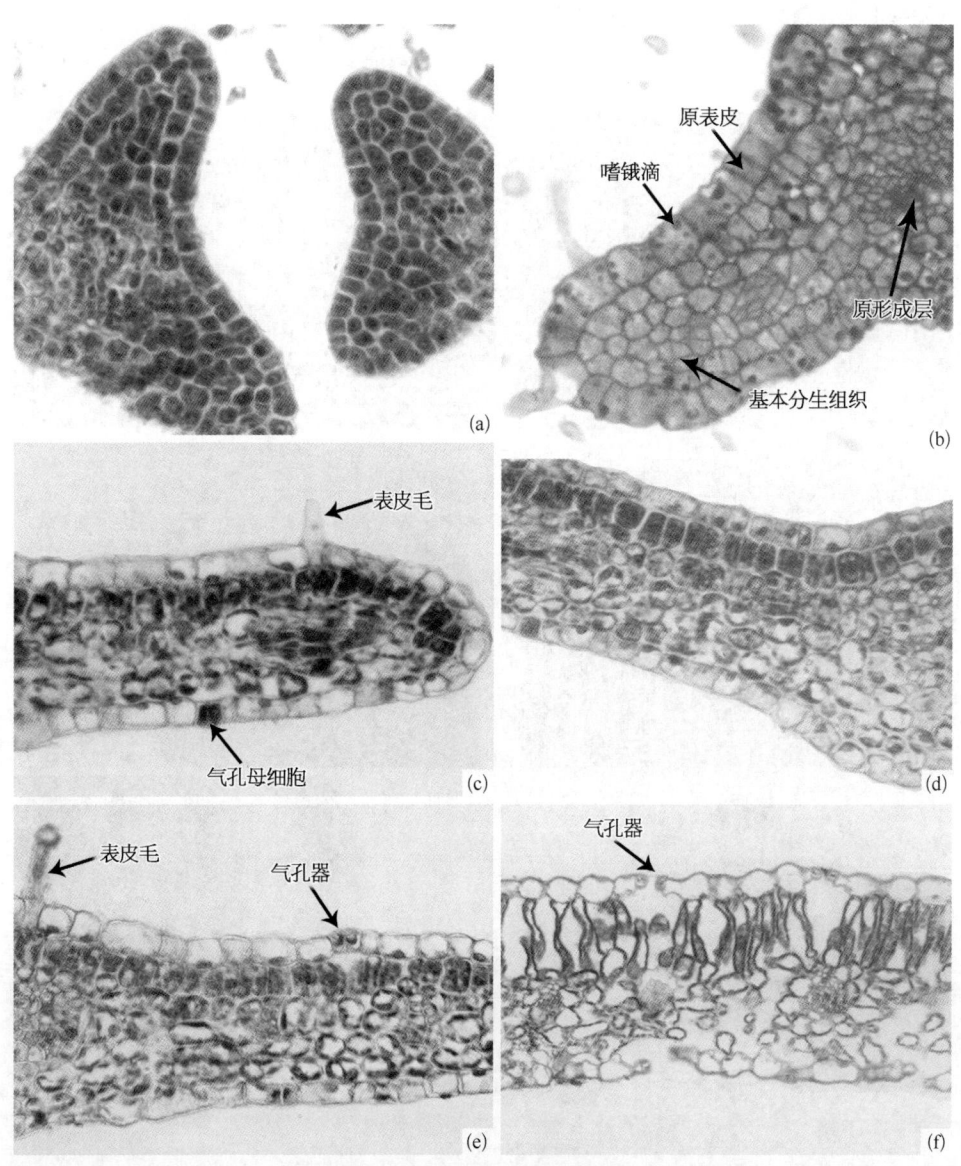

图 4-28 细叶远志叶的结构发育
(a) 叶原基的横切面;(b)~(e) 不同发育时期叶的横切面,示初生分生组织及其分化;(f) 叶的成熟结构

管束发育成熟,并在某些叶肉细胞中有晶体的积累(图 4-28f)。至此,叶的初生结构完全发育形成。为此,叶的结构由表皮、叶肉和叶脉组成。

§4.4 细叶远志各器官中主要药用成分的组织化学定位

研究表明,细叶远志的营养器官中含有多种药用成分,滕红梅等[111]对其中的三萜皂苷、𠮷酮、脂肪油和多糖进行了组织化学定位。

4.4.1 三萜皂苷的组织化学定位

利用皂苷能与皂苷显色剂香草醛-冰醋酸和高氯酸混合试剂发生反应，呈现出淡

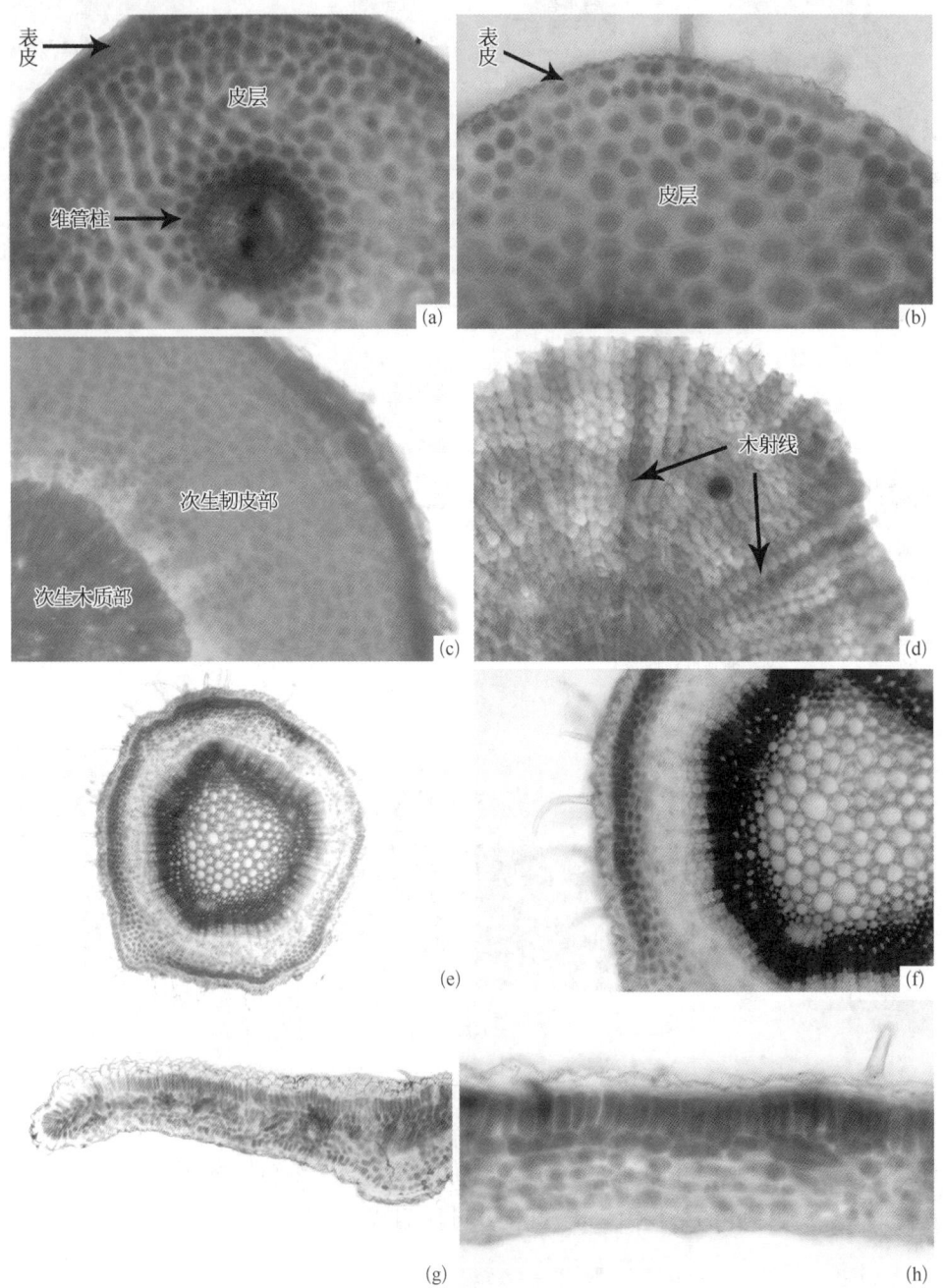

图 4-29 细叶远志营养器官中皂苷的定位（彩图见图版）

(a) 根初生结构的横切面；(b) a 图的局部放大；(c) 根次生结构的横切面；(d) c 图的局部放大；(e) 茎横切面一部分；(f) e 图的局部放大；(g) 叶横切面一部分；(h) g 图的局部放大

红—红—紫红的颜色变化的原理对皂苷进行组织化学定位,各营养器官中红色反应的位置即代表远志皂苷所存在的位置。颜色的深浅与皂苷含量具有正相关性。结果表明,在细叶远志根不同发育时期皂苷的分布部位和积累情况不同。在根的初生结构中,表皮、皮层和中柱的薄壁组织细胞具有显色反应,呈红色(图4-29 a、b),其中中柱鞘细胞色较深(图4-29a);在根的次生结构中,周皮的栓内层呈紫红色,次生韧皮部细胞呈红色(图4-29c);次生木质部中除木射线细胞和木薄壁组织细胞呈淡红色外,其他细胞都无显色反应(图4-29d)。茎的皮层薄壁组织细胞呈紫红色,表皮、韧皮薄壁组织细胞呈淡红色,其余组织不显色(图4-29e、f);在叶中,表皮细胞染色呈淡红色,海绵组织和栅栏组织中都被染为红—紫红色(图4-29g、h)。上述不同器官的切片经70%乙醇配制的FAA固定液处理后的对照材料,与皂苷显色剂都不发生显色反应。上述实验的结果反映出在远志的根、茎、叶中都有远志皂苷的积累,主要积累在薄壁组织细胞中。

4.4.2 𠮷酮在各器官的分布状况

𠮷酮(xanthone)是结构和性质与黄酮相似的一类化合物。𠮷酮能与盐酸-镁粉反应显橙黄色,置荧光显微镜下观察,显黄绿色荧光[113]。参照细叶远志根的解剖结构,对根切片用盐酸-镁粉为显色剂所做的组织化学定位研究表明,在不同生长年份根中结果相似,即次生韧皮部发出较强的黄绿色荧光,周皮发出较弱的绿色荧光,木质部能产生极为微弱的自发荧光(图4-30)。同时,70%乙醇配制的FAA固定液处理后的对照材料,与盐酸-镁粉反应置荧光显微镜下观察,只有木栓层和木质部出现自发荧光,其他组织无荧光反应。

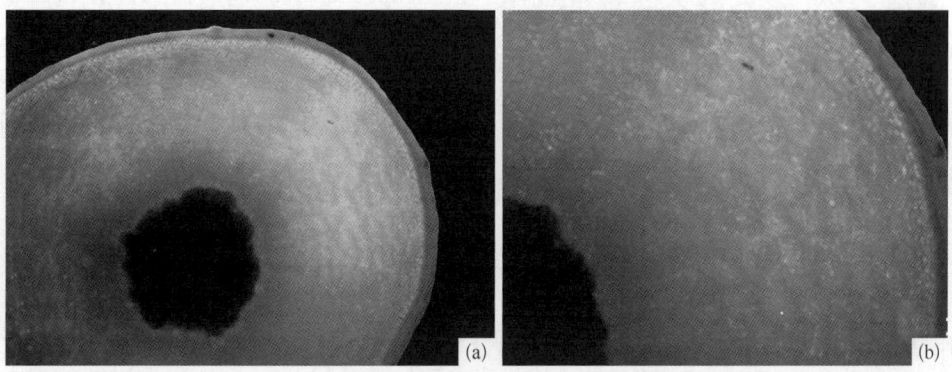

图4-30 细叶远志根中𠮷酮的定位(彩图见图版)
(a) 根横切面;(b) a图的局部放大

4.4.3 脂肪油在根中的定位

脂肪油是细叶远志根中存在的一类重要药用成分。脂肪油的组织化学定位常用苏丹Ⅲ染色显示橘红色[114],或者据脂肪油能够被锇酸[115]所固定显示较深的颜色来进行定位。经苏丹Ⅲ染色可以看出根的次生韧皮部细胞中具有丰富的橘红色油滴,而在周皮和次生木质部中没有橘红色油滴,周皮的木栓层细胞壁也被染成橘红色(图4-31)。同时,应用半薄制片法,发现其根次生韧皮部薄壁组织细胞中有大量嗜锇滴,也说明其中有大量的脂肪油。

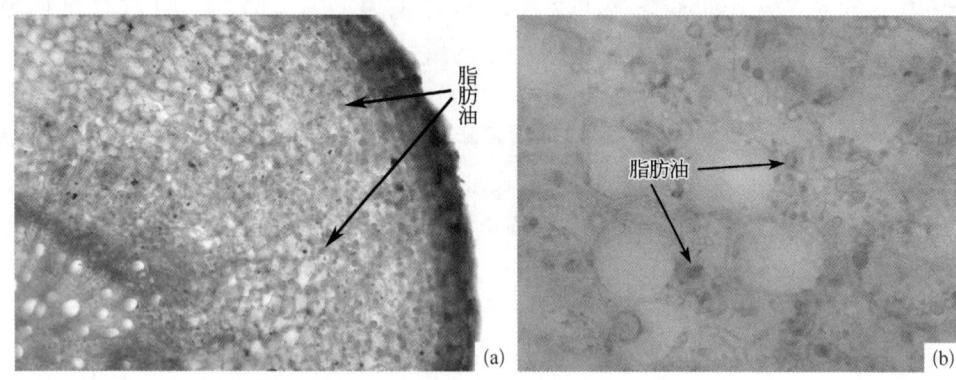

图4-31 根中脂肪油的定位(彩图见图版)
(a)根横切面;(b)韧皮部的局部放大

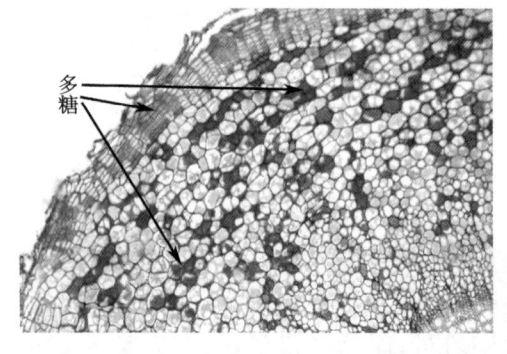

图4-32 根中多糖的定位(彩图见图版)

4.4.4 多糖在根中的定位

多糖的组织化学定位是通过PAS反应。对不同生长年份细叶远志的根进行PAS反应显色,发现在根的各个部位都没有发现淀粉粒的存在,而在部分次生韧皮部薄壁组织细胞中具有紫红色的物质,说明其中含有多糖,此外,周皮内部分细胞中也被染成紫红色,证明其中多糖物质的存在(图4-32)。

§4.5 细叶远志营养器官中总皂苷和远志皂苷元的动态变化

组织化学研究证明远志的根、茎、叶中都含有皂苷的积累,在此基础上滕红梅等[116]采用紫外分光光度法和高效液相色谱法测量其营养器官在不同发育时期总皂苷和远志皂苷元的含量,探讨营养器官中皂苷含量的动态变化。

4.5.1 营养器官中远志总皂苷的含量比较和动态变化

1. 营养器官中远志总皂苷含量的比较和动态变化

通过根和茎叶中皂苷含量的测定结果比较,从图4-33可以看出,根中皂苷的含量远高于茎叶部分,其平均含量约为茎叶的5.5倍。远志皂苷含量在4~10月的细叶远志生长发育过程中,都呈现出动态变化趋势:在根中开花前期具有较高的皂苷含量,随着植株开花结果含量有所降低,到果后期又呈现较快的增长,以后随着茎叶的枯萎皂苷含量又逐渐下降,呈现高一低一高一低的变化规律;茎叶中在开花前期和花果期远志皂苷的含量比较接近都较低,以后随着植株的发育逐步增高,在果后期达到高峰,以后伴随着茎叶的枯萎皂苷含量又逐渐下降,接近开花前期的水平。为此,远志在果后期的根和茎叶中的远志皂苷积累都达到最高值。

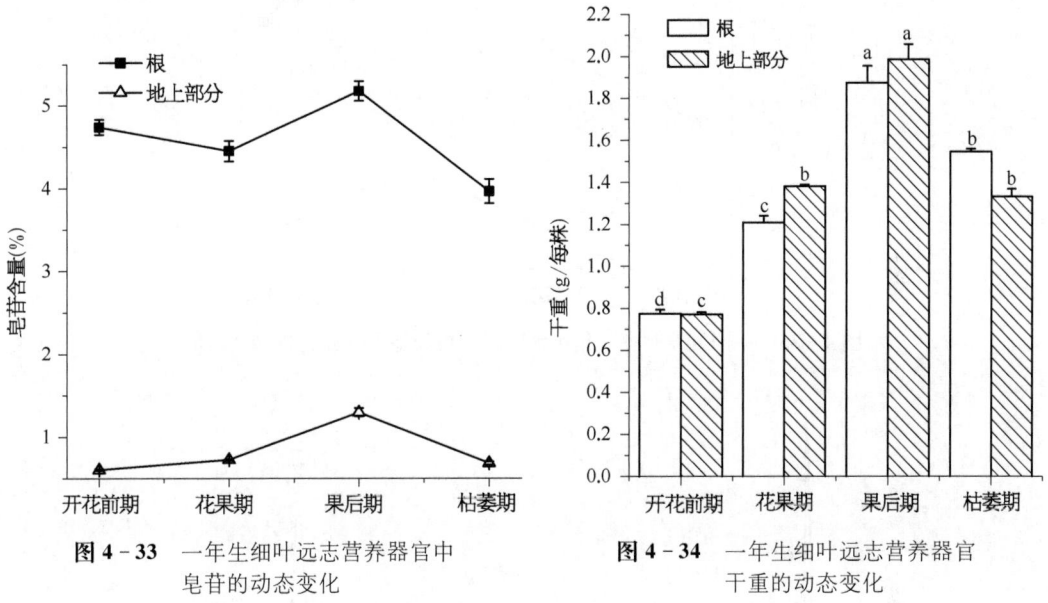

图4-33　一年生细叶远志营养器官中皂苷的动态变化

图4-34　一年生细叶远志营养器官干重的动态变化

2. 营养器官中远志总皂苷产量的比较

由远志皂苷百分含量与根和茎叶干重的乘积可得到根和茎叶中含有的远志总皂苷产量。图4-34(图中同一项目不同材料间不同字母表示在0.05水平上差异显著,下同)可看出细叶远志根和茎叶的干重在4~10月的生长发育过程中的动态变化趋势,从开花前期到果后期,根和地上部分的干重都随植物的发育呈增长趋势。在8月中旬以后,随着远志枯萎期的到来,根和地上部分的干重都有所下降。

图4-35显示细叶远志根和茎叶中的远志总皂苷产量的动态变化规律,两者的变化规律相似,即从开花前期到花果期至果后期的发育过程中,远志总皂苷的产量呈上升趋势,于果后期达到积累高峰,随着地上部分的枯萎,远志总皂苷的产量呈急剧下降趋势。

4.5.2　根中皂苷积累部位的确定

在组织化学方法初步确定次生韧皮部是皂苷的主要储存场所的基础上,为了进一步验证根中储存皂苷的部位,采取手工剥离的方法将细叶远志的根分为皮部(包括次生韧皮部和周皮)和木质部两部分,对不同部位的总皂苷和皂苷元含量进行测定,以确定皂苷的储存部位。标准品和样品高效液相色谱图见图4-36和图4-37。

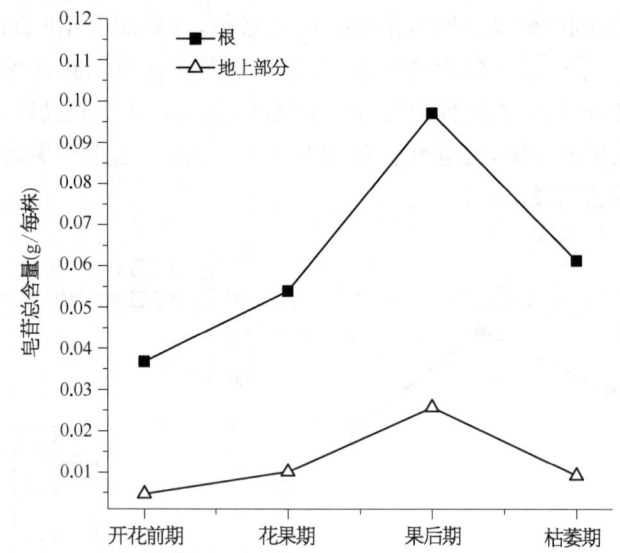

图4-35 不同发育时期一年生细叶远志根和地上部分的总皂苷产量

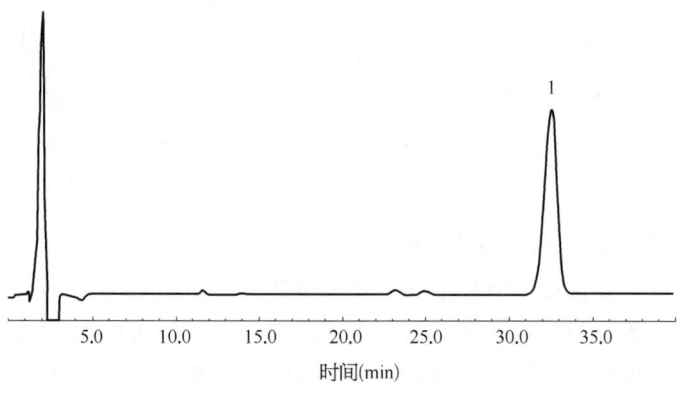

图4-36 远志皂苷元标品图谱

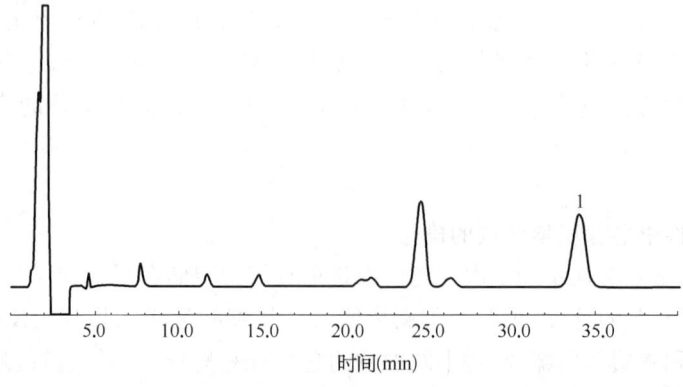

图4-37 远志皂苷元样品图谱(一年生根皮部6月份材料)

§4.5 细叶远志营养器官中总皂苷和远志皂苷元的动态变化

将1~3年生细叶远志8月份的新鲜根材料,分成皮部和木质部两部分,分别进行总皂苷和皂苷元的含量测定,结果见图4-38。由图4-38可以看到,皮部和木质部的总皂苷和皂苷元含量差别很大,1~3年生根中皮部总皂苷和皂苷元含量的平均值分别是木质部的13.51倍和14.25倍;一年生根皮部总皂苷和皂苷元的含量最高,二年生含量下降,三年生根中含量最低;不同年份根中木质部总皂苷和皂苷元的含量都比较接近。

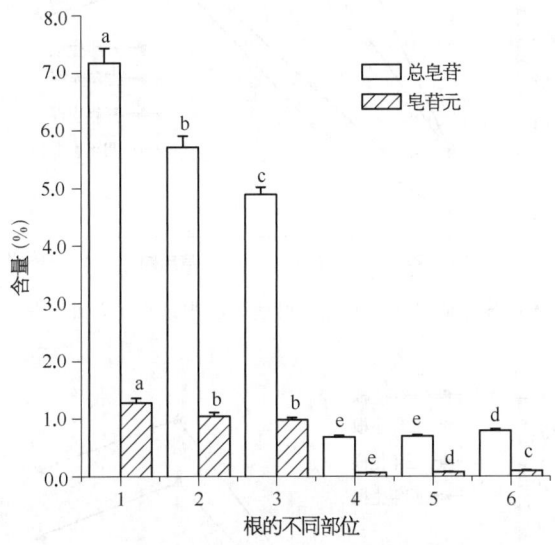

图4-38 根的不同部位总皂苷和皂苷元的含量比较

1. 一年生根皮部;2. 二年生根皮部;3. 三年生根皮部;4. 一年生根木质部;5. 二年生根木质部;6. 三年生根木质部

4.5.3 不同生长年限及不同发育时期的根中远志皂苷元的积累动态

1. 远志皂苷元含量的比较

不同生长年限、不同发育时期细叶远志根中远志皂苷元的含量结果见图4-39。从图4-39中可以看出,1~4年生细叶远志根中的远志皂苷元含量在4~10月的生长发育过程中,4个不同时期远志皂苷元含量都表现为：一年生根＞二年生根＞三年生根＞四年生根;并都呈现出动态变化趋势,即4个生长年份的根在开花前远志皂苷元的含量均较低,以后随着花果期的到来,远志皂苷元的含量都迅速升高,其中一年生根中皂苷元含量在此时期达到全年的最高峰,以后随着果实的成熟,远志皂苷元的含量呈下降趋势;2~4年生根中皂苷元含量则在花果期后持续上升,在果后期达到最高峰,以后缓慢下降。在果后期,4个不同年份的根中远志皂苷元的含量比较接近。

2. 不同年生根中远志皂苷元总量的比较

由远志皂苷元含量和根干重的乘积可得每株根的远志皂苷元总含量。从图4-40可以看出,4种生长年龄的根中,四年生根中远志皂苷元的总含量最高,但与三年生根中的总量差别不大,而三年生根中皂苷元的总含量要远远大于一二年生根中的总含量。4种

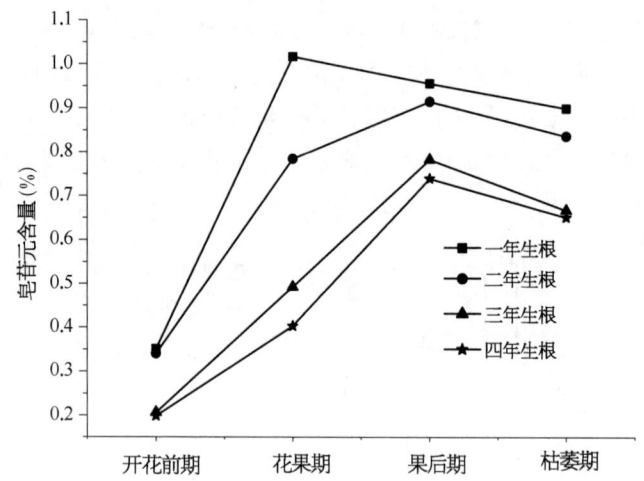

图 4-39　不同发育时期不同年生细叶远志根中远志皂苷元含量的动态变化

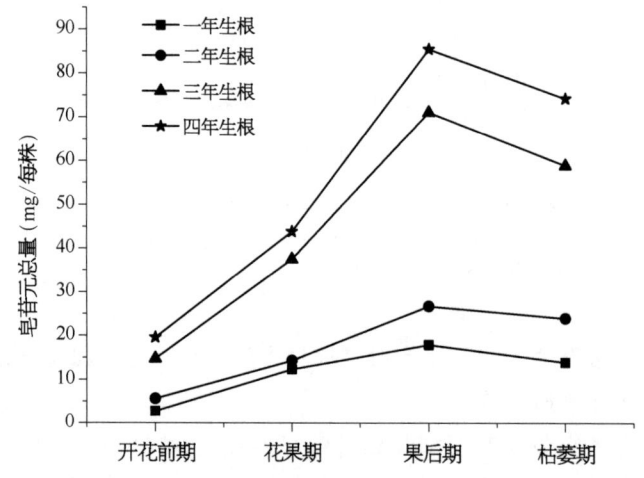

图 4-40　不同年生细叶远志根中远志皂苷元总含量的动态变化

年份的根中远志皂苷元的总含量在不同发育时期具有相同的动态变化趋势,即在开花前期至果后期呈逐步升高趋势,并于果后期达到积累最高峰,以后随着枝叶的枯萎,根中远志皂苷元的总含量有所下降。在果后期,四年生根中远志皂苷元的总含量是三年生根的1.20倍,而三年生根中远志皂苷元的总含量则是二年生根的2.66倍,是一年生根的3.97倍。

§4.6　卵叶远志各器官中主要药用成分的组织化学定位及远志皂苷元含量的动态变化

《中国药典》中规定卵叶远志以干燥的根入药,在民间则以全草入药。滕红梅等[117]

§4.6 卵叶远志各器官中主要药用成分的组织化学定位及远志皂苷元含量的动态变化

在卵叶远志营养器官解剖结构研究基础上,对其主要药用成分进行了组织化学定位,并以远志皂苷元为评价指标分析了不同发育时期营养器官中皂苷含量的动态变化,旨在探明其结构特点及远志皂苷的积累和变化规律,为进一步开发远志资源提供科学依据。

4.6.1 营养器官中主要药用成分的组织化学定位

1. 三萜皂苷的组织化学定位

组织化学定位结果表明,在根的结构中,次生韧皮部细胞呈现明显的红色(图4-41a、b),周皮的栓内层呈紫红色(图4-41b),未观察到次生木质部的细胞有显色反

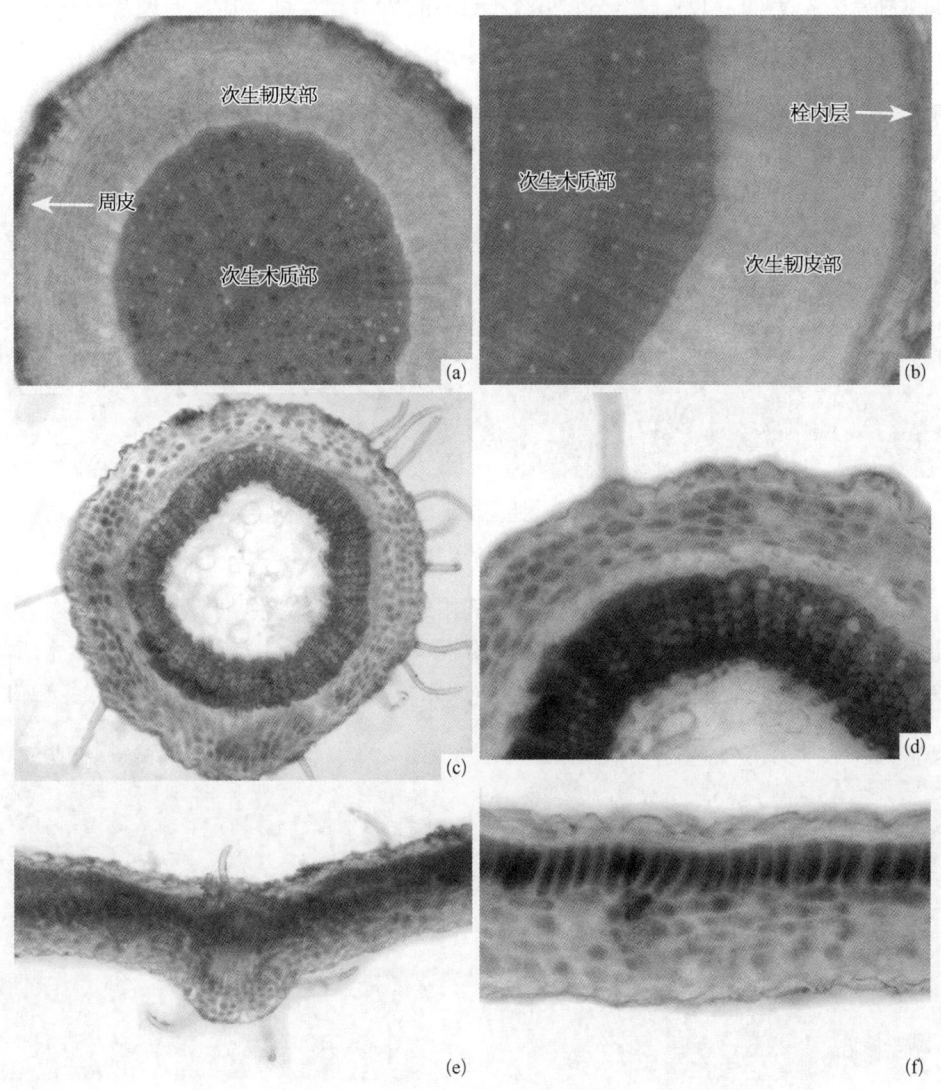

图 4-41 卵叶远志营养器官中皂苷的定位(彩图见图版)

(a) 主根横切面;(b) a图的局部放大;(c) 茎横切面一部分;(d) c图的局部放大;(e) 叶片横切面;(f) e图的局部放大

应。茎的皮层薄壁组织细胞呈紫红色,表皮、韧皮薄壁组织细胞呈淡紫红色,其余组织不显色(图4-41c、d);在叶中,叶肉组织呈明显的紫红色(图4-41e、f)。其中海绵组织显色较深,栅栏组织显色较浅,表皮细胞也显示较浅的紫红色(图4-41f)。经70%乙醇配制的FAA固定液处理后的对照材料与皂苷显色剂不发生显色反应。研究结果反映出在卵叶远志的根、茎、叶中均具有远志皂苷的积累,主要积累在薄壁组织细胞中。

2. 𠮷酮、脂肪油和多糖的组织化学定位

对根中的𠮷酮用盐酸-镁粉显色的组织化学定位研究表明,在不同粗细的根中,结果相似,即次生韧皮部发出较强的黄绿色荧光,周皮发出较弱的黄绿色荧光,木质部能产生极为微弱的自发荧光(图4-42)。用经过70%乙醇浸泡72 h溶去𠮷酮后的对照材料与盐酸-镁粉反应,置荧光显微镜下观察,只有木栓层和木质部自发荧光,其他组织荧光消失。

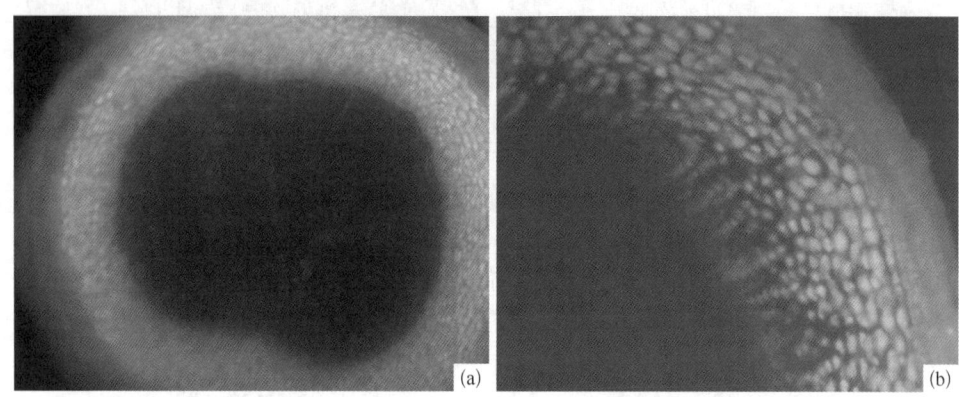

图4-42 卵叶远志根中𠮷酮的定位(彩图见图版)
(a)主根横切面;(b) a图的局部放大

脂肪油是细叶远志根中存在的一类重要药用成分。为鉴定在卵叶远志根中是否存在脂肪油,经苏丹Ⅲ染色,可以看出根的次生韧皮部细胞中无橘红色油滴,在周皮和次生木质部的薄壁组织细胞中也没有橘红色油滴,只有周皮的木栓层细胞壁也被染成橘红色(图4-43)。

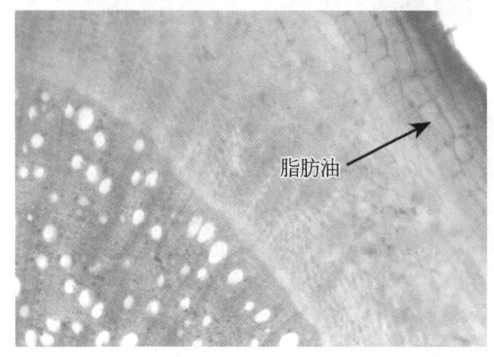

图4-43 卵叶远志根中脂肪油的定位
(彩图见图版)

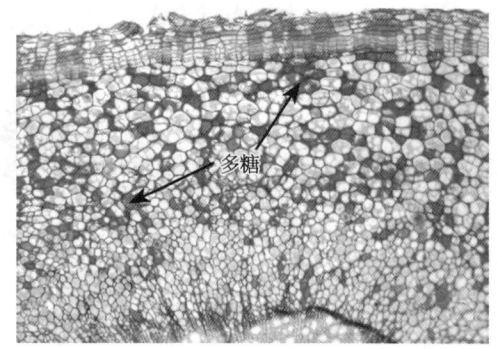

图4-44 卵叶远志根中多糖的定位
(彩图见图版)

同时,半薄制片法结果显示其根次生韧皮部薄壁组织细胞中也没有嗜锇滴,说明卵叶远志根中没有脂肪油的存在。

通过 PAS 反应对卵叶远志的根进行显色,发现在次生韧皮部薄壁组织细胞和周皮的部分细胞中具有紫红色的物质,说明其中含有多糖,而根的其他部位都没有发现淀粉粒的存在(图 4-44)。

4.6.2 营养器官中远志皂苷元含量的动态变化

1. 营养器官中远志皂苷元含量的动态变化

通过对卵叶远志在 4~8 月生长发育不同阶段营养器官中的远志皂苷元含量进行测定,从图 4-45 可以看出,在不同发育时期根中皂苷元含量都明显高于茎叶(地上部分)。营养器官中的皂苷元含量在生长发育过程中亦呈现出动态变化。在 4 月(开花早期)根中具有较高的皂苷元含量,5~6 月(花果期-果后期)随着植株花序的陆续开放及果实的发育,成熟根中含量逐渐降低,在 8 月(生长后期)降到较低的水平;茎叶中则是在开花早期较低,花果期较高,而果后期以后又降低,至生长发育的后期含量低于开花期的水平,呈现低—高—低的变化规律。

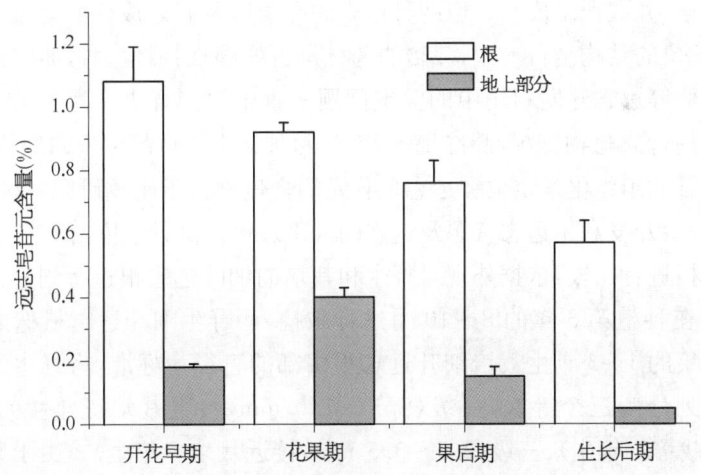

图 4-45 不同生长发育时期卵叶远志营养器官中远志皂苷元的含量变化

2. 根中不同部位远志皂苷元的含量比较

组织化学定位结果表明,皂苷积累在根的次生韧皮部和周皮的栓内层,为了进一步验证远志皂苷的分布积累部位,我们采用手工剥离的方法将生长后期(8 月 15 日)的根分为皮部(包括周皮和次生韧皮部)和木质部两部分,并对全根、皮部、木质部进行远志皂苷元含量测定。从图 4-46 可以看出,皮部含量最高,木质部含量很低,皮部和木质部的含量差异显著($P<0.01$),说明远志皂苷主要积累在韧皮部中。

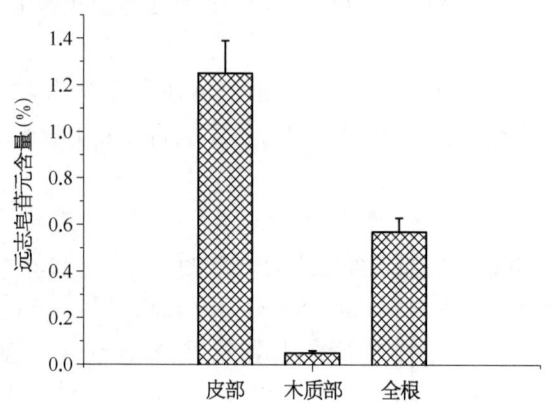

图 4-46 卵叶远志根的不同部位远志皂苷元含量比较

§4.7 细叶远志和卵叶远志根的比较

细叶远志和卵叶远志在药用和商品上混用不分,其分布和产地也基本相同。近年来由于需求量的增加,野生资源日益减少。目前,在山西、陕西、河北等地已经进行了细叶远志的人工栽培,并取得了成功。但两种远志的品质以及有效成分的含量之间有多大差异,它们药用部位的结构是否一致,栽培的药材是否能够代替野生种,卵叶远志是否具有人工栽培的价值等远志开发利用中的关键问题一直未得到解决。为了进一步深入研究和合理开发利用远志植物资源,滕红梅等[118]对两种远志药用部位根的结构、主要药用成分——远志皂苷的组织化学定位和远志皂苷元的含量进行了比较研究,以明确两种远志的差异,为进一步开发利用远志资源及远志的人工栽培提供科学依据。

为便于对根进行比较,依据外观对野生和栽培的细叶远志根进行划分。栽培的细叶远志药农习惯在种植第3年的8~10月进行采挖,而野生细叶远志植株的年龄难以判断。以8月采集的1~3年生栽培细叶远志根中部的直径为标准,将野生细叶远志按其根的中部直径划分为三个等级,一级(5.5~7.0 mm,接近栽培三年生)、二级(3.5~5.5 mm,接近栽培二年生)、三级(2.5~3.5 mm,接近栽培一年生)。由于卵叶远志的根都比较细,故不做区分。

4.7.1 根的形态及性状比较

从生长状况比较,细叶远志的栽培植株比较粗壮,地上部分分枝较多,根相对粗大,侧根也较粗。野生植株地上部分分枝少,根粗细不一,侧根较细,一般直径不超过1 mm。野生卵叶远志植株比较低矮,其根较细。对它们的根长、干重、直径和皮部(包括次生韧皮部和周皮)的厚度进行比较,结果见图4-47、图4-48。

从图中可以看出,7种材料间除根长差异较小外,干重、直径及皮部厚度的差异都较大,其中皮部厚度的差异最显著。栽培与野生的细叶远志植株相比,栽培三年生根的干

§4.7 细叶远志和卵叶远志根的比较

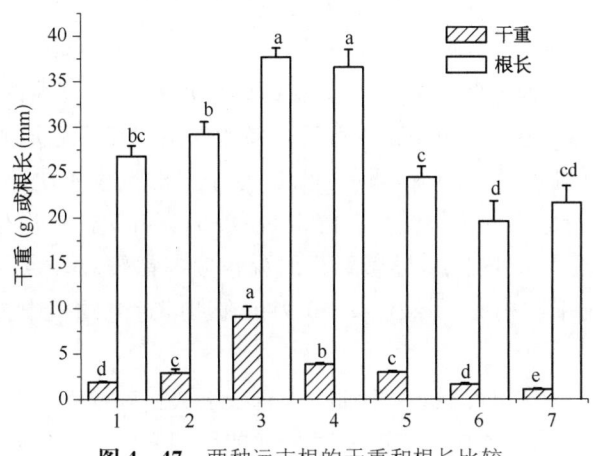

图 4-47 两种远志根的干重和根长比较

1. 栽培一年生细叶远志；2. 栽培二年生细叶远志；3. 栽培三年生细叶远志；4. 野生一级细叶远志；5. 野生二级细叶远志；6. 野生三级细叶远志；7. 卵叶远志

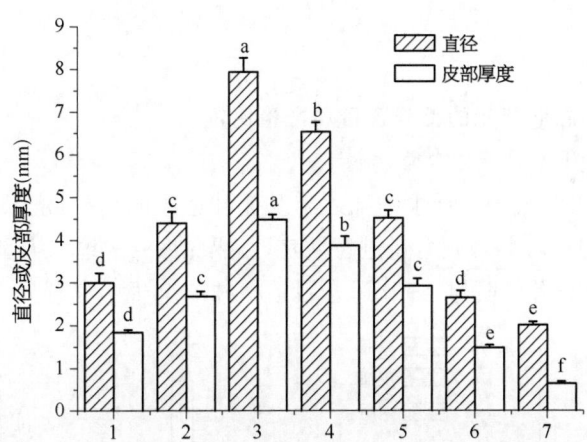

图 4-48 两种远志根的直径和皮部厚度比较

1. 栽培一年生细叶远志；2. 栽培二年生细叶远志；3. 栽培三年生细叶远志；4. 野生一级细叶远志；5. 野生二级细叶远志；6. 野生三级细叶远志；7. 卵叶远志

重、直径和皮部厚度明显高于野生一级根，具有显著性差异；栽培一、二年生根与野生二、三级根的差别不明显。栽培三年生根的 4 项指标都最大，并与栽培一、二年生根差异显著，说明栽培年限是决定细叶远志的形态性状的主要因素。卵叶远志的干重、直径及皮部厚度与栽培和野生的细叶远志之间差异显著，这 3 项指标在 7 种材料中均最小。

4.7.2 根的内部结构和皂苷的积累储存部位比较

两种远志的主根从外到内都是由周皮和次生维管组织组成(图 4-24a、c、f，图 4-21a、c)，栽培和野生细叶远志植株根的结构相似(图 4-24a、c、f，图 4-11a)。两种远志根的周皮都较厚，由多层细胞组成，木栓层发达，细胞排列紧密。次生维管组织包括次生韧皮部、维管形成层和次生木质部。其中，细叶远志次生韧皮部所占比例较大，其厚度为根直径的3/5～2/3，而卵叶远志次生韧皮部的厚度约占根直径的1/3，两者次生韧皮部都主要由韧皮薄壁组织细胞组成，筛管和伴胞仅出现在靠近形成层的次生韧皮部中，未观察到韧皮纤维，维管形成层都不明显。根中央的次生木质部所占比例也不同，细叶远志的次生木质部约占主根横切面的1/3～2/5，卵叶远志的次生木质部则约占主根直径的2/3。在次生木质部中，导管口径的分布频率都较高，木纤维成群分布，木射线较明显，多由1列细胞构成，少数为2～3列。在卵叶远志的根中未见典型的木薄壁组织细胞。

皂苷的组织化学定位研究显示，在细叶远志根中次生韧皮部细胞呈红色，周皮的栓内层呈较深的紫红色，次生木质部中的木射线细胞和木薄壁组织细胞呈粉红色，表明在次生韧皮部、栓内层以及木射线细胞和木薄壁组织细胞中都有皂苷的积累。而在卵叶远志根中，除了韧皮部和周皮的栓内层显示红色外，木质部的木射线细胞则不显示颜色，表明在次生韧皮部和栓内层有皂苷的积累，木射线细胞不显示颜色可能是因为皂苷含量过低的缘故。

4.7.3 根中远志皂苷元的百分含量和产量比较

1. 根中远志皂苷元的百分含量比较

分别对8月采集的栽培和野生细叶远志及卵叶远志的全根、皮部（包括周皮和次生韧皮部）和木质部的远志皂苷元含量进行测定，结果见图4-49。从图中可以看到，三种材料的根中，全根含量差异明显，细叶远志栽培植株的全根中皂苷元含量为一年生＞二

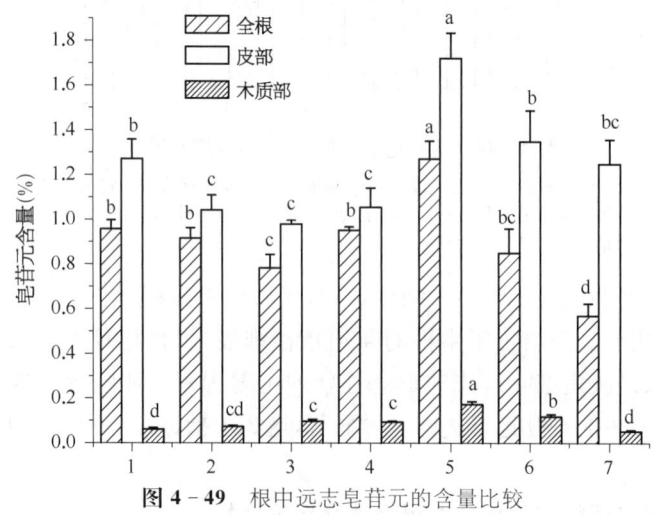

图4-49 根中远志皂苷元的含量比较

1.栽培一年生细叶远志；2.栽培二年生细叶远志；3.栽培三年生细叶远志；4.野生一级细叶远志；5.野生二级细叶远志；6.野生三级细叶远志；7.卵叶远志

年生>三年生,含量为0.78%~0.96%,以一年生最高,说明一年生品质最好;而野生植株则是二级>一级>三级,含量为0.85%~1.27%,以二级最高,说明二级品质最好,其品质要优于一年生栽培植株。而卵叶远志全根中含量低,近0.6%。

三种植株根的皮部和木质部的含量差异极显著($P<0.01$),其中,栽培细叶远志皮部远志皂苷元的含量平均为木质部的14.25倍;野生细叶远志皮部远志皂苷元的含量平均为木质部的10.77倍;卵叶远志皮部远志皂苷元的含量为木质部的24倍。从皮部的含量分析表明,栽培植株为一年生>二年生>三年生,一年生含量为1.27%;而野生植株则是二级>三级>一级,平均含量为1.38%,而卵叶远志的含量为1.25%,从皮部质量来看,野生细叶远志最优。木质部的含量栽培植株为三年生>二年生>一年生;野生植株则是二级>三级>一级,野生植株高于栽培植株,两者的含量在0.06%~0.18%。而卵叶远志木质部的含量为0.05%,含量最低,说明两种远志木质部的利用价值都不大。

2. 根中远志皂苷元的总产量(总含量)比较

由远志皂苷元百分含量和根干重的乘积可得每株根的远志皂苷元总产量(总含量)。从图4-50可以看出,7种材料皂苷元总产量(总含量)差异显著。其中,栽培三年生根中远志皂苷元的总产量最高,明显高出其他6种材料。野生植株中二级和三级根的含量较高,差异不显著,一级根中的含量较低。而卵叶远志根中远志皂苷元总产量(总含量)最低,明显低于栽培和野生的细叶远志。

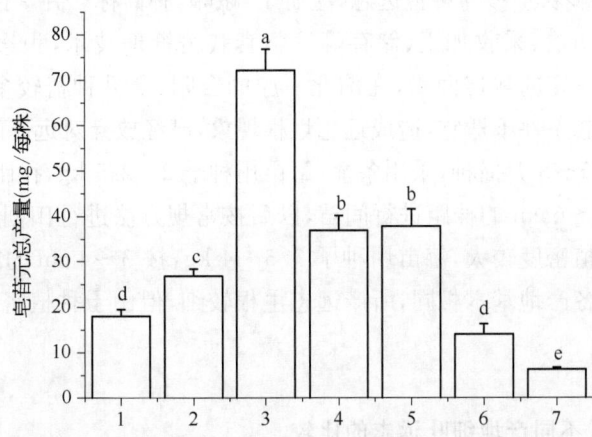

图4-50 根中远志皂苷元的总产量(总含量)比较

1. 栽培一年生细叶远志;2. 栽培二年生细叶远志;3. 栽培三年生细叶远志;4. 野生一级细叶远志;5. 野生二级细叶远志;6. 野生三级细叶远志;7. 卵叶远志

§4.8 主产区不同产地细叶远志药材的比较

远志药材过去主要源于野生,近年由于需求量的增加,从20世纪80年代开始人工栽培细叶远志。山西、陕西、河北为主要栽培产区,其中山西栽培的面积最大。关于远志药材的品质,传统认为山西、陕西两地远志的质量最好,为远志的道地产区[6]。也有资料表明,陕西的远志药材质量最好,山西产量最大[119]。

皂苷为远志中祛痰止咳、镇静的主要活性成分,多糖作为一种免疫增强剂[120]已经成为中药中极具开发价值的生理活性物质。赵云生[44]、裴瑾等[45]研究表明,细叶远志中多糖含量较高,具有开发利用价值。为此,滕红梅等[121]以远志皂苷元和多糖两种主要药用成分为指标,结合外部形态、内部结构,并对不同产地的气候和土壤条件进行分析,对主产区不同产地细叶远志进行了比较,以期为客观综合评价不同产地远志药材的质量,并为优良栽培品种的选育及药材的 GAP 基地建设提供科学依据。

4.8.1 细叶远志栽培情况

远志驰名国内外中药市场。但由于连年采挖,只采不育,致使野生资源遭到严重破坏,资源日益减少,特别是种子未到成熟季节便抢先采挖,断绝了种源,不仅产量、收购量逐年下降,质量也有所下降,而且野生资源还濒临绝迹的危险。而远志属野生品种资源枯竭,导致药材市场供不应求,价格一升再升。这种状况促使人们开始种植细叶远志,细叶远志的人工栽培已经有二十余年的历史。人工栽培细叶远志不仅能获得一定的经济效益和社会效益,而且对保护植物种质资源具有重要意义。

滕红梅等[111]调查发现,目前在山西细叶远志种植的面积最大,在一些地方已经开始较规范的种植,如闻喜县种植约 533.34 hm²,在新绛县阳王镇建立了约 1 333 hm² 远志种植基地,有 5 000 多农户参与种植远志,注册了"峨嵋"牌商标。并掌握了从选种、备耕、播种、管理、病虫害防治、采收加工、储存等一整套栽培管理技术,积累了丰富的生产经验。在陕西也具有一定的栽培面积,在渭北平原的合阳、澄县种植较多。调查中也发现在有些地方由于生态条件不适宜,造成远志烂根现象,已经放弃对远志的种植。

细叶远志均在 5~8 月播种,采用条播,每亩用种子 2~2.5 kg,行距为 15 cm,当苗长至 4~5 cm 时,按 5~6 cm 的株距进行间苗,以后按常规方法进行田间管理。其中,山西洪洞和平遥两地种植密度较大,每亩用种子 3.5~4 kg,按 3~4 cm 的株距进行间苗,田间管理方法与上述各产地基本相同,所产远志主根较细,但由于种植密度大,其总产量并不低。

4.8.2 主产区不同产地细叶远志的比较

主产区不同产地为:陕西合阳金家庄、陕西澄县李庄、陕西西安、山西运城正北庄、山西闻喜丰乐庄、山西新绛北池村、山西洪洞燕壁村、山西平遥北湛旺村、河北安国。

1. 外观形态特征的比较

从根干重、主根的长度、直径(最粗处)及侧根数 4 个指标对不同产地的栽培细叶远志进行考察,结果见表 4-3。

从外部形态看,山西新绛、运城两地和陕西澄县的细叶远志根直径较粗壮,通体较为均匀,外观较好;山西洪洞和平遥两地由于种植较密,植株整体较小。从根内部解剖结构看,不同栽培区无明显差异。

§4.8 主产区不同产地细叶远志药材的比较

表4-3 不同产地的栽培细叶远志根的外观特征比较

产　　地	干重(g)	长度(cm)	最粗处直径(mm)	侧根(直径＞1 mm)数
陕西澄县	8.87	40.6	8.17	5.5
陕西合阳	8.93	41.8	8.14	2.6
陕西西安	7.65	39.3	7.59	3.4
山西运城	8.84	40.2	8.00	4.3
山西闻喜	8.02	43.8	7.67	5.2
山西新绛	9.03	41.3	8.35	4.3
山西洪洞	5.96	39.6	6.32	3.6
山西平遥	4.98	41.3	4.38	5.1
河北安国	7.48	39.8	7.31	4.8

注：表内各数据均为20条根的平均值。

2. 药材中皂苷元和多糖含量比较

主产区不同产地的远志药材中皂苷元和多糖含量测定结果见表4-4。表4-4中显示不同产地远志中的皂苷元含量差异较大。其中，山西闻喜远志皂苷元含量最高(0.898%)，陕西西安含量最低(0.543%)，两者含量差别0.357%，最高含量为最低含量的1.66倍。9个产地中山西闻喜和新绛的远志皂苷元含量处于最高水平，陕西合阳、澄县两地的含量处于较高水平，两者间差异不显著；河北安国、山西平遥、运城三地的含量处于中等水平，三者间差异不显著，陕西西安含量最低，与其他产地差异显著。

表4-4 主产区不同产地远志药材中皂苷元和多糖含量测定结果

产　　地	皂苷元含量(%)	多糖含量(%)
陕西澄县	0.756^{cd}	6.877^b
陕西合阳	0.760^{cd}	6.566^{bc}
陕西西安	0.541^e	5.385^d
山西运城	0.658^d	5.295^d
山西闻喜	0.898^a	8.276^a
山西新绛	0.838^b	7.498^a
山西洪洞	0.764^c	6.830^c
山西平遥	0.687^d	5.386^d
河北安国	0.707^d	7.976^a

注：样本数为3，表中同列相同标记的字母表示差异不显著，有不同标记字母的表示差异显著($P<0.05$)。

从表 4-4 可以看出,主产区不同产地远志中的多糖含量差异显著。质量分数为 8.276%~5.295%,最高含量和最低含量相差 1.56 倍。多糖的含量以山西闻喜、新绛和河北安国的含量较高,三者的差异不显著;陕西合阳、陕西澄县和山西洪洞的含量中等,三者的差异不显著;山西平遥和运城及陕西西安的含量较低,比较接近,与其他产区的差异显著。

整体来看,山西五地的皂苷元平均含量为 0.769%,多糖的平均含量为 6.657%;陕西三地的皂苷元和多糖平均含量分别为 0.686% 和 6.276%;河北安国的皂苷元和多糖含量分别为 0.707% 和 7.976%。但山西各产地药材的皂苷元含量和多糖差别较大,皂苷元平均含量最高,多糖平均含量中等,总体要好于其他两省,闻喜和新绛两地品质最好。

4.8.3 细叶远志不同产地的主要环境因子特点及其与主要药用成分的相关性

1. 不同产地的主要环境因子特点

通过收集整理,远志不同产地的气候因子如表 4-5。

表 4-5 细叶远志不同产地的气候因子

产地	年均温度(℃)	年均降水量(mm)	年均蒸发量(mm)	无霜期(d)	年日照时数(h)	年积温(≥10 ℃)
陕西澄县	12	580	1 830	204	2 616	4 200
陕西合阳	11.5	556	1 097	208	2 528	3 980
陕西西安	13.2	720	1 800	232	2 267	4 400
山西运城	13.6	550	2 100	208	2 247	4 563
山西闻喜	12.5	506	1 690	190	2 461	4 175
山西新绛	12	550	1 685	194	2 480	4 309
山西洪洞	12	512	1 690	195	2 500	4 200
山西平遥	10.2	450	1 645	160	2 640	2 400
河北安国	12.7	570	1 900	187	2 685	4 300

从表 4-5 可以看出,远志的栽培产地具有比较相似的气候特征,年平均温度为 10~13.5 ℃,除西安市外,其他产地的年降水量在 450~600 mm,蒸发量是降水量的 2~4 倍,气候较干旱。除平遥外,其他产地的年积温较高,超过 10 ℃ 的积温在 4 000 ℃ 左右。

所调查的 9 个栽培地的土壤质地和理化状况见表 4-6。

由于所调查的产地均属于旱地,参照国家旱地土壤肥力分级指标(表 4-7)可以看出,9 个栽培地土壤的质地为 Ⅰ 级或 Ⅱ 级,土壤有机质均属于 Ⅱ 级,全氮属于 Ⅲ 级,有效磷除西安和山西运城属于 Ⅰ 级外,其他产地均属于 Ⅱ 级,有效钾除山西平遥和河北安国属于 Ⅱ 级外,其他产地均属于 Ⅰ 级,说明细叶远志的栽培对土壤的肥力要求不高,对氮肥要求最低,对钾肥需要最大。根据土壤 pH 的均数分析,说明细叶远志在微碱性的土壤中能较好地生长。

表4-6 细叶远志不同产地土壤质地及理化状况

产地	土壤质地	pH	有机质(g/kg)	全氮(mg/kg)	速效磷(mg/kg)	速效钾(mg/kg)
陕西澄县	轻壤土	8.46	11.20	66	7.4	180.0
陕西合阳	轻壤土	8.42	12.50	64	9.5	155.5
陕西西安	砂壤土	6.50	19.77	72	17.5	187.0
山西运城	轻壤土	8.70	11.50	65	13.2	164.3
山西闻喜	轻壤土	8.54	10.00	59	7.1	121.5
山西新绛	砂壤土	8.46	10.40	60	8.2	139.3
山西洪洞	轻壤土	8.57	13.00	67	9.2	266.1
山西平遥	轻壤土	8.47	12.00	59	5.4	105.7
河北安国	轻壤土	8.34	12.69	56	9.9	78.0

表4-7 土壤肥力分级指标(旱地)

项目	Ⅰ级	Ⅱ级	Ⅲ级
有机质(g/kg)	>15	10~15	<10
全氮(g/kg)	>1.0	0.8~1.0	<0.8
有效磷(mg/kg)	>10	5~10	<5
有效钾(mg/kg)	>120	80~120	<80
土壤质地	轻壤	砂壤	砂土

2. 栽培区土壤中的无机元素及其相关性分析

所调查的细叶远志不同产地栽培土壤中的无机元素含量见表4-8。

表4-8 不同产地细叶远志土壤中无机元素分析

产地	交换性钙(g/kg)	交换性镁(g/kg)	有效铜(mg/kg)	有效锌(mg/kg)	有效铁(mg/kg)	有效锰(mg/kg)	水溶性硼(mg/kg)	有效钼(mg/kg)
陕西澄县	12.7	0.26	0.95	0.81	4.37	11.92	0.18	0.046
陕西合阳	13.3	0.22	0.87	1.15	4.98	11.08	0.10	0.157
陕西西安	11.0	0.41	0.71	0.54	5.30	5.02	0.15	0.017
山西运城	14.2	0.34	0.59	0.85	2.51	5.62	0.13	0.023
山西闻喜	11.5	0.23	0.85	0.61	4.21	14.00	0.17	0.149

（续表）

产地	交换性钙(g/kg)	交换性镁(g/kg)	有效铜(mg/kg)	有效锌(mg/kg)	有效铁(mg/kg)	有效锰(mg/kg)	水溶性硼(mg/kg)	有效钼(mg/kg)
山西新绛	12.4	0.27	0.80	0.88	4.50	18.14	0.11	0.058
山西洪洞	11.2	0.56	0.93	0.74	5.50	12.77	0.41	0.006
山西平遥	13.6	0.21	0.72	0.61	4.41	10.78	0.14	0.040
河北安国	11.4	0.34	0.77	0.64	5.70	5.43	0.13	0.007

土壤中的微量元素往往不是孤立的，它们之间常常有一定的相关性。相关性分析结果表明[111]，细叶远志生长土壤中许多无机元素含量相互密切相关，大体可以分为两组，一组是呈正相关关系的如镁和钾、镁和硼、钾和硼；另一组是呈负相关关系的如钙和铁、锰和磷。

3. 细叶远志药材中主要药用成分与环境因子的相关性分析

对细叶远志药材中主要药用成分与环境因子的相关性分析表明，主要药用成分与气候因子无明显相关，与土壤因子具有一定的相关性[111]，药材中皂苷元含量与土壤中的有机质含量呈负相关，而与土壤中锰的含量呈正相关，土壤的pH与皂苷元总的含量也呈正相关，其他土壤因子对皂苷元与多糖的含量未见呈明显相关。此外，皂苷元与多糖的含量具有相关性。

§4.9　讨论

4.9.1　两种远志营养器官和花器官的结构及发育特点

1. 根的结构及发育特点

细叶远志根初生结构的分化与次生结构的发生过程，类似多年生草本双子叶植物根的一般发育规律[122]。其发育过程包括四个阶段：原分生组织阶段、初生分生组织阶段、初生生长阶段和次生生长阶段。在细叶远志根的初生结构中，整个中柱的直径仅占根径的1/5，皮层薄壁组织细胞占主导地位，其初生木质部脊数为二原型，发育方式为外始式，根中无髓。卵叶远志根的初生结构与细叶远志相似。

细叶远志和卵叶远志根的次生结构类似于一般草本双子叶植物根，由周皮和次生维管组织两部分组成。并且两种远志的根有共同特点：周皮发达，具有较厚的木栓层；次生韧皮部在根中所占的比例较大；次生韧皮部中韧皮薄壁组织细胞为其主要成分，并具有丰富的内含物；次生木质部中导管和纤维发达，导管分布频率较高。

在一般植物根的次生结构中，次生木质部占主要部分，次生韧皮部所占比例较小，根的直径增大主要依靠次生木质部的数量增加。Fahn[123]曾将桉树植株暴露在标记^{14}C的CO_2中，使它和新形成的次生组织结合，结果说明由形成层产生的次生木质部大约是韧皮部比例的4倍，而且环境因子很少影响此种比例。通过对栽培和野生的细叶远志主根的结构研究发现[111]，细叶远志次生韧皮部厚度为根直径的3/5～2/3，即其根的次生结构中次生韧皮部的比例远远大于一般植物,说明细叶远志根直径的逐年增大主要依靠其次生韧皮部数量的增加,推测可能与维管形成层活动向外产生的次生韧皮部的数量大于向内产生的次生木质部的数量有关,这与一般双子叶植物根的次生结构不同,而与王桂芹[124]等研究的2~3年生商陆根的结构类似,但商陆根的增粗还依靠在次生韧皮部中产生的额外形成层的活动,而远志根的增粗只是正常的次生生长,不存在异常的次生生长。

在以往对细叶远志根的显微鉴定叙述中常将木栓层以内的薄壁组织细胞称为皮层薄壁组织[6,125,126]。细叶远志根的发育解剖研究证实,皮层在周皮产生后已被破坏并剥落,该部分主要为次生韧皮部的薄壁组织细胞,还包括少量栓内层细胞。

细叶远志和卵叶远志根的结构表现出较强的抗旱性特点。① 周皮发达,具有较厚的木栓层,木栓层的细胞壁栓质化,栓质是一类脂类物质,具有绝热隔水作用,可保护内部组织不遭受高温灼伤和低温冻伤,使根具有较强的抗旱性。② 次生木质部中导管分布频率较高,具有较大的口径,有利于水分运输;同时纤维发达,发达的机械组织使根具有很好的韧性和强度,有利于保护导管,从而保证水分运输的安全性和有效性。高效的输导组织也是远志避免水分胁迫的一种有效途径,使其适应干旱环境条件。

两种远志的根都表现出适应储存生理功能的结构特征,如次生韧皮部较厚,并且次生韧皮部的特点表现为高度薄壁组织细胞化,次生韧皮部的成分主要为韧皮薄壁组织细胞,筛管和伴胞很少,韧皮纤维缺乏,其韧皮薄壁组织细胞中储存有丰富的内含物,而且随着根龄的增加,韧皮薄壁组织细胞中的内含物也随之增加。推测这与根长期形成的储存功能相适应。

2. 茎、叶的结构及发育特点

细叶远志茎的初生结构和次生结构的分化,类似于一般草本双子叶植物茎的发育规律[122]。其发育过程包括四个阶段:原分生组织阶段、初生分生组织阶段、初生生长阶段和次生生长阶段。细叶远志茎结构包括表皮、皮层、维管柱三部分。初生结构分化完成时,束中形成层和束间形成层的活动在横切面上形成一个由2~3层细胞组成的维管形成层环。在进行次生生长时,仅是维管形成层进行活动产生次生维管组织,而不产生木栓形成层,因此,并不形成周皮,依然是表皮行使保护作用。

据滕红梅等[111]报道在细叶远志和卵叶远志茎的发育过程中,在茎的皮层与次生韧皮部之间发育出一圈排列紧密的厚壁组织细胞,推测这圈厚壁组织细胞具有质外体屏障作用,可有效防止维管组织细胞水分丧失和离子泄漏,对于保护茎内部组织免受干旱的伤害具有积极的作用。细叶远志和卵叶远志多生于干旱、土壤贫瘠的生态环境中,可能是在此特定环境胁迫下两种远志的茎形成了上述适应机制。此外,茎近表皮的皮层细胞特化为同化组织,细胞内含丰富的叶绿体,使茎呈现绿色,可行光合作用,这是旱生植物在缩小叶面积以减少蒸腾的同时,确保植物光合效能的有效途径,是对干旱环境的又一适应机制[127]。而发达的木质部则能有效且快速地运输水分,使细叶远志和卵叶远志适应干旱少雨的环境。

细叶远志叶的结构、发生和发育类似一般被子植物[122]。叶为典型的异面叶,栅栏组织和海绵组织分化明显。叶面积较小,表皮细胞外凸,以减少强光对表皮的伤害。上表皮分布有较为密集的表皮毛,表皮毛具有良好的隔热保水功能,可有效保护植物免受强烈光照的灼伤和水分的过分蒸腾。在叶肉组织中含有晶体细胞,通常认为晶体是植物细胞在代谢过程中排泄的草酸和钙结合而成的盐类,常集中在个别细胞内[128]。笔者认为晶体细胞通过结晶作用来稀释和积聚盐类,改变细胞渗透压,提高吸水和持水力,对于适应旱生环境具有积极的意义。卵叶远志叶也为异面叶,但表皮毛数量明显较少,并且叶肉组织中不含晶体细胞,因此推测细叶远志的抗旱性比卵叶远志强。

从两种远志营养器官的结构研究可以发现,其营养器官的结构特征与两种植物具有较强的耐旱特性相适应,同时提示在生产上可以选择干旱区作为远志的种植地。

3. 花的结构特点

两种远志的花部形态结构都表现出适应虫媒传粉的特征。从外部形态来看,两者的花冠为两侧对称,比辐射对称的花更有利于招引昆虫。萼片花瓣状,中央花瓣形状为龙骨状,顶端分离成丝状,特化为流苏状附属物,使花的形态独特,容易被昆虫发现。

两种远志花雌蕊的柱头形态比较特殊,柱头2裂,不等高,先端膨大,表面呈蜂窝状。不等高的柱头使得花粉更有可能由不同体型或不同传粉方式的传粉者带来,为雄配子体竞争提供很好的停留场所,不仅保证了花粉的数量,同时提高了花粉来源的多样性,有利于通过母本功能提高子代适合度,也可以促进物种间的生殖隔离。柱头膨大的先端有利于传粉昆虫的"登陆",蜂窝状的表面可以更好地捕捉花粉粒。

两种远志花雄蕊的结构也具有适应虫媒传粉的特征,两者的花都具雄蕊8枚,细叶远志的花丝2/3以下联合成鞘状,1/3以上两边各3枚合生,中间2枚离生,卵叶远志的花丝2/3以下联合成鞘状,1/3以上各4枚合生。雄蕊的花丝合生是植物适应昆虫传粉的进化特征之一,其主要适应意义可能表现在以下几个方面:形成强硬的结构对子房和花柱起着一定的保护作用,能支撑访花者并承受访花者移动造成的压力、固定雄蕊位置和雌雄异位程度,从而降低雌雄蕊间的相互干扰;能在一定程度上影响雌雄异位的程度,从而对自交水平和雌雄功能干扰程度有着一定影响[129]。此外,两种远志的花粉粒数量较多,花粉粒表面具有各种饰纹,便于传粉者携带。

从生物适应的观点来看,有花植物花序结构、类型、着生位置、花数以及各种表型所展示的复杂多样性,常常代表在其漫长的进化历程中对多种多样的传粉模式的适应[130]。从两种远志花的结构看,花中无蜜腺和香味,但在花冠的形态、雌雄蕊的结构上较为特殊,是长期适应虫媒传粉的结果。

4.9.2 两种远志营养器官的结构与主要药用成分积累的关系

1. 两种远志营养器官中药用成分的储存部位

通过组织化学方法,确定在细叶远志和卵叶远志的根、茎、叶中都具有皂苷的积累。在细叶远志根的初生结构中,皂苷类物质主要分布于中柱鞘、初生韧皮部及初生韧皮部和初生木质部之间的薄壁组织细胞内;在根的次生结构中,主要分布于次生韧皮部及栓内层的薄壁组织细胞内,此外,在木质部的木射线和木薄壁组织细胞中也有少量分布。而卵叶远志根中主要分布在次生韧皮部薄壁组织细胞和栓内层细胞内。在两种远志的茎中,皂苷类物质主要分布于其皮层,在表皮和韧皮部细胞内也有少量分布;在叶中,分布于叶肉和表皮细胞内。从而反映远志皂苷在营养器官中具有特定的分布积累位置,主要积累在营养器官的薄壁组织细胞中。由于根的次生韧皮部所占面积最大,因此是皂苷积累的主要场所。同时,组织化学定位表明次生韧皮部也是呫酮、脂肪油和多糖积累和储存的主要场所。

植物化学分析结果显示,两种远志根中皮部与木质部的含量差异极显著($P<0.01$),1~3年生细叶远志根中皮部远志皂苷元的含量分别是木质部的23.79倍、14.16倍和10.09倍,平均为16.01倍。因此,通过植物化学的研究方法进一步验证了组织化学方法的结论,即次生韧皮部是皂苷积累和储存的主要场所。根据远志皂苷主要储存在韧皮部的特征,提示可以将皮部与木质部的比值作为判断远志品质的标准之一,根皮厚、木质部(木芯)细的药材应为上品,这与传统的用药习惯是一致的。前人的研究表明,植物生长调节剂可以调节形成层的分化[131,132],关于此类药材维管形成层的活动规律有待进一步研究,以期通过生理学方法来促进其次生韧皮部的生长。

2. 两种远志营养器官中皂苷含量的动态变化及其资源的合理利用

(1) 细叶远志营养器官中皂苷含量的动态变化及其资源的合理利用　对不同发育时期细叶远志根和茎叶的总皂苷含量进行测定,发现其营养器官中都含有皂苷,与组织化学研究结果一致。通过研究还发现在不同发育时期根和茎叶中的总皂苷含量都具有动态变化,即开花前期具有较高的总皂苷,以后随着花果期养分的消耗,皂苷含量有所降低,在进行了生殖生长以后,随着植株消耗的降低,次生代谢产物又达到较高的水平,在果后期根和茎叶中皂苷的积累都达到最高值,以后随着地上部分的枯萎,光合作用产物积累减少,因此皂苷的积累急剧下降。

从营养器官中皂苷积累的总产量来看,根和地上部分的皂苷积累的总产量均在果后期达到积累高峰。以后随着植株的枯萎,由于营养器官的干重和远志皂苷都急速下降,使营养器官中皂苷的总产量大幅度下降。因此,细叶远志的最佳采收期为果后期。此时采挖的药材产量和质量都高。

研究结果表明,细叶远志根中远志皂苷的含量高于茎叶中的含量,平均约为茎叶的5.5倍,这与我国远志的传统用根入药的习惯相符。同时还发现细叶远志茎叶中的皂苷含量在果后期达1.296%,约为根中含量的1/4。因此,在我国民间以细叶远志的全草入药,是有一定理论依据的。在远志药用资源日益紧张的今天,应提倡综合利用远志的地上茎叶。在生产实践中远志通常在栽培3年后采收,因此在每年的秋季茎叶枯萎前采割地上部分供药用,这样既可以拓宽远志皂苷的获得渠道,又利于综合利用远志资源。在调查过程中看到山西省新绛县阳王镇的药农已认识到远志的综合利用,在秋季收获根部时,将地上部分一同进行加工。

(2) 卵叶远志营养器官中皂苷含量的动态变化及适宜采收期　通过研究发现卵叶远

志地上部分和根中都具有皂苷的积累,并发现在不同发育时期根和茎叶中皂苷元的含量均呈现动态变化,在开花早期(4月)根中具有较高的皂苷元含量,随着植株生殖生长的持续进行含量逐步降低,在8月生长后期降到较低的水平。可见,卵叶远志根中的药用成分含量积累规律与植物的生长发育时期密切相关,但与上述细叶远志中皂苷的积累规律不同,这种情况表明卵叶远志根的采收不宜过迟。而茎叶中皂苷的含量在花果期(5月)最高,而其生物量在花果期和果后期(5～6月)积累较高。结合根和茎叶中远志皂苷的动态变化趋势,建议在5月(花果期)进行卵叶远志的采收。

研究结果表明卵叶远志的茎叶中也含有皂苷,说明卵叶远志在民间以全草入药是有科学依据的,这与刘友平等[32]的报道是一致的。生物量的测量结果表明卵叶远志地上部分的生物量与根相近,为此,在生产实践中应对卵叶远志的地上部分也进行采收,并进行综合开发利用,这对合理利用药材和保护远志资源具有一定意义。

3. 细叶远志根的结构发育与皂苷积累的关系

应用高效液相色谱法,以远志皂苷元为评价指标分析了不同发育时期、不同生长年龄细叶远志根中远志皂苷元的积累规律,研究结果表明,1～4年生细叶远志根中的远志皂苷元含量都在开花前期的含量最低,以后逐渐上升,并都呈现出动态变化趋势。同时发现在4～10月的生长发育过程中,远志皂苷元含量都表现为:一年生根＞二年生根＞三年生根＞四年生根,一年生根中含量明显高于后三年根中含量,2～4年生根中皂苷含量较接近,表明远志皂苷更倾向于积累在幼嫩的植株根中。我们推测可能是因为远志皂苷具有化学防御功能。已有资料表明,某些三萜类化合物具有化学防御功能[133]。例如,人们发现楝科(Meliaceae)植物中的三萜类化合物具有对昆虫的忌避效应和毒杀作用[134]及广谱的抗病杀菌作用[135,136]。由于远志一般生长在贫瘠耐旱的环境中,并且一般不易感染病虫害,因此皂苷可能是植物体内产生的化学防御物质。一年生植物个体较小,抵抗不良环境的能力较差,加之枝叶稚嫩,氮素丰富,容易吸引草食动物的摄食和微生物的侵袭[137],因此,植物体产生较多的皂苷以抵抗病原菌的侵染及抵御不良环境的影响。以后随着植株的长大,抵抗病原菌和抗逆境的能力增强,植株合成的皂苷物质逐渐减少。所以,一年生根的含量要大于2～4年生根。

前人的有关研究也证实了上述推论,如喜树的研究结果表明组织越幼嫩,枝(叶)龄越小,喜树碱的含量越高[138];刘世彪等[139]发现绞股蓝营养器官中皂苷含量的多少与其发育状态有直接的关系,即分化程度低的组织(幼嫩部位)所含皂苷多,分化成熟的组织含量少,而衰老的组织(靠近地面部位的茎)内皂苷减少或消失。

从生物量的动态变化来看,在枯萎期,根的干重分别为:一年生的1.546 g/株,二年生的2.865 g/株,三年生的8.840 g/株,四年生的11.41 g/株,即四年生根＞三年生根＞二年生根＞一年生根,从中可以看到远志皂苷元的含量在一年生根中最高,随着生长年份的增加,生物量积累增加,远志皂苷元的含量反而下降,四年生根中生物量积累达到最大值,而远志皂苷元的含量却最少。说明远志根的生物量积累趋势与皂苷的积累趋势相反。这与目前的次生代谢理论是一致的,即初生生长与次生代谢存在一定的平衡关系,生物量过高时单位质量植物体中的次生产物的量下降；单位质量植物体中的次生产物的量升高，生物量下降[140,141]。可能是由于皂苷是以碳为基础的次生代谢产物[141]，在第1～2年生长量和初生代谢较低，因此有较多的碳被用来合成皂苷，以后几年由于生长量和初生代谢较高，碳元素消耗较多，因此，皂苷的合成量减少。

有效成分积累动态与植物生长发育阶段是确定根类药用植物适宜采收期的两个重要指标[142]。研究结果表明远志根中远志皂苷的积累与其生长发育密切相关，在远志第1～2年的两个生长年份中，虽然远志皂苷含量较高，但其生长量的增长相对较小，而在第2～3年中，其生长量的增长较大，尤其是干重的积累增加幅度非常显著。其根的伸长、加粗、次生韧皮部的厚度、远志皂苷总量及根干重的量均在药材种植第3年达到较高水平，在第4年则生长速度降低。因此，从根中远志皂苷元积累的总产量来看，在果后期三年生根中远志皂苷元的总产量要远大于一二年生根中的总量，是二年生根的2.66倍、是一年生根的3.97倍，而四年生皂苷元的总产量仅是三年生根的1.2倍。从经济效益出发，兼顾药材产量和质量，在远志药材种植第3年的果后期（8月中旬）进行采收比较适宜。

4.9.3 两种远志根的比较及其实践意义

1. 两种远志根的比较

根为两种远志的主要药用部位，解剖学研究表明两种远志根的结构基本相同，都是由周皮和次生维管组织构成，次生韧皮部在根中所占比例比一般双子叶植物大。两者的不同之处主要在于：次生韧皮部的厚度在根中所占比例不同，细叶远志次生韧皮部厚度为根直径的3/5～2/3，而卵叶远志次生韧皮部的厚度约占根直径的1/3。

通过对卵叶远志与野生和栽培细叶远志根的外观及结构比较，从根的长度、直径、干重、皮部厚度4项指标来进行分析，除根长差异较小外，卵叶远志的干重、直径及皮部厚度这3项指标均最小，与细叶远志之间差异显著（$P<0.05$），其中皮部厚度的差异最显著（$P<0.05$）。

从全根皂苷元百分含量分析，卵叶远志全根中含量最低，与栽培和野生的细叶远志之间差异明显。从全根皂苷元总含量看，卵叶远志也最小。卵叶远志植株小，根较不发达，导致其干重少，而皂苷的主要储存部位——次生韧皮部厚度相对薄，是其皂苷含量低的主要原因，卵叶远志的产量和质量明显不如细叶远志，其根的产量和药用成分的总含量都较低，这与传统认为卵叶远志的质量不如细叶远志的观点一致。建议人工栽培时选择细叶远志。

2. 栽培和野生细叶远志根的比较

栽培和野生细叶远志植株根的比较结果表明，两者的形态、结构和皂苷储存部位基本相同，但栽培植株的根粗大，侧根也较粗。野生植株根相对较细小，侧根较细。从根的长度、直径、干重、皮部厚度4项指标来进行分析，栽培和野生的细叶远志植株相比，栽培三年生根的干重、直径和皮部厚度明显高于野生一级根，具有显著性差异（$P<0.05$）；栽培一、二年生根与野生二、三级根的差别不明显。

从全根和皮部皂苷元百分含量比较分析,野生品质总体要优于栽培植株。其中,栽培植株全根中皂苷元含量为一年生根＞二年生根＞三年生根,一年生品质最优,而野生植株则是二级＞一级＞三级,二级品质最优,其品质要优于一年生栽培植株。

根中远志皂苷元积累的总含量研究结果表明,细叶远志栽培三年生根的生物量和远志皂苷元总含量最高,远大于一年生根和二年生根,并且也明显高于野生植株根,从而反映人工栽培远志是可行的。同时,栽培三年后采收的药材产量和有效成分都比较高,这与药农的采收习惯是一致的。

4.9.4 主产区不同产地远志药材比较及其主要环境因子特征分析

1. 不同产地的远志药材比较

研究结果表明远志主产区山西、陕西及河北的不同产地药材在外观上存在一定差异,其药用成分也有明显差异。皂苷元、多糖的含量变化较大,差异达显著水平($P<0.05$),反映各地远志药材的质量存在较大差异。总体来看,山西各产地药材的皂苷元含量和多糖差别较大,而皂苷元平均含量最高,多糖平均含量中等,总体质量要好于其他两省,其中闻喜和新绛两地品质最好。

中药材品种的种质不仅决定中药材的外观形态,而且直接影响中药材的化学成分和药效[143]。因此,中药材品种种质的统一和稳定是保证药材质量稳定的前提和基础。而细叶远志大田栽培历史不长,产区群众所用农家种种质混乱、良莠不齐,急需对高产、优质品种的筛选[144]。不同产地远志药材品质的差异性为远志品种选育工作提供了较丰富的材料。从皂苷元和多糖含量综合分析,山西闻喜、新绛的含量都处于较高水平,该结果提示在今后远志品种选育时可优先考虑闻喜和新绛两地的品种。

2. 细叶远志不同产地的主要环境因子特征分析

药用植物有效成分的含量与其产地的气候、土壤等生态环境、栽培管理条件以及药材本身的遗传因素有关,是多因子综合作用的结果。通过对不同产地的各种环境因子进行综合分析,发现栽培产区具有比较相似的气候特征,即气候较干旱、年积温较高、超过10 ℃的积温在4 000 ℃左右。

土壤生态环境是形成道地药材的重要因子之一,土壤肥力是土壤特征的主要内容,其中土壤养分含量和酸碱性又是土壤肥力的主要指标,对植物的生长发育及产量、质量均有直接的影响[145]。土壤理化分析结果显示,细叶远志栽培区土壤的肥力不高、速效氮含量最低、速效钾含量最大、土壤偏微碱性。

对栽培细叶远志药材中主要药用成分与其环境因子的相关性分析表明,药材中皂苷元含量与土壤中的有机质含量呈负相关,土壤的pH与皂苷元的含量具有正相关性,提示可以在西北、华北广大较为干旱的盐碱或土地贫瘠的地区尝试种植远志,同时在栽培管理过程中,要防止过多施用有机肥。此外,皂苷元与多糖的含量具有相关性,提示多糖的代谢可能也和皂苷元的积累有关。

研究结果还表明其他环境因子对细叶远志根中皂苷元与多糖的含量未见明显相关,

但皂苷元含量与土壤中锰的含量呈正相关,由此说明微量元素锰与远志的生长代谢密切相关,对药材中皂苷元的含量具有直接的影响。前人的研究也得到类似的研究结果,如陈士林[146]、肖小河[147]研究发现附子品质与土壤中的磷、铜、铁、锌含量具有极密切的关系;王亚琴[148]研究表明,土壤中的微量元素对杜仲叶中有效成分的影响远大于气象因子的影响。而且由于中药材中的无机元素与土壤地质背景密切相关,土壤中无机元素含量直接影响药材中微量元素含量[149]。党参栽培研究表明,施用锰、锌、钼等微肥能有效地提高党参产量和品级,而且不改变药材的有效成分[150]。因此,在细叶远志的栽培中要注意锰元素微肥的用量,以提高药材的质量和产量。

参考文献

[1] 国家药典委员会. 中华人民共和国药典(2000年版,一部)[M]. 北京:化学工业出版社,2000:123.

[2] 国家药典委员会. 中华人民共和国药典(2005年版,二部)[M]. 北京:化学工业出版社,2005:26.

[3] 国家药典委员会. 中华人民共和国药典(2010年版,一部)[M]. 北京:中国医药科技出版社,2010:293-295.

[4] 陈书坤. 中国远志属植物的分类研究[J]. 植物分类学报,1991,29(3):193-229.

[5] 中国科学院中国植物志编辑委员会. 中国植物志(第四十三卷,第三分册)[M]. 北京:科学出版社,1979:181-195.

[6] 徐国钧,徐珞珊. 常用中药材品种整理和质量研究(南方协作组,第一册)[M]. 福州:福建科学技术出版社,1994:241-263.

[7] 万德光. 四川省远志属植物种类分布和药用情况的调查报告[J]. 成都中医学院学报,1985,2:35-36.

[8] Trease G E. Pharmacognosy [M]. 11th ed. London: Macmillan Publishers Co, 1978:491.

[9] 魏·吴普等述. 神农本草经[M]. 清·孙星衍,孙冯具辑. 北京:人民卫生出版社,1963:20,136.

[10] 明·李时珍. 本草纲目[M]. 北京:人民卫生出版社影印,1957:525.

[11] 梁·陶弘景. 本草经集注[M]. 北京:人民卫生出版社,1994:202.

[12] 清·吴其浚. 植物名实图考[M]. 北京:商务印书馆,1957:155.

[13] Metcalfe C R, Chalk L. Anatomy of the Dicotyledons (Volume I)[M]. Oxford: Clarendon Press, 1957:133-138.

[14] 王爱蓉. 远志的栽培技术[J]. 中国西部科技,2006,11(47):53-54.

[15] 张丽萍. 远志[M]. 北京:中国中医药出版社,2001:17.

[16] 陈瑛. 实用中药种子技术手册[M]. 北京:人民卫生出版社,1999:306-307.

[17] 徐昭玺. 中草药种植技术指南[M]. 北京:中国农业出版社,2000:266-269.

[18] 田伟,刘铭,刘灵娣,等. 河北太行山区远志最佳播种期的确定[J]. 现代中药研究与实践,2012,26(4):7-9.

[19] 秦金山,郭龙. 远志叶片愈伤组织的诱导和植株的再生[J]. 植物生理学通讯,1986,21(3):44.

[20] 王光远,夏镇澳. 远志的快速繁殖[J]. 植物生理学通讯,1986,19(6):55-56.

[21] 胡侃,郝建平. 外源激素对远志试管苗增殖和生根的影响[J]. 山西医药杂志,2008,37(2):189-190.

[22] 赵鑫鑫,于洋,廖萍,等. 远志茎愈伤组织无性系建立的研究[J]. 林业科学,2011,17:182-183.

[23] 刘旭. 中国生物种质资源科学报告[M]. 北京:科学出版社,2003:124-139.

[24] Pelletier S W. Constituents of Polygala species. structure of tenuifolin, a prosapogenin from *Polygala segena* and *Polygala tenuifolia* [J]. Tetahedron,1971,27,4417.

[25] Sakuma Seiich, Shoji junzo. Studies on the constituents of the root of *Polygala tenuifolia* Willd. Ⅰ. Isolation of saponins and the structures of onjisaponin G and F [J]. Chem Pharm Bull,1981,29(9):2431.

[26] Sakuma Seiich, Shoji junzo. Studies on the constituents of the root of *polygala tenuifolia* Willd. Ⅱ. On the structures of onjisaponin A, B and E [J]. Chem Pharm Bull, 1982, 30(3):810.

[27] 彭汶铎. 远志皂苷 H 对离体平滑肌与心脏的作用[J]. 中国药学杂志,1999,34(4):241-243.

[28] 彭汶铎,许实波. 四种远志皂苷的镇咳和祛痰作用[J]. 中国药学杂志,1998,33(8):491.

[29] 孙红祥. 远志中皂苷类免疫佐剂活性成分的分离及活性评价[D]. 杭州:浙江大学,2005.

[30] Li Chuang-jun, Yang Jing-zhi, Yu Shi-shan, et al. Triterpenoid saponins and oligosaccharides from the roots of *Polygala tenuifolia* Willd [J]. Chinese Journal of Natural Medicines,2011,9(5):321-328.

[31] 万德光,陈幼竹,刘友平. 远志活性成分的动态变化[J]. 成都中医药大学学报,1999,22(3):42-47.

[32] 刘友平,万德光,刘涛,等. 分光光度法测定不同产地远志总皂苷的含量[J]. 成都中医药大学学报,2000,23(2):46-47.

[33] 谭沛. 植物𠮾酮苷类化合物[J]. 天然产物研究与开发,1995,7:45-54.

[34] Peres V, Nagem T J, Oliveira F F. Tetraoxygenated naturally occurring xanthones [J]. Phytochemistry,2000,55:683-710.

[35] 杨学东,徐丽珍,杨世林. 远志属植物中𠮾酮类成分及其药理研究进展[J]. 天然产物研究与开发,2002,12(5):88-93.

[36] Miyase T, Iwata Y, Ueno A. Tenufolioses A-F, oligosaccharide multi-esters from the roots of *Polygala tenuifolia* Willd. [J]. Chem Pharm Bull, 1991,39(11):3082-3084.

[37] Miyase T, Iwata Y, Ueno A. Tenufolioses G-P, oligosaccharide multi-esters from the roots of *Polygala tenuifolia* Willd. [J]. Chem Pharm Bull, 1991,40(10):2741-2748.

[38] 邹建华. 远志根中的蔗糖衍生物[J]. 国外医学中医中药分册,1994,16(4):321.

[39] Miyase T, Noguchi H, Chen X M. Sucrose esters and xanthone C-glycosides from the roots of *Polygala sibirica* [J]. Journal of Natural Products,1999,62(7):993-996.

[40] Ikeya Y, Sugama K, M aruno M. Xanthone C-glycoside and acylated sugar from *Polygala tenuifolia* [J]. Chem Pharm Bull,1991,39(10):2600-2605.

[41] Ikeya Y, Sugama K, OkadaM, et al. Four new phenolic glycosides from *Polygala tenuifolia* [J]. Chem Pharm Bull, 1994,42(11):2305-2308.

[42] 杨学东,张丽杰,梁波,等. 远志科植物中的寡糖酯类成分[J]. 中草药,2002,33(10):954-958.

[43] 金宝渊. 远志生物碱成分的研究[J]. 中国中药杂志,1993,18(11):675-677.

[44] 赵云生,严铸云,李占林,等.晋产远志品种资源多糖含量测定[J].时珍国医国药,2005,16(9):867-868.

[45] 裴瑾,万德光,杨林.苯酚-硫酸比色法测定远志及地上部分多糖的含量[J].华西药学杂志,2005,20(4):337-339.

[46] 孙晓飞,时索琴.远志脂肪油成分分析[J].中草药,2000,23(1):35-37.

[47] 章俊如,夏伦祝,汪永忠,等.超临界CO_2流体萃取远志脂溶性成分的GC-MS分析[J].安徽医药,2011,15(6):697-698.

[48] 房敏峰,吴洋,王启林,等.不同产地和部位远志脂溶性成分的GC-MS分析[J].中草药,2011,42(11):2208-2212.

[49] 李萍,闫明,卢丹,等.远志挥发油成分的GC-MS分析[J].特产研究,2003,25(4):43-45.

[50] 乔俊缠,杨卿.蒙药远志金属元素含量测定[J].中国民族医药杂志,2001,7(4):32.

[51] Shen X L, Witt M R, Dekermendjian K, et al. Isolation and identification of tetrahydrocolumbamine as a dopamine receptor ligand from *Polygala tenuifolia* Willd. [J]. Acta Pharmaceutica Sinica,1994,29(12):887-890.

[52] Chung I W, Moore N A, Oh W K, et al. Behavioural pharma-cology of *Polygala saponins* indicates potential antipsychotic efficacy [J]. Pharmacol Biochem Behav,2002,71(122):1912-1951.

[53] 聂淑琴.草药制剂的药理学特性(20):远志中天然前提药物的筛选[J].国外医学中医中药分册,1996,18(6):39-40.

[54] 李光植,黄瑛,王琳.远志对D-半乳糖致衰小鼠红细胞中超氧化物歧化酶、肝组织谷胱甘肽过氧化物酶活性影响的实验研究[J].黑龙江医药研究,2002,23(1):4.

[55] 闫明,李萍.远志抗衰老作用的研究[J].实用药物与临床,2006,9(1):22-23.

[56] 孙桂波,邓响潮,李楚华.远志皂苷对H_2O_2所致PC12细胞损伤的保护作用[J].中药材,2007,30(8):991-993.

[57] Jin Gyu Choi, Hyo Geun Kim, Min Cheol Kim, et al. *Polygalae radix* inhibits toxin-induced neuronal death in the Parkinson's disease models [J]. Journal of Ethnopharmacology,2011(134):414-421.

[58] 陈勤,曹炎贵,张传惠.远志皂苷对$β_2$淀粉样肽和鹅膏蕈氨酸引起胆碱能系统功能降低的影响[J].药学学报,2002,37(12):913-917.

[59] 饭冢进.远志的脑保护活性成分[J].国外医学中医药学分册,1995,17(5):29.

[60] Kim H M, Lee E H, Na H J, et al. Effect of *Polygala tenuifolia* root extract on the tumor necrosis factor secretion from mouse astrocytes[J]. J Ethnopharmaco,1998,61:201-208.

[61] Yabe T, Tuchida H, Kiyohara H, et al. Induction of NGF synthesis in astrocytes by onjisaponins of *Polygala tenuifolia*, constituents of kampo (Japanese herbal) medicine, Ninjn-yoei-to [J]. Phytomedicine,2003,10(2-3):106-114.

[62] Nagai T, Suzuk I Y, Kiyohara H, et al. Onjisaponins, from the root of *Polygala tenuifolia* Willdenow, as effective adjuvants for nasal influenza and diphtheria-pertussis-tetanus vaccines [J]. Vaccine,2001,19(32):4824-4834.

[63] 彭汶铎.远志皂苷的降压作用及其机制[J].中国药理学报,1999,20(7):639.

[64] 郑秀华,沈政.远志石菖蒲对大鼠穿梭行为及脑区域代谢率的影响[J].锦州医学院学报,1991,12(5):288-290.

[65] 朱玉琢.中草药对实验性小鼠雄性生殖细胞遗传物质损伤的保护作用[J].吉林大学学报(医学版),2003,29(3):258-259.

[66] 马俊英,许建国,仙连生.苏木等15种中草药水提液体外对HL-60,Yac-1,K562,L929的细胞毒作用[J].天津医药,1990,1:41-42.

[67] Tao Xin, Fubin Zhang, Qiuying Jiang, et al. Extraction, purification and antitumor activity of a water-soluble polysaccharide from the roots of *Polygala tenuifolia* [J]. Carbohydrate Polymers, 2012, (90): 1127-1131.

[68] Tao Xin, Fubin Zhang, Qiuying Jiang, et al. Purification and antitumor activity of two acidic polysaccharides from the roots of *Polygala tenuifolia* [J]. Carbohydrate Polymers, 2012(90): 1671-1676.

[69] 杨学东.植物中叫酮类成分及药理研究进展[J].天然产物的研究与开发,2000,123(5):90-93.

[70] 张若明,李经才.解酒天然药物研究进展[J].沈阳药科大学学报,2001,18(2):138-142.

[71] 丁乡.远志人气旺 后市稳中升[J].中药研究与信息,2005,7(9):47-48.

[72] 刘汉珍,张树杰.远志的人工栽培技术[J].中国野生植物资源,2003,22(1):55-56.

[73] 刘国刚,牛福春.远志的栽培技术[J].特种经济动植物,2003,(7):279-281.

[74] 赵帅.远志高产栽培技术[J].北京农业,2003,2:10.

[75] 张英泽.新绛县旱垣地远志高产栽培技术研究[J].农业技术与装备,2010,196:35-36.

[76] 徐昭玺.中草药种植技术指南[M].北京:中国农业出版社,2000:266-269.

[77] 赵云生,李占林,王勇.不同处理对远志出苗率的影响[J].山西农业科学,2002,30(2):58-59.

[78] 白效令.中药材栽培与采集[M].太原:山西科学技术出版社,1992:27-29.

[79] 薛辉.远志种子繁殖实验观察[J].中国中药杂志,1989,14(8):15-16.

[80] 田伟,高丽,谢晓亮,等.远志种子发芽检验标准化研究[J].种子,2008,27(2):99-101.

[81] 田洪岭,胡侃,郭淑红,等.不同预处理对远志种子萌发的影响[J].中国现代中药,2011,13(1):19-20.

[82] 贺玉林,李先恩,淡红梅.远志种子质量分级标准研究[J].种子,2007,26(1):106-107.

[83] 邵伟国.北药远志的开发及栽培技术[J].中国林副特产,2002,5:58-59.

[84] 李衡森,许同印,杨霞.远志栽培技术简介[J].中草药,2002,33(3):271-272.

[85] 田伟,温春秀,周巧梅,等.氮磷钾施用量对远志产量及药用成分的影响[C].第九届全国药用植物及植物药学术研讨会,2012:188-191.

[86] 杨海.远志的人工栽培与加工[J].北京农业,2002(7):15.

[87] 王光志.远志资源与品质评价研究[D].成都:成都中医药大学,2006.

[88] 王铁僧,姚金.我国华东地区远志属药用植物的整理鉴定[J].中药材科技1984,5:20-21.

[89] 张培轩,段瑞,黄鹏.中国远志属药用植物资源及地理分布[J].基层中药杂志,2002,16(6):42-43.

[90] 刘友平,万德光,黄荣,等.薄层扫描法测定远志中远志皂苷元的含量[J].中草药,2002,31(7):512-514.

[91] 刘友平,万德光,宋英.HPLC法测定远志中去羟基远志皂苷元含量[J].中草药,2001,

32(9):786.

[92] 杨国红,孙晓飞. 反相高效液相色谱法测定远志中远志皂苷元的含量[J]. 药物分析杂志,2001, 21(4):260-263.

[93] 姜勇,张娜,崔振,等. 远志药材的 HPLC 指纹图谱[J]. 药学学报,2006,41(2):179-183.

[94] 范丽芳,张兰桐,景秀娟,等. 河北道地药材远志 HPLC-UV 指纹图谱研究[J]. 中草药,2008, 39(4):595-598.

[95] 刘艳芳,姜勇,屠鹏飞. 不同来源远志药材有效成分的定量分析[J]. 中国药学杂志,2011,46(24): 1879-1883.

[96] 王光志,马云桐,万德光. 环境因子与远志药材质量相关性分析[J]. 中国药房,2009,2046(27): 2147-2149.

[97] 房敏峰,吴洋,岳明,等. 环境因子与远志脂溶性和水溶性成分的相关性分析[J]. 中国中药杂志, 2011,36(14):1941-1944.

[98] 赵云生,李占林,张丽萍. 晋产远志种质资源皂苷元含量测定[J]. 世界科学技术-中医药现代化, 2006,84(4):68-70.

[99] 李占林,赵云生,毛福英,等. 晋产远志种质资源药材性状研究[J]. 中国农学通报,2002,22(6): 383-386.

[100] 张雄熙. 远志炮制方法初探[J]. 福建中医药,2001,32(4):46-47.

[101] 王光志,陈林,万德光,等. 不同炮制方法对远志药效学的比较研究[J]. 成都医学院学报,2011, 6(4):280-295.

[102] 黄德杰,程超寰,周国伟. 远志不同炮制方法的质量研究[J]. 中成药研究,1986,3:13-16.

[103] 高万林,张厚宝. 远志的炮制工艺比较[J]. 中药通报,1987,12(2):25-26.

[104] 柯文彬. 远志不同炮制方法的探讨[J]. 基层中药杂志,1994,8(1):8-9.

[105] 李希,谢守德. 远志不同炮制工艺比较[J]. 四川中医,2002,20(3):19-20.

[106] 夏厚林,董敏,吴希,等. 远志蜜炙前后 HPLC 指纹图谱对比研究[J]. 中草药,2006,37(11): 1657-1659.

[107] 冯向东,高光伟,黄海欣. 远志炮制前后质量变化的比较研究[J]. 中成药,2008,36(6): 818-820.

[108] 林敬开,闫小平,官仕杰,等. 远志不同炮制品皂苷类成分含量的比较[J]. 中国实验方剂学杂志, 2011,17(11):89-91.

[109] 王光志,万德光,刘友平,等. 不同炮制方法对远志质量的影响[J]. 中成药,2009,31(2): 252-255.

[110] 房敏峰,付志玲,王相人,等. 炮制对远志中皂苷元类成分的影响[J]. 药物分析杂志,2009,29(3): 452-457.

[111] 滕红梅. 药用远志的结构发育与主要药用成分积累关系的研究[D]. 西安:西北大学,2009.

[112] 滕红梅,李金亭,胡正海. 远志根的发育解剖学研究[J]. 西北植物学报,2008,28(1):90-96.

[113] 杨雁宾. 咄酮类化合物[J]. 云南植物研究,1980,2(3):345-369.

[114] 李正理. 植物组织制片学[M]. 北京:北京大学出版社,1996.

[115] 徐是雄. 植物材料的薄切片超薄切片技术[M]. 北京:北京大学出版社,1981.

[116] Teng Hongmei, Hu Zhenghai. The localization and dynamic change of saponin in vegetative

organs of *Polygala tenuifolia* Willd. [J]. Journal of Integrative Plant Biology, 2009, 51(6): 529-536.

[117] 滕红梅,房敏峰,胡正海. 卵叶远志营养器官的结构及远志皂苷的组织化学定位和含量测定[J]. 分子细胞生物学报,2009,42(1):61-69.

[118] 滕红梅,房敏峰,胡正海. 2种远志根结构及其皂苷含量的比较研究[J]. 西北植物学报,2008, 28(12):2359-2367.

[119] 肖培根. 新编中药志(第一卷)[M]. 北京:化学工业出版社,2002:488.

[120] 田庚元,冯宇澄,林颖. 植物多糖的研究进展[J]. 中国中药杂志,1995,20(7):441.

[121] 滕红梅,胡正海. 远志主产区药材中远志皂苷元和多糖量的比较[J]. 中草药,2009,40(7): 22-25.

[122] 伊稍 K. 种子植物解剖学[M]. 李正理译. 上海:上海科学技术出版社,1982:161-166.

[123] Fahn A. 植物解剖学[M]. 吴树明,等译. 天津:南开大学出版社,1990:350.

[124] 王桂芹,吴愁. 商陆营养器官及不同生长龄储藏根的解剖结构研究[J]. 安徽科技学院学报,2007, 21(1):18-22.

[125] 李家实主编. 中药鉴定学[M]. 上海:上海科学技术出版社,1996:121.

[126] 康廷国主编. 中药鉴定学[M]. 北京:中国中医药出版社,2003:131.

[127] 胡云,燕玲,李红. 14种荒漠植物茎的解剖结构特征分析[J]. 干旱区资源与环境,2006,20(1): 202-207.

[128] 李扬汉主编. 植物学[M]. 上海:上海科学技术出版社,1999:132.

[129] 任明迅. 植物雄蕊合生的多样性、适应意义及分类学意义初探[J]. 植物分类学报,2008,46(4): 452-466.

[130] 杨持,王迎春,刘强,等. 四合木保护生物学[M]. 北京:科学出版社,2002:11-16.

[131] 崔克明. 植物生长调节剂在控制形成层活动中的作用[J]. 植物学通报,1991,8(1):22-29.

[132] Roberts L W. Vascular differentiation and plant growth regulators [M]. Berlin: Springer-Verlag, 1988.

[133] Govindachari T R, Suresh G, Gopalakrishnan G, et al. Antifungal activity of some tetranortriterpenoids[J]. Fitoterapia, 2000, 71: 317-320.

[134] Champagne D E, Koul O, Isman M B, et al. Biological activity of limonoids from the Rutales[J]. Phytochemistry, 1992, 31: 377-394.

[135] Govindachari T R, Suresh G, Banumathy B, et al. Antifungal activity of some B, D-secolimoniods from two Meliaceous plants[J]. J Chem Ecol, 1999, 25: 923-933.

[136] Locke J C. Fungi[M]//Schmutterer H, ed. The neem tree azadirachta indica A. Juss. and other meliaceous plants: sources of unique natural products for integrated pest management, medicine, industry and other purposes. VCH, Weinheim, 1995: 118-125.

[137] Liu Z, Carpenter S B, Bourgeois W J, et al. Variation in the secondary metabolite camptothecin in relation to tissue age and season in *Camptotheca acuminata* (Nyssaceae) [J]. Tree Physiol, 1998, 18: 265-270.

[138] Liu Wen-Zhe. Secretory structures and their relationship to accumulation of camptothecin in *Camptotheca acuminata* (Nyssaceae) [J]. Acta Botanica Sinica, 2004, 46(10): 1242-1248.

[139] 刘世彪,廖海民,胡正海.绞股蓝营养器官各发育阶结构与总皂苷含量相关性的研究[J].武汉植物学研究,2005,23(2):144-148.

[140] 张永清,商庆新.药用植物的次生代谢与中药GAP[J].世界科学技术/中医药化,2005,7(2):67-75.

[141] 苏文华,张光飞,李秀华.植物药材次生代谢产物的积累与环境的关系[J].中草药,2005,36(9):144-146.

[142] 韩建萍,梁宗锁.矿质元素与根类中草药根系生长发育及有效成分累积的关系[J].植物生理学通讯,2003,39(1):78-82.

[143] Kubo. Histochemistry I: Ginseno sides in *ginseng* (*Panax ginseng* root)[J]. Journal of Natural Products, 1980, 43(2): 278-284.

[144] 赵云生,李占林,毛福英,等.远志良种繁育研究[J].中药研究与信息,2005,7(12):33-34.

[145] 赵军霞.土壤酸碱性与植物的生长[J].内蒙古农业科技,2003(6):33-34.

[146] 陈士林.暗紫贝母品质与生态条件的相关性研究[J].中药材,1989,12(11):5.

[147] 肖小河.乌头品质与土壤因子的相关性研究[J].中药材,1990,13(11):3.

[148] 王亚琴.杜仲叶有效成分的地理学研究(一)[J].广东药学院学报,2000,16(3):173-176.

[149] 金航,崔秀明,徐珞珊,等.三七道地与非道地产区药材及土壤微量元素分析[J].云南大学学报(自然科学版),2006,28(2):144-149.

[150] 徐继振,刘效瑞,赵荣.钼锌铁锰在党参栽培中的应用效果[J].中药材,1996,19(1):1-3.

第 5 章 白 芍

芍药（*Paeonia lactiflora* Pall.）为芍药科（Paeoniaceae）芍药属（*Paeonia*）多年生草本植物，以干燥根入药。芍药的药用历史可以追溯到《神农本草经》，有 2 000 多年的药用历史。芍药有白芍和赤芍之分，中医认为疗效有别。白芍能柔肝止痛，养血敛阴[1]；赤芍能清热凉血，活血散瘀[1]。《中国药典》（2010 年版，一部）中，白芍的原植物为芍药（*Paeonia lactiflora* Pall.），赤芍为芍药或川芍药（*P. veitchii* Lynch）。目前商品白芍为栽培芍药的根，经去皮、水煮而成；赤芍品种较为复杂，主要为野生的芍药根和川赤芍的根，其根不经刮皮而直接晒干而得。白芍主产于安徽亳州、山东菏泽、四川中江和浙江磐安。白芍的主要药用成分是芍药苷。本章系统介绍白芍各器官的形态结构特征、药用部分根的结构发育规律，主要药用成分芍药苷在根中的组织化学定位及积累动态变化等。

§5.1 白芍的研究概况

5.1.1 原植物

中药白芍为芍药科芍药属植物芍药（*Paeonia lactiflora* Pall.）栽培品去皮、水煮后的干燥根[1]。芍药科仅有芍药属，约有 35 种，我国有十余种。芍药属原置于毛茛科内，因其染色体基数为 5、周韧维管束、梯纹导管、具缘纹孔、花大、雄蕊离心发育、花粉粒大且外壁有网状纹孔、有花盘、种子留土萌发、胚在发育初期有一个游离核的阶段，与毛茛科有显著区别，化学成分也有明显差异，因此植物学家通常主张芍药属自毛茛科分出成一个独立的科[2]。

芍药属分为 3 组：牡丹组（sect. *Moutan*）、北美芍药组（sect. *Onaepia*）和芍药组（sect. *Paeonia*）。北美芍药组仅 2 种，分布于北美西部。中国的芍药属有 2 组，即牡丹组（sect. *Moutan*）和芍药组（sect. *Paeonia*）。前者为灌木或亚灌木，拥有著名的观赏花卉牡丹以及药用的丹皮。后者为多年生草本。《中国植物志》[2]记载我国芍药组植物有 8 种 6 变种，*Flora of China*[3]进行修订后认为有 7 种 2 亚种。

芍药属植物起源于温带地区，该属的原始类群在中国的分布从西藏、云南、四川、甘肃、陕西至山西一线。目前，在亚欧大陆上从最东端色丹岛（146.6°E）由中国境内向西延伸至最西端葡萄牙的 Arred de Coimbra：Eiras（8.4°W）及非洲大陆西北端摩洛哥 Demnat 省的 Tahallati 山（7.2°W）；在纬度上，从最南端的中国云南景东县（24.4°N）向北至 50°N 之间广泛分布，个别种可分布至 66.5°N[4,5]。其中芍药广泛分布于东北、华北、陕西及甘肃南部，在朝鲜、日本、蒙古和俄罗斯西伯利亚地区也有分布。

芍药自古以来是著名的花卉，选育出很多观赏种。药用白芍也来源于芍药植物。但是两者种质截然不同。从观赏角度讲，单瓣花的芍药不受欢迎，如宋代《芍药谱》[6]载："今芍药有三十四品，旧谱只取三十一种，如排单叶、白单叶、红单叶，不入名品之内，其花皆六出，维扬之人甚贱之。"然而，单瓣花却受中医药学家的推崇，如《本草纲目》[7]载："昔人言洛阳牡丹、扬州芍药甲天下。今药中所用，亦多取扬州者……其品凡三十余种，有千叶、单叶、楼子之异，入药宜单叶之根，气味全厚。"《本草备要》[8]与《本草从新》[9]均称："单瓣者入药。"《本草述钩元》[10]载："入药宜白花单瓣之根，气味全厚。"在清代，安徽亳州已经开始种植单瓣花的芍药以供药用。如清光绪二十一年（1895 年）《亳州志·食货志·物产》载："亳产有药芍、看芍二种。药芍乡间以顷亩论，其花差小，亦不令其多开，恐妨根也。至园亭中看芍，其花有盛于牡丹者，名类亦不一。"在产区方面，安徽亳州、浙江磐安等传统药用白芍产区均是单瓣花。山东菏泽在明代已成为观赏芍药的栽培中心之一，明代《兖州府志·风土志》[11]载："古济阴（曹州）之地牡丹芍药之属数十百种。"杭悦宇等[12]报道菏泽药用白芍的原植物来源于芍药的复瓣花。查良平等[13]调查表明，山东菏泽既有观赏品种又有药用品种，其中观赏芍药雄蕊瓣化，花大而艳丽，但均不作药用；药用芍药的花为单瓣，红色，雄蕊无瓣化，心皮密被白色柔毛，且芍药种子发育正常。

一些文献或调查认为毛果芍药[*P. lactiflora* Pall. var. *trichocarpa*（Bge.）Stern]也是药用白芍的来源之一，如《新编中药志》[14]认为白芍来源于芍药和毛果芍药。金昌东等[15]认为亳白芍和菏泽白芍均来源于毛果芍药，而杭悦宇等[12]则认为来源于芍药，原因是两者心皮无毛。据《中国植物志》记载，芍药与毛果芍药的区别在于芍药心皮无毛，毛果芍药心皮密生柔毛。查良平等[13]通过实地调查和大量标本研究发现，栽培芍药的心皮被毛的多少是逐渐过渡的，认为各地栽培的药用白芍均为芍药的栽培品种。*Flora of China*[3]也将毛果芍药作为芍药的异名处理。

5.1.2　本草考证

南北朝以前芍药来源于野生芍药组植物。芍药最早见名于《诗经》。《山海经》[16]记载当时的华北、华中一带分布有芍药。《神农本草经》中，芍药列为中品，"生川谷及丘陵"。其来源应为野生于川境内的多种芍药组植物。《名医别录》记载芍药"生中岳（今河南嵩山）及丘陵"。尽管魏晋南北朝时期芍药作为观赏花卉在宫苑已经普遍栽培[16]，但在唐宋时期本草中才明确记载药用芍药的栽培。《名医别录》中芍药可能仍然是河南嵩山自然分布的芍药。《本草经集注》[17]载："今出白山（今江苏省江宁）、蒋山（今南京紫金山）、茅山（今江苏句容县）最好，白而长大，余处亦有而多赤，赤者小利。"说明南北朝时期开始有对芍药划分的思想，从产地角度介绍江苏白山、蒋山、茅山的芍药为白芍，其他地

第5章 白　芍

区多为赤芍,但未指明具体方法。

唐宋以栽培品根的颜色划分赤、白芍。《日华子本草》[17]载:"赤色者多补气,白者治血,此便芍药花根。海(今江苏连云港等地)、盐(今陕西定边)、杭(今杭州)、越(今浙江绍兴)俱好。"明确提出当时以根的颜色划分赤、白芍。《开宝本草》[17]载:"此有两种:赤者利小便下气,白者止痛散血,其花亦有红白二色。"据《芍药谱》[6]载:"自广陵(江苏扬州)南至姑苏,北入射阳,东至通州海上,西止滁和州,数百里间人人厌观矣。"说明当时江苏、安徽等地芍药栽培非常广泛。可以认为《日华子本草》中江苏、杭州、绍兴等地的芍药应指栽培芍药。《本草图经》[17]载:"今处处有之,淮南者最胜……夏开花,有红、白、紫数种……根亦有赤白二色。"说明此时栽培芍药药用已蔚然成风,并且赤、白芍同源。《本草蒙筌》[18]载:"近道俱生,淮南独胜。开花虽颜色五品,入药惟赤白二根。"陈嘉谟认为尽管栽培芍药花的颜色丰富多彩,作为药用的只凭根的颜色是赤或白。

宋代医家推崇野生芍药。宋《本草别说》[17]载:"今淮南真阳尤多,药家见其肥大,而不知香味绝不佳,故入药不可责其效。今考,用宜依《神农本草经》所说,川谷丘陵有生者为胜尔。"《本草衍义》载:"其品亦多,须用花红而单叶山中者为佳。"《本草蒙筌》[18]曰:"山谷花单叶,根重实有力,家园花叶重,根轻虚无能。"《本草祥节》[19]云:"生山谷,单叶者根实,有力;家园茂盛者根虚,力轻。"

元明清时期以花色区分赤、白芍。元《汤液本草》[20]载:"今见花赤者为赤芍药,花白者为白芍药,俗云白补而赤泻。"明确提出以花的颜色划分赤芍与白芍。《本草品汇精要》中附有赤芍白芍的彩图,其花的颜色也分别为红色与白色。《本草纲目》《本草备要》《本草从新》《本草述钩元》《本草便读》等均以花的颜色区分赤白芍。

清代本草学家注意到芍药花无论是白色还是红色,其根均为白色。所以有的用"火酒润之,覆盖过宿"的办法来人为划分赤、白芍。如《本草崇原》[21]中转引《本草乘雅半偈》的方法:"卢子由曰:根之赤白,从花之赤白也,白根固白,而赤根亦白,切片,以火酒润之,覆盖过宿,白根转白,赤根转赤矣。"这种方法一直延续到《本草述钩元》[10]仍有转载,该书记载"近用赤芍多于白芍中录取",说明当时赤芍与白芍的来源一致性。这种繁琐的方法在《本草求原》[22]被认为无效:"吾尝依法润之,同一根,而有变者,有不变者,以口尝之,味俱苦,而后带微涩。故刘潜江曰:赤白虽分,究不甚异。张隐庵、高世拭曰:赤芍白芍,花异根同。"此后,以花的颜色作为划分赤、白芍的依据逐渐退出本草文献。正如《本草崇原》[21]所言:"不知芍药花开赤白,其类总一。"

近代以产地及是否栽培划分赤、白芍。20世纪初开始,赤、白芍的来源已与当今相似,已经形成了浙江、四川、安徽等几个白芍栽培区,赤芍则来源于东北及华北等地的野生芍药。如《医学衷中参西录》[23]:"芍药原有白赤二种……白芍出南方,杭州产者最佳,其色白而微红,其皮则红色又微重……赤芍出于北方关东三省,各山皆有,肉红皮赤,其质甚粗,若野草之根。"《药物出产辨》:"白芍产四川中江渠河为川芍,产安徽亳州为亳芍,产浙江杭州为杭芍;赤芍,原产陕西汉中府,向日均以汉口来之狗头芍为最好气味。"可见,自20世纪初开始,赤、白芍的来源已近与当今相似,杭州白芍、四川中江渠河的川芍、安徽亳州的亳芍等皆为芍药的栽培品,而"北方关东三省"以及"陕西汉中府"的赤芍则多为分布于东北及陕西等地的野生种类,可能为草芍药(*P. obovata* Maxim.)或芍药等植物。这种以产地划分赤、白芍的观点与当前以野生或栽培为依据是一脉相承的。

关于芍药的加工方法可以追溯到 219 年,张仲景《金匮玉函经》[24]中有对芍药"刮去皮"的记载。此后,《名医别录》[17]载:"二、八月采根,暴干。"《雷公炮炙论》[17]载:"凡采得后,于日中晒干,以竹刀刮去粗皮并头土。"《本草图经》[17]载:"若欲服尔,采得净刮去皮,以东流水煮百沸,出阴干,停三日,又于木甑内蒸之,上覆以净黄土,一日夜熟,出阴干,捣末。"宋《小儿卫生总微论方》[24]中也曾记载"水煮千沸焙干"。《本草药品实地之观察》[25]记载了白芍在栽培产地去皮水煮,加工方法与今相同。《现代实用中药》[26]认为赤芍"连皮生干""白芍药有系汤浸水泡造作者,故次之"。《药材资料汇编》[27]中对赤、白芍的划分已与今完全相同。《生药学》[28]载:"古人以白花芍药称白芍,近代则以除去外皮的称白芍,连皮原根洗净晒干的称赤芍。"这表明以产地加工区分赤、白芍形成于近代[29]。

5.1.3 生物学特性

1. 形态特征

芍药为多年生草本。根肉质,粗壮,圆柱形或少数略呈长纺锤形。茎高 60～85 cm,无毛;茎基部为圆柱形,有紫红色晕,长端多具棱。下部茎生叶为二回三出复叶,上部茎生叶为三出复叶;小叶狭卵形、椭圆形或披针形,顶端渐尖,基部楔形或偏斜,边缘具白色骨质细齿,两面无毛,背面沿叶脉疏生短柔毛。花数朵,生茎顶和叶腋,有时仅顶端 1 朵开放,而近顶端叶腋处有发育不好的花芽,最多可达 2 朵可以开放,其他发育不完全,直径 8～11 cm;苞片 4～5 枚,披针形,大小不等;萼片 4 枚,宽卵形或近圆形,长 1.2～2.1 cm,宽 1.7～2.4 cm;花瓣 9～13 枚,倒卵形,长 4.6～8.6 cm,宽 4.0～6.6 cm,粉红色,有时基部具深紫色斑块;雄蕊多数,花丝长 0.6～1.6 cm,黄色,花药长 0.4～0.6 cm,花盘浅杯状,包裹心皮基部,顶端裂片钝圆;雌蕊长 1.2～1.4 cm,心皮 2～5,长 0.7～1.0 cm,无毛,柱头具喙,钩状外翻。聚合蓇葖果,卵形,蓇葖果长 1.2～3.0 cm,直径 1.0～1.6 cm。种子黑色圆球形。花期 5 月初至 5 月下旬;果期 8 月上旬[2,30]。

2. 分布与适宜性区划

芍药是典型的温带植物,但生态适应幅度大,分布广,自然分布区地跨暖温带、中温带和寒温带,因此耐寒性较强。芍药是长日照植物,也稍耐半阴,耐干旱。芍药为深根系植物,适宜深厚、肥沃、疏松且排水良好的砂质壤土,以中性或微酸性土壤为宜[31]。

中国野生芍药适宜分布区可划分成三级,一级适宜区是年降雨量在 400 mm 左右的温带季风气候区,年日照时数约 3 000 h;二级适宜区为年降雨量 800～1 000 mm 的暖温带季风气候区,年平均气温约 14 ℃;三级适宜区为寒温带季风性湿润气候区或温带季风性干旱气候区,降雨量整体较多[32]。结合芍药组植物在中国分布区的地理气候特点,芍药生长的区域为湿润、半湿润、半干旱地区,即年干燥指数小于或等于 4.0、降雨量大于 250 mm 的区域,据此推断芍药的可生长区为温带半干旱、半湿润、湿润地区[33]。适宜栽培区的主要特征

第5章 白　芍

为：常有野生种类分布；冬季有较长的零下低温期，最冷月气温为 −10～0 ℃，能满足芍药完成花芽春化作用所需的适宜积温需求；既是传统的芍药栽培中心，也是现代主要栽培种植区和种苗生产基地，如华北、华中的大部分地区，这些地区不仅是野生芍药的分布集中区，自古以来也是中国芍药的栽培中心。广东南岭以南的区域基本属于中国芍药的不可栽培区（包括广东、广西、海南、港澳台地区和福建的绝大部分地区）；内蒙古、辽宁、吉林、黑龙江、新疆、青海及西藏等省区虽然可栽培芍药，但由于气候过于寒冷，产业化成本较高且栽培难度大，通常不进行大面积栽培和产业化种植，仅列为芍药的可栽培区[34]。

3. 繁育方法

芍药的传统繁育方式有有性繁殖和无性繁殖两种方式[35]。有性繁殖即播种繁殖。芍药种子一般在8月上中旬成熟，可即采即播。也可用温水进行浸种处理，50 ℃ 温水浸泡 24 h，取出后即可播种。也可用层级沙藏法，即用湿沙混拌储存至9月中下旬。自然条件下，芍药的播种繁殖所需时间长，萌发缓慢，发芽率低，因此传统的芍药繁殖以无性繁殖为主。无性繁殖包括分株、扦插和压条等方法。其中以分株为主，因为分株繁殖简单易行，应用广泛。各地分株时间要由当地气候条件来定，如山东菏泽一般在8月底到9月下旬[36]。分株繁殖最大的缺点是生产周期长，繁殖系数低，1棵三年生母株1年才能分3～5棵子株[37]。扦插通常在秋季进行，如江苏扬州一般在9月底到11月上旬进行[37]。压条法生产上一般用于盆栽，在春天将刚萌发的嫩茎埋入土中，诱导其产生不定根，入冬前将有根系的枝条与母根分离[38]。

4. 物候生物学

在江苏连云港地区，芍药幼苗多于3月中旬出土。出土时幼苗全株呈红色，叶片边缘向叶脉卷曲，茎顶生一花蕾，直径约 0.9 cm。4月上旬叶片舒展，随芍药幼苗不断生长，包裹在芍药花蕾最外层叶逐渐脱离复合芽，而后长出叶柄，成为独立叶。4月中下旬，叶片全部变绿后，花蕾迅速膨大，直径为 1.5～2.5 cm，植株长势旺盛。5月上旬，顶生花蕾发育完成，直径达 2～3.5 cm。5月中旬进入盛花期[39]。浙江栽培品每年于3月上旬芽露出地面，中旬展叶。4月上旬为现蕾期，4月底至5月上旬为开花期，开花时间比较集中，约一周。芍药花期摘蕾可提高芍药根产量和质量。5～6月根膨大最快，7月下旬至8月上旬种子成熟，8月高温植株停止生长，10月开始地上部分逐步枯死[40]。

5. 开花与传粉生物学

开花和结实率较低是芍药资源濒危的主要原因之一。芍药花的开花期在品种、居群间有一定差异，野生芍药自花瓣张开到花瓣和雄蕊全部脱落需 6～7 d，栽培单瓣花芍药需要 7～8 d，重瓣花芍药需要 10～13 d。柱头湿润状态野生芍药可从开花第1天保持到第5天、栽培单瓣花芍药可从开花第1～2天保持到第6天，重瓣花芍药有个体差异。野生芍药及栽培单瓣花芍药雄蕊从第一枚花药开裂至全部花药开裂需 4～6 h，到雄蕊全部枯萎需 3 d左右，栽培重瓣花芍药存在着个体差异。不同居群、不同品种的芍药花期相同，均为 23～27 d[41]。

芍药花为两性花，花冠较大，颜色鲜艳；开花时有香味；雌蕊先熟；柱头钩状外翻、明显，接触花粉面积大；柱头具可授性时分泌黏液；花药中花粉量大；从其结构、形态上看属于虫媒花或异花授粉植物[41,42]。未发现芍药有无融合生殖现象[41]。芍药以异株异花授粉为主,且具有微弱的自交性,但是芍药自花传粉结实率低,同株异花的结实率也不高[41,42]。雄蕊无瓣化的芍药花具有"重复闭合机制",即由于温度和光线影响,在日落后或阴雨天,芍药花冠重新闭合以保护花蕊,直至天气晴朗、光线充足,芍药花重新开放,这种现象反复进行,直至花冠落败。而重瓣芍药(雄蕊瓣化)的花不具有该特征。花冠的"重复闭合机制"一定程度上阻碍了异花花粉的进入[42]。

芍药以异交为主要传粉方式,昆虫是主要媒介[41]。同一朵花的柱头可授期和花粉活力较强期重叠较长(约为3 d),芍药的最佳授粉期在开花后4 h左右。这与芍药的主要传粉种昆虫的活动节律同步[43],以保证其异花授粉的成功率。对内蒙古地区芍药的访花昆虫进行调查,经整理鉴定有29种,分属于4目13科。芍药的主要传粉昆虫为隶属于膜翅目、双翅目、鞘翅目的种类。芍药花中无蜜液,但可散发气味,提供给膜翅目、双翅目昆虫的唯一报酬是花粉;提供给鞘翅目昆虫的报酬主要是花粉和花瓣。不同的昆虫,访花行为不同,传粉效率也不同。意大利蜜蜂、大淡脉隧蜂和小淡脉隧蜂访花速率高、携粉量大,是芍药的高效率传粉昆虫;短毛斑金龟在开花时就进入花内取食花粉,在花中活动缓慢,但在花朵之间经常迁移,因为体表密被短毛,可附着大量花粉,是一种传粉强度大、传粉效率高的昆虫;饥星花金龟、白星花金龟个体大,飞行力差,在花中活动缓慢,活动时绝大部分时间在雄蕊群或雌蕊群及雄蕊群之间,体表附着花粉,尤其腹部可附着大量花粉,活动范围长时间局限于1朵花上,所以从传粉的角度看,它们对自花授粉起到的作用可能高于异花授粉[43]。

6. 种子的生物学特性

芍药的果实是蓇葖果,在果实初裂、种子呈褐色或微变黑时及时采收并播种,随着播种时间的延迟,种子含水量下降,发芽率降低。芍药种子有上下胚轴双重休眠的特性,且上胚轴休眠比较典型和顽固,萌发特性表现为秋季降温时下胚轴伸长,长出胚根;若下胚轴的休眠解除不好,则不能生根。经过冬季寒冷低温期后上胚轴休眠被解除,第2年春天升温后胚芽才出土萌发[31]。解除芍药种子休眠需先解除下胚轴的休眠才能解除上胚轴的休眠,从而获得实生苗[44]。

芍药种皮较厚且硬,油性较大,透水性较差,对种子萌发有抑制作用,运用机械破皮处理,解除种皮机械障碍,发芽率可由35%提高到66.7%[45]。芍药种子中胚乳丰富,胚极小,平均重量仅占0.68%,需完成后熟作用才能萌发。种子的营养成分为可溶性蛋白、可溶性糖、淀粉、游离氨基酸等。其中,可溶性蛋白、游离氨基酸含量的变化与种子萌发呈正相关;可溶性糖、淀粉含量和过氧化物酶活性的变化与种子萌发呈负相关[44]。此外,层级温度对芍药种子的破眠也有影响[44]。

7. 营养器官的结构特征

(1) 根 芍药组植物根的初生结构为二原型。表皮均由一层细胞组成,细胞体积较小、排列紧密。皮层细胞体积较大,直径30～51 μm,层数较多,整个皮层超过根半径的1/2～3/5,细胞排列疏松,具明显的胞间隙,且细胞内含淀粉。内皮层上凯氏带明显,侧根由初生木质部和初生韧皮部之间的中柱鞘细胞产生[46]。维管形成层在木质部和韧皮部之间发生,向外产生次生韧皮部,向内产生次生木质部,并向内向外产生大量薄壁组织细胞,薄壁组织细胞内含有大量淀粉粒,是芍药根肉质肥厚的原因。形成层活动不久,表皮与皮层被挤毁,由中柱鞘产生木栓形成层。木栓形成层产生的木栓层细胞较小,排列紧密。次生维管组织在根中呈放射状,被由形成层产生的射线薄壁组织细胞隔开,即成束的次生维管组织沿半径排列。在韧皮部中,韧皮射线状薄壁组织细胞不断扩大,随着根的加粗和切向延长,细胞内充满淀粉粒。在多年生根中,次生木质部以及木射线状薄壁组织细胞占根的大部分区域。形成层叠生排列,可见单列射线。形成层第一年活动产生的导管分子细而长,孔径小,平均直径为 16 μm,零星排列。

多年生肉质根中导管分子的孔径较大,平均为 47 μm,成群排列,周围有多数厚壁组织细胞,有的导管内含有淀粉粒和其他物质,近中央的导管分子孔径较小,近形成层处导管分子孔径较大[46]。次生木质部在横切面上占根半径的 3/5~2/3,而次生韧皮部仅占 1/3[47]。

(2) 茎　芍药属植物幼茎的表皮由一层不规则的薄壁组织细胞组成,其表皮有角质膜。表皮下一层厚角组织细胞,但壁的加厚十分微弱。皮层和髓的薄壁组织细胞之间有初生维管束,维管束外韧型,排列成一圈。

维管形成层一般在第四节开始出现,形成层叠生,产生次生结构。芍药茎的次生结构中无次生保护组织出现。芍药组植物的次生木质部为"环孔材"结构,即早期活动产生大的导管和少量纤维,后期活动产生较细的导管和许多纤维。从茎的纵切面看,芍药属植物导管有环纹、螺纹、网纹、梯纹、孔纹等类型,以孔纹居多。导管分子的穿孔板为梯状穿孔板,纤维上的纹孔为具缘纹孔[47]。

(3) 叶　通过对芍药属 8 种(含变种)及 15 个品种叶片的解剖结构研究结果表明,芍药属植物叶片上的气孔位于下表皮,属无规则型。其长宽比值可作为种、变种的特征性状;星状簇晶异细胞仅存在于本属牡丹组植物中,可作为芍药属分组的解剖学依据;芍药属野生种类由于长期生活于高山林下灌丛中,形成了其阴性叶的基本结构,引种驯化时应避免强光条件下栽培;芍药属植物叶片栅栏薄壁组织细胞的形态,不仅有柱状,还有分枝状及不规则形,是其适应荫蔽环境,充分利用太阳光能的结果[48]。

5.1.4　化学成分及药理作用

白芍的化学成分主要为单萜及其苷类、三萜及其苷类、黄酮类、鞣质类、多糖类、挥发油类化合物等。白芍的质量控制一般以其主要成分芍药苷(paeoniflorin)为指示成分[1],《中国药典》(2010 年版,一部)规定,干燥药材中其含量应在 1.6% 以上。

1. 单萜类化学成分

单萜类化学成分主要包括芍药苷、苯甲酰羟基芍药苷、芍药苷元酮、氧化芍药苷、羟基芍药苷、苯甲酰芍药苷、β-10-蒎烯基-β-巢菜苷、芍药新苷、芍药内酯、芍药二酮、6-O-β-D-glucopyra-nosyl lactinolide、lactinolide、paeonilactone、羟基苯甲酰芍药苷、1-O-β-D-glucopyranosyl-paeonisuffron、白芍苷 R₁ 及乙酰芍药苷。此外,报道的单萜及苷类化合物还有：没食子酰基芍药苷、芍药苷亚硫酸酯、白芍新苷和 4-O-乙基芍药苷、6′-O-β-D-glucopyranosylalbiflorin[49-53]。

目前关于芍药苷的药理活性研究报道很多,芍药苷能保护心脑血管系统、中枢神经系统[54,55],对肿瘤细胞有一定的抑制作用[56],具有舒张平滑肌细胞的作用[57],芍药苷及 8-去苯甲酰基芍药苷能降血糖[58,59];近年来的研究还发现芍药苷具有减轻小鼠脂多糖性急性肺损伤的作用[60],对辐射损伤内皮细胞也具有保护作用[61]。

2. 三萜类化学成分

三萜类化学成分主要包括 $11\alpha,12\alpha$-epoxy-$23\beta,23$-dihydroxyolean-$28,13\beta$-olide、3β-hydroxy-$11\alpha,12\alpha$-epoxy-olean-28-13β-olide、3β-hydroxy-11-oxo-olean-12-en-28-oic acid、齐墩果酸、常春藤皂苷元、白桦酸、23-羟基白桦酸、30-norhederagenin、$11\alpha,12\alpha$-epoxy-$3\beta,23$-di hydroxy-30-norolean-$20(29)$-en-28,13β-olide[62,63]。

3. 黄酮及其苷类化学成分

白芍的黄酮及其苷类化学成分目前分离到的不多,主要有 kaempferol-3-O-β-D-glucoside 和 kaempferol-3,7-di-O-β-D-glucoside[63]。

4. 其他成分

白芍中还有挥发油、鞣质、多糖、软脂酸、d-儿茶素、myoinxitol、邻苯三酚、酶抑制剂以及金属元素 Mn、Fe、Cu、Cd、Pb 及 17 种氨基酸等成分[64,65]。

5.1.5 资源状况及道地药材

1. 亳白芍的栽培历史和现状

清代诗人刘开在道光元年(1821 年)曾写诗描述了亳州栽培芍药的盛况:"小黄城外芍药花,五里十里生朝霞。花前花后皆人家,家家种花如桑麻。"诗中小黄即亳州的别名。可知当时亳州芍药种植面积。光绪二十一年(1895 年)《亳州志·食货志·物产》记载:"亳芍有药芍、看芍二种。药芍乡间以顷亩论,其花差小,亦不令其多开,恐妨根也。至园亭中看芍,其花有盛于牡丹者,名类亦不一。"说明此时亳州的芍药已分为观赏芍药与药用芍药,且药用白芍在亳州已有大面积栽培。此后,历代本草均记载芍药以安徽亳州为道地,如《药物出产辨》记载:"产安徽亳州为亳芍。"《本草钩沉》记载:"芍药分布,主产于浙江、安徽、山东、四川等省。"《中药大辞典》记载:"主产浙江、安徽、四川等地……安徽产者称为亳白芍,产量最大。"现今,安徽亳州已成为药用白芍的主产区之一。

现今亳白芍主产安徽省亳州市区和涡阳县等地,其中以谯城区十八里镇、十九里镇和华佗镇种植较为集中。该地区地处暖温带半湿润季风气候,年均温为 14.7 ℃,年均降雨量为 822 mm,平均海拔为 40 m。

亳白芍来源于栽培品种亳州芍药(*P. lactiflora* 'Bozhoushaoyao'),主要特征是花单瓣、红色、心皮几乎无毛。经过长期的栽培选育,亳白芍分化出线条、蒲棒和鸡爪 3 个农家品种。其中线条根分枝呈长圆柱形,根条少而长;蒲棒根分枝略呈纺锤形,短粗;鸡爪主根不明显，多分枝，分枝呈圆锥形，此品种药材外观不好，现很少栽培。亳白芍繁殖方式主要是芽头繁殖。芽头于10月中旬下种，栽培4~5年后于9月下旬开始采收。

2. 杭白芍的栽培历史和现状

杭白芍在药用白芍中种植历史最悠久，自古以来一直被称为"浙八味"之一。杭白芍在本草中的最早记载可追溯至《日华子本草》[17]："海、盐、杭、越俱好。"此处杭州即指今浙江富春江以北及天目山脉东南地区，属杭州市范围；越州即指今浙江浦阳江、曹娥江流域及余姚县，属宁波市范围。此后《本草求真》[66]记载："芍药出杭州佳……"20世纪30~40年代在磐安芍药栽培遍布各乡。《药物出产辨》[67]记载："产浙江杭州为杭芍，亳芍杭芍色肉味均同……"此外《本草钩沉》[68]、《中药大辞典》[69]均记载杭白芍为道地药材。杭白芍主产区在历史上经历了由北向南的变迁，古代杭白芍的主产区在浙江北部的临安、杭州至余姚一带，而现今杭白芍主产于浙江中部和南部的磐安、缙云等县。该地区地处亚热带季风气候，年均温为13.9~17.4℃，年均降雨量为1 409.8~1 527.8 mm，平均海拔为400 m。

目前磐安种植白芍规模很小，临近灭绝。杭白芍质量上乘，栽培年限较长，而亳白芍种植面积扩大，价格较低，对杭白芍的销售与生产形成了冲击。20世纪30~40年代磐安白芍年产量可达10 000 kg。1970年磐安白芍种植面积达199 hm^2，1998年降至约29 hm$^{2[70]}$，2010年调查发现当地白芍规模不足10 hm^2。

杭白芍有2个栽培品种：白花杭芍药（$P.\ lactiflora$ 'Baihuahangshaoyao'）和红花杭芍药（$P.\ lactiflora$ 'Honghuahangshaoyao'）。两者花均为单瓣，心皮密被白色柔毛，其中红花杭芍药花红色，每株芍药有10余朵花；白花杭芍药花白色，每株芍药花可达50余朵。此外，杭白芍中还有少数品种的花为紫红色，数量极少。杭白芍传统繁殖方式为芽头繁殖，与其他地区芽头繁殖的不同是杭白芍芽头下面留1~3条较细的根。芽头于10月下种，栽培3~4年后于8~10月采收。此外也有种子繁殖，但只在白芍芽苗价格高时才采用，现已基本不用。20世纪80年代以前，杭白芍栽培中有修剪芍根等过程以促进增产，而且使根形保持美观。现今杭白芍栽培中已不再进行修根。

3. 川白芍的栽培历史和现状

据《中国中药区划》[71]记载，四川中江白芍是在清乾隆年间由渠县引种至中江逐步演变而成。《药物出产辨》[67]记载："白芍产四川中江、渠河为川芍……川芍色略红黄，质略结，味略苦……"此后，《本草药品实地之观察》[25]记载："白芍为四川及浙江之培植品……"《中国北部之药草》[72]记载："白芍药则产于杭州及四川……"此外，《本草钩沉》[68]、《中药大辞典》[69]均记载四川为白芍的主产区。

现今川白芍主产于四川中江县和渠县等地，以中江县的集凤镇以及石垭镇种植较多。该地区地处亚热带季风气候，年均温为16.7℃，年均降雨量为900 mm，平均海拔为700 m。川白芍有2个栽培品种：白花川芍药（$P.\ lactiflora$ 'Baihuachuanshaoyao'）和红花川芍药（$P.\ lactiflora$ 'Honghuachuanshaoyao'）。两者均为复瓣，且雄蕊全部退化，花大而美丽。其中红花川芍药的花为粉红色，心皮无毛，茎顶端生2朵花左右；白花川芍药的花为白色,心皮密被白色柔毛,茎顶端生3~4朵花。因川白芍均为复瓣花,花型美观,当地在花期采摘花蕾以供切花观赏。川白芍繁殖方式主要是芽头繁殖,芽头于10月中旬下种,栽培3~4年后于10月采收。当地川白芍现多不去皮直接晒干作生白芍用,出口日本。

4. 菏泽白芍的栽培历史和现状

山东菏泽既是药用芍药又是观赏芍药的主产区。菏泽观赏芍药的种植历史始于明代。《本草钩沉》[68]记载山东产药用白芍。此后,《中药大辞典》[69]记载山东菏泽为白芍的主产区。

现今菏泽白芍主产于山东省菏泽市牡丹区,该区的小留镇和黄堽镇种植面积较为集中。该地区地处暖温带大陆性气候,年均温为18 ℃,年均降雨量为650 mm,平均海拔为50 m。菏泽当地有两种药用白芍种质,一种为当地种质即菏泽芍药(*P. lactiflora* 'Hezeshaoyao'),花单瓣,红色,心皮密被白色柔毛;一种为从亳州引种的亳州芍药。菏泽芍药心皮内有发育成熟的种子,与亳白芍胚珠不育有明显差异。菏泽也是观赏芍药的主要栽培中心,观赏芍药均为复瓣花,雄蕊不育,品种多样,花色很多,但其根均不作药用。菏泽白芍的栽培方式有两种。本地白芍种植用种子繁殖,种子于10月上旬播种;亳州的种质用芽头繁殖,芽头于10月上到中旬下种。两者均是栽培3~4年于9月下旬采收。

§5.2 芍药各器官的形态结构特征

5.2.1 根的形态结构

山东菏泽的白芍为种子繁殖。种子萌发后,主根逐渐膨大变粗,形成纺锤形。二年生根系中,侧根也渐渐膨大,同时根头部萌发出多条不定根,为此,其根系由主根和多条不定根组成。三年生根系中,不定根逐渐增粗,而且继续萌发新的不定根。四年生根系中,不定根与侧根均为肥厚肉质,通常圆柱形或略呈纺锤形(图5-1)。

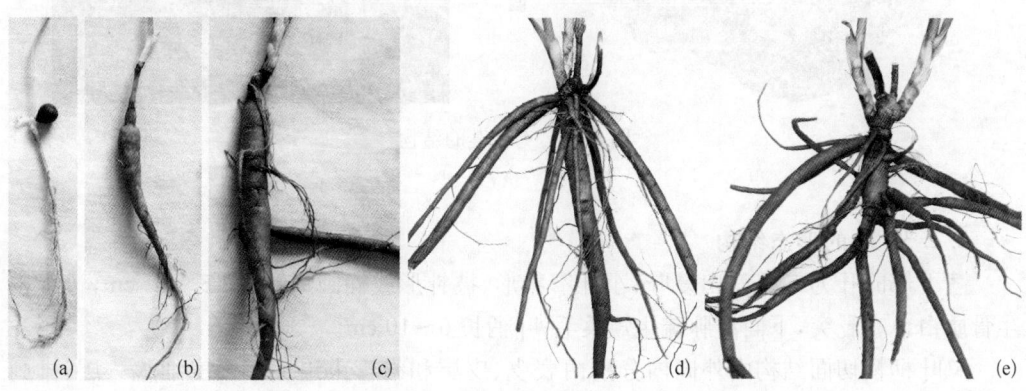

图5-1 芍药种子繁殖的根系
(a) 种子萌发;(b) 一年生根系;(c) 二年生根系;(d) 三年生根系;(e) 四年生根系

安徽亳州、四川中江和浙江磐安等地的白芍均为根状茎无性繁殖,其根均为根状茎上的不定根发育而成。每年根状茎上都会产生数量不等的新不定根,因此,根系上的根粗细不等(图5-2)。

5.2.2 茎的形态结构

芍药的茎为草质茎,直立,无毛。成长茎的横切面呈不规则的圆形,由表皮、皮层、维管束和髓组成(图5-3)。表皮由一层排列紧密的长方形细胞组成,有气孔分布,其外方有角质层。皮层由5~7层细胞组成,在角隅处有厚角组织,细胞排列非常紧密。维管束为外韧型,茎的维管组织在横切面上连接成不规则的环状,髓射线不明显。其中韧皮部由筛管、伴胞、韧皮部

图5-2 亳白芍的芽头繁殖根系

薄壁组织细胞和韧皮纤维组成,其中韧皮纤维组成纤维束,在韧皮部外侧排列成断续的环状。木质部由导管及木薄壁组织细胞组成,其中导管呈径列排列,数量较多,孔径较大。茎中央为大量薄壁组织细胞组成的髓。

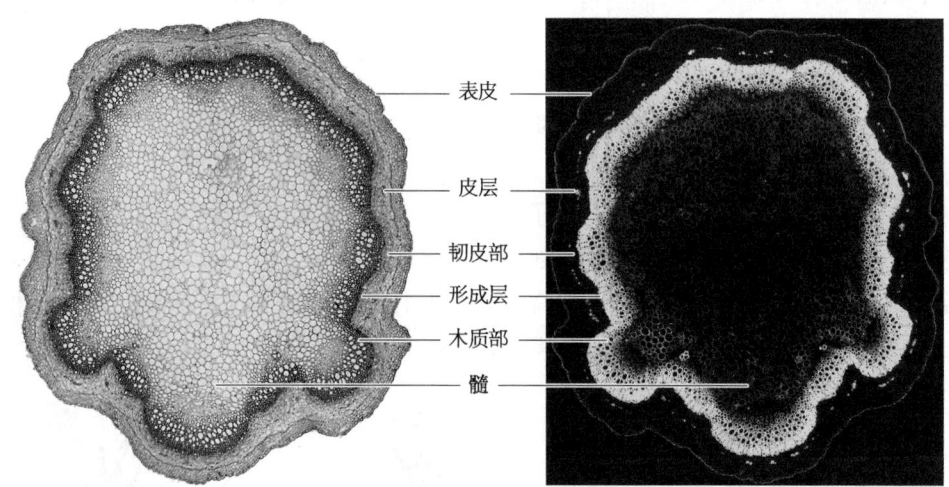

图5-3 芍药茎的结构

5.2.3 叶的形态结构

茎下部的叶为二回三出复叶;小叶窄卵形、披针形或椭圆形,长7.5~12 cm,边缘密生骨质白色小乳突,下面沿脉疏生短柔毛;叶柄长6~10 cm。

总叶柄横切面结构由外向内分别由表皮、皮层和维管束组成。表皮细胞一层,排列致密整齐(图5-4c)。表皮下3、4层皮层细胞为厚角组织,厚角组织内为2~3层薄壁组织细胞。维管柱由维管束、髓和髓射线组成。维管束共有7个,排列成半圆形环,束间

§5.2 芍药各器官的形态结构特征

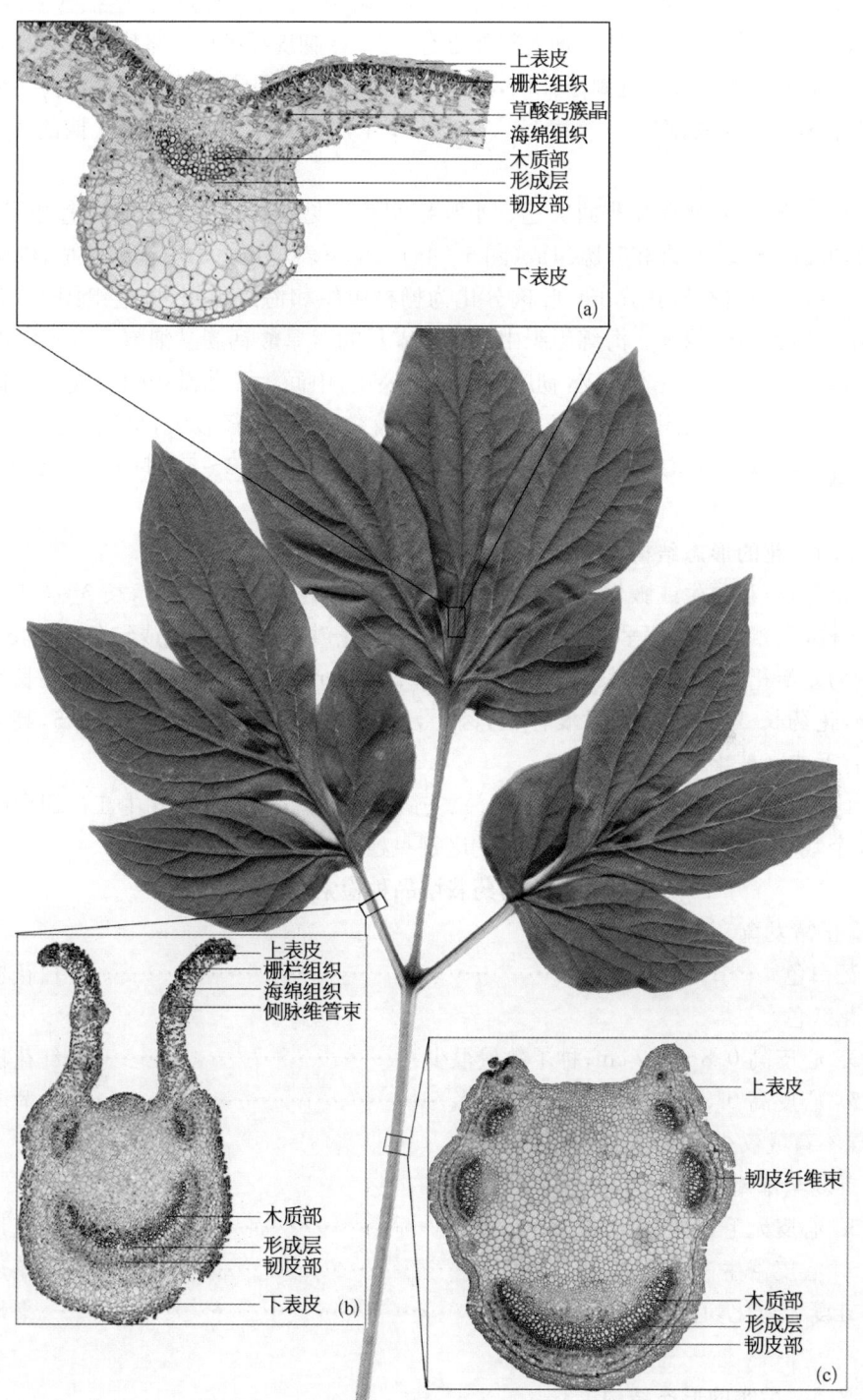

图 5-4 叶的形态与结构
(a) 小叶主脉处横切面；(b) 小叶柄横切面；(c) 总叶柄横切面

为髓射线,其中远轴的维管束最大,向近轴面依次渐小。维管束为外韧型维管束,由韧皮部、形成层和木质部组成。其中韧皮部外方有1~2层韧皮纤维束。茎中央为发达的髓。

小叶基部向下延伸一直到小叶柄,因此小叶柄横切面可见2列叶片的结构。小叶柄的维管束有3个,底部的维管束最大,另外2个小的维管束位于小叶柄的上方(图5-4b)。

小叶长卵形,叶脉在叶背面突起。小叶横切面可见主脉维管束向下突起成半圆形。叶片横切面由表皮、叶肉和叶脉组成(图5-4a)。上下表皮均由一层细胞组成,细胞排列整齐、紧密,下表皮有气孔分布。叶肉分化为栅栏组织和海绵组织,栅栏组织1~2层细胞,其中含有大量叶绿体。海绵组织中分布有零星的含草酸钙簇晶细胞。主脉中维管束呈扇形,其中木质部靠近上表皮,韧皮部靠近下表皮,中间为活动微弱的形成层。韧皮部由筛管、伴胞和薄壁组织细胞组成,木质部中导管数量多,口径较大,呈纵列排列。维管束上下为多层薄壁组织细胞组成的基本组织。在上下表皮为2~3层厚角组织细胞。

5.2.4 花的形态结构

春季开花,花顶生或腋生,直径5.5~10 cm;苞片4~5枚,披针形,长3~6.5 cm;萼片3~4枚,宽卵形或尾部呈披针形,长1.5~2 cm;花瓣白色、粉红色或红色,9~13片(一些品种为复瓣花),倒卵形,长3~7.5 cm,宽2~4 cm;雄蕊多数,花丝黄色,长0.9~1.5 cm,花药长3~4 cm;花盘浅杯状,肉质,粉红色,高约1 mm;心皮3~5,高0.8~1 cm,有毛或密被柔毛。

全国白芍主要有四个产区:山东菏泽、安徽亳州、浙江磐安和四川中江。四个产区主要有6个栽培品种,它们在花的形态上的区别见检索表和图5-5。

药用芍药栽培品种检索表

1. 胚珠正常发育。
    2. 花白色 ··· 白花杭芍药
    2. 花红色。
        3. 心皮高0.8~1.7 cm;种子数量很少 ······························ 红花杭芍药
        3. 心皮高0.8~1 cm;种子数量很多 ································ 菏泽芍药
1. 胚珠不育或仅少量发育。
    4. 雄蕊全部瓣化。
        5. 心皮无毛,花红色 ··· 红花川芍药
        5. 心皮密生白色柔毛,花白色 ····································· 白花川芍药
    4. 雄蕊无瓣化,心皮内侧少许柔毛 ······································ 亳州芍药

5.2.5 果实的形态结构

芍药为聚合蓇葖果。圆锥形,顶端具喙,无毛、被少量毛或密被绒毛。部分栽培品种胚珠不发育。蓇葖果中种子1~3粒,球形,黑色,有亮泽。

§5.3 芍药药用部位的结构发育规律

图 5-5 药用芍药栽培品种的花和心皮
(a) 亳州芍药；(b) 菏泽芍药；(c) 白花川芍药；(d) 红花川芍药；(e) 白花杭芍药；(f) 红花杭芍药

§5.3 芍药药用部位的结构发育规律

5.3.1 根的初生结构

根的初生生长是通过初生分生组织细胞的分裂及其衍生细胞的体积增大和进一步分化,逐渐形成了根的初生结构。在芍药根尖的纵切面上,可见顶端的根冠包裹,其内为原分生组织,包括表皮和根冠原原始细胞、皮层原原始细胞和中柱原原始细胞,由它们的衍生细胞分化为根冠原、表皮原、皮层原核中柱原组成的初生分生组织；以后，其中根冠原的衍生细胞分化成根冠薄壁组织细胞，表皮原、皮层原和中柱原的衍生细胞则分别分化为表皮、皮层和中柱。

安徽、浙江和四川等地的栽培芍药的根都由不定根发育而来。芍药不定根的初生结构由表皮、皮层和中柱三部分组成（图 5-6b）。其中表皮为表皮原发育而来，由一层细胞组成，细胞扁平，排列紧密，外无角质层，部分细胞形成根毛。皮层为皮层原发育而成，由 4~6 层细胞组成，细胞近圆形体积较大，排列疏松，细胞间隙明显，靠近表皮部分为外皮层，细胞间隙不明显；皮层最内一层细胞体积较小，细胞排列紧密，此为内皮层。紧邻表皮的一层细胞体积小，依次向内细胞体积渐大，细胞间隙明显，至邻近内皮层处细胞体积又骤然变小，内皮层细胞排列紧密，在荧光显微镜下其径向壁上凯氏点明显。内皮层以内是中柱，为中柱原发育而来，占横切面的面积较小；最外围一层是中柱鞘细胞，紧接内皮层，由一层排列紧密的薄壁组织细胞组成；中柱鞘内侧是初生韧皮部与初生木质部，初生木质部由导管、管胞等细胞组成，包括原生木质部和后生木质部两部分，多为二原型，少数为三原型；初生韧皮部由筛管和伴胞组成，与初生木质部导管呈辐射状相间排列；在木质部和韧皮部之间为木韧间薄壁组织细胞，中央为后生木质部导管，无髓部。

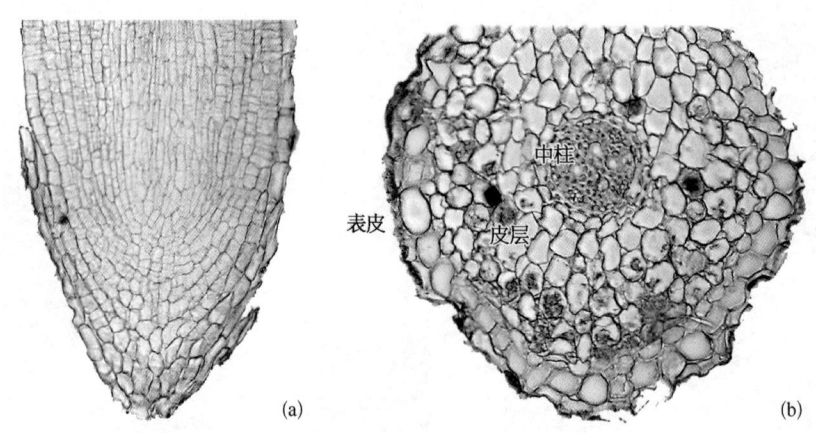

图 5-6 芍药根初生结构
（a）根尖纵切面；（b）初生结构横切面

5.3.2 根的次生结构

1. 根的次生结构

芍药根的次生结构具有双子叶多年生草本植物根的特征，由周皮和次生维管组织构成。周皮由木栓层、木栓形成层和栓内层组成，其细胞排列整齐，呈长方形，其中木栓层为 3~5 层细胞，其细胞壁加厚并栓化，栓内层为 1~2 层薄壁组织细胞。次生维管组织由次生韧皮部、维管形成层和次生木质部构成，其中次生韧皮部由大量韧皮薄壁组织细胞与少量筛管、伴胞组成。维管形成层细胞长方形,由3~4层细胞组成。次生木质部占根横切面的75%,其组成分子中木薄壁组织细胞占多数,导管口径较小,呈径向排列导管群。

不定根在后期增粗过程中,其维管形成层向内产生的次生木质部多,向外产生的次生韧皮部少。因此,成熟根的膨大部分在横切面上呈现次生木质部显著增加,约占根横切面的80%,其外围的次生韧皮部增加较少(图5-7)。次生韧皮部中也以薄壁组织细胞居多,而筛管与伴胞很少。在次生木质部中以薄壁组织细胞为其主要组成分子,导管很少,且口径较小,呈放射状排列。其次生木质部中,有春材与秋材之分,形成明显的生长轮。

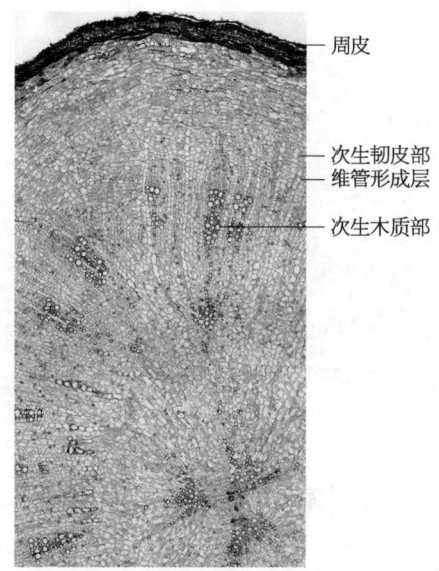

图5-7 芍药根的次生结构

2. 根中不同部位次生结构比较

芍药的根大多呈长圆柱形,上下直径相近。对四川一年生芍药进行切片,距根头部1 cm、2 cm、3 cm、4 cm、5 cm、6 cm分别进行石蜡切片并观察,结构表明不同部位的显微结构基本一致。离根头部距离越远,其生长轮位置离形成层距离越远。但是所有切片中的生长轮数目是一致的。这说明芍药圆柱形根中生长轮数目不随着切片位置的改变而改变。

3. 具空心的芍药根的结构

生长多年的芍药根的中心会出现空心结构。其次生木质部中心的木薄壁组织细胞解体,从而形成空腔(图5-8)。

图5-8 芍药根中空心结构

5.3.3 四大产区白芍根中生长轮与生长年限的关系

1. 山东菏泽芍药根系中的生长轮与年限关系

山东菏泽仅有一个栽培品种菏泽芍药,其繁殖方式为种子繁殖,根系中有明显的主根、不定根和侧根(图5-9)。对不同种植年限的菏泽芍药根进行石蜡切片,发现主根的次生木质部有清晰的生长轮,一至五年生的主根生长轮圈数均与生长年限一致(图5-9b,e~h),即一年生主根的生长轮为1;二年生主根的生长轮为2,侧根或不定根的生长轮为1;三年生芍药中主根的生长轮为3,侧根或不定根的生长轮为2或1;四年生主根的生长轮为4,侧根或不定根的生长轮为3、2或1;五年生主根的生长轮为5,侧根或不定根的生长轮为4、3、2或1。

第5章 白 芍

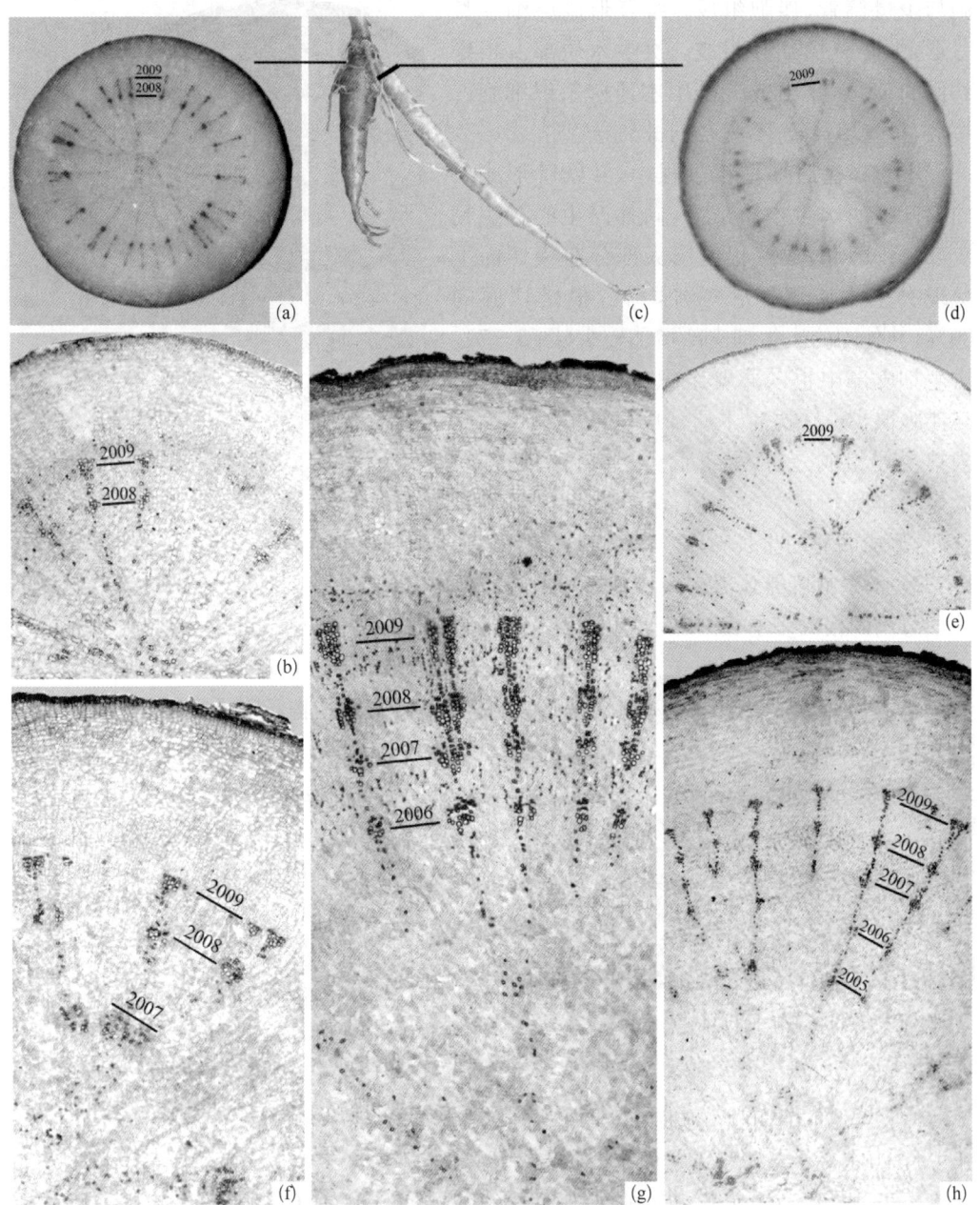

图 5-9 不同年限菏泽芍药根中生长轮的石蜡切片、徒手切片及其根系图

(a) 二年生根的徒手切片图；(b) 二年生根的石蜡切片图；(c) 菏泽芍药的根系图；(d) 一年生根的徒手切片图；(e) 一年生根的石蜡切片图；(f) 三年生根的石蜡切片图；(g) 四年生根的石蜡切片图；(h) 五年生根的石蜡切片图

通过徒手切片，间苯三酚盐酸试剂显色也可见清晰的生长轮，与石蜡切片结果一致（图5-9a、d）。菏泽芍药根系中，主根只有一条，每年所有根系中生长轮圈数最多的根通常为1条根，侧根和不定根发生的时间晚，生长轮圈数也相应较少。但是有的种子萌发主根

后,当年在根状茎上也会生出较多不定根,不定根的生长轮圈数与主根一样,导致根系中具有生长轮数最多的根较多(图5-10)。菏泽芍药的主根生长轮均与年限对应一致。

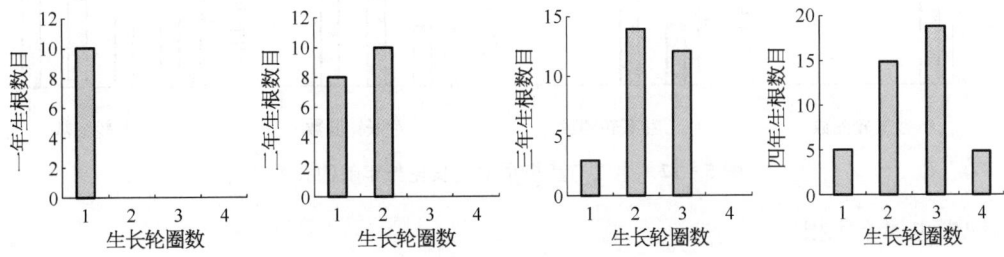

图5-10 菏泽芍药根系中生长轮与年限的关系

2. 安徽亳州芍药根系中的生长轮与年限关系

安徽亳州有一个栽培品种亳州芍药,采用根状茎繁殖,根状茎栽培时去掉了所有的根,所以亳州芍药根系中的根都为不定根发育而来。

对不同种植年限的亳州芍药根进行石蜡切片,发现其一年生根系中所有根的生长轮均为0轮。随着根系的生长,每年都会生长一定数目的不定根。在二年生的根系中,有生长2年的根(生长轮为1轮)和生长1年的根(生长轮为0轮)。以此类推,三年生的根系中,其生长轮为2轮、1轮和0轮的根;四年生的根系中,其生长轮为3轮、2轮、1轮和0轮的根。即亳州芍药根的生长年限等于其生长轮数加1(图5-11)。

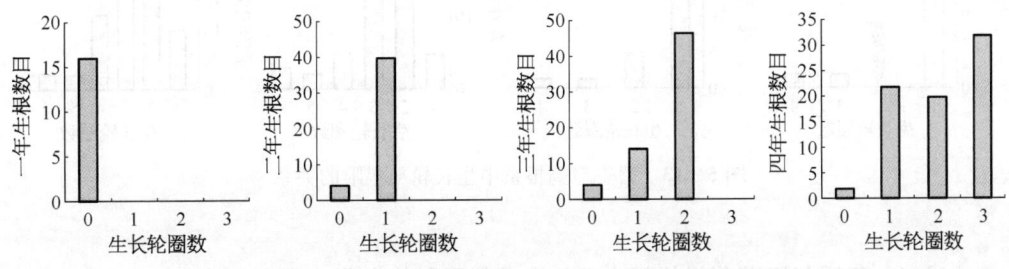

图5-11 亳州芍药根系中生长轮与年限的关系

3. 四川中江芍药根系中的生长轮与年限关系

四川中江产区有2个栽培品种,红花川芍药和白花川芍药,与亳州芍药一样均采用根状茎繁殖,栽培时所有的根也被去除,以后的根都由不定根而成。

对不同种植年限的四川中江芍药根进行石蜡切片,发现其一年生根系中所有根均有1个生长轮。随着根系的发育,每增加一年,其根中生长轮相应增加1轮,即二年生根系中的生长轮数目有2和1,三年生根系中的生长轮数目有3、2和1,四年生根系中的生长轮数目有4、3、2和1。由此得知,中江芍药根的生长轮为年轮。中江芍药根的生长年限与生长轮对应见图5-12。

4. 浙江磐安芍药根系中的生长轮与年限关系

浙江磐安产区有2个栽培品种,红花杭芍药和白花杭芍药,均采用根状茎繁殖,栽培

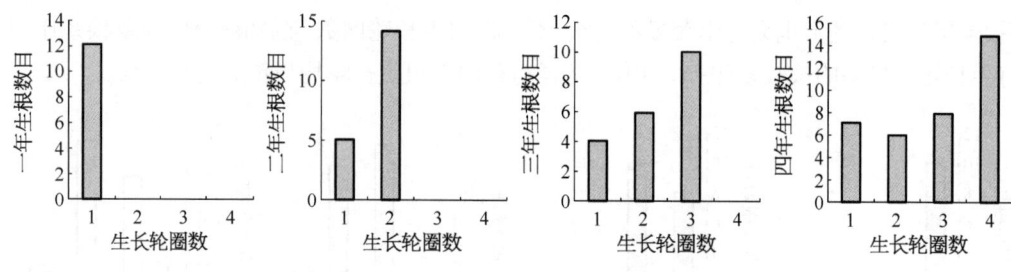

图 5-12 中江芍药根系中生长轮与年限的关系

后的根也属不定根。

对磐安不同年限的芍药根系中的根进行石蜡切片,一年生根生长轮大部分为 1 轮,偶有 3 轮、4 轮,二年生根生长轮为大部分为 2 轮和 1 轮,偶有 3～4 轮,三年生根生长轮大部分为 3 轮、2 轮、1 轮,偶有 4～6 轮,四年生根生长轮大部分为 4 轮、3 轮、2 轮、1 轮,偶有 5～7 轮。当生长轮数目超过 5 轮时,生长轮之间的距离会减少,聚集在一起。由于浙江磐安芍药采用留根繁殖,所以会有少数根中生长轮数会超过生长年限,因为这些根是栽培时留下的根,其已经生长了 1～3 年。但磐安芍药根系中绝大多数根的生长轮数与其生长年限一致(图 5-13)。

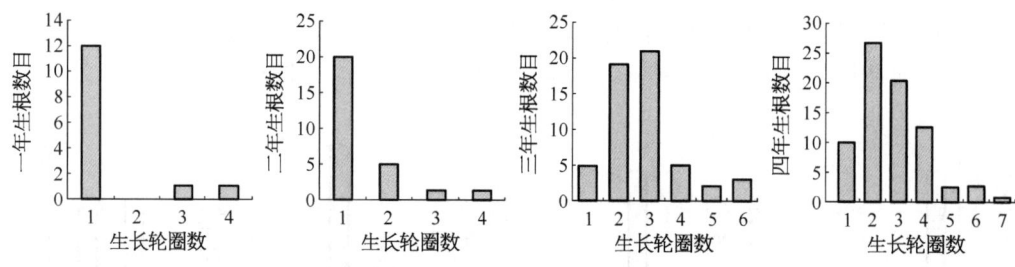

图 5-13 磐安芍药根系中生长轮与年限的关系

5.3.4 不同年限芍药根的韧皮部与木质部面积的变化

在研究根的年限鉴别基础上,测量了不同年限的芍药根韧皮部面积与木质部面积。结果表明,不同年限的芍药根韧皮部面积与木质部面积之比随着年限的增高而降低,见图 5-14。

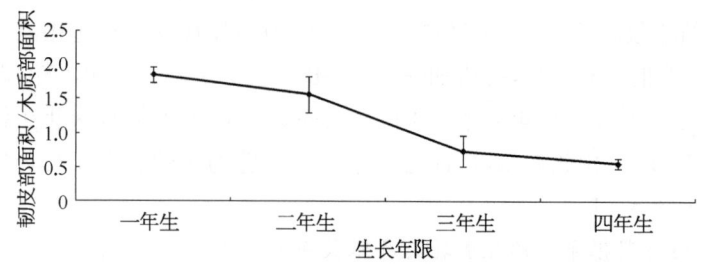

图 5-14 不同年限芍药根的韧皮部与木质部面积之比

§5.4 芍药苷类化合物在芍药根中的组织化学定位

白芍根中主要的活性成分为芍药苷类化合物。根据总皂苷能与皂苷显色剂(5%香草醛-冰醋酸和高氯酸混合试剂)发生反应,呈现出淡红—红—紫红的颜色变化,而阴性对照制片与皂苷显色剂不发生显色反应,进行苷类组织化学定位研究。

5.4.1 芍药根中芍药苷类化合物的组织化学定位

在芍药根的初生结构中,表皮、外皮层、中皮层基本不显色,而内皮层、中柱鞘和初生韧皮部则显红色(图 5-15)。

对亳州三年生的芍药根进行组织化学定位,结构表明芍药根中的薄壁组织细胞与5%香草醛-冰醋酸和高氯酸混合试剂有显色反应,其中次生韧皮部颜色比次生木质部颜色明显深(图 5-16),在次生韧皮部中,外部的薄壁组织细胞颜色要明显深于内部的薄壁组织细胞。取亳州三年生芍药根,从形成层处分离根的皮部(包括周皮与次生韧皮部)与木质部,分别进行芍药苷含量测定,可见芍药根皮部芍药苷含量明显大于芍药根木质部芍药苷含量(图 5-16),与组织化学结果相一致。

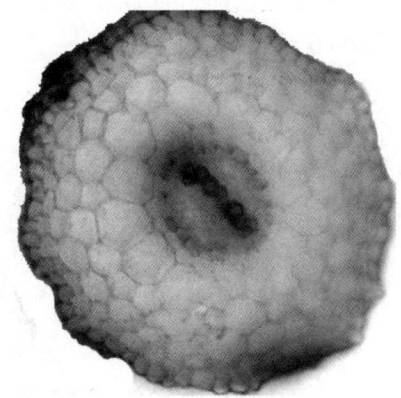

图 5-15 芍药根的初生结构中芍药苷类化合物的组织化学定位(彩图见图版)

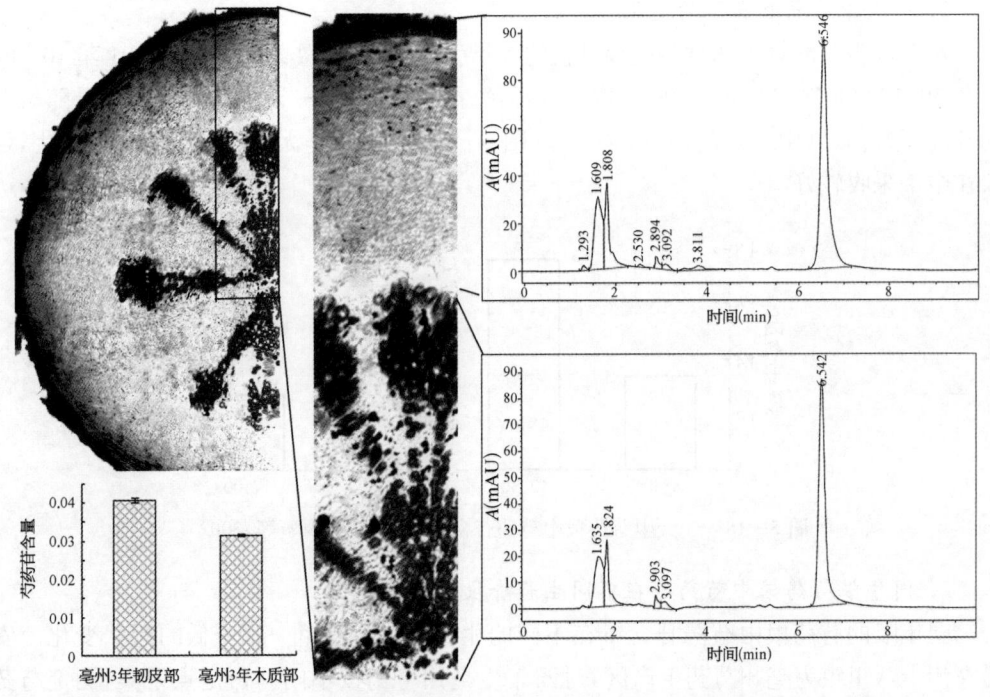

图 5-16 芍药根木质部与韧皮部的芍药苷组织化学定位及含量测定(彩图见彩版)

5.4.2 芍药茎中芍药苷类化合物的组织化学定位

芍药的茎中,表皮细胞显淡红色,维管形成层和次生韧皮部显红色,而皮层和髓等其余组织不显色(图5-17)。这表明茎中芍药苷类化合物主要分布于维管形成层和次生韧皮部,在表皮有少量分布。

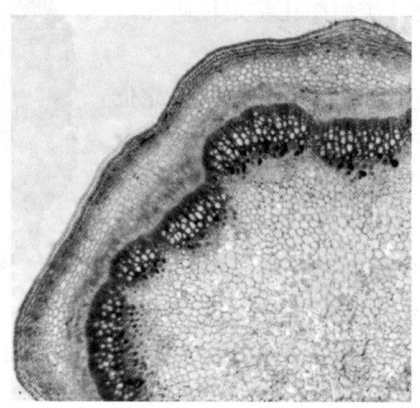

图5-17 芍药茎中芍药苷类化合物的组织化学定位(彩图见图版)

§5.5 主要药用成分在芍药药用部位的发育中的动态变化

5.5.1 芍药苷在根的发育中的动态变化

1. 一天中芍药苷含量的变化

对江苏省东海县中药材种植场种植的1年生芍药(从安徽亳州引种),2001年10月4日8:30、12:30、14:30和17:00各取1次样,每批采10株。一天中芍药苷的含量随气温的升高而升高,以中午最高,随后又下降(图5-18)。根据一天中芍药苷的含量变化,建议在中午采收较好[73]。

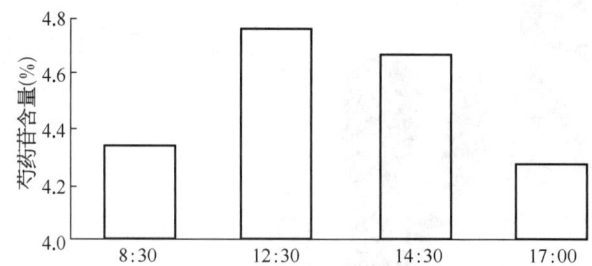

图5-18 一天中芍药根中芍药苷含量的变化(陈丙銮等,2002)

2. 同年限芍药根中芍药苷在不同生长阶段的含量变化

同年限的芍药根中芍药苷含量在不同的生长期内呈现低—高—低的起伏变化。安徽亳州十八里镇为亳州芍药主产区,对四年生亳州芍药按不同月份定点采集,测定芍药苷与总苷的含量,结果见图5-19[74]。结果表明,芍药苷和总苷的变化趋势基本一致。芍

§5.5 主要药用成分在芍药药用部位的发育中的动态变化

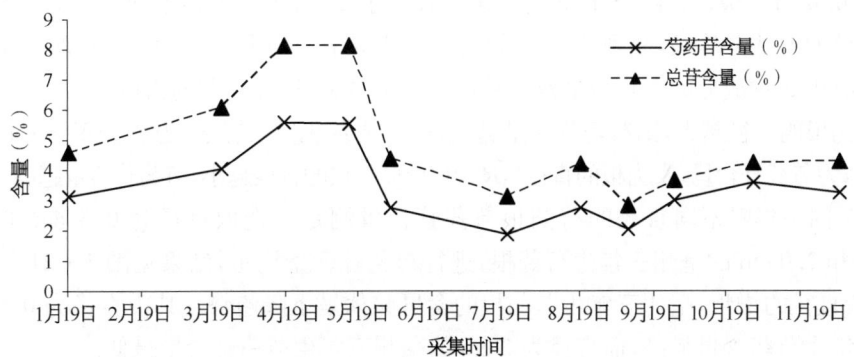

图 5-19　安徽省亳州四年生白芍不同时期芍药苷、芍药总苷含量变化

药越冬后随茎叶萌发至开花期间,芍药苷含量呈现显著上升,并在花期达到最高,花后芍药苷含量开始迅速下降,在 8 月中旬微微起伏后,由逐渐维持到比较稳定的水平。该结果与黄明远等考察三年生四川省中江产区白芍的芍药苷积累动态基本一致,花期(5 月 10 日)芍药含量显著高于越冬期(1 月 20 日)与结实期(8 月 5 日)[75]。传统的采收期多选择在白芍的休眠期内进行。这期间内,根中芍药苷变化基本稳定。陈丙銮等考察了江苏省东海县的芍药在休眠期芍药苷的变化,结果见图 5-20。从 2001 年 9 月 13 日至 11 月 1 日期间的每周四下午 2:30 左右取一批样品,每批采 10 株。9 月至 11 月间芍药根中的芍药苷变化趋势呈现轻微的低—高—低趋势,在 10 月初芍药苷含量较相对高,但整体水平上含量变化不大[73]。

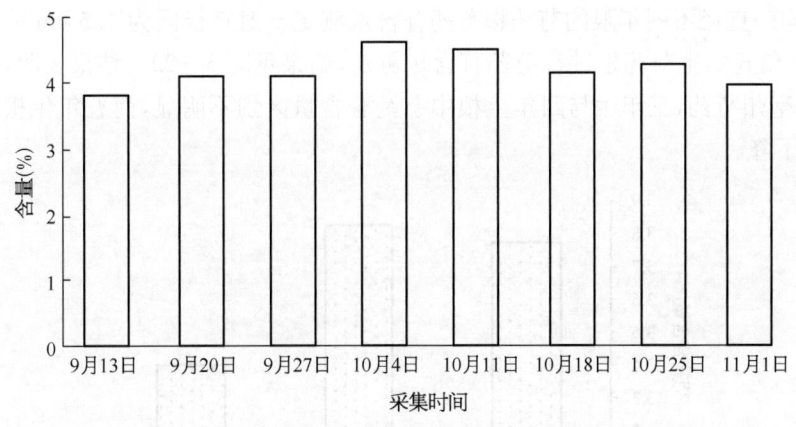

图 5-20　9 月至 11 月期间白芍根中芍药苷含量变化

综上所述,芍药中芍药苷与总苷在 9 月、10 月的含量不如花期高,但是处于相对稳定的状态,此时药材粉性足,说明传统的白芍采收期多安排在 9 月、10 月是合理的。

3. 芍药根直径与芍药苷含量的关系

《本草衍义》认为:"其根多赤色,其味涩、苦,或有色白粗肥者益好。"与现今沿用的传统分级方法相似。市场上常根据白芍根的直径分为三个等级,直径≥15 mm 为一级;直径≥12 mm 为二级；直径≤8 mm 为三级。收集了 25 批不同产地不同商家的白芍药材，按照传统的方法分等级，分别测定芍药内酯苷、芍药苷、苯甲酰芍药苷的含量，结果表明，白芍样品中 3 种成分的平均含量及 3 种成分含量总和，三等白芍均为最高[76]。

芍药根的直径越大，则芍药苷含量越低，两者成负相关，其线性方程为 $Y=-1.50X+5.787$（Y 为芍药苷含量，X 为根的直径），$R=0.9995$。根的直径越小，芍药苷含量越高[76,77]。

(1) 同一年限不同直径的芍药根芍药苷含量测定　选取直径为 0.5 cm、1.0 cm、1.5 cm 和 2.0 cm 的亳州三年生芍药根，进行芍药苷含量测定，结果见图 5-21。结果表明，随着直径的增粗，亳州三年生芍药根的含量整体呈下降趋势。其中直径为 0.5 cm 的亳州三年生芍药含量最高，而直径为 2 cm 的亳州三年生芍药苷含量最低。

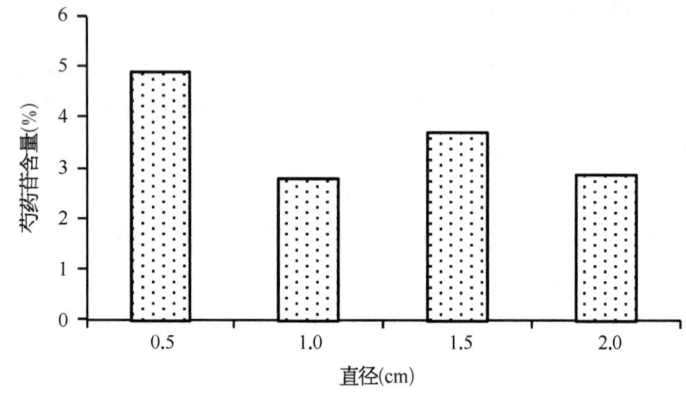

图 5-21　亳州三年生不同直径芍药根的芍药苷含量

(2) 同一直径不同年限的芍药根芍药苷含量测定　对直径同为 1.5 cm 的亳州三年生、四年生和五年生芍药根进行芍药苷含量测定，结果见图 5-22。结果表明，同为直径 1.5 cm 的亳州芍药，三年生与四年生根中芍药苷含量区别不明显，而五年生根中芍药苷含量明显下降。

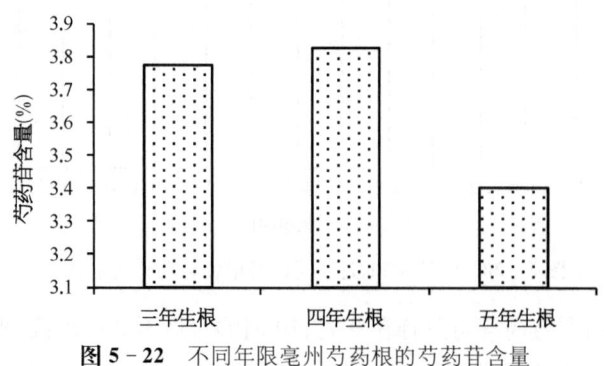

图 5-22　不同年限亳州芍药根的芍药苷含量

5.5.2　生长年限与不同品种对芍药苷含量积累的影响

芍药根中有效成分为白芍总苷，具有镇静、镇痛、消炎保肝等药理活性，其中芍药苷占比例最大。芍药苷是芍药的主要有效成分,前人对芍药中的芍药苷含量做过大量研究,包括对不同年限和不同产地的芍药进行芍药苷含量测定,但是他们的结果有明显差异[78-84]。究其原因,可能有两点。① 没有统一的对照条件。不同产地白芍芍药苷含量的测定原材料并非为同一年限的白芍,因不同年限的白芍芍药苷含量本身就有差异,不在同一年限的对照条件下去测不同产地的白芍芍药苷含量不准确;不在统一的加工方式下去评价不同产地的白芍质量也会产生很多误差,因为加工方式可以影响白芍的芍药苷等成分含量,如去皮水煮的时间以及顺序等均影响白芍的芍药苷含量[44]。② 无法鉴别白芍的生长年限。一株生长 4 年的白芍,其根系中的根有 1~4 年,因此无法准确判别生长年限。所以对不同年限的白芍进行质量评价,需要建立在年限鉴别的基础上,这样测得的结果更精确。

采用统一的加工方式即不去皮不水煮,在年限鉴别基础上,对三大产地不同年限的芍药进行芍药苷含量测定,结果见图 5 - 23[85]。

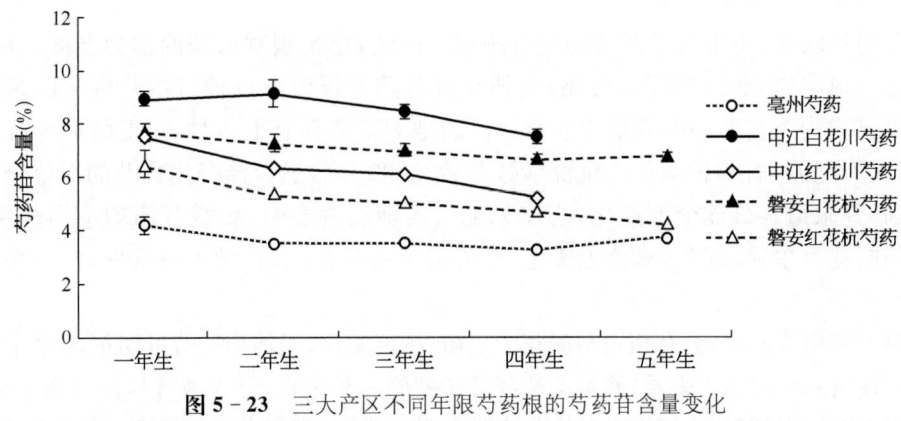

图 5 - 23 三大产区不同年限芍药根的芍药苷含量变化

图 5 - 23 表明,随着年限的增高,亳州芍药根中芍药苷含量并未出现明显变化,其他品种芍药根的芍药苷含量均出现下降趋势。芍药苷的含量在 5 个栽培品种间明显不同,其中中江白花川芍药根芍药苷含量最高,其次是磐安白花杭芍药、中江红花川芍药、磐安红花杭芍药、亳州芍药。

§5.6 讨论

5.6.1 白芍来源

《中华本草》[86]和《中国药典》[1]记载白芍来源于芍药科植物芍药(*P. lactiflora* Pall.)的干燥根,但据《新编中药志》[19]记载白芍来源于芍药和毛果芍药。关于亳白芍、菏泽白芍的种质,金昌东等[15]认为两者均来源于毛果芍药,杭悦宇等[12]认为均来源于芍药。据《中国植物志》[2]记载,芍药与毛果芍药的区别在于芍药心皮无毛,毛果芍药心皮密生柔毛。调查表明,杭白芍及川白芍白花类群心皮均密被白色柔毛,与杭悦宇等调查一致;菏泽芍药心皮也密被白色柔毛,与金昌东等调查一致。而亳白芍和川白芍粉红花类群的心皮基本无毛,仅在腹缝线上有少量短柔毛,与心皮密生柔毛有显著差异。*Flora of China*[3]将毛果芍药列入芍药,认为两者除了心皮是否密被柔毛外其他性状无明显区别。通过实地调查和大量标本研究,发现栽培芍药的心皮密被柔毛与引种栽培有关,而且心皮被毛的多少是逐渐过渡的。因此各地栽培的药用白芍应都属芍药的栽培品种。

从种的水平来看,《中国药典》记载白芍来源于芍药科植物芍药干燥根是正确的。

5.6.2 药用芍药与观赏芍药种质差异

芍药原产我国,已有悠久的栽培历史。自古以来,芍药既是著名的观赏花卉也可供入药。观赏花卉花大美丽,选育出很多的复瓣品种。历代本草则认为药用白芍以单瓣花红者为佳,如宋代《本草衍义》[1]记载:"芍药,全用根,其品亦多,须用花红而单叶,山中者为佳。"对全国四大产区药用白芍产区种质调查表明,杭白芍与亳白芍历史最久,其种质的共同特征是花单瓣。杭白芍、亳白芍与菏泽白芍的种质均与历代推崇的药用白芍"单瓣花红者为佳"的观点一致。

自明代以来,山东菏泽即是药用芍药的主产区,也是观赏芍药的主要产区。明《兖州府志·风土志》载"古济阴(曹州)之地牡丹芍药之属数十百种",由此得知山东菏泽在明代已成为观赏芍药的栽培中心之一。当地观赏芍药有很多种,主要特征为雄蕊瓣化,花大而艳丽,有各种颜色。杭悦宇等[12]在2002年报道菏泽药用白芍的原植物来源于芍药,并报道其雄蕊全部瓣化,心皮无毛。实地调查表明,观赏芍药均不作药用;药用芍药的花为单瓣,红色,雄蕊无瓣化,心皮密被白色柔毛,且种子正常发育,应来源于菏泽芍药。

四大药用芍药中,只有川白芍的花为复瓣,雄蕊瓣化,当地摘花蕾供切花,根作白芍。

从栽培品种的水平来看,栽培芍药经过长期的品种选育,分为观赏与药用两个系列。目前四大产地中,四川中江白芍种质与观赏品种一致,为复瓣花。而安徽亳州、山东菏泽和浙江磐安三地的白芍则均是单瓣花。综观历代本草对白芍种质的描述,自古中医药学家十分推崇单瓣花的白芍。因此,确切地说,自古药用白芍的主流种质应来源于单瓣花的栽培芍药。

5.6.3 芍药根中生长轮与栽培年限的关系

芍药为多年生草本植物,春季萌发开花,秋冬枯萎[3]。芍药根多生长在地表以下20~35 cm,对地表温度比较敏感。芍药的四个栽培主产区中,亳州和菏泽处于暖温带,中江和磐安处于亚热带。四大产区四季气候均变化明显,地温随四季气候变化呈现规律性变化,所以芍药根中的导管也呈现规律性变化从而形成生长轮。实验结果表明,四个产区的6个芍药栽培品种根中都可看到生长轮。

对芍药根不同部位的显微结构进行观察,发现根中生长轮的数目不变。通过对四大产地不同年限芍药根系中生长轮数目统计,发现四大产区芍药根系中的生长轮与生长年限均有对应关系。亳州芍药的生长轮数比实际生长年限少1。而其他3个产区,无论种子繁殖还是根状茎繁殖,其根中生长轮数与其生长年限相一致,即生长轮为年轮。

对市售白芍饮片进行间苯三酚-浓盐酸试剂染色,木质部中的生长轮能快速显现出来。这种方法适合于所有的市售饮片。为此,对于有确切产地的白芍饮片,可以通过生长轮来进行年限的鉴别。

5.6.4 不同产地不同年限芍药中芍药苷的积累动态及其原因分析

《中国药典》(2010年版,一部)中以芍药苷含量为指标测定监控白芍的质量。一些学者对芍药的芍药苷含量测定做了很多研究,包括对不同年限和不同产地的芍药中芍药苷含量测定,但是他们的结果有明显差异[78-84]。这些结果的不一致可能与不能明确判明芍药根的生长年限有关。因为,芍药根系有不同年限的根,不能用根系的栽培年限表示每个根的生长年限。此外,不同产地白芍根的加工方式有一定差异[87]。在鉴别芍药根的生长年限基础上,采用统一的加工方式,开展不同产地不同年限芍药的芍药苷含量测定。实验结果显示,不同的品种芍药苷含量有明显不同,其中中江白花芍药的芍药苷含量较高,其次是磐安白花芍药、中江红花芍药、磐安红花芍药、菏泽芍药,而亳州芍药的芍药苷含量较低。随着年限的增高,亳州芍药的芍药苷并无明显变化,菏泽芍药1~3年生呈下降趋势,四年生开始略呈上升,其他产地不同品种芍药根的芍药苷含量均出现不同程度的下降趋势。由此得知,芍药根中芍药苷含量与品种有关,同时,随年限增加呈现缓慢下降的趋势。

随着根年限增加,根的直径逐渐增大,根韧皮部面积与木质部面积之比也随着生长年限的增高而降低。对同一芍药根韧皮部与木质部的芍药苷进行组织化学定位和含量测定,发现芍药根韧皮部芍药苷含量明显大于木质部芍药苷含量,与组织化学结果相一致。由于芍药苷在根上存在分布不均现象,因此随年限增加根中韧皮部比例逐渐降低,导致根内的芍药苷含量随生长年限增加而呈下降趋势。

5.6.5 芍药根的结构、发育与芍药苷关系对生产实践的指导意义

芍药根的初生结构中,芍药苷主要积累于内皮层、中柱鞘和初生韧皮部内。但是随着根的发育,芍药根的次生结构中,芍药苷分布于次生韧皮部和次生木质部的薄壁组织细胞中。组织化学定位显示次生韧皮部芍药苷类的反应更深。对次生韧皮部和次生木质部剥离且进行芍药苷含量测定,结果表明次生韧皮部的芍药苷含量要高于次生木质部。随着生长年限的增加,次生木质部所占根的比例也相应增加,而其芍药苷含量低于次生韧皮部,因此,随生长年限的增加芍药苷含量呈现缓慢下降的趋势。

对于芍药采收来说,通常其年限越低,芍药苷含量越丰富。因此,芍药采收时,不要浪费细小的根,细小的根更适宜做提取芍药苷的原料,应充分利用。在白芍产地加工中,为获得较高的商品规格,通常将白芍较细的根尾部和细小的根弃用,并不合适。

芍药的根生长到5~6年甚至6年以上后,根中间出现了枯心。在1~6年内,芍药根中芍药苷含量随年限呈现缓慢下降。但是,其生物量则不断增加。因此,建议芍药以4~

第 5 章 白　芍

6 年采收为宜。此时,根中既没有出现枯心,其生物量也达到比较高的水平。

参考文献

[1] 国家药典委员会. 中华人民共和国药典(2010 年版,一部)[M]. 北京:中国中医药出版社,2010: 96,147.

[2] 关克俭,肖培根,潘开玉,等. 中国植物志(第二十七卷)[M]. 北京:科学出版社,1979.

[3] Hong D, Pan K, Turland N J. Paeoniaceae[M]//Flora of China Editorial Committee. Flora of China. Beijing: Science Press, 2001.

[4] 彭镇华,江守和. 芍药科植物独特性与起源[J]. 安徽农业大学学报,2000,27(3): 209-213.

[5] 潘开玉. 芍药科分布格局及其形成的分析[J]. 植物分类学报,1995,33(4): 340-349.

[6] 蒋廷锡. 草木典(上册)[M]. 上海:上海文艺出版社,1999.

[7] 李时珍. 本草纲目[M]. 刘衡如校点本. 北京:人民卫生出版社,1982.

[8] 汪昂. 本草备要[M]//张瑞贤主编. 本草名著集成. 北京:华夏出版社,1998.

[9] 吴仪洛. 本草从新[M]. 上海:上海科学技术出版社,1982.

[10] 杨时泰. 本草述钩元[M]. 上海:上海科学技术出版社,1958.

[11] 闫秀亭,孙保海. 菏泽芍药栽培技术[J]. 园林,2009,5: 28-29.

[12] 杭悦宇,陈丙銮,黄春洪,等. 传统中药白芍原植物分类鉴定及根形态解剖研究[J]. 热带亚热带植物学报,2004,12(3): 221-225.

[13] 查良平,杨俊,彭华胜,等. 四大产地白芍的种质调查[J]. 中药材,2011,34(7): 1037-1040.

[14] 肖培根. 新编中药志(第一卷)[M]. 北京:化学工业出版社,2002.

[15] 金昌东,徐国钧,金蓉鸾,等. 芍药类专题研究[M]//徐国钧,徐珞珊. 常用中药材品种整理和质量研究(第 2 册). 福州:福建科学技术出版社,1997.

[16] 李嘉珏. 中国牡丹与芍药[M]. 北京:中国林业出版社,1999.

[17] 唐慎微. 大观本草[M]. 尚志钧,等点校. 合肥:安徽科学技术出版社,2003.

[18] 陈嘉谟. 本草蒙筌[M]//叶显纯,等选编. 本草经典补遗. 上海:上海中医药大学出版社,1997.

[19] 闵钺. 本草祥节[M]//叶显纯,等选编. 本草经典补遗. 上海:上海中医药大学出版社,1997.

[20] 王好古. 汤液本草[M]//叶显纯,等选编. 本草经典补遗. 上海:上海中医药大学出版社,1997.

[21] 张志聪. 本草崇原[M]//张瑞贤,主编. 本草名著集成. 北京:华夏出版社,1998.

[22] 赵其光. 本草求原[M]//朱晓光主编. 岭南古籍三种. 北京:中国医药科技出版社,1999.

[23] 张锡纯. 医学衷中参西录[M]//叶显纯,等选编. 本草经典补遗. 上海:上海中医药大学出版社,1997.

[24] 王孝涛. 历代炮制法汇编[M]. 南昌:江西科学技术出版社,1998.

[25] 赵橘黄. 本草药品实地之观察[M]. 福州:福建科学技术出版社,2006.

[26] 叶橘泉. 现代实用中药[M]. 上海:上海科学技术出版社,1958.

[27] 中国药学会上海分会,上海市药材公司. 药材资料汇编[M]. 上海:科技卫生出版社,1959.

[28] 南京药学院药材学教研室. 生药学[M]. 北京:人民卫生出版社,1960.

[29] 彭华胜,王德群. 赤芍、白芍划分的本草学源流[J]. 中华医史杂志,2007,37(3): 133.

[30] 查良平,王德群,彭华胜,等.中国药用芍药栽培品种[J].安徽中医学院学报,2011,30(5):70-73.

[31] 王莹,胡宝忠.芍药生物学特性研究进展[J].东北农业大学学报,2004,35(6):759-763.

[32] 吕金嵘,郭兰萍,黄璐琦,等.我国野生芍药 Paeonia lactiflora 适宜生长区的初步探讨[J].中国中药杂志,2009,34(7):807-811.

[33] 郑景云,尹云鹤,李炳元.中国气候区划新方案[J].地理学报,2010,65(1):3-12.

[34] 沈春宇,田代科,曾宋君.芍药组植物的分布和栽培格局及其促成栽培研究现状[J].植物资源与环境学报,2012,21(4):100-107.

[35] 秦魁杰.芍药[M].北京:中国林业出版社,2004.

[36] 谷卫华,梁静.北方地区芍药的栽培及养护技术[J].天津农业科学,2005,11(2):8.

[37] 秦魁杰,李嘉珏.芍药[M].上海:上海科学技术出版社,2000.

[38] 刘玉梅.观赏芍药生态习性及栽培技术研究进展[J].安徽林业科技,2008,36(12):4965-4968.

[39] 王康才,张荣荣,卢秋文,等.芍药蜜腺及泌蜜规律研究[J].江苏农业科学,2008(3):142-146.

[40] 中国中医科学院药用植物资源开发研究所.中国药用植物栽培学[M].北京:农业出版社,1991.

[41] 红雨,刘强.芍药的传粉生物学研究[J].广西植物,2006,26(2):120-124.

[42] 周学刚,张丽萍,王艳芳,等.白芍原植物的传粉特性研究[J].中国农学通报,2010,26(14):177-181.

[43] 红雨,刘强.芍药的访花昆虫和传粉昆虫[J].昆虫知识,2004,41(5):449-454.

[44] 杨洋.芍药种子萌发的生物学特性及破眠技术的研究[D].哈尔滨:东北林业大学,2009.

[45] 陶新宇,杨海兰.芍药种子萌发特性的研究[J].赤峰学院学报,2005,21(6):13-19.

[46] 高信曾,刘宁.芍药、牡丹根的解剖学观察[J].南京药学院学报,1986,17(4):256-259.

[47] 张赞平,张益民,孟丽.芍药属根、茎解剖结构及其系统分类地位的探讨[J].河南职业技术师范学院学报,1990,18(2):15-21.

[48] 张益民,张赞平,王世端.芍药属叶片解剖结构的研究[J].河南农业大学学报,1988,22(1):117-126.

[49] 何丽一.芍药贰在芍药属植物中的存在[J].药学学报,1980,15(7):429-434.

[50] 张晓燕,高崇凯,王金辉,等.白芍中的一种新的单萜苷[J].药学学报,2002,37(9):705-708.

[51] 梁志,秦林海,蔚芹,等.白芍中两个单萜苷的结构鉴定[J].西北林学院学报,2006,21(6):177-179.

[52] Lang H Y, Li S Z, McCabe T, et al. A new monoterpene glycoside of Paeonia lactiflora[J]. Planta Medica, 1984, 50(6):501-504.

[53] Murakami N, Saka M, Shimada H, et al. New bioactive monoterpene glycosides from Paeoniae Radix[J]. Chemical & Pharmaceutical Bulletin, 1996, 44(6):1279-1281.

[54] 陈广斌,陈华萍,吴铁,等.芍药苷对缺氧缺血性脑损伤新生大鼠脑组织丙二醛、超氧化物歧化酶的影响[J].实用儿科临床杂志,2008,23(16):1272-1273.

[55] 刘玮,吴华璞,祝晓光,等.白芍总苷对全脑缺血再灌损伤的保护作用[J].中国药理学通报,2004,20(2):211-214.

[56] 方申存,戴伟,吴昊,等.芍药苷对人胃癌 SGC7901/VCR 细胞增殖抑制作用及其机制研究[J].南京医科大学学报,2010,35(5):636-640.

[57] 彭珍香,黄海定,邓时贵.芍药苷对大鼠离体胸主动脉血管环的作用及其机制[J].中国实验方剂学杂志,2011,17(7):190-194.
[58] 冯瑞儿,郑琳颖,吕俊华,等.白芍总苷对代谢综合征-高血压大鼠改善胰岛素敏感性、降压和抗氧化作用[J].中国临床药理学与治疗学,2010,15(2):154-159.
[59] 朱叶芳,党姗姗,华子瑜.芍药苷神经保护机制的研究进展[J].中国中药杂志,2010,35(11):1490-1493.
[60] 张斌,李红梅,王媛,等.芍药苷减轻小鼠LPS性急性肺损伤的作用机制研究[J].中国病理生理杂志,2011,27(10):1956-1960.
[61] 王辰允,洪倩,马增春,等.芍药苷对辐射内皮细胞起保护作用的机制[J].解放军药学学报,2010,26(3):198-202.
[62] Ikuta A, Kamiya K, Satake T, et al. Triterpenoids from callus tissue cultures of Paeonia species [J]. Phytochemistry, 1995, 38(5): 1203-1207.
[63] Kamiya K, Yoshioka K, Saiki Y, et al. Triterpenoids and flavonoids from *Paeonia lactiflora*[J]. Phytochemistry, 1997, 44(1): 141-144.
[64] 吴芳,杜伟锋,徐珊珊,等.白芍化学成分及质量评价方法研究进展[J].浙江中医药大学学报,2012,36(5):613-615.
[65] 谷满仓,钱亚芳,吕圭源.白芍的化学成分及质量控制方法研究进展[J].科技通报,2006,22(3):337-342.
[66] 黄宫绣.本草求真[M].上海:上海科学技术出版社,1979.
[67] 陈仁山.药物出产辨[M].台北:新医药出版社,1930.
[68] 叶桔泉.本草钩沉[M].北京:中国医药科技出版社,1960.
[69] 江苏新医学院.中药大辞典[M].上海:上海科学技术出版社,1977.
[70] 周红涛,胡世林.中药白芍、赤芍生产与资源状况考察[M]//詹亚华.中药鉴定理论与实践(第1卷).武汉:湖北科学技术出版社,2003.
[71] 中国药材公司.中国中药区划[M].北京:科学出版社,1995.
[72] 石户谷勉.中国北部之药草[M].北京:商务印书馆,1956.
[73] 陈丙銮,杭悦宇,周义锋,等.收获期芍药根中芍药甙含量动态变化[J].植物资源与环境学报,2002,11(2):25-28.
[74] 金传山,蔡一杰,吴德玲.不同采收期亳白芍中芍药苷与白芍总苷的含量变化[J].中药材,2010,33(10):1548-1550.
[75] 黄明远,伍照万,张兴国.采收期与栽培年限对中江产白芍质量的影响[J].中药材,2008,23(8):435-436.
[76] 张丽宏,顾雪竹,钮正睿,等.白芍的传统规格等级与内在成分的相关性研究[J].中成药,2012,34(3):535-538.
[77] 张桂贤,张淑晶,蔡云芝.黑龙江产三种芍药不同物候期的芍药甙含量测定[J].中国林副特产,1999,(1):4-5.
[78] 吴雄壮,王美芳,杨思沅,等.不同部位和不同生长年限白芍中的芍药苷含量测定[J].中国现代应用药学杂志,2006,23(4):291-293.
[79] 赵亚男,周健.不同生长期、不同规格、不同加工品的亳白芍质量研究[J].中国中药杂志,2001,

26(2):103-104.
- [80] 王甫成,时维静.不同采收年限亳白芍中芍药苷含量的变化[J].中国实验方剂学杂志,2011,17(23):51-53.
- [81] 周义峰,汤兴利,杭悦宇,等.产地及生长年限对白芍根中芍药苷含量的影响[J].江苏农业科学,2007(1):149-150.
- [82] 李越峰,任彦冬,杨武亮.不同产地白芍芍药苷含量的测定和比较研究[J].长春中医学院学报,2005,21(4):28-29.
- [83] 胡建焜,梁煜霞.不同产地白芍中芍药苷含量比较[J].临床医学工程,2009,16(2):89-90.
- [84] 刘瑾,倪嘉纳,刘力,等.不同产地白芍的质量分析[J].时珍国医国药,2004,15(4):207-208.
- [85] Liang-Ping Zha,Ming-En Cheng,Hua-Sheng Peng. Identification of ages and determination of paeoniflorin in roots of *Paeonia lactiflora* Pall. from four producing areas based on growth rings [J]. Microscopy Research and Technique,2012,75(9):1191-1196.
- [86] 国家中医药管理局编委会《中华本草》编委会.中华本草(3)[M].上海:上海科学技术出版社,1999.
- [87] 司晓萍,顾一炯.不同加工方法对白芍中芍药苷含量的影响[J].时珍国医国药,2004,15(6):336-337.

第6章 秦 艽

秦艽(*Gentiana macrophylla* Pall.)属龙胆科(Gentianaceae)龙胆属(*Gentiana*)秦艽组(sect. *Cruciata*),又名秦纠(《唐本草》)、秦爪、秦胶(《本草纲目》),大叶龙胆(《中国北部植物志》),大叶秦艽,萝卜艽,左秦艽,西秦艽等[1]。以其干燥根入药,是我国常用大宗中药材之一,《中国药典》历版均有收录,已有2 000多年的使用历史。在中医中是治疗风湿痹痛、关节病必不可少的药物。随着现代药理、药性及药效学研究的不断深入,国内外学者已从秦艽根中提取出了龙胆苦苷、秦艽苷A、β谷甾醇、龙胆二糖、红白金花内酯和挥发油类等多种成分[2]。临床上广泛用于病毒性、神经性、呼吸道、心脑血管等疾病的治疗[3]。本章系统介绍了秦艽各器官的形态结构及其根的发育规律、龙胆苦苷在秦艽根中的组织化学定位、不同生长发育阶段中龙胆苦苷积累动态、不同产地秦艽根中龙胆苦苷含量变化、土壤中无机元素含量以及产地的气候条件等对秦艽龙胆苦苷积累的影响,以及秦艽不同原植物根的结构、龙胆苦苷含量的比较和分析,在此基础上探讨秦艽道地性形成和优良品种选育。

§6.1 秦艽的研究概况
6.1.1 本草考证
1. 名称考证

秦艽作为中药材在我国已有2 000多年的使用历史。始载于《神农本草经》[4],曰:"味苦平。主治寒热邪气,寒湿风痹肢节痛,下水利小便,被列为中品。"秦艽名称在《雷公炮炙论》中以秦艽的纹理将秦艽分为两种:"左文列为秦,右文为艽。"《本草经集注》《重修政和经史证类备用本草》称秦膠,《四声本草》等还以秦瓜名之。《新修本草》才为秦艽正名,"本作札,或作纠,作膠,正作艽也。"《本草纲目》以产地及形态特征对秦艽的药名做了解释:"秦艽出秦中,以根作罗纹交纠者佳,故名秦艽、秦纠。"又纠正《雷公炮炙论》中的说法:"秦艽但以左文者为良,分秦与艽为二名,谬矣。"同时,在释名中将秦瓜更正为秦爪,从秦艽药材相交似爪的性状看,更正是较为合理的[5]。

2. 产地考证

《别录》记载:"生飞乌(今四川中江县东南)山谷。"陶弘景[5]说:"今出甘松(四川境内)、龙洞(今陕西宁强县)、蚕陵(今四川松潘县)。"苏敬说:"今出泾州(今甘肃泾川县)、鄜州(今陕西富县)、岐州(今陕西凤翔县)者良。"苏颂在《本草图经》中说:"今河陕州郡(今甘肃兰州及河南陕县)多有之。"李时珍称:"秦艽出秦中(今陕西)。"清吴其濬称:"今山西五台山所产,形状正同。"由此可知本草所记载的秦艽的产地包括四川、甘肃、陕西、山西及河南等省[6]。

3. 原植物考证

对秦艽药材原植物的形态描述最早见于《本草图经》[6],曰"根土黄色而相交纠,长一尺已来,粗细不等,枝干高五六寸,叶婆娑连茎梗,俱青色,如莴苣叶,六月中开花紫色,似葛花,当月结子。"其后,历代本草所记载正品秦艽的原植物可以从产地、描写的原植物和生药的形态并结合其附图加以考证。在植物和生药的形态方面,陶弘景说:"以根作罗纹相交长大黄白色者为佳,中多衔土,用宜破去。"李时珍[6]说:"以根作罗纹交纠者佳,故名秦艽、秦纠。"

根据上述本草记载再参阅各本草的附图,如《重修政和经史证类备用本草》的秦艽附图中:石州(今山西离石)秦艽(图6-1)及秦州(今甘肃天水)秦艽(图6-2)二图可以看出龙胆属秦艽组的一些特征。① 根单一或略分枝,根茎部有纤维状的老叶残基。② 叶基生,叶脉为弧状平行脉。③ 花序着生的形式在秦州秦艽的图上虽然未画出茎生叶,花型也较小,但反映了秦艽组植物花序的着生形式。

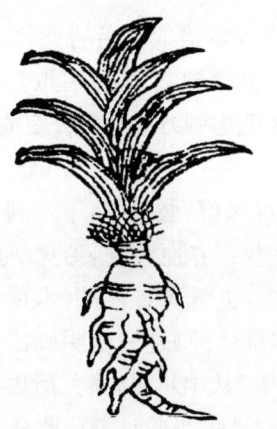 

图6-1 石州秦艽　　图6-2 秦州秦艽

宁化军(今山西宁武县)秦艽(图6-3)和齐州(今山东济南市历城区)秦艽(图6-4)二图显然不是龙胆属秦艽组的植物。

迄至《植物名实图考》中的附图[4](图6-5)能较精确地判断龙胆属秦艽组的植物。因此认为:本草中记载的正品秦艽是龙胆属秦艽组植物,并与其描述的形态相符,因为此类植物的根都为土黄色,有些种类的根相交纠,花紫色[6]。

4. 炮制方法考证

纵观历代本草,秦艽常用炮制方法有童便制、炒制、酒制等。《雷公炮炙论》曰:"凡用

图 6-3 宁化军秦艽　　图 6-4 齐州秦艽　　图 6-5 秦艽

秦,先以布试上黄肉毛尽,然后用还元汤浸一宿,至明出,日干用。"《本草纲目》对还元汤做了解释:"尿,方家谓之轮回酒,还元汤。"又引寇宗奭言:"人溺,唯童子者佳。"可见,还元汤即童便。与《本草经解》所载"便浸晒"相吻合。《小儿药证直诀》载:"去芦头,切,焙。"《疮疡经验全书》《仁术便览》《医宗说约》等均以酒制,但方法各异,有酒拌晒、酒洗浸、酒洗切片等。

秦艽辛、苦,平。童便性寒,制之增其苦寒之气;炒焙取其芳香之性,缓和苦味及寒性,适于脾胃虚弱者及小儿服用;酒制升提,浸之除其燥烈之性,洗者取其中正之性,缓其寒性,并增祛风、除湿、通筋络之功效。可见本草所载炮制方法均有一定的科学依据[5]。

5. 功效考证

《神农本草经》[4]曰:"(秦艽)主寒热邪气,寒湿风痹,肢节痛,下水利小便。"《本草经集注》云:"疗风无问久新,通身挛急。"《本草蒙筌》载:"养血荣筋,除风痹肢节具痛,通便利水,散黄疸遍体如金,除头风解酒毒,止肠风下血,去骨蒸传尸。"《本草求真》载:"……能除风湿牙痛。为风药中润剂,散药中补剂。"《本草分经》进一步明确:"凡风湿痹症、筋脉拘挛,无论新久,偏寒偏热均用,为三痹必用之药。"从中可见,秦艽历史上即为祛风、除湿、舒筋止痛之要药,在后世临床应用中,功效得到进一步验证[5]。此外,《晶珠本草》中记载了藏药秦艽的功效:"白花秦艽清腑热、胆热。兰花秦艽消肿,治白喉、干黄水。"可见少数民族很早也就以秦艽为药了[7]。

6.1.2 原植物的生物学特性

《中国药典》(2010 年版,一部)记载了秦艽药材原植物为秦艽(*G. macrophylla* Pall.)、小秦艽(*G. dahurica* Fisch.)、麻花秦艽(*G. straminea* Maxim.)和粗茎秦艽(*G. crassicaulis* Duthie ex Burk.)4 种。它们均属龙胆科(Gentianaceae)龙胆属(*Gentiana*)秦艽组(sect. *Cruciata* Gaudin)植物。

1. 秦艽组植物的分布

马毓泉[9]、夏光成[6]等系统研究了龙胆科龙胆属秦艽组植物。秦艽组是 N. I. Kusnezow 于 1893 年所建立,是龙胆属真龙胆亚属中的一个组。本组植物分布于欧亚大陆中部,北自 63°N,南至北回归线,西起欧洲大西洋沿岸,东至乌苏里。分布在欧洲中部各国及俄罗斯西伯利亚和远东地区、蒙古、土耳其、叙利亚、伊朗、阿富汗、印度及中国等。该组全世界有 19 种,亚洲有 18 种,欧洲有 3 种。在我国有 17 种 2 变种[1],可作药用的约 12 种。种数约占世界种数的 70%,占亚洲的 73%。在我国主要分布在地势较高的西北地区,占 13 个省区,它们是黑龙江、内蒙古、河北、河南、山西、陕西、宁夏、甘肃、青海、新疆、四川、云南与西藏。有 9 种集中在川西与藏东,属本组的分布中心。分布最广的种是秦艽,占 11 个省区,仅西藏与云南缺乏,其次是小秦艽,占 8 个省区。按省区所分布的种数顺序,以四川最多,有 7 种 1 变种,其次是西藏和新疆,各 5 种,青海有 4 种,甘肃、宁夏、河北与内蒙古各 3 种,云南与陕西各 2 种,黑龙江与河南各 1 种。秦艽组植物生长环境为山区或高原,分布海拔 600~4 500 m,以 3 000~4 000 m 分布的种类较多。常长在山地或高原的草地、林缘或灌丛中,喜较湿润与腐殖质较丰富的土壤和阳光较充足的地方[9]。

2. 秦艽组植物的形态

秦艽组植物为多年生草本,高 30~60 cm。主根常粗且长,少分枝。也有支根多条,扭结或黏结成一个圆柱形的根。根茎短,上部被多数发状残叶纤维紧密包围,营养枝茎甚短。少数枝丛生、直立或斜生。叶莲座状,早期萌芽生长;生殖枝萌发较迟,茎较长,直立、上举或斜升。花冠裂片间褶大而对称。种子扁长圆形,具网纹或光滑,无翅,极稀具狭翅[9]。

3. 秦艽组植物开花生物学

秦艽一般在上午 9:00 至下午 4:00 大量开花,之后随着光照强度减弱,花冠又渐闭合,夜间花是闭合的,第 2 天上午 9:00 阳光照射时又裂开。秦艽每年的开花期在 6~8 月。但 8 月中旬以后,由于气候关系,大部分花再不能开放。秦艽的花由茎端向下依次开放,同一茎上的花期可相差 1~1.5 个月,即顶端的已形成种子,而下面的还处于开花期。通常将花冠的张开作为开花的标志,而且秦艽开花时花冠顶部颜色发生规律性变化。花蕾约 1.5 cm 长时,花冠顶部为浅蓝色,以后花蕾继续伸长,颜色变深,花蕾长约 2 cm 时,花冠张开,呈深紫色,这一过程约需 3 d。花开时,可见花药已紧紧包围在柱头上,2 d 后,花药开裂,开始授粉,3~4 d 后,花药中花粉散尽,呈黄色而枯干,开花完毕。根据显微切片观察发现,真正的双受精发生在开花后 9~11 d。秦艽中有 50% 的花,其花药一直不高出柱头,因而不能授粉,这种花很早即枯死。秦艽为多胚珠,授粉的花的结实率一般仅为 30% 左右[10]。

6.1.3 主要化学成分及药理研究

1. 主要化学成分

近年来,秦艽化学成分研究结果表明,秦艽组植物主要含环烯醚萜、三萜、甾体类成分,尤其以环烯醚萜为其特征性成分[11]。

(1) 环烯醚萜苷类　到1991年为止,从植物中分离并鉴定的裂环烯醚萜化合物约有120个[12],1992～2001年文献报道了78个裂环烯醚萜类化合物,2002～2009年文献报道了61个裂环烯醚萜类化合物[13]。早在20世纪50年代傅丰永等[14]对秦艽的化学成分进行了研究,他们从秦艽中分离出三种生物碱,暂命名为秦艽生物碱(gentianine)甲、乙和丙。此后,梁晓天等[15]、薛智等[16]对秦艽乙素和丙素的结构进行了鉴定。后来,钟静芬等采用双波长薄层扫描仪,在硅胶GF254板上以乙醚-丙酮为展开剂,分别用荧光熄灭和荧光法检出斑点后扫描测定,分离了秦艽甲素和丙素[17]。尽管如此,近来研究表明,秦艽组植物本身并不含生物碱,这些生物碱是在提取过程中加入氨水,由龙胆苦苷等环烯醚萜转化而来(穆祯强等)。日本近藤嘉和曾从中国甘肃省栽培秦艽的根中作为主成分分离到龙胆苦苷(gentiopicroside),将氯仿可溶组分进行硅胶柱层析,分离出除龙胆苦苷外的7种结晶。对其中6种进行元素分析及光谱分析,分别鉴定为甲基褐煤酸酯、α香树素(α-amyrin)、β谷甾醇、roburic acid、褐煤酸(montanic acid)和β-谷甾醇-β-D-葡萄糖苷,roburic acid作为植物成分系首次分离出[18]。刘艳红等[18]从青海西宁产秦艽的甲醇提取物水溶性部分分离到1个新裂环烯醚萜苷[命名为秦艽苷(qinjiaoside)A]、2个已知的环烯醚萜苷[龙胆苦苷和哈巴苷(harpagoside)],以及2个甾醇苷(胡萝卜苷和β-谷甾醇-3-O-龙胆糖苷)[19]。

陈千良等[19]用UV、IR、MS等技术从秦艽水溶部位分离得到4个化合物:龙胆苦苷(gentiopicroside)、獐牙菜苦素(swertiamarine)、獐牙菜苷(sweroside)和6′-O-β-D-葡萄糖基龙胆苦苷(6′-O-β-D-gluco-sylgentiopicroside)。其中6′-O-β-D-葡萄糖基龙胆苦苷为首次从秦艽中分得[20]。

(2) 脂溶性化合物　进入21世纪,对秦艽的化学成分研究愈来愈深入。陈千良等[20]从脂溶部位分离得到5个化合物,分别鉴定为:N-正二十五烷基-2-羧基苯甲酰胺(N-pentacosyl-2-carboxy-benzoylamide)、5-羧基-3,4-二氢-1H-2-苯并吡喃-1-酮(5-carboxyl-3,4-dihydrogen-1H-2-benzopyran-1-one)、红百金花内酯(erythrocentaurin)、栎瘿酸(roburic acid)、齐墩果酸(oleanolic acid)。N-正二十五烷基-2-羧基苯甲酰胺和5-羧基-3,4-二氢-1H-2-苯并吡喃-1-酮为两个新化合物,分别命名为秦艽酰胺和红百金花酸,红百金花内酯为首次从本属植物中分得[21]。

(3) 氨基酸类　孙菁等[22]以1,2-苯并-3,4-二氢咔唑-9-乙基氯甲酸酯(BCEOC)作为柱前衍生化试剂,采用梯度洗脱利用电喷雾离子源(ESI source)正离子模式,从中药材小秦艽中分离出至少18种氨基酸和7种人体必需氨基酸。

(4) 多糖类　陈克克等[23]采用水提醇沉法提取陕西产秦艽多糖,经三氟乙酸水解,水解产物用衍生化试剂1-苯基-3-甲基-5-吡唑啉酮柱前衍生化后进行高效液相色谱分析。结果表明,秦艽多糖含有甘露糖、鼠李糖、葡糖醛酸、半乳糖醛酸、葡萄糖、半乳糖和阿拉伯糖七种单糖,其摩尔比为0.06∶0.25∶0.03∶1.00∶1.23∶0.87∶3.52。

(5) 无机元素　张兴旺等[24,25]采用火焰原子吸收光谱法测定了不同产地和不同种秦艽花中Ca、Mg、Cu、Fe、Mn、Zn 6种微量元素的含量。结果显示,秦艽及6种龙胆科植物花中微量元素含量丰富,其中Mg、Ca、Fe含量较高,不同产地秦艽及不同种的花中各元素的含量均有一定差异。

2. 主要药理作用

秦艽组植物的药理作用主要为消炎镇痛,并对肝损伤保护、抑制肿瘤也有一定作用[11]。

(1) 保护肝脏　在CCl_4、对乙酰氨基酚染毒前后给以龙胆苦苷药及仅在染毒前给以龙胆苦苷药均可显著降低小鼠的死亡率。形态学观察表明,龙胆苦苷可明显减轻CCl_4及对乙酰氨基酚对肝细胞的损害[26]。同时以脂质过氧化为指标,探讨了龙胆苦苷对肝脏的保护作用。实验结果表明,龙胆苦苷对正常小鼠肝脏脂质过氧化无明显影响,但体内外实验均证明龙胆苦苷可显著降低饥饿小鼠肝脂质过氧化。龙胆苦苷也可显著降低CCl_4升高的小鼠肝脏脂质过氧化[27]。中药秦艽提取物龙胆苦苷可明显降低多种急性肝损伤和慢性肝损伤动物的血清转氨酶,使肝组织的片状坏死、肿胀及脂肪变性,有不同程度的减轻,且可促进肝脏的蛋白质合成[28]。采用口服给药龙胆苦苷后也能明显降低CCl_4急性肝损伤小鼠血清ALT、AST水平及增加肝组织中谷胱甘肽过氧化物酶活力,大鼠胆流量明显增加,胆汁中胆红素浓度提高[29]。这些试验结果均表明龙胆苦苷对多种肝损伤有一定的保护作用。

(2) 抑制肿瘤　秦艽总苷对移植性肿瘤有一定抑制作用,能延长荷瘤动物的生存时间,其机制可能与增强免疫有关[30]。进一步观察秦艽总苷对肝癌细胞增殖及凋亡的影响,可见一定浓度的秦艽总苷对人肝癌细胞SMMC-7721有抑制增殖和诱导凋亡的作用[31]。

(3) 其他功效　秦艽提取物可明显延长乙型流感病毒感染小鼠存活天数和存活率,对乙型流感病毒感染小鼠肺指数、肺组织形态学都有保护作用,与模型组比较具有显著性差异($P<0.05$),表明秦艽具有较好的抗乙型流感病毒感染的作用[32]。秦艽和龙胆挥发油在实验动物体内外均显示了出色的消炎活性,能显著抑制由脂多糖诱导的巨噬细胞NO释放和二甲苯引起的小鼠耳郭肿胀,且存在一定的剂量依赖性。因此有望从中分离新的消炎活性成分[33]。

6.1.4 资源分布

目前我国秦艽药材原植物除《中国药典》收录的秦艽、麻花秦艽、粗茎秦艽和小秦艽以外,甘肃的管花秦艽(*Gentiana siphonantha* Maxim.)、甘南秦艽(*G. gannanensis* Y. Wang et Z. C. Lou)[34],新疆的新疆秦艽(*G. walujewii* Regel et Schmalh.)、中亚秦艽(*G. kaufmanniana* Rgl. et Schmalb.)、天山秦艽(*G. tianshanica* Rupr.)等秦艽的近缘种也作为当地的地方习用品种入药[35]。

其中,秦艽在我国的分布,北自大兴安岭,经内蒙古草原,沿祁连山北麓至天山一线,东界太行山脉,向南到云贵高原西北缘,西达青藏高原东部[36],其分布区最大。从资源分布的常见度来看,黄土高原及青藏高原东缘是我国秦艽资源分布中心。位于该区的甘肃、陕西、四川、山西等省是秦艽的主要产区,其中陕西、甘肃产秦艽以量大质优在国内外

第6章 秦艽

享有盛誉。蒙古、西伯利亚和远东地区也有分布。表6-1及图6-6显示了秦艽在我国各省区的具体分布[3,37]。

表6-1 秦艽在我国各省区的分布

省 区	分 布 地
陕西	凤县、陇县、麟游、太白、富县、吴旗、志丹、黄龙、黄陵、洛川、宜川、甘泉、宁强、靖边
甘肃	民乐、庆阳、环县、华池、正宁、合水、宁县、庄浪、华亭、北道、清水、康县、西和、礼县、岷县、漳县、临洮、渭源、东乡、积石山、临夏、榆中、永登、舟曲、镇远
宁夏	盐池、西吉、六盘山、德隆、葫芦河、贺兰山、南华山、罗山
青海	海晏、祁连、门源、同仁、泽库、兴海、贵南、甘德、达日、久治、曲麻莱、互助、大通、刚察、湟中
四川	金川、茂县、理塘
新疆	哈纳斯湖、清河、塔城、伊犁、玛纳斯湖、和静、巩留、哈密、新源、博尔塔拉、温泉、阿勒泰至富蕴、乌苏至奇台、阿克苏至库尔勒
西藏	芒康、左贡、波密、曲松、曲水、亚东
云南	怒江、大理、丽江、维西
山西	五台、交城、平定、原平、山阴、灵宣
河北	围场、涞源、涿鹿、蔚县
内蒙古	通辽、兴安盟、扎鲁特、科尔沁、燕山北部、呼伦贝尔锡林郭勒高原、阴山、贺兰山
黑龙江	嫩江、北安、黑河、伊春

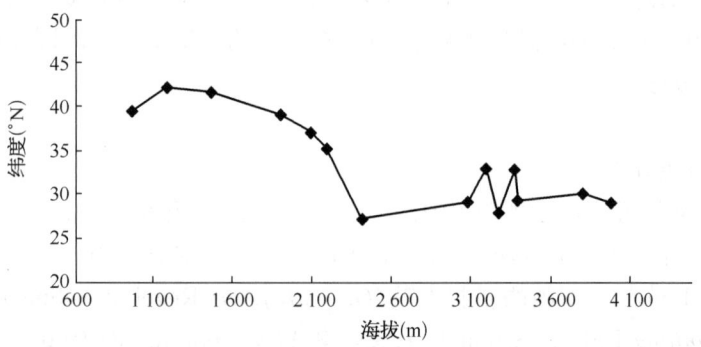

图6-6 秦艽在我国地理分布的大概范围

麻花秦艽分布于青海、甘肃、四川、西藏等海拔2 000～4 500 m的高山草甸中；粗茎秦艽分布于四川、贵州、云南、西藏等海拔2 700～3 800 m的高山草甸及山坡灌木林缘中；小秦艽分布于内蒙古、陕西、甘肃、宁夏、山西、青海、新疆、四川、西藏、河北等海拔1 100～3 500 m的山坡林下或草丛中[3]。

6.1.5 药材质量评价

药材的品质特征受多种因素影响,诸如药材原植物的种类、生长阶段、产地环境以及采收加工、储存方法差异,都能影响药材中的次生代谢活动,从而影响药材的内在品质。传统中医主要以眼看、手摸、鼻嗅、口尝等方法,对中药材的颜色、形态、味道、质地进行判定,从而鉴别中药材品质的优劣。随着科学技术的进步,近年来,通过采用色谱方法、理化方法等实验方法进行成分分析和药理研究,以此来判断中药材的真伪优劣已成为中药材质量评价的主要方法。

1. 评价指标

裂环烯醚萜苷类化合物是龙胆科秦艽组药源植物的主要药用成分,是评价秦艽药材质量的指征性成分,其中龙胆苦苷作为秦艽药材主要药用成分已成为衡量秦艽药材质量的主要指标之一,在《中国药典》(2010年版,一部)中规定秦艽药材中龙胆苦苷和马钱苷酸的总含量不得少于2.5%。龙胆苦苷的化学结构式[3,4]如下:

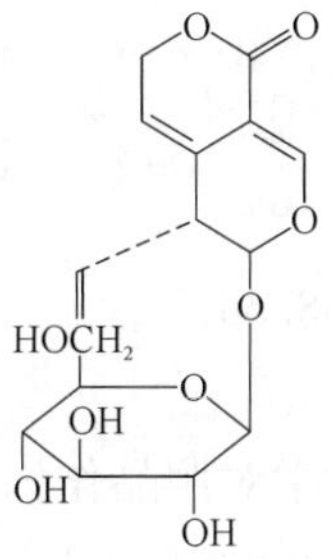

分子式为 $C_{16}H_{20}O_9$,分子量为 356.11。

马钱苷酸(loganic acid)又称落干酸,该化合物为白色结晶粉末,味苦,易溶于甲醇、乙醇中,分子式为 $C_{16}H_{24}O_{10}$,分子量为 376.36。马钱苷酸与龙胆苦苷一样均是龙胆属植物中含量较高的两种药用成分,都属于裂环烯醚萜苷类化合物。它对非特异性免疫功能有增强作用,能促进巨噬细胞吞噬功能,延缓衰老,有良好的防癌、防辐射、抗菌、消炎功效。此外还有镇咳、祛痰等作用。其化学结构式如下:

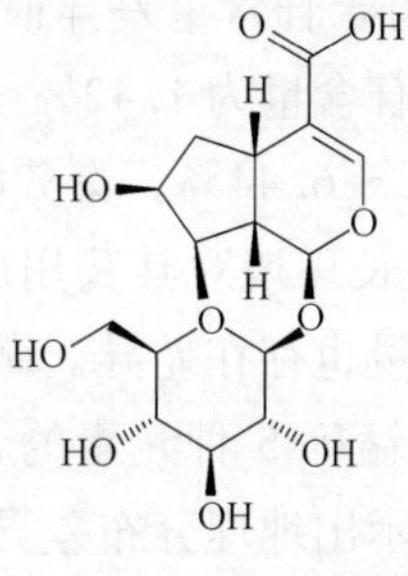

獐牙菜苦素(swertiamarine)也是龙胆科龙胆属秦艽组药源植物中的一种活性成分,该化合物在氯仿、乙醚的溶剂中呈白色片状结晶,味苦,在空气中略有吸湿性。熔点 113~114 ℃,旋光度 $-127°$($c=1$ g,96%乙醇)。易溶于甲醇、乙醇,微溶于水,不溶于氯

仿、石油醚。其化学结构式为：

分子式为 $C_{16}H_{22}O_{10}$，分子量为 374.34。

獐牙菜苦素具有显著的药理作用，已被开发为新药。如解痉镇痛、清肝利胆、消炎抑菌、降低血脂等。此外还具有镇静、抗惊厥作用，能明显抑制中枢神经系统。

另外还有獐牙菜苷(sweroside)，别名当归苷，与獐牙菜苦素同属于獐牙菜属的主要活性成分，秦艽药材中也含有此类化合物。具有退热、抗惊厥的药理作用。其化学结构式如下：

分子式为 $C_{16}H_{22}O_9$，分子量为 358.34。

2．评价方法

中药材质量评价控制常常采用化学对照品作为标准品，对中药材中的化学成分进行定性定量分析[8]。随着中药现代化研究的深入，目前认为单靠测定某种中药材中单一化学成分，很难全面反映中药材疗效的好坏。中药材的药效不同于化学药品是靠某种单一化学成分含量的高低进行评价，而是通过多种活性成分共同发挥作用的结果。因此，采用高效液相色谱对某种中药材中一组药用成分进行分析并建立指纹图谱，以此来控制和反映药材的品质，建立质量控制体系，已成为当今中药材质量评价的主要方法之一。

3．影响药材质量的因素

由于生长环境的差异，生长在不同产地的秦艽根中龙胆苦苷含量存在较大变化。产于甘肃、内蒙古、青海的秦艽，其龙胆苦苷含量差异很大，为 1.97%～13.93%；生长在内蒙古、甘肃、山西的小秦艽的龙胆苦苷含量为 1.42%～3.74%；生长在四川、青海、甘肃的麻花秦艽的龙胆苦苷含量为 0.34%～6.44%。秦艽的变化范围最大，其次为麻花秦艽，而小秦艽波动范围最小[38]。不仅生长环境对其药用成分含量有较大影响，秦艽、小秦艽及麻花秦艽不同种之间龙胆苦苷含量也存在差异。微量元素含量与龙胆苦苷类似，也具有产地差异。秦艽中钙、镁、钾、锌、锰等 5 种元素的含量高于其他 3 种秦艽原植物[39]。秦艽不同居群无机元素含量水平显示出地理分布差异特点，且各元素之间具有一定的协调促进或拮抗作用[40]。

在不同生长季节、不同生长年限以及秦艽不同器官中药用成分含量也存在差异。如马潇等[41]报道麻花秦艽根中獐牙菜苦素含量为 8.8%～12.4%，花中含量为 1.2%～

3.0%,茎叶含量为 0.8%～2.2%;秦艽根中的含量为 7.3%～11.6%,花中含量为 1.7%～3.8%,茎叶含量为 1.5%～2.6%;小秦艽根中的含量为 4.7%～9.1%,花中含量为 1.4%～3.9%,茎叶含量为 1.5%～2.4%;粗茎秦艽根、茎、叶、花中龙胆苦苷的含量分别为 16.42%、4.15%、3.21%和 2.89%[42]。孙菁等[43]采用高效液相色谱法测定了藏药麻花秦艽根中龙胆苦苷含量及其在不同生长季节的变化趋势。结果表明,这种环烯醚萜苷类成分的含量随植物的生长季节而波动,其活性成分含量存在一定的差异性:野生麻花秦艽中龙胆苦苷最高含量出现在 10 月,栽培麻花秦艽中其含量则于 7 月达最高。李建民等[44]分析二年生粗茎秦艽根的龙胆苦苷含量(17.83%)比一年生根的含量(17.66%)和三年生根的含量(13.77%)高,而且其根、茎、叶部的龙胆苦苷含量显著高于小秦艽和麻花秦艽。

6.1.6 栽培

由于秦艽的生长区域狭窄,对环境要求苛刻,以及生长周期长,一般生长 4～5 年才能成为药材,为此,有限的野生资源供不应求。目前,甘肃、陕西、青海等一些地区已人工栽培秦艽[3]。

1. 秦艽的习性

秦艽多生长在亚高山草甸、高山草甸、山地草场、山地林草场、亚高山灌丛草场、亚高山灌丛、高山灌丛及林缘的阳坡。土壤以草甸土、荒漠土及砂质土壤为多见,对土壤要求不严,以疏松、肥沃的腐殖土、砂质壤土为好。秦艽属喜光植物,5～8 月是生长的关键时期,全生育期平均日照时数 985.8 h,符合秦艽的生长需求。温度是影响秦艽生长和分布的重要生态因子,适宜生长在冷凉和潮湿区,耐寒,要求年平均气温 12～14 ℃,最冷月平均温度 0～−20 ℃,最热月平均温度 10～20 ℃,地下部分可忍受−25 ℃以下低温。最适宜秦艽生长的日平均气温为 10～20 ℃,气温低于−15 ℃或高于 30 ℃均对秦艽生长不利。要求年降雨量 300～800 mm。

2. 采种

秦艽生长 3 年后,大量开花结果,选择无病、健壮的植株作为留种株。通常 9～10 月种子呈浅黄色时,将果实带部分茎秆割回,置于通风处候熟,待干后抖出种子,储存于干燥处,采集成熟饱满的种子即可作为种子留用。

3. 选地、整地

选择土层深厚、肥沃、富含腐殖质的向阳砂质壤土或壤土,春季或秋季耕翻,耕深 35 cm 左右,拣去石块或树根,亩施优质腐熟农家肥 5 000 kg,过磷酸钙 100 kg,草木灰 500 kg;整平耙细,按 1.2 m 作畦或打垄待播[45]。

4. 种子处理

秦艽种子寿命短,储存 1 年以上的种子则不能作种。播种前应对种子进行处理,秦艽种子自然发芽率低,经细沙揉搓或低浓度赤霉素萘乙酸等溶液浸种 24 h,可明显促进种子萌发,遮阴和水分控制是秦艽育苗的关键。

第6章 秦　艽

5. 直播、育苗移栽及分株繁殖

(1) 种子直播法　分春播和夏播。春播在4月上中旬,夏播于6月中上旬进行。选取饱满成熟的种子,于早春在整好的地上开沟,沟深1~2 cm,沟距24 cm。条播或穴播将种子均匀撒入沟内,结合覆土,略加镇压,覆盖一层草或细沙,进行遮阴保墒,以促进种子萌发,亩播种0.5 kg。一般从播种到种子发芽需要1个月。秦艽种子发芽适温为20 ℃左右,而30 ℃高温则对种子萌发具有明显的抑制作用[46]。

(2) 育苗移栽法　分春季育苗和秋季育苗,春季育苗前选取成熟饱满的种子,种子处理按种子:沙=1:3,埋在室外,经低温处理。春季3月中下旬,在整平的苗床畦面上按行距20~30 cm,开成深1~2 cm、宽3 cm的浅沟,然后把拌有细沙的种子均匀撒在沟内,覆盖过筛细土即可,再用铁丝或竹片做弓形覆盖塑料棚膜保温、保墒、遮阴,以促进种子萌发,需30 d左右出苗,用种子7.5~15 kg/hm²为宜。秋季育苗在10~12月进行,翌年春季出苗,播种方法同春季育苗,只是不用覆盖棚膜,在苗畦内覆盖一层麦糠或柴草,保墒遮阴,也可防止春季出苗后日烧。育成的苗子一般于秋季移栽,移栽时按行距25 cm开沟,株距10~20 cm栽植,沟深根据根系的大小而定,以根芽覆土3 cm左右、密度150 000株/hm²为宜,覆土压实。

(3) 分株繁殖　春季芽萌之前,挖出根分成小簇,每簇1~2个芽,栽植方法同育苗移栽。

6. 工厂化育苗

温室工厂化育苗为秦艽的人工栽培提供了便利条件。秦艽工厂化育苗的要点、方法可总结为以下几点。① 种子用0.5 mg/g的赤霉素浸泡24 h,为最佳种子处理方法。② 土壤要求疏松,以富含腐殖质的壤土为好,耙细整平。③ 秦艽种子较小,顶土力弱,因此播种时需要密播,苗齐后间苗。④ 温度是很重要的条件,最佳育苗温度为20~28 ℃。出苗前使用地膜覆盖,可以保温、保湿。等苗出来后及时去掉地膜,以免烧苗或烂苗。⑤ 第一次移栽时需要小心地从根部分开,将根部的损伤降到最低,这是保证移栽成活率的关键。移栽后要搭遮阳网,以免强光直射幼苗。⑥ 从育苗钵移栽到大田时要带土移栽,移栽后及时浇水,可以大大提高成活率[47]。

组织培养技术可用来快速繁殖秦艽优良种苗。目前对秦艽和麻花秦艽的组织培养与植株再生已有取得成功的研究报道。黄慧馨[48]和陈立余[49]相继研究了秦艽体细胞胚发生途径,并通过组织学对其发生过程进行了验证,推测体细胞胚的发生属于单细胞起源。黄慧馨研究发现,影响胚状体发生的因素有外植体、光照和激素水平。外植体直接诱导的胚状体多畸形,通常将诱导产生的胚性愈伤组织分离,转移到新的诱导培养基中诱导胚状体发生;暗箱培养对胚状体形成有促进作用;2,4-D与NAA配合使用促进愈伤组织形成胚状体。

7. 田间管理

(1) 直播田间管理　种子直播后1个月左右出苗。当苗高6~10 cm时,按株距12 cm均匀间苗,间苗后可适当浇水与追肥。中耕除草每年2~3次,一般于5月下旬进行第一次中耕除草,此时幼苗易受伤,必须操作细致;6月下旬或7月上旬进行第二次除草。每年追肥2~3次,以农家肥为主,农家肥作冬肥施入,亩施人粪尿2 000 kg,化肥以三料复合肥为好,一般在植株封垄前趁雨或浅水时撒施,每亩施20 kg;开花期进行叶面喷施磷酸二氢钾,分3次喷施,每隔10 d喷1次。

(2) 苗床管理　秦艽出苗后,气温回升较快,日照强度大,应加强此期的苗床管理。对于有棚膜覆盖的苗床,须视温度高低,争取10时左右两头放风,棚膜上覆盖柴草遮阴,降低日照强度,16 h后密封两头,干旱时均匀浇水,拔除杂草后适当浇水和施肥。播种当年,因幼苗细小不易中耕,应将苗床内杂草用手拔除,保持苗床无杂草。

育苗移栽的秦艽,育苗期间不间苗,不追肥。于次年4月中旬将幼苗边挖边移栽到早春整好的地内。为保全苗应每窝栽两苗,栽植后20 d,苗高6~8 cm时定苗,亩保苗2.8万株。

(3) 大田管理　移栽到大田后,春季生长时清除地内杂草,进行松土中耕,每次结合松土除草施一次肥料,现蕾时施过磷酸钙375 kg/hm^2。摘蕾时除留种外,其余花蕾全部摘掉,以促进根部生长。

栽培管理过程中影响龙胆苦苷含量的因子有多方面,首先肥料不同可影响龙胆苦苷的含量,施用草木灰对秦艽根中龙胆苦苷的含量有明显促进作用,麻渣次之,过磷酸钙和尿素略高于对照,施混合肥的含量最低[50];其次,不同生长年限、不同采收季节和不同肥料水平等因子对栽培秦艽龙胆苦苷含量也有影响。二年生栽培秦艽中龙胆苦苷的含量高于一年生和三年生栽培秦艽中龙胆苦苷的含量;秋季采集的栽培秦艽中龙胆苦苷含量高于春季采集的;磷肥和尿素(2 025∶506)混合肥料栽培的秦艽中龙胆苦苷含量较其他比例磷肥和尿素的混合肥料高[51]。

8. 病虫害防治

秦艽的主要病害有叶斑病,主要虫害有蚜虫[52,53]。

(1) 叶斑病　一般于7~8月发生,叶片呈黄色斑块,严重时植株枯萎死亡。发病初期喷1∶1∶100倍波尔多液,或65%代森锰锌可湿性粉剂800倍液,每隔7 d喷1次,连喷2~3次,或喷70%甲基托布津、百菌清,每10 d喷1次,连喷3次。

(2) 锈病　秋天发病严重,叶背隆起,呈黄褐色斑状,用15%的粉锈宁可湿性粉剂800倍液喷雾防治。

(3) 蚜虫　用辟蚜雾2 000倍液防治。发生期喷生绿Bt粉、蚜虱净、啶虫咪或菊酯类农药,隔15 d用药1次,连喷2~3次,效果明显。

9. 采收加工

种子直播法种植的秦艽,因周期长,一般在半野生保护区和退耕还林地块种植,生长4年后于秋季采挖。育苗移栽法种植秦艽生长快,可在耕地中种植。生长2~3年后于秋季采挖,把挖出的根除掉茎叶、根须和泥土,然后用清水洗干净,使根呈乳白色,晾晒,待根变软时,堆放3~5 d进行"发汗",待颜色呈灰黄色或红黄色时,再摊开晒干即可[53,54]。

不同栽培措施对秦艽龙胆苦苷含量会有一定影响。采用秋季移栽的方式,栽培密度控制在120株/m^2,并混合施加高N、P肥,根部龙胆苦苷含量积累最高。通过极差和方差分析,栽培方式是影响根部龙胆苦苷积累的主要因子,其次是栽培时间、施肥技术和栽培密度[55]。

青海省技术监督局于2005年以《青海省地方标准》形式发布了《秦艽生产操作规程(SOP)》,自2005年9月1日实施(图6-7)。标准详细规定了生产基地的选择、种子及种苗生产技术、种植及田间管理技术、药材采收与初加工技术、药材包装、运输与储存技术、品种标准、种子、种苗分级检验技术和药材质量检测技术[56]。

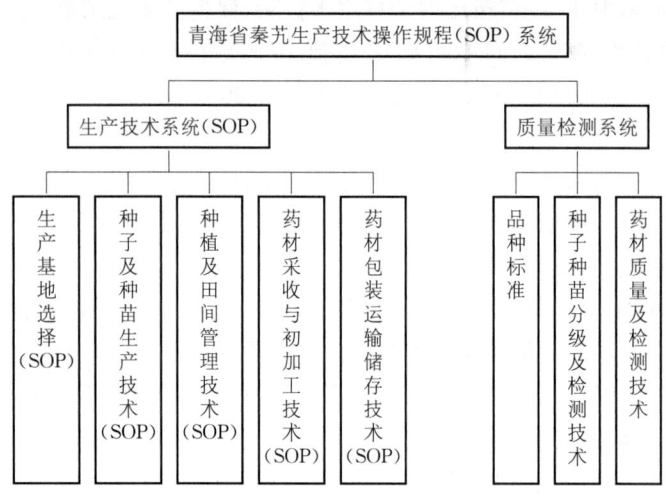

图6-7 青海省秦艽生产技术操作规程(SOP)系统

§6.2 秦艽的形态结构特征

秦艽为多年生草本,株高30~60 cm。全株光滑无毛,基部被枯存的纤维状叶鞘包裹。须根多条,扭结或黏结成一个圆柱形的根。地上茎少数丛生,直立或斜生,黄绿色或有时上部带紫红色,近圆形。莲座丛叶卵状椭圆形,长6~28 cm,宽2.5~6 cm,先端钝或急尖,基部渐狭,边缘平滑,叶脉5~7条,在两面均明显,并在下面突起;叶柄宽,长3~5 cm,包被于枯存的纤维状叶鞘中;茎生叶椭圆状披针形或狭椭圆形,长4.5~15 cm,宽1.2~3.5 cm,先端钝或急尖,基部钝,边缘平滑,叶脉3~5条,在两面均明显,并在下面突起,无叶柄至叶柄长达4 cm。花多数,无花梗,簇生枝顶呈头状或腋生作轮状;花萼筒膜质,黄绿色或有时带紫色,长(3)7~9 mm,一侧开裂呈佛焰苞状,先端截形或圆形,萼齿4~5个,稀1~3个,甚小,锥形,长0.5~1 mm;花冠筒部黄绿色,冠檐蓝色或蓝紫色,壶形,长1.8~2 cm,裂片卵形或卵圆形,长3~4 mm,先端钝或钝圆,全缘,褶整齐,三角形,长1~1.5 mm,或截形,全缘;雄蕊着生于冠筒中下部,整齐,花丝线状钻形,长9~11 mm,先端渐狭;花柱线形,连柱头长1.5~2 mm,柱头2裂,裂片矩圆形。蒴果内藏或先端外露,卵状椭圆形,长15~17 mm;种子红褐色,有光泽,矩圆形,长1.2~1.4 mm,表面具细网纹。花果期7~10月(图6-8)[1]。

§6.2 秦艽的形态结构特征

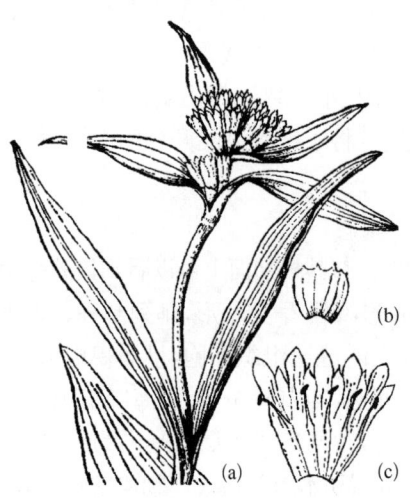

图6-8 秦艽的花
(a)花枝；(b)花冠纵切；(c)花萼纵剖

图6-9 秦艽根的外部形态

6.2.1 根的形态结构

秦艽根表面黄棕色或灰黄色，有纵向或扭曲的纵皱纹，顶端有残存茎基及纤维状叶鞘(图6-9)[57]。

观察三年生秦艽根的石蜡切片表明，其根从外向内依次由第一层周皮、颓废韧皮部、第二层周皮、次生韧皮部、维管形成层、次生木质部和初生木质部组成(图6-10)。周皮由木栓层、木栓形成层和栓内层组成，木栓层细胞呈砖形，排列整齐紧密。栓内层是1~2层薄壁组织细胞。由于木栓层细胞成熟后，细胞壁栓质化，原生质体死亡，细胞腔中充满空气，形成一层不透水、不透气的保护组织。所以当第二层周皮(内周皮)形成之后，其外方的韧皮部由于缺水和养料而死亡形成颓废韧皮部。次生韧皮部由韧皮薄壁组织细胞、筛管伴胞、韧皮射线组成。维管形成层由几层具分裂能力的、长方形形成层细胞整齐排列形成。维管形成层以内是木质部，木质部是由大量木薄壁组织细胞、导管分子、木射

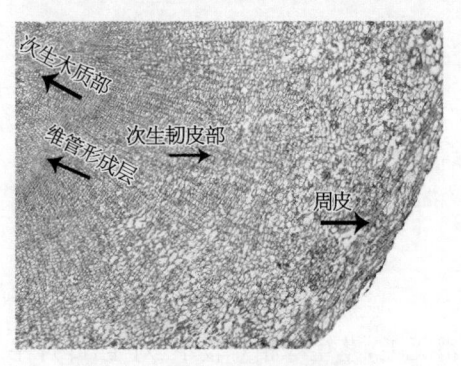

图6-10 三年生秦艽根横切面

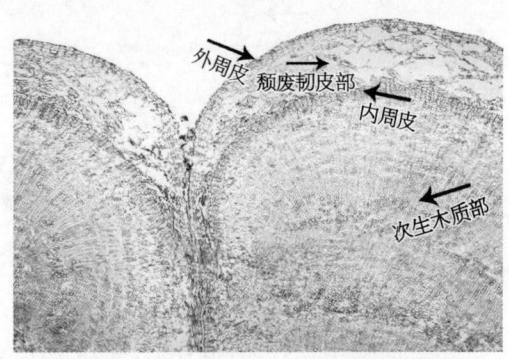

图6-11 裂分后的秦艽根横切面

311

线和木纤维组成。在以后的发育中部分木薄壁组织细胞脱分化形成异常形成层,维管形成层也会发生断裂,与木薄壁组织细胞脱分化形成的异常形成层连接形成几个异常形成层环。之后异常形成层环以各自为单独的子维管束,向内外分裂分化出新的木质部、韧皮部。最后内外两层周皮也会断裂与新形成的周皮连接,将子维管束隔开(图6-11)[58]。

6.2.2 花茎的形态结构

秦艽的花茎长,光滑无毛,较粗,绿色,圆柱形(图6-12)。在其横切面上可以看到最外是由一层表皮细胞组成的,细胞呈类矩形,排列整齐。表皮以内有10余层较大的薄壁组织细胞,呈不规则形,排列较疏松,具细胞间隙,其内侧5~6层薄壁组织细胞较小,排列较为紧密,共同组成皮层。其内为维管柱,由韧皮部、维管形成层和木质部组成。韧皮部较窄,连成一圈,由韧皮薄壁组织细胞和筛管伴胞组成。韧皮部以内是维管形成层和木质部,也在花茎中围成一圈,维管形成层较宽,由排列整齐的维管形成层细胞组成(图6-13a)。再向内就是一圈木质部,木质部由导管和木薄壁组织细胞组成,导管分子3~5个成群分布在薄壁组织细胞中。髓在花茎的中央占其横切面面积的2/3(图6-13b),由较大的薄壁组织细胞组成,薄壁组织细胞排列疏松,具有较大的细胞间隙(图6-13a)[58]。

图6-12 秦艽花茎形态

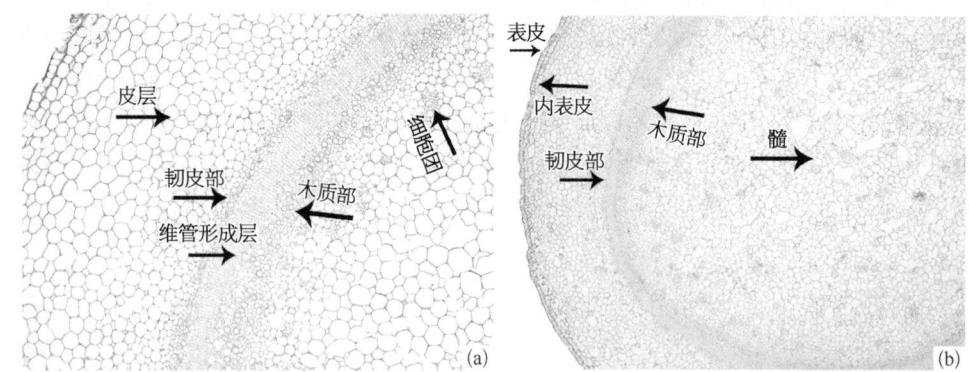

图6-13 秦艽花茎横切面
(a) 维管形成层细胞;(b) 花茎的髓

6.2.3 叶的形态结构

秦艽的基生叶较大,披针形,先端尖全缘,平滑无毛,茎生叶相对较小,对生,叶片平滑无毛,叶脉为5条,叶上表皮颜色较下表皮深。叶片的横切面观察,由表皮、叶肉、叶脉构成。其表皮细胞一层,大小不一,呈类矩形,具波纹边缘,排列紧密(图6-14)。其中,上表皮细胞较下表皮细胞大,下表皮具气孔器。秦艽叶为异面叶,叶肉有海绵组织和栅栏组织的分化。上表皮下为栅栏组织,细胞呈长圆柱形,排列整齐较为紧密,长轴与叶表面垂直呈栅栏状,多为两层细胞。外层细胞较长,内层较短。靠近下

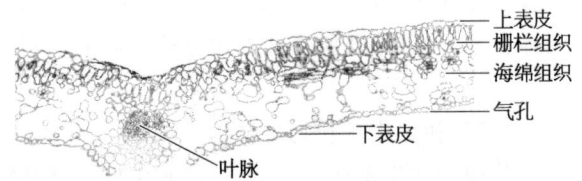

图6-14 秦艽叶的横切面

表皮的是海绵组织,由3~5层形状不规则的薄壁组织细胞组成。其细胞间的间隙很大。秦艽叶肉中海绵组织的厚度大于栅栏组织,在海绵组织和栅栏组织间分布有维管束,即叶脉。叶脉上表面较平坦而背面突起,由2~3个维管束组成,叶脉维管束为外韧维管束,木质部靠近叶的近轴面,韧皮部靠近叶的远轴面。在韧皮部外有多层排列整齐的薄壁组织细胞,从而在叶的背面突出形成肋。侧脉完全包埋在叶肉组织中,由一个维管束组成,维管束外有一层薄壁组织细胞组成的维管束鞘将其包围[58]。

6.2.4 花的形态结构

秦艽的花两性,呈聚伞花序,花萼筒状或朝花柄的一处深裂,多为5裂。花冠先端5裂,蓝色或蓝紫色。雄蕊5枚,着生于花冠筒上与花冠裂片互生,花药2室,纵裂呈"个"字花药。一室子房上位,胚珠多数。花柱单生,柱头全缘[58]。

§6.3 秦艽根的发育解剖

秦艽的药用部分为根,其结构特点及发育过程与主要药用成分的积累具有相关性,同时也是其药材鉴定的依据。

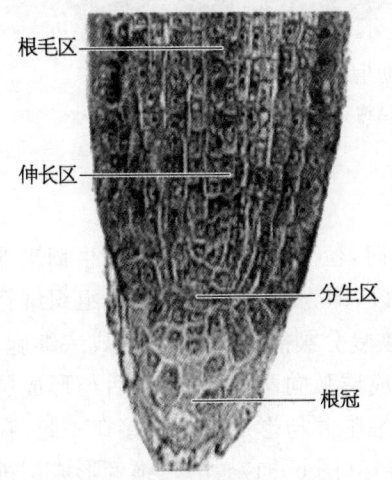

图6-15 秦艽根尖的纵切面

6.3.1 根尖及其组织分化

一年生秦艽主根根尖纵切面包括根冠、分生区(生长点)、伸长区和根毛区四部分。根冠位于最前端,由多层薄壁组织细胞构成,液泡化程度高,有细胞间隙。分生区是位于根冠内方的顶端分生组织,包括原分生组织和初生分生组织。原分生组织分为3个细胞群,即表皮原和根冠原共同组成的外层原始细胞群,其内为皮层原的原始细胞群及中柱原的原始细胞群(图6-15)[57]。

原分生组织细胞质浓厚,细胞核大,排列整齐而紧密,细胞间缺乏分化,表现出典型的分生组织的细胞学特点。原分生组织的衍生细胞分化为初生分生

组织,其细胞排列层次明显,最外一层为表皮原,细胞质浓厚,细胞核大,排列整齐而紧密。表皮原内5~6层为由基本分生组织组成的皮层原,细胞开始液泡化。皮层原以内是由体积小、多边形细胞组成的中柱原,其细胞的细胞质浓厚,细胞核较大[57]。

6.3.2 初生生长和初生结构

秦艽根的初生结构由表皮、皮层和中柱三部分组成(图6-16)[59]。分别由表皮原、皮层原和中柱原的衍生细胞分化而来。其中,皮层细胞最早分化,然后是中柱和表皮。在中柱分化前,皮层原细胞的体积增大,细胞质开始液泡化,其中紧邻表皮原的一层细胞,体积较小、排列紧密,为外皮层细胞;其内为5~6层薄壁组织细胞,排列疏松,近圆形,细胞体积较大,液泡化明显,细胞间隙明显。而最内一层细胞排列紧密,为内皮层,其径向壁加厚成为凯氏带。

内皮层之内是中柱,中柱最外一层细胞分化为中柱鞘,该层细胞是体积较小、排列紧密、没有细胞间隙的薄壁组织细胞。中柱鞘之内是初生木质部和初生韧皮部。在中柱分化过程中,位于中柱鞘细胞内侧先分化出2个相对的原生木质部导管,其初生木质部为二原型,发生过程为外始式,以后原生木质部间分化出筛管,形成初生韧皮部,两者呈相间排列(图6-16b)。此时,表皮原细胞分化为表皮,其中一些细胞的外壁突出形成根毛[57]。

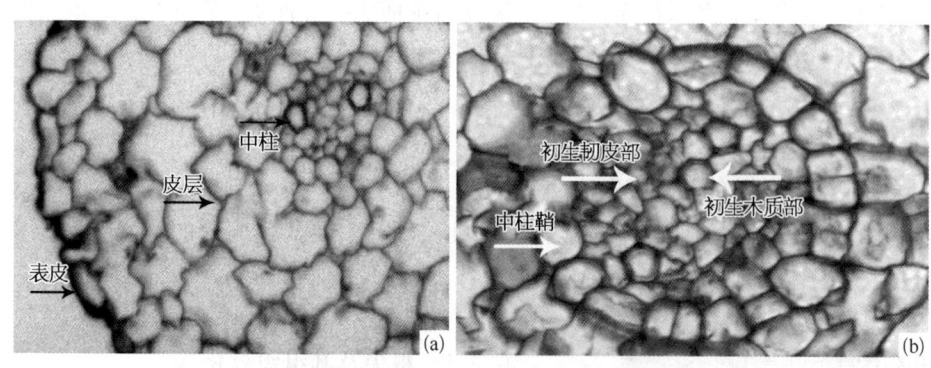

图6-16 秦艽根的横切面(示初生结构)
(a) 根的初生结构;(b) 中柱结构

6.3.3 次生生长和次生结构

秦艽根的初生结构中的后生木质部导管分化成熟时,位于初生木质部和初生韧皮部之间的原形成层细胞开始进行平周分裂,形成弧形片段,即为最早的次生分生组织维管形成层弧;以后邻接形成层弧两端的薄壁组织细胞也恢复分裂能力,转变为形成层细胞,新产生的形成层细胞与形成层弧连接起来,从而使形成层弧向两侧扩展;最后与形成层弧相接的中柱鞘细胞也恢复分裂能力,转变为形成层细胞并与形成层弧连接在一起,在初生木质部和初生韧皮部之间形成完整的维管形成层环(图6-17a、b)。维管形成层进行平周分裂,向外产生次生韧皮部,向内产生次生木质部,使根增粗。在次生维管组织中,木质部主要由导管组成,伴有少量木薄壁组织细胞;韧皮部宽阔,主要由韧皮薄壁组织细胞组成,筛管和伴胞分散排列在韧皮薄壁组织细胞中(图 6 - 17c)[57]。

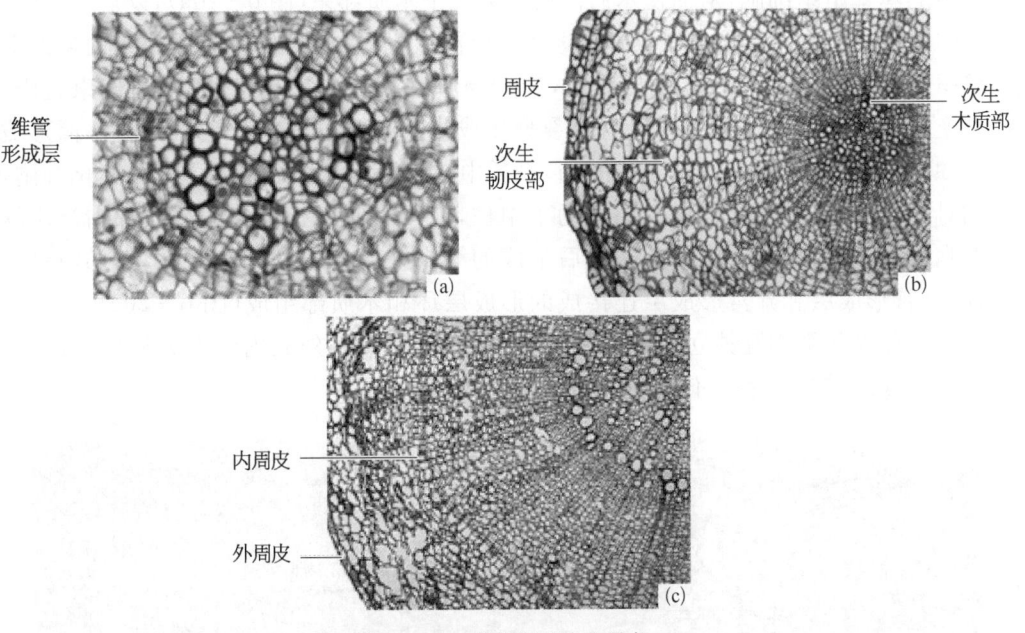

图 6 - 17 秦艽根的次生结构
(a)维管形成层环;(b)次生韧皮部和次生木质部;(c)次生维管组织和周皮

当次生生长进行一段时间之后,位于内皮层内侧的中柱鞘细胞脱分化,形成木栓形成层,随后木栓形成层进行切向分裂,向外产生木栓层细胞,向内产生栓内层细胞,共同组成周皮,此时皮层及表皮被挤毁并逐渐脱落(图 6 - 18)。随着次生生长的继续,在第一层周皮内侧的次生韧皮部薄壁组织细胞脱分化形成木栓形成层并产生第二层周皮,此后,其外侧的韧皮部细胞逐渐破裂,失去作用,成为颓废韧皮部(图 6 - 17a)。至此根的结构由外到内依次为周皮、次生韧皮部、维管形成层、次生木质部和初生木质部(图 6 - 19)[57]。

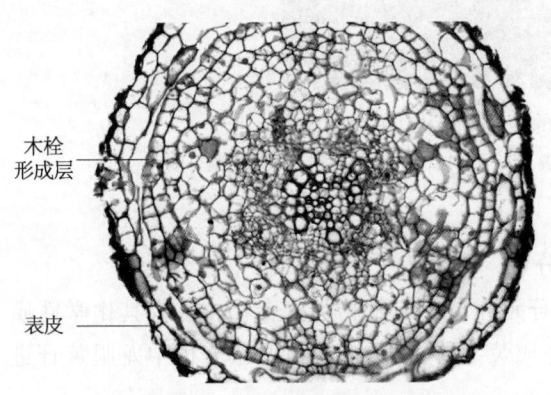

图 6 - 18 秦艽根横切面(示周皮形成)

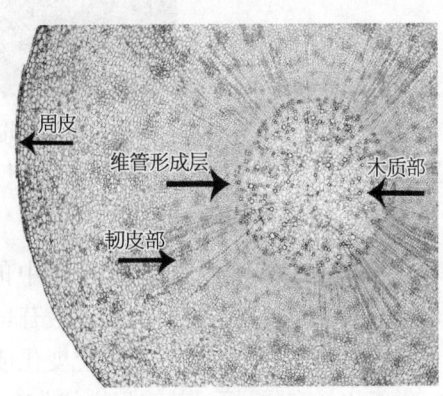

图 6 - 19 秦艽根横切面(示次生结构)

6.3.4 异常次生结构的发生和发育

当根的次生结构形成后,维管形成层环在一些区域发生断裂,断裂处的内侧分化出较多的薄壁组织细胞,从而使木质部被分为几个木质部束(图6-20a),以后,木质部束间的薄壁组织细胞径向分裂,逐渐发育成异常形成层,接着位于木质部束内侧的薄壁组织细胞也脱分化形成异常形成层,它们与原维管形成层相连,将木质部束包围。此种连接成环的异常形成层可向内分裂分化成木质部,向外分化成韧皮部,从而形成相对独立的子中柱(图6-20b)。随后包围子中柱的薄壁组织细胞分化成木栓化细胞,将相对独立的子中柱包围,形成独立的子中柱,而位于原中柱中央的木质部则被木栓化细胞隔离,成为颓废木质部。裂分后形成的子中柱由木栓化细胞包围,内部由韧皮部、原维管形成层和异常形成层连接成的形成层环和木质部组成(图6-20c)。至此,原中柱被分成几个相互独立的裂分维管柱,其次生结构从外到内依次为周皮、次生韧皮部、裂分维管柱,故主根不裂分[57]。

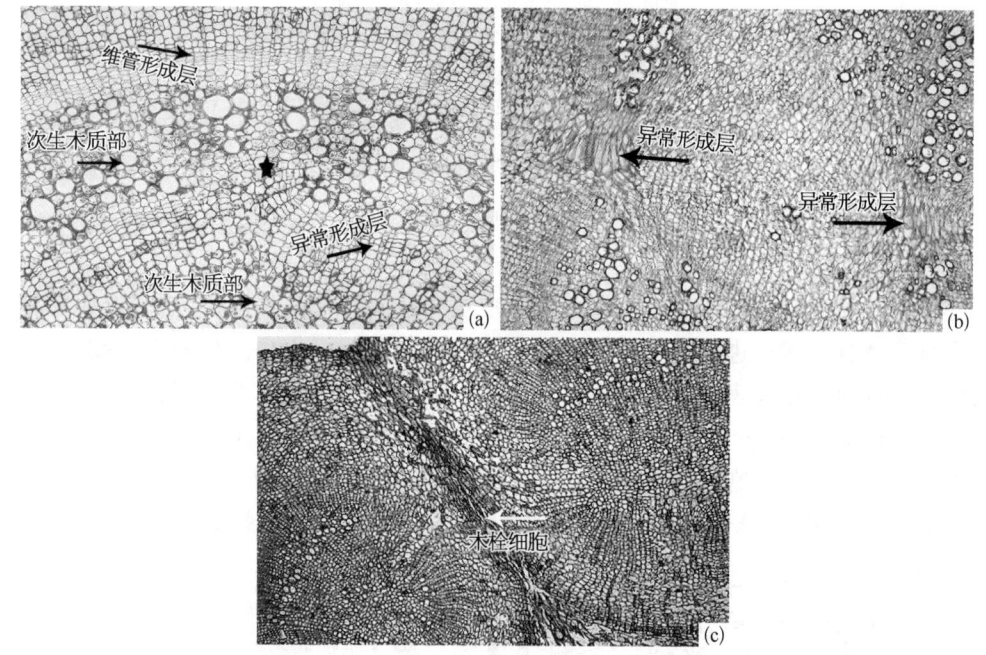

图6-20 秦艽根的异常结构及其发育过程
(a) 异常形成层的形成;(b) 根中柱裂分为子中柱;(c) 子中柱间被木栓细胞分隔

§6.4 龙胆苦苷在秦艽根中的分布

秦艽的主要药用成分为龙胆苦苷,其苷元为裂环烯醚萜类化合物。根据其化学性质可与一些化学试剂反应产生颜色变化或生成荧光的特性,从而可对秦艽根中龙胆苦苷进行组织化学定位,探讨其在根中的分布。

6.4.1 香草醛组织化学定位

根据萜类化合物与香草醛呈红色反应的特性,应用组织化学定位技术研究萜类在根中的积累部位。实验结果显示,秦艽根中的萜类物质与5%香草醛-冰醋酸发生的红色反应,主要位于韧皮薄壁组织细胞和木薄壁组织细胞中,而位于第二层周皮(内周皮)外侧的颓废韧皮部基本不呈现红色,其中维管形成层和木栓形成层处的颜色较深(图6-21a、b)。同时,经70%乙醇配制的FAA固定液处理后的对照材料,与显色剂不产生显色反应(图6-21c)。从而表明龙胆苦苷主要存在于秦艽根的薄壁组织细胞中[57]。同时实验还表明,粗茎秦艽根中的萜类物质与5%香草醛-冰醋酸也发生红色反应,主要位于韧皮薄壁组织细胞和木薄壁组织细胞中(图6-21d、e),维管形成层处的颜色也较深。将70%乙醇配制的FAA固定液处理后的对照材料与5%香草醛-冰醋酸反应后也不显红色(图6-21f)[58]。

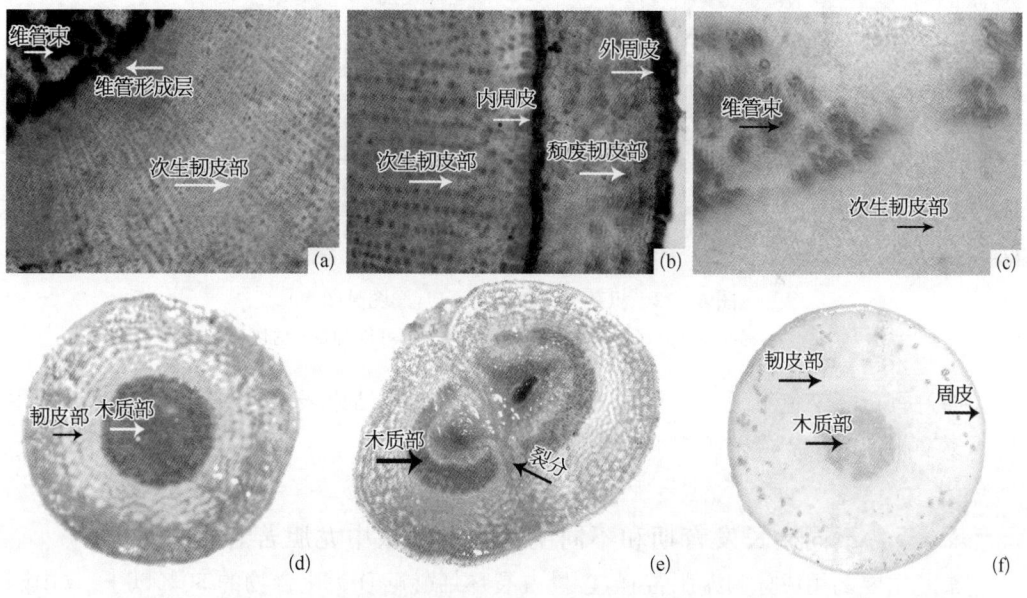

图6-21 秦艽根横切面与香草醛反应(彩图见图版)
(a)~(c)为秦艽;(d)~(f)为粗茎秦艽

6.4.2 氨水荧光反应定位

龙胆苦苷具有与氨反应生成生物碱并能产生荧光的特性,据此也可进行龙胆苦苷的组织化学定位研究。赵宁等将龙胆苦苷标准品与氨水反应后,将其产物点在硅胶板上置于荧光显微镜下观察呈蓝色荧光(图6-22a),且其荧光色度与苷类物质的含量成正比。然后采用徒手切片法,将氨水滴加于粗茎秦艽根的切片上放置8 h后在荧光显微镜下观察,其结果显示与5%香草醛-冰醋酸测试结果一致。在未裂分的粗茎秦艽根内有荧光的部位主要在靠近维管形成层的韧皮薄壁组织细胞、维管形成层细胞和木薄壁组织细胞中,靠近周皮的韧皮薄壁组织细胞的荧光较暗(图6-22d)。在中柱裂分后,内外周皮间的颓废韧皮部几乎没有荧光,荧光主要集中在子中柱的韧皮部、维管形成层和木质部(图6-22f)。四个子中柱间的颓废木质部荧光较暗(图6-22e)。而观察未滴加氨水的徒手切片发现仅木质部导管和周皮有自发荧光(图6-22b、c)[58]。

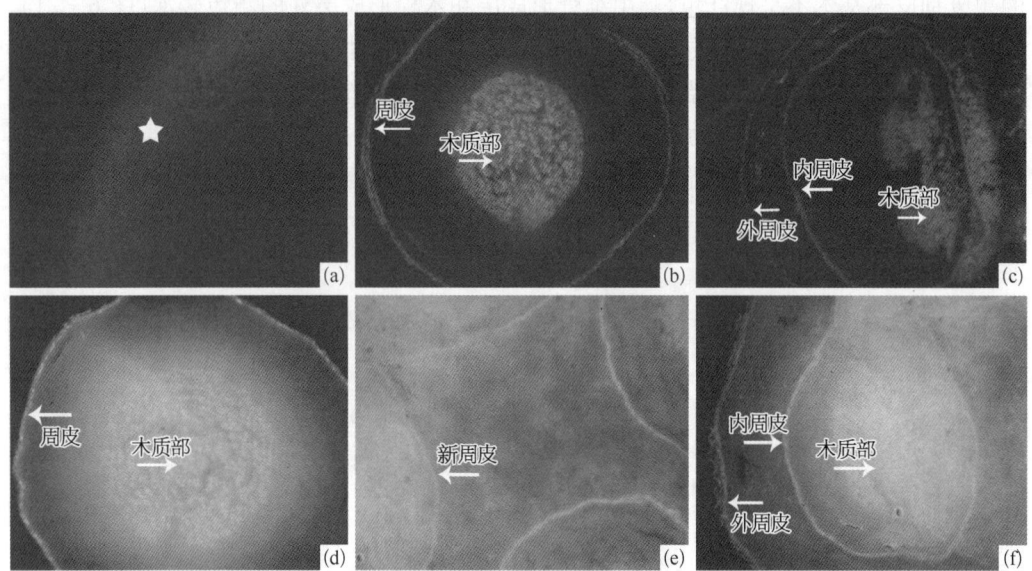

图6-22 粗茎秦艽根荧光反应(彩图见图版)
(a)标准品;(b)、(c)未滴加氨水的切片;(d)~(f)加氨水的切片

通过香草醛染色组织化学定位、氨水反应荧光显示结果表明,秦艽根内龙胆苦苷主要积累在根内的韧皮薄壁组织细胞中。

§6.5 不同生长发育期和不同生境的秦艽根中龙胆苦苷积累动态

秦艽主要药用成分为龙胆苦苷,含量占裂环烯醚萜苷类化合物的80%以上。《中国药典》(2010年版,一部)规定,其龙胆苦苷和马钱苷酸的含量作为秦艽药材质量检测的化学指标。秦艽的根作为龙胆苦苷的主要积累部位,其内部结构的变化将影响药用成分的含量变化,进而影响药材品质。因此采用现代仪器分析技术比较研究不同生长发育时期、不同产地秦艽根中龙胆苦苷的积累动态,探讨结构发育与药用成分的积累关系,为选择秦艽药材优质种质资源,并为其适时采收和规范种植,提高药材质量提供科学依据。

6.5.1 龙胆苦苷高效液相色谱分析

采用高效液相色谱(HPLC)法进行龙胆苦苷含量测定,龙胆苦苷标品购自中国药品生物制品检定所。色谱柱为DiamonsilC$_{18}$(5 μm,250 mm×4.6 mm),检测波长254 nm,柱温30 ℃,进样量20 μl,流动相为乙腈,水梯度洗脱。结果见图6-23、图6-24[57]。

§6.5 不同生长发育期和不同生境的秦艽根中龙胆苦苷积累动态

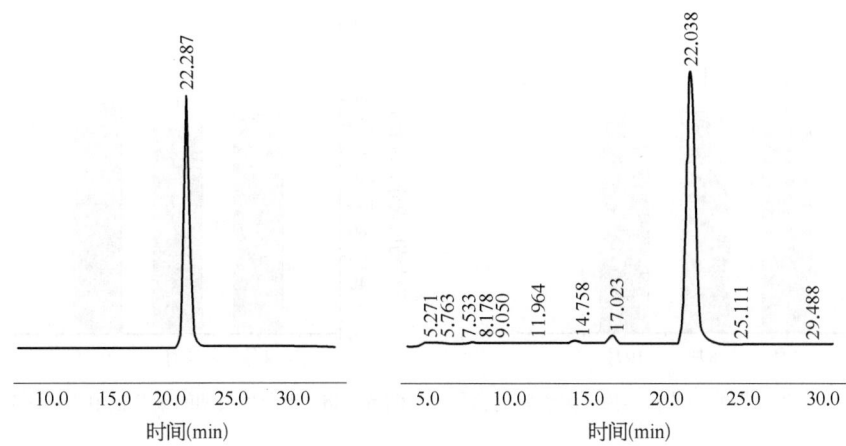

图 6-23 龙胆苦苷标品 HPLC 色谱图　　图 6-24 秦艽样品龙胆苦苷 HPLC 色谱图

6.5.2 不同结构及不同生长时期根中主要药用成分的积累动态

对取自移栽于西北大学植物园内的二年生栽培秦艽根中柱未裂分部位和裂分部位的龙胆苦苷含量测定结果显示,未裂分部位龙胆苦苷含量为 13.37%,裂分部位为 7.97%[57]。

分别采集 4 月(11 株)、8 月(12 株)和 10 月(11 株)生长于陕西省太白县生态园的秦艽根,采用 HPLC 法对其主要药用成分进行了分析,其结果显示(图 6-25 至图 6-28;表 6-2)[60]:在 3 个不同生长时期中,秦艽根中 3 种药用成分的含量存在不同的变化,其中马钱苷酸的含量在发芽期最高,收获期次之,开花期最低(图 6-26);獐牙菜苦素的含量在开花期最高,收获期最低(图 6-27);龙胆苦苷在收获期含量最高,在开花期最低(图 6-25)。3 种药用成分的总含量由发芽期到开花期再到采收期则呈现上升趋势(图 6-28)。尽管如此,差异显著性分析表明,在 3 个不同时期中,无论是 3 种药用成分含量的变化还是它们含量之间的差异均未达到显著性差异。

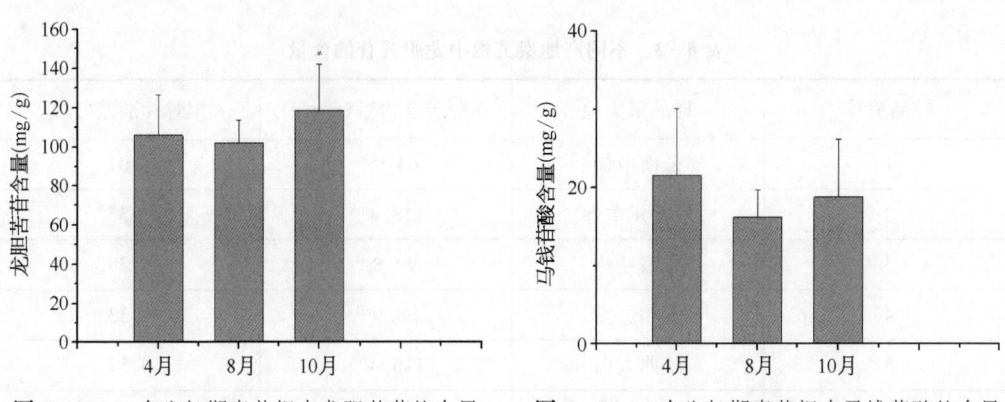

图 6-25　3 个生长期秦艽根中龙胆苦苷的含量　　图 6-26　3 个生长期秦艽根中马钱苷酸的含量

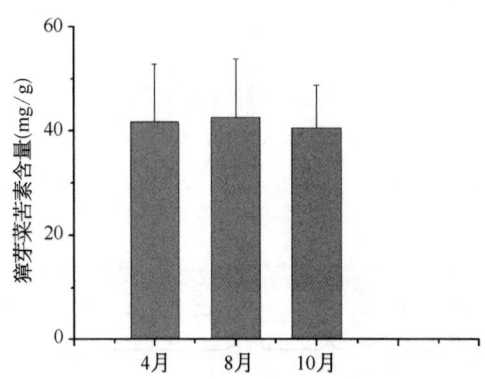

图 6-27 3 个生长期的秦艽根中獐牙菜苦素的含量　　**图 6-28** 3 个生长期的秦艽根中 3 种成分总含量

表 6-2　3 个不同生长时期的秦艽根中药用成分的含量分析

时　　期	龙胆苦苷 （mg/g）	马钱苷酸 （mg/g）	獐牙菜苦素 （mg/g）	总含量 （mg/g）
发芽期(2012 年 4 月)	105.72±20.55	21.57±8.45	11.16±3.37	168.95±33.10
开花期(2012 年 8 月)	101.80±11.78	16.16±3.49	11.27±3.25	160.54±24.49
收获期(2012 年 10 月)	118.55±23.73	18.76±7.35	8.23±2.48	177.86±31.27

6.5.3　不同生长环境对根内龙胆苦苷积累的影响

采用 HPLC 分析了生长在四川、陕西等地的秦艽根中龙胆苦苷含量,结果表明(表 6-3),不同生长地含量不同,其中四川川主寺含量最高,达 118.4 mg/g;陕西太白次之,为 115.4 mg/g;河北围场最低,仅为 45.4 mg/g。依据不同产地龙胆苦苷含量的差异显著性,可分为 5 组:第 1 组是四川川主寺和陕西太白;第 2 组是甘肃兰州、云南维西和四川进安;第 3 组是云南中甸和新疆喀纳斯;第 4 组是山西五台;第 5 组是河北围场,每组间差异均达到极显著水平[57]。

表 6-3　不同产地秦艽根中龙胆苦苷的含量

样品编号	样品采集地	龙胆苦苷含量(mg/g)	相对标准差(%)
1	云南中甸	64.9^{dC}	1.01
2	四川川主寺	118.4^{aA}	1.35
3	甘肃兰州	90.8^{cB}	1.39
4	四川进安	88.9^{cB}	1.33
5	陕西太白	115.4^{bA}	0.52
6	河北围场	45.4^{fE}	0.68

（续表）

样品编号	样品采集地	龙胆苦苷含量(mg/g)	相对标准差(%)
7	云南维西	90.3^{cB}	1.54
8	山西五台	60.3^{eD}	1.42
9	新疆喀纳斯	63.0^{dC}	1.2

注：样本数为3。

在采用 HPLC 法测定不同生长地秦艽根中龙胆苦苷含量的同时，采用原子吸收分光光谱法、碱解扩散法和碳酸氢钠法分析了其生境土壤的理化性质，并从中国气象科学数据共享服务网收集到各采样点的气象数据。统计分析了不同生长地秦艽根部龙胆苦苷含量的差异性，以及与土壤因子和气象因子之间的相关性。

(1) 龙胆苦苷积累与土壤元素、pH 的关系　对秦艽龙胆苦苷积累动态与土壤中6种元素绝对、相对含量和 pH 进行相关性分析，结果如表6-4所示，秦艽根部龙胆苦苷的积累与各元素的绝对含量均为负相关，与土壤 pH 则呈正相关；与有效锌、速效氮的相对含量呈负相关，与其余各元素的相对含量则呈正相关，其中与速效磷相对含量的相关系数最大，为0.6506[61]。

表6-4　秦艽根部龙胆苦苷积累与土壤元素和 pH 的相关性分析

元　　素	有效锌	有效铜	有效铁	有效锰	速效氮	速效磷	pH
绝对含量	−0.2503	−0.4060	−0.1964	−0.1711	−0.4493	−0.0288	0.1899
相对含量	−0.2037	0.1303	0.5441	0.3976	−0.5097	0.6506	

(2) 秦艽根部龙胆苦苷积累与气象因子的相关性　对2000～2009年10年间年平均和2009年月平均降雨量、日照时数、气温及气压等气象因子与秦艽根部龙胆苦苷积累的相关性分析，结果见表6-5，秦艽根部龙胆苦苷的积累与这10年间的年均和月均日照时数呈负相关，且相关系数最大，说明日照时数是影响秦艽根部龙胆苦苷积累最重要的因子之一，与年均、月均降雨量和年均、月均气温呈正相关，与年均、月均气压无相关性[61]。

表6-5　秦艽根部龙胆苦苷含量与气象因子的相关性分析

气象因子	降雨量	气　　温	日照时数	气压
10年间年平均	0.5091	0.6480	−0.7069	0.0016
2009年月平均	0.5339	0.6075	−0.7679	0.0044

§6.6　秦艽药材四种原植物的比较研究

《中国药典》(2010年版，一部)中收录的中药秦艽原植物为秦艽、粗茎秦艽、麻花艽和小秦艽。这4种秦艽原植物根的形态结构和主要药用成分含量均存在差异，比较研究这

4种秦艽原植物根的形态结构及其主要药用成分含量的变化,对于选育秦艽优良品种,提高药材质量具有重要意义。

6.6.1 原植物形态特征比较

秦艽、粗茎秦艽、麻花艽和小秦艽均为多年生草本植物,基部均被残叶纤维所包围,茎常斜升,花冠均为钟状,雄蕊5枚。主要区别为秦艽、小秦艽和粗茎秦艽花色相近为蓝紫色,麻花艽则为淡黄白色。秦艽个体最高,可达60 cm,而小秦艽则最矮,一般在20 cm左右。根的形态根据《中国植物志》的描述,秦艽主根粗大,长圆锥形;粗茎秦艽粗壮,棕褐色;麻花艽根须根多条,扭结或黏结成一个粗的根;而小秦艽根长圆锥形,黄褐色。《中国药典》(2010年版,一部)对4种秦艽根茎药材的描述,秦艽和粗茎秦艽依其药材性状统称为秦艽,其根呈类圆柱形,上粗下细,扭曲不直,长10~30 cm,直径1~3 cm。表面黄棕色或灰黄色,有纵向或扭曲的纵皱纹,顶端有残存茎基及纤维状叶鞘;麻花艽呈类圆锥形,多有数个小根纠聚而膨大,直径可达7 cm,表面棕褐色,粗糙,有裂隙,呈网状孔纹;小秦艽则呈类圆锥形或圆柱形,长8~15 cm,直径0.2~1 cm。表面棕黄色,主根通常一个,顶端残存的茎基有纤维状叶鞘,而其下部多分枝。

四种秦艽原植物的形态特征分别为:秦艽基生叶莲座状,茎生叶对生,基部联合;叶片披针形或矩圆状披针形,长10~25 cm,宽2~4 cm,全缘,有5条脉。聚伞花序,簇生茎端,呈头状或腋生作轮状;花萼膜质,一侧裂开,呈佛焰苞状,萼齿小,一般4~5枚或缺;花冠裂片卵形或椭圆形,褶三角形,啮齿状;子房无柄,柱头2裂。蒴果矩圆形;种子椭圆形,深黄色(图6-29)。

图6-29 秦艽原植物

粗茎秦艽全株光滑无毛,枝少数丛生,粗壮,斜升。莲座丛叶卵状椭圆形或狭椭圆形,长12~20 cm,宽4~6.5 cm,边缘微粗糙,叶脉5~7条,在两面均明显,并在下面突起;茎生叶卵状椭圆形至卵状披针形,长6~16 cm,宽3~5 cm,叶脉3~5条,愈向茎上部叶愈大,柄愈短,至最上部叶密集呈苞叶状包被花序。花多数,无花梗,在茎顶簇生呈头状;花萼筒膜质,一侧开裂呈佛焰苞状,萼齿1~5个,甚小,锥形;花冠筒部黄白色,冠檐蓝紫色或深蓝色,内面有斑点,壶形;雄蕊着生于冠筒中部,整齐,花丝线状钻形,花药狭矩圆形;子房无柄,狭椭圆形,花柱线形,连柱头长2~2.5 mm,柱头2裂。蒴果内藏,无柄,椭圆形,种子红褐色,有

图6-30 粗茎秦艽原植物

光泽,矩圆形,表面具细网纹(图6-30)。

麻花艽营养枝的叶莲座状,披针形至宽披针形,长10～20 cm,宽1～2.5 cm,短尖或渐尖,具5条脉,全缘,基部联合成鞘状;茎生叶对生,条状披针形,长2.5～5 cm,宽0.5～0.9 cm。聚伞花序顶生或腋生,具花梗;花萼一侧裂开,白色膜质,萼齿2～5个,不等长,齿状或条状钻形,有时不显著;花冠喉部及筒的基部有绿色斑点,裂片三角状卵形或卵形,褶三角形;子房矩圆形,花柱短,柱头2裂。蒴果,具柄;种子多数(图6-31,图6-32)。

图6-31 麻花艽原植物　　　图6-32 麻花艽原植物的根

小秦艽叶对生,披针形,长5～12 cm,宽0.8～1.2 cm,三出脉,茎基部的叶较大,密集成束状。聚伞花序,顶生或腋生,花1～3朵;花萼筒状,稀一侧浅裂,膜质,裂片大小不等,条形;花冠裂片卵形,钝尖,褶三角形,边缘有齿状缺刻;子房矩圆形,花柱短。蒴果矩圆形,无柄;种子椭圆形(图6-33)。

6.6.2 根的结构特征比较

秦艽的药用部分为根,4种秦艽根的形态存在不同特征,其内结构也存在差异。

 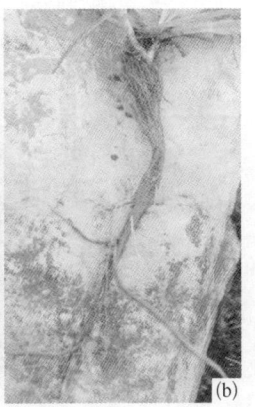

图6-33 小秦艽
(a)原植物;(b)根

1. 根的初生结构比较

秦艽、粗茎秦艽、麻花艽和小秦艽根的初生结构基本相似,均由表皮、皮层和中柱三部分组成。表皮细胞1层,皮层由4～8层薄壁组织细胞组成,外皮层和内皮层明显。其主要差异为初生木质部放射棱的数目,秦艽和小秦艽初生木质部均为二原型(图6-34),粗茎秦艽为三原型(图6-35),而麻花艽则为四原型。

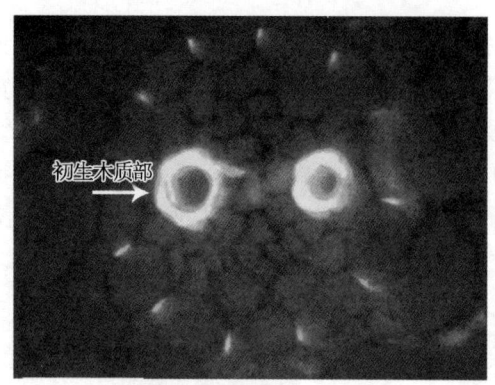 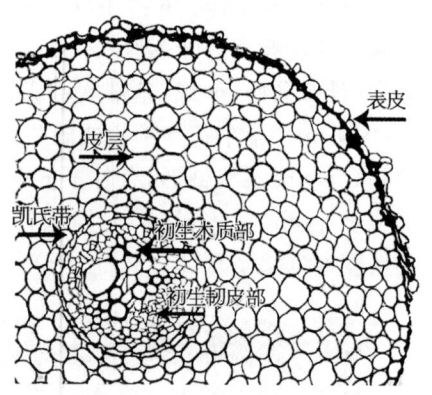

图 6-34　小秦艽根初生木质部　　　　图 6-35　粗茎秦艽根初生结构

2. 根的次生结构比较

秦艽、粗茎秦艽、麻花艽和小秦艽的根都具有次生结构,都由维管形成层产生次生木质部和次生韧皮部,其基本组成相似。但在次生结构产生后,都发生中柱裂分,其裂分方式在不同种间存在差异。

秦艽、粗茎秦艽和麻花艽的根在次生生长过程中,由于维管形成层在一些区域向内凹陷或发生断裂,断裂处和凹陷处的薄壁组织细胞进行脱分化径向分裂而逐渐发育成异常形成层。之后,这些异常形成层与原形成层连接形成新的形成层环,从而将木质部包围成束,形成相对独立的子中柱(图 6-36)。

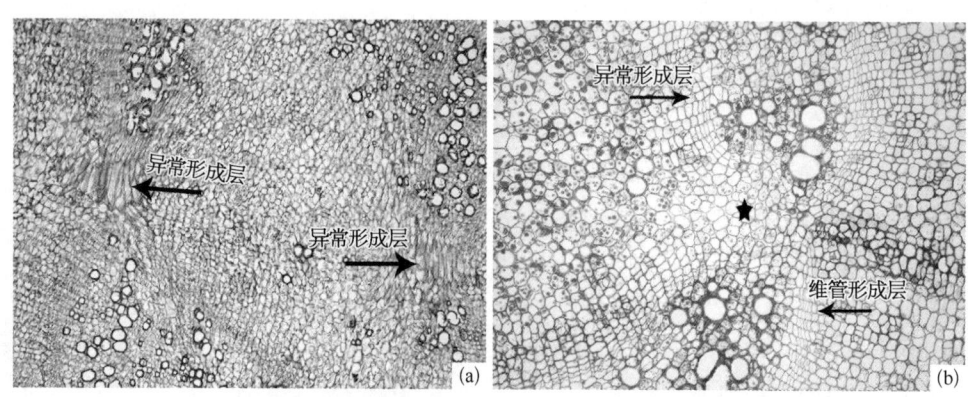

图 6-36　根中柱裂分过程异常形成层产生
(a) 粗茎秦艽;(b) 麻花艽

小秦艽根的中柱裂分方式与以上三种秦艽不同。小秦艽根的次生结构形成后,维管形成层环在一些区域发生断裂并向内侧分化出较多的薄壁组织细胞,同时向内凹陷,其外侧的韧皮薄壁组织细胞和内周皮也随之凹陷。此时,凹陷处两侧的薄壁组织细胞脱分化生成木栓化细胞,与凹陷处的内周皮相连。当凹陷口深入到接近木质部中央位置时,周围的木薄壁组织细胞也逐渐脱分化生成木栓化细胞并与凹陷口处的木栓化细胞连在一起,至此,来自不同位置的凹陷口相互连接,使木质部被木栓化细胞包围,从而将原中柱分割成多个相对立的子中柱(图6-37)。由此可见,小秦艽根中柱发生裂分时没有异常形成层产生,它的裂分方式完全不同于上述秦艽、粗茎秦艽和麻花艽。

此外,裂分后根的形态并不完全相同。秦艽和粗茎秦艽原维管柱裂分为几个相对独立的维管柱后,这些独立的维管柱被木栓化细胞包围,主根不裂分为支根。而麻花艽原中柱裂分后的子中柱外围被外周皮和内周皮包围,子中柱之间的木薄壁组织细胞脱落,从而使主根裂分为独立的支根。这种支根在以后的生长过程中又以同样方式各自进行中柱和根裂分,使麻花艽的根形似辫子状[62]。

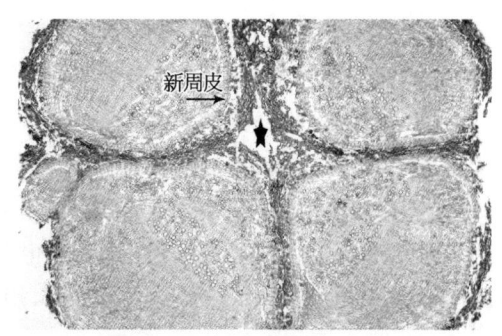

图 6-37 小秦艽根的中柱裂分

小秦艽根中柱裂分完成时,裂分后形成的子中柱由木栓化细胞包围。维管形成层断裂处的薄壁组织细胞和内周皮连接,逐渐分化成木栓层细胞,形成新的周皮。新的周皮与内周皮连接将子中柱包围,最后分裂形成小的支根,因此小秦艽根中柱裂分的结果也导致主根发生裂分而形成支根。但它不像麻花艽那样支根重复裂分过程而继续形成支根。所以,小秦艽既不像麻花艽那样主根裂分成若干支根,也不像秦艽和粗茎秦艽只发生中柱裂分,而主根不裂分为支根(图6-38)。

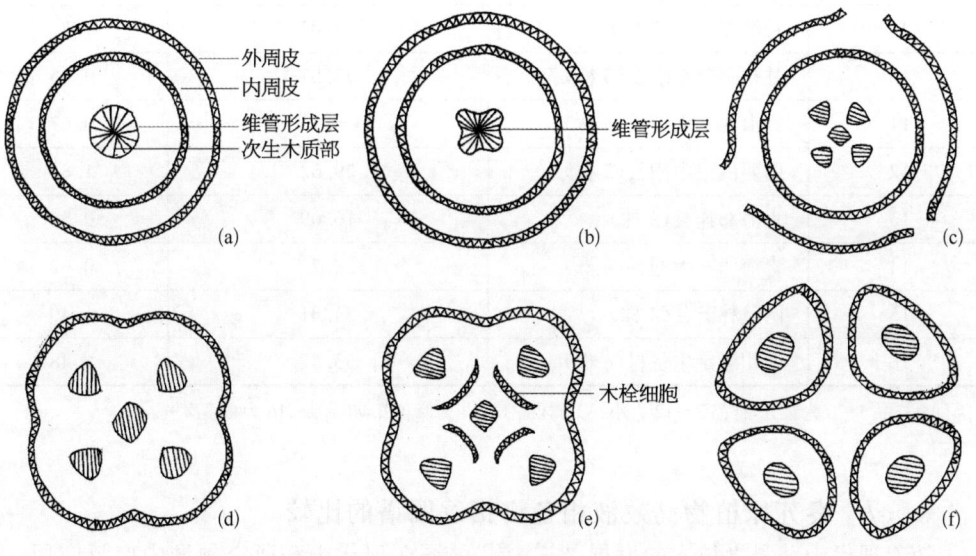

图 6-38 小秦艽根的中柱裂分简图

6.6.3 根中主要药用成分含量的比较

不同秦艽药材原植物中龙胆苦苷含量存在差异,同一种秦艽药材原植物由于生长地不同龙胆苦苷含量也存在差异。

表6-6记录了分别采自陕西、四川、黑龙江、甘肃、青海、山西、河北等地的三年生秦艽、小秦艽、麻花艽和粗茎秦艽根中龙胆苦苷含量。由表中数据可见：四川康定中谷村的粗茎秦艽龙胆苦苷含量最高，为53.37 mg/g，青海祁连县小秦艽最低，为14.07 mg/g。青海祁连、大通的小秦艽，青海祁连的麻花艽根部龙胆苦苷含量还没有达到《中国药典》规定的含量标准。生长在不同地方的同一种秦艽其根中龙胆苦苷含量也存在差异，如甘肃天水党川乡的秦艽龙胆苦苷含量为44.92 mg/g，而甘肃平凉华亭县的则为30.83 mg/g。

表6-6 秦艽不同产地及不同秦艽药材原植物根部龙胆苦苷含量

样品编号	生 长 地	龙胆苦苷平均含量(mg/g)	相对标准差(%)
1	陕西耀县(8株)	37.87	1.17
2	陕西陇县内台(6株)	44.51	0.54
3	黑龙江嫩江县(8株)	32.98	0.74
4	陕西宝鸡凤县(7株)	40.96	1.21
5	甘肃天水党川乡(5株)	44.92	1.59
6	甘肃平凉华亭县(5株)	30.83	0.95
7	山西忻州宁武县(5株)	43.80	1.73
8	河北涞源县(5株)	25.30	1.31
9	青海祁连县(5株)	14.07	1.77
10	甘肃平凉崆峒乡(5株)	33.07	0.66
11	青海西宁大通县(5株)	16.73	0.67
12	山西吕梁中阳县(5株)	29.52	1.84
13	青海祁连县(5株)	16.09	0.56
14	青海西宁大通县(5株)	28.7	0.62
15	西藏林芝县(4株)	34.81	1.40
16	四川康定中谷村(6株)	53.37	1.48

注：样品1~6为秦艽，样品7~12为小秦艽，样品13、14为麻花艽，样品15、16为粗茎秦艽。

§6.7 秦艽原植物高效液相色谱指纹图谱的比较

随着现代中药科学技术的发展，"谱-效"关系在现代中药研究领域中广泛应用。用色谱、光谱等方法所建立的指纹图谱是对中药所含化学物质的整体考虑，克服了以单一成分来评价质量的片面性和局限性，指纹图谱的分析采用共有峰模式，这在中药质量控制领域具有重要意义。为此，我们在上述研究的基础上，以秦艽、小秦艽、麻花艽不同产地的根为材料，比较研究其HPLC指纹图谱。

§6.7 秦艽原植物高效液相色谱指纹图谱的比较

6.7.1 秦艽高效液相色谱指纹图谱测定

对云南中甸、维西,四川川主寺、进安,甘肃兰州,陕西太白,河北围场,山西五台,新疆喀纳斯等 7 个省区 9 个产地秦艽样品的分析,色谱图采用《中药色谱指纹图谱相似度评价系统研究版(2004A)》软件分析,选择稳定性较好,吸收性强,特征明显的色谱峰为共有峰,共标定 7 个共有峰,经计算,这些共有峰面积之和占总峰面积的 92% 以上,然后进行多点校正,校正后如图 6-39 所示。

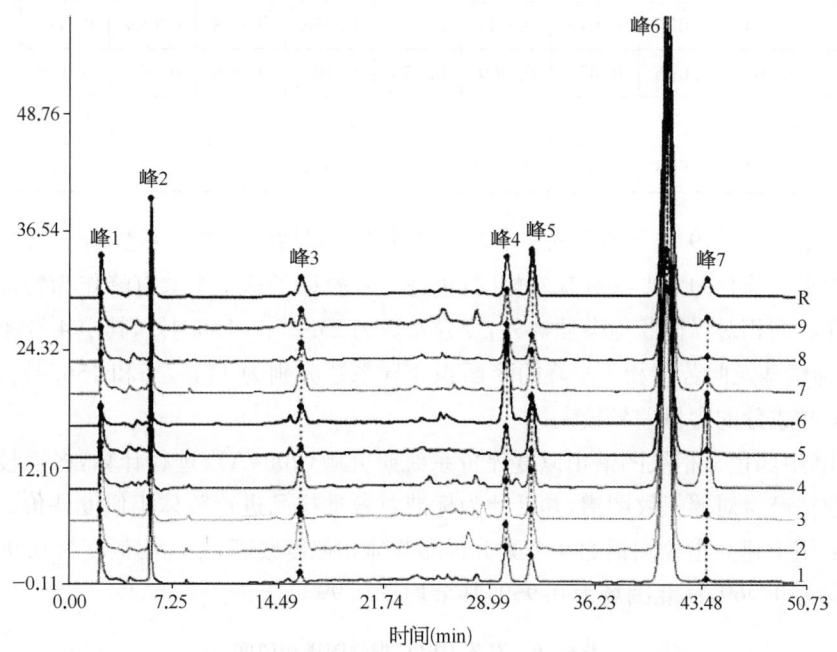

图 6-39 9 个产地秦艽样品 HPLC 指纹图谱(R 为对照谱)

由图 6-39 可见,指纹图谱中主要峰群的整体图貌基本一致,但峰面积有较大差别。6 号峰龙胆苦苷含量最高,因此以其作为参照峰,对各指纹图谱中其他共有峰的相对保留时间和相对峰面积进行统计,共有峰相对保留时间见表 6-7,共有峰相对峰面积见表 6-8。

表 6-7 秦艽样品共有峰相对保留时间

样品编号	1	2	3	4	5	6	7	8	9	变异系数(%)
峰 1	0.052	0.053	0.055	0.054	0.056	0.052	0.052	0.052	0.053	1.78
峰 2	0.136	0.139	0.143	0.143	0.137	0.136	0.138	0.136	0.136	2.03
峰 3	0.384	0.396	0.381	0.380	0.379	0.386	0.377	0.386	0.402	2.18
峰 4	0.732	0.737	0.739	0.739	0.735	0.734	0.736	0.733	0.732	0.37
峰 5	0.775	0.780	0.781	0.781	0.778	0.775	0.779	0.774	0.773	0.39
峰 6	1	1	1	1	1	1	1	1	1	0
峰 7	1.071	1.069	1.065	1.065	1.068	1.067	1.068	1.069	1.068	0.17

表 6-8 秦艽样品共有峰相对峰面积

样品编号	1	2	3	4	5	6	7	8	9	变异系数(%)
峰 1	0.089	0.046	0.081	0.063	0.067	0.086	0.061	0.052	0.109	27.8
峰 2	0.083	0.051	0.071	0.095	0.076	0.112	0.077	0.069	0.102	23.2
峰 3	0.019	0.027	0.015	0.054	0.009	0.042	0.054	0.032	0.063	54.2
峰 4	0.084	0.026	0.048	0.039	0.034	0.358	0.058	0.089	0.07	114.7
峰 5	0.067	0.066	0.071	0.069	0.074	0.103	0.066	0.063	0.119	25.5
峰 6	1	1	1	1	1	1	1	1	1	0
峰 7	0.011	0.003	0.011	0.268	0.01	0.037	0.031	0.008	0.279	156.4

计算结果显示,9个产地秦艽7个共有峰的相对保留时间变异系数小于2.3%,表明不同产地秦艽药材的主要成分基本相同,也进一步验证了这7个共有峰作为特征指纹峰的可靠性。而相对峰面积除参照峰外,变异系数为23.2%~156.4%,其中4号峰6′-O-β-D葡萄糖基龙胆苦苷和7号峰的峰面积变异系数分别为114.7%和156.4%,表明不同产地同种成分的含量差异较大。

采用《中药色谱指纹图谱相似度评价系统研究版(2004A)》进行计算,多点校正后采用中位数法产生对照指纹图谱,并以此为标准对各批样品进行整体相似度评价。结果如表6-9:用于建立指纹图谱的9个秦艽样品整体相似度较高,平均相似度为0.990;其中四川进安为0.969,河北围场为0.959,其余均在0.99以上。

表 6-9 秦艽 HPLC 指纹图谱相似度

样品编号	相似度	样品编号	相似度
1	0.998	6	0.959
2	0.997	7	0.999
3	0.998	8	0.999
4	0.969	9	0.992
5	0.998		

6.7.2 小秦艽高效液相色谱指纹图谱测定

共测定了河北涞源、青海湖边、陕西吴起、山西五台山和豆村、内蒙古包头等5个省区6个产地的小秦艽样品,色谱条件与秦艽相同,色谱图采用《中药色谱指纹图谱相似度评价系统研究版(2004A)》软件分析,选择稳定性较好,吸收性强,特征明显的色谱峰为共有峰。经计算,这些共有峰面积之和占总峰面积的80%以上,色谱图经多点校正后,如图

§6.7 秦艽原植物高效液相色谱指纹图谱的比较

6-40所示。从整体看,除5个共有峰外,8~28 min时间段内,不同产地样品的出峰时间和峰数量表现出一定差异。

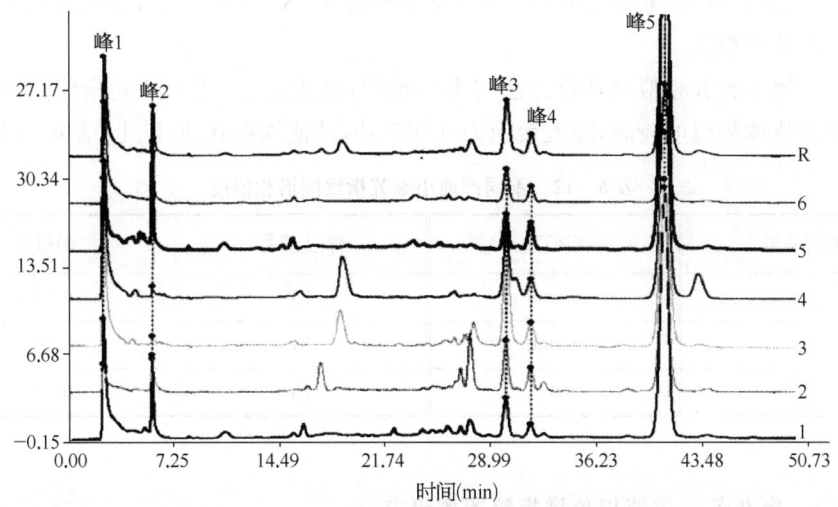

图6-40 小秦艽HPLC指纹图谱(R为对照谱)

从图6-40可以看出,小秦艽HPLC指纹图谱与秦艽类似,5号峰龙胆苦苷含量最高,因此以其作为参照峰,对各指纹图谱中其他共有峰的相对保留时间和相对峰面积进行统计,计算结果见表6-10和表6-11。

表6-10 小秦艽共有峰相对保留时间

样品编号	10	11	12	13	14	15	变异系数(%)
峰1	0.056	0.056	0.056	0.057	0.056	0.056	0.729
峰2	0.137	0.137	0.139	0.140	0.137	0.137	0.964
峰3	0.734	0.732	0.736	0.737	0.736	0.737	0.267
峰4	0.776	0.773	0.775	0.776	0.779	0.779	0.301
峰5	1	1	1	1	1	1	0

表6-11 小秦艽共有峰相对峰面积

样品编号	10	11	12	13	14	15	变异系数(%)
峰1	0.418	0.082	0.352	0.376	0.124	0.739	67.8
峰2	0.116	0.084	0.003	0.009	0.083	0.167	81.7
峰3	0.103	0.147	0.306	0.177	0.055	0.174	53.1
峰4	0.037	0.076	0.066	0.049	0.045	0.088	32.8
峰5	1	1	1	1	1	1	0

计算结果显示,6个产地小秦艽5个共有峰的相对保留时间变异系数小于1%,表明不同产地秦艽药材的主要成分基本相同,也进一步验证了这5个共有峰作为特征指纹峰的可靠性。而相对峰面积除参照峰外,变异系数为32.8%～81.7%,表明不同产地同种成分的含量差异很大。

不同产地小秦艽相似度计算方法与秦艽相同,结果显示,用于建立指纹图谱的6个小秦艽样品整体相似度较高,除五台山为0.937外,其他均在0.96以上(表6-12)。

表6-12 不同产地小秦艽指纹图谱相似度

样品编号	相似度	样品编号	相似度
10	0.988	13	0.981
11	0.960	14	0.981
12	0.977	15	0.937

6.7.3 麻花艽高效液相色谱指纹图谱研究

麻花艽采用高效液相色谱仪进行分析,测得样品色谱图。如图6-41所示。

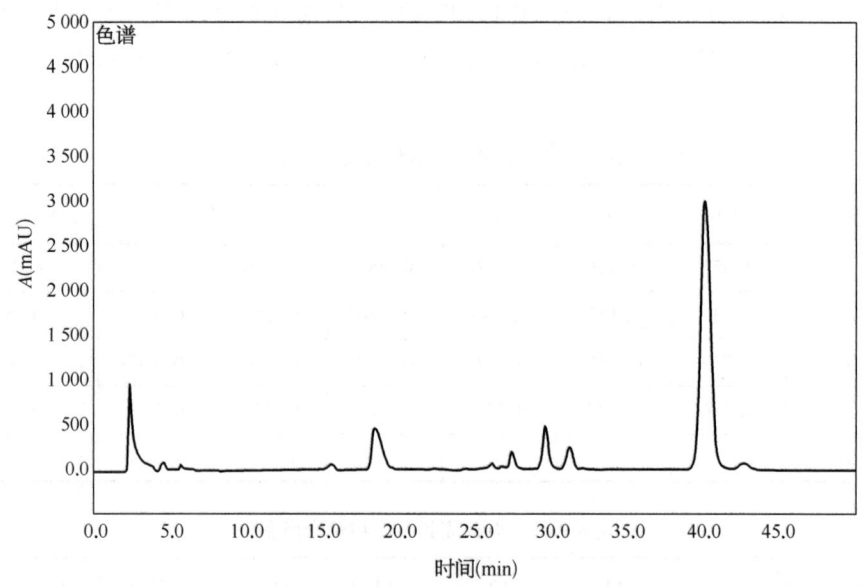

图6-41 麻花艽HPLC指纹图谱

6.7.4 三种秦艽原植物相似度计算

将秦艽、小秦艽和麻花艽三个种的HPLC指纹图谱进行比较分析,图6-42显示了三个不同产地不同种的HPLC指纹图谱。采用与前面相同的方法,对秦艽、小秦艽和麻花艽的HPLC指纹图谱相似度进行分析,结果见表6-13。除五台山小秦艽的相似度为

0.846以外,其余的相似度均达到 0.93 以上,其中青海麻花艽的相似度高于四川进安和河北围场的秦艽,也高于所有的小秦艽[57]。

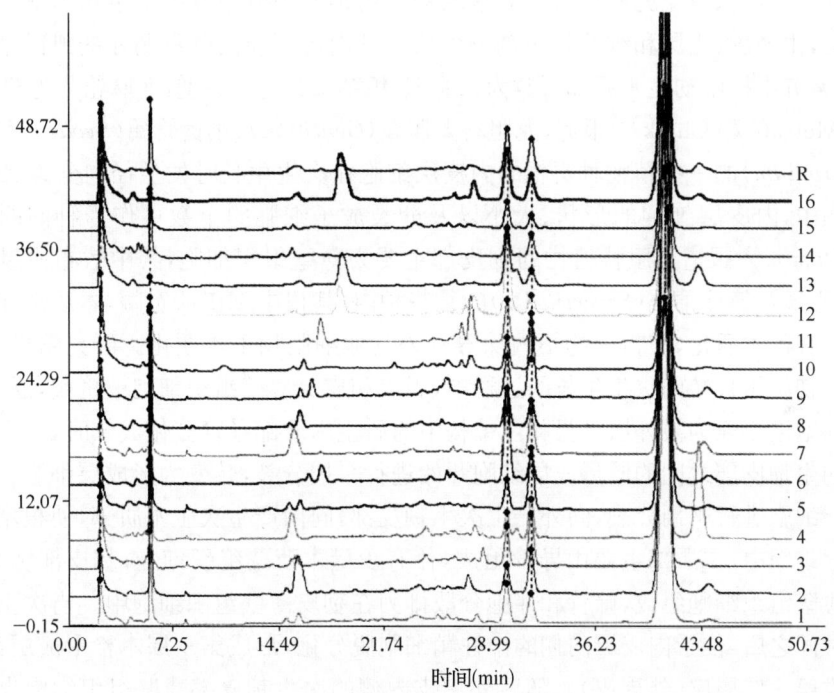

图 6-42 三种秦艽原植物 HPLC 指纹图谱(R 为对照谱)

表 6-13 三种秦艽原植物 HPLC 指纹图谱相似度

样品编号	相似度	样品编号	相似度
1	0.998	9	0.988
2	0.994	10	0.945
3	0.998	11	0.980
4	0.963	12	0.938
5	0.997	13	0.941
6	0.961	14	0.996
7	0.997	15	0.846
8	0.999	16	0.979

§6.8 讨 论

6.8.1 秦艽根的发育解剖学特点

秦艽的药用部分为根,根的结构及发育特点在药材真伪鉴别及栽培、育种上都有重要意义。

1. 秦艽根的初生和次生结构特点

秦艽、小秦艽、麻花艽和粗茎秦艽根的初生结构均类似一般多年生草本双子叶植物根的结构,由表皮、皮层和维管柱三部分组成。其内皮层径向壁具明显的凯氏带。其中秦艽、小秦艽中柱中初生木质部脊数为二原型,粗茎秦艽为三原型,而麻花艽为四原型。

据 Metcafe 和 Chalk[62]报道,龙胆科龙胆属(*Gentiana*)、小黄管属(*Sebaea*)和百金花属(*Centaurium*)的一些植物种类根的内皮层细胞在次生生长时发生径向分裂[63]。在秦艽组植物中,内皮层细胞的形状、大小以及分裂成子细胞的个数可作为种间的鉴别特征[64]。Perrot[62]报道龙胆科植物的韧皮部主要为薄壁组织细胞,其中散布少量筛管伴胞,在龙胆属及獐牙菜属(*Swertia* L.)的某些种内,其根中韧皮部宽阔,木质部在小根中其组成细胞都木质化,在粗大的根内除导管外其他细胞均不木质化。研究结果表明,秦艽的根在初生生长转向次生生长的过程中,表皮和皮层薄壁组织细胞被挤裂,逐渐脱离,内皮层细胞逐渐成为最外层。当初生结构中的后生木质部导管分化成熟时,位于初生木质部和初生韧皮部之间的原形成层细胞开始进行平周分裂,转变为形成层细胞。以后维管形成层细胞进行平周分裂,向外产生次生韧皮部,向内产生次生木质部,使根增粗。在次生维管组织中,木质部主要由导管组成,伴有少量木薄壁组织细胞;韧皮部宽阔,主要由韧皮薄壁组织细胞组成,筛管和伴胞分散排列在韧皮薄壁组织细胞中。当次生生长进行一段时间之后,位于内皮层内侧的中柱鞘细胞脱分化,形成第一层木栓形成层,其衍生细胞组成第一层周皮(外周皮)。随后外周皮内侧的次生韧皮部薄壁组织细胞也脱分化以同样方式产生第二层周皮(内周皮),此后,其外侧的韧皮部细胞逐渐破裂,失去作用,成为无功能韧皮部。至此根的结构由外到内依次为外周皮、无功能韧皮部、内周皮、次生韧皮部、维管形成层、次生木质部和初生木质部。为此,上述4种秦艽根都有初生结构和早期的次生结构,都与龙胆科上述各属植物根的结构相类似[57]。

在上述结构中,王英等[65]报道秦艽根内存在"特殊"周皮,其特殊周皮即为内周皮,并进一步指出这种现象广泛存在于秦艽组植物的根中。随后李小洪和吕居娴等[62,66]先后研究了麻花艽和秦艽根的发育过程,并指明内周皮来源于次生韧皮组织。郭维娜等研究小秦艽和秦艽的结果与上述结果相一致。内周皮的产生使其外侧早期形成的韧皮部逐渐变为颓废韧皮部,以后,内周皮向内凹陷并与韧皮薄壁组织细胞和木薄壁组织细胞脱分化产生的木栓化细胞一起将中柱隔开,因此在一定程度上是适应中柱裂分的次生保护组织。

2. 根的异常次生生长及中柱裂分

上述4种植物的根在次生生长后期,其生长过程都发生异常并产生中柱裂分,但在此过程中秦艽、粗茎秦艽、麻花艽与小秦艽的异常次生生长及中柱裂分过程中存在差异。

植物根的中柱裂分是产生多中柱现象的一种方式,多中柱现象在一些多年生草本植物的根中存在。Chakraverti(1948)研究发现伞形科积雪草属(*Centella*)某些植物根基部维管柱裂分为数个分离部分,裂分数目与原生木质部脊数一致,裂分过程中原生木质部束之间的维管形成层下陷分裂成弧状片段,每个片段向内侧扩展,环状包围在初生木质部的周围,从而形成 3 或 4 个维管柱[67]。Metcafe 和 Chalk[62] 报道景天科景天属(*Sedum*)植物根内裂分维管柱的方式是由于维管形成层分成若干片段分散到木质部中所致[63];廖海民、胡正海[68]研究何首乌(*Polygonum multiflorum* Thumb.)块根的多中柱形成是由韧皮薄壁组织细胞脱分化形成三生形成层,由此向内和向外分别产生三生木质部和三生韧皮部,共同构成异常维管束。这些研究表明根内多中柱现象发生方式多样。

龙胆属秦艽组植物根的中柱裂分特点为秦艽药材真伪鉴定提供重要依据,这种现象在龙胆科其他属中未见报道。尽管秦艽组植物根都存在中柱裂分现象,但其裂分发生方式也不尽相同。小秦艽根的中柱裂分过程中未见异常形成层产生,而其主根裂分为 3~5 个支根[69]。秦艽、粗茎秦艽和麻花艽根的中柱裂分的发生,是由薄壁组织细胞脱分化后形成的异常形成层与断裂的维管形成层连接成环,产生次生维管组织,从而形成子中柱,其中麻花艽随后各裂分中柱的外侧被周皮包围,从而其主根裂分为多支根,而秦艽、粗茎秦艽根的中柱裂分后形成的子中柱被木栓化细胞包围,从而其根内具有多个子中柱,但其主根不裂分为支根,因此,秦艽、粗茎秦艽和麻花艽根中柱裂分方式基本相似,三者均有异常形成层产生,与楼之岑等[64]的报道一致。因此 4 种秦艽药原植物根的裂分方式虽然都是由于原维管形成层的异常活动产生,但是在秦艽、麻花艽和粗茎秦艽的中柱裂分过程中产生新的形成层环,而在小秦艽中却不产生。同时,秦艽和粗茎秦艽根的中柱裂分为多个子中柱后,主根仍不裂分为支根,而小秦艽与麻花艽根的中柱裂分后,主根也裂分为支根。

6.8.2 秦艽根的结构与药用成分积累的关系

药用植物的结构与药用成分积累关系的研究已有较多报道。牛膝根中伴随三生结构的快速分化,其根内药用成分三萜皂苷的含量迅速升高[70]。何首乌块根异常维管束内薄壁组织占 4/5,明显高于中央维管束,蒽醌含量是中央维管束的 2.7 倍左右[68],芦荟素细胞作为蒽醌类物质的储存场所,其含量与芦荟素细胞的数量呈正相关[71]。这些研究结果表明药用植物结构的变化与其药用成分积累密切相关。对秦艽根的解剖结构显示,同一秦艽根中,中柱裂分部位和未裂分部位主要结构差异有两方面,一是外周皮及无功能韧皮部在裂分过程中逐渐脱落,二是大量薄壁组织细胞脱分化成为木栓细胞,它的出现使中央木质部被隔离,成为无功能木质部。组织化学定位研究表明其龙胆苦苷的显色部位主要为韧皮薄壁组织细胞和木薄壁组织细胞,因此维管组织中薄壁组织细胞是秦艽主要药用成分积累部位。内周皮形成后,外侧的韧皮部变为颓废韧皮部,该部位基本不显色,不再是药用成分的积累部位。秦艽根中柱裂分后,部分韧皮薄壁组织细胞和木薄壁组织细胞脱分化形成木栓化细胞,与内周皮一起将裂分后的子中柱包围,而木薄壁组织细胞的脱分化会使其内侧的木质部成为颓废木质部,被隔离在外,也就是说,在裂分部位中颓废组织增加,而颓废组织的增加,导致了药用成分积累部位的相对减少。外周皮和无功能韧皮部脱落,中央产生了无功能木质部,这些组织均不是药用成分的积累部位,同时药用成分积累部位的大量薄壁组织细胞脱分化,此过程还进一步减少了药用成分的积累部位。植物化学研究结果显示,同一秦艽根中裂分部位内的龙胆苦苷含量仅为未裂分部位的60%,进一步证明龙胆苦苷积累与根的结构关系密切,同时表明根中未裂分部位的面积和薄壁组织细胞数量可为秦艽栽培以及品质鉴别提供解剖学依据。

6.8.3 秦艽根中药用成分含量及变化动态

龙胆苦苷作为秦艽的主要药用成分,占整个HPLC指纹图谱共有峰面积之和的80%左右,其量的高低直接影响药材质量。经高效液相色谱法测定所采集秦艽、小秦艽及麻花艽16个样品的龙胆苦苷含量结果显示,最高为118.4 mg/g,最低为29.5 mg/g,均高于《中国药典》(2005年版)规定不少于20 mg/g的标准。这些秦艽样品采自华北、西北、西南7个省区9个产地,而小秦艽采自5个省区6个产地,麻花艽采自青海。16个样品分布在27°～49°N,87°～118°E,样品具有足够的代表性和覆盖率。

不同种间龙胆苦苷含量测定结果表明,就其平均值而言存在较大差异,秦艽根中龙胆苦苷含量平均值为81.9 mg/g,麻花艽为68.6 mg/g,小秦艽仅为40.5 mg/g。就不同产地而言,龙胆苦苷的含量在种间的差异与地理分布有一定关系,如青海产麻花艽的龙胆苦苷含量高于新疆、山西五台和河北围场的秦艽种,吴起小秦艽也高于山西五台和河北围场的秦艽种。因此,在评价秦艽药原植物时,应从种和产地两方面综合考虑更为科学。

秦艽、小秦艽和麻花艽根中的$6'-O-\beta-D-$葡萄糖基龙胆苦苷和獐牙菜苦素含量分析结果表明,秦艽中两者的平均值分别为4.94 mg/g和5.63 mg/g,相对含量($6'-O-\beta-D-$葡萄糖基龙胆苦苷和獐牙菜苦素的含量之和/$6'-O-\beta-D-$葡萄糖基龙胆苦苷、獐牙菜苦素和龙胆苦苷三者含量之和)为12.9%;小秦艽中平均值分别为6.0 mg/g和2.3 mg/g,相对含量为20.4%;麻花艽中分别为6.68 mg/g和3.60 mg/g,相对含量为15.0%。即$6'-O-\beta-D-$葡萄糖基龙胆苦苷和獐牙菜苦素两者之和的相对含量:小秦艽>麻花艽>秦艽。与龙胆苦苷含量相比,呈现出$6'-O-\beta-D-$葡萄糖基龙胆苦苷和獐牙菜苦素含量越高,龙胆苦苷含量越低。此结果为"秦艽质量最好,麻花艽次之,小秦艽最次"的传统用药观念提供了化学成分指标依据。

龙胆苦苷作为单萜衍生物,在调节植物与环境之间的关系上起着重要的作用[72]。目前有关影响龙胆苦苷含量的环境因子研究已有相关报道:施用草木灰对秦艽根龙胆苦苷的含量有明显的促进作用[73];适度补充UV-B辐射可促进秦艽根中龙胆苦苷含量的增加[74];海拔相对较低和气候湿润的环境有利于栽培麻花艽根中龙胆苦苷含量的提高[75]。本章所用秦艽采集范围广,环境因子(光照、温度、水分、土壤等)差异大,并且各因子之间也有相互作用。因此要阐明龙胆苦苷积累的环境条件,尚需进行各种生态因子的多方面观测,通过现代统计分析方法进行综合分析,不仅分析单因子对品质的作用,同时分析不同因子相互作用对品质的影响,加强多因子、定量化和综合分析的研究。

龙胆苦苷合成代谢途径显示(图6-43)[75],合成前体丙酮酸和3-磷酸-甘油醛再经过一系列中间体合成环烯醚萜,接着合成环烯醚萜苷,经裂环环烯醚萜苷和獐牙菜苷,最后合成龙胆苦苷。代谢过程中需要一系列酶的参与，而调控这些酶的基因遗传变异及其调控代谢过程会直接影响药材的质量和疗效，因此，遗传因素也可能是导致不同产地秦艽根中龙胆苦苷含量差异的原因之一[76]。

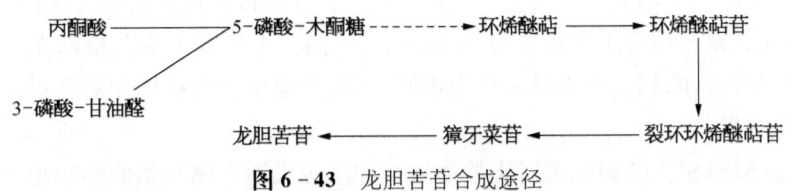

图 6-43 龙胆苦苷合成途径

秦艽根中的最终次生代谢产物主要是裂环环烯醚萜苷类物质，主要包括龙胆苦苷、獐牙菜苷、獐牙菜苦素和 $6'-O-\beta-D-$ 葡萄糖基龙胆苦苷等。三者含量变化见图 6-44。在河北围场、云南维西和中甸以及新疆四个产地，龙胆苦苷含量明显降低，但 $6'-O-\beta-D-$ 葡萄糖基龙胆苦苷和獐牙菜苦素的含量显著升高，这四个产地刚好是秦艽分布区的边缘地区，据此也可说明这四个产地的秦艽质量不如其他四个地区。从图中还可以看出，除四川川主寺外的其他 8 个产地，獐牙菜苦素和 $6'-O-\beta-D-$ 葡萄糖基龙胆苦苷的含量在不同产地呈现一定的消长关系，因此我们推测，图 6-43 中裂环环烯醚萜苷可能还有一个途径，即沿 $6'-O-\beta-D-$ 葡萄糖基龙胆苦苷和獐牙菜苦素，但这种推测是否成立还有待于进一步研究[57]。

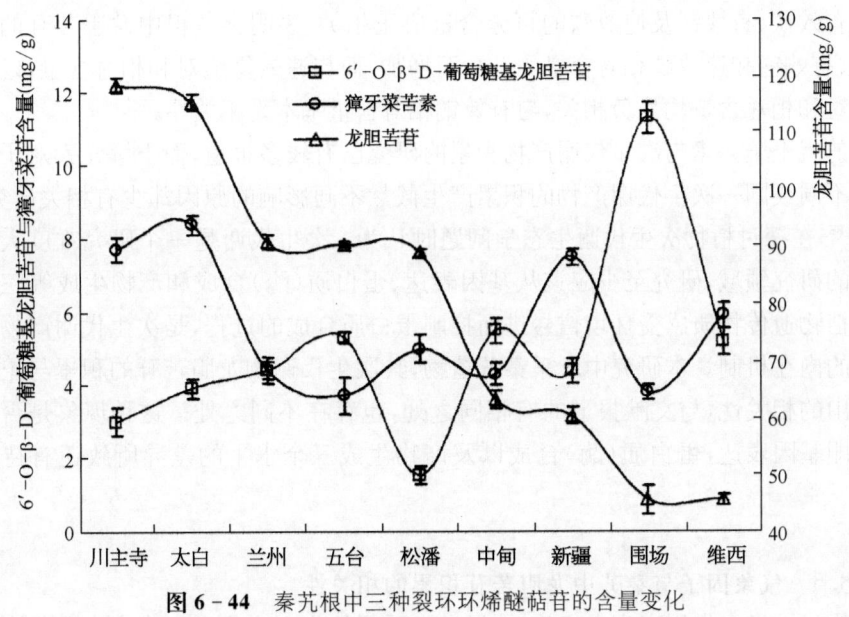

图 6-44 秦艽根中三种裂环环烯醚萜苷的含量变化

6.8.4 土壤元素与秦艽中龙胆苦苷积累的相关性

对秦艽根部龙胆苦苷积累与土壤各元素的相对百分含量的相关性研究显示都存在

相关,其中与速效磷的相关系数最大。有研究报道磷是植物生长的必需元素之一,我国有将近一半的土壤缺磷,土壤缺磷已经成为一个限制作物增产的主要原因[77]。唐克华等[78]通过研究湘西北地区土壤养分与火棘籽含油率及籽油主要组分的相关性表明:土壤全磷与油籽中的亚油酸呈正相关,其他土壤元素与籽油脂肪酸无相关性,李天才等[79]的研究也表明,富含磷的土壤对青海大黄的生长有利,本研究中秦艽根部龙胆苦苷积累与速效磷百分含量的相关系数最大且为正值,表明土壤中速效磷的相对含量高将会促进龙胆苦苷的积累。

有关锰(Mn)和铁(Fe)元素对于植物生长和次生代谢产物积累的影响也有相关研究报道。Mn 参与光合作用中水的光解,可以利用光解作用达到促进植物光合能力的作用并调节植物体内氧化还原状况等;Fe 是叶绿素合成所必需的元素[80]。梁新华[81]通过土壤条施和叶面喷施的处理表明 Mn 对甘草中甘草酸的积累有明显的促进作用;Mn 作为微肥,对山东菏泽三年生大田丹皮中的丹皮酚和丹皮多糖积累均有显著影响[82];对益母草叶喷施正常浓度的 Mn 和 Fe 比清水对照提高水苏碱含量高达 96% 和 57%,其原因认为是 Mn 和 Fe 通过参与调控其生理代谢作用来影响次生代谢产物的合成,最终影响水苏碱的积累[83]。此外,有些研究则显示出与以上不同的结果。张檀等[84]对杜仲叶的研究发现,锰对其京尼平苷酸、绿原酸和京尼平苷等 6 种次生代谢物的合成和积累会产生不利的影响,还有研究指出川党参总皂苷积累与土壤中铁的含量呈显著负相关[85]。

李佳峰等对秦艽龙胆苦苷积累与土壤元素相关性研究表明,秦艽根中龙胆苦苷积累与土壤有效铁、有效锰及速效磷的百分含量成正相关,表明秦艽根中龙胆苦苷的积累随有效铁、有效锰和速效磷相对含量的增加而增加,而与速效氮绝对和相对含量,以及与有效锌绝对和相对含量均呈负相关,与有效铜相对含量基本无相关性。

目前就土壤元素与次生代谢产物积累的研究已有较多报道,而土壤元素对于不同种植物中不同或同一次生代谢产物的积累产生截然不同影响的原因却少有相关研究报道。阎秀峰[85]在探讨植物次生代谢生态学问题时认为:次生代谢是一个研究难度大但又极具潜力的研究领域,研究至少应该从基因表达、蛋白质(酶)合成和产物生成等三个水平开展。植物遗传物质感受环境信号进而控制蛋白质合成的过程,是次生代谢产物与环境相关性的内在机制。本研究中所采秦艽植物,其次生代谢物龙胆苦苷的积累与土壤元素所呈现出的相关性,与文献报道的有相同之处,也存在不同之处。这种现象是否为种质的差异即基因表达、蛋白质(酶)合成以及产物生成三个水平的差异所致还有待进一步研究。

6.8.5 气象因子与秦艽中龙胆苦苷积累的相关性

植物经过光合作用产生有机物,再通过一系列的生理生化反应生产次生代谢物。由于不同植物对日照有不同的反应,日照时间的长短对其也会有不同的反应,对药用成分的积累起到促进或抑制作用。生于阳坡的金银花比生于阴坡的绿原酸含量高[87],而尹作鸿[88]发现雷公藤在黑暗条件下二萜内酯的含量要比在 100 lx 光照下高 57%。本研究发现秦艽根部龙胆苦苷含量与日照时数呈负相关,说明一定范围内日照时数较短对秦艽药用成分龙胆苦苷的积累有促进作用。在主成分分析中日照时数在第一主成分中的系数绝对值最大,表明在影响秦艽根部龙胆苦苷积累的气象因子中日照时数是最主要的因素。

水分是一切动植物代谢活动的介质,供水量的多少会直接或间接影响其代谢产物的产生和积累。郭继明等[89]对甘肃武都、云南丽江和四川三个产地的当归研究发现其挥发油的含量分别为0.66％、0.50％和0.25％,究其原因是各地的生长环境不同,武都多光干燥,而四川少光潮湿。郭兰萍等[90]的研究发现,对苍术挥发油总量及组分3、组分5的含量与年降雨量呈线性关系,得出降雨量是影响其质量的生态主导因子之一,降雨量越大,组分3与总挥发油含量就越高,而组分5是随旱季长短和降雨量大小处于动态变化中。由此可见降雨量对植物代谢物的影响在不同植物中是不同的。本研究中降雨量与秦艽根部龙胆苦苷积累呈正相关,随着降雨量在一定范围内的增加有利于其龙胆苦苷的积累。

气温对植物的生理活动有一定的影响,从而影响其次生代谢产物的生成过程和积累量。一般来讲,适宜的温度对不含氮物质(糖类、淀粉等)的形成有利,而高温对含氮物质(生物碱、蛋白质等)的合成有利。张永清等[91]研究发现,高温条件下欧乌头含有乌头碱,寒冷低温时却无毒,也就是不含生物碱。本研究中秦艽根内龙胆苦苷积累与气温呈正相关,说明在一定范围内气温高有利于其龙胆苦苷的积累。

有关气象因子与药用植物次生代谢产物积累的关系有很多相关的研究,如邢俊波等[92]对道地产区和非道地产区金银花中主成分含量与土壤元素、有机质及气象资料进行分析后得出,影响其药用成分的决定因素是日照时数不是土壤因子。通过对西洋参产地的生态环境进行分析,确定7月平均气温、1月平均气温、年相对空气湿度、年降雨量和无霜期作为其气候生态的控制因子[93]。王熙军[94]研究稻米蛋白质含量与气象因子之间的关系发现在抽穗到成熟期,平均最高气温升高、最低气温降低、有效积温增加、总日照时数减少都对稻米蛋白质含量的增加有促进作用。张士增等[95]采用主成分分析法研究黑龙江西洋参与生态因子之间的关系发现,降雨量和气温是影响西洋参分布的主要气候条件。本研究对不同产地秦艽药用成分龙胆苦苷含量与气象因子的相关性研究发现降雨量增多、气温升高、日照时数减少对秦艽龙胆苦苷积累有促进作用。

总体而言,秦艽根部龙胆苦苷的含量与近10年间年均、2009年月均降雨量、气温、日照时数和气压都有一定的相关性,除与日照时数呈负相关外,其余气象因子都呈正相关,说明在一定范围内降雨量的增加、气温和气压的升高、日照时数的减少有利于秦艽根内龙胆苦苷的积累。

6.8.6 秦艽原植物龙胆苦苷积累的适宜环境因子

生物类药材有着表型可塑性和耐受性两种特点,表型可塑性是指同一基因在不同生长环境下表现出不同的表型,这就可以解释同一药材在不同产地生长时其品质的不同;表型耐受性是指药原植物可以生存的环境范围[96]。通常认为决定药材药效的是其所含的药用成分,药原植物在可以生长的环境下生长,其药用成分并不一定适宜积累,所以确定药材适宜的生产基地时不能仅考虑适宜药原植物生长的地区,而要确定适宜其药用成分积累的环境范围。

秦艽原植物喜潮湿阴冷的气候,耐寒忌强光积水,在我国的分布北起大兴安岭,沿祁连山北部到天山一线,其中秦艽分布最广,主要分布于陕西、甘肃、青海、西藏、四川、云南、宁夏、河北、山西、新疆及黑龙江等省区,一般认为甘肃与陕西产的秦艽品质好为其道地产区,生于海拔1 200~2 500 m 的高山草甸、河滩地或林缘[97];小秦艽分布在西部省区及山西、河北,生于海拔1 200~3 500 的草坡、路旁或湖边,麻花艽分布在青海、甘肃、四川西部,生长于海拔2 000~4 950 的高山草甸、灌丛中[98];粗茎秦艽分布在四川、贵州、云南、西藏,生长在海拔2 700~3 800 m 的高山草甸和灌丛中。

对秦艽原植物产地土壤元素及 pH 分析结果可见,它们对生长地的土壤元素含量与 pH 的要求不甚苛刻,有一个较广的范围,在土壤有效锌含量为 0.57~18.2 mg/kg,有效铁含量为 2.99~46.5 mg/kg,有效锰含量为 4.15~96.9 mg/kg,速效氮含量为 7.64~754.21 mg/kg,速效磷含量为 4.66~23.96 mg/kg,pH 为 5.66~8.09 的条件下均可生长,而重金属有效铜的含量为 0.99~3.49 mg/kg,表明秦艽原植物适宜生长于有效铜含量较低的地区。整体而言秦艽原植物与土壤中元素有一定的相关性,但相关性不大,pH 为 5.6~7.5 最有利于秦艽原植物根中龙胆苦苷的积累。对秦艽而言有效铜绝对含量为 1.7~2.0 mg/kg、有效铁相对含量为 14%~19%、有效锰绝对含量为 24~50 mg/kg、有效氮绝对和相对含量分别为 7.5~54 mg/kg 和 9%~50%、速效磷相对含量为 6%~17%最有利于其根部龙胆苦苷的积累。

对秦艽原植物生长地气象因子分析可见,年降雨量为 300~800 mm、年均气温为 3.2~12.3 ℃、年日照时数为 1 510~3 208 h、气压为 640.32~983.76 kPa,秦艽原植物均可以生长,适宜生长的气象条件比较广泛,但适宜其根部药用成分龙胆苦苷积累的气象条件则相对于适宜生长气象条件则要窄,年均降雨量为 500~900 mm、年均气温为 9~16 ℃、年均日照时数为 1 400~2 400 h、年均气压为 825~950 kPa。而且不同种的龙胆苦苷积累对气象因子的要求不同,对秦艽而言,年均降雨量为 500~800 mm、年均气温为 11~16 ℃、年均日照时数为 1 400~2 000 h 最有利于其根部龙胆苦苷的积累。

参考文献

[1] 何延农,刘尚武,吴庆如. 中国植物志(第六十二卷)[M]. 北京:科学出版社,1988.
[2] 朱强,李小龙,郑紫燕,等. 药用植物秦艽的研究概述[J]. 农业科学研究,2008,29(3):62-65.
[3] 郭伟娜,魏朔南. 秦艽的生物学研究[J]. 中国野生植物资源,2008,27(4):1-5.
[4] 清·黄奭辑. 神农本草经[M]. 北京:中医古籍出版社,1982:5.
[5] 马潇,罗宗煜,翟进斌,等. 秦艽本草溯源[J]. 中医药学报,2009,37(5):70-71.

[6] 夏光成,萧培根,禹毓泉.中药秦艽原植物的研究[J].药学学报,1965,12(6):399-411.

[7] 罗达尚.新修晶珠本草[M].成都:四川科学技术出版社,2004.

[8] 国家药典委员会.中华人民共和国药典(2010年版,一部)[M].北京:中国医药科技出版社,2010.

[9] 乌毓泉,夏光成,肖培根.中国龙胆属秦艽组的分类研究[J].内蒙古大学学报(自然科学版),1964(1):33-51.

[10] 李惠娟.秦艽的开花生物学[J].中草药,1994(10):530.

[11] 穆祯强,于洋,高昊,等.龙胆属秦艽组植物的化学成分和药理作用研究进展[J].中国中药杂志,2009,34(16):2012-2017.

[12] 陈千良,孙文基.裂环烯醚菇类化合物研究进展[J].国外医药植物药分册,2003,18(2):58-63.

[13] 罗玉燕,卢成瑛,陈功锡,等.裂环烯醚萜类化合物研究概况[J].食品科学,2010,31(21):431-436.

[14] 傅丰永,孙南君.秦艽化学成分的研究[J].药学学报,1958,6(4):198-203.

[15] 梁晓天,于德泉,傅丰永.秦艽化学成分的研究秦艽乙素(gentianidine)的结构及其合成[J].药学学报,1964,XI(6).

[16] 薛智,梁晓天.秦艽丙素的结构[J].科学通报,1974(8):378-379.

[17] 钟静芬,金家骅.秦艽生物碱的薄层色谱扫描测定[J].药学学报,1988,23(8):601-605.

[18] 近藤嘉和.秦艽的成分研究[J].生药学杂志,1993,47(3):342-343.

[19] 刘艳红,李兴从,刘玉清,等.秦艽中的环烯醚萜苷成分[J].云南植物研究,1994,16(1):85-89.

[20] 陈千良,石张燕,涂光忠,等.陕西产秦艽的化学成分研究[J].中国中药杂志,2005,30(19).

[21] 陈千良,孙文基,涂光忠,等.陕西产秦艽脂溶部位化学成分研究[J].中草药,2005,36(1):4-7.

[22] 孙菁,李法强,徐文华,等.传统中藏药材小秦艽中20种氨基酸的测定[J].天然产物研究与开发,2010,22(5):840-845.

[23] 陈克克,王喆之.HPLC分析秦艽多糖的单糖组成[J].陕西师范大学学报(自然科学版),2010,38(1):79-81.

[24] 张兴旺,赵晓辉,文怀秀,等.微波消解FAAS法测定不同地区秦艽花中微量元素的含量[J].广东微量元素科学,2010,17(3):37-41.

[25] 张兴旺,陈晨,于瑞涛,等.微波消解-FAAS测定6种龙胆科植物花中微量元素的含量[J].光谱实验室,2010,27(4):1610-1613.

[26] 林原,刘玉华,苏成业.龙胆苦甙对CCl_4、扑热息痛毒性的保护作用[J].大连医学院学报,1991,13(3):63-65.

[27] 林原,刘玉华,苏成业,等.龙胆苦甙对小鼠肝细胞脂质过氧化的影响[J].大连医学院学报,1991,13(3):66-68.

[28] 李艳秋,赵德化,潘伯荣,等.龙胆苦甙抗鼠肝损伤的作用[J].第四军医大学学报,2001,22(18):1645-1649.

[29] 刘占文,陈长勋,金若敏,等.龙胆苦苷的保肝作用研究[J].中草药,2002,33(1):47-50.

[30] 汪海英,袁冬平,李福安.秦艽总苷抑瘤作用研究[J].山东中医杂志,2010,29(10):704-705.

[31] 汪海英,童丽,李福安.秦艽总苷对人肝癌细胞SMMC-7721体外作用的研究[J].时珍国医国药,2010,21(1):53-55.

[32] 李永平,李向阳,王树林,等.秦艽提取物抗病毒的药效学实验研究[J].时珍国医国药,2010,

21(9):2267-2269.
[33] 何希瑞,李茂星,尚小飞,等.秦艽与龙胆挥发油的化学成分及抗炎活性研究[J].药学实践杂志,2011,29(4):274-277.
[34] 马潇,陈兴国,胡之德,等.甘肃产8种秦艽的龙胆苦苷含量比较[J].中药材,2002,26(2):85-86.
[35] 倪慧,波拉提·马卡比力,卿德刚,等.新疆产5种秦艽植株不同部位龙胆苦苷含量的薄层扫描法测定[J].中药材,2004,27(7):500-501.
[36] 朱强,李小龙,郑紫燕,等.药用植物秦艽的研究概述[J].农业科学研究,2008,29(3):62-80.
[37] 郭伟娜,熊文勇,魏朔南.秦艽及其近缘种植物资源在我国的分布[J].中国野生植物资源,2009,28(2):21-28.
[38] 吴立宏,叶燕,李兴尚,等.反相高效液相色谱法测定道地产区秦艽药材中龙胆苦苷的含量[J].药物分析杂志,2009,29(2):184-187.
[39] 曹晓燕,武玉翠,王喆之.4种秦艽药材中宏量和微量元素的比较分析[J].光谱实验室,2009,26(5):1202-1205.
[40] 孙菁,陈桂琛,徐文华,等.达乌里秦艽化学元素特征及其与环境关系[J].广东微量元素科学,2009,16(3):55-61.
[41] 马潇,朱俊儒,何禄仁,等.甘肃产秦艽不同部位中龙胆苦苷的含量测定[J].中国实验方剂学杂志,2009,15(8):10-11.
[42] 肖艳皎.秦艽的研究进展[J].甘肃科技,2007,23(12):218-219.
[43] 孙菁,李玉林,纪兰菊,等.不同生长季节下藏药麻花秦艽活性成分含量研究[J].云南植物研究,2006,28(2):219-222.
[44] 李建民,李福安,李向阳,等.粗茎秦艽不同部位龙胆苦甙含量的分析[J].天然产物研究与开发,2004,16(3):225-227.
[45] 姚宽路,王存劳.秦艽栽培技术研究[J].基层中药杂志,2001,16(4):47-48.
[46] 谭林彩.秦艽栽培技术[J].农业科技通讯,2006(1):28.
[47] 魏莉霞,漆燕玲,龚成文,等.秦艽工厂化育苗与大田移栽技术研究初报[J].中国农学通报,2007,23(12):194-197.
[48] 黄慧馨,王喆之.秦艽组织培养及形态发生研究[D].西安:陕西师范大学硕士研究生学位论文,2004.
[49] 陈立余,徐子勤.秦艽(*Gentiana macrophylla* Pall.)离体培养再生过程中体细胞胚的发生[J].分子细胞生物学报,2007,40(4):267-271.
[50] 李福安,李建民,王祖训,等.不同肥料对秦艽根的产量和龙胆苦苷含量的影响[J].中草药,2005,36(1):119-121.
[51] 李向阳,李福安,李建民,等.青海栽培秦艽中龙胆苦苷的影响因素考察[J].中草药,2005,36(8):1237-1239.
[52] 赵仁杰,赵艳,刘继永.秦艽的栽培技术[J].特种经济动植物,2003(11):29.
[53] 任宝祥,王建军.秦艽的特征特性及高产栽培技术[J].甘肃农业科技,2005(10):53-54.
[54] 聂义军,胡宝平,安宽畅.凤县秦艽生长气候条件与规范化栽培[J].陕西气象,2007(4):32-33.
[55] 钱爱萍,马志科,赵永峰.不同栽培措施对秦艽龙胆苦苷含量的影响[J].陕西农业科学,2010(5):54-55.

[56] 李福安,李建民,魏全嘉,等.秦艽生产操作规程(SOP)(Ⅰ)[J].青海医学院学报,2007,28(1): 41-44.

[57] 郭伟娜.小秦艽和秦艽根的结构与有效成分含量及 HPLC 指纹图谱研究[D].西安:西北大学硕士研究生学位论文,2009.

[58] 赵宁.粗茎秦艽根的发育解剖学研究以及四种秦艽药原植物结构的比较[D].西安:西北大学硕士研究生学位论文,2013.

[59] 郭伟娜,魏朔南.秦艽根中柱裂分结构的发生及龙胆苦苷的积累研究[J].植物科学学报,2011,29(4):512-518.

[60] 武冬雪.秦艽原植物药用成分的 HPLC 研究[D].西安:西北大学硕士研究生学位论文,2013.

[61] 李佳峰.秦艽及近缘种龙胆苦苷积累与环境因子相关性的研究[D].西安:西北大学硕士研究生学位论文,2012.

[62] 李小洪,吕居娴,胡正海.麻花秦艽根内中柱裂分的发育解剖研究[J].西北植物学报,1993,13(1):36-40.

[63] Metcalfe C R, Chalk L. Anatomy of the Dicotylendonas[M]. Oxford: *Clarendon Press*, 1950.

[64] 楼之岑,秦波.常用中药材品种整理与质量研究(北方编,第3册)[M].北京:北京医科大学出版社,1996.

[65] 王英,楼之岑.秦艽中特殊周皮的研究[J].植物学报,1989,31(3):235-237.

[66] 李小洪,吕居娴,杨晓瑛.中药秦艽根内中柱裂分的发育解剖学研究[J].西北植物学报,1996,16(4):428-431.

[67] 胡正海,张泓.植物异常结构解剖学[M].北京:高等教育出版社,1993.

[68] 廖海民.何首乌和木立芦荟的结构发育与有效成分积累相关性的研究[D].西安:西北大学博士学位论文,2006.

[69] 郭伟娜,苟建军,魏朔南.小秦艽的结构及中柱裂分的发育解剖学研究[J].宁夏大学学报,2008,29:63-65.

[70] 李金亭,彭励,胡正海.牛膝根的结构发育与三萜皂苷积累的关系[J].分子细胞生物学报,2007,40(2):121-129.

[71] 李景原,王太霞,胡正海.木立芦荟不同叶龄叶的解剖结构和芦荟素含量的测定[J].中草药,2002(7):37-43.

[72] 陈大华,叶和春,李国凤,等.植物类异戊二烯代谢途径的分子生物学研究进展[J].植物学报,2000,42(6):551-558.

[73] 李福安,李建民,王祖训,等.不同肥料对秦艽根的产量和龙胆苦苷含量的影响[J].中草药,2005,36(1):119-121.

[74] 薛慧君.UV-B 辐射、CO_2 激光对秦艽生理、生长和有效成分的影响及其加工储藏方法的评价[D].西安:西北大学硕士学位论文,2004.

[75] 李向阳,李福安,李建民,等.青海栽培秦艽中龙胆苦苷的影响因素考察[J].中草药,2005,36(8):1237-1239.

[76] 王义,张美萍,王春德,等.中药材品质与植物生物学研究的关系[J].吉林农业大学学报,1996,18(3):112-116.

[77] 滕华容.AM 真菌与施磷量对柴胡生长和化学成分交互效应的研究[D].西安:西北农林科技大学

硕士学位论文,2005.

[78] 唐克华,寻勇,丁文,等.湘西北火棘籽油脂含量及其与土壤养分的关系[J].应用生态学报,2007,18(8):1903-1907.

[79] 李天才,索有瑞,陈桂琛,等.青海人工种植大黄的矿物质元素研究[J].中医药学刊,2004,22(1):32-34.

[80] Tisdale S L, Nelson W L, Beaton J D.土壤肥力与肥料[M].金继运,刘荣乐译.北京:中国农业科学技术出版社,1998.

[81] 梁新华,张风侠,王俊,等.钼、硼、锰和锌对人工种植乌拉尔甘草品质的影响[J].植物营养与肥料学报,2011,21(6):1487-1494.

[82] 郭敏.无机元素与丹皮质量之间的关系研究[D].南京:南京农业大学硕士学位论文,2008.

[83] 姜兆兴,张燕.微量元素对益母草光合作用和水苏碱含量影响的研究[J].中国农学通报,2008,24(08):262-265.

[84] 张檀,白明生,刘丽,等.几种矿质元素对杜仲叶次生代谢物的影响初探[J].西北农林科技大学学报(自然科学版),2002,30(1):119-122.

[85] 彭锐.川党参质量及影响其质量的遗传和环境因素研究[D].成都:成都中医药大学博士学位论文,2008.

[86] 阎秀峰.植物次生代谢生态学[J].植物生态学报,2001,25(5):639-440.

[87] 李强,任茜,张永良.生境、采收期、贮藏时间等因素对秦岭金银花绿原酸含量的影响[J].中国中药杂志,1994,18(10):594-595.

[88] 尹作鸿,朱蔚华.雷公藤愈伤组织的固体培养[J].中国药学杂志,1992,27(1):3-6.

[89] 郭继明,淮虎银.药用植物与环境[M].北京:中国医药科技出版社,1997.

[90] 郭兰萍,黄璐琦,阎洪,等.基于地理信息系统的苍术道地药材气候生态特征研究[J].中国中药杂志,2005,30(8):565-568.

[91] 张永清,李岩坤.影响药用植物体内生物碱含量的因素[J].齐鲁中医药情报,1992(3):10-12.

[92] 邢俊波,李萍,张重义.金银花质量与生态系统的相关性研究[J].中医药学刊,2003,21(8):1237-1238.

[93] 赵英,王秀全,刘桂艳.吉林省西洋参区划的生态指标研究[J].人参研究,2001,13(4):19-23.

[94] 王熙军.稻米蛋白质含量与气象条件的关系探讨[J].广西气象,1997,18(4):51-56.

[95] 张士增,陈雅芝,包青.中国北方(黑龙江省)引种西洋参气候适宜性的研究[J].植物研究,1995,15(1):110-117.

[96] 黄璐琦,张瑞贤."道地药材"的生物学探讨[J].中国药学杂志,1997,32(9):563-566.

[97] 中科院西北植物研究所编.秦岭植物志(第一卷,种子植物第四册)[M].北京:科学出版社,1983.

[98] 周荣汉.中药资源学[M].北京:中国医药科技出版社,1993.

第7章 地 黄

§7.1 地黄的研究概况

地黄[*Rehmannia glutinosa* (Gaetn.) Libosch. ex Fisch. et Mey.]隶属玄参科(Scrophulariaceae),其根入药,是我国传统的大宗中药材。地黄的主要药用部分是其地下部分,即块根,以鲜地黄、生地黄和熟地黄三种形式入药。秋季采挖,洗净鲜用者称鲜地黄(图7-1);将其置于55～60℃烘箱中缓缓烘烤至八成干,且内部颜色变黑时,捏成团块状,为生地黄(图7-2);取生地黄蒸至全黑色,为熟地黄(图7-3)。本章系统介绍地黄药用部分块根的形态结构发育规律,主要药用成分梓醇在块根中的组织化学定位和积累部位的超微结构特点,不同器官及不同生长期梓醇含量的变化,不同产地地黄药材的比较以及与生态环境等的关系。

图7-1 鲜地黄

图7-2 生地黄

图7-3 熟地黄

第7章 地 黄

7.1.1 原植物及本草考证

1. 地黄原植物

地黄是玄参科地黄属(*Rehmannia*)多年生草本植物(图7-4)，株高10~40 cm，全株被灰白色长柔毛及腺毛。根肥厚，肉质，呈块状、圆柱状或纺锤状。茎直立，单一或基部分生数枝。基生叶成丛，叶片倒卵状披针形，长3~10 cm，宽1.5~4 cm，先端钝，基部渐窄，下部延长成叶柄，叶面多皱，边缘有不整齐锯齿；茎生叶较小。花茎直立，被毛，于茎上部为总状花序；花萼钟状，先端5裂，裂片三角形，被多细胞长柔毛和白色长毛，具脉10条；花冠宽筒状，稍弯曲，长3~4 cm，外面暗紫色，里面杂以黄色，有明显紫纹，先端5浅裂，略大，先端尖或钝圆；雄蕊4枚，2强。蒴果卵形，长1.4 cm，具宿存萼及花柱。种子多数，卵形，具网眼。花期4~5月，果期5~6月[1,2]。

图7-4 地黄植株外形图

2. 地黄的本草考证

地黄最早收载于《神农本草经》[3]，称干地黄，列为上品，其后历代本草均有收载。对地黄植物形态描述最早的本草要推宋代《本草图经》[4]，载："地黄生咸阳川泽，黄土者佳，今处处有之，以同州(今陕西大荔县)为上。二月生叶，似车前叶，上有皱纹而不光，高者尺余，低者三四寸，其花似油麻花而红紫色，亦有黄花者，其实作房如连翘，子甚细而沙褐色。根如人手指，通常黄色，粗细长短不常。"结合其所附冀州(今河北省)地黄与沂州(今山东省)地黄二图，其根细多而有分枝，就其植物形态特征与分布来考虑，可认为与北方野生地黄[*Rehmannia glutinosa* (Gaetn.) Libosch.]一致。《本草纲目》[5]所载地黄的形态描述及附图与《本草图经》相似。明代《本草原始》[6]载"一种山地黄"，系指野生地黄。清代《本草从新》[7]载："地黄以怀庆肥大而短，糯体细皮而菊花心者佳。"此指河南古怀庆府地区所产地黄。清代张璐[8]载："产怀庆者，钉头鼠尾。皮粗质坚，每株七八钱者为优，产亳州者，头尾俱粗，皮细质柔，虽长而力薄，仅可清热，不入补剂。"怀地黄，块根硕大如甘薯，与《植物名实图考》[9]草类下的地黄图形相仿，均系河南古怀庆府地区产品。

赵燏黄报道北京习见的地黄为 *Rehmannia glutinosa* Libosch. F.，俗称妈妈罐，因其根较小，仅达一手指，且其味带苦，而不甚甜，故不入药，虽遍地皆是，均鄙弃不取，专取河南古怀庆府地区农民培植的鲜品，以供药用[10]。

Stuart[11]曾指出地黄的原植物为玄参科的 *Rehmannia glutinosa* Libosch. F.，贾祖璋等在《中国植物图鉴》[12]中载地黄原植物也为 *Rehmannia glutinosa* Libosch. F.，并认为 *Rehmannia lutea* Maxim. 为地黄(*Rehmannia glutinosa* Libosch. F.)的异名。而牧野富太郎在《日本植物图鉴》[14]中则载："地黄的原植物为 *Rehmannia glutinosa* Libosch. var. *lutea* Makino forma *purpurea* Makino"，认为地黄原产于中国，栽培于庭园，花淡紫

色,根入药而有名。现今文献均将野生地黄的学名定为 *Rehmannia glutinosa* Libosch.,这种野生地黄系多年生草本,其根较细长,一般只作为鲜地黄入药。

河南栽培的怀地黄,植物形态与地黄相似,赵燏黄与石植农根据其根肥大呈块状,花部成疏散的总状花序等特征,认为怀地黄与原种有别。为此订名怀地黄为 *Rehmannia glutinosa* Libosch. var. *hueichingensis* Chao et Schih 发表于 1957 年《药物学报》。其后,肖培根认为怀地黄与野生地黄形态差异不大,于是将其重新订为一新变型,学名为 *Rehmannia glutinosa* f. *hueichingensis* (Chan et Sehih) Hsiao,1959 年《中药志》(第一卷)收载。现《中国植物志》和《中国药典》均从大众观点出发,将以上三个学名统一合并为 *Rehmannia glutinosa* (Gaetn.) Libosch.[14],即无论是野生地黄,或是河南栽培的怀地黄,均用一个统一的学名。但谢宗万认为从发展中药要重视道地药材这个观点出发,野生的地黄和怀地黄两者学名仍以分别用为妥,即野生地黄用原种学名 *Rehmannia glutinosa* (Gaetn.) Libosch.,而河南古怀庆府地区栽培的地黄使用怀庆变型的学名 *Rehmannia glutinosa* f. *hueichingensis* (Chan et Sehih) Hsiao[15]。

据报道,在地黄应用历史上,浙江杭州栽培过一种笕桥地黄,其地下具 2～5 枚肉质条状根,直径 0.5～1.4 cm,花冠外紫内黄,赵燏黄鉴定其学名为 *Rehmannia lutea* Maxim. var. *purpurea* Makino[3,10]。笕桥地黄可能是《本草原始》所称"杭地黄"和《本草逢原》所称"浙江地黄"。由于本品根部较细,质量较地黄为次,仅在当地作鲜地黄用,且在 20 世纪 60 年代逐渐被淘汰[16]。

7.1.2 化学成分及药理作用

1. 化学成分

自 20 世纪 80 年代以来,对地黄的化学成分进行了系列研究。已知地黄的主要成分为苷类、糖类及氨基酸,并以苷类为主,在苷类中又以环烯醚萜苷为主。

(1) 主要药用成分的种类

苷类:地黄的药用化学成分以苷类为主,其中又以环烯醚萜苷类为主[18-20]。从鲜地黄及干地黄中已分离鉴定了 23 种苷类:梓醇、二氢梓醇、乙酰梓醇、益母草苷、桃叶珊瑚苷、单蜜力特苷、蜜力特苷、rehmaglutin A(B、C、D)、acteoside、cerebrosid 及含氯的 glutinoside、胡萝卜苷、1-乙基-β-D-半乳糖苷、rehmaionoside A[21](B、C) 及 rehmapicroside[22-25];从熟地黄中分离鉴定了 acteosid 及 5-羟甲基糠醛[26-28]。环烯醚萜类在鲜地黄、干地黄及熟地黄中的含量有显著差异[29-33]。结合糖越多的环烯醚萜类分解速度越慢,三糖苷 rehmannioside 几乎不分解,双糖苷 rehmannioside A(B)、蜜力特苷及单糖苷益母草苷、桃叶珊瑚苷、梓醇在地黄加工过程中易分解,在干地黄、熟地黄中双糖苷 rehmannioside A(B)、蜜力特苷的含量仅为鲜地黄的 1/3,而益母草苷、桃叶珊瑚苷、梓醇的含量仅为鲜地黄的 1/10[34-37]。

地黄愈伤组织中曾分离出酚性苷类:acteoside、forsythiaside、3,4-二羟基-β-苯基-O-β-D-吡喃葡萄糖基(1→3)-O-咖啡酸基-β-D-吡喃葡萄苷及 3,4-二羟基-β-苯基(1→6)-4-O-咖啡酸基-β-D-吡喃葡萄糖苷。

糖类：从地黄中先后分离鉴定出了水苏糖、棉子糖、葡萄糖、葡萄糖胺、蔗糖、果糖、甘露三糖、毛蕊糖、半乳糖、地黄多糖 a(b)[38]。鲜地黄中水苏糖含量高于干地黄,而六碳糖、蔗糖及三糖含量低于干地黄,而干地黄含少量还原糖,熟地黄含大量还原糖[39-41]。

氨基酸：地黄中含有 20 余种氨基酸,其中 6 种为人体所必需[42]。鲜地黄中精氨酸含量最高,都恒青等[43]对地黄及其炮制品中水溶性游离氨基酸进行了比较,干地黄中含有 15 种氨基酸,按含量由多到少的顺序排列为丙氨酸、谷氨酸、缬氨酸、精氨酸、天冬氨酸、异亮氨酸、亮氨酸、脯氨酸、酪氨酸、丝氨酸、甘氨酸、丙氨酸、苏氨酸、胱氨酸及赖氨酸;加酒及不加酒炖制熟地黄中氨基酸含量显著减少,含量减少在 90% 以上者有赖氨酸及精氨酸,含量减少在 80% 以上者有谷氨酸、丝氨酸[44-46]。

无机元素：地黄中的无机离子及微量元素的研究表明,鲜叶及鲜根中 K>Mg、Ca、P>Na、Fe>Cu、Al、Si、B、Sr、Zn>Ba、Cr、Ti、Ni、Co;干叶中 Fe、Cu 含量较干根中高[31];干地黄中 K>Mg>Ca>Fe>Na>Mn>Zn>Cu。对地黄及其炮制品比较表明,干地黄中 K>Mg>Ca>Na>Fe>Cu>Zn>Mn>Sr>Cr>Co>Pb,前 4 种大于 500 $\mu g/g$,后 4 种小于 5 $\mu g/g$;加酒与不加酒制熟地黄基本一致。水煎剂中的溶出率比较表明,Ca、Mg 在干地黄与熟地黄中基本一致,Sr、Mn 在熟地黄中略低,而 Cu 稍高,Al、Fe 水炖较酒炖制熟地黄高,干地黄水煎剂中 Cl、K、Na 较熟地黄水煎剂中高[30]。

有机酸：地黄中含有苯甲酸甲酯、辛酸甲酯、苯乙酸甲酯、壬烷酸甲酯、癸酸甲酯、肉桂酸甲酯、3-甲氧基-4 羟基苯甲酸甲酯、月桂酸甲酯、豆蔻酸甲酯、十五烷酸甲酯、油酸甲酯、棕榈酸甲酯、十七烷酸甲酯、亚油酸甲酯、硬脂酸甲酯、十九烷酸甲酯、花生酸甲酯、二十二烷酸甲酯、丁二酸,其中不饱和脂肪酸亚油酸含量最高,占总酸的 40% 以上,其次为棕榈酸,约占 27%[19]。

其他：地黄中还含有 β 谷甾醇[47]、豆甾醇、微量菜油甾醇、D-甘露醇、磷酸、木犀草酸、圣草黄素、樟醇、维生素 A 类物质[48-50]。

(2) 主要药用成分的分析测定

梓醇：目前,对于地黄的质量控制标准尚无很完善的方法。长期以来常用梓醇作为地黄尤其是鲜地黄和生地黄的指标成分进行品质评价。《中国药典》(2010 年版)把梓醇和毛蕊花糖苷都列为地黄指标成分。现代研究发现,梓醇具有缓泻利尿作用及对四氧嘧啶所致的实验性糖尿病模型有降血糖作用[51],因此,鲜地黄中梓醇的含量是评价其质量的重要指标之一。梓醇在鲜地黄中的含量为 4.8%[52]。高效液相色谱法[52-58]、反相高效液相色谱法[59-63]、液相层析法[64]、薄层色谱法[65-67]等都用于梓醇的测定。

高效液相色谱法测定梓醇含量时,色谱柱为 KYWG-C_{18},25 cm×0.46 cm,流动相为 3% 甲醇,UV 检测波长为 210 nm,流速为 1 ml/min。

采用液相层析法分离制备地黄中的梓醇时,低压柱层析,流量为 20~22 ml/min,洗脱剂为石油醚,乙酸乙酯-乙醇-水(3∶2∶1),高压柱层析,吸附剂 ODS C_{18}(10~40 μm),以乙醇/水(10%)为洗脱剂,流速为 20~25 ml/min。

采用薄层色谱法测定梓醇含量时,以氯仿-甲醇-水(7∶4∶0.5)作为展开剂,10%硫酸-乙醇为显色剂,413 nm 为扫描波长。

麦角甾苷:麦角甾苷为鲜地黄中有效成分之一,含量在 0.1% 以上。用 HPLC 测定鲜地黄及不同干燥条件下生地黄中麦角甾苷的含量,流动相为甲醇-2%醋酸水(35∶65),色谱柱为 NUCLEOSIL 5C_{18} 4.6×250 mm(6A),检测波长 334 nm,灵敏度 0.08,流速 0.8 ml/min[68]。

腺苷:腺苷(adenosine)具有降低血压、减缓心率等作用,在干地黄中的含量为 0.11 mg/g。HPLC 法用于测定地黄中腺苷的含量:KYWG-C_{18} 为固定相,6%乙腈为流动相,检测波长为 260 nm,流速 0.5 ml/min[69]。

5-羟基糠醛:地黄在炮制过程中,有部分还原糖转化为 5-羟基糠醛,致使还原糖的含量下降,质量降低,因此,控制 5-羟基糠醛的含量可以间接控制熟地黄的质量。高效液相色谱法[26]和薄层扫描法[28]都用于地黄中 5-羟基糠醛的测定。薄层扫描法测定熟地黄中 5-羟基糠醛的含量,以 0.3%CMC 硅胶 G 板为固定相,醋酸乙酯-石油醚为展开剂,2,4-二硝基苯肼溶液为显色剂。

糖的测定:糖的测定包括总糖、水苏糖和还原糖的测定。

总糖测定采用紫外分光光度法,生地黄中总糖含量为 71.69%。先将样品在加热条件下,用 1 mol/L 硫酸水解后,加饱和氢氧化钙将 pH 调至 4~5,放置过夜,再过滤,稀释到一定浓度,加苯酚、浓硫酸,放置 15 min,以重蒸水为空白,在 488 nm 处测定,以葡萄糖为标准测定总糖含量[70]。

水苏糖的测定通常采用以下两种方法。① 比色法:对生药地黄提取分离后,吸取适当提取液,相当于 10~70 μg/ml 水苏糖,与 1 ml 0.02 mol/ml 硫代巴比妥酸溶液及 HCl 混合,在沸水浴中准确加热 6 min,冷却后产生黄色,在 432.5 nm 处比色测定水苏糖的含量[71]。② 薄层扫描法:将浸有 NaH_2PO_4 的干燥薄板为支持物,以异戊醇-吡啶-水(4∶4∶1)二次展开,取出薄板,放入含有二苯胺、苯胺、磷酸丙酮的显色液中进行显色,用光密度计进行透射扫描,用积分仪积分与标准品进行比较,计算水苏糖的含量,水苏糖在地黄干品中的含量为 29.46%[71]。

还原糖的测定采用生、熟地黄提取液,滴加乙酸锌溶液和亚铁氰化钾溶液,过滤配成一定浓度,置于滴定管中,滴定标准的斐林试剂,根据样品所消耗的体积,计算还原糖的含量。结果表明,生地黄中还原糖的含量为 16.42%,在炮制成熟地黄后,还原糖的含量增加,常压蒸制 24 h 的熟地黄中还原糖的含量最高,低于或高于此时间其还原糖含量均降低。此法简单,易行,可作为熟地黄质量控制的指标[41]。

2. 药理作用

地黄分别以鲜地黄、干地黄和熟地黄入药,均具滋阴生津功效,但各有侧重。鲜地黄性寒、味甘苦,能清热生津、凉血、止血。生地黄性寒、味甘,能清热凉血、养阴生津。熟地黄性微温、味甘,能滋阴补血、益精填髓,可用于治疗阴血津液亏虚诸证,成为中医临床上一味应用十分广泛的补益类中药[72]。现代药理研究发现,地黄及其有效成分具有调节免疫功能,影响心血管系统、造血系统及内分泌系统等多方面的活性,并具有抗肿瘤、抗衰老及降血糖等功效[73-77]。近年来地黄的药理研究引起国内外专家的广泛关注,并不断深入挖掘它的新用途。尤其是对地黄多糖 b 的研究已有了新的发现和进展[78-81],并被广泛应用于临床,均取得了满意的效果。

(1) 对血液系统的影响　地黄寡糖能通过多种途径激活机体组织,特别是造血微环境中的某些细胞,促进其分泌多种造血生长因子而增强造血祖细胞的增殖[82]。地黄多糖可明显促进正常小鼠骨髓造血干细胞的增殖,对粒单系祖细胞和早、晚期红系祖细胞的增殖和分化也有明显促进作用。由此可见地黄寡糖和地黄多糖对造血系统均具有刺激作用[83-86]。另外,鲜地黄汁或鲜地黄煎液及干地黄煎液给小鼠灌胃,均在一定程度上拮抗阿司匹林诱导的小鼠凝血时间延长,且鲜地黄汁的作用明显强于干地黄,提示其具有止血作用[87,88]。

(2) 对免疫系统的影响　鲜地黄汁和鲜地黄水煎液给醋酸泼尼松诱导的免疫低下小鼠灌胃,能使类阴虚小鼠的脾脏淋巴细胞碱性磷酸酶的表达能力明显增强,对于甲状腺素造成的小鼠阴虚模型,鲜地黄汁还能增强伴刀球蛋白诱导的脾脏淋巴细胞转化功能[87]。地黄低聚糖可明显增强正常小鼠的反应,提高环磷酰胺抑制小鼠和荷瘤小鼠的蚀斑形成细胞(PFC)数及增强荷瘤小鼠的淋巴细胞增殖反应,提示地黄低聚糖可明显增强免疫抑制小鼠的体液免疫和细胞免疫功能[89-92]。另有研究表明,皮质酮肌内注射诱导的小鼠糖皮质激素过剩,"阴虚"模型小鼠腹腔巨噬细胞对 γ 干扰素诱导 Iα 抗原表达明显增强,生地黄能明显抑制模型小鼠巨噬细胞 Iα 抗原的高水平表达[93-98],提示地黄具有一定的免疫抑制作用,抑制巨噬细胞表面 Iα 抗原。

(3) 对心血管系统的影响　地黄有较高的强心作用[94]。地黄可明显对抗 L 甲状腺素灌胃诱导的大鼠心肌肥厚,抑制心、脑线粒体 Ca^{2+}, Mg^{2+} - ATP 酶活力[99],保护心脑组织避免 ATP 耗竭和缺血损伤,同时地黄煎剂对异丙肾上腺素诱导的大鼠脑缺血,也可明显抑制 Ca^{2+}, Mg^{2+} - ATP 酶活力升高[100,101]。以上提示地黄中可能含有钙拮抗活性物质。怀地黄水提取液给大鼠腹腔注射,对急性实验性高血压有明显降压作用,对寒冷(室温 23 ℃)情况下的血压则有稳定作用,从而提示地黄对血压具有双向调节作用[102]。关于怀地黄不同提取成分,研究认为怀地黄水提取物有显著降压、镇静和消炎作用,而乙醚、乙醇提取物无上述作用,水提取物的酸性部分有降压、镇静作用,而中性、碱性部分不显著,水提取物酸性部分主要含苷类、生物碱类及磷酸等成分[103-105]。

(4) 抗肿瘤作用　地黄多糖 b 可抑制 S180 荷瘤小鼠细胞毒性 T 淋巴细胞活力下降,促进白细胞介素-2(IL-2)分泌能力,提示地黄多糖 b 可明显增强 $Iyt-2^+$ 细胞毒性 T 淋巴细胞对肿瘤的杀伤能力[81]。利用定量聚合酶链反应(PCR)方法,低分子量地黄多糖能使 Lewis 肺癌组织内 *P53* 基因的表达水平明显增加,利用竞争性逆转录聚合酶链反应,低分子量地黄多糖也能使 Lewis 肺癌细胞内 *P53* 基因的表达水平明显增加。提示低分子量地黄多糖可能通过调控 *P53* 基因的表达而影响肿瘤细胞的增殖、分化和凋亡[78,79,106-108]。以上研究表明,地黄多糖具有明显的抗肿瘤活性,值得进一步研究。

(5) 降血糖作用　地黄低聚糖可明显降低四氧嘧啶糖尿病大鼠高血糖水平,增加肝糖原含量,减低肝葡萄糖-6-磷酸酶活性,地黄低聚糖对正常大鼠血糖无明显影响[109],但可部分预防葡萄糖及肾上腺素引起的高血糖症。切断肾上腺后,地黄低聚糖对葡萄糖高血糖的预防作用消失,提示地黄低聚糖不仅可以调节实验性糖尿病的糖代谢紊乱,也可调节生理性高血糖状态[110]。生地黄煎剂、浸剂或醇浸膏能明显降低家兔正常血糖和由肾上腺素、氯化铵引起的高血糖,怀地黄根茎的热水提取物中,乙醇沉淀组分主要由果胶多糖组成,对正常和链脲佐菌素诱导的小鼠血糖均有降低作用[111,112]。

(6) 抗衰老作用　采用Fe^{2+}-半胱氨酸系统诱发肝微粒体脂质过氧化反应,TBA-荧光法测定丙二醛含量,生地黄水提物和醇提取物可不同程度地对抗肝微粒体脂质过氧化,醇提取物作用强于水提取物[113]。通过对小鼠脑组织中一氧化氮合酶(NOS)、一氧化氮(NO)、超氧化物歧化酶(SOD)和过氧化脂质(LPO)的检测,结果显示熟地黄的氯仿及乙醇提取液均能明显提高D-半乳糖诱导的衰老模型小鼠脑组织中NOS和SOD活性,使NO含量增加,LPO含量明显降低,从而发挥熟地黄氯仿提取液延缓衰老的作用[114-116]。另有研究表明,怀地黄多糖可明显拮抗D-半乳糖所致衰老模型小鼠胸腺及脾脏的萎缩,甚至使免疫器官有关指标和胸腺皮质厚度和细胞数、脾小结及淋巴细胞数明显升高,以至超过正常水平,提示怀地黄多糖可能是怀地黄补益抗衰的主要活性成分,其拮抗衰老模型小鼠免疫器官的萎缩、兴奋免疫的作用可能是其补益抗衰的机制之一[97,117-121]。

(7) 抗胃溃疡,保护胃黏膜作用　利用幽门结扎致使大鼠胃酸分泌增多及胃溃疡形成,干地黄和熟地黄水煎液分别注入胃溃疡大鼠十二指肠内,两者均可明显抑制胃液量、总酸度及总酸排出量,且呈一定量效关系,并能减少胃溃疡的发生率和溃疡数,溃疡抑制率干地黄为69.6%,熟地黄为89.2%,熟地黄的抑酸作用强于干地黄[122-125],采用无水乙醇性胃黏膜损伤模型,观察干地黄提取物A对辣椒素化学去神经前后大鼠的影响。干地黄提取物A可明显预防无水乙醇所致的胃黏膜损伤,损伤抑制率为74.7%,用800 g/L辣椒煎剂预处理大鼠,提取物A胃黏膜保护作用基本消失,损伤抑制率仅为7.2%,提示干地黄提取物A胃黏膜保护作用可能与胃黏膜内辣椒素敏感神经元有关[126-129]。

(8) 其他作用　腹腔注射己烯雌酚,使小鼠阴道细胞增殖,熟地黄水提取物给模型小鼠灌胃,可明显抑制上皮细胞有丝分裂,这可能是熟地黄治疗银屑病的作用机制之一。利用多巴色素法测定酪氨酸酶活性,熟地黄乙醇提取物对酪氨酸酶具有较强活性,提示熟地黄可用于药品或化妆品中治疗色素沉着过多症[130]。

7.1.3 资源状况

野生地黄在我国大多数地区都有分布,主要分布于海拔50～1 100 m的广大平原及低山丘陵地区,包括湖北、河南、内蒙古、辽宁、宁夏、甘肃、陕西、山西、河北、安徽、山东、江苏、江西及福建南部等地。地黄分布区中心位于河南、湖北、河北,分布地土壤类型主要有褐土、砂质壤土、棕壤土、黄棕壤土。生于光照充足、土层深厚、质地疏松的地方,如荒山坡、山脚、墙边、路旁、石缝处[131]。

第7章 地　黄

关于地黄种质资源,地黄由野生变栽培大约开始于周朝,《齐民要术》中详细记述了地黄的种植方法。品种一直单一。自1917年崔大毛培育出"四齿毛",1920年李开寿培育"金状元"新品种后,地黄品种也逐渐多起来。20世纪70年代相继通过人工杂交选育出了"北京-1""北京-2""北京-3"等。目前,由于品种繁殖技术的提高,地黄品种繁多,除以上品种外,还有白状元、小黑英、红薯王、郭李猫、A-1、A-2、85-2、85-5、85-8、温县-1、国林新-1、晋红-1、沛育77-5、河南大红袍、组培82-5、茎尖16等20余个品种。地黄新品种的培育,可以提高单一品种质量,丰富物种资源,但也造成了品种混乱,质量不稳,等级难定,加工困难等不利因素。随着种植技术推广应用,地黄品种也在不断革新换代。目前,各个地区种植品种不一,如河南主要有北京-1、85-5、温县-1等,有的地方品种集中,如山西主要是85-5[132]。

7.1.4　道地性历史变迁

地黄的产地历代本草做了较详细的记载,《名医别录》载:"地黄生咸阳川泽黄土地者佳。"《本草经集注》载:"今以彭城(今江苏省铜山、江宁)干地黄最好,次历阳(今安徽省和县),今用江宁板桥(今河南省正阳县)者为胜。"《本草图经》[4]载:"(地黄)处处有之,以同州(今陕西省大荔县)为上。"《证类本草》记载:"冀州(今河北省)地黄、沂州(今山东省临沂)地黄,均属野生地黄。"《本草蒙筌》[17]载:"江浙产者,多种肥沃之壤,质虽光润而力微;河南怀庆产者多生深山幽谷之处,皮有疙瘩而力大。"《本草纲目》载:"今人惟以怀地黄为上,亦各处兴废不同尔。"根据文献记载可知,历代医学家对不同产地的地黄认识也有变化,宋以前以陕西(咸阳、同州)和江苏(彭城、江宁)产者佳,自明代以后,公认河南省温县、武陟、沁阳、博爱、修武出产的地黄品质优良。河南省温县、武陟、沁阳、博爱、修武一带在明、清时期隶属于怀庆府,此地又盛产中药材,将此地出产的中药材冠以"怀"字,故河南省温县、武陟、沁阳、博爱、修武等地出产的地黄称为怀地黄。怀地黄在明、清时代被列为进贡皇帝的贡品,素有"怀参"之称[18]。怀地黄不仅畅销国内,而且是传统出口中药材。据河南省药材公司生产科提供的资料,怀地黄国内销售量平均每年 1.5×10^7 kg,出口 1.5×10^5 kg。

7.1.5　栽培历史和现状

地黄的栽培历史悠久[134],《本草图经》载:"种之甚易,根入土即生。"又说:"古称种地黄宜黄土,今不然。"可见当时地黄的种植就已有很长的历史,否则不会称"古"。因此,地黄的栽培历史至少已有1 000余年。又称地黄栽培"大宜肥壤,虚地则根大而多汁。"说明当时就已发现地黄适于在疏松肥沃的土壤中栽培,并描述了地黄的种植方法"以苇席围编如车轮,径丈余,以壤土实苇席中为坛,坛上又以苇席实土为一级,比下坛径减一尺。如此数级,如浮屠,乃以地黄根节多者寸断之,莳坛上,层层令满,逐日水灌,令茂盛,至春秋分时,自上层取之,根皆长大而不断折,不被伤故也。"足见当时为得到优良的地黄药材所花费的心血,同时也反映了品种选择的意识。

《本草乘雅半偈》首次记载了种植地黄不能重茬:"种植之后,其土便苦,次年止可种牛膝。再二年,可种山药。足十年,土味转甜,始可复种地黄。否则味苦形瘦,不堪入药也。"《齐民要术》载:"种地黄须黑良田,五遍细耕。三月上旬为上时,中旬为中时,下旬为下时。一亩下种5石,其种还用三月中掘取者,逐犁后如禾麦法,下之。至四月末、五月初生苗迄,至八月尽、九月初根成、中染,若须留为种者,即在地中勿掘之,待来年三月取之为种。计一亩可收根三十石。""三十石"为1 800 kg,接近目前产量。"有草锄不遍数,锄时别作小刀锄,勿使细土覆心。今秋收讫,至来年更不须种,也旅生也。唯锄之如此,得四年,不要种之,皆余根自出矣。"从其描述可以推测,其栽培品种具串皮根,否则应每年种植,另外作者未提及重茬问题,根据日前的经验,重茬会造成严重减产[135]。

近代地黄主产区药农总结出了倒栽留苗和高畦栽植方法,沿用至今。近年来,地黄栽培技术有了新的进展,如地膜覆盖技术、夏栽技术、脱毒技术等,使地黄的栽培进入了一个新的历史时期。

7.1.6 形态解剖学研究

以往对地黄的解剖学研究主要集中于对发育成熟的药用部分。《中华本草》[19]中较详细地描述了地黄根横切面的结构特征:"根横切面,木栓层为数列木栓细胞。皮层薄壁组织细胞排列疏松;散有多数分泌细胞,含橘黄色油滴;偶有石细胞。韧皮部分泌细胞较少。形成层成环。木射线宽广;导管稀疏,呈放射状排列。"都恒青等[71]研究了怀地黄块根横切面的组织细胞学特征,并且比较了北京野生地黄与怀地黄(金状元)根横切面的区别。在《常用中药材品种整理和质量研究》(第2册)中报道了其研究结果:"怀庆地黄块根横切面木栓层由4~15列长方形细胞构成,其外缘多破裂。皮层甚厚,多为大型疏松的薄壁组织细胞,新鲜材料或用甘油保存材料的切片中,散有呈红色颗粒状物质的细胞。石细胞少见,往往存在于近根的芦头处,呈类长方形或椭圆形,细胞腔小,具纹孔及层纹,长70~150 μm。次生韧皮部甚厚,近形成层处细胞排列整齐,近皮层处则呈不规则形或颓废。形成层明显,连成环状。木质部充满薄壁组织细胞,射线宽广呈放射状,木质束狭窄,由1~3列导管组成,导管中往往含侵填体,木薄壁组织细胞多数,壁木化,中心木质部3~5原型。幼根中央无髓部;但长大的块根则中央有髓部;由多数薄壁组织细胞组成;射线2~5列,以4列为最多。本品由于形成层分生能力旺盛,次生组织的增长速度很快,射线多而宽广,致使根形肥大。"并比较了北京野生地黄与怀地黄(金状元)根横切面的异同。

上述研究基本阐明了地黄药用部位成熟器官的结构特征,但也存在一些疑问甚至错误之处。例如,文献中均将地黄块根最外层——木栓层之内的结构称为"皮层",一般而言,根的木栓层是由中柱鞘细胞形成的木栓形成层产生的,而皮层位于中柱鞘之外,因此,根的木栓层形成时,皮层已不复存在。又如,双子叶植物的根中一般没有髓,而《常用中药材品种整理和质量研究》中记载:"幼根中央无髓部;但长大的块根则中央有髓部。"上述问题值得进一步研究。

已有文献主要研究了地黄药用部位块根成熟器官的解剖结构,但对其发育过程的动态变化和形态发生过程研究仅见肖玲[133]等少量研究报道。由于对地黄药用部位形态发生过程和结构发育过程缺乏系统研究,导致对其药用部位形态学本质认识的混乱,关于地黄药用部分,有"块根""块茎""根状茎"等不同名称[136]。

在超微结构方面做的工作较少,仅见方瑾[137]对地黄的花药进行了研究。通过对地黄花药超微结构的研究发现,花药绒毡层具有二型性,来源于初生壁细胞的p-绒毡层,细胞较小,为分泌型绒毡层,在小孢子阶段产生乌氏体,于两细胞花粉阶段解体。来源于药隔的c-绒毡层细胞较大,解体的时间早于p-绒毡层,不同药室的p-绒毡层解体的起始时间不一致,可始于小孢子母细胞减数分裂、四分体或小孢子阶段,其径向壁与面向药室外的壁也较早地开始解体,细胞质碎片与细胞器流入药室,分散在小孢子之间,较早解体的c-绒毡层细胞不产生原乌氏体与乌氏体,部分解体较晚的c-绒毡层细胞壁产生原乌氏体,但很少形成乌氏体[10]。目前,尚未见关于地黄块根超微结构研究的报道,而地黄块根超微结构研究将有利于揭示地黄药用部分细胞分化与有效成分产生的关系。

§7.2 地黄块根的结构发育规律

7.2.1 块根的形态发生

地黄播种14～21 d后,从母根上生长出3～6条不定根,同时,从母根上长出2～3个不定芽,之后在不定芽的茎基部发生4～8条不定根(图7-5)。

图7-5 地黄已长出不定芽的母根 图7-6 地黄植株(示不定根的发生及其类型)

在以后的生长发育过程中,根据外形的不同,可将观察到的不定根分为两种类型。一种类型的不定根在生长发育过程中增粗不明显,直径2～3 mm,这类不定根是担负吸收和固着作用的正常根(图7-6 a点所示)。另一种类型的不定根在播种30 d后,其前端明显增粗,最终直径可达3～9 cm,这种类型的不定根最后形成块根(图7-6b点所示)。

块根的生长过程如下:不定根发生15～20 d后,其前端膨大成小球状(图7-7a)。30 d后,不定根的前端膨大部分成长为直径6～10 mm的圆柱状肉质根(图7-7b)。之后,其中部生长较快,两端生长较慢,从而逐渐发育成近纺锤状(图7-7c~e)。这种不定根继续生长,4~5个月后形成直径达3~9 cm的不规则纺锤状块根(图7-7f、g)。

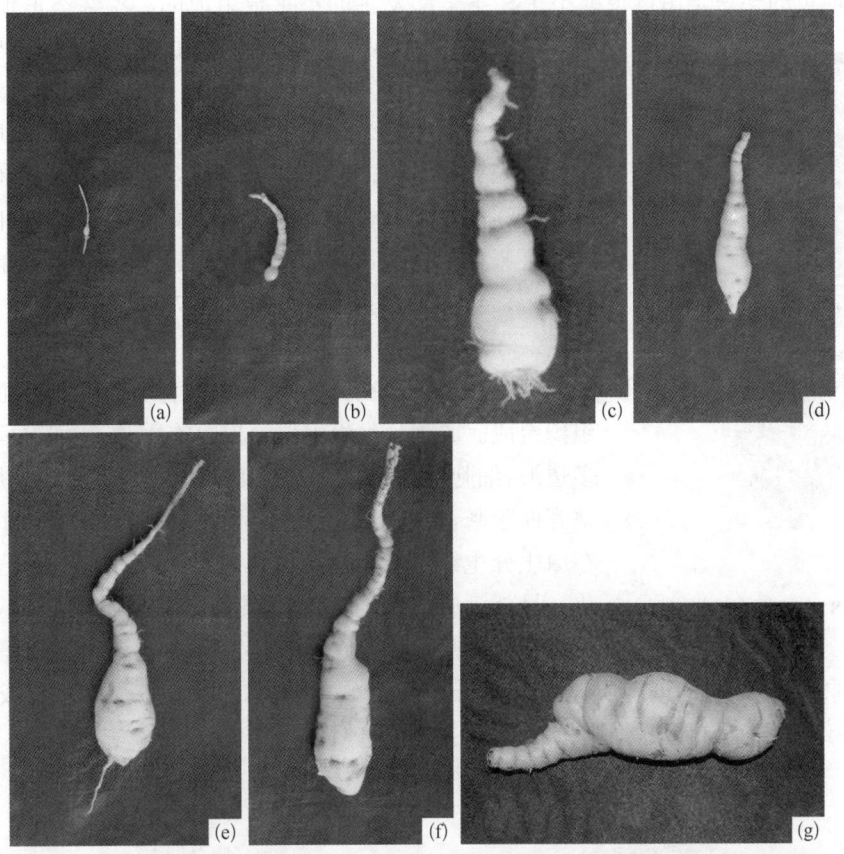

图7-7 地黄块根的膨大过程

(a) 不定根前端刚开始膨大成小球状;(b) 不定根前端膨大成圆柱状;(c)~(e) 不定根膨大成纺锤状块根;(f)、(g) 成熟的块根

在观察中还发现,从不定芽茎基部形成的块根比从母根上形成的块根生长快(表7-1)。

表7-1 不定芽茎基部形成的块根与从母根上形成的块根的生长速度比较

生长时间 (d)	不定芽茎基部形成的块根 平均直径(mm)	母根上形成的块根 平均直径(mm)
30	10	7
90	16	12
150	55	31
210	65	39

7.2.2 块根的结构发育

1. 根尖纵切面的观察

怀地黄的根系是由母根或不定芽茎基部发生的不定根组成的。观察不定根的根尖纵切片发现，其结构与一般双子叶植物的根尖结构相同，由根冠、分生区、伸长区和成熟区组成。其根冠呈圆锥形，由排列不规则的薄壁组织细胞组成；分生区位于根冠的后方，是根的顶端分生组织；伸长区位于分生区稍后方的部位，细胞分裂已逐渐停止，体积扩大，细胞显著沿根的长轴方向延伸；成熟区紧接伸长区，成熟区的细胞已停止伸长，并分化出各类组织，表皮部分细胞产生根毛(图 7-8)。

图 7-8 地黄根尖纵切面

2. 顶端分生组织

怀地黄根的顶端分生组织由原生分生组织和初生分生组织组成。原生分生组织位于根冠的后面，其细胞呈等径的多边形，细胞壁薄，细胞质浓，细胞核大，细胞排列分层明显，整齐而紧密，表现出典型的分生组织细胞学特点(图 7-9)。在原生分生组织上面是初生分生组织，此时，细胞已开始分化。最外一层细胞是表皮原，其细胞质浓，细胞核大，细胞排列整齐而紧密。表皮原之内有 7～8 层基本分生组织细胞组成皮层原，这些细胞的细胞质较稀薄，已出现液泡化。中央是由 5～6 层细胞组成的中柱原，这些细胞的细胞质浓，细胞核大，细胞排列紧密(图 7-10)。

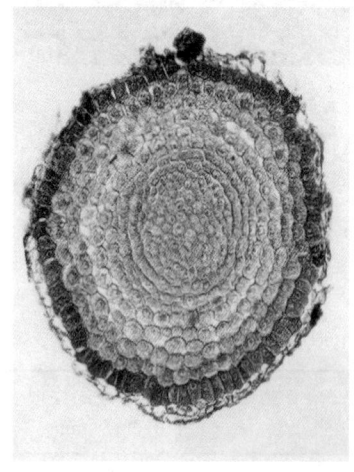

图 7-9 地黄根尖原分生组织横切面

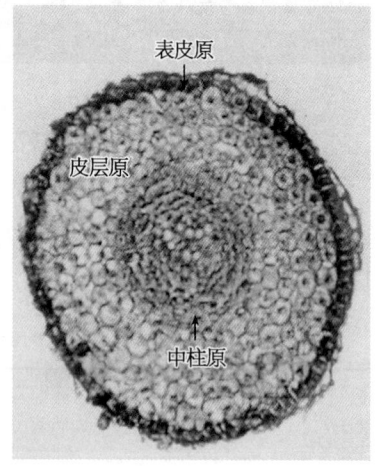

图 7-10 地黄根尖初生分生组织横切面

3. 初生结构

怀地黄根的初生结构由表皮、皮层和中柱组成。表皮来源于表皮原，由一层薄壁组织细胞组成，部分细胞形成根毛。皮层由基本分生组织发育而成，有 7～9 层薄壁组织细胞组成,细胞体积较大,细胞间隙明显。其中最内一层细胞体积较小,细胞排列紧密,没有细胞间隙,此层细胞是内皮层。内皮层之内是中柱,中柱是由中柱原发育而来的,其最外层是一层体积较小,排列紧密,没有细胞间隙的薄壁组织细胞,此层细胞构成中柱鞘。中柱鞘之内是初生木质部和初生韧皮部,初生木质部为四原型,初生木质部和初生韧皮部相间排列(图 7-11)。

4. 次生结构

(1) 正常根维管形成层的发生及次生结构的形成

怀地黄根次生分生组织最早发生于初生韧皮部内侧的薄壁组织中,一部分薄壁组织细胞脱分化,恢复细胞分裂能力,形成次生分生组织,即维管形成层。这些细胞进行切向分裂,产生的新细胞呈扁平状,在横切面上排列成弧形,在怀地黄根横切面上呈 4 条形成层弧(图 7-12a)。

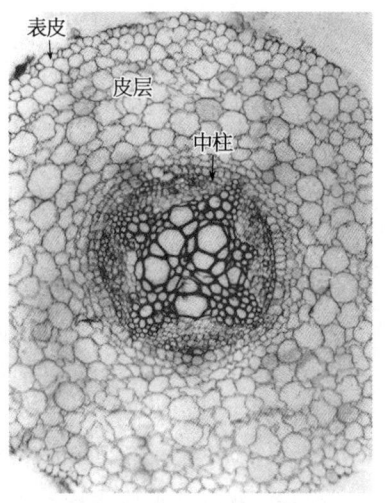

图 7-11 地黄根尖横切面
(示初生结构)

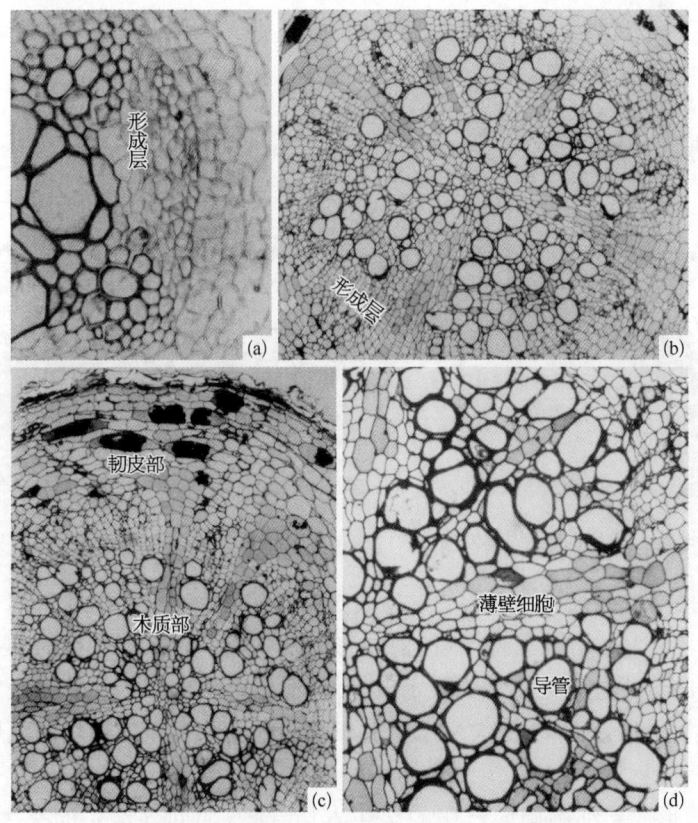

图 7-12 地黄正常根维管形成层的发生及活动
(a)根横切面,示形成层发生;(b)根横切面,示形成层近圆形;(c)根横切面,示木质部与韧皮部所占比例相近;(d)根横切面,示次生木质部中导管占多数

以后,邻接形成层弧两端的薄壁组织细胞也恢复细胞分裂能力,产生形成层细胞,使形成层向两侧增长。随着形成层的不断增长,各形成层弧连接在一起,形成一个完整的形成层圈。形成层圈在横切面上最初是四角形的,以后因为形成层圈凹入的部分产生木质部较早且较快,将凹入部分的形成层向外推移,结果使形成层圈在横切面上逐渐成为近圆形(图7-12b)。以后形成层细胞继续进行切向分裂,向内产生次生木质部,向外产生次生韧皮部。在其横切面上,木质部和韧皮部所占面积比例接近相等(图7-12c)。在次生木质部中,其主要成分是导管和管胞,占木质部的60%～70%,薄壁组织细胞数量较少(图7-12d)。正常根的形成层细胞分裂次数较少,且其所产生的衍生细胞很快分化为次生木质部和次生韧皮部。同时,次生木质部和次生韧皮部中的薄壁组织细胞不再进行分裂。因此,正常根较细。

随着次生维管组织的增多,表皮破坏,产生周皮。周皮起源于中柱鞘,中柱鞘细胞恢复细胞分裂能力,形成木栓形成层。木栓形成层细胞进行切向分裂,向外产生4～5层木栓层细胞,向内产生1～2层栓内层细胞。木栓层、木栓形成层和栓内层共同组成周皮(图7-13)。

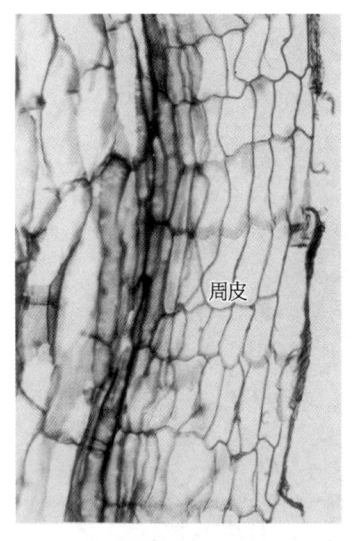

图7-13 地黄根横切面(示周皮)

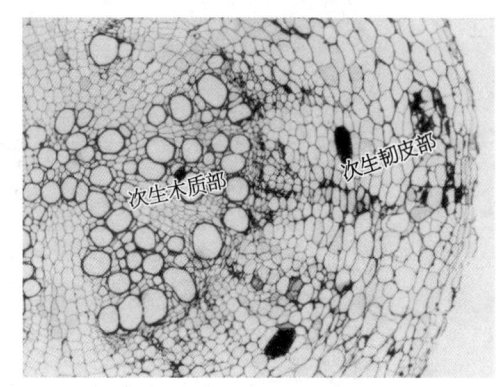

图7-14 地黄块根横切面(示次生结构)

(2) 变态根(块根)维管形成层的发生及次生结构的形成　怀地黄的母根及其不定芽茎基部产生的不定根中,有一部分根的前端膨大发育成块根。这些根的初生结构的分化和维管形成层的形成过程与正常的不定根相似,而维管形成层的活动与正常根不同。在维管形成层活动早期,所产生的次生木质部和次生韧皮部在根的横切面上所占的比例相近(图7-14)。

以后,维管形成层细胞向内产生的次生木质部多,而向外产生的次生韧皮部少,同时,在次生木质部中导管较少,而薄壁组织细胞多。次生木质部中的薄壁组织细胞一部分是由维管形成层细胞直接产生,以后增大体积;而另一部分次生木质部内的薄壁组织

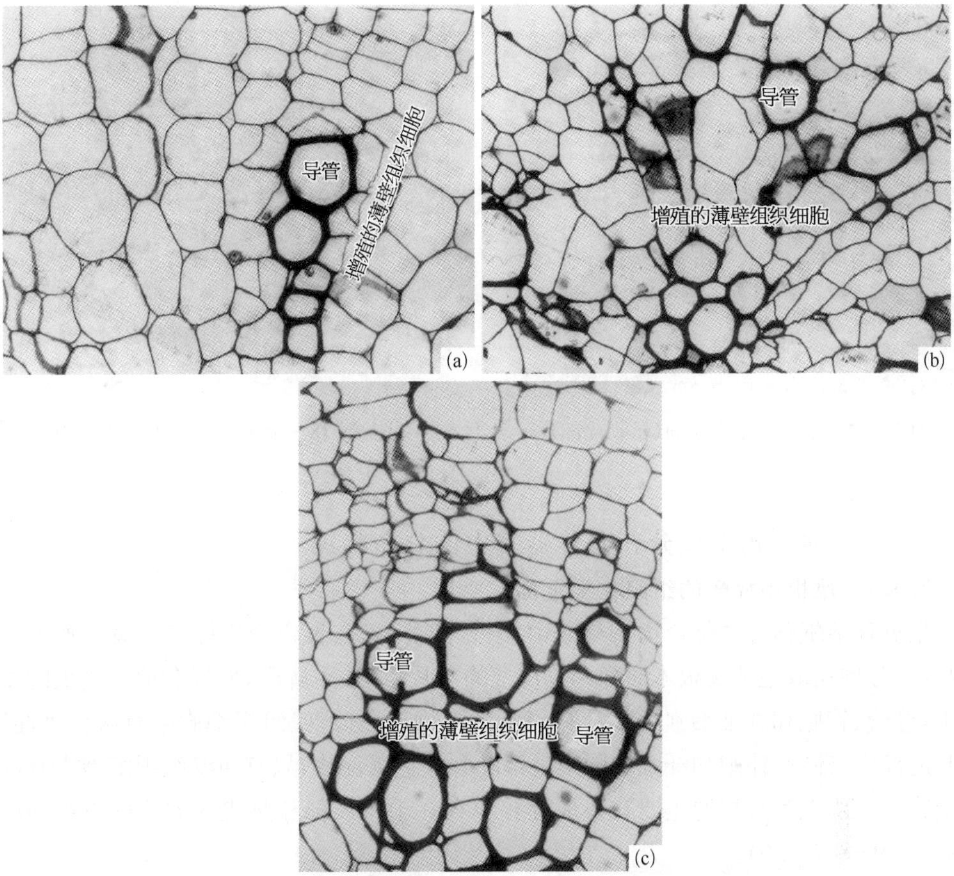

§7.2 地黄块根的结构发育规律

图 7-15 地黄块根横切面（示次生木质部中薄壁组织细胞的增殖）

细胞以后再分裂，进行细胞增殖（图 7-15），从而在次生木质部中呈现出导管数量少、星散分布在薄壁组织中的现象。在根的横切面上，导管仅占次生木质部的 10%～15%（图 7-16）。由于维管形成层细胞产生大量次生木质部薄壁组织细胞，其中部分薄壁组织细胞又增殖，通过此种异常次生生长活动，使根部迅速增粗，形成两端细中部膨大的近纺锤形块根（图 7-7c）。在成长的块根中，次生木质部占横切面的 70%，次生韧皮部较少，筛管和伴胞也散布在薄壁组织细胞间，并有宽大的韧皮射线（图 7-17）。随着块根的增粗，表皮细胞被挤毁，其内的中柱鞘细胞恢复分裂能力转变为木栓形成层，向外产生木栓层，向内产生栓内层，共同形成次生保护组织——周皮（图 7-18）。

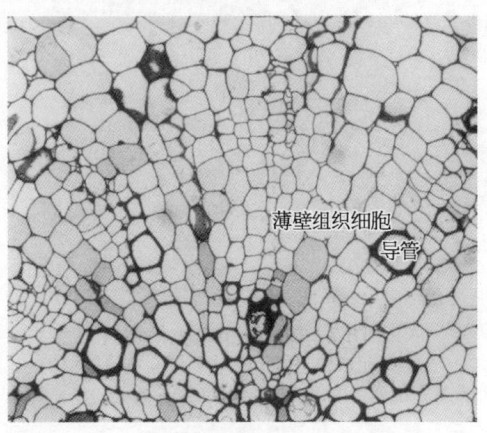

图 7-16 地黄块根横切面（示次生木质部中含有大量薄壁组织细胞，导管分散在薄壁组织细胞间）

第7章 地 黄

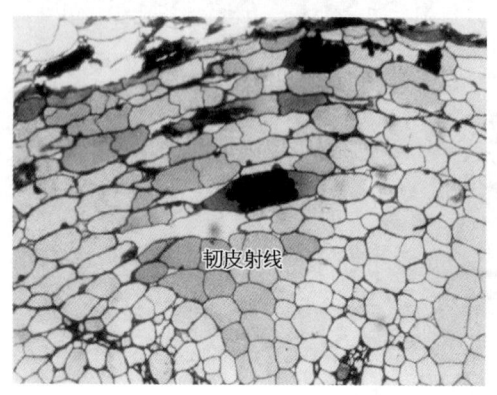

图 7-17 地黄块根横切面（示韧皮部）

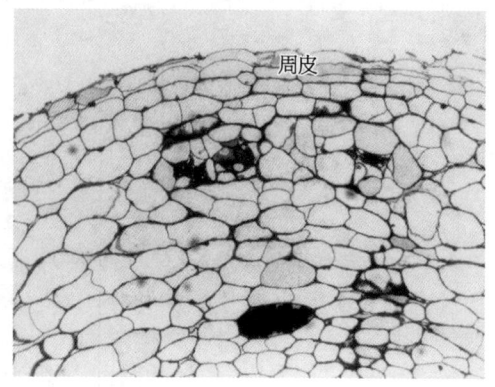

图 7-18 地黄块根横切面（示周皮）

§7.3 地黄药用成分在营养器官中的分布状况

7.3.1 块根中梓醇的组织化学定位

根据环烯醚萜苷类化合物在稀酸中加热，能被水解、聚合产生棕黑色聚合物沉淀这一特性，分别切取地黄块根木质部和韧皮部的薄片，经酸水解后，发现在地黄块根的木质部中，导管、管胞和纤维细胞中都没有深色沉淀物，只有薄壁组织细胞中有深色沉淀物；在韧皮部中，筛管、伴胞和纤维细胞中也都没有深色沉淀物，只有薄壁组织细胞中有深色沉淀物。说明地黄块根的主要有效成分梓醇存在于木质部和韧皮部的薄壁组织细胞中（图7-19，图7-20）。

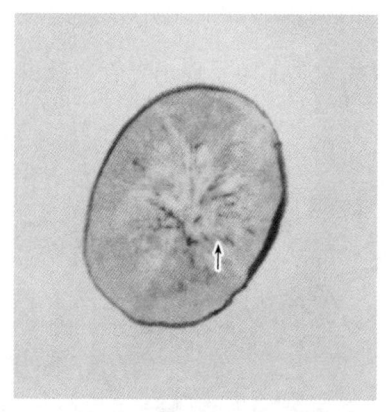

图 7-19 地黄块根横切面
示组织化学定位后木质部与韧皮薄壁组织细胞中的深色颗粒沉淀（箭头所示）

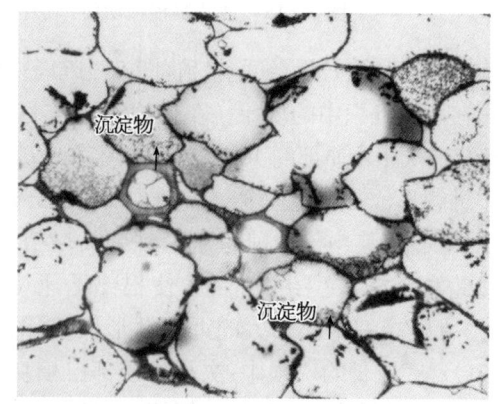

图 7-20 地黄块根横切面
经组织化学定位后，薄壁组织细胞中有沉淀物（箭头所示）

7.3.2 块根中梓醇积累部位的超微结构

经组织化学定位，地黄块根中的梓醇存在于木质部和韧皮部的薄壁组织细胞中，地

§7.3 地黄药用成分在营养器官中的分布状况

黄块根次生韧皮部的薄壁组织细胞和大部分次生木质部的薄壁组织细胞直接来源于维管形成层。刚从维管形成层产生的薄壁组织细胞,细胞质浓,细胞核大,并且含有丰富的细胞器(图7-21a～d);以后,细胞体积增大,细胞核占的比例减小,细胞质颜色变淡,细胞开始液泡化,在细胞中开始出现小的液泡(图7-21e);之后,随着细胞的生长,细胞核占的比例进一步减小,薄壁组织细胞进一步液泡化,小液泡逐渐合并成较大的液泡,在大的

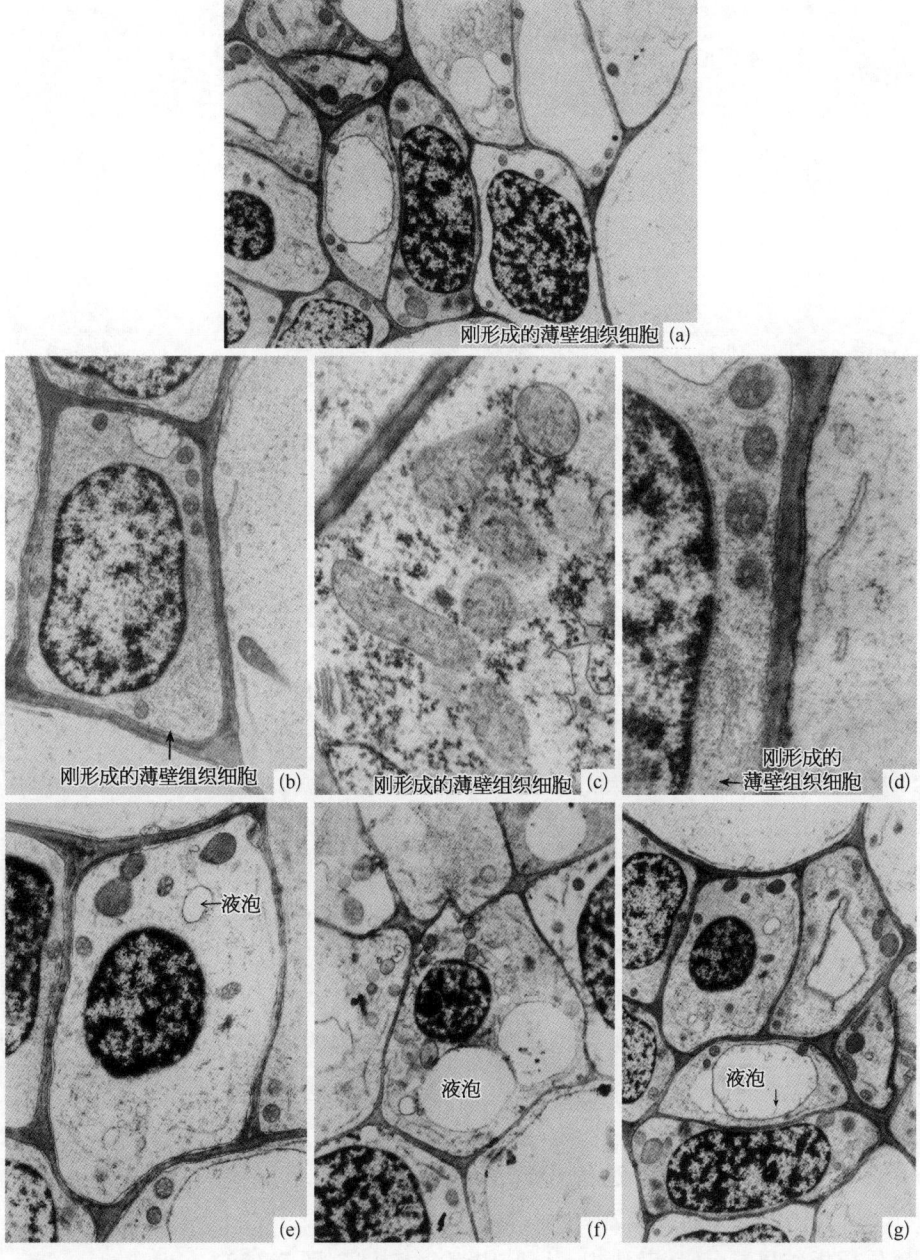

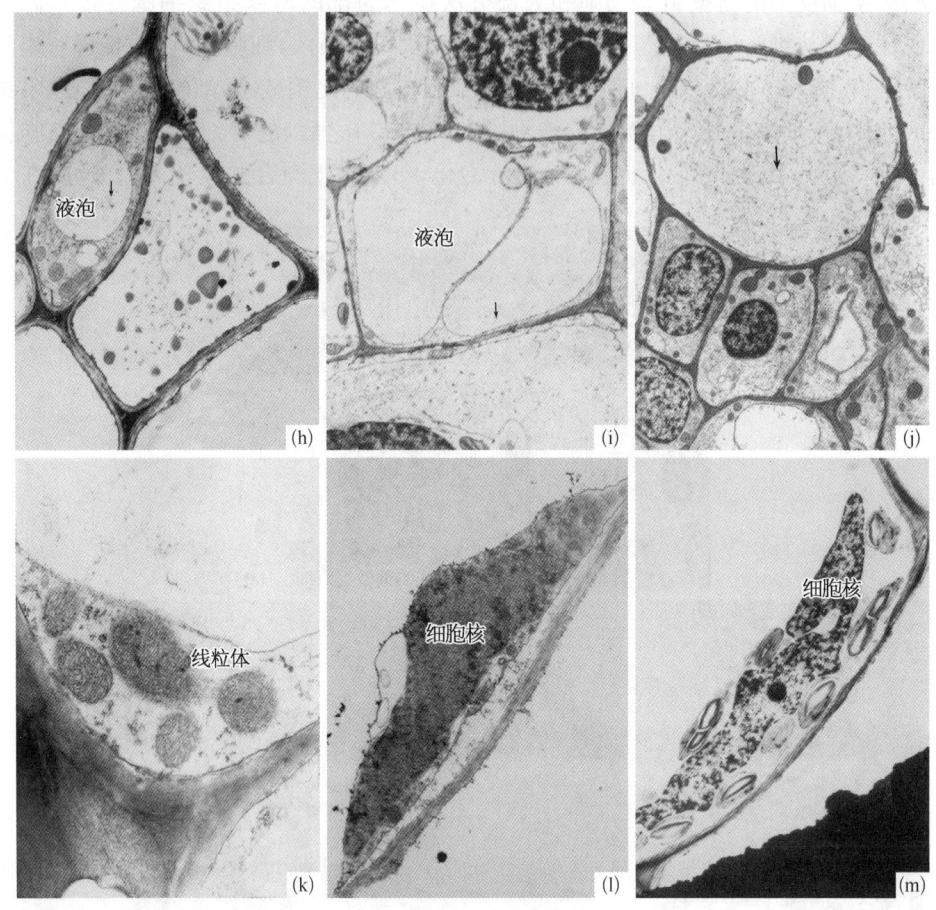

图 7-21 地黄块根中梓醇积累部位的超微结构

(a)~(d) 刚分化的薄壁组织细胞,细胞核大、细胞质浓;(e) 薄壁组织细胞,已有小液泡形成;(f)~(i) 薄壁组织细胞,细胞液泡化程度逐渐提高,小液泡合并成大液泡,在液泡内出现嗜锇物(箭头所示);(j) 薄壁组织细胞,细胞分化成熟,形成中央大液泡,中央液泡中充满嗜锇物;(k) 成熟的薄壁组织细胞,示线粒体内含丰富的嵴;(l)、(m) 薄壁组织细胞,示细胞核呈变形虫样

液泡中可以看到有黑色嗜锇物质(图7-21f~i);薄壁组织细胞发育成熟时,液泡逐渐合并成一个中央大液泡,在中央大液泡内,布满了黑色颗粒(图7-21j)。在成熟的薄壁组织细胞中,还可见线粒体内含有丰富的嵴(图7-21k)。从而反映梓醇类物质是在薄壁组织细胞发育成熟时积累,储存在细胞的液泡内。

在电镜观察过程中,还发现一些成熟薄壁组织细胞的细胞核呈变形虫样,位于贴壁的细胞质中(图7-21l、m)。

§7.4 地黄生长发育过程中梓醇的积累动态

7.4.1 怀地黄不同营养器官中梓醇的定性测定

薄层层析结果显示,地黄块根、茎、叶中都含有梓醇(图7-22)。

7.4.2 不同发育阶段的块根中梓醇含量的测定结果

材料取于怀地黄的道地产区河南温县。2002年分别于6月、7月、8月、9月、10月、11月上旬取怀地黄产区的块根、叶以及成熟的茎,干燥后研成粉末以备用。

用高效液相色谱法分别测定不同发育阶段怀地黄块根样品中梓醇的含量,从幼到老编号分别为1、2、3、4、5、6,测定结果表明,梓醇含量整体趋势是随着块根的发育增粗逐渐增高,但不同发育时期梓醇含量增加速度不同。在块根发育早、中期(6～8月),地黄块根体积增加较快,但梓醇含量增加较慢。在发育后期(8～10月),地黄块根体积增加较慢,但梓醇含量增加较快(图7-23)。

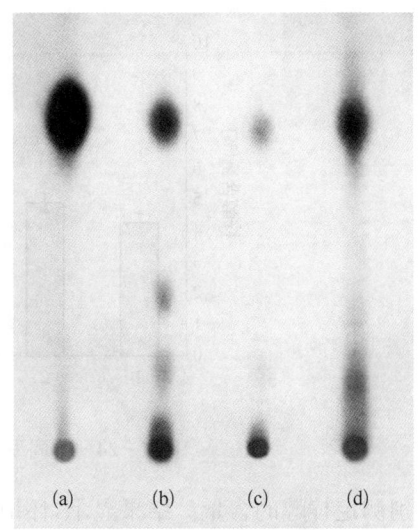

图7-22 薄层层析图
(a)标准品;(b)地黄块根的提取物;(c)地黄茎的提取物;(d)地黄叶的提取物

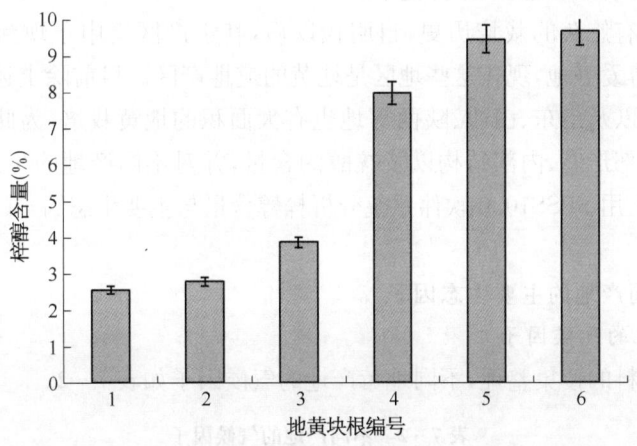

图7-23 不同发育阶段的块根中梓醇含量的测定结果

7.4.3 不同发育阶段的叶和茎中梓醇含量的测定结果

用高效液相色谱法分别测定不同发育阶段怀地黄叶样品中梓醇的含量,从幼到老编号分别为1、2、3、4、5、6,测定结果表明,幼叶梓醇含量低,随着叶发育,其梓醇含量逐渐增高。到叶发育成熟时,梓醇含量达到最高,以后,叶中梓醇含量有所下降(图7-24)。其成熟茎中梓醇含量为6.7081%。

7.4.4 怀地黄块根不同组织中梓醇含量的测定结果

取怀地黄的块根,从形成层处将其分为木质部和韧皮部两部分,用高效液相色谱法

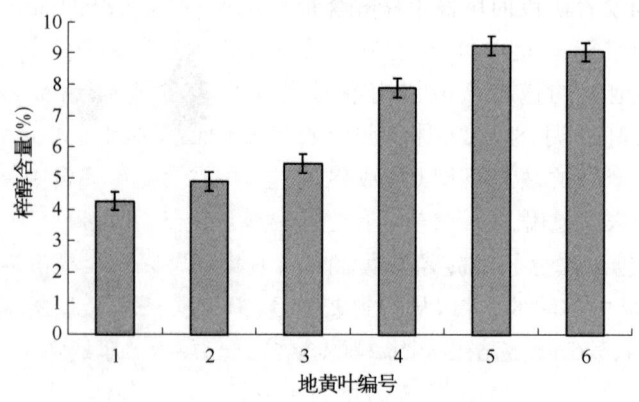

图7-24 不同发育阶段叶中梓醇含量的测定结果

分别测定梓醇的含量。结果显示,怀地黄块根木质部中梓醇的含量高于韧皮部,其中,木质部中梓醇的含量为9.17%,韧皮部中梓醇的含量为7.35%。

§7.5 不同产地地黄药材比较

地黄在我国有悠久的栽培历史,自明代以后,其主产区集中于现河南省的修武、武陟、温县、孟州、博爱等地,现在这些地区是地黄的道地产区。目前除上述道地产区外,在河南的其他地区以及山东、山西、陕西等地也有大面积的地黄栽培,为此,我们比较了不同产地地黄的外部形态、内部结构以及梓醇的含量,并对不同产地的生态因子进行调查整理,在此基础上用SPSS10.0软件系统分析梓醇含量与主要生态因子的相关性。

7.5.1 不同产地的主要生态因子

1. 不同产地的气候因子

通过气象资料的搜集整理,不同地黄产地的气候因子如表7-2。

表7-2 不同产地的气候因子

	年平均温度(℃)	年均降水量(mm)	年均蒸发量(mm)	无霜期(d)	年日照时数(h)	年积温(≥10℃)
山东平阴	13.6	638.5	2 119.7	204.0	2 491.6	4 940.7
山西襄汾	12.6	530.0	1 780.3	200.0	2 397.1	4 200.0
陕西西安	11.5	924.0	1 808.6	206.0	2 486.2	4 868.6
河南新乡	14.0	606.7	1 908.7	208.3	2 428.2	4 649.7
河南温县	14.2	614.2	1 501.7	209.3	2 460.1	4 653.8

2. 不同产地的土壤因子

通过土壤资料的调查整理,不同地黄产地的土壤因子如表7-3。

表 7-3 不同产地的土壤因子

	土壤 pH	土壤质地	有机质含量（%）	全氮含量（%）	速效磷含量（mg/kg）	速效钾含量（mg/kg）
山东平阴	7.2	壤质	1.0	0.04	16.5	109.0
山西襄汾	8.0	砂壤	1.23	0.07	18.3	153.1
陕西西安	6.5	壤质	1.1	0.04	16.0	106.0
河南新乡	8.2	砂壤	1.4	0.06	19.0	160.6
河南温县	8.5	砂壤	1.6	0.06	20.2	168.0

7.5.2 不同产地地黄块根形态结构比较

1. 不同产地地黄块根外观特征的比较

对不同产地地黄块根从色泽、形状、重量、长度、最粗处直径以及长度/粗度等六个方面考察了其外观特征，结果显示，河南古怀庆府地区的地黄块根形状为块状，颜色较深，为黄褐色，重量和最粗处直径最大，长度虽然不是最长，但其长度/粗度比值最小（图 7-7g）；陕西西安产的地黄块根颜色较浅，为浅黄色，形状为条状，其重量、长度和最粗处直径都是最小，其长度/粗度比值相对较大（图 7-25a）；而山东平阴、山西襄汾和河南新乡产的地黄块根，其外观性状介于河南道地产区和陕西西安产地的地黄之间（图 7-25b、c）。测量数据见表 7-4。

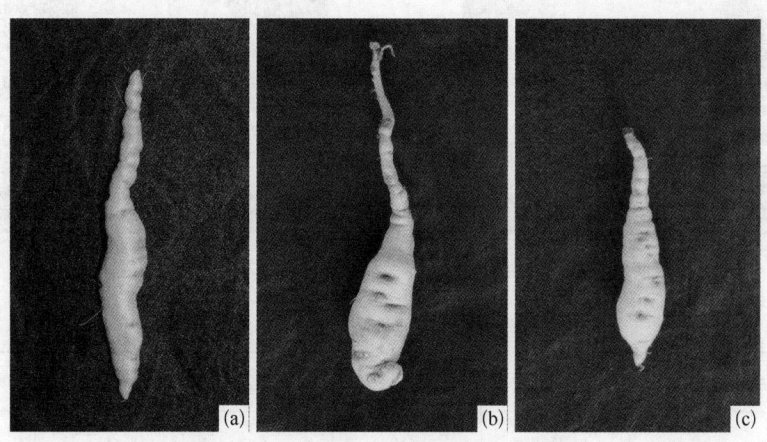

图 7-25 不同产地地黄块根的外形图
(a) 长条形块根；(b)、(c) 纺锤状块根

2. 不同产地地黄块根解剖结构的比较

通过对不同产地地黄块根的横切面以及横切片的观察、测量，从横切面菊花心的有无、木质部的面积、韧皮部的面积、木质部/韧皮部、木质部所占的比例、木质部中薄壁组织细胞所占的比例等六个方面比较了不同产地地黄块根解剖结构的特征，结果显示仅河南道地产地的地黄块根横切面有菊花心（图 7-26），而山东平阴、陕西西安、山西襄汾和

表7-4 不同产地地黄块根外观特征

产地	色泽	形状	重量(g)	长度(cm)	最粗处直径(cm)	长度/粗度
山东平阴	黄色	长纺锤状	55.1	18.5	3.0	6.0
陕西西安	浅黄色	条形	22.2	14.0	2.5	5.6
山西襄汾	黄色	长纺锤状	68.1	21.5	4.0	5.3
河南新乡	黄褐色	纺锤状	85.4	22.0	5.0	4.4
河南温县	黄褐色	块状	126.0	21.0	7.0	3.0

注：表中数据为20个块根的平均值。

河南新乡产的地黄块根的横切面都不见菊花心(图7-27)；从其他几项指标看,河南道地产地的地黄木质部/韧皮部的比值、木质部所占的比例以及木质部中薄壁组织细胞所占的比例都是最大,河南新乡产的地黄次之,而其他三个产地山东平阴、陕西西安和山西襄汾产的地黄块根的这几项指标更低(图7-28;表7-5)。

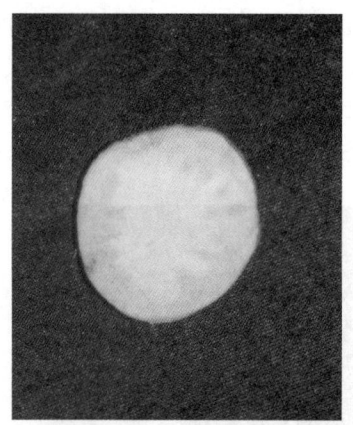

图7-26 块根横切面(示有菊花心)

图7-27 块根横切面(示无菊花心)

表7-5 不同产地地黄块根的解剖结构

	山东平阴	陕西西安	山西襄汾	河南新乡	河南温县
菊花心	无	无	无	无	有
木质部的面积(cm^2)	1.9	0.7	3.5	6.3	15.1
韧皮部的面积(cm^2)	1.6	1.7	2.8	3.5	4.1
木质部/韧皮部	1.2	0.4	1.3	1.8	3.7
木质部所占比例	0.5	0.3	0.6	0.6	0.8
木质部中薄壁组织细胞所占的比例	0.8	0.7	0.8	0.9	0.95

注：表中数据为20个块根的平均值。

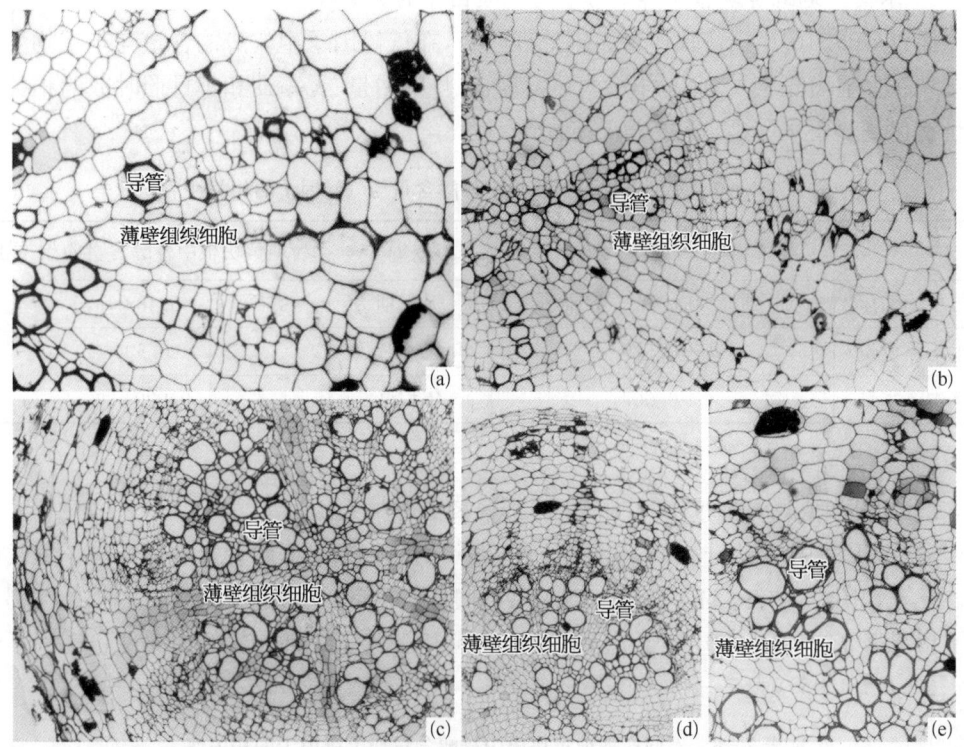

图 7-28　块根横切面(示不同产地地黄块根木质部中薄壁组织细胞所占比例)

(a) 河南温县产地黄,木质部中薄壁组织细胞占 95%；(b) 河南新乡产地黄,木质部中薄壁组织细胞占 90%；(c) 陕西西安产地黄,木质部中薄壁组织细胞占 70%；(d) 山东平阴产地黄,木质部中薄壁组织细胞占 80%；(e) 山西襄汾产地黄,木质部中薄壁组织细胞占 80%

7.5.3　不同产地地黄块根中梓醇含量比较

用高效液相色谱法测定了不同产地地黄块根中梓醇的含量,从结果可以看出,河南古怀庆府地区产的地黄块根中梓醇含量最高,而其他几个产地按梓醇含量从高到低依次是河南新乡、山西襄汾、山东平阴和陕西西安(表 7-6)。

表 7-6　不同产地地黄块根中梓醇的含量

	山东平阴	山西襄汾	陕西西安	河南新乡	河南温县
块根中梓醇的含量(%)	5.42	6.83	4.30	8.75	9.19

7.5.4　不同产地主要生态因子与地黄块根中梓醇含量的相关性

用 SPSS10.0 统计软件,对不同产地地黄块根中梓醇的含量与相应生态因子进行了相关性分析。

1. 不同产地地黄块根中梓醇含量与气候因子的相关性

通过 SPSS10.0 统计软件对数据处理分析,在气候因子中梓醇的含量与年平均温度和年积温呈显著正相关,而与年平均蒸发量、年均降水量、无霜期和年日照时数的相关性都没有达到显著水平(表 7-7)。

表 7-7 不同产地地黄块根中梓醇含量与气候因子的相关性

气候因子	与地黄块根中梓醇含量的相关性	气候因子	与地黄块根中梓醇含量的相关性
年平均温度	0.928*	无霜期	0.488
年均蒸发量	−0.519	年日照时数	−0.504
年均降水量	−0.667	年积温	0.920*

* 表示呈显著正相关。

2. 不同产地地黄块根中梓醇含量与土壤因子的相关性

通过 SPSS10.0 统计软件对数据处理分析,土壤因子对梓醇含量的影响大于气候因子。在土壤因子中梓醇的含量与土壤 pH、土壤全氮含量、土壤速效磷含量的相关性都达到了极显著水平($P<0.01$),与土壤有机质含量和土壤速效钾含量的相关性也达到了显著水平($P<0.05$)(表 7-8)。

表 7-8 不同产地地黄块根中梓醇含量与土壤因子的相关性

土壤因子	与地黄块根中梓醇的含量相关性	土壤因子	与地黄块根中梓醇的含量相关性
土壤 pH	0.962**	速效磷含量	0.975**
有机质含量	0.916*	速效钾含量	0.949*
全氮含量	0.926**		

* 表示相关性显著,** 表示相关性极显著。

§7.6 讨论

7.6.1 地黄药用部分的植物形态学本质

地黄虽然是我国传统常用的大宗中药材,具有悠久的应用历史,但由于对其药用部分的发生、发育缺乏系统研究,其药用部分的植物形态学性质存在不同看法,致使关于地黄药用部分的名称出现混乱,在书刊中常见的名称有块根、根茎、根状茎等[136,138,139]。本研究结果表明,怀地黄的药用部分是起源于母根和不定芽茎基部的不定根。在结构上具有根的典型结构特征[140],如初生木质部与初生韧皮部相间排列、没有髓、具有内皮层和中柱鞘、维管形成层起源于初生韧皮部内侧的薄壁组织细胞等。因此,怀地黄的药用部位是由不定根经异常次生生长形成的块根。怀地黄药用部分的正确名称是块根,而不应称根茎或根状茎。

7.6.2 地黄块根次生生长的特殊性

怀地黄的不定根有两类：一类是类似一般双子叶植物的根，通过初生结构的分化和正常的次生生长，产生次生结构，形成细长的、承担吸收和固着作用的不定根；另一类不定根的初生结构分化和维管形成层的形成类似正常根，但以后在根的前端部分维管形成层细胞向内产生大量薄壁组织细胞和少量导管，而且部分薄壁组织细胞发生增殖活动，通过此种异常次生生长活动使此部分根迅速增粗，从而形成两端细中部粗呈纺锤状的块根，成为储存器官。

肉质储存根的形成在不同植物中可由多种异常生长方式完成。据报道，商陆是由正常中柱外产生多轮同心圆排列的异常维管束使根膨大成为肉质圆锥状根[141]。何首乌是在正常中柱外侧产生多个异常维管束，从而使此部分根发育成块根[142]。甘薯的块根和萝卜的肉质根则由于维管形成层产生大量次生木质部薄壁组织细胞，同时，还在次生木质部的导管周围产生次生形成层，进而产生三生木质部和韧皮部，使此部分的根迅速增粗[143]。相比之下，怀地黄块根的增粗主要是维管形成层产生大量次生木质部薄壁组织细胞，以及这些细胞增殖活动的结果，未发现异常形成层的产生。为此，怀地黄块根的异常次生生长方式不同于上述四种植物的异常次生生长方式。

7.6.3 地黄块根的发育与梓醇的积累关系

有效成分积累动态与植物生长发育阶段是确定根类药用植物适宜采收期的2个重要指标[144]。本研究结果表明，地黄块根发育过程，其体积的膨大速度曲线呈"S"形，即在地黄发育早期，以地上生长为主，地下部分生长较慢。7、8月地黄块根的膨大速度最快，9月之后，地黄块根的膨大速度又减慢。地黄块根中梓醇含量的总体趋势是随着块根生长发育而逐渐增高，但梓醇的积累速度与地黄块根的膨大速度并不一致。在地黄块根发育早期梓醇的积累速度慢，在发育末期（9～10月）即块根体积增大基本停止后，梓醇的积累速度迅速提高。结合地黄发育解剖学观察结果可以看出，在地黄发育早期，以茎、叶生长为主，块根生长较慢，块根中导管占的比例较大，而积累梓醇的薄壁组织细胞占的比例较小，因此，在地黄块根发育早期，其梓醇含量较低。7、8月地黄块根中形成层活动最旺盛，形成层细胞不断分裂产生大量新细胞，这些细胞多数分化成薄壁组织细胞，少数分化成导管，从而导致地黄块根体积迅速膨大。电子显微镜观察结果显示，在细胞分裂和初期分化阶段，薄壁组织细胞中含有浓厚的细胞质，细胞核在细胞中占的比例大，液泡尚未形成。这些细胞以初生代谢为主，次生代谢较弱，因此，地黄块根体积迅速膨大时积累的次生代谢物并不多，梓醇含量也较低。在生长末期（9～10月），块根中形成层活动逐渐减弱，直到停止，因此，地黄块根体积基本不再增大。电子显微镜观察结果表明，此时块根中的多数薄壁组织细胞已高度液泡化，形成中央大液泡。这些细胞的次生代谢加强，次生产物积累增加，故在生长末期块根中梓醇含量迅速增高。根据地黄块根的发育与梓醇的积累关系可看出，10月下旬至11月上旬，地黄块根产量和有效成分的含量都达到高峰，因此，此时应为地黄的适宜采收期，与传统的怀地黄采收期相吻合。

7.6.4　地黄叶的发育与梓醇的积累关系

研究结果显示,地黄的主要药用成分梓醇不仅存在于块根中,且也存在于地上茎叶内。怀地黄叶中梓醇含量也有随着叶片的生长发育而呈逐渐增高的趋势,而且茎和叶中梓醇的含量都比相应发育时期块根中的梓醇含量高。在传统用药时,怀地黄仅地下块根经不同炮制而入药[145],地上部分全部舍弃。而有一些传统中药如杜仲,传统用法以皮入药,经研究发现其叶不仅有效成分与树皮相似,而且疗效与树皮相当,因此,已有许多有关以叶代皮的研究报道[146,147]。杜仲以叶代皮在一定程度上缓解了药材供应紧张的状况。此外,目前已对杜仲叶进行了综合开发利用,如用杜仲叶制成的杜仲保健茶、杜仲酒、杜仲牙膏等。再如,银杏传统以种子入药,称白果。而通过对银杏叶的研究,发现叶中含有黄酮类物质,目前银杏叶不仅入药,而且还加工成保健品,如银杏保健茶等[148]。在资源日益紧张的今天,怀地黄地上部分的舍弃是一种浪费,建议对怀地黄地上部分进行综合开发利用研究。

7.6.5　怀地黄道地性形成的可能机制及环境因子与地黄质量的相关性

对中药道地性的认识源远流长,远在《神农本草经》中就有"土地所出,真伪新陈,并各有法"的记载,强调了区分产地、讲究道地的重要性。其收载的药物中,有许多只从药名上即可看出与产地的联系,带有一定的道地色彩,如巴戟天、秦皮、代赭石等。《名医别录》在若干药物项下注明了何地、何种土壤生长者佳。如谓地黄"生咸阳川泽,黄土地者佳"。从中已反映认识到优质药材以特定地区所产为佳品的重要特征。并对40多种常用中药的道地性用"第一""最佳""最胜""为佳""为良""为胜"等加以记述。《千金翼方》中首先按当时行政区划的"道"来归纳药材产地,特别强调"用药必依土地",为后代正式采用"道地性"的术语奠定了基础。在唐宋时代,药物栽培有较大发展,有些栽培品种成为优质药材,如四川彰明县(今江油)栽种的附子品质优良,历经千余年而不衰。至明代《本草品汇精要》在每药项下均专列"道地"一条,始创"道地"这一名称。清代医家已发现药物效用不灵的原因之一是道地问题,如徐大椿在《药性变迁论》中指出:"当时初用之始,必有所产之地,此乃本生之土,故气厚而力全。以后移种他方,则气移而力薄矣。"[149] "道地药材"是指在一特定自然条件、生态环境的地域内所产的药材,且生产较为集中,栽培技术、采收加工也都有一定的讲究,以致较同种药材在其他地区所产者品质佳、疗效好,为世所公认而久负盛名者。简言之,即特定产地的名优正品药材。它的形成是经历了长期的生产和临床实践的考验,反复择优挑选而逐步确立的,因而得到公认[150-152]。

何地产的地黄是历代本草中地黄的道地药材呢?《名医别录》曰:"地黄生咸阳川泽,黄土地者佳。"陶弘景云:"咸阳即长安也。生渭城者乃有子实,实如小麦……以彭城(江苏铜山)干地黄最好,次历阳,今用江宁板桥者为胜。"苏颂《本草图经》曰:"今处处有之,以同州为上。"又云:"熟、干地黄最上出同州(陕西大荔)。""大宜肥壤,虚地则根大而多汁。"《本草品汇精要》载:"今怀庆者为胜。"《本草蒙筌》[17]载:"地产南北相殊。药力大小悬隔。江浙种者,多种肥壤。受南方阳气,质虽光润,力微;怀庆生者,多生深谷,禀北方纯阴,皮有疙瘩、力大。"李时珍曰:"今人惟以怀庆地黄为上,亦各处随时兴废不同尔。"《本草乘雅半偈》载:"今唯怀庆地黄为上……甚有一枝重数两者,汁液最高。"《植物名实图考》[9]云:"地黄旧时生咸阳、历城、金陵、同州,其为怀庆之产自明始,今则以一邑供天下矣。怀之人以地黄故,遂多业,然植地黄者必以上上田,其用力勤而虑水旱尤甚,千亩地黄,其人与千户侯等,怀之谷亦以此减于他郡。"《本草问答》云:"河南居天下之中,名产地黄……河南地厚水深,故地黄得中央湿土之气而生,内含泽润。"从以上历代本草关于什么是地黄的道地药材看来,宋代以前是以陕西(咸阳、同州)和江苏(彭城、江宁)产者为佳,自明代起,则以河南怀庆府栽培品为上,而且有"以一邑供天下"的盛名。迄今仍然如此。现时怀地黄产于河南省温县、孟州、武陟、沁阳、博爱、修武等县,其所以称怀地黄者,主要是这些地方在明清时期属怀庆府治,现改隶焦作市所辖。据《怀庆府志·物产篇》载:"地黄以北金村者为良"(清·乾隆六十四年),《武陟县志·物产篇》云:地黄"县之西南乡多种植"(清·道光九年),沁阳县城关乡"大道寺"所产地黄在明清时代最为驰名,怀药商往往悬挂"大道寺地黄"招牌标志"道地药材"。鉴别怀地黄药材是否道地的重要标志是看横切面是否有菊花心(韧皮部和木质部交界处有灰棕色的圈轮,即形成层作菊花形或星芒状),也即《本草从新》[7]所云:"地黄以怀庆肥大而短,糯体细皮菊花心者佳。"

自明代以来,怀地黄为何超过历史上其他地区所产地黄而成为道地药材?换言之,怀地黄的道地性是如何形成的?目前尚未见报道。一般而言,道地性的形成是由药材的遗传背景(内因)和特定的生态环境及栽培加工技术(外因)共同决定的。从怀地黄的栽培历史看,虽然全国有 50 多个地黄品种,但在怀地黄产区大面积栽培的品种主要是金状元、白状元和北京-1 等优良品种[153-156]。其中,金状元是怀地黄栽培史上由药农选育出的农家品种,白状元和北京-1 则是由科技工作者在金状元的基础上选育出的优良品种。在怀地黄产区大面积栽培的几个当家品种不仅有相近的遗传背景,而且都表现出块根个头大、产量高、梓醇含量高、抗旱、抗病虫害等优点。本研究结果也证明,怀地黄块根具有下列稳定的形态解剖学特征:短粗、形成层呈星芒状、木质部中薄壁组织细胞多等。说明怀地黄道地性的形成与遗传背景有密切关系。

《唐本草》载:"窃以动植形生,因方舛性……离其本土,则质同而效异。"说明在古代人们就认识到生态环境对药物品质的影响。本研究调查了我国目前地黄的 3 个主要产区,即河南道地产区温县、山东平阴、山西临汾和两个试验引种区的气候地理条件,结果证明,上述 5 个地区气候地理条件最大的区别是土壤类型不同。土壤类型与地黄块根中梓醇含量密切相关。怀地黄道地产区土壤为砂壤土,是由黄河冲积而成的,当地群众称之为砂淤两合土。这种土壤的 pH 为 7.5~8.5,透气性好、持水保肥能力差。说明透气性好的弱碱性土壤适合地黄生长和梓醇积累。外地引种怀地黄块根有逐步退化变小的趋势。反过来又充分说明怀地黄其所以能成为"道地药材",怀庆地区这种得天独厚的自然地理条件为特大优势。

苏颂《本草图经》曰:地黄"大宜肥壤,虚地则根大而多汁。"说明在肥沃、透气性好的土地上生长的地黄块根大、质量好。河南古怀庆府地区的土壤为砂壤土,虽然透气性好,但土地并不肥沃,并不是最适宜种植地黄的土壤。为此,我们调研了地黄道地产区的栽培措施。地黄喜阳光充足、日夜温差较大的气候,耐寒、耐旱、喜肥、忌涝、忌连作。块根在20～25℃开始膨大增长,25～28℃时增长迅速,15℃以下增长很慢。高温高湿易造成烂根。根据地黄喜肥的生长习性和河南古怀庆府地区土壤缺肥的特点,药农在栽培地黄时着重抓好增肥环节。种前重施基肥,每亩施农家肥1 000 kg、饼肥150 kg、过磷酸钙30 kg。生长期施追肥,前期以氮肥为主,每亩施人粪尿1 500 kg或尿素10 kg。8～9月进入块根膨大期,每亩施复合肥30 kg、饼肥10 kg。通过上述栽培措施,使土壤既有良好的透气性,又有足够的肥力,利于地黄生长发育。谢宗万[16]报道,特殊的栽培技术不仅能调整药用植物的生态环境,直接影响药用植物的生长发育,而且能影响其有效成分的形成、积累和分布。由此可见,适宜的栽培技术是形成怀地黄道地性的重要原因之一。即使相同的中药品种,如果加工炮制方法不同,其药名、药性、药效均有变化,这是中药炮制的一大特点。地黄就是其中最为明显的例证之一。地黄为一年生药材,栽培当年就可收获。春地黄一般在10月上旬收获,晚地黄在10月下旬至11月上旬收获。在收获前浇一次水,便于收挖,以减少地黄在收获时挖断,挖的深度约40 cm。在收获时要轻刨、轻提、轻放,防止折断和擦破皮。将收获的地黄除去芦头、须根和泥沙,即为鲜地黄。鲜地黄经装焙、火候、翻焙、传焙和打圆加工成生地黄。生地黄具体加工过程如下。① 装焙:先建一个长方形的炕,将鲜地黄按大小等级不同分别装焙。一般每炕装焙250～300 kg,厚度均匀,不超过30 cm。② 火候:地黄入焙后,焙内温度不宜过高或过低,过高会发生焦枯,外焦里生,过低会焙出汁水,引起发霉,从而降低地黄的药用价值。一般初入焙时的温度为70～75℃,维持2 d,快焙成时温度下降到60～65℃。③ 翻焙:由于地黄初入焙时湿度大,1～1.5 d翻焙一次,以后每天翻焙2～3次。翻焙时随时捡出发软的成货。每焙一炕成货需4～5 d。④ 传焙:当地黄变色后,下焙,盖上麻袋,需要经过摈堆发汗3～4 d,待地黄内部汁液渗出,地黄外表"大汗淋漓"时,通风换气,使表面柔软一致,心无硬核为标准。再二次装焙,焙内温度为45～50℃。勤翻动,防焦枯,1 d即成。⑤ 打圆:将传焙后的地黄再次摈堆发汗,趁柔软时将其捏捻成圆形,即为生地。经定型加工后的生地称为"圆身地黄",为上等。其断面乌黑发亮、光泽油润、具黏性、味甜、有焦糖气。生地黄经炮制成为熟地黄。熟地黄的炮制方法如下:将生地黄置于缸内,加黄酒适量拌匀,闷润至酒尽时,置笼屉内用武火蒸48 h,至生地黄发虚为度,取出晒1～2 d,拌入熟地汁和黄酒,再蒸24 h,蒸至内外漆黑,取出晾至八成干,切饮片2～3 mm厚,晾干,即成熟地黄。几百年来,怀地黄一直采用上述传统加工炮制技术[157-159]。经加工炮制后的生地黄、熟地黄药性和疗效显著不同。说明怀地黄采用的加工炮制技术与怀地黄道地药材的形成有密切关系。

肖小河[160]认为,道地药材的形成模式有生境主导型、种质主导型、技术主导型、传媒主导型以及多因子关联决定型。对怀地黄的研究和调查结果表明,怀地黄道地药材的形成与种质、气候地理条件、栽培技术和产后加工多种因子有关。因此,地黄道地药材的形成模式是多因子关联决定型。

7.6.6 怀地黄 GAP 制定和实施中应注意的问题

几千年来,道地药材一直是人们防治疾病的有力武器,由于历史条件的限制和科学技术发展水平的影响,历代对中药"道地性"的认识局限在产地、性状、功用等几个方面,其中有人为因素,未能揭示其本质和规律。另一方面,由于缺乏统一的、规范化的生产过程,中药材质量的稳定性较差,影响中药的整体效应和中药现代化、产业化开发[161]。为了规范中药材生产,保证中药材质量,国家药品监督局发布了《中药材生产质量管理规范(试行)》,即中药材 GAP。结合本研究结果,在怀地黄规范化生产中应注意下列问题。

1. 选择优质品种作为道地怀地黄的主要栽培品种

中药材品种的种质不仅决定中药材的外观形态,而且直接影响中药材的化学成分和药效[162]。因此,中药材品种的种质统一和稳定是生产质量稳定的中药材的前提和基础。目前,地黄品种繁多,类型多样,农艺性状差异很大。一方面,众多的地黄品种为选育优良抗病品种提供了丰富的原始材料。另一方面,地黄种植品种不统一,就难以保证地黄中药材质量的统一和稳定。因此,应加强地黄种质资源的保护和利用研究,在收集和保护的基础上,对不同的品种加以合理的评价,筛选出优质品种作为道地怀地黄的主要栽培品种。目前怀地黄产区种植的当家品种是金状元及以金状元品种为基础育出的品种,道地药材怀地黄的栽培实践也说明选择优质品种作为道地怀地黄的主要栽培品种的必要性。

2. 应用生物技术防治地黄品种退化和病毒病

地黄是营养繁殖方式种植的,品种易退化。地黄病毒病是目前地黄生产中导致品种退化、影响其产量和质量的关键因素之一。而目前有关地黄病毒病病原的研究尚处于初级阶段,应进一步调查我国地黄病毒的病原、发病情况和流行规律,为提供更有效的防治措施奠定基础。地黄脱毒苗培养体系已经在大田栽培过程中应用,但第一年就有 30%～50%植株再度感染病毒,2～3 年就要更新一次种苗,如何降低脱毒苗的生产成本已成为限制其应用的瓶颈技术。因此,应探索更加有效的生物技术以用于地黄的栽培过程中,防止病毒病及品种退化,应是目前的研究重点。

3. 寻找有效的生物防治方法

地黄的病虫害是影响药材的产量和质量的主要原因之一。现阶段对于地黄的病虫害防治,使用较多的仍然是有毒的化学农药,一方面污染了环境,另一方面也会使农药残留超标,严重影响药材的质量,因此寻求安全可靠的生物防治方法也是今后的研究重点。

参考文献

[1] 中国科学院中国植物志编辑委员会. 中国植物志(第六十七卷,第二分册)[M]. 北京:科学技术出版社,1979:214-216.

[2] 丁宝章,王遂义. 河南植物志(第三册)[M]. 郑州:河南科学技术出版社,1997:434.

[3] 森之立辑. 神农本草经[M]. 北京:群联出版社,1953:13.

[4] 宋·唐慎微.重修政和经史证类本草(卷六)[M].北京:人民卫生出版社,1957:149.
[5] 明·李时珍.本草纲目(卷十六)[M].北京:人民卫生出版社,1982:1019.
[6] 明·李立中.本草原始(草部卷一)[M].光绪年间善成堂刻本,1575-1619:3.
[7] 清·吴仪洛.本草从新(卷一)[M].瓶花书屋校刻本,1846:11.
[8] 清·张璐.本经逢原(卷一,二)[M].天禄堂藏版,1695:41-47.
[9] 清·吴其濬.植物名实图考[M].上海:商务印书馆,1957:369.
[10] 赵燏黄.国产地黄类生药学的研究[J].药学学报,1995,1(1):29.
[11] Sturt G A. Chinese materia medica, vegetable kingdom [M]. Shanghai: Presbyterian Mission Press, 1928: 371.
[12] 贾祖璋,贾祖珊.中国植物图鉴[M].上海:中华书局,1953:160.
[13] 牧野富太郎.牧野日本植物图鉴[M].上海:商务印书馆,1958:138.
[14] 中华人民共和国卫生部药典委员会.中华人民共和国药典(2010年版,一部)[M].北京:中国医药科技出版社,2010:115-117.
[15] 谢宗万.中药材品种论述(上册)[M].上海:上海科学技术出版社,1964:106.
[16] 谢宗万.地黄的本草学研究[J].中医杂志,1990,5:48-50.
[17] 明·陈嘉谟.本草蒙筌(第一卷)[M].明原刻本,1565:13-15.
[18] 高晓山."四大怀药"考按[J].河南中医,1994,14(3):42-43.
[19] 国家中医药管理局《中华本草》编委会.中华本草(第7卷)[M].上海:上海科学技术出版社,2001:376-388.
[20] Cheng Q L, Liang L Y. H-NMR and C-NMR rules of the Iridoids from *Rehmannia glutinosa* Libosch. [J]. Strait Pharmaceutical Journal, 2001, 13(1): 1-6.
[21] 刘长河,张留记,李更生.地黄中地黄苷A的含量测定[J].中草药,2002,33(8):706-707.
[22] Jae C C, Jin C K, In T H, et al. Acteoside from *Rehmannia glutinosa* nullifies paraquat activity in *Cucumis sativus*[J]. Pesticide Biochemistry and Physiology, 2002, 72(3): 153-159.
[23] Kitagawa I, Hori K, Kawanishi T, et al. On the constituents of the root of fukuchiyama-jio, the hybrid of *Rehmannia glutinosa* var. *purpurea* and *R. glutinosa* forma *hueichingensis*[J]. Journal of the Pharmaceutical Society of Japan, 1998, 118(10): 464-475.
[24] Sakuma K, Ogawa M, Kimura M. Inhibitory effects of Shimotsu-to, a traditional Chinese herbal prescription, on ultraviolet radiation-induced cell damage and prostaglandin E2 release in cultured Swiss 3T3 cells[J]. Journal of the Pharmaceutical Society of Japan, 1998, 118(7): 241-247.
[25] Tomoda M, Miyamoto H, Shimizu N. Structural features and anti-complementary activity of rehmannan SA, a polysaccharide from the root of *Rehmannia glutinosa* [J]. Chemical and Pharmaceutical Bulletin, 1994, 42(8): 1666-1668.
[26] 张清波,乔菲,陈晓雪.HPLC测定熟地黄中5-羟甲基糠醛的含量[J].中国药品标准,2001,2(4):33-34.
[27] 刘美丽,白玫,白荣枝.地黄的炮制研究Ⅰ.熟地黄中5-羟甲基糠醛的提取分离及含量测定[J].中草药,1995,26(1):13-14.
[28] 饶品昌,黄道明.薄层扫描法测定熟地黄中5-羟甲基糠醛的含量[J].中成药,1998,20(8):20-21.

[29] 贺玉琢.日本对地黄的研究[J].国外医学中医中药分册,1997,19(4):13-17.

[30] Ni M Y, Bian B L, Wang H J. Studies on the constituents of the dry roots of *Rehmannia glutinosa* [J]. Journal of Chinese Materia Medica, 1992, 17(5): 297-298.

[31] 倪慕云,边宝林.地黄化学成分的研究概况[J].中国中药杂志,1989,14(7):41-43.

[32] 凌庆枝,敖宗华,尹光耀.地黄的研究概况[J].淮南师范学院学报,2003,5(3):21-23.

[33] 冯建明,赵仁.三种地黄炮制品现代研究进展[J].云南中医学院学报,2000,23(4).

[34] 郝武常,朱宇红,朱志峰.炮制对地黄中梓醇含量的影响[J].中国中药杂志,1997,22(6):345-346.

[35] 刘方,余绍玲.地黄不同炮制品中梓醇含量比较[J].中国药房,2003,14(6):378-379.

[36] 汪程远,张浩,孟莉.大孔吸附树脂分离纯化生地黄中苷类与糖类[J].中药材,2003,26(3):202-204.

[37] 刘美丽,白荣枝,冯汉枝.地黄的炮制研究Ⅱ.炮制对地黄中还原糖含量的影响[J].中草药,1996,27(8):470.

[38] 杨云,苗明三,王浴铭.怀地黄多糖化学研究[J].时珍国医国药,1999,10(8):564-565.

[39] 纪耀华,孙莹,高松红.地黄炮制前后总多糖含量的比较[J].中医药信息,1999,4:16-17.

[40] 久保道德.不同炮制方法与地黄成分的变化及血液流变学改善作用的关系[J].药学杂志,1996,116(2):158-168.

[41] 李计萍,马华,王跃生.鲜地黄与干地黄中梓醇、糖类含量比较[J].中国药学杂志,2001,36(5):300-302.

[42] 丁自勉.地黄[M].北京:中国中医药出版社,2001:1-2.

[43] 都恒青,李赵曦,刘根成.地黄质量的研究[J].中国中药杂志,1992,17(6):327-329.

[44] Pan-Cheol Ho, Lee-Eun A, Chae-Young Am, et al. Purification of chitinolytic protein from *Rehmannia glutinosa* showing N-terminal amino acid sequence similarity to thaumatin-like proteins [J]. Bioscience, Biotechnology and Biochemistry, 1999, 63(6): 1138-1140.

[45] 倪慕云,边宝林,姜莉.地黄及其炮制品中游离氨基酸的分析比较[J].中国中药杂志,1989,14(3):21-22.

[46] 李博岩,杜一平,李晓宁.熟地黄石油醚酸性提取物的解析与鉴定[J].计算机与应用化学,2002,19(3):231-233.

[47] 王淑美,吴明侠,许闻.地黄中β谷甾醇的含量测定[J].黑龙江医药,2001,14(4):255-256.

[48] 刘喜平,董钰明,乔华.地黄及地黄类方成分分析的研究进展[J].甘肃中医学院学报,2000,17(7):82-84.

[49] 江苏新医学院主编.中药大辞典[M].上海:上海科学技术出版社,1995.

[50] Nishimura H, Sasaki H, Morata T. Six glycosides from *Rehmannia glutinosa* var. *purpurea*[J]. Phytochemistry, 1990, 29(10): 3303-3306.

[51] 罗燕燕,逯梅,李光慧.鲜地黄根梓醇含量与外形的相关性[J].植物资源与环境,1994,3(2):27-30.

[52] 李建军,王莹,周延清,等.地黄不同种质资源产量和指标成分HPLC测定比较[J].郑州大学学报(理学版),2012,44(2):102-107.

[53] 王勇,吴春敏.HPLC法测定地黄及口服液中梓醇的含量[J].海峡药学,2001,13(4):32-33.

[54] 李更生,刘长河,王慧森.不同产地的地黄中梓醇含量比较[J].中草药,2002,33(2):126-128.
[55] 汪程远,张浩,孟莉.HPLC测定地黄及其制剂中梓醇的含量[J].华西药学杂志,2003,18(2):134-135.
[56] 王宏洁,边宝林,杨健.地黄中梓醇变化条件的探讨[J].中国中药杂志,1997,22(7):408-409.
[57] 李先恩,杨世林,杨峻山.地黄不同品种及不同块根部位中梓醇含量分析[J].中国药学杂志,2002,37(11):820-823.
[58] 罗燕燕,张绍青,索建政.高效液相色谱法测定地黄中梓醇的含量[J].中国药学杂志,1994,29(1):38-39.
[59] 李康清,崔亚玲,张虹.反相高效液相色谱法检测咽喉康口服液中梓醇的含量[J].中国实验方剂学杂志,1996,2(4):3-5.
[60] 刘根成,都恒青,梁力.反相高效液相色谱法测定地黄中梓醇的含量[J].中草药,1992,23(2):71.
[61] 李俊萍,周福军,贾建伟.不同贮藏条件对地黄中梓醇含量的影响[J].中草药,2003,34(3):273.
[62] 张汉忠,张汉贞,邹阳.正交试验优选地黄醇浸提取工艺[J].湖北中医杂志,2001,23(10):50.
[63] 李康清,崔亚玲,李杰.梓醇及咽喉康口服液中梓醇的热稳定性研究[J].中国实验方剂学杂志,1996,2(5):12-13.
[64] 李更生,王慧森,都恒青.液相层析法制备地黄活性成分梓醇[J].中成药,1998,20(6):36-37.
[65] 刘长河,李更生,黄迎新.不同产地地黄中梓醇含量比较[J].中医研究,2001,14(5):10-12.
[66] 张玲,徐新刚,时延增.地黄提取工艺研究[J].中草药,1998,29(5):308-310.
[67] 刘明,李更生.鲜地黄中梓醇提取工艺[J].时珍国医国药,2000,11(4):301-302.
[68] 边宝林,王宏杰,沈欣.鲜地黄及不同干燥条件下的生地黄中麦角甾苷的含量测定[J].中成药,1997,19(8):20-22.
[69] 朱青,罗燕燕,王瑛.高效液相色谱法测定地黄中腺苷的含量[J].中国中药杂志,1998,23(12):711.
[70] 边宝林,王宏洁,倪慕云.地黄及其炮制品中总糖及几种重要糖的含量测定[J].中国中药杂志,1995,20(8):469-471.
[71] 都恒青.常用中药材品种整理与质量研究[M].福州:福建科学技术出版社,1997.
[72] 徐国钧.生药学[M].北京:人民卫生出版社,1987.
[73] 李兰青.地黄药理研究进展[J].中成药,1994,16(9):47-49.
[74] 谢玲,薛兰,郑有顺.地黄药理作用研究与进展[J].中医药研究,1996,4:62-64.
[75] 于震,周红艳,王军.地黄药理作用研究进展[J].中医研究,2001,14(1):43-45.
[76] 王汀,陈礼明,刘青云.地黄药理研究进展[J].基层中药杂志,2001,15(2):41-43.
[77] 张霆,张景岳.重用人参熟地黄之我见[J].山东中医药大学学报,2002,26(4):260-261.
[78] 魏小龙,茹祥斌.低分子量地黄多糖对 $p53$ 基因表达的影响[J].中国药理学报,1997,18(5):471-474.
[79] 魏小龙,茹祥斌.低分子量地黄多糖体外对 Lewis 肺癌细胞 $p53$ 基因表达的影响[J].中国药理学通报,1998,14(3):245-248.
[80] 崔瑛.地黄多糖药理研究进展[J].中国自然医学杂志,2000,2(3):186-188.
[81] Chen L Z, Feng X W, Zhou J H. Effects of *Rehmannia glutinosa* polysaccharide b on T Lymphocytes in mice bearing sarcoma 180[J]. Acta Pharmacol Sin, 1995,16(4):337-340.

[82] 袁媛,侯士良,连天顺.怀地黄补血作用的实验研究[J].中国中药杂志,1992,17(6):366-368.
[83] 刘福君,赵修南,汤建芳.地黄低聚糖对快速老化模型小鼠造血功能的影响[J].中国药理学通报,1997,13(6):509-512.
[84] 刘福君,赵修南,汤建芳.地黄寡糖对SAMP8小鼠造血祖细胞增殖的作用[J].中国药理学与毒理学杂志,1998,12(2):127-130.
[85] 刘福君,赵修南,聂伟.地黄低聚糖对小鼠免疫和造血功能的作用[J].中药药理与临床,1997,13(5):19-21.
[86] 刘福君,程军平,赵修南.地黄多糖对正常小鼠造血干细胞、祖细胞及外周血象的影响[J].中药药理与临床,1996,12(2):12-14.
[87] 梁爱华,薛宝云,王金华.鲜地黄与干地黄止血和免疫作用比较研究[J].中国中药杂志,1999,24(11):663-666.
[88] Mikamo-H, Kawazoe-K, Izumi-K. Effects of crude herbal ingredients on intrauterine infection in a rat model[J]. Current Therapeutic Research, 1998, 59(2):122-127.
[89] 刘福君,茹祥斌.地黄及六味地黄汤(丸)的免疫药理及抗肿瘤作用[J].中草药,1996,27(2):116-118.
[90] 刘福君,赵修南,聂伟.地黄低聚糖增强小鼠免疫功能的影响[J].中国药理学通报,1998,14(1):90.
[91] 马键,樊巧玲,木春正康.生地黄对阴虚模型小鼠腹腔巨噬细胞Ia抗原表达的影响[J].中药药理与临床,1998,14(2):22.
[92] 王军,于震,李更生.地黄苷A对"阴虚"及免疫功能低下小鼠的药理作用[J].中国药学杂志,2002,37(1):20-22.
[93] 苗明三,方晓艳.怀地黄多糖免疫兴奋作用的实验研究[J].中国中医药科技,2002,9(3):159-160.
[94] 苗明三.(怀)地黄多糖衰老模型小鼠免疫器官的影响[J].河南中医,1999,19(5):30.
[95] 陈力真,冯杏婉,周金黄.地黄多糖b的免疫抑瘤作用及其机理[J].中国药理学与毒理学杂志,1993,7(2):153-156.
[96] Eun-JaeSoon, Yu-DongHwa, Kwon-Jin. Effects of Sa-Mul-Tang on Lmmunocytes of L1210 cells-transplanted or antitumor drugs-administered mice[J]. Korean Journal of pharnacognosy, 1998, 29(2):110-119.
[97] 郑军,王家葵,金文.阴虚模型小鼠血浆中分子物质和巯基含量变化的实验研究[J].四川中医,1995,13(8):11-13.
[98] Hyungmin Kim, Eunhee Lee, Seonju Lee. Effect of *Rehmannia glutinosa* on immediate type allergic reaction[J]. International Journal of Immunopharmacology, 1998, 20(4):231-240.
[99] 阿部博子.地黄及八味地黄丸的药效药理[J].国外医学中医中药分册,1992,14(2):18.
[100] 陈丁丁,戴德哉,章涛.地黄煎剂消退L-甲状腺素诱发的大鼠心肌肥厚并抑制其升高的心、脑线粒体Ca^{2+},Mg^{2+}-ATP酶活力[J].中药药理与临床,1997,13(4):27-28.
[101] 曲有乐,陈虹,庞茂征.熟地黄提取液对小鼠Na^+,K^+-ATPase活性影响的研究[J].中国现代应用药学杂志,2001,18(3):194-195.
[102] 陈丁丁,戴德哉,章涛.地黄煎剂抑制异丙肾上腺素诱发的缺血大鼠脑Ca^{2+},Mg^{2+}-ATP酶活力

升高[J]. 中药药理与临床, 1996, 12(5): 22-24.

[103] Kubo M, Asano T, Matsuda H. Studies on Rehmanniae radix. Part 3. Relation between changes of constituents and improvable effects of hemorheology with the processing of roots of *Rehmannia glutinosa*[J]. Journal of the Pharmaceutical Society of Japan, 1996, 116(2): 158-168.

[104] 常吉梅, 刘秀玉, 常吉辉. 地黄对血压调节作用的实验研究[J]. 时珍国医国药, 1998, 9(5): 416-417.

[105] 刘鹤香, 曹中膏, 常东明. 怀地黄的降压镇静抗炎作用及有效部分分析[J]. 新乡医学院学报, 1998, 15(3): 219-221.

[106] 魏小龙, 茹祥斌, 刘福军. 低分子量地黄多糖对癌基因表达的影响[J]. 中国药理学与毒理学杂志, 1998, 12(2): 159-160.

[107] Onishi-Y, Yamaura-T, Tauchi-K. Expression of the anti-metastatic effect induced by Juzen-taiho-to is based on the content of Shimotsu-to constituents[J]. Biological and Pharmaceutical Bulletin, 1998, 21(7): 761-765.

[108] Kim Hyung-min, An Chang-seob, Jung Kyu-yong. *Rehmannia glutinosa* inhibits tumour necrosis factor-α and interleukin-1 secretion from mouse astrocytes[J]. Pharmacological Research, 1999, 40(8): 171-176.

[109] 于震, 王军, 李更生. 地黄苷 D 滋阴补血和降糖作用的实验研究[J]. 辽宁中医杂志, 2001, 28(4): 240-242.

[110] 张汝学, 顾国明, 张永祥. 地黄低聚糖对实验性糖尿病与高血压大鼠糖代谢的调节作用[J]. 中药药理与临床, 1996, 12(1): 14-17.

[111] Kiho T, Watananbe T, Nagai K Ukais. Hypoglycemic activity of polysaccharides fraction from Rhizome of *Rehmannia glutinosa* Libosch. F. hueichingensis Hsiao and the effect of on carbohydrate metabolism in normal mouse liver[J]. Yakugaku Zasshi, 1992, 112(6): 393.

[112] Zhang Ruxue, Zhou Jinhuang, Jia Zhengping. Hypoglycemic effect of *Rehmannia glutinosa* oligosaccharide in hyperglycemic and alloxan-induced diabetic rats and its mechanism[J]. Journal of Ethnopharmacology, 2004, 90(1): 39-43.

[113] 裘月, 杜冠华, 屈志炜. 常用补益中药抗脂质过氧化作用比较[J]. 中国药学杂志, 1996, 31(2): 83-86.

[114] 张鹏霞, 曲凤玉, 欧芹. 熟地黄提取液对衰老模型小鼠脑组织 NOS、NO、SOD 和 LPO 的影响[J]. 中国老年学杂志, 1999, 19(3): 174-175.

[115] 曲凤玉, 于德成, 欧芹. 熟地黄不同溶媒提取液对 D-半乳糖衰老小鼠脑 SOD 和 MDA 影响的实验研究[J]. 黑龙江医药科学, 1998, 21(5): 6-7.

[116] 苗明三, 孙艳红, 方晓艳. (怀)熟地黄多糖抗氧化作用[J]. 中国中医药信息杂志, 2002, 9(10): 32-33.

[117] 邵文杰, 李顺发, 邵巍. 地黄的保健作用[J]. 河南中医药学刊, 1994, 5(2): 8-10.

[118] 高向东. 五种抗衰老中药对小鼠 T-淋巴细胞增殖与 IL-2 产生的影响[J]. 中国药科大学学报, 1990, 21(1): 43.

[119] Watanabe, Hiroshi. Candidates for cognitive enhancer extracted from medicinal plants: paeoniflorin and tetramethylpyrazine[J]. Behavioural Brain Research, 1997, 83(1): 135-141.

[120] Kirby Andrew J, Schmidt Richard J. The antioxidant activity of Chinese herbs for eczema and of placebo herbs — I[J]. Journal of Ethnopharmacology, 1997, 56(4): 103-108.

[121] Yan-Yong, Li-XingDi, Yao-PeiFa. Anti-aging effects of Bao-Chun-Wan on rats: a morphological ultrastructure study[J]. American Journal of Chinese medicine, 1998, 26, 2: 143-151.

[122] 李林, 王竹立. 地黄的抑制胃酸分泌和抗溃疡作用[J]. 河南中医学院学报, 1996, 6(2): 49-51.

[123] 陈继理. 一贯煎治疗中老年胃炎消化性溃疡30例体会[J]. 河北中医, 1994, 16(1): 17.

[124] 李林. 地黄的抑制胃酸分泌和抗溃疡作用[J]. 河南中医, 1996, 16(2): 49.

[125] Wang-Wei-Kung, Hsu-TseLin, Wang-YuhYinLin. Liu-wei-dihuang: a study by pulse analysis [J]. American Journal of Chinese medicine, 1998, 26(1): 73-82.

[126] 叶美红, 王竹立, 李林. 辣椒素敏感神经元介导地黄提取A的胃黏膜保护作用[J]. 广东医学, 2000, 21(1): 14-15.

[127] 冯建明, 曹云霞, 赵仁. 地黄炮制、功效的研究探讨[J]. 云南中医中药杂志, 1998, 19(4): 26-27.

[128] 李建红, 刘蔚. 地黄中微量元素与药理作用关系的研究[J]. 开封医专学报, 1998, 17(3): 41-43.

[129] Zhu Li, Li Lin, Lai Xiaorong. Effects of extract A or B of the dry radix rehmanniae on resisting experimental gastric ulcers[J]. Guangdong Medical Journal, 1999, 20(4): 244-246.

[130] 刘秋鹤. 地黄及其临床应用[J]. 河南中医, 2002, 22(2): 67.

[131] 夏至, 李家美. 地黄属及其近缘属的药用植物资源调查研究[J]. 商丘师范学院学报, 2009, 25(12): 96-98.

[132] 赵素霞, 樊克峰, 白雁. 地黄资源状况分析[J]. 中药研究与信息, 2003, 5(5): 25-26.

[133] 肖玲, 赵先贵, 常思明. 地黄块根的发育解剖学研究[J]. 西北植物学报, 1996, 16(5): 44-47.

[134] 中国药材公司. 中国常用中药材[M]. 北京: 科学出版社, 1995.

[135] 温学森, 杨世林, 魏建和. 地黄栽培历史其品种考证[J]. 中草药, 2002, 33(10): 946-949.

[136] 《浙江药用植物志》编写组. 浙江药用植物志[M]. 杭州: 浙江科学技术出版社, 1980.

[137] Fang J, Wang J H, Lu G Q. An ultrastrual study on dimorphism of tapetum in *Rehmannia glutinosa*[J]. Journal of Wuhan Botanical Research(武汉植物学研究), 1994, 12(4): 289-294.

[138] 南京药学院. 中草药学[M]. 南京: 江苏科学技术出版社, 1980.

[139] 郭生桢. 药用植物栽培技术[M]. 西安: 陕西科学技术出版社, 1987.

[140] 伊稍K. 种子植物解剖学(第二版)[M]. 李正理译. 上海: 上海科学技术出版社, 1982.

[141] ZHANG H, HU ZH H. Developmental studies on the anomalous secondary thickening in the root of medicinal species of *Phytolacca acinosa* Roxb[J]. Bulletin of Botanical Research, 1987, 7(4): 121-129.

[142] ZHANG H, HU ZH H. Developmental studies on anomalous secondary structure in root tuber of *Polygonum multiflorum* Thunb. [J]. Acta Botanica Boreali-Occidentalia Sinica, 1986, 6(2): 111-119.

[143] 李正理, 张新英. 植物解剖学[M]. 北京: 高等教育出版社, 1983.

[144] Han J P, Liang Z S, Wang J M. The relationship between mineral element and the root growth and accumulation of effective ingredient in root of traditional herbs [J]. Plant Physiology Communications, 2003, 39(1): 78-82.

[145] 徐萍. 地黄炮制的渊源和存在的问题[J]. 河南中医药学刊, 1998, 13(1): 24-26.

[146] Fan W H, Xu Y X, Liu Ch W. Study on pharmacological effect of leaf and bark of *Eucommia ulmoides* Oliv[J]. Acta Pharmaceutical Bulletin, 1979, 9: 404.

[147] Li J Sh, Yan Y N. Study on chemical constituents of bark and leaf of *Eucommia ulmoides*[J]. Acta Pharmaceutical Bulletin, 1986, 11(8): 41-42.

[148] Pan J X. Recent progress in leaf of *Ginkgo biloba*[J]. Strait Pharmaceutical Journal, 2002, 14(4): 1-3.

[149] 杨传彪,樊福敏.对中药道地性认识的源流与研究近况[J].基层中药杂志,1998,12(1): 55-56.

[150] 胡世林.中国道地药材[M].哈尔滨：黑龙江科学技术出版社,1989.

[151] 谢宗万.论道地药材[J].中药研究,1990,10: 43.

[152] 金世元.道地药材的含意及内容[J].中国中药杂志,1990,25(6): 324.

[153] 李先恩,杨世林,杨峻山.地黄性状的比较与相关分析[J].中国医学科学院学报,2001,23(6): 560-562.

[154] 刘田才,陈德恩,张国安.地黄红金号选育研究[J].中药材,1989,12(2): 5-7.

[155] 李先恩,杨世林,杨峻山.地黄不同品种经济和产量性状的比较研究[J].中国中药杂志,2001, 26(9): 596-597.

[156] 都恒青,周素娣.怀地黄的几个主要品种及其鉴别[J].中草药通讯,1976,9: 43-47.

[157] 柳春香.中药炮制原理新说[J].时珍国药研究,1998,8(1): 65-66.

[158] 徐敏友,张淼,崔淑亭.地黄用砂仁炮制的方法与作用研讨[J].中成药,1999,21(2): 73-74.

[159] 刘正杰.怀地黄的鲜加工方法[J].河南中医药学刊,2000,15(1): 14-15.

[160] 肖小河,夏文绢,陈善塘.中国道地药材研究概论[J].中国中药杂志,1995,20(6): 323.

[161] 刘红彦,宋凤仙,鲁传涛.四大怀药生产中存在的问题及解决对策[J].河南科技,2001(11): 16-17.

[162] Kubo M, Asano T, Matsuda H. Studies on rehmanniae radix Ⅲ. The relation between changes of constituents and improvable effects on roots of *Rehmannia glutinosa*[J]. Yakugaku Zasshi, 1996, 116(2): 158-168.

第8章 何首乌

§8.1 何首乌的研究概况

何首乌(*Polygonum multiflorum* Thunb.)为蓼科(Polygonaceae)蓼属(*Polygonum* L.)多年生草本植物(图8-1a),分布在我国长江以南各省以及陕西、山西、河南等地,日本、越南也有分布。生于灌木丛中、山脚阴处或石隙中,海拔200～3 000 m。

何首乌的主要药用部分是块根(图8-1b),即中药何首乌,为常用中药。以生首乌和制首乌两种形式入药(图8-1c,d)。生首乌味苦、涩、性平,具有润肠、解毒、截疟之功效,用于肠燥便秘、痈疽瘰疬等症。生首乌经炮制后即成为制首乌,制首乌味苦、甘、涩、性温,具有补肝肾、益精血、壮筋骨、乌须发之效,主要用于肝肾精血亏虚、头昏目眩、须发早白、腰膝酸软及遗精等症。何首乌的地上部分的茎叶也可入药,即中药夜交藤,具有养血安神、祛风湿、养经络等功效[1]。

近年来的研究发现,何首乌在抗衰老、增强机体免疫力、抗菌、造血和改善心血管功能等方面有许多独到之处,引起人们的广泛关注。本章系统介绍何首乌幼苗的形态发育,块根的形成过程,主要药用成分在其营养器官中的组织化学定位,以及主要药用成分在不同器官、块根不同部位中的含量差异和不同月份的动态变化。

8.1.1 何首乌的原植物及本草考证

1. 何首乌原植物

何首乌隶属于蓼科蓼亚科(Subfam. Polygonoideae)蓼族(Trib. Polygoneae)的蓼属。由于何首乌等蓼属蔓蓼组(Sect. *Tiniaria*)植物的独特性,《中国植物志》(第二十五卷第一分册)将蔓蓼组植物独立为何首乌属(*Fallopia* Adans.),该属植物全世界共20种,主要分布在北温带,我国有7种2变种,因而何首乌的学名相应变为 *Fallopia multiflora* (Thunb.) Harald.。对何首乌分类位置的这种处理,已得到许多植物学者的认同[1-4],但包括《中国药典》在内的药学界仍然把何首乌置于蓼属[5]。

何首乌为多年生缠绕草本,茎长3～4 m。根细长,先端具膨大的块根,块根长椭圆形,黑褐色至红棕色,断面黄褐色至紫红色。茎中空,多分枝,具纵棱,无毛,下部木质化。叶片心脏形或三角状卵形,全缘,长3～7 cm,宽2～5 cm,顶端渐尖,基部心形或耳状箭

第8章 何首乌

图 8-1 何首乌植物及药材照片
(a) 栽培何首乌的植株;(b) 块根;(c) 生首乌;(d) 制首乌

形;叶柄长 1.5~3 cm;托叶鞘膜质,短筒状。花序圆锥状,顶生或腋生,长 10~20 cm,分枝开展,具细纵棱;苞片三角状卵形,具小突起,顶端尖,每苞片内具 2~4 花;花梗细长,长 2~3 mm,下部具关节,果时延长;花被 5 裂,白色或淡绿色,分 2 轮,外轮 3 片,舟状卵圆形,背部具翅,并下延至花梗,内轮2片,倒卵形;雄蕊8,比花被片稍短,花丝下部较宽;子房卵状三角形,花柱3,极短,柱头扩展呈盾状。瘦果卵形,具3棱,长2.5～3 mm,黑褐色,有光泽,包于宿存花被内,其花被片具宽翅,为心形或心状卵形,果梗细,下垂。花期8～10月,果期9～11月[1]。

2. 何首乌的本草考证

何首乌最早收载于唐代的《何首乌录》:"何首乌味甘性温无毒。""此恐是神仙之药,何不服之?……服之去谷,日居月诸。返老还少,变安病躯……服之一年延龄,纯阳之体,久服成地仙。"并认为何首乌有雌雄两种、雌雄并用的原则:"苗如木藁,叶有光泽,形如桃柳,其背偏,皆单生不相对。有雌雄,雌者苗色黄赤,根远不过三尺,夜则苗蔓相交,或隐化不见。"[6]

对何首乌最早的植物形态描述为宋代《本草图经》:"春生苗,蔓延竹木墙壁间,茎紫色。叶叶相对如薯蓣,而不光泽。夏秋开黄白花,如葛勒花。结子有棱,似荞麦而细小,才如粟大。秋冬取根,大者如拳,各有五棱瓣,似小甜瓜。有赤白两种:赤者雄,白者雌。"从其植物形态描述以及其他本草附图来分析,历代本草所记载赤何首乌为现代所使用的蓼科植物何首乌,而白何首乌则与萝藦科(Asclepiadaceae)鹅绒藤属(Cynanchum Linn.)一些植物的块根相似。经调查考证目前民间使用的白何首乌为牛皮消(C. auriculatum Royle ex Wight)、隔山消[C. wilfordii (Maxim.)Hemsl.]或白首乌(C. bungei Decne.)的块根,与本草中所述的白首乌极相似[6]。

清代吴其濬在《植物名实图考》中,对何首乌的描述及附图均为蓼科植物何首乌,并记载了何首乌名称的来历,"其药本草无名,因何首乌见藤夜交,便即采食有功,因以采人为名耳,又名桃柳藤"[7]。

《本草纲目》对何首乌赤白并用提出了"白者入气分,赤者入血分"的理论,其附图中标明了"雄、雌",强调了赤白两种何首乌的观点[8]。

据记载,甘肃、宁夏、河北、河南等地曾将同属植物毛脉蓼[Polygonum ciliinerve (Nakai) Ohwi]的块根误作何首乌使用,毛脉蓼为何首乌的常见混淆品原植物[9]。有学者认为,毛脉蓼的特征与何首乌基本相同,两者的区别在于前者的叶下面沿叶脉处具乳头状突起;毛脉蓼和何首乌是同一种植物,为何首乌的一个变种,其学名相应变为 Fallopia multiflora (Thunb.) Harald. var. ciliinerve (Nakai) A. J. Li[1]。刚爱书和蔡霞认为毛脉蓼的主要药用部位是块茎,而不是块根,且其药用部位在形态发生和结构特征上与何首乌有着本质的区别,建议将毛脉蓼作为一个独立的种,而非何首乌的变种[10]。关于毛脉蓼和何首乌化学成分的差异,薄层色谱显示两者有一定的差异,但两者在药理上的差异未见报道[11]。毛脉蓼能否作为何首乌药用,尚需进行植化和药理研究。

1991年发表了何首乌的一个新变种——棱枝何首乌(Polygonum multiflorum Thunb. var. angulatum S. Y. Liu),它与原变种不同在于块根断面呈白色,小枝呈四方形并具纵棱[12]。一些学者认为古代所用的白何首乌就是断面呈白色的何首乌药材,其原植物即何首乌的变种——棱枝何首乌,不可能是萝藦科鹅绒藤属植物[13]。也有学者认为棱枝何首乌作为何首乌的变种是不合理的,其小枝四方形是由于小枝上的一些纵棱发育较明显而形成的,是在栽培过程中发生的种内变异,作为何首乌的变种明显不合适,应予归并[1]。

8.1.2 何首乌的生物学研究

1. 何首乌的形态解剖学研究

何首乌根的初生结构由表皮、皮层和中柱构成,初生木质部为四或五原型。次生结构自外向内为周皮、薄壁组织和次生维管组织。形成块根时,初生韧皮纤维周围的薄壁组织细胞转化形成异常形成层。异常形成层活动方式与正常形成层相同,向内分化产生木质部,包括导管、木纤维、木薄壁组织细胞;向外分化产生韧皮部,包括筛管、伴胞及薄壁组织。由于环绕初生韧皮纤维束的薄壁组织不是同步产生异常形成层,因而较早发生的4~8个异常维管束较大,它们之间有一些发生较晚的小的异常维管束,从而使块根具4~8个突出的棱脊。在块根形成过程中,除产生异常维管束外,中央柱内和异常维管束内外的薄壁组织也发生增殖,从而使块根进一步增粗。从成熟块根横切面观,异常维管束环列,形成云锦状花纹[11,14,15]。

何首乌叶表皮的气孔器为无规则形或不等细胞形,外形为椭圆形,长 20.8~31.2 μm,长宽比为 1.0~2.0,气孔密度为 84 个/mm²。气孔表面网状,外拱盖单层,内缘细齿状。表皮细胞不规则形,浅波状,垂周壁弓形。角质膜为密而平行的细条纹,于气孔两侧呈翼状,绕气孔呈同心环纹;蜡质纹饰上散布颗粒及小刺[2]。

应用扫描电镜对新鲜何首乌茎和叶进行观察表明,何首乌叶表皮细胞游离面具有角质纹理,气孔由周细胞和中心细胞组成;幼茎韧皮部细胞核孔散在,膜蛋白颗粒散在或密集成片;块根细胞质内淀粉粒的表面附有大小不一的微粒[16]。

何首乌果实较小,三棱形,喙较短,具翅,果实表面的瘤状突起呈连续的纵行排列,外果皮厚 50~70 μm,细胞矩形,垂周壁波状或平直,外果皮中的腔为树状或二叉状[17]。

何首乌为直生胚珠,双珠被。胚发育属于柳叶菜型。心形胚期胚柄发达,鱼雷形胚期胚柄退化。早期胚胎发育营养的主要来源是合子中积累的淀粉和胚柄吸收来的营养。成熟胚中积累了大量的蛋白质和淀粉粒。胚乳发育属核型,从球形胚期起,胚乳的细胞化过程由珠孔端向合点端逐渐推进。心形胚期,除合点端保持游离核胚乳吸器外,其余部分完成胚乳细胞化。鱼雷形胚期胚珠中部的胚乳细胞开始积累淀粉粒。成熟胚期,周边的胚乳细胞和胚根周围的胚乳细胞只含蛋白质体,不含淀粉粒,而其他胚乳细胞含大量的淀粉粒及少量的蛋白质体,具胚乳吸器。胚囊与珠柄维管束间存在承珠盘[18]。

2. 何首乌的细胞学研究

何首乌的染色体 $2n=22$,为二倍体植物,有一对随体染色体。染色体的核型公式,$K(2n)=22=14m+2m(SAT)+6sm$,属于"2A"类型;染色体相对长度组成为 $2n=2L+8M_2+12M_1$;其染色体体积比一般植物的染色体体积大得多,为 231.90 μm。从而表明其含有较多的遗传物质 DNA,在进化上处于较进化的状态[19]。

3. 何首乌的组织培养

何首乌茎段在 MS 加 2,4-D(1.0 mg/L)组成的培养基中愈伤组织生长较好。生长素对何首乌愈伤组织的诱导作用至关重要,其中以浓度为 1.0 mg/L 的 2,4-D 效果最好;光照条件对愈伤组织诱导的开始阶段影响并不明显,但长出愈伤组织后暗培养则更有利于愈伤组织的进一步生长,尤其在继代培养后更为明显;培养温度以 25 ℃左右为宜。培养物中含有何首乌中的主要成分大黄素和大黄酚,其中以 IBA 诱导的愈伤组织含量较高[20,21]。

诱导何首乌愈伤组织产生的最佳激素配比为:MS+2,4-D 1 mg/L + 6-BA 1 mg/L + IBA 0.5 mg/L。愈伤组织在接种两星期左右,生长速度最快,此时最适宜扩大培养。培养至第三周,开始有芽出现,再培养 1 周,芽伸展成 2 cm 长的枝条,上有小叶 1~2 枚,颜色翠绿。切取枝条移入(MS+IBA 0.5 mg/L+1‰活性炭)生根培养基,光照培养 3 周,茎基部出现白色细根,至培养 1 月时,根长约 10 cm,并有侧根数条。将带根的完整植株移栽到土壤里,3 周后生出 3~4 片叶子,植株高 5 cm 左右,成苗率 95%[22]。

采用(MS+6-BA 1.0 mg/L+IBA 0.1 mg/L)培养基能成功诱导芽的分化。对于芽增殖,以(MS+6-BA 0.75 mg/L+IBA 0.05 mg/L)或(MS+6-BA 1.5 mg/L+IBA 0.1 mg/L)培养基较好,培养 30 d 后,芽增殖率可分别达到 3.89% 和 4.11%。诱导生根以(1/2MS+IBA 0.5~1.25 mg/L)或(1/2MS+NAA 0.5 mg/L)培养基较好,培养 20 d 后生根率可达 80.0%~86.7%[23]。

MS 基本培养基,0.5 mg/L IBA(或 0.5 mg/L NAA)及 3% 的蔗糖比较适合于何首乌的茎段离体快繁。推荐用于何首乌茎段离体快繁的最佳培养基配方为:MS+肌醇 100 mg/L+盐酸硫胺素 1.0 mg/L+盐酸吡哆素 0.5 mg/L+甘氨酸 2.0 mg/L+IBA 0.5 mg/L(或 0.5 mg/L NAA)+蔗糖 3.0%+琼脂 0.75%,pH=5.9。用该培养基对何首乌进行茎段离体快繁,每次继代培养可增殖 4~5 倍。何首乌组培苗比较容易移栽成活,移栽后 6 d 开始观察到有新根形成,移栽后 15 d 左右,小苗已形成比较完整的根系,至株高 15~20 cm 时,再采取带土移栽方式定植到大田。移栽成活率高达 95% 以上[24]。

以发根农杆菌 Ri15834 菌株感染何首乌茎、叶外植体,均可诱导出毛状根,并能合成大黄酚,毛状根中大黄酚的含量为 0.016 4%,低于何首乌药材[25];通过基因工程方法,利用发根农杆菌 LBA9402 和 R1601 诱导何首乌产生毛状根,毛状根经抗生素和温度除菌后,表现出粗壮、绒毛密集、分枝多,且在无激素的培养基上能够快速稳定地繁殖,并已成功筛选到两个何首乌毛状根优良离体培养系 PC9e 和 PC1e。毛状根在 MS 培养基中的最佳继代时间为 30 d 左右。HPLC 实验测定结果显示,毛状根培养物中大黄酸的含量是原植物的 2.85 倍[26]。

8.1.3 何首乌的化学成分

何首乌的化学成分主要包括:① 二苯乙烯类(stilbene),包括 2,3,5,4′-四羟基二苯乙烯-2-O-β-D-葡萄糖苷(2,3,5,4′-tetrahydroxystibene-2-O-β-D-glucoside,

简称二苯乙烯苷)、3,5,4′-三羟基二苯乙烯(resveratrol,白藜芦醇)、3,5,4′-三羟基二苯乙烯-3-O-D-葡萄糖苷(piceid,白藜芦醇苷)等,二苯乙烯苷是何首乌的主要药效成分,中国药典将其作为何首乌的质控标准,规定何首乌中二苯乙烯苷含量不低于1%[5];② 蒽醌类(anthraquinone),其中以大黄素(emodin)、大黄酚(chrysophanol)含量最高,其次为大黄酸(rhein)、大黄素甲醚(physcion)、大黄素蒽酮(chrysophanolanthrone)等,蒽醌类总含量为0.3%～0.8%;③ 磷脂类(lecithin),何首乌中含有较丰富的磷脂成分,如卵磷脂、肌醇磷脂、乙醇胺磷脂、磷脂酸、心磷脂等,可能与何首乌的补益作用有关;④ 何首乌中还含有五味子素、胡萝卜苷、没食子酸、儿茶素、β-谷甾醇、苜蓿素等,并含有天冬氨酸、苏氨酸、丝氨酸、谷氨酸、丙氨酸等17种游离氨基酸;微量元素含量较多,如钙、铁、锌、锰、锶等,其含量随产地不同而不同,与土壤、气候、地理位置诸因素有关[27]。

1. 二苯乙烯苷

二苯乙烯苷具有抗衰老、降低胆固醇、提高免疫功能、防治动脉硬化及保肝等作用。何首乌中最重要的二苯乙烯类化合物是2,3,5,4′-四羟基二苯乙烯-2-O-β-D-葡萄糖苷,简称二苯乙烯苷。以往何首乌的质量标准是将蒽醌类化合物作为含量指标,但由于其含有的蒽醌类成分在同科的大黄、虎杖等药材中也存在,因此作为指标成分专属性较差。因此,《中国药典》2005版何首乌项下即改以二苯乙烯苷作为定量指标[5]。

二苯乙烯苷的含量主要使用高效液相色谱法(HPLC)测定,不同产地生首乌中二苯乙烯苷的含量差异较大,最高含量为6.348%,最低仅0.143%,后者远低于《中国药典》要求的二苯乙烯苷含量不得少于1.0%[28]。甚至有的样品不含有二苯乙烯苷[29]。

不同来源的制首乌二苯乙烯苷含量差异较大,含量最高为7.41%,含量最低为0.11%。这是由于不同的炮制方法及炮制时间的影响所致[30]。《中国药典》要求制首乌中二苯乙烯苷含量不得少于0.7%[5]。

何首乌的炮制方法主要有黑豆汁蒸、黑豆汁炖和清蒸,另有黑豆汁高压蒸、黑豆同煮、黑豆汁黄酒蒸等。炮制时间相差很大,3～40 h不等。何首乌炮制后二苯乙烯苷的含量降低,炮制方法不同二苯乙烯苷降低幅度差异较大[31]。也有文献认为何首乌经炮制后二苯乙烯苷的含量增加,原因在于炮制工艺有助于二苯乙烯苷的溶出以及炮制后生首乌中的其他成分转化成二苯乙烯苷[32]。

对不同炮制品中的二苯乙烯苷进行含量测定,生品为1.396%;清蒸和黑豆汁炖次之,分别为0.976%和0.804%;黑豆汁拌蒸含量最低,为0.803%[33]。不同炮制品中二苯乙烯苷含量的降低率(以生品中二苯乙烯苷的含量为100%)分别为:黄酒拌蒸品35.86%,清蒸品53.77%,黄酒灸品62.26%,黑豆汁制品66.04%[34]。清蒸、黑豆炮制、姜制和酒制四种炮制方法对二苯乙烯苷的影响效果表明,高压清蒸品(120 ℃,6 h)的二苯乙烯苷含量是其他三种炮制品的1.06～1.61倍,炮制时间对二苯乙烯苷含量影响显著[35]。采用不同炮制工艺炮制一定时间,二苯乙烯苷含量:黑豆汁高压蒸＞黑豆汁炖＞黑豆汁蒸＞清蒸＞黑豆汁屉上蒸。采用黑豆汁炖制,随炮制时间的延长,二苯乙烯苷含量逐渐下降,至48 h约为生品含量的17%[31]。

温度和湿度影响二苯乙烯苷稳定性,随温度升高,制何首乌中二苯乙烯苷含量降低,尤其是溶液状态[31]。二苯乙烯苷在酸溶液中很不稳定,在室温下,12 h 后二苯乙烯苷含量下降到原来的 31.67%;60 ℃则 12 h 后已检测不到;80 ℃下 4 h 即检测不到[36]。

2. 蒽醌类化合物

蒽醌类化合物具有降低血脂、强心、抗菌、抗癌、提高免疫功能等作用,何首乌所含蒽醌类化合物以大黄素、大黄酚为主,其次为大黄酸、大黄素甲醚及大黄素蒽酮。

何首乌中蒽醌类成分的测定通常使用 0.5%醋酸镁甲醇分光光度法,游离蒽醌含量 0.318%,总蒽醌含量 0.421%[37]。使用醋酸镁甲醇分光光度法测定何首乌蒽醌类化合物的含量,其乙醇-氯仿提取物中蒽醌(主要是游离蒽醌)的含量平均为 9.41%,乙醇-水提取物中蒽醌(主要是结合蒽醌)的含量平均为 1.65%[38]。

生何首乌的游离蒽醌和结合蒽醌分别为 2.51%和 2.05%;制何首乌的游离蒽醌和结合蒽醌分别为 2.63%和 0.87%。制何首乌中游离蒽醌的含量高于生何首乌中游离蒽醌的含量,而结合蒽醌的含量生何首乌则明显高于制何首乌,提示生何首乌中有泻下作用的结合型蒽醌衍生物炮制后水解成无泻下作用的游离蒽醌衍生物[39]。

使用高效液相色谱法对不同产地生首乌和制首乌的大黄素、大黄素甲醚、大黄酸、大黄酚、芦荟大黄素进行测定,何首乌中蒽醌类成分以大黄素、大黄素甲醚含量较高,大黄酸、大黄酚、芦荟大黄素则较低。不同产地的何首乌中蒽醌类成分相差较大,游离蒽醌与结合蒽醌含量比例也随产地和炮制而发生变化。四川样品中蒽醌类成分含量最高,生首乌的游离大黄素和结合大黄素分别为 0.066%和 0.244%;制何首乌的游离大黄素和结合大黄素分别为 0.211%和 0.066%[40]。

采用不同炮制工艺炮制一定时间,游离蒽醌含量:黑豆汁高压蒸>黑豆汁蒸>黑豆汁炖>清蒸>黑豆汁屉上蒸>生品;总蒽醌含量:生品>黑豆汁高压蒸>黑豆汁蒸>黑豆汁炖>清蒸>黑豆汁屉上蒸。采用黑豆汁炖制,随着炮制时间的延长,游离蒽醌含量先上升后下降,游离蒽醌含量(32 h)>游离蒽醌含量(36 h)>游离蒽醌含量(24 h)>游离蒽醌含量(48 h)>游离蒽醌含量(12 h)>游离蒽醌含量(0 h),总蒽醌含量和结合蒽醌含量逐渐下降[31]。清蒸、黑豆炮制、姜制和酒制四种炮制方法对游离蒽醌的影响效果表明,高压清蒸品(120 ℃,6 h)的游离蒽醌含量是其他三种炮制品的 1.78~1.84 倍,炮制时间对游离蒽醌含量影响显著[35]。

3. 磷脂类

磷脂类是何首乌中的重要活性成分,能阻止胆固醇在肝内的沉积,阻止类脂质在血清滞留或渗透到动脉内膜而减轻动脉硬化,具抗纤溶活性,能促进纤维蛋白裂解,减轻动脉粥样硬化和降低血液的高凝状态等功效。为构成神经组织特别是脑髓的主要成分,同时为红细胞及其他细胞膜的主要原料,并能促进红细胞的新生和发育。

对生首乌、制首乌的总磷脂及组成成分的含量进行研究表明,野生品中含总磷脂 0.15%~0.30%,而制首乌的磷脂含量则大大降低,仅为 0.041%,这是由于炮制品经高温蒸制后磷脂成分氧化分解所致;磷脂组分以磷脂酰胆碱含量较高,占总磷脂 40%~

55%[41]。制何首乌中卵磷脂含量均低于何首乌,在何首乌的炮制过程中,应注意炮制方法、工艺条件的选择,以尽可能减少磷脂类成分的损失。随着储藏时间的延长,磷脂含量相应降低[42]。

4. 微量元素

随着现代医学和分析技术的发展,人们逐渐认识到微量元素对人体正常发育和其他生命活动的必要性和重要性,已重视中药中微量元素与其治疗作用的相关性。如白发中锰、钙的含量显著低于黑发,而何首乌中含有丰富的锰、钙,长期服用可补充体内这些元素的不足,达到"乌须黑发"的功效[11]。

何首乌中钙、镁的含量最高,铁、锰、铜、锌次之,也含有钴、铬、镍等人体必需微量元素。栽培何首乌的微量元素中锌、钙、铁、钴、铬、镍含量明显高于野生何首乌,而有害元素铅、砷、汞含量基本相同[43]。

何首乌块根中的矿质元素含量随采挖时期的不同而变化,含量最高的时期是1,2月,最低为8月。就矿质元素的含量来说,春秋两季采挖的传统是合理的。栽培3年的何首乌,其矿质元素的含量才基本接近野生品种水平,并随栽培年限的增加而升高,表明何首乌的栽培年限应在3年以上[44]。

8.1.4 何首乌的药理应用

1. 抗衰老作用

何首乌醇提物明显提高经紫外线照射损伤后外周淋巴细胞DNA复制后合成指数水平,提高DNA修复能力,促进细胞分裂、增殖,延长二倍体细胞周期,增加二倍体细胞的传代数,使细胞进入衰老期的时间明显延迟,从而延长和提高机体平均寿命[45]。

何首乌中的二苯乙烯苷具有较强的体外抗氧化能力和清除活性氧作用,且具有良好的量效关系,是一种较强的抗氧化剂。增加老年动物血、脑和肝组织中超氧化物歧化酶(SOD)含量,拮抗血中SOD含量下降,提高机体抗氧化剂含量及活性,加速清除体内活性氧基团,抑制由ADP及还原型辅酶(NADPH)所导致的脂质过氧化,降低血浆和线粒体中过氧化的脂质,进而延缓衰老[46]。

单胺氧化酶-B(MAO-B)可间接反映机体老化程度。衰老常伴有MAO-B活性提高,脑中"单胺类"神经递质含量不同程度的下降。研究发现,人脑中MAO-B活性随年龄增长而增高,40~50岁以后则急剧升高,抑制脑中MAO-B的活性是防治老年性疾病(抑郁症、帕金森氏症)的方法之一。何首乌能显著抑制脑和肝中MAO-B的活性,抑制率可达80%以上,明显增加"单胺类"神经递质(5-羟色胺、去甲肾上腺素和多巴胺)含量,延缓胸腺、肾上腺的退化萎缩,增加其质量,甚至保持年轻时的水平[47]。

何首乌丰富的卵磷脂,是构成脑、脊髓的主要成分,也是神经元细胞膜的主要组分之一,对维持神经元的膜结构完整和功能实现有重要作用。其中,卵磷脂酰胆碱不仅可控制肝脏脂代谢,而且可以穿过"血脑屏障"被大脑吸收利用,延缓大脑衰退,增强记忆力[48]。

2. 对心血管系统的作用

何首乌中卵磷脂和铁,分别是细胞膜和血红蛋白的组分,能促进红细胞生成,故有补血作用。何首乌有效成分能全面作用于造血系统,促进骨髓造血细胞增殖,降低血浆中总固醇、甘油三酯、游离胆固醇和胆固醇脂的含量,抑制β-脂蛋白含量上升,提高高密度脂蛋白胆固醇和总胆固醇的比值。卵磷脂能阻止类脂质渗透到动脉内膜或在血清滞留,抑制血小板聚集,促进纤维蛋白溶解和裂解,降低血液高凝状态,减少栓塞形成,预防动脉粥样硬化。何首乌水溶性成分二苯乙烯苷能使溶血磷脂酰胆碱诱导的血管内皮生长因子 $mRNA$ 和蛋白表达分别降低 48.22% 和 25.29%,提示其在动脉粥样硬化和高脂血症的防治方面具有良好的开发前景[48]。

何首乌的 50% 乙醇提取物可明显减小心肌梗死范围、降低梗死程度。其活性成分二苯乙烯苷具有血管舒张作用,并可抑制血管平滑肌细胞增殖,降低神经细胞内钙离子浓度,减轻钙超载所致的脑组织损伤。何首乌乙酸乙酯提取物中的蒽醌部分对心肌局部性缺血有保护功能,且有量效关系,体现为心肌乳酸脱氢酶(LDH)泄露程度的显著降低及心肌收缩力的增加,其原因可能是这部分保持了谷胱甘肽的抗氧化活性[49]。

3. 抗炎与免疫作用

何首乌对人型结核杆菌和痢疾杆菌有抑制作用。其蒽醌类衍生物对金黄色葡萄球菌、伤寒杆菌 901、副伤寒杆菌 B、乙型溶血性链球菌、白喉杆菌、炭疽杆菌等细菌和流感病毒、真菌等病原体均有不同程度的抑制作用。临床研究发现,生首乌、制首乌均有一定的抗菌活性,其中生首乌抗金黄色葡萄球菌,黑豆汁蒸首乌抗白色葡萄球菌。酒蒸首乌、地黄蒸首乌抗白喉杆菌的效果均好于生首乌和其他炮制品。何首乌乙醇提取物可明显抑制急性炎症肿胀,抑制毛细血管通透性亢进,并有一定的镇痛作用[50]。

何首乌能延缓内分泌腺退化,增强免疫功能,增加非特异性免疫器官质量和正常白细胞总数,激活淋巴干细胞,提高其转化率。何首乌醇提物和水提物均能不同程度地促进胸腺细胞增生,延缓老年大鼠胸腺增龄性退化,从而提高老年机体胸腺依赖的免疫功能,促进细胞免疫和体液免疫。何首乌制剂还能对抗环磷酰胺的免疫抑制作用,使环磷酰胺引起的急性粒细胞减少提早恢复,保护胸腺细胞,这可能与其能改善胸腺微环境、促进胸腺细胞的分化和成熟有关[51]。

4. 保肝作用

何首乌所含卵磷脂分子中的胆碱类可调控肝脏脂代谢,防治乙型肝炎等慢性肝炎。二苯乙烯苷能降低肝中醋酸可的松所致三酰甘油积累,消减四氯化碳导致的肝大,抑制肝脏微粒体中的脂质过氧化,是保肝的有效成分。蒽醌类能结合胆固醇,使之转化为胆酸,阻止其在肝内沉积致脂肪肝,适当浓度的何首乌提取物可减少胆固醇合成或加速其转化和排泄,治疗脂肪肝。因此,何首乌能防止肝损害和脂质过氧化,降低血清谷丙转氨酶和谷草转氨酶水平,保障肝功能正常发挥[52]。

生首乌和制首乌对肝损伤后的肝脂蓄积均有一定的作用,且生首乌优于制首乌,这可能与生品中所含的结合性蒽醌类成分有关。由于结合性蒽醌的泻下作用,加速了动物体内毒物的代谢,使肝脂代谢途径得以恢复。制首乌则可增加肝糖原的积累,因此推断制首乌的补肝作用在于增加如肝糖原等化合物,而不在于修复肝细胞的损伤。何首乌醇提物和水提物均能显著提高老年大鼠肝脏胞质蛋白含量和核 RNA 的含量,纠正肝脏核DNA 含量异常,从而保护肝脏[53]。

5. 抗癌及抗诱变作用

何首乌中蒽醌类化合物大黄素,具有抑制蛋白酪氨酸激酶和 Ca^{2+} - ATP 酶的活性,并通过抑制蛋白酪氨酸激酶活性而起到抗肿瘤作用。对何首乌的不同溶剂提取物进行了抗癌活性筛选,发现其乙酸乙酯部分可对抗苯并芘的致癌作用,显著降低肿瘤的发生。具有抗染色体突变活性,其活性随给药浓度的降低而降低。何首乌的抗癌、抗诱变活性可能与何首乌的抗氧化、促进或彻底修复 DNA 的作用有关[54]。

6. 不良反应

何首乌的毒性成分主要为蒽醌类,如大黄素、大黄酚、大黄素甲醚、大黄酸等,服用何首乌 60 g 以上可引起中毒症状,原因在于蒽醌类衍生物刺激肠道引起肠道充血炎症,而致腹泻、腹痛、恶心、呕吐。服用过量能促进神经兴奋,增加肌肉时值,使肌肉麻痹导致神经紧张、烦躁不安、心动过快、呼吸困难、痉挛抽搐、循环衰竭、呼吸麻痹。大鼠口服或注射何首乌提取的蒽醌类衍生物 3～9 个月,出现甲状腺瘤性病变,前胃上皮肥大增生,肝细胞退行性变[55]。

生何首乌有一定毒性,长时间服用可引起动物消瘦、倦怠、动作迟缓和死亡。在个别患者身上可能引起各种不良反应,使用时应注意。其不良反应主要有家族性何首乌过敏、急性肝损害和药物热等方面[56]。

8.1.5 何首乌的栽培技术

何首乌的繁殖方法一般有种子繁殖、块根繁殖、扦插繁殖,由于种子繁殖的苗木收获时间迟、产量低,块根繁殖难以满足大规模生产的需要,因此生产上多采用扦插繁殖育苗。扦插育苗可选用硬枝或嫩枝做插穗,但嫩枝扦插在管理上要比硬枝扦插更精细些。扦插最适宜的时间在 4～6 月,在其茎发芽前进行,选择直径 2 mm 以上、健壮无病虫的枝条,剪成 15～20 cm 长的小段,每段应有 3 个以上芽眼,按株行距 20 cm×30 cm 斜插于苗床上,露出地面的一节保留叶片,扦插后压紧,随即浇水并保持土壤湿润,10～20 d 即可长根,扦插成活率可达 90% 以上。夏季选嫩枝作插条,用遮阳网遮阴保湿,8～10 d 即可产生新根而成活[57]。

何首乌属喜肥植物,在生长期应进行多次追肥,一般是在生长前期施用氮肥结合有机肥,中期施用磷钾肥,生长后期应停止施肥,追肥应结合中耕培土,清除杂草,防止土壤板结。在肥料运筹上要合理施用三肥:一是早施提苗肥(6 月上旬),二是重施发棵肥(7月下旬主蔓长至三四个分枝时),三是适施促根肥(8 月下旬块根开始膨大时)[58]。

何首乌的主要病虫害有叶斑病、根腐病、蚜虫、中华甘薯叶甲、金龟子等。叶斑病的防治可用 1∶1∶200 波尔多液治理,每隔 7～10 d 喷一次,连续两次。根腐病可用

50%多菌灵可湿性粉剂1 000倍液浇灌根部治理,并及时开沟排水。防治蚜虫可用50%乳油1 000~1 500倍稀释液喷雾防治。此外,25%溴氰菊酯乳油3 000倍液也有较好防治效果。中华甘薯叶甲用5%西维因粉喷洒叶面或地面,也可喷洒50%的马拉硫磷、二溴磷和亚胺硫磷乳剂800倍液防治。金龟子可用75%辛硫磷乳剂或90%美曲膦酯1 000倍稀释液喷杀[59]。

何首乌人工栽培中应尽量避免使用对何首乌产品污染的化学药剂,以减少污染。作好预防措施,实行轮作并忌与萝摩科、马兜铃科植物及甘薯等作物连作[60]。

何首乌采收加工从栽植后次年开始,每年秋落叶后,即可割下其藤蔓,清除残叶和杂质,晒干即为中药夜交藤。栽后3~4年,可以采收块根,秋冬季叶片脱落或春末萌芽前采收为宜,先把支架拔除,割除藤蔓,再把块根挖起,洗去泥沙,削去尖头和木质部分(不宜用铁器加工,以免发生化学反应,降低药效和营养价值),按大小进行分级。直径15 cm以上或长15 cm以上的块根,宜砍成厚5 cm左右、长8~9 cm的块状;或切成厚3.3 cm、长宽5 cm的厚片,然后按大、中、小分成三类,分别摊放在烘炉内,堆厚约15 cm,用50~55 ℃温度烘烤,每隔7~8 h翻动1次,烘四五天,待有7成干时取出,在室内堆放回润24 h,使内部水分向外渗透,再入炉烘烤至充分干燥。每公顷可产干货6 000~7 500 kg,高产可达9 000 kg以上[58]。

何首乌商品有拳首乌、统首乌和首乌块之分,其规格质量有不同要求。拳首乌:足干,原个,体重结实,形似拳头,外皮红褐色,无烤焦、空心、无芦头、须根。统首乌:足干,结实,有肉,原个或砍成块状,无烤焦、空心,无芦头细根,无虫蛀,无霉变。首乌块:足干,成块,长、宽、厚3 cm以上,无烤焦,无空心,无虫蛀,无霉变[61]。

何首乌块根及茎叶均为名贵的大宗中药材,其块茎还富含45.2%淀粉,药食两用,可制作首乌酒;何首乌嫩茎叶营养成分远远高于一般蔬菜,是一种集营养、保健和药用功能于一体的宝贵野菜资源;在保健方面,何首乌具有较好的滋补功能,可作多种药膳,也可制作多种口服液和保健茶;在化工方面,何首乌是制作洗发剂的重要原料;何首乌作为饲料添加剂,对于即将淘汰的蛋鸡来说,可以延缓蛋鸡的衰老过程,延长鸡的产蛋周期[62]。

何首乌在园林绿化方面应用广泛。何首乌优良的耐阴特性和较快的生长速度,决定了何首乌能作为园林地被植物材料。利用何首乌的攀爬特性,作为墙垣、栅栏、护坡等处的攀援和下垂绿化植物。吊盆栽培作为室内装饰的垂吊观叶植物,能适应阳台、居室等低湿荫蔽环境。由于何首乌膨大的块根形态奇特多变,新枝柔软飘逸,新叶幼嫩紫红,老叶端秀文雅,可制作成根式的观"干"、观"叶"类中小型盆景[63]。

§8.2 何首乌幼苗的形态解剖
8.2.1 幼苗形态

何首乌果实为小瘦果,椭圆形,具三棱,黑褐色,有光泽,全部包于果期增大的花被内,宿存花被片具宽翅,为心形或心状卵形(图8-2a)。种子具丰富的粉质胚乳,胚偏于一侧,子叶扁平。

图 8-2 何首乌幼苗的形成过程

(a)~(g) 幼苗的形成过程;(h) 为(g)根系的放大,块根已开始形成(箭头)

何首乌幼苗类型为木兰型。播种10～12 d后开始萌动,胚根首先突破种皮,向下生长,形成幼苗的主根(图8-2a)。由于下胚轴的不断伸长,播种20 d左右子叶伸出土面,两片子叶张开,变绿,进行光合作用(图8-2b、c)。胚芽生长成为幼苗的茎叶系统,幼苗在具5片初生叶前仍是直立的(图8-2d、e)。至有6,7片初生叶时,由于节间更长,纤细而渐成缠绕茎(图8-2f、g)。当幼苗长成11片初生叶时,可见有的二级侧根顶端膨大,开始形成块根(图8-2h)。

子叶两片,等大,椭圆形,对生,肉质,光滑无毛,子叶片大小为：$0.85\sim0.90$ cm$\times$$0.36\sim0.41$ cm;子叶柄光滑,长$0.15\sim0.18$ cm。子叶在萌发开始具吸收胚乳中营养物质功能,出土后行光合功能。至幼苗长成7片初生叶时仍是绿色,以后逐渐变黄、脱落。

初生叶互生,卵形,顶端渐尖,基部箭形;叶柄细长,光滑无毛;托叶鞘,绿色,抱茎。第一片初生叶最小,第二、三片逐渐增大,第四片以后基本等大。下胚轴红色,光滑无毛,长$3.5\sim4.1$ cm。

8.2.2 幼苗的解剖结构

主根横切面观,其初生结构由表皮、皮层和中柱三部分构成。表皮为一层细胞,细胞扁平,排列紧密,外无角质层,部分细胞外壁突出形成根毛。皮层由5～8层薄壁组织细胞组成,细胞间隙发达,外皮层不明显,内皮层细胞等径形、排列紧密。中柱由中柱鞘、初生韧皮部、初生木质部和薄壁组织组成。中柱鞘一层,为薄壁组织细胞;初生木质部由导管、管胞等细胞组成,包括原生木质部和后生木质部两部分,外始式发育方式,四原型;初生韧皮部和初生木质部相间排列,由筛管和伴胞组成;木质部和韧皮部之间为木韧间薄壁组织,通常无髓部(图8-3a、b)。

下胚轴横切面由表皮、皮层和维管柱三部分组成。表皮细胞一层,排列紧密,角质层不发达,具较多乳突细胞。皮层由多层薄壁组织细胞组成,细胞间隙发达。维管柱由维管束、髓和髓射线组成,初生木质部由导管、管胞等细胞组成,包括原生木质部和后生木质部两部分。由下至上,下胚轴的初生维管组织发生一系列变化。其原生木质部由位于后生木质部外侧,逐渐转变为位于后生木质部的两边、后生木质部内侧;初生韧皮部由原生韧皮部和后生韧皮部两部分组成,其后生韧皮部逐渐分开、外移,靠近初生木质部后,两个原生韧皮部逐渐合拢,与初生木质部内外排列;髓部由较大的薄壁组织细胞组成,占维管柱的大部分体积(图8-3c、d)。

茎由表皮、皮层和维管柱三部分组成。表皮为一层薄壁组织细胞,细胞核大、质浓,排列紧密,呈长方形。皮层由8～10层薄壁组织细胞组成,细胞较小,胞间隙发达,皮层的最外一层细胞以后可恢复分裂能力,转变为木栓形成层,形成周皮。维管柱由维管束、髓和髓射线组成。维管束呈一环,由外至内依次为初生韧皮部、形成层和初生木质部。初生韧皮部发育方式为外始式,由筛管、伴胞和韧皮薄壁组织细胞组成;初生木质部发育方式为内始式,由导管、管胞、木薄壁组织细胞和木纤维组成。髓射线位于两维管束之

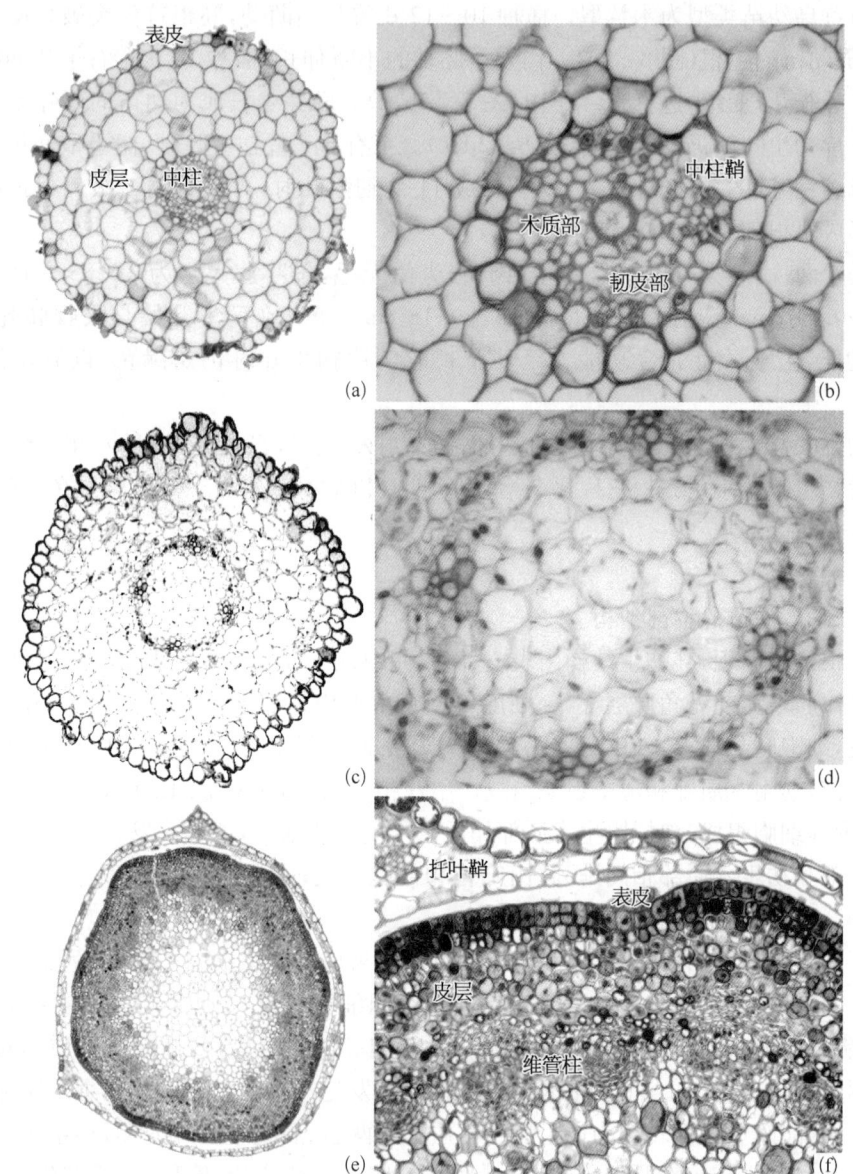

图 8-3 何首乌幼苗根、下胚轴和茎的解剖结构
(a) 主根横切面;(b) 为(a)的中柱放大;(c) 下胚轴横切;(d) 为(c)维管组织放大;(e) 茎横切;(f) 为(e)部分放大

间,由 4~7 列薄壁组织细胞组成;茎的中央具发达的髓部,占茎横切面的大部分体积,均为薄壁组织细胞,细胞体积大,胞间隙发达(图 8-3e、f)。

子叶叶片横切面由表皮、叶肉和叶脉组成。表皮由一层细胞组成,排列紧密,角质层不发达;上表皮细胞长方形,无气孔分布;下表皮细胞近方形,细胞较小,具较多的气孔器,其孔下室发达。叶肉由栅栏组织和海绵组织组成;栅栏组织一层,长柱形,长轴与表皮垂直；海绵组织靠下表皮，细胞形状不规则，具发达的胞间隙。主脉不明显，叶脉的表皮内无厚角组织，维管束包括初生木质部、形成层和初生韧皮部三部分(图8-4a)。子叶柄由表皮、基本组织和维管束组成，表皮细胞一层，基本组织均为薄壁组织细胞，维管束3个，分布在基本组织中(图8-4b)。

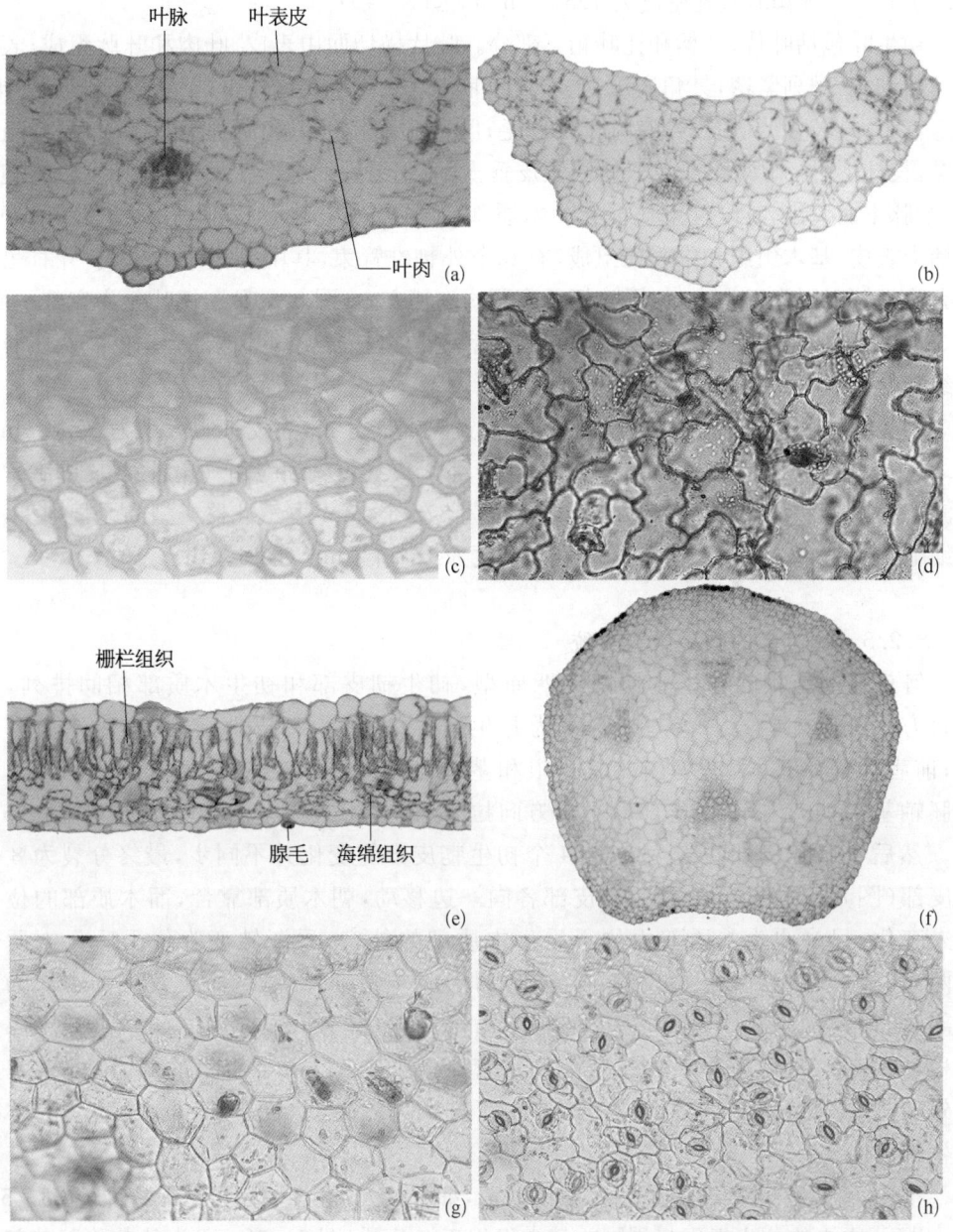

图8-4 何首乌幼苗子叶和初生叶的解剖结构

(a) 子叶横切；(b) 子叶柄横切；(c) 子叶上表皮；(d) 子叶下表皮；(e) 初生叶横切；(f) 初生叶的叶柄横切；(g) 初生叶上表皮；(h) 初生叶下表皮

子叶上表皮的表面观可见上表皮细胞垂周壁平直,无气孔器分布,其上也无表皮毛,表皮细胞大小为 41.5 $\mu m \times$ 39.7 μm,密度为 1 542 个/mm^2(图 8-4c)。子叶下表皮由表皮细胞和气孔器组成,表皮细胞垂周壁波浪状,大小为 77.5 $\mu m \times$ 34.8 μm,密度为 983 个/mm^2。气孔器无明显的副卫细胞,属无规则型(anomocytic),保卫细胞大小为 31.7 $\mu m \times$ 23.8 μm,气孔密度为 135 个/mm^2(图 8-4d)。

初生叶包括叶片、叶柄和托叶鞘三部分。叶片横切面由表皮、叶肉和叶脉组成,表皮为一层细胞,排列紧密,具角质层,上表皮细胞长方形,无气孔分布,下表皮细胞近方形,细胞较小,具较多的气孔器,有时可见腺毛;叶肉由栅栏组织和海绵组织组成,栅栏组织一层,长柱形,排列紧密,细胞长轴与表皮垂直,海绵组织细胞形状不规则,具发达的胞间隙;主脉下面突出,其维管束包括初生木质部、形成层和初生韧皮部三部分(图 8-4e)。叶柄由表皮、基本组织和维管束组成,有 6 个外韧维管束,其中 5 个小的排成一圈,另一较大的维管束则靠近中央,位于叶柄近腹面的沟槽方向(图 8-4f)。托叶鞘为完整一圈,具 3 个维管束,其中 2 个大,1 个较小,除维管束处外,托叶鞘的其他部分均仅有两层薄壁组织细胞(图 8-3e)。

初生叶上表皮的表皮细胞垂周壁平直,无气孔器分布,表皮细胞大小为 42.6 $\mu m \times$ 41.5 μm,密度为 1 378 个/mm^2(图 8-4g)。下表皮具表皮细胞和气孔器,表皮细胞垂周壁波浪状,大小为 78.6 $\mu m \times$ 35.1 μm,密度为 875 个/mm^2。气孔器类型为无规则型,保卫细胞大小为 32.3 $\mu m \times$ 24.1 μm,气孔密度为 164 个/mm^2(图 8-4h)。

8.2.3 过渡区的初生维管系统

何首乌幼苗根的初生木质部为四原型,初生韧皮部和初生木质部相间排列,其发育方式都属外始式。茎的维管束为并生维管束,初生韧皮部在外,初生木质部在内;前者为外始式,后者为内始式。根和茎初生维管系统的转变发生在下胚轴。在下胚轴基部,4 个初生韧皮部沿平周方向拉长,由外始式逐渐变成中始式(图 8-5a、b)。然后每个韧皮部断裂为 2 个,4 个初生韧皮部的变化并不同步,最终分裂为 8 个韧皮部(图 8-5b、c)。分裂的韧皮部各向一边移动,朝木质部靠合,而木质部的位置并未变化,只是原生木质部由位于后生木质部的外方,逐渐转变为位于后生木质部的两边,最后移位到后生木质部内侧;最后形成 4 个维管束,每个维管束的中部为木质部,两侧为韧皮部,其原生韧皮部与木质部相连(图 8-5d)。以后,原生韧皮部向外移动、合并,发育为 4 个内外排列的维管束,韧皮部位于维管束的外方,发育方式为外始式;木质部位于维管束的内方,发育方式为内始式(图 8-5d),成为茎的外韧并生维管束。

此时,髓薄壁组织细胞脱分化,细胞质浓,细胞核大,呈典型分生组织特征(图 8-5e、f)。以后,中央的分生组织与周围的基本组织逐渐分开(图 8-5f),成为幼苗的胚芽部分(图 8-5g)。此时,下胚轴 4 个维管束中的 1 个变扁平(图 8-5g),然后一分为二(图 8-5h),下胚轴也从 2 个维管束之间分开(图 8-5i、j),而其相对方向的 1 个维管束变扁

§8.2 何首乌幼苗的形态解剖

平(图 8-5j),以后,这个维管束也一分为二(图 8-5k),下胚轴也从分开的维管束处裂开,分开的两部分中各具 3 个维管束(图 8-5l),它们与 2 片子叶的子叶柄维管束相连(图 8-5m)。

何首乌幼苗的过渡区位于下胚轴,根的 4 个辐射维管束,在下胚轴中通过初生韧皮部的拉长、断裂、合拢,形成 4 个并生维管束。以后,相对的 2 个维管束均一分为二,成为 6 个维管束,它们与 2 个子叶柄中的 6 个维管束相连。根—下胚轴—子叶的维管束成为一个初生维管系统,而由茎来的维管束就插在这个系统上[67,68]。

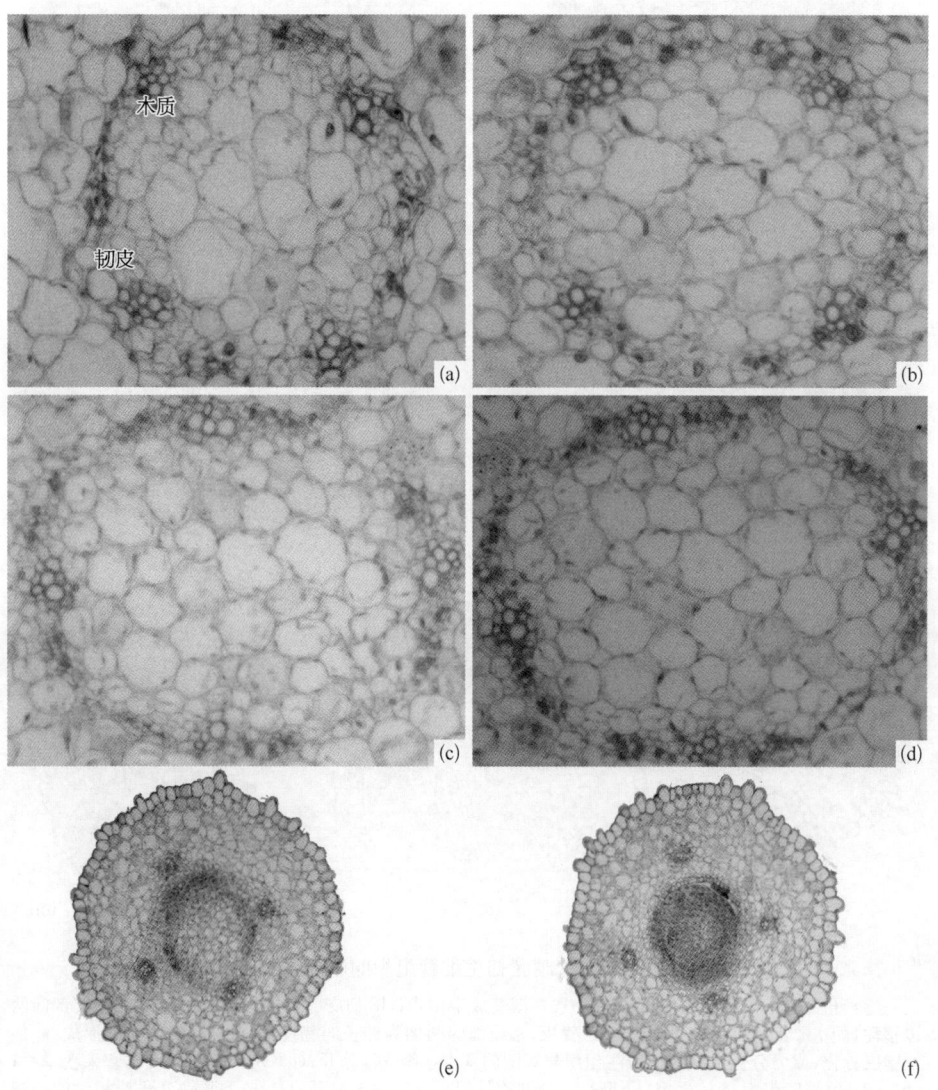

第 8 章 何首乌

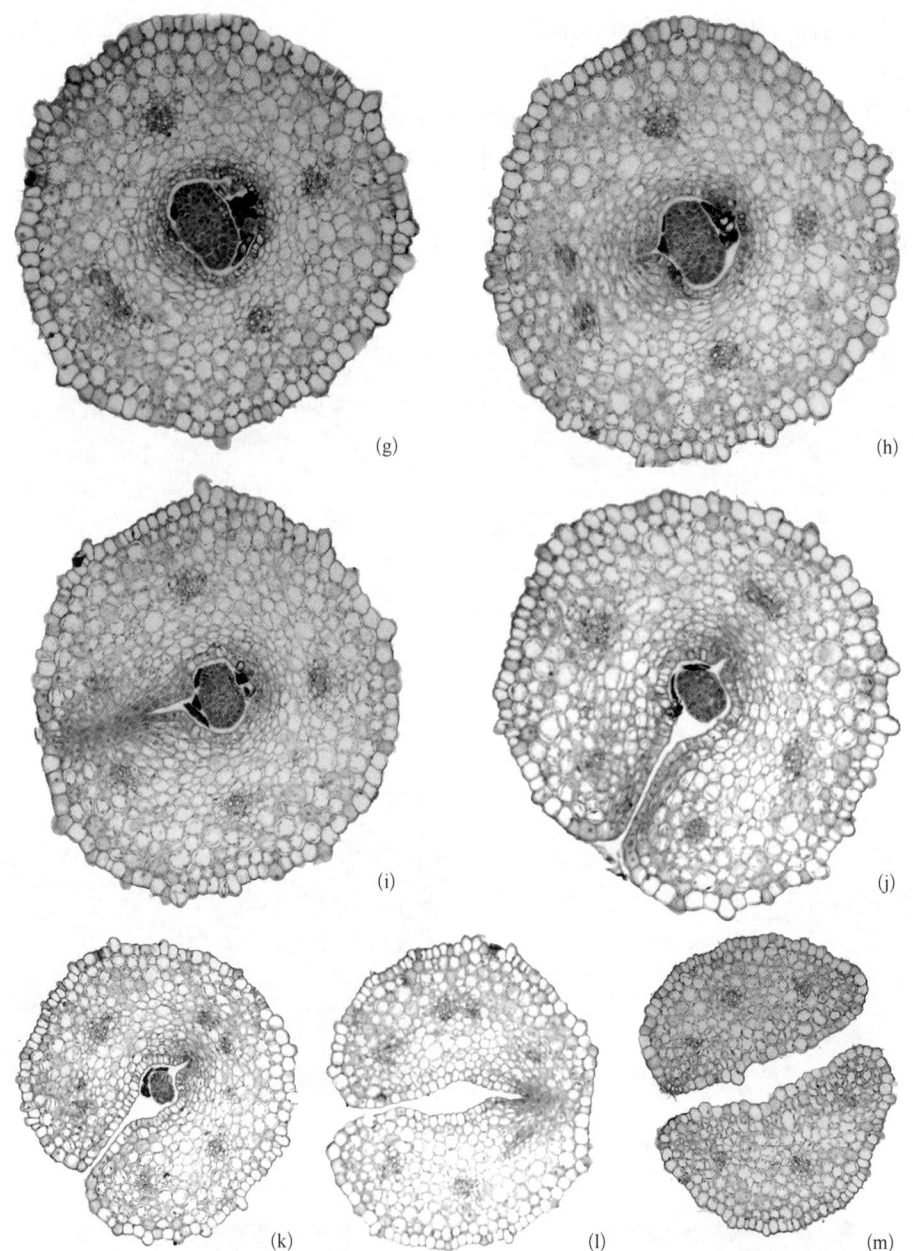

图 8-5 过渡区初生维管组织的转变过程

(a) 下胚轴基部,初生韧皮部由外始式逐渐变成中始式;(b) 韧皮部一分为二;(c) 分裂的韧皮部向两边移动,朝木质部靠合;(d) 形成四个维管束,木质部的两侧为伸长的韧皮部;(e) 外韧维管束形成,髓部细胞脱分化,成为分生组织;(f) 分生组织与周围的基本组织逐渐分开;(g) 胚芽形成,1 个维管束变扁平;(h) 扁平的维管束一分为二;(i) 下胚轴从分裂的维管束之间逐渐分开;(j) 与下胚轴分开处相对的维管束变为扁平;(k) 扁平的维管束一分为二;(l) 下胚轴从分开的维管束处裂开;(m) 2 片子叶的子叶柄

§8.3 何首乌成年植株的形态解剖

8.3.1 块根的结构与发育

在幼苗具有11片初生叶时，即可见其根系中有的一级或二级侧根顶端膨大，形成块根(图8-6a、b)。由于块根的中部生长较快，两端生长较慢，从而逐渐发育成近纺锤状。也有的块根各部分生长速度接近，块根呈圆柱状(图8-6c)。

何首乌根尖纵切面的结构与一般双子叶植物的根尖结构相同，由根冠、分生区、伸长区和成熟区组成(图8-6d)。根冠呈圆锥形，由排列不规则的薄壁组织细胞组成。分生区位于根冠的后方，是根的顶端分生组织，由原分生组织和初生分生组织组成；原分生组织位于根冠内方，其细胞等径形，细胞壁薄，细胞质浓，细胞核大，排列紧密，无细胞间隙(图8-6e)；初生分生组织的细胞形态已出现分化，细胞分层明显，分为表皮原、皮层原和中柱原三部分；最外一层细胞为表皮原，细胞较小，排列紧密而整齐；原表皮以内为3~5层皮层原细胞，这些细胞体积较大，细胞质较稀薄，已出现液泡化；中柱原位于初生分生组织中央，其细胞较小，排列紧密，细胞质浓厚(图8-6f、g)。伸长区紧接分生区，细胞分裂已停止，细胞沿根的纵轴方向显著伸长，细胞开始出现分化(图8-6h)。伸长区后为成熟区，各类组织已分化发育成熟，有的表皮细胞外壁向外突出，形成根毛，其结构即为根的初生结构(图8-6i、j)。

根的初生结构包括表皮、皮层和中柱3部分。表皮为表皮原发育而来，由一层细胞组成，细胞扁平，排列紧密，外无角质层，部分细胞形成根毛。皮层为皮层原发育而成，由6~9层薄壁组织细胞组成，细胞体积较大，细胞间隙明显，外皮层不明显；皮层最内一层细胞体积较小，细胞排列紧密，此为内皮层。内皮层以内是中柱，为中柱原发育而来，由中柱鞘、初生韧皮部、初生木质部和薄壁组织组成；中柱鞘为中柱最外一层，紧接内皮层，由一层排列紧密的薄壁组织细胞组成；初生木质部由导管、管胞等细胞组成，包括原生木质部和后生木质部两部分，外始式发育方式，四原型，其侧根为五或六原型；初生韧皮部和初生木质部相间排列，由筛管和伴胞组成；在木质部和韧皮部之间为木韧间薄壁组织，中央为后生木质部导管，无髓部(图8-6i、j)。

根次生维管组织的发生和次生结构与一般双子叶植物相同。初生韧皮部内侧的一层木韧间薄壁组织细胞恢复分裂能力，转变为维管形成层。以后，木质部顶端的中柱鞘细胞也参与维管形成层的形成，从而成为一圈完整的形成层环。形成层形成后，主要进行切向分裂，向内产生次生木质部，向外产生次生韧皮部。次生木质部由导管、管胞、木纤维和木薄壁组织细胞组成，次生韧皮部由筛管、伴胞和韧皮薄壁组织细胞组成。而位于原生木质部顶端的维管形成层分裂仅产生薄壁组织细胞，形成宽大射线，将次生维管组织分成4~5束(图8-6k)。由于次生维管组织的大量增加，表皮已不能适应保护功能。此时，中柱鞘细胞恢复分裂能力，转变为木栓形成层，木栓形成层细胞进行切向分裂，向外产生木栓层，向内产生栓内层(图8-6l)。木栓层、木栓形成层和栓内层共同组成周皮，为根的次生保护组织。木栓层由3~6层扁平的木栓化细胞组成，栓内层仅有一两层细胞，多数周皮细胞含较多红棕色物质(图8-6m)。

第8章 何首乌

何首乌块根是在正常次生结构产生以后形成的。块根的周皮较厚,木栓层发达(图8-6n)。在次生韧皮部内由相隔一定距离的4~8个韧皮薄壁组织细胞恢复分裂能力,转变为三生形成层(图8-6n)。三生形成层向内分裂产生三生木质部,三生木质部由导管、管胞、木纤维和木薄壁组织细胞组成;向外分裂产生三生韧皮部,三生韧皮部主要为韧皮薄壁组织细胞,以及少量的筛管和伴胞。三生韧皮部、三生形成层和三生木质部共同构成异常维管束,异常维管束的中央为木质部,周围是韧皮部,属周韧维管束类型(图8-6o、p)。多个大小不一的异常维管束在次生维管柱外侧排列成一圈(图8-6m、r)。此

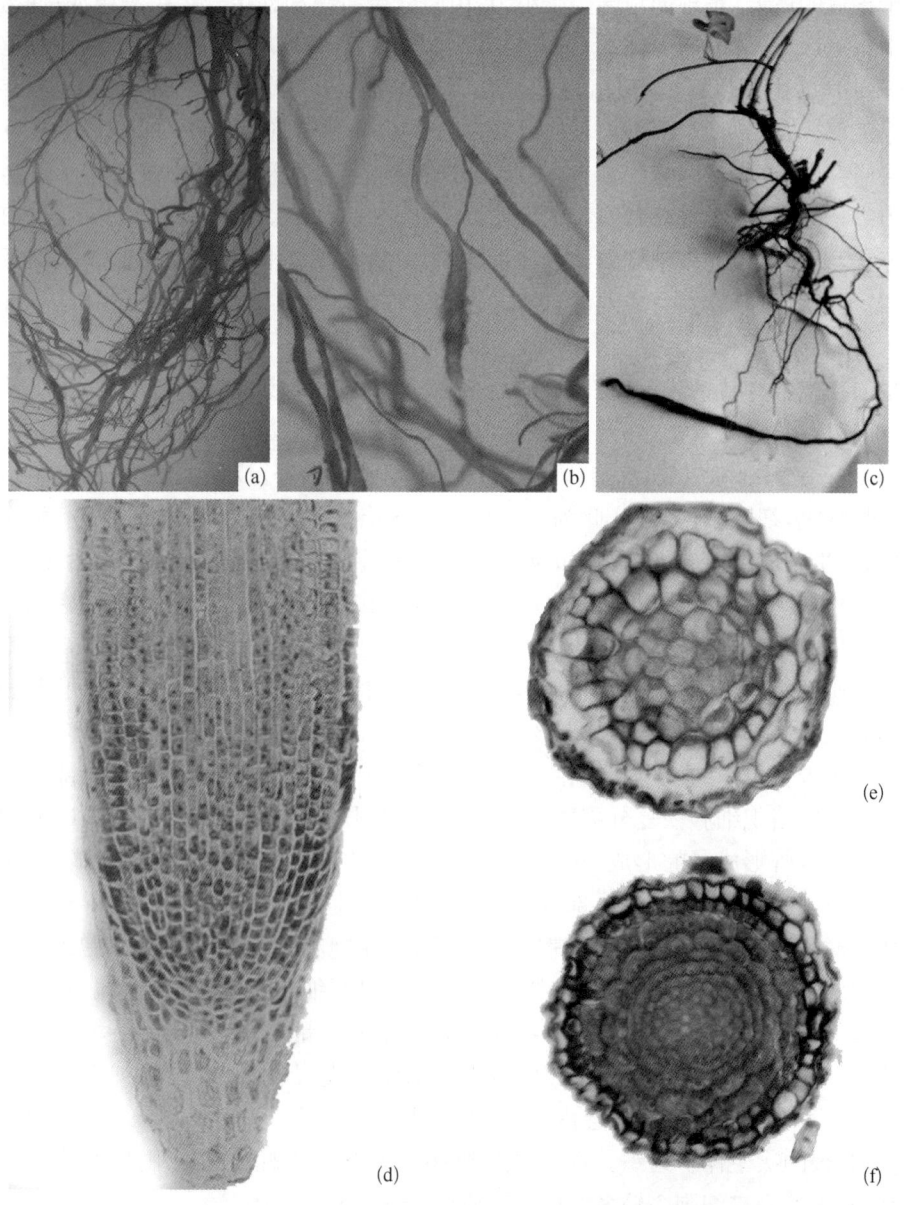

§8.3 何首乌成年植株的形态解剖

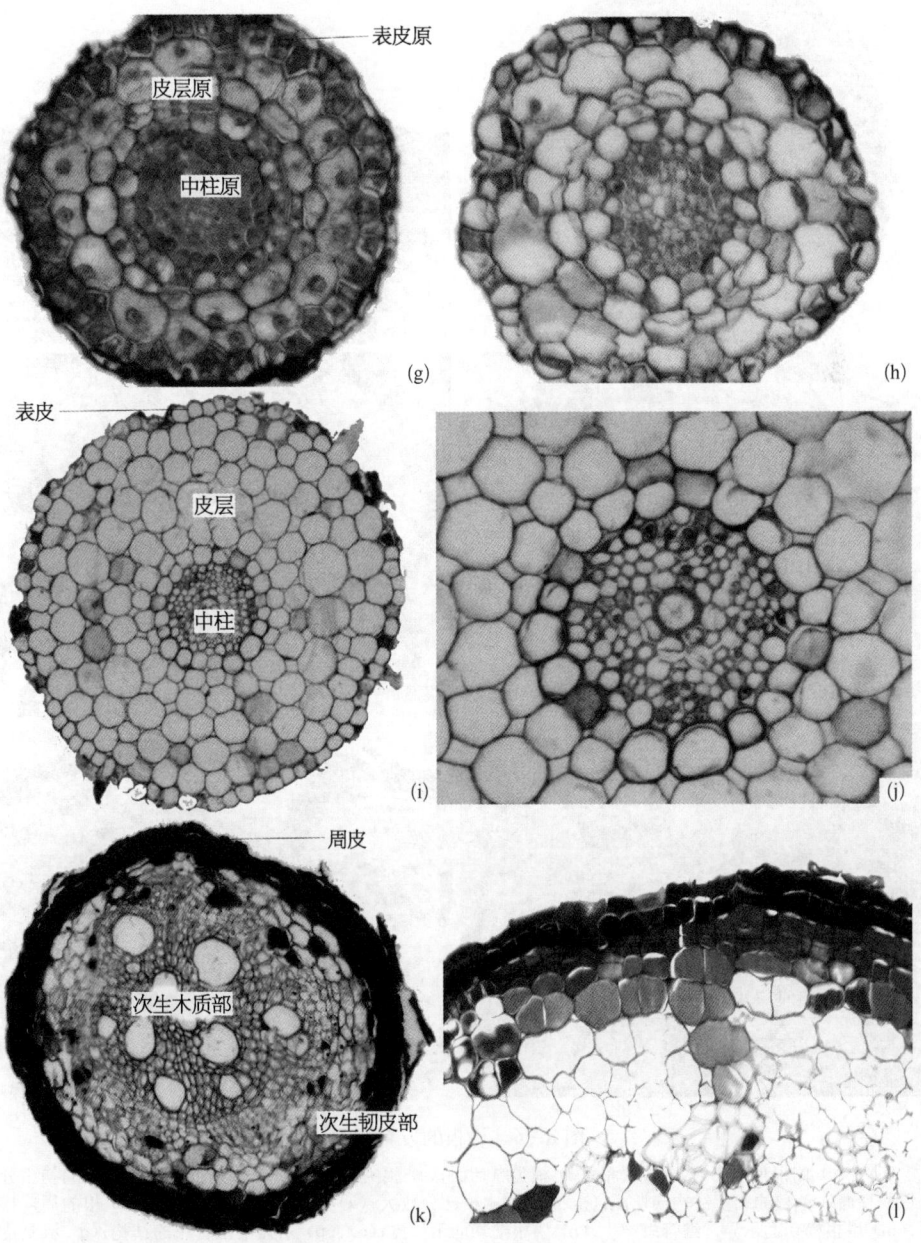

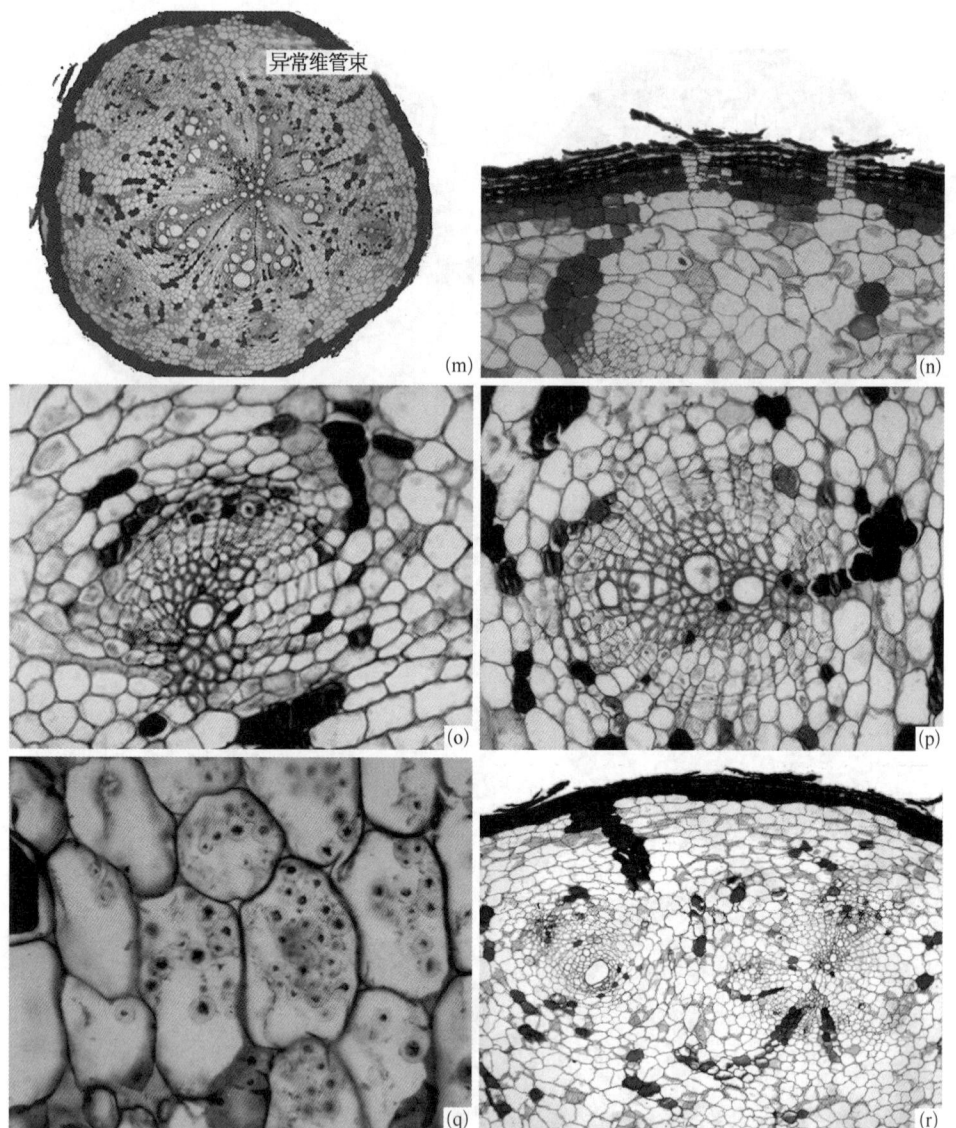

图 8-6 块根的发育过程

(a)~(c) 侧根顶端膨大,形成块根;(d) 根尖纵切面;(e) 根尖原生组织横切面;(f)~(h) 根的初生分生组织横切面;(i) 根的初生结构横切面;(j) 为(i)的中柱部分放大;(k) 根的次生结构横切面;(l) 根的周皮横切面;(m) 块根横切面示异常维管束产生;(n) 块根横切面示周皮;(o)、(p) 示异常维管束的结构;(q) 示韧皮薄壁组织细胞含有较多的淀粉粒;(r) 块根横切面示韧皮薄壁组织细胞继续产生新的异常维管束时,韧皮薄壁组织细胞含有大量的淀粉粒(图8-6q),有些薄壁组织细胞含较多红棕色物质(图8-6o、p、r)。先形成的异常维管束之间,一些薄壁组织细胞仍可恢复分裂能力,产生小的异常维管束。这些异常维管束分裂产生大量的韧皮薄壁组织细胞,从而使块根不断增粗(图8-6r)。由于何首乌块根中最先形成4~8个异常维管束,使块根具有4~8个突出棱脊,在块根横切面上呈现云锦状花纹。

8.3.2 叶的结构

何首乌的叶由叶片、叶柄和托叶鞘三部分组成。

叶片横切面由表皮、叶肉和叶脉组成。表皮为一层细胞,排列紧密,具角质层;上表皮细胞呈长方形,无气孔分布;下表皮细胞近方形,细胞较小,表皮细胞间有较多的气孔器,有时可见腺毛。叶肉由栅栏组织和海绵组织组成,栅栏组织一层,长柱形,排列紧密,含叶绿体多,细胞长轴与表皮垂直;海绵组织靠下表皮,细胞形状不规则,具发达的胞间隙。主脉下面突出,厚角组织不明显;主脉中具2个维管束,两者呈上下分布;上面的维管束较大,木质部在下方而韧皮部在上方;下面维管束的木质部在上方,韧皮部在下方;两个维管束中的形成层均不明显。侧脉维管束的木质部在上而韧皮部在下(图8-7b)。

叶柄由表皮、厚角组织、薄壁组织和维管束组成。表皮细胞一层,排列紧密,上有腺毛分布。表皮下为厚角组织,增强叶柄的支持功能。薄壁组织细胞较大,具发达胞间隙。薄壁组织中有6个维管束,维管束由初生木质部、形成层和初生韧皮部组成,为外韧并生维管束,其中5个小的排成一圈,另一较大的维管束更靠近中央,位于叶柄近腹面的沟槽方向(图8-7a)。

托叶鞘为完整一圈,具3个维管束,其中2个大,1个小,维管束由木质部和韧皮部组成,除维管束处外,托叶鞘其他部分的叶肉均仅有两层细胞(图8-7c)。

8.3.3 茎的结构

茎的初生结构由表皮、皮层和维管柱三部分组成。表皮为一层薄壁组织细胞,细胞核大、质浓,排列紧密,细胞近长方形。皮层由8~10层薄壁组织细胞组成,细胞较小,胞间隙发达,细胞内含叶绿体,皮层的第一层细胞以后可恢复分裂能力,转变为木栓形成层,形成周皮(图8-7f)。表皮及一些皮层细胞内充满红棕色物质。维管柱由维管束、髓和髓射线组成。维管束排成一环,由外至内依次为初生韧皮部、形成层和初生木质部。初生韧皮部由筛管、伴胞、韧皮纤维和韧皮薄壁组织细胞组成;初生木质部由导管、管胞、木薄壁组织细胞和木纤维组成。髓射线位于两维管束之间,由4~7列薄壁组织细胞组成;茎的中央具发达的髓部,占茎横切面的大部分体积,均为薄壁组织细胞,细胞体积大,胞间隙发达(图8-7d、e)。

茎在以后的生长发育中,与束中形成层相连的髓射线细胞,恢复分裂能力,成为束间形成层,束中形成层和束间形成层连成一圈,即维管形成层。维管形成层进行切向分裂,

第 8 章 何首乌

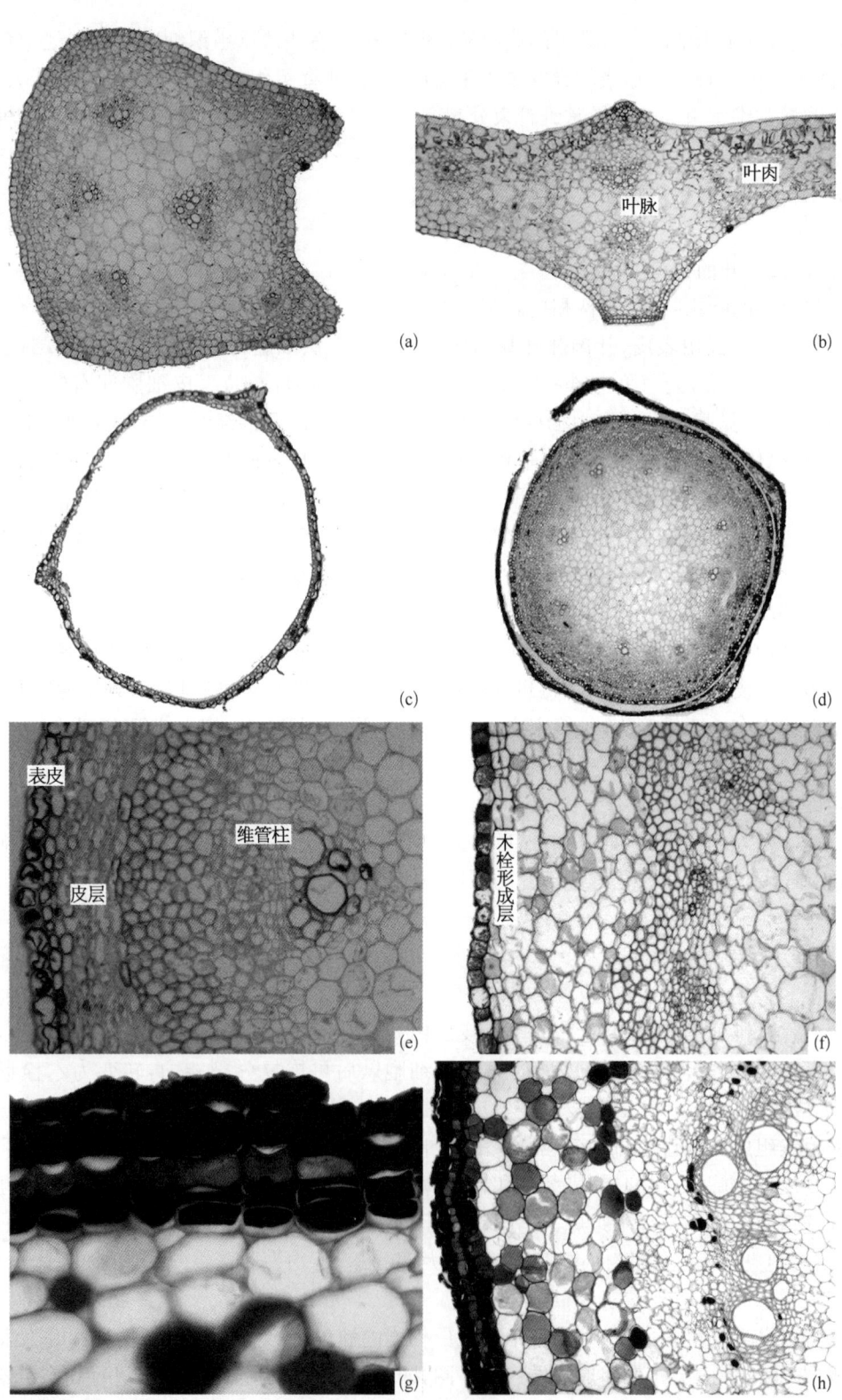

§8.3 何首乌成年植株的形态解剖

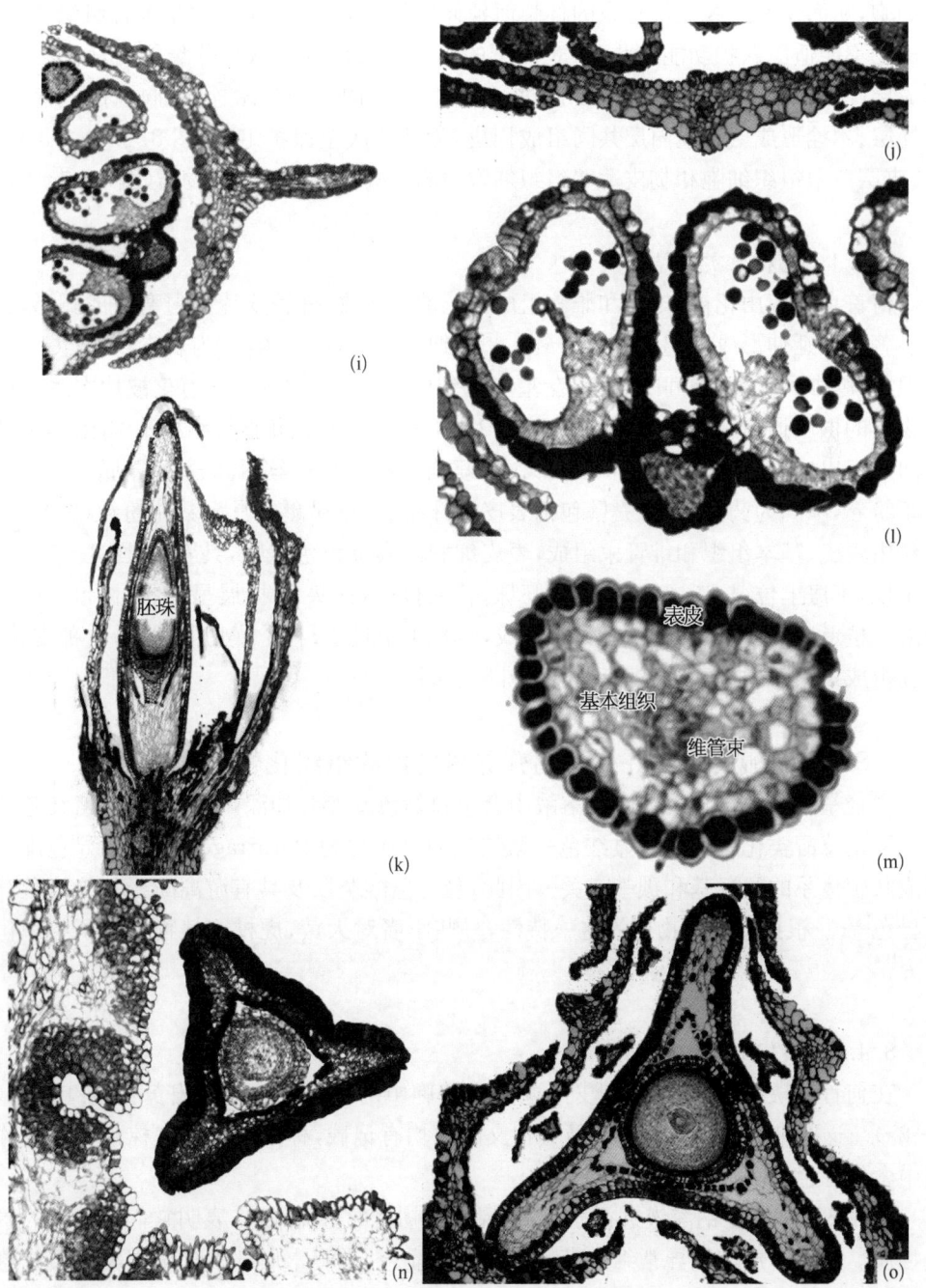

图 8-7 各器官的解剖结构

(a) 叶柄的横切面；(b) 叶片的横切面；(c) 叶鞘的横切面；(d) 幼茎的横切面；(e) 为(d)的局部放大；(f) 茎横切面，示次生分生组织开始分裂；(g) 茎的周皮横切面；(h) 老茎的横切面；(i) 外轮花被的横切面；(j) 内轮花被的横切面；(k) 雌蕊纵切面；(l) 花药横切面；(m) 花丝横切面；(n) 子房横切面；(o) 果实的横切面束中形成层向内产生次生木质部,向外产生次生韧皮部,而束间形成层分裂产生薄壁组织细胞,从而使髓射线随维管束的伸长而延伸(图8-7f、h)。由于次生维管组织的增加,表皮已不能适应保护功能。此时,表皮下的第一层皮层细胞恢复分裂能力,转变为木栓形成层(图8-7f)。木栓形成层细胞进行切向分裂,向外产生木栓层,向内产生栓内层。木栓层、木栓形成层和栓内层共同组成周皮,为茎的次生保护组织(图8-7g)。此时,周皮、皮层薄壁组织细胞和韧皮薄壁组织细胞中的一些细胞含红棕色物质(图8-7g、h)。

8.3.4 花和果实的结构

何首乌的花由花被、雄蕊和雌蕊组成。花被片5枚,外轮3片向内弯曲成弧形,其背部显著往外延伸形成突起。花被的最外一层细胞较大,排列紧密,为表皮;表皮内为基本组织,细胞排列疏松,胞间隙发达;在基本组织中部有一条维管束,为花被片内水分和营养物质的供应通道(图8-7i)。内轮花被2片,平直,与外轮花被片结构基本相同,但外侧不向外突出(图8-7j)。雄蕊8枚,每枚雄蕊均由花药和花丝两部分组成;成熟花药具4个花粉囊,中间为药隔,花粉囊壁包括表皮和纤维层,花粉囊内具多数花粉粒(图8-7l);花丝由表皮、基本组织和维管束组成,表皮细胞内具棕色色素物,具乳突(图8-7m)。雌蕊1枚,子房上位,1室,含1个直生胚珠;花柱极短,柱头3,扩展呈盾状(图8-7k、n)。瘦果三棱形,果皮由表皮和基本组织组成,内含1个种子;种子横切面圆形,由种皮、胚和胚乳组成,何首乌种子中胚乳丰富[66](图8-7o)。

§8.4 蒽醌类物质在何首乌营养器官内的组织化学定位

含羟基的醌类化合物在碱性溶液中会引起颜色改变并加深,多呈橙、红、紫红色及蓝色。羟基蒽醌类化合物遇碱显红色—紫红色的反应称为Borntrager's反应,显色反应与形成共轭体系的酚羟基和羰基有关。因此,羟基蒽醌类以及具有游离酚羟基的蒽醌苷均可显色[67]。根据蒽醌类物质的这一特性,一些学者对大黄、虎杖等植物进行了组织化学研究[68]。

8.4.1 块根的组织化学

在何首乌块根中,周皮和韧皮薄壁组织细胞中的部分细胞呈现出黄色至红棕色(图8-8a)。这些细胞在《中国药典》及其他文献中均有记载,称细胞中具红棕色物质或称细胞中含红棕色色素块。

当用5%氢氧化钠溶液进行显色后,周皮和韧皮部呈深红色,表明它们含较多的蒽醌类物质。次生木质部和异常维管束的木质部不显色,说明木质部不含蒽醌类物质或蒽醌类物质含量极低(图8-8b)。

8.4.2 茎的组织化学

用同一方法进行显色后,老茎的次生韧皮部浅红色,周皮和皮层微红,表明这三部分

§8.4 蒽醌类物质在何首乌营养器官内的组织化学定位

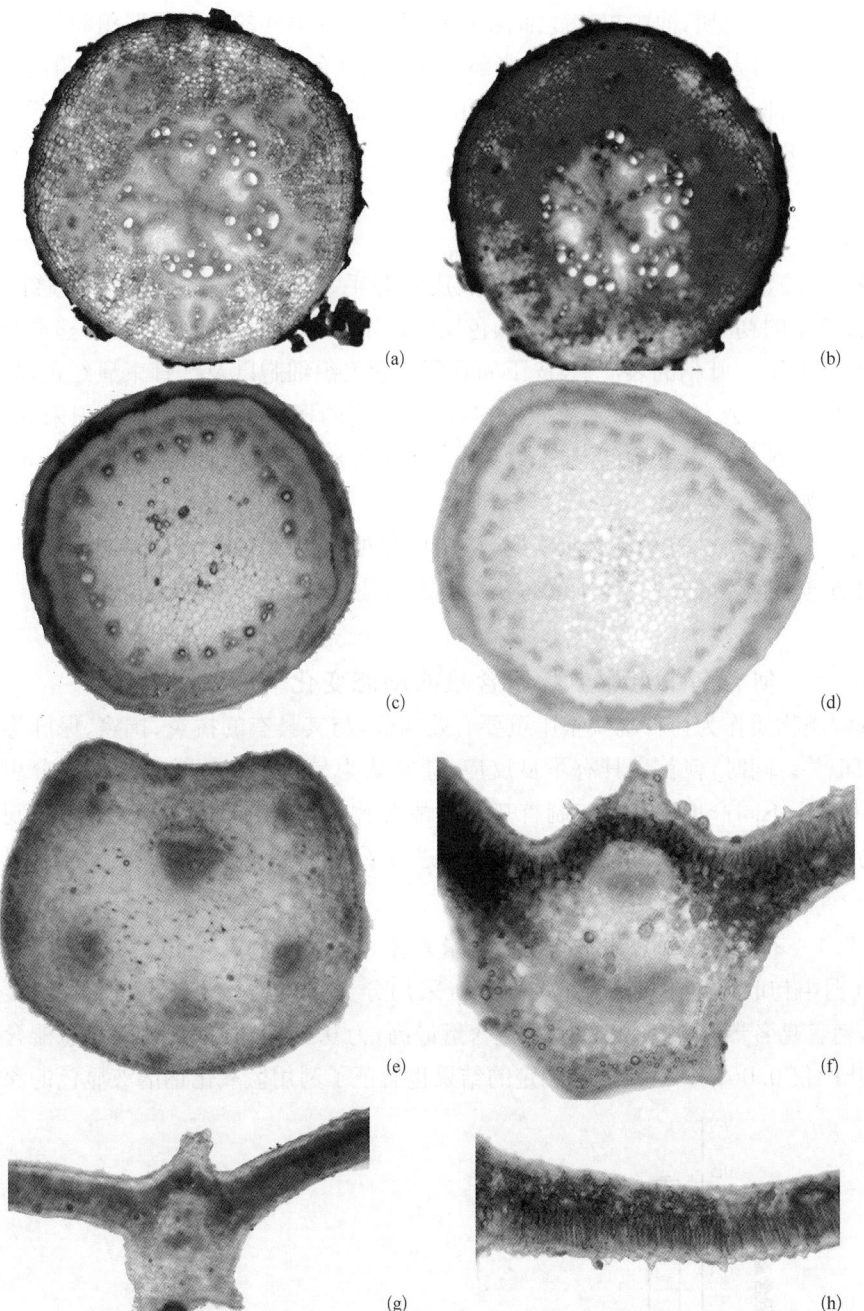

图 8-8　何首乌营养器官中蒽醌类物质的组织化学定位（彩图见图版）

（a）块根横切面，示周皮和韧皮薄壁组织细胞中的部分细胞呈现出黄色至红棕色；（b）块根横切面，示周皮和韧皮部显深红色，木质部不显色；（c）老茎横切面，示周皮、皮层和次生韧皮部浅红色，髓、髓射线和皮层的厚壁组织均不显色；（d）幼茎横切面，示表皮、皮层和初生韧皮部具极浅的红色，初生木质部、髓和髓射线不显色；（e）叶柄横切面，示表皮、基本组织和维管束显红色，其他细胞不显色；（f）叶脉横切面，示韧皮部显红色，木质部及两木质部之间的基本组织不显色；（g）幼叶横切面，示表皮和维管束显红色，栅栏组织和海绵组织未分化，该部分不显色；（h）叶片横切面，示表皮和基本组织显色含少量的蒽醌类物质,而中央的髓部、髓射线以及维管束外的一圈厚壁组织均不显色(图8-8c)。幼茎的表皮、皮层和初生韧皮部具极浅的红色,表明这三部分含微量的蒽醌类物质,初生木质部、髓部和髓射线不显色。组织化学的显色反应表明,幼茎中含蒽醌类物质较少(图8-8d)。

8.4.3 叶的组织化学

用同一方法进行显色后,叶片的上表皮及腺毛、栅栏组织和海绵组织显红色,下表皮、维管束中的初生韧皮部具较浅的颜色反应。木质部及两木质部之间的基本组织不显色(图8-8f、h)。叶柄的表皮、表皮下的几层薄壁组织细胞以及维管束显红色,其他细胞不显色(图8-8e)。幼叶的上、下表皮显红色;叶肉的栅栏组织和海绵组织未分化,该部分不显色;叶脉的维管束显色,基本组织不显色(图8-8g)。组织化学的结果表明,幼叶中蒽醌类物质含量较低。

上述各营养器官的颜色反应表明,块根中蒽醌类物质的含量明显高于茎、叶。从蒽醌类物质这一有效成分考察,何首乌以块根入药是有科学根据的[66]。

§8.5 何首乌中蒽醌类物质含量的动态变化

蒽醌类物质作为何首乌块根中重要有效成分,与其具有的抗炎、抗癌、保肝等药理作用密切相关。同时,何首乌具有不良反应,通常认为是由于蒽醌类等毒性成分引起。因此,前人对于不同产地生首乌和制首乌中蒽醌类物质的含量差异、经过不同炮制方法后制首乌中蒽醌类物质的含量变化等方面,都进行了许多工作[31,35,39,40]。

8.5.1 不同器官中蒽醌类物质的含量差异

10月中旬取四年生何首乌的各器官,采用分光光度计法测定其总蒽醌的含量(图8-9),何首乌各器官中,块根的总蒽醌含量最高,为0.48%,其他部分的总蒽醌含量都较低,如叶中仅0.06%。植物化学测定的结果也验证了利用氢氧化钠溶液显色的深浅初步

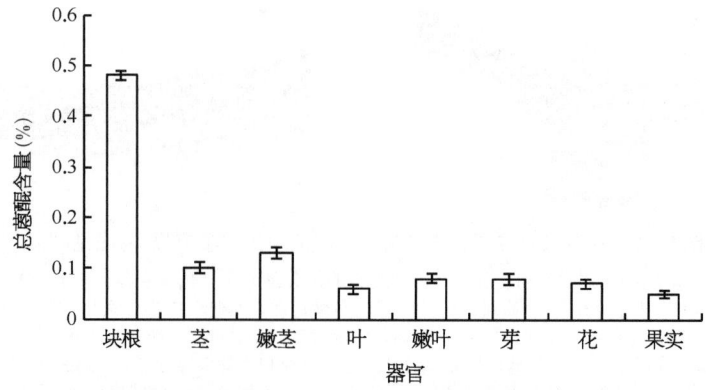

图8-9 何首乌不同器官中总蒽醌的含量

判定蒽醌类物质含量的方法是可行的。

8.5.2 不同年限和生长季节的块根中蒽醌类物质的含量变化

10月中旬分别取一至四年生何首乌的块根分别测定其总蒽醌的含量(图8-10),发现其块根的总蒽醌含量随着生长年限的增加而增加,二年生和三年生块根的总蒽醌含量增加较快,而四年生块根的总蒽醌含量增加并不明显。从总蒽醌含量考虑,生产上一般采收三年生何首乌块根是合理的。

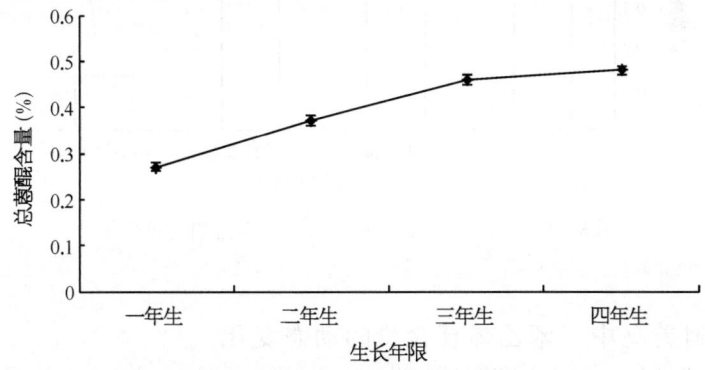

图8-10 不同生长年限块根的总蒽醌含量

自6~12月的每月中旬取四年生何首乌的块根,测定总蒽醌的含量(图8-11)。块根中总蒽醌的含量变化并不大,所测定的7个月中,含量均在0.4%左右。自6~10月逐渐升高,10月含量达到最高,为0.48%;11,12月含量略有降低,12月含量为0.39%。

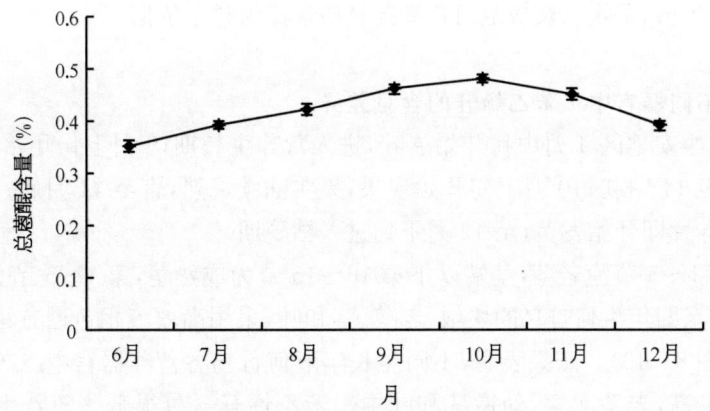

图8-11 不同月的块根中总蒽醌的含量变化

8.5.3 块根不同部位中蒽醌类物质的含量变化

10月中旬取四年生何首乌的块根,分切成周皮、薄壁组织、异常维管束和中央维管柱四部分,分别测定总蒽醌的含量(图8-12)。何首乌块根各部分中总蒽醌的含量差异较大,周皮和薄壁组织含量高,周皮为 0.60%;维管束中总蒽醌含量较低,特别是中央维管柱最低,含量仅为 0.13%。因此,植物化学测定结果与组织化学是吻合的。组织化学结果显示,维管束的木质部基本不显色,含蒽醌类物质很少。

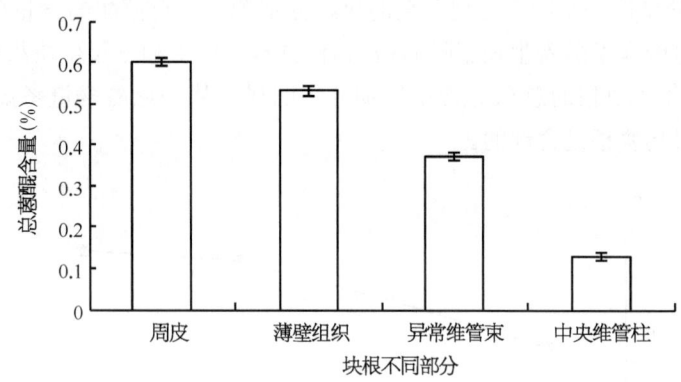

图 8-12 何首乌块根不同部分中总蒽醌的含量变化

§8.6 何首乌中二苯乙烯苷含量的动态变化

二苯乙烯苷是何首乌的主要药效成分,《中国药典》(2005 年版,一部)将其作为中药何首乌的质控标准,规定生首乌中二苯乙烯苷含量不低于 1.0%、制首乌不低于 0.7%[5]。但据报道,不同产地何首乌中二苯乙烯苷的含量差异较大,最高含量为 6.348%,最低仅 0.143%,甚至有的样品不含有二苯乙烯苷[28,29]。

测定何首乌的不同器官、不同季节内以及块根不同部位中二苯乙烯苷的含量变化,可为何首乌的种植、采收以及规范何首乌药材质量提供科学依据。

8.6.1 不同器官中二苯乙烯苷的含量差异

何首乌在西安地区 4 月中旬开始展叶,进入营养生长期;9 月上旬开始开花,花期较长,一直延续至 11 月初;10 月上旬开始现果,果实陆续成熟,直至 11 月底;自 11 月果熟后期起,部分叶片即开始发黄,至 12 月下旬进入枯萎期。

以地面上 1~5 节为老茎,茎端以下第 10~15 节为成熟茎,第 1~3 节为嫩茎。6 月中旬分别取一至四年生何首乌的块根、老茎、茎和叶,采用高效液相色谱方法测定二苯乙烯苷的含量(图 8-13)。结果表明,不同生长年限何首乌各营养器官中二苯乙烯苷的含量,均为块根最高,老茎次之,幼嫩茎和叶中二苯乙烯苷含量很低。随着生长年限的增加,块根中二苯乙烯苷含量逐渐增加,四年生块根二苯乙烯苷的含量最高为 5.35%。从二年生到四年生的何首乌中,老茎的二苯乙烯苷含量也逐渐增加,四年生老茎中的含量为 4.43%。生长年限不同,茎和叶中二苯乙烯苷含量相差不大。

10 月中旬取四年生何首乌的各器官测定二苯乙烯苷的含量(图 8-14)。何首乌各器官中的二苯乙烯苷含量,块根最高,老根和老茎中二苯乙烯苷含量也较高,而营养器官的

§8.6 何首乌中二苯乙烯苷含量的动态变化

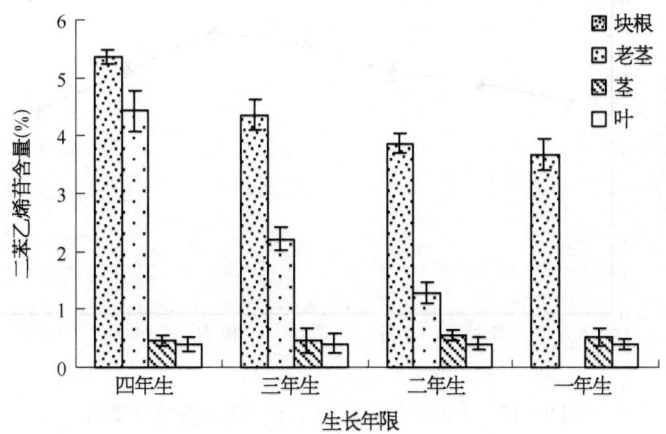

图 8-13　不同生长年限何首乌中各器官的二苯乙烯苷含量

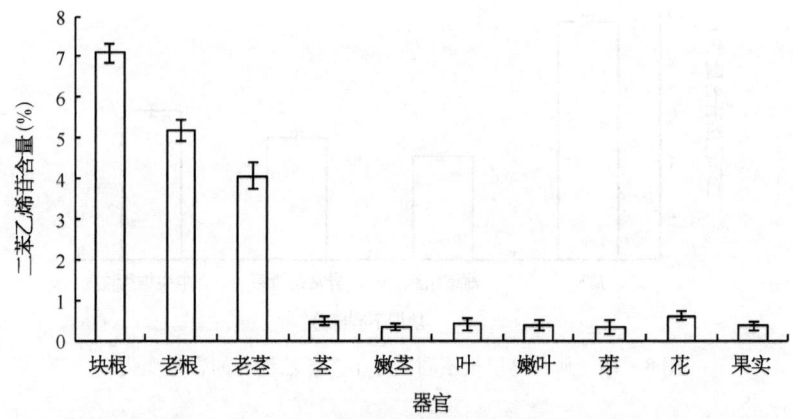

图 8-14　何首乌不同器官中二苯乙烯苷的含量

幼嫩部分及生殖器官中二苯乙烯苷含量都很低。

8.6.2　不同季节块根中二苯乙烯苷的含量变化

自 6~12 月的每月中旬取四年生何首乌的块根,测定二苯乙烯苷的含量(图 8-15)。块根中二苯乙烯苷的含量自 6~10 月逐渐升高,10 月含量达到最高,为 7.09%;然后含量逐渐降低,12 月含量仅为 5.11%。

8.6.3　块根不同部位中二苯乙烯苷的含量变化

6 月中旬取四年生何首乌的块根,分切成周皮、韧皮薄壁组织、异常维管束和中央维管柱四部分,测定二苯乙烯苷的含量(图 8-16)。何首乌块根各部分中二苯乙烯苷的含量差异较大,周皮含量最高,为 9.64%;韧皮薄壁组织最低,为 4.19%[69]。

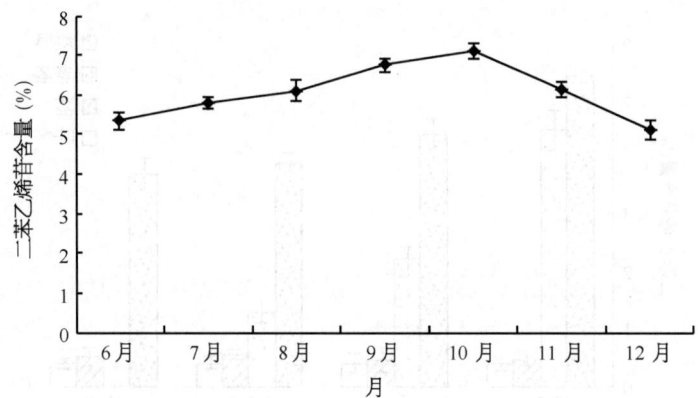

图 8-15 不同季节块根中二苯乙烯苷的含量变化

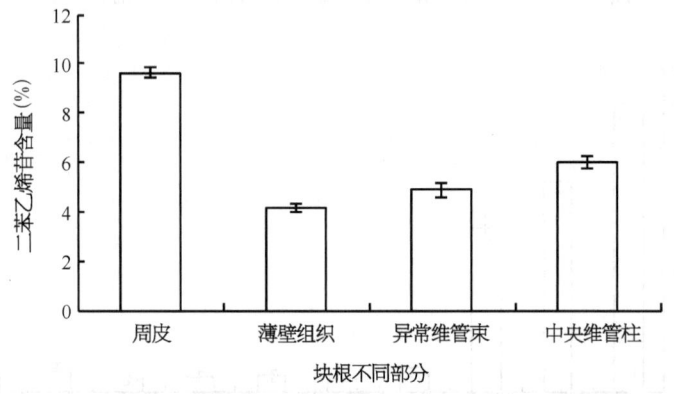

图 8-16 何首乌块根不同部分中二苯乙烯苷的含量变化

8.6.4 不同产地何首乌块根中二苯乙烯苷的含量差异

1. 不同产地生首乌中二苯乙烯苷的含量差异

共收集8省区9个产地的生首乌药材,测定了药材中二苯乙烯苷的含量(图8-17)。不同产地生首乌中的二苯乙烯苷含量差异较大。其中,安徽合肥的生首乌中二苯乙烯苷含量最高,为6.33%;黑龙江黑河产的生首乌含量最低,为1.52%。9个产地的生首乌中二苯乙烯苷含量均高于《中国药典》标准,其药材质量是有保证的。

2. 不同产地制首乌中二苯乙烯苷的含量变化

共收集9省区11个产地的制首乌药材,对其中二苯乙烯苷的含量进行测定(图8-18)。不同产地制首乌中的二苯乙烯苷含量差异较大,其中,陕西的制首乌含量最高为4.48%,云南的制首乌含量仅为0.30%。云南和河南(含量为0.59%)的制首乌中二苯乙烯苷含量低于《中国药典》的质控标准,其疗效有待进一步研究。

一般认为,在炮制过程中,由于工艺操作、温度等原因,造成具有水溶性的二苯乙烯苷损失,何首乌经炮制后,二苯乙烯苷的含量降低。比较同一省份的生、制首乌中二苯乙

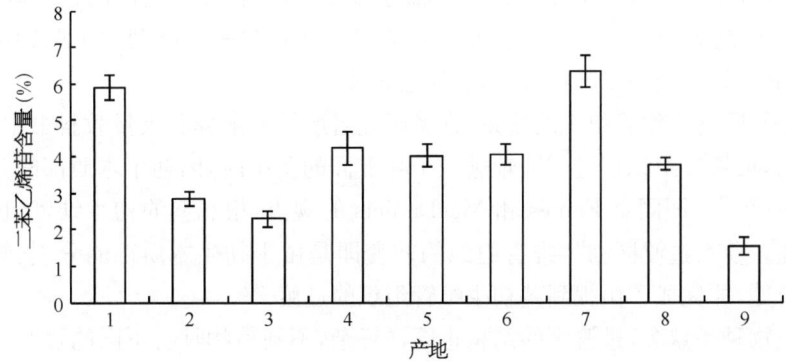

图 8-17 不同产地生首乌中二苯乙烯苷的含量

1. 贵州关岭；2. 陕西安康；3. 山西长治；4. 四川成都；5. 四川乡城；6. 河南新乡；7. 安徽合肥；8. 宁夏银川；9. 黑龙江黑河

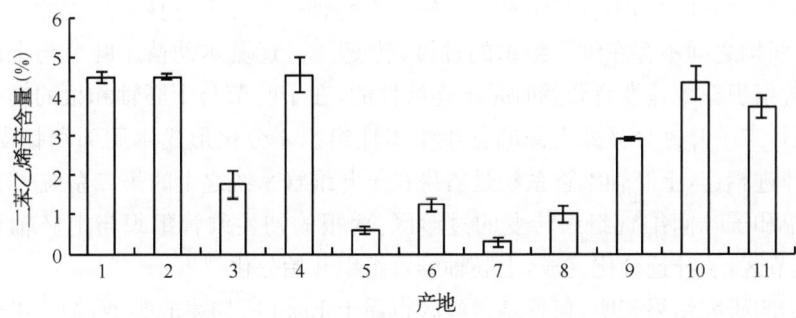

图 8-18 不同产地制首乌中二苯乙烯苷的含量

1. 贵州关岭；2. 陕西安康；3. 山西长治；4. 四川成都；5. 河南新乡；6. 山东临沂；7. 云南昆明；8. 广东湛江；9. 湖南长沙；10. 湖南湘潭；11. 湖南常德

烯苷含量，发现有的制首乌中含量高于生首乌，例如陕西产生首乌含量为 2.84%，而制首乌含量为 4.48%。可能是由于其药材的具体来源并不相同所致。在产地相同的条件下，制首乌的二苯乙烯苷含量一般低于生首乌，如采自贵州关岭的生首乌和该地的制首乌含量分别为 5.87% 和 4.45%[70]。

§8.7 讨论

8.7.1 何首乌幼苗的初生维管系统

根和茎初生维管组织在发育方式及排列位置上存在明显差异。根的初生木质部和初生韧皮部相间排列，其发育方式均为外始式，根的这种维管束类型称为辐射维管束。茎初生韧皮部的发育方式为外始式，初生木质部发育方式为内始式，初生韧皮部和初生木质部内外排列，茎的这种维管束类型称为并生维管束。根和茎的维管组织明显不同，其发生转变的部位称为过渡区。

对根—茎过渡区的研究，主要有两种观点。一种观点以 Eames 和 MacDaniels 为代表,把幼苗分成根、下胚轴、子叶节和上胚轴等部分,认为根和茎之间的过渡区位于下胚轴[71]。另一种是 Esau 的观点,她把幼苗分成"根—下胚轴—子叶"和"上胚轴苗"两个单位,主张下胚轴只是根—子叶过渡区,而与茎无关[72]。

关于过渡区初生维管组织的联系,许多研究者所做的解释和大量教科书中所引证的资料均认为,根维管组织穿过下胚轴进入子叶上面的茎中时,因初生木质部的分裂、转位和汇合所致[73,74]。即同意 Eames 和 MacDaniels 的观点,根和茎的初生维管组织在下胚轴发生改变。萝卜过渡区初生维管组织的转变即是由于初生木质部的分裂、转位而来。在近子叶节处,即完成了由根到茎初生维管组织的过渡[75]。

由于植物种类繁多,过渡区的结构也同样复杂,不同植物具有不同的过渡区类型,很多植物茎的初生维管组织与"根—下胚轴—子叶"系统并无联系。子叶节与上胚轴之间的初生维管组织在个体发育时的这种不连续性,在许多双子叶植物中如甜菜、紫茛蕾、梧桐均有报道[76,77]。北乌头和大豆幼苗的初生维管组织在根—下胚轴—子叶中形成一个连续系统,而上胚轴中的维管组织是位于根—下胚轴—子叶上方独立形成的第二维管系统,根与上胚轴之间不存在维管组织的过渡、转变[78]。辽藁本幼苗子叶节与上胚轴之间的初生维管组织在个体发育开始时是不连续性的,在子叶节与下胚轴和根的初生的维管组织连接后,二子叶迹分叉处上部的分生组织性组织才分化形成木质部和韧皮部分子,与真叶的叶迹相连,上胚轴维管系统是着生在子叶维管系统之上的第二系统[79]。甘草的下胚轴是根和子叶间维管组织转变的过渡区,而根的初生维管组织与上胚轴无直接联系,在子叶节区,子叶迹分化完成,上胚轴维管组织开始分化[80]。

从我们的研究结果表明,何首乌过渡区也属于 Esau 所描述的类型,初生维管组织在转变过程中,根维管组织通过子叶迹与子叶相连,根—下胚轴—子叶维管束成为一个初生维管系统,而与茎的维管组织并无联系。

从已有报道来看,初生维管组织的转变多是通过初生木质部的分裂、反转、合拢而完成。大豆幼苗的过渡区维管组织由根的外始式四原型辐射中柱,经原生木质部分裂、后生木质部向内旋转 90°,形成下胚轴的中始式四原型管状中柱,经形成外韧维管束,一部分与子叶迹相连,另一部分直接与上胚轴的维管组织相接[81]。但何首乌过渡区初生维管组织的转变是一种较为特殊的类型。它是由于初生韧皮部的分裂、转位而来。在下胚轴中,通过初生韧皮部的拉长、断裂、合拢等一系列复杂变化,最终形成子叶的并生维管束。而初生木质部的相对位置并未发生改变,也未经过分裂、合拢等变化过程。这种过渡区类型较为少见,仅在亚麻属等植物中有报道[82]。

8.7.2 何首乌块根的增粗机制

植物的异常生长可通过多种方式来完成。萝卜和甘薯由次生木质部中的木薄壁组织细胞恢复分裂能力,转变为三生形成层,产生三生木质部和三生韧皮部。甜菜和商陆则是由中柱鞘衍生出三生形成层,产生三生结构,以后由三生韧皮部的外层薄壁组织细胞产生新的三生形成层,最终具有 8~12 轮的三生维管束[14,15,73]。

何首乌块根的异常生长是由于韧皮薄壁组织细胞恢复分裂能力,转变为三生形成层,产生异常维管束。先形成的异常维管束之间,一些薄壁组织细胞仍可恢复分裂能力,产生一些小的异常维管束。由于何首乌块根中最先形成4~8个异常维管束,从而使块根外形具有4~8个突出棱脊,在块根横切面上呈现云锦状花纹。

何首乌块根横切面的结构,在一些教材及工具书的叙述中多分为周皮(皮部)、皮层、异常维管束和中央(中心)维管柱等部分[11,27]。但从块根发育过程分析,何首乌块根是一种异常的次生结构,上述的"皮层"是不存在的,因块根的次生维管组织产生后,其中柱鞘转变为木栓形成层,产生周皮,其初生结构中的表皮、皮层破毁。而这些薄壁组织细胞的来源主要是三生形成层所产生的三生韧皮部,少部分属于次生韧皮部细胞,随着块根的发育,两者间缺乏明显的界限。该部分薄壁组织的确切名称应为韧皮薄壁组织,或简称薄壁组织。何首乌块根具有大量的韧皮薄壁组织,是适应块根的储藏功能,长期进化的结果。

异常维管束的产生,特别是三生形成层向外产生大量的薄壁组织细胞,是何首乌块根膨大的主要原因。在何首乌块根的形成过程中,维管形成层也进行细胞分裂,增加次生维管组织,这在块根膨大过程中也起了一定作用,是块根膨大的次要原因。在成长的块根中,异常维管束占根总面积的1/3~1/2,而每个异常维管束中,薄壁组织占其4/5左右[14,15]。

在何首乌的块根中,有些韧皮薄壁组织细胞含较多红棕色物质,这些细胞在有关何首乌的专著中均有记载[5,11,27],但对于这些细胞中所含物质并不明了。本文通过组织化学方法显示,这些韧皮薄壁组织细胞含有较多的蒽醌类物质,从而显示出红色至棕色。何首乌的块根是一种储藏器官,在其薄壁组织细胞内都富含淀粉粒。在块根膨大过程中,淀粉粒的消长与异常形成层的活动有关。在韧皮薄壁组织细胞转变为异常形成层并开始分裂活动时,细胞内淀粉粒消失;分裂停止,细胞体积增大时,又积累大量淀粉粒[14]。

8.7.3 何首乌主要药用成分含量的变化规律及其实践意义

何首乌的主要药用成分是二苯乙烯苷和蒽醌类物质。以往何首乌的质量标准是以蒽醌类化合物作为含量指标,但由于其含有的蒽醌类成分在同科的大黄、虎杖等药材中也存在,因此作为指标成分专属性较差。因此,《中国药典》2005版何首乌项下即改以二苯乙烯苷作为定量指标[5]。

通过不同生长年限块根中二苯乙烯苷的含量测定,随着生长年限的增加,块根中二苯乙烯苷含量逐渐增加,四年生块根二苯乙烯苷的含量高达5.35%。一年生块根二苯乙烯苷的含量为3.68%,但也远高于《中国药典》规定的质控标准,即生首乌中二苯乙烯苷含量不低于1.0%。块根作为何首乌的储藏器官,药用成分二苯乙烯苷随着生长年限的增长,不断积累,含量逐年增加。这和民间认为何首乌栽培年限越长,补益作用越强相一致[44]。何首乌的老根和老茎中二苯乙烯苷含量较高,与块根差异不大,本实验结果为综合利用何首乌老根和老茎提供了科学依据。何首乌叶和嫩茎中二苯乙烯苷含量低,可能是中药何首乌和夜交藤功效不同的原因之一。

块根中二苯乙烯苷的含量自 6~10 月逐渐升高,10 月含量达到最高,为 7.09%;然后含量逐渐降低,12 月含量仅为 5.11%。形成这种变化规律的原因可能在于：在营养生长期,养分不断积累,二苯乙烯苷含量逐月增加。9 月,何首乌开始进入花期,消耗大量养分,二苯乙烯苷含量增加趋缓。10 月为盛花期,此时二苯乙烯苷含量最高。以后逐渐进入结果期,消耗大量养料,同时营养生长已停止,因此,含量下降。

何首乌块根各部位中二苯乙烯苷的含量差异较大,周皮最高,9.64%;薄壁组织最低,为 4.19%。比较栽培何首乌和野生多年生何首乌中二苯乙烯苷的含量,发现三年生和二年生栽培何首乌中二苯乙烯苷含量均高于野生多年生,认为是何首乌经多年生长后,木质化程度增加,导致药用成分相对减少[83]。

蒽醌类物质是何首乌块根中另一种重要药用成分,一直受到研究者的重视。对于蒽醌类物质在不同产地生首乌和制首乌中的含量差异、经过不同炮制方法后制首乌中蒽醌类物质的含量变化等方面,均进行了许多工作[31,35,39,40]。

应用组织化学定位技术来确定药用成分在器官组织中的分布和积累是一种有效的手段。特定的显色剂能与人参皂苷发生作用,生成的大分子复合物具特定的颜色,故常作为人参皂苷定性的一种检测试剂。通过组织化学研究发现,西洋参根中人参皂苷主要分布于周皮和韧皮部中,其中以分泌道最多;人参根中人参皂苷不仅存在于韧皮部中,还存在于木质部导管附近的薄壁组织细胞和木射线细胞中[84]。采用 5%香草醛-冰醋酸和高氯酸等量混合液作为显色剂,绞股蓝组织产生从淡红色—红色—紫红色的颜色变化,不同的组织颜色深浅不同,其色度与人参皂苷含量有正相关趋势。组织化学结果表明,绞股蓝皂苷主要分布在营养器官的同化组织及韧皮薄壁组织细胞中,木质部及髓薄壁组织中无皂苷的分布和积累。分化程度低的组织所含皂苷多,分化成熟和衰老的组织,皂苷减少或消失[85]。

根据蒽醌类物质 Borntrager's 反应显色的这一特性,一些学者对大黄、虎杖等植物进行了组织化学研究[68]。

使用 5%氢氧化钠溶液,对何首乌营养器官中的蒽醌类物质进行组织化学定位。结果显示,块根的周皮和韧皮部均呈深红色,表明这些部分含较多的蒽醌类物质;而中央的次生木质部和异常维管束的木质部不显色,说明木质部不含蒽醌类物质或蒽醌类物质含量极低。茎的韧皮部、周皮和皮层以及叶的韧皮部、栅栏组织和海绵组织具较浅的颜色反应,表明含蒽醌类物质较少,茎和叶的木质部不显色。块根的蒽醌类物质含量远高于茎和叶,从蒽醌类物质这一有效成分考察,何首乌以块根入药是有科学根据的。维管束的韧皮部显色而木质部不显色,也许表明蒽醌类物质的运输是通过韧皮部进行的。

何首乌各器官中,块根的总蒽醌含量最高 0.48%,其他部分的总蒽醌含量都较低,如叶中仅 0.06%。植物化学测定的结果也验证了利用氢氧化钠溶液显色的深浅初步判定蒽醌类物质含量是可行的。何首乌块根各部分中总蒽醌的含量差异较大,周皮和韧皮部含量高,周皮为 0.60%;木质部中总蒽醌含量较低,特别是次生木质部最低,含量仅为

0.13％。植物化学测定结果与组织化学是吻合的。

何首乌块根的总蒽醌含量随着生长年限的增加而增加,二年生和三年生何首乌块根的总蒽醌含量增加较快,四年生块根的总蒽醌含量增加并不明显。其原因可能是随着生长年限的增加,木质部所占比例增大,而木质部中总蒽醌含量较低,导致四年生块根的总蒽醌含量增加趋缓,随着生长年限的继续增加,其总蒽醌含量可能反而下降。从蒽醌含量考虑,生产上一般采收三年生何首乌块根是合理的。

参考文献

[1] 李安仁. 中国植物志(第二十五卷,第一分册)[M]. 北京:科学出版社,1998.

[2] Hong S P, Ronse-Decraene L P, Smets E. Systematic significance of tepal morphology in tribes Persicarieae and Polygoneae (Polygonaceae)[J]. Botanical Journal of the Linnean Society,1998, 127(2):91-116.

[3] Hollingsworth M L, Bailey J P, Hollingsworth P M, et al. Chloroplast DNA variation and hybridization between invasive populations of Japanese knotweed and giant knotweed (*Fallopia*, Polygonaceae)[J]. Botanical Journal of the Linnean Society,1999,129(2):139-154.

[4] 李法曾,许崇梅,曲畅游,等. 中国蓼族植物系统分类研究综述[J]. 西北植物学报,2004,24(1): 189-192.

[5] 国家药典编辑委员会. 中华人民共和国药典(2005年版,一部)[M]. 北京:人民卫生出版社,2005.

[6] 唐慎微. 重修政和经史证类备用本草[M]. 北京:人民卫生出版社,1957.

[7] 吴其浚. 植物名实图考[M]. 北京:商务印书馆,1957.

[8] 李时珍. 本草纲目[M]. 北京:人民卫生出版社,1972.

[9] 谢宗万. 中药材品种论述[M]. 2版. 上海:上海科学技术出版社,1989.

[10] 刚爱书,蔡霞. 毛脉蓼系统分类位置的修订[J]. 植物分类学报,2008,46(5):742-749.

[11] 徐国钧,徐珞珊. 常用中药材品种整理与质量研究(南方版)[M]. 福州:福建科学技术出版社,1997.

[12] 刘寿养. 何首乌一新变种[J]. 云南植物研究,1991,13(4):390.

[13] 周燕华. "白"何首乌的考证[J]. 中国中药杂志,1999,24(4):243-244.

[14] 张泓,胡正海. 何首乌块根中异常结构的形成过程[J]. 西北植物学报,1986,6(2):111-119.

[15] 胡正海,张泓. 植物异常结构解剖学[M]. 北京:高等教育出版社,1993.

[16] 张玉英,李向印,宋春风,等. 新鲜何首乌组织的电镜制样技术及其超微结构观察[J]. 电子显微学报,1996,15(5):389.

[17] Ronse-Decraene L P, Hong S P, Smets E. Systematic significance of fruit morphology and anatomy in tribes Persicarieae and Polygoneae (Polygonaceae)[J]. Botanical Journal of the Linnean Society, 2000,134(1):301-337.

[18] 叶宝兴. 何首乌胚和胚乳的发育[J]. 西北植物学报,1998,18(1):47-52.

[19] 刘聪莉. 何首乌的染色体分析[J]. 聊城师院学报(自然科学版),1998,11(1):79-81,85.

[20] 于荣敏,张辉,陈家琪,等.何首乌愈伤组织培养和蒽醌类成分的产生[J].中国药物化学杂志,1995,5(2):131-133.
[21] 杨振德,何际选,黄寿先,等.何首乌组培快速繁殖技术的研究[J].广西农业生物科学,2002,21(3):181-184.
[22] 杜勤,符红,詹若挺,等.何首乌组织培养的研究[J].中药材,1998,21(3):109-110.
[23] 邱奉同.何首乌愈伤组织诱导和植株再生[J].植物生理学通讯,2000,36(4):335-336.
[24] 李娟玲,刘国民,邱文华,等.何首乌茎段离体培养的研究[J].贵州科学,2003,21(3):86-91.
[25] 王振华,杜勤,刘浩,等.何首乌毛状根培养及大黄酚的含量测定[J].中草药,2001,32(8):695-696.
[26] 王莉,于荣敏,张辉,等.何首乌毛状根培养及其活性成分的产生[J].生物工程学报,2002,18(1):69-72.
[27] 肖培根.新编中药志(第一卷)[M].北京:化学工业出版社,2002.
[28] 鲁静,粟晓黎,董海荣,等.高效液相色谱法测定何首乌及制首乌中羟芪衍生物的含量[J].药物分析杂志,2000,20(2):104-106.
[29] 饶高雄,解奉江,王文静,等.云南不同产地何首乌中二苯乙烯苷的HPLC测定[J].云南中医学院学报,2004,27(3):15-16.
[30] 李如敏.制何首乌的含量测定及不同来源制何首乌的含量比较[J].广西医学,2003,25(9):1645-1647.
[31] 刘振丽,宋志前,张玲,等.不同炮制工艺对何首乌中成分含量的影响[J].中国中药杂志,2005,30(5):336-340.
[32] 刘成基,张清华,周琼.何首乌及其炮制品中二苯乙烯苷含量测定[J].中国中药杂志,1991,16(8):469-472.
[33] 吴明侠,王淑美,梁生旺,等.何首乌不同炮制品中二苯乙烯苷的含量测定[J].中国药学杂志,2002,37(12):943-945.
[34] 王建科,高言明,陈惠玲.何首乌生品及4种炮制品中二苯乙烯苷含量测定[J].微量元素与健康研究,2004,21(4):27-28.
[35] 许彩虹,籍保平,李博,等.四种炮制方法对何首乌有效成分的影响[J].食品科学,2004,25(6):84-88.
[36] 张纯,杨少麟,袁海龙,等.高效液相色谱法测定何首乌中二苯乙烯苷的含量及其稳定性考察[J].中国中药杂志,1999,24(6):357-359.
[37] 陆汉豪,冯飞.不同产地何首乌中醇溶性浸出物及总蒽醌含量的比较[J].中国中药杂志,1999,24(1):22-23.
[38] 高言明,陈海云,吴小宇.醋酸镁甲醇分光光度法测定何首乌中蒽醌类化合物的含量[J].微量元素与健康研究,2004,21(2):41-42.
[39] 史国兵.炮制对何首乌中有效成分含量的影响[J].中国医院药学杂志,2003,23(2):95-97.
[40] 郭青,鲁静.高效液相色谱法测定何首乌及其炮制品中蒽醌类成分的含量[J].药物分析杂志,2000,20(5):326-328.
[41] 许益民,任仁安.赤白首乌中磷脂成分的分析[J].药物分析杂志,1990,10(2):105-107.
[42] 白研,毋福海,陈志澄,等.广东德庆何首乌中卵磷脂含量测定[J].广东药学,2004,14(5):3-5.

[43] 邹蝉英.贵州栽培何首乌与野生何首乌的微量元素分析[J].微量元素与健康研究,2004,21(4):64.

[44] 谭远友,余展琛,齐迎春,等.野生和栽培何首乌中金属元素的含量测定[J].绵阳经济技术高等专科学校学报,1998,15:24-26,38.

[45] Jeong B S, Ma T H, Zhang H. Antimutagenic of an herbal medicine, *Polygonum multiflorum* Thunb. detected by the *Tradescantia micronucleus* assay[J]. Journal of Environmental Pathology, Toxicology & Oncology, 1999,18(2):127-137.

[46] Chan Y C, Wang M F, Chen Y C, et al. Long-term administration of *Polygonum multiflorum* Thunb: reduces cerebral ischemia-induced infarct in gerbils[J]. American Journal of Chinese Medicine, 2003, 31(1):71-77.

[47] Chan Y C, Wang M F, Chang H C. *Polygonum multiflorum* extract cognitive performance in senescence accelerated mice[J]. American Journal of Chinese Medicine, 2003, 31(2):171-180.

[48] 崔映宇,李焰焰.何首乌研究进展[J].阜阳师范学院学报,2004,21(4):24-27.

[49] Yim T K, Wu W K, Mak D H F, et al. Myocardial protective effect of ananthraquinone containing extract of *Polygonum multiflorum* ex vivo[J]. Planta Med, 1998, 64(7):607-611.

[50] 吕金胜,孟德胜,向明凤.何首乌抗动物急性炎症的初步研究[J].中国药房,2001,12(12):712-714.

[51] Li R W, David L G, Myers S P, et al. Anti-inflammatory activity of Chinese medicinal vine plants[J]. Journal of Ethnopharmacology, 2003,85(1):61-67.

[52] Rachel W L, David G L, Stephen P M, et al. Anti-inflammatory activity of Chinese medicinal vine plants[J]. Journal of Ethnopharmacology, 2003, 85(1):61-67.

[53] 金国琴,赵伟康.首乌制剂对老年大鼠胸腺、肝脏蛋白质和核酸含量的影响[J].中草药,1994,25(11):590-491,589.

[54] Zhang H, Jeong B S, Ma T H. Antimutagenic property of an herbal medicine, *Polygonum multiflorum* Thunb. detected by the tradescantia micronucleus assay[J]. J Environ Pathol Toxicol Oncol, 1999, 18(2):127-130.

[55] Gordon J P, Stephen P M, Meng C N. Acute hepatitis induced by Shou-Wu-Pian, a herbal product derived from *Polygonum multiflorum*[J]. Journal of Gastroenterology and Hepatology, 2001,16:115-117.

[56] 李玉芳,何玄华.何首乌现代研究进展[J].中成药,1997,19(5):37-38.

[57] 孙田,卜祥凤.何首乌的繁殖及栽培[J].特种经济动植物,2002,3:31.

[58] 陆善旦.中药何首乌栽培技术[J].广西农业科学,2001,6:319-320.

[59] 韩金声.植物医院实用技术指南[M].南京:江苏科学技术出版社,1996.

[60] 朱才熙.何首乌的栽培[J].特种经济动植物,2003(3):31.

[61] 莫昭展,梁海清.何首乌的现代研究进展[J].广西林业科学,2004,33(4):173-179.

[62] 叶春,范家佑,张小明.何首乌嫩茎叶营养成分分析及评价[J].食品与发酵工业,2004,30(1):127-130.

[63] 吴锦华.何首乌盆景的制作与养护[J].中国花卉盆景,1997,152(9):33.

[64] 王舒颖,徐爽,廖海民.何首乌幼苗的解剖学及过渡区的初生维管系统[J].山地农业生物学报,

2011,30(1):20-26.

[65] 廖海民.何首乌和木立芦荟的结构发育与有效成分积累相关性的研究[D].西安:西北大学,2006.

[66] 谭凯丽,廖海民.何首乌营养器官的解剖学与蒽醌类物质组织化学研究[J].贵州农业科学,2010,38(2):32-35.

[67] 谭仁祥.植物成分分析[M].北京:科学出版社,2002.

[68] 刘文哲,胡正海.虎杖根茎蒽醌类化合物细胞化学定位和含量测定[J].实验生物学报,2001,34(3):235-241.

[69] 张伦,谭凯丽,廖海民,等.何首乌生长过程中二苯乙烯苷的含量变化[J].西北植物学报,2010,30(7):1481-1484.

[70] 廖海民,王玲丽,谭玲玲,等.不同产地何首乌中二苯乙烯苷的含量测定[J].中草药,2006,37(4):603-604.

[71] Eames A J, Mac-Daniels L H. An introduction to plant anatomy[M]. 2nd ed. NewYork:McGraw-Hill,1947.

[72] K·伊稍.种子植物解剖学[M].李正理译.上海:上海科学技术出版社,1982.

[73] 李扬汉.植物学[M].2版.上海:上海科学技术出版社,2000.

[74] 陆时万,徐祥生,沈敏健.植物学(上册)[M].2版.北京:高等教育出版社,1994.

[75] 周毓君,郭明申,李庆茹,等.萝卜根茎过渡的初步研究[J].河北大学学报(自然科学版),1997,4:47-49.

[76] Ye N G. Studies on the seedling types of dicotyledonous plants[J]. Phytologia,1983,54(3):161-189.

[77] 叶能干,季强彪,廖海民,等.种子植物幼苗形态学[M].贵阳:贵州科学技术出版社,2002.

[78] Yang J, Dong Z M. Vascular development in the transition region of dicotyledonary epigeal seedling[J]. Acta Bot Boreal-Occident Sin,2003,23(7):1111-1115.

[79] 毕冬玲,苏新华,孙小五,等.辽藁本(*Ligusticum jeholense*)幼苗初生维管系统的发育[J].西北植物学报,2004,24(8):1373-1377.

[80] 李志军.三种甘草下胚轴及子叶节区间的初步研究[J].西北植物学报,1998,18(6):71-74.

[81] 赵丽辉,王立军,谷颐.大豆幼苗初生维管系统的解剖学研究[J].吉林农业大学学报,1998,20(1):42-45.

[82] Fahn A. Plant anatomy[M]. Oxford:Pergamon,1991.

[83] 张丽艳,杨玉琴,高言明.贵州不同产地野生及栽培何首乌中二苯乙烯苷含量比较[J].中国中药杂志,2003,28(8):786-787.

[84] 胡正海,苏红文.西洋参根的形态发育与主要药用成分积累的关系[J].中草药,1996,27(9):162-164.

[85] 刘世彪,廖海民,胡正海.绞股蓝营养器官各发育阶段结构与总皂苷含量相关性的研究[J].武汉植物学研究,2005,23(2):144-148.

第9章 甘 草

甘草(*Glycyrrhiza uralensis* Fisch.)隶属豆科甘草属,为多年生草本植物,以其干燥的根和根状茎入药,是我国中医方剂和临床中最常用的大宗药材之一,具有悠久的使用历史。甘草味甘,性平,具有补脾益气、清热解毒、祛痰止咳、缓急止痛、调和诸药和"解百药毒"的特殊功效[1],在祖国传统医药学中占有重要的地位。现代药理和临床研究表明,甘草具有抗溃疡、抗炎、解痉、抗氧化、抗病毒、抗癌、抗抑郁、保肝、祛痰和增强记忆力等多种药理活性,尤其对艾滋病、乙型肝炎、带状疱疹及 SARS 病毒等方面作用更显著[2]。本章系统介绍甘草药用器官的形态结构和发育规律、主要药用成分在甘草药用器官中的分布特点及其药用器官生长发育中的积累动态变化、甘草叶片腺毛发育与总黄酮的含量积累变化关系,在此基础上探讨甘草结构发育与主要药用成分积累之间的关系以及甘草药材质量形成的内在机制。

§9.1 甘草研究的概述

9.1.1 药用甘草的基源植物及其本草考证

1. 药用甘草的基源植物

据《中国植物志》(第四十二卷,第二分册)记载,豆科甘草属植物在全世界分布有 20 种,其中在我国分布的有 8 种[3],被《中国药典》(2010 年版,一部)收录的作为药材甘草的基源植物有 3 种,分别为乌拉尔甘草(*Glycyrrhiza uralensis* Fisch.)、光果甘草(*Glycyrrhiza glabra* L. Gen PI)和胀果甘草(*Glycyrrhiza inflata* Bat. In Act. Hort Petrop.)[1],其中以乌拉尔甘草在我国的分布和应用最为广泛。其主要形态特征为:多年生草本,高 30~80 cm。根茎多横走,主根甚长,均粗壮,外皮红棕色。茎直立,有白色短毛和腺状毛。奇数羽状复叶,小叶 5~17,卵形或阔椭圆形,两面被白毛或腺状毛。总状花序腋生,花密集,花萼钟状,外被短毛或腺状毛,花冠淡紫色,蝶形,雄蕊10,2体,子房无柄。荚果扁平,条状长圆形,呈环状或镰刀状弯曲,外被绒毛腺瘤和腺状毛。种子 2~8 粒,扁圆形或肾形。花期 6~7 月,果期 7~9 月。光果甘草与乌拉尔甘草的区别:植物体密生淡黄褐色腺点和鳞片状腺体,无腺毛;小叶片较多,约 19 片,窄长平直,长椭圆形,毛少;花序穗状,花稀疏;荚果扁直、无毛,也无腺毛。而胀果甘草与上述两种的区别是：植物体常被密集成片的淡黄褐鳞片状腺体,无腺毛；根状茎粗壮木质；小叶3～7片,卵形、椭圆形,边缘波状,干时有皱褶；荚果短小,直而膨胀,无腺毛。

药用甘草基源植物的早期记载曾存在混淆,一些学者报道国产甘草的主要来源不仅有乌拉尔甘草、胀果甘草、光果甘草,还有黄甘草(G. erycarpa P. C. Li)[4]、云南甘草(G. yunnanensis Cheng F. et L. K. T et P. C. Li)、粗毛甘草(G. aspera Pall.)、刺果甘草(G. pallidiflora Max.)等作为民间草药使用[5]。近年来,随着分子生物学技术的不断发展和广泛使用,一些学者为了阐释中国药典收录的甘草基源植物与民间使用甘草原植物之间的关系,开展了相关的研究工作,为甘草药材基源植物的扩大和开发利用提供了理论依据。如日本学者Yamazaki等[6]应用RAPD和RFLP对4种甘草属植物亲缘关系进行研究,揭示了含甘草酸的乌拉尔甘草和刺果甘草的遗传关系近。Hayashi等[7,8]通过分析ribulose-1,5-bisphosphate caroxylase/oxygenase(简称"rbcL")序列及化学成分,对甘草属7个种的系统进化关系进行研究,再次证实富含甘草酸的乌拉尔甘草、胀果甘草和光果甘草的遗传关系很近。我国学者刘春生等[9]也通过对药用甘草基源植物的ITS序列分析,提出黄甘草、密腺甘草(Glycyrrhiza glabra L. var. glandulosa X. Y. Li)与胀果甘草、光果甘草具有相同的ITS序列,属亲缘关系相同的物种,可以作为药材甘草的基源植物使用。

商品药材甘草在国际上被普遍分为四类：即西班牙甘草、苏联甘草、中国甘草和其他甘草。西班牙甘草,又称欧甘草,其原植物为光果甘草,在欧洲和中亚地区分布和使用最广泛。苏联甘草,其原植物主要为刺毛甘草(G. echinata L.),主要分布于苏联欧洲部分地中海、第聂伯河、伏尔加河沿岸及高加索和巴尔干半岛的希腊、匈牙利和罗马尼亚以及中亚的叙利亚、伊朗、巴勒斯坦等地区。中国甘草依其分布区域和生长特性,在商品甘草中又区分为：东草、西草和新疆草。"东草"是指东北三省及内蒙古东部哲里木盟(现为通辽市)和赤峰市所产的甘草,是新中国成立前后甘草商品药材的主要供给地。而"西草"则是指内蒙古鄂尔多斯市、阿拉善盟、巴彦淖尔市及甘肃、宁夏的黄河河套两岸及其以西地区所产甘草。西草分布面积大,蕴藏量多,不但供内销,而且外销创汇。由于西草产地的生境类别存在差异,其产出的商品甘草质量也有明显不同,因而又有"梁外草""西镇草""王爷地草""河川草"等品类的区别。"新疆草"是指新疆、甘肃西部和青海地区所产的甘草,是20世纪60年代随农垦而兴起的甘草产区,其种类多而杂,生长环境复杂,品质不稳定[10]。

在长期的药材贸易过程中,由于多以产地来区别甘草的种类和质量,因此商品药材的名称与原植物名之间常存在混乱现象,李学禹等[11]对甘草药材原植物进行了深入研究,通过考证他提出西班牙甘草的原植物是光果甘草的变种(G. glabra L. var. typical Reg. et Herd);苏联甘草原植物包括光果甘草、乌拉尔甘草等,但以腺毛甘草(G. glabra L. var. glandulifera Regel. et Herder)为主。虽早期也有人把刺毛甘草作为苏联甘草原植物,但该植物无甜味,不含甘草甜素(glycyrrhizin),不能作药用。同时研究者明确指出中国东北甘草(东草)、西北甘草(西草)及历史上闻名产于内蒙古的梁外草、西镇草、河川草和产于宁夏的铁心甘草的原植物均为乌拉尔甘草,而新疆草和原料草的原植物为胀果甘草。由此看来,在我国药材甘草中主要原植物为乌拉尔甘草。

2. 甘草的本草考证

据冯毓秀、林寿全等[12]考证甘草始载于《神农本草经》。陶弘景云"此草最为众药之主,经方少有不用者,犹如香中有沉香也,国老即帝师之称,虽非君而为君所崇,是以能安和草石,而解诸毒也"。甄权在《药性论》中载"诸药中甘草为君,治七十二种乳石毒,解一千二百般草木毒,调和众药有功,故有国老之号"。李时珍曰"甘草外赤中黄,色兼坤离,味浓气薄,资全土德,协和诸品,有元老之功"。

甘草有多方面作用,据《本草纲目》载"生用则气平,炙之则气温……其性能缓急,而又协和诸药,使之不争,故热药得之缓其热,寒药得之缓其寒,寒热相杂者,用之得其平"。孙思邈在《千金方》论云"甘草解百药毒……有中乌头、巴豆毒,甘草入腹即定,验如反掌"。由以上历史记载可知甘草既有调和诸药的作用,又有解毒功效,因此在古方中使用频率很高。清代邹树著《本草疏证》也阐述这一观点,即"伤寒论及金匮要略两书中,凡为方二百五十,用甘草者至百二十方,非甘草之主病多,乃诸方必合甘草,始能曲当病情也"。

对甘草最早的原植物形态描述记载于《本草图经》,曰:"春生青苗,高一二尺,叶如槐,七月开紫花似奈,冬结实作角,子如毕豆,根长者三四尺,粗细不定,皮赤"。《本草纲目》也记载"甘草枝叶悉如槐,高五六尺,但叶端微尖而糙涩,似有白毛,结角如相思角,作一本生,至熟时角拆,子扁如小豆,极坚,齿啮不破"。以上形态描述及《植物名实图考》《证类本草》等附图考证,古时甘草叶为复羽状复叶、总状花序、蝶形花等特征,与现今所用甘草原植物形态特征基本一致。经考证《大观本草》及《政和本草》中附图,确定其学名为 *G. uralensis*,即乌拉尔甘草。

古代对甘草质量优劣也有论述,《本草经集注》载:"……亦有火炙干者,理多虚疏,又有如鲤鱼肠者,被刀破,不复好……又有紫甘草,细而实乏时可用。"《本草图经》载:"今甘草有数种,以坚实断理者为佳,其轻虚纵理及细韧者不堪,唯货汤家用之。"李时珍云:"今人唯以大径寸而结紧断纹者为佳,谓之粉草,其轻虚细小者,皆不及之。"由此可见,自古以来中国人民对甘草就有了较深入的认识和应用,这些文献为当代甘草药材的研究、开发和利用奠定了坚实的基础。

9.1.2 甘草的分布与资源现状

1. 甘草资源的分布

甘草的野生资源在中国主要分布在北纬 $37°\sim50°$,东经 $75°\sim123°$ 范围内,且随气候带的延伸而呈东西长、南北较窄的带状分布,南北延绵 14 个纬度,东西横跨 51 个经度,贯穿了 13 个省市自治区,包括新疆、内蒙古、宁夏、青海、甘肃、陕西、山西、河北省的北部,辽宁、吉林、黑龙江的西部,中心分布区位于新疆塔里木河流域和内蒙古自治区鄂尔多斯高原(表 9-1)。其中,乌拉尔甘草是我国甘草资源中分布最广[10]、利用价值最大的一种[13]。依生态因子分析,药用甘草均产于干旱、半干旱地区,但甘草并非旱生植物,其生境气候湿度在 1.0～0.12 之间,即湿润、半湿润、半干燥地区。甘草产地年均降雨量一般在 100～384 mm,有些产地年均降雨小于 100 mm,但多为河滩或地下水位较高的环境。

表 9-1 三种药用甘草在我国的分布情况

种　名	内蒙古	甘肃	宁夏	新疆	青海	山西	陕西	河北	辽宁	吉林	黑龙江
乌拉尔甘草	＋	＋	＋	＋	＋	＋	＋	＋	＋	＋	＋
胀果甘草		＋		＋		＋	＋				
光果甘草				＋	＋						

2. 甘草资源现状

东北地区甘草资源现状:据文献[14]报道,在我国东北地区,乌拉尔甘草野生资源主要分布在松花江、嫩江和辽河沿岸地区,在通榆、肇源、肇东等沙地上形成了被当地人俗称的"甘草岗(坨)"。在内蒙古东部地区主要集中分布在元宝山、红山、松山和扎鲁特、阿鲁克尔沁等旗县。甘草分布自西向东呈锐减趋势,而且自南向北出现较为明显的甘草分布边界。分布区域跨度达 6 个纬度,不同区域的气候条件和地形地貌差异显著,甘草群落特征也发生了明显变化,由南向北形成 3 个主要分布区域,分别是:① 蒙(内蒙古)东-辽西半干旱丘陵区(东经 117°36′～123°36′、北纬 41°48′～43°36′):该区的地貌特征主要是丘陵,原为乌拉尔甘草的集中分布区,多生于坡地,垂直扎根较深;由于长期乱采滥挖,资源遭到严重破坏,分布面积逐年减少,该区属温带半干旱气候,年平均气温 6.6 ℃,年降水量 371.6 mm,大于等于 10 ℃积温为 3 133.3 ℃,土壤为黑垆土和栗钙土;② 科尔沁草原区(东经 120°42′～122°48′、北纬 42°48′～47°18′):该区位于科尔沁草原东部地区,甘草多生长在土岗上,形成典型的"岗子草",由于当地大面积开荒造田,甘草资源遭到非常严重的破坏,除个别封禁地区外,其他地方已很难见到大面积的甘草群落;该区属温带半干旱气候,年平均气温 5.8 ℃,年降水量 362.9 mm,大于等于 10 ℃积温为 3 096.5 ℃,土壤为灰钙土;③ 松嫩平原区(东经 122°36′～127°36′、北纬 44°18′～47°36′):该区位于松花江和嫩江流域,是乌拉尔甘草在中国分布的东北边缘,该区由于农业垦荒和工业的采油等人为破坏,甘草分布非常少,成片的甘草群落很少见到;该区属寒温带半干旱气候,年平均气温 4.9 ℃,年降水量 360.9 mm,大于等于 10 ℃积温 3 012.5 ℃,土壤为黑垆土,碱性较大。就野生甘草资源蕴藏量而言,东北地区(黑龙江、吉林、辽宁和内蒙古东部)大致分布面积有 2 万多公顷,平均单位面积蕴藏量约 0.180 kg/m²,总蕴藏量不到 5 万 t[15]。

中西部地区甘草资源现状:据文献[16]报道,中西部地区是中国久负盛名的西甘草产区,享誉中外的梁外草、河川草、王爷地草、三边甘草、西镇草等都产于这些地区。目前中西部地区(内蒙古中西部、陕西、甘肃、宁夏等地)大致分布面积为 20 多万公顷,平均单位面积蕴藏量为 0.090 8 kg/m²,蕴藏量约 24.6 万 t[15]。

内蒙古地区甘草主要分布于鄂尔多斯市的达拉特旗、杭锦旗、鄂托克前旗、乌审旗，巴彦淖尔市的磴口、临河以及阿拉善盟的阿拉善左旗、阿拉善右旗等地。其中比较连续成片分布的在杭锦旗、鄂托克前旗和乌审旗一带，据统计3个地区的甘草面积大约分别为17.3万 hm²、28.3万 hm²和0.35万 hm²，在磴口也有3.0万 hm²左右[16]。2010年调查结果显示内蒙古中西地区，野生甘草资源面积为18.7万 hm²，蕴藏量约为20万 t[15]。

宁夏地区是享誉中外的梁外草产地之一[17,18]。甘草资源主要分布在中东部干旱区，包括盐池、灵武、陶乐、同心等县市，位于东经105°37′～107°38′，北纬37°～38°35′，土壤类型以灰钙土为主，少量为黑垆土或盐碱化较轻的沙质土。宁夏甘草在20世纪50年代面积有近90万 hm²，长期的滥采乱挖导致甘草资源锐减，目前野生甘草分布面积下降为3万 hm²左右，蕴藏量为1.74万 t[15]。宁夏甘草资源因其群落组成不同而分布范围不同，调查结果显示宁夏甘草群落可划分为11种群丛，群丛间种群个体数量具有明显不均匀性，生境异质性引起甘草群落多样性出现复杂变化[19]。

在甘肃省主要分布于环县、庆阳、合水、西峰、华池以及西部的河西走廊一线。该地区的甘草储量也连年锐减，质量在急剧下降。陕西的安塞、志丹、吴起以及三边地区（定边、安边和靖边）和榆林地区也有甘草分布，但比较连续成片的甘草主要分布于三边地区。

新疆分布有乌拉尔甘草、光果甘草、胀果甘草、粗毛甘草、科氏甘草（G. korshinskyi），广布新疆63个县市，占全疆的88%，分布区的生态因子特点表现为年平均相对湿度37%～73%，干燥度1.37～72.4，年平均降水量3.9～489 mm，年平均温度0.4～14 ℃，年日照时数2 703～3 359 h，适于含钙土壤中生长，并有一定的抗盐性。新疆是我国甘草最大产区，其中叶尔羌-塔里木河流域是甘草蕴藏、产量最高地区；在新疆巴楚、阿瓦提、沙雅、轮台、尉犁等县资源分布最集中，有大面积以胀果甘草为优势种的群落，其胀果甘草蕴藏量达9亿 kg，占全国的60%以上[20]。据20世纪80年代全疆草地资源普查资料统计，全疆的甘草资源位于全国第一，不仅分布范围广，且种质资源丰富。全疆有95%的县市分布有甘草，分布的种及变种多达16个[21]。但到1998年全疆分布甘草仅90万 hm²，储藏量为100万 t左右。2001年草场资源调查统计，甘草分布面积仅55万 hm²，其中以甘草为建群种集中成片生长的面积仅36万 hm²，储藏量约为65万 t。由此可见新疆的甘草资源呈快速下降态势，开荒造田是导致甘草资源迅速减少的主要原因[22,23]。目前新疆地区单位面积蕴藏量约0.186 kg/m²，大致分布面积近10万 hm²，全疆甘草蕴藏量约18.6万 t[15]。

甘草是集经济价值和生态价值于一体的重要资源植物，但是由于长期的乱采滥挖和围田垦荒，我国野生甘草主要分布区的资源面积和储量连年锐减，造成了野生资源的匮乏和生态环境的恶化，给人们生活、生产带来极大的影响。因此，保护甘草资源，实现甘草资源的可持续利用已成为这些地区亟待解决的问题。

9.1.3 甘草主要药用成分与药理作用研究
1. 甘草的主要药用成分研究

甘草被广泛用于医药、食品、化工等领域，其化学成分的研究成为人们广泛关注的热点,研究人员先后从甘草属植物中提取、分离、鉴定了 200 多种化学成分,涉及甘草属植物 10 个种。其中最重要并已证实具有生物活性的成分主要包括甘草酸等三萜皂苷(triterpenoid saponin)类、黄酮类成分、多糖、生物碱、微量元素、氨基酸等。

(1) 三萜皂苷与甘草酸　药用植物中大多含有三萜及其与糖、糖醛酸等组成的三萜皂苷类成分,甘草酸是甘草中最重要三萜类化合物之一,《中国药典》(2010 年版,一部)中把甘草酸含量列为评价甘草药材及其制品质量的重要指标,通常要求不低于 2%。

三萜皂苷在天然药物中的种类繁多,结构复杂,按其皂苷元的基本骨架可分为:五环三萜类皂苷和四环三萜类皂苷;又可分为以下类型:齐墩果烷型(oleanane type)、乌苏烷型(ursane type)、羽扇豆烷型(lupane type)、何伯烷型(hopane type),它们的区别主要在苷元的 E 环上[24]。自 1929 年以来,Wehmer 等人先后在光果甘草根和根状茎中发现了甘草酸(glycyrrhizin acid)和甘草次酸(glycyrrhetic acid),并确定了甘草酸的结构为甘草次酸与 2 分子的葡萄糖醛酸(glucuronic acid)结合而成的三萜皂苷,属 3β-羟基齐墩果烷型化合物。此后研究者从甘草属植物中提取、分离出 200 多种化学成分,涉及甘草属植物 10 个种,其中已鉴定得到 61 种三萜类化合物,苷元 45 个[25-30]。

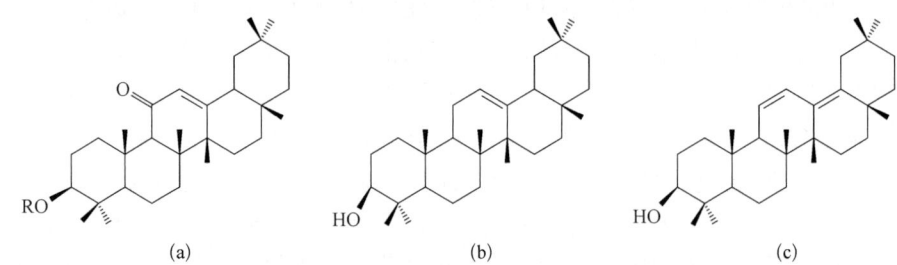

图 9-1　甘草中皂苷类成分 3 种基本骨架[30]
(a) A 环;(b) B 环;(c) C 环

三萜皂苷成分的定性分析主要是采用特征性显色反应,经典的方法是 Lieberman-Burchard 反应,可以观察到特征性的颜色变化,即由黄色转变为红色、紫色或蓝色,由此证明三萜类化合物的存在[29]。此外利用香草醛-高氯酸能与皂苷反应形成特征性的红色,也是最广泛采用的皂苷显色法[31]。关于甘草三萜皂苷及其苷元的结构鉴定随着现代化分析仪器的诞生有了极大提高,紫外光谱、红外光谱、核磁共振氢谱或碳谱、质谱等波谱学技术成为主要的分析手段[29]。周燕等[32]报道了利用高效液相色谱与质谱串联(HPLC-MC)的方法分析甘草中 50 多种化学成分,通过 HPLC 将三萜、黄酮、香豆素等成分分离,根据紫外光谱判断其化合物类型,由电喷雾质谱测定各成分的分子量,再由串联质谱获得进一步的结构信息,进而推测出主要成分的结构。

甘草酸的定量分析方法较多,主要有原子吸收法、一次展开二维薄层色谱电泳法、薄层紫外分光光度法、双波长薄层扫描法、薄层层析法、离子抑制色谱法、高效毛细管电泳法(HPCE)、重量法、比色法、极谱催化波法、高效液相色谱(HPLC)方法、气相色谱法(GC)等。其中,高效液相色谱法、反相高效液相色谱法(RP-HPLC)、薄层扫描法(TLCscanning method,TLCS)和高效毛细管电泳法是近年来应用较广泛的分析方法[33]。茹仁萍等[34]对色谱法和分光光度法测定甘草酸含量进行了比较研究,提出 HPLC 精密度高,准确度好(RSD=0.18%),基本反映了样品的真实含量,而 GC、UV(紫外分光光度法)误差较大(RSD>1.00%)。马建华等[35]研究了红外广谱法直接定量分析甘草中的甘草酸的方法,确定了 1 510.9 cm^{-1}处吸收峰为特征峰测定甘草中甘草酸的含量,不受其他因素的影响,结果准确可靠,与常量法相比相对误差小于 2%,而且操作简便省时。日本学者研究获得了甘草酸单克隆抗体,提出采用酶联免疫技术进行甘草酸含量分析,取得了可喜的成果[36-38]。

(2) 黄酮类成分　黄酮类成分是近年来研究最活跃的天然活性成分之一,它广泛存在于植物界中,对植物生长、发育、开花、结果以及抵御异物的侵入起着重要的作用。目前,从甘草属植物中已发现黄酮及其衍生物 153 种,它们的基本母核结构类型有 15 种。其中包括:黄酮 15 个,其中苷元 8 个;黄酮醇 14 个,其中苷元 6 个;双氢黄酮 16 个,其中苷元 9 个;双氢黄酮醇 2 个,均为苷元;查尔酮 13 个,其中苷元 6 个,还有 2 个为甘草双苯类苷元;异黄酮 15 个,其中苷元 11 个,1 个是 7-乙酰氧基-2-甲基异黄酮,1 个是 7-甲氧基-2-甲基异黄酮;双氢异黄酮 1 个;异黄烷 11 个,全部为苷元;异黄烯 2 个,均为苷元[39-41]。

甘草中黄酮类化合物具有较强的生理活性和潜在的药用价值,逐渐成为评价甘草质量的指标之一。中国药典已将甘草苷作为检测指标收录,规定药材甘草中甘草苷含量不低于 1.0%。

甘草中黄酮类成分的分析方法主要有重量法、分光光度法、薄层扫描法、高效液相色谱法等,其中以 HPLC 法和 TLCS 法应用较为广泛。分光光度法用于分析甘草中黄酮类成分含量报道也很多,李强等[42]以甘草苷为对照品,在酸性条件下,加入 KBH 还原试剂,在波长 550 nm 处,测定了黄甘草、胀果甘草、光果甘草及乌拉尔甘草内二氢黄酮含量,结果表明黄甘草和乌拉尔甘草二氢黄酮含量较高。封士兰[43]采用以芸香苷为对照品,通过加入 10%亚硝酸钠溶液、5%硝酸铝溶液、5%氢氧化钠溶液后,于波长 500 nm 处测定甘草中总黄酮含量。张雪辉等[44]以抽皮苷为对照品,在碱性条件下,于波长 415 nm 处,测定了乌拉尔甘草中总黄酮含量。

薄层扫描法也是一种普遍采用的测定方法。王小强等[45]报道了采用硅胶 G 预制板,以氯仿:甲醇:醋酸(8:2:2)为展开剂,在 254 nm 紫外灯下定位,双波长反射法线性扫描甘草苷(λ_1=280 nm,λ_2=350 nm)和异甘草苷(λ_1=350 nm,λ_2=400 nm),测定了甘草样品中甘草苷和异甘草苷的含量。

HPLC 法测定甘草中有效成分日益普遍,该法已作为《中国药典》(2010 年版,一部)中规定使用的检测甘草酸和甘草苷的方法。杨岚等[46]采用高效液相色谱技术,对从甘草根中 10 个黄酮类化合物进行了分离提取,并且分析了 6 种甘草属植物根中 9 个样品的黄酮类化合物的组成,结果表明:不同种的甘草中所含黄酮类化合物的成分、含量均不同。曾路等[47]采用同样的分析方法对中国 15 个产地的 8 种甘草中 12 个化合物,包括 3 个皂苷类、5个黄酮类、4个香豆素类进行了分离和含量测定，并根据测定结果对国产甘草质量进行了综合评价。

(3) 甘草多糖、生物碱及微量元素　近年来，植物中活性多糖受到人们的青睐。1965年国外学者[48]报道从乌拉尔甘草种子中分离得到一种黏性很强的种子胶，并证明是一种中性多糖，之后国内外学者对甘草多糖开展了广泛的研究。周蓉等[49]经高效毛细管电泳分析表明，甘草多糖由鼠李糖、葡聚糖、阿拉伯糖和半乳糖组成，并以葡聚糖为主链。郑小亮等[50]采用分级醇沉将甘草多糖进行分离，结果表明60%乙醇是将甘草多糖分成高分子量和低分子量多糖的分级浓度。蔡亚平等[51]用HGPLC法测定了甘草多糖的分子量分布，其主要分布在3万左右。多糖的立体构型是多糖生物活性的决定因素之一，科学家认为多糖的高级结构对功能的影响比一级结构重要。孙润广等[52]采用原子力显微镜(AFM)对甘草多糖的微观结构进行观察，发现甘草多糖至少由3种主要核心结构组成：① 以葡萄糖为主链，通过 α-(1,4)键连接的单一葡萄糖结构；② 以 1,3-D-半乳糖组成一个主链，主链所有半乳糖单元的6位带有一个由 α-(1,5)连接的 L-阿拉伯糖残基组成的侧链；③ 以 1,3-D-半乳糖组成一个主链，在主链半乳糖某单元的6位带有一个由(1,6-)半乳糖残基组成的侧链分支。

生物碱类成分在甘草属植物的研究中报道很少。胡金峰等[53]首先从云南甘草的根茎中分离出一种新的生物碱成分，经光谱解析和X线单晶结构分析，鉴定为吲哚类内盐型生物碱，并命名为云甘定(glyyunnanenine)。以后对乌拉尔甘草、光果甘草、胀果甘草和刺果甘草根中生物碱研究发现：乌拉尔甘草和刺果甘草都含有6种以上的生物碱，光果甘草含有5种以上，胀果甘草含有4种以上，总含量平均为0.29%。

李振华等[54]对西北12个产地的甘草中微量元素进行了测定分析，结果表明产地不同各种微量元素的差异较大，其原因可能与土壤背景有关。

2. 药理作用研究

现代医学研究证实，甘草具有多种药理活性，其药理作用主要包括以下几个方面：

(1) 抗溃疡、解痉作用　甘草煎剂、甘草浸剂、甘草素、异甘草素等对离体肠管有明显抑制作用，可降低收缩幅度，对氯化钡、组胺引起肠管痉挛收缩解痉作用更明显[55]。甘草粉、甘草浸膏、甘草次酸、甘草苷及苷元和异甘草苷对大鼠多种实验性溃疡模型均有抑制作用，能改善症状，促进其愈合。甘草次酸制剂(甘珀酸)在西欧被列为上消化道溃疡的治疗药物[56]。

(2) 保肝作用　甘草制剂和甘草甜素对动物多种实验性肝损害都有明显的保护作用，降低大鼠实验性肝硬化的发生率。1948年，日本学者研究出了一种以甘草甜素为主要成分的药品，其商品名为美能，用于治疗多种肝病，且疗效显著[57]。

(3) 抗炎、抗病毒作用　甘草水煎剂能抑制被动皮肤过敏反应，降低小鼠血清IgE抗体水平，但对SRBC致IgG抗体的产生则无影响[58]。许多学者研究报道了甘草的抗病毒作用，尤其对艾滋病、乙肝等有显著的疗效。其中甘草素、异甘草素、甘草苷、异甘草苷的抗HIV活性是甘草酸的15～100倍[59-62]。

(4) 肾上腺皮质激素样作用　有研究表明甘草粉、甘草浸膏、甘草甜素等均能促进健康人和多种动物钠水潴留,排钾增加,长期应用可出现水肿及高血压等症状[55]。

(5) 解毒作用　"甘草能解百药毒",甘草解毒的主要有效成分是甘草酸。实验证明,甘草及其多种制剂对多种药物中毒(如乌拉坦、组胺、巴比妥等)、动物毒素中毒(如蛇毒)、细菌毒素(如破伤风毒素)中毒,有一定解毒作用[63,64]。

此外,甘草中的甘草酸、黄酮类成分等还具有镇咳祛痰作用、抗肿瘤、抗衰老、抗心律失常及促进胰岛素的吸收等作用等[65-68]。

9.1.4　甘草药材质量评价与道地性研究

1. 甘草药材的质量评价

甘草药用部位为根和根状茎,主要化学成分为甘草酸和甘草苷。《中国药典》(2010年版,一部)中明确规定甘草及其制品以甘草酸和甘草苷作为药材质量的评价指标。大量的研究成果表明甘草药材的质量受到种质、产地、变异类型、生产方式、栽培条件等诸多因素影响[69]。

(1) 不同来源甘草种质对药材质量的影响　林寿全等[70]对中国甘草属6种甘草的甘草次酸含量测定发现,以乌拉尔甘草含量最高,其次是光果甘草,胀果甘草、黄甘草和粗毛甘草的含量最低。解军波等[71]研究表明3种药用甘草的化学成分含量特征表现出较明显差异,其甘草总黄酮、总多糖和甘草次酸的含量存在极显著差异。胀果甘草总黄酮含量最高,光果甘草总多糖含量最高,乌拉尔甘草甘草次酸含量最高,且乌拉尔甘草中的甘草苷含量明显高于光果甘草和胀果甘草。此外,乌拉尔甘草存在丰富的种内变异,不同变异类型的甘草酸含量存在显著的差异,最大与最小类型之间,甘草酸含量相差2.5倍以上[72]。曾路等对中国15个不同产地的8种甘草中12种化合物进行了系统分析,结果显示:甘草酸是皂苷类成分中的主要成分,其含量在不同来源的甘草样品中不同,范围在0.89%~8.17%,乌拉尔甘草中总皂苷含量最高[73]。

(2) 产地环境与药材质量　在中国甘草药材中甘草酸含量呈现以纬向变异为主的地理变异模式,具体表现为自南向北甘草酸含量呈逐渐降低趋势[74]。由于人为采挖和人工栽培活动的进行,甘草资源分布格局也发生了变化。闫永红[75]发现产地对甘草酸有极显著影响,并且影响甘草酸、甘草苷、总黄酮和多糖含量的相对比例变化,同一种源两年生栽培甘草来自内蒙古样品中甘草酸含量(1.163%~1.513%)大于吉林白城样品中甘草酸含量(0.900%)。王跃飞研究建立了17批不同产地甘草的HPLC指纹图谱,并进行聚类分析,结果也证实了甘草中活性成分的积累与产地有一定的相关性[76]。Hiroaki Hayash等分别对中国和哈萨克斯坦的甘草进行了比较分析。结果表明中国甘草中甘草酸含量(2.08%~5.12%)显著高于哈萨克斯坦甘草中甘草酸(0.75%~2.55%),且中国甘草中甘草香豆素含量也高于哈萨克斯坦甘草[77]。

(3) 不同生产方式对甘草药材质量影响　我国甘草野生变家种的研究工作开始于20世纪60年代,到20世纪80年代人工栽培的主要关键技术已经基本解决,目前人工栽培的甘草成为市场的主流商品。鉴于栽培甘草与野生甘草的生长环境、生长期不尽相同,栽培甘草的内在质量也相应地发生变化。一般认为:野生甘草其质量要优于人工栽培品。周成明等[78]对家种及野生甘草中的甘草酸含量进行了比较,结果显示野生甘草中甘草酸可达到4.03%～7.28%,而二年生人工栽培甘草中甘草酸含量仅为2.04%～2.78%。但也有研究者认为,栽培甘草只要生长年限适宜、栽培管理得当,其有效成分含量与野生甘草差别不大,如蒋齐、王英华等[18]对宁夏野生甘草和一至八年生栽培甘草进行分析,其结果表明三至六年生的栽培甘草与野生甘草质量相当。孙兰等比较了野生与栽培甘草中甘草酸和甘草苷的含量,其中野生甘草中甘草酸和甘草苷的含量均高于栽培甘草,但四年生的栽培甘草其甘草酸和甘草苷的含量与野生甘草接近[79,80]。日本学者Yamamoto等对产于中国内蒙古东部的栽培乌拉尔甘草的质量也进行了研究,认为产于该地区的栽培甘草符合日本的质量标准,可作为野生药用甘草的替代品[81]。

(4) 不同栽培条件对甘草药材质量的影响　土壤类型和土壤pH对甘草酸的积累有影响,在不同土壤条件下生长的甘草药材质量存在显著差异。刘艳华等[82]分析了内蒙古、吉林、新疆和黑龙江等6个甘草产区的土壤类型,甘草酸含量的高低依次为栗钙土＞棕钙土＞风沙土＞盐碱化草甸土＞次生盐碱化草甸土＞碳酸盐黑钙土。林寿全等人研究指出:生长在棕钙土或土壤含盐分低的荒漠草原上的甘草药材其甘草酸含量较高,而生长在水位和含盐分较高的盐渍化土壤或盐碱土壤上的甘草药材其甘草酸含量较低[83]。进一步的研究表明当土壤pH为7.5～8.5时,甘草酸含量受土壤pH影响较小,而当pH大于8.5,在一定范围之内,甘草酸含量随pH的升高有上升趋势[84]。但也有研究者认为过碱以及速效磷和速效钾含量高的土壤不利于甘草酸的合成与积累,而有效铜含量高的土壤有利于甘草酸含量的增高[74]。

水分对甘草酸积累也有明显影响,研究者认为适当的干旱有利于药材中甘草酸的积累。刘长利[85]研究了不同干旱胁迫对甘草酸含量的影响,在中度干旱胁迫条件下(控制土壤相对含水量45%～50%),根中甘草酸的积累显著高于对照处理(控制土壤相对含水量60%～70%)及重度干旱胁迫处理(控制土壤相对含水30%～35%)。适度的水分胁迫还能够促进甘草苷、异甘草素、总黄酮、总皂苷含量的积累,但土壤水分含量降低不利于多糖含量的积累[86]。

土壤营养物质也是影响甘草中有效成分积累的重要因素,在不同施肥处理下生长的甘草,药材质量存在显著差异。李明、程滨等[87,88]研究了乌拉尔甘草营养特征与需肥规律,制定了提高人工栽培甘草产量和质量的施肥技术措施,通过合理的施用氮、磷、钾肥的比例,可使甘草酸和甘草苷的含量达到《中国药典》(2010年版)规定的标准。刘长利[89]研究了施肥种类对甘草根中甘草酸积累的影响,研究表明施入适当的钙肥能显著提高甘草药材中甘草酸含量,氮、磷2种肥料的施入则抑制甘草酸的积累。有研究还发现甘草根中甘草酸的含量与植株叶片中所含的矿质元素存在相关关系,魏胜利[74]的研究表明叶片中富集Mg、Ni、Ba 3种元素的甘草,其甘草酸含量相对较低,而富集Si、Fe、Ca和Mo 4种元素的甘草,其甘草酸含量则相对较高。王继永[90]的研究结果也表明,甘草叶片中 B 元素与甘草酸含量呈极显著相关,施 Mn、Zn、B 和 Mo 对一、二年生甘草的甘草酸合成具有促进作用。进一步的研究发现 4 种微量元素对甘草酸生物合成中关键酶鲨烯合成酶(squalene synthetase,SQS)和香树脂醇合成酶(amyrin synthase,AS)基因的表达有影响,其中 Zn 和 Mo 两种元素对乌拉尔甘草根中甘草酸生物合成关键酶 SQS 基因和 β-AS 基因表达有明显的促进作用[91]。

(5) 生长发育期对甘草药材质量的影响　药用器官生长年限也是影响甘草酸积累的重要因素之一。刘金荣等[92]研究了不同生育期的栽培甘草产量与有效成分含量,结果显示甘草根及根茎中甘草酸的含量随栽培生长期(分别为一、二、三年)的增加而提高,而且与根及根茎的生产量的变化趋势一致。魏胜利[75]认为一至三年期间是甘草根中甘草酸含量快速增长期,而四年以后增长速度变缓。Hiroaki Hayashi 等研究报道了甘草酸等成分在光果甘草根中的季节性变化规律。一年生根中甘草酸含量在 8~11 月增加,其中 10~11 月增加迅速。三年生根中甘草酸含量从 2~5 月及从 8~10 月增加,其中 10 月达最大值。研究中还发现在地上部分枯萎和枝条伸长时期,甘草酸的含量出现了增长变化[93]。甘草中黄酮类成分的积累同样受到生长发育期的制约,研究显示乌拉尔甘草中总黄酮含量为三年生＞二年生＞一年生[94,95]。在一个生长季中,无论野生甘草还是栽培甘草,叶的总黄酮含量最高,而地下部分的含量相对较低。在 5~10 月,叶中总黄酮含量逐渐下降,而地下部分总黄酮含量具有上升趋势,甘草各部位总黄酮含量在不同生长季节呈现波动现象[96]。冯薇等[97]研究测定不同采收期甘草样品中总皂苷和总黄酮含量,结果表明总皂苷含量 8 月较高,而总黄酮含量 5、10 月较高。彭励等[98]研究报道了一年生甘草中甘草苷的含量随生长发育时期呈动态变化,甘草苷含量在开花前期含量最高,而花期含量最低,结果期、果熟期含量上升,枯萎期有所下降。

2. 甘草的道地性研究

近年来,药材道地性研究成为中药材研究的热点之一,是人们探讨药材质量形成机制的重要方面。传统上,对中药道地性历史沿革的研究主要素材是历代本草对中药道地性的描述,历代史集、地理总志、方志等关于"贡品""方物""出产"的记述以及其他历史古籍文献(文学作品、杂集、游记等),这些资料成为提供道地性研究的重要素材。据考证[99]古代对甘草的产地有较多记载。《名医别录》载"生河西川谷积沙山及上郡"。经考证"河西"泛指黄河上游以西之地,今陕西、甘肃及内蒙古巴彦淖尔市等地。《古今地名大辞典》无积沙山之名,有积石山之称,在今青海西南。"上郡"系今陕西省北部及内蒙古鄂尔多斯左翼之地。陶弘景云甘草"赤皮断理,看之坚实者是抱罕草,最佳。抱罕,羌地名"(考证为今甘肃河西一带),说明南北朝时所用甘草以甘肃所产抱罕草为优。宋《本草图经》载甘草"生河西川谷积沙山及上郡,今陕西河东州郡(指黄河以东山西境内)皆有之"。明《本草品汇精要》载称"甘草以山西隆庆州者最胜"。清吴其濬云:"余以五月按兵塞外,道旁辙中皆甘草也……闻甘凉诸郡(甘州今甘肃张掖,凉州今甘肃武威、民勤一带)尤肥壮,或有以为杖者。"《本草从新》载甘草"大而结者良,出大同。名粉草。(弹之有粉出。)细者名统草"。由此可见,不同时期有关甘草产区有不同的历史记载,从地理分布看,古代甘草的主产地是山西、陕西、内蒙古、甘肃、青海、四川等省区,与现今乌拉尔甘草的主要分布区相一致。但是作为现代东甘草主产区的东北地区、新疆草产区的历史上记载甚少,这可能与当时社会、历史背景及古今地域划归变迁有关。众多本草和史料记载,甘肃、宁夏、内蒙古、陕西、山西等省区的一些地方都曾经是甘草的道地产区。

甘草药材道地性状的描述不同文献略有出入,但仍然以粗大、表面红棕色、横纹、质地坚实、断面黄白、粉性足者为佳。解军波等[100]采用HPLC法对不同道地性状的甘草中甘草苷、甘草酸的含量进行分析。研究结果表明:不同道地性状甘草的生物活性成分含量存在一定差别,并具有一定规律性。不同道地性状指标中甘草苷的含量依次为:表面颜色暗酱色(0.875 6%)＞红色(0.750 1%)、断面颜色黄色(1.752 9%)＞白色(1.310 4%)、粉性强(1.644 1%)＞粉性弱(1.000 5%),表明这些性状与甘草苷的含量呈一定的相关性。不同道地性状指标中甘草酸的含量依次为:表面颜色暗酱色(2.122 7%)＞红色(1.862 1%)、断面颜色黄色(3.985 4%)＞白色(3.141 5%)、粉性强(3.939 2%)＞粉性弱(2.923 2%),表明这些性状与甘草酸的含量呈一定的相关性。由此可见不同道地性状甘草的甘草酸含量呈现与甘草苷同样的规律,充分说明甘草的表面颜色、断面颜色及粉性特征的传统的药材道地性状标准与其化学成分间存在必然的相关关系,研究甘草道地性具有一定的科学意义。

随着现代生物技术的应用,甘草道地性研究取得新的突破。刘颖[101]等利用real-time PCR方法对不同产地甘草的3-羟基-3-甲基戊二酰CoA还原酶(3-hydroxy-3-methylglutaryl-CoA reductase,HMGR)、鲨烯合成酶1(SQS1)、β-香树脂醇合成酶(β-AS)基因的拷贝数进行了研究,发现不同产地的HMGR基因存在1～3个拷贝数变异(copy number variations,CNVs),SQS1基因存在一两个拷贝数变异,未发现β-AS基因拷贝数变异。甘草HMGR、SQS1、β-AS基因拷贝数存在5种自然组合类型:A型(2+1+1)、B型(1+1+1)、C型(3+2+1)、D型(2+2+1)和E型(3+1+1),推测甘草药材中功能基因组拷贝数变异与产地具有相关性,并提出了这种变异可能是道地药材形成的机制之一。

由上可知,影响甘草药材质量的因素众多,既涉及植物内在的遗传因素,也包含环境、栽培措施等因素。要从根本上解决甘草的质量问题,就需要从多个角度和层次进行更深入的研究,从而能够更科学地指导优质甘草的栽培生产,从根本上提高甘草药材的质量,保证临床疗效。

§9.2 乌拉尔甘草的形态结构特征

乌拉尔甘草(图9-2)为豆科甘草属多年生草本植物,别名甜草根、红甘草、粉甘草等,以其干燥根入药,是我国重要的大宗中药材之一。在研究甘草的化学成分、

图9-2 乌拉尔甘草的形态

药理以及临床应用等方面的基础上,进一步研究其形态结构及发育过程,具有重要的理论和实践意义。

9.2.1 形态特征

乌拉尔甘草为多年生草本植物,具有发达的根和根状茎。在野生、半野生状态下一株完整的甘草地下部分是由种子根、不定根、水平地下茎和垂直地下茎组成,形成庞大的地下生长网络,以抵御恶劣的生长环境。根状茎由根头(又称芦头)上的不定芽萌发长成(图9-3b)。根和根状茎通常都呈为近圆柱形,长1~3 m,直径0.6~3.5 cm;表面红棕色、暗棕色或灰褐色。其根的穿透能力极强,可穿过20~30 cm厚的钙积层向下生长,其表面可见明显的横生皮孔(图9-3a);在根头处每年可形成一定数目的不定芽,其萌发后形成根状茎或地上茎。根状茎有明显的节和节间,节上有芽,芽上被有鳞片,腋芽萌发可生长成地上植株(图9-3b、c)或侧茎(水平茎)。当年生根状茎外包被厚的死皮层,以后随生长年限延长逐渐脱落,显出红褐色周皮(图9-3d、e)。水平根

图9-3 乌拉尔甘草地下器官的形态
(a)甘草主根圆柱形,被红褐色周皮,具横生皮孔;(b)根状茎由根头的不定芽产生;
(c)根状茎上的节和节间,节上有芽和芽鳞;(d)、(e)当年生根状茎外包被的褐色死皮层

状茎多分布在 20～80 cm 的地下与地面平行生长,其顶芽具有延伸生长或转向地面上生长形成新的克隆株的功能;垂直根状茎与地上部分相连与地面呈垂直方向生长,较不发达。

地上茎直立,多分支,基部常木质化,全体被鳞片状腺点或刺毛状腺体、白色或褐色的绒毛,株高 30～100 cm。叶互生,为奇数羽状复叶,长 5～20 cm;托叶呈披针形、卵状三角形,一般都较小,长 2～3 mm,早落。小叶 5～17 枚,长 2～6 cm,宽 1.3～1.8 cm,一般为卵形、长卵形或近圆形,最宽处在叶中部或偏下部;顶端一小叶较大,两侧成对的小叶由上而下渐小。叶片上面呈暗绿色,下面绿色;表面密被腺点和短柔毛,顶端钝,具短尖,基部圆,边缘全缘或微成波状(图 9-4a)。对比栽培甘草、半野生甘草和野生甘草的地上形态特征显示,野生甘草、半野生的地上茎高度、小叶数、小叶面积大小、总叶柄长度等均比栽培甘草的相对应部分小,且叶色呈灰绿色。

图 9-4　乌拉尔甘草地上器官的形态
(a) 示叶为奇数羽状复叶,卵形,长卵形;(b) 总状花序,腋生;(c) 示小花为蝶形花,紫色,由花萼、花瓣、雌蕊和雄蕊组成;(d) 示荚果弯曲,密生刺瘤状突起

花序为总状花序,长 4～10 cm,腋生(图 9-4b)。小花为蝶形花,总花梗短于叶,基部

§9.2 乌拉尔甘草的形态结构特征

下方具一卵形小苞片,长圆状或披针形,褐色,膜质,外面密被黄色腺点和短柔毛,早落。花冠紫色、蓝紫色、白色等,长 10～24 mm;花瓣 5 个,由旗瓣、翼瓣、龙骨瓣组成的,旗瓣明显大于翼瓣和龙骨瓣(图 9-4c)。旗瓣一般长圆形或长椭圆形,基部渐狭,形成瓣柄,顶端近圆形,其中央微凹陷。花萼钟状或筒状,上部形成齿裂,萼齿 5 枚,与萼筒近等长,花萼密被黄色腺点及短柔毛,基部偏斜,膨大呈囊状。雄蕊 10 枚,为二体(9+1),其中 9 个花丝大部分愈合成薄片状,上端则分离。花丝长短交错,花药四室,基部着生。雌蕊为单心皮,花柱微弯,丝状,柱头头状。子房 1 室,四周密被刺毛状腺毛,内含 2～10 个胚珠。

果实为荚果,成熟后通常微弯或弯曲成镰刀状、环状(图 9-4d),果皮密生瘤状突起,极少光滑,成熟后小开裂或微开裂,内含数粒种子;种子肾形或圆形,种皮为棕绿色、褐绿色、褐色,光滑,有光泽。花期 6～8 月,果期 7～10 月。调查中发现,野生、半野生甘草均可以开花结实,既存在有性生殖过程,也有通过根状茎萌蘖形成克隆株的营养生殖过程,但人工种植甘草在生长 1～4 年间的观察中都未见开花现象。

9.2.2 营养器官的结构特征

1. 叶的结构

乌拉尔甘草的叶为复叶,其小叶由叶片和叶柄组成。叶片为典型的异面叶,由表皮、叶肉和维管束构成。从横切面观察(图 9-5a),上、下表皮都为 1 层排列紧密的细胞,具

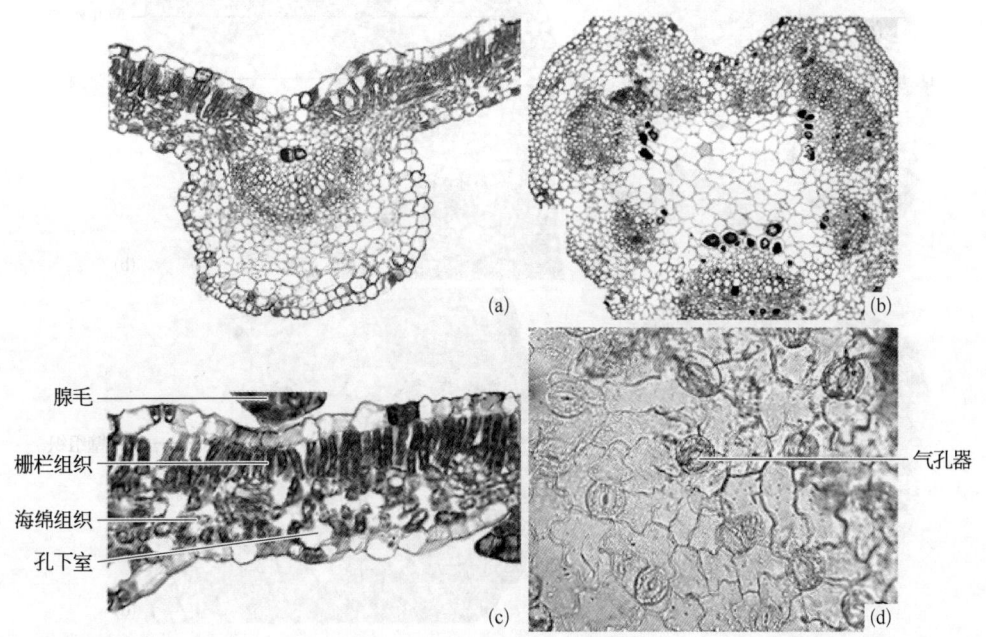

图 9-5 乌拉尔甘草叶结构

(a) 甘草叶片横切面,示叶片的结构;(b) 示复叶柄的横切面;(c) 叶片横切面,示栅栏组织和海绵组织,表皮具腺毛、孔下室;(d) 叶上表皮的气孔器

第9章 甘 草

角质层。上表皮细胞长方形,下表皮细胞近方形或近圆形;上、下表皮上都有气孔,并形成孔下室,气孔器属不规则形;表皮上有腺毛和非腺毛(图9-5c、d),腺毛属盾状腺毛。叶肉组织有明显的分化,形成栅栏组织和海绵组织,栅栏组织细胞1层或2层,呈长柱形,垂直于上表皮,呈纵向紧密排列,富含叶绿体;栅栏组织中还分布有含单宁类或黏液质的异细胞。海绵组织靠近下表皮,细胞呈不规则形,排列疏松,有较大的细胞间隙。主脉在叶的远轴面突出,其表皮下有一两层厚角组织;具1个维管束,木质部和韧皮部分化明显,前者位于近轴面,后者位远轴面;在韧皮部外侧有少量的厚壁组织细胞分布;维管束薄壁组织细胞中常见1~2个异细胞(图9-5a)。

总叶柄近圆形,在近轴面的中央处略凹陷。其结构由表皮、基本组织和维管束构成。表皮细胞1层,排列紧密;在表皮细胞的内侧为1~3层厚角组织;维管束7个分布在基本组织中,呈环形排列,其中最大的1个维管束排列在远轴面一侧(图9-5b)。在基本组织薄壁组织细胞中有一些含单宁或黏液质的异细胞。小叶柄的结构与之相类似,但维管束仅1个。

2. 茎的结构

茎的横切面近圆形,有棱状突起,其初生结构由表皮、皮层和维管柱构成(图9-6a、b)。表皮为1层细胞,细胞较小,排列紧密,幼茎表皮上有毛状体。表皮内为一两层厚角

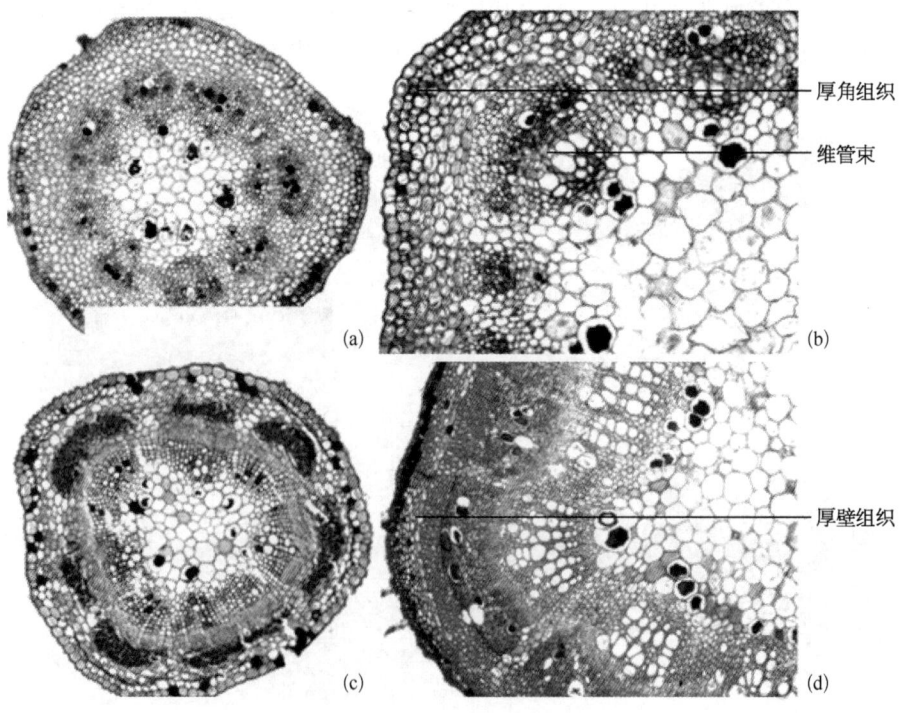

图9-6 乌拉尔甘草茎的结构

(a) 幼茎的横切面,示初生结构;(b) 幼茎横切的局部放大,示表皮下的厚角组织及维管束结构;(c)、(d) 老茎横切面,示次生结构中厚壁组织呈环状包围在维管柱外侧,薄壁组织中有含单宁或黏液质的异细胞

组织,棱角处多为3~5层;皮层薄壁组织细胞3~5层,含有叶绿体。维管柱由维管束、髓和髓射线组成。维管束为外韧维管束,7~9束呈环形排列,每个维管束由韧皮部、维管形成层和木质部组成。初生韧皮部由筛管、伴胞、韧皮纤维和韧皮薄壁组织细胞组成,其中的韧皮纤维非常发达,早期似帽状分布在维管束的外侧,以后随着茎的生长,这些纤维组织连接成环,既增强了其抗风沙等机械损伤的能力,又对维管柱起到保护作用(图9-6c、d)。初生木质部由导管、木薄壁组织细胞组成,木纤维的数量较少。束中形成层两三层,其活动产生次生维管组织,即次生木质部、次生韧皮部和射线;次生木质部中导管数量较多,单个或两三个相连呈径向排列,木纤维无或较少;次生韧皮部发达,筛管、伴胞成群。次生生长过程中,表皮细胞细胞壁和角质层加厚,不形成次生的保护组织(周皮)。髓射线位于2个维管束之间,由两三列薄壁组织细胞组成;茎的中央具较发达的髓部,均为薄壁组织细胞,体积较大。在韧皮薄壁组织细胞、皮层薄壁组织细胞、髓薄壁组织细胞中都有一些含单宁类或黏液质的异细胞存在(图9-6c、d)。

3. 根的结构

根的初生结构由表皮、皮层和中柱构成。表皮细胞1层,有些细胞向外突出,形成根毛(图9-7b),皮层厚由近10层薄壁组织细胞组成,其内皮层细胞具有凯氏带,中柱由中柱鞘和初生维管组织组成,中柱鞘为1~3层薄壁组织细胞,其初生木质部和韧皮部呈相间排列,初生木质部为四原型或三原型(图9-7a、b),木质部的发育方式为外始式。

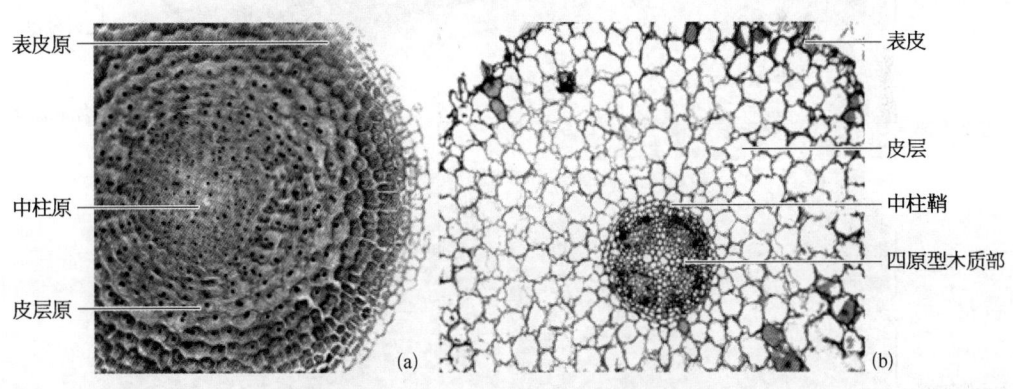

图9-7 乌拉尔甘草根的初生结构

(a) 根尖横切面,示根的初生分生组织;(b) 根的初生结构横切面,示木质部四原型

根的次生结构由周皮和次生维管组织组成(图9-8a)。周皮包括木栓层、木栓形成层和栓内层3个部分。木栓层位于最外侧,由7~11层扁平的长方形细胞组成,细胞内含色素类物质,木栓形成层一两层细胞,细胞扁平;栓内层由一两层薄壁组织细胞组成,细胞呈长圆形(图9-8b),在栓内层的细胞中可见含晶细胞。次生维管组织包括次生韧皮部、维管形成层和次生木质部。次生木质部由导管、木纤维、木薄壁组织细胞和木射线组成;导管分子单个或两三个成群呈辐射方向排列,为梯纹或网纹导管,周围包围着木薄壁组织细胞;木纤维发达,呈束状,与木薄壁组织细胞、导管分子相间或并列排列成环状

(图9-8c);木纤维束外具含草酸钙结晶的细胞构成的鞘(图9-8d);木射线为3~5列细胞,属同型射线。次生韧皮部由筛管、伴胞、韧皮薄壁组织细胞、韧皮纤维和韧皮射线组成;筛管和伴胞在邻近维管形成层处明显成群分布,韧皮射线向外伸长时由于细胞体积切向增大而呈喇叭形扩张(图9-8c、e);次生韧皮纤维发达,呈束状与射线细胞及韧皮薄壁组织细胞相间排列,其纤维束外也具有晶鞘细胞。木射线和韧皮射线在维管形成层处相连,其构成维管射线,它们在次生生长过程中常形成裂隙(图9-8f)。

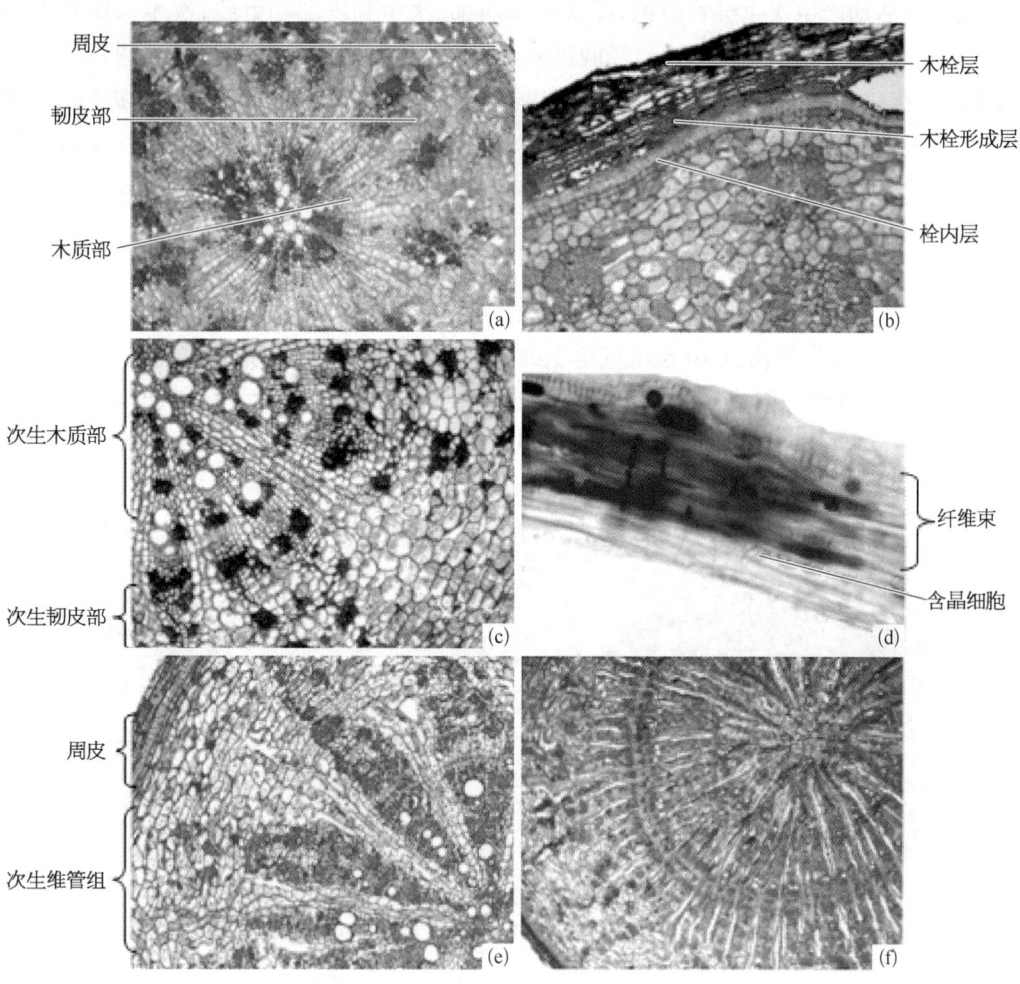

图9-8 乌拉尔甘草根的次生结构

(a)根横切面,示次生结构由周皮和次生维管组织组成;(b)根周皮的横切面,由木栓层、木栓形成层和栓内层构成;(c)一年生根的横切面,示次生维管组织由维管形成层、次生木质部和次生韧皮部构成;(d)示韧皮部和木质部中的晶鞘纤维;(e)根横切面,示韧皮射线向外伸长时呈喇叭形扩张;(f)二年生根横切面,示维管射线在次生生长过程中形成裂隙

4.根状茎的结构

根状茎既具有地上茎的结构特点,同时又具有地下储藏器官的结构特征。其初生结构包括表皮、皮层和维管柱(图9-9a)。表皮为1层细胞,较小,排列紧密,无表皮毛或其

他的附属结构。皮层较地上茎的皮层发达,由25～27层细胞组成,内皮层细胞的径向壁加厚(图9-9b);初生维管束由初生韧皮部、初生木质部和原形成层组成呈环状排列。其中央为髓部,由类圆形的薄壁组织细胞组成,其中有少数含单宁的异细胞。根状茎的次生结构主要由周皮、次生维管组织组成。在次生维管组织中,形成层活动向内产生次生木质部,向外产生次生韧皮部,使维管束的体积增大,并相互连接形成环,构成类似根的次生维管柱的结构(图9-9c、d)。在其根状茎的次生结构中,除中央具髓部外,其周皮和次生维管组织的组成分子和排列与根的次生结构类似(图9-9d、e、f)。

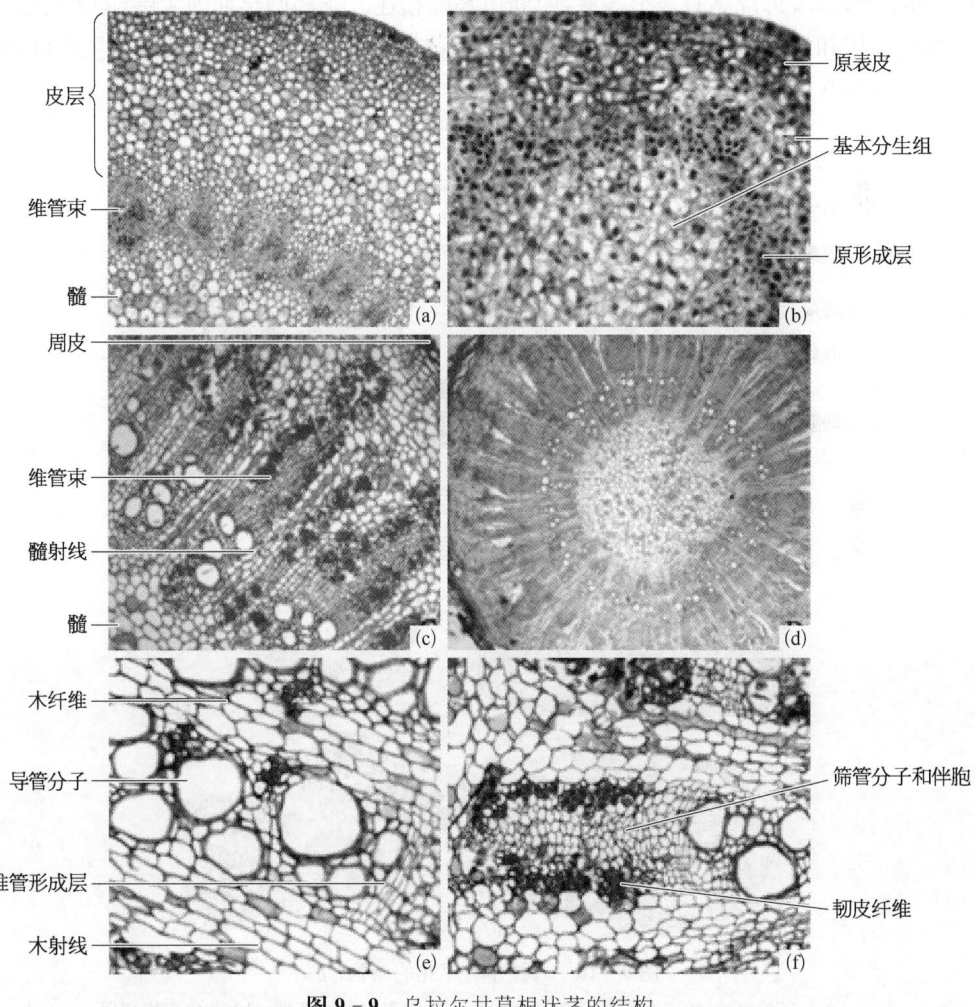

图9-9 乌拉尔甘草根状茎的结构

(a) 幼嫩根状茎的横切面,示根状茎的初生结构;(b) 幼嫩根状茎的横切面,示其初生分生组织;(c) 一年生根状茎横切面,示次生结构由周皮、维管束、髓及髓射线组成;(d) 二年生根状茎横切面,示次生结构;(e)、(f) 根状茎横切面的部分,示维管束组成分子

5. 花的结构

乌拉尔甘草的花由萼片、花瓣及雄蕊和雌蕊群构成。从花的纵切和横切面看,依次

为萼片、花瓣(旗瓣、翼瓣、龙骨瓣)、雄蕊和雌蕊(图9-10a、b)。萼片和花瓣的结构较简单,都由表皮、基本组织和维管束组成。萼片上、下表皮都为1层细胞,较小,排列紧密,具角质层和腺毛。在上下表皮之间,为一些较大的薄壁组织细胞,维管束分布在其中;表皮下层的薄壁组织细胞中多含单宁类物质(图9-10c)。花瓣的结构也是由上、下表皮及其薄壁组织细胞和散生在其中的维管束构成,表皮上无附属物,也未观察到异细胞(图9-10d)。雄蕊群由10枚雄蕊组成,其中9枚的花丝下部合生,花药分离。雄蕊由花药和花丝构成,花丝结构简单,由表皮细胞、薄壁组织细胞和单一维管束组成(图9-10f)。花药为2个裂片,每片具有2个药室,中间由药隔相连。花药壁早期为4层,即表皮层、药室内壁、中层和绒毡层组成,后期花药成熟后绒毡层和中层先后消失,仅留下表皮细胞和药室内壁(图9-10g)。

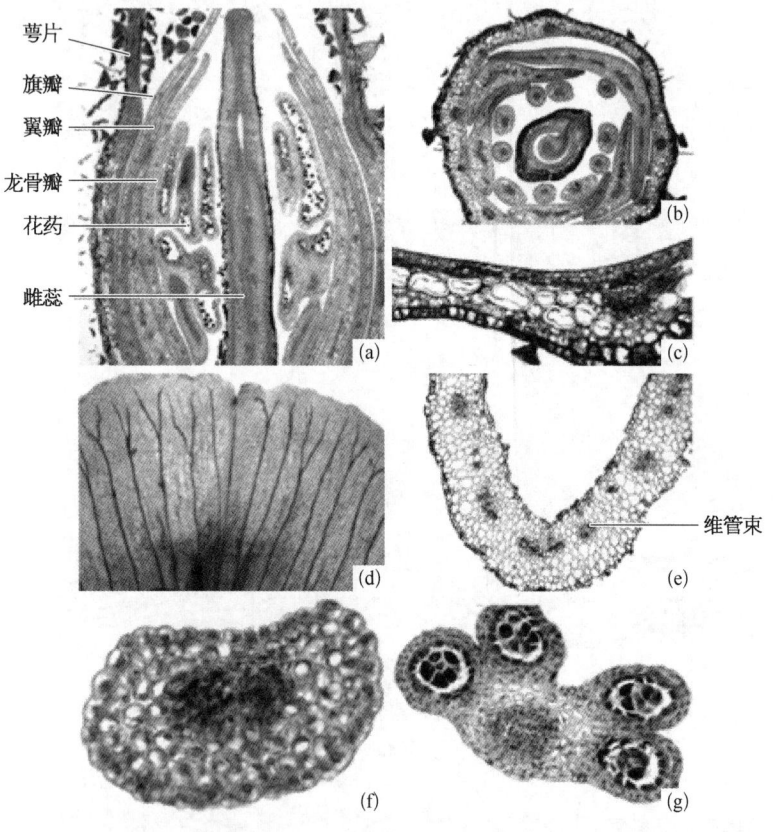

图9-10 乌拉尔甘草花的结构(Ⅰ)

(a) 花的纵切,依次为萼片、旗瓣、翼瓣、龙骨瓣、雄蕊群和雌蕊群;(b) 花中部横切面,示各部分结构;(c) 花萼片横切面;(d) 旗瓣,示顶部中央微凹陷;(e) 旗瓣横切面,示上下表皮及散生在薄壁组织中的维管束;(f) 花丝横切面;(g) 花药横切面

雌蕊由1枚心皮构成,包括柱头、花柱和子房(图9-10a,图9-11a)。柱头在花柱顶端略呈扩展,表面形成瘤状突起,其细胞质浓厚,含有较多的后含物(图9-11b);花柱由表皮、薄壁组织、引导组织组成。表皮细胞排列紧密,有较多含单宁物质的细胞;引导组

织位于花柱中央,细胞纵向伸长,细胞质浓厚(图9-11c)。子房上位,1室,内有倒生胚珠,其珠被2层(图9-11d);子房壁由内、外表皮、薄壁组织细胞和维管束(脉)构成,外表皮上着生有腺毛和非腺毛(图9-11a)。外表皮细胞1层,它及其下层细胞的细胞壁略增厚,且含大量的有色物质;而内表皮层细胞较小,细胞质浓厚,细胞排列规则、紧密(图9-11d);在内、外表皮之间是一些较大形的薄壁组织细胞以及被其包围的维管束(图9-11e);心皮内具3条脉,其中中脉(背脉)1条,侧脉2条(图9-11f、g)。

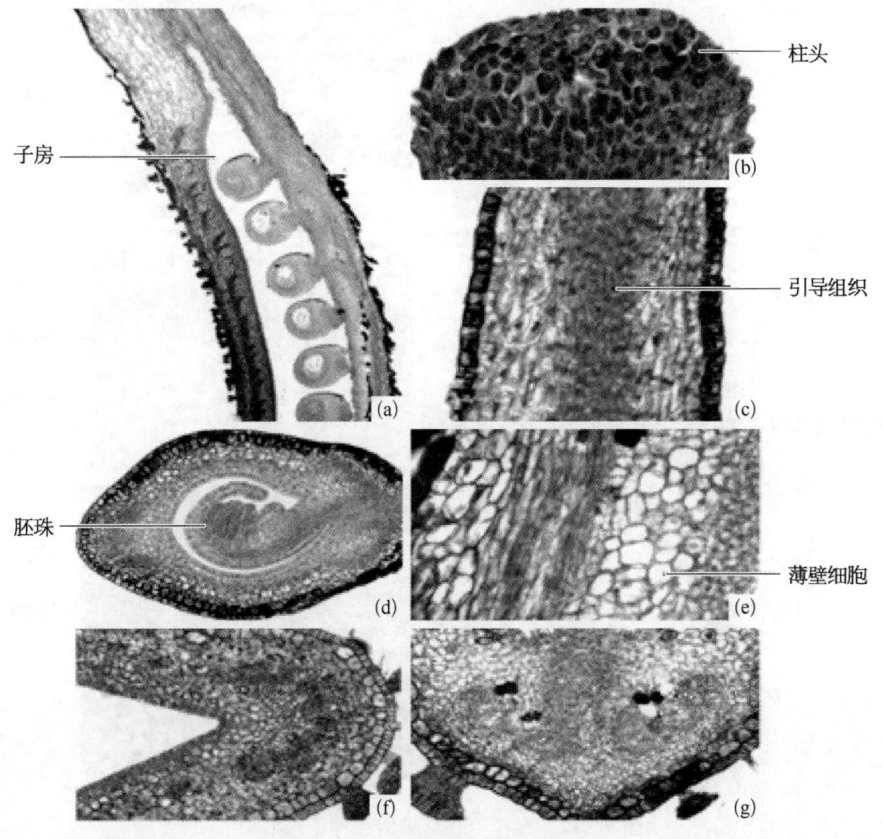

图9-11 乌拉尔甘草花的结构(Ⅱ)

(a)雌蕊纵切的部分,示子房1室;(b)柱头横切示表面形成的瘤状突起;(c)花柱纵切面,示引导组织;(d)子房横切面,示胚珠的结构;(e)子房壁纵切面,示较大型的薄壁组织细胞及维管束;(f)心皮横切面,示其背脉;(g)心皮横切面,示其侧脉

6. 果实和种子的结构

果实为荚果,由1个心皮发育而成。其果皮由外果皮、中果皮和内果皮构成。外果皮包括表皮层和表皮下层,具厚的细胞壁和角质层;中果皮为薄壁组织,而内果皮是由5~7层厚壁组织细胞和内表皮层组成(图9-12a、b、c)。

种子由胚珠发育而成,由种皮和胚构成(图9-12e),胚乳在种子成熟时消失,为无胚乳种子。种皮结构特殊,具有豆科植物种子的特点。从横切面看(图9-12d),外面1层为表皮层,由细胞壁不均匀加厚的大石细胞(又称马氏细胞)组成,排列成栅栏状,表皮下层为柱状细胞(又称骨状石细胞),1层;其内侧是薄壁组织细胞,其中一部分呈弦切向引长的大细胞,另一部分为较小的细胞。在种脐区域有加厚的栅栏层,通常2层;此外在种脐处有一群排列紧密的管胞和一个通道,其通道可闭合和张开(图9-12f)。

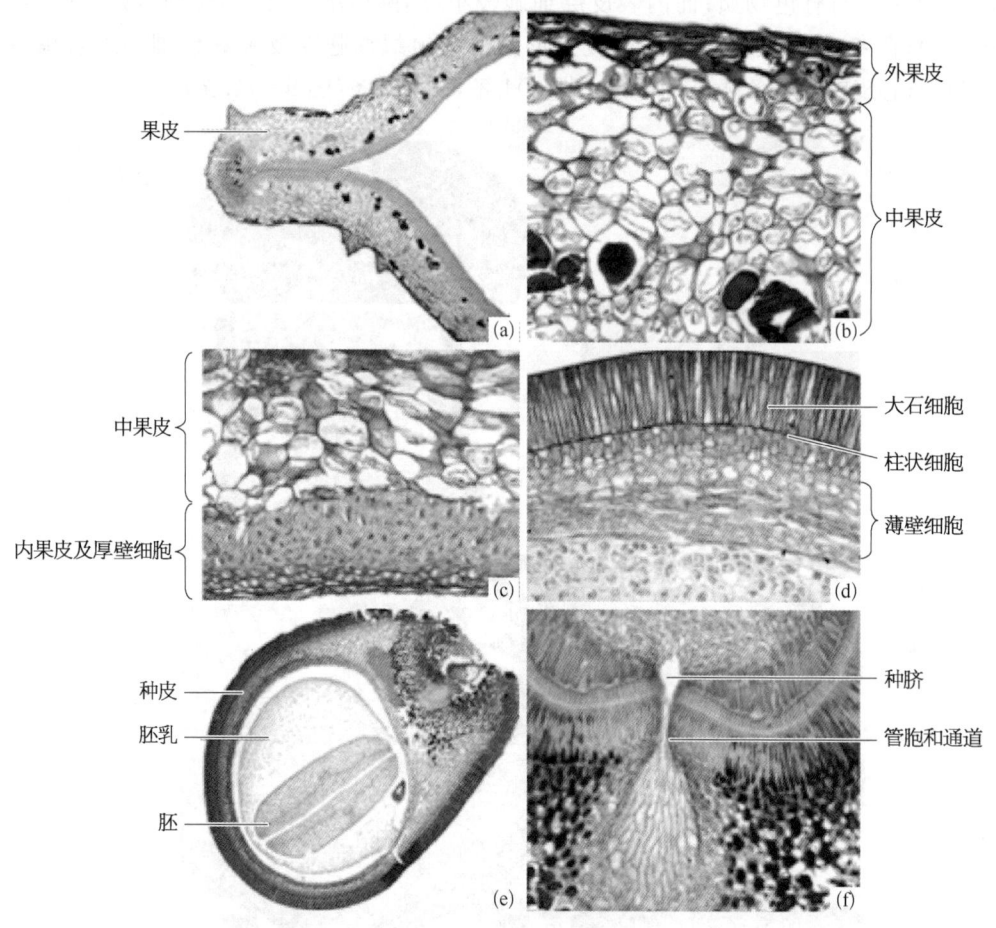

图9-12 乌拉尔甘草果实和种子的结构

(a) 果实的横切面,示果皮结构;(b)、(c) 果皮结构放大,示外果皮、中果皮和内果皮结构;(d) 外种皮;(e) 种子结构,示种皮和胚及胚乳组织;(f) 种脐

§9.3 乌拉尔甘草根及根状茎的结构发育规律

通过对乌拉尔甘草不同发育时期的根和根状茎的纵横切片的系统观察,其根和根状茎的结构发育过程总结归纳如下:

9.3.1 根的结构发育规律

1. 根尖及其组织分化

主根的根尖纵切面观察,其根尖可分为根冠区、分生区(生长点)、伸长区和根毛区4

§9.3 乌拉尔甘草根及根状茎的结构发育规律

个部分。根冠位于最前端,由多层薄壁组织细胞构成,包被着生长点。生长点是由原生分生组织和初生分生组织共同组成,原生分生组织位于生长点的前端,由3层原始细胞群,即根冠-表皮原原始细胞、皮层原原始细胞和中柱原原始细胞构成(图9-13a、b),从横切面观察,原分生组织细胞呈等径的多边形,排列紧密,原生质丰富,细胞核大,具有典型分生组织细胞学的特点(图9-13c)。原分生组织的衍生细胞发生一定程度的分化,产生了由根冠原、表皮原、皮层原和中柱原组成的初生分生组织,这些细胞的性状、大小、排列和染色深浅等都表现出差异(图9-13d、e)。根尖顶端初生分生组织外侧的一层细胞

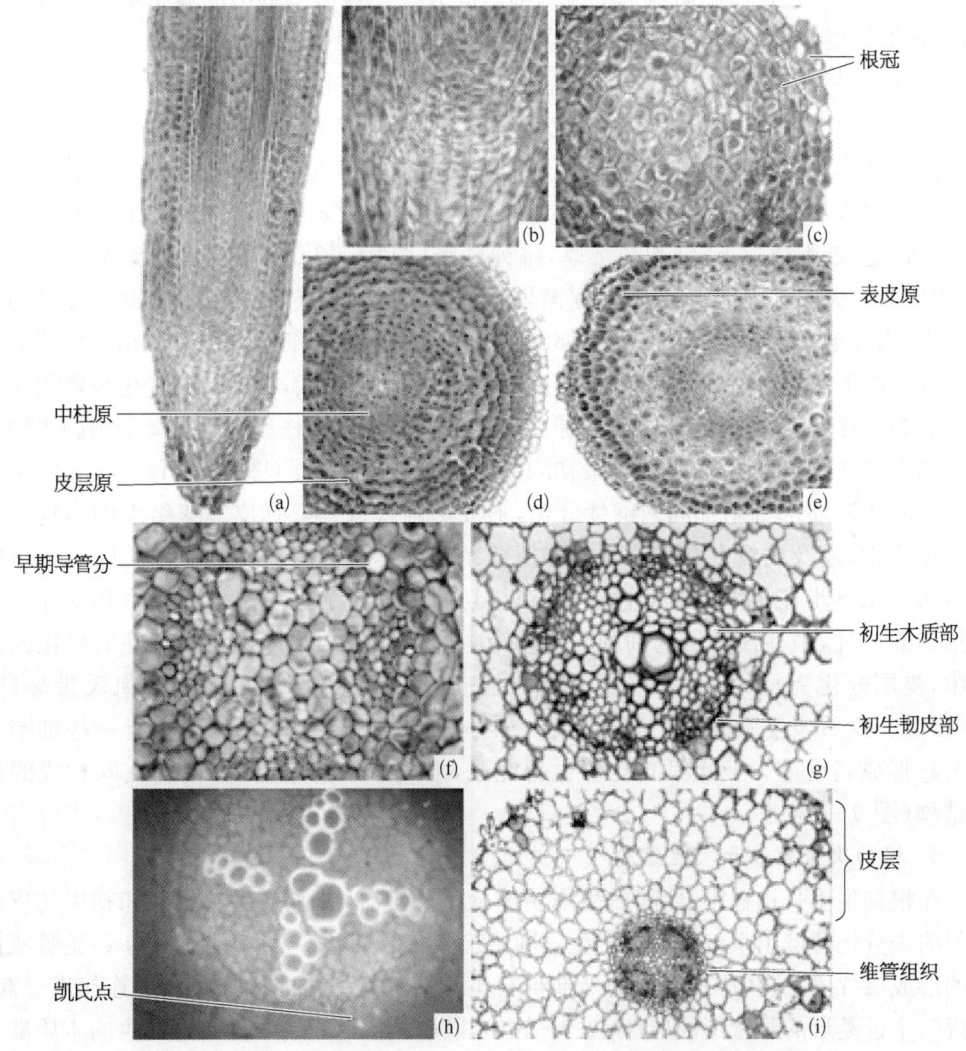

图9-13 乌拉尔甘草根尖分生组织及其初生结构

(a)根尖纵切面,示根尖及生长点结构;(b)根尖纵切面放大,示3层原始细胞群;(c)根尖横切面,示原分生组织;(d)根尖横切面,示初生分生组织;(e)幼根横切面,示皮层和中柱原分化,产生最早导管分子;(f)幼根横切面,示筛管产生后,初生木质部的导管分子;(g)幼根横切,示初生维管组织;(h)荧光显微镜下横切面,示其内皮层细胞径向壁上的凯氏点;(i)根的初生结构横切面,示木质部为四原型

第9章 甘　草

为根冠原细胞，向外产生根冠细胞，后者液泡化程度较高，出现细胞间隙；与之相邻的为表皮原细胞，细胞呈近似长方形或楔形，排列紧密，细胞质较浓，细胞体积增大；表皮原以内为皮层原，由5~7层呈切向伸长的细胞构成，靠近内侧的细胞体积较小，而中间数层细胞体积略大，细胞核明显，可见到细小的液泡；在皮层原以内是中柱原，由一群体积更小、排列紧密、细胞核明显、染色深的圆形或多边形细胞构成，其中邻近皮层原内侧的一层细胞为即将分化的中柱鞘细胞层，排列整齐，细胞呈不等径的圆形或方形。

2. 根的初生生长与初生结构

根的初生生长是通过初生分生组织细胞的分裂及其衍生细胞的体积增大和进一步分化，逐渐形成了根的初生结构。其中根冠原的衍生细胞分化成根冠薄壁组织细胞和表皮原，皮层原和中柱原的衍生细胞则分别分化为表皮皮层和中柱。

在根的初生生长过程中，首先分化的是皮层原细胞，以后是中柱原和表皮原。皮层原最初的分化发生于中部的数层细胞，表现为细胞体积增大，细胞内出现多个液泡，形成了近圆形的薄壁组织细胞，并出现了细胞间隙，此时，靠近表皮原和中柱原的一两层细胞则分化较迟，细胞体积小，细胞质浓厚，排列紧密（图9-13e）。在皮层原细胞分化的同时，中柱原中央的细胞体积增大，并逐渐呈"十"字形辐射状排列至中柱鞘，此部分细胞先液泡化，为最早发生分化的初生木质部细胞。以后在中柱鞘细胞内侧4个相对位置上先后出现一两个多边形小细胞，其细胞壁加厚，细胞腔呈透明状，形成最早分化成熟的原生韧皮部的筛管分子（图9-13e、f）；在原生韧皮部之间邻近中柱鞘的1或2个细胞也随之发生细胞壁加厚并木质化，形成了最初的原生木质部导管分子（图9-13f）。以后原生韧皮部和原生木质部细胞都向内继续分化，形成由筛管、伴胞、韧皮薄壁组织细胞构成的后生韧皮部，以及由较大孔径的导管和薄壁组织细胞组成的后生木质部。以后4个后生木质部束逐步在根中央交汇在一起，在横切面上呈4个木质部脊与4个韧皮部束相间排列的中柱，中柱最外层的细胞则分化为中柱鞘（图9-13g、h）。在中柱的分化的过程中，皮层分化完成，并在内皮层细胞的径向壁上产生凯氏点，而形成凯氏带环（图9-13h）。以后表皮原的分化逐渐形成一层径向排列紧密的细胞，其中有一些细胞向外突起形成表皮毛。至此根的初生生长完成，形成了表皮、皮层和中柱共同构成的初生结构（图9-13i）。

3. 根的次生生长和次生结构

在根初生生长过程中，伴随后生木质部分化的同时，位于初生木质部和初生韧皮部之间的未分化薄壁组织细胞分裂产生一两层扁平状的细胞，并逐渐形成了4条呈弧状排列的形成层片段，这些片段向两侧延伸与初生木质部脊所对的中柱鞘细胞连接在一起，形成一个近菱形的维管形成层环（图9-14a），以后由于形成层活动向内产生的木质部多于韧皮部，从而使凹入部分被向外推移，最终成为圆环形（图9-14b）。在维管形成层产生的同时，中柱鞘细胞恢复分裂能力，产生两三层细胞，其最外层细胞分化形成了木栓形成层（图9-14c），维管形成层和木栓形成层的产生标志着根的次生生长开始，以后随着根的进一步发育，逐渐形成由次生维管组织和周皮构成的次生结构（图9-14d、e、f）。通

§9.3 乌拉尔甘草根及根状茎的结构发育规律

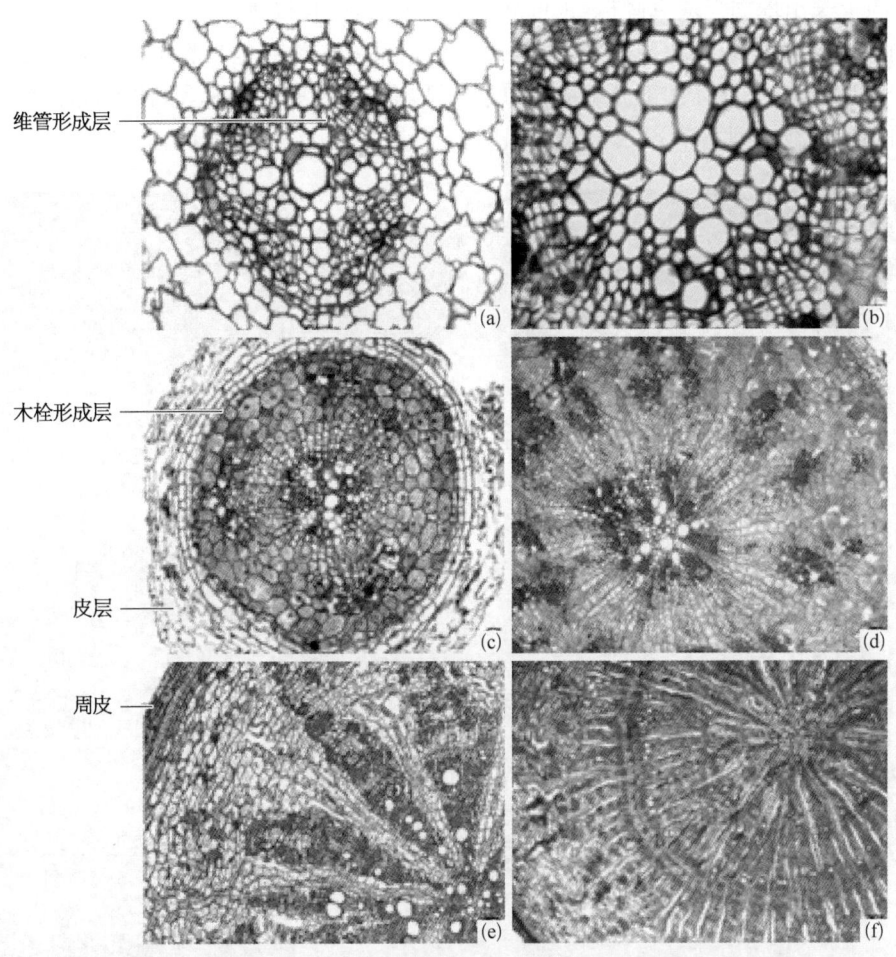

图 9-14 乌拉尔甘草根的次生生长和次生结构
(a) 根横切面,示维管形成层在初生木质部与初生韧皮部之间产生,其连接成近菱形;(b) 根横切面,示维管形成层呈环状;(c) 根横切面,示中柱鞘细胞产生木栓形成层及外侧尚未脱落皮层;(d) 根次生结构的横切面;(e) 一年生根的横切面;(f) 二年生根的横切面

过观察,不同年生根的内部结构基本类似,组成分子相同。但各年生根之间也存在一定差异,主要表现在随年龄的增加其组成分子数量增多,其中尤以根中央初生木质部的变化显著。一年生根中央四原型的初生木质部仍可分辨(图 9-14e),而二年生根中央的初生木质部由于其导管周围薄壁组织细胞的分裂增大,导管分子单个或几个成群散在薄壁组织细胞中,维管射线形成裂隙,中央四原型的初生木质部难以分辨(图 9-14f)。

9.3.2 根状茎的结构发育规律

1. 根状茎茎尖的结构及其分化

根状茎茎尖由根颈部的芽发育而成,幼嫩的根状茎为白色,外被鳞叶包裹,以后表面颜色由白色逐渐变成黄褐,待黄褐色的外皮脱落后,露出红色的皮;其顶芽饱满呈圆锥形,可向上长出地面形成克隆株,也可继续水平伸展,延长根状茎。

根状茎尖端的纵切片观察发现,茎尖上着生大量的鳞叶包被着生长点,生长点的原分生组织由原套和原体两部分组成。原套为2层排列整齐的细胞,原体为被原套包被的一团细胞,细胞排列不整齐(图9-15a、b)。在原分生组织下面,其衍生细胞在一定距离

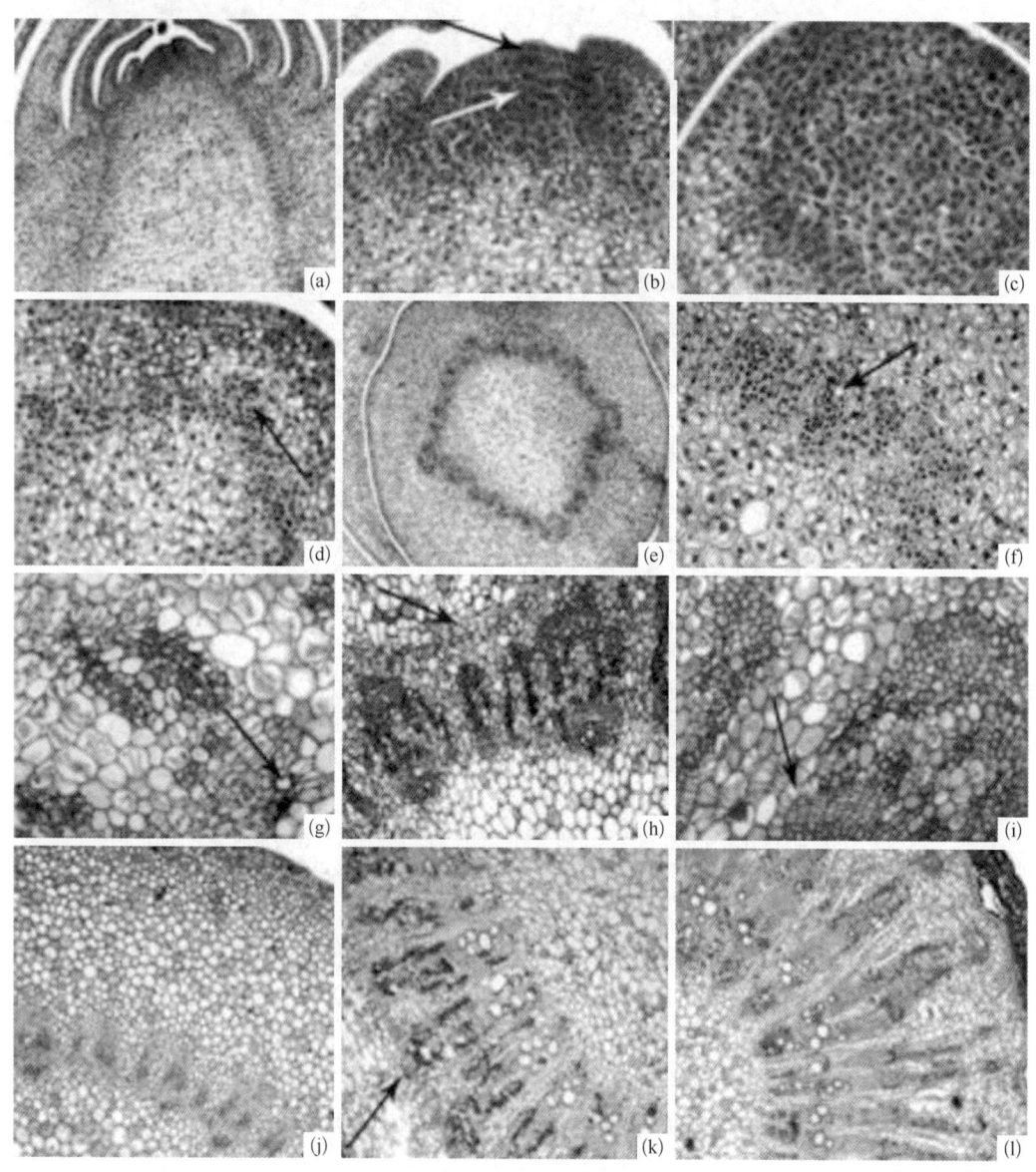

图9-15 乌拉尔甘草根状茎的结构发育

(a) 根状茎茎尖纵切面,示生长点;(b) 根状茎茎尖纵切放大,示原套-原体结构;(c) 根状茎茎尖横切面,示原分生组织;(d) 根状茎横切面,示初生分生组织;(e) 根状茎横切面,示原形成层呈环状排列;(f) 根状茎横切面,示原形成层外侧最初分化的筛管分子(箭头);(g) 根状茎横切面,示原形成层最早产生的导管分子(箭头);(h) 根状茎横切面,示初生维管束外侧的薄壁组织细胞脱分化产生木栓形成层;(i) 根状茎横切面,示束间形成层产生(箭头);(j) 根状茎横切面,示根状茎的初生结构;(k) 一年生根状茎横切面,示其结构;(l) 二年生根状茎横切面,示其次生结构

处分化出原表皮、原形成层和基本分生组织(图9-15c、d)。原表皮为最外一层染色较深、排列整齐的细胞。原表皮内四五层细胞，形状较大，染色稍浅，此即为皮层基本分生组织。位于根状茎中央的细胞，形状大，染色较浅，液泡化程度较高，此部分为髓基本分生组织(图9-15d、e)。在两类基本分生组织之间有染色深的区域，其组成细胞纵向延长，细胞原生质浓厚，即为原形成层(图9-15a、d)。在横切面上原形成层细胞呈互相连续的环，随后从环中分化出一些染色更深的束状区域，即为原形成层束(图9-15e)。

2. 根状茎初生生长与初生结构

观察当年生根状茎的连续切片，在生长锥下面的根状茎中个别原形成层束首先分化，在其外缘出现单个或2个相邻的多角形细胞，其细胞壁略厚、细胞腔透亮，此处即为最早分化的原生韧皮部筛管分子(图9-15f)。接着在原形成层束内侧，可看到1~2个细胞的细胞壁明显增厚并木质化，此即为分化成熟的原生木质部导管分子(图9-15g)。以后原形成层束继续分化产生筛管和伴胞附加在原生韧皮部内侧，同时产生后生木质部的导管分子附加在原生木质部导管的外侧(图9-15g、h)。原形成层束的持续分化形成5~9个初生维管束，在横切面上排列成环。根状茎中基本分生组织、原表皮的分化早于原形成层的分化，但直至初生维管组织分化结束时才完全成熟。至此，根状茎形成了由表皮、基本组织和维管束构成的初生结构(图9-15j)。在根状茎初生结构中，其表皮为一层切向引长的细胞，细胞较小，排列紧密，无表皮毛或其他的附属结构。基本组织包括了皮层和髓，皮层较厚，由20~25层细胞组成，细胞形状较规则，靠近表皮的细胞较小，而内侧的相对较大；在靠近维管束附近1层皮层细胞可见径向壁加厚，似根中的内皮层结构。髓是由类圆形的薄壁组织细胞组成。在髓和皮层组织之间由髓射线连接，构成径向输导组织，并将维管束分开。初生维管束由初生韧皮部、初生木质部和束中形成层组成。初生韧皮部的组成分子有筛管、伴胞和韧皮薄壁组织细胞，并在韧皮部的外侧形成似帽子状的厚壁组织(图9-15h)。初生木质部由导管及木薄壁组织细胞组成，束中形成层细胞3~5层，排列整齐。

3. 根状茎次生生长与次生结构

在根状茎初生生长的过程中，束中维管形成层的细胞恢复分裂能力，向外分化产生次生韧皮部，向内分化产生次生木质部，从而木质部和韧皮部各组成分子的数量增加，维管束体积加大，使各维管束相连。束间形成层分化迟缓，早期不明显(图9-15i)，以后逐渐与束中形成层相连构成了形成层环，其活动的结果是产生更多的次生维管组织，使根状茎增粗。在束中形成层活动的同时，皮层内侧靠近维管束的皮层细胞发生脱分化，形成了最初的木栓形成层(图9-15h)，它向外产生木栓层，向内产生栓内层，最终形成次生的保护组织——周皮。由于木栓层细胞栓质化程度缓慢，因此其外侧的皮层组织保持较长时间不脱落(图9-15k)。不同年生根状茎的次生结构组成基本类似都由周皮和次生维管组织构成，但各类组成分子的数量和体积随年限的延长有较大程度的增加(图9-15k、l)。与根的次生结构相比，除了保留了初生生长时的髓外，两者次生结构的构成相似，但各类组成部分在数量上存在差异。

§9.4 三萜皂苷在乌拉尔甘草中的组织化学定位

三萜类化合物在无水条件下,与强酸、中强酸或路易斯酸(Lewis Acid,LA)作用,发生羟基脱水、双键迁移、双分子缩合等反应,生成的共轭二烯结构单元,在酸作用下可形成正碳离子而显颜色[24]。此外,根据香草醛与三萜酸类成分有较好选择性显色反应特点,因此采用5%香草醛-冰醋酸与适量的高氯酸溶液混合,作为三萜皂苷成分的显色剂,此显色剂可使三萜皂苷成分呈现淡红色—红色—紫红色的颜色反应[102]。

取不同发育阶段乌拉尔甘草根和根状茎的新鲜材料,采用徒手切片法,切片厚度为30～50 μm,部分切片直接滴加5%香草醛-冰醋酸-高氯酸混合试剂显色,另一部分切片作为对照放入70%乙醇溶液中浸泡,30 min后再滴加相同的显色剂显色,临时装片,Leica‐DMLB显微镜下观察,照相记录其结果。

9.4.1 三萜皂苷在不同发育时期乌拉尔甘草根中的组织化学定位

不同发育时期的新鲜甘草根切片与三萜皂苷显色剂作用后,其皂苷呈现淡粉红—深紫

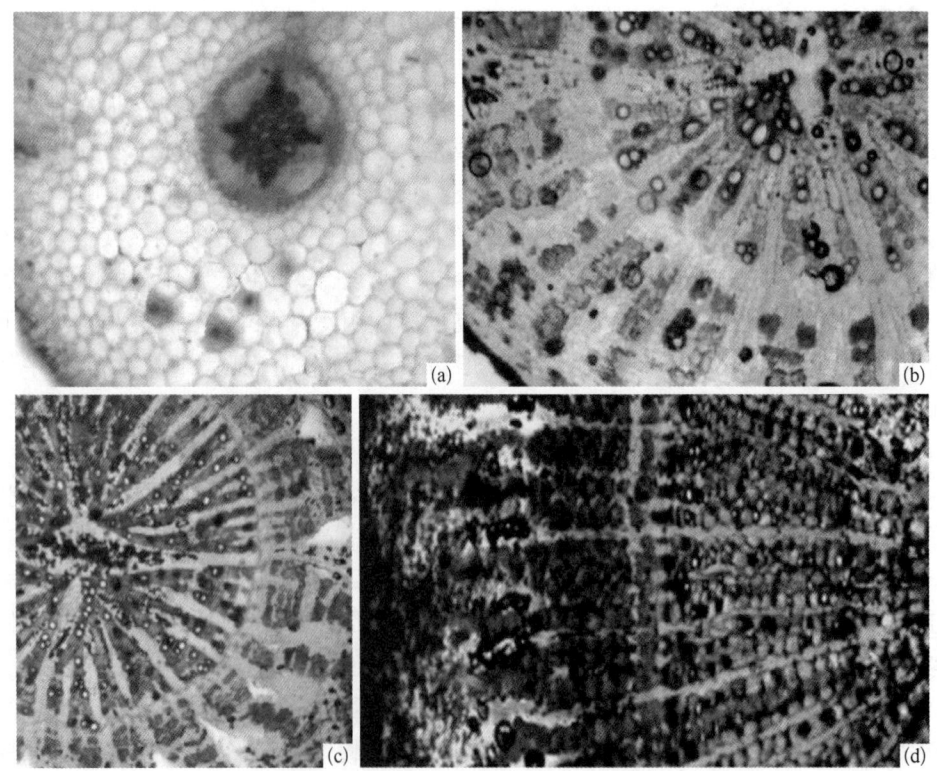

图 9-16 三萜皂苷在不同发育时期乌拉尔甘草根中的组织化学定位(彩图见图版)

(a) 根横切面,示中柱鞘细胞、初生韧皮部和木质部之间的薄壁组织细胞显紫红色;(b) 幼根横切面,维管射线、次生韧皮部、栓内层显粉红色;(c) 二年生根横切面,示形成层新分化的组织显深红色,维管射线和韧皮部显粉红色;(d) 三年生根横切面,示靠近形成层次生韧皮部、木质部显紫红色—红色,维管射线向两端逐渐显红色—橙红色—黄色

§9.4 三萜皂苷在乌拉尔甘草中的组织化学定位

红的颜色反应,根据其显色的部位可确定三萜皂苷在根中的分布状况。在根的初生结构中,其表皮及皮层细胞不显示颜色反应,而中柱鞘细胞,尤其是在原生木质部所对的中柱鞘细胞显示紫红色;初生木质部和初生韧皮部之间的部分薄壁组织细胞显示淡红色,而初生木质部及初生韧皮部未显色(图9-16a)。在根的次生结构中,次生韧皮部的薄壁组织、次生木质部中的薄壁组织细胞及维管射线细胞显示出粉色—红色—紫红色的变化,特别是在邻近形成层区域的韧皮薄壁组织细胞、韧皮射线细胞显色强烈(图9-16b、c)。韧皮射线和木射线在形成层附近的显红色,而随着向两端伸长逐渐过渡的为橙红色—橙色(图9-16c、d);栓内层及其内侧的韧皮薄壁组织细胞显红色—橙红色(图9-16b、c)。比较一至三年生根的显色反应,发现三萜皂苷成分的显色部位无显著差异,但显色范围和色彩的强度有所不同,表现为靠近形成层的组织染色深,而向远离形成层方向逐渐减弱或显示其他颜色(图9-16d);在射线细胞中表现尤其显著,从而表明最早分化成熟的薄壁组织中积累的三萜皂苷少。

9.4.2 三萜皂苷在不同发育时期乌拉尔甘草根状茎中的组织化学定位

不同发育时期根状茎的切片与皂苷显色剂作用后,其显色特征与根类似。在初生结构中,韧皮部及其外侧的1~2层环形排列的薄壁组织细胞显紫红色;栓内层及其相邻的皮层细胞呈粉红色;初生木质部附近的髓细胞也稍显粉红色(图9-17a)。在次生结构

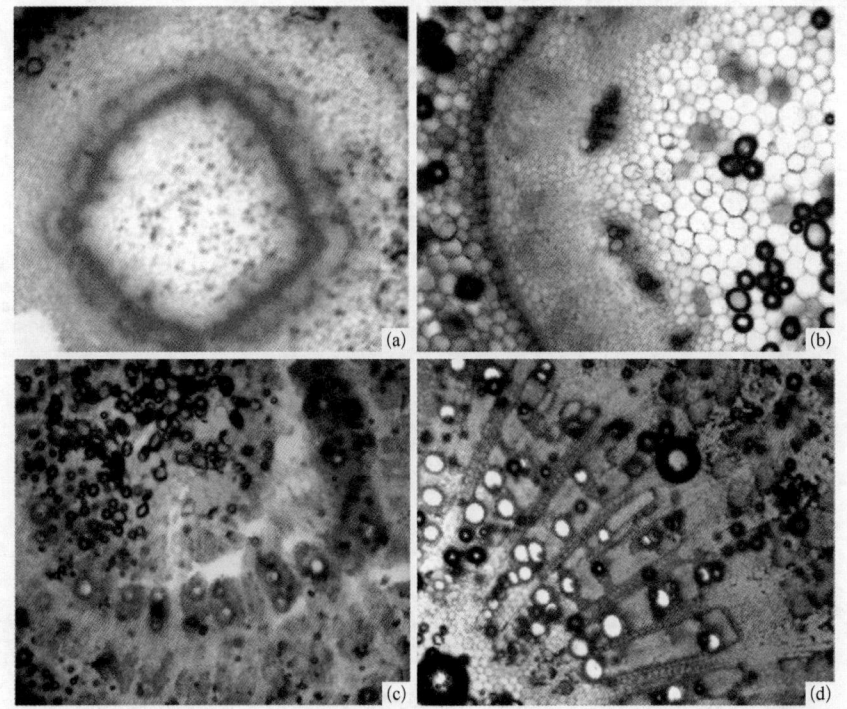

图9-17 三萜皂苷在不同发育时期乌拉尔甘草根状茎中的组织化学定位(彩图见图版)

(a) 根状茎横切面,示初生韧皮部、皮层细胞显紫红色;(b) 根状茎横切面,示韧皮部及髓射线显浅紫色;(c) 一年生根状茎横切面,次生韧皮部显紫红色;(d) 二年生根状茎横切,示射线、靠近形成层的次生韧皮部显粉色—粉红色,髓不显色

第9章 甘 草

中,韧皮薄壁组织细胞、髓射线、栓内层细胞为主要显色部位(图9-17b、c)。二年生根状茎较一年生根状茎显色深,范围更广(图9-17c、d)。对照处理材料,经皂苷显色剂显色后,没有呈现相应的特征性颜色反应。由此可见,在甘草根和根状茎中,韧皮部(韧皮薄壁组织细胞)、射线细胞是三萜皂苷的主要积累部位。

§9.5 甘草酸在乌拉尔甘草中的免疫组织化学定位

免疫组织化学定位技术与传统组织化学定位技术的最大差别在于前者是通过抗原

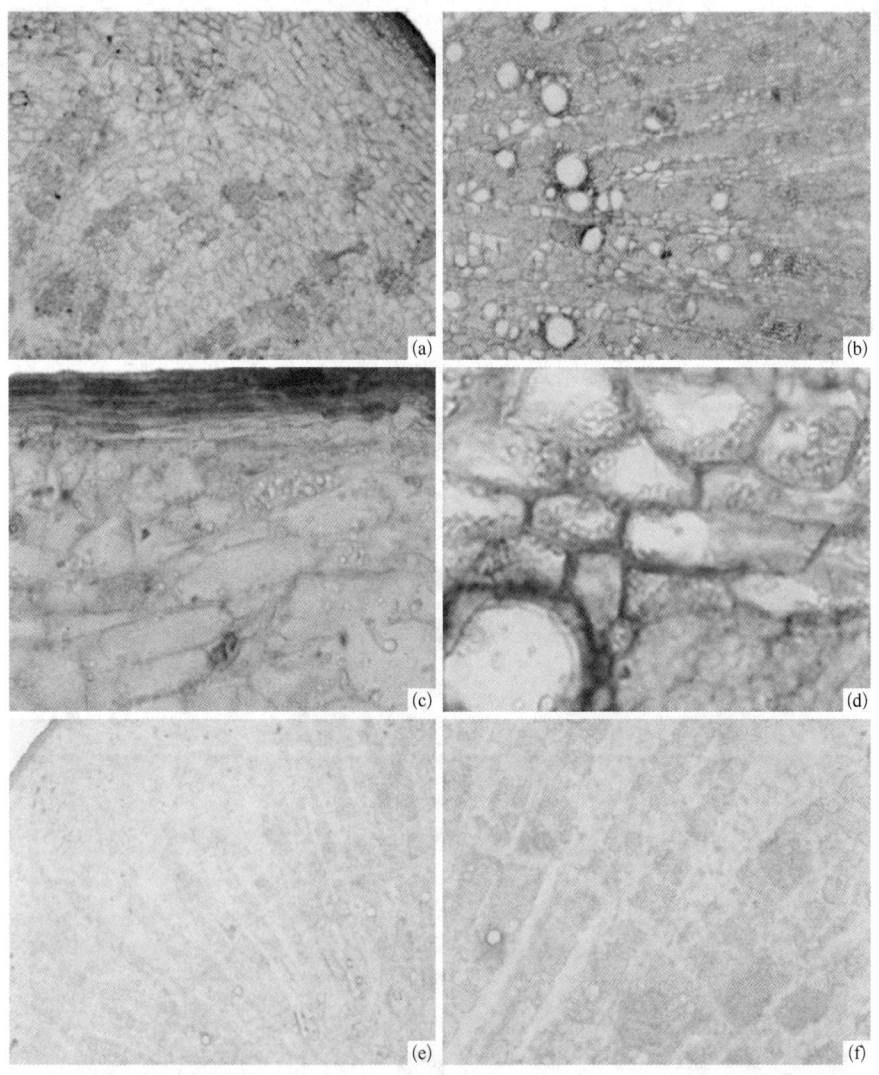

图9-18 三年生乌拉尔甘草根中甘草酸免疫组织化学定位(彩图见图版)

(a) 根横切面,示韧皮部韧皮薄壁组织细胞显红色;(b) 根横切的一部分,示射线细胞(木射线与韧皮射线)显红色;(c) 根横切的一部分,示韧皮薄壁组织细胞中显色的主要部位为薄壁组织细胞的细胞壁,细胞壁显红色;(d) 根横切的一部分,示射线细胞显色的主要部位为射线细胞的细胞壁,细胞壁显红色;(e)、(f) 根横切,示对照材料不显色抗体的特异性反应,将抗原(或抗体)进行定位,因此,具有更强的专属性。免疫组织化学定位技术在植物激素和酶研究中得到了广泛应用[103-106]。但在植物次生代谢产物的定位研究中尚不多,仅报道了盾叶薯蓣中薯蓣皂素的免疫组织化学定位研究[107],其原因在于缺少抗某类活性物质的抗体。2001年,日本九州大学Yukihiro Shoyama教授[38]领导的研究小组成功研究开发出抗甘草酸的单克隆抗体,并将该技术应用于传统中药成分的分析中。这项技术为甘草药用器官中甘草酸的免疫组化定位研究提供了条件。

采用过氧化物酶标记法(SABC法)对三年生乌拉尔甘草根中甘草酸进行免疫组织化学定位研究[108]。研究结果显示经AEC染色后,阳性部位呈现鲜艳的红色,根据其显色的部位可判断甘草酸在根的不同组织中的分布状况。在乌拉尔甘草根的次生结构中,甘草酸的主要显色部位为韧皮部韧皮薄壁组织细胞与射线细胞(图9-18a、b),韧皮部韧皮薄壁组织细胞显红色,周皮、纤维细胞不显色,韧皮部韧皮射线与木质部木射线显红色(图9-18b)。进一步观察发现,韧皮薄壁组织细胞显色的主要部位为薄壁组织细胞的细胞壁,细胞壁显红色(图9-18c),射线细胞显色的主要部位也为细胞壁,导管不显色(图9-18d)。

上述根的对照处理材料,经免疫组化定位方法AEC显色后,均未呈现相应的颜色反应(图9-18e、f)。由此可见,在乌拉尔甘草根中,韧皮部韧皮薄壁组织细胞、射线细胞是甘草酸的主要积累部位。

§9.6 乌拉尔甘草主要药用成分在营养器官中的积累动态变化

甘草的主要药用成分为甘草酸、甘草苷及黄酮类物质,具有多种药理活性。研究甘草营养器官中主要药用成分的积累动态,可以为甘草的适时采挖及综合开发利用提供理论依据。

9.6.1 甘草酸、甘草苷及甘草总黄酮在乌拉尔甘草营养器官中的积累动态

1. 甘草酸、甘草苷对照品及样品提取液的HPLC色谱图

甘草酸、甘草苷的测定采用《中国药典》(2010年版)中的测定方法,即高效液相色谱法,甘草酸、甘草苷对照品及样品提取液的HPLC色谱图如图9-19、图9-20所示,总黄酮的测定采用比色法。

2. 不同营养器官中甘草酸、甘草苷、总黄酮含量

对乌拉尔甘草不同营养器官中的甘草酸、甘草苷和总黄酮类成分的含量测定结果如图9-21、图9-22、图9-23所示。图中结果表明,甘草酸主要积累在甘草地下器官中,其中主根的甘草酸含量最高,平均含量可达4.48%,其次为根状茎。地上器官中甘草酸的含量很低,在叶片中几乎为0,平均含量小于0.05%;甘草苷在不同器官中的分布与甘草酸基本一致,以主根含量最高,其次是根状茎,但含量最低的为茎,平均在0.2%左右;总黄酮的含量则在叶中最高,其次是根和根状茎,茎含量最低。经统计学分析(Ducan' test)显示,三种成分在不同器官间含量差异显著($P<0.05$)。因此,以根和根状茎作为药材是有科学依据的。

第9章 甘 草

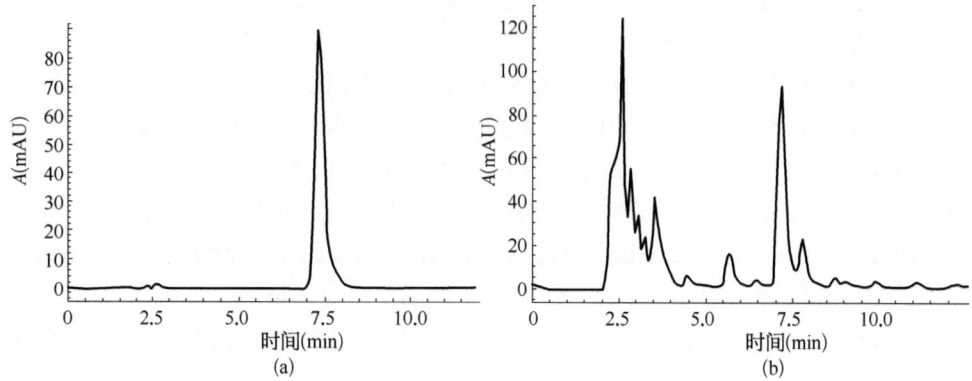

图 9-19 甘草酸对照品(a)和甘草样品提取液(b)的 HPLC 色谱图

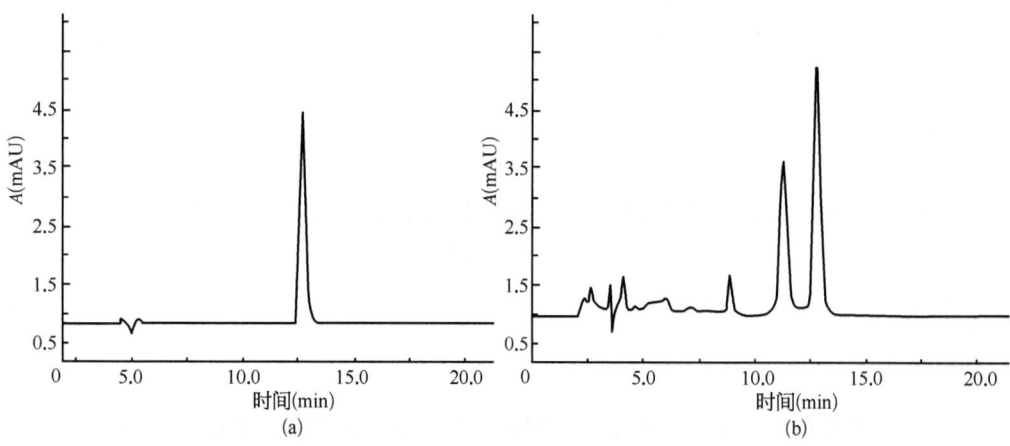

图 9-20 甘草苷对照品(a)和甘草样品提取液(b)的 HPLC 色谱图

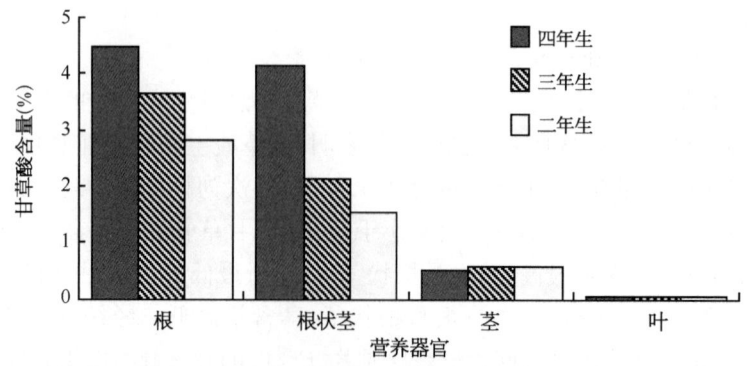

图 9-21 不同营养器官中甘草酸含量(%)

§9.6 乌拉尔甘草主要药用成分在营养器官中的积累动态变化

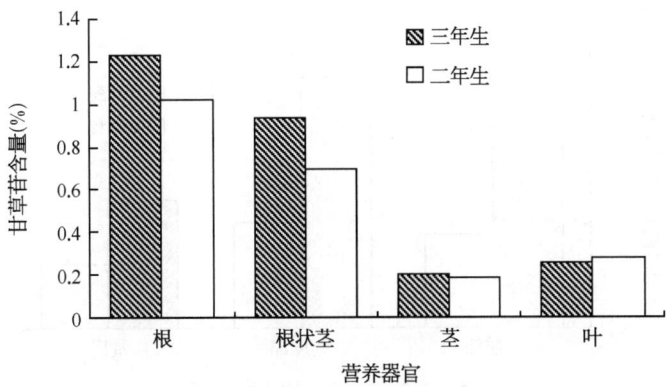

图 9-22 不同营养器官中甘草苷含量(%)

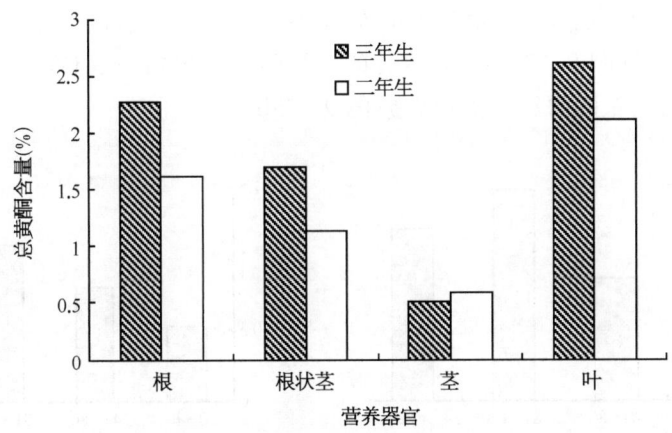

图 9-23 不同营养器官中总黄酮含量(%)

甘草总黄酮虽不是药典中规定的药材质量的评价指标,但鉴于它的生物活性显著,具有很好的开发价值,受到人们的关注。测定结果显示,二年生、三年生甘草不同营养器官中,均表现为叶中总黄酮的含量为最高,地上茎中含量最低。但随着地下器官生长年限的增加,其地下部分总黄酮含量也逐渐提高,三年生甘草主根中总黄酮含量达到 2.602%,高于一年生、二年生,接近地上部分含量 2.630%。且二至三年间总黄酮含量的增幅大于一至二年生甘草。

3. 主根不同组织中甘草酸、甘草苷的含量

取三年生、四年生直径在 1.2～2.3 mm 主根,分切成周皮、韧皮部和木质部三个部分,分别测定其中的甘草酸和甘草苷含量,结果如图 9-24 所示。

如图 9-24 所示,在主根的三个不同部分都含有甘草酸和甘草苷,但甘草酸主要存在于韧皮部中,其次是木质部,在周皮中含量相对较低,而甘草苷在三个部分中的含量相当,此结果与组化分析结果一致。

4. 不同深度的主根中甘草酸、甘草苷的含量

对三年生主根不同深度部位的甘草酸含量测定显示:甘草酸的含量随着主根向下延

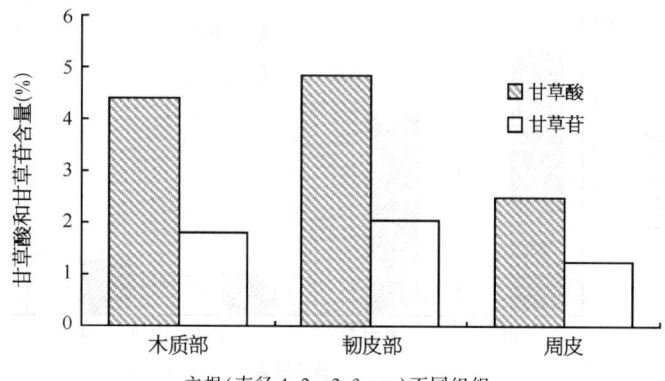

图 9-24 主根不同部分中甘草酸和甘草苷含量(%)

伸,其甘草酸的含量增加,在距根头 1 m 左右的位置其甘草酸含量最高,但超过 120 cm 时甘草酸含量下降(图 9-25a)。甘草苷的含量随着主根向下延伸,其含量增加,超过 120 cm 时甘草苷含量的增长量趋于缓慢(图 9-25b)。

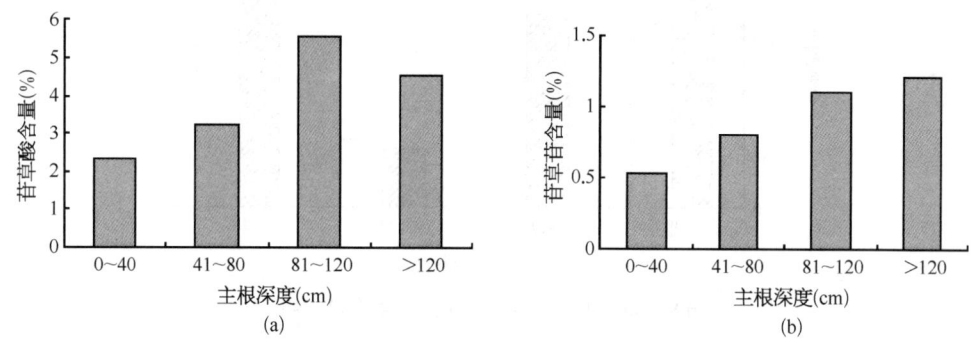

图 9-25 不同主根深度甘草酸(a)和甘草苷(b)含量(%)

9.6.2 不同生长发育期根及根状茎中甘草酸、甘草苷和总黄酮含量变化

1. 不同年生甘草根和根状茎中甘草酸、甘草苷和总黄酮的含量

对宁夏半野生和人工种植甘草不同生长年限根和根状茎中甘草酸、甘草苷和总黄酮含量测定结果显示(表 9-2),甘草酸和甘草苷的含量均随生长年限的延长而增加,四年生根和根状茎中甘草酸含量都超过了药典规定的标准,并与野生甘草接近。

表 9-2 乌拉尔甘草不同营养器官中甘草酸含量   (%)

生长年限	根状茎			根		
	甘草酸	甘草苷	总黄酮	甘草酸	甘草苷	总黄酮
一	—	—	—	1.83	0.87	2.39
二	1.54	0.66	1.71	2.82	1.03	2.27

§9.6 乌拉尔甘草主要药用成分在营养器官中的积累动态变化

（续表）

生长年限	根状茎			根		
	甘草酸	甘草苷	总黄酮	甘草酸	甘草苷	总黄酮
三	2.12	0.70	1.86	3.66	1.19	2.63
四	4.15	1.17	2.02	4.48	1.52	2.94
野生	5.57	3.65	—	4.98	2.27	—

注："—"未采到样品或未检出。

2. 不同生长季节的甘草根和根状茎中甘草酸、甘草苷的含量

对不同生长季节甘草根和根状茎中甘草酸、甘草苷含量测定显示,甘草主根与根状茎中甘草酸的含量变化随生长季节不同而呈现出一定的动态变化(图9-26)。表现为春季地上器官萌发后,根中的甘草酸含量快速下降,6～7月达到最低水平,为1.82%,以后随地上部进入果熟期后开始上升,在10月地上部枯萎后达到3.36%,提高了近1倍,但比萌芽前期的含量略低。甘草苷含量的变化趋势与甘草酸类似,但出现最低含量的时间比甘草酸推迟1个月,变化幅度也相对较低[99]。

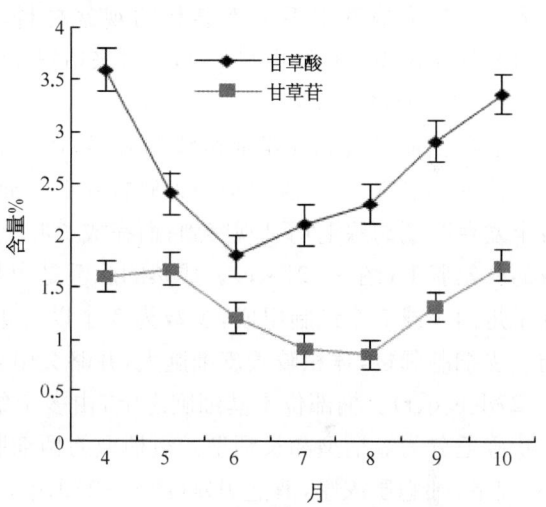

图9-26 不同生长季节甘草主根和根状茎中甘草酸和甘草苷含量变化(%)

9.6.3 不同产地甘草的根及根状茎中甘草酸及甘草苷含量比较

通过对来自不同产地的三年生乌拉尔甘草根和根状茎中甘草苷和甘草酸含量的测定,结果显示(表9-3):产地环境对这两种主要药用成分有影响,来自传统甘草产区宁夏盐池、陕西合阳的甘草,其甘草酸和甘草苷含量都较高,显示了道地药材的优势。

表9-3 不同产地乌拉尔甘草根和根状茎中甘草酸和甘草苷含量 (%)

	宁夏			陕西		
	盐池	红寺堡	银川植物园	合阳	杨陵	西北大学生物园
甘草酸	3.26	2.3	2.73	3.75	1.72	1.25
甘草苷	1.77	0.97	0.88	1.11	0.76	0.25

§9.7 乌拉尔甘草腺毛的结构发育与黄酮类成分的组织化学定位

近年来,从乌拉尔甘草叶中分离得到多种黄酮类成分,并指出腺毛是其叶片中黄酮类化合物的主要储存场所[109,110],但关于叶的分泌组织——腺毛的形态发生以及发育过程中黄酮类化合物的积累报道较少,彭励等[111]对其叶片腺毛的形态发生和发育过程进行观察,并对其发育过程中黄酮类成分的积累变化进行组织化学定位研究。

9.7.1 乌拉尔甘草腺毛的形态结构与发育过程

取生长正常带有叶原基和幼叶的茎端作为腺毛形态发育的观察材料,并取完全展开的成长叶作为成熟腺毛形态结构的观察材料。以上材料采用薄切片法制片,Leica-DMLB 显微镜观察其结构的发育,同时采用扫描电镜观察其形态发育过程。

1. 腺毛的形态结构

根据扫描电镜和光学显微镜的观察,在甘草幼叶、成长叶的近轴面和远轴面上都着生腺毛和非腺毛,其腺毛类型为盾状腺毛。通常,在幼叶上腺毛的分布密度较大,且各个发育时期的腺毛均可观察到;而在成长叶上,腺毛分布密度减小,多为非腺毛和少量的成熟腺毛(图 9-27a、c)。成熟的腺毛是由基部、柄部和头部三个部分构成。基部通常是由 1 或 2 个细胞组成,少数为 3 个以上细胞组成;细胞多呈纵长形,相互并列,与表皮细胞邻接,体积较表皮细胞大,并略突出表皮之上,细胞质稀少,具较大液泡(图 9-27d、e、q、r)。柄部位于基细胞之上,由多个细胞构成,根据其细胞数目和排列可将盾状腺毛分为短柄型和长柄型。短柄型的柄细胞通常为 1~3 个,排列为 1 层,细胞较小、扁平,细胞质浓厚,液泡明显(图 9-27d、q、r)。长柄型的柄细胞由 3 个以上细胞构成,排列成柱状,1 层或多层,且细胞多纵向引长似梭形,形成明显突出的柄部(图 9-27e)。在幼叶和成长叶上多为短柄型盾状腺毛,有的其柄陷入叶表面下(图 9-27f)。长柄型盾状腺毛在叶表面分布较少,而在花萼片的远轴面和近轴面均有大量存在(图 9-27c)。腺毛的头部是由多细胞构成的,常呈 2~4 层排列。下层与柄细胞相连,起到支撑上层细胞的作用,不具有分泌功能,无黑色嗜锇物质积累(图 9-27q、r),其细胞形状不规则,较扁平;上层为分泌细胞,由 12~38 个细胞纵向排列构成盘状结构,其外侧 1 或 2 列细胞稍突出呈环状包围着中央的细胞(图 9-27g、h、i),这些细胞具分泌功能,在其细胞的液泡内可见到黑色嗜锇物质存在(图 9-27q、r)。在腺毛的分泌期可观察到分泌细胞的表面角质层隆起(图 9-27c、f),与细胞壁之间构成角质层下腔(图 9-27h),分泌物在此积累,待分泌物释放后可见角质层脱落的痕迹及其中央形成的凹陷(图 9-27g、h)。

2. 腺毛的发生与发育过程

腺毛的原始细胞起源于原表皮细胞,其发育过程可归纳为以下各阶段:

腺毛原始细胞的发生:盾状腺毛的原始细胞起源于叶原基或幼叶的原表皮,这些原表皮细胞体积增大并向外突起,其细胞质浓厚,液泡小而分散,细胞核大,有别于其他原表皮细胞(图 9-27j、k)。

§9.7 乌拉尔甘草腺毛的结构发育与黄酮类成分的组织化学定位

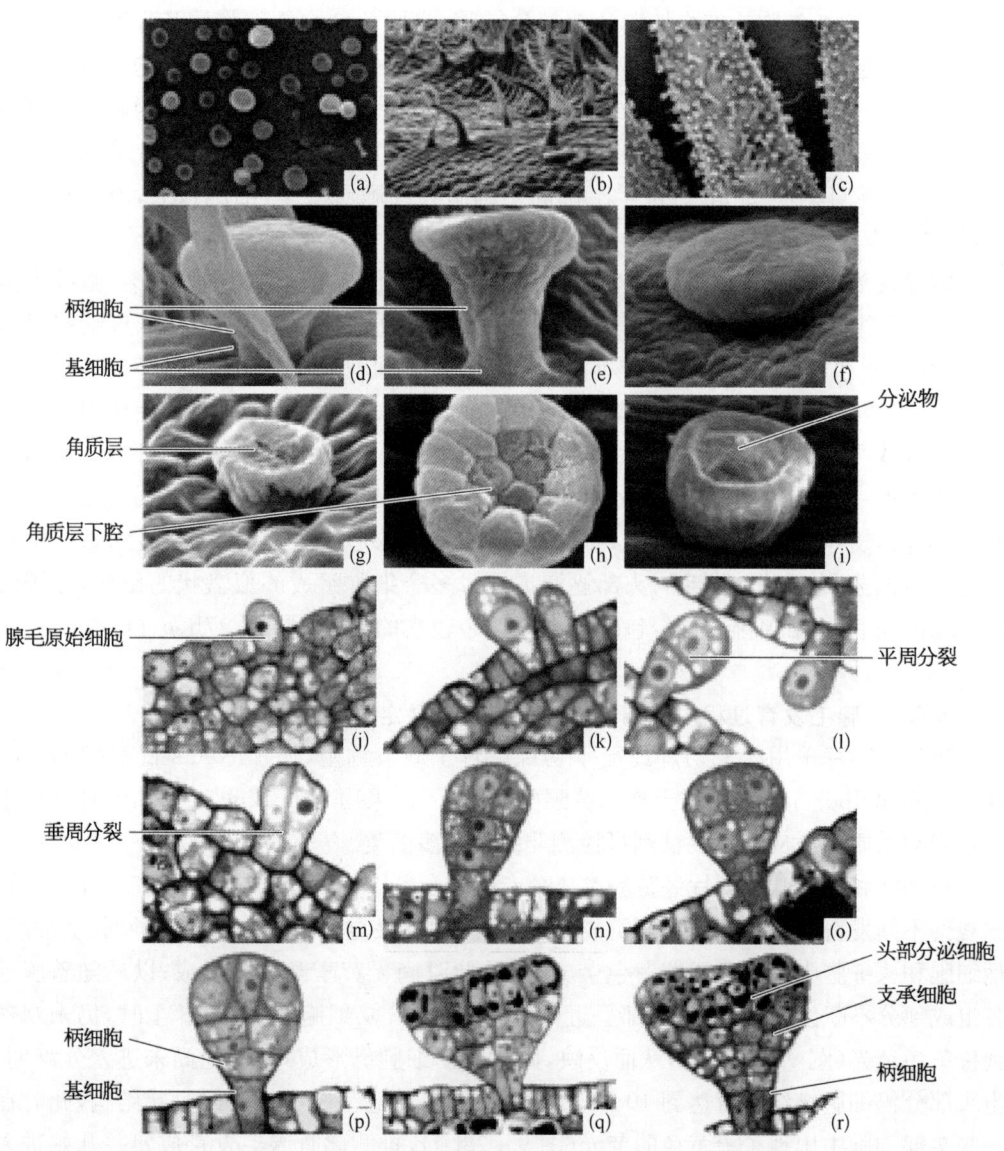

图 9-27 甘草腺毛形态及其发育

(a)~(i) 为扫描电镜相片；(j)~(r) 为薄切片相片

(a) 幼叶上短柄型盾状腺毛；(b) 成长叶上非腺毛和少量短柄型盾状腺毛；(c) 花萼片上长柄型盾状腺毛和短柄型盾状腺毛；(d) 短柄型盾状腺毛侧面观；(e) 长柄型盾状腺毛侧面观；(f) 短柄型盾状腺毛成熟后微凹陷在叶表面下；(g) 盾状腺毛头部分泌细胞外覆盖厚的角质层；(h) 示腺毛头部正面，周围细胞环状突起包围着中央细胞并形成凹陷的角质层下腔及角质层脱落后的痕迹；(i) 示分泌细胞排列成盘状并有液滴状分泌物从角质层泌出；(j) 示腺毛原始细胞发生于叶原表皮；(k) 示腺毛原始细胞突起伸长，细胞核向突起内转移；(l) 示腺毛原始细胞不等的平周分裂形成 2 个细胞阶段；(m) 示腺毛原始细胞突起后可直接发生垂周分裂产生 2 个细胞；(n) 示上部子细胞继续平周分裂，下部的子细胞形成基细胞；(o) 示头部的两个子细胞分别进行垂周分裂；(p) 示柄细胞形成，腺毛头部细胞继续进行分裂；(q) 示腺毛头部分泌细胞由近球形变成盘状，分泌细胞的液泡中产生分泌物(黑色嗜锇物质)；支承细胞两三层，无黑色嗜锇物质；(r) 成熟的盾状腺毛纵切基细胞的产生：腺毛原始细胞产生后，继续增大体积并进一步向外突起。当突起到一定程度时，原始细胞的细胞核向突起部分转移；当原始细胞的细胞核及大部分细胞质已转移到突起顶端时，在细胞下部出现较大液泡(图9-27k)；以后原始细胞进行不等的平周分裂，产生2个子细胞(图9-27l)。其中，位于下部的子细胞将发育为腺毛的基细胞，保持浓厚的细胞质和较大的细胞核，在以后的发育中还可发生1次纵分裂形成2个细胞的基细胞(图9-27m)。位于上部的子细胞其细胞质浓厚，细胞核大，液泡小而分散，将进一步发育成腺毛的柄部和头部。

柄部及头部的形成：基细胞产生以后，其上部细胞再发生2次平周分裂，继续形成3个子细胞(图9-27n)，其中与基细胞相连接的子细胞将发育为柄细胞，该细胞呈扁平状，细胞质浓厚，液泡小，细胞核明显，仍具有分生细胞的特征，可继续平周或垂周分裂，最后形成1个或多个细胞构成腺毛的柄部(图9-27o、r)。与柄细胞相接的子细胞继续垂周或平周分裂(图9-27o、p)，最终发育为腺毛头部的支承细胞(图9-27q、r)。而最顶端的一个子细胞将连续发生多次垂周分裂，逐渐发育为腺毛的分泌细胞(图9-27o、p)，支承细胞和分泌细胞共同构成了一个近球形的腺毛头部；以后随着头部细胞进一步的分裂、分化，腺毛的头部逐渐扩展成多个细胞组成的似盘状的结构，分泌细胞呈纵向引长，外围细胞较大，包围着中央数个较小的细胞(图9-27h、q、r)。

9.7.2 腺毛发育过程中黄酮类成分的组织化学定位

将新鲜叶片采用冰冻切片或徒手切片后置于载玻片上，滴加Neu's试剂(2-aminoethyldiphenylborinate)，可用于检识黄酮类成分[112]。采用Nile Blue试剂和苏丹Ⅲ用于检识脂类物质[113]；应用钌红试剂可检测非纤维素多糖类[114]。

对幼叶和成熟叶的切片经黄酮类成分专用显色剂Neu's试剂染色后，在荧光显微镜下观察不同发育时期腺毛中黄酮类成分产生过程，结果显示：在腺毛发育早期，基细胞、柄细胞和头细胞中都不显示橙黄色荧光，表明此时尚无黄酮类成分形成；以后随着腺毛各组成部分不断发育，腺毛的头部呈近圆形，顶部的分泌细胞达到6～8个时，仍未观察到橙黄色荧光(图9-28g、h)，从而反映，此时分泌细胞已形成，但腺毛尚未进入分泌期。当头部分泌细胞继续发育达到10～12个细胞后，其形态呈一个扁平的盘状结构，此时在一些头部细胞中出现了橙黄色的荧光(图9-28i、j)，推测此时腺毛发育成熟并开始进入分泌期，其分泌物中含有黄酮类成分。随着腺毛进一步发育成熟，其分泌细胞数目逐渐增多，橙黄色荧光增强并向腺毛头部的中央部位转移(图9-28k、l)，表明呈现荧光的黄酮类成分在腺毛成熟后是积累在腺毛的角质层下腔中的。此外，还发现：成熟的腺毛经Nile blue和苏丹Ⅲ染色后，分别呈蓝色和粉红色(图9-28d、e)；经钌红试液染色后呈浅红色(图9-28c)，从而表明成熟腺毛的分泌物中还含有亲脂类成分和少量非纤维素类多糖。

§9.7 乌拉尔甘草腺毛的结构发育与黄酮类成分的组织化学定位

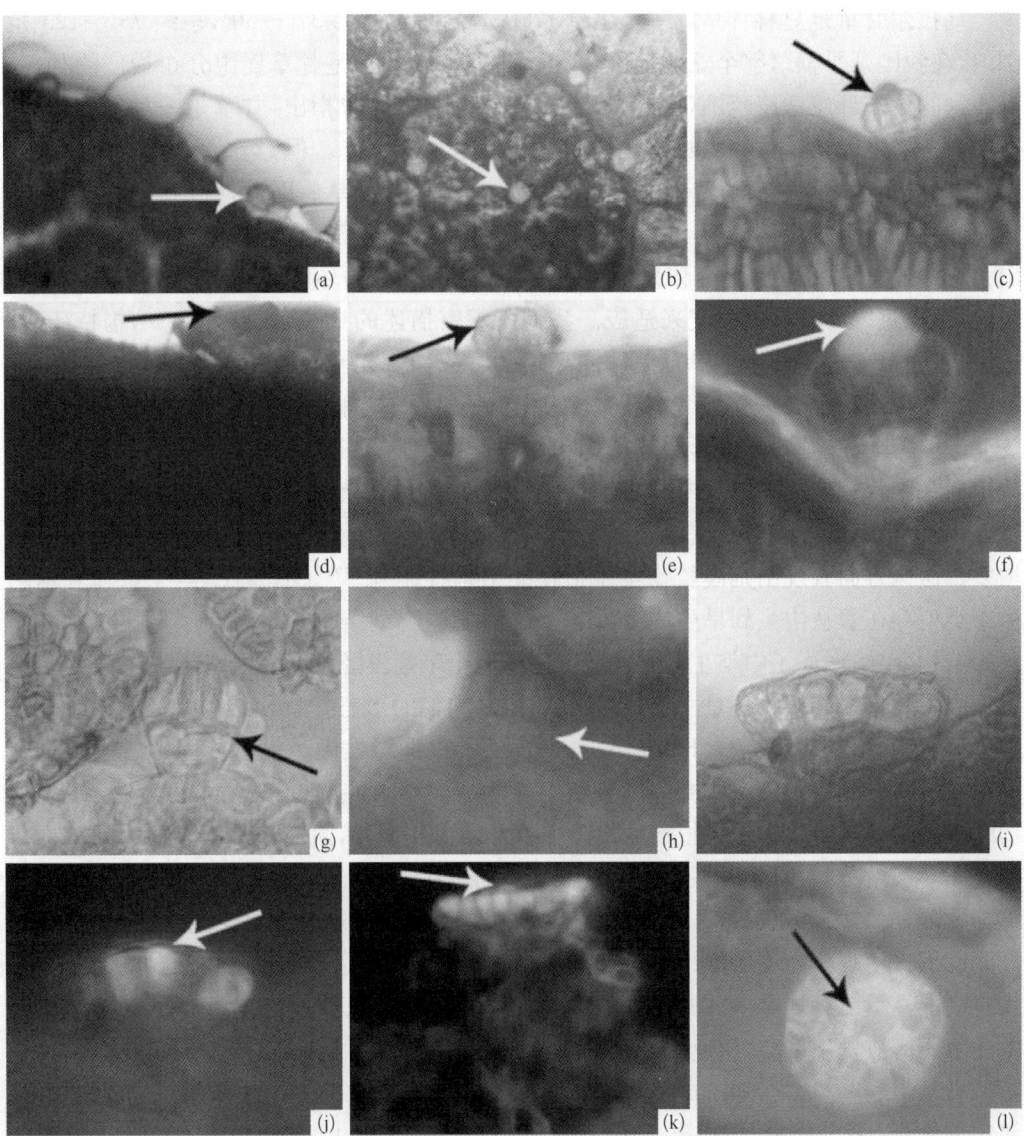

图 9-28 甘草叶腺毛组织化学定位（彩图见图版）

(a) 示新鲜甘草叶上腺毛和非腺毛；(b) 示叶表面盾状腺毛自发荧光；(c) 钌红试剂染色后，腺毛分泌细胞与隆起的角质层之间被染成浅紫红色；(d) Nile blue 染色后，腺毛头部分泌细胞呈现阳性(蓝色)；(e) 苏丹Ⅲ染色后，盾状腺毛细胞呈现粉红色；(f) Neu's 试剂染色后，在荧光显微镜下，腺毛分泌细胞与隆起的角质层之间呈现橙黄色荧光，表明分泌物中黄酮类物质存在；(g) 示腺毛分泌前期，其基细胞、柄细胞形成，分泌细胞产生 6～8 个呈近球形；(h) 示腺毛分泌前期经 Neu's 试剂染色后，在荧光显微镜下未观察到橙黄色荧光(白色箭头)；(i) 示腺毛头部形成 10～12 个分泌细胞构成的扁平盘状结构，细胞开始进入分泌期；(j) 示腺毛进入分泌期后，经 Neu's 试剂染色，在分泌细胞中出现少量的橙黄色荧光；(k)、(l) 腺毛完全进入分泌阶段，经 Neu's 试剂染色后，橙黄色荧光大量积累在腺毛头部并逐渐移动到头部的中央位置

第9章 甘 草

§9.8 讨论
9.8.1 乌拉尔甘草的形态结构特征及与其耐旱性关系

乌拉尔甘草是豆科甘草属多年生草本植物,分布于北纬 37°～50°,东经 75°～123°范围内,在我国几乎横跨整个三北地区(东北、华北和西北),是甘草属中分布最广的种,具有较大的生态环境适应范围(生态幅)[115]。张鹏云[116]等曾指出,甘草是一种中生植物,在中生条件下无论是营养生长还是生殖生长都呈最佳状态。但野外调查发现野生乌拉尔甘草大多生长于生态环境十分脆弱的干旱、半干旱荒漠草原区,这些地区的气候特点主要表现为降雨量少、蒸发量大、水分亏缺、风沙大、光照强、土壤贫瘠。Ceepяee B[117]指出:植物在生长的早期,主要依靠生理上的调节适应恶劣的环境,但在其个体发育的较晚阶段,则通过内部结构的改变来适应。我们所观察描述的乌拉尔甘草形态结构特征,正是反映了甘草对干旱、半干旱荒漠草原环境的适应性。如叶片角质层加厚,上下表皮均有气孔器,形成孔下室,栅栏组织层数增多,出现含单宁等物质的异细胞;形成大量的表皮毛等覆盖物;在轴器官上形成发达的机械组织,特别是在地上茎中机械组织聚集成环状排列在维管柱的周围,保护输导组织免受恶劣环境的伤害。根系发达与根状茎纵横交错,从而使植物能在深层土壤中获得水分,根和根状茎都产生厚的周皮,木栓层细胞层数增多。这些方面表现出荒漠植物旱生植物的结构特征[118,119]。张富民等[120]认为甘草的生态类型存在着从中生到旱生的变异趋势。我们的观察结果正是说明了乌拉尔甘草发生的结构变异,形成了中旱生的结构特征以适应干旱荒漠区的恶劣生态环境。

由于甘草根和根状茎是主要药用部位,所以它们的形态发育和结构特征成为解剖学和生药学的主要研究对象。Fahn 指出,内皮层不仅选择性地运输从外面溶液进入导管的溶质,而且构成水分运动的障碍,使根产生根压。生长在极度干旱或沙生生境下的植物比生长在普通中生环境下植物的凯氏带要宽。由此推知,凯氏带是耐旱植物的结构特征之一[121]。在对甘草根和根状茎的解剖结构研究中,李志军[122]报道:甘草主根的初生结构中,内皮层未见凯氏带。但本研究利用木质和栓质成分可自发荧光的特点,在荧光显微镜下直接观察内皮层的结构。结果发现在蓝色激发光下,中柱鞘外侧内皮层细胞的径向壁上显示出有规律排列的荧光点,我们认为这就是凯氏带,它的存在可以防止幼根中柱中的溶液发生倒流,避免对成长的根造成生理伤害。

冯元忠等[123]认为:根的次生生长发生后,射线细胞深入根中心,将根中央后生木质部分子分开。K·伊稍[124]指出,草本双子叶植物根在次生生长时,初生木质部由于初生木薄壁组织细胞的扩展生长而有相当大的改变。甘草根为典型的草本双子叶植物根的结构,在其次生生长过程中,原集中在根中央的后生木质部的导管逐渐呈分散状,是由于其初生木质部薄壁组织细胞以后体积增大和数量增多而形成,并非射线细胞向内分裂分化造成的。在根的次生结构中的木射线位于初生木质部放射棱的外侧,由维管形成层产生,在形成层处与韧皮射线相连,不会插入到根的中央部位。

有报道认为甘草根在发育过程中,其中央形成髓的结构[13],我们通过研究证明,甘草根的结构为典型双子叶植物根的结构,在初生结构中,根中央由孔径较大的后生木质部导管分子所占据,未见在根发育过程中产生由基本分生组织形成髓的结构。但也发现,在距根头 3~5 cm 以上处,其外形与根的形态无差异,但其中央可见薄壁组织细胞构成的髓。经进一步的解剖学观察,证明此部位为根—茎过渡区,其中有髓的存在。

根状茎不仅是植物的营养繁殖和更新的器官,而且是营养物质储藏场所,即储藏器官,它形态学及生物学的特性与此功能相适应。乌拉尔甘草为多年生草本植物,其地下部分可形成一种变态的茎,与其他变态茎的结构特点相比,其特化程度较低,保留了茎结构共同的发育特点,其茎尖的结构、初生生长过程都与地上茎基本相同,但由于长期生长在地下并承担着储藏和营养繁殖的功能,所以在次生生长过程中趋同于根的发育过程和结构特点,如产生周皮、形成更多的薄壁组织细胞等。除此之外,甘草根状茎多生长于地下 20~40 cm 土层中,在生长发育中形成的机械组织主要为木纤维和韧皮纤维,它们呈束状,与射线细胞和薄壁组织细胞在径向上相间排列,从而使根状茎有更好的韧性,有利于其在地下向四周水平生长,形成克隆株。而地上茎中机械组织则为排列更紧密的纤维束,成环状包围在维管柱外侧,并在其表皮下还存在大量的厚角组织,显然这种结构与地上茎需承受自然界外力如大风等影响有关。根状茎的周皮产生后,其外侧较厚的皮层保留至第二年才脱落,这样的结构可以减少水分的损失,适应干旱及较浅层土壤的环境,说明甘草根状茎的结构特点既与其遗传因素有关,也与其发育环境、功能相关。

9.8.2 乌拉尔甘草根和根状茎的结构发育与甘草酸积累的关系

皂苷类成分是高等植物中广泛存在的一类次生代谢产物,这类成分大多具有重要的药用价值,它们的存在类型及在植物器官中的分布模式具有多样性。杜丽娜等[125]认为"植物次生代谢的一个基本特征是次生代谢产物在植物体内不是普遍存在的,而是限制在一些特定的器官或组织与细胞中"。次生代谢产物的合成部位、分布范围及含量受植物遗传的影响,并且部分通过植物的亲缘关系反映出来。通常情况,次生代谢产物在植物幼嫩、代谢旺盛的生长组织中,但不同种类植物发生次生代谢的器官往往不同。次生代谢产物合成后可以在原处积累或转化,也可转运至他处储藏,所以它们在不同植物体内的分布状况不同[126]。一些研究成果表明:皂苷类成分在不同植物、不同器官及其不同的发育时期中的分布是存在差异的。人参皂苷在西洋参根中主要分布在周皮、韧皮部和分泌道中[127];而在人参根中则存在于韧皮部、木质部导管附近的薄壁组织细胞和木射线细胞中[128]。在绞股蓝营养器官中,人参皂苷主要分布在同化组织和韧皮薄壁组织细胞中[129]。李金亭等[130]报道了对牛膝根中三萜皂苷组织化学定位的研究成果,指出韧皮薄壁组织细胞、栓内层细胞以及三生结构中的额外形成层、三生维管束的韧皮薄壁组织细胞是皂苷类物质的分布和积累部位。采用类似的组织化学定位方法证明甘草根和根状茎中三萜皂苷成分主要分布在韧皮薄壁组织细胞、木薄壁组织细胞、维管射线细胞中,射线细胞、韧皮薄壁组织细胞较其他部分积累了更多的三萜皂苷。对三年生主根的周皮、韧皮部、木质部的甘草酸含量测定结果也表明,在这三个部位中均含有甘草酸,其中在韧皮部中的含量最高,其次是木质部,周皮中最低,与组织化学定位结果一致。

第9章 甘　　草

在三萜皂苷组织化学定位的基础上,采用免疫组织化学定位方法也得到近似的结果,即韧皮薄壁组织细胞和射线细胞是甘草酸的主要积累部位,而周皮、纤维细胞中不含有甘草酸。免疫组织化学定位结果显示周皮中不含有甘草酸,而组织化学定位结果显示周皮栓内层含有少量三萜皂苷类成分,推测可能是周皮栓内层中的其他皂苷类成分显色并非甘草酸。此外,乌拉尔甘草根中甘草酸的免疫组织化学定位结果还显示,甘草酸主要存在于韧皮薄壁组织细胞与射线细胞的细胞壁中,而组织化学定位结果仅能显示三萜皂苷在根的组织学水平的分布。因此,免疫组织化学定位方法可以代替传统组织化学定位方法进行甘草酸在甘草药用器官中的分布规律与储存特点的研究,具有更强的专属性与精确性。

乌拉尔甘草根的结构类似于一般多年生双子叶草本植物,其周皮和次生维管组织构成了次生结构。通过对不同发育时期的根和根状茎结构比较,发现随着生长年限的增加根和根状茎的直径迅速加粗,形成层环周长逐年扩大,产生的次生韧皮部、次生木质部和维管射线的数量增多。韧皮部细胞的数量在早期比木质部多,韧皮部与木质部的面积比值达 4.4∶1,以后韧皮部产生的速度减缓,而木质部细胞数量增加,韧皮部与木质部的面积比逐渐降至 1.6∶1,四年生甘草根中两者的比例近 1∶1。维管射线不仅在径向上伸长,而且条数由 20 条增加至 100 多条。结合甘草酸组织化学定位结果,我们认为维管射线数量的增多及韧皮薄壁组织细胞数量增加,是甘草根中甘草酸积累逐年增多的原因。但是在多年生的根中,由于皂苷类成分优先积累于幼嫩组织的原因[129],在远离形成层的维管射线和薄壁组织细胞中甘草酸积累逐渐减少(组化显色为粉红色—黄色的变化),因此,随着老根的增粗生长,其内部甘草酸的积累速度是逐渐减缓的。谷会岩[131]指出,栽培甘草的主根长度、主根粗度、株高和生物量均随生长年限的增加而增加,以二、三年生植株的增长量最大,是甘草的快速生长期。另有研究认为此期间是乌拉尔甘草酸含量快速增长期,而四年生以后增长速度变缓。我们研究结果揭示了甘草生物量增加与甘草酸积累的关系,初步解释了栽培甘草一至三年甘草酸含量增加,以后逐渐减缓的可能原因。长期以来,药材甘草的质量评价多以外观指标划分的,李时珍云:"今人唯以大径寸而结紧断纹者为佳,谓之粉草,其轻虚细小者,皆不及之。"各地药材甘草分级标准中也把直径的大小作为一个重要的分等指标[13]。我们从甘草根的结构发育与甘草酸积累的关系分析,这种以直径作为质量的划分标准是有一定的理论依据的。但是,对于人工种植甘草而言,如果仅强调甘草直径这个指标,就又可能出现快速催长的情况,导致出现根的个体较大,产量高,但甘草酸等药用成分含量积累不足,因此,甘草酸的合成和积累不仅与结构发育相关联,也与发育过程中环境因素的协同作用有关。

9.8.3　腺毛的结构与叶片中黄酮类物质的关系

腺毛是植物分泌和积累次生代谢产物的重要结构之一,其分泌物中普遍含有植物自我防御免受病原菌、草食动物、强烈紫外线损伤的化学成分[132],其中有些次生代谢物具有重要的经济价值和药用价值,因此一些具腺毛的植物如唇形科和菊科植物备受人们的关注。大多数唇形科植物叶表面同时分布着盾状和头状两种类型腺毛,这些腺毛都由三个部分构成,但在不同种植物中其各组成部分的细胞数目、大小、形态都有所不同,其形态特点常常是植物分类的依据之一[133]。从乌拉尔甘草腺毛的形态观察结果分析,在叶、幼茎和花萼片上的成熟腺毛都为盾状腺毛,但存在两种类型;其腺毛头部是由一层分泌细胞和1~2层支承作用的细胞构成的,分泌细胞数量较多,多为16~38个,其形态结构与已报道的唇型科等植物的腺毛有较大差异,反映了植物腺毛形态结构的多样性。

黄酮类化合物(flavonoids)是自然界尤其是植物界分布较为广泛的一大类天然酚性化合物,是药用植物中主要活性成分之一,也是植物自我防御体系的重要物质基础之一。Roda等[134]认为:在野生烟草(*Nicotiana attenuata*)叶上,腺毛能分泌次生代谢产物而改变叶子表面化学成分,从而减少了食草动物、病源菌和环境中非生物因素对植株的伤害;通过采用划伤、茉莉酸甲酯(MeJA)、UV-辐射、接种昆虫4种人为胁迫处理,发现能在腺毛中诱导产生一系列黄酮类(黄酮醇,槲皮素及其7-methylated衍生物)物质,并分泌到叶表面。Dānos研究两种甘草(光果甘草,刺毛甘草)叶的分泌结构,检测出芸香苷、山柰酚和槲皮素等成分;并推测其腺毛中可能含黄酮苷及其苷元。同时指出叶片经粉碎后得到的提取物中黄酮类成分与直接用提取液冲刷叶表面所得的黄酮类成分无明显的差异[136]。由此可见,植物腺毛中分泌的物质不仅含有精油等萜类成分(如唇形科植物),还含有具保护作用的黄酮类成分。根据对乌拉尔甘草营养器官中总黄酮含量的测定结果,甘草中总黄酮含量以叶中为最高,平均含量为叶片干重的1.39%~2.64%;组织化学定位结果表明,甘草叶中的黄酮类成分主要存在于腺毛中,并发现在腺毛的发育过程中,其头部分泌细胞未发育完全前,腺毛中不产生和积累黄酮类物质;随着腺毛发育成熟,黄酮类成分在分泌细胞中产生,以后在角质层下腔中积累。根据组织化学和荧光显微镜观察,在叶肉细胞中未见到黄酮类物质的反应,从而证实腺毛是乌拉尔甘草叶片中黄酮类成分的主要积累场所。

9.8.4 甘草根和根状茎中主要药用成分积累变化规律与甘草规范化种植

中药材生产质量管理规范(GAP)是中药材生产和质量管理的基本准则,适用于中药材生产的全过程。实施GAP的最终目的是控制影响药材质量的各种因素,保证中药材的真实、安全、有效、质量稳定。

甘草酸和甘草苷是药用甘草在生长发育过程中产生的次生代谢产物,是甘草实现临床作用的物质基础,因此甘草酸和甘草苷的含量成为甘草及其制品质量的主要评价指标。研究证明甘草酸和甘草苷的含量在乌拉尔甘草个体发育过程中呈现一定的变化规律,认识和掌握这些变化规律对进一步调控甘草药材质量的形成过程,指导甘草的规范化种植具有一定的意义。

从甘草酸和甘草苷的积累部位看,这两种重要的成分主要分布在甘草的地下器官中,人工甘草主根中的含量高于根状茎,且两者在地下器官中的含量受地上器官发育阶段的影响。由此提示我们可以在人工种植甘草过程中,应采用合理的管理技术,有效协调地上与地下器官的生长,促进地下器官生长发育,与此同时,采取合理的水肥控制技术,促进地下器官中甘草酸和甘草苷的积累,使生物量增长与有效成分积累达到平衡。乌拉尔甘草根及根状茎发达,主根可深达 2~3 m,在研究中发现栽培甘草主根甘草酸和甘草苷的含量均随土壤深度的增加而增加,在 80~120 m 时达到单株的最大值。这项研究结果与傅克治[136]报道栽培甘草的根头、根体和根尾的甘草酸含量呈增加趋势的结果一致。

从甘草酸和甘草苷在药用器官中的积累规律看,药用器官的生长发育期对栽培甘草中主要成分的积累有直接影响,因此确定合理采挖期是人工种植甘草的关键环节之一。尽管人们多认为栽培甘草中甘草酸含量不及野生甘草,但研究结果显示栽培甘草的生长年限是影响甘草酸和甘草苷积累的重要的因素,在合理的栽培管理下,三至四年以上栽培甘草其甘草酸和甘草苷含量可以达到《中国药典》(2010 年版,一部)的标准,而且与相同环境下的野生甘草中的含量相近。此外,在每年的生长季中,甘草根及根状茎中的代谢产物随季节而变化,在宁夏 4~10 月,甘草主根中甘草酸含量的变化规律,表现为从高—低—高的变化趋势,6~7 月含量最低,10 月的含量达到全年的最大值。但甘草苷的变化略有不同,7 月含量最低,而 9 月含量最高,10 月又有所下降,这种变化规律与我国东北地区栽培和野生甘草中甘草酸的变化规律类似[137]。我们对三年生、四年生甘草主根中甘草酸含量与 7~10 月气候因子平均值(气温、降雨、光照)的相关性进行了初步分析,结果显示:温度与甘草酸含量的积累呈负相关,且相关性达显著水平($P<0.05$),这一结果与药材三七中总皂苷含量与生长季节的温度呈负相关的结果一致[138]。鉴于这种的变化规律,我们认为大多数甘草种植地区宜在秋季进行采挖。

从甘草药用成分积累与产地环境关系看,推广人工甘草的规范种植技术,首先要考虑在产地适宜区种植。因为药材中绝大多数的有效成分是植物次生代谢产物,而这些次生代谢产物则是由逆境诱导产生的,环境因素往往决定这些次生代谢产物的积累规律,与初生代谢相比植物次生代谢受环境影响更为明显[139]。一般的,特定植物中次生产物的种类相对稳定,而含量则受环境因素影响而变化较大。综上所述,药用甘草中的有效成分的积累是一个复杂的过程,既受到遗传因子的控制,又在很大程度上受环境因子控制,因此,从不同水平、不同角度认识在甘草个体在发育过程中药用成分合成与积累的规律,是实现优质高产人工种植甘草的前提,也是实现人工甘草完全取代野生甘草的基础,这是本研究工作的意义所在。

参考文献

[1] 国家药典委员会编. 中华人民共和国药典(2010 年版,一部)[M]. 北京:中国医药科技出版社,2010.
[2] 高鸿霞,邵世和,王国庆. 中药甘草研究进展[J]. 井冈山医专学报,2004,11(5):108-116.

[3] 中国科学院中国植物志编辑委员会编,刘亮,等编著.中国植物志(第四十二卷,第二分册)[M].北京:科学出版社,2002.

[4] 谢宗万.中药材品种论述(中册)[M].上海:上海科学技术出版社,1994.

[5] 张继,马君义,杨永利,等.刺果甘草根化学成分的研究[J].中国药学杂志,2002,37(12):902-906.

[6] Yamazaki M,Sato A,Shimomura K,et al. Genetic relationship among *Glycyrrhiza* Plants determined by RAPD and RFLP analyses[J]. Biological & Parmaceutical Bulletin,1994,17:1529-1534.

[7] Hayashi H,Hosono N,Kondo M,et al. Phylogenetic relationship of *Glycyrrhiza* plants based on rbcl sequence[J]. Biological & Pharmaceutical Bulletin,1998,21(7):782-789.

[8] Hayashi H,Hosono N,Kondo M,et al. Phylogenetic relationship of six *Glycyrrhiza* species based on rbcl sequences and chemical condititutes[J]. Biological & Pharmaceutical Bulletin,2000,5:602-610.

[9] 刘春生,王朋义,王义全.中国药用甘草物种划分的分子基础研究[J].中国中药杂志,2005,30(22):1736-1742.

[10] 乔世英,成树春,王志本.中国甘草[M].北京:中国农业科学出版社,2004.

[11] 李学禹.我国药用甘草产地及原植物的研究[J].石河子农学院学报,1989,11(1):23-27.

[12] 冯毓秀,林寿全.本草考证[J].时珍国药研究,1993,4(2):41.

[13] Fu Y J. The Chinese Licorice(中国甘草)[M]. Beijing:Science Press,2004.

[14] 王继永,刘春生,王文全.中国东北地区甘草资源考察报告[J].中国中药杂志,2003,28(4):308-312.

[15] 黄明进,王文全,魏胜利.我国甘草药用植物资源调查及质量评价研究[J].中国中药杂志,2010,(35)8:947-952.

[16] 魏胜利,王文全,王海.我国中西部地区甘草资源及其可持续利用的研究[J].中国中药杂志,2003a,28(3):202-205.

[17] 傅克治主编.中国甘草野生变家植[M].哈尔滨:东北林业大学出版社,1989.

[18] 蒋齐,王英华,李明,等.甘草研究[M].银川:宁夏人民出版社,2009.

[19] 彭励,朱强,王俊,等.宁夏中部干旱区甘草群落多样性分析[J].西北大学学报(自然科学版),2008,38(1):80-84.

[20] 李学禹.新疆甘草属(*Glycyrrhiza*)的生态分布及其利用[J].石河子农学院学报,1984,1:67-70.

[21] 王玉庆,朱玫.我国甘草资源调查与分析[J].山西农业大学学报,2002,4:366-371.

[22] 崔国盈,赵桂林,祖力皮亚,等.新疆甘草资源的分布及其开发利用[J].草食家畜,1999,103(2):40-43.

[23] 李晓瑾,杨卫东,文浩.简析新疆甘草资源现状[J].中药研究与信息,2002,4(2):26-31.

[24] 姚新生.天然药物化学[M].3版.北京:人民卫生出版社,2001.

[25] 吴寿金,赵泰,秦永琪.现代中草药成分化学[J].北京:中国医药科技出版社,2002.

[26] 张俊巍.甘草属植物三萜成分的研究进展[J].贵阳中医学院学报,1985,2:64-69.

[27] 胡金峰.甘草属植物化学成分研究概况[J].天然产物研究与开发,1996,8(3):77-82.

[28] 王彩兰,韩永生,丁立.甘草属植物中三萜类化学成分研究进展[J].河南师范大学学报(自然科学

版),1990,3:39-43.
[29] 谭仁祥主编. 植物成分分析[M]. 北京:科学出版社,2002.
[30] 李薇,宋新波,张丽娟,等. 甘草中化学成分研究进展[J]. 辽宁中医药大学学报,2012,14(7):40-43.
[31] 徐志栋,王敏,康怀萍. 甘草属植物三萜成分研究概况[J]. 河北轻化工学院学报,1998,19(1):10-14.
[32] 周燕,王明奎,朱绪民,等. 甘草化学成分的高效液相色谱-串联质谱分析[J]. 分析化学,2004,32(2):174-180.
[33] 谷会岩,郭兴顺,杨逢建. 国内甘草酸测定方法研究进展[J]. 东北林业大学学报,2002,30(4):79-82.
[34] 茹仁萍,吕坚,吴锡铭. 色谱法和分光光度法测定甘草酸含量的比较[J]. 现代应用药学,1995,12(2):54-58.
[35] 马建华,杨奇. 应用红外广谱法直接定量分析甘草中的甘草酸[J]. 新疆农业科学,1990,4:173-176.
[36] Tanaka H, Shoyama Y. Formation of a monoclonal antibody against glycyrrhizin and development of an ELISA[J]. Biol Pharm Bull, 1998, 21: 1391-1393.
[37] Jing Z, Gang L, Bao-min W, et al. Development of a monoclonal antibody-based enzyme-linked immunosorbent assay for the analysis of glycyrrhizic acid[J]. Anal Bioanal Chem, 2006, 386: 1735-1740.
[38] Shan S, Tanaka H, Shoyama Y. Enzyme-linked immunosorbent assay for glycyrrhizin using anti-glycyrrhizin monoclonal antibody and an eastern blotting technique for glucuronides of glycyrrhetic acid[J]. Anal Chem, 2001, 73(24): 5784-5790.
[39] Yahara S, Itsuo Nishioka. Flavonoid glucosides frome licorice[J]. Phytochem, 1984, 23(9): 2108-2111.
[40] Tsutomu Nakanishi, Akira Inada, Kazuko Kambayashi, et al. Flavonoid glycosides of the roots of *Glycyrrhiza uralensis*[J]. Phytochem, 1985, 24(2): 339-342.
[41] 邢国秀,李楠,王童,等. 甘草中黄酮类化学成分的研究进展[J]. 中国中药杂志,2003,28(7):593-598.
[42] 李强,任茜. 甘草属药用植物二氢黄酮的含量对比[J]. 陕西林业科技,1992(4):51-54.
[43] 封士兰. 甘草黄酮的提取分离和含量测定[J]. 兰州医学院学报,1998,24(4):20-24.
[44] 张雪辉,赵元芬,等. 甘草中总黄酮含量的测定[J]. 中国中药杂志,2001,26(11):746-751.
[45] 王小强. 薄层光密度法测定甘草中甘草苷的含量[J]. 药物分析杂志,1990,10(6):351-354.
[46] 杨岚,刘永隆,林寿全. 六种甘草属植物根中黄酮类成分的高效液相色谱分析[J]. 药学学报,1990,25(11):840-845.
[47] 曾路,楼之岑,张如意. 国产甘草的质量评价[J]. 药学学报,1991,26(10):788-792.
[48] Tookey H L, Quentin J. New sources of water-soluble seed gums[J]. Economic Botany, 1965, 19(2): 165-174.
[49] 周蓉,齐莉,王雅芬,等. 甘草多糖的分离纯化及高效毛细管电泳分析[J]. 分析化学,1999,27(2):245-249.

[50] 郑小亮,蔡亚平,翁凡,等.甘草多糖的分级与含量测定方法的建立[J].中医药信息,2009,26(6):28.

[51] 蔡亚平,赵蕊,朱丹.HPGPC 法对五种中药多糖的分子量分布测定和种类考察[J].牡丹江医学院学报,2011,32(1):28-29.

[52] 孙润广,张静.甘草多糖螺旋结构的原子力显微镜研究[J].化学学报,2006,64(24):2467-2472.

[53] 胡金峰,沈凤嘉.云南甘草中新生物碱的结构[J].高等学校化学学报,1995,16(8):1245-1249.

[54] 李振华,张莉,李洪刚.西北12个产地甘草微量元素的测定[J].甘肃医药,1995,14(1):37-41.

[55] 许秋霞,邹敏.甘草的药理作用概述[J].中医杂志,1992,33(7):52-53.

[56] 李明.甘草的研究概况[J].甘肃中医学院学报,2000,17(3):59-63.

[57] 汪俊韬.复方甘草甜素(美能)在肝病领域的临床应用[J].中国药房,2002,13(8):500.

[58] 朱任之.甘草次酸钠口服给药的抗炎及免疫调节作用[J].中国药理学通报,1996,12(6):121-123.

[59] Nakashima H, Matsui T, Yoshida Y, et al. A new antihuman immunodeficiency virus substance plyeyrrhizin sulfate: adowment of glycyrrhizin reverse transcriptase inhibitor activity by chemical modifieation[J]. JPN J zneer Res, 1987, 8(8): 667-771.

[60] Watanbe H, Makino M, et al. Therapeutic effects of glycyrrhizin in mice infected with L-BM 5 murine retrovirus and mechanisms in colves ithe prevention of disease progression[J]. Biotherapy, 1996(4): 209.

[61] Hatano T, Yasuhara T, Miyamoto K. et al. Anti-human immunodeficiency virus phenolics from licorice[J]. Chem Pharm Bull, 1988, 36(6): 2286.

[62] 渡边和浩,等.抗病毒药用组成物质[J].日本公开特许公报,1989.

[63] 凌一揆.中药学[M].上海:上海科学技术出版社,1992:215.

[64] 邓少玲,陈文雄.大黄甘草汤在毒鼠强中毒抢救中的应用[J].中国药房,2002,13(7):421.

[65] 韩军.甘草的药理作用与临床应用价值[J].实用中医药杂志,2009,29(18).

[66] Shibata S. Inhibitory effects of licochalcone A from G. inflata root on inflammatory earedema and tomour promotion in mice[J]. Planta Med, 1991(3): 221-225.

[67] 胡小鹰,彭国平,等.甘草总黄酮抗心律失常作用研究[J].中草药,1996,27(12):733-736.

[68] 叶怀义,龚赋岚,尚明,等.甘草黄酮抗衰老作用研究[J].哈尔滨商业大学学报(自然科学版),2004,20(1):95-99.

[69] 周香珍,王文全.甘草质量差异研究概况[J].中国中药杂志,2011,36(10):1394.

[70] 林寿全,童玉懿.国产六种甘草资源的利用研究[J].植物分类学报,1977,15(2):47-53.

[71] 解军波.甘草道地性的物质基础和评判指标体系研究[D].北京:北京中医药大学,2009.

[72] 王文全.乌拉尔甘草生态特性及生态环境对其药材质量影响的研究[D].北京:北京林业大学,2000.

[73] 曾路,楼之岑,张如意.国产甘草的质量评价[J].药学报,1991,26(10):788-792.

[74] 魏胜利.乌拉尔甘草地理变异与种源选择[D].哈尔滨:东北林业大学.2003.

[75] 闫永红.不同来源甘草的质量特征及评价研究[D].北京:北京中医药大学,2006.

[76] 王跃飞,文红梅,郭立玮,等.不同产地甘草的聚类分析[J].中草药,2006,37(3):435.

[77] Hiroaki Hayash, Kenichiro Inoue, Kazuo Ozaki. Comparative analys is of tenstrains of *Glycyrrhiza uralensis* cultivated in Japan[J]. Bio Pharm Bull, 2005, 28(6): 1113.

[78] 周成明,田伟,尹春梅,等.家种及野生甘草的甘草酸含量比较[J].中药材,2002,25(12):861.

[79] 孙兰,余竞光,李德宇,等.野生与栽培甘草中甘草酸和甘草苷的含量比较[J].中药材,2001,24(8):550.

[80] 郑阿利,盖轲,何登文,等.野生与栽培甘草的质量比较[J].中国药师,2005,8(10):819.

[81] Yamamoto Y, Majima T, Saiki I, et al. Pharmaceutical evaluation of *Glycyrriza uralensis* roots cultivated in eastern Nei-Meng-Gu of China[J]. Biological and Parmaceutical Bulletin, 2003, 26(8):1144-1148.

[82] 刘艳华,傅克治.不同土壤环境生长乌拉尔甘草主要化学成分含量测定[J].中国兽药杂志,1996,30(4):25-29.

[83] 林寿全,林琳.生态因子对中药甘草质量影响的初步研究[J].生态学杂志,1992,11(6):17-20.

[84] 彭励,胡正海.甘草生物学和化学成分的研究进展[J].中草药,2005,36(11):1744-1747.

[85] 刘长利,王文全.干旱胁迫对甘草酸积累影响的物质组分分配研究[J].中国中药杂志,2008,33(23):2852.

[86] 唐晓敏.水分和盐分处理对甘草药材质量的影响[D].北京:北京中医药大学,2008.

[87] 李明,张清云,蒋齐,等.提高人工栽培甘草产量和质量的氮磷钾施肥技术初步研究[J].世界科学技术——中医药现代化,2006,8(1):124-126.

[88] 程滨,张强,杨治平,等.乌拉尔甘草营养特征与需肥规律研究[J].中国生态农业学报,2005,13(1):128-132.

[89] 刘长利.甘草酸在甘草植物体内积累的调控机制研究[D].北京:北京中医药大学,2006.

[90] 王继永.甘草栽培营养的研究[D].北京:北京林业大学,2003.

[91] 梁新华,栾维江,梁军,等.硼等4种元素对甘草酸生物合成关键酶基因表达的RT-PCR分析[J].时珍国医国药,2011,22(10):2351-2353.

[92] 刘金荣,赵文彬,王航宇,等.不同生长期栽培甘草的产量及有效成分分析比较[J].上海中医药杂志,2004,38(11):56-62.

[93] Hiroaki Hayashi, Noboru Hiraoka, Yasumasa Ikeshiro, et al. Seasonal variation of glycyrrhizin and isoliquiritigenin glycosides in the root of *Glycyrrhiza glabra* L.[J]. Bio Pharm Bull, 1998, 21(9):987-992.

[94] 吕欣,付玉杰,王薇,等.紫外分光光度法测定甘草黄酮含量[J].植物研究,2003,23(2):192-197.

[95] 刘金荣,赵文彬,王航宇,等.不同生长期栽培甘草的产量及有效成分分析比较[J].上海中医药杂志,2004,38(11):56-61.

[96] 赵则海,曹建国,李庆勇,等.黑龙江省西部乌拉尔甘草总黄酮含量的动态变化研究[J].植物研究,2004,24(2):235-240.

[97] 冯薇,王文全,赵平然.栽培年限和采收期对甘草总皂苷、总黄酮含量的影响[J].中药材,2008,31(2):184-188.

[98] 彭励,胡正海,李金亭,等.甘草苷在甘草中的分布及其含量动态变化研究[J].药物分析杂志,2008,28(8):1230.

[99] 解军波,王文全.甘草道地产区演变史学探讨[J].现代中药研究与实践,2009,3.

[100] 解军波,王文全.不同道地性状甘草的化学成分比较研究[C].中华中医药学会第九届中药鉴定学术会议论文集,2008.

[101] 刘颖,刘东吉,刘春生,等.基于 HMGR、SQS1、β-AS 基因 CNVs 的甘草道地性机制研究[J].药学学报,2012,47(2):250-255.

[102] 林如,曹玉芳,胡正海.绞股蓝营养器官的结构与人参皂苷的组织化定位研究[J].西北植物学报,2002,22(4):796-801.

[103] Sossountzov L, Maldiney R, Sotta B. Immunocytochemical localization of cytokinins in Craigella tomato and a sideschootless mutant[J]. Planta, 1988, 175:291-304.

[104] Kajita S, Mashino Y, Nishikubo N, et al. Immunological characterization of transgenic tobacco plants with a chimeric gene for 4-coumarate:CoA ligase that have altered lignin in their xylem tissue[J]. Plant Science, 1997, 128(1):109-118.

[105] 卢善发.离体茎段嫁接体内 IAA 的免疫组织化学定位[J].科学通报,2000(8):856-860.

[106] 王幼群,韩静,林金星.紫丁香叶柄离区 IAA 的免疫组织化学定位[J].植物学报,2001,43(2):213-216.

[107] 胡江丽.盾叶薯蓣植株中薯蓣皂素的免疫组织化学定位[D].湖北:武汉大学,2005.

[108] 李宏福,彭励,刘滨,等.甘草根中甘草酸的免疫组织化学定位及含量变化研究[J].西北植物学报,2012,32(7):924-930.

[109] 李树殿,富力,鲁岐,等.乌拉尔甘草叶中黄酮类化学成分研究进展[J].吉林农业大学学报,1996,18(2):32-34.

[110] Danos B, Mandoki J, et al. Secretory systems and constituents of the leaves of *Glycyrrhiza glabra* and *G. echinata*[J]. Planta Met, 1993(59):613-617.

[111] 彭励,胡正海.甘草腺毛的形态发生和组织化学研究[J].分子细胞生物学报,2007,40(6):395-402.

[112] Neu R. A new reagent for differentiating and determining flavones on paper chromatograms[J]. Naturwissenschaften, 1956, 43:82-86.

[113] Corsi G, Bottege S. Glandular hairs of *Salvia officinali*:new data on morphology, localization and histochemistry in relation to function[J]. Annals of Botany, 1999, 84:657-661.

[114] Serrato-valenti G, Bisio A, Cornara L et al. Structural and histochemical investigation of the glandular trichomes of *Salvia aurea* L. leaves, and chemical analysis of the essential oil[J]. Annals of Botany, 1997, 79:329-334.

[115] 赵则海,祖元刚.乌拉尔甘草生活史型的研究[M].北京:科学出版社,2005.

[116] 张鹏云,彭泽祥.西北的甘草——西北资源植物资料之一[J].兰州大学学报(自然科学版),1960(1):57-60.

[117] Ceepяee В Л И.植物的忍耐力[M].罗宋洛,刘宗林,张良诚,译.北京:科学出版社,1956.

[118] 黄振英,吴鸿,胡正海.新疆 10 种沙生植物旱生结构的解剖学研究[J].西北植物学报,1995,15(6):56-62.

[119] 胡云,燕玲,李红.14 种荒漠植物茎的解剖结构特征分析[J].干旱区资源与环境,2006,20(1):202-209.

[120] 张富民,李学禹.中国甘草属植物的形态变异与生态环境的关系[J].新疆环境保护,1997,19(1):32-36.

[121] Fahn A. Structural and functional properties of trichomes of xeromorphic leaves[J]. Annals of

Botany,1986,57:631-636.

[122] 李志军,刘文哲,胡正海. 甘草根和根状茎的发育解剖学研究[J]. 西北植物学报,1995,15(6):22-28.

[123] 冯元忠,冯德诚. 药用甘草实生苗发育结构的比较形态学研究[J]. 石河子农学院学报,1993a,25(3):1-5.

[124] K·伊稍. 种子植物解剖学[M]. 李正理译. 上海:上海人民出版社,1973.

[125] 杜丽娜,张存莉,朱玮,等. 植物次生代谢合成途径及生物学意义[J]. 西北林学院学报,2005,20(3):150-156.

[126] 张永清,商庆新. 药用植物次生代谢与中药材 GAP[J]. 世界科学技术——中医药现代化,2005,7(2):67-71.

[127] 苏红文,胡正海. 不同年生西洋参根的解剖结构和组织化学研究[J]. 石河子农学院学报,1995,13(3):1-7.

[128] 郑友兰,李向高. 吉林人参与西洋参生药学和组织化学的比较研究[J]. 吉林农业大学学报,1986,8(4):30-34.

[129] 林如,曹玉芳,胡正海. 绞股蓝人参皂苷的组织结构研究[J]. 中草药,2002b,33(10):944-951.

[130] 李金亭,彭励,胡正海,等. 牛膝根的结构发育与三萜皂苷积累的关系[J]. 分子细胞生物学报,2007,40(2):121-127.

[131] 谷会岩,周蕴薇,于晓梅. 栽培甘草生长发育动态的研究[J]. 林业勘察设计,2002,124(2):47-52.

[132] Karban R, Baldwin I T. Induced responses to herbivory[M]. Chicago: The University of Chicago Press, 1997.

[133] 黄珊珊,廖景平,唐源江. 唇形科植物腺毛及其分泌研究进展[J]. 热带亚热带植物学报,2005,13(5):452-456.

[134] Roda L A, Neil J Oldham, Ales Svatos, et al. Allometric analysis of the induced flavonols on the leaf surface of wild tobacco (*Nicotiana attennuata*)[J]. Phytochemistry, 2003, 62:527-534.

[135] Dānos B, Mandoki J, et al. Secretory systems and constituents of the leaves of *G. glabra* and *G. echinata*[J]. Planta Met, 1993(59):613-617.

[136] 傅克治. 中国栽培甘草(*Glycyrrhiza uralensis* Fisch.)实生根质量研究[J]. 植物学报,1974,16(4):304-309.

[137] 赵则海,曹建国,李庆勇,等. 黑龙江省西部乌拉尔甘草总黄酮含量的动态变化研究[J]. 植物研究,2004,24(2):235-240.

[138] 冯旭芹,崔秀明,陈中坚,等. 三七有效成分与气候生态因子的相关性分析[J]. 中国农业气象,2006,27(1):16-21.

[139] 高微微. 植物次生代谢产物的生态学功能研究进展[J]. 中国药学杂志,2006,41(13):961-968.

第10章 薯 蓣

薯蓣属(*Dioscorea* L.)植物属于薯蓣科,是该科中最大的属。据 R. Knuth 的研究,全世界薯蓣科植物共有9属,约650种,而薯蓣属就占600种,主要分布在东南亚、南美等热带和亚热带地区,少数几种分布于欧洲和北美洲[1-3]。中国只有薯蓣属,约有49种[3],主要分布于长江以南。

薯蓣属植物大多具有根状茎或地下块茎,部分种类的叶腋有珠芽,叶互生或对生,单叶或为掌状复叶,基出脉3~9,侧脉网状。花单性或两性,雌雄异株,很少同株。花单生、簇生或排列成穗状、总状或圆锥花序。雄蕊6或3枚,子房下位,3室,每室胚珠2枚;果为蒴果,有翅3个,种子具翅[3]。

薯蓣属植物根状茎中含有甾体皂苷,可用于合成甾体激素类药物,甾体激素类药物因可用于治疗风湿性关节炎、心脏病、肾上腺皮质功能减退症(阿狄森病)、红斑狼疮,并可以止血、抗肿瘤和做避孕药[3,4],从而备受人们的关注。激素类药物原料最初是从动物中获得,由于来源少、含量低、成本高,不能满足人们的需要。因此,从资源丰富、分布广的植物原料中通过半合成法获得就成为各国科学工作者努力的目标。半合成法制造甾体激素,就是利用植物所提供的基本"骨架",将皂苷化合物加以改造,可得到各种不同的甾体激素药物[4]。这对促进医药工业的发展,起着重大作用。

中国对薯蓣植物利用的历史悠久,但是全面而系统的研究则始于1957年[4]。在20世纪50年代后期,中国医药工作者,为了填补甾体激素药物的空白,与植物科学工作者紧密合作,在短短的几年中,通过广泛调查、化学研究,发现中国激素起始原料植物——薯蓣属植物的资源丰富,其中具甾体结构的化合物的含量高。

本章以中国特有的、并广泛栽培的薯蓣属植物盾叶薯蓣(*Dioscorea zingiberensis* C. H. Wright)为重点,系统介绍其各器官的形态结构特点和发生发育规律、薯蓣皂苷在其营养器官中的组织化学定位以及在根状茎生长发育过程中的积累动态,不同品种、不同性别植株中含量的差异。

第10章 薯蓣

§10.1 薯蓣的研究概况

10.1.1 本草考证

薯蓣属植物的使用历史悠久,我国历代本草都有记载。

1. 薯蓣

薯蓣(*Dioscorea opposita* Thunb.)为缠绕草质藤本,块茎呈长圆柱形;单子叶;幼苗时一般叶片为宽卵形或卵圆形。薯蓣的叶片变异较大,即使在同一植株上也常有出现叶片变异的现象。叶腋内长有珠芽(零余子)。雌雄异株。雌、雄花序为穗状花序,着生于叶腋;雄花较小;雄蕊6。蒴果外有白粉;种子四周有膜质翅。花期6~9月,果期7~11月[5]。除了少数热带地区、东北三省及内蒙古、西藏、青海等省区以外,几乎各地都有栽培,可分山地生、平地生,也有野生的,常生于海拔150~1 500 m的山坡、山谷、林下、溪边、路旁灌木丛或杂草丛中。

山药为薯蓣科植物薯蓣的干燥根茎,其性味甘平,归脾、肺、肾经。具补脾养胃、生津益肺、补肾涩精功效。历代古书对山药的作用均有记载。山药产河南、山西、河北、山东等省区,主产于河南省。习惯认为河南焦作地区(古怀庆府)的武陟、温县为道地产区,品质最佳,故有"怀山药"之称,为山药中之佳品。药用山药分布较北,以山西、河南交界处为中心,而南方诸省则以食用山药为主[6]。山药药材现在主要使用栽培品,在古代山药最早是使用野生植物。怀山药既可以食用也可以药用,也是我国保健食品重要原料之一。由于具有较高的食用和药用价值,近年来引起人们越来越多的关注和研究。国家卫生部已将山药列入了第一批药食兼用资源目录[7]。

山药是最早被认知和使用的中药之一。《神农本草经》列为上品,名为"署豫"[8]。在本草中,山药沿用的名称尚有署预、薯预、薯蓣等。有关山药产地的最早记载见春秋战国时期《山海经》[9],"景山……北望少泽,其上多草、藷藇",景山在今山西闻喜县。

唐代以前本草对山药产地的记述有许多。《名医别录》[10]记载:署预"生嵩高山山谷"。《吴普本草》[11]记载:署豫"生临朐钟山"。《本草经集注》[12]记载:薯预"今近道处处有,东山南江皆多,掘取食之以充粮,南康间最大而美"。《唐本草》[13]记载:"蜀道(今四川)者尤良"。嵩高山即嵩山,在河南登封;临朐在山东,钟山即蒋山,在江苏;"东山南江"一说为山东、江南;南康在今江西。宋《图经本草》[14]对山药产地的记载为:"薯预生嵩高山山谷,今近道处处有之,以北都四明者为佳。"该书中尚有可以认为是薯蓣属植物的滁州薯预、明州薯预、永康军薯预的附图。北都为山西太原。四明、明州均以浙江鄞州四明山为名,明州为今宁波。滁州在安徽。永康军为四川灌县(今都江堰)。可见,宋代以前山药产地在山西、河南、山东、浙江、江苏、安徽、江西、四川等地,其中评价出产"佳"或"良"的产地,各种本草说法不同。

明代以后本草对山药产地的记载,转述了前代记述,对于出产"佳"或"良"的产地的记载逐渐集中到河南古怀庆府。如《救荒本草》[15]记载:"怀孟间产者入药最佳。"《本草蒙筌》[16]记载:"南北州郡俱产,惟怀庆者独良。"《植物名实图考》[17]记载:"生怀庆山中者白细坚实,入药用之。"20世纪30年代《药物出产辨》[18]更是明确山药"产河南怀庆府、沁阳、武陟、温孟四县"。显然,在明代就已经明确认为山药道地产区在古怀庆地区。

最早记载山药栽培的见于宋《图经本草》[14],以后本草多有记述。《救荒本草》[15]记载"人家园圃种者,肥大如手臂,味美,怀孟间产者入药最佳,味甘,性温平,无毒"。可见,宋代以后栽培山药开始药用,明代怀孟地区种植山药药用品质已为人称道。

古代医药学家也注意到了种植山药与野生的不同,认为山药药用,野生品比栽培品好。李时珍在《本草纲目》[19]记载:"薯蓣入药,野生者为胜。若供馔,则家种者为良。"《植物名实图考》[17]记载薯蓣生于江西、湖南、广西、云南等地,产地不同其形状不同,并具有食用和药用价值。

中国人民利用山药作为药物和食用历史悠久,近代医家注重怀山药的临床应用。山药味甘,药性平和,入肺肝肾三经,益补脾阴,临床多用复方,如《金匮》的"薯蓣丸",张仲景的"肾气丸"。在清代顾观光辑的《神农本草经》中列为上品[20],记载"薯蓣,味甘,温。主伤中,补虚羸,除寒热邪气,补中益气力,长肌肉。久服,耳目聪明,轻身,不饥,延年。一名山芋。生山谷"。即薯蓣,其味甘,性温,主治虚弱少气并能消除寒热邪气,具有温补中阳、增添气力、增长肌肉的作用。长期服用,可使人耳聪目明、身体轻捷、耐饥饿、益寿抗衰老,又名山芋。产于山中深谷处。致使有医家认为山药"为寻常服食之物,非治人病之药"。近代医学家张锡纯则认为山药"能滋阴又能利湿,能滑润又能收涩。能补肺补肾兼补脾胃,在滋补药中为无上之品,特性甚和平,宜多服常服耳"[21]。张锡纯一改传统山药的用法,使用大剂量生山药,并常作为方中主药。张氏善用山药,所著《医学衷中参西录》载176方,用山药者达48方。1918年出版的《医学衷中参西录》中,有多个医方中注明使用"生怀山药",所以,有人认为张锡纯是提出和重用道地药材"怀山药"的第一人[22]。

在《中国药典》(2010年版,一部)[23]中收录的中药山药,其原植物为该属薯蓣,山药味甘,平。归脾,肺,肾经。其功能为补脾养胃,生津益肺,补肾涩精。用于脾虚食少,久泻不止,肺虚喘咳,肾虚遗精,带下,尿频,虚热消渴。

2. 盾叶薯蓣

盾叶薯蓣是缠绕草质藤本植物。根状茎横生,近圆柱形,指状或不规则分枝,新鲜时外皮棕褐色,断面黄色,干后除去须根常留有白色点状痕迹。茎左旋,光滑无毛,有时在分枝或叶柄基部两侧微突起或有刺。单叶互生;叶片厚纸质,三角状卵形、心形或箭形,通常3浅裂至3深裂,中间裂片三角状卵形或披针形,两侧裂片圆耳状或长圆形,两面光滑无毛,表面绿色,常有不规则斑块,干时呈灰褐色;叶柄盾状着生。花单性,雌雄异株或同株。雄花无梗,常2～3朵簇生,再排列成穗状,花序单一或分枝,1或2～3个簇生叶腋,通常每簇花仅1～2朵发育,基部常有膜质苞片3～4枚;花被片6,长1.2～1.5 mm,宽0.8～1 mm,开放时平展,紫红色,干后黑色;雄蕊6枚,着生于花托的边缘,花丝极短,与花药几等长。雌花序与雄花序几相似;雌花具花丝状退化雄蕊。蒴果三棱形,每棱翅状,长1.2～2 cm,宽1～1.5 cm,干后蓝黑色,表面常有白粉;种子通常每室2枚,着生于中轴中部,四周围有薄膜状翅。花期5～8月,果期9～10月[3]。

盾叶薯蓣,俗称"黄姜",在历代本草著作中无此药名。1957年以来,中国植物学工作者在寻找甾体激素新药源时,发现盾叶薯蓣根状茎中含有丰富的薯蓣皂苷元,才备受关注。

薯蓣皂苷元是1936年Fujii和Matsukawa首先发现,由于当时对其生理活性及其治疗作用不明,在相当长的时间内未能引起人们的重视。20世纪30年代,日本学者Tsukamoto首先从山草薢(*D. tokoro*)中分离出薯蓣皂苷元,后来Marker等用微生物法在甾核11位引入羟基,使薯蓣皂苷元成为合成甾体激素类药物的重要原料,真正揭开了薯蓣皂苷元研究的新篇章,被誉为20世纪医药工业取得的两大突破性进展之一[4,24]。近年来研究进一步表明对薯蓣皂苷元甾体环的每一次化学修饰,都能产生一种疗效奇特的甾体药物,使薯蓣皂苷元成为生产皮质激素、性激素和蛋白质同化激素的原料,极大地推动了薯蓣及薯蓣皂苷元的研究。

现在,盾叶薯蓣也是一种常用的中草药,根茎可治疗各种急性化脓性感染、软组织损伤,抗肿痛,降血糖,对治疗冠心病有特效,可减少心绞痛、调节新陈代谢[24,25]。

10.1.2 分类学研究、生态分布与资源状况

1. 分类学研究

根据R. Knuth[1]和Burkill[26]的研究,全世界薯蓣科植物共分为9属,650余种,广布于全球的热带和温带地区。1957年以来,中国植物学工作者在寻找甾体激素新药源的同时,对中国薯蓣属的种类、分布及其分类系统也进行了研究[4,27-29],将该属植物分为5个组:根状茎组、复叶组、顶生翅组、黄独组和周生翅组[2,4]。目前,认为我国薯蓣植物约有49种,并根据各植物种间的亲缘关系将其划分为6个自然组[3]:

(1) 根状茎组(Sect. *Stenophora* Uline) 茎左旋,地下部分为多年生根状茎。叶除异叶薯蓣(*D. biformifolia*)、马肠薯蓣(*D. simulans*)具单叶和复叶外,其余均为单叶。叶腋内无珠芽。有花被管。蒴果除穿龙薯蓣(*D. nipponica* Makino)、柴黄姜[*D. nipponica* Makino Subsp. *rosthornii* (Prain et Burkill) C. T. Ting]、蜀葵叶薯蓣(*D. althaeoides*)、山草薢的长度大于宽度及种子着生在中轴胎座基部,翅向顶端延伸外,其余各种蒴果均长与宽几相等,种子着生在中轴胎座中部,种翅周生。

(2) 丁字形毛组(Sect. *Combilium* Prain et Burkill) 茎左旋,被丁字形毛。每株的根状茎常有4~10多个分枝,各分枝末端膨大成卵球形的块茎。单叶,叶腋内无珠芽。蒴果长大于宽;种子着生于中轴胎座中部,种翅周生。

(3) 顶生翅组(Sect. *Shannicorea* Prain et Burkill) 茎左旋,地下部分为一至二年生块茎。单叶,叶腋内无珠芽,有花被管,蒴果长大于宽;种子着生在中轴胎座中部以下,种翅向顶部延伸。

(4) 基生翅组(黄独组)(Sect. *Opsophyton* Uline) 茎左旋,地下部分为二年生块茎。单叶,叶腋内有珠芽。花被片离生。蒴果长大于宽;种子着生于中轴胎座顶部,种翅向基部延伸。

(5) 复叶组(Sect. *Lasiophyton* Uline) 茎左旋,地下块茎形状多样。复叶,叶腋内

有珠芽或无。有花被管。蒴果长大于宽;种子着生在中轴胎座顶部,种翅向基部延伸。

(6) 周生翅组(薯蓣组)(Sect. *Enantiophyllum* Uline) 茎右旋,地下部分除薯莨外均为一年生块茎。单叶,叶腋内有珠芽或无。花被片离生。蒴果除丽叶薯蓣(*D. aspersa*)、尖头果薯蓣(*D. bicolor*)外均宽大于长;种子着生于中轴胎座中部,种翅周生。

在系统演化上,根状茎组最原始,其次是复叶组,顶生翅组较靠近复叶组,基生翅组(黄独组)较进化,周生翅组(薯蓣组)最进化[2,30,31]。各组包含的植物种类见表10-1。

表 10-1 薯蓣属 6 个组所包含的植物种类

组	植 物 种 类
(1) 根状茎组	① 盾叶薯蓣 ② 穿龙薯蓣 ③ 山草薢 ④ 小花盾叶薯蓣 ⑤ 蜀葵叶薯蓣 ⑥ 三角叶薯蓣 ⑦ 黄山药 ⑧ 异叶薯蓣 ⑨ 纤细薯蓣 ⑩ 叉蕊薯蓣 ⑪ 福州薯蓣 ⑫ 绵草薢 ⑬ 细柄薯蓣 ⑭ 吊罗薯蓣 ⑮ 山葛薯 ⑯ 板砖薯蓣 ⑰ 马肠薯蓣
(2) 丁字形毛组	⑱ 甘薯
(3) 顶生翅组	⑲ 卷须状薯蓣 ⑳ 云南薯蓣 ㉑ 黏山药 ㉒ 毛胶薯蓣 ㉓ 光亮薯蓣 ㉔ 柔毛薯蓣 ㉕ 毡毛薯蓣
(4) 基生翅组(黄独组)	㉖ 黄独
(5) 复叶组	㉗ 黑珠芽薯蓣 ㉘ 毛芋头薯蓣 ㉙ 高山薯蓣 ㉚ 三叶薯蓣 ㉛ 五叶薯蓣 ㉜ 七叶薯蓣 ㉝ 小花刺薯蓣 ㉞ 藏刺薯蓣 ㉟ 白薯莨
(6) 周生翅组(薯蓣组)	㊱ 丽叶薯蓣 ㊲ 尖头果薯蓣 ㊳ 薯蓣 ㊴ 日本薯蓣 ㊵ 柳叶薯蓣 ㊶ 大青薯 ㊷ 薯莨 ㊸ 盈江薯蓣 ㊹ 光叶薯蓣 ㊺ 山薯 ㊻ 褐苞薯蓣 ㊼ 无翅参薯 ㊽ 参薯 ㊾ 多毛叶薯蓣

本属中许多种类具有重要的经济价值[3],如热带和亚热带地区广为栽培的甘薯(*D. esculenta*)、参薯(*D. alata*)和温带地区普遍栽培的薯蓣(山药)(*D. opposita*)常供食用和药用。薯莨(*D. cirrhosa*)为中国中南、西南和台湾的特产,块茎内含鞣质高可达30.7%,可提制烤胶及作为酿酒的原料,此外还含有一种酚类化合物,是较好的止血药。更重要的是只有根状茎组 17 种植物中才含有薯蓣皂苷元[2,3,32,33],是合成避孕药及生产甾体激素类药物的重要原料,已用于生产的主要有盾叶薯蓣、穿龙薯蓣、黄山药(*D. panthaica*)等。

2. 生态分布

薯蓣科是单子叶植物中比较原始的一个科,其外部形态似双子叶植物,广布于全球的热带和亚热带地区,尤以美洲热带地区种类最多,间断分布于世界各洲[1,3]。丁志遵[4]、郭水良[34]、万金荣[35]和吴征镒等[36]分别对我国薯蓣的生态特点、分布模式和地理分布进行了系统研究。按照吴征镒对中国植物区系的划分方案,薯蓣科植物在各区中的分布见表10-2。中国薯蓣属植物共分为6组,种类最多的地区是云贵高原地区(34/5,

分布有 5 个组的 34 种植物),其他地区依次为横断山脉地区(24/5,分布有 5 个组的 24 种植物)、云南贵州广西地区(23/5,分布有 5 个组的 23 种植物)、华南地区(21/4,分布有 4 个组的 21 种植物)、华东地区(20/5,分布有 5 个组的 20 种植物)、华北地区(12/3,分布有 3 个组的 12 种植物)。

表 10-2 中国薯蓣科薯蓣属植物的分布种数

区系区	根状茎组	丁字形毛组	顶生翅组	基生翅组	复叶组	周生翅组	组数	种数
中亚东部地区	2					1	2	3
唐古拉地区	1						1	1
帕米尔昆仑山西藏地区	1			1	3		3	5
东北地区	1					1	2	2
华北地区	7			2		3	3	12
华东地区	9	1	1	1	2	7	5	20
华中地区	4			1		3	3	8
华南地区	7			1	3	10	4	21
云南、贵州、广西地区	5		2	1	3	12	5	23
云南高原地区	8		8	1	7	10	5	34
横断山脉地区	9		3	2	4	6	5	24
东喜马拉雅地区					2	1		3
台湾地区	1	1			1	4	4	7
南海地区	1	1			1	2	4	5

薯蓣属植物最为丰富的地区为云贵高原-横断山脉地区。从世界来看,薯蓣属根状茎组植物的 90% 集中在亚洲地区,尤其是云贵高原-横断山脉地区集中分布根状茎组的 13 个特有种,既有原始的又有特化的类型,例如小花盾叶薯蓣(*D. parviflora*)保留了薯蓣科的单性花,但有雌雄同株的原始性状;异叶薯蓣(*D. biformifolia*)植物下部的叶片呈深裂或复叶,有着向较进化类型分化的趋势。此外,现在已有资料表明根状茎组是该属中最原始的类群[2,30,31]。所以,亚洲尤其是云贵高原-横断山脉一带不仅是薯蓣属根茎组的分布和分化中心,也可能是薯蓣科的原始分布和分化中心。

我国有薯蓣属植物约 49 种,其中根状茎组中有 17 种、1 亚种、2 变种,其根状茎均含有薯蓣皂苷[3,4]。吴征镒[36]将我国含有薯蓣皂苷的薯蓣种类大致划分为 7 个区:① 东北、华北地区:主要分布穿龙薯蓣,分布广,蕴藏量大;② 华东地区:主要分布粉背薯蓣[*D. collettii* Hook. f. var. *hypoglauca* (Palibin) Pei et C. T. Ting]、山草薢;③ 华中地区:主要分布盾叶薯蓣、黄山药、叉蕊薯蓣(*D. collettii* Hook. f.)、蜀葵叶薯蓣等;④ 云贵高原地区：主要分布蜀葵叶薯蓣、小花盾叶薯蓣、黄山药等；⑤ 横断山脉地区：主要分布三角叶薯蓣(*D. deltoidea*)、黄山药、小花盾叶薯蓣、蜀葵叶薯蓣等；⑥ 台湾地区：分布小量的粉背薯蓣；⑦ 南海地区：分布小量的吊罗薯蓣(*D. poilanei*)。其中，东北华北地区、华中地区、横断山脉地区是我国资源最丰富的地区。

盾叶薯蓣为我国特有种，分布于东经 98°53′~112°50′，北纬 23°42′~34°10′范围内。主要在河南南部、湖北、湖南、陕西秦岭以南、甘肃天水、四川等北亚热带及中亚热带地区，其垂直分布在海拔 100~1 500 m 之间。盾叶薯蓣生长于河谷及低、中山丘陵的落叶阔叶与常绿阔叶混交林或稀疏的常绿林的灌木林内[1,3]，少见于森林深处和完全暴露的地面[2]。土壤主要为山地棕壤和山地黄壤，年平均温度 16~18 ℃，全年降水量 750~1 500 mm，全年无霜期 225~250 d，属于亚热带地区的植物类型。

小花盾叶薯蓣，与盾叶薯蓣亲缘关系很近，也是我国特有种，分布于东经 105°12′~114°42′，北纬 26°21′~34°10′范围内，主要在横断山脉地区，长江上游及南盘江流域河谷地区，垂直分布在海拔 400~2 000 m 间，该地区为亚热带地区。常生于河谷两岸和山坡石灰岩的稀疏灌木丛中[2]。

穿龙薯蓣是中国薯蓣中分布最广、蕴藏量最大的一种。在中国分布于东经 105°~109°，垂直分布于海拔 100~1 700 m 间，是我国根状茎组中唯一能自然分布到东北三省及内蒙古地区的种。常生于山腰的间谷两侧半阴半阳坡灌木丛内和稀疏杂木林内及林缘[2]。

3. 资源状况

中国于 1957 年开始进行了薯蓣资源调查，普查了 20 个省区、620 个县，寻找研究含甾体皂苷的薯蓣资源。发现中国薯蓣属植物根状茎组中的 17 种、1 亚种、2 变种均含有薯蓣皂苷，约占全世界含有薯蓣皂苷植物的 50%以上[4]。其中可供工业生产利用的有近 10 种，含量最高的盾叶薯蓣含薯蓣皂苷元可达 16.15%，超过墨西哥的小穗花薯蓣(*D. spiculiflora* Hemsl)的最高纪录(15%)。

1957 年丁志遵等调查认为我国野生盾叶薯蓣资源蕴藏量约为 5.3 万 t，华中地区分布广、蕴藏量大，是野生资源最丰富的地区[4]。李向民等发现薯蓣皂苷元含量与土壤、气候有关，认为薯蓣皂苷元含量最高的盾叶薯蓣应分布在华中地区的大巴山北坡东段化龙山脉一线[37]，与朱廷钧的调查结果一致[38]。

袁晓颖等[39]对武当山区为中心的秦巴-武当区的野生盾叶薯蓣野生资源储量进行了估算，平均蓄积量大约为 44.035 g/m²，总储量(鲜重)为 4 695.1 t。2004 年秦松云等估计盾叶薯蓣蕴藏量在 2 000 t 左右[40]。这与 20 世纪 50 年代末的调查结果相差悬殊，显示了野生盾叶薯蓣资源在逐渐减少。

10.1.3 形态解剖学和细胞学研究

张美珍[41]、凌萍萍[42]等通过对薯蓣属 5 个组、36 种、2 变种茎的解剖和叶表皮气孔类型的观察研究，推论出薯蓣属各组之间亲缘关系和系统位置的演化趋势，为系统分类提供了解剖学上的重要依据。研究结果表明,薯蓣属植物茎的维管束具有明显的演化趋势:最大后生木质部导管由 1 对发展到 2 对,韧皮部单元由 1 个演化到 2 个,导管和筛管的孔径逐渐增大,髓部相对缩小。

茎的解剖学特征,特别是维管束类型,几乎与其他单子叶植物都不相同。维管束排成 2 轮,外轮为普通维管束,其后生木质部导管、管胞、韧皮部单元之间呈 V 形排列,少数呈菱形。在 V 形排列时,至少有 2 个韧皮部单元位于 2 个后生木质部导管的外侧,另 1 个位于内侧中间。呈菱形排列时,2 个韧皮部单元分别位于 2 个后生木质部导管的内、外方而处于中间;内轮维管束为茎生维管束,其后生木质部导管、管胞和韧皮部单元之间排列成椭圆形,后生木质部导管一两对,少数 1 个或 3 个,韧皮部单元一两个,个别 3 个;普通维管束和茎生维管束常相间排列。

叶表皮气孔器类型有:不定型——保卫细胞周围没有特定的副卫细胞;三胞型——保卫细胞被 3 个大小不等的,与表皮细胞有区别的副卫细胞包围;四胞型——保卫细胞被 4 个与表皮细胞有区别的副卫细胞包围;螺旋型——保卫细胞被 4 个或更多螺旋排列的副卫细胞包围,组成螺旋状;平行型——副卫细胞在保卫细胞两边与保卫细胞的纵轴相平行;具 1 个副卫细胞的不规则型——只有 1 个副卫细胞,位于保卫细胞的任何一方。盾叶薯蓣所属的根状茎组主要为不定型和具 1 个副卫细胞的不规则型。周生翅组以三胞型和不定型为主,也有一定比例的四胞型。

盾叶薯蓣根状茎的形态发生、发育过程及其结构,曹玉芳等[43-45]研究的结果表明:种子萌动后,子叶着生的节部膨大形成球状体。其胚芽生长锥先后形成 4 个突起,分别发育形成芽的原分生组织。按其出现的先后分别称为第 1 芽、第 2 芽、第 3 芽和第 4 芽。第 1 芽呈剑指形,发育为地上缠绕茎,其余 3 个芽分别发育形成地下根状茎。有的芽的原分生组织以后还可以形成 2 个芽的原分生组织,从而使根状茎形成分枝。根状茎顶端的原分生组织由鳞叶包被,顶端下方的原表皮内存在初生增厚分生组织。初生增厚分生组织细胞不断向内分裂和其衍生细胞的体积增大,使根状茎迅速增粗。

盾叶薯蓣根状茎的结构由周皮、基本组织和散生在基本组织中的维管束构成。曹玉芳等[43]发现,周皮由木栓层、木栓形成层和栓内层组成;基本组织都由薄壁组织细胞组成;维管束无束中形成层,属于有限维管束。根状茎顶端的原分生组织衍生的细胞分化为原表皮、基本分生组织和散生的原形成层束等初生分生组织。以后由它们分化为表皮、基本组织和散生的维管束构成的初生结构。根据有无维管束分布和维管束的大小,将基本组织分为无维管束分布区、小维管束分布区和大维管束分布区。靠近周皮的基本组织是无维管束分布区,在此部分的中部(8~10 层细胞处)分布有含有针晶体的黏液细胞,其针晶成束状,黏液细胞常单独存在,少数相邻,这些黏液细胞在基本组织内排列成不连续的一环。

在生殖生物学的研究方面,关于花粉的形态,舒璞[46]利用光学显微镜和扫描电子显微镜研究了分布我国的薯蓣属 33 种植物的花粉形态。盾叶薯蓣所在的最原始的根状茎组花粉粒的形态为扁球形,两端略尖,单沟型。体积较大:极轴长度 17.4~26.7 μm,赤道轴长 26.8～39.1 μm,短赤道轴长 17.0～25.5 μm。外壁纹饰为条纹状、穴-网状或拟脑纹-网状。盾叶薯蓣花粉粒的大小为,26.6 μm × 29.2 μm × 17.6 μm。较进化的周生翅组花粉粒的形态为扁球形,两端平截,双沟型。体积小：极轴长度 12.5～16.25 μm,赤道轴长 17.5～23.8 μm,短赤道轴长 12.1～15.0 μm。外壁纹饰为拟脑纹-网状。认为体积较大的远极槽为单沟的花粉粒是原始类型,而体积小的两端平截双沟型花粉是进化的类型。这也证明了根状茎组是原始的自然类群的观点是正确的。

关于盾叶薯蓣胚胎发育,秦慧贞[47]、Araki[48]等研究发现：花药属腺质绒毡层,小孢子母细胞减数分裂时的孢质分裂为同时型,胚囊发育为蓼型,合子分裂后基细胞参与形成少部分胚体,子叶由原胚顶端四分体细胞衍生,具有禾草类所特有的外胚叶。因此,盾叶薯蓣的胚胎发育保留了单子叶植物的原始性状。薯蓣科在单子叶植物中的特征以及它们所兼有的一些双子叶植物的外部性状,很早就引起学者的重视,Dahlgren[49]综合了单子叶植物内、外部形态特征,强调了薯蓣科在系统演化上的重要性。秦慧贞[47]认为薯蓣属以我国为起源中心,原始类群比较集中,其中盾叶薯蓣为我国特有,具有原始的性状,因此,对它进行胚胎学的研究,有助于进一步深入讨论薯蓣科在单子叶植物演化中的重要意义。

在细胞学方面,染色体数目的研究为系统分类提供了有力的证据,对于植物资源的利用也具有重要意义。裴鉴[2,50]、秦慧贞等[31]先后报道了我国薯蓣属 6 组、39 种、1 亚种的染色体数,从该属染色体数目的演化论证了二倍体种类（根状茎组）是原始的类群,多倍体种类的产生与块茎的形成有关。根状茎种类通过多年生根状茎缩短的分化,进化为能充分储存水分和养料,又具有很强繁殖力的块茎种类,以适应温热气候条件下的生长,而块茎种类又适应了种间杂种所需要的新的生态条件,与原有的二倍体种类竞争,相互杂交,经过染色体加倍,克服了不孕而形成多倍体。

裴鉴等[2]研究认为根状茎组细胞染色体有一定的规律,薯蓣属植物染色体基数是 10。根状茎组除粉背薯蓣、福州薯蓣（D. futschauensis）、柴黄姜、黄山药 4 种为四倍体外,盾叶薯蓣等其余均为二倍体。其他组的染色体倍数较高,有四、六、八或十倍体。Martin[51]研究认为全世界薯蓣属植物的染色体基数为 9 和 10,亚洲薯蓣种类的基数是 10,美洲种类的基数是 9,非洲的种类是 9 或 10。从染色体的基数来分析,Martin[52]曾提出薯蓣属的世界分布起源可能以非洲为中心的假说,向西是 9 的基数类型,向东和北是 10 的基数类型。我国根状茎组具有较多的二倍体种类,在世界分布上相对集中,染色体又以 10 为基数,符合该属分布起源的推论,因此从细胞学资料说明它是自然的类群。

10.1.4 组织培养的研究

由于对薯蓣原料的大量需求,人们希望借助于组织培养技术进行品种改良、无性系快速繁殖以及从培养物发酵生产其次生代谢产物——薯蓣皂苷[53]。组织培养是扩大植物繁殖的新型方式,其本质也是无性繁殖,而且受气候因素限制小。

国内许多学者[4,54-62]以盾叶薯蓣为材料,进行了组织培养,诱导愈伤组织分化出苗,并且在幼苗和愈伤组织中测出了薯蓣皂苷[57]。任建伟等[54]研究了不同培养基和激素组合对盾叶薯蓣愈伤组织诱导和培养的影响,进行了愈伤组织培养并测定了愈伤组织中薯蓣皂素的含量。结果发现:(1)以6,7-V培养基对诱导效果最好,从接种到形成愈伤组织约40～50 d。(2)激素组合(2,4-D 0.5 mol/L+6-BA 0.5 mol/L)对茎愈伤组织诱导率最高,激素组合(2,4-D 1 mol/L+6-BA 0.5 mol/L)对叶愈伤组织诱导率最高。

谢碧霞[61]、易志军[62]等学者以盾叶薯蓣为材料进行了愈伤组织的培养及其高产株系的筛选研究。毕世荣等[60]选用薯蓣皂苷含量高的盾叶薯蓣植株进行了细胞悬浮培养,为细胞生长和产物累积最佳化、控制皂苷合成途径及确定悬浮培养生产皂苷稳定性试验和工业化生产皂苷奠定了基础。

对于药用植物来说,可利用植物多倍体营养器官的巨大性的特点提高产量,利用旺盛的新陈代谢能力提高有效成分的含量。盾叶薯蓣的主要药用部位是根状茎,因此盾叶薯蓣多倍体育种的研究具有较大的应用价值和增产潜力。很多学者利用秋水仙素诱导盾叶薯蓣产生了四倍体植株,并对其生物学特性进行了研究[63-66]。王志安等[63]根据倍性育种原理用秋水仙碱进行染色体加倍成功获得了盾叶薯蓣四倍体植株,该四倍体盾叶薯蓣品种具有一些野生型的优点。李运合等[64]以刚露出绿色芽点的盾叶薯蓣愈伤组织块为材料,用浸泡或添加秋水仙碱的方法成功获得了染色体加倍的植株。四倍体植株形态发生了明显的变化,叶片变长变宽,颜色加深,茎秆变粗、变红等,地上、地下器官表现出了巨大性。利用秋水仙碱对盾叶薯蓣进行四倍体诱导处理,获得盾叶薯蓣四倍体植株,为进一步培育优质、高产的四倍体新品种打下了基础。

10.1.5 化学成分的研究

薯蓣属植物的化学成分主要含有皂苷和甾体皂苷类化合物,主要的药用成分是甾体皂苷元,其中又以薯蓣皂苷元为主要成分。在盾叶薯蓣的研究中,很多资料是关于其化学成分的研究[67-72],结果表明薯蓣皂苷元的含量从1.01%到16.15%不等。盾叶薯蓣根茎中除了含有薯蓣皂苷外,还含有45%～50%的淀粉、40%～50%的纤维素,尚含有黄色素、单宁等可利用的成分。

自然状态下,薯蓣皂苷以糖苷形式存在。盾叶薯蓣地下的根状茎与地上茎叶部分所含的皂苷不同。根状茎含薯蓣皂苷(dioscin),而地上部分含约莫皂苷(yamogenin),它是薯蓣皂苷的异构体[67-70]。

唐世蓉等[67]用薄层层析法从盾叶薯蓣根状茎中分离得到两种不溶性三糖皂苷(A和B),以及两种水溶性四糖皂苷(C和D)。经乙酰化、酸水解、酶解等反应和红外、质谱、氢谱和碳谱分析,推断皂苷A为新皂苷,命名为盾叶皂苷A(zingiberenin A),结构式为薯蓣皂苷元-3-O-[β-D-葡萄吡喃糖-(1→2)]-O-[α-L-鼠李糖(1→3)]-O-β-D-葡萄吡喃糖苷;B为纤细皂苷(gracillin B)的立体异构物;C为原盾叶皂苷A(protozingiberenin A);D为原盾叶皂苷B(protozingiberenin B)。

刘承来等[68]从干燥的盾叶薯蓣根茎的乙醇提取物中得到 4 个甾体化合物：Ⅰ表-菝葜皂苷(epi-smilagenin)；Ⅱ延令草次苷(trillin)，结构为 3 - O - (β - D - 葡萄吡喃) - 薯蓣皂苷元；Ⅲ薯蓣皂苷元-双葡萄糖苷(diosgenin-diglucoside)，结构为 3 - O - [β - D - 葡萄吡喃糖(1→4) - β - D - 葡萄吡喃糖] - 薯蓣皂苷元；Ⅳ纤细皂苷(gracillin)，结构为 3 - O - {β - D - 葡萄吡喃糖(1→3) - [α - L - 鼠李吡喃糖(1→2)] - β - D - 葡萄吡喃糖} - 薯蓣皂苷元。刘承来等[69]还从盾叶薯蓣新鲜根茎中分离到薯蓣皂苷元棕榈酸酯(diosgenin palmitate)、β - 谷甾醇(β - sitosterol)、纤细皂苷、原纤细皂苷(ptotogracillin)和原盾叶皂苷(protozingiberensissaponin)。原盾叶皂苷为一种新甾体皂苷，结构为 3 - O - {α - L - 鼠李吡喃糖(1→3) - [β - D - 葡萄吡喃糖(1→2)] - β - D - 葡萄吡喃糖} - 26 - O - {β - D - 葡萄吡喃糖} - 薯蓣皂苷元。

后来，唐世蓉等[70]又从盾叶薯蓣地上部分分离到 4 种主要含约莫皂苷元的皂苷，分别为盾叶皂苷 A1、A2、A3(zingiberoside A1、A2、A3)和叉蕊皂苷Ⅳ(colletinsideⅣ)，前 3 种均为新皂苷，同时得到 1 种新的甾体皂苷元盾叶皂苷元(zingiberogenin)，即 24α -OH - 约莫皂苷元(24α - OH - yamogenin)。

近来有学者继续从根状茎中分离出新的化学成分。钱士辉等[71]从盾叶薯蓣的干燥根茎中分离到 6 种甾体化合物，分别是三角叶薯蓣皂苷(deltonin)、原三角叶薯蓣皂苷(ptotodeltonin)、盾叶新苷、薯蓣皂苷、薯蓣皂苷元-双葡萄糖苷和薯蓣皂苷元，其中前 2 种皂苷为首次从盾叶薯蓣中得到。徐德平等[72]从盾叶薯蓣的鲜根茎中分离到一种新皂苷——盾叶薯蓣皂苷元 E(zingiberenin E)。

曹玉芳等[73,74]用 HPLC 法研究了盾叶薯蓣根状茎中薯蓣皂苷元含量的动态变化，并利用组织化学的方法对根状茎中薯蓣皂苷的积累与结构之间的关系进行了研究[44,45]。结果表明：实生苗根状茎中薯蓣皂苷元的含量，二年生高于一年生；根茎营养繁殖的二年生根状茎中皂苷元的含量(2.13%)高于一年生的含量(1.65%)；雄株的含量比雌株的含量高。由根茎繁殖的一年生根状茎前期皂苷元含量增加缓慢，后期增加较快；二年生根状茎盛花期含量最高(2.88%)，开花后期含有所降低，随后含量逐渐增加。并认为合适的采挖期以地上缠绕茎枯萎期为宜。

盾叶薯蓣根状茎中，薯蓣皂苷主要分布在基本组织内，有小维管束分布区皂苷积累最丰富，薯蓣皂苷元含量最高(2.85%)；其次是无维管束分布区(2.47%)；大维管束分布区薯蓣皂苷元含量最低(2.37%)。组织化学显色表明细胞内薯蓣皂苷呈现红色的液滴状，含薯蓣皂苷液滴的大小、数量以小维管束分布区为最多，与用 HPLC 测得的含量结果相一致。

薯蓣(又称"山药")是我国最大众化的传统保健食品之一。山药多糖是目前公认的山药主要活性成分，也是近年来山药研究的热点。山药多糖的组成和结构比较复杂，不同研究者分离提取了不同的山药多糖，其中有均多糖，有杂多糖，也有糖蛋白，相对分子质量从数千到数百万不等，其多糖含量和糖基组成也各不相同。赵国华等[75,76]从山药块茎中提取到一种山药多糖 RDPS - 1，其糖基组成为葡萄糖、半乳糖和甘露糖，糖基物质的量比为 1∶0.4∶0.1,平均相对分子质量为 $4.1×10^7$,以 α-D-(1-3)-葡聚糖为主链,在 6-O 位有 α-D-(1-2)-低聚甘露糖半乳糖支链的杂多糖,并证明具有免疫调节作用和抗肿瘤作用。顾林等[77,78]分离得到 3 种山药多糖组分,1 种中性多糖和 2 种酸性多糖。中性多糖为葡萄糖和甘露糖组成;酸性多糖Ⅰ由葡萄糖、半乳糖、甘露糖组成;酸性多糖Ⅱ由阿拉伯糖、木糖、阿卓糖、葡萄糖、甘露糖组成。此外,徐琴[79]、王刚[80]等从山药中提取多种多糖,并进行纯化分离。

陈艳等[81]测定了怀山药中各种氨基酸的组成,结果表明:怀山药中含有苏氨酸、缬氨酸、蛋氨酸、苯丙氨酸、异亮氨酸、亮氨酸和赖氨酸等 17 种氨基酸,总氨基酸量达 7.256%,其中人体必需氨基酸的含量占总氨基酸含量的 25.32%。含较丰富的蛋白质和多种氨基酸,必需氨基酸齐全,具有较高营养价值。陈菁瑛等[82]采用盐酸水解法分析了福建省建阳主栽的 7 个山药品种的氨基酸含量及组成。表明都含有 17 种氨基酸,总氨基酸含量 2.86%～6.64%,平均 4.95%,且山药总氨基酸含量愈高,必需氨基酸含量也愈高。

王勇等[83]以石油醚为溶剂索氏提取法,在山药中共检出 27 种脂肪酸,饱和脂肪酸 18 种,主要成分为棕榈酸,其中奇数碳脂肪酸 8 种;不饱和脂肪酸 9 种,主要为亚油酸、油酸和亚麻酸。含有较多对人体有益的不饱和脂肪酸和奇数碳脂肪酸。

白冰等[84]采用硅胶柱色谱分离纯化了山药乙醇提取物,分离并鉴定了 12 个化合物,分别为棕榈酸、β-谷甾醇、油酸、β-谷甾醇醋酸酯、5-羟甲基-糠醛、壬二酸、β-胡萝卜苷、环苯丙氨酸-酪氨酸、环酪氨酸-酪氨酸、柠檬酸单甲酯、柠檬酸双甲酯、柠檬酸三甲酯。此外,白冰等[85]还从怀山药中分离出 3 个腺苷类化合物,分别为 7-羰基-B-谷甾醇、尿嘧啶、腺苷。这 3 个化合物均为首次从薯蓣属植物中分离得到。认为,腺苷应是怀山药中的有效成分之一,可以作为建立怀山药及怀山药产品质量标准的指标性成分。

山药中还含有其他有效成分:甘露聚糖、3,4-二羟基苯乙胺、植酸(phytic acid)、尿囊素(allantoin)、胆碱、多巴胺(dopamine)、山药碱、糖蛋白、多酚化酶等[86]。尿囊素(1-脲基间二氮杂戊烷-2,4-二酮)可促进组织细胞生长,加快伤口愈合,且对于鱼鳞病、银屑病、多种角化性皮肤病的治疗有一定效果[87]。Yi-Chung Fu 等[88]研究表明,山药皮中富含尿囊素及尿囊酸,基隆山药根茎中尿囊素平均含量为 0.37%,尿囊酸平均含量为 1.13%。不同产地的山药尿囊素含量不同,白雁等[87]用 HPLC 法测定山东济宁所产山药尿囊素含量高达 0.67%。

山药中还含有许多微量元素[89,90],张重义等[91]应用电感耦合等离子体光电直读光谱仪分别对怀山药和土壤样品进行了微量元素全分析,结果表明不同产地山药对无机元素的富集能力不同,差异明显,怀山药中 Cu、Nb、Ca 含量最高,对 P、Sr、Zn、Cu、K、Na 的富集能力均大于非道地产区山药。微量元素对体内多种酶有激活作用,对蛋白质和核酸的合成、免疫过程乃至细胞的繁殖都有直接或间接的作用。

10.1.6 薯蓣皂苷元的结构、分离和鉴定

中国的薯蓣属植物有49种,其中只有根状茎组的17种,1亚种及2变种含有甾体皂苷,其他则含有大量淀粉,而无皂苷[2,3]。已用于生产的主要有盾叶薯蓣、穿龙薯蓣、黄山药、柴黄姜等。此外,野生资源较丰富的还有叉蕊薯蓣、小花盾叶薯蓣、粉背薯蓣、纤细薯蓣、蜀葵叶薯蓣、三角叶薯蓣等。

构成甾体皂苷的骨架称"螺旋甾烷"(spirostane),其基本结构如图10-1所示:

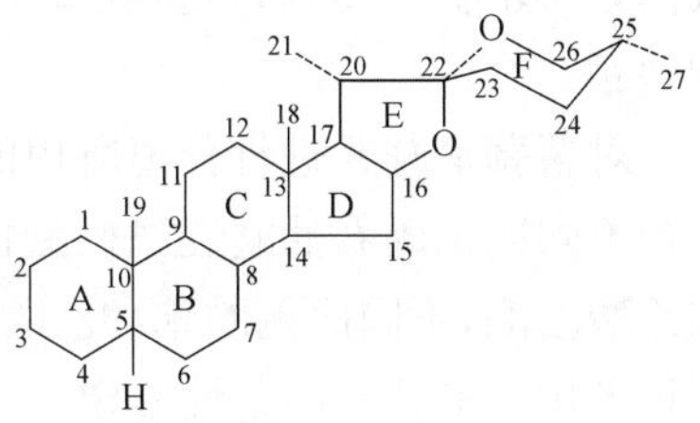

甾体皂苷属于螺旋甾烷的衍生物。C_{25}位上的甲基有两种差向异构体,当C_{25}位上甲基位于F环平面上的竖键时,为β定向,其绝对构型为S型,又称为S型或neo型,即为螺旋甾烷。由螺旋甾烷衍生的皂苷,属于螺旋甾烷醇皂苷类(spirostanol saponins)。

图 10-1 螺旋甾烷

当C_{25}位甲基位于F环平面下的横键时,为α定向,其绝对构型为R型,又称为D型或iso型,即为异螺旋甾烷。由异螺旋甾烷衍生的皂苷,属于异螺旋甾烷醇皂苷类(isospirotanol saponins)[92]。

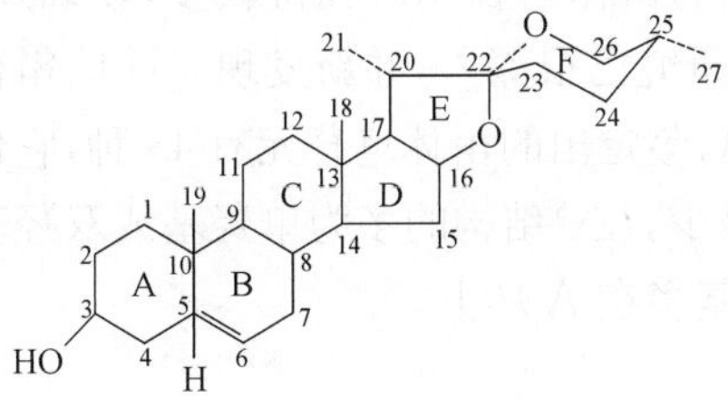

薯蓣皂苷元俗称薯蓣皂素,是异螺旋甾烷的衍生物(图10-2)。为薯蓣属植物根状茎中薯蓣皂苷的水解产物,制药工业的重要原料,可以合成300多种甾体激素和避孕药物。

图 10-2 薯蓣皂苷元

有关该属植物的化学研究从20世纪初期就已经开始,到20世纪30年代中期,日本学者从薯蓣属山草薢(D. tokoro Makino)中分出第一个甾体皂苷元——薯蓣皂苷元。由于当时对其生理活性及其治疗作用不明,在相当长的时间内未能引起人们的重视,直到1943年Marker和他的同事发现用简单、经济的化学方法进行甾体皂苷的降解,同时,用微生物法在甾核11位引进羟基的研究获得成功,从而使薯蓣皂苷元成为合成甾体激素药物的重要原料,而引起全世界有关方面的重视,开创了利用植物原料进行甾体药物改造合成的先例,并促进了对薯蓣属植物中甾体皂苷研究工作的进行[2,24,30]。

由薯蓣属植物提取甾体皂苷元的方法可以分为两类:一类先用甲醇、乙醇或异丙醇提出总皂苷,然后用酸水解得皂苷元;另一类是先将植物水解,水解物用石油醚、溶剂汽油或苯来提取皂苷元[30,32,33]。

薯蓣属植物的甾体皂苷大多是几种乃至十几种共同存在于同一植物中,且结构相近,因此总皂苷元的分离、精制有一定难度。经典的方法是重结晶法。Marker等曾利用乙醚、丙酮、甲醇三种不同极性的溶剂来分离含羟基数不同即极性不同的皂苷元,主要是分离含量较高的单羟基或双羟基皂苷元[32,33]。随着层析技术的发展,现在薯蓣属皂苷元的分离多用层析法并配合重结晶法[92]。

曾经用不同的方法对盾叶薯蓣[67-69]、穿龙薯蓣[93]、小花盾叶薯蓣[94]、粉背薯蓣[95,96]、纤细薯蓣[97]、绵萆薢（D. septemloba）[98]、黄山药[99]和叉蕊薯蓣[100,101]等薯蓣植物进行了甾体皂苷元的分离，并通过测定熔点、比旋度、红外光谱、质谱、氢谱和核磁共振并利用薄层层析，对分离的甾体皂苷进行了鉴定工作。结果显示，盾叶薯蓣的皂苷元含量最高，平均为 5.93%；含量在 2% 左右的有黄山药、穿龙薯蓣、三角薯蓣、粉背薯蓣和纤细薯蓣。

对薯蓣皂苷元进行分离所用的层析法有[32]：氧化铝柱层析，洗脱剂常以苯为主体，混合不同比例的石油醚、乙醚、氯仿或甲醇；硅胶柱层析，洗脱剂常用不同比例的正己烷和乙酸乙酯，不同比例的苯和乙酸乙酯，苯和甲醇，以及不同比例的氯仿、甲醇和水；薄层层析多用于皂苷元的定性鉴定和微量制备性分离；硅胶薄层层析，常用的展开剂系统有正己烷混合不同比例的乙酸乙酯、丙酮或甲醇，环己烷混合不同比例的乙酸乙酯、乙醇或丙酮，氯仿混合不同比例的丙酮、乙醇或甲醇以及二氯甲烷混合不同比例的丙酮等；氧化铝薄层层析，常用的展开剂为正己烷混合不同比例的甲苯、二氯甲烷或乙醇，苯混合不同比例的乙醚以及氯仿混有不同比例的丙酮、甲醇等。

在甾体皂苷元的化学结构研究方面以盾叶薯蓣的甾体皂苷元研究得较多，较细致。近几年来，有关甾体皂苷元的分离、结构鉴定等方面研究已很深入，并新发现了一些甾体皂苷元的结构[30]。据统计[30,32]已从薯蓣属植物分离、鉴定出的甾体皂苷元有 43 种，它们几乎都是 $\triangle^5$ 或 A/B 顺式皂苷元，A/B 反式稠合的极少。$\triangle^5$ 结构的多为单羟基或双羟基的皂苷元，多羟基苷元几乎都为 A/B 顺式结构且羟基多在 A 环上。

10.1.7 甾体皂苷元含量的测定与提取

根据文献报道，薯蓣皂苷元含量的测定方法主要有以下几种方法：

Rothrock[102]将植物加酸回流，以水解其中所含皂苷，然后用有机溶剂提出皂苷元，水解后提取得的粗皂苷元用氧化铝薄层层析分离，最后用试剂显色定量。用同样方法，王慕邹等[103]测定了穿龙薯蓣、唐世蓉等[104]测定了薯蓣属 16 种植物中的薯蓣皂苷元。

山岸正治及中村功[105]先用乙醇或甲醇将皂苷自植物中提出，再水解成皂苷元，将皂苷元提出后，用吸附层析法分离，以三氯化锑试剂比色测定各个皂苷元含量。Gulliver 等[106]报道了薄层层析分离后，用比色法测定了菊叶薯蓣（D. composita）的薯蓣皂苷元。徐礼燊等[107]用库伦滴定法测定了薯蓣皂苷元。

近年来，已有多种精密仪器用于对薯蓣皂苷元的测定，如顾生明[108]、陶莉[109]等分别利用气相色谱，杨文远[110]、赵景婵[111]、都述虎[112]、刘宏伟[113]和达世禄[114]等学者分别利用高效液相色谱对盾叶薯蓣、穿龙薯蓣、山萆薢中薯蓣皂苷元进行了定量测定。

另外，还有重量法[4,115,116]、旋光法[117]、微电位滴定法[118]、光密度计法[119]、红外光谱法[120]、薄层扫描法[4,121]等。

20 世纪 50 年代末，我国开始建立生产薯蓣皂素的工厂。工业上提取薯蓣皂苷元时，国内外均采用薯蓣根状茎干粉直接水解、然后用有机溶剂提取薯蓣皂苷元的工艺方法，其方法都是采用 Rothrok 首创的薯蓣皂苷元生产工艺[102]。采用该工艺存在以下缺点[122]：① 由于薯蓣根状茎质地坚硬和大量淀粉存在，不易水解彻底，皂苷元收率低；② 大量的纤维渣贯穿于生产始末，使消耗增大；③ 由于在浓酸、高温等强烈条件下进行水解，其他成分遭到破坏，不利于综合利用。

为了提高收率，科学工作者对生产工艺进行了一系列研究，发现在酸水解前将植物材料进行预发酵可以大大提高薯蓣皂苷元的产量，而且在发酵过程中若加入纤维素酶、果胶酶、苦杏仁酶等外源酶，可进一步提高产量。而常规的酸直接水解法，收率低，即使用薯蓣皂苷元含量较高的盾叶薯蓣做原料得率也只有 2% 左右[123,124]。

四川生物研究所的研究表明预发酵能使皂苷元收率提高 23.4%～38.8%[123]，北京医学院的研究证明盾叶薯蓣在 40 ℃以下发酵 2 d 比不发酵的得率高，经发酵的得率为 3.3%，不经发酵的只有 2.35%。赵书申等[125]报道改变经典的直接酸水解法水解，采用黑曲霉 5016 或 3008 或 Co-827 进行发酵，可使盾叶薯蓣的薯蓣皂苷元由原来的 2% 提高到 4.5%。徐成基研究了植物激素和霉菌对盾叶薯蓣皂素收率的影响[126,127]，结果表明 IAA、GA3 和 2,4-D 都有不同程度提高皂苷收率的作用。其中 10×10^{-6} 的 IAA 增效比常规水解的得率提高 12.3%，IAA+GA3 可能提高得率 13.5%。利用中国特有种盾叶薯蓣为原料，经预发酵-酸水解的工艺流程，不仅能显著提高皂苷元得率，充分利用了薯蓣淀粉，而且减轻了环境污染。

近年来将超声波用于薯蓣皂苷元的提取[128,129]。煎煮法、浸泡法是生产中药制剂的常规提取方法，但都存在着提取时间长、效率低、破坏中药有效成分等缺点。称取穿山龙粗粉，加入 70% 乙醇 30 ml，分别用浸泡法和超声法进行提取，结果提出率分别为 1.8% 和 2.3%，可见超声法对有效成分的提出率比常规法高，并且大大缩短了提取时间。超声波振动的机械粉碎、搅拌等作用，有利于化学溶剂渗入植物细胞，加速中药材中有效成分进入溶剂，促进有效成分的提取，从而提高了有效成分提出率。王昌利等[128]将穿山龙粗粉加入 50% 乙醇浸泡 36 h，以频率为 1 MHz 超声波处理 30 min 后再提取，提取率提高，可节约原材料 23.4%。

10.1.8 **药理作用及医药开发**

中国利用薯蓣属植物作为药用和食用有着悠久的历史。如山药能健脾、补肾、益精，能治疗脾胃虚弱、食少倦怠、小儿营养不良、虚劳咳嗽、糖尿病等多种疾病[130]，与山药具有相同药用价值的还有山薯(D. fordii)、褐苞薯蓣(D. persimilis)、参薯[131,132]；黄独(D. bulbifera)能治疗腰酸痛、甲状腺肿、百日咳等[133]；穿龙薯蓣的根茎，味甘、苦，性温，能祛风湿、止痛、舒筋活血、止咳、平喘、祛痰[134,135]，其根状茎制成的某药品是治疗动脉硬化和冠心病的特效药[136,137]；山药地下茎富含碳水化合物，17 种氨基酸、糖类、矿物质、维生素[138-141]，故营养丰富，可作蔬菜食用。常作为食用的有山药、参薯、黄独、五叶薯蓣(D. pentaphylla)和日本薯蓣(D. japonica)。盾叶薯蓣是我国民间常用的草药，根茎可治疗各种急性化脓性感染、软组织损伤、蜂螫和阑尾炎,并有抗肿痛和降血糖的作用,对治疗冠心病有特效,可减少心绞痛、调节新陈代谢[67-69]。

李忌等[142]从菝葜属植物中分离并提取到了 6 种天然的甾体皂苷化合物,研究了其对肝癌 SMMC-7721、人宫颈癌 Hela 和胃腺癌 MGc80-3 细胞生长的抑制作用。结果显示,其中含有的薯蓣皂苷元抑癌活性的能力最强。另有报道,粉草薢中含有的甲基原纤细薯蓣皂苷元对 K562 白血病瘤株显示体外细胞毒活性;纤细薯蓣皂苷元、原新薯蓣皂苷元、甲基原新薯蓣皂苷元(methyl protoneodioscin)、甲基原薯蓣皂苷元(methyl protodioscin)等成分在美国国立癌症研究所(National Cancer Institute,NCI)9 个瘤系 60 个瘤株的体外活性测试中,显示出较强的体外细胞毒性,具有抗肿瘤作用[143,144]。

山药气味平和,温补而不骤,是中医常用的健脾补气的良药。汉代医圣张仲景首创的调理脾胃、气血双补、内外兼治的薯蓣丸,就是以山药为主制成的,其主治虚劳不足,风气百疾,对调治一些慢性疾病和促进康复有良好的作用。北宋钱仲阳创制的"六味地黄丸"也是以山药佐地黄而成。研究发现,山药有显著的降血糖和降血脂作用[145-149]。山药能补中益气,可用于治疗脾胃虚弱,调整胃肠功能[150],具有免疫调节功能[151,152]。

山药在抗氧化、抗衰老和抗肿瘤、抗突变作用方面也特别显著。王丽霞[153]、舒媛[154]等研究了山药蛋白多糖体外抗氧化作用,结果表明山药蛋白多糖对活性氧自由基如 H_2O_2、O^{2-}、OH^- 具有良好的清除作用,可减少红细胞溶血和抑制小鼠肝匀浆脂质过氧化反应,具有明显的体外抗氧化作用。山药可提高大鼠脑中超氧化物歧化酶(SOD)、谷胱甘肽过氧化酶(GSH-PX)、过氧化氢酶和 Na^+/K^+-ATP 酶活性,延缓老龄小鼠免疫器官的衰老进程,具有显著的抗衰老能力[155,156]。赵国华等[157]用小鼠移植性实体瘤研究了山药多糖 RDPS-I 的体内抗肿瘤作用,结果表明,50 mg/kg 的 RDPS-I 对 Lewis 肺癌有显著的抑制作用,而≥150 mg/kg 的 RDPS-I 对 B16 黑色素瘤和 Lewis 肺癌都有显著的抑制效果。阙建全[158]发现山药活性多糖对 3 种致突变物及黄曲霉毒素的致突变性均有显著的抑制作用。表明山药活性多糖具有抗突变活性,其作用机制主要是通过抑制突变物对菌株的致突变作用而实现的。

山药中的尿囊素[87]具有抗刺激、麻醉镇痛、消炎抑菌等作用,用于治疗手足皲裂、鱼鳞病以及多种角化性皮肤病。尿囊素还能修复上皮组织,促进皮肤溃疡面和伤口愈合,具有生肌作用,可用于治疗胃及十二指肠溃疡。

10.1.9 引种栽培研究

以往对盾叶薯蓣资源进行调查发现野生资源蕴藏量日趋枯竭,有些地方已绝迹,原因是收购的盾叶薯蓣来源于野生,资源破坏十分严重。重采收,轻保护,不仅威胁资源,也影响质量。20 世纪 80 年代初,40 t 盾叶薯蓣可生产 1 t 薯蓣皂苷元,目前 80 t 甚至 100 t 原料也还不能生产 1 t 薯蓣皂苷元[159],盾叶薯蓣的薯蓣皂苷元含量逐年下降。为此,人工栽培既可以保护野生资源又可以解决人类的需求。

有关栽培技术文献有大量报道,其产量受多种因素的影响,如品种、气候条件、栽培地点、种植方式、栽培管理措施等。周瑾[160]在四川引种栽培的云南、湖北盾叶薯蓣,以一至二年生幼嫩根茎作种,育苗移栽,重施底肥,早施追肥和搭支架等措施,能获得较好的结果。栽培一年,每亩可收鲜根茎 700～1 000 kg,枯萎期平均皂苷元含量 3.5%。个别单株鲜重可达 427 g,盛花期的皂苷元含量最高达 6.0%以上,淀粉含量 50%左右。薯蓣皂苷元的质量经红外光谱、薄层层析、熔点测定,均符合商品要求。

我国自 1975 年以来,先后引种了盾叶薯蓣、叉蕊薯蓣、粉背薯蓣、穿龙薯蓣、蜀葵叶薯蓣、黄山药、菊叶薯蓣等,并研究掌握了它们的生物学特性、生长发育过程,积累了大量生物气候学资料,同时系统地研究了经济价值较高的物种的栽培方法、管理措施及采收最佳期等。四川省生物所[161]、徐成基等[162]研究了盾叶薯蓣各个发育期薯蓣皂苷元含量变化规律后,总结出最佳采收期是冬季,根茎的年龄和皂苷元的含量呈正相关。周雪林等[163]研究了不同栽培年龄的盾叶薯蓣根茎的产量及其薯蓣皂苷元的含量变化。上述研究表明,盾叶薯蓣的皂苷元含量以开花盛期为最高。然而人工栽培植株的薯蓣皂苷元含量比自然生长植株的含量低,即使三年生栽培植株也只有 5.7%[161,163]。丁志遵等[164]研究了土壤因素和气候因素对盾叶薯蓣根茎中薯蓣皂苷元含量的影响以及影响盾叶薯蓣皂苷元含量的相关因子,认为不同地区、不同植株、根茎含水量、生长物候期等都影响薯蓣皂苷元的含量。

怀志萍等[165]在对盾叶薯蓣皂苷元含量与气候因素的相关性研究中,以简单相关、多元回归及逐步回归分析等方法研究了中国湖南、湖北等 27 个县的盾叶薯蓣皂苷元含量与 7 个气候生态因子的关系。结果表明:年降水量和年平均 5 cm 土温为影响盾叶薯蓣皂苷元含量的主要因素;盾叶薯蓣皂苷合成与积累的最适气候生态条件为年降水量 800～900 mm,以 850 mm 最佳,年平均 5 cm 处土温 15～17 ℃,以 16 ℃最佳。

据陕西安康地区旬阳县黄姜(盾叶薯蓣的当地名称)研究所的资料,旬阳县是全国盾叶薯蓣最佳适生区之一。栽培的盾叶薯蓣因海拔不同,其薯蓣皂苷元的含量呈现出差异。生长在海拔 800～900 m 的盾叶薯蓣其薯蓣皂苷元的含量显著高于生长在海拔 400～600 m 的盾叶薯蓣薯蓣皂苷元的含量。从阳坡、阴坡立地条件上看,两者相差无几,说明阳坡、阴坡均可种植盾叶薯蓣。

山药是药食兼优的作物,在我国食用已有 3 000 多年的历史,有 2 000 多年的栽培历史,被称为"药参"。山药适应性强,垂直分布于海拔 70～1 600 m 的丘陵或高山。喜欢温暖、向阳的自然环境,要求土层较深、疏松肥沃、排水良好的土壤环境,土壤的 pH 以 6.5～7.5 为宜[166]。山药的栽培技术已有很多文献资料[167-169],其茎叶最适宜生长的温度为 25～28 ℃,喜高温、干燥,不耐霜冻;根茎最适宜生长的温度为 20～24 ℃,在 20 ℃以下生长缓慢。山药是深根植物,耐肥力强,要选择土层深厚、肥沃疏松、温暖、地下水位在 1 m 以上、排水良好的沙壤土种植。山药种子不易发芽,其营养繁殖能力较强,在生产中主要的繁殖方式为无性繁殖,用芦头和零余子繁殖。

§10.2 盾叶薯蓣的形态结构

10.2.1 盾叶薯蓣地上部分的形态结构

盾叶薯蓣为缠绕草质藤本植物。茎左旋,光滑无毛。单叶互生;叶片厚纸质,三角状卵形、心形或箭形,通常3浅裂至3深裂,两面光滑无毛,表面绿色,常有不规则斑块;叶柄盾状着生。

陕西省安康地区旬阳县是世界盾叶薯蓣最多、最集中的地区。旬阳县地处汉江中上游山区,属亚热带湿润气候。据旬阳县黄姜研究所资料,2003年全县28乡镇近9万农户栽培面积达30万亩,已成为当地主要的经济植物(图10-3,图10-4)。

图10-3 陕西省安康地区大田里栽种的盾叶薯蓣

图10-4 盾叶薯蓣单株

1. 茎的结构

盾叶薯蓣茎的直径约为2~3 mm,由表皮、皮层和维管柱构成。表皮为1层细胞,细胞小排列紧密;皮层为6~9层细胞,由薄壁组织细胞构成,均为绿色组织。与茎中的小维管束相对处的皮层细胞层数较多,从而形成隆起,因此在茎的纵向突起形成了棱。

维管柱的外侧有2层纤维状厚壁组织细胞组成的机械组织,其内侧为薄壁组织细胞,靠近外侧的细胞小,靠中心部位的细胞大。维管束排列成内外2轮分散在薄壁组织细胞中(图10-5)。外轮的维管束较小,其后生木质部导管、管胞和韧皮部单元呈"V"形排列。内轮的维管束大,后生木质部导管和韧皮部大致呈菱形排列。

外轮小维管束,有3个韧皮部单元,即其外侧2个小韧皮部单元,内侧1个较大的韧皮部单元,呈"V"字形排列。"V"形腰部有2个较大的后生木质部导管,2个小

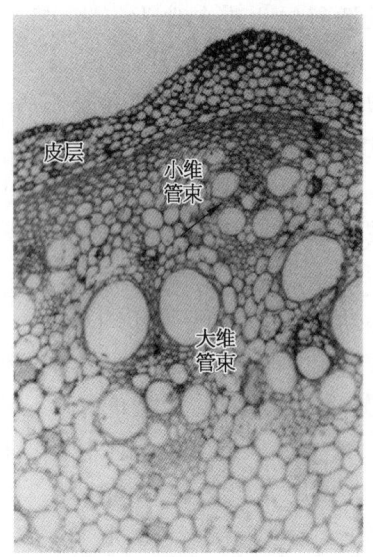

图10-5 盾叶薯蓣茎的横切面,示茎的结构

韧皮部单元侧面各有1个小的导管,较大的韧皮部单元内侧有2个导管(图10-5)。小维管束排列如图10-6(a)所示。小维管束在横切面上长、宽比例约为240 μm×200 μm;两侧后生木质部导管的口径约为70 μm。

内轮大维管束,有2个韧皮部单元,两者呈内外排列,内侧的韧皮部单元较外侧的大。两个韧皮单元中间有一对最大的后生木质部导管;内侧韧皮部的内侧有3个较大口径的导管;外侧韧皮部的外侧有一个小口径的导管(图10-5)。大维管束排列图案如图10-6(b)所示。大维管束在横切面上长、宽比例约为510 μm×300 μm;两个韧皮部单元之间最大后生木质部导管的口径约为137.5 μm。

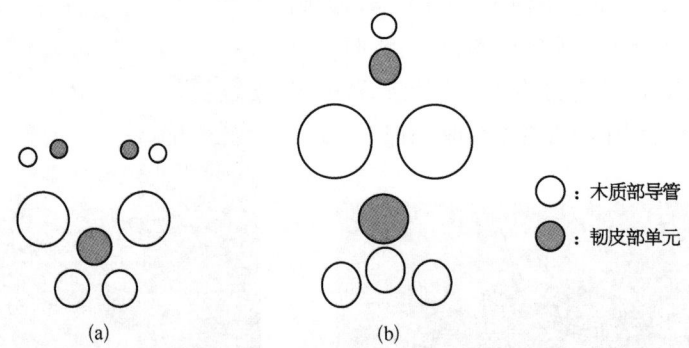

图10-6 盾叶薯蓣茎大、小维管束中木质部和韧皮部的排列图案
(a) 小维管束;(b) 大维管束

2. 叶片的结构

盾叶薯蓣的叶片为异面型叶,由表皮、叶肉和叶脉组成,叶肉组织分化为栅栏组织和海绵组织(图10-7)。

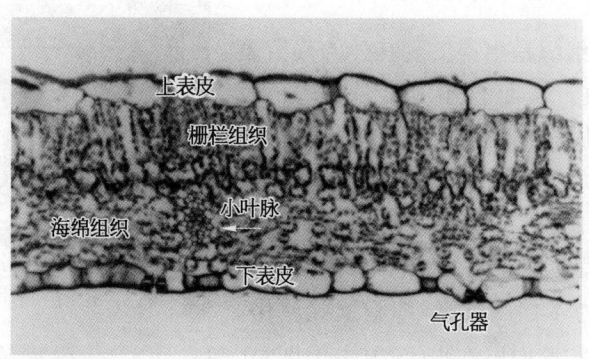

图10-7 盾叶薯蓣叶片的横切面,示叶片的结构

叶片表皮细胞扁平,在叶片的切面上呈椭圆形,上表皮细胞较大,下表皮细胞较小(图10-7)。上、下表皮均有角质层,上表皮细胞的角质层比下表皮的厚。气孔器分布在下表皮,由两个保卫细胞构成,器孔下室较小。

栅栏组织位于上表皮内,其细胞细长排列紧密,细胞内含有大量叶绿体,排列在细胞的边缘。海绵组织与下表皮，其细胞较小，呈近圆形、椭圆形及不规则形状，细胞内叶绿体较少，胞间隙发达(图10-7)。

叶脉为维管束和其外围的多层薄壁组织细胞组成，维管束中木质部位于近轴面，韧皮部在远轴面(图10-7)。

经过测定，盾叶薯蓣叶片的厚度约为200 μm；上表皮厚度为32.5 μm；下表皮厚度为20 μm；栅栏组织厚度为62.5 μm；海绵组织厚度为85 μm。

10.2.2 盾叶薯蓣根状茎的形态结构

盾叶薯蓣根状茎在地下横生(图10-8)，近圆柱形，呈不规则地分叉。外皮棕褐色，横断面呈黄色。根状茎横切面的结构由外到内由周皮、薄壁组织和分散在薄壁组织中的维管束组成(图10-9)。

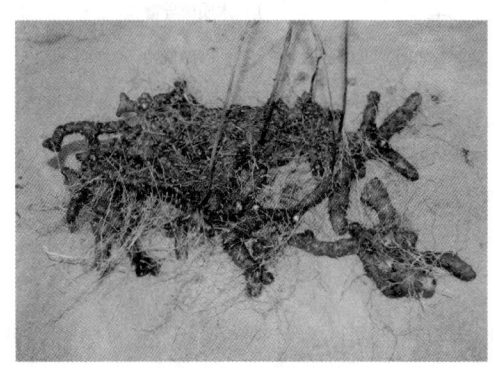

图10-8 盾叶薯蓣根状茎

根状茎的保护组织是由周皮及其外的残留表皮和薄壁组织构成。表面的五六层细胞体积较大，略呈圆形，排列不整齐，其外侧细胞都破碎。这些细胞是周皮在薄壁组织内产生后，是其外侧的表皮及薄壁组织的残留。其内为5～7层排列整齐的细胞，细胞呈长方形，体积小，属于周皮。其中外侧3～5层为木栓层细胞，细胞壁栓质化，其内为木栓形成层和栓内层细胞(图10-9,图10-11a、b)。

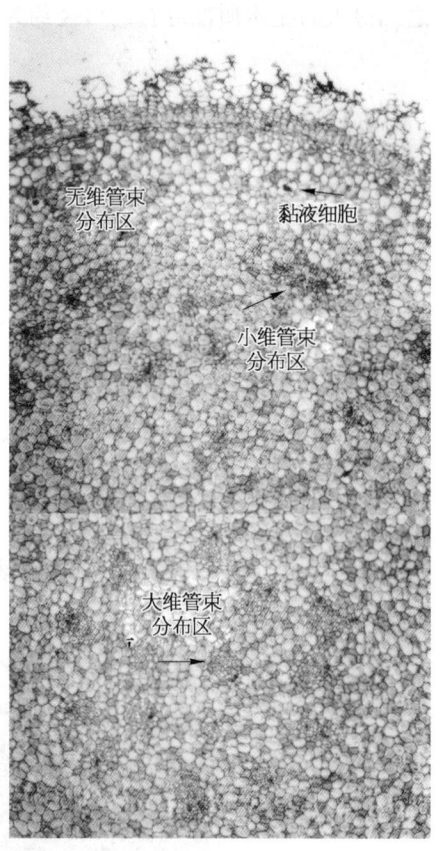

图10-9 盾叶薯蓣根状茎横切面，示周皮、薄壁组织和维管束

根状茎的周皮以内是薄壁组织，维管束散生其中，因此其薄壁组织缺乏皮层、髓等划分。在根状茎的横切面上，薄壁组织可分为两个区域：紧邻周皮的15～18层细胞体积较小，细胞大小不一，都是等径的、略呈圆形的薄壁组织细胞。在此部分的中部(8～10层细胞处)分布有含有针晶的黏液细胞，其针晶成束，长60～80 μm(图10-9,图10-11c)。黏液细胞常单独存在，少数相邻，这些黏液细胞在薄壁组织内排列成不连续的一圈。在

上述外部区域的薄壁组织内，无维管束分布。其内为薄壁组织的内部区域，占根状茎横切面面积的 90% 左右，维管束即散生在此部分薄壁组织内。此区域的薄壁组织细胞体积较外区的略大，细胞也呈等径、近圆形，大小不一，内含物较多（图 10-10，图 10-12）。通过 PAS 反应显色表明，根状茎的薄壁组织细胞内含有大量的淀粉粒，根状茎中心部位薄壁组织细胞内含有淀粉粒的数量最多、尺寸最大。从中部向外，细胞内淀粉粒的数量及尺寸均依次减少。在无维管束分布的薄壁组织的细胞内淀粉粒的数量、尺寸均显著减小。靠外面的细胞内几乎没有淀粉粒存在（图 10-12）。

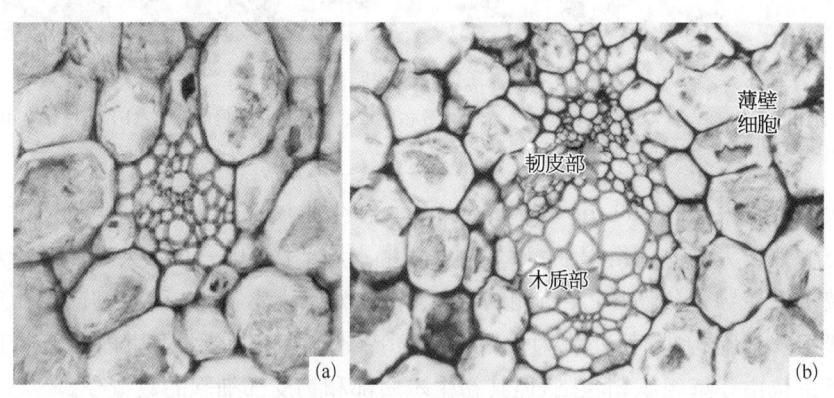

图 10-10 维管束
（a）根状茎外围的小维管束；（b）根状茎中部的大维束

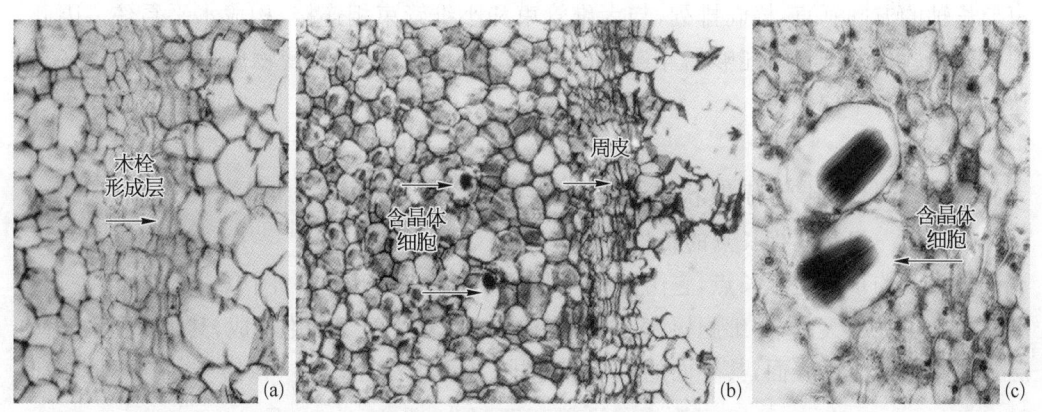

图 10-11 周皮及含晶体细胞
（a）示木栓形成层（箭头）；（b）示周皮的形成（箭头）；（c）含晶体的黏液细胞（箭头）

根状茎的维管束散生在内部区域的薄壁组织内。此区域的外侧部分中，维管束较小，排列成不规则的两轮，其中外轮维管束数量较多，排列较紧密，内轮数量较少，排列较稀疏。中央部分内的维管束较大，其外侧的维管束排列成一轮，在根状茎的中心为 4 个维管束。其维管束都属于外韧并生的有限维管束（图 10-9，图 10-10）。每个维管束都由一两层维管束鞘细胞包围着初生木质部和韧皮部构成。维管束鞘由厚壁组织细胞组

第10章 薯 蓣

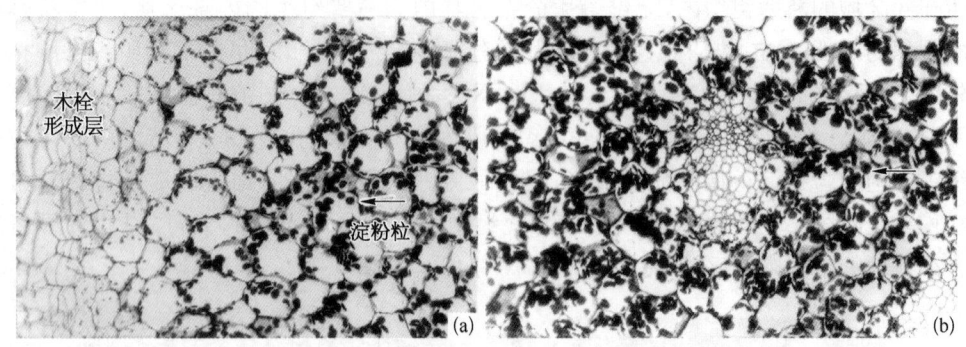

图 10-12 薄壁组织细胞内的淀粉粒

（a）示根状茎外部无维管束分布区域及小维管束分布区域细胞淀粉粒积累（箭头）；（b）示根状茎中部大维管束分布区域细胞中淀粉粒的积累（箭头）

成。其大型维管束宽约 230 μm，长约 350 μm。初生木质部在内侧，初生韧皮部在外侧，两者间有少数较大的薄壁组织细胞。其中，后生木质部由 10～16 个大口径导管构成，有的中间被小口径导管分隔开，其内侧的导管较小，为原生木质部；后生韧皮部由筛管、伴胞和薄壁组织细胞构成，其外侧为少数原生韧皮部筛管，有的维管束内其筛管已挤毁。小的维管束也由厚壁组织鞘包围，但其初生木质部和韧皮部细胞的数量少。

在维管束的排列上，大维管束分布在根状茎的内部区域，小维管束分布在根状茎的中部区域，其延伸方向与根状茎长轴的方向一致，形成垂直系统；另外，还有一部分维管束与长轴的方向垂直，横向排列，与大维管束和小维管束相连接，构成水平系统。因此，根状茎中散生的维管束能够相互连接形成维管束系统，这样可使物质运输加快，迅速到达根状茎的各个部位。

§10.3 盾叶薯蓣根状茎的结构发育规律

10.3.1 根状茎生长点的结构

根状茎的顶端是生长点，它由多片大小不同的幼小鳞叶包裹（图 10-13）。生长点在纵切面上呈丘状突起，由细胞核大、细胞质浓厚的原分生组织细胞构成，其中，原套细胞 1 层，排列整齐，位于表面，其下面的原体细胞排列不整齐（图 10-14a、b）。在不同发育时

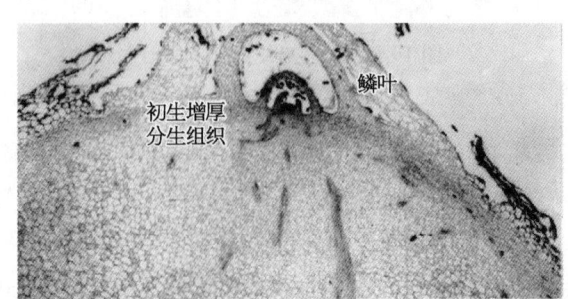

图 10-13 根状茎顶端纵切，示生长点和初生增厚分生组织

期的鳞叶上,可见其表皮上具有正在发育的腺毛(图10-13,图10-14a)。

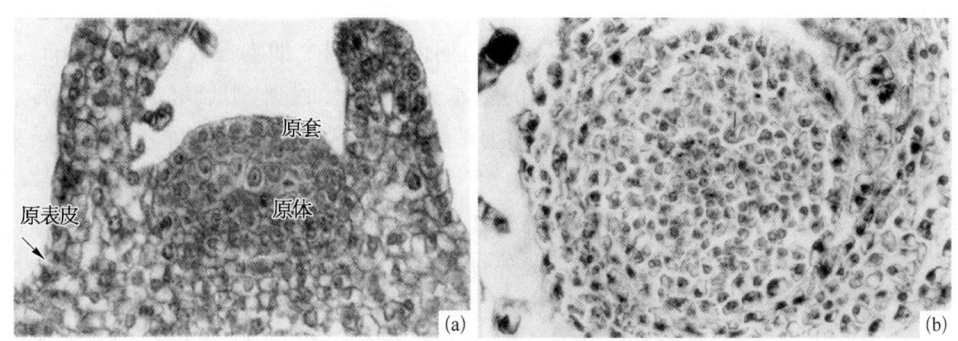

图10-14 示原分生组织
(a) 根状茎顶端纵切面;(b) 根状茎顶端原分生组织横切面

10.3.2 初生结构的分化

原分生组织细胞的细胞质浓厚、细胞核大,细胞排列紧密(图10-14a、b)。在根状茎顶端的原分生组织下面约140 μm以下,分化出初生分生组织(图10-15)。其初生分生组织由原表皮、基本分生组织和原形成层组成。这三部分细胞已分化并呈现一定的形态结构,同时仍继续进行细胞分裂活动。

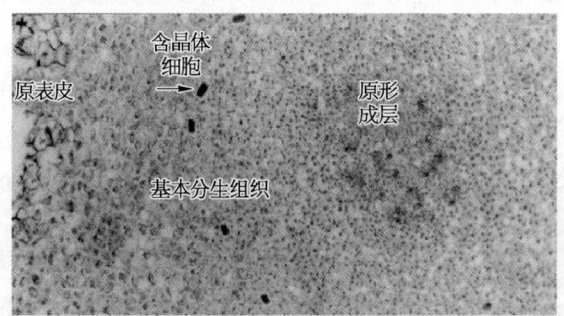

图10-15 根状茎顶端横切面,示初生分生组织及
其中部分化出的原形成层束

原表皮为1层细胞,初期仍进行垂周分裂增加细胞数目,以适应表面积的扩大。由于此层细胞与鳞片的表皮细胞相连,细胞分裂停止较早,以后即以扩大细胞体积来适应根状茎的增粗。此层细胞分化为表皮细胞后,不久其细胞壁栓质化,成为保护组织(图10-13,图10-14a,图10-15)。

基本分生组织位于原表皮内,其细胞最早出现液泡化。从纵、横切片观察,基本分生组织中央区域的一些细胞的细胞质较浓,以后由这些细胞先分化出原形成层束,将来形成根状茎内的大型维管束(图10-15)。此时,中心区以外的基本分生组织中尚未分化出原形成层束,但其细胞的液泡化已明显,染色较浅。其中间部分分化出一圈不连续的含针晶束的黏液细胞(图 10-15)。在距顶端约 570 μm 处,此部分薄壁组织内,分化出原形成层束。

散生于基本分生组织中的原形成层束,初期仅由三四个细胞组成(图 10-16a)。这些细胞的细胞核大,细胞质浓厚,其周围的基本分生组织细胞已明显液泡化。以后这些细胞进行分裂,增加细胞数目,由于这些细胞都呈切向分裂,故在横切面上原形成层束的细胞排列成较整齐的径向列(图 10-16b)。不久,原形成层束的外围细胞分化为维管束鞘,其外侧细胞依次分化为原生韧皮部筛管和后生韧皮部的筛管、伴胞,内侧依次分化为原生木质部和后生木质部的导管,发育成外韧有限维管束(图 10-17)。

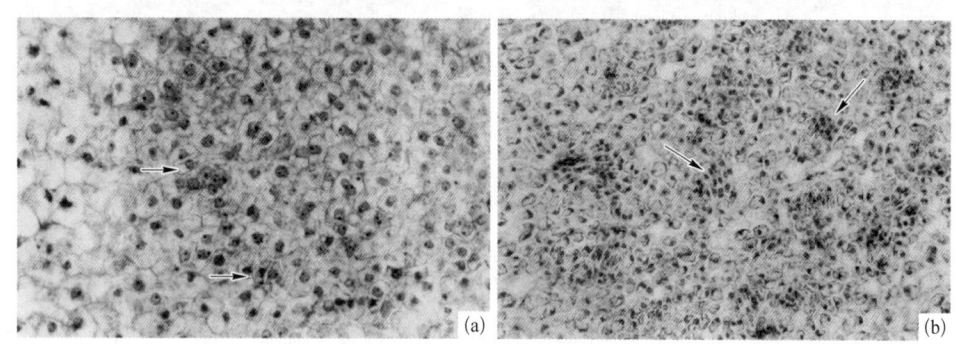

图 10-16 原形成层的分化
(a)示最初分化的原形成层细胞(箭头);(b)原形成层束(箭头)

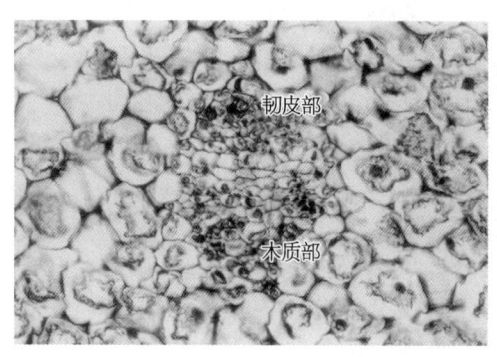

图 10-17 分化形成的维管束

从根状茎纵切面观察,其幼茎边缘部分的薄壁组织细胞体积小,排列成行,进行平周分裂活跃,属于初生增厚分生组织(图 10-13,图 10-18),它向内衍生的薄壁组织细胞,使根状茎在早期继续增粗,以后它们停止细胞分裂,成为薄壁组织的一部分,这是根状茎能迅速增粗的早期原因。由于基本分生组织细胞具有分裂能力,故距顶端近的细胞体积小,离顶端远的分裂活动减弱,细胞增大,体积逐渐变大。据统计,距生长点 50 μm 处,细胞直径约为 10 μm,2 500 μm 处,细胞直径约为 50 μm,当分化为成熟的薄壁组织细胞时,其直径可达 98 μm,因此,其薄壁组织细胞的体积增大应是根状茎后期增粗的因素。

在根状茎的顶端下面,有的原形成层中部的细胞具有很强的分生能力,形成大量的薄壁组织细胞,从而使原形成束裂分为两束(图 10-18b),致使根状茎内的维管束的数量增加,同时也是根状茎增粗的另一个原因。

根状茎的初生结构在分化成熟时,由表皮、薄壁组织和分散其中的维管束构成。由于其维管束缺乏维管形成层,故其薄壁组织和维管束的结构始终保持初生结构。以后,

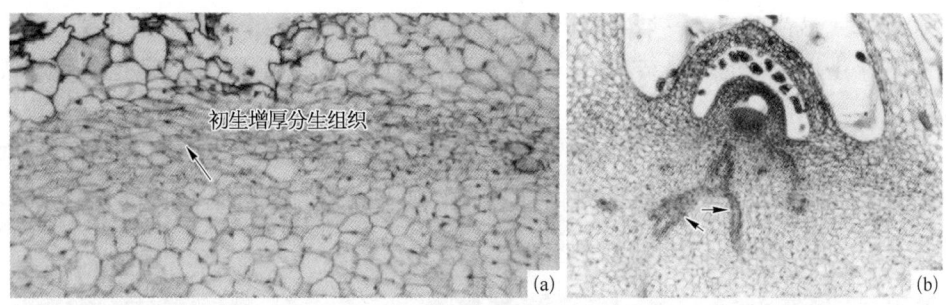

图 10-18 根状茎顶端纵切面
(a) 示初生增厚分生组织(箭头);(b) 根状茎的顶端,示原形成层束分开(箭头)

根状茎外侧的薄壁组织细胞反分化,转变为木栓形成层(图 10-11a),向外分裂产生木栓层,向内产生栓内层,共同构成次生保护组织周皮(图 10-11b)。

§10.4 薯蓣皂苷在盾叶薯蓣根状茎中的分布

10.4.1 薯蓣皂苷在根状茎顶端的积累与分布

据报道薯蓣皂苷能与三氯化锑浓盐酸溶液或三氯化锑高氯酸溶液产生显色反应[170]。盾叶薯蓣根状茎切片与显色剂作用 1～2 min 后,其皂苷呈现浅红色到深红色的颜色反应。在根状茎发育过程中,不同的部位、不同结构的细胞内薯蓣皂苷的分布和积累情况不同。

根状茎顶端原分生组织不显色,不含薯蓣皂苷,鳞片上发育形成的腺毛也没有显色反应(图 10-19a)。基本分生组织及包被原分生组织的鳞叶的细胞内呈浅红色,但是刚产生的紧紧包围原分生组织的幼小鳞叶则如同原分生组织无显色反应。初生增厚分生组织靠近原分生组织的细胞无显色反应,远离原分生组织的细胞均有显色反应,显浅红色。基本分生组织细胞都呈浅红色反应(图 10-19b),显色比较均匀,其中,远离顶端的细胞则显色较深,但细胞内不形成红色含有薯蓣皂苷的液滴。分散在基本分生组织内的原形成层没有显色反应(图 10-19b)。

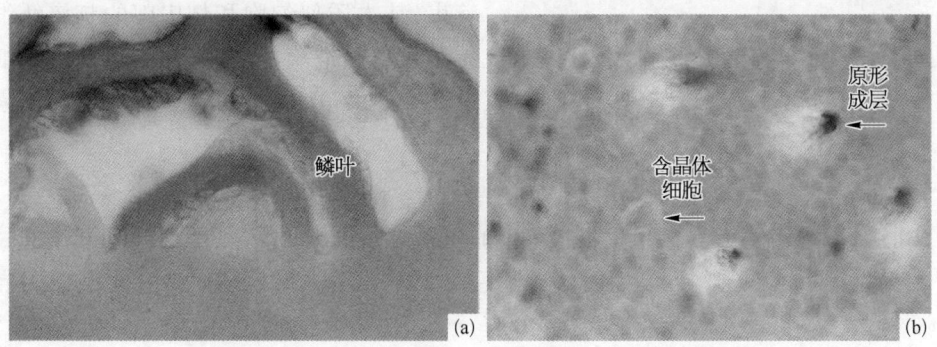

图 10-19 一年生的根状茎组织化学显色(彩图见图版)
(a) 根状茎顶端纵切;(b) 原形成层

10.4.2 薯蓣皂苷在一年生根状茎中的积累与分布

在一年生根状茎的成熟结构中,木栓层及其外残留并栓化的表皮和薄壁组织构成的保护组织的细胞内无显色反应(图 10-20a、b)。在薄壁组织中,外部没有维管束分布的部分,在外侧的细胞中薯蓣皂苷积累如同根状茎顶端的初生分生组织细胞,整个细胞内显浅红色,显色比较均匀。而在其靠内部的细胞中,逐渐产生了含有薯蓣皂苷的液滴,数量也逐渐增多,但从总的来看液滴的数量还是比较稀疏。

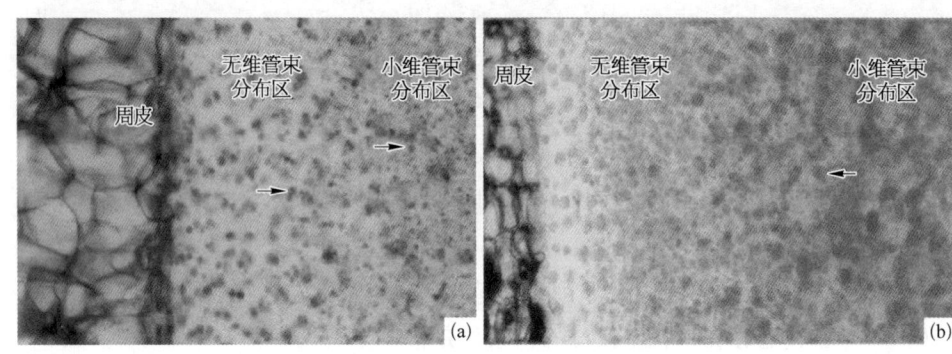

图 10-20 一年生的根状茎组织化学显色(彩图见图版)

(a) 周皮刚形成时期,示无维管束分布区域细胞内薯蓣皂苷液滴(箭头);(b) 周皮已形成时期,示有小维管束分布区域细胞内薯蓣皂苷液滴(箭头)

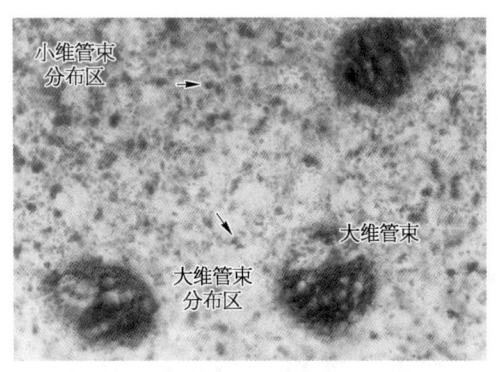

图 10-21 一年生的根状茎大维管束及其周围薄壁组织的组织化学显色,示液滴(箭头)(彩图见图版)

在有维管束分布的薄壁组织中,小型维管束分布部位的薄壁组织细胞中薯蓣皂苷的积累与分布最丰富,细胞中红色液滴数量最多,最密集,大小不一,最大的红色液滴也分布在此部分(图 10-20a、b)。在大型维管束分布的部位,其薄壁组织细胞中红色液滴相对较少,较均匀,可以看到液滴都是沿着细胞壁分布(图 10-21)。分布在薄壁组织中的维管束,其木质部细胞和韧皮部的韧皮纤维中无薯蓣皂苷液滴,而韧皮部的薄壁组织细胞以及维管束鞘细胞内都有薯蓣皂苷的积累与分布。

10.4.3 薯蓣皂苷在二年生根状茎中的积累与分布

二年生根状茎的顶端分生组织,其显色反应与一年生根状茎顶端分生组织的显色相同。

二年生根状茎的成熟结构,薯蓣皂苷的积累与分布情况与一年生根状茎的成熟结构中薯蓣皂苷的分布情况也基本一致,但在有维管束分布的区域,红色液滴的大小比一年生根状茎中的液滴大，而且数量多，呈深红色，显示二年生的根状茎中薯蓣皂苷的积累与分布比一年生根状茎丰富（图10-22）。同样可以看到，液滴在细胞内沿着细胞壁分布。

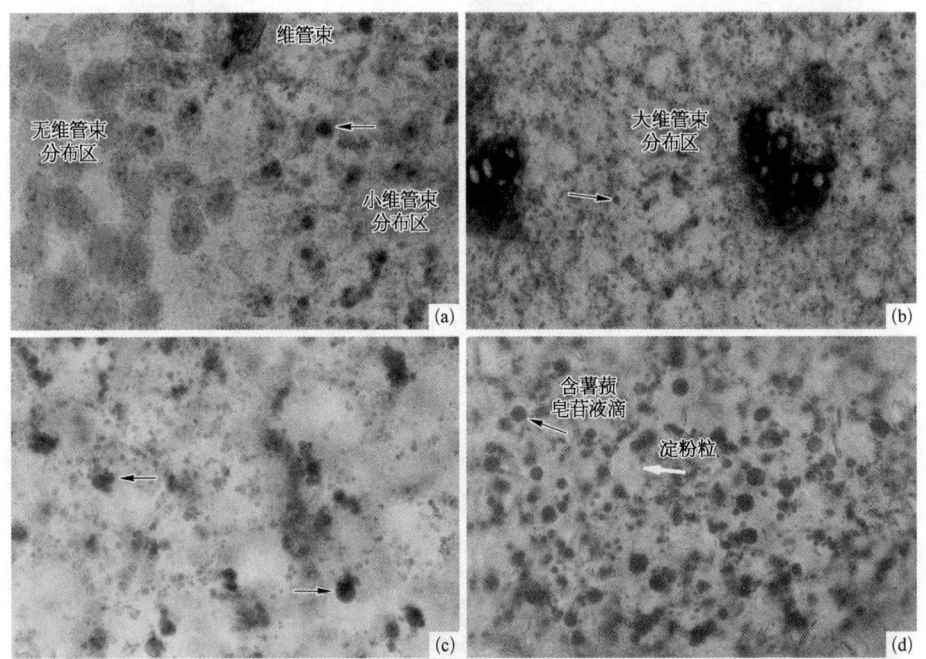

图10-22　二年生的根状茎组织化学显色（彩图见图版）
（a）无维管束和有小维管束分布区域；（b）示大维管束分布区域；（c）示薯蓣皂苷液滴沿着细胞壁分布；（d）示含有薯蓣皂苷的液滴（黑色箭头）与淀粉粒（白色箭头）的区别

在根状茎外围没有维管束分布的薄壁组织中，其细胞内有许多红色的细小的薯蓣皂苷液滴分布，使整个细胞都显红色，其所显示的颜色比一年生根状茎中相同的部位颜色深（图10-22a），同时也表明在这部分组织中，薯蓣皂苷的积累与分布比一年生根状茎中薯蓣皂苷丰富。

§10.5　盾叶薯蓣实生苗根状茎的形态发生及其薯蓣皂苷的积累

10.5.1　胚的结构

盾叶薯蓣成熟种子的胚较小，胚的高度只有胚乳中间腔隙高度的1/3，约1.5～2 mm。胚由胚根、胚芽、胚轴、子叶组成（图10-23a、b）。成熟种子的胚中，胚芽平坦，未形成突起（图10-23c）。

10.5.2　胚芽的分化及其实生苗根状茎的形成

种子播种后约10～12 d开始萌动，胚根迅速伸长形成主根（图10-24a），同时外胚叶迅速生长，20 d左右子叶伸出土面。长成的子叶的叶柄长度可达6～10 cm（图10-24b）。

第10章 薯 蓣

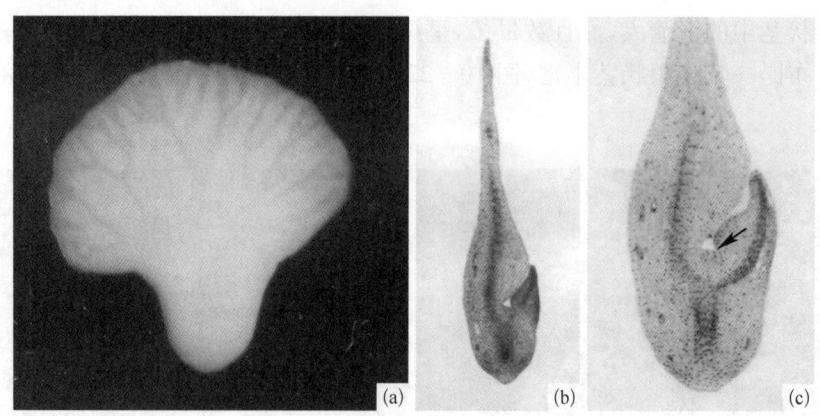

图 10-23 胚的结构
(a) 胚；(b) 胚纵切；(c) 胚纵切示平坦的胚芽（箭头）

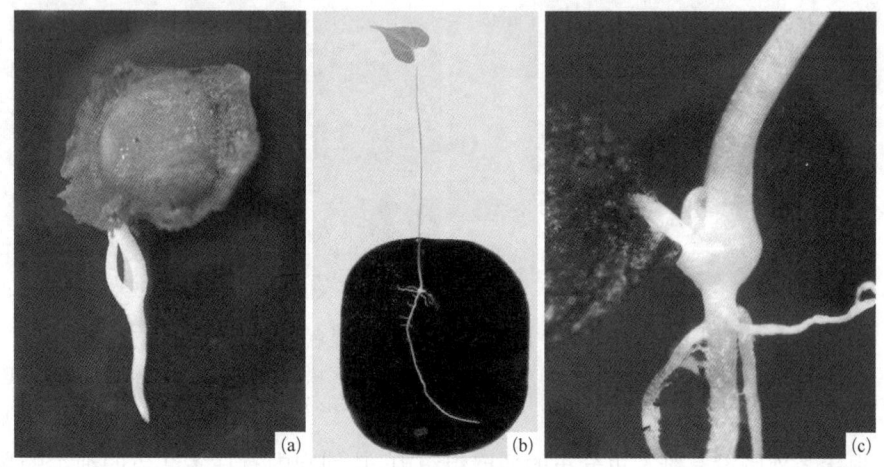

图 10-24 种子萌发和幼苗形成
(a) 种子萌发；(b) 出土的子叶；(c) 示节部逐渐膨大和有鳞叶包被的芽

子叶柄基部叶腋内着生有鳞片包被的芽（图 10-24c）。

随着种子的萌发，子叶腋内平坦的胚芽隆起，接着在靠近子叶一侧的胚芽基部产生一个突起，以后形成包被胚芽生长锥的鳞叶（图 10-25a、b、c）。当第 1 片叶子高度达 0.4 cm 尚未露出地面时，胚芽的原分生组织的中部向外产生微突（图 10-25c）。播种 1 个月后，芽体逐渐地从子叶柄与叶柄之间显露出来（图 10-24c）。

在此期间，主根继续生长并产生侧根，节部开始膨大（图 10-24c，图 10-26a、b），同时，在膨大的节部球状体上分别在叶子着生的一侧及其他两个侧面先后产生三个不定根。随着幼苗的生长发育，胚芽原分生组织先后形成四个突起，它们分别发育成芽的原分生组织，按其出现的先后可分别称之为第 1 芽、第 2 芽、第 3 芽和第 4 芽（图 10-26b）。此时，第 1 片叶子基部的薄壁组织细胞分裂从而使节部膨大形成球状体（图 10-24c，图 10-26a、b）。

§10.5 盾叶薯蓣实生苗根状茎的形态发生及其薯蓣皂苷的积累

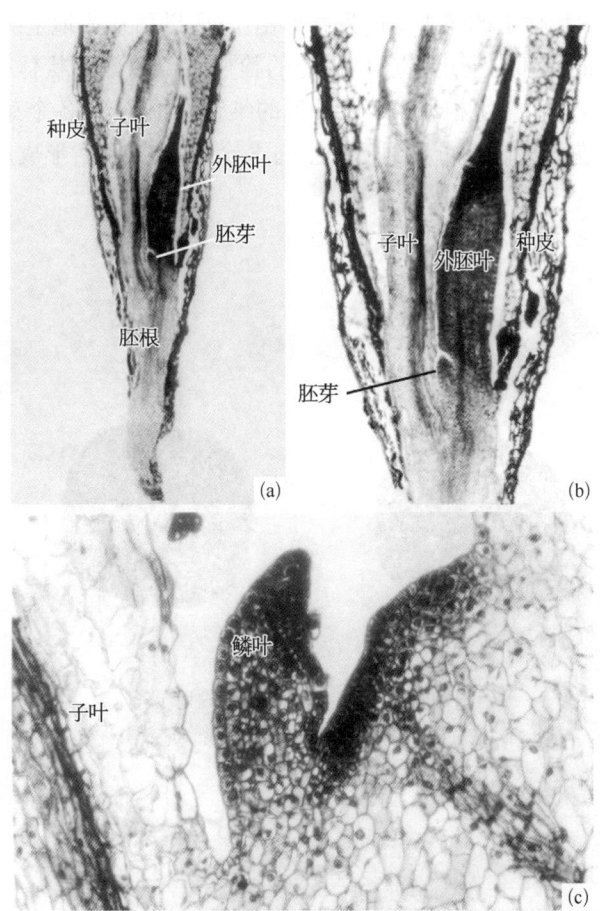

图 10-25 种子萌发,示胚芽生长锥
(a) 种子萌发后纵切;(b) 图(a)放大;(c) 示鳞叶形成,原分生组织突出

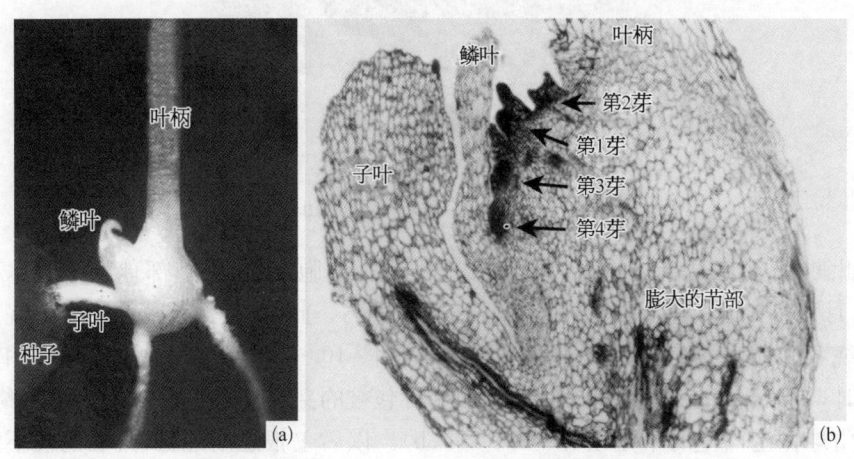

图 10-26 膨大的节部及其上面产生的 4 个芽
(a) 膨大的节部及鳞芽;(b) 节部纵切,示胚芽生长锥形成 4 个芽

6月上旬节部球状体上的第1芽萌发并伸出土面,以后形成地上缠绕茎(图10-27),此时从节部球状体的底部向上逐渐产生褐色的栓皮层。节部球状体横切面可见到3束维管束(图10-28),它们与主根和第1叶叶柄的维管束相连接,各个芽的维管束也与这3束维管束相连接。在表皮内侧可看到已产生的木栓形成层,以后形成周皮。

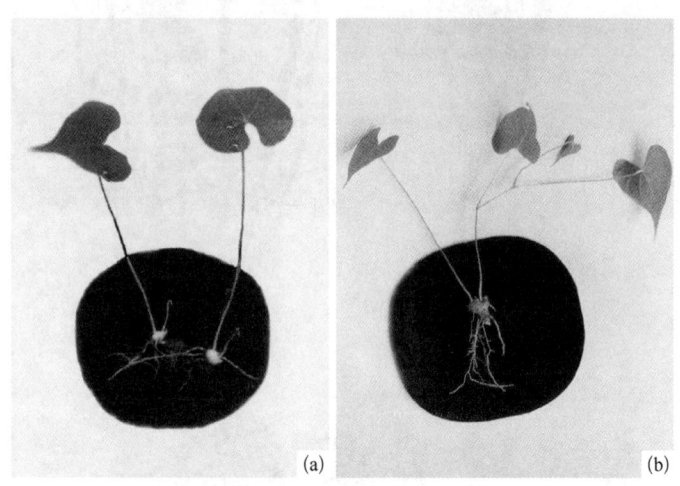

图10-27 第1芽萌发形成地上茎
(a) 第1芽萌发;(b) 第1芽萌发后形成地上缠绕茎

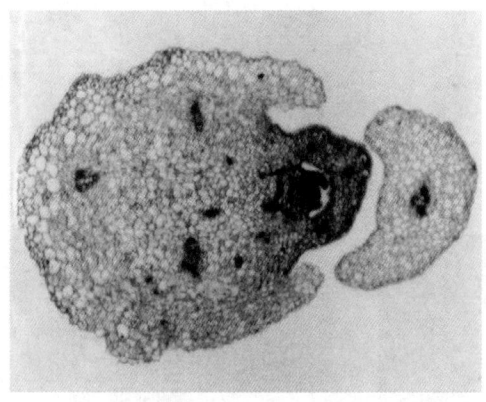

图10-28 节部球体横切

在此期间,节部球状体的薄壁组织细胞仍进行细胞分裂,使节部球状体的体积继续增大,6月下旬其体积达到最大,直径达0.5 cm左右。此时,在第1片叶子与缠绕茎之间以及缠绕茎的外侧可看到新芽出现(图10-27b,图10-29),它们分别是第2芽和第3,4芽。此时,在节部球状体上可见到:3个由鳞片包被的芽、第1片叶子、地上的缠绕茎、主根以及由球体上产生的不定根(图10-29a、b)。以后主根逐渐死亡,其功能被不定根所取代。

随着幼苗的生长发育,节部球状体上的第2芽、第3芽和第4芽伸长,在9月中下旬

§ 10.5 盾叶薯蓣实生苗根状茎的形态发生及其薯蓣皂苷的积累

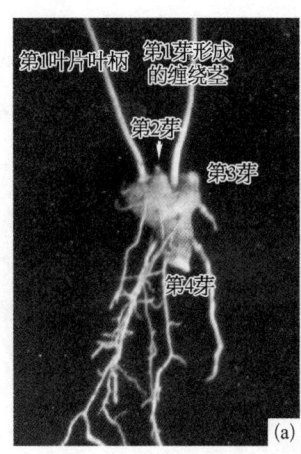

图 10-29 幼小根状茎的形成

(a) 节部球体上的第 2 芽、第 3 芽和第 4 芽形成根状茎的雏形；(b) 示由种子萌发所形成的幼小的根状茎

它们分别发育成根状茎的雏形（图 10-29b），其直径约 0.5～0.8 cm。以后，三条根状茎在节部球状体上向 3 个不同方向生长延伸，形成根状茎，其上能形成侧芽进而形成多条根状茎。

10.5.3 实生苗根状茎初生结构的形成

实生苗球状体产生的根状茎的顶端原分生组织中原套细胞一层，排列整齐，原体细胞排列不整齐。在节部球状体阶段，芽的原分生组织外只有一层芽鳞包被，当发育成根状茎时，其顶端原分生组织外由多片大小不同的鳞片包被（图 10-30）。

根状茎顶端纵切面观察，其边缘部分的薄壁组织细胞体积小，排列成行，平周分裂活跃，属于初生增厚分生组织（图 10-30）。它向内衍生薄壁组织细胞，使根状茎早期增粗。

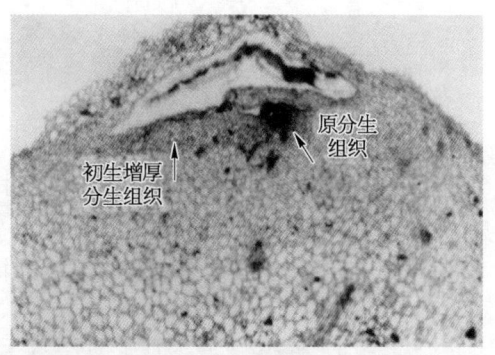

图 10-30 一年生实生苗小根状茎的顶端，示生长点和初生增厚分生组织（箭头）

根状茎的顶端原分生组织产生的衍生细胞分别分化为原表皮、基本分生组织和原形成层组成初生分生组织。由于基本分生组织细胞具有分裂能力，故距顶端近的细胞体积小，离顶端远的分裂活动减弱，细胞体积逐渐变大，使根状茎进一步增粗。以后初生增厚分生组织中有一层细胞，转变为木栓形成层，向外产生木栓层，向内产生栓内层，形成根状茎的次生保护组（图 10-31）。

一年生根状茎的结构在分化成熟时，由周皮、薄壁组织和分散其中的维管束构成。由于其维管束缺乏维管形成层，故其薄壁组织和维管束的结构始终保持初生结构状态。

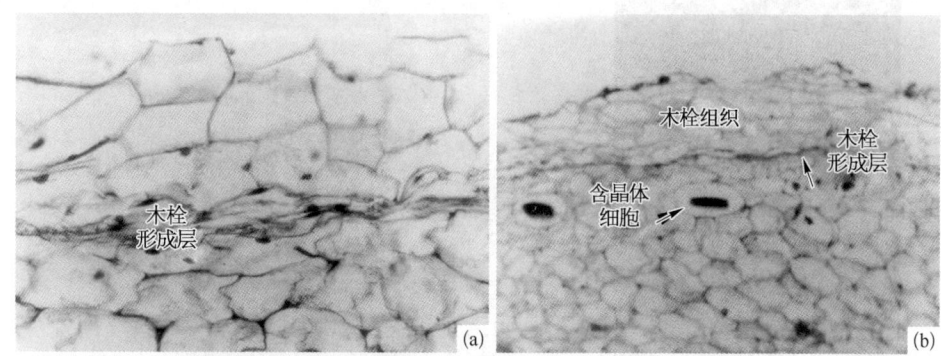

图 10-31 木栓形成层和周皮
(a) 示木栓形成层；(b) 实生苗根状茎形成周皮

实生苗一年生根状茎与二年生根状茎的结构基本结构相同,但二年生根状茎中维管束的数量比一年生根状茎多(图 10-32)。

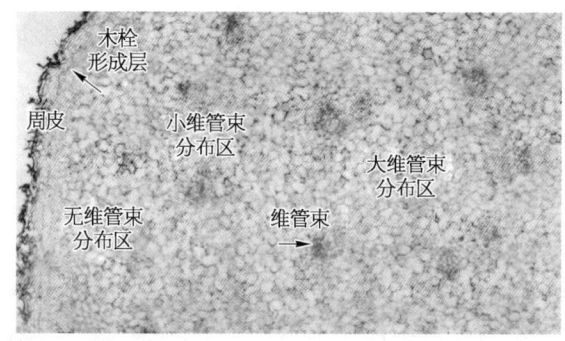

图 10-32 一年生实生苗根状茎横切面

早在节部球状体上的第 1 芽萌发之时,其余 3 个芽的顶端原分生组织中有的芽发育形成两个原分生组织的丘状突起(图 10-33a)。以后,这两部分原分生组织逐渐发育形成两个顶芽,从而根状茎产生分枝。有的顶芽在鳞片叶的腋间还可形成将来成为地上缠

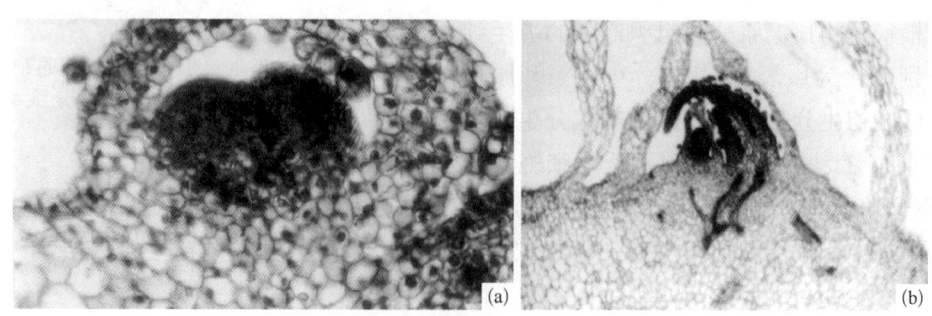

图 10-33 实生苗根状茎顶端分生组织
(a) 示根状茎顶端原分生组织形成两个丘状突起；(b) 示实生苗根状茎顶端原分生组织发育形成地上缠绕茎的芽

绕茎的芽原基(图 10-33b)，在来年春天环境条件适宜的情况下它伸出地面形成地上的缠绕茎。所以，二年生和三年生的植株其地下根状茎和地上缠绕茎数量增多而且生长粗壮。

10.5.4 实生苗根状茎中薯蓣皂苷的积累

实生苗的第 1 叶片伸出地面 4 cm 高时，其节部横切面的组织化学试验表明，其上不同的部位已呈现出不同的显色反应。芽的原分生组织不显色而其周围的组织包括芽鳞片显浅红色，叶片基部的薄壁组织细胞显色较浅，维管束无显色反应(图 10-34)。

从节部球体的形成到幼小根状茎的产生，其各部分组织的显色反应和一年生根状茎中的显色反应是一样的。只是新产生的根状茎显色较一年生根状茎显色浅，而且所含有的薯蓣皂苷的液滴细小(图 10-35a、b)。

周皮形成以后，周皮及其以外的保护组织中无显色反应，在薄壁组织中开始形成含

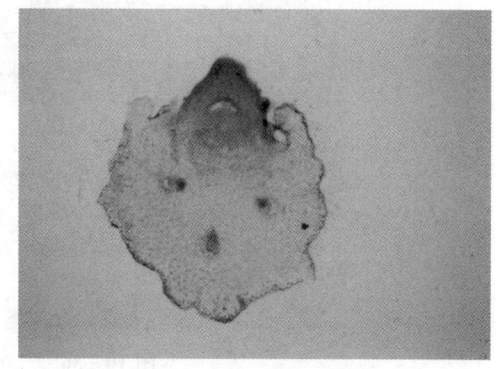

图 10-34 早期节部球状体横切，示薯蓣皂苷的分布

薯蓣皂苷的液滴。外部无维管束分布的薄壁组织，其细胞中含薯蓣皂苷的液滴较大，靠近内侧的较小，数量少。有维管束分布的薄壁组织内，所形成的含薯蓣皂苷的液滴其体积小、数量少(图 10-35)。

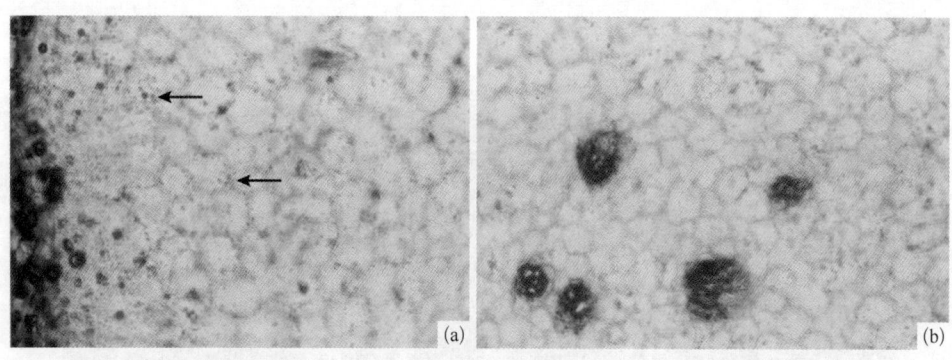

图 10-35 由种子繁殖形成的小根状茎横切，示薯蓣皂苷(箭头)的分布(彩图见图版)
(a) 示根状茎外部无维管束分布区；(b) 示根状茎中部有维管束分布区

§10.6 盾叶薯蓣根状的超微结构及薯蓣皂苷的积累

10.6.1 根状茎顶端分生组织的超微结构

根状茎顶端分生组织细胞排列紧密，间隙小，细胞质浓密，细胞核大，细胞核在细胞中占的比例大，液泡小，分散在细胞质中(图 10-36a)。顶端分生组织下部的基本分生组

织细胞,细胞的体积增大,小液泡逐渐合并成大液泡(图 10-36b)。随着根状茎的生长,远离顶端的细胞形成中央大液泡,细胞质被液泡挤压沿细胞壁的边缘分布,细胞中逐渐形成淀粉粒。

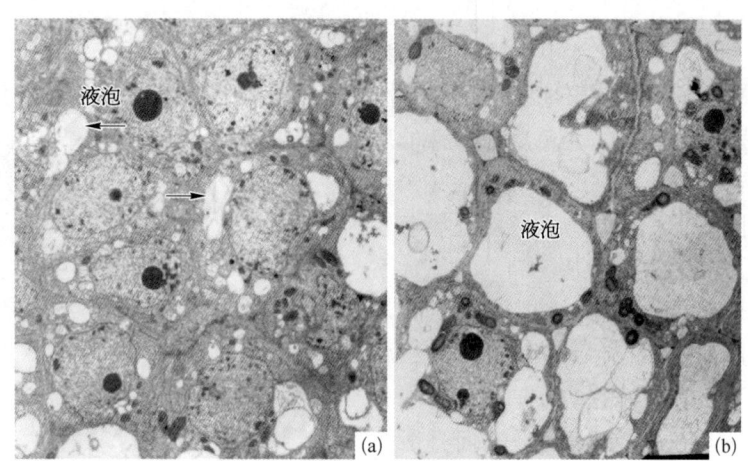

图 10-36　分生组织细胞电镜照片
(a) 原分生组织;(b) 基本分生组织细胞小液泡合并成大液泡

在此期间,其细胞中的细胞器比较丰富,有大量的内质网、高尔基体、线粒体(图 10-37a、b)。当中央大液泡形成时,细胞质中出现由高尔基体或内质网形成的大量的小泡状结构(图 10-37c)。其中有的泡状结构中积累有薯蓣皂苷(图 10-38a)。以后,小的泡状结构进行融合,增大形成含薯蓣皂苷的液滴(图 10-38b),此时的液滴细小,存在于细胞质中。

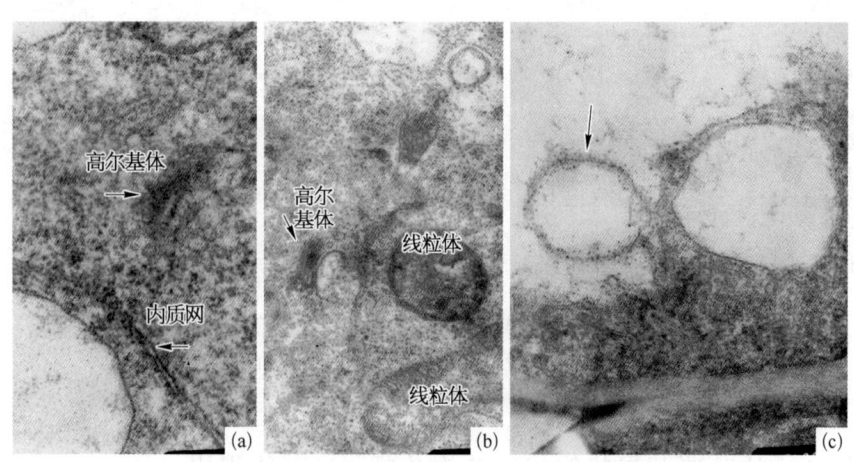

图 10-37　细胞质中的细胞器和泡状结构
(a) 示内质网和高尔基体;(b) 示高尔基体和线粒体;(c) 示小泡状结构(箭头)

§10.6 盾叶薯蓣根状的超微结构及薯蓣皂苷的积累

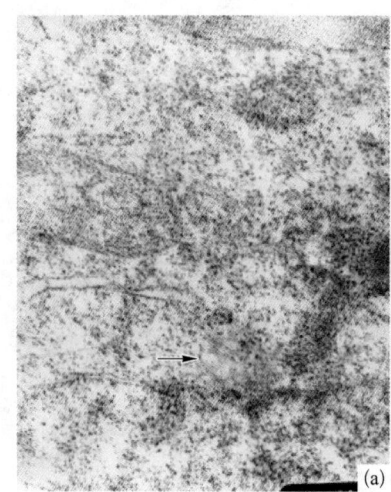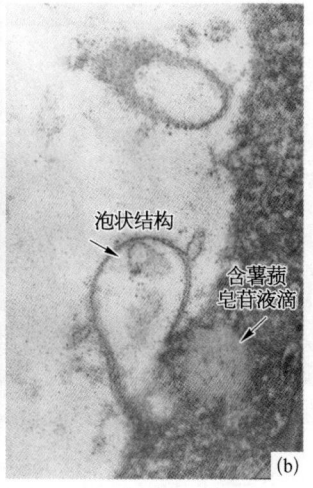

图 10-38 含薯蓣皂苷的泡状结构和液滴

(a) 含有薯蓣皂苷的泡状结构(箭头);(b) 示含薯蓣皂苷的液滴(箭头)分布在靠近细胞壁的细胞质中

10.6.2 根状茎中无维管束分布区域的超微结构

根状茎在无维管束分布区域的薄壁组织细胞内部结构类似顶端分生组织下部的基本分生组织细胞,许多小液泡合并成大的液泡。细胞中有许多含有薯蓣皂苷的泡状结构(图 10-39)。

10.6.3 根状茎中有小维管束分布区域的超微结构

在根状茎中有小维管束分布区域的细胞中含有大量的由内质网、高尔基体产生的含有薯蓣皂苷的泡状结构(图 10-40a),这些泡状结构逐渐靠近合并,融合形成含薯蓣皂苷的液滴(图 10-40b),这些含薯蓣皂苷的液滴分布在靠近细胞壁的细胞质中(图 10-40c)。含薯蓣皂苷的泡状结构融合形成的含薯蓣皂苷的小液滴,以后它

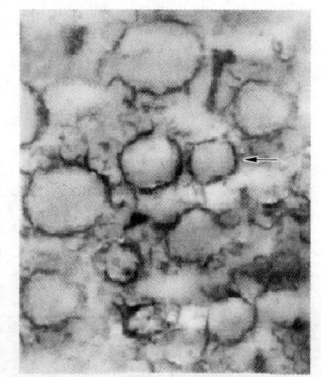

图 10-39 无维管束分布区域的薄壁组织细胞,示含薯蓣皂苷的泡状结构(箭头)

们还可以再相互靠近合并,融合成更大的含薯蓣皂苷的液滴。在根状茎有小维管束分布区域作为储藏组织的薄壁组织细胞中,各种细胞器已不明显,看不到内质网和高尔基体等细胞器。

10.6.4 根状茎中有大维管束分布区域的超微结构

在根状茎内有大维管束分布区域的薄壁组织细胞中,内质网、高尔基体等细胞器相继解体(图 10-41a),细胞中仅有少量的线粒体(图 10-41b)。

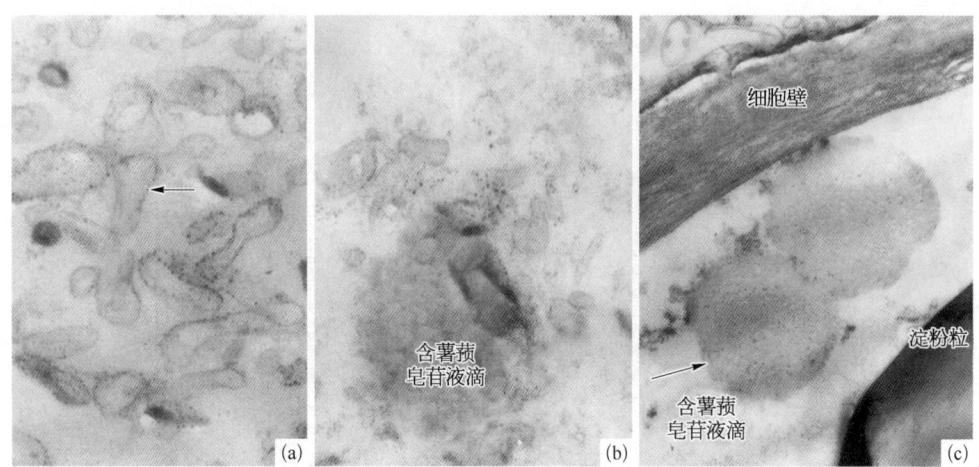

图 10-40 薯蓣皂苷液滴的形成

(a) 示小维管束分布区域的薄壁组织细胞中含有大量的泡状结构(箭头);(b) 泡状结构形成含薯蓣皂苷的液滴;(c) 示薯蓣皂苷液滴沿着靠近细胞壁的细胞质分布

此区域内,薄壁组织细胞中由内质网和高尔基体等细胞器形成的泡状结构数量很少,所形成的含薯蓣皂苷的液滴数量少,其大小与有小维管束分布区域细胞中所形成的含薯蓣皂苷的液滴相比要小得多,其薯蓣皂苷液滴也是分布在靠近细胞壁的细胞质中(图 10-41c)。

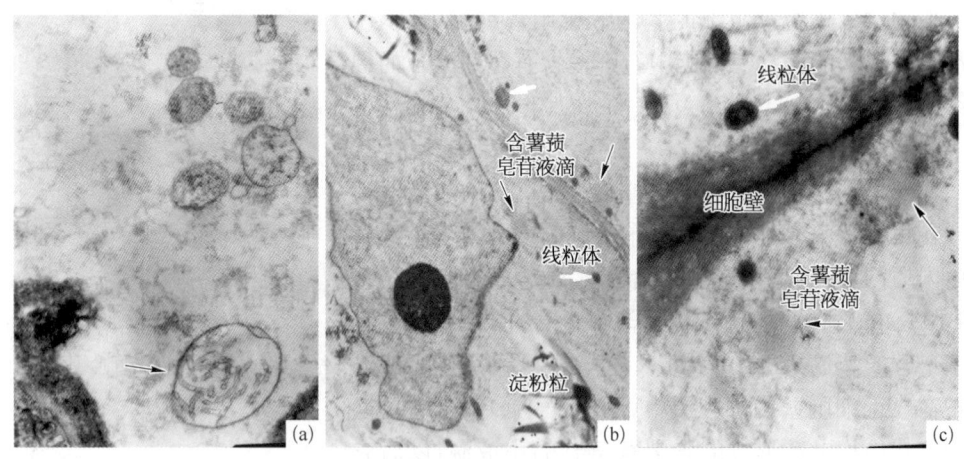

图 10-41 大维管束区域薄壁组织细胞的超微结构

(a) 示内质网、高尔基体等细胞器解体;(b) 示有少量的线粒体;(c) 示皂苷液滴

§10.7　盾叶薯蓣营养器官中薯蓣皂苷元含量的动态变化

10.7.1　测定薯蓣皂苷元含量的高效液相色谱图

薯蓣皂苷元对照品 HPLC 色谱图如图 10-42 所示:

根状茎甲醇提取液的 HPLC 色谱图如图 10-43 所示:

§ 10.7 盾叶薯蓣营养器官中薯蓣皂苷元含量的动态变化

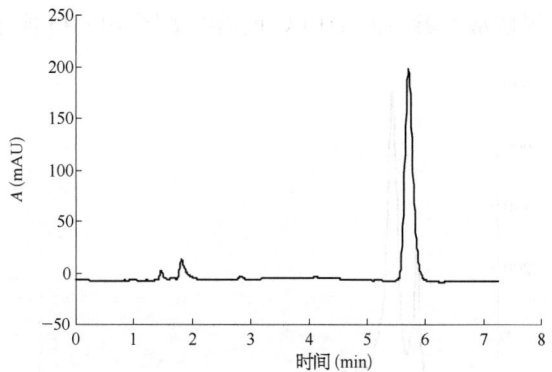

图 10-42 薯蓣皂苷元对照品 HPLC 色谱图

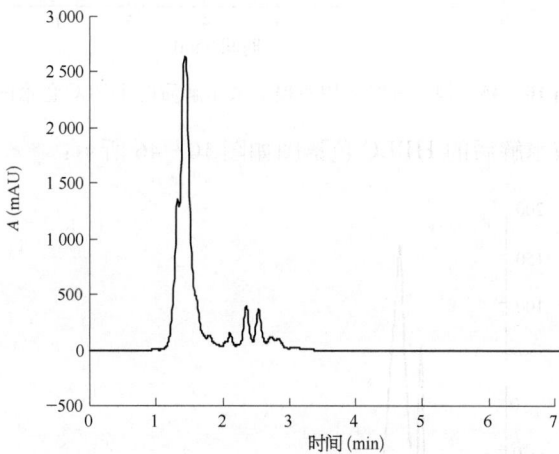

图 10-43 根状茎甲醇提取液 HPLC 色谱图

根状茎甲醇提取液水解后的 HPLC 色谱图如图 10-44 所示：

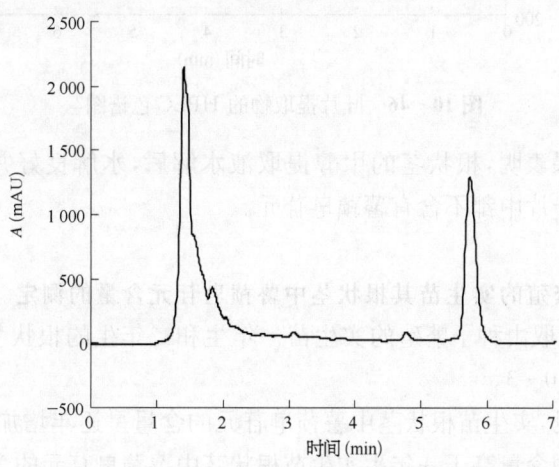

图 10-44 根状茎甲醇提取液水解后的 HPLC 色谱图

地上缠绕茎甲醇提取液水解后的 HPLC 色谱图如图 10-45 所示：

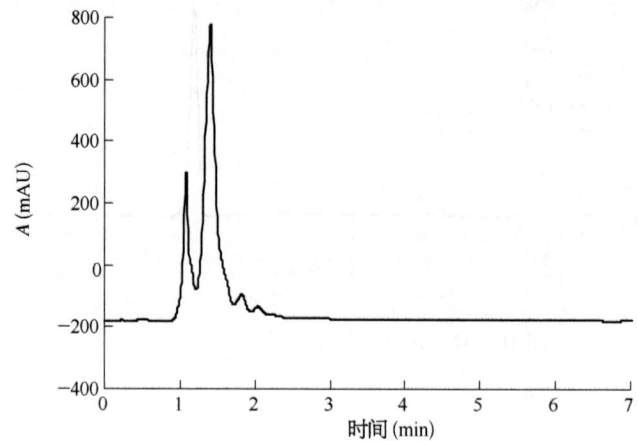

图 10-45 地上缠绕茎甲醇提取液水解后的 HPLC 色谱图

叶片甲醇提取液水解后的 HPLC 色谱图如图 10-46 所示：

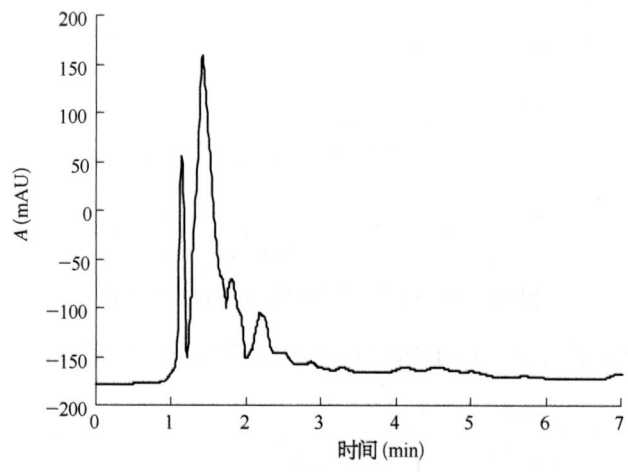

图 10-46 叶片提取物的 HPLC 色谱图

HPLC 测定结果表明，根状茎的甲醇提取液水解后，水解良好并产生薯蓣皂苷元。但其地上缠绕茎和叶片中都不含有薯蓣皂苷元。

10.7.2 种子繁殖的实生苗其根状茎中薯蓣皂苷元含量的测定

9 月中旬分别采取由种子繁殖的实生苗一年生和二年生的根状茎，其薯蓣皂苷元含量测定的结果见表 10-3。

从表中数据可见，实生苗根状茎中薯蓣皂苷元的含量呈逐年增加。二年生实生苗根状茎中薯蓣皂苷元的含量高于一年生实生苗根状茎中薯蓣皂苷元的含量。

表 10-3 一年生和二年生实生苗根状茎中薯蓣皂苷元含量的测定结果　　　　　　　　　（%）

不同生长年限的实生苗	一年生实生苗的根状茎	二年生实生苗的根状茎
薯蓣皂苷元含量	1.65	2.13

10.7.3　不同生长期营养繁殖的根状茎中薯蓣皂苷元含量的测定

1. 一年生根状茎薯蓣皂苷元含量的测定结果

分别于盛花期(6月下旬)、开花后期(8月上旬)、果期(9月中旬)、果熟期(10月中旬)、枯萎期(11月中旬)采取一年生根状茎,其薯蓣皂苷元含量测定的结果见表10-4。

表 10-4 一年生营养繁殖的根状茎薯蓣皂苷元含量的测定结果　　　　　　　　　　　（%）

样品采集期	盛花期	开花后期	果期	果熟期	枯萎期
薯蓣皂苷元含量	1.53	1.61	1.76	2.13	2.29

由表中所测得的数据可见,一年生营养繁殖的根状茎中薯蓣皂苷元的含量呈逐渐上升的趋势,前期增加得比较缓慢,果期到果熟期上升得比较快。

同时,在枯萎期采集春天种下的母本,测定其薯蓣皂苷元的含量为1.92%。其薯蓣皂苷元的含量高于果期,而低于果熟期和枯萎期根状茎中薯蓣皂苷元的含量。说明枯萎期采集的用于繁殖的根状茎(母本),经过一个生长季节后,其薯蓣皂苷元的含量没有增加,反而有所下降,与果期和果熟期期间的根状茎的含量相当。

2. 二年生根状茎薯蓣皂苷元含量的测定结果

分别于开花前(4月中旬)、盛花期(6月下旬)、开花后期(8月上旬)、果熟期(9月中旬)、采挖前期(11月中旬)采取二年生由根茎营养繁殖的根状茎,薯蓣皂苷元含量测定的结果见表10-5。

表 10-5 二年生营养繁殖的根状茎薯蓣皂苷元含量的测定结果　　　　　　　　　　　（%）

样品采集期	开花前期	盛花期	开花后期	果期	果熟期	采挖前期
薯蓣皂苷元含量	2.72	2.88	2.33	2.35	2.49	2.68

由表10-4、表10-5可见,在不同的生长发育时期,一年生和二年生根状茎中薯蓣皂苷元含量都呈规律性的变化,但其积累动态存在差异。根据表10-4和表10-5的数据,得到一年生和二年生营养繁殖的根状茎中薯蓣皂苷元含量的动态变化曲线,如图10-47所示,可直观地看到其薯蓣皂苷元含量在不同生长季节中的变化动态。

结果表明,一年生由根茎营养繁殖的根状茎,在其薯蓣皂苷元含量的变化中,新形成的根状茎含量较低,此后,随着生长发育其含量逐渐增加。在开花后期以前,其含量增加得比较缓慢,以后含量增加较快,在地上缠绕茎枯萎前期其含量接近2.30%,达到较高的

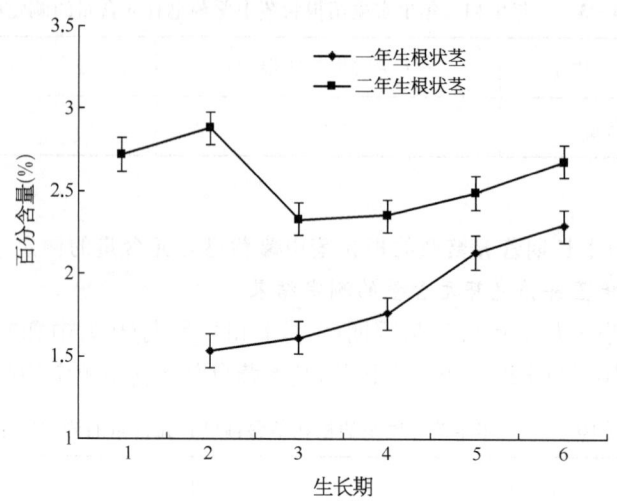

图 10-47 一年生和二年生根状茎中薯蓣皂苷元含量的变化动态

1. 开花前期；2. 盛花期；3. 开花后期；4. 果期；5. 果熟期；6. 枯萎前期（一年生）或采挖前期（二年生）

水平。

二年生根状茎在盛花期以前薯蓣皂苷元的含量在逐渐增加,盛花期薯蓣皂苷元含量最高。盛花期后其含量降低幅度较大,开花后期含量最低。从开花后期到果熟期薯蓣皂苷元的含量有小幅度的提高,但在这个阶段薯蓣皂苷元含量仍维持在较低的水平。采挖前期根状茎中薯蓣皂苷元的含量接近开花前期到盛花期根状茎中薯蓣皂苷元的含量。

由表中数据和动态变化曲线可以看出：二年生的根状茎无论在哪个时期,其含量都比一年生的高,即二年生根状茎中薯蓣皂苷元的含量高于一年生根状茎中薯蓣皂苷元的含量。但不同的时期相差的幅度不同,在一年生的枯萎期或二年生根状茎的采挖期,两者之间的差别较小。

§10.8 不同性别、不同品种的盾叶薯蓣根状茎中薯蓣皂苷元含量的差异

10.8.1 不同性别植株根状茎的不同部位中薯蓣皂苷元含量的差异

在地上缠绕茎枯萎期前（11月中旬）,分别采取该种植物的雌株、雄株和雌雄同株由根茎营养繁殖的一年生根状茎。根状茎去掉外面的栓皮层后,将无维管束分布区、有小维管束分布区、中心部分有较大的维管束分布区三个部分分割后分别测定薯蓣皂苷元的含量。其薯蓣皂苷元含量测定的结果见表 10-6。

雌株、雄株和雌雄同株,其各自不同部位之间薯蓣皂苷元含量的差异如图 10-48所示。

§10.8 不同性别、不同品种的盾叶薯蓣根状茎中薯蓣皂苷元含量的差异

表 10-6 不同性别、不同部位根状茎中薯蓣皂苷元的含量   (%)

不同部位	无维管束分布区	小维管束分布区	大维管束分布区
雌　　株	1.87	1.98	1.80
雄　　株	2.47	2.85	2.37
雌雄同株	2.31	2.57	2.20

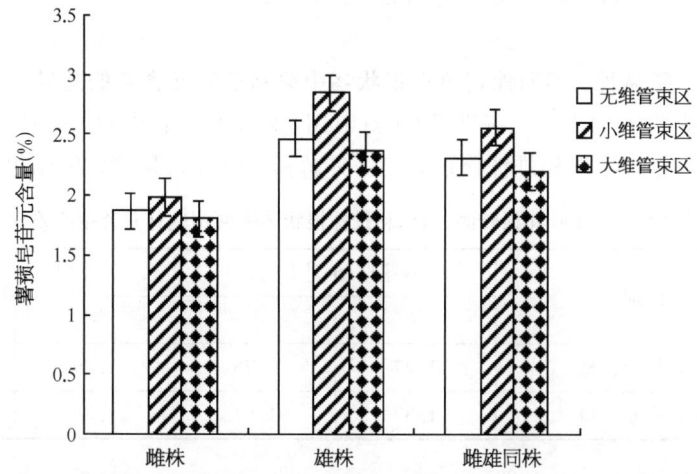

图 10-48　雌株、雄株和雌雄同株不同部位薯蓣皂苷元含量的差异

雌株、雄株和雌雄同株三者的相同部位之间,薯蓣皂苷元含量的差异如图 10-49 所示。

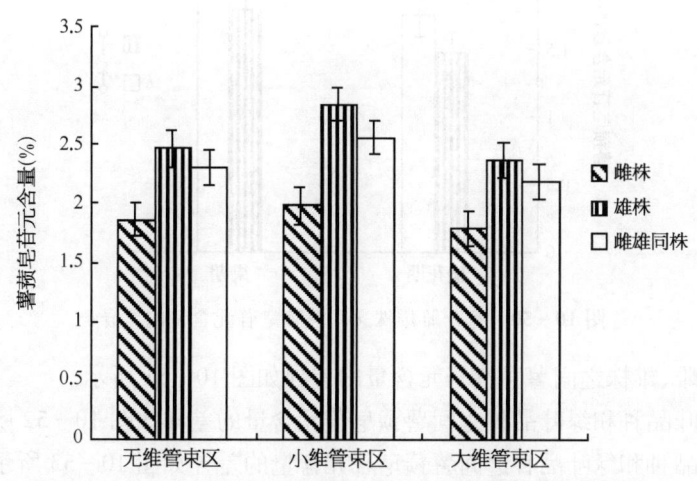

图 10-49　雌株、雄株和雌雄同株相同部位之间薯蓣皂苷元含量的差异

由表 10-6 和图 10-48 可以看出,在雌株、雄株和雌雄同株,其各自不同部位之间薯蓣皂苷元的含量有较明显的差异。无论是雌株、雄株还是雌雄同株都以小维管束分布的

区域含量最高,其次是没有维管束分布的区域,在根状茎中心部位有大维管束分布的区域薯蓣皂苷元的含量最低。

由表 10-6 和图 10-49 可以看出,雌株、雄株和雌雄同株三者的相同部位之间,薯蓣皂苷元含量也是有很明显的差异。无论是在无维管束分布的区域、小维管束分布的区域还是大维管束分布的区域,雌株与雄株之间的差异比较大,雄株的含量显著高于雌株的含量。雌雄同株根状茎三个不同区域其薯蓣皂苷元的含量在雌株和雄株之间,但是其含量与雌株之间的差异较大而与雄株之间的差异较小。

10.8.2 不同品种、不同性别植株根状茎中薯蓣皂苷元含量的差异

分别于盛花期(6 月下旬)、果熟期(9 月中旬)采取不同品种的一年生由根茎营养繁殖的根状茎。取材时雌株和雄株分别采集。其薯蓣皂苷元含量测定的结果见表 10-7。

表 10-7　花叶和绿叶的、雌株和雄株根状茎中薯蓣皂苷元含量的差异　　　　(%)

样品采集期	盛花期(6 月下旬)		果期(9 月中旬)	
	♀	♂	♀	♂
花叶薯蓣皂苷元含量	1.47	1.75	1.79	2.17
绿叶薯蓣皂苷元含量	1.37	1.51	1.76	2.02

花叶品种雌、雄株之间薯蓣皂苷元含量的差异如图 10-50 所示。

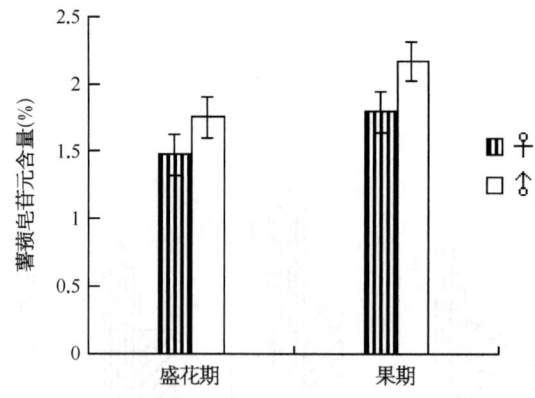

图 10-50　花叶雌雄株之间薯蓣皂苷元含量的差异

绿叶品种雌、雄株之间薯蓣皂苷元含量的差异如图 10-51 所示。

盛花期花叶品种和绿叶品种之间薯蓣皂苷元含量的差异如图 10-52 所示。

果期花叶品种和绿叶品种之间薯蓣皂苷元含量的差异如图 10-53 所示。

由表 10-7 和图 10-50、图 10-51 可见,雌株和雄株之间,其薯蓣皂苷元含量有明显的差异。无论是花叶品种还是绿叶品种,其雄株根状茎中薯蓣皂苷元的含量明显高于相应品种的雌株。

§10.8 不同性别、不同品种的盾叶薯蓣根状茎中薯蓣皂苷元含量的差异

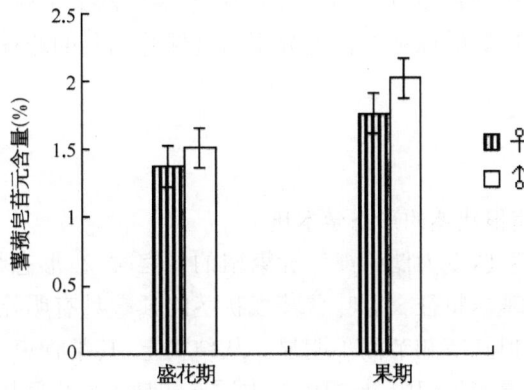

图 10-51 绿叶雌雄株之间薯蓣皂苷元含量的差异

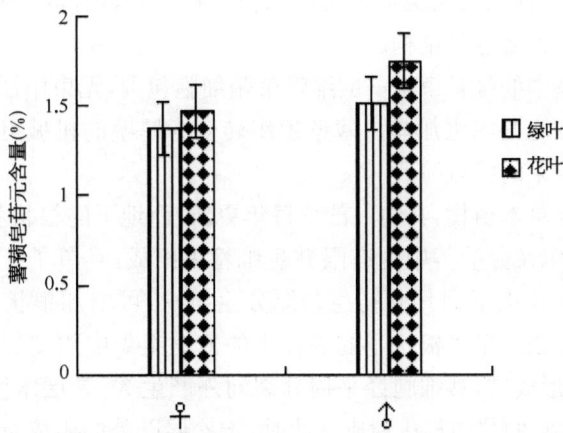

图 10-52 盛花期花叶和绿叶之间薯蓣皂苷元含量的差异

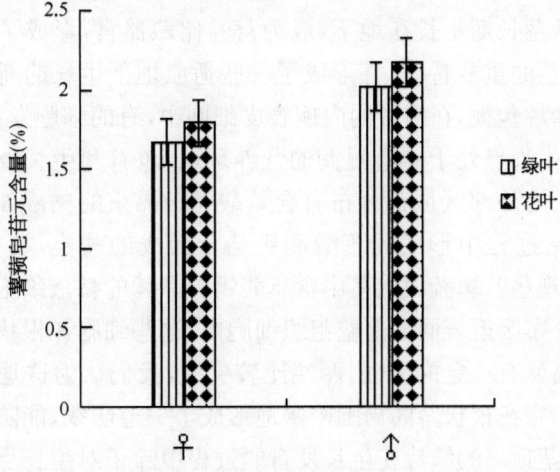

图 10-53 果期花叶和绿叶之间薯蓣皂苷元含量的差异

由表 10-7 和图 10-52、图 10-53 可见,花叶和绿叶两个品种之间,花叶品种薯蓣皂苷元的含量在不同时期,其雌株和雄株均分别超过绿叶品种的雌株和雄株的含量,两者之间的差异较明显。

§10.9 讨论

10.9.1 盾叶薯蓣根状茎的形态学本质

生长在土壤中的茎枝,变为储藏或营养繁殖的器官时,在形态结构上常发生明显的变化,但仍保持茎枝的基本特征。盾叶薯蓣根状茎的顶端具有明显的生长点,并由变态的叶形成的鳞片包被,但其节和节间不明显。从结构上,其维管束中木质部和韧皮部呈内外并生排列,散生在薄壁组织中,与根中的木质部和韧皮部相间排列不同,并具有明显的单子叶植物茎的特点。谢德镕[171,172]对薯蓣的根状茎的顶端分生组织和次生结构进行过解剖学研究,认为其顶端结构类似根尖,并有根冠状结构,称为"根-茎冠"。我们在盾叶薯蓣根状茎中没有看到这种结构。

盾叶薯蓣根状茎中的维管束由一层维管束鞘细胞包围,无束中形成层。在成熟结构中维管束鞘细胞的细胞壁木化加厚由薄壁组织转变为厚壁的机械组织。这些特点都与单子叶植物茎中维管束的特点一致[173]。

盾叶薯蓣是多年草本植物,其地上部分每年更新,而地下的根状茎可生活多年,其地上茎由表皮、薄壁组织及分散其中的有限并生维管束组成,具单子叶植物茎的典型结构特征。其根状茎在生长点下面具有初生加厚分生组织,可增加根状茎薄壁组织细胞数目,使茎迅速增粗外,在二年生根状茎的表皮下的薄壁组织中由 1 层薄壁组织细胞恢复分裂能力,成为木栓形成层,其细胞经平周分裂向外产生 3~5 层木栓层细胞,向内产生 1~2 层栓内层细胞,它们共同构成周皮。此时,木栓层以外的表皮及薄壁组织细胞都成为死细胞。为此,盾叶薯蓣根状茎能产生次生保护组织的特点,又有别于一般单子叶植物茎的结构。

盾叶薯蓣的根状茎长期生长在地下,成为营养储藏器官,形成了相对稳定的遗传特性。同时,仍保留了茎的重要特征,并形成了一些适应地下生长的新的特性。盾叶薯蓣根状茎顶端由众多鳞片包被,在鳞片的内侧表皮细胞中,有的细胞发育成腺毛,腺毛可向内分泌营养物质,使生长点处于一个湿润的营养环境,也有利生长点向前生长。在鳞片中和根状茎近周皮层的外部区域都分布有含草酸钙针晶束的黏液细胞[4]。通常认为晶体是植物细胞在代谢过程中形成的草酸和钙结合而成的盐类,被集中到个别的细胞内[173]。在研究中发现盾叶薯蓣根状茎中含草酸钙针晶体的黏液细胞非常有规律地排列在根状茎无维管束分布区近表面的薄壁组织细胞内,这些细胞在根状茎横切面上呈不连续的一环。这种针晶体有一定的刚性,两端比较尖锐,我们认为这是盾叶薯蓣根状茎具有防御功能的细胞。它在根状茎的周围密密地形成了一道防线,能防止动物对它的啃食和破坏。同时,根状茎顶端的鳞片在生长发育的过程中除了对生长点具有提供良好的湿润环境外,还具有保护和防御的功能。

10.9.2 关于盾叶薯蓣根状茎的形态发生

盾叶薯蓣种子萌发后,在子叶和第 1 片真叶之间的胚芽先后发育出 4 个芽,其中,第 1 芽发育为地上缠绕茎,其余 3 个芽发育成 3 个根状茎。它们都是在幼苗节部形成一个膨大的球状体后发生的。就其发生的位置来看,这个膨大的球状体实际上是一个较短的茎节,在它的顶部产生 3 个根状茎和一个地上缠绕茎。根状茎的顶端具有明显的生长点,并由变态叶形成的鳞叶包被,其节和节间不明显。其维管束中木质部和韧皮部呈内外并生排列,散生在薄壁组织中,具有单子叶植物茎的特点。在生长发育过程中,有的顶端原分生组织可以分裂成为两个部分,使根状茎形成分枝,或者其顶部的腋芽发育为地上的缠绕茎。因此,从其发生的位置、内部结构、生长发育和分枝方式等方面分析,属于茎的变态。其变为储藏和营养繁殖器官后,虽在形态结构上发生了明显的变化,但仍保持了茎枝的基本特征。

10.9.3 **根状茎生长增粗的机制**

盾叶薯蓣生长点很小,而根状茎的增粗非常迅速,因此在纵切面上生长点位于一个由鳞叶包裹的平台上。在根状茎的顶端的鳞叶基部内方有多层扁平细胞,排列成行,在根状茎顶端纵切面观察它们呈成弧形,这些细胞与玉米、甘蔗[173]的初生增厚分生组织很相似。这部分初生增厚分生组织细胞具有很强的分生能力,主要进行平周分裂,衍生许多薄壁组织细胞,这些薄壁组织细胞在体积增大过程中还可继续细胞分裂,直至距生长点约 1 300 μm 处细胞分裂逐渐停止,此处细胞的直径是距离生长点 50 μm 处的细胞的 5 倍,而在成熟根状茎内的薄壁组织细胞则可达近 10 倍。为此,初生增厚分生组织细胞的细胞分裂,其衍生细胞仍继续进行细胞分裂从而使根状茎的细胞数量增加以及其细胞体积的迅速增大是根状茎迅速增粗的主要原因。

另外,根状茎的顶端下面的原形成层内部有些细胞具有很强的分生能力,从而使原形成束裂分,致使根状茎内的维管束的数量增加,同时也是根状茎增粗的因素。

10.9.4 **根状茎的发育与薯蓣皂苷积累的关系**

关于皂苷的组织化学研究,一些学者曾报道过人参、西洋参和绞股蓝人参皂苷在组织中的积累动态[174-176],并根据其与显色剂反应产生颜色深浅的变化来确定组织中人参皂苷含量的高低。我们在对盾叶薯蓣根状茎进行组织化学研究中发现有类似的结果。通过显色反应发现盾叶薯蓣种子的胚中就已有薯蓣皂苷的存在,而主要存在于胚根和胚轴的位置。随着种子的萌发,薯蓣皂苷分布集中于节部膨大的球状体中,胚芽的原分生组织不显色而其周围的组织及芽鳞片显色较深,其他薄壁组织显色较浅。进入 10 月以后,在实生苗形成的小根状茎中薯蓣皂苷积累开始形成红色液滴。说明实生苗经过近一个季节的生长发育后,在其小根状茎中已经积累了相当数量的薯蓣皂苷。

关于皂苷的存在位置,西洋参根中人参皂苷主要分布于周皮和韧皮部中,其中以分泌道内最多,人参根中人参皂苷不仅存在于韧皮部中,还存在于木质部导管附近的薄壁组织细胞和木射线细胞中[174,176]。绞股蓝中人参皂苷主要分布在营养器官的同化组织及韧皮部薄壁组织细胞中[175]。我们对盾叶薯蓣根状茎的组织化学研究表明，薯蓣皂苷主要分布在薄壁组织细胞中，又以有小维管束分布区的薄壁组织细胞中积累最多，其次是无维管束分布区的薄壁组织细胞，中心部位有大维管束分布区的薄壁组织细胞积累最少。

在根状茎中，顶端原分生组织不产生显色反应，而其下面的基本分生组织呈浅红色，不形成含薯蓣皂苷的液滴。随着细胞分裂逐渐停止，细胞中含有薯蓣皂苷的液滴逐渐形成，并逐渐由小变大。在分化发育完成的根状茎的薄壁组织细胞中，这种液滴体积大、数量多，所呈现的颜色逐渐加深。这些变化说明，处于强烈分生状态的细胞不合成薯蓣皂苷，而在基本分生组织细胞内开始合成并积累小量的薯蓣皂苷或其前体物质，分化完成的薄壁组织细胞内则大量合成并积累薯蓣皂苷。可见，分化发育完成的根状茎中薯蓣皂苷的含量比根状茎顶端的含量高。谭友远等[177]对栽培的盾叶薯蓣根状茎中薯蓣皂苷元含量进行了测定，表明种植时期越长，皂苷含量越高。我们用组织化学方法研究表明二年生的根状茎中含有薯蓣皂苷的红色颗粒与一年生的相比体积明显增大，而且数量增多，染色更深，研究结果与报道一致。

根状茎顶端分生组织的超微结构研究表明，原分生组织细胞排列紧密，细胞质浓厚，液泡小，分散在细胞质中，组织化学染色时无颜色反应。在原分生组织下方的基本分组织细胞中，随着细胞的生长、细胞体积的增大，细胞中的细胞器比较丰富，内质网和高尔基体产生许多小泡状结构。在这些泡状结构内积累有薯蓣皂苷，较均匀地分散在细胞质中，组织化学染色时呈现比较均匀的浅红色。当这些基本分生组织细胞逐渐停止细胞分裂而分化成为薄壁组织细胞时，这些泡状结构相互融合，增大，形成含薯蓣皂苷的小液滴，存在于细胞质中，组织化学染色呈现出红色的薯蓣皂苷液滴。

通过透射电镜观察，根状茎生长点原分生组织细胞内无皂苷，在初生分生组织中基本分生组织细胞内开始积累薯蓣皂苷。当基本分生组织分化为薄壁组织细胞时积累增加，它是由内质网等产生小泡，再由小泡合并为含薯蓣皂苷的液滴。超微结构也反映出根状茎无维管束分布区、小维管束分布区和大维管束分布区三部分液滴量的不同。

在无维管束分布区的细胞中，其内部结构如同顶端分生组织下部的基本分生组织细胞，细胞中也含有许多含有薯蓣皂苷的泡状结构。在小维管束分布区的细胞中，含有大量的由内质网或高尔基体产生的含有薯蓣皂苷的泡状结构，这些泡状结构逐渐靠近合并，融合形成含薯蓣皂苷的液滴，这些含薯蓣皂苷的液滴分布在靠近细胞壁的细胞质中。这些小液滴还可以再相互合并，融合成更大的含薯蓣皂苷的液滴。在大维管束分布区的细胞中，内质网、高尔基体等细胞器相继解体，细胞中仅有少量的线粒体。由内质网和高尔基体等细胞器形成的泡状结构数量很小，所形成的含薯蓣皂苷的液滴，数量少，其大小与有小维管束分布区域细胞中所形成的含薯蓣皂苷的液滴相比要小得多，液滴也是分布在靠近细胞壁的细胞质中。通过电镜的观察，其结果与组织化学和植物化学研究的结果相一致。

10.9.5　根状茎中不同部位的结构差异与薯蓣皂苷元含量的关系

组织化学研究表明,薯蓣皂苷主要分布在根状茎的薄壁组织细胞中。顶端原分生组织不显色,显示不含薯蓣皂苷。基本分生组织细胞组织化学染色反应呈均匀的浅红色,显示这些细胞内开始积累薯蓣皂苷。

在根状茎的成熟结构中,小维管束分布区的薄壁组织细胞组织化学染色反应最明显,含薯蓣皂苷液滴的数量多、体积大。无维管束分布区,组织化学显色、薯蓣皂苷液滴的数量、体积的大小都不及小维管束分布区的薄壁组织细胞。组织化学染色反映大维管束分布区薯蓣皂苷含量最少。

通过 HPLC 法对根状茎不同部位中薯蓣皂苷元含量进行了测定。雌株、雄株和雌雄同株小维管束分布区的含量分别是 1.98%、2.85%和 2.57%;三种株型无维管束分布区的含量分别是 1.87%、2.47%和 2.31%;三种株型大维管束分布区的含量分别是 1.80%、2.37%和 2.20%。由此可见,三个不同部位无论是雌株、雄株还是雌雄同株,薯蓣皂苷的含量:小维管束分布区>无维管束分布区>大维管束分布区。透射电镜观察发现,在小维管区细胞内存在大量由内质网形成的含薯蓣皂苷的泡状结构,相互融合形成大的液滴,这都多于无维管区和大维管区。所以,所得结果也得到了组织化学研究和透射电镜观察结论的支持。

生长不同年限的实生苗根状茎,HPLC 测定的结果是二年生的薯蓣皂苷元含量为 2.13%,一年生的含量为 1.65%。这也与组织化学研究的结果完全一致。

10.9.6　不同生长期根状茎中薯蓣皂苷元含量的变化以及根状茎适宜采挖时期的确定

研究中还发现,由根茎营养繁殖形成的盾叶薯蓣根状茎中薯蓣皂苷元的含量,一年生的根状茎盛花期含量最低为 1.53%,到果期增加缓慢为 1.76%,但此后含量增加较快,果熟期为 2.13%,到枯萎前期含量接近 2.30%,达到较高的水平;二年生的根状茎则在盛花期是薯蓣皂苷元含量最高的时期为 2.88%,盛花期过后含量降低较快,开花后期含量最低为 2.33%,此后其含量又逐渐增加,但在采挖前期其含量为 2.68%,并未超过开花前期根状茎中薯蓣皂苷元的含量。这与湖北和云南的小花盾叶薯蓣[4]、野生盾叶薯蓣[30]盛花期以后至枯萎期,薯蓣皂苷元的含量逐渐下降,枯萎期含量最低的报道有所不同。

盾叶薯蓣根状茎在不同的物候期薯蓣皂苷出现含量不一的原因比较复杂,徐成基等[30]认为薯蓣皂苷的变化与地下根状茎营养物质的积累与消耗有一定关系。我们认为与开花结实也存在密切关系,因为盛花期以后果实开始发育,果实首先进入迅速膨大期,随后生长缓慢,直到果实成熟。果实膨大时消耗的营养物质较多,果实缓慢生长时消耗的营养物质相对较少,为此其后期含量又增加。另据报道[4]小花盾叶薯蓣盛花期以后根状茎迅速伸长增粗,特别是 8,9 两个月,根状茎的伸长增粗和根状茎的分枝数都非常显著,后期才生长缓慢。因此,根状茎和果实的迅速生长期是相互重叠的,需要消耗大量的营养物质,从而导致根状茎中薯蓣皂苷的含量也是最低的,当两者缓慢生长时皂苷元的含量便逐渐地回升。

应用 HPLC 法对盾叶薯蓣营养器官中薯蓣皂苷元的测定结果表明,薯蓣皂苷主要在地下根状茎中积累。根状茎中皂苷的含量随着生长年限的增加呈逐年上升的趋势,二年生实生苗和二年生根茎营养繁殖形成的根状茎其含量都比相应的一年生根状茎含量高。

据报道[4],通过对不同栽培年份植株的研究发现,薯蓣根状茎中薯蓣皂苷三年生的与二年生的含量差异不大,从生长量和经济效益等因素综合分析,栽培二年采挖比三年的适宜。由根茎营养繁殖形成的二年生的根状茎,在盛花期的皂苷含量都比其他生育期高,这与文献报道的小花盾叶薯蓣[4]、野生盾叶薯蓣[30]相一致。但在生产上决定一个适合的采挖期,不应仅以某个物候期根状茎中皂苷含量高来确定,还应结合根茎的总生物量、皂苷得率等综合经济因素来确定。虽然盛花期皂苷含量较高,但是其生物量低,如果在枯萎期采挖,根茎经过了生长高峰期,此时的根状茎总产量最高,同时其皂苷含量与盛花期相差又不太大,因此总的薯蓣皂苷的产量明显超过盛花期。因此,我们认为盾叶薯蓣的根状茎在枯萎期采挖为宜,这也和药农的生产习惯相一致。

10.9.7 生产中栽培品种的选择

研究中发现不同性别的植株之间薯蓣皂苷含量的差异也是非常明显的,在根状茎中三个不同区域的薄壁组织细胞内薯蓣皂苷元含量雄株都高于雌株,而雌雄同株则在三个不同区域内薯蓣皂苷元的含量均在雄株和雌株之间,其原因可能与开花结实有关。丁志遵等[4]认为薯蓣皂苷元的变化与地下根状茎营养物质的积累与消耗有一定关系。雄株根状茎中薯蓣皂苷元含量高于雌株,可能是雄株不结实,开花所消耗的营养物质要比雌株开花、结实所消耗的营养物质少,从而使两者薯蓣皂苷元含量不同。据报道,野生和栽培的盾叶薯蓣中雌株所占的比例可达 42%[30]。

在对陕西平利县栽培的盾叶薯蓣两个农家品种花叶和绿叶的根状茎内薯蓣皂苷元的含量进行测定后发现,花叶品种雄株盛花期薯蓣皂苷元的含量为 1.75%,高于绿叶雄株品种为 1.51%;果期花叶雄株为 2.17%,绿叶雄株为 2.02%。同时两个品种雄株的含量都明显高于其相应品种雌株的含量,因此,生产上可选择产量高、抗性强的花叶品种作为盾叶薯蓣的栽培品种。虽然雄株的含量高于雌株,由于在营养生长期从形态上难以区分雌雄株,为此在栽培上仅选用雄株是困难的。雌株的结实可能影响到根状茎中薯蓣皂苷元的含量,在不需要留种子的情况下,生产栽培上可摘除雌株上的雌花序,减少营养物质的消耗,提高薯蓣皂苷的含量。

参考文献

[1] Knuth R. Dioscoreaceae[M]//Engl. Das Pflanzenreich,1924,87(Ⅳ. 43):1-387.

[2] 裴鉴,丁志遵,秦慧贞,等.中国薯蓣属根状茎组系统分类的初步研究[J].植物分类学报,1979, 17(3):61-71.

[3] 中国科学院中国植物志编委会.中国植物志(第十六卷,第一分册)[M].北京:科学技术出版社, 1985:54-120.

[4] 丁志遵,唐世蓉,秦慧贞,等.甾体激素药源植物[M].北京:科学出版社,1983:14-108.

[5] 国家中医药管理局中华本草编委会.中华本草[M].上海:上海科学技术出版社,2001:2103-2121.

[6] 杭悦宇.山药的本草考证[J].中草药,1989,20(5):36.

[7] 谢宗万.中药材品种论述(中册)[M].上海:上海科学技术出版社,1994:568.

[8] 孙星衍,孙冯翼辑.神农本草经[M].北京:人民卫生出版社,1982:18.

[9] 袁珂.山海经校注[M].上海:上海古籍出版社,1980:89.

[10] 陶弘景.名医别录[M].辑校本.北京:人民卫生出版社,1986:26.

[11] 吴普.吴普本草[M].北京:人民卫生出版社,1987:18.

[12] 陶弘景.本草经集注[M].辑校本.北京:人民卫生出版社,1994:203.

[13] 苏敬.唐本草[M].辑复本.合肥:安徽科学技术出版社,1981:158.

[14] 苏颂.图经本草[M].辑复本.福州:福建科学技术出版社,1993:146.

[15] 朱橚.救荒本草[M].影印本.卷下.菜部.北京:中华书局,1959.

[16] 陈嘉谟.本草蒙筌[M].北京:人民卫生出版社,1988:50.

[17] 吴其濬.植物名实图考[M].上海:商务印书馆,1957:57.

[18] 陈仁山.药物出产辨[M].台北:新医药出版社,1930:41.

[19] 李时珍.本草纲目[M].校点本.第3册.北京:人民卫生出版社,1979:167.

[20] 顾观光辑.神农本草经[M].兰州:兰州大学出版社,2009:23-24.

[21] 张锡纯.医学衷中参西录[M].保定:河北人民出版社.1957,15:71.

[22] 冯学锋,黄璐琦,格小光,等.山药道地药材形成源流考[J].中国中药杂志,2008,38(7):859-862.

[23] 国家药典委员会编.中华人民共和国药典(2010年版,一部)[M].北京:中国医学科技出版社, 2010:27.

[24] 李祥,马建中,史云东.盾叶薯蓣、薯蓣皂素研究进展及展望[J].林产化学与工业,2010,30(2): 107-112.

[25] 全国中草药汇编编写组.全国中草药汇编(上册)[M].北京:人民卫生出版社,1996:650.

[26] Burkill I H. The Organography and the Evolution of Dioscoreaceae, the Family of the Yams[J]. J Linn Soc Bot, 1960, 56: 319-416.

[27] 刘鹏,郭水良,吕洪飞,等.中国薯蓣属植物的研究综述[J].浙江师范大学学报(自然科学版), 1993,16(4):100-106.

[28] 李鹄鸣,张晓蓉,王菊凤.我国薯蓣属植物基础研究进展[J].经济林研究,1999,17(2):43-45,48.

[29] 中国科学院植物研究所主编.中国高等植物图鉴(第五册)[M].北京:科学技术出版社,1994: 555-570.

[30] 徐成基.中国薯蓣资源——甾体激素药源植物的研究与开发[M].成都:四川科学技术出版社, 2000:121-189.

[31] 秦慧贞,张美珍,凌萍萍.中国薯蓣属细胞分类的研究——染色体数与该属起源和演化[J].植物分

类学报,1985:11-18.

[32] 杨明河.薯蓣属植物中的甾体皂苷元[J].中草药,1981,12(8):41-48.

[33] 杨明河.薯蓣属植物中的甾体皂苷元(续)[J].中草药,1981,12(9):37-48.

[34] 郭水良,等.中国薯蓣属分布式样的模糊四论分析[J].浙江师范大学学报(自然科学版),1993,16(3):69-76.

[35] 万金荣,丁志遵,秦慧贞.薯蓣科植物地理学的研究[J].西北植物学报,1994,14(2):128-135.

[36] 吴征镒.论中国植物区系的分区问题[J].云南植物研究,1979,1(1):1-22.

[37] 李向民,李军超,陈刚,等.盾叶薯蓣元素组成特点及其与土壤营养元素的关系研究[J].西北植物学报,2005,25(3):531-535.

[38] 朱廷钧.武当山盾叶薯蓣生态环境及其分布规律[J].资源开发与市场,1998,14(3):124-126.

[39] 袁晓颖,祖元刚,于景华.野生盾叶薯蓣资源储量精度估算[J].植物研究,2003,23(1):103-105.

[40] 秦松云,丁季春,舒抒,等.中国盾叶薯蓣资源现状及保护对策[J].资源开发与市场,2004,20(4):263-265.

[41] 张美珍,吴竹君,秦慧贞,等.薯蓣属茎的比较解剖及在分组上的意义[C].南京中山植物园研究论文集.南京:江苏科学技术出版社,1982:1-10.

[42] 凌萍萍,吴竹君,秦慧贞.薯蓣属叶表皮气孔类型在分类上的意义[C].南京中山植物园研究论文集.南京:江苏科学技术出版社,1982:11-16.

[43] 曹玉芳,林如,胡正海.盾叶薯蓣根状茎的发育解剖学研究[J].西北植物学报,2003,23(2):297-303.

[44] 曹玉芳,林如,胡正海.盾叶薯蓣根状茎的发育解剖学和组织化学研究[J].武汉植物学研究,2003,21(4):288-294.

[45] 曹玉芳,胡正海.盾叶薯蓣实生苗根状茎的形态发生及薯蓣皂苷积累的研究[J].西北植物学报,2003,23(7):1154-1162.

[46] 舒璞.中国薯蓣属花粉形态的初步研究[J].植物分类学报,1987,25(5):357-365.

[47] 秦慧贞,李碧媛,吴竹君.盾叶薯蓣的胚胎发育及其在演化上的意义[C].南京中山植物园研究论文集.南京:江苏科学技术出版社,1991:7-14.

[48] Araki H, Harada T, Yakuwa T. Studies on the botanical characteristics of genus Dioscorea, 5: Development of capsule, seed and embryo of Dioscorea opposita cv. Nagaimo and possibility of embryo culture[J]. Memoirs of the Faculty of Agriculture Hokkaido University, 1987, 15(2): 133-139.

[49] Dahlgren Rolf M T. The monocotyledons: A comparative study[M]. London: Academic Press Inc.(London) Ltd,1964:8-12.

[50] 江苏省植物研究所薯蓣课题组.中国薯蓣属根茎组植物的分类和染色体数的研究[J].植物分类学报,1976,14(1):65-72.

[51] Martin F W, Delpin H. Techniques and problems in the propagation of sapogenin-bearing yams from cuttings[J]. J Agri Univ Puerto Rico, 1969, 53: 191-198.

[52] Martin F W, Ortiz S. Chromosome Numbers and Behavior in Some Species of Dioscorea[J]. Cytologia, Tokyo, 1963, 28: 96-101.

[53] Furmanowa M, Guzewska J. Dioscaorea: in vitro culture and the micropropagation of diosgenin

containing species[C]//Bajaj Y P S, ed. Biotechnology in agriculture and forestry. Vol. 7: Medicinal and aromatic plants II. Springer, Berlin Hridelberg New York, 1989: 162 - 184.

[54] 任建伟,白云,张榕村.盾叶薯蓣愈伤组织诱导及培养[J].中国药学杂志,1993,28(8): 532 - 534.

[55] 孟玲,朱宏涛.盾叶薯蓣的快速繁殖[J].天然产物研究与开发,2000,12(6): 17 - 21.

[56] 徐向丽,刘选明,周朴华.盾叶薯蓣组织培养及微块茎的离体诱导[J].湖南农业大学学报,2000, 36(4): 282 - 285.

[57] 四川省生物所.盾叶薯蓣组织培养初报[J].植物学报,1978,20(3): 279 - 280.

[58] 张雪梅.盾叶薯蓣茎段组织培养的形态发生[C].南京中山植物园研究论文集.南京:江苏科学技术出版社,1991: 37 - 42.

[59] 宋为民.盾叶薯蓣试管植株的诱导[J].植物生理学通讯,1981(5): 31 - 37.

[60] 毕世荣.高含量薯蓣皂素植株的细胞克隆[J].天然产物研究与开发,1997,9(4): 1 - 6.

[61] 谢碧霞,何业华,易志军.盾叶薯蓣愈伤组织培养及其高产系的筛选[J].中南林学院学报,1999, 19(4): 17 - 21.

[62] 易志军.盾叶薯蓣愈伤组织培养研究[J].经济林研究,2001,19(3): 21 - 22.

[63] 王志安.诱导盾叶薯蓣四倍体的研究初报[J].中国中药杂志,1995,20(6): 337 - 339.

[64] 李运合,胡春根,姚家玲,等.盾叶薯蓣四倍体诱导的研究[J].中草药,2005,36(3): 434 - 438.

[65] 周媛,胡春根,时光,等.四倍体盾叶薯蓣生物学特性的研究[J].武汉植物学研究,2005,23(4): 358 - 362.

[66] 赵猛,徐增莱,夏冰,等.四倍体盾叶薯蓣实生苗的诱导及快速繁殖研究[J].安徽农业科学,2007, 35(33): 10699 - 10701.

[67] 唐世蓉,吴余芬,庞自洁.盾叶薯蓣甾体皂苷的分离鉴定[J].植物学报,1983,25(6): 556 - 561.

[68] 刘承来,陈延镛,唐易芳,等.盾叶薯蓣中甾体皂苷的分离和鉴定[J].植物学报,1984,26(3): 283 - 289.

[69] 刘承来,陈延镛.鲜盾叶薯蓣中原始皂苷的分离与鉴定[J].植物学报,1985,27(1): 68 - 74.

[70] 唐世蓉,姜志东.盾叶薯蓣地上部分的三个新甾体皂苷[J].云南植物研究,1987,9(2): 233 - 238.

[71] 钱士辉,袁丽红,杨念云,等.盾叶薯蓣中甾体类化合物的分离与结构鉴定[J].中药材,2006, 29(11): 1174 - 1176.

[72] 徐德平,胡长鹰,唐世蓉,等.盾叶薯蓣水溶性成分的研究[J].中草药,2007,27(1): 68 - 74.

[73] 曹玉芳,王太霞,胡正海.盾叶薯蓣根状茎不同部位和不同生长期薯蓣皂苷元含量的差异性研究[J].中草药,2004,35(5): 562 - 565.

[74] 曹玉芳,王太霞,胡正海.盾叶薯蓣营养器官薯蓣皂苷元含量的动态变化[J].实验生物学报,2004, 37(3): 221 - 226.

[75] 赵国华,李志孝,陈宗道.山药多糖 RDPS - I 组分的纯化及理化性质的研究[J].食品与发酵工业, 2002,28(9): 1 - 4.

[76] 赵国华,李志孝,陈宗道.山药多糖 RDPS - I 的结构分析及抗肿瘤活性[J].药学学报,2003,38(1): 37 - 41.

[77] 顾林,姜军.山药多糖的分离纯化及组成研究[J].食品科学,2007,28(9): 158 - 161.

[78] 顾林,姜军,孙晴.山药多糖的分离纯化及其结构鉴定[J].食品科技,2007(5): 109 - 112.

[79] 徐琴,徐增莱,沈振国,等.怀山药多糖的研究[J].中药材,2006,29(9): 909 - 912.

[80] 王刚,杜士明,肖淼生,等.山药多糖的提取分离及山药总多糖的含量测定[J].中国医药学杂志,2007,27(10):1414-1416.
[81] 陈艳,姚成.怀山药中氨基酸含量的测定[J].氨基酸和生物资源,2004,26(2):47-48.
[82] 陈菁瑛,黄玉吉,陈熹.山药品种间氨基酸含量的差异性研究[J].氨基酸和生物资源,2008,30(2):12-15.
[83] 王勇,赵若夏,白冰,等.怀山药脂肪酸成分分析[J].新乡医学院学报,2008,25(2):112-113.
[84] 白冰,李明静,王勇,等.怀山药化学成分研究[J].中国中药杂志,2008,19(3):1272-1274.
[85] 白冰,刘绣华,王勇,等.怀山药化学成分研究(Ⅱ)[J].化学研究,2008,19(3):67-69.
[86] 袁书林.山药的化学成分和生物活性作用研究进展[J].食品研究与开发,2008,29(3):176-179.
[87] 白雁.HPLC法测定不同产地山药中尿囊素的含量[J].中草药,2003,34(2):179-180.
[88] Yi-Chung Fu, Lin-Huei, et al. Quantitative analysis of allantoin and allantoic acid in yam tuber, mucilage, skin and bulbil of the *Dioscorea* species[J]. Food Chem, 2006, 9(4):541-549.
[89] 杭悦宇,秦慧贞,丁志遵.山药新药源的调查和质量研究[J].植物资源与环境,1992,1(2):10-15.
[90] 陈艳,姚成.怀山药及其种植土壤中微量元素的测定[J].广东微量元素科学,2004,11(2):49-52.
[91] 张重义,谢彩霞.怀山药无机元素的特征分析[J].特产研究,2003(1):41-44.
[92] 姚新生主编.天然药物化学[M].北京:人民卫生出版社,1994:373-419.
[93] 方一苇,赵家俊,贺玉珍,等.穿龙薯蓣中两种水难溶性甾体皂苷的结构研究[J].药学学报,1982,17(5):388-391.
[94] 刘承来,陈延镛,葛绍彬.小花盾叶薯蓣中甾体皂苷元的分离和鉴定[J].植物学报,1985,27(6):635-639.
[95] 唐世蓉,庞自洁.粉背薯蓣甾体皂苷的分离鉴定[J].植物学报,1984,26(4):419-424.
[96] 娄伟,陈延镛.粉背薯蓣中甾体皂苷元的分离和鉴定[J].云南植物研究,1984,6(4):461-462.
[97] 唐世蓉,吴余芬.纤细薯蓣甾体皂苷的分离鉴定[J].植物学报,1984,26(6):630-633.
[98] 娄伟,陈延镛.薯蓣属植物绵草薢中甾体皂苷元的分离和鉴定[J].植物学报,1983,25(4):354-355.
[99] 李伯刚,唐易芳,时铱.黄山药中水难溶性甾体皂苷的分离和结构鉴定[J].植物学报,1986,28(4):409-414.
[100] 刘承来,陈延镛,葛绍彬,等.叉蕊薯蓣中甾体皂苷的分离和鉴定[J].药学学报,1983,18(8):597-606.
[101] 杨明河,陈延镛.叉蕊薯蓣中甾体皂苷元的研究[J].药学学报,1982,17:175.
[102] Rothrock J W, Hammes P A, Mcalleer W J. Isolation of diosgenin by acid hydrolysis of sapogenin [J]. Ind Eng Chem, 1957, 49:186-188.
[103] 王慕邹,周同惠.薯蓣属植物中薯蓣皂苷元的含量测定[J].药学学报,1964,11(4):235-241.
[104] 唐世蓉,张涵庆,董云发,等.薯蓣科植物甾体皂苷元的含量和鉴定[J].植物学报,1979,21(2):171-175.
[105] 山岸正治,中村功. Studies on determination of Sapogenins in Plants Belonging to Dioscorea Growing in Japan Ⅱ. Determination of diosgenin, Tokorogenin and a New Genin Contained in the Roots[J]. Chem & Pharm Bull, 1958, 6:421-425.
[106] Gulliver L S, et al. Spectrophotometric determination of diosgenin in *Dioscorea composita*

following thinlayer chromatography[J]. Analyst,1972,97:973.

[107] 徐礼燊,刘爱茹.薯蓣属植物中薯蓣皂苷元的测定[J].药学学报,1984,19(2):141-145.

[108] 顾生明,唐世蓉,王翔燕.薯蓣皂苷元的气相色谱分析[J].植物学报,1980,22(2):204-206.

[109] 陶莉,达晖宁,达世禄.盾叶薯蓣中薯蓣皂苷元的气相色谱测定[J].中草药,1991,22(6):252-253.

[110] 杨文远,熊楚明.反相高效液相色谱法测定中药中薯蓣皂苷元[J].分析试验室,2002,21(1):74-75.

[111] 赵景婵,郭治安,成小飞,等.穿龙薯蓣中薯蓣皂苷元的高效液相色谱法测定[J].药物分析杂志,2000,20(1):27-29.

[112] 都述虎,王晓华,夏重道,等.RP-HPLC法测定穿龙薯蓣总皂苷中薯蓣皂苷元的含量[J].中国药科大学学报,2001,32(1):37-40.

[113] 刘宏伟,姚新生.HPLC-ELSD测定萆薢薯蓣皂苷元的含量[J].沈阳药科大学学报,2001,18(3):195-197.

[114] 达世禄,唐祥怡,达晖宁.盾叶薯蓣中薯蓣皂苷元的反相高效液相色谱测定[J].色谱,1992,10(2):98-99.

[115] 康阿龙,孙文基,汤迎爽,等.薄层扫描法测定盾叶薯蓣中盾叶新苷和薯蓣皂苷的含量[J].药物分析杂志,2003(23):59-60.

[116] Morris M P, et al. Simple procedure for the routine assay of Dioscorea tubers[J]. J Agric Food Chem,1958,6:856.

[117] 江天生.旋光法测定薯蓣皂苷元含量[J].吉首大学学报(自然科学版),1997,18(2):63-64.

[118] Csizer E, et al. Microdetermination of $\Delta 5$-steroids after thin-layer chromatographic separation[J]. J Chromatog,1973,76:502.

[119] Brain K R, et al. An improved method of densitometric thin layer chromatography as applied to the determination of sapogenin in Dioscorea tubers[J]. J Chromatog,1968,38:355.

[120] Brain K R, et al. Rapid determination of C25 epimeric steroidal sapogenin in plants[J]. Phytochemistry,1968,7:1815.

[121] 张荣平,曾跃勤,和国元.薯蓣皂素含量的快速测定方法[J].中国医药学报,1998,13(4):67.

[122] 封玉贤,周振起.我国薯蓣皂苷元的工业生产和资源的回顾与展望[J].天然产物研究与开发,1994,6(1):93-97.

[123] 中国科学院成都生物研究所薯蓣综合利用研究组.预发酵提高薯蓣皂素收率及淀粉综合利用的研究[J].植物学报,1975,17(3):244-246.

[124] 北京医学院药学系.预发酵提高薯蓣皂苷素产量的研究[J].中草药通讯,1977(4):17-20.

[125] 赵书申,柳卫莉.盾叶薯蓣黑曲霉发酵和薯蓣皂苷配基的结构[J].武汉大学学报(自然科学版),1988,2:93-97.

[126] 徐成基.植物激素对盾叶薯蓣皂素丰收的影响[J].植物生理学通讯,1981(1):38-40.

[127] 马最瑶,徐成基.薯蓣厌氧发酵产氢的研究[J].微生物学报,1980,1:12-15.

[128] 王昌利,张振光.超声提高薯蓣皂苷得率的实验研究[J].中成药,1994,16(4):7.

[129] 周振起.超声与常规法对部分中药苷类成分提出率的比较[J].中国医药工业杂志,1998,29(2):51-54.

[130] 江苏新医学院.中药大辞典(上册)[M].北京:人民卫生出版社,1985:166-168.
[131] 谢宗力.中药材品种论述(中册)[M].上海:上海科学技术出版社,1984:193-200.
[132] 杭悦宇.山药类中药的鉴定研究[C].南京中山植物研究论文集.南京:江苏科学技术出版社,1987:122-129.
[133] 北京药物生物制品检测所.中药鉴别手册(第一册)[M].北京:科学出版社,1981:470-486.
[134] 白永盛.穿龙薯蓣[J].植物杂志,1997(5):9.
[135] 王本祥.现代中药药理学[M].天津:天津科学技术出版社,1999:472,817.
[136] 徐国钧.生药学[M].北京:人民卫生出版社,1987:458-460.
[137] 徐成基,胡安刚,葛绍彬,等.穿龙冠心宁的皂苷成分及其药理作用的研究[J].成都科技,1981,2:14-19.
[138] 唐世蓉.薯蓣属植物氨基酸成分比较[C].南京中山植物园研究论文集.南京:江苏科学技术出版社,1982:117-119.
[139] 万金荣.叉蕊薯蓣和粉背薯蓣根茎中游离氨基酸的比较[J].西北植物学报,1991,10(2):156-158.
[140] 丁志遵.我国薯蓣资源研究与利用[J].作物品种资源,1986(2):1-4.
[141] 四川医学院主编.中草药学[M].北京:人民卫生出版社,1979:407-411.
[142] 李忌,陈俊杰,巨勇,等.天然甾体皂苷化合物的抗肿瘤活性[J].天然产物研究与开发,1997,11(1):14-17.
[143] Hu K,Yao X. Methyl protogracillin: the spectrum of cytotoxicity against 60 human cancer cell lines in the National Cancer Institute's anticancer drug screen panel[J]. Anticancer Drugs, 2001, 12(6):541-547.
[144] Hu K, Dong A J, Kobayshi H. A new pregnane glycoside from *Dioscorea collettii* var. *hypoglauca*[J]. Journal of Natural Products, 1999, 62:299-301.
[145] Maurice M. The hypoglycemic pritiple of *Dioscorea dumetorum* [J]. Planta Medica, 1990, 56(1):119.
[146] 杭悦宇.国产日本薯蓣主要化学成分含量和药理实验测定[J].植物资源与环境,1996,5(2):5-8.
[147] 何云.山药多糖降血糖作用的实验研究[J].华北煤炭医学院学报,2008(4):448.
[148] 马立新,吴丽平,贾连春,等.山药对糖尿病患者血糖及胃肠激素的影响[J].时珍国医国药,2007,18(8):1864-1865.
[149] 舒思洁,洪爱蓉,胡宗礼,等.山药对糖尿病小鼠血糖、血脂、肝糖原和心肌糖原含量的影响[J].咸宁医学院学报,1998,12(4):223-226.
[150] 李树英.山药健脾胃作用的研究[J].中药药理与临床,1990,9(4):232.
[151] 徐增莱,汪琼,赵猛,等.怀山药多糖的免疫调节作用研究[J].时珍国医国药,2007,18(5):1040-1041.
[152] 苗明三.怀山药多糖对小鼠免疫功能的增强作用[J].中药药理与临床,1997,13(3):25-26.
[153] 王丽霞,刘安军,舒媛,等.山药蛋白多糖体外抗氧化作用的研究[J].现代生物医学进展,2008,8(2):242-245.
[154] 舒媛,刘安军,王丽霞.山药多糖结合蛋白对抗氧化作用的影响[J].食品研究与开发,2006,

27(11):39-42.

[155] 相湘.山药的抗衰老作用研究[J].医药论坛杂志,2007,28(24):109-110.

[156] 郑素玲,王艳华,吴朝晖.山药对老龄小鼠免疫器官组织结构的影响[J].中国老年学杂志,2007,27(19):1881-1882.

[157] 赵国华,李志孝,陈宗道.山药多糖RDPS-I的结构分析及抗肿瘤活性[J].药学学报,2003,38(1):37-41.

[158] 阚建全.山药活性多糖抗突变作用的体外实验研究[J].营养学报,2001,23(1):76-78.

[159] 秦天才,张友德,张君芝.重要的甾体激素药源——黄姜[J].植物杂志,1997(5):8.

[160] 周瑾,徐成基.盾叶薯蓣的栽培方法[J].中草药,1980,11(1):44-45,39.

[161] 四川省生物所薯蓣综合利用组.盾叶薯蓣的引种栽培试验[J].植物学杂志,1974,1(1):10-12.

[162] 徐成基.激素药源植物——薯蓣的栽培研究[J].中药通报,1983,8(4):3-5.

[163] 周雪林.盾叶薯蓣引种栽培研究[J].中草药,1989,20(10):35-37.

[164] 丁志遵.影响盾叶薯蓣皂素含量的因素[J].中草药,1981,12:34-35.

[165] 怀志萍,丁志遵,贺善安,等.盾叶薯蓣薯蓣皂苷元含量与气候因素的相关性研究[J].药学学报,1989,24(9):702-706.

[166] 中国科学院植物研究所.中国药用植物栽培学[M].北京:农业出版社,1991:56.

[167] 刘红彦,鲁传涛,张玉聚,等.怀山药规范化栽培管理技术[J].河南农业科学,2001(5):32-33.

[168] 魏盼盼,张正海,李爱民.山药的规范化栽培[J].特种经济动植物,2010,13(3):33-34.

[169] 陈柯芳,王伟,罗乃汇,等.怀山药定向栽培技术推广应用[J].安徽农学通报,2012,18(16):62-63.

[170] Hardman R. Antimony trichloride as a test reagent for steroids, especially diosgenin and yamogenin in plant tissue[J]. Stain Technology, 1972, 47(4):205-208.

[171] 谢德镕.薯蓣根-茎顶端分生组织的解剖学研究[J].汉中师院学报(自然科学版),1990(1):64-68.

[172] 谢德镕.薯蓣根-茎异常次生结构的解剖学研究[J].汉中师院学报(自然科学版),1991(2):64-66.

[173] 李扬汉.植物学[M].上海:上海科学技术出版社,1999:52-55,135-139.

[174] 胡正海,苏红文.西洋参根的形态发育与主要药用成分积累的关系[J].中草药,1996,27(29):162-164.

[175] 林如,曹玉芳,胡正海.绞股蓝营养器官的结构及其人参皂苷的组织化学定位研究[J].西北植物学报,2002,22(4):796-800.

[176] 郑友兰,李向高.吉林人参与西洋参生药学和组织化学的比较研究[J].吉林农业大学学报,1986,8(4):30-35.

[177] 谭友远,余展深,齐迎春,等.栽培盾叶薯蓣中皂苷元含量与质量的动态变化[J].湖北民族学院学报(自然科学版),2000,18(1):17-18.

第11章 宁夏枸杞

中药枸杞子为茄科(Solanaceae)枸杞属(*Lycium* L.)宁夏枸杞(*Lycium barbarum* L.)的干燥果实,是常用滋补类中药材[1]。药用记载始见于《神农本草经》,被列为上品,历版《中国药典》收载。其味甘、性平,归肝、肾经,有滋补肝肾、益精明目的功能,枸杞子又是营养增补剂(功能食品),药食两用,从而受到中外医家与食疗家的高度重视。果实是宁夏枸杞主要的药用部位和有效药用成分的储藏器官,因此,果实的大小及果实内主要药用成分的含量就成为中药枸杞子质量评价的主要指标。本章以道地药材宁夏枸杞为研究材料,系统阐述了宁夏枸杞果实的形态结构发育规律、果实的结构发育与果实内初级光合产物和药用成分多糖和总糖积累的关系、果实中糖分积累与土壤环境因子的关系以及不同灌水量对果实糖分积累的影响。

§11.1 宁夏枸杞的研究概况

11.1.1 原植物及本草考证

1. 枸杞属药用植物

宁夏枸杞隶属于茄科茄亚科(Solanoideae)枸杞亚族(Lyciinae)枸杞属植物[2]。枸杞亚族植物呈草本或灌木状,叶不分裂,花冠紫或浅紫色,呈漏斗状或筒状,花萼宿存于果实基部[2]。枸杞亚族有3个属,即 *Grabowskia*, *Lycium*, *Phrodus*,中国仅有枸杞属[3]。

枸杞属植物全世界约有80种,其中南北美洲、亚洲是其主要分布中心,此外非洲、欧洲和大洋洲也有分布。20世纪70年代,路安民[3]等对中国分布的枸杞属种质资源进行调查,确定了中国枸杞属种质资源有7种和3个变种,即宁夏枸杞、新疆枸杞(*Lycium dasystemum* Pojark.)、云南枸杞(*Lycium Yunnanense* Kuang et A. M. Lu)、枸杞(*Lycium chinense* Mill.)、黑果枸杞(*Lycium ruthenicum* Murr.)、截萼枸杞(*Lycium truncatum* Y. C. Wang)和柱筒枸杞(*Lycium cylindricum* Kuang et A. M. Lu)7个种和红枝枸杞(*Lycium dasystemum* Pojark. var. *rubricaulium* A. M. Lu)、北方枸杞[*Lycium chinense* Mill var. *Potaninii i*(Pojark.)A. M. Lu]和黄果枸杞(*Lycium barbarum* L. var. *auranticarpum* K. F. Ching)3个变种。在新修订的英文版《中国植物志》将红枝枸杞作为新疆枸杞的一种生态变型将其从枸杞属分类系统中删除,从而中国枸杞属植物种质资

源现为7个种和2个变种[4]。中国枸杞属种质资源除柱筒枸杞不能入药外,其他6个种和2个变种均可以入药[4],但中国传统医药广泛利用的是枸杞和宁夏枸杞两个种,《中国药典》(1963年版)将两种枸杞都收载,从1977年版以后只收载宁夏枸杞[3]。

2. 原植物

宁夏枸杞和枸杞是中国传统医药最广泛利用的两个种,《中国药典》(2010年版)收载宁夏枸杞为中药枸杞子基原植物,收载宁夏枸杞和枸杞为中药地骨皮基原植物[1]。宁夏枸杞,又名甘枸杞,主要分布在中国西北地区的陕西、宁夏、甘肃、青海和新疆以及华北北部地区的内蒙古地区,在中国有悠久的栽培史。

宁夏枸杞属多年生落叶灌木,人工栽培经修剪整形后成小乔木状。栽培种主茎直立,灰黄色;分枝细密,大部分枝细长,软弱,先端常略下垂,形成圆形树冠,短枝刺状。叶互生或簇生,披针形或长椭圆状披针形。花单生或簇生,花萼钟状,2中裂,花冠漏斗状,紫堇色,顶端5浅裂,卵形。雄蕊5枚,冠生雄蕊;雌蕊1枚。浆果倒卵形至卵形,橘红色或红色。种子略呈肾脏形,扁压,棕黄色。花果期较长,一般5~10月边开花边结果,为此,采摘果实时,成熟一批采摘一批[2]。该种的变种——黄果枸杞,叶狭窄肉质,条状或倒条状披针形;果实球状,橙黄色,产宁夏银川地区[5]。

宁夏枸杞与枸杞的主要区别是:① 宁夏枸杞的叶通常为披针形或长椭圆状披针形,枸杞的叶通常为卵形、卵状菱形或披针形;② 宁夏枸杞的花萼通常2中裂,裂片顶端常有胼胝质小尖头或每裂片顶端有两三小齿,枸杞的花萼通常为3裂或有时不规则四五齿裂;③ 宁夏枸杞花冠筒明显长于檐部裂片,裂片边缘无缘毛,枸杞的花冠筒部短于或近等于檐部裂片,裂片边缘有缘毛;④ 宁夏枸杞果实甜,无苦味,枸杞果实甜而后味微苦;⑤ 宁夏枸杞种子较小,约2 mm长,而枸杞种子较大,长约3 mm[2]。

3. 本草考证

宁夏枸杞既是名贵的中药材,又是很好的滋补品,用其为药为食,在民间有悠久的应用历史。中国最早的药学著作汉代的《神农本草经》将其列为上品,功效为"久服坚筋骨,轻身不老,耐寒暑"。此后的《药性论》《本草汇言》《本草备要》《本草通玄》等历代本草和方书均对枸杞子的传统药用功效进行了论述[6]。枸杞的果实(枸杞子)、花(长生草)、叶(天精草)、根皮(地骨皮)均可入药[7]。《本草纲目》称,枸杞"后世惟取陕西者良,而以甘州者为绝品"[7]。《药物出产辨》:"产甘肃、宁夏、摄湾、宁安等。"即现在以产于宁夏中宁、中卫的"西枸杞"最为驰名[8,9]。

11.1.2 生物学特性研究

1. 形态解剖学研究

(1) 营养器官的形态与结构　宁夏枸杞叶的形态结构研究报道较多,其叶的结构表现出明显的旱生植物和盐生植物叶的共同特征。冯显逵等研究发现,其叶肉质化,叶表有发达的角质膜,叶内栅栏组织发达,维管束及维管束鞘十分发达,而且叶细胞中有大量草酸钙砂晶,反映其体内细胞汁液浓度高,胞内有较低的渗透势,从形态上看,具有抗旱耐盐的形态结构[10]。章英才等对枸杞属5个种叶片进行了比较解剖学的研究,认为5个种的叶片具有较一致的结构,但气孔类型和分布、气孔指数和气孔大小、气孔频率及叶表皮细胞角质膜厚度和叶片内部结构均存在较大差异,可作为枸杞属分种的辅助特征[11]。郑文菊等对生长于盐生环境和中生环境的叶片进行显微和超微结构的研究,从解剖学的角度揭示了宁夏枸杞抗盐的生理特性[12]。秦垦[13]等研究了两个不同品种宁夏枸杞叶片的结构,认为可以从叶片内部结构进行这两个品种的区别。关于宁夏枸杞根和茎方面的解剖学研究资料相对较少,仅见到冯显逵等对枸杞茎和根皮层薄壁组织细胞中存在草酸钙砂晶分布的报道[10]。

(2) 生殖器官的形态和结构 花的形态特征:花单生或数朵簇生,花萼钟状,长4~5 mm,通常2中裂,花冠漏斗状,紫堇色,筒部长8~10 mm,合瓣花,顶端5浅裂,裂片长5~6 mm。雄蕊5枚,花丝基部稍上处及花冠筒内部生一圈密绒毛;雌蕊1枚,上位子房,花柱和雄蕊由于花冠裂片平展而稍伸出花冠[2]。

果实的结构和发育:果实是枸杞的主要药用器官,它的形态结构及其发育过程对枸杞产量的形成和药用成分的积累有直接影响,因此,成为解剖结构研究的主要对象。枸杞果实的发育过程从开花到成熟约35 d。根据花、子房、果实颜色的变化情况划分为四个时期,即果实形成期、果实青果期、果实色变期和果实成熟期[14]。枸杞果实为肉质浆果,是由上位子房两心皮发育形成的真果,胚珠着生在中轴胎座上。浆果倒卵形至卵形,橘红色或红色。食用部分主要是果皮,胎座组织仅占小部分。果皮是由子房壁发育而来,分为外果皮、中果皮、内果皮[13]。

种子的形态结构:宁夏枸杞种子呈倒卵状肾形或椭圆形,两面微隆起,或一面凹陷,长2~2.5 mm,宽1.1~1.5 mm,厚0.4~0.7 mm。种皮坚硬,表面淡黄褐色,密布略隆起的网纹。种子具胚乳,胚呈半圆形弯曲,子叶与胚根近等长,胚芽不明显,胚埋藏于白色胚乳中。千粒重约1.0 g[15]。

花粉形态:花粉的外部形态可作为鉴定种与品种的重要依据之一。曹有龙[16]对宁夏枸杞3个品种大麻叶、宁杞1号、2号和变种黄果枸杞的花粉的研究结果表明,3个品种的花粉呈不同程度的椭圆形,三孔沟,沟窄长,内孔分布整个花粉表面,多数花粉的沟间距为两个相等,一个不等,成为二侧对称型,而变种黄果枸杞的花粉近似圆球形,内孔分布于整个花粉粒表面,三孔沟,沟窄长,沟间距相等,为典型的3合体花粉,说明变种黄果枸杞与其余3个品种间的亲缘关系较远。樊云芳[17]对枸杞属7种3变种及3个种间杂交后代植株的花粉形态进行了扫描电子显微镜观察,并根据花粉形态建立了7种3变种的分类检索表,研究结果对于进一步反映枸杞属的花粉形态特征在划分种与种以及品种与品种之间的关系方面,具有一定的参考意义。

胚胎特征:宁夏枸杞以果实为主要药用部位,因此,与果实发育密切相关的胚胎学相关研究引起了国内相关学者的重视。田惠桥[18]对宁夏枸杞的大、小孢子发生及雌雄配子体的发育做过光学显微镜的观察,结果表明:其胚胎发生属茄型,胚乳发育绝大部分属细胞型,仅少数部分属核型胚乳[19]。此外,徐青[20,21]等对宁夏枸杞花药发育过程中花粉母细胞超微结构和细胞内主要储藏物质进行了详细研究,阐明了花药发育过程中花粉母细胞内细胞器的变化规律及其营养储藏物质的变化规律。杨淑娟[22,23]等研究了宁夏枸杞花药发育过程中钙离子的分布特征,并探讨了其参与调控花粉发育过程的可能机制。此外,田英[24]对宁夏枸杞雄性不育材料小孢子发生的细胞形态学进行了研究。这些研究一方面丰富了枸杞胚胎学的基础研究内容,另一方面揭示了枸杞有性生殖规律,为探索宁夏枸杞有性生殖机制,提供了理论依据。

2. 组织培养及分子生物学研究

(1) 组织培养　枸杞组织培养主要用于优质种苗的快繁和优良品种的培育。国内科技工作者在枸杞组织培养方面先后利用叶片[25]、花药[26]、茎端[27]、下胚轴[28]、胚乳[29,30]和髓组织细胞[31]进行离体培养获得再生植株。由于组织培养技术的日趋完善,也为宁夏枸杞的倍性育种和转基因育种研究奠定了良好的基础,并先后培育出了四倍体[32,33]、三倍体无籽枸杞品种[34-36]和抗蚜虫转基因枸杞新品种[37],但尚未育出可在生产中大面积推广的枸杞新品种。因此,应用现代生物技术,培育综合性状良好的枸杞新品种和满足产品开发的各种专用型枸杞新品种,仍需要枸杞育种工作者不断探索。

(2) 分子生物学研究　自20世纪50年代以来,作为生物学前沿学科的分子生物学对推动整个生命科学的发展起到了决定性作用,但关于枸杞分子生物学方面的研究才刚刚起步,目前开展的主要工作有枸杞基因组总DNA和RNA提取方法的建立[38,39],枸杞叶片和果实cDNA文库的构建[40],不同地区、不同枸杞品种的RAPD[41]和AFLP[42]分析方法的建立及优化,不同宁夏枸杞种质资源遗传多样性分析[43],枸杞有效成分类胡萝卜素合成酶基因——番茄红素β-环化酶基因LycB[40]和甜菜碱合成酶基因——甜菜碱醛脱氢酶基因BADH[44]和胆碱单加氧酶基因CMO的克隆与表达分析[45]以及转基因枸杞新品种的培育等[37,46,47]。以上研究工作的开展,为将来克隆枸杞功能基因、构建枸杞的分子指纹图谱以及进一步应用转基因技术培育枸杞新品种提供了很好的研究基础。

3. 生态学和生理学特性研究

(1) 生态学特性　宁夏枸杞为中生阳性灌木,原产于中国西北蒙新高原和部分青藏高原区域内,主要分布于河北、山西、内蒙古、甘肃、陕西、宁夏、新疆和青海等省区,野生种的中心分布区是在甘肃的河西走廊,青海的柴达木盆地,以及青海至山西黄河段两岸的黄土高原及山麓地带[48]。宁夏枸杞生态环境以宁夏作为道地药材主产区为例,年太阳总辐射量135~150 kcal/cm^2,年均气温7~9 ℃,≥10 ℃积温2 500~3 000 ℃,平均气温日较差大于10 ℃,持续日照150~174 d,海拔高度1 000~1 700 m,年降水量200~400 mm,无霜期140~159 d[8]。对土壤要求不严,土质以轻壤土为好;野生植株抗旱能力较强,栽培品种喜水浇、怕水涝,土壤含水量16%~20%最宜开花结实;耐盐碱性强,可在含盐量高达0.5%~1.0%,pH在7.6~9.5的土壤上正常生长,但土壤pH以不大于8.5为好[49,50]。目前,宁夏枸杞的人工栽培主要在宁夏、内蒙古、新疆、河北、青海和甘肃主要省区,其中宁夏为其道地产区,并申请了原产地产品保护[51]。

(2) 生理学特性　宁夏枸杞是一种药用植物,同时也是一种盐生植物[52],深入研究其抗盐机理,搞清其抗盐性及其与品质和产量的关系,可为宁夏乃至周边地区宁夏枸杞规范化栽培提供理论基础。目前主要进行了盐胁迫下宁夏枸杞渗透调节积累[53,54]、光合作用[55,56]、抗氧化保护系统[57]和糖代谢[58,59]以及外源调节物质对枸杞抗盐性的影响[60]等方面进行了系统研究。在宁夏枸杞抗旱性研究方面,主要从不同水分处理对枸杞渗透调节物质积累[53]、抗氧化保护酶系统[61]、枸杞水分生理和生长[62]以及不同灌溉方式对枸杞果实产量和品质[63]方面的研究。以上研究为宁夏枸杞在西北干旱半干旱地区盐碱地上进行合理种植和栽培提供了一定的理论依据。但目前有关枸杞栽培中枸杞合理灌溉量的确定以及对其产量和果实品质方面的研究尚未见系统报道。

11.1.3　化学成分研究

宁夏枸杞是中国传统的药食同源的中药材,其果实、叶和根皮均可入药。宁夏枸杞干燥果实是中药枸杞子,具有滋肾、补肝、明目的功效;叶俗称天精草,具有清热止渴、补虚益精和祛风明目的功效;根皮是中药地骨皮基原植物之一,具有降压、降血糖、镇静和解热等方面的作用。宁夏枸杞不同药用部位所具有的药用功效与各部位所含有的特殊化学成分是密不可分的。

1. 果实主要化学成分

国内外学者对宁夏枸杞果实的化学成分进行了较为系统的研究,表明果实的主要化学成分为糖类、生物碱类、类胡萝卜素及色素、黄酮类、氨基酸等。

(1) 糖类　宁夏枸杞果实内含有丰富的糖类物质,大体可以划分为三类:① 单糖,杨晓萍[64]通过气相色谱法研究了枸杞果实内单糖种类,主要包括果糖、葡萄糖和木糖,其含量分别为 7.49%、5.73% 和 0.43%;欧阳华学[65]利用高效液相色谱法研究了枸杞果实单糖的种类,主要包括葡萄糖、果糖和鼠李糖,其含量分别为 18.23%、17.25% 和 3.92%;Sung[66]等通过 GC-MS 在宁夏枸杞果实中检出 11 种单糖:葡萄糖、果糖、木糖、鼠李糖、赤藓糖、核糖、阿拉伯糖、岩藻糖、甘露糖、半乳糖和山梨糖,可见因检测方法的不同,枸杞果实内的单糖种类也存在一定差异,但主要以葡萄糖和果糖为主;② 寡糖,包括麦芽糖,含量为 0.534%[65]、蔗糖和由 3 分子葡萄糖与 1 分子鼠李糖组成的低聚四糖,两者的含量分别为 5.60% 和 0.11%[64];③ 多糖,成熟枸杞子中不含有淀粉,但含有其他多糖物质,如枸杞多糖、果胶、半纤维素、纤维素,其含量分别为 0.043%、0.209%、3.22%、8.15%[64]。糖类物质中的枸杞多糖和总糖被公认是枸杞子中最重要的药用成分,枸杞多糖是一种高分子的糖蛋白,其中糖链含量占到糖蛋白总量的 70% 以上,主要由葡萄糖、半乳糖、阿拉伯糖、鼠李糖、甘露糖和木糖等小分子糖组成[67,68]。枸杞总糖主要由葡萄糖、果糖、蔗糖和低聚四糖等组成,被认为是果实甜味的主要来源[64],因此,糖分在宁夏枸杞药用品质形成中具有重要作用。

近年来,由于枸杞多糖特殊的药理作用,国内外研究者对枸杞果实内的多糖进行了大量的研究。在多糖含量的测定方法方面,应用较多的是采用分光光度法进行比色测定[69-72]，鉴于提取的枸杞多糖均为酸性杂多糖与多肽或蛋白质构成的复合多糖，用硫酸-苯酚法进行多糖组分分析的误差很大，一些研究者致力于枸杞多糖含量测定方法的改进。何进[73]建立了测定枸杞多糖中中性糖含量的简便方法，提高了 LBP 含量的测定精度。白寿宁[74]建立了 HPLC 法测定枸杞多糖的方法，用纯 LBP 作标样，采用 HPLC 法，配用紫外监测器、示差监测器以及微机 MRTM 凝胶色谱(GPC)软件工作站，提高了 LBP 含量测定的准确度。在枸杞多糖的分离提取、分级纯化、组分鉴定以及结构研究等方面，由于研究者提取方法的不同、试验样品来源的不同、采用不同类型的凝胶柱层析法，相继从枸杞粗多糖中分级纯化出 LBP-Ⅰ、LBP-Ⅱ、LBP-Ⅲ、LBP-Ⅳ[75,76]、LbGp1、LbGp2、LbGp3、LbGp4、LbGP5[77,78]、LBPA$_3$、LBPB$_1$、LBPC$_2$、LBPC$_4$[79]、LBNP、LBAP[80]、LBP1a-1、LBP1a-2、LBP3a-1、LBP3a-2[81]、Cp-1-A、Cp-1-B、Cp-1-C、Cp-1-D、Cp-2-A、Cp-2-B、Hp-2-A、Hp-2-B、Hp-0-A[82-84]等20多个不同分子量范围的相对均一的多糖，并对分离出的多糖组分的相对分子质量、结构、基本性质进行了深入的研究，虽然各组分多糖的结构、相对分子质量、糖链单糖物质的量比等研究结果仍有一定的差异，但可以肯定的是，枸杞多糖是一种以-O-连接的糖和蛋白质结合的糖蛋白，其中糖链组成主要以阿拉伯糖和半乳糖为主，含有少量葡萄糖、鼠李糖、木糖和甘露糖，蛋白质链的氨基酸组成主要以丙氨酸、甘氨酸和丝氨酸和脯氨酸为主，而且枸杞多糖属于 typeⅡ 类型的阿拉伯半乳聚糖蛋白[85-87]。

(2) 生物碱类 宁夏枸杞果实内的生物碱类物质主要是指甜菜碱(betaine)，其在口感上表现为苦，是中药枸杞子的质量指标之一[1,88]。甜菜碱属季胺类生物碱，1883 年首次从宁夏枸杞中分离得到[89]。甜菜碱具有促进脂肪代谢、抗脂肪肝、保护肾脏等多种药理作用[90]，同时植物体内含有的甜菜碱又是植物抵御不良逆境胁迫的主要渗透调节剂[91]。作为宁夏枸杞质量评价指标之一[88]，国内外研究者先后应用分光光度法[92,93]、薄层色谱法[1,94]和 RP-HPLC 法[95]对枸杞果实内的甜菜碱含量进行了测定，并建立了宁夏枸杞甜菜碱高效液相色谱指纹图谱对枸杞质量进行评价[95]。此外还研究了枸杞果实甜菜碱含量积累与环境因子的关系[88,96,97]，为枸杞生产实践提供了理论指导。

(3) 黄酮类化合物 黄酮类化合物是枸杞中主要的抗氧化活性成分之一[98]。李国莉[99]用分光光度法对宁夏枸杞果实、干叶和枸杞渣中的黄酮含量进行测定，发现枸杞叶中的黄酮含量显著高于枸杞果和枸杞渣中黄酮含量。张颖[100]测定了不同产地枸杞子中黄酮含量，其含量变化幅度在 2 680.0～4 993.3 mg/kg，说明不同产地枸杞子中黄酮含量存在一定差异。张自萍[97]采用常规回流提取、超声波提取和微波提取法对枸杞果实内的黄酮含量进行测定，优化了枸杞总黄酮的提取方法，在此基础上进一步应用高效液相色谱测定了枸杞果实黄酮类化合物芸香苷和绿原酸的含量，并建立了基于黄酮类化合物的宁夏枸杞化学指纹图谱[101]，为枸杞黄酮类化合物的快速提取、含量测定以及枸杞质量评价提供了理论依据。

(4) 类胡萝卜素和色素类 类胡萝卜素不仅是枸杞果实内的主要色素类物质，同时还是枸杞果实的有效成分之一，具有增强免疫机能、防止动脉粥样硬化和抗癌抗衰老等作用。目前从枸杞果实内已经分离出一羟叶黄素、二羟叶黄素[102],玉米黄素、β-隐黄素、β-胡萝卜素、β-隐黄素棕榈酸酯、玉米黄素单棕榈酸酯和玉米黄素双棕榈酸酯[103,104]、酸浆果红素[105]等物质。国内研究者主要通过柱层析法[102]、薄层色谱法[103]、高效液相色谱法[104]和超临界CO_2萃取法[106]等,对枸杞果实内类胡萝卜素含量进行测定,认为枸杞果实内的类胡萝卜素主要以酯化的形式存在,其中酯化的类胡萝卜素占总胡萝卜素含量的98.6%,其中玉米黄素双棕榈酸酯又占到77.5%,是枸杞子中的主要类胡萝卜素[104]。此外,李赫[107]对不同采收期枸杞果实类胡萝卜素含量的变化规律进行了系统研究,明确了不同采收期枸杞果实类胡萝卜素变化规律,马文平[108]对采后枸杞果实内类胡萝卜素降解规律进行了研究,晏志云[109]研究了不同干制和保藏过程中枸杞β-胡萝卜素的保存率变化规律,这些研究为调控果实类胡萝卜素含量奠定了理论基础。

(5) 氨基酸类　氨基酸也是枸杞果实内含量较高的化学成分之一。目前对枸杞果实内的氨基酸含量的测定结果表明,不同产地、不同等级的枸杞果实内的氨基酸种类基本相同,但其含量存在一定差异[110]。枸杞果实中含有18种氨基酸,包括人体必需的8种氨基酸,其中游离氨基酸的含量占到了氨基酸总量的50%以上,游离脯氨酸的含量较高[111,112]。此外,还从枸杞果实中分离检测到牛磺酸和γ-氨基丁酸,含量分别为0.689%和0.007%[110,113],由于牛磺酸促进脂肪和脂溶性物质的消化吸收,参与神经内分泌的调节,目前被广泛应用于婴幼儿配方奶粉中[114],但关于枸杞果实内牛磺酸代谢调控方面的研究未见相关报道。

2. 地骨皮主要化学成分

中药地骨皮为枸杞和宁夏枸杞干燥的根皮[1]。近年来,国内外学者对地骨皮的化学成分进行了大量研究,其含有的化合物主要分为以下几类:① 有机酸类,主要有亚油酸、亚麻酸、蜂花酸、肉桂酸[115]以及两种对血管紧张素转换酶(ACE)有抑制作用的(S)-9-羟基-E-10,Z-12-十八碳二烯酸、(S)-9-羟基-E-10,Z-12,Z-15-十八碳三烯酸[115]和阿魏酸十八酯[116];② 生物碱类,主要有甜菜碱、胆碱、地骨皮甲素[117]、地骨皮乙素[118]等;③ 苷类,主要有东莨菪苷、蒙花苷、紫丁香酸葡萄糖苷及地骨皮苷甲等化合物[119,120];④ 肽类:主要有Lyciumin A、B、C、D四种环八肽结构化合物[115];⑤ 蒽醌类:主要有大黄素、大黄素甲醚[119]以及2-甲基-1,3,6-三羟基-9,10-蒽醌[121]等物质;⑥ 其他化合物:除上述五大类物质外,还从地骨皮中分离出以下化合物:牛磺酸[122]、东莨菪素[119]、芹菜素[120]等化合物。

3. 叶片主要化学成分

宁夏枸杞叶既可作新鲜蔬菜食用,同时也可药用。目前对宁夏枸杞叶的营养成分和活性成分进行了大量研究,主要可以划分为以下几类:① 营养成分,主要包括粗蛋白、粗纤维、粗脂肪、碳水化合物、核黄素、胡萝卜素、抗坏血酸、矿质元素钙、铁等[102]和各种氨基酸[111];② 黄酮类化合物,主要有槲皮素、山柰酚以及它们的糖苷[115],5,7,3-三羟基-6,4,5-三甲氧基黄酮,金合欢素,金合欢葡糖苷,木樨草素和芸香苷等[123];③ 生物碱类化合物,主要包括甜菜碱、胆碱、阿托品、东莨菪碱等[115];④ 枸杞叶中还含有肉桂酰组胺、芸香苷[124]、香草酸和水杨酸[125]以及维生素E[126]等化学成分。

11.1.4 资源状况、药材质量评价及道地性研究

1. 资源状况

在枸杞属诸多种中,绝大多数种质资源未被利用,只对宁夏枸杞的药用、食用价值认识较深。在栽培过程中,经过长期的自然选择、人工驯化和培育,宁夏枸杞形成了十多个品种和类型,主要有大麻叶枸杞、小麻叶枸杞、白条枸杞、圆果枸杞和黄果枸杞等[127]。20世纪80~90年代,育种工作者利用枸杞丰富的种质资源,通过自然变异选优法,成功培育出"宁杞1号"[128]"宁杞2号"[129]"宁杞3号"[130]"宁杞4号"[131]品种,引种宁夏枸杞的新疆和内蒙古地区也培育适合当地栽培的"精杞1号"和"精杞2号"[130]以及"蒙杞1号"[132]等品种。通过诱变育种成功地培育出"四倍体枸杞"[32,33];通过杂交育种培育出"三倍体枸杞"[36];转基因技术培育出抗蚜虫转基因枸杞新品种[37]等新物种,另外还培育出适合茎叶开发的菜用型枸杞新品种"宁杞菜1号"[133]。目前生产中应用较为广泛的品种主要是"宁杞1号"和"大麻叶"等枸杞品种。

2. 药材质量评价研究

宁夏枸杞由于药材产地范围广、栽培品种多以及栽培管理方面的差异,导致宁夏枸杞药材质量参差不齐,因此药材鉴别和质量评价非常重要。在传统的中药综合品质评价方面,主要从性状鉴别[134,135]、显微鉴别[136,137]和化学成分多糖、总糖和氨基酸[138]、甜菜碱[137,139]、类胡萝卜素[140]、黄酮[141]和矿质元素[142]含量等方面对宁夏枸杞进行了分析鉴别和质量评价。在传统的质量评价基础上,近年又出现了利用红外光谱建立的红外光谱指纹图谱[143-145]、利用高效液相色谱建立的HPLC化学植物图谱[140,146,147]以及借助分子生物学技术建立的DNA指纹图谱[148,149]对宁夏枸杞进行鉴别和质量评价。随着科学技术的不断改进和完善,宁夏枸杞的鉴别和质量评价从传统鉴别手段的日臻完善到新兴鉴别方法的蓬勃发展,两者在现实的枸杞鉴别和质量评价工作中都将继续发挥着各自的作用。

3. 宁夏枸杞的道地性研究

关于宁夏枸杞道地性方面的研究,目前主要围绕以下五个方面开展研究,即:①宁夏枸杞本草考证和物种鉴定[3];②宁夏枸杞土壤地质背景与药材微量元素相关分析[88];③宁夏枸杞的栽培环境分析[150-152];④宁夏枸杞HPLC化学指纹图谱比较分析[140,146,147];⑤宁夏枸杞DNA指纹图谱比较分析[148,149];⑥宁夏枸杞主要有效成分积累与环境因子关系研究方面[153-155]。但目前这几方面的研究相对还是比较零散,没有把这几个方面有机地结合起来进行系统研究,因而导致宁夏枸杞的道地性研究仍处于摸索阶段,以至于在生产上除了传统经验和目前制定的宁夏枸杞较完善的GAP栽培管理技术[156,157]之外目前还没有科学的、成套的实用技术出现。因此,对宁夏枸杞道地性方面的研究,在明确常规生态因子对枸杞生长和有效成分积累的影响的基础上,仍需要继续寻找影响枸杞活性成分积累的其他影响因素,并开展主要有效成分的产生机

制、规律及其与生态因子的相关性等方面的基础研究,以便进一步明确宁夏枸杞的道地性。

宁夏枸杞以干燥果实入药,即中药枸杞子,是常用滋补类中药材,药食两用,历来受到中外医家与食疗家的高度重视。枸杞子在中国药用历史悠久,有关枸杞的历史文献、枸杞的种植栽培、育种、化学成分分析、药理学研究、产业化开发等方面的研究也比较系统和深入,而关于其有效成分的形成机理方面的研究相对较少。现代医学研究发现,枸杞子具有增强免疫力、防衰老和抗肿瘤等多方面的药理作用[158-161],其中枸杞多糖和总糖被公认是枸杞中最重要的药用成分,此外,糖分又是果实内有机酸和类胡萝卜素等物质的基础合成原料。因此,在枸杞综合药用品质形成中,糖分代谢合成占有十分重要的地位。果实是宁夏枸杞主要的药用部位和有效药用成分储藏的器官,而目前关于果实发育过程中内部结构的发生和发育规律、有效成分在果实内的运输和积累规律、环境因子对枸杞产量和质量的影响等方面尚缺乏系统研究。枸杞综合品质由药用品质和商品品质共同决定,药用品质指标主要包括枸杞多糖、总糖、甜菜碱、类胡萝卜素、游离氨基酸等,商品品质指标包括百粒重、果长、坏果率和颜色等[138],无论药用品质指标还是商品品质指标,均与枸杞果实自身的外部形态和内在结构发育具有密切的关系。为了探索宁夏枸杞果实结构发育与其主要有效成分糖类的合成和积累机制,从基础上搞清枸杞果实的发育规律以及枸杞果实内的糖分运输、代谢与积累机理,为科学调控枸杞品质打下基础,而且通过这方面的研究,对于进一步探讨其果实结构发育与其他有效成分的合成和积累机制,具有理论和实践意义。

§11.2 宁夏枸杞果实与种子的形态发育研究

宁夏枸杞入药的主要部位是果实。因此,研究宁夏枸杞果实及其内部种子的发育规律,探讨果实和种子发育的相关性,对于进一步阐明枸杞果实内同化产物的代谢、调控和积累具有重要意义。前人对枸杞果实形态发育规律的研究主要集中在果实发育时期的划分[14,162]、果实形态、胚乳和胚的发育[14]等方面,而且这些研究工作基本上是分别进行的,未将果实发育与种子的发育紧密结合起来进行系统研究。前人对其他植物果实的发育研究表明:果实发育的不同时期,果实的各部分——果皮、种皮、胚乳和胚胎,具有不同的优先生长特性[163],但枸杞果实在此方面的研究资料鲜有报道。另外,以往对枸杞果实发育时期的划分也主要从农业生产角度出发,不能全面反映枸杞果实发育的生物学规律。本研究通过对不同发育时期枸杞果实外部形态特征、种子形态特征及其内的胚形态发育过程的观察,探讨果皮的形态发育与种子发育的相关性,为进一步研究果实结构发育及果实有效成分的积累提供理论基础,为保证果实的品质提供一定的科学依据。

11.2.1 花形态结构特征的观察

宁夏枸杞的花期明显分为夏季花期和秋季花期,其中构成夏季花期的花枝又有两种,一种是前一年秋季萌发的枝条,第二年5月初这种枝条上的花最先开花,另一种枝条是当年春季萌发的枝条,于6月初开花,与前者在时间上紧密衔接;秋季花期则主要是夏果采收完后,新抽生的枝条在8月下旬以后陆续开花。宁夏枸杞的花单生或数朵簇生,花萼钟状,长4~5 mm,通常2中裂,花瓣5枚联合形成漏斗状花冠,紫堇色,花冠筒部长8~10 mm,自下部向上扩大,顶端5浅裂,裂片长5~6 mm,卵形。雄蕊5枚,冠生雄蕊;雌蕊1枚,由柱头、花柱和子房构成,柱头顶端膨大呈圆盘状,花柱细长稍弯曲,上位子房,开花后花柱和雄蕊由于花冠裂片平展而稍伸出花冠。

11.2.2 果实的形态发育

1. 果实大、小的变化

宁夏枸杞果实从开花到果实成熟约需要34 d,通过对果实的纵径和横径进行测量发现(图11-1,图11-2),果实的发育可明显划分为第一次快速生长期(花后2~8 d),缓慢生长期(花后8~24 d)和第二次快速生长期(花后24~34 d)三个阶段。果实横径由于其基部、中间和顶端三部分的发育不均匀,分别对这三个部位进行了测量,如图11-1所示,第一次快速生长期,果实基部、中部和顶端三个部位的横径变化,以中部横径增长最快,平均日增长量为0.32 mm/d,净增量占成熟时果实中部横径的42.65%;其次为基部,平均日增长量为0.20 mm/d,净增量占成熟时果实基部横径的57.04%;顶端横径增加幅度最小,平均日增长量为0.086 mm/d,净增量占成熟时果实横径的26.65%。缓慢生长期,果实基部、中部和顶端三个部位的横径的变化以中部横径增长最快,平均日增长量为0.079 mm/d,净增量占成熟时果实中部横径的13.20%;其次为顶端,平均日增长量为0.046 mm/d,净增量占成熟时果实顶部横径的15.79%;基部横径增加幅度最小,平均日增长量为0.016 mm/d,净增量占成熟时果实横径的5.49%。第二次快速生长期,果实基部、中部和顶端三个部位的横径的变化仍是以中部横径增长最快,平均日增长量为

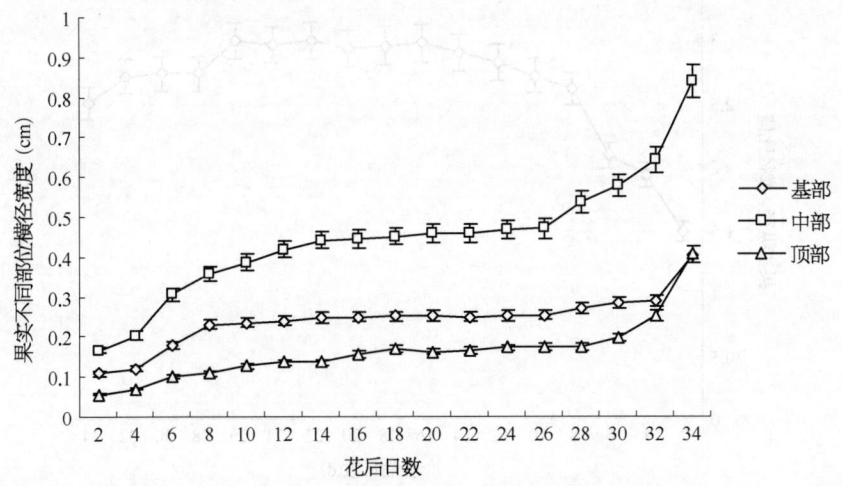

图11-1 不同发育时期枸杞果实不同部位横径变化

0.46 mm/d,净增量占成熟时果实中部横径的 44.15%;其次为顶端,平均日增长量为 0.29 mm/d,净增量占成熟时果实顶端横径的 57.56%;基部横径增加幅度最小,平均日增长量为 0.19 mm/d,净增量占成熟时果实横径的 37.47%[164]。

果实纵径的变化与横径呈现相同的变化规律(图 11-2)。第一次快速生长期,果实纵径平均日增长量为 1.14 mm/d,净增量占成熟时果实纵径的 44.52%,纵径生长显著大于横径;缓慢生长期,纵径平均日增长量为 0.32 mm/d,净增量占成熟时的 21.55%;第二次快速生长期,纵径平均日增量为 0.89 mm/d,净增量占成熟时的 33.93%[164]。

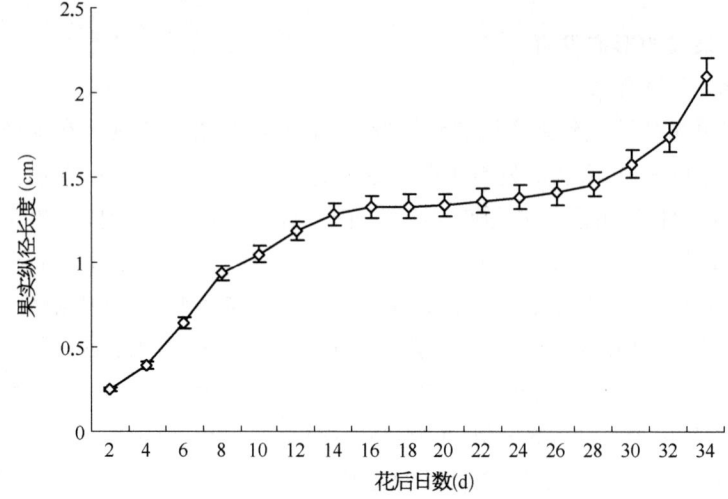

图 11-2 不同发育时期枸杞果实纵径变化

从图 11-3 果实纵径与横径的比值可以看出,在第一次快速生长期,果实纵径/横径

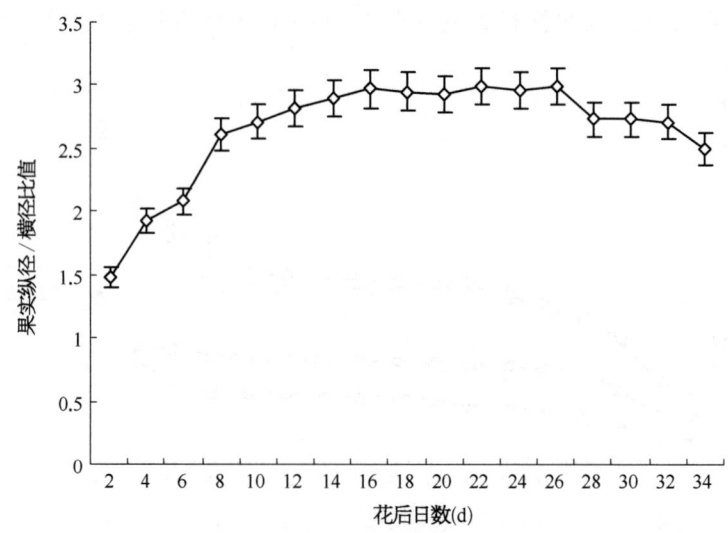

图 11-3 不同发育时期枸杞果实纵径/横径比值变化

的比值随果实花后天数的延长,比值逐渐增大,由开花时的 1.48 增加到花后 8 d 的 2.61;在缓慢生长期,果实纵径/横径的比值由花后 10 d 的 2.71 增加到花后 24 d 的 2.99,增加幅度缓慢;而果实第二次快速生长期,果实纵径/横径的比值开始逐渐下降,由花后 26 d 的 2.96 逐渐下降到花后 34 d 的 2.50[164]。

2. 不同发育时期果实单粒质量和果实体积的变化

对不同发育时期果实单粒鲜重的测定结果表明(图 11-4),第一次快速生长期,果实迅速增大,平均日增长量为 0.12 mg/d,净增量占成熟时果实单粒鲜重的 10.60%;缓慢生长期,果实鲜重平均日增量为 0.061 mg/d,净增量占成熟时果实单粒鲜重的 12.22%;第二次快速生长期,果实重量急剧增加,平均日增量为 0.67 mg/d,净增量占成熟时果实单粒鲜重的 77.18%,说明第二次快速增长期是果实鲜重增长的主要时期[164]。

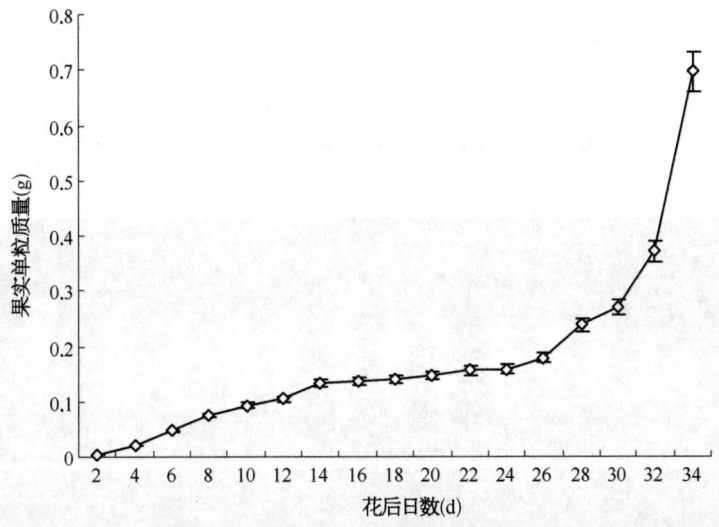

图 11-4 不同发育时期果实质量的变化

果实体积与果实鲜重的变化规律相似(图 11-5),第一次快速生长期,平均日增加量为 0.019 cm^3/d,净增加量占成熟时果实体积的 14.29%;缓慢生长期,平均日增加量为 0.010 cm^3/d,净增加量占成熟时果实体积的 17.26%;第二次快速生长期,果实体积平均日增加量为 0.072 cm^3/d,净增加量占成熟时果实总体积的 68.45%,说明果实体积的增长也以第二次快速生长期来完成[164]。

3. 不同发育时期果实外部形态特征的变化

从图 11-6(a)中宁夏枸杞果实外部形态可以看出,果实发育也明显划分为 3 个阶段:第一次快速生长期,从开花到花冠凋落约 5 d,此时花柱干枯,柱头黑色,子房发育为果实,包被在花萼内,果实呈绿白色,其体积逐渐生长至果实尖端露出花萼;缓慢生长期,果实尖端露出花萼,子房由绿白色变为绿色,在花后 14 d 时,果实叶绿素含量达到最高,之后逐渐下降,随发育天数的延长,果实纵径继续伸长,横径逐渐增加,直至果实出现黄绿色止;第二次快速生长期,果实继续生长发育,果实颜色有黄绿色—黄红色—红色,成

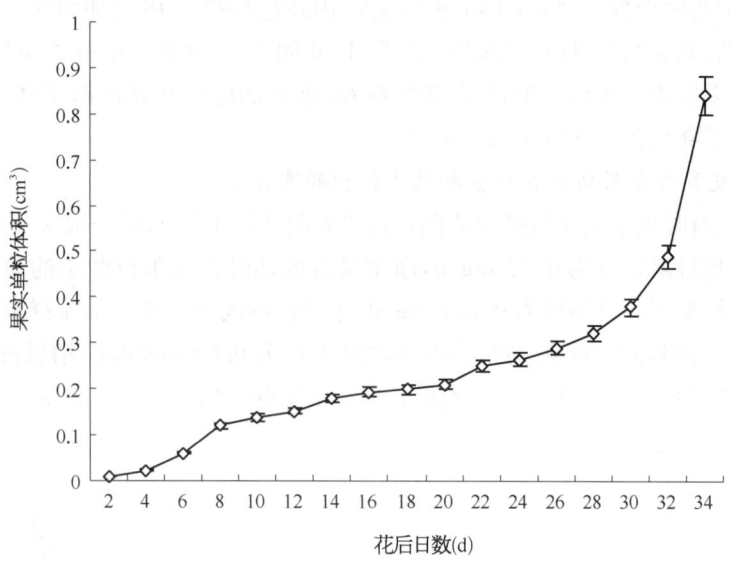

图11-5 不同发育时期构杞果实单粒体积变化

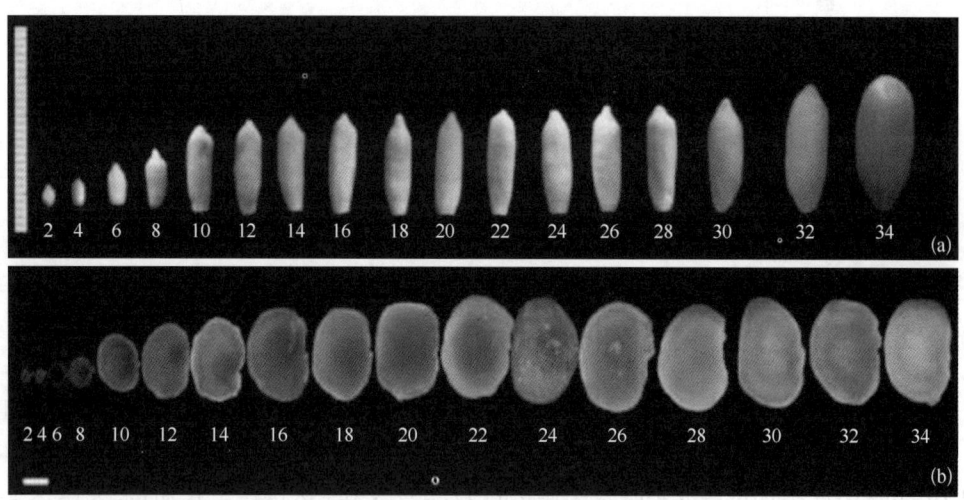

图11-6 不同发育时期宁夏构杞果实和种子外部形态变化(彩图见图版)
(a) 果实外部形态变化;(b) 种子外部形态变化

熟时果实鲜红和明亮,果实的鲜重和体积在发育后期急剧增加[164]。

11.2.3 种子的形态发育

1. 不同发育时期种子大小的变化

对不同发育时期构杞种子长度和宽度的测量结果表明(图11-7,图11-8),其果实和种子的体积生长表现出不同的变化规律,即种子在花后10 d以前,其宽度和长度迅速增加,其中长度的日平均增加量为101.43 μm,宽度的日平均增加量为26.45 μm,分别占

§11.2　宁夏枸杞果实与种子的形态发育研究

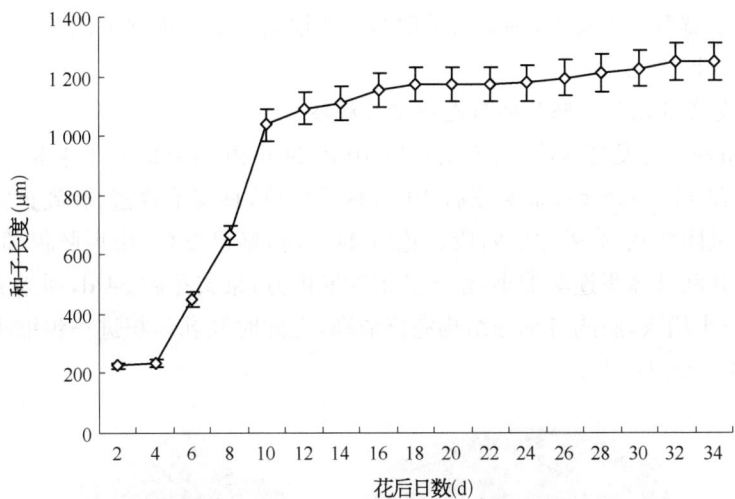

图 11-7　不同发育时期枸杞种子长度变化

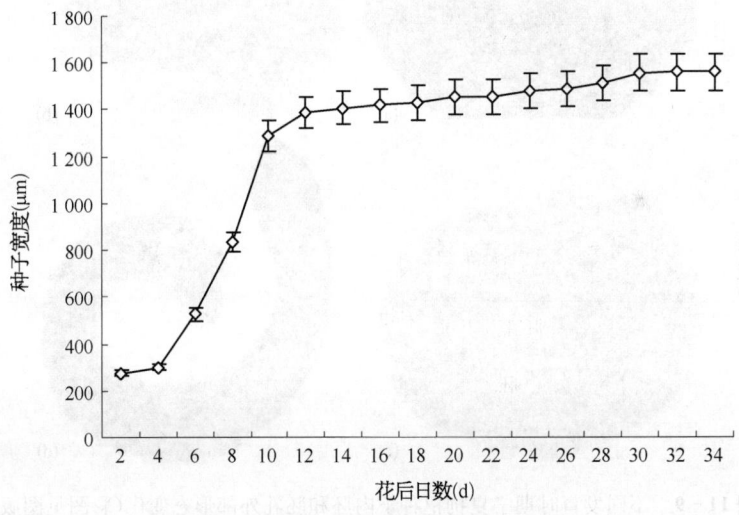

图 11-8　不同发育时期枸杞种子宽度变化

种子成熟时的总长度和宽度的 83.12% 和 82.63%，且种子宽度生长速率显著大于长度生长速率。花后 10~28 d，种子长度和宽度增加缓慢，长度的日平均增加量为 9.62 μm，宽度的日平均增加量为 12.35 μm，分别占种子成熟时种子总长度和宽度的 13.88% 和 14.27%，种子宽度生长速率略大于长度生长速率。花后 28~34 d，是果实重量和体积急剧增大的时期，但此时的种子在外形上变化不大，种子宽度和长度的日平均增加量为 6.21 μm 和 8.05 μm，分别占种子成熟时种子总长度和宽度的 2.99% 和 3.10%，而且种子的长度和宽度在 30 d 以后基本不增加[164]。

2. 不同发育时期种子外部形态特征的变化

宁夏枸杞成熟种子为倒卵状肾形，表面密布略隆起的网纹，腹侧肾形凹入处可见明显的种脐,种子宽度大于长度,种皮由早期的白色逐渐转变为成熟期的黄褐色,千粒重为1.0 g(图 11-6b)[164]。

3. 不同发育时期种子胚外部形态特征的观察

据果实和种子的发育规律,对果实花后 10 d、24 d 和 34 d 的种子中胚和胚乳进行解剖观察发现(图 11-9a~c),果实花后 10 d,果实白色,种皮不致密,胚乳充实,种子内胚被胚乳包裹,呈团块状,尚处原胚阶段。花后 24 d 时,胚已发育,出现胚根、胚轴、胚芽和子叶的分化,其胚乳体积逐渐缩小,位于弧形的胚内方;果实花后 34 d,即果实成熟时,此时胚体积进一步增大,胚的各部分结构完整清晰,而此时胚乳体积进一步缩小,被弯曲的胚包围(图 11-9c、d)[164]。

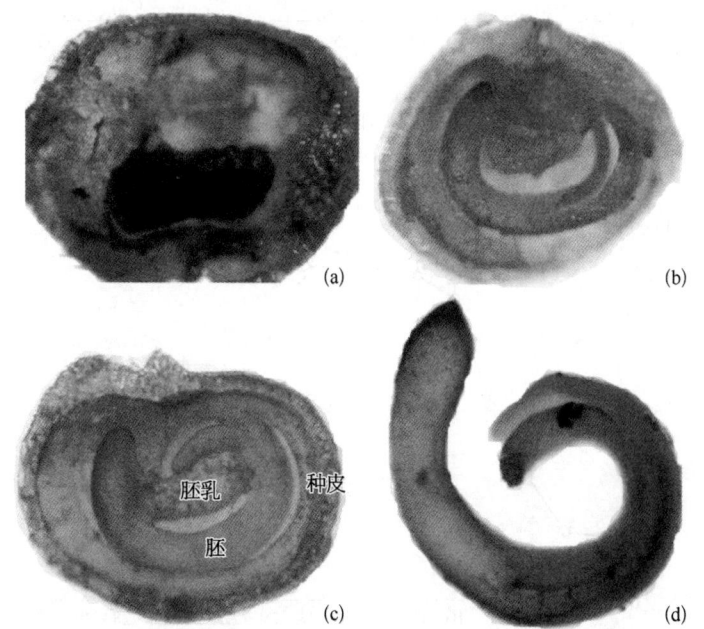

图 11-9 不同发育时期宁夏枸杞种子内胚和胚乳外部形态变化(彩图见图版)
(a) 宁夏枸杞果实花后 10 d 胚和胚乳的变化;(b) 宁夏枸杞果实花后 24 d 胚和胚乳的变化;(c) 宁夏枸杞果实花后 34 d 胚和胚乳的变化;(d) 果实花后 34 d 胚的放大

§11.3 宁夏枸杞的果实结构发育与果实内糖分运输和积累的研究

近年来,国内外关于宁夏枸杞的研究多集中于枸杞栽培、育种、抗性生理、化学成分分析、药理学研究、产业化开发及种植管理等方面[4,165]。在枸杞生产中,人们长期以来偏重产量增长的研究而对其药用部位结构发育与其有效成分积累机理研究相对较弱。在形态结构方面,早期李文钿[14]和冯显逵[10]等对宁夏枸杞果实做过一些形态结构上的初步观察,没有对枸杞果实结构发育与药用成分糖类物质的分布和积累规律进行系统研究,因而也无法揭示枸杞果实结构发育与药用成分糖类物质积累之间的内在联系。果实

§11.3 宁夏枸杞的果实结构发育与果实内糖分运输和积累的研究

的内在品质是果实商品优劣的重要指标,其中糖类物质的组成及其含量对果实内在品质有着重要影响[166]。不同的果实其糖分积累的方式也是不同的[167]。总体来看,淀粉[168-170]、蔗糖和己糖是果实内主要的碳水化合物[171-173]。果实内蔗糖和己糖的积累依靠果实内其他糖分的积累转化[174-176]。果实内的蔗糖代谢相关糖分主要包括葡萄糖、果糖和蔗糖,而与这三种糖代谢相关的主要酶有转化酶,包括酸性转化酶和中型转化酶,蔗糖磷酸合成酶和蔗糖合成酶[166]。果实内光合产物的分配主要受光合产物在光合部位的合成与装载、韧皮部长距离运输、果实韧皮部的卸载和卸载后的运输和进入果实库细胞的积累等过程的控制[177,178],其中韧皮部卸载被认为在果实同化物的分配中起着重要作用,决定着同化物从筛管到果肉薄壁组织细胞的运输[178]。目前,关于宁夏枸杞果实结构的发育、果实糖分代谢机理及其有效成分枸杞多糖和总糖积累调控以及果实韧皮部糖分的卸载和运输尚未见相关研究报道。本研究应用植物解剖学、植物生理学以及植物化学方法,在研究宁夏枸杞果实结构发育的基础上,研究果实的糖分代谢机理以及果实内糖分的卸载和运输途径,研究结果对于阐明果实结构发育与果实糖分积累与运输的关系以及为今后改善枸杞品质奠定理论基础。

11.3.1 花各组成部分的结构及果实的结构发育

1. 花各组成部分的结构

宁夏枸杞的花主要由花梗、花托(图 11-10a、b)、花萼(图 11-10c)、花冠(图 11-10c)、雄蕊群(图 11-10e、f)和雌蕊群(图 11-10d、e、g)组成。各部分的结构特点如下:

(1) 花梗与花托　花梗是花与茎相连的圆柱状结构。花梗的内部结构与茎的初生结构相同,主要由表皮、皮层和维管柱三部分组成。表皮由 1 层细胞组成,皮层由七八层薄壁组织细胞组成,其中外皮层细胞体积较大,内皮层细胞体积较小;维管束排列成圆筒状,为典型的双韧维管束,中央为薄壁组织细胞组成的髓部,细胞间隙较大。花托是花梗顶端的膨大部分,与一般双子叶植物营养茎端类似,由节和节间组成,在节上从外向内依次着生萼片、花瓣、雄蕊和子房,为此在花托部分的结构中维管束出现分枝,分别形成萼片维管束、花瓣维管束,雄蕊维管束和子房维管束。

(2) 花萼　枸杞的萼片联合形成筒状,顶端 2 浅裂。萼片的内部结构与叶片类似,由上下表皮、基本组织和维管束组成。上下表皮均由 1 层细胞组成,上表皮上分布有气孔器和表皮毛。上、下表皮之间由五六层含有叶绿体的薄壁组织细胞组成,细胞排列疏松,没有栅栏组织和海绵组织的分化。花萼筒中有从花托分枝出来的 13～15 束维管束分布在薄壁组织中。

(3) 花冠　枸杞花瓣 5 枚,联合形成筒状。花瓣内部结构主要由上、下表皮层、基本组织和维管束组成。上、下表皮层均由一层细胞组成,上表皮层分布有气孔器和表皮毛;位于上下表皮层间的基本组织由五六层不含有叶绿体的薄壁组织细胞组成,细胞排列疏松,无栅栏组织和海绵组织的分化。花冠中由从花托中分枝出来的维管束 10～12 束分

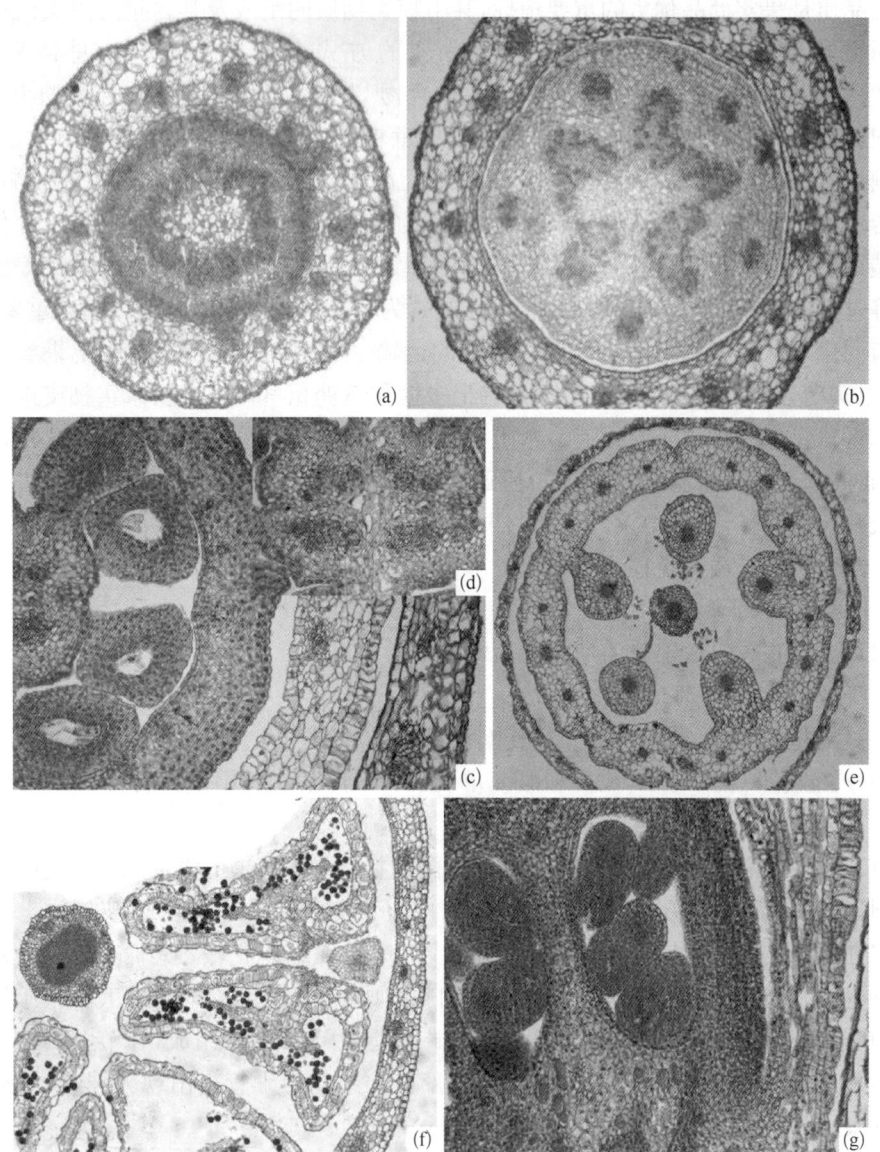

图 11-10　宁夏枸杞花各组成部分结构

(a) 花梗横切面;(b) 花托维管束横切面,示维管束分枝;(c) 花萼、花冠和子房壁横切面;(d) 中轴胎座中的维管束面;(e) 雄蕊花丝和雌蕊花柱横切面,示花丝着生花冠基部;(f) 开花前雄蕊花药横切面,示花药壁和花粉粒;(g) 雌蕊子房纵切面,示上位子房

布在薄壁组织中。

（4）雄蕊群　枸杞花雄蕊 5 枚,雄蕊由花丝和花药两部分组成。花丝是一个细长的具单脉的柄状结构,着生在花瓣基部,由表皮、基本组织和维管束组成,维管束为周韧型。花丝与花药为丁着药,每个花丝顶端着生两个花药,每个花药具两个花粉囊,中间有隔膜相连。花药壁的结构随发育阶段而变化,花药开裂前,花药壁仅由表皮层和 2 层药室内

§11.3　宁夏枸杞的果实结构发育与果实内糖分运输和积累的研究

壁构成,在花药成熟时药室内壁发生带状的次生壁加厚,此时的隔膜破裂,两药室相通。

(5) 雌蕊群　枸杞花雌蕊主要由子房、花柱和柱头组成。子房由2心皮构成,心皮的边缘向内愈合形成中轴胎座,将子房分割为2室。子房为典型的上位子房。花柱由表皮、基本组织和维管束组成,维管束为周韧型。柱头顶端膨大,呈圆盘状。

(6) 子房壁的结构　开花时,子房壁结构(图11-10c、g)由外向内依次是外表皮、薄壁组织、维管束和内表皮组成。外表皮为一层细胞,在横切面上细胞呈近方形,细胞质浓密,细胞核大。薄壁组织约七八层细胞,位于内外表皮间,在横切面上细胞呈近圆形,排列紧密,其中靠外边排列的细胞细胞质浓,细胞核大,而靠近内表皮的两三层细胞细胞质稀薄,细胞核不明显,其中有些细胞中可看到一些晶体。子房壁中的维管束也由花梗中的维管束分枝而来,一般10~12束,呈束分布在薄壁组织中。内表皮细胞由2层细胞组成,其中外层的细胞在横切面上呈短长方形,排列紧密,细胞核结构明显,而其内方的一层细胞尚在分化中。

(7) 中轴胎座的结构　枸杞子房由2心皮的边缘向内凹入而构成的中轴胎座(图11-10d),它由表皮、薄壁组织和分布在其中的维管束组成,薄壁组织细胞由外向内体积逐渐增大,中间零星分布有一些大型的薄壁组织细胞,维管束一般2对分布在其中,为双韧维管束,其木质部成分较少。在中轴胎座的两侧着生倒生胚珠。

2. 果实发育中的显微结构变化

通过石蜡切片法对不同发育时期宁夏枸杞果实的显微结构进行了研究,结果表明宁夏枸杞果实由子房发育而成的肉质浆果,由上位子房直接发育形成,为典型的真果。果实的食用部分主要是子房壁发育成的果皮组织,胎座组织仅占小部分。现将果皮组织各部分结构特点分述如下:

(1) 果皮的结构　外果皮:外果皮是由子房壁的外表皮细胞发育而来。外果皮由1层排列紧密的近似方形的细胞组成,随着果实的发育,这种方形细胞逐渐转变成沿横轴排列的长方形细胞,以适应果实体积的增大。外果皮上无气孔器的分布(图11-11a~f)。

中果皮:中果皮主要是由含有大液泡的薄壁组织细胞和分布于其间的一些小型维管束组成。成熟果实的中果皮一般由10~13层细胞组成。在果实发育过程中,第一次快速生长期,可以明显看到中果皮薄壁组织细胞分裂和体积的增大,无明显的细胞间隙(图11-11a、b)。缓慢生长期,中果皮薄壁组织细胞分裂和体积的增大不显著(图11-11c、d)。在果实进入第二次快速生长期时,中果皮果肉细胞体积迅速膨大,细胞排列疏松,细胞间隙大,维管束已分化,呈束状分布在靠近内果皮的几层细胞内,排列成一环(图11-11e、f)。维管束包括初生木质部和初生韧皮部,为双韧维管束,其中外生韧皮部较发达,木质部的导管数量少(图11-11f)此类维管束在果实有机营养物质的运输以及果实质量的提高方面具有重要的意义。

内果皮:内果皮由2层细胞构成,在果实形成初期已明显的分化出两层长方形的细胞(图11-11a、b),以后随着果实的发育,内果皮细胞体积逐渐增大,但其增加的比例远

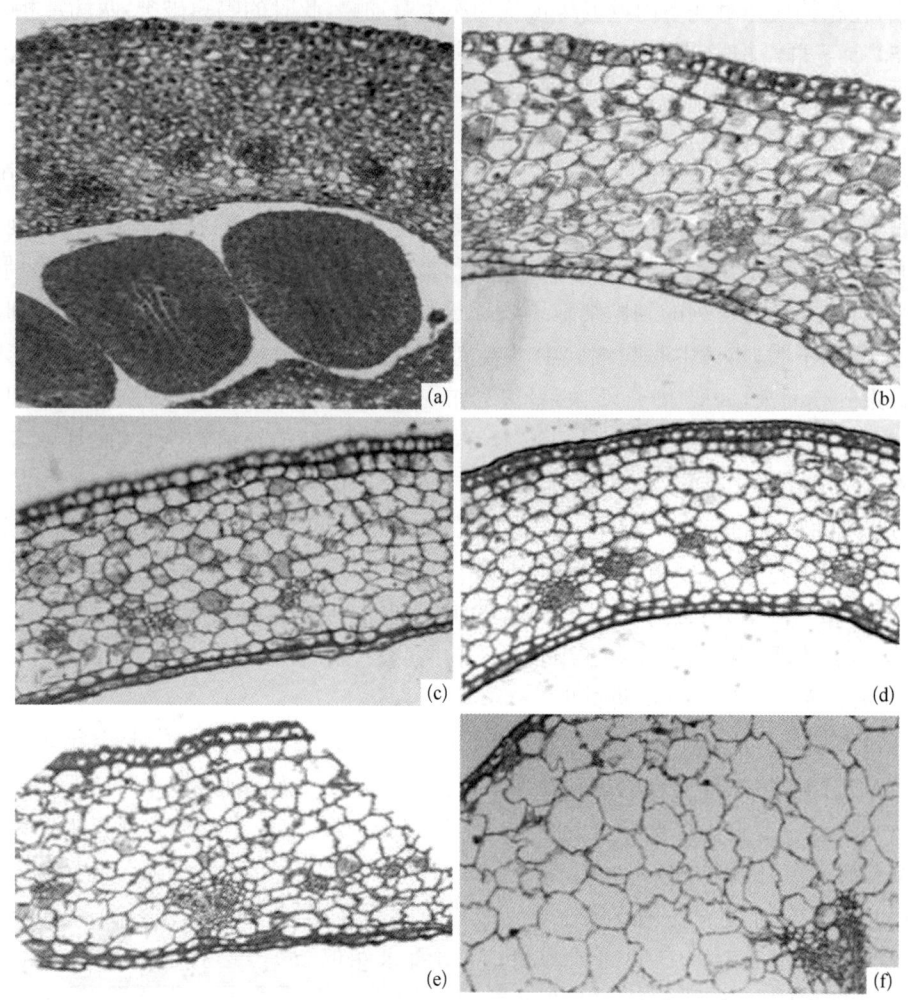

图 11-11 不同发育时期宁夏枸杞果皮结构发育

(a) 花后 4 d 果皮横切面；(b) 花后 8 d 果皮横切面；(c) 花后 14 d 果皮横切面；(d) 花后 24 d 果皮横切面；(e) 花后 30 d 果皮横切面；(f) 花后 34 d 果皮横切面，示发达的胞间隙和果肉内周韧维管束

不及中果皮薄壁组织细胞体积的增加(图 11-11c～f)。

（2）胎座 枸杞果实为中轴胎座，由两心皮构成两室子房，其胚珠生于中轴胎座上。胎座主要由薄壁组织细胞组成，中央部位具有 2 对维管束，成熟时胚珠已发育为种子。宁夏枸杞果实中胎座仅占果实体积的 15% 左右。

11.3.2 果实发育过程中淀粉代谢和质体超微结构研究

1. 果实发育中色素含量的变化

宁夏枸杞果实在发育过程中，其果实颜色从早期的绿白色变为绿色，以后变为黄绿色、黄红色，在果实成熟时呈鲜红色。如图 11-12 所示，果实内的叶绿素 a 和叶绿素 b 的含量随果实逐渐成熟呈现先升高后逐渐下降的趋势,其中在果实花后 14 d 叶绿素 a 和叶绿素 b 的含量最高,分别达到 0.129 mg/g FW 和 0.056 mg/g FW。但在果实成熟期基本检测不到叶绿素 a 和叶绿素 b 的含量,而果实的类胡萝卜素含量随果实发育成熟,总体呈现增加的趋势,其中在花后 8~14 d 增加幅度较大,14~30 d 含量变化不大,而 30 d 以后其含量逐渐上升,并在果实成熟时含量达到最高。

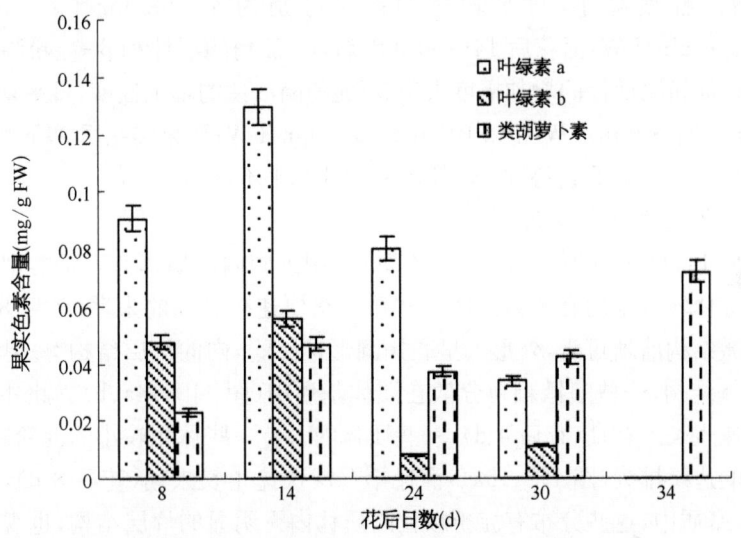

图 11-12 宁夏枸杞果实发育过程中色素含量的变化

2. 果实淀粉含量和淀粉酶活性的变化

如图 11-13 所示,枸杞果实内淀粉含量随果实的发育呈现先增加后降低的变化趋

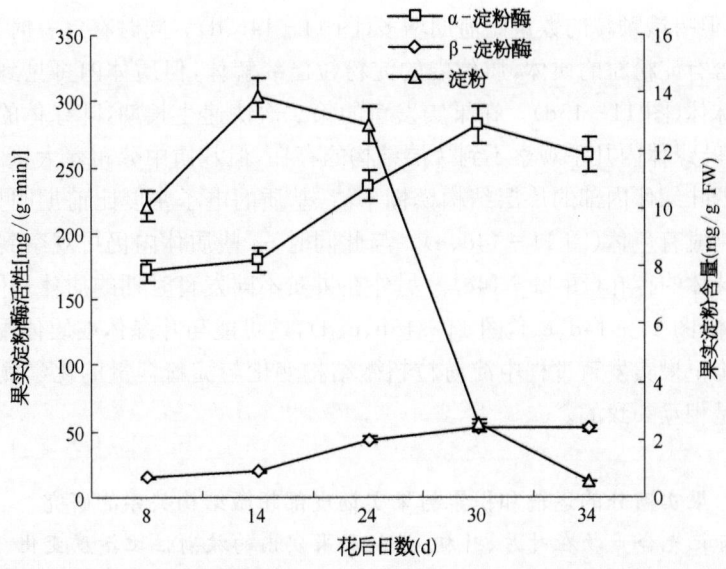

图 11-13 宁夏枸杞果实发育过程中淀粉含量和淀粉代谢相关酶活性变化

势,其中在果实花后 14 d 其含量达到最高,为 13.85 mg/g FW,到果实成熟期,淀粉含量仅为 0.56 mg/g FW。淀粉酶主要包括 α-淀粉酶和 β-淀粉酶两种。α-淀粉酶随机地作用于淀粉的非还原端,生成还原糖,β-淀粉酶每次从淀粉的非还原端切下 1 分子麦芽糖。枸杞果实内 α-淀粉酶活性和 β-淀粉酶活性随果实发育成熟,呈现逐渐增加的趋势,且 α-淀粉酶活性始终高于 β-淀粉酶活性,其中在果实花后 8～14 d,α-淀粉酶活性和 β-淀粉酶活性增加幅度减小,日平均增加幅度分别为 1.398 mg/(g·min)FW 和 0.822 mg/(g·min)FW,而花后 14～30 d 以后,α-淀粉酶活性和 β-淀粉酶活性大幅度增加,其中 α-淀粉酶活性的增加幅度大于 β-淀粉酶活性的增加幅度,日平均增加幅度分别为 6.823 mg/(g·min)FW 和 2.191 mg/(g·min)FW;而果实花后 29 d 以后,α-淀粉酶活性则呈现略有下降的趋势,而 β-淀粉酶活性几乎不增加。

3. 果实质体超微结构变化

如图 11-14,11-15 所示,枸杞果实薄壁组织细胞内的质体有三种类型,即叶绿体、造粉体和叶绿体转变来的有色体。在果实第一次快速生长期的末期(花后 8 d),果实内的叶绿体超微结构清晰可辨,外形上呈长椭圆形,叶绿体内的片层结构有序排列,可明显观察到类囊体结构,一些嗜锇颗粒分散在质体基质中(图 11-14a、b)。此外在果实发育的第一次快速生长期初期(花后 4 d),一些质体内含有一些体积较小的淀粉粒,且这些淀粉粒在基质的边缘排列(图 11-15a),而在第一次快速生长末期(花后 8 d),淀粉粒体积增大,分散在基质中,这些分布有淀粉颗粒的质体内无明显的片层结构,也观察不到嗜锇颗粒的存在(图 11-15b)。在果实缓慢生长期的初期(花后 14 d),仍可见到许多含有淀粉粒的质体,这些质体几乎都被淀粉粒填充,没有片层结构的存在(图 11-15c)。在枸杞果实发育的缓慢生长期的末期(花后 24 d),这时的果实已经开始转色,但叶绿体的结构仍可观察到,与第一期的显著区别是叶绿体内的片层结构逐渐解体,数量减少,类囊体结构模糊不清,但嗜锇颗粒的数量比前期增多(图 11-14c、d)。同时在这一时期,果实内基本观察不到含有淀粉粒的质体,质体内的淀粉粒已经解体,但质体内可见到折光性很强的圆形嗜锇球体(图 11-15d)。在果实发育的第二次快速生长期,叶绿体的外层膜结构依然完整,但叶绿体内几乎观察不到片层结构的存在,但基质中分布着大量的嗜锇颗粒,到果实成熟期叶绿体内部的片层结构模糊不清,基质的电子密度比前期明显降低,此时叶绿体已转化成有色体(图 11-14d、e)。与此同时,一些质体内仍可观察到折光性很强的圆形嗜锇球体的存在(图 11-14e)。另外在果实不同发育时期的质体周围,经常观察到许多线粒体(图 11-14d、e、f,图 11-15b、c、d),这可能与叶绿体或质体周围能量代谢旺盛有关。枸杞果实发育过程中淀粉粒超微结构变化与淀粉含量的化学测定显示的积累动态过程是相互一致的。

11.3.3 果实糖分的运输和积累与果实韧皮部超微结构关系的研究

1. ^{14}C 标记光合产物在叶片、叶柄、果柄和果实内的放射性比活度变化

放射性比活度的变化可以反映光合产物在不同组织中的分布情况。对不同发育时

§11.3 宁夏枸杞的果实结构发育与果实内糖分运输和积累的研究

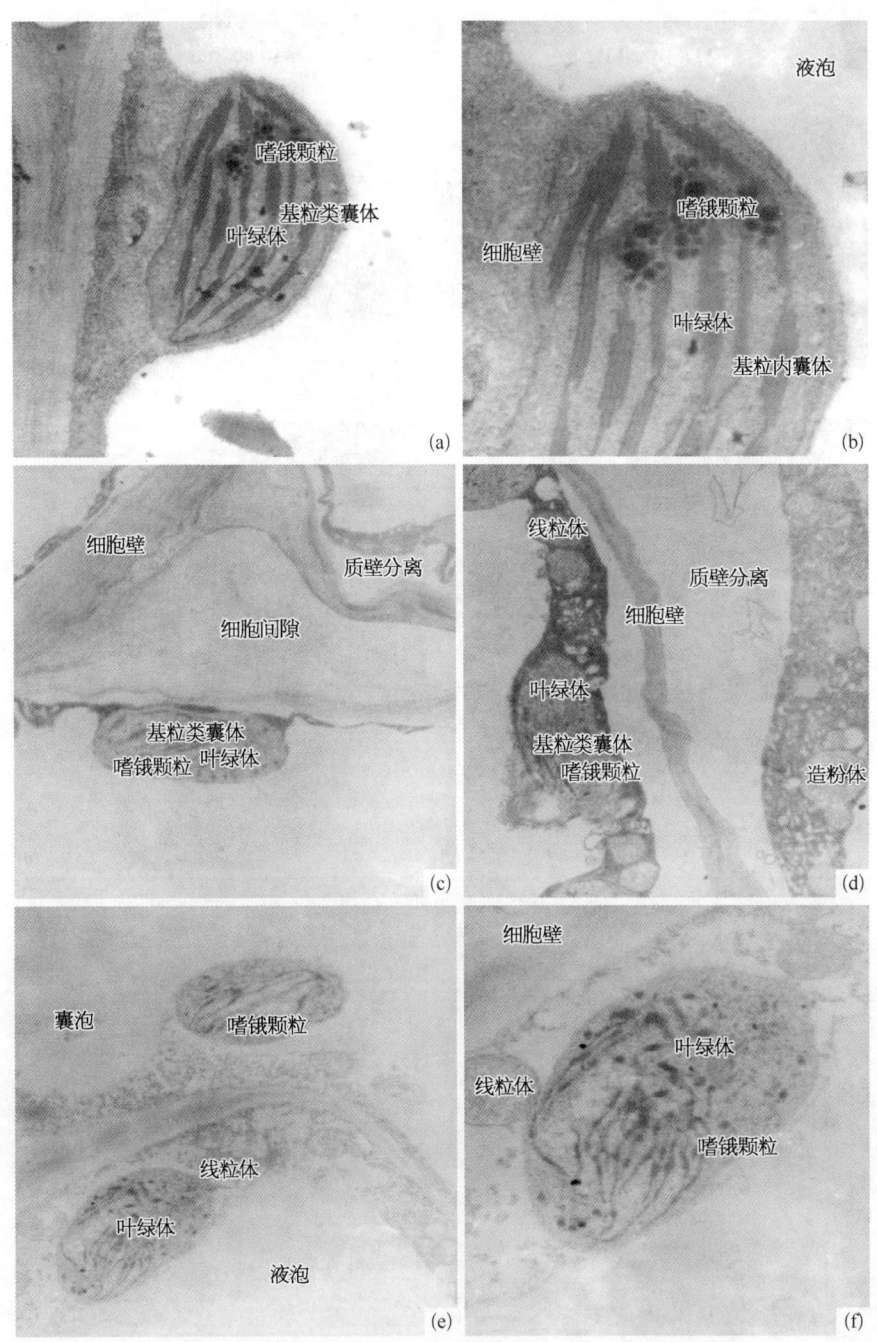

图 11-14 不同发育时期枸杞果皮细胞内叶绿体超微结构

(a) 第一次快速生长期(花后 8 d)叶绿体超微结构;(b) 前图叶绿体放大,示基粒类囊体和嗜锇颗粒;(c)、(d) 缓慢生长末期(花后 24 d)叶绿体超微结构,示基粒类囊体部分解体;(e) 第二次快速生长期叶绿体基粒类囊体进一步解体,转变为有色体;(f) 前图有色体放大,示嗜锇颗粒

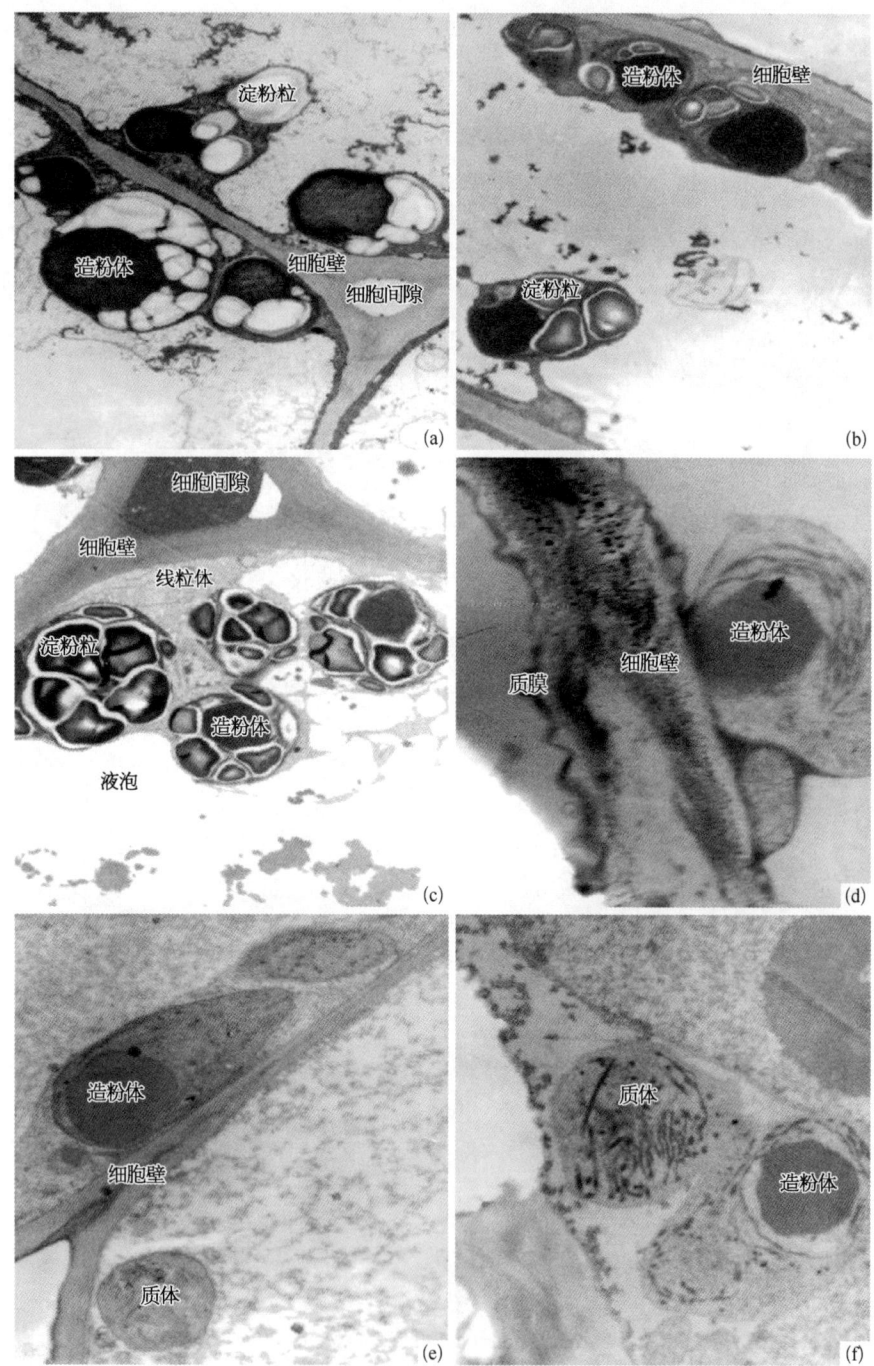

图 11-15 不同发育时期枸杞果皮细胞内淀粉粒超微结构

(a) 花后 4 d 果皮细胞内造粉体超微结构,示淀粉粒在嗜锇球体周围形成;(b) 花后 8 d 果皮细胞内造粉体超微结构,示淀粉粒体积进一步增大;(c) 花后 14 d 果皮细胞内造粉体超微结构,示淀粉粒体积和数量的增加;(d) 花后 24 d 果皮细胞内造粉体超微结构,示淀粉粒解体;(e) 花后 30 d 果皮细胞内造粉体超微结构;(f) 花后 34 d 果皮细胞内造粉体超微结构,示嗜锇球体周围的空隙期枸杞果实的邻近叶片用 $^{14}CO_2$ 饲喂叶片 24 h 后,对叶片光合产物由叶片向果实运输过程中的叶片、叶柄、果柄和果实内的不同类型 ^{14}C 标记光合产物的放射性比活度进行测量,结果表明,由"源"(叶片)向"库"(果实)的光合产物运输路线中,青果期表现出总的醇溶 ^{14}C 标记光合产物的放射性比活度是逐渐下降的,即叶＞果柄＞果实(图 11-16),而转色期和成熟期则表现为叶＞果实＞果柄的趋势(图 11-17,图 11-18),说明在果实不同

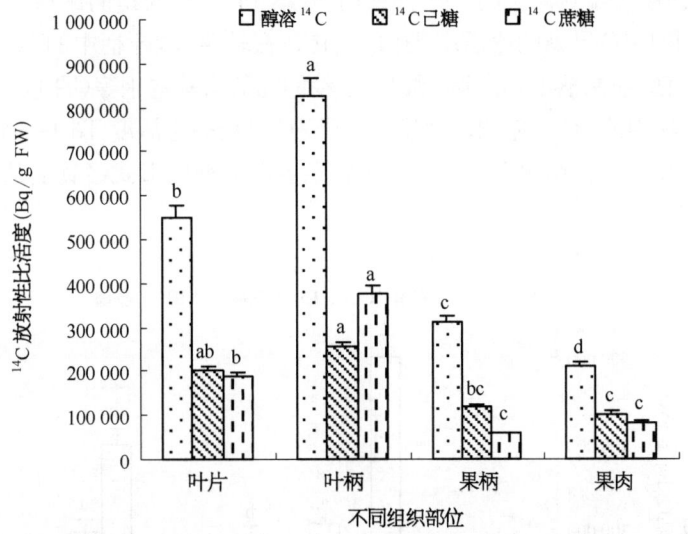

图 11-16 青果期 ^{14}C 标记光合产物在叶片、叶柄、果柄和果实内的放射性比活度变化
图中同一项目不同材料间不同字母表示在 0.05 水平上差异显著

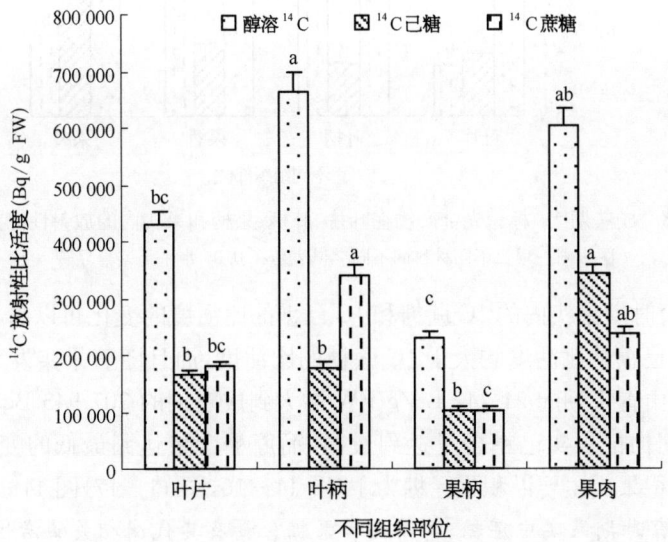

图 11-17 转色期 ^{14}C 标记光合产物在叶片、叶柄、果柄和果实内的放射性比活度变化
图中同一项目不同材料间不同字母表示在 0.05 水平上差异显著

的发育时期,光合产物的运输速率是有差异的,我们通过不同饲喂时间叶片放射性比活度的下降来计算果实不同发育时期叶片光合产物的输出效率,青果期为83.28%,转色期为86.33%,成熟期为89.11%。

叶片饲喂形成的^{14}C标记光合产物在叶柄和果柄中主要集中分布在维管束中,通过观察它们中不同类型^{14}C标记光合产物的比活度变化可以确定由叶片合成的光合产物是以何种形式的糖被运输到果实的。在青果期,叶柄中的^{14}C蔗糖的比活度大于^{14}C己糖,而果柄中则是小于^{14}C己糖的比活度(图11-16);在转色期,叶柄中的^{14}C蔗糖的比活度仍然大于^{14}C己糖,而果柄中^{14}C蔗糖和^{14}C己糖的比活度基本相等(图11-17);到果实成熟期,叶柄和果柄中的^{14}C蔗糖的比活度仍大于^{14}C己糖的比活度(图11-18),因此,我们可以断定,枸杞叶片光合作用形成的光合产物主要以蔗糖的形式经韧皮部长距离运输到枸杞果实。

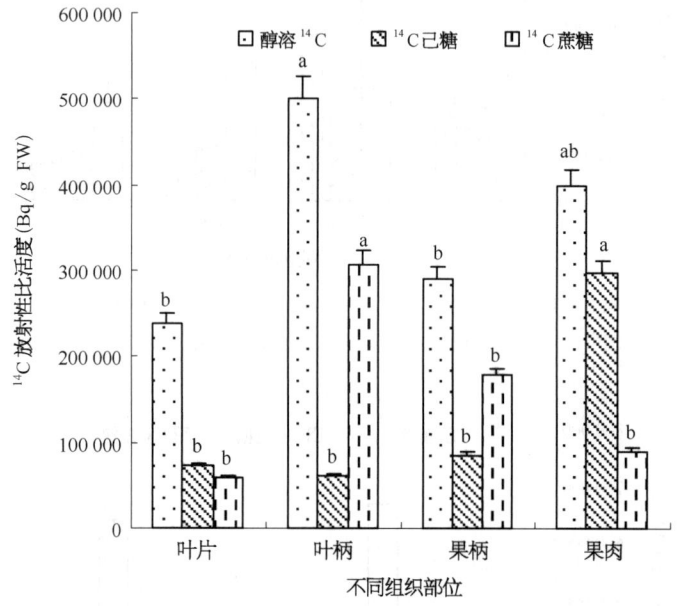

图 11-18 成熟期^{14}C标记光合产物在叶片、叶柄、果柄和果实内的放射性比活度变化
图中同一项目不同材料间不同字母表示在0.05水平上差异显著

从不同发育时期果实内的^{14}C蔗糖和^{14}C己糖的比活度的变化可以看出,三个发育时期果实内的^{14}C己糖的比活度均大于^{14}C蔗糖的比活度,而且随着果实发育成熟,两者的差值逐渐加大,由青果期的21 742 Bq/g FW增大到成熟期的207 943 Bq/g FW,这与分析测定的成熟期枸杞果实己糖含量达到最高,而蔗糖含量达到最低的变化趋势是一致的,说明成熟枸杞果实主要以积累己糖为主(图11-16,图11-17,图11-18)。

2. 不同发育时期果实中蔗糖、葡萄糖和果糖含量及其代谢相关酶活性变化

(1)果实中蔗糖、葡萄糖和果糖含量的变化 如图11-19所示:果实在生长发育过程中,葡萄糖和果糖的含量随果实的发育成熟呈现持续增加的趋势。可明显划分为两个阶段：花后 8～24 d 为缓慢增长阶段，果糖从花后 8 d 的 8.89 mg/g FW 增加到 24 d 的 16.31 mg/g FW，葡萄糖从花后 8 d 的 8.12 mg/g FW 增加到 24 d 的 12.08 mg/g FW；花后 24～34 d 为快速积累阶段，果糖从花后 24 d 的 16.31 mg/g FW 增加到 34 d 的 46.85 mg/g FW，葡萄糖从花后 24 d 的 12.08 mg/g FW 增加到 34 d 的 45.89 mg/g FW，而且后期积累的葡萄糖和果糖含量分别占果实成熟时葡萄糖和果糖含量的 73.68% 和 65.19%。蔗糖含量随果实的发育成熟呈现先增加后降低的趋势，其中花后 24 d 含量最高，之后逐渐下降，果实成熟时蔗糖含量最低，仅为 1.54 mg/g FW，占果实成熟时葡萄糖、果糖和蔗糖三者总和的 1.83%，而葡萄糖和果糖含量的总和占到了 98.2%，说明成熟枸杞果实主要以积累己糖为主。另外从葡萄糖、果糖和蔗糖含量的变化规律可以确定果实转色(花后 24 d)以后是枸杞果实糖分积累的关键时期。

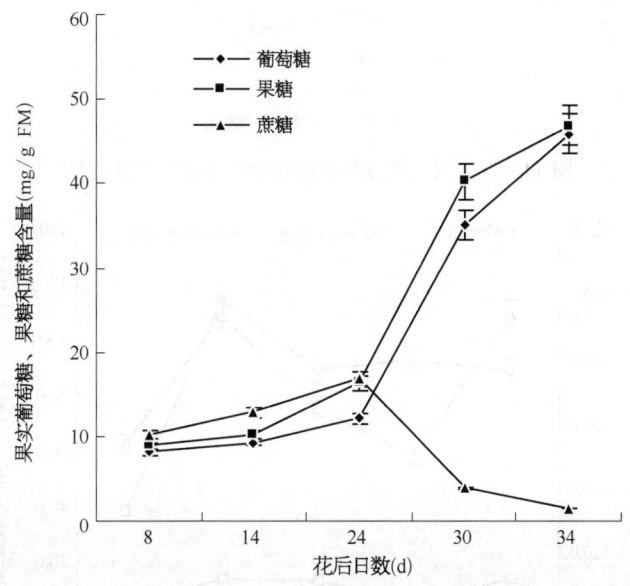

图 11-19 果实发育过程中葡萄糖、果糖和蔗糖含量的变化

(2) 果实中糖代谢关键酶活性的变化　果实转化酶是果实糖代谢的关键酶之一，包括酸性转化酶(AI)和中型转化酶(NI)两种。如图 11-20 所示，果实内的两种转化酶活性随果实的发育成熟呈现逐渐增加的趋势，尤其是在果实第二次快速生长期，两种转化酶的活性大幅度上升，这可能是导致此期果实大幅度积累葡萄糖和果糖的主要原因。另外，酸性转化酶的活性始终高于中型转化酶的活性。

蔗糖磷酸合成酶(SPS)是果实内用于合成蔗糖的酶。随果实发育成熟，果实内的蔗糖磷酸合成酶活性变化幅度较小，呈现先下降后上升再下降的变化趋势，其中在花后 8、24 和 30 d 活性较高，花后 14 d 和 34 d 活性较低(图 11-21)。蔗糖合成酶也是果实内与蔗糖代谢密切相关的酶，包括蔗糖合成酶分解方向的酶和蔗糖合成酶合成方向的酶，前者分解蔗糖，后者合成蔗糖。如图 11-21 所示，随着果实的发育成熟，果实内的蔗糖合成

第11章 宁夏枸杞

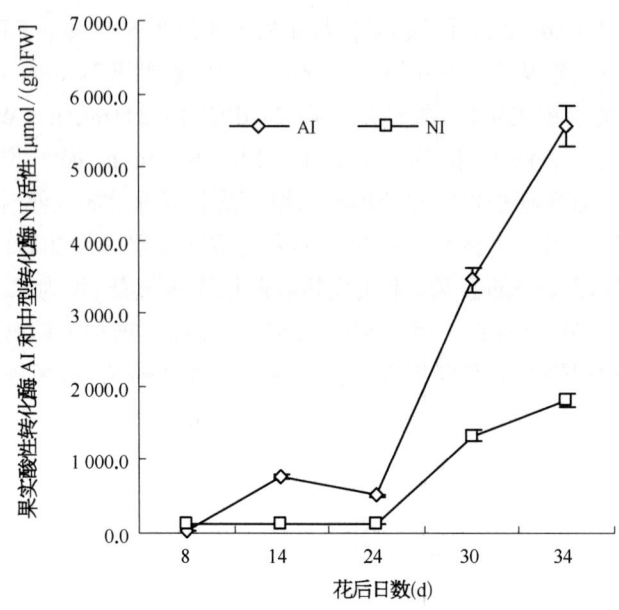

图 11-20　果实酸性转化酶和中性转化酶活性变化

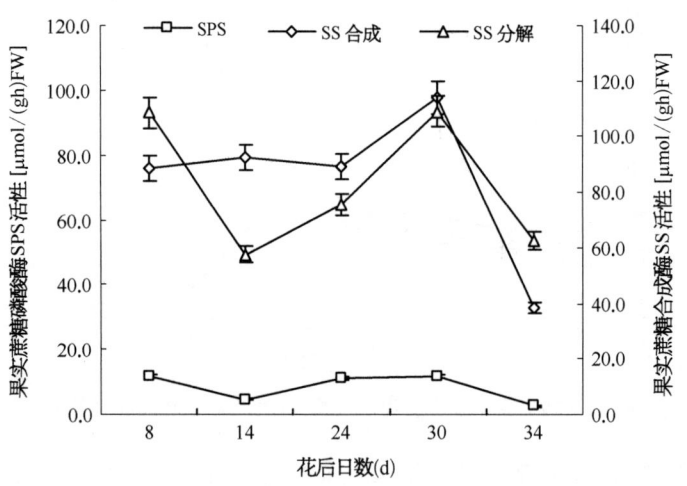

图 11-21　果实蔗糖磷酸酶和蔗糖合成酶活性变化

酶分解方向酶的活性呈现先增加后下降的趋势，在花后 30 d 其活性达到最高，为 97.7 μmol/(gh)FW，而蔗糖合成酶分解方向的活性随果实的发育成熟呈现先下降后升高再下降的变化趋势。综合考虑果实内转化酶、蔗糖磷酸合成酶和蔗糖合成酶的活性变化规律，我们认为枸杞果实发育过程中调控果实糖分积累的分解酶类活性高于合成酶类，尤其是转化酶活性显著高于其他酶类的活性，而较高的转化酶活性恰恰是导致果实积累己糖的主要原因。

3. 不同发育时期果实中果皮组成细胞超微结构的变化特征

宁夏枸杞的果实为浆果，其糖分主要储存在果实中果皮的薄壁组织细胞内，并由存

§11.3 宁夏枸杞的果实结构发育与果实内糖分运输和积累的研究

在于中果皮组织中的维管束的韧皮部进行糖分的卸载和运输,其韧皮部由筛管、伴胞和韧皮薄壁组织细胞构成。现对其不同发育时期果实各组成分子的超微结构特点分述如下:

(1) 筛管和伴胞　在果实第一次快速生长期,其维管束处于分化阶段(图11-22),可观察到韧皮部筛分子伴胞(SE/CC)复合体处于不同发育时期(图11-22a、b、c)。筛管分子大小与伴胞相近,在其细胞腔四周分布有原生质,有的细胞腔中有丝状物质(图11-22a、c)。伴胞具有传递细胞的特征,其胞质浓密,液泡小,细胞核大染色深,线粒体、内质网及高尔基体丰富(图11-22a、b、c),伴胞与韧皮薄壁组织细胞相邻的细胞壁,产生内突生长,而与筛管连接面则不发生细胞壁内突生长(图11-22c、d)。

果实缓慢生长期,韧皮部发育成熟(图11-23),筛管分子的细胞壁厚,胞腔透明,而伴胞胞质浓密(图11-23a、c),其中有些伴胞与相邻韧皮薄壁组织细胞连接面的细胞壁也可观察到细胞壁内突,附近有大量线粒体的存在(图11-23c)。有些伴胞与筛管连接面在发生胞间连丝的地方细胞壁上开始发生胼胝质加厚(图11-23a),有些伴胞开始发生质壁分离,产生质膜内陷,并观察到囊泡和壁旁体的存在(图11-23a、c)。

果实成熟期筛管内有大量囊泡和染色较深的丝状物质(图11-24a、b)。与筛管通过胞间连丝相连接的伴胞的细胞壁呈胼胝质加厚,导致胞间连丝被进一步拉长(图11-24c),同时其伴胞也产生了明显的质壁分离,在质膜外与细胞壁之间的空间以及伴胞胞质内形成一些囊泡(图11-24c、d),此时,伴胞内仍可观察到壁旁体的存在,线粒体体积增大(图11-24a、c)。

(2) 薄壁组织细胞的超微结构　在果实第一次快速生长期(图11-22),可观察到韧皮部薄壁组织细胞正在分裂增殖(图11-22b),其原生质较伴胞稀薄,排列在韧皮部外围的薄壁组织细胞的体积较大,有明显的中央大液泡,而位于韧皮组织内部与筛分子相邻的韧皮薄壁组织细胞体积较小,液泡较小,但胞质中的细胞器丰富(图11-22c)。在果实缓慢生长后期,韧皮薄壁组织细胞和果肉薄壁组织细胞的细胞壁结构疏松,有质壁分离现象的发生,并可观察到质膜正在内陷形成囊泡和液泡内囊泡(图11-23e)。果肉薄壁组织细胞的细胞壁曲折,胞间隙随果实发育进一步增大(图11-23d、e、f)。

果实第一次快速生长期,果肉薄壁组织细胞比韧皮薄壁组织细胞大,中央具一大液泡(图11-22c、d,图11-23d),细胞质及核被挤压在周缘贴壁部位,胞质中含有大量的线粒体和质体(图11-22d、f),这些细胞呈松散排列,相互之间有较大的胞间隙(图11-22f,图11-24f)。在果实发育早期,一些果肉薄壁组织细胞中还观察到液泡内囊泡,质体内有大量淀粉粒的形成(图11-15b);随着果实的发育,细胞壁从结构疏松进一步发展到后期细胞壁的逐渐解体消失(图11-23f,图11-24f),质壁分离的程度也趋于严重,质膜产生大量内陷(图11-23f,图11-24f),液泡内含有大量囊泡(图11-23f)。

(3) 胞间连丝　果实生长发育期,相邻的筛分子的端壁分化出筛板(图11-22a),其筛板宽广,筛孔大而多(图11-23a、b;图11-24a、b),通过筛孔的囊泡物质运输十分活跃(图11-24b)。筛分子和伴胞间有胞间连丝联系(图11-22b,图11-23a,图11-24c),但整

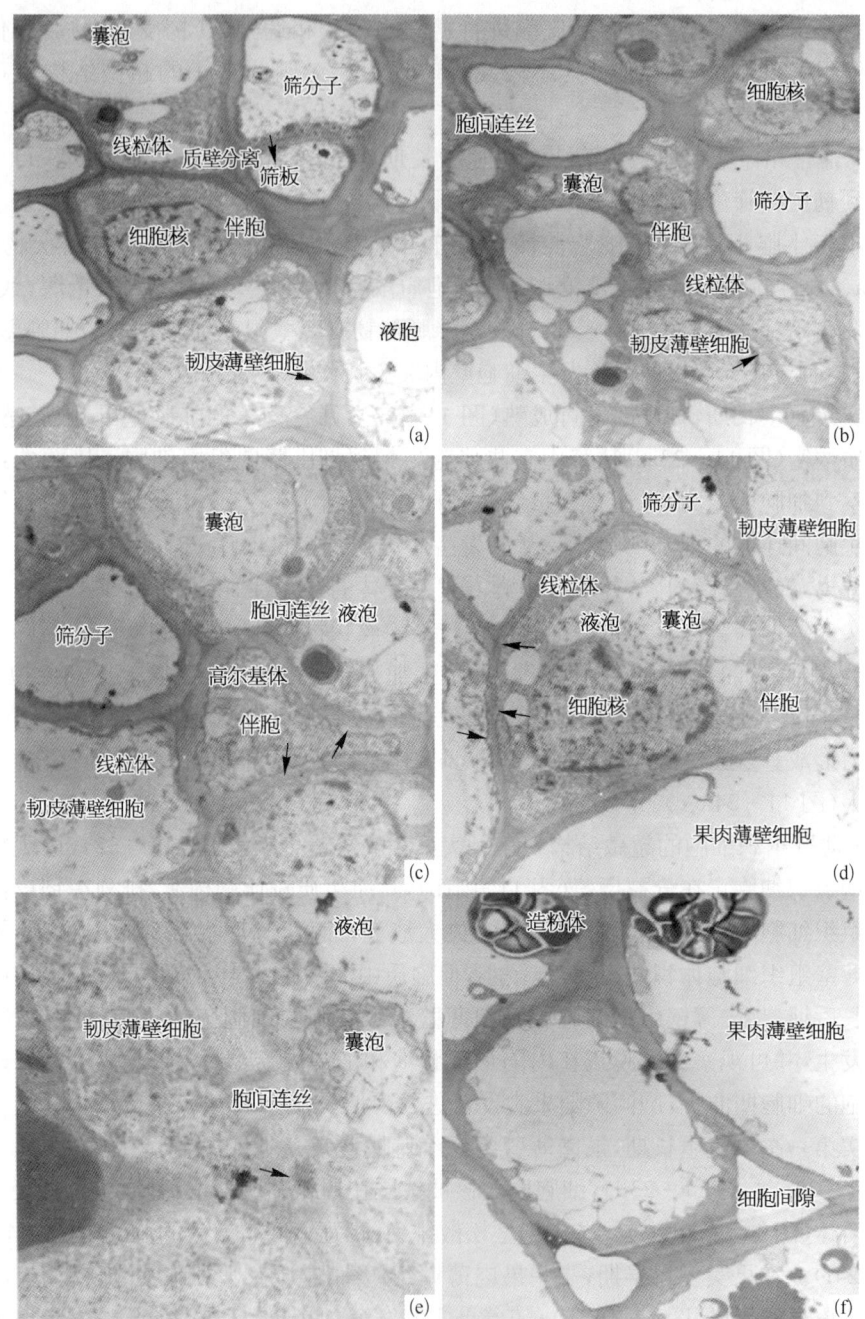

图 11-22　第一次快速生长期枸杞果皮中韧皮部及周围薄壁组织细胞的超微结构

(a) 韧皮部横切面面的一部分,示 SE/CC 复合体、韧皮薄壁组织细胞,并示韧皮薄壁组织细胞间有胞间连丝联系(箭头);(b) 早期的筛管伴胞之间有胞间连丝(箭头),筛管初生壁上有凹陷的初生纹孔场;(c) 伴胞细胞壁产生内突生长,内有线粒体、高尔基体、小液泡,相邻韧皮薄壁组织细胞间有胞间连丝的联系(箭头);(d) 韧皮部横切面,示 SE/CC 复合体、韧皮薄壁组织细胞和体积较大的果肉薄壁组织细胞,细胞壁部分内突(箭头);(e) 韧皮薄壁组织细胞在细胞壁较薄的区域产生大量胞间连丝,可观察到囊泡正通过胞间连丝进行物质运输(箭头);(f) 相邻的果肉薄壁组织细胞的胞间隙明显,质体内有淀粉粒

§11.3 宁夏枸杞的果实结构发育与果实内糖分运输和积累的研究

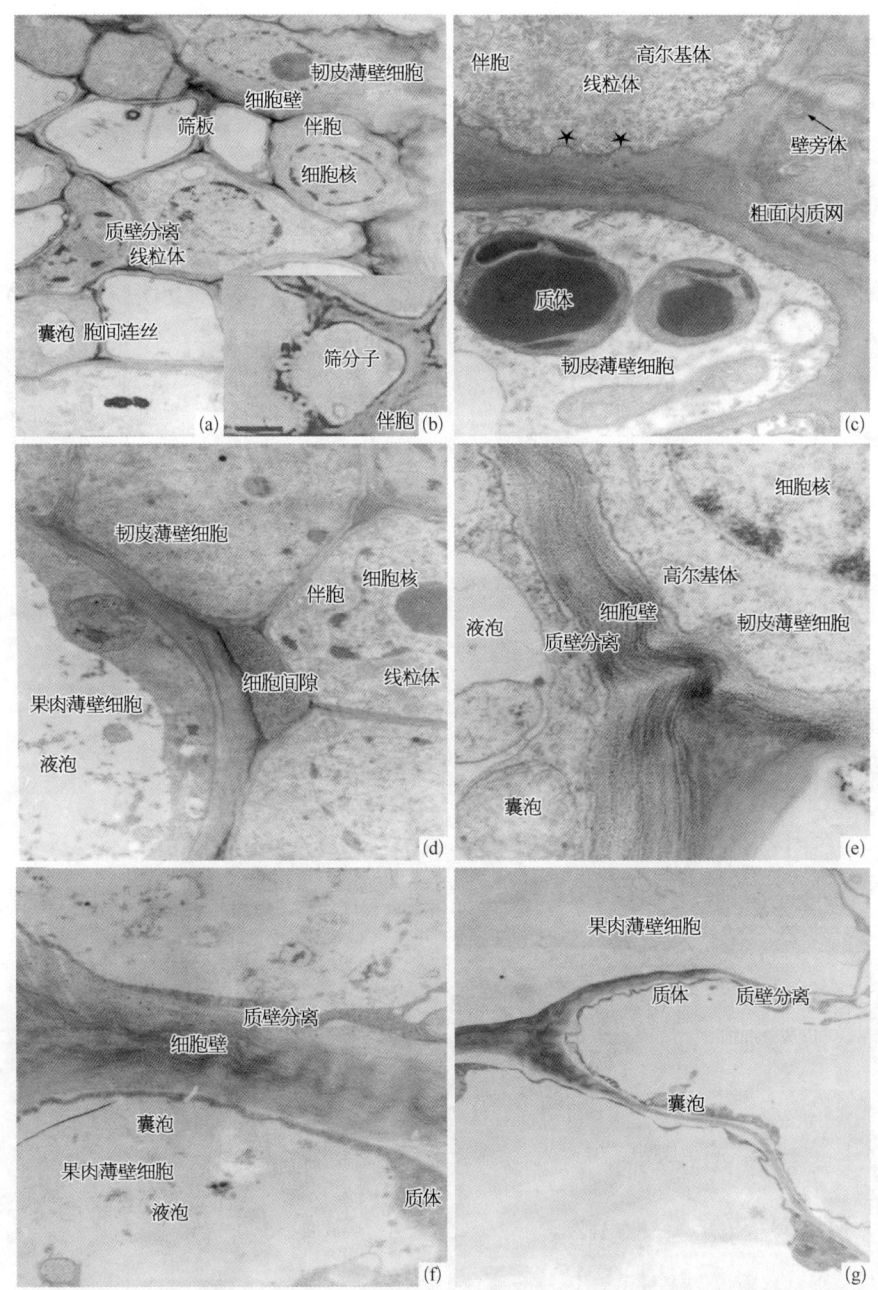

图 11-23 缓慢生长期枸杞果皮中韧皮部及其周围薄壁组织细胞的超微结构

(a) 果实中韧皮部筛管、伴胞、韧皮薄壁组织细胞的结构，示筛管与伴胞间的胞间连丝，伴胞与韧皮薄壁组织细胞相接触的一面发生质壁分离，韧皮薄壁组织细胞壁结构疏松；(b) 示筛管间的筛孔连通；(c) 伴胞发生细胞壁内突（五角星），相邻伴胞内有壁旁体的出现（箭头），韧皮薄壁组织细胞内线粒体正在分裂；(d) 示伴胞，韧皮薄壁组织细胞和果肉薄壁组织细胞间的胞间隙，被深色物质填充，果肉薄壁组织细胞内线粒体丰富；(e) 示韧皮薄壁组织细胞间细胞壁结构疏松，并与细胞质膜发生轻微的质壁分离，细胞质和液泡内有囊泡存在；(f) 果肉薄壁组织细胞的液泡体积增大，并有大量囊泡存在，两细胞间无胞间连丝的联系；(g) 果肉薄壁组织细胞细胞质膜膜内陷，发生质壁分离，液泡内也有囊泡存在

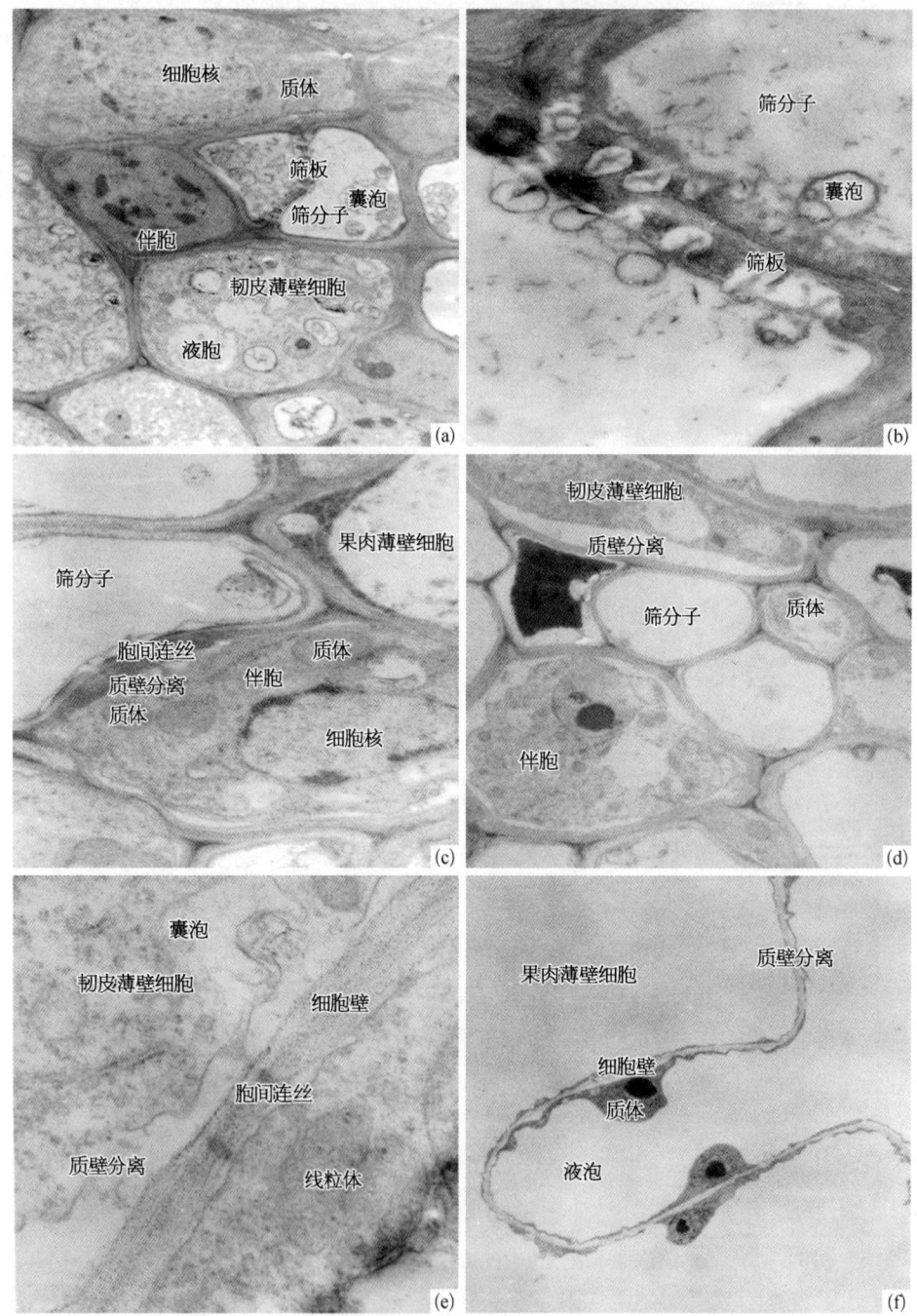

图 11-24 第二次快速生长期枸杞果皮中韧皮部及其周围薄壁组织细胞的超微结构

(a) 韧皮部横切面,示伴胞和韧皮薄壁组织细胞的结构,SE/CC 复合体与周围韧皮薄壁组织细胞之间没有胞间连丝联系;(b) 筛管间的筛板上的筛孔有囊泡通过;(c) 筛管与伴胞接触的伴胞细胞壁发生胼胝质增厚,并发生质壁分离;(d) 韧皮薄壁组织细胞发生质壁分离;(e) 韧皮薄壁组织细胞与果肉薄壁组织细胞发生质壁分离,导致它们间的胞间连丝被拉长或拉断;(f) 示果实发育晚期远离韧皮部的果肉薄壁组织细胞细胞壁结构解体,质膜产生内陷

§11.3 宁夏枸杞的果实结构发育与果实内糖分运输和积累的研究

个筛分子伴胞复合体(SE/CC复合体)与韧皮薄壁组织细胞之间缺乏胞间连丝,形成共质体隔离(图11-22a、b、c、d,图11-23a,图11-24a、d)。韧皮薄壁组织细胞之间的胞间连丝相对较多(图11-22a、d、e,图11-24d),而韧皮薄壁组织细胞与果肉薄壁组织细胞之间的胞间连丝相对较少,而果肉薄壁组织细胞间几乎无胞间连丝(图11-22f,图11-23f、g,图11-24f)。果实成熟期,筛管与伴胞以及相邻的韧皮薄壁组织细胞发生质壁分离,导致连接它们的胞间连丝被进一步拉长或拉断(图11-22c、d、e),从而导致它们之间通过共质体的联系受到影响,但由于质壁分离后质膜内陷形成的较大的质膜面积为物质的质外体跨膜运输创造了条件。

11.3.4 果实多糖类物质的组织化学定位及枸杞多糖和总糖的动态变化

1. 多糖类物质的组织化学定位

果实多糖类物质的组织化学定位主要是使用PAS反应方法。通过对不同发育时期果实的石蜡切片进行PAS反应,发现在果实花后的4,8,14和24 d,其果皮细胞内可看到大量被染成紫红色的淀粉粒,且随着发育时间,其分布的密度呈现先增加后减少的趋势,其中在花后14 d淀粉颗粒分布密度最高,到花后24 d时,则大量降解,仅有零星分布,至果实成熟期,细胞内已没有淀粉颗粒的存在(图11-25a~f)。通过半薄切片的PAS组织化学定位,结果进一步验证了果实内多糖类物质的上述变化规律(图11-26a、b、c)。进一步通过I_2-KI反应对淀粉颗粒进行鉴定,发现这些颗粒被染成蓝紫色,说明第一次快速生长期和缓慢生长期果实内确有淀粉物质的存在(图11-26d)。淀粉组织化学定位结果显示的动态变化规律与前面果实超微结构观察到的淀粉粒超微结构变化以及通过

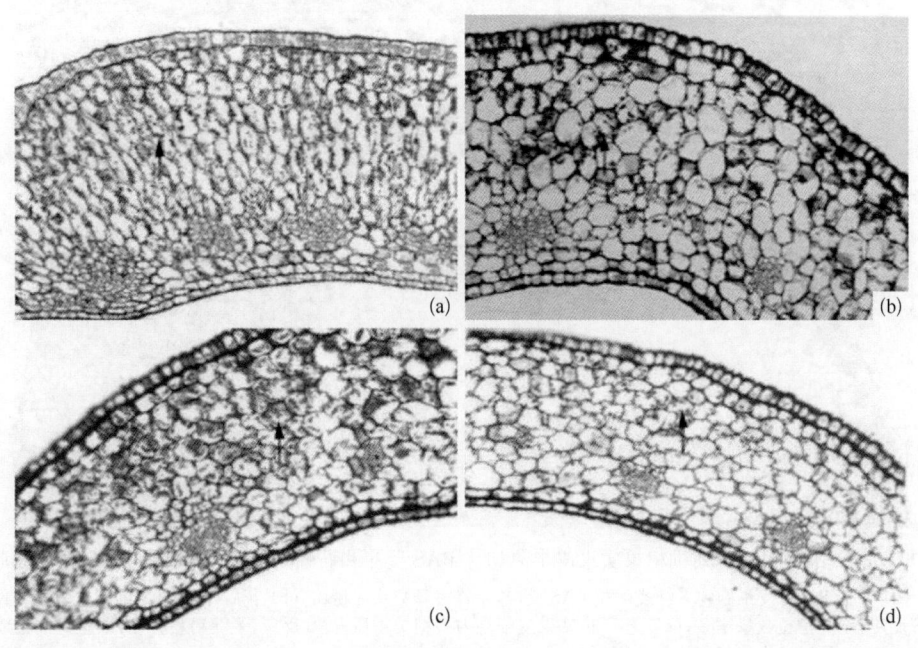

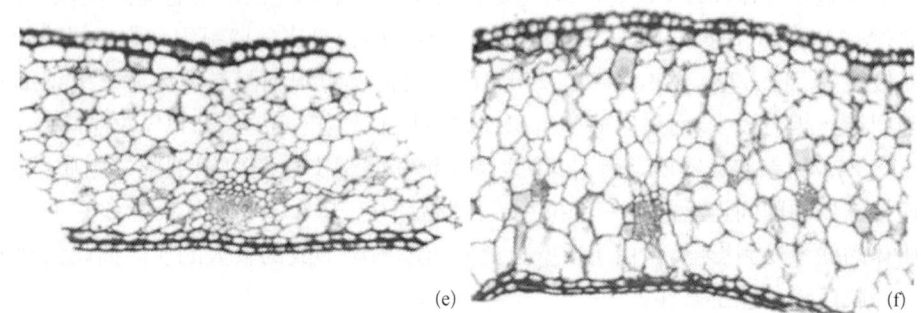

图 11-25 不同发育时期宁夏枸杞果实果皮石蜡切片 PAS 反应(彩图见图版)

(a) 花后 4 d 的果皮横切面,示细胞内许多颗粒状淀粉粒;(b) 花后 8 d 的果皮横切面,示细胞内淀粉粒体积增大;(c) 花后 14 d 果皮横切面,示淀粉粒颗粒聚集在一起成片状,被染成紫红色;(d) 花后 24 d 果皮横切面,示细胞内淀粉粒数量减少;(e) 花后 30 d 果皮横切面,示细胞内无淀粉粒的分布;(f) 花后 34 d 果皮细胞 PAS 反应,示细胞壁染成紫红色

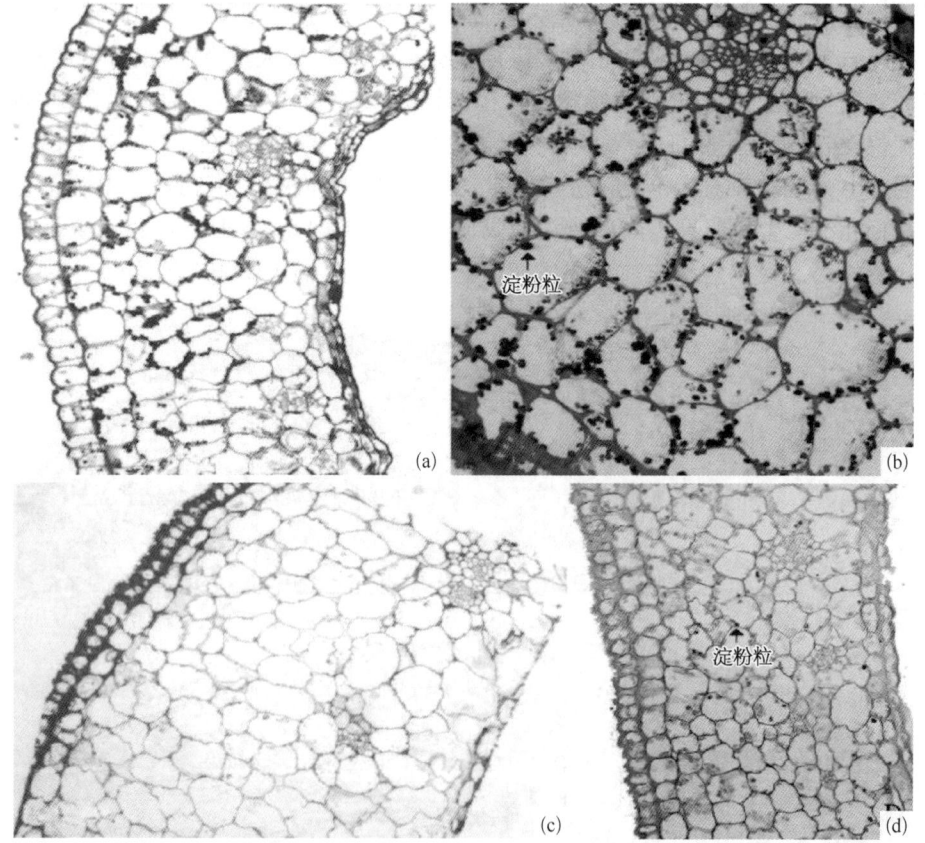

图 11-26 不同发育时期枸杞果实果皮半薄切片 PAS 反应和石蜡切片的 I-KI 反应(彩图见图版)

(a) 花后 8 d 果皮细胞内多糖类物质 PAS 反应,示许多颗粒状淀粉粒;(b) 花后 14 d 果皮细胞内多糖类物质 PAS 反应,示淀粉粒数量增多;(c) 花后 30 d 果皮细胞内多糖类物质 PAS 反应,无淀粉粒存在,细胞壁被染成紫红色;(d) 花后 14 d 果皮细胞的 I_2-KI 反应,示淀粉粒被染成蓝紫色

植物化学测定的淀粉含量的动态变化规律是完全吻合的。通过 PAS 反应除了观察到淀粉颗粒以外,果实的细胞壁也被染成紫红色,而且外果皮和内果皮的细胞壁颜色随果实的发育成熟呈现逐渐加深的趋势,说明果皮细胞壁内多糖物质也逐渐增加。

2. 枸杞果实多糖和总糖含量的动态变化

如图 11-27 所示,多糖含量在果实的缓慢生长期变化幅度不大,而在第二次快速生长期其含量迅速增加,并在果实成熟期到达了积累高峰,为 48.6 mg/g DW。果实花后 24 d 以前,总糖的积累很缓慢,而花后 24~34 d,总糖的含量迅速增加,到果实成熟时,总糖含量达到最大,为 576.1 mg/g DW。结果反映果实内多糖和总糖的积累与果实内的葡萄糖和果糖的积累趋势较一致,都主要集中在果实发育后期大量积累,说明果实发育后期是果实内糖分积累的关键时期。

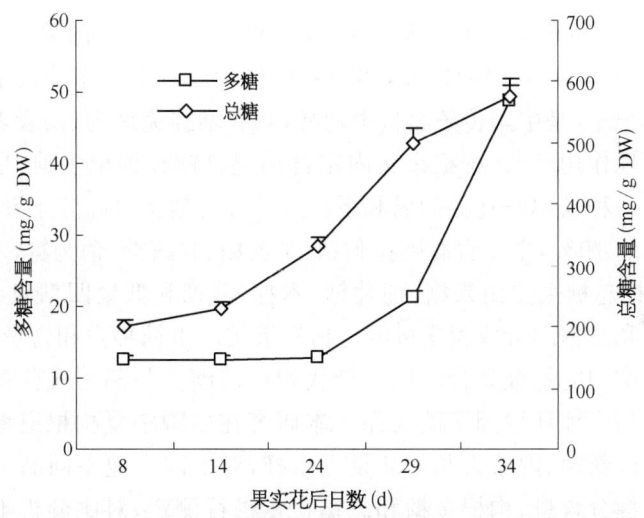

图 11-27 果实发育过程中枸杞多糖和总糖含量的变化

3. 枸杞果实多糖与其他糖类物质的相关性

对果实内多糖与其他糖类物质的相关性分析表明(表 11-1),不同发育时期果实内的葡萄糖含量与果糖,多糖和总糖含量呈正相关关系,相关系数分别为 0.987,0.901 和 0.975,其中与多糖含量的相关性达显著水平,与果糖和总糖含量的相关性达极显著水平($r_{0.05}=0.811, r_{0.01}=0.917$);果实内的果糖含量与多糖含量和总糖含量呈正相关关系,相关系数分别为 0.830 和 0.987,相关性分别达到显著和极显著水平。蔗糖含量则与葡萄糖,果糖和多糖呈负显著相关关系,相关系数分别为 $-0.902, -0.859$ 和 -0.812。果实内的多糖和总糖含量则呈显著正相关关系,相关系数为 0.830。

表 11-1 不同发育时期枸杞果实内多糖、总糖、葡萄糖、果糖和蔗糖相关性分析

	多 糖	总 糖	葡萄糖	果 糖
总 糖	0.830*			
葡萄糖	0.901*	0.975**		
果 糖	0.830*	0.991**	0.987**	
蔗 糖	-0.812*	-0.798	-0.902*	-0.859*

注：* 为显著($P<0.05$)；** 为极显著($P<0.01$)。

§11.4 不同产地、不同品种枸杞果实糖分积累及其与土壤环境因子相关性研究

宁夏枸杞属茄科枸杞属多年生落叶灌木，主要分布于宁夏、内蒙古、新疆等干旱、半干旱地区，具有耐干旱、耐盐碱的特性，作为栽培作物已有上千年的人工种植历史[180]。其干燥果实称枸杞子，是中国传统名贵中药材，具有增强免疫力、防衰老、抗肿瘤、抗氧化等多方面的药理作用[158]。枸杞果实内富含枸杞总糖和枸杞多糖，是主要的药用成分。枸杞多糖是一种以-O-连接的糖和蛋白质结合的糖蛋白高分子聚合体，其中糖含量占糖蛋白总量的70%，主要含有阿拉伯糖、半乳糖、甘露糖、葡萄糖、木糖和鼠李糖六种单糖[85]，而枸杞总糖主要由果糖、葡萄糖、木糖、蔗糖和低聚四糖组成[64]，暗示枸杞果实内枸杞多糖和总糖的合成积累可能与枸杞果实内单糖种类和含量具有密切关系。为了搞清枸杞果实内的初级光合产物蔗糖代谢相关糖分与药用成分多糖和总糖的积累关系以及它们与产地环境因子的关系。本研究在中国宁夏枸杞道地产区宁夏和其他三个主要产区即新疆、内蒙古和河北设点采样，对不同产地不同品种（种）枸杞果实内蔗糖代谢相关糖分含量、枸杞多糖和总糖含量进行测定，对比分析不同生长环境条件和不同枸杞品种（种）果实内的糖分积累规律，为枸杞果实品质的调控提供理论依据。

11.4.1 不同产地土壤理化因子比较

如图11-28所示，宁夏四个产区的土壤含盐量差异较大，为轻度至中度盐化土壤。其中，同心清水河土样中全盐含量最高，土壤主要盐离子为SO_4^{2+}、Cl^-和Na^+等；其次为银川园林场，土壤主要盐离子为SO_4^{2+}、Na^+、CO_3^{2-}及HCO_3^-等，土壤pH较高；中宁舟塔土样中全盐含量为1.79 g/kg，土壤主要的盐离子为SO_4^{2+}、Ca^{2+}及HCO_3^-等；惠农土壤含盐量最低。此外还采集了宁夏以外三个省区宁夏枸杞生产区：内蒙古杭锦后旗、新疆精河县、河北巨鹿县，采样点土样中全盐含量均小于1.0 g/kg，为非盐化土壤，且pH相对较低。在土壤养分方面，宁夏同心土样中有机质含量较低，且速效氮和（或）速效磷含量较低，而其他采样区各采样点土壤肥力因子差别不大。

§11.4 不同产地、不同品种枸杞果实糖分积累及其与土壤环境因子相关性研究

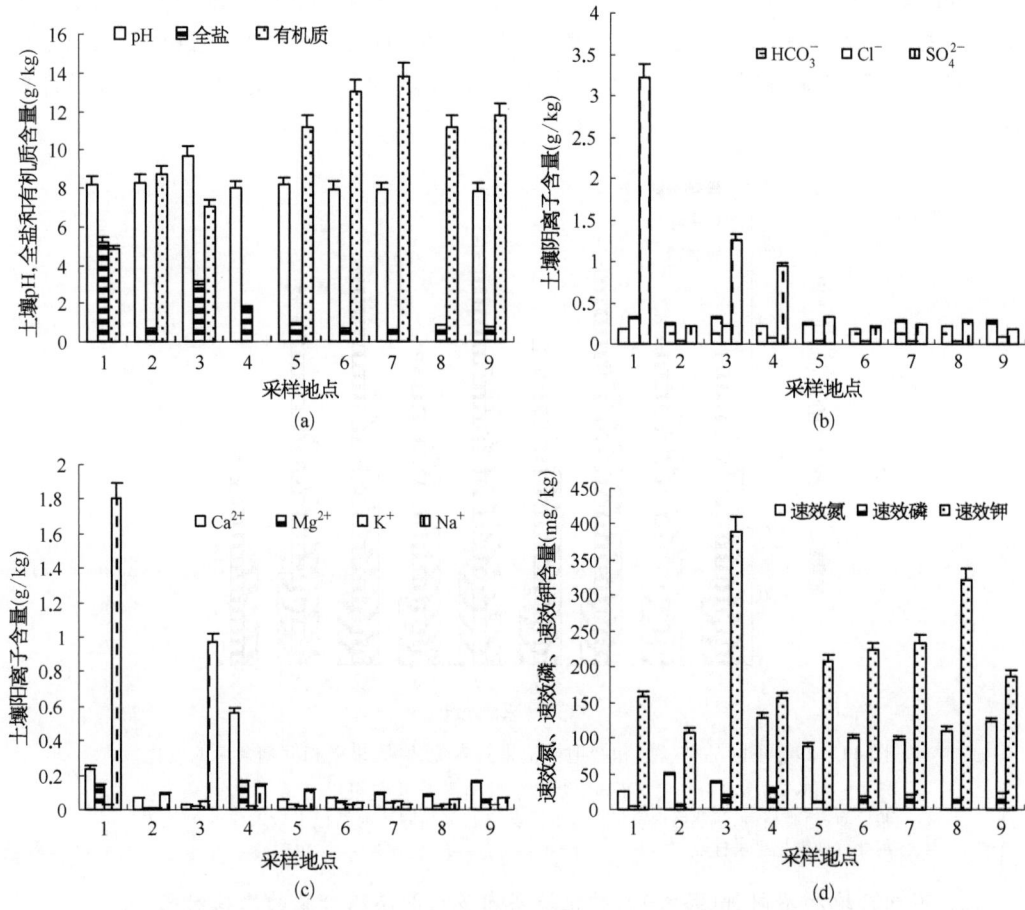

图 11-28 不同产地不同品种采样点土壤环境因子

1,2,3,4,5,6,8 分别代表不同宁夏同心、宁夏惠农、宁夏银川、宁夏中宁、内蒙古杭锦后旗、新疆精河、河北巨鹿宁杞1号采样点;7 代表新疆精河精杞1号采样点;9 代表河北巨鹿架杞果采样点

11.4.2 不同品种(种)和产地枸杞果实糖分组成规律研究

1. 不同品种(种)和产地枸杞果实内蔗糖代谢各种糖分含量变化

对不同产地和不同种(品种)的枸杞果实内葡萄糖、果糖和蔗糖的含量进行测定,结果表明(图 11-29):属于宁夏枸杞的宁杞1号果实中葡萄糖和果糖含量均以宁夏银川果实中的含量为最高,分别达到 195.56 mg/g DW 和 287.22 mg/g DW,其次为内蒙古杭锦后旗,含量最低的为宁夏中宁和新疆精河,分别为 140.83 mg/g DW 和 207.27 mg/g DW,宁杞1号果实内的蔗糖含量则以内蒙古杭锦后旗的为最高,达到 72.58 mg/g DW,其次为河北巨鹿,含量最低的为宁夏中宁,含量仅为 40.03 mg/g DW;属于宁夏枸杞的精杞1号果实的葡萄糖、果糖和蔗糖含量分别为 180.38 mg/g DW,282.16 mg/g DW 和 50.50 mg/g DW,而属于枸杞变种架杞果的葡萄糖、果糖和蔗糖的含量分别为 75.75 mg/g DW,137.54 mg/g DW 和

2.77 mg/g DW。引种到新疆的宁杞 1 号果实葡萄糖、果糖和蔗糖含量均明显低于新疆精河培育的当地品种精杞 1 号果实内的三种糖含量;而引种到河北巨鹿的宁杞 1 号果实内的葡萄糖、果糖和蔗糖含量则均高于当地栽培的枸杞的变种架杞果的三种糖含量[181]。

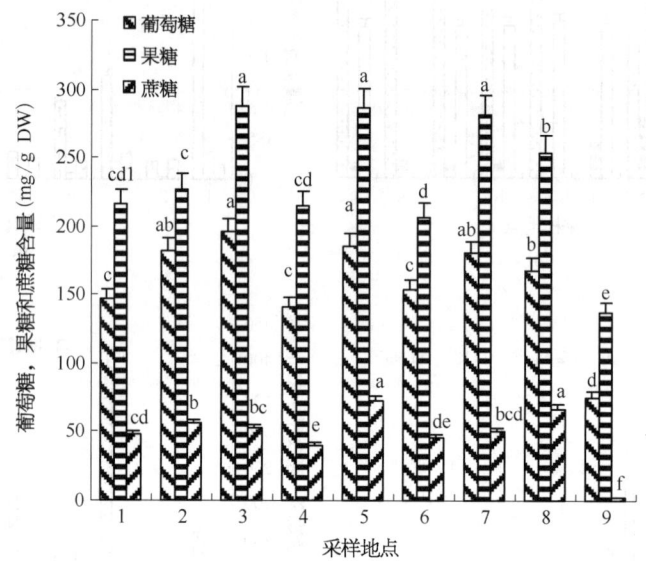

图 11-29 不同品种(种)和产地枸杞果实内葡萄糖、果糖和蔗糖含量的变化

1,2,3,4,5,6,8 分别代表不同宁夏同心、宁夏惠农、宁夏银川、宁夏中宁、内蒙古杭锦后旗、新疆精河、河北巨鹿宁杞 1 号采样点;7 代表新疆精河精杞 1 号采样点;9 代表河北巨鹿架杞果采样点

2. 不同产地和不同种(品种)的枸杞果实内多糖和总糖含量的比较研究

不同产地和不同种(品种)的枸杞果实内多糖和总糖的含量测定结果表明(图 11-30):属于宁夏枸杞的宁杞 1 号果实多糖含量以宁夏中宁果实中的含量为最高,其次为宁夏同心,含量最低的为内蒙古杭锦后旗。宁杞 1 号果实内的总糖含量则以宁夏银川为最高,其次为宁夏同心,含量最低的为宁夏中宁。属于宁夏枸杞的精杞 1 号果实的多糖和总糖含量分别为 31.40 mg/g DW 和 618.00 mg/g DW,而属于枸杞变种的架杞果的多糖和总糖含量分别为 20.10 mg/g DW 和 269.00 mg/g DW。引种到新疆的宁杞 1 号果实多糖含量高于新疆精河培育的当地品种精杞 1 号果实内的多糖含量,而总糖含量却远低于精杞 1 号果实总糖含量。引种到河北巨鹿的宁杞 1 号果实内的葡萄糖、果糖和蔗糖含量则均明显高于当地栽培的枸杞变种架杞果的多糖和总糖含量[181]。

11.4.3 果实糖分积累与土壤环境因子相关性研究

对不同采样点宁杞 1 号成熟果实内葡萄糖、果糖、蔗糖、多糖和总糖含量与对应采样点土壤环境因子间的相关性分析表明(表 11-2),枸杞果实内的葡萄糖和果糖的含量与 HCO_3^- 含量呈显著正相关关系($r=0.846, P<0.01; r=0.783, P<0.05$)。葡萄糖含量

§11.5 灌水量对宁夏枸杞果实糖分积累的影响及其合理灌溉量的研究

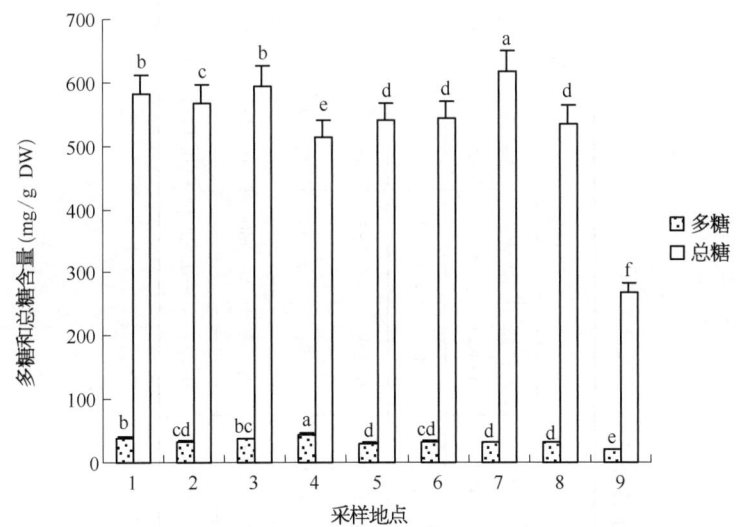

图 11-30 不同产地和不同种(品种)枸杞果实内多糖和总糖含量的比较研究

1,2,3,4,5,6,8 分别代表不同宁夏同心、宁夏惠农、宁夏银川、宁夏中宁、内蒙古杭锦后旗、新疆精河、河北巨鹿宁杞 1 号采样点;7 代表新疆精河精杞 1 号采样点;9 代表河北巨鹿架杞果采样点

与土壤中的 Ca^{2+} 和 Mg^{2+} 含量呈现极显著负相关关系($r=-0.748,P<0.01;r=0.845,P<0.01$)。枸杞果实内的多糖含量与土壤 Ca^{2+} 和 Mg^{2+} 含量呈极显著的正相关关系($r=0.882,P<0.01;r=0.849,P<0.01$)。枸杞果实内的总糖含量与土壤 pH,$Cl^-$,$Na^+$ 含量均呈正相关关系($r=0.761,P<0.05;r=0.779,P<0.05;r=0.781,P<0.05$)而与土壤有机质和速效氮含量则呈现显著负相关关系($r=-0.832,P<0.05;r=-0.909,P<0.01$)[181]。

§11.5 灌水量对宁夏枸杞果实糖分积累的影响及其合理灌溉量的研究

水资源是制约西北干旱区农业发展的重要因素。宁夏枸杞是宁夏乃至西北干旱半干旱地区一种重要的有经济价值的植物,具有很高的药用价值和商品价值。作为药用植物,水分的合理灌溉直接影响其生长发育,且关系到产量和质量的提高。宁夏枸杞喜水又怕积水,因此水分管理在其生产管理中占据重要地位。宁夏枸杞周年灌水次数一般在 10 次左右,年灌水量为 490~550 m³/亩[182]。但宁夏枸杞又是一种特别耐盐和抗旱的植物[52,53],在当前宁夏引黄灌区水资源缺乏的背景下,进行宁夏枸杞合理灌溉方面的研究,充分发挥其潜在的抗逆机制,对于解决当前宁夏枸杞农业灌溉水分利用效率低的现状和促进今后的进一步发展具有一定的现实意义。但迄今为止,有关不同灌水处理对枸杞果实产量、品质以及宁夏枸杞合理灌溉方面的研究尚未见相关报道。为此,本试验采用非称量式蒸渗器对枸杞进行不同月灌溉定额的灌水处理,在研究不同灌水处理对枸杞果实产量和品质的影响的基础上,采用结构植物学和植物生理学方法相结合,研究分析不同

第11章 宁夏枸杞

表11-2 宁夏枸杞果实糖分含量与土壤环境因子相关性分析

糖类	pH	全盐 (g/kg)	HCO₃⁻ (g/kg)	Cl⁻ (g/kg)	SO₄²⁻ (g/kg)	Ca²⁺ (g/kg)	Mg²⁺ (g/kg)	K⁺ (g/kg)	Na⁺ (g/kg)	有机质 (g/kg)	速效氮 (mg/kg)	速效磷 (mg/kg)	速效钾 (mg/kg)
葡萄糖	0.673	−0.251	0.846**	−0.129	−0.364	−0.748*	−0.845**	0.173	−0.130	−0.169	−0.374	−0.271	0.470
果 糖	0.620	−0.084	0.783*	−0.009	−0.197	−0.510	−0.578	0.390	−0.026	−0.108	−0.153	−0.057	0.646
蔗 糖	0.029	−0.359	0.281	−0.336	−0.375	−0.621	−0.675	−0.111	−0.266	0.087	0.004	−0.484	0.267
多 糖	0.044	0.503	−0.098	0.436	0.510	0.882**	0.849**	0.091	0.349	−0.206	0.060	0.543	−0.231
总 糖	0.761*	0.672	0.439	0.779*	0.582	−0.481	−0.195	0.609	0.781*	−0.832*	−0.909**	−0.407	0.391

注：*为显著($P<0.05$)；**为极显著($P<0.01$)。

§11.5 灌水量对宁夏枸杞果实糖分积累的影响及其合理灌溉量的研究

灌水处理对其根和茎内输水系统次生木质部结构及其组成分子的变化规律以及叶片的结构和光合生理的变化规律,确定宁夏枸杞的合理灌溉量,以期为干旱地区枸杞的合理灌溉和科学节水提供理论依据。

本试验于 2009 年 4 月在宁夏水利科学研究所节水试验站进行。试验采用顶部带有防雨棚,底部可以渗漏多余灌溉水的非称重式蒸渗器对枸杞进行不同月灌溉定额处理,非称重式蒸渗器为宁夏水利科学研究所自己建造。供试宁夏枸杞品种为"宁杞 1 号",由宁夏农林科学院枸杞研究所购买的二年生硬枝扦插苗于 2008 年 4 月移栽到非称重式蒸渗器内,每个蒸渗器内栽植枸杞树 4 棵,预培养 1 年后,于 2009 年 5 月正式进行灌水处理试验。非称重式蒸渗器内土壤取自试验站旁边的农田,前茬作物为玉米;土壤类型为沙壤土,最大田间持水量为 22.1%,有机质含量为 1.23%,全氮 0.62g/kg,碱解氮 32.34 g/kg,速效钾 98.87 g/kg,速效磷 25.68 g/kg,pH 8.2,土壤全盐 0.34 g/kg。试验采用随机区组设计,共设 5 个处理,即月灌溉定额分别为 0(T_0)、450(T_{450})、900(T_{900})、1 350($T_{1\,350}$)和 1 800 m³/hm²($T_{1\,800}$),每处理重复 3 次,共用非称重式蒸渗器 15 个。试验用水表控制灌水量,每一非称重式蒸渗器内的枸杞于 4 月 25 日统一进行一次 450 m³/hm² 的灌水,之后分别于 5 月 15 日、6 月 15 日、7 月 15 日、8 月 15 日和 9 月 15 日进行不同月灌溉定额的处理,整个生育期共进行灌水处理 5 次,于 9 月 20 日采集叶片进行形态结构特征和光合生理参数的测定,对不同灌水处理下的枸杞树体进行当年生枝条统计,并测量当年生枝条的长度,同时采集二年生的根和茎进行解剖学研究。在果实成熟期的 7~10 月分批采集果实测定产量,同时测定枸杞果实内的葡萄糖、果糖、蔗糖和多糖含量[183,184]。

11.5.1 合理灌溉量的研究

1. 不同灌水处理对土壤不同层次含水量的影响

如图 11-31 所示,随灌水量的增加,不同土层深度土壤体积含水量总体呈现增加的趋势。其中,随土层深度的加深而逐渐增加,0 和 450.0 m³/hm² 处理的土壤体积含水量呈现逐渐增加的趋势;而 900.0 和 1 350.0 m³/hm² 处理的土壤体积含水量呈现先上升后下降的变化趋势,且 900.0 和 1 350.0 m³/hm² 分别在 40~50 cm 和 30~40 cm 深度时含水量最高;1 800.0 m³/hm² 处理下,除表层 20 cm 内含水量变化幅度较大外,其他土层深度含水量变化幅度较小。另外从不同土层深度看,土层深度在 0~30 cm 的范围内,各处理土壤体积含水量增加幅度较大,土层深度超过 30 cm 以后,各处理土壤体积含水量增加幅度减小。

2. 不同灌水处理对宁夏枸杞根茎内输水系统结构和功能的影响

(1) 不同灌水处理对根内输水系统结构的影响 如图 11-32a~e 所示,枸杞根内次生木质部主要由导管、木纤维、木薄壁组织细胞和木射线四种类型的细胞组成。随着灌水量的增加,枸杞根内导管直径逐渐增加,分别比不灌水条件下(T_0)显著增加 18.18%~44.56%;根内导管频率呈现先增加后下降的趋势,并在灌水量为 900.0 m³/hm² 时达

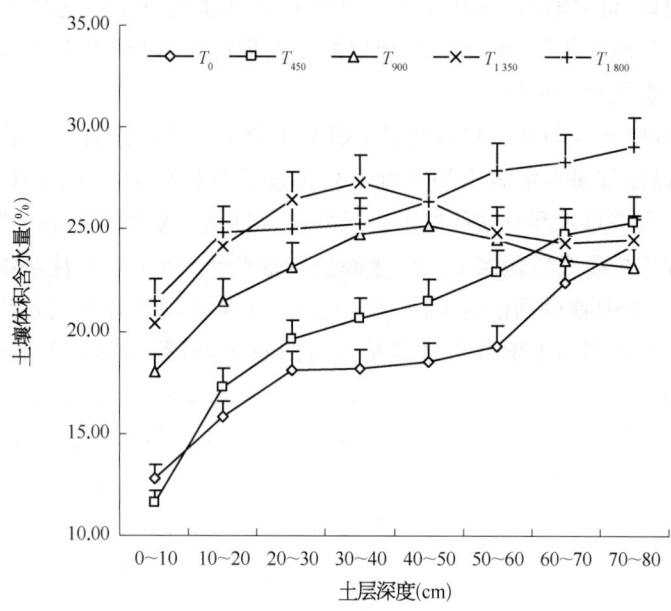

图 11-31 不同月灌溉定额处理的土壤体积含水量变化

表 11-3 不同灌水量对枸杞根内次生木质部结构特征参数

特征参数	T_0	T_{450}	T_{900}	T_{1350}	T_{1800}
导管直径(μm)	28.77cC	34.00bB	39.44aAB	39.67aAB	41.59aA
导管频率(mm^{-2})	135.73bB	175.17aAB	196.20aA	138.36bB	138.69bB
相对输导率($\mu m^4 \times 10^6$)	5.81cC	14.63bBC	29.67aA	21.42abABC	25.93aAB
脆性指数	0.21bcAB	0.19cB	0.20cAB	0.29abAB	0.30aA
木射线频率(mm^{-2})	20.37aA	17.75abA	18.08abA	15.77abA	13.82bA
导管面积比例(%)	13.91bA	14.04bA	19.52aA	16.83abA	14.14bA
纤维面积比例(%)	81.61aA	81.32abA	75.33bA	78.31abA	79.54abA
木薄壁组织细胞面积比例(%)	4.52bA	4.71bA	5.32abA	4.91abA	6.50aA

注：同行不同的小写和大写字母分别表示不同灌水量处理之间在 0.05 和 0.01 水平存在显著差异。

到最大，其次为 450.0 m³/hm² 处理，两者均显著高于其他处理(表 11-3)。由于根内导管直径和导管频率的变化，导致不同灌水量条件下根导管相对输导率分别比不灌水处理(T_0)显著增加 151.7%～346.2%，而导管脆性指数也随灌水量的增加而不同程度增加，而 1 800.0 m³/hm² 处理与不灌水处理(T_0)存在显著差异。同时，枸杞根木射线频率随灌水量的增加呈现持续下降的趋势。另外，单位次生木质部面积内导管面积所占的比例呈现先增加后下降的趋势，并以灌水量为 900.0 m³/hm² 时导管面积最大，且与导管频率

§11.5 灌水量对宁夏枸杞果实糖分积累的影响及其合理灌溉量的研究

变化趋势一致；纤维面积所占的比例则呈现先下降后升高的趋势，其中灌水量为 900.0 m³/hm² 时纤维所占的面积比例最小；而木薄壁组织细胞面积所占的比例则随灌水量的增加呈现持续增加的趋势。以上结果说明，不同灌水量条件下，各种处理枸杞根内次生木质部之间只有某些数量特征上的差别，而形态特征无明显差别，其中灌水量在 900.0 m³/hm² 时，根内次生木质部导管具有较高的输导效率和安全性。

对不同灌水量与根内导管直径、导管频率、导管相对输导率、导管脆性指数、木射线频率、导管面积比例、纤维面积比例和木薄壁组织细胞面积比例的相关性分析表明（表11-4），根内导管直径与灌水量呈极显著的正相关关系，相关系数为 0.942，而木射线频率与灌水量呈极显著的负相关关系，相关系数为 -0.96。根内导管频率和纤维面积所占的比例与灌水量呈不显著负相关；导管相对输导率、脆性指数、导管面积所占的比例和木薄壁组织细胞面积所占的比例分别与灌水量呈不显著的正相关。

表 11-4 月灌溉定额与枸杞根内次生木质部结构特征参数间相关系数

特 征 参 数	相关系数	特 征 参 数	相关系数
导管直径(μm)	0.942*	木射线频率(mm^{-2})	-0.960**
导管频率(mm^{-2})	-0.180	导管面积比例(%)	0.205
相对输导率($\mu m^4 \times 10^6$)	0.784	纤维面积比例(%)	-0.440
脆性指数	0.841	木薄壁组织细胞面积比例(%)	0.835

注：* 为显著（$P<0.05$）；** 为极显著（$P<0.01$）。

(2) 不同灌水处理对宁夏枸杞茎内输水系统结构的影响 如图 11-32f～j 所示，枸杞茎内次生木质部主要由导管、木纤维、木薄壁组织细胞和木射线 4 种类型的细胞组成。从表 11-5 可知，随着灌水量的增加，各灌水处理的枸杞茎导管直径分别比不灌水处理（T_0）显著增加了 8.25%、14.03%、7.27% 和 7.86%；导管频率随灌水量的增加呈现持续下降的趋势；随着导管直径和导管频率的变化，茎导管相对输导率分别比不灌水处理（T_0）显著增加了 115.4%、157.0%、41.8% 和 38.4%，而导管脆性指数随灌水量的增加呈现先下降后升高的趋势，且所有灌水处理均高于不灌水处理，T_{1350} 和 T_{1800} 处理还达到极显著水平。木射线频率随灌水量的增加也呈现持续下降的趋势，T_{1800} 处理达到极显著水平。次生木质部单位面积内导管面积所占的比例随灌水量的增加呈现先增加后下降的趋势，其中灌水量为 450.0 m³/hm²（T_{450}）时的导管面积比例最大，显著高于除 T_{900} 外的其他处理；纤维面积所占的比例则随灌水量的增加呈现增加的趋势；而木薄壁组织细胞面积所占的比例则随灌水量的增加呈现持续下降的趋势。以上结果说明，不同灌水量条件下，枸杞茎次生木质部之间在形态特征上无明显差别，仅在某些数量特征上存在差别，其中灌水量在 900.0 m³/hm² 时，茎中次生木质部导管直径最大，且导管频率相对较高，维持了导管较高的输导效率和安全性。

表 11-5 不同月灌溉定额处理对枸杞茎内次生木质部结构特征参数的变化

特征参数	T_0	T_{450}	T_{900}	$T_{1\,350}$	$T_{1\,800}$
导管直径(μm)	20.32bB	25.46aA	26.82aA	25.23aA	25.37aA
导管频率(mm^{-2})	98.59aA	86.10abA	83.48abA	58.83bA	56.22bA
相对输导率($\mu m^4 \times 10^6$)	1.05cC	2.26abAB	2.70aA	1.49bcB	1.46bcB
脆性指数	0.21cB	0.30bcAB	0.32abcAB	0.43abA	0.45aA
木射线频率(mm^{-2})	34.84aA	30.23aAB	27.93abAB	23.66abAB	17.75bB
导管面积比例(%)	4.41bcA	4.83aA	4.81abA	3.94bcA	3.41cA
纤维面积比例(%)	90.01cB	90.50cB	91.21cB	93.30bA	95.10aA
木薄壁组织细胞面积比例(%)	5.60aA	4.80bB	4.10cB	2.90dC	1.50eD

注：同行不同的小写和大写字母分别表示不同灌水量处理之间在 0.05 和 0.01 水平存在显著差异。

对不同灌水量与茎导管直径、导管频率、导管相对输导率、导管脆性指数、木射线频率、导管面积比例、纤维面积比例和木薄壁组织细胞面积比例的相关分析表明(表11-6)，枸杞茎导管脆性指数和纤维面积比例分别与灌水量呈极显著的正相关关系，相关系数为 0.976 和 0.964；而导管频率、木射线频率和木薄壁组织细胞面积比例分别与灌水量呈极显著的负相关关系，相关系数分别为 -0.963，-0.990 和 -0.989。茎导管直径和相对输导率与灌水量呈不显著正相关；导管面积所占的比例与灌水量呈不显著的负相关。

表 11-6 月灌溉定额与枸杞茎内次生木质部结构特征参数的相关系数

特征参数	相关系数	特征参数	相关系数
导管直径(μm)	0.467	木射线频率(mm^{-2})	$-0.990**$
导管频率(mm^{-2})	$-0.963*$	导管面积比例(%)	-0.756
相对输导率($\mu m^4 \times 10^6$)	0.008	纤维面积比例(%)	$0.964**$
脆性指数	$0.976**$	木薄壁组织细胞面积比例(%)	$-0.989**$

注：* 为显著($P<0.05$)；** 为极显著($P<0.01$)。

3. 不同灌水处理对宁夏枸杞叶片形态结构的影响

(1) 不同灌水处理对叶片外部形态特征的影响 从 5 月份进行灌水处理后，枸杞叶片的面积、单叶干质量、单叶鲜质量和叶片含水量均高于不灌水处理(表 11-7)，且灌水处理与不灌水处理差异显著。其中不同灌溉量间的叶片厚度、叶片干质量和鲜质量间差异显著。T_0 和 T_{450} 处理下，叶片上、下表面的气孔密度均显著高于其他灌水处理，这可能在与不灌水条件下，叶面积大幅度减小，导致气孔密度增加，而月灌溉定额超过 450.0 m^3/hm^2 时，上、下表皮的气孔密度差异不显著。

§11.5 灌水量对宁夏枸杞果实糖分积累的影响及其合理灌溉量的研究

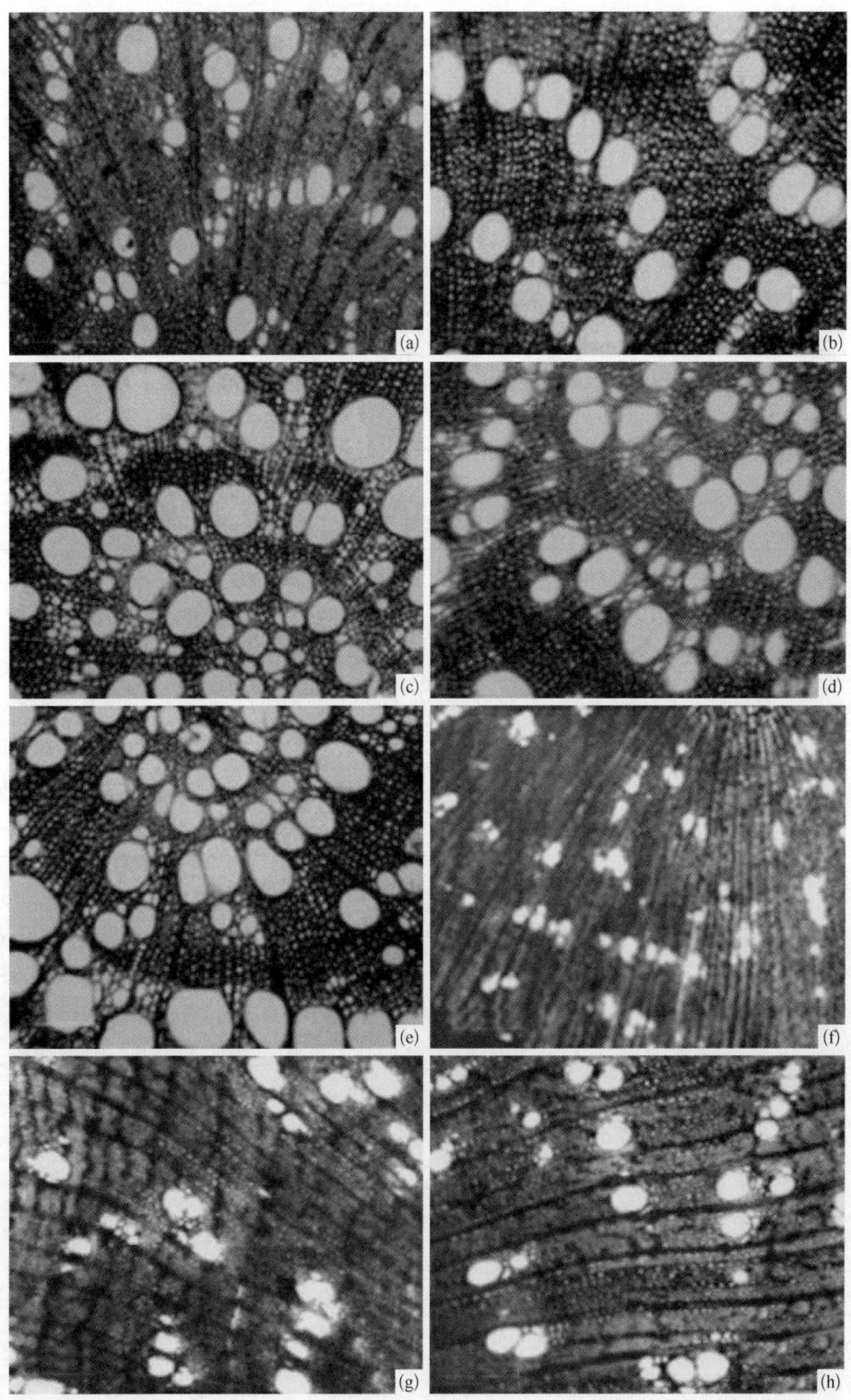

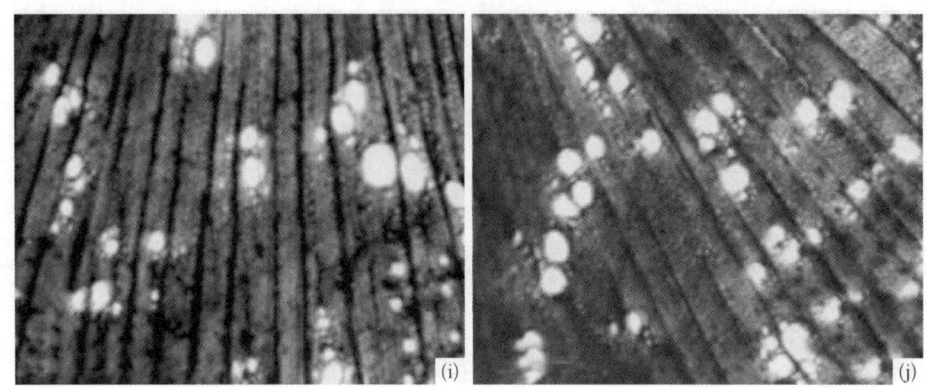

图 11-32 不同灌水量对枸杞根和茎内次生木质部结构的影响

(a)、(b)、(c)、(d)和(e)分别为月灌溉定额为 0、450、900、1 350 和 1 800 m^3/hm^2 下的枸杞根次生木质部结构;(f)、(g)、(h)、(i)和(j)分别为月灌溉定额为 0、450、900、1 350 和 1 800 m^3/hm^2 下的枸杞茎次生木质部结构

表 11-7 不同月灌溉定额处理对叶片外部形态特征

灌水处理	单叶面积(mm^2)	叶片厚度(μm)	单叶干质量(g)	单叶鲜质量(g)	叶片含水量(%)	气孔密度 上表皮(%)	气孔密度 下表皮(%)
T_0	370.5bB	420.78bB	0.04dD	0.214dD	81.5bB	42.29aA	46.58aA
T_{450}	666.8aA	516.67aA	0.065bB	0.428bB	84.8aA	29.79bB	39.92abA
T_{900}	689.2aA	522.96aA	0.083aA	0.582aA	85.7aA	22.42cB	36.38bA
$T_{1\,350}$	658.7aA	347.59cC	0.053cC	0.384cBC	86.1aA	22.21cB	35.54bA
$T_{1\,800}$	649.7aA	318.54dD	0.052cC	0.36cC	85.6aA	23.75bcB	34.58bA

注:同行不同的小写和大写字母分别表示不同灌水量处理之间在 0.05 和 0.01 水平存在显著差异。

(2) 不同灌水处理对叶片内部结构的影响 从图 11-33 和表 11-8 可以看出,在不同月灌溉定额条件下,叶片内部结构差异较大,当月灌溉定额低于 900.0 m^3/hm^2 时,叶片上表皮厚度与不灌水处理差异不显著;在月灌溉定额大于 900.0 m^3/hm^2 时,随着月灌溉定额的增加,叶片上表皮变薄,且与对照处理差异显著;月灌溉定额低于 1 350.0 m^3/hm^2 时,叶片下表皮厚度随月灌溉定额增加呈逐渐增加的趋势,但不同处理间差异不显著;当月灌溉定额为 1 800.0 m^3/hm^2 时,叶片下表皮显著变薄,且与其他处理间存在显著差异。

表 11-8 不同月灌溉定额处理枸杞叶片内部结构参数

结构参数	T_0	T_{450}	T_{900}	$T_{1\,350}$	$T_{1\,800}$
上表皮厚度(μm)	19.16aA	19.78aA	19.57aA	15.56bAB	12.32bB
下表皮厚度(μm)	16.68aA	16.46aA	18.07aA	18.31aA	12.95bB
栅栏组织厚度(μm)	240.30cC	300.01bB	342.31aA	124.22dD	118.41dD

§11.5 灌水量对宁夏枸杞果实糖分积累的影响及其合理灌溉量的研究

（续表）

结构参数	T_0	T_{450}	T_{900}	$T_{1\,350}$	$T_{1\,800}$
海绵组织厚度(μm)	150.82bA	158.02abA	163.05abA	190.34aA	174.46abA
栅栏组织/海绵组织	1.59bA	1.90abA	2.10aA	0.65cB	0.68cB
叶组织紧密度(%)	0.56bB	0.61abAB	0.63aA	0.36cC	0.37cC
叶组织疏松度(%)	0.35bB	0.32bB	0.30bB	0.55aA	0.55aA

注：同行不同的小写和大写字母分别表示不同灌水量处理之间在0.05和0.01水平存在显著差异。

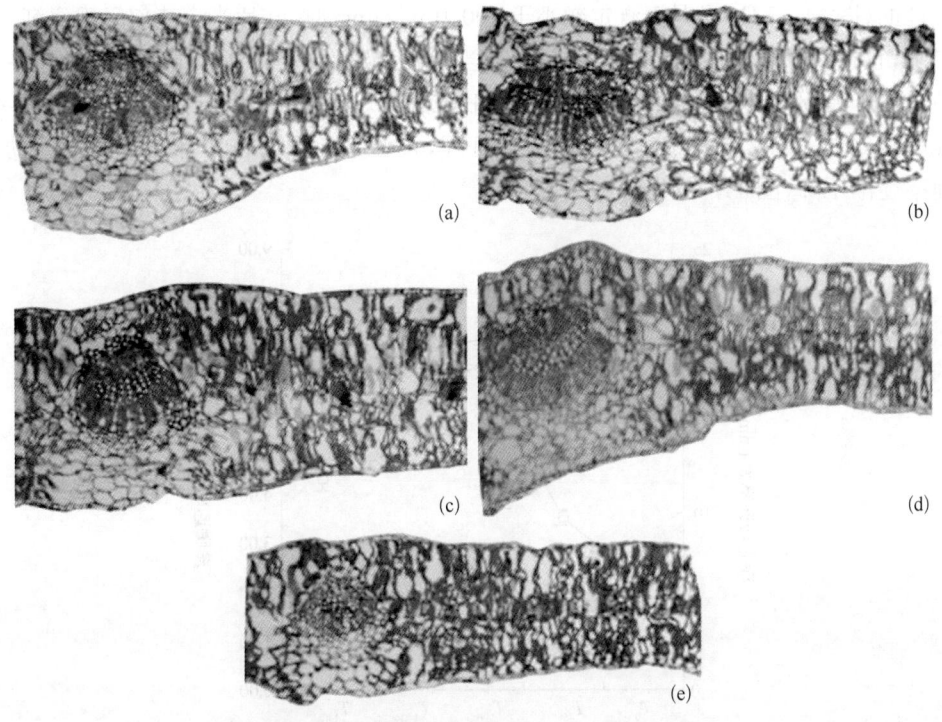

图 11-33 不同灌水量对枸杞叶片结构的影响

(a)、(b)、(c)、(d)和(e)分别为月灌溉定额为0、450.0、900.0、1 350.0和1 800.0 m³/hm² 下的枸杞叶片的横切面结构

在月灌溉定额低于900.0 m³/hm² 时，叶片内栅栏组织发达，而海绵组织相对不发达，灌水处理与不灌水处理间存在显著差异，且随月灌溉定额的增加呈现逐渐增加的趋势。栅栏组织厚度与海绵组织厚度之比随月灌溉定额的增加呈现先增加后下降的趋势，且与不灌水处理存在显著差异，叶片结构紧密度的变化规律与栅栏组织厚度和海绵组织厚度之比的变化规律一致；叶片结构疏松度随月灌溉定额的增加逐渐下降，但灌水处理与不灌水处理差异不显著（表11-8；图11-33a、b、c）。另外，栅栏组织内含有大量的晶体细胞（图11-33a、b、c），反映在此灌水条件下，叶片可以积累大量渗透调节

物质降低叶片渗透势,来维持叶片的保水和吸水能力。当月灌溉定额高于 900.0 m^3/hm^2 时,叶片内栅栏组织厚度与不灌水处理相比显著变薄,且差异显著;相反,海绵组织细胞厚度却显著增加,且存在显著差异;栅栏组织厚度与海绵组织厚度之比显著降低,与不灌水处理存在显著差异;叶片结构紧密度与栅栏组织厚度与海绵组织厚度之比呈现相同的变化规律;但叶片结构疏松度与不灌水处理相比显著增加,并存在显著差异(表 11-8;图 11-33d、e)。在 1 800.0 m^3/hm^2 处理下,叶片栅栏组织细胞内基本观察不到晶体的存在(图 11-33e)。

4. 不同灌水处理对叶片光合生理参数的影响

(1) 叶片光合速率和蒸腾速率 灌水处理下,枸杞叶片的净光合速率(P_n)高于不灌水处理的(图 11-34),当月灌溉定额小于 900.0 m^3/hm^2 时,叶片光合速率呈现逐渐增加的趋势,且在 900.0 m^3/hm^2 时达到最大值,当月灌溉定额超过 900.0 m^3/hm^2 时,叶片光合速率又开始逐渐下降。叶片蒸腾速率除 450.0 m^3/hm^2 处理下高于不灌水处理下外,其他灌水处理下的蒸腾速率均低于不灌水处理,且灌水处理下,随月灌溉定额的增加蒸腾速率逐渐下降(图 11-34)。

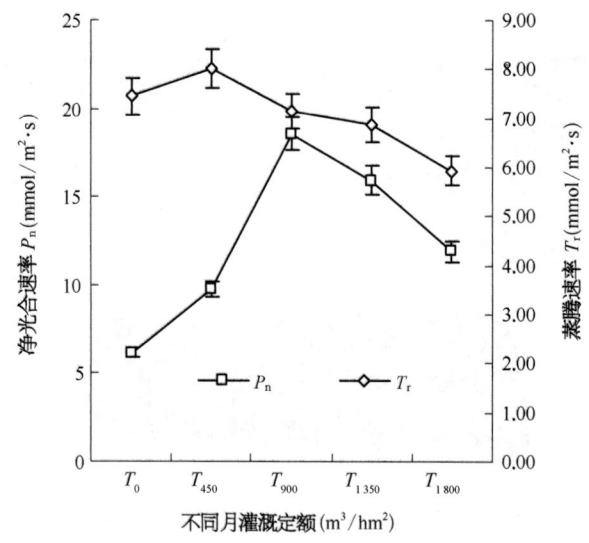

图 11-34 不同月灌溉定额对叶片光合速率和蒸腾速率的影响

(2) 叶片的瞬时水分利用效率和气孔导度 灌水处理下,枸杞叶片的瞬时水分利用效率(WUE)高于不灌水处理的(图 11-35),当月灌溉定额小于 900.0 m^3/hm^2 时,叶片瞬时水分利用效率呈现逐渐增加的趋势,且在 900.0 m^3/hm^2 时达到最大值,当月灌溉定额超过 900.0 m^3/hm^2 后,叶片瞬时水分利用效率又开始逐渐下降,说明枸杞水分利用效率并没有随月灌溉定额的增加而增加。叶片气孔导度(G_s)除 450.0 m^3/hm^2 处理下高于不灌水处理下外,其他灌水处理下的气孔导度均低于不灌水处理,且灌水处理下,随月灌溉定额的增加气孔导度逐渐下降(图 11-35)。对气孔导度和气孔密度间的相关分析发

§11.5 灌水量对宁夏枸杞果实糖分积累的影响及其合理灌溉量的研究

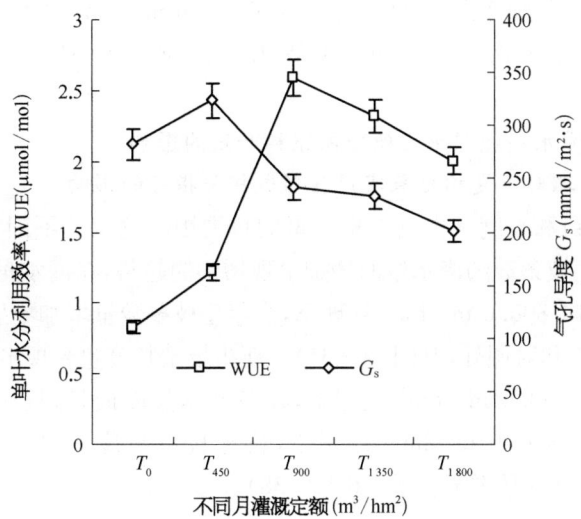

图 11-35 不同月灌溉定额对枸杞叶片气孔导度和水分利用效率的影响

现,气孔导度与叶片上表皮气孔密度呈不显著正相关关系,相关系数 $r=0.582\,8$,而与叶片下表皮气孔密度呈极显著正相关关系,相关系数 $r=0.980\,8(r_{0.05}=0.878\,3,r_{0.01}=0.958\,7)$。

(3) 叶片的胞间 CO_2 浓度和气孔限制值　灌水处理下,枸杞叶片的胞间 CO_2 浓度 (C_i) 均低于不灌水处理的(图 11-36),当月灌溉定额小于 900.0 m^3/hm^2 时,叶片胞间 CO_2 浓度 (C_i) 呈现逐渐下降的趋势,且在 900.0 m^3/hm^2 时达到最小值,当月灌溉定额超过 900.0 m^3/hm^2 时,叶片胞间 CO_2 浓度 (C_i) 又开始逐渐上升。灌水处理下,枸杞叶片的气孔限制值 (L_s) 均高于不灌水处理的(图 11-36),当月灌溉定额小于 900.0 m^3/hm^2 时,

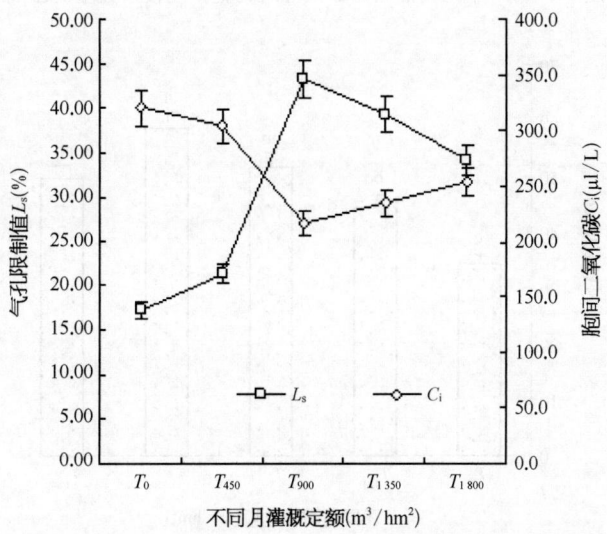

图 11-36 不同月灌溉定额对枸杞叶片气孔限制值和胞间二氧化碳浓度的影响

叶片气孔限制值(L_s)呈现逐渐上升的趋势,且在 900.0 m³/hm² 时达到最大值,当月灌溉定额超过 900.0 m³/hm² 时,叶片气孔限制值(L_s)又开始逐渐下降。

11.5.2 不同灌水处理对果实糖分积累和产量的影响

1. 不同灌水处理对宁夏枸杞果实产量形成相关指标的影响

当年生枝条数目和长度是影响枸杞产量的重要因子之一。不同月灌溉定额灌水处理下,枸杞当年新生枝条数随灌水量的增加呈现增加的趋势,在灌水量为 900.0 m³/hm²、1 350.0 m³/hm² 和 1 800.0 m³/hm² 处理下,当年生枝条数量增加不显著,但它们均显著高于 450.0 m³/hm² 和对照处理(图 11-37)。新生枝条长度也表现出随灌水量增加而增长的趋势,其中在 1 350.0 m³/hm² 处理下,枝条平均长度最长,且显著高于其他处理,900.0 m³/hm² 和 1 800.0 m³/hm² 处理下,枸杞枝条长度差异不显著,但两者均与 450.0 m³/hm² 处理和对照差异显著(图 11-38)。

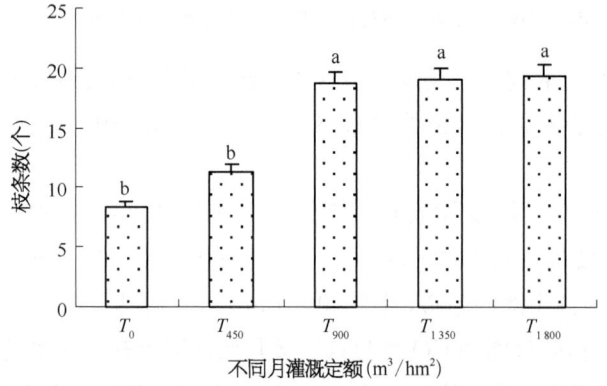

图 11-37 不同月灌溉定额处理对枸杞新发枝条数量的影响

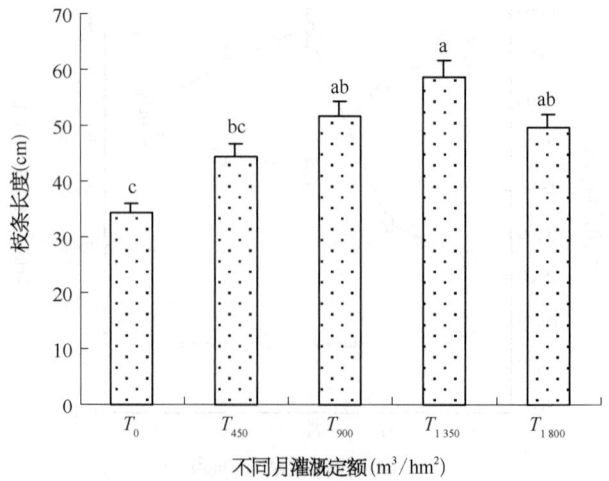

图 11-38 不同月灌溉定额处理对枸杞新发枝条长度的影响

§11.5 灌水量对宁夏枸杞果实糖分积累的影响及其合理灌溉量的研究

不同月灌溉定额处理对不同发育时期枸杞果实百粒重影响较大,在果实青果期,果实百粒重不同处理差异不显著,随着果实进入转色期,不同月灌溉定额处理下的果实百粒重差异较大,灌水处理下的百粒重分别比不灌水处理增加了 65.25%、64.48%、56.59% 和 31.16%,其中,月灌溉定额为 450.0,900.0 和 1 350.0 m^3/hm^2 之间,果实单粒重差异不显著,但它们均显著高于 1 800.0 m^3/hm^2 的处理和对照。果实成熟期,不同月灌溉定额处理果实百粒重以 1 350.0 m^3/hm^2 处理下的最高,为 63.62 g/100 粒 FW,其次为 900.0 m^3/hm^2 处理和 1 800.0 m^3/hm^2 处理,对照果实百粒重最低,仅为 37.03 g/100 粒 FW,灌水处理分别比不灌水处理百粒重增加 23.71%、65.89%、71.81% 和 42.69%,说明在一定灌水量范围,随着月灌溉定额的增加,果实百粒重明显增加,但超过一定灌水量后,其百粒重并没有增加,但灌水处理的百粒重均显著高于不灌水处理(图 11-39)。

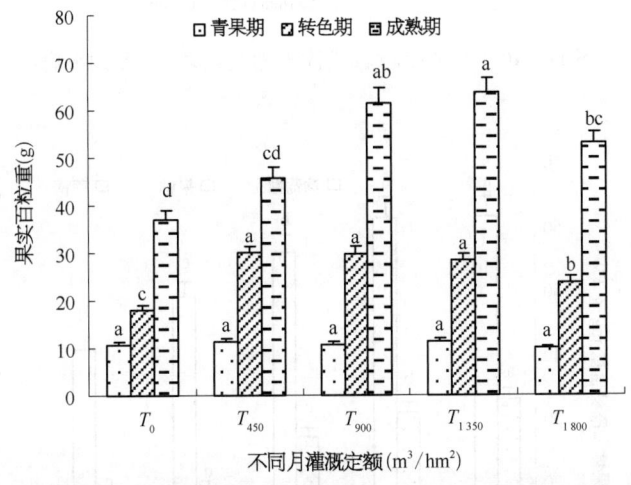

图 11-39 不同月灌溉定额处理对枸杞果实百粒重的影响

如图 11-40 所示,在月灌溉定额为 900.0,1 350.0 和 1 800.0 m^3/hm^2 时,枸杞果实产量显著高于月灌溉定额为 0 和 450.0 m^3/hm^2 处理,但灌溉定额超过 900.0 m^3/hm^2 时,枸杞产量增加不显著。月灌溉定额为 0 和 450.0 m^3/hm^2 时,枸杞果实产量差异也不显著。

2. 不同灌水处理对宁夏枸杞果实糖分及有效成分多糖含量的影响

如图 11-41 所示,随着月灌溉定额的增加,成熟枸杞果实葡萄糖和果糖含量均呈现逐渐下降的趋势,其中葡萄糖含量各处理间均达到显著差异;果糖含量在对照和月灌溉定额为 450.0 m^3/hm^2 处理下差异不显著,但两者均显著高于其他灌水处理下。蔗糖含量随灌溉定额的增加也呈现下降的趋势,在对照和月灌溉定额为 450.0 m^3/hm^2 处理下蔗糖含量差异不显著,但两者均显著高于其他灌水处理下。另外,葡萄糖、果糖和蔗糖含量三者的总和也表现出随灌水量的增加呈现下降的趋势,说明土壤灌水量对枸杞果实糖分含量的积累影响较大。

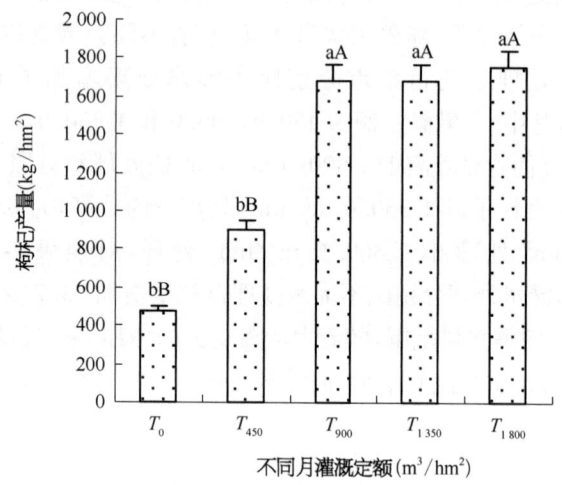

图 11-40　不同月灌溉定额处理对枸杞果实产量的影响

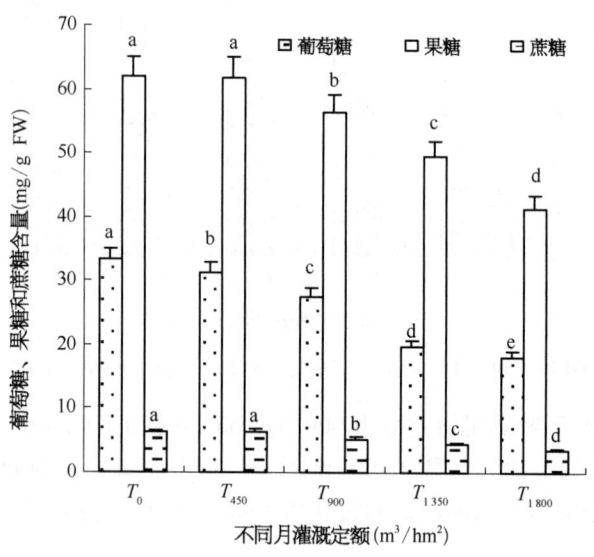

图 11-41　不同月灌溉定额处理对枸杞果实葡萄糖、果糖和蔗糖含量的影响

枸杞多糖是枸杞果实中最主要的有效成分之一。如图 11-42 所示,枸杞果实多糖含量也随着月灌溉定额的增加呈现下降的趋势,但在 0、450.0 和 900.0 m^3/hm^2 处理下,枸杞多糖含量差异不显著,而它们的多糖含量却显著高于 1 350.0 和 1 800.0 m^3/hm^2 处理下的枸杞果实多糖含量。

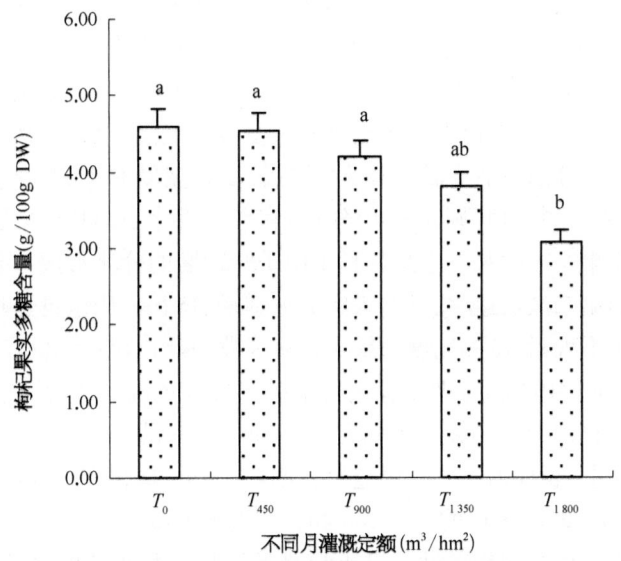

图 11-42 不同月灌溉定额处理对枸杞果实多糖含量的影响

§11.6 讨论

11.6.1 果实和种子发育的相关性

果实生长发育曲线是以果实纵横径、体积、鲜重或干重为基础所作的生长累加曲线。不同种类的果实,其生长发育曲线类型不尽相同,但大体可分为两种,即单"S"形曲线和双"S"形曲线。具有单"S"形曲线的果实,生长过程可分为初始缓慢生长期、快速生长期、第二次缓慢生长期三个阶段;具双"S"形曲线的果实,其生长过程可明显地划分为第一次快速生长期、缓慢生长期和第二次快速生长期三个阶段。对枸杞果实不同发育时期横径、纵径、果实单粒质量和体积的测量结果表明,枸杞果实的生长发育曲线属于典型的双"S"形,即果实花后 8 d 以前为其第一次快速生长期,花后 8~24 d 为缓慢生长期,而花后的 24~34 d 是第二次快速生长期。

果实和种子可能有不同类型的生长曲线。如菜豆中整个果实具有简单的"S"状生长曲线,而种子的组成部分,则有一双重的"S"形生长曲线。对枸杞种子的宽度和长度的测定结果表明,枸杞种子的生长曲线既不属于单"S"形,也不属于双"S"形,其特征表现为,果实的第一次快速生长期同样也是种子的快速生长期,但种子此时期的发育天数比果实此期的发育天数长,之后果实进入缓慢生长期,种子此时也表现出缓慢生长的特性,种子长度和宽度的增加速率均显著低于果实第一次快速生长期的种子生长速率;在果实的第二次快速生长期,果实体积和质量迅速增加,但此时期种子的长度和宽度增加很少甚至后期基本不增加。结合种子内胚的形态发育,笔者认为,果实第一次快速生长期,伴随着果实纵横径和体积的迅速增加,种子的长度和宽度也迅速增加,并在花后 10 d,其长度和宽度分别达到果实成熟时种子总长度和宽度的 83.12% 和 82.63%,这可能与子房内胚珠受精后到果实第一次快速生长末期,此时的种子内胚还处于原胚的分化阶段[14],包裹在胚乳中(图 11-9a),种子的生长主要以种皮的增大和胚乳发育为主,因此,果实第一次快速生长期果实体积的增大是为种子外部形态的增大作准备的。果实缓慢生长期,种子也进入一个缓慢生长的阶段,此期种子宽度和长度缓慢增加,至果实缓慢生长末期,种子长度和宽度的增加量分别占种子成熟时种子总长度和宽度的 13.88% 和 14.27%,种皮生长变缓,此时期种子中的胚则进一步分化,在缓慢生长末期已形成一个子叶胚(图 11-9b),说明此期果实的生长重心是其种子中子叶幼胚的分化形成,因而果实的生长速率变缓。在果实的第二次快速生长期,果实的纵横径、体积和质量迅速增加,而此时种子在外部形态上变化不大,长度和宽度随果实发育天数的延长,略有增加,但在花后 30 d 后基本不增加,此时种子中的胚则进一步进行细胞分裂并逐渐长大,形成一个成熟的弯胚(图 11-9c),因此,此时果实的发育重心已由前期的子叶幼胚的分化转移到果实纵横径和体积的迅速增大上,表现为第二次快速生长期,果实纵、横径和体积的净增量分别占成熟时果实横径的 44.15%、纵径的 33.93% 和体积的 68.45%。因此,宁夏枸杞果实的发育进程与种子发育进程存在相关性。以上只是通过果实和种子的外部形态特征对枸杞果实和种子的发育相关性进行了探讨,尚未涉及果实和种子内生理生化物质的变化,而果实的生长发育受许多内部和外部因素的控制,如激素的刺激等都将影响果实的发育,因此,尚需进一步从生理生化的角度进一步研究果实和种子发育的相关性,为对果实和种子的发育调控提供更全面的理论依据[164]。

11.6.2 果实结构发育与果实内糖分的运输和积累的关系

1. 宁夏枸杞果实内部结构发育及其实践意义

宁夏枸杞果实是由子房发育形成的肉质浆果。果实的果皮可明显地划分为外果皮、中果皮和内果皮三个层次。果皮的细胞层数是在开花前由子房壁细胞分裂形成的,开花后,其果皮细胞不再进行分裂,而是进行细胞体积的增大,因此开花前子房壁细胞的分裂和分化对于将来果实产量的形成具有重要的意义,而枸杞生产实践中,要针对这一时期花的特征,进行合理的施肥和灌水,在花期为将来果实的丰产打下基础。果实形成后,外果皮、中果皮和内果皮的细胞层数基本固定,外果皮由一层细胞构成,外果皮没有气孔器的分布(图 11-11a~f),这可能是导致果实光合速率低,果实叶绿体不能合成淀粉的原因之一。中果皮一般由 10~13 层细胞组成,是果实内营养物质储藏的主要场所,随着果实的发育,中果皮细胞体积逐渐增大,尤其是在第二次快速生长期细胞体积迅速增加,细胞间隙增大,进一步增强了果实的库强。中果皮中还成束分布着大量维管束,这些维管束为典型的双韧维管束,即由内外两层韧皮部和中间的木质部组成,这种维管束多见于茄科植物中[185]。枸杞果实内这种双韧型维管束对于枸杞果实内糖分的运输和卸载具有重要的意义。枸杞果实中果皮细胞体积的增大和质量的增加对于枸杞果实产量的增加具有重要的作用,因此,在枸杞生产中,要充分重视枸杞转色期间的合理灌水,这对于维持这期间果实细胞膨大所需要的膨压是十分重要的。果实内果皮随果实发育成熟,内果

§11.6 讨 论

皮细胞体积逐渐增大,但其增加的比例远不及中果皮薄壁组织细胞体积的增加。

2．宁夏枸杞果实发育过程中淀粉代谢和质体超微结构的关系

淀粉的合成、降解代谢与植物不同器官的发育状况具有密切的关系,如种子萌发[186]、叶片光合作用[187]、块根和块茎的储藏[188]以及肉质果实的发育等[189-192]。在种子的胚乳、储藏块茎或块根等养料积累器官的造粉体中,淀粉作为碳水化合物长期储藏积累[193];在叶片等光合器官的叶绿体中,淀粉以临时型存在,白天合成,夜晚降解,为非光合代谢提供碳水化合物[194];在一些肉质果实发育中,淀粉则作为碳水化合物的一种过渡形式储存于叶绿体或质体中,其合成及降解代谢与果实发育密切相关[191,192,195]。目前,关于果实内淀粉的代谢已经在苹果[192,195]、番茄[189]、香蕉[196]、猕猴桃[197]等果实内进行了详细的研究,但关于枸杞果实内淀粉的代谢目前尚未见相关报道。

叶绿体和淀粉体都是质体,前者常分布在光合器官中,后者则常出现在非光合器官中[198]。本研究通过对枸杞果实发育过程中果实叶绿素含量变化、果实淀粉含量、淀粉代谢相关酶活性以及果实发育过程中叶绿体和淀粉体的超微结构进行了研究,结果表明,枸杞果实叶绿体内并没有观察到淀粉粒的存在,这可能与果实本身光合色素含量低、自身光合作用合成的光合产物较少有关,表现为枸杞果实发育过程中外果皮没有气孔器的分布(图11-11a~f),从而限制了CO_2进入果实内部。以后,果实从绿色转为黄红色的过程中,叶绿体内的类囊体结构逐渐解体消失(图11-14c、d),光合色素含量逐渐下降,进一步验证了光合作用的色素都位于类囊体上的结论[199]。但在枸杞果实淀粉体内却有大量淀粉粒的存在(图11-15a、b、c),暗示果实淀粉的合成可能主要通过来自叶片光合作用形成的蔗糖通过韧皮部长距离运输到果实后被进一步合成储藏在淀粉体内,而且果实内淀粉的形成主要发生在果实转色以前,即果实花后24 d以前,而在果实第二次快速生长期,果实内就基本上没有淀粉的存在(图11-15e、f)。为什么淀粉含量仅在枸杞果实的第一次快速生长期和缓慢生长期积累呢? 这可能与果实的发育有密切的关系。首先,枸杞果实在第一次快速生长期和缓慢生长期主要以种子的发育作为生长发育的中心,此时的果实细胞体积尚没有增大到最大,即此时的果实细胞库强还没有达到最大,而源叶输出的光合产物源源不断地输向果实库组织,导致输入的光合产物没有及时被转移和运输,最终储藏在淀粉体内作为临时储备,而淀粉的大量形成却有利于造成源库间递减的蔗糖浓度梯度的形成和加速碳水化合物从韧皮部向果实中的卸载[192,195]。随着第二次快速生长期果实细胞壁组成物质的降解和细胞体积的进一步增大(图11-14d、e),果实库强进一步增强,一方面原来储藏在淀粉体内的淀粉在活性逐渐增强的淀粉酶的作用下分解成还原糖被运输分配到薄壁组织细胞中,另一方面由源叶输出的光合产物运输到果实后也被进一步转移分配到其他薄壁组织细胞中。通过以上分析我们认为枸杞果实内淀粉是果实发育过程中碳水化合物的一种暂时储存形式,主要由来自叶片输入到果实内的蔗糖合成,主要在果实发育的第一次快速生长期和缓慢生长期的前期大量积累,淀粉的大量形成有利于造成源库间递减的蔗糖浓度梯度的形成和加速碳水化合物从韧皮部向果实中的卸载,对维持枸杞果实早期的库强起到了重要作用。

3. 枸杞果实糖分的积累和运输与果实韧皮部超微结构的关系

(1) 枸杞果实糖分积累类型及其与代谢相关酶活性变化的关系　果实糖分含量是衡量果实品质的重要指标。果实内主要含葡萄糖、果糖和蔗糖,其含量和比例因品种和生态环境的差异变化较大[165,200,201]。根据果实成熟时所积累的主要糖的含量,可将果实分为淀粉转化型[202,203]、蔗糖积累型[204]、己糖积累型[205]。植物果实内糖分的积累随果实发育时期也表现出一定的规律性[206,207]。对不同发育时期宁夏枸杞^{14}C同化物标记试验结果表明,蔗糖是枸杞光合碳同化物从叶片向果实运输的主要形式,而且随着果实发育成熟,叶片的光合同化产物输出速率呈现增加的趋势。随着果实发育成熟,果实内的^{14}C己糖的放射性比活度呈现增加的趋势,其中成熟果实内^{14}C己糖的比例占醇溶^{14}C糖分的74.6%,这与枸杞果实内葡萄糖、果糖和蔗糖的含量测定结果是一致的,随果实的发育成熟,葡萄糖和果糖含量呈现持续增加的趋势,并在果实成熟期含量达到最高,两者含量总和占到成熟果实葡萄糖、果糖和蔗糖含量总和的98.2%,而蔗糖含量呈现出先增加后下降的趋势,在花后24 d含量最高,成熟时蔗糖含量仅占这三种糖总量的1.8%,可见,成熟的枸杞果实糖分积累类型为己糖积累型[208]。

果实内的糖分积累主要受植物糖代谢相关酶活性的调控。对宁夏枸杞果实内糖代谢相关酶活性的测定结果表明,果实转化酶活性显著高于其他酶的活性,而且转化酶呈现持续增加的趋势,这与枸杞果实内葡萄糖和果糖含量的积累趋势是一致的,说明转化酶是调控枸杞果实糖分积累的关键酶。果实内的转化酶主要分布在液泡内和质外体空间的细胞壁上,对于调节果实内糖分组成、果实韧皮部糖分的卸载和增加果实库强具有重要的作用[209,210]。根据前人对转化酶的研究和本实验研究结果,笔者认为转化酶不仅在枸杞果实糖分积累中具有重要调节作用,而且转化酶在果实发育后期增强枸杞果实库强方面也具有重要的调节作用,由于转化酶活性的大幅升高,使库细胞内的蔗糖浓度迅速下降,促进了蔗糖由"源"向"库"不断转移。

(2) 枸杞果实内韧皮部超微结构变化及其与糖分的韧皮部卸载和运输关系　大量研究表明,果实韧皮部糖分的卸载主要通过共质体途径、质外体途径或共质体途径与质外体途径的交替进行三种方式进行糖分的卸载[211,212],这些卸载途径往往与组成果实韧皮部的细胞结构特征具有密切的关系。构成果实韧皮部的细胞类型主要有三种:筛管、伴胞和韧皮薄壁组织细胞[213]。其中,构成果实韧皮部SE/CC复合体的伴胞也有3种类型,即中间细胞、传递细胞和普通伴胞[211,213-215]。本实验的观察结果表明,枸杞果实韧皮部筛管端壁具有筛板,其筛孔随果实的发育呈进一步增大。SE和CC通过大量胞间连丝紧密联系起来形成SE/CC复合体,可以认为SE和CC之间的物质和信息交换是一个方便而活跃的过程。同时,枸杞果实韧皮部的伴胞具有传递细胞的特征,其胞质浓密,内含一些小液泡,核大而质浓,线粒体、内质网及高尔基体丰富,伴胞与相邻韧皮薄壁组织细胞连接面的细胞壁产生内突,而与筛管连接面不发生细胞壁内突。SE/CC复合体与周围韧皮薄壁组织细胞之间几乎不存在胞间连丝的联系,形成了一种共质体隔离,说明同化物从枸杞果实韧皮部SE/CC复合体的卸出,可能主要通过质外体途径,这与徐青等对枸杞果实发育过程中ATPase细胞化学定位的研究结论是一致的[216]。

经SE/CC复合体通过质外体途径卸出的光合产物又是通过何种途径被运输到果肉薄壁组织细胞储藏的？本实验结果表明，由SE/CC复合体通过质外体途径卸出的同化产物仍然通过质外体途径进行同化产物的运输，表现为果实发育早期，韧皮薄壁组织细胞之间有胞间连丝，而在果实成熟期，韧皮薄壁组织细胞间由于质壁分离，导致联系它们的胞间连丝被拉长或拉断，以及质壁分离后形成的较大的胞内空间，为这些细胞间物质的质外体运输提供了便利。果肉薄壁组织细胞之间不存在胞间连丝，但果肉薄壁组织细胞具显著的质膜内陷，以及这些细胞之间明显的胞间隙等现象，说明这些薄壁组织细胞可从质外空间装入同化物。此外，囊泡也具有参与同化产物质外体运输的功能[217]，本研究在筛分子、伴胞、韧皮薄壁组织细胞以及果肉薄壁组织细胞内均观察到囊泡的清晰结构以及活跃的囊泡运输现象，这与已经报道的葡萄[218]和苹果[219]果实中观察到的囊泡运输现象是比较相似的。

4. 宁夏枸杞果实药用成分多糖和总糖积累与其他糖分的相关性

宁夏枸杞果实在进行果实蔗糖代谢的同时，其果实内还进行着枸杞多糖和总糖的合成代谢与积累过程，而且它们在枸杞药用品质形成中十分重要。对不同发育时期果实内枸杞多糖和总糖含量的测定结果表明，果实第二次快速生长期是枸杞多糖和总糖大量积累的关键时期。对不同发育时期果实各种糖分的相关分析表明，总糖与葡萄糖和果糖含量具有极显著的正相关关系，而与蔗糖呈不显著的负相关关系，说明己糖是枸杞总糖的主要组成成分。枸杞多糖含量与葡萄糖和果糖含量均呈显著正相关，而多糖含量与蔗糖含量呈显著负相关，说明枸杞多糖的糖链部分主要由一些分子量大小、结构相近的六碳单糖组合形成的。

通过PAS反应对枸杞果实内多糖类物质的组织化学定位结果表明，枸杞果实在第一次快速生长期和缓慢生长期内存在淀粉类多糖物质的存在，而且紫红色的淀粉颗粒密度随果实的发育呈现先上升后下降的趋势，在果实花后14 d果实内淀粉颗粒密度最高，而进入果实第二次快速生长期，果实内的淀粉颗粒则发生降解，基本观察不到淀粉颗粒的存在，研究结果与我们前面利用超微结构和植物化学方法对果实内淀粉的研究结果是相吻合的。I_2 - KI的鉴定结果进一步也证明了淀粉类多糖物质的存在。利用PAS反应除了观察到淀粉粒的动态变化过程外，还发现枸杞果实的内果皮和外果皮的细胞壁也被染成紫红色，而且随果实的发育成熟，其细胞壁颜色逐渐加深，暗示果实果皮细胞壁内存在多糖物质，而且果皮细胞壁多糖物质的组织化学结果与我们测定的枸杞果实内多糖含量的动态变化结果具有相同的变化趋势，即随果实的发育成熟，果皮细胞壁颜色加深和多糖含量的增加是同步的。

11.6.3 不同产地、不同品种果实糖分积累与土壤环境因子的相关性

1. 不同产地不同品种枸杞果实糖分含量比较

在传统的中药枸杞子质量评价中，枸杞多糖和总糖被分别认为是枸杞果实内主要有

效成分和甜味物质的来源,两者含量的高低对枸杞品质有一定的影响。不同产地、不同品种(种)枸杞果实糖分含量表现出果糖＞葡萄糖＞蔗糖的变化趋势,而且葡萄糖和果糖含量占到葡萄糖、果糖和蔗糖含量总和的85%以上,进一步说明已糖是成熟枸杞果实的主要积累糖分。不同产地宁杞1号果实内三种糖的含量变化也较大,造成这种现象的原因可能是环境因子和栽培措施影响了蔗糖代谢相关酶活性的变化。宁夏四个采样区所产宁杞1号果实中枸杞多糖含量高于引种到新疆、内蒙古和河北所产同品种果实内的多糖含量。不同产地的宁杞1号枸杞总糖含量变化幅度不大,平均为55.41%,符合优质枸杞总糖含量小于60%的枸杞品质评价标准,而新疆当地培育的精杞1号总糖含量却高达61.8%,不利于枸杞品质的提高。河北当地栽培的枸杞变种架杞果则在枸杞总糖含量上为最低。架杞果的多糖和总糖含量明显低于宁杞1号和精杞1号果实内多糖和总糖的含量,表现为宁夏枸杞果实的品质要优于枸杞的品质。

2. 宁夏枸杞果实糖分积累与土壤环境因子关系

不同产地宁夏枸杞土壤盐分主要由3种阳离子Na^+、Ca^{2+}和Mg^{2+}和3种阴离子Cl^-、HCO_3^-和SO_4^{2-}组成,但各个离子的相对含量,在不同的土壤中,表现出明显的差异,这种差异与土壤全盐具有密切的关系,其中土壤中的Na^+、Cl^-和SO_4^{2-}与全盐具有显著的正相关关系,Ca^{2+}和Mg^{2+}与全盐呈不显著正相关关系。在盐碱胁迫下,无机离子含量对盐生植物叶片渗透势起着十分重要的作用[220,221]。本实验结果表明,在不同土壤盐分条件下,宁夏枸杞成熟果实内的葡萄糖和果糖的含量与HCO_3^-含量呈显著正相关关系($r=0.846,P<0.01;r=0.783,P<0.05$),随土壤$HCO_3^-$含量的增加,果实含糖量增加,这与黄立华[222]在苏达盐碱土上种植番茄显著提高果实可溶糖含量的结论是一致的,说明枸杞具有较强的抗盐碱性。土壤中的Ca^{2+}和Mg^{2+}含量越低,预示着土壤全盐的相对含量也较低,如本实验中的内蒙古临河,新疆精河和河北巨鹿的土壤含盐量和Ca^{2+}、Mg^{2+}离子含量显著低于盐分较高的宁夏同心和宁夏中宁两个采样点土壤Ca^{2+}和Mg^{2+}含量。宁夏1号果实成熟期土壤中盐分含量越低越有利于枸杞果实内葡萄糖,果糖和蔗糖含量的积累,而盐分离子含量越高越有利于枸杞果实内多糖和总糖含量的积累,其中土壤中的Ca^{2+}和Mg^{2+}对枸杞果实有效成分多糖的积累有明显的促进作用[154],研究结果也进一步验证了宁夏枸杞特别适合于在中国北方地区的淡灰钙土壤上生长的结论[52]。

适当的施肥不但可以提高果实产量,而且还可以改善果实品质[223]。本研究结果表明,不同产区土壤肥力因子中的速效钾含量对葡萄糖、果糖和蔗糖的积累有促进作用,而土壤有机质、速效氮和速效磷含量对这三种糖的积累无明显的促进作用。土壤有机质、速效氮和速效钾对多糖的积累也无显著的促进作用,而速效磷有一定的促进作用。同样有机质、速效氮和速效磷对枸杞总糖的积累也无明显的促进作用,而速效钾对总糖的积累有一定的促进效应。张晓煜[138]研究认为,枸杞多糖形成与枸杞果实成熟时土壤中速效磷的关系密切,是影响枸杞多糖含量的最主要因子,而与土壤全氮、速效氮、全钾、速效钾、有机质含量和pH的关系不明显。赵智中[223]等研究表明,在缺氮的条件下适量施氮可以提高柑橘果实的糖含量,但施氮过多则会使果实含糖量下降,说明氮素营养与糖的积累存在一定的联系。因此在宁夏枸杞的栽培实践中,要加强宁夏枸杞果实产量与品质之间关系的协调,确保宁夏枸杞品质的优良。

11.6.4 适宜灌溉量的确定及其对果实产量和主要品质的影响

1. 不同灌水处理对宁夏枸杞根和茎内输水系统结构和功能的影响

(1) 灌水量与枸杞根茎内次生木质部导管直径和频率的关系　影响植物体内水分流动的参数很多,其中导管直径和导管频率的影响较大[224],而与导管直径和导管频率关系密切的相对输导率和脆性指数又被认为是评价植物水分输导有效性和安全性的重要指标[225-227]。在本实验中,灌水量小于 900.0 m^3/hm^2 时,宁夏枸杞根中导管频率随灌水量的增加而逐渐增加,而当灌水量超过 900.0 m^3/hm^2 后,导管频率随灌水量的增加而逐渐降低,下降的导管频率却增加了导管的安全性。同时,导管直径随灌水量的增加而增加,但当灌水量超过 900.0 m^3/hm^2 后,导管直径增加幅度也减小,说明植物水分输导的有效性和安全性是高度统一的,而茎中导管频率持续下降则与外界水分条件密切相关。本实验中适度的灌水量使枸杞根和茎中导管直径增加、导管频率降低的结果支持印证了这一观点。

(2) 灌水量与根茎内次生木质部木射线频率的关系　目前关于环境因子对木射线的影响方面的研究相对较少且研究结果差异较大[228-231]。本研究发现,枸杞根和茎中的木射线频率随灌水量的增多呈现持续下降的趋势,并分别与灌水量呈现极显著的负相关关系。宁夏枸杞根和茎木射线频率的降低,暗示在大量灌水条件下其根和茎内的横向运输功能减弱,同时木射线频率的减少有利于提高根和茎的韧性和强度,以适应其所处的环境。

(3) 灌水量与枸杞根茎内导管、纤维和木薄壁组织细胞面积比例的关系　根和茎中木质部均主要由导管、木纤维和木薄壁组织细胞组成。导管的主要功能是输送水分和无机盐,导管在木质部中所占的比例与外界土壤水分环境具有密切的关系,纤维的主要功能是起固着作用,而木薄壁组织细胞是木质部中起储藏功能的一类薄壁组织细胞。本实验结果表明,随灌水量的增加,宁夏枸杞导管在木质部中所占的比例呈现先增加后下降的趋势,并在灌水量为 900.0 m^3/hm^2 时最大;纤维占木质部的比例则呈现先下降后升高的趋势,以灌水量为 900.0 m^3/hm^2 处理时最小,而当灌水量超过 900.0 m^3/hm^2 时又随着导管面积的逐渐减小,纤维的比例进一步增加,以加强维持根的固着功能,以避免土壤水分含量过高,根固着功能的丧失;随灌水量的增加,木质部中木薄壁组织细胞所占的比例呈现持续增加的趋势,这与根对外界土壤环境的适应是密切相关的。

另外,本实验结果表明,宁夏枸杞茎导管在木质部中所占的比例随灌水量的增加呈现先增加后下降的趋势,并以灌水量为 450.0 m^3/hm^2 处理最大;其纤维占木质部的比例随灌水量的增加而增加,增加的纤维比例对于茎的机械支撑功能的维持具有重要的生物学意义;随灌水量的增加,其木质部中木薄壁组织细胞所占的比例呈现持续下降的趋势,与此同时木纤维数量增加,这对于在土壤含水量进一步提高的外界环境下维持茎的功能具有重要意义。从以上分析可以看出,900.0 m^3/hm^2 的灌水量是确保枸杞根和茎中水分输导的有效性和安全性的一个平衡点,同时也是宁夏枸杞灌水的一个适宜灌溉参考指标。

2. 不同灌水处理对宁夏枸杞叶片结构、光合生理的影响

(1) 不同灌水处理对叶片外部形态和内部结构特征的影响　植物的抗旱性是植物在形态结构、生理和生化等各方面对干旱环境所作出的综合回应[232-234]。本研究结果显示,当月灌溉定额小于 900.0 m^3/hm^2 时,栅栏组织厚度增大,海绵组织厚度减小,叶片组织结构紧密度值增大,而疏松度值减小,且栅栏组织细胞内含有大量的晶体细胞,反映在月灌溉定额低于 900.0 m^3/hm^2 时,叶片可以积累大量渗透调节物质降低叶片渗透势,来维持叶片所需的水分。当月灌溉定额在 900.0 m^3/hm^2 时,随月灌溉定额的增加,叶片内的栅栏组织的细胞层数逐渐较少,海绵组织细胞层数和比例逐渐增加,叶片组织结构紧密度值降低,疏松度值增大,且叶肉细胞内观察不到晶体细胞的存在。叶肉栅栏组织发达,海绵组织相对减少是植物对水分胁迫的一种响应,这种结构上的变化有助于提高干旱胁迫下植物对 CO_2 气体的利用效率,进而提高植物对水分的利用率,增强植物的抗旱性[235]。

气孔器通过生物学途径和生理学途径调控叶片的光合作用和蒸腾作用。干旱胁迫下,气孔器则可能通过在数量、分布和大小等方面发生改变来适应环境变化。本研究结果显示,在月灌溉定额小于 900.0 m^3/hm^2 时,枸杞叶片的叶面积和叶片厚度随月灌溉定额的增加呈现增加的趋势,而月灌溉定额超过 900.0 m^3/hm^2 时,叶面积变化不显著,但叶片厚度显著变薄。叶片上、下表面的气孔密度随月灌溉定额的增加发生了明显的变化,表现为不灌水条件下,叶片上、下表面气孔密度最大,且下表面气孔密度高于上表面,但当月灌溉定额超过 450.0 m^3/hm^2 时,叶片上、下表皮气孔密度有下降趋势,但差异不显著,进一步验证了樊金拴[236]和杨惠敏[237]等的研究结果。关于随土壤含水量的减少,叶片气孔密度呈现上升的趋势,这与干旱胁迫下植株个体和叶面积大幅减小关系密切,在气孔总数不变的情况下,叶面积的减少是导致气孔密度增加的主要原因[238]。

(2) 不同灌水处理对叶片光合生理参数的影响　土壤水分胁迫对植物光合作用的影响十分明显,土壤水分亏缺对光合作用的影响通过气孔导度的降低进行,也可以直接影响到叶肉细胞的光合能力,前者一般称为气孔限制因素,后者一般被称为非气孔限制因素[239,240]。林金科[241]等研究认为,随着土壤水势下降,茶树叶片的净光合速率、气孔导度和蒸腾速率也呈现逐渐下降的趋势。严重水分胁迫时,植物的叶绿体结构会遭到破坏[240],导致光合磷酸化活力的下降,影响植物的光合作用[242]。本研究结果显示,在不同月灌溉定额下,枸杞叶片光合速率(P_n),瞬时单叶水分利用效率(WUE)和气孔限制值(L_s)随月灌溉定额增加而增加,在月灌溉定额为 900.0 m^3/hm^2 时,各指标值最大,但月灌溉定额超过 900.0 m^3/hm^2 以后,各指标值则均呈现逐渐降低的趋势,蒸腾速率(T_r)和气孔导度(G_s)则在 450.0 m^3/hm^2 时值最大,之后也逐渐下降,胞间 CO_2 浓度(C_i)则表现为先下降后上升的变化趋势,其中在月灌溉定额为 900.0 m^3/hm^2 时最低。此外根据 Farquhar[239]的观点,只有当 C_i 降低和气孔限制值增大时,才可以肯定地作出光合速率降低是由于气孔导度降低所引起的结论。相反,如果叶片光合速率的降低伴随有提高的

C_i,那么光合作用的主要限制因素肯定是非气孔因素即叶肉细胞的光合活性。根据本实验测量的光合速率、胞间 CO_2 浓度和气孔限制值的变化规律,笔者初步断定在月灌溉定额小于 900.0 m^3/hm^2 时,由于月灌溉定额的减少导致叶片光合速率下降的原因是气孔限制,而当月灌溉定额超过 900.0 m^3/hm^2 时,叶片光合速率下降的主要原因是非气孔限制,说明月灌溉定额超过植物适宜的灌水量后,反而还限制了植物的光合作用,从而最终影响经济产量,表现为月灌溉定额超过 900.0 m^3/hm^2 时,枸杞产量增加不显著。

综上所述,在月灌溉定额为 450.0 m^3/hm^2 和 900.0 m^3/hm^2 下,枸杞仍表现出旱生植物所具有的一些结构特征,叶片光合速率随月灌溉定额的增加而增加,枸杞果实产量也增加,说明适度的灌水可以增加枸杞果实经济产量;月灌溉定额为 900.0 m^3/hm^2 以上,随着月灌溉定额的增加,枸杞具有的旱生植物结构特征逐渐退化,叶片净光合速率略有下降,且果实产量增加不显著,说明过量灌水不仅起不到应有的增产效应,还会造成干旱区水资源的严重浪费。因此就本实验的研究结果,笔者认为 900.0 m^3/hm^2 的月灌溉定额可作为当前宁夏枸杞生产中进行合理灌溉的一个参考依据。

3. **不同灌水处理对宁夏枸杞产量和品质的影响**

对药用植物而言,水分的合理灌溉不仅直接影响其生长发育,还关系到产量和质量的提高。宁夏枸杞喜水又怕积水,因此水分管理在其生产管理中占据重要地位。本研究结果表明,不同灌水处理下,随灌水量的减少,枸杞果实内的葡萄糖、果糖和蔗糖含量增加,这可能与水分胁迫条件下,植物通过渗透调节主动积累一些亲水性的葡萄糖和果糖等物质,维持细胞的膨压有关[243]。大量研究表明,适度的亏缺灌溉可提高不同番茄品种果实内葡萄糖和果糖的含量以及有机酸等可溶性固形物的含量,而且普遍伴随着果实产量的下降[244,245]。枸杞有效成分多糖含量随灌水量的增加呈现下降的趋势,这与徐青[63]等对不同灌水方式处理下,枸杞果实内多糖变化规律的研究结果是一致的。

钟鉎元[246]研究认为,枸杞的果实产量是由枝数、枝长、单果重、果节长、冠径、每节果数、单叶面积等诸多农艺性状共同作用的结果。其中可以直接用于选择丰产性的性状有枝数、枝长、单果重和果节长。本研究通过对不同灌水处理下枸杞枝条发枝数、枝条长度以及果实重量的测量结果表明,随灌水量的增加,枸杞枝条发枝数和枝条长度均显著增加,但灌水量超过 900.0 m^3/hm^2 后,枝条数增加不显著,而灌水量超过 1 350.0 m^3/hm^2 后,枝条长度反而下降,果实百粒重则与枝条长度表现出同样的变化趋势。枝条数、枝条长度以及果实百粒重的变化导致了不同灌水处理下枸杞果实产量的变化,即灌水量低于 900.0 m^3/hm^2 时,随灌水量的增加,枸杞产量增加,而当灌水量超过 900.0 m^3/hm^2 后,枸杞产量增加不显著。因此综合考虑不同灌水处理对枸杞果实有效成分和果实产量构成因子的影响,900.0 m^3/hm^2 的月灌溉定额是比较适合枸杞灌溉的参考指标。

参考文献

[1] 国家药典委员会.中华人民共和国药典(2010年版,一部)[M].北京:中国医药科技出版社,2010:

232 - 233.
[2] 中国科学院中国植物志编辑委员会. 中国植物志(第六十七卷,第一分册)[M]. 北京:科学出版社,1978:8 - 18.
[3] 路安民,王美林. 关于中药现代化中的物种鉴定问题——基于枸杞分类和生产问题的讨论[J]. 西北植物学报,2003,23(7):1077 - 1083.
[4] 董静洲,杨俊军,王瑛. 我国枸杞属物种资源及国内外研究进展[J]. 中国中药杂志,2008,33(18):2020 - 2027.
[5] 秦国锋. 枸杞属植物的一个新变种——黄果枸杞[J]. 宁夏农林科技,1980(1):21 - 24.
[6] 张文高,王显刚,马学盛. 枸杞子古今应用与展望[J]. 宁夏:枸杞及抗衰老国际学术研讨会论文集,2001:27 - 42.
[7] 李时珍. 本草纲目(校点本)[M]. 北京:人民卫生出版社,1977.
[8] 中国药材公司. 中国中药区划[M]. 北京:科学出版社,1995:90 - 91.
[9] 吴其濬. 植物名实图考[M]. 上海:商务印书馆,1957.
[10] 冯显逵,宋玉霞. 宁夏枸杞形态解剖特征的观察[J]. 宁夏农林科技,1985(2):29 - 30.
[11] 章英才,张晋宁. 几种枸杞属植物叶片的结构比较[J]. 宁夏大学学报(自然科学版),1999,20(4):374 - 378.
[12] 郑文菊,张承烈. 盐生和中生环境中宁枸杞叶显微和超微结构的研究[J]. 草业学报,1998,7(3):72 - 76.
[13] 秦垦,吴广生,王俊,等. 两个宁夏枸杞品种叶片的解剖比较研究[J]. 宁夏农林科技,2006,1:9 - 10.
[14] 李文钿,王锡林,罗蕴芳. 宁夏枸杞开花结果形态发育的初步观察[J]. 宁夏农林科技,1979,6:32 - 35.
[15] 郭巧生. 中国药用植物种子图鉴[M]. 北京:中国农业出版社,2009:326 - 327.
[16] 曹有龙,贾勇炯,罗青. 宁夏枸杞花粉形态的扫描电镜观察[J]. 宁夏大学学报(自然科学版),1997,18(1):71 - 74.
[17] 樊云芳,安巍,曹有龙,等. 枸杞属(*Lycium*)13份供试材料花粉形态研究[J]. 自然科学通报,2008,18(4):470 - 474.
[18] 田惠桥. 宁夏枸杞的大、小孢子发生和雌、雄配子体发育[J]. 武汉植物学研究,1987,5(1):17 - 22.
[19] 田惠桥. 宁夏枸杞的胚胎发生和胚乳发育[J]. 武汉植物学研究,1988,6(1):21 - 24.
[20] 徐青,王仙琴,田惠桥. 枸杞花粉发育的超微结构变化[J]. 西北植物学报,2006a,26(2):226 - 233.
[21] 徐青,王仙琴,田惠桥. 枸杞花药发育过程中脂滴和淀粉粒的分布特征[J]. 分子细胞生物学报,2006b,39(2):103 - 110.
[22] 杨淑娟,张亚楠,叶律,等. 枸杞花药发育过程中钙的分布[J]. 分子细胞生物学报,2006,39(6):516 - 526.
[23] 杨淑娟,宋玉霞,邓桦,等. 宁夏枸杞柱头和萌发花粉中钙分布特征[J]. 西北植物学报,2007,27(9):1782 - 1789.
[24] 田英,李云翔,秦垦,等. 宁夏枸杞雄性不育材料小孢子发生的细胞形态学观察[J]. 西北植物学报,2009,29(2):263 - 268.
[25] 任玉芬,和焕然,陈宝香. 枸杞组织培养研究初报[J]. 宁夏农林科技,1986(3):21 - 22.

[26] 樊映汉,臧淑英,赵敬,等.两种枸杞植物花药培养单倍体的诱导[M]//白寿宁.宁夏枸杞研究.银川:宁夏人民出版社,1998:61-62.

[27] 田惠桥.枸杞茎尖培养[J].植物生理学通讯,1983,6:39.

[28] 田惠桥,肖翊华,刘文芳.枸杞下胚轴原生质体培养再生植株[J].实验生物学报,1993,26(1):89-93.

[29] 顾淑荣,桂耀林,徐廷玉.枸杞胚乳植株的诱导[J].植物学报,1985,27(1):106-109.

[30] 王莉,陈素萍,秦金山,等.枸杞胚乳植株诱导和它的倍性水平[J].植物学报,1985,12(6):440-444.

[31] 曹有龙,罗青,陈晓斌,等.枸杞髓部细胞悬浮培养获得单细胞植株的研究[J].宁夏农林科技,1996,4:19-21.

[32] 艾先元,石巍峻,刘雅琴.枸杞茎尖培育四倍体初报[J].宁夏农林科技,1991,5:30-32.

[33] 秦金山,王莉,陈素萍,等.枸杞同源四倍体的诱导与应用研究[M]//白寿宁.宁夏枸杞研究.银川:宁夏人民出版社,1998:85-88.

[34] 马爱如,朱一恕.三倍体宁夏枸杞研究初报[J].湖北农业科学,1988(9):31-32.

[35] 钟鉎元,王燕,王锦秀.无籽枸杞选育初报[J].宁夏农林科技,1993(3):15-17.

[36] 安巍,李立翔,焦惠宁,等.三倍体无籽枸杞新品种的选育研究[J].宁夏农林科技,1995(2):21-24.

[37] 罗青,曲玲,曹有龙,等.抗蚜虫转基因枸杞的初步研究[J].宁夏农林科技,2001(1):1-3.

[38] 孙晓东,李军,施京红.枸杞基因组DNA的提取与分析[J].陕西中医,2003,24(12):1129-1130.

[39] 严奉坤,许兴,魏玉清,等.枸杞基因组DNA提取及指纹图谱分析[J].时珍国医国药,2007,18(1):46-48.

[40] 张爱香,季静,王罡,等.枸杞果实cDNA文库的构建[J].生物技术,2004,14(4):18-20.

[41] 戴国礼,曹有龙,安巍,等.枸杞属RAPD反应体系优化[J].江苏农业科学,2008(6):64-66.

[42] 戴国礼,曹有龙,安巍,等.枸杞属AFLP分析体系优化与建立[J].西北农业学报,2009,18(3):166-171.

[43] 石志刚,安巍,焦恩宁,等.基于nrDNA ITS序列的18份宁夏枸杞资源的遗传多样性[J].安徽农业科学,2008,36(24):10379-10380.

[44] 田跃胜,许洁婷,唐克轩,等.枸杞甜菜碱醛脱氢酶基因全长cDNA的克隆与表达分析[J].扬州大学学报(农业与生命科学版),2010a,31(2):48-52.

[45] 田跃胜,许洁婷,陆平,等.枸杞胆碱单加氧酶基因的克隆与表达分析[J].上海交通大学学报(农业科学版),2010b,28(5):408-412.

[46] Guo-li Du, Chang-zheng Song, Geng-lin Zhang, et al. Transgenic *Lycium barbarum* L. established as HIV capsid protein expression system[J]. Plant molecular biology reporter, 2005, 23(4):1-6.

[47] 顾海燕,马昕,王仙琴,等.抗肝炎转基因枸杞新品种培育的初步研究[J].宁夏农林科技,2007(4):3-4.

[48] 王有科,赫卓峰,蔺海明.宁夏枸杞生产和研究现状调查[J].甘肃农业大学学报,1996,31(2):182-184.

[49] 秦国峰.枸杞研究[M].银川:宁夏人民出版社,1982,1-9.

[50] 刘天驰.干旱草原引种宁夏枸杞的试验研究[J].植物学通报,1985,3(1):48-49.

[51] 安巍.宁夏枸杞原产地理标志[S].技术标准,2003.

[52] 赵可夫,李法曾.中国盐生植物[M].北京:科学出版社,1999:268-270.

[53] 郑国琦,许兴,邓西平,等.盐分和水分胁迫对枸杞幼苗渗透调节效应的研究[J].干旱地区农业研究,2002,20(6):56-59.

[54] 王龙强,蔺海明,肖雯,等.盐地宁夏枸杞生理生化指标及抗盐特性研究[J].甘肃农业大学学报,2004,39(6):611-614.

[55] 郑国琦,许兴,徐兆桢,等.盐胁迫对枸杞幼苗光合作用的气孔与非气孔限制[J].西北植物学报,2002,22(6):1355-1359.

[56] 惠红霞,许兴,李守明.盐胁迫抑制枸杞光合作用的可能机理[J].生态学杂志,2004,23(1):5-9.

[57] 毛桂莲,张春梅,许兴.NaCl胁迫对枸杞幼苗活性氧的产生和保护酶活性的影响[J].农业科学研究,2005,26(4):21-24.

[58] 杨涓,许兴,魏玉清,等.盐胁迫下枸杞叶片细胞表面糖蛋白的变化[J].西北植物学报,2004,24(11):2053-2056.

[59] 许兴,杨涓,郑国琦,等.盐胁迫对枸杞叶片糖代谢及相关酶活性的影响研究[J].中国生态农业学报,2006,14(2):46-48.

[60] 惠红霞,许兴,李前荣.外源甜菜碱对盐胁迫枸杞生长及膜脂过氧化的影响[J].西北农林科技大学学报(自然科学版),2004,32(7):77-81.

[61] 郑国琦,谢亚军.干旱胁迫对宁夏枸杞幼苗膜脂过氧化及抗氧化保护酶活性的影响[J].安徽农业科学,2008,36(4):1343-1344,1552.

[62] 李岁成,王有科,樊辉,等.土壤水分下限对枸杞水分生理和生长的影响[J].湖北农业科学,2010,49(11):2737-2790.

[63] 徐青,郑国琦.不同灌溉方式对宁夏枸杞果实主要品质的影响[J].江苏农业科学,2009(6):256-258.

[64] 杨晓萍,张声华.枸杞子糖类的研究[J].林产化学与工业,1998,18(2):65-68.

[65] 欧阳华学,黎源倩,肖全伟.高效液相色谱法同时测定枸杞中单糖和低聚糖的含量[J].四川大学学报(医学版),2007,38(6):1040-1042.

[66] Sung C, Oh M J, Kim C J. On the composition of free sugars, fatty acids, free amino acids and minerals in Lycium fructus[J]. Nongop Kwahak Yongu, 1994, 21(1):22-27.

[67] 黄琳娟,田庚元,齐春会,等.枸杞子糖缀合物LbGp4糖链地结构及其免疫活性的研究[J].高等学校化学学报,2001,22(3):407-411.

[68] Chia Chi Wang, Shyh Chung Chang, Bing Huei Chen. Chromatographic determination of polysaccharides in *Lycium barbarum* Linnaeus[J]. Food Chemistry, 2009, 116:595-603.

[69] 王强,陈绥清,张志华,等.枸杞子多糖的含量测定[J].中草药,1991,22(2):67-68.

[70] 倪慧,何爱华.新疆枸杞多糖的提取及含量测定[J].中成药,1993,15(1):39-41.

[71] 高向东,姚文兵,李隽,等.宁夏枸杞新品种"宁杞1号"干果中总糖及多糖类物质的系统分析[J].药物生物技术,1994,1(2):40-43.

[72] 甘璐,张声华.不同品种枸杞多糖四个级分的含量测定[J].中药材,2001,24(2):107-108.

[73] 何进,梁运祥,阎淳泰.枸杞多糖中中性糖的含量测定[J].中草药,1996,27(2):84-85.

[74] 白寿宁.枸杞多糖提取与分离纯化研究[J]//宁夏:枸杞及抗衰老中药国际学术研讨会论文集, 2001,97-121.

[75] 何进,张声华.枸杞及枸杞多糖研究(I)[J].食品科学,1995,16(2):14-21.

[76] 孙智达,张声华.枸杞多糖的提取、分离及理化特性研究[J].华中农业大学学报,1996,15(6):603-607.

[77] 黄琳娟,林颖,田庚元,等.枸杞子中免疫活性成分的分离、纯化及物理化学性质的研究[J].药学学报,1998,33(7):512-516.

[78] 彭雪梅,王仲孚,田庚元.枸杞糖缀合物 LbGp2 的理化性质和活性研究[J].药学学报,2001,36(8):599-602.

[79] 赵春久,李荣芷,何云庆,等.枸杞多糖的化学研究[J].北京医科大学学报,1997,29(3):231-233.

[80] 陈晓萍.枸杞中性多糖的糖链结构分析[J].浙江农业大学学报,1996,22(1):37-40.

[81] 段昌令,乔善义,王乃利,等.枸杞子活性多糖的研究[J].药学学报,2001,36(3):196-199.

[82] 秦小明,等.枸杞子多糖研究[J].曲阜大学农学研究报告,1999,64:83-88.

[83] Qin X M, Yamauchi R, Aizawa K, et al. Isolation and characterization of Arabinogalaetan-protein from the fruit of *Lycium chinense* Mill. [J]. J Appl Glycosci, 2000, 47(2): 155-161.

[84] Qin X M, Yamauehi R, Aizawa K, et al. Struetural features of arabinogalactan-proteins from the fruit of *Lycium chinense* Mill. [J]. Carbohydr Res, 2001, 333(1): 79-85.

[85] 田庚元.枸杞子糖缀合物的结构与生物活性研究[J].世界科学技术:中医药现代化,2003,5(4):22-30.

[86] 秦小明,宁恩创,林华娟,枸杞子阿拉伯半乳糖聚糖糖蛋白的微细构造研究(I)[J].食品科学,2003,24(7):34-40.

[87] Robert J Redgwell, Delphine Curti, Juankuan Wang, et al. Cell wall polysaccharides of Chinese Wolfberry (*Lycium barbarum* L.): Part 2. Characterisation of arabino-galactan-proteins [J]. Carbohydrate Polymers, 2011, 84(3): 1075-1083.

[88] 高业新,李新虎.宁夏枸杞的道地性研究[J].地球学报,2003,24(2):193-196.

[89] Wyn Jones R G, Storey R. Betaine [M]//Pales LG, Aspinall D, eds. The Physiology and Biochemisry of Drought Resistance in Plants. New York: Academic Press, 1981: 171.

[90] 何进,阎淳泰,梁运祥.枸杞果实化学成分研究概况[J].中国野生植物资源,1997(1):8-11.

[91] 梁峥,骆爱玲.甜菜碱和甜菜碱合成酶[J].植物生理学通讯,1995,31(1):1-5.

[92] 袁养震,朱萍.分光光度法测定枸杞子中甜菜碱[J].宁夏大学学报(自然科学版),1989(3):61-65.

[93] 冯元理,陈玉龙,安宪立.宁夏枸杞果柄、果、叶中甜菜碱含量的光度测定法[J].宁夏医学院学报,1994(2):215.

[94] 杨东辉,王积福,魏璐雪.枸杞子浸膏甜菜碱的含量测定[J].中国中药杂志,1997,22(10):608-610.

[95] 廖国玲,杨文,张自萍.RP-HPLC法测定不同产地宁夏枸杞甜菜碱含量[J].宁夏医学杂志,2007a,29(6):492-493.

[96] 牛燕,许兴,魏玉清,等.土壤生态因子与宁夏枸杞中甜菜碱含量变化的关系[J].中国农学通报,2005,21(8):221-223.

[97] 张自萍,黄文波,王玉炯.枸杞黄酮提取方法的比较研究[J].宁夏大学学报(自然科学版),2007,28(1):60-62.

[98] 黄元庆,鲁建华,沈泳,等.枸杞总黄酮类化合物抗脂质过氧化研究[J].卫生研究,1999,28(2):115-116.

[99] 李国莉,黄元庆.宁夏枸杞不同组分黄酮含量分析[J].宁夏医学院学报,1995,17(2):114-116.

[100] 张颖,张立睦,周红英,等.不同产地枸杞子中黄酮含量的测定[J].中国中医药科技,2004,11(2):102-103.

[101] 张自萍,廖国玲,李弘武.宁夏枸杞黄酮类化合物HPLC指纹图谱研究[J].中草药,2008,39(1):103-105.

[102] 齐宗韶,李淑芳,吴继平.枸杞子和枸杞叶化学成分的研究——第1报 枸杞子和枸杞叶的营养成分[J].中国中药杂志,1986,11(3):41-44.

[103] 彭光华,李忠,张声华.薄层色谱法分离鉴定枸杞子中的类胡萝卜素[J].营养学报,1998,20(1):76-78.

[104] 李忠,彭光华,张声华.非水反相高效液相色谱法分离测定枸杞籽中的类胡萝卜素[J].色谱,1998,16:341-343.

[105] 彭光华,李忠,唐威,等.枸杞子中酸浆果红素的鉴定及其稳定性研究[J].食品科学,2003,24(4):59-62.

[106] 白寿宁.超临界CO_2萃取枸杞油及枸杞色素研究(二)[J].食品科技,2000(3):61-62.

[107] 李赫,陈敏,马文平,等.不同成熟期枸杞中类胡萝卜素含量的变化规律[J].中国农业科学,2006,39:599-605.

[108] 马文平,李赫,叶立勤,等.不同采收期枸杞干燥过程中主要类胡萝卜素的变化[J].中国农业科学,2007,40(7):1492-1497.

[109] 晏志云,赵谋明,彭志英,等.干制和保藏过程中枸杞β胡萝卜素保存率的研究[J].食品与发酵工业,1998,24(4):35-39.

[110] 陈绥清,王强,龚孙莲,等.中药枸杞中的氨基酸分析[J].中国药科大学学报,1991,22(1):53-55.

[111] 孟协中,胡向群,张桂兰.枸杞子和枸杞叶化学成分的研究——第2报 枸杞子和枸杞叶中的氨基酸[J].中国中药杂志,1987,12(5):42-44.

[112] 李继成,陈勇夫,李纪霞,等.宁夏枸杞子中氨基酸和微量元素含量测定[J].河南医科大学学报,1992,27(4):346-347.

[113] 杨涓,魏智清,庞伟.分光光度法测定宁夏枸杞中牛磺酸含量[J].农业科学研究,2005,26(2):28-30.

[114] 杨占军.人体内一种不容忽视的氨基酸——牛磺酸[J].生物学杂志,2000,17(1):33-34.

[115] 何进,阎淳泰,章继华.枸杞叶成分研究进展及产品开发展望[J].农牧产品开发,1995(9):26-29.

[116] 周兴旺,徐国钧,王强.地骨皮化学成分的研究[J].中国中药杂志,1996,21(11):675-677.

[117] Funayama S. Structure of kukoamine A. a hypotensive principle of *Lycium chinense* root barks [J]. Tetrahedron Letters, 1980, 21(14):1355.

[118] Funayama S. Kukoamine B. a spermine alkaloid from *Lycium chinense*[J]. Phytochemistry,1995,

38(6):1529.

[119] 魏秀丽,梁敬钰.地骨皮的化学成分研究[J].中国药科大学学报,2002,33(4):271-273.
[120] 魏秀丽,梁敬钰.地骨皮的化学成分研究[J].中草药,2003,34(7):580-581.
[121] 李友宾,李萍,屠鹏飞,等.地骨皮化学成分的分离鉴定[J].中草药,2004,35(10):1100-1101.
[122] 杨涓,康建宏,魏智清.分光光度法测定地骨皮中牛磺酸含量[J].氨基酸和生物资源,2006,28(3):26-28.
[123] 邹耀洪.枸杞叶的黄酮类化学成分[J].分析测试学报,2002,21(1):76-78.
[124] 薛祥荣,刘星阶,巢琪,等.宁夏枸杞叶分出芦丁(芸香甙)和 Nα-肉桂酰组胺[J].中草药,1988,3:14-17.
[125] 赵全成,李春生,周丹,等.枸杞叶的化学成分[J].中草药,1987,17(3):8-9.
[126] 黄元庆,王洁,李文秋,等.宁夏枸杞维生素 E 含量分析[J].宁夏医学院学报,1992,14(3):7-10.
[127] 秦国锋.枸杞品种类型及良种简介[J].宁夏农林科技,1966(1):21-23.
[128] 钟鉎元,李健,樊梅花,等.枸杞新品种"宁杞 1 号"的选育[J].宁夏农林科技,1988(2):21-24.
[129] 钟鉎元,李健,樊梅花,等.枸杞新品种"宁杞 2 号"的选育[J].宁夏农林科技,1990(4):17-20.
[130] 安巍,章惠霞,何军,等.枸杞育种研究进展[J].北方园艺,2009(5):125-128.
[131] 胡忠庆,周全良,谢施祎."宁杞 4 号"的选育[J].宁夏农林科技,2005(4):11-13.
[132] 雷志荣.枸杞新品种——蒙杞 1 号选育报告[J].河套大学学报,2005,2(4):48-51.
[133] 李润淮,石志刚,安巍,等.菜用枸杞新品种宁杞菜 1 号[J].中国蔬菜,2002(5):48.
[134] 林秀平.枸杞子与几种混伪品的鉴别[J].湖北预防医学杂志,2002,13(6):40.
[135] 阴健,郭力弓.中药现代研究与临床应用[M].北京:学苑出版社,1995.
[136] 张雪琴,魏加印.枸杞子鉴别[J].时珍国医国药,2000,11(1):52.
[137] 张秀明,侯惠婵.四种枸杞子的鉴别及含量测定[J].中药材,2007,30(3):282-283.
[138] 张晓煜,刘静,王连喜.枸杞品质综合评价体系构建[J].中国农业科学,2004,37(3):416-421.
[139] 廖国玲,张自萍,郭荣.宁夏枸杞甜菜碱提取物高效液相色谱指纹图谱研究[J].分析科学学报,2007 b,23(6):642-646.
[140] 卢红梅,梁逸曾.枸杞的高效液相色谱指纹图谱[J].中南大学学报,2005,36(2):248-252.
[141] 董静洲,王瑛.宁夏枸杞主要产区枸杞子总黄酮的测定与分析[J].食品研究与开发,2009,30(1):36-40.
[142] 李红英,彭励,王林.不同产地枸杞子中微量元素和黄酮含量的比较[J].微量元素与健康研究,2007,24(5):14-16.
[143] 孙素琴,王米渠,梁曦云,等.枸杞子四种原性状的 FTIR 光谱法鉴别[J].光谱学与光谱分析,2001,21(6):787-789.
[144] 周群,孙素琴,梁曦云.枸杞产地的红外指纹图谱与聚类分析法研究[J].光谱学与光谱分析,2003,23(3):509-511.
[145] 彭勇,孙素琴,赵中振,等.国产枸杞属植物的红外指纹图谱无损快速鉴别研究[J].光谱学与光谱分析,2004,24(6):679-681.
[146] 聂国朝.3 种枸杞的 HPLC-DAD 图谱比较[J].福建林学院学报,2004,24(2):162-164.
[147] 张自萍,廖国玲,郭荣.宁夏枸杞高效液相色谱指纹图谱研究[J].中成药,2007,29(11):1566-1570.

[148] 严奉坤,许兴,杨亚亚,等.同一品种不同产地宁夏枸杞DNA指纹图谱特征研究[J].时珍国医国药,2007,18(10):2385-2386.

[149] 魏玉清,许兴,王璞.不同地区主要栽培宁夏枸杞品种的RAPD分析[J].西北农林科技大学学报(自然科学版),2007,35(1):91-95.

[150] 孙正风,王金保,马戈,等.宁夏枸杞主产区环境质量现状评价[J].宁夏农林科技,2003(6):69-71.

[151] 刘静,张晓煜.枸杞产量与气象条件的关系研究[J].中国农业气象,2004,25(1):17-21.

[152] 高业新,李新虎,申建梅,等.农业生态地质模式与宁夏枸杞适植性研究[J].现代农业科技,2009(17):303-305.

[153] 张晓煜,刘静,袁海燕,等.枸杞多糖与土壤养分、气象条件的量化关系研究[J].干旱地区农业研究,2003,21(3):43-47.

[154] 许兴,郑国琦,杨娟,等.宁夏不同地域枸杞多糖和总糖含量与土壤环境因子关系的研究[J].西北植物学报,2005,25(7):1340-1344.

[155] 张自萍,史晓文,曹丽华,等.枸杞品质及其与土壤肥力关系的研究[J].中草药,2008,39(8):1238-1242.

[156] 李润淮,李云翔,焦恩宁,等.宁夏枸杞规范化种植及病虫无害化防治[J].2002,4(1):52-56.

[157] 石志刚,王华,焦恩宁,等.宁夏枸杞规范化种植(GAP)基地管理[J].现代中药研究与实践,2003,17(3):7-8.

[158] 罗琼,闫俊,李瑾玮,等.纯品枸杞多糖对小鼠免疫功能的影响[J].中国老年学杂志,1999,19(1):38-41.

[159] Lu Gan, Sheng Hua Zhang, Xiang Liang Yang, et al. Immunomodulation and antitumor activity by a polysaccharide-protein complex from *Lycium barbarum* [J]. International Immunopharmacology, 2004, 4: 563-569.

[160] Raymond Chuen-Chung Chang, Kwok-Fai So. Use of anti-aging herbal medicine, *Lycium barbarum*, against aging-associated diseases. What do we know so far? [J]. Cellular and Molecular Neurobiology, Cell Mol Neurobiol, 2008, 28(5): 643-652.

[161] Olivier Potterat. Goji (*Lycium barbarum and L. chinese*): Phytochemistry, Pharmacology and Safety in the Perspective of Traditional Uses and Recent Popularity[J]. Planta Med, 2010, 76: 7-19.

[162] 冯美,张宁,宋长冰.宁夏枸杞果实生长发育初探[J].种子,2005,24(10):63-65.

[163] 胡正海.植物解剖学[M].北京:高等教育出版社,2010:274-296.

[164] 郑国琦,张磊,王俊,等.宁夏枸杞果实与种子形态发育初探[J].广西植物,2012,32(6):810-815.

[165] 郑国琦,胡正海.宁夏枸杞的生物学和化学成分的研究进展[J].中草药,2008,39(5):796-800.

[166] 吕英明,张大鹏.果实发育过程中糖的积累[J].植物生理学通讯,2000,36(3):258-265.

[167] Davies J N, Hobson G E. The constituents of tomato fruit — the influence of environment nutrition and genotype[J]. Critical Review in Food Science and Nutrition, 1981, 15: 205-280.

[168] Beaudry R M, Severson R F, Black C C, et al. Banana ripening: implications of changes in glycolytic intermediate concentration, glycolytic and gluconeogenic carbon flux and fructose 2, 6-

bisphosphate concentration[J]. Plant Physiology, 1989, 91: 1436-1444.

[169] Hubbard N L, Pharr D M, Huber S C. Role of sucrose biosynthesis in ripening bananas and its relationship to the respiratory climacteric[J]. Plant Physiology, 1990, 94: 201-208.

[170] Macrae E, Quick W P, Benker C, et al. Carbohydrate metabolism during postharvest ripening in kiwifruit[J]. Planta, 1992, 188: 314-323.

[171] Beruter J. Sugar accumulation and changes in the activities of related enzymes during development of the apple fruit[J]. Plant Physiology, 1985, 121: 331-341.

[172] Schaffer A A, Aloni B, Fogelman E. Sucrose metabolism and accumulation in developing fruit of Cucumis[J]. Phytochemistry, 1987, 26: 1883-1887.

[173] 陈俊伟,张上隆,张良诚,等.柑橘果实遮光处理对发育中的果实光合产物分配、糖代谢与积累的影响[J].植物生理学报,2001b,27(6):499-504.

[174] Zimmerman M H, Ziegler H. List of sugar and sugar alcohols in sieve tube exudates[M]// Zimmerman M H, Milbum J A, eds. Encyclopedia of Plant Physiology. New York: Springer-Verlag, 1975: 480-503.

[175] Vizzoto G, Pinton R, Varanini Z, et al. Sucrose accumulation in developing peach fruits[J]. Physiologia Plantarum, 1996, 96: 225-230.

[176] Bianco R L, Rieger M, Sung S J S. Activities of sucrose and sorbitol metabolizing enzymes in vegetative sinks of peach and correlation with sink growth rate[J]. Journal of the American Society for Horticultural Science, 1999, 124: 381-388.

[177] Oparka K J. What is phloem unloading[J]. Plant Physiol, 1990, 94: 393-396.

[178] Patrick J W. Phloem unloading: sieve element unloading and post-sieve element transport[J]. Annu Rev Plant Physiol, Plant Mol Biol, 1997, 48: 191-222.

[179] 郑国琦,罗杰,郑紫燕,等.枸杞果实内蔗糖代谢相关糖分与枸杞多糖和枸杞总糖量积累研究[J].中草药,2008,39(7):1092-1096.

[180] 许兴,郑国琦,惠红霞,等.宁夏枸杞耐盐性与生理生化特征研究[J].中国生态农业学报,2002,19(3):64-69.

[181] Guo-Qi Zheng, Zi-Yan Zheng, Xing Xu, et al. Variation in fruit sugar composition of Lycium barbarum L. and Lycium chinense Mill. of different regions and varieties[J]. Biochem Syst Ecol, 2010,38(3):275-284.

[182] 焦恩宁,石志刚,李云翔.宁夏枸杞优质高产周年灌水管理措施[J].宁夏农林科技,2002(1):54.

[183] 郑国琦,张磊,郑国保,等.不同灌水量对干旱区枸杞叶片结构、光合生理和产量的影响[J].应用生态学报,2010,21(11):2806-2813.

[184] 郑国琦,赵猛,张磊,等.灌水量对枸杞根和茎次生木质部结构和组成的影响[J].西北植物学报,2010,30(11):2170-2176.

[185] 李扬汉.植物学[M].上海:上海科学技术出版社,1978:84-85.

[186] Fincher G B. Molecular and cellular biology associated with endosperm mobilization in germinating cereal grains[J]. Annu Rev Plant Physiol Plant Mol Biol, 1989, 40: 305-346.

[187] Ghiena C, Sehulz M, Sehnabl H. Starch degradation and distribution of the starch-degrading enzymes in Vicia faba leaves[J]. Plant Physiol, 1993, 101: 73-79.

[188] Hagenimana V, Vezina L P, Simard R E. Distribution of amylases with in sweet potato (*Ipomoea batatas* L.) root tissue[J]. J Agric Food Chem, 1992, 40: 1777-1783.

[189] Robinson N L, Hewitt J D, Bennett A B. Sink metabolism in tomato fruit[J]. Plant Physiol, 1988, 87: 727-730.

[190] Beck E, Ziegler P. Biosynthesis and degradation of starch in higher plants[J]. Annu Rev Plant Physiol Plant Mol Biol, 1989, 40: 95-117.

[191] Ohmiya A, Kakiuehi N. Quantitative and morphological studies on starch of apple fruit during development[J]. J Japan Soc Hort Sci, 1990, 59: 417-423.

[192] 王永章,张大鹏. 发育过程中苹果果实的β淀粉酶：活性、数量变化和亚细胞定位[J]. 中国科学(C辑),2002,32(3): 201-210.

[193] 张海艳,董树亭,高荣岐. 植物淀粉研究进展[J]. 中国粮油学报,2006,21(6): 41-46.

[194] 康国章,王永华,郭天财,等. 植物淀粉合成的调控酶[J]. 遗传,2006,28(1): 110-116.

[195] 李培环,董晓颖,王永章,等. 苹果果实发育过程中淀粉代谢和淀粉粒超微结构研究[J]. 果树学报,2002,19(3): 141-144.

[196] Prabha T N, Bhagyalakshmi N. Carbohydrate metabolism in ripening banana fruit[J]. Phytoehemistry,1998,48: 915-919.

[197] 周国忠,刁太清. 猕猴桃果实淀粉含量和淀粉酶活性变化与耐贮性的关系[J]. 果树科学,1997,14(1): 21-23.

[198] 彭佶松,郑志仁,刘涤,等. 淀粉的生物合成及其关键酶[J]. 植物生理学通讯,1997,33(4): 297-303.

[199] 吴维华. 植物生理学[M]. 北京：科学出版社,2003: 118-120.

[200] Yakushiji H, Nonami H, Fukuyama T, et al. Sugar accumulation enhanced by osmoregulation in satsuma mandarin fruit[J]. Journal of the American Society for Horticulture Science, 1996, 121: 466-472.

[201] Chen J W, Zhang S L, Zhang L C, et al. Effects of fruit shading on photosynthate partitioning, sugar metabolism and accumulation in developing satsuma mandarin (*Citrus unshiu* Marc.) fruit [J]. Acta Phytophysiologica Sinica, 2001a,27: 499-504.

[202] Macrae E, Quick W P, Benker C, et al. Carbohydrate metabolism during postharvest ripening in kiwifruit[J]. Planta, 1992, 188: 314-323.

[203] Beaudry R M, Severson R F, Black C C, et al. Banana ripening: implications of changes in glycolytic intermediate concentration, glycolytic and gluconeogenic carbon flux and fructose 2, 6-bisphosphate concentration[J]. Plant Physiology,1989,91: 1436-1444.

[204] 陈美霞,陈学森,慈志娟,等. 杏果实糖酸组成及其不同发育阶段的变化[J]. 园艺学报,2006,33(4): 805-808.

[205] Beruter J. Sugar accumulation and changes in the activities of related enzymes during development of the apple fruit[J]. Plant Physiology,1985,121: 331-341.

[206] Boldingh H, Smith G S, Klages K. Seasonal concentration of nonstructural carbohydrates of five actinidia species in fruit,leaf and fine root tissue[J]. Annals of Botany, 2000,85: 469-476.

[207] Vizzoto G, Pinton R, Varanini Z, et al. Sucrose accumulation in developing peach fruits[J].

Physiologia Plantarum, 1996, 96: 225-230.

[208] 郑国琦,罗霄,郑紫燕,等. 宁夏枸杞果实糖积累和蔗糖代谢相关酶活性的关系[J]. 西北植物学报, 2008, 28(6): 1172-1178.

[209] Qiu-Hong PAN, Ke-Qin ZOU, Chang-Cao PENG, et al. Purification biochemical and immunological charaeterization of acid invertases from developing apple fruit[J]. Journal of Integrative Plant Biology, 2005, 47(1): 50-59.

[210] Zhang L Y, Peng Y B, Pelleschi-Travier S, et al. Evidence for apoplasmic phloem unloading in developing apple fruit[J]. Plant Physiologyl, 2004, 135: 574-586.

[211] Kempers R A. Symplasmic constriction and ultrastructural features of the sieve element/companion cell complex in the transport phloem of apoplastically and symplastically phloem loading species[J]. Plant Physiol, 1998, 116: 271-278.

[212] Partrick J W. Sieve element unloading: cellular path way, mechanism and control[J]. Plant Physiol, 1990, 78: 298-308.

[213] Turgeon R, Beebe D U, Gowan E. The intermediary cell: minor vein anatomy and raffinose oligosaccharide synthesisin the Scrophulariaceae[J]. Planta, 1993, 191: 446-456.

[214] Van Bel A J E, Van Kesteren W J P, Papenhuijzen C. Ultrastructural indications for coexistence of symplastic and apoplastic phloem loading in Commelina benghalensis leaves[J]. Planta, 1988, 176: 159-172.

[215] Christina E OfFėr, David W McCurdy, John W Patrick, et al. Transfer cells: cells specialized for a special purpose[J]. Annu Rev Plant Biol, 2002, 54: 431-454.

[216] 徐青,郑国琦,郑紫燕,等. 枸杞果实ATP酶超微细胞化学定位研究[J]. 西北植物学报, 2009, 29(8): 1568-1577.

[217] 欧阳学智,谢绍萍. 甜菊愈伤组织中的质膜内陷:超微结构和酸性磷酸酶细胞化学定位[J]. 植物学报, 1996, 38(8): 589-593.

[218] 夏国海,张大鹏. 葡萄果肉同化物卸载区细胞间的共质体联系与隔离(英文)[J]. 植物学报, 2000, 42(9): 898-904.

[219] 吕英明,张大鹏,严海燕. 苹果果实韧皮部及其周围薄壁组织细胞的超微结构观察和功能分析[J]. 植物学报, 2000, 42(1): 32-42.

[220] Niu X, Bressan R A, Hasegawa P M, et al. Ion homeostasis in NaCl stress environments[J]. Plant Physiology, 1995, 109: 735-742.

[221] Wei Y Q, Xu X, Tao H, et al. Growth performance and physiological response in the halophyte *Lycium barbarum* grown at salt-affected soil[J]. Annals of Applied Biology, 2006, 149: 263-269.

[222] 黄立华,梁正伟,陈渊. 苏打盐碱胁迫对番茄果实品质的影响[J]. 吉林农业大学学报, 2007, 29(1): 74-77.

[223] 赵智中,张上隆,刘拴桃,等. 高氮处理对温州蜜柑果实糖积累的影响[J]. 核农学报, 2003, 17(2): 119-122.

[224] Bass P. New perspectives in wood anatomy[M]. Nijhoff, Junk: The Hague, 1982: 252-263.

[225] Zimmermann M H. Xylem structure and the ascent of sap[M]. Berlin: Springer, 1983.

[226] 方精云,费松林,樊拥军,等.贵州梵净山亮叶水青冈解剖特征的生态格局[J].植物学报,2000,42(6):636-642.

[227] 邓传远,林鹏,郭素枝.海桑属红树植物次生木质部解剖特征及其对潮间带生境的适应[J].植物生态学报,2004,28(3):392-399.

[228] Lev Yadun, Aloni. Differentiation of the ray system in woody plants[J]. Bot Rev, 1995,61: 49-88.

[229] 邓亮,张新英.生长在太白山上的紫粤丁香木材的生态解剖[J].植物学报,1989,31(2):95-102.

[230] 王昌命,张新英.不同生境下蓝桉的木材解剖研究[J].植物学报,1994,36:31-38.

[231] 李国旗,张纪林,安树青,等.土壤盐胁迫下杨树次生木质部的解剖特征[J].林业科学,2003,39(4):89-97.

[232] James A S, Sarah J G, William R G. Resistance to water stress of *Alnus maritima*: intraspecific variation and comparisons to other alders[J]. Environmental and Experimental Botany, 2005, 53: 281-298.

[233] 寇建村,杨文权,贾志宽,等.不同紫花苜蓿品种叶片旱生结构的比较[J].西北农林科技大学学报(自然科学版),2008,36(8):67-72.

[234] 杨戈,李银芳,古丽努尔.不同水分状况对箭杆杨叶中输导组织及叶肉组织的影响[J].干旱区研究,1995,11(4):24-28.

[235] Chartzoulakis K, Patskas A, Kofidis G, et al. Water stress affects leaf anatomy, gas exchange, water relations and growth of two avocado cultivars[J]. Scientia Horticulturae, 2002,95:39-50.

[236] 樊金拴,陈原国,赵鹏祥.不同土壤水分条件下核桃的生理生态特性研究[J].应用生态学报,2006,17(2):171-176.

[237] 杨惠敏,王根轩.干旱和CO_2浓度升高对干旱区春小麦气孔密度及分布的影响[J].植物生态学报,2001,25(3):312-316.

[238] 孟庆杰,王光全,董绍锋,等.桃叶片组织解剖结构特征与其抗旱性关系的研究[J].干旱地区农业研究,2004,22(3):123-126.

[239] Farquhar G D, Skarkey T D. Stomatal conductance and photosynthesis[J]. Annual Review of Plant Physiology, 1982, 33: 317-345.

[240] 景茂,曹福亮,汪贵斌,等.土壤水分含量对银杏光合特性的影响[J].南京林业大学学报,2005,29(4):83-86.

[241] 林金科.水分胁迫对茶树光合作用的影响[J].福建农业大学学报(自然科学版),1998,27(4):423-427.

[242] Lu C M, Zhang J H. Effects of water stress on photosystem II photochemistry and its thermo stability in wheat plants[J]. Joural Experimental of Botany, 1999,50(336):1199-1206.

[243] Keller E, Ludlow M M. Carbohydrate metabolism in drought-stressed leaves of Pigeonpea (*Canajus Cajan*)[J]. Joumal of Experimental Botany,1993,44(265):1351-1359.

[244] Zushi K, Matsuzoe N. Effect of soil water deficit on Vitamin C,sugar,organic acid,amino acid and cartene contents of large fruit tomato[J]. Japan Soc Hort Sci,1998,67(6):927-933.

[245] 郭海涛,邹志荣,杨兴娟,等.调亏灌溉对番茄生理指标、产量品质及水分生产效率的影响[J].干旱地区农业研究,2007,25(3):133-137.

[246] 钟鉎元,秦垦,洪凤英,等.宁夏枸杞主要农艺性状与产量的相关性分析[J].宁夏农林科技,2008(3):35-36.

第 12 章 绞股蓝

§12.1 绞股蓝的研究概况

绞股蓝[*Gynostemma pentaphyllum*(Thunb.) Makino]为葫芦科(Cucurbitaceae)绞股蓝属(*Gynostemma* Bl.)多年生草质藤本植物,主要分布于中国秦岭及淮河以南地区。绞股蓝以全草入药,主要药用成分为绞股蓝皂苷。绞股蓝皂苷与人参皂苷是同一类物质,所以绞股蓝又被称为是"南方人参"或"第二人参",具有降血压、降血脂、助消化、延缓衰老、调节神经系统和免疫功能的作用,是重要的药食两用植物。本章系统介绍绞股蓝营养器官的形态结构和发育规律、人参皂苷在营养器官中的组织化学定位、皂苷在不同生长季节和不同部位中的积累动态和变化规律、光照和温度对绞股蓝皂苷积累的影响、绞股蓝的繁殖方式,以及绞股蓝与易混淆的乌蔹莓[*Cayratia japonica*(Thunb.) Gagnep.]和雪胆(*Helmsleya chinensis* Cogn. ex Forbes et Hemsl.)的区别。

12.1.1 原植物及其本草考证

1. 中药绞股蓝的原植物

绞股蓝隶属于葫芦科翅子瓜亚科(Subfam. Zanonioideae)翅子瓜族(Tribe Zanonieae)锥形果亚族(Subtrib. Gomphogyninae)的绞股蓝属(*Gynostemma* Bl.)[1-2]。绞股蓝属是 Blume 于 1825 年依据产于爪哇的植物绞股蓝 *Gynostemma pedata* Bl.[*G. pentaphyllum*(Thunb.) Makino]为模式建立的,当时仅有浆果类型。1892 年 Oliver 代 A. Cogniuax 发表了产于中国湖北省房县的心籽绞股蓝(*G. cardiospermum* Cogn. ex Oliv.),从而增加了蒴果类型[3]。1902 年,日本分类学家牧野富太郎(Makino)将绞股蓝的误名 *Vitis pentaphyllum* Thunb. 更正为 *Gynostemma pentaphyllum* (Thunb.) Makino,绞股蓝学名因此而确定[4]。1981 年王正平将绞股蓝属内的蒴果类型移出,组建成一个新属即喙果藤属(*Trirostellum* Z. P. Wang et Q. Z. Xie)[5]。随后薛祥骥[6]、吴征镒、陈书坤[7]及丁建南[8]等对该属展开了形态、生态、染色体及与近似属比较等多方论证,提出将喙果藤属作为绞股蓝属的一个亚属处理是适宜的,这种分类得到普遍认同。此后,王正平[9]、丁建南[10]、陈秀香[11,12]、张智[13,14]、薛祥骥和徐火亮[15]及何顺志[16]等陆续发表了 8 个新种及新变种。由于绞股蓝属在其种系及区系发生发展过程中,为适应环境而形成了一系列的地理或生态变异,使种间群体特征的间断性连续化,种内居群特征的连续性间断化,考虑到绞股蓝及其近缘种的这些特征及都含有皂苷成分的共有性,我们以 1995 年陈书坤[3]的分类系统为基础,采用广义的种的概念,对某些种进行适当的归并和调整后,将绞股蓝属分类系统整理如下:

绞股蓝属分种检索表

1. 果为浆果,球形或扁球形,成熟后不开裂(亚属 1. 绞股蓝亚属,Subgen. Gynostemma)
  2. 果扁球形,具宿存的花冠和花柱。
    3. 茎纤细,圆形,具沟纹。
      4. 叶具 5 小叶,果实三棱状球形,种子长圆形,边缘无沟纹
          ………………………………………… 1. **广西绞股蓝** G. *guangxiense* X. X. Chen et D. H. Qin
      4. 叶具 7 小叶,果实压扁状,倒三角形,种子倒三角形,边缘有圆齿及沟纹
          ………………………………………… 2. **扁果绞股蓝** G. *compressum* X. X. Chen et D. R. Liang
    3. 茎粗壮,三棱形,棱具狭翅 ………………………………… 3. **翅茎绞股蓝** G. *caulopterum* S. Z. He
  2. 果圆球形,只有花冠环痕和 3 枚花柱残留的鳞脐状突起,而非长喙状物。
    5. 叶为单叶 ………………………………………………… 4. **单叶绞股蓝** G. *simplicifolium* Bl.
    5. 叶为鸟足状复叶。
      6. 叶具 3 小叶。
        7. 叶片两面光滑无毛,或仅上表面沿中肋有毛;茎较细弱,仅节上疏被毛;花冠裂片狭披针形,长 2~3 mm ……………… 5. **光叶绞股蓝** G. *laxum* (Wall.) Cogn.
        7. 叶片两面与茎均密被柔毛;花冠裂片长圆状椭圆形,长约 2 mm。
          8. 果实较小,直径 5~6 mm,种子直径 3 mm
            ………………… 6. **缅甸绞股蓝** G. *burmanicum* King ex Chakr. var. burmanicum
          8. 果实较大,直径 8~10 mm,种子直径 5 mm
            ……… 7. **大果绞股蓝** G. *burmanicum* var. molle C. Y. Wu ex C. Y. Wu et S. K. Chen
      6. 叶具(3~)5~9 小叶。
        9. 果梗长不及 5 mm,叶具(3~)5~9 小叶,常 5~7 小叶,两面被短柔毛至上表皮无毛。
          10. 果实光滑无毛 ………………………… 8. **绞股蓝** G. *pentaphyllum* (Thunb.) Makino
          10. 果实密被硬毛状短柔毛 ………………………………………………………………
            ……… 9. **毛果绞股蓝** G. *dasycarpum* (C. Y. Wu ex C. Y. Wu et S. K. Chen) S. K. Chen, Comb. nov.
        9. 果梗长(8~)15~20 mm;小叶 7~9 枚 ……………………………………………
          …………………… 10. **长梗绞股蓝** G. *longipes* C. Y. Wu ex C. Y. Wu et S. K. Chen
1. 果为蒴果,钟状或圆盘状,成熟后自顶端沿腹缝线开裂(亚属 2. 喙果藤亚属,Subgen. Trirostellum (Z. P. Wang et Q. Z. Xie) C. Y. Wu et S. K. Chen)
  11. 果实圆盘状,顶端平截,4~5 个心皮组成 4~5 室,成熟后 4~5 裂(组 1. 五柱绞股蓝组,Sect. Pentastylos S. K. Chen) ………………………… 11. **五柱绞股蓝** G. *pentagynum* Z. P. Wang
  11. 果实钟状,顶端略平截,具 3 枚长喙状物,成熟后 3 裂(组 2. 喙果藤组 Sect. Trirostellum)。
    12. 雌花排列成穗状总状花序,果柄短,长不超过 5 mm。
      13. 柱头新月形,外侧具不规则的裂齿;花丝或细,长 2.5~3 mm,或短粗,长 0.5 mm。

14. 花柱细,长 2.5～3 mm;蒴果具长喙,最长者达 5 mm;种子边缘无沟及狭翅。
　　15. 果实光滑无毛 ………………… 12. **喙果绞股蓝** G. yixingense (Z. P. Wang et Q. Z. Xie) C. Y. Wu et S. K. Chen var. yixingense
　　15. 果实具稀疏的短柔毛及颗籽状毛基 ………………………………………………
　　…………………………… 13. **毛果喙果藤** G. yixingense var. trichocarpum J. N. Ding
　　14. 花柱短粗,长 0.5 mm;蒴果喙短;种子阔心形,边缘具沟及狭翅
　　……………………………… 14. **心籽绞股蓝** G. cardiospermum Cogn. ex Oliv.
13. 花柱 2 裂,叉开,不为新月形,花柱细而短,长不及 0.5 mm。
　　16. 果小,直径约 3 mm,无毛,成熟时具深色斑点;叶具 5 小叶,小叶椭圆形 …………
　　…………………………… 15. **小籽绞股蓝** G. microspermum C. Y. Wu et S. K. Chen
　　16. 果大,直径 5～6 mm,被白色长柔毛,成熟时无斑点;叶具 5～7 小叶,小叶倒卵状椭圆形
　　…………………………… 16. **聚果绞股蓝** G. aggregatum C. Y. Wu et S. K. Chen
12. 雌花排列成疏松的圆锥花序,长 2～4 cm,宽 1.5～2.5 cm,果柄长 8～10 mm ……………
　　…………………………… 17. **疏花绞股蓝** G. laxiflorum C. Y. Wu et S. K. Chen

　　整理后的绞股蓝属植物在中国计有 2 亚属 2 组 15 种 2 变种,加上仅见于加里曼丹岛的 G. winkilerei Cogn. 和 G. hederaefolium Cogn.,全世界的绞股蓝属共有 2 亚属 2 组 17 种 2 变种。中国秦岭南坡的长江流域至西南的云南地区集中了绞股蓝属的 15 种,占世界该属总种数的 88.2%,是绞股蓝属的现代分布和多样性中心。在中国的 15 个种中,有 6 种与热带亚洲的印度、斯里兰卡、缅甸、泰国、中南半岛、马来西亚、菲律宾、印度尼西亚、加里曼丹岛、巴布亚新几内亚和东北亚的朝鲜、日本所共有,它们是绞股蓝、单叶绞股蓝、光叶绞股蓝、小籽绞股蓝、缅甸绞股蓝和毛果绞股蓝,其余的 2 亚属 9 种 2 变种为中国所特有。绞股蓝亚属为热带亚洲分布型,系统发育上较为进化,分布区广,在以上亚洲国家和中国均有分布,喙果藤亚属系统发育上较为原始,分布区较狭窄,只分布于中国,个别种如小籽绞股蓝南达泰国的清迈,为中国所特有的亚属[3]。

表 12-1　绞股蓝属植物在中国各省区的分布

省　份	种　数	绞股蓝种类	文献出处
江苏省	2	绞股蓝;喙果绞股蓝	[17]
浙江省	2	绞股蓝;喙果绞股蓝	[17]
安徽省	5	绞股蓝,光叶绞股蓝;喙果绞股蓝,疏花绞股蓝,毛果喙果藤	[10,17,18]
江西省	2	绞股蓝;喙果绞股蓝	[3,17]
福建省	1	绞股蓝	[17]
台湾省	1	绞股蓝	[17]
河南省	2	绞股蓝,光叶绞股蓝	[19]
湖北省	3	绞股蓝,光叶绞股蓝;五柱绞股蓝*	[17]

(续表)

省　份	种　数	绞股蓝种类	文献出处
湖南省	3	绞股蓝,光叶绞股蓝;五柱绞股蓝	[20]
广东省	3	绞股蓝,单叶绞股蓝,光叶绞股蓝	[17]
海南省	3	绞股蓝,单叶绞股蓝,光叶绞股蓝	[17]
广西壮族自治区	6	绞股蓝,光叶绞股蓝,长梗绞股蓝,广西绞股蓝,扁果绞股蓝;五柱绞股蓝	[3,11,12,14]
四川省	3	绞股蓝,长梗绞股蓝;心籽绞股蓝	[17]
重庆市	2	绞股蓝;五柱绞股蓝*	[21]
贵州省	4	绞股蓝,长梗绞股蓝,翅茎绞股蓝;五柱绞股蓝	[16,17,22]
云南省	10	绞股蓝,单叶绞股蓝,光叶绞股蓝,缅甸绞股蓝,大果绞股蓝,毛果绞股蓝,长梗绞股蓝;小籽绞股蓝,聚果绞股蓝,心籽绞股蓝	[3,17,23]
西藏自治区	1	绞股蓝	[7]
陕西省	3	绞股蓝,长梗绞股蓝;心籽绞股蓝	[17]

注：* 笔者考察发现。

由表 12-1 可见,中国共有 18 个省、市、自治区分布有绞股蓝属植物。从各省区分布的种类来看,以云南省最多,达 10 个种和变种,约占中国绞股蓝种和变种数的 60%,其次为广西 6 种,安徽 5 种,贵州 4 种,其他各省区 1～3 种。表 12-1 同时显示,绞股蓝亚属在国内的分布较广,其中绞股蓝在 18 个省区都有分布,光叶绞股蓝分布于 8 个省区,长梗绞股蓝 5 个,单叶绞股蓝 3 个,其余种只分布于 1 个省区。喙果藤亚属分布区较窄,只见于长江流域的 11 个省区,其中五柱绞股蓝分布于 5 个省区,喙果绞股蓝 4 个,心籽绞股蓝 3 个,其余种只存在于 1 个省区。随着绞股蓝资源普查的深入,各省区绞股蓝新记录、新种和新变种都有可能继续发现,这有利于绞股蓝属区系特征和演化规律的探讨,以及对含绞股蓝皂苷的新药源植物的开发。

2. 本草考证

绞股蓝最早记载于公元 1406 年朱橚所著的《救荒本草》中,作为充饥的野菜食用。其后,明代徐光启在《农政全书》中收录了《救荒本草》的有关绞股蓝的全部文字。由于绞股蓝与葡萄科的乌蔹莓极相似,明代药物学家李时珍在《本草纲目》和清代吴其濬在《植物名实图考》中都把乌蔹莓与绞股蓝混淆为一种,《江苏省药材志》和《中药大辞典》也出现过两种植物异名混杂的情况[4]。

绞股蓝是绞股蓝属内分布最广、资源最丰富的药用植物。但它一直被作为一味普通中药用于消炎解毒、止咳祛痰、治疗慢性气管炎[24]。自 20 世纪 70 年代以来,由于从绞股蓝中分离出了 84 种绞股蓝皂苷,全部具有达玛烷型的基本结构,其中 6 种与人参皂苷结构完全相同,其余大部分种类的水解次级苷与人参皂苷或其次级苷是同一物质[25],并且在抗疲劳、抗衰老、改善心血管和神经系统功能等多方面具有重要生理功效,临床上还用于治疗多种恶性肿瘤,从而对绞股蓝各个领域的研究得到不断深入。

12.1.2 生物学特性

1. 植物学特性

绞股蓝为多年生草质藤本植物,具地下茎。其根系由不定根组成,具多数须根,着生于地下茎上。茎有地上茎和地下茎之分,地上茎细柔,有分枝,五棱形,具槽纹,富韧性,无毛或被短柔毛,茎具卷须,卷须生于叶腋,顶端多分二岔,有攀援性(图12-1a)。较老的茎在触地处可生出不定根。秦岭一带等偏北地区的绞股蓝茎尖在冬季来临前会向地生长,钻入地下,顶端膨大成珠芽以越冬(图12-1e)。地下茎为根状茎,圆柱形,有节,多分枝。绞股蓝的叶膜质至纸质,为鸟足状复叶,具3～9片小叶,常5～7小叶,其上常有表皮毛。小叶片卵状长圆形或披针形,中央小叶长3～12 cm,宽1.4～4 cm,不同产地的绞股蓝小叶数目、形态及大小具有差异。叶为背腹型叶,气孔类型为不定型。

绞股蓝为雌雄异株,花单性,较小。雄花圆锥花序,花序轴纤细,多分枝,长10～15 cm,花梗丝状,基部具钻状小苞片;花萼筒极短,5裂,裂片三角形,先端急尖;花冠淡绿色或白色,5深裂,雄蕊5,花丝短,联合成柱(图12-1b)。花粉为小花粉类型,椭球形或近球形,三孔沟,等极。雌花圆锥花序较小,花萼及花冠似雄花;子房球形,两或三室,花柱3枚,短而叉开,柱头2裂,具短小的退化雄蕊5枚(图12-1c)。果实球形,假果,肉质不裂,径5～6 mm,似豌豆大小,中部具一条环带,为花萼和花瓣脱落后的留下的痕迹(图12-1d)。果实成熟后黑色,光滑无毛,内含倒垂种子2粒。种子卵状心形,径约4 mm,灰褐至灰黑色,侧面有纵沟,表面有光滑型和具纹饰型两个类型。花期7～9月,果期

图12-1 绞股蓝植株、花、果实及珠芽
(a)植物形态;(b)雄花;(c)雌花;(d)果序及果实;(e)茎端的珠芽

9～12月。

2. 植被特性

绞股蓝适生的植被类型较为广泛。在由南到北的水平方向和由低海拔到高海拔的垂直方向都有分布,生长在热带雨林、季雨林、常绿阔叶林、针阔混交林、针叶林和山地灌丛草丛等各种植被类型的林缘、疏林或林窗间隙,而毛竹林和干性的灌草丛中少有绞股蓝分布。生长的山地坡向多为东、东南和北坡。山坡侧面林荫下的直射光照时间较短,漫射光照时间较长,土壤和空气湿度大的环境,适合于绞股蓝的生长要求[3]。对四川青城后山和江津四面山的绞股蓝分布群落抽样调查表明,绞股蓝群落中有78属植物,其中热带成分48属,占61.5%,温带成分29属,占37.2%,中国特有成分1属[21]。对湖南省西北部八大公山国家级自然保护区内的绞股蓝伴生群落特征的研究表明,绞股蓝伴生群落计有47科86属102种维管植物,以蓼科、伞形科、菊科和百合科种类较多,绵毛金腰是伴生群落的优势种,冷水花、吉祥草、楼梯草和箬竹等是绞股蓝的重要伴生种,异叶榕、尾叶山茶和水马桑等是常见的对绞股蓝具有遮阴作用的乔灌层植物[26]。

野生绞股蓝种群的雌雄株比例约为1∶20。王庆亚等[27]采用溴麝香草酚蓝(BTB)测定苗期至营养生长期的植株,发现雌株的提取液为黄色,雄株为绿色,且雄株的内源激素$iPAs$和GA_{1+3}含量显著高于雌株,这为绞股蓝性别的早期鉴定和种源收集提供了便捷的方法。绞股蓝种群中性比偏雄的原因可能是雄性种群通过提高其主枝生物量比的策略而加强营养繁殖功能,同时以高效率(高繁殖效率指数)、高潜力(高繁殖比率)、低消耗(低繁殖指数)的繁殖策略来更加经济地利用资源,促进种群个体数量的增加[28]。

3. 生长特性

绞股蓝具有广泛的生态适应性,自然分布于中国北纬33°以南的广大区域。其生育期一般分为出苗期、放蔓和开花分枝期、旺盛生长期、开花结果期、缓慢生长期和受冻枯萎期[4]。野生绞股蓝在亚热带地区于3月下旬至4月上旬萌发出土,夏季开花,秋季结实,11月下旬左右落叶枯萎,以地下茎方式越冬。但湖南部分地区的绞股蓝冬季并不落叶,而海南岛绞股蓝的物候期要比其他地区提前一两个月。在亚热带地区,绞股蓝的青绿期约240 d,自然寿命10年[29]。生境适宜时,当年生枝种群的出生率高,死亡率低,亏损个体较少;生境恶劣时,种群通过提高出生率而增强种群的适合度,维持种群的延续[30]。

绞股蓝系喜温植物,在中国秦岭以南的地区多有分布,温度高低是决定其地下茎出苗和生长快慢的主导因子。15～16 ℃为北方地区绞股蓝地下茎出苗的最适温度[31],夏秋季的绞股蓝生长速度最快,如陕西的绞股蓝在6～8月的生长最旺盛,7月中旬藤蔓可长达1.5 m以上。海南岛绞股蓝的平均蔓长可达4.3～4.4 m。超过30 ℃易受日灼危害,轻霜冻影响不大,连续3～5 d的零下低温会使植株受到冻害[4,32]。绞股蓝属于昼夜连续生长型,生长初期夜间的生长量小于白天,盛夏时则高于白天,阴雨天的生长量高于晴天[33,34]。

绞股蓝属中性偏阴类群,喜散射光。光资源通过改变绞股蓝生物量的分配来影响攀援茎的生长行为和繁殖行为,幼苗的形态和生长对不同光环境具有可塑性,其茎长与茎生物量比例以及株高随光照的减弱而增加,以有利于寻找到外界的支持物[35]。一定强度的光照才能促使绞股蓝开花结果,野生类群多生长在郁闭度为 0.5～0.7 的乔灌疏林中,过于阴蔽环境下的绞股蓝不开花,过强的光照则抑制绞股蓝生长。在华中地区,全日照光的 65%～75%光强时,果实和种子量最大,发芽率最高[36]。光照强度也能控制水溶性糖的动态变化[37],但光强对组织培养的绞股蓝总皂苷含量并无显著影响,却能提高总黄酮的含量[38]。因此,光照条件是绞股蓝人工栽培所要考虑的主要因素。

绞股蓝喜湿润,多生长在林缘、疏林及灌丛中,附近常有溪沟或潜水,相对空气湿度在 70%～100%之间。绞股蓝对水的需求量较大,充足的雨量能有效促进其增产,但月降雨量不一定与生长量成正比,只有当降雨量、温度、雨日、光照等生态因子协调时,小降雨也能造成大湿度的生态环境,促使植物生长,干燥气候下的绞股蓝则发育缓慢,植株细弱[39-40]。降雨也是影响绞股蓝皂苷、多酚类化合物积累的重要的气候因子[37,41]。绞股蓝对土壤的要求不严格,多种土质甚至冲积的细砂土和石灰岩缝隙均可生长,但以富含腐殖质、pH 5.5～7.5 的疏松土壤最佳,在微酸至微碱性土壤中也能正常生长[32,36]。

绞股蓝的花期约在 7 月中旬,圆锥花序具有边开花边结果的特性,因此开花结果期较长,其中,雄花比雌花约早开 15～20 d,雌花开后 15～20 d 开始坐果,约 11 月下旬后果实成熟,果皮和种皮变黑。

4. 生理特性

绞股蓝的净光合速率日变化曲线呈双峰型,具"午休"现象,净光合速率上午峰值高于下午,植物蒸腾速率和气孔导度之间具显著的相关性[42-44]。绞股蓝要求的土壤含水量一般为 25%～40%,萎蔫时的土壤含水量为 12%,土壤含水量<20%的干旱状态及>60%的重湿态都会使生长速度减缓,光合速率下降,产量降低[45]。干旱时有机物向根系积累,根系膨大变粗肉质化,为逆境休眠作准备,重湿时则须根数量增加,长度减少,伸展性降低[46]。在水分胁迫下,可溶性总糖和游离脯氨酸含量增加,以产生渗透调节作用。但随着胁迫的加剧,酶促和非酶促膜保护系统能力均下降:超氧化物歧化酶(SOD)、过氧化物酶(POD)和过氧化氢酶(CAT)活性减弱,抗坏血酸(AsA)含量降低,导致氧自由基增加,膜脂过氧化,丙二醛(MDA)剧增,最终使植物遭受伤害[47]。

绞股蓝的超氧化物歧化酶同工酶谱为 12 条带,其活性和对热稳定性均为野生型优于大棚栽培型,过氧化物酶带 21 条,其活性表现为叶片＞茎部＞叶柄＞卷须＞根系[48,49]。过氧化物酶活性既受外源激素的影响,如在培养基中添加 NAA,阴极区的同工酶带活性增强,添加 BA 则在阳极区产生新的酶带[50,51],又与细胞分化状态有关,悬浮培养的细胞显示出 4 条酶带,细胞处于分化状态时酶活性较高,脱分化状态时活性较低,而固体培养的愈伤组织则有 5 条同工酶带[52]。绞股蓝的脂酶酶带为 14 条,细胞色素氧化酶带 18 条[53]。袁带秀等[54]对五柱绞股蓝、广西绞股蓝和绞股蓝 3 种植物的 POD、EST(脂酶)和 SOD 同工酶进行了比较研究,结果表明:3 种绞股蓝的 3 种同工酶谱带不同,3 种同工酶在广西绞股蓝上表现最强,3 种同工酶在同一物种不同器官中的表达具有一定差异,以叶中的表达最强,茎次之,根最弱。由同工酶推断 3 种绞股蓝的亲缘关系为：绞股蓝与广西绞股蓝亲缘关系较近,与五柱绞股蓝亲缘关系较远。

5. 细胞和分子生物学特性

(1) 细胞和分子生物学特性　绞股蓝属的染色体基数为 X＝11,喙果藤亚属的染色体倍性为 $2n＝22,66,88$,绞股蓝亚属的染色体倍性较为活跃,为 $2n＝22,44,66,88$[3]。绞股蓝的体细胞染色体数通常为 $2n＝22$,但四、六、八倍多倍体现象也较为普遍,高倍性植株比二倍体和四倍体植株稍大,其居群常生长在极湿润且阳光不充足的阔叶林中[6,55-57]。有报道对绞股蓝与铁皮石斛的原生质体进行杂交融合,得到了产量高、纯度高、活力强、有分裂能力的叶肉杂种细胞[58],这为中药材的改良提供了新的途径。

绞股蓝的主要有效成分是人参皂苷,已知人参皂苷为异戊二烯单位构成的四环三萜类化合物。异戊烯基焦磷酸(IPP)途径是其合成的必经途径,其中法呢基焦磷酸(FPP)在鲨烯合成酶(squalene synthase, SS)催化下生成鲨烯,鲨烯在鲨烯环氧酶(squalene epoxidase, SE)的催化下,合成 2,3-环氧鲨烯,继而由 2,3-环氧鲨烯在氧化鲨烯环化酶(oxidosqualene cyclases)催化下生成多种类型的甾醇和三萜类化合物。由于对此后的人参皂苷的合成途径尚不十分清楚,因此鲨烯成为萜类代谢途径中的重要前体物质,鲨烯合成酶和鲨烯环氧酶即为三萜类物质代谢途径中的关键酶之一,是人参皂苷生物合成特有途径的重要调控位点[59,60]。

绞股蓝皂苷合成关键酶鲨烯合成酶的基因序列和鲨烯环氧酶的基因序列已于 2009 年被测出(GenBank 登录号分别为 FJ906799 和 FJ906798)。蒋军富等[61]根据已报道的植物鲨烯环氧酶基因 cDNA 序列的保守区域设计引物,利用 RT－PCR 和 RACE 技术,对绞股蓝 SE 基因进行克隆及序列分析。结果表明,绞股蓝 SE 基因 cDNA 全长为 1 818 bp,编码一个由 525 个氨基酸残基组成的多肽。绞股蓝 SE 基因编码的氨基酸序列中含有 52.4％的非极性疏水性氨基酸,26.1％极性中性氨基酸,9.0％酸性氨基酸,12.6％碱性氨基酸。Blast 结果显示,绞股蓝 SE 基因核苷酸序列与其他已报道的植物 SE 基因相似性为 73％～82％,推导的氨基酸序列相似性为 63.2％～79.4％。SE 氨基酸序列进化分析发现,绞股蓝与绿珊瑚、拟南芥亲缘关系较近。

(2) 基因工程的应用　林毅等[62-66]从绞股蓝中分离得到一种抗烟草花叶病毒(TMV)的新的核糖体失活蛋白(RIP),命名为 gynostemmin,相对分子质量约为 27×10^4,其 N-端 19 个氨基酸序列与葫芦科植物 RIP 的同源性为 37％～73％。他们继而分离出了 13 个 RIP 编码基因。通过对绞股蓝总 DNA 进行 PCR 扩增,获 609 个碱基,编码 203 个氨基酸。将其 DNA 部分片段和 cDNA 序列插入到表达载体 pGEX－2T 的 BamHI/EcoRI 位点处,构建了与谷胱甘肽 S-转移酶(GST)融合表达的载体,诱导表达和序列测定验证读码框的结果表明,C-末端缺失和完整的绞股蓝 RIP 在大肠杆菌 DH5a 菌株中实现了融合表达。他们把 cDNA 序列插入 pKYLX7135S^2 植物表达载体的 HindIII/SacI 位点处,构建了适于在双子叶植物中表达的载体,并以三亲交配法转入土壤农杆菌 LBA4404,用于转化烟草品种 K-326。分子鉴定表明,绞股蓝 RIP 基因已经整合到再生烟苗的基因组中并发生了转录。费厚满等[67]利用发根农杆菌感染绞股蓝叶外植体,转化率达94%,并测得毛状根中的皂苷含量约为自然根的2倍。绞股蓝的分子生物学及基因工程的研究结果为利用绞股蓝RIP基因培育抗病虫作物新品种和工厂化生产皂苷奠定了基础。

6. 繁育特性

(1) 种子萌发特性　绞股蓝种子中含有抑制物质,具休眠现象,自然条件下新采种子需要2～3月才能萌发,但用流水冲洗种子3 d、28 ℃培养,则能打破休眠[68]。种子在黑暗条件下才能萌发,其萌发的最适温度为25～28 ℃,播种后5 d的萌发率可达90%以上[69]。不过也有研究指出,光照下绞股蓝种子同样能够很好地萌发,如在光照恒温培养箱中的种子,光照下以20 ℃时种子的萌发率最高,可达56.00%,幼苗生长状况良好;在此条件下,用0.05 mg/L的GA3处理绞股蓝种子2 h,能够显著提高绞股蓝种子的发芽势、发芽率、下胚轴长和根长[70]。

(2) 营养繁殖

① 自然营养繁殖:绞股蓝在自然条件下以营养繁殖为主,绞股蓝的茎分为地上茎和地下茎,其匍匐于地面上的茎节可生出不定根伸入土层,节上长出新芽,成为植株。绞股蓝粗大的地下茎有节,其叶腋内的腋芽和茎端的顶芽伸出地面后均可发育成新的植株。在华中、西安等地的冬季来临前,绞股蓝藤蔓顶端从空中下垂,钻入土中,其前端的节间缩短膨大,成为珠芽,珠芽可形成多枝,在土中越冬,地上的藤蔓则枯死(图12-1e)。珠芽作为独立的繁殖群体,来年可萌发成多株绞股蓝,但在湖南一带,绞股蓝地上藤蔓不会形成珠芽,甚至在冬季也不会枯死,这主要与温度有关。

② 人工营养繁殖:自然生长的绞股蓝种群中的雌株较少,生产中要大量采种较为困难。因此,绞股蓝种苗的生产主要采用人工营养繁殖。生产上常采用地下茎分株、地上茎扦插和叶的扦插繁殖以及压条繁殖来进行绞股蓝育苗。

地下茎分株:又称根茎繁殖或埋根育苗。在春季3～4月或秋季9～10月,挖出绞股蓝地下茎,将丛生的茎枝分开成单枝,或单枝剪成每段含有两三节的小段。苗床按行株距50 cm × 30 cm开穴,穴下施少许复合肥作底肥,盖上5 cm厚的松土,植入绞股蓝地下茎段,覆上细土即可。若土壤较干旱时要及时浇水保湿。根茎的种植密度约5 000株/亩,种苗约50 kg/亩。

扦插繁殖:扦插育苗是绞股蓝繁殖的重要手段,它既简单易行又能保持母本的优良性状。绞股蓝扦插取材部位以地上茎(藤蔓)的基部和中部为佳,扦插基质以河沙最好,也可以在大田直接扦插,搭棚遮阴,4～6月份扦插10 d后可普遍生根,成活率可达90%以上。扦插后3～5 d在插条茎节处即产生不定根,第7 d不定根形成一级侧根,第10 d形成二级侧根。插条茎节不定根形成比基部切口处节间不定根形成早2 d,但切口处形成的不定根数量较多。10 d后地下腋芽开始萌动,20 d后由腋芽萌发形成的新梢陆续钻出地面。用生长素或萘乙酸处理绞股蓝茎或地下嫩茎,能有效地促进出苗和生根。吴永朋等[71]报道,在全光喷雾条件下,吲哚乙酸(IAA)处理的绞股蓝插穗的平均发根数和最长的根长都显著高于吲哚丁酸(IBA)和萘乙酸(NAA)及无激素处理组。

叶的扦插繁殖[72]则在9月中下旬进行,从绞股蓝植株上剪取健壮的复叶,连同叶柄及其着生的茎节一同剪下,带有完好的腋芽。将茎节插入疏松肥沃、排水良好的苗床,叶柄入土深1 cm,行株距12 cm × 20 cm,插后将土壤稍压实,浇透水。当气温降至12 ℃以下时,应在苗床上覆盖薄膜,第二年春天视气温回升情况揭去薄膜,按常规技术管理。叶的扦插可以有效地增加绞股蓝的繁殖系数。

压条繁殖:在生长季节,将绞股蓝的藤蔓平放在栽培地的土畦行间,用土压紧,每节都可生出新芽和新根,约40 d左右,当新枝梢达到20 cm的定植标准时,即可切割另植[73]。

(3) 有性繁殖 有性繁殖即用种子来进行繁殖。11~12月收集成熟绞股蓝果实或带果枝蔓,晾干,于通风干燥处储藏。翌年3~4月地温10 ℃左右时,在播种前搓去果皮,选取黑褐色的成熟种子,在30 ℃温水中浸泡过夜,捞出晾干水分即可播种。可在整平耙细的苗床上条播或穴播。条播按行距30~40 cm横向开浅沟,沟深5 cm,宽10 cm。将种子与5倍的细砂混合后均匀撒入沟内,覆细肥土,淋透水即可。当幼苗出现4~5片真叶时,即可移栽。穴播按行株距60 cm× 30 cm挖穴,穴深2 cm,每穴播种5~8粒,覆薄细肥土。绞股蓝播种量约为1 kg/亩,种子播后约20 d左右出苗。移植后的大田栽植密度为6 000~8 000/亩,1 m宽的畦面上开2行栽植沟,深、宽各10~15 cm,行株距30 cm×10~15 cm。

绞股蓝种子的发芽率可随种源和储藏时间而不同,种子应在低温干燥的环境条件下保存,储存超过1年种子即失去活性。有报道称绞股蓝种子中含有抑制物质,具休眠现象,故种子萌发率较低[74]。但前一年的种子在第二年后播种,即使不经任何处理,其萌发率也可达到90%以上。

(4) 组织培养 组织培养具有繁殖种苗周期短、繁殖速度快和繁殖系数高等优点,可在短期内获得大量种苗,又能保持种苗的遗传稳定性,是科学研究和生产栽培中的重要手段。绞股蓝的组织培养的程序主要有外植体选择—消毒—接种—愈伤组织及芽的诱导—继代培养及丛生芽的增殖—生根诱导—炼苗—移栽等过程。其培养基通常是在MS培养基的基础上,加上适量的6 - BA、NAA、IAA的培养基作为芽诱导、继代培养和生根培养基,培养温度一般为24~26 ℃,光照10~12 h,光照强度1 500 lx左右。试管苗通过炼苗后移栽极易成活。

以营养器官为外植体的组织培养:茎尖的组织培养是取绞股蓝茎尖,接种于附加不同浓度6 - BA和NAA组合的MS培养基中,以(MS + 1 mg/L 6 - BA + 0.1 mg/L NAA)的培养基最为适宜。培养25 d茎尖长成丛生芽。当外植体茎尖长出20个左右的芽苗时,分割芽苗进行继代培养增殖,接种在(MS + 1 mg/L 6 - BA + 0.1 mg/L NAA)的增殖培养基中,每隔20 d左右继代培养1次,可增多次。当芽苗伸长到2 cm左右时,可分离出无根芽苗培养于不含激素的MS培养基中培养,8 d左右,幼苗形成根,到20 d左右即形成完整的植株[75]。茎段的组织培养是取绞股蓝的有节茎段为外植体进行组织培养。其适宜的芽诱导培养基为(MS + 6 - BA 4.0 mg/L + IAA 0.5 mg/L),继代增殖培养基为(MS + 6 - BA 2.0 mg/L + IAA 0.3 mg/L),生根培养基为(1/2MS + NAA 1.0 mg/L)。在此条件下,绞股蓝的诱导增殖、继代培养、生根及移植成活都较高[76]。

以花芽为外植体的组织培养:与上述方法相比,用花芽作为外植体进行组织培养是解决绞股蓝种苗的另一途径。花芽培养的诱导分化率高,生长快,污染率低,且操作简便,得到的幼苗整齐一致。其主要方法是以 MS 培养基为基本培养基,在基本培养基中附加不同浓度的 6 - BA 和 NAA 组成不同的培养基。愈伤组织及芽的诱导最适宜的培养基为(MS + 1.2 mg/L 6 - BA + 0.2 mg/L NAA),花芽接种于芽诱导培养基中培养 16 d 后,在外植体周围即能产生丛生芽。继代培养及丛生芽增殖的最适宜的培养基为(MS + 1.0 mg/L 6 - BA + 0.1 mg/L NAA)。在此培养基中,12 d 后从芽苗基部长出丛生芽。每个芽苗可分化出 1 500 多个芽,平均 21 d 增殖 1 次。诱导生根的最适培养基为(MS + 0.5 mg/L NAA),增殖芽转入 10 d 后基部逐渐长出根,20 d 即可开瓶炼苗[77]。此外,人们通过对绞股蓝的细胞培养,也能获得再生植物。细胞培养的细胞来源于绞股蓝幼茎组织培养产生的愈伤组织,经液体悬浮培养,原生质体的游离和培养,再转移到固体培养基上,最后培养分化成完整的植株[78]。由于绞股蓝细胞培养的过程复杂,成本较高,在生产上尚未有规模性的应用。

12.1.3 化学成分及药理作用

1. 一般化学成分

绞股蓝植物体含有多种化学成分,现按一般化学成分和主要药用成分简介如下:

(1) 氨基酸 绞股蓝中含有 18 种氨基酸,其中人体必需氨基酸中的赖氨酸、亮氨酸、异亮氨酸、蛋氨酸、苏氨酸、苯丙氨酸等 6 种含量较高,赖氨酸、亮氨酸和缬氨酸含量显著高于多种果蔬类。这些氨基酸是维持动物机体正常代谢、生长、内分泌、生殖和养殖生产中各种畜禽产品所必需的营养成分。绞股蓝全草的不同部位氨基酸总含量不同,以叶最高,其次是茎,含量最低的是根,8 月采收的绞股蓝中氨基酸含量最高[79-83]。

(2) 多糖 绞股蓝中含有果糖、葡萄糖、半乳糖和低聚糖等糖类成分,叶中所含游离糖高于茎。绞股蓝多糖具有复杂而多方面的生物活性,对提高机体免疫力、抗癌、抗放射都有一定的作用。多糖的水解产物中均含有鼠李糖、木糖、阿拉伯糖、葡萄糖和半乳糖成分。绞股蓝叶中的多糖含量高于茎[83-85]。

(3) 微量元素 绞股蓝中含有丰富的矿质元素,报道的种类达 23 种。钙、磷、钾、钠、镁等为人体必需的常量元素,铁、锌、铜、锰、铬、钼、硒、镍、钒、硅、硼等为人体必需的微量元素。微量元素与人体和动物的生命活动密切相关,是调节代谢、抗癌防老的重要物质,而绞股蓝中对身体有害的铅、镉元素含量符合国家食品卫生标准。绞股蓝微量元素含量有产地差异,叶的含量高于茎[86-88]。K 和 P 在营养生长期中的含量高于花果期,而 Ca 在花果期的含量高于营养期,S 的含量在生长发育后期呈上升趋势[89]。

(4) 维生素、磷脂及其他成分 绞股蓝还含有一定量的维生素 B、维生素 C、维生素 E

和磷脂,它们能有效维持机体的正常生命活动、保持生物膜结构和功能及调节新陈代谢[90-91]。绞股蓝中还含有机酸如丙二酸,以及蛋白质、脂类和纤维等,有的类群因含有甜茶内酯而具甜味[25,92]。

2. 主要有效成分

(1) 绞股蓝皂苷 绞股蓝皂苷的结构通式为:

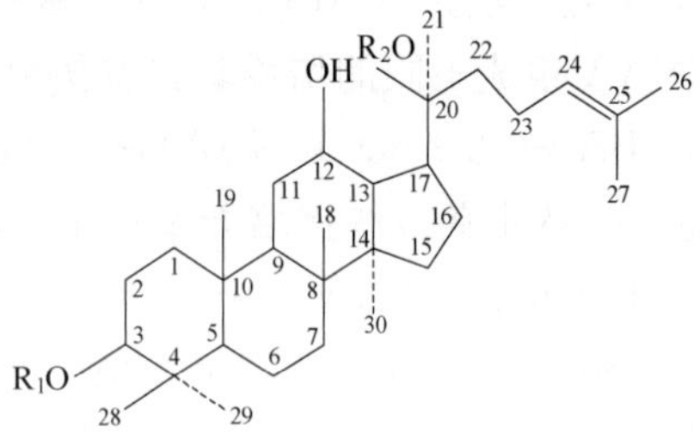

图 12 - 2 绞股蓝皂苷的结构通式

其特点表现为:① 所有绞股蓝皂苷都具有达玛烷型的基本结构;其中绞股蓝皂苷 39、40、41、51、53 等 5 种是 R 构型,其余均为 S 构型。绝大部分绞股蓝皂苷的达玛烯双键在 C_{24-25} 位,仅 3 种(绞股蓝皂苷 60、68、69)在 C_{23-24} 位和一种(绞股蓝皂苷 71)在 C_{25-26} 位。糖基主要连在 C_3 和 C_{20},是由葡萄糖、鼠李糖、木糖及阿拉伯糖构成的单、双糖或三糖。② 构成绞股蓝的苷元共有 18 种,其中最主要的是 20(S)-原人参醇(Ia)和 2α-羟基-20(S)-原人参二醇(Va)。③ 有 6 种绞股蓝皂苷与人参皂苷完全相同,即绞股蓝皂苷 3、4、8、12 分别与人参皂苷 Rb_1、Rb_3、Rd、F_2 是同物异名,m - Rb_1 和 m - Rd 是绞股蓝和人参的共有成分。此外,绞股蓝皂苷 3、4、5 经弱酸水解生成的次级苷绞股蓝皂苷 5 - AH 与人参皂苷 Rg_3 是同一种物质;绞股蓝皂苷 1~17、58、75、m - Rb_1、m - Rd、m - 5 等共 22 种皂苷经纤维酶或其他糖苷酶水解生成的次级苷 A_1 与人参皂苷产生的次级苷"化合物 K"是同一物质。④ 从结构分析,有的绞股蓝皂苷正好是别的皂苷失去部分糖基的产物。由于达玛烷型皂苷具热不稳定性,而一般的皂苷提取都要经过热处理,因此尚难肯定 84 种绞股蓝皂苷是否全部都是植物体的原生成分。⑤ 迄今未发现以原人参三醇为苷元的绞股蓝皂苷。人参三醇组皂苷对中枢神经具有兴奋作用,而人参二醇组皂苷具有抑制作用,故绞股蓝不像人参那样具有双重功效,这是两者药理作用的不同之处[25]。

人参皂苷属于四环三萜类化合物,其合成过程总体上可分为四步,由胞质中的 3 分子乙酰 CoA 通过乙酸、甲羟戊酸途径合成异戊烯二磷酸(IPP)。在异戊烯转移酶的参与下,IPP 重复叠加形成一系列异戊二烯二磷酸同系物,作为多种萜类的直接前体。烯丙基异戊二烯二磷酸在特异的萜类合酶的作用下,产生萜类骨架,三萜就是由 2 分子的 FPP (法呢基二磷酸)分子缩合而成的鲨烯经过氧化、环化后形成的。通过氧化还原反应,对三萜骨架进行次级酶修饰,产生具有特异化学特性及功能的天然产物,如在 2,3 -环氧角鲨烯处产生分歧,分别形成皂苷和甾醇[93]。

绞股蓝总皂苷的提取常用水提法、醇提法和超声波辅助提取法[94-96]。粗总皂苷的分离与纯化常用溶剂分离法、萃取分离法、色谱分离法和透析分离法,进而使用化学方法、红外光谱、^{1}H 核磁共振谱、^{13}C 核磁共振谱和质谱等方法确定各皂苷的具体结构。薄层层析及薄层层析扫描法是定性或定量测定绞股蓝皂苷的常用方法[97,98]。光谱法也广泛用于皂苷的定性鉴别或定量测定[99,100]。绞股蓝皂苷定量测定常用的方法为比色法和高效液相色谱法,常用人参皂苷 Rb_1、人参总皂苷或绞股蓝总皂苷作为标准品。

(2) 黄酮 绞股蓝所含黄酮类化合物主要有商陆素、异鼠李素、槲皮素、商陆苷、芸香苷等。叶中总黄酮含量高于茎,以 10 月中旬含量最高。李馨芸等[89]测定的绞股蓝全草中的总黄酮含量在 4~11 月内表现为先上升后下降,总黄酮含量在 7 月最高。组织培养中的光照、30 g/L 的蔗糖、40 g/L 葡萄糖、0.1% 的琼脂糖都有利于总黄酮的积累[38,101]。刘芳等[102]采用分形理论与小波变换的方法对绞股蓝进行了指纹图谱的特征提取,利用相似度计算对绞股蓝药材进行质量评价。发现 HPLC 的紫外吸收图谱中大多数色谱峰的最大吸收波长为 255 nm 和 369 nm,与黄酮类物质的特征吸收带一致,因此建立了主要反映药材中黄酮类成分的分布情况的绞股蓝指纹图谱。

3. 药理学研究和临床应用

绞股蓝毒理试验表明,绞股蓝性微温,毒性很低,无积蓄性,三致试验阴性[103]。有关绞股蓝的生理功效、药理学研究和临床应用等已有大量报道,概括起来主要表现在以下几个方面[104-115]。

(1) 对心、脑、血管作用的研究 绞股蓝能对抗氧自由基对心脏的损伤,保持心肌细胞膜的完整性,改善心肌急性缺血时心肌舒张功能,对抗心肌缺血所致心肌不可逆坏死。绞股蓝对脑缺血也有较好的保护作用,能显著提高大脑细胞对急性缺氧的耐受性。对主动脉平滑肌具有松弛作用,从而降低血压。绞股蓝能抑制血清中胆固醇、过氧化脂质的增加,故能降低血脂,有助于血糖降低。

(2) 抗肿瘤的作用 体内外实验表明,绞股蓝对多种诱变、肿瘤具有抑制和直接杀灭作用,临床上已用于治疗胃癌、直肠癌、子宫癌、食道癌,胆、胰、肾、肺、肝、舌癌及肉瘤等。绞股蓝产生抗肿瘤的效应被认为与皂苷结构有关,凡在达玛烷型通式 20 位、21 位碳原子处连接有游离羟基的皂苷均有抗癌活性。绞股蓝皂苷一方面能增加机体自身杀伤原位肿瘤细胞的能力,另一方面能及时清除从原位瘤分离而进入血管及淋巴管的瘤细胞,从而使瘤细胞的侵袭受到抑制。绞股蓝皂苷还能抑制癌细胞 DNA、RNA 及蛋白质的合成,参与和影响机体内的一些代谢酶系统,表现出良好的抗癌功能。

(3) 增加免疫的功能 绞股蓝是一种与人参相似的免疫增加剂,具有广泛的抗辐射、抑制排异反应、增强机体免疫力的机能。皂苷能促进体液免疫和细胞免疫,明显提高小鼠空斑形成细胞和血凝抗体效价,明显增强小鼠的迟发超敏反应,从而提高带瘤动物的免疫力。绞股蓝浸提液能降低大鼠渗出性炎症及增强性炎症,增强吞噬细胞的吞噬功能,提高特异性抗体溶血素含量及 T 细胞介导的 DTH 反应。

(4) 抗衰老、提高运动耐力 绞股蓝具有降低氧化和清除自由基损伤、延缓衰老的作用。如绞股蓝皂苷能延长果蝇孵化时间而延长果蝇成虫期寿命。通过用人皮肤细胞体外培养和小鼠游泳疲劳试验证明绞股蓝皂苷有防止细胞衰老、抗疲劳和延长寿命的作用。采用绞股蓝胶囊和刺五加片对比治疗观察患有一般衰老症状的患者及离退休人员(150例)2个月,结果表明绞股蓝治疗有效率达80%以上。

(5) 对消化道溃疡及其他生理病理的作用　绞股蓝皂苷能治疗用水浸大鼠造成的急性胃溃疡以及醋酸性胃溃疡,降低溃疡系数,用于治疗胃炎、十二指肠溃疡的效果也十分明显。绞股蓝能抑制胆结石的形成。另外,还能有效改善神经系统功能、调节内分泌活动,具有镇静、镇痛和减肥作用,抗抑郁作用,有可能成为一种新型抗精神病药物。绞股蓝还用于治疗白发、失眠症、激素副作用等病症,中医疗法用以提高性激素水平和补气温阳。

12.1.4　产品开发及应用

医疗保健功能是评价绞股蓝资源质量的基本依据[116],由于绞股蓝具有无毒副作用、资源较多、价格低廉等特点,集医疗、保健和营养功效为一体,被誉为"南方人参",其产品开发和综合开发利用得到了长足发展。

1. 绞股蓝产品

日本自20世纪70年代就开始制成了绞股蓝系列医药品和保健食品,美国近年来也从中国进口绞股蓝原料开发系列产品。中国国家科委曾把绞股蓝列入"星火计划"内的名贵中药材项目,加以推广开发。经中国专利信息中心网站检索,迄止2012年,涉及绞股蓝的产品授权专利达1 426项,其中发明专利1 379项,实用新型专利6项,外观设计专利41项。各地相继开发的绞股蓝产品包括医药保健品系列、食品系列、化妆品系列、饮料系列、茶系列、烟系列、酒系列等,具有良好的经济效益。

2. 绞股蓝作为饲料添加剂的应用

含绞股蓝等中草药的饲料添加剂,具有无抗药性、无药残、无毒副作用等优势,还含多种氨基酸、维生素、常量和微量元素等成分,既可补充营养,又能促进动物体内一些重要激素和酶的合成,增强分泌功能和机体代谢,提高增重率和繁殖性能,增强免疫力,符合当代饲料添加剂的发展趋势[117]。

(1) 增重育肥　以绞股蓝为主、配以陈皮和甘草等中草药制成的添加剂,对50日龄猪34 d的增重试验显示,添加剂按日粮的1%添加,增重效果明显,日增重比对照组提高35.7%,饲料利用率提高25.2%。给断奶猪日粮中添加1%绞股蓝,仔猪的料肉比降低30%,日增重提高9.21%,且能防止猪下痢和死亡。包括绞股蓝在内的某中药组方能使试验肉猪日增重提高20%。对2月龄肉兔的45 d试验表明,按1%～2%比例在日粮中加入包括绞股蓝在内的添加剂的试验兔相对增重百分比达117%～118%,而单位增重的耗料量降低。35日龄试验兔50 d内的体重也显著提高,其中以5%比例添加的试验组比对照组增重率提高18.2%。用1%的以绞股蓝为主配合的中草药饲料添加剂喂饲肉鸡20 d,试验鸡平均日增重提高54.6%,饲料转化率提高20.1%。

(2) 增强免疫力　用包括绞股蓝在内的中草药配成某中药,连续5 d给鸡饮水供药,

20 d后发现试验鸡的脾脏系数和法氏囊系数增高,免疫功能增强。由绞股蓝等中草药配成的组方还能有效预防和治疗多种畜禽寄生虫病,将1%的添加剂提前3 d喂食雏鸡,能有效预防鸡柔嫩艾美耳球虫的感染。由绞股蓝皂苷等组成的复方制剂能有效地抵抗鸡球虫的卵囊感染,保持血液各项指标的相对恒定。每15～30 d对肉猪给上述中药组方一次,对猪蛔虫、鞭虫、肺丝虫、类圆线虫的驱净率能达95%～100%,杜绝虫卵对环境的污染。绞股蓝饲料添加剂也能减少肉兔的发病和死亡,提高成活率。

(3) 提高产蛋量　绞股蓝饲料添加剂还能显著提高蛋鸡的生产性能。饲料中添加0.8 mg/kg绞股蓝的试验组蛋鸡比对照组的平均蛋重提高3.04%,料蛋比降低8.10%,产蛋率提高3.92%。绞股蓝提高鸡产蛋量的原因可能与绞股蓝具性激素的作用有关。此外,绞股蓝饲料添加剂还能改善畜禽的生活习性和外观,如使肉猪食欲增加,体表老皮脱落,毛顺有光泽,皮肤红润,喜睡不闹栏等生活习性,有助于猪的生长发育。

§12.2　绞股蓝的形态结构特征

12.2.1　根的形态结构

绞股蓝缺乏主根,根系相应不发达,主要由茎节上的不定根及其支根组成。幼根的初生结构由表皮、皮层和维管柱构成。表皮细胞1层,皮层由四五层薄壁组织细胞构成,最内1层是内皮层,后期有凯氏带增厚。维管柱最外侧为由1层薄壁组织细胞组成的中柱鞘,初生木质部二至四原型,初生韧皮部细胞较小,与初生木质部相间排列。老根的次生结构由次生维管组织和周皮构成(图12-3),周皮形成后,表皮和皮层先后剥落。次生维管结构包括次生木质部和次生韧皮部,次生维管组织被初生木质部放射脊顶端由中柱鞘衍生的形成层细胞产生宽大的射线薄壁组织分隔成2～4束。射线薄壁组织细胞富含淀粉粒。次生木质部由导管、木薄壁组织细胞和木纤维组成。次生韧皮部由筛管、伴胞和韧皮薄壁组织细胞组成。在次生韧皮部外侧的初生韧皮部仅保留厚壁组织。周皮的栓内层发达,具2～5层细胞,木栓层较厚,具有保护作用[118]。

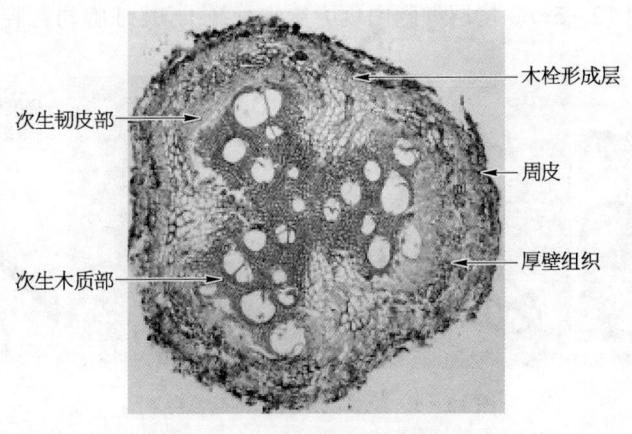

图12-3　根的横切面示次生结构

12.2.2 茎的形态结构

1. 地上茎的形态结构

(1) 显微结构　绞股蓝地上部的成熟茎横切面呈五棱形,由表皮、皮层和维管柱构成。表皮为1层细胞,外具角质膜,幼嫩茎具气孔、表皮毛和腺毛。在棱角处的皮层内具2~4层厚角组织,其内侧的皮层细胞为含叶绿体的同化组织。同化组织内侧为排列成1环的周维管纤维,周维管纤维由3~5层纤维细胞组成,细胞壁均匀增厚,它们来源于基本分生组织。维管柱由维管束、髓和髓射线组成,髓部较大,无髓腔,髓射线较宽,薄壁组织中的9个维管束排成2圈,外5个与棱角相对,内4个与之相间排列,其中相对的2个较发达(图12-4a)。维管束都为典型的双韧型维管束,外生韧皮部发达(图12-4b)。

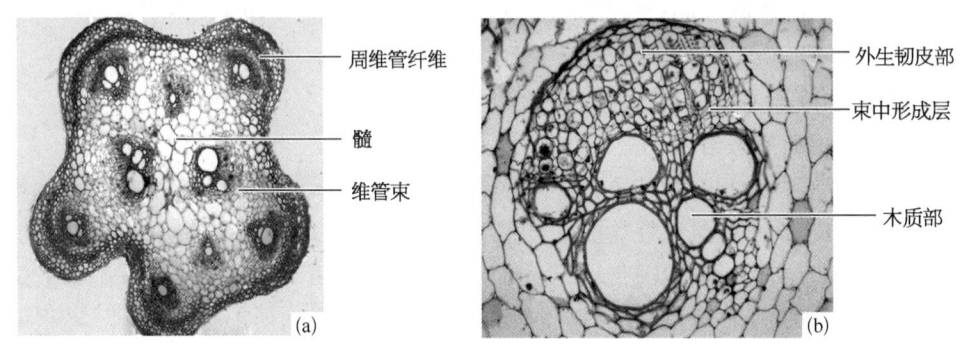

图 12-4　绞股蓝地上茎及维管束结构
(a) 地上茎横切面；(b) 茎中的双韧维管束

(2) 超微结构　幼茎表皮细胞呈长方形,细胞核大,约占细胞体积的一半,细胞核周围有线粒体等细胞器,具大小不等的液泡多个,大液泡内具团块状结构(图12-5a)。表皮之内为皮层细胞,细胞呈近方形,细胞核较小偏向一侧,有中央大液泡或多个小液泡,大液泡内有团块状结构,其内又有若干小液泡(图12-5b),叶绿体分布于细胞边缘,其内有淀粉粒积累(图12-5c)。皮层细胞内侧为周维管纤维,其细胞的管腔大,细胞壁加厚,

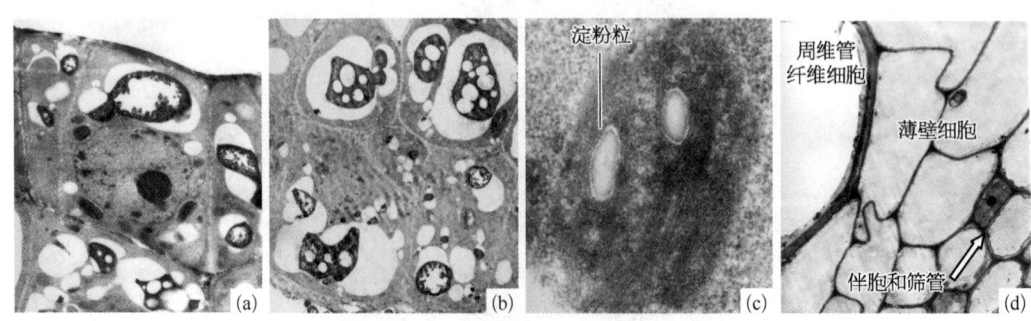

图 12-5　绞股蓝地上茎的超微结构
(a) 幼茎表皮细胞；(b) 皮层细胞液泡内的块状结构；(c) 皮层细胞的叶绿体；(d) 周维管细胞

质生质贴于细胞内壁,周维管纤维与韧皮部之间是几层具有大液泡的薄壁组织细胞(图12-5d)。

2. 地下茎的形态结构

(1) 形态特点　绞股蓝的地下茎为多年生,但通常3年后死亡枯烂。地下茎具有节和节间,节上有叶,叶腋内有腋芽,叶脱落后留下有叶痕,顶端有顶芽,结构上具有茎的特征,属于茎变态的根状茎(图12-6a)。

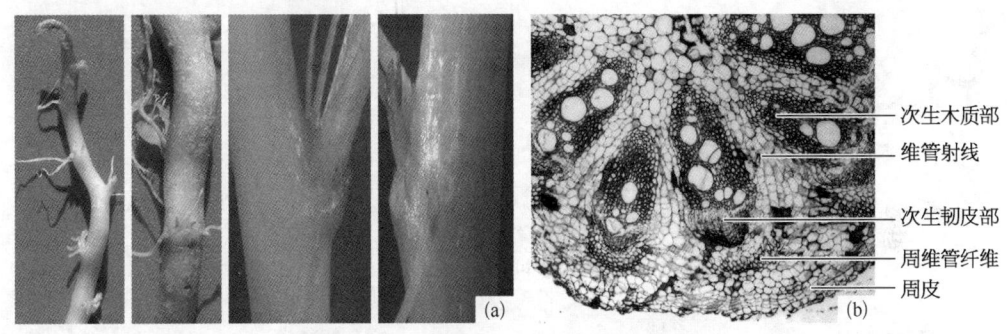

图12-6　绞股蓝地下茎形态及次生结构
(a) 地下茎的节、鳞叶、腋芽和须根;(b) 地下茎横切面示次生结构

(2) 显微结构　成长的地下茎横切面呈圆形,具次生结构,由周皮和次生维管组织构成(图12-6b)。其维管束由交错排列的2圈变为排成1圈,次生木质部发达,导管孔直径20~155 μm。初生结构中内生韧皮部和外生韧皮部被挤毁,由次生韧皮部行使其输导功能,而束间形成层始终只分化出薄壁组织细胞,不形成次生木质部和次生韧皮部,它们构成宽大的维管射线将各个维管束分隔开,故其次生维管组织始终呈束状。由于茎的增粗,其周维管纤维断裂不再连续成环,只存在于次生韧皮部的外侧。此阶段地下茎的表皮破毁,由周皮代替表皮起保护作用,周皮由木栓层、木栓形成层和栓内层构成。髓、髓射线和维管射线的薄壁组织细胞中含有较多的淀粉粒,还有少数具厚壁的石细胞。

(3) 超微结构　根状茎的维管束为典型的双韧维管束,次生韧皮部发达,在次生木质部与次生韧皮部之间具有形成层。形成层细胞有一定程度的分化,具中央大液泡(图12-7a)。形成层内侧为木质部的导管分子。分化初期的导管分子横切面呈近圆形,细胞壁厚,其胞腔内有尚未完全解体的细胞核和细胞质残留物,位于细胞壁旁,细胞的中央为空腔(图12-7b、c)。分化成熟的导管分子内为完全的空腔,细胞壁加厚,与之毗邻的木薄壁组织细胞的壁很薄,只有导管的1/5左右,壁的内侧可见少数突起结构,类似传递细胞的特征,其细胞质色浅,集中于导管一侧,内有多个小液泡(图12-7d)。与导管相邻的髓薄壁组织细胞的细胞壁很薄,稀薄的细胞质沿细胞壁分布,具中央大液泡,淀粉粒丰富(图12-7e)。薄壁组织细胞间的细胞间隙大,呈三角形(图12-7f)。次生韧皮部中的筛管横切面呈多角形,中央具空腔,细胞质排列于细胞壁四周(图12-7g、h),个别筛管分子的中央有细胞质,细胞质处于解体状态。筛管的细胞质中具线粒体,有的部位还有内含小颗粒状的囊泡状结构,可与液泡膜相融合,并向其内释放所含物质,较大的泡状结构也能与细胞膜相融合,其内的物质透过细胞壁向相邻细胞转运(图12-7i、j)。与筛管细胞相毗邻的伴胞,体积较小,细胞质浓(图12-7k)。韧皮薄壁组织细胞呈多边形至圆形,中央为大液泡,沿细胞壁有细胞质分布,细胞质中有大小不等的液泡、丰富的线粒体和内质网,以及着色较深的电子致密物(图12-7l)。

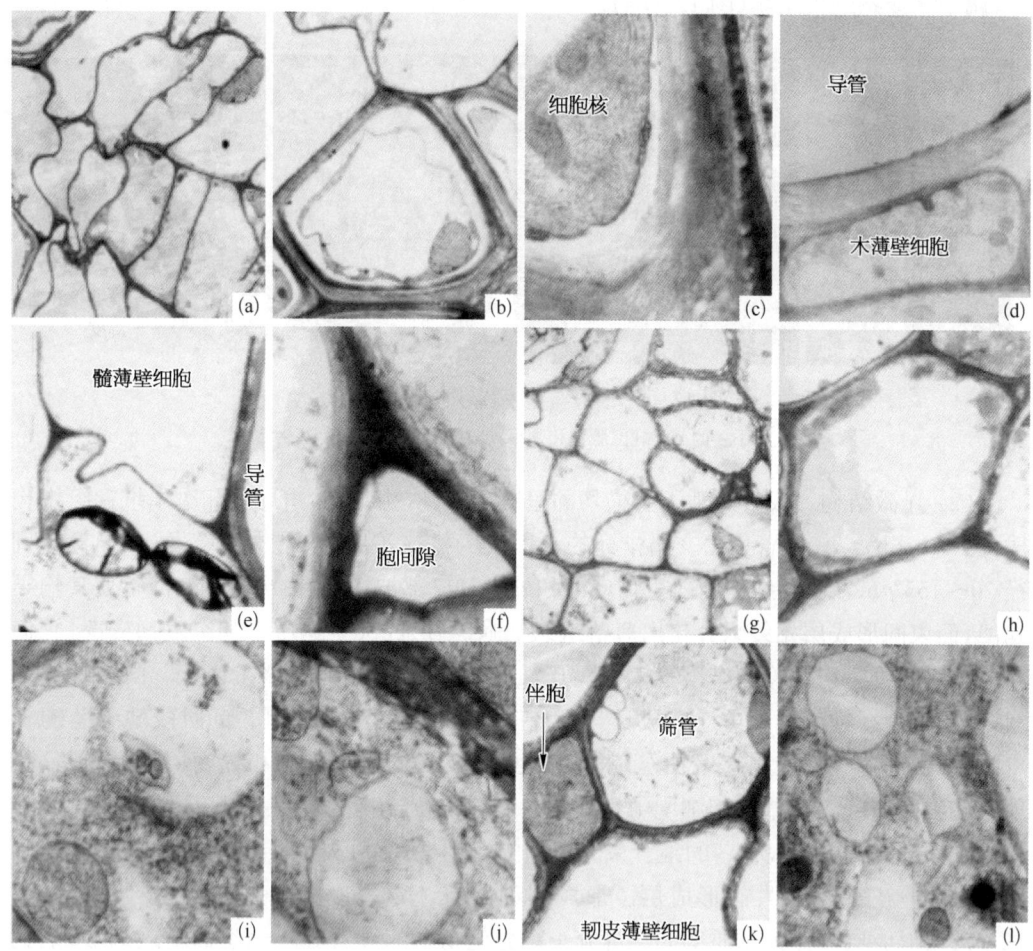

图12-7 绞股蓝地下茎的超微结构

(a) 形成层细胞;(b) 次生木质部的导管细胞;(c) 导管细胞放大;(d) 导管与木薄壁组织细胞;(e) 导管与髓薄壁组织细胞;(f) 髓薄壁组织细胞的胞间隙;(g) 韧皮部细胞;(h) 筛管分子;(i) 示筛管细胞内的物质转运;(j) 示筛管细胞内的物质转运;(k) 韧皮部的三类细胞;(l) 示韧皮薄壁组织细胞

12.2.3 叶的形态结构

1. 显微结构

绞股蓝为鸟足状复叶,具3~9小叶,常5~7小叶。绞股蓝的叶由叶片和叶柄组成,无托叶。叶片为异面叶,由表皮、叶肉和叶脉构成(图12-8a)。其上、下表皮各为1

层细胞，外壁具角质膜；表皮具表皮毛和腺毛，表皮毛由 5～12 个细胞组成，表面有明显的线状角质纵纹，腺毛头部具 4 个细胞，柄部一两个细胞；气孔器为不定型，多分布在下表皮。叶肉的栅栏组织和海绵组织分化明显，栅栏组织多数为一层，细胞呈短柱形，排列紧密，海绵组织多层，细胞椭圆状，排列疏松。主脉在叶的背腹面突出，在其上、下表皮内具有厚角组织，在上表皮的厚角组织内方常有两三层同化组织，并与两侧的栅栏组织相连接；主脉具 1 个维管束，木质部和韧皮部分化明显，维管束四周为薄壁组织细胞。主脉及较大的叶脉具双韧维管束，各级较小的叶脉为外韧维管束。叶柄由表皮、基本组织和维管束构成，腹面具凹槽，表皮细胞 1 层，具角质膜，表皮内依次为厚角组织和同化组织；在内部的薄壁组织中有维管束 5 个，排成近圆形 1 轮，中间 1 个较大，两侧依次变小（图 12-8b），较大的维管束为双韧维管束，5 个维管束进入小叶时分为 5～9 束。

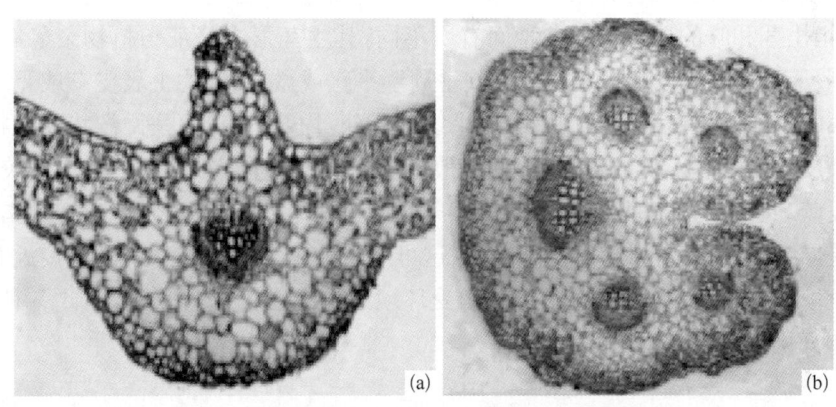

图 12-8 绞股蓝叶的显微结构
(a) 叶片的横切面；(b) 叶柄的横切面

2. 超微结构

绞股蓝的叶原基都为同形组织构成，其细胞近六边形，排列紧密，无胞间隙，细胞壁薄，细胞核大，在细胞中所占比例较大，细胞质浓密，所含线粒体和原质体等细胞器丰富，液泡小，分散在细胞质中（图 12-9a）。顶芽下第 3 片幼叶中叶肉细胞的体积增大，呈近长六边形，细胞排列仍紧密，无胞间隙，细胞核大，核仁明显，细胞质中出现许多小液泡，含有丰富的细胞器（图 12-9b）。成熟的叶肉细胞呈长柱形或长圆形，具有中央大液泡，占据细胞的大部分位置，细胞质被液泡挤压沿细胞壁的边缘分布，叶绿体分布于细胞壁的内侧（图 12-9c）。叶绿体具有丰富的基粒，基粒之间有基粒片层相连。叶绿体内积累有 1 至数个淀粉粒（图 12-9d）。

计巧灵等[119]曾用透射电镜观察发现，在绞股蓝茎尖细胞和幼叶的叶肉和表皮细胞中有大小不等、近似球形的电子致密体，直径 0.2～1.8 μm，具膜包被。细胞化学染色证明这是一种蛋白体。它主要分布在液泡中，与液泡膜紧紧附着，且常与细胞质团块黏在一起。这暗示其在细胞的分化和形态建成中起着某种作用。

第 12 章 绞 股 蓝

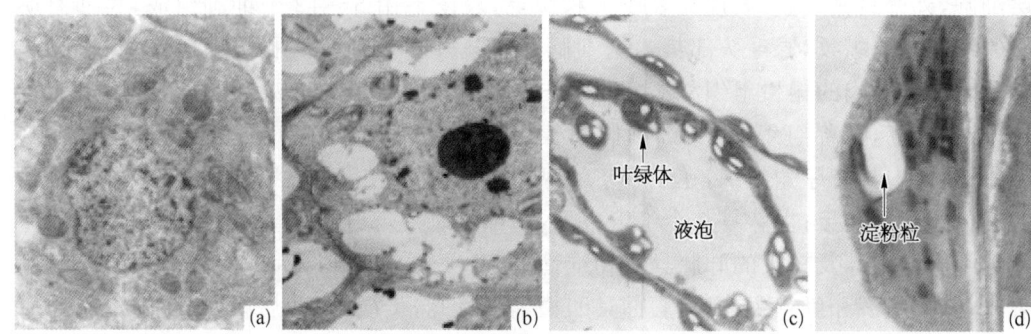

图 12-9 绞股蓝叶的超微结构
(a) 叶原基细胞；(b) 幼叶细胞；(c) 成熟叶肉细胞；(d) 叶绿体

关于绞股蓝及同属植物的形态结构特征，丁树利等[120]曾进行过 13 种 2 变种的生药学比较，指出茎和叶的显微特征在种间有所不同，其生药形态特征与植物亲缘有一定关系，即绞股蓝亚属植物叶的上下表皮细胞垂周壁平直或微弯，叶的上表皮有或无气孔；喙果藤亚属叶的上下表皮细胞垂周壁除聚果绞股蓝外，均非平直，而呈微波状或波状弯曲，叶的上表皮均无气孔。刘世彪等[121]对绞股蓝、长梗绞股蓝、光叶绞股蓝、广西绞股蓝和五柱绞股蓝 5 个种的茎和叶的解剖学观察表明，它们的基本结构相似，各解剖指标虽有一定的差异，但这些差异没有种的特异性，这可能与各个种的生长环境较为接近有关，该属植物生境地都较阴湿，茎叶的形态结构受环境条件的影响颇为一致，因此各种之间组织结构和分化状态没有本质的差别。

12.2.4 生殖器官的形态结构

1. 花的形态结构

绞股蓝为雌雄异株，单性花，直径约 3 mm，包括花梗及其顶端膨大而成的花托、花萼、花瓣、雄蕊或雌蕊，雄花无雌蕊，雌花无雄蕊。花萼、花瓣、雄蕊或雌蕊都着生在花托上。

(1) 花梗和花托　叶能干[122]对绞股蓝生殖器官的解剖表明，其花梗横切面略呈五棱形，表皮细胞排列紧密，外壁有角质层，上面有腺毛和表皮毛分布。皮层细胞排列疏松，外层细胞较小，为厚角组织。中柱具 1 个实心的维管束。在花托的中柱里，除中央 1 个维管束外，周围还有 5 个维管束，中央维管束进入雄蕊或雌蕊时分为 5 或 3 支，周围的 5 个维管束进入花被片时各分为 2 支。

(2) 花萼和花瓣　花萼和花瓣各由几层细胞组成，表皮细胞排列比较紧密，薄壁组织细胞中有少量叶绿体，均只有中央 1 条主脉。花萼的下表皮有单列细胞的表皮毛；花瓣的上、下表皮均有膨大的泡状细胞和由 2～4 个薄壁组织细胞组成的泡状毛。

(3) 雄蕊　花丝极短，基部合生，花药壁的发育为双子叶型，成熟花药的壁包括表皮、纤维层和残余的中层细胞。表皮的细胞壁薄，纤维层细胞较大，其壁上有条纹状的纤维增厚;中层位于纤维层之内,呈解体至消失状态。分泌型绒毡层,绒毡层在花粉粒的发育过程中被吸收而消失;在花粉囊中,具有大量的花粉粒及少量败育的花粉粒。花粉母细胞减数分裂同时形成 4 个小孢子,四分体中小孢子排列成四面体型。二细胞型成熟花粉粒,花粉粒近圆球形,直径 20 μm,极面观为 3 裂圆形,赤道面观为完整圆形;具 3 孔沟,沟细长,孔圆形,位于沟的中部;外壁厚一两毫米。绞股蓝花粉均为小花粉类型,一类体型较小,表面雕纹呈条纹状,另一类体型较大,表面雕纹呈拟网纹状。花粉的大小和形态,尤其是极面观特征在各种之间有不同程度的差异,但两亚属之间则无明显的区别[123,124]。

(4) 雌蕊　雌蕊具 3 个心皮。开放型花柱 3 条;子房圆球形,外表皮细胞排列紧密,其外壁角质化,着生有少量极短的腺毛;其内为薄壁组织,在子房壁的薄壁组织中,有一圈维管束,室隔将子房隔成 3 室,每室有 1 个胚珠。顶生胎座,倒生胚珠。胚珠具 2 层胚被,外珠被厚,有五六层细胞,内珠被薄,只有 2 层细胞;珠心和内珠被之间有较大的间隙,有珠心喙,珠心细胞核大,细胞质浓,可以供给胚囊发育的养料。珠心的中央是蓼型胚囊,发育后期的胚心细胞解体。

2. 果实、种子和胚胎发育

(1) 果实　绞股蓝的浆果为一种假果,球形,大小似豌豆,直径约 7 mm,顶端有 3 个宿存的花柱,上半部具环纹。果壁 3 层,最外层为一层表皮细胞,排列紧密,表面观呈多角形,上具表皮毛和腺毛,及极少的气孔器,外壁角质化。表皮下的一层薄壁组织细胞在幼果期具叶绿体。其内为多层薄壁组织细胞,近外层细胞较小,也有叶绿体,内层细胞较大,叶绿体少。其内侧细胞后期解体,维管束分布在薄壁组织的中果皮内[122,125-128]。

(2) 种子　种子卵状心形,侧面有纵沟,表面有光滑型和具纹饰型两大类,具有种的分类特征。种皮的表皮细胞呈乳突状,厚壁化,厚壁呈网格状花纹;表皮下面的几层细胞也厚壁化,内面为薄壁组织细胞。在两端的薄壁组织细胞中各有一个维管束。成熟种子中的胚乳已被完全吸收,成为无胚乳的种子,或在两个子叶之间尚存极少量的残余。胚包括子叶、胚轴、胚根和胚芽四个部分。子叶肉质肥厚,绝大多数细胞仍属于胚性细胞,细胞核大,质浓,可见原形成层。胚根和胚轴没有明显的界线,肥大,可见中柱和皮层的原始细胞。胚芽无分化,呈三角形突起。

(3) 胚胎发育　绞股蓝开花授精后,6～7 d 极核分裂,12 d 合子第一次分裂,胚的发育方式为茄形,经 2 细胞原胚、T 形原胚、球形原胚和心形原胚至成熟胚,子叶肥厚。核形胚乳,无胚乳吸器。

3. 绞股蓝与易混淆品的比较

(1) 绞股蓝与乌蔹莓的区别　乌蔹莓系葡萄科多年生草质藤本植物,以全草或根入药,有清热利湿之功效。其有效成分和功效与绞股蓝相差极大,但其营养器官的形态却与绞股蓝极其相似。乌蔹莓被误作为绞股蓝采集的现象在不少地方都时有发生。两者外形上的主要区别如下[129]:

第12章 绞股蓝

表12-2　绞股蓝与乌蔹莓的外部形态比较

器官性状	绞 股 蓝	乌 蔹 莓
生境	主要在秦岭、淮河以南的长江流域	除与绞股蓝混生外,在长江以北也生长
根	无主根,多为须根;木质,黄褐色,横或斜走	有主根,无须根;肉质,黑褐色,横行或直立,入土较深
茎	地上茎藤蔓细弱,叶着生处绿色;出土的嫩芽、茎端及叶柄呈白色至绿色;有较粗的根状茎,白色至黄色	藤蔓粗壮,有多条纵槽纹,叶着生处紫红色;出土的嫩芽、茎端及叶柄叶紫红色;无根状茎
卷须	叶腋生,侧出,顶端分2叉,同长;攀绕它物卷圈多而紧密,质硬	与叶对生,顶端2叉,一长一短;攀绕它物圈少而松散,质软
叶	3~9片叶,多为5~7片,先端短尖、薄、膜质、叶脉明显,叶边尖锯齿,叶脉和茎节有硬短毛,鲜草全株绿色,干茎深绿色或黄褐色,硬实木质	3~7片叶,多为3~5片,厚、纸质,叶脉稍显露,柔毛短或无,有光泽,叶边齿短钝,鲜叶柄和茎节部紫红色,干茎乌褐色,干嫩茎乌白色,质松软
花序	雌雄异株,花单性,圆锥花序较小,腋生,花5瓣	雌雄同株,两性花,聚伞花序较大,花4瓣
果实	浆果,状似豌豆,果顶有环纹及3个乳突点,嫩果绿色,成熟果深墨绿色,含种子1~3粒	浆果较大,圆球形,状似黑色小圆葡萄,无环纹,嫩时深绿色,成熟时黑色,果浆紫红色,种子2~4粒
汁、味	多为苦味,有也甜味类型,咀嚼清爽	微酸、微苦,咀嚼略有黏液或胶质感

绞股蓝与乌蔹莓内部结构的主要区别如下[130]:

表12-3　绞股蓝和乌蔹莓茎、叶内部结构的比较

序号	绞 股 蓝	乌 蔹 莓
1	幼茎横切面呈五角形	幼茎横切面呈七至八角形
2	茎中有10个双韧维管束	茎中12~15个外韧维管束
3	皮层厚壁组织位于维管束的外侧	皮层厚壁组织紧邻维管束
4	维管束宽大,后生木质部的导管切向排列	维管束较狭窄,后生木质部的导管径向排列
5	叶中脉有1个维管束	叶中脉有四五个维管束

(2) 绞股蓝与雪胆的区别　雪胆为葫芦科雪胆属的多年生草质藤本植物,以块根入药,主要药用成分为雪胆甲素、雪胆乙素及雪胆皂苷等,有清热解毒、抗菌消炎、止痛及抗肿瘤的功效。由于雪胆属和绞股蓝属的分类位置接近,生长环境极为近似,野外采集时,尤其在没有花果的营养生长期,易将绞股蓝和雪胆相混淆,两者的主要差异表现在外部形态上:

表 12-4　绞股蓝与雪胆的形态特征鉴别

器官性状	绞 股 蓝	雪 胆
根	须根,由不定根发育而来	肥大块根,由胚根发育而来
茎	地上茎有匍匐茎和攀援茎,触地的节上长出不定根;地下茎为根状茎	地上只有攀援茎,触地的节上不长出不定根
叶	鸟足状复叶,小叶多为5～7片,有时为3或9片。小叶长圆状披针形,中央小叶较大,长3.5～10 cm,宽1～4 cm,叶柄长2～4 cm	鸟足状复叶,小叶5～7片,小叶卵状披针形至长圆状披针形,先端渐尖或尾状,中央小叶较大,长5～12 cm,宽2～3 cm,叶柄长4～8 cm
花	花小,花萼裂片三角形,花冠裂片卵状披针形,不翻卷,长约2.5 mm,宽1 mm,白色或淡绿色	花大,花萼裂片披针形,反折,花冠裂片长圆形,向后翻卷成球状,长约1.3 cm,宽0.9 cm,橙黄色
果实和种子	浆果圆球形,绿黑色,果小,直径5～8 mm;种子卵状心形,压扁,两面具乳突状凸起	蒴果长倒卵形,有纵纹,绿色,果大,长3～5 cm;种子近圆形,双凸透镜状,两端有膜质翅

两者的茎、叶在解剖结构方面差异不显著。理化鉴别表明,雪胆不含绞股蓝皂苷,不能作绞股蓝使用[131]。

§12.3　绞股蓝药用部位的结构发育规律

12.3.1　根的发育规律

1. 根发育的一般规律

绞股蓝的主根在种子的子叶出土后不久就停止生长,故其根系是由茎节上的不定根及其支根组成,其根多呈须根状。幼根的初生结构由表皮、皮层和维管柱构成,木质部2～4原型,初生韧皮部与初生木质部相间排列。在次生结构发育时,位于初生木质部和初生韧皮部之间的形成层产生次生木质部和次生韧皮部,使根增粗,初生韧皮部仅残留厚壁组织;位于初生木质部放射脊顶端处的中柱鞘细胞衍生出的形成层不产生次生维管组织,而产生宽大的射线薄壁组织,从而将次生韧皮部和木质部分隔为2～4束。根的次生生长使原来的表皮和皮层撕裂脱落,继而由次生的周皮代替起保护作用,周皮的栓内层发达,木栓层较厚,具保护作用。

2. 扦插生根的发育过程

绞股蓝茎的扦插繁殖试验表明,其插条极易长出不定根,在适合的温度湿度下,无须生长素处理,扦插后3～5 d即可产生不定根,7 d不定根可形成一级侧根,10 d可形成二级侧根,10 d后95％以上的插条都能在茎节、节间处长出大量不定根。插条在茎节处形成的不定根比在基部切口处形成的不定根要早2 d,但其后在切口处(节间)形成的不定根数量较多。不定根的生根过程如下:扦插1 d后,插条茎节中连接束中形成层位置的髓射线细胞脱分化,恢复分生能力,开始进行平周分裂。随着细胞不断分裂,形成根原基。根原基细胞排列紧密,细胞核大,原生质浓厚,区别于周围皮层薄壁组织。以后根原基顶端分化发育出不定根的根冠和生长点,并进入茎的皮层组织内。随着根原基的继续生长,最终穿越皮层、表皮而突出母根之外,形成不定根。不定根内分化出的维管束与其两侧的茎维管束相连接[132]。

12.3.2 茎的发育规律

1. 茎次生结构发育的一般规律

(1) 周皮的发生发育　根状茎的次生生长过程中,维管形成层产生次生韧皮部和次生木质部,使其直径增粗。此时,其皮层细胞脱分化,转变为木栓形成层。以后,由木栓形成层细胞向外分裂分化出木栓层,向内分化出栓内层,共同组成次生保护组织周皮,细胞排列整齐,其木栓层由几层细胞组成,细胞壁木栓化,细胞死亡,变成棕色。

(2) 周维管纤维断裂　茎的初生结构中周维管纤维连成环状,以后由于维管形成层的活动,产生次生维管组织,随着直径增大,使周维管纤维发生断裂。在次生结构中,周维管纤维存在于各个维管束的外方。

(3) 维管束增大　茎的次生生长中,由于束内形成层的活动,产生次生韧皮部和木质部,从而使各个维管束都增大,其中次生木质部增加尤其明显。但其维管组织由于宽大射线的分隔而成束状,其内生韧皮部常被挤压而消失,而外生韧皮部发达。以后由于茎中内、外两圈维管束的交错生长,彼此靠拢,从而维管束由两圈变成一圈,排列整齐,各束之间由髓射线分开[133]。

此外,中国靠北地区的绞股蓝地上茎当年冬季死亡,由地下茎来年萌发新芽,而在靠南方地区,地上茎可以越冬,生活2~3年自然枯死。地下茎每年萌发新的地下幼茎,其老茎一般生活3年左右,自然腐烂死亡。

2. 温度和光照对茎发育的影响

温度是限制绞股蓝自然分布的主要因子。在中国绞股蓝仅分布于秦岭淮河以南地区,主要就是受温度的影响。相关的调查统计表明,20~25 ℃是绞股蓝生长的最适宜温度。温度不仅影响到绞股蓝的生长,它还直接影响绞股蓝的抗寒生理和相关酶活性,在-3~20 ℃之间,随着温度的降低,绞股蓝植株的电解质外渗率、丙二醛含量以及脯氨酸含量相应增加,保护酶超氧化物歧化酶、过氧化物酶和过氧化氢酶的活性增加。在低温条件下,五柱绞股蓝的电解质外渗率和丙二醛含量显著低于绞股蓝,但脯氨酸含量和保护酶SOD、POD和CAT的活性显著高于绞股蓝,表明五柱绞股蓝的抗寒性强于绞股蓝[134]。温度也是影响绞股蓝黄酮类化合物、水溶性糖和游离氨基酸的主要气候因子之一[37,41]。

绞股蓝为耐阴性植物,光对绞股蓝茎的生长发育也有重要的影响,适宜的光照强度能够促进绞股蓝的生长,但过强的光照会使绞股蓝茎节缩短,木质化程度加强,而过弱的光强则会使藤蔓变得柔弱细长,以寻找更强的光源。光质也会影响茎蔓的生长,红橙光有利于茎蔓的生长。

12.3.3 叶的发育规律

1. 光照对叶生长发育的影响

正常生境中的绞股蓝叶具有栅栏组织和海绵组织的分化,属于异面叶。但不同生态条件下叶片的栅栏组织和海绵组织的分化程度不同,叶表皮形态也不同,如生长在阳光充足和干燥环境中植株的叶片在控制水分散失方面的结构发育得就比较完善,叶面积小,叶厚度大,栅栏组织和海绵组织都较厚,栅栏组织在叶肉中所占比例大,维管束发达,叶趋向于阳生叶的特点;荫蔽环境下的绞股蓝叶面积增大,角质层不明显,叶脉不发达,两类组织的分化不明显,形态基本相似,海绵组织排列疏松,显示出阴生叶的特征[23,42,44,124,133,135,136]。

绞股蓝叶绿素含量在遮阴条件下普遍高于全日照条件,即低光照有利于绞股蓝合成更多的叶绿素以摄取更多的光能。在低光照条件下,叶绿素a/b值会相应降低,这意味着叶绿素b的合成增多,因为荫蔽条件下的蓝绿色成分增加,而叶绿素b更有利于捕获蓝绿光用于光合作用。绞股蓝的净光合速率日变化曲线呈"双峰型",测定表明,适度遮阴比全日照更有利于绞股蓝光合效率的提高[44]。

绞股蓝的生长发育不仅与光强有关,还与光质有关。据报道[137,138],将绞股蓝幼苗置于相对光照强度为30%~36%的黄色滤光膜、绿色滤光膜、红色滤光膜、蓝色滤光膜和遮阴网下处理45 d,以自然光照(光照强度100%)为对照,分析影响幼苗的生长和总皂苷含量的有效光质。结果发现,黄色滤光膜下绞股蓝的叶柄长和茎长显著高于对照组,茎长和生物量显著高于光照强度相似的遮阴网处理组,绿膜下绞股蓝的叶柄长度显著大于对照组,而新萌叶片数和生物量则显著小于对照组和遮阴组。红色滤光膜下绞股蓝的叶面积、叶柄长、茎长和单株生物量显著高于对照组,茎长和单株生物量显著高于光照强度相似的遮阴网处理组,蓝色滤光膜下绞股蓝的叶面积、叶柄长、茎长和单株生物量显著高于对照组,茎长显著高于遮阴组,单株生物量显著低于红膜处理组。波谱分析表明,红色和黄色滤光膜透过的600~720 nm的红橙光比绿色和蓝色滤光膜透过的蓝紫光更有利于绞股蓝的生长发育。

2. 温度对叶生长发育的影响

刘世彪等[139]将绞股蓝幼苗分别置于10 ℃、15 ℃、20 ℃、25 ℃和30 ℃的光照培养箱中处理40 d,检测植株的形态指标。结果发现在25 ℃条件下,绞股蓝的叶面积、叶柄长、新萌叶片数、茎长、生物量和总叶绿素含量均为最高,藤蔓的长度也最长,这表明25 ℃是绞股蓝生长发育的适温条件,过高或过低的温度都会影响绞股蓝的生长发育。

§12.4 绞股蓝皂苷在营养器官中的分布

皂苷类物质能与浓硫酸发生颜色反应,反应的机制是由于分子内发生脱水、脱羧、氧化、缩合、双键位移及形成多烯阳碳离子而呈现出颜色。在香草醛参与的反应中,因其显色灵敏,试剂空白颜色浅,常用作人参皂苷、甘草皂苷、柴胡皂苷等三萜皂苷的显色剂,也常作为甾体皂苷的显色剂,如海可皂苷等[140]。含浓硫酸或高氯酸的显色剂能使人参皂苷产生从淡红到紫红的系列颜色反应,颜色的深浅与人参皂苷的含量有正相关的关系[141-143],可用于人参、西洋参、竹节参营养器官内的皂苷定位,也能使绞股蓝体内的人参皂苷出现类似的颜色反应[118]。包括人参皂苷在内的绞股蓝总皂苷具有水溶性和醇溶性,经70%乙醇配制的FAA固定液处理后的绞股蓝各营养器官对照材料,与皂苷显色剂均不产生显色反应,而用醋酸铅饱和水溶液处理的材料,其皂苷类物质被固定,与显色剂具颜色反应,这确证了实验所用的显色剂对人参皂苷颜色反应的特异性,而人参皂苷产生红色反应的位置即代表绞股蓝总皂苷所存在的组织部位。事实上,植物化学测定的结果也验证了利用人参皂苷组织化学显色反应的红色深浅初步判定皂苷含量在总体上是切实可行的。参照绞股蓝营养器官的解剖结构,可以对其中所含的人参皂苷进行组织化学定位。

12.4.1 人参皂苷在根中的分布

具有次生生长的老根维管束次生韧皮部呈红色,周皮的栓内层呈浅红色,而中央的木质部及其他组织不显色(图12-10a)。

12.4.2 人参皂苷在茎中的分布

地上茎的同化组织反应明显,呈紫红色,外生韧皮部则被染成红色,表皮、厚角组织则染成浅红色,而木质部和髓薄壁组织不显色(图12-10b)。茎的发育程度不同所显出的颜色深浅也不同,幼茎组织分化程度低,外生韧皮部、同化组织和厚角组织比例相对较大,木质部较小,周维管纤维呈不连续的环状,相关部位染红色明显,显示其内的皂苷含量较高。成熟茎的周维管纤维连成一环,木质部较发达,老茎具发达的周维管纤维和木质部,在茎中占据较大的比例,虽然其相关部位也被染成红色,但与幼茎相比整体上所含皂苷的比例不高。位于地下的根状茎的周维管纤维被维管射线所隔开,并产生了次生保护组织周皮,此时紫红色主要集中在次生韧皮部,而周皮的栓内层显红色,其余组织均不显色(图12-10c)。

12.4.3 人参皂苷在叶中的分布

叶肉细胞被显色剂染成红色,表明其内含有人参皂苷成分。不同发育阶段的叶肉组织结构内人参皂苷染色程度不同,幼叶的栅栏组织和海绵组织的分化不明显,两类组织都被染成紫红色,显示其内分布和积累有大量的人参皂苷。随着叶的发育和成熟,栅栏组织和海绵组织有了明显分化,两类组织都表现为红色(图12-10d)。叶柄内的人参皂苷则分布于维管束的韧皮部中。在衰老的叶中,栅栏组织和海绵组织衰老,细胞界线模糊,叶绿体被膜消失,叶绿体解体,聚集成泡状,此时的叶肉组织不显红色,反映其细胞内已无皂苷积累或原有皂苷已在叶脱落前被转运出去(图 12 - 10e)。此外,在叶和幼茎的表皮细胞、表皮毛和腺毛细胞中,原生质呈浅红色,表明这些细胞内也含有少量人参皂苷(图 12 - 10f)。

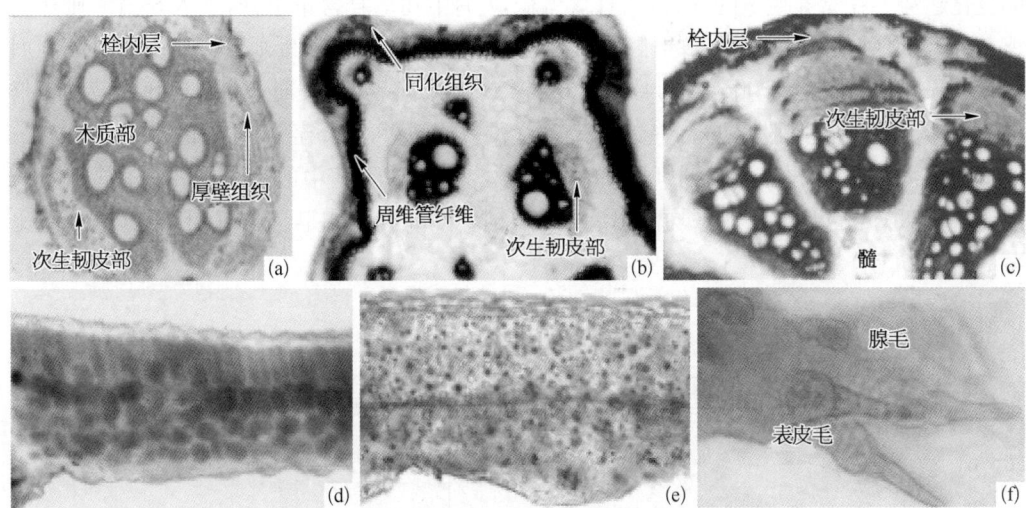

图 12 - 10　人参皂苷在绞股蓝中组织化学定位(彩图见图版)
(a) 老根横切面,示次生韧皮部呈红色,周皮的栓内层显浅红色;(b) 成熟茎横切面,示外生韧皮部和同化组织呈紫红色;(c) 根状茎横切面,示次生韧皮部呈紫红色,周皮栓内层显浅红色;(d) 成熟叶横切面,叶肉细胞染成红色;(e) 衰老叶横切面,叶肉组织解体,不着色;(f) 叶上的表皮毛和腺毛被染成淡红色

上述各营养器官的颜色反应表明了绞股蓝各营养器官中均有皂苷积累,且幼嫩器官的相关部位染色较深,成熟和衰老器官染色较浅或无,从而反映幼嫩器官比成熟和衰老器官的皂苷含量高,叶的皂苷含量高于茎,根状茎的皂苷含量高于根。

通过这种组织化学方法,刘世彪等[121]选择了与皂苷积累有关的 3 个解剖指标:茎表皮和皮层厚度与茎直径的比值、维管束面积与茎面积的比值、维管束外生韧皮部面积与茎面积的比值,以绞股蓝、长梗绞股蓝、光叶绞股蓝、广西绞股蓝和五柱绞股蓝为试材,统计分析该 3 个解剖学指标与其总皂苷含量的关系,结果表明,这些指标与皂苷含量没有直接相关性,即绞股蓝属植物的茎叶结构特征不能反映出其所积累的皂苷含量,说明皂苷含量的多少主要是受不同种的遗传特性的控制。

§12.5　绞股蓝皂苷含量在营养器官中的动态变化

12.5.1　绞股蓝总皂苷含量在营养器官中的季节性变化

不同季节绞股蓝茎、叶的总皂苷含量会有变化。

人们通常认为,在绞股蓝的不同生长季节中,以夏秋季尤其是 9~10 月的花果期,其总皂苷含量最高。我们于 2003 年的绞股蓝营养生长期(6 月中旬)、雄花初期(7 月中旬)、雌花期(8 月中旬)、果期(9 月中旬)、果熟期(10 月下旬)和枯萎期(11 月中旬)采集绞股蓝成熟的地上部分,提取其茎叶中的总皂苷含量。其不同季节的总皂苷含量变化如图 12 - 11 所示。

绞股蓝地上部分的总皂苷含量在 6~11 月的生长发育过程中表现为从低到高再下降的变化趋势。在营养生长的 6 月,皂苷含量低,7 月中旬皂苷含量上升,进入 8 月为雌株的盛花期,含量继续增加,在 9 月的雌花后期及果实生长期,皂苷含量则大幅度上升,以 10 月下旬的果熟期含量最高,叶为 8.44%,茎 6.89%,分别是营养生长期 6 月中旬叶和茎的 2 倍和 3 倍多。11 月后绞股蓝进入枯萎期,皂苷含量急剧减少,下降至 7~8 月的水平。

在绞股蓝发育的各个时期,叶中的总皂苷含量均高于茎中的皂苷含量,在营养生长期至果熟期,叶的含量比茎平均高出近 30%,枯萎期叶和茎的皂苷含量相差减少,叶仅比茎高出 7%。

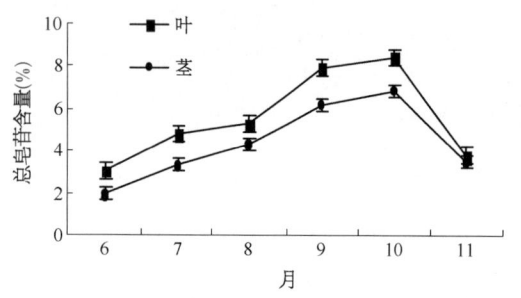

图 12 - 11　绞股蓝茎叶的总皂苷含量变化

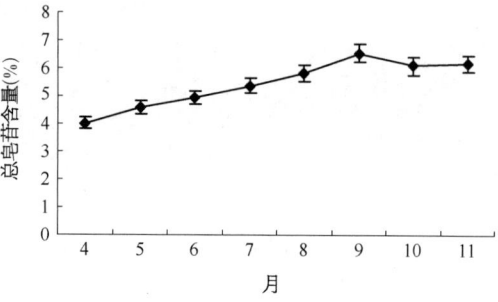

图 12 - 12　龙须茶绞股蓝总皂苷含量的季节变化

绞股蓝龙须茶是由绞股蓝茎蔓芽尖下 1~8 cm 的顶芽、幼叶和幼茎经特殊工艺加工而成的保健茶。经测定 4~11 月收集的陕西省平利县生产的绞股蓝龙须茶的总皂苷含量,结果如图 12 - 12 所示。

如图 12 - 12 所示,在一个生长周期中,绞股蓝龙须茶的总皂苷含量变化总体呈上升趋势,以 4 月含量最低(4.02%),9 月最高(6.56%),10 月和 11 月略有下降,但仍高于 4~8 月的含量。

陕西省安康地区是中国绞股蓝开发较早的地区,其平利县的自然环境优越,适合于绞股蓝的生长发育。为此,我们引用该县气象资料的 3 个主要指标:日平均气温、月总降水量和月总日照数,并对一年中绞股蓝皂苷含量差异与影响绞股蓝生长发育的气候因子进行相关性分析。

表 12 - 5　平利县 2003 年主要气象数据与绞股蓝总皂苷含量的相关性分析

月　　份	4	5	6	7	8	9	10	11	相关系数 R
日平均气温(℃)	14.6	19.4	23.8	25.2	25.2	21.3	15.0	9.1	-0.051 6
月总降水量(mm)	63.7	104.9	84.1	190.8	157.1	198	132.4	41.9	0.443 9*
月总日照数(h)	111.7	139.6	179.1	156.2	133.6	134	118.6	88.6	-0.238 4

注:* 代表相关性显著。

表 12-5 显示,该县的日平均气温从 4 月较低至 7、8 月最高,再降至 11 月的最低,其变化曲线呈正态分布。全年 8 个月的日平均气温与绞股蓝总皂苷含量呈不显著的负相关,即气温变化对皂苷含量影响不明显。月总降水量呈"双峰型"的波动,以 7 月和 9 月最高,中间的 8 月略低,11 月急剧下降,月总降雨量与皂苷含量呈显著的正相关,表明充足的降水有助于皂苷的合成和积累。各月的总日照数基本上呈正态分布,6 月最高,11 月最低,日照长短与皂苷含量呈不显著的负相关,显示日照数无助于皂苷含量的增加。

12.5.2 绞股蓝总皂苷含量在营养器官不同部位的差异

据报道[144,145],绞股蓝的总皂苷含量在植株的不同部位是不同的,通常是叶高于茎,根最低。为此,我们于 2003 年 7 月、9 月、11 月测定了绞股蓝茎和叶的幼嫩部位、成熟部位和衰老部位(即不同发育阶段的材料)的总皂苷含量,结果如图 12-13 所示。在绞股蓝同一植株的不同部位(不同生长发育阶段),其总皂苷含量不同,幼嫩部位皂苷含量高,成熟部位含皂苷量低。以 9 月中旬的绞股蓝为例,幼叶和幼茎的总皂苷含量分别为 7.51%和 6.05%,成熟叶和成熟茎的皂苷含量分别为 5.72%和 3.34%,老茎为 3.35%。就地下茎而言,也是当年生根状茎的含量(8.27%)略高于二年生根状茎(7.90%)。其余两个生长季节不同发育阶段的材料其皂苷含量也有类似的变化规律。

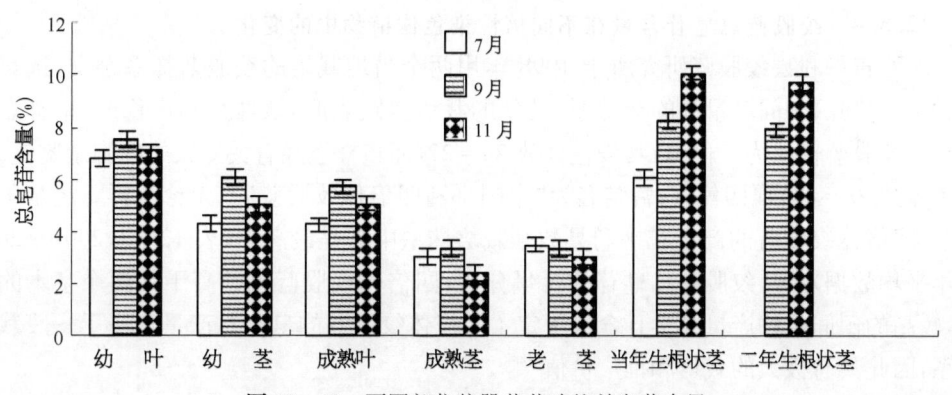

图 12-13 不同部位绞股蓝茎叶的总皂苷含量

图 12-13 还显示了在同一植株的相同部位(相同发育阶段),叶的总皂苷含量高于茎,而以地下茎的含量最高。如 9 月中旬绞股蓝当年生和二年生根状茎的皂苷平均值为 8.04%,是幼叶和成熟叶平均值(6.62%)的 1.21 倍,是幼茎、成熟茎和老茎平均值(4.25%)的 1.89 倍。这种情况与 7 月上旬及 11 月中旬绞股蓝各部位皂苷含量的变化趋势是一致的。

从不同季节分析,绞股蓝茎叶在营养生长后期的皂苷含量较低,而花果期含量最高,枯萎期略有下降。而地下根状茎的皂苷含量反而随着季节的推迟而上升,如当年生根状茎在 7 月、9 月、11 月的含量分别为 6.07%、8.27%和 10.09%,二年生根状茎在 9 月和 11 月分别为 7.90%和 9.71%(缺 7 月)。总皂苷含量随季节变化在绞股蓝茎、叶内逐渐减少和在根状茎内逐渐上升的现象,反映了次生代谢产物在绞股蓝营养器官内产生、转运和积累的动态。

12.5.3　绞股蓝总皂苷含量在不同性别植株中的变化

表 12-6 为 3 个季节的绞股蓝雌、雄株茎叶的总皂苷含量,在花初期、果期及枯萎期,绞股蓝雌、雄株的皂苷含量都有较大差异,雄株始终高于雌株。就叶而言,前 2 个时期雄株比雌株皂苷含量高出 30%～40%,枯萎期达 60%;就茎而言,前 2 个时期高出 20%～25%,枯萎期达 60%以上。在以上 3 个时期中,雌雄株在 9 月中旬的皂苷含量都明显高于花初期和枯萎期,而叶中的皂苷含量都高于茎。上述研究结果与励建荣和顾振宇[80]的报道相一致。

表 12-6　绞股蓝雌株和雄株茎叶中的总皂苷含量差异　　　　　(%)

采样期	花初期(7 月中旬)		果期(9 月)		枯萎期(11 月中旬)	
	♀	♂	♀	♂	♀	♂
叶皂苷含量	4.77	6.65	7.97	10.40	3.79	6.12
茎皂苷含量	3.36	4.01	6.17	7.66	3.54	5.76

12.5.4　绞股蓝总皂苷含量在不同倍性染色体植物中的变化

陕西省平利县绞股蓝研究所于 1998 年用两个当地栽培的绞股蓝株系杂交,选育出一种生长势旺、田间产量高的新株系,几年的栽培实践表明,该株系高产稳产,皂苷含量较高。绞股蓝普遍为二倍体,其染色体数 $2n=22$,而该株系经有关专家的细胞学鉴定,其染色体数 $2n=44$,属四倍体,暂定名为"中国平利四倍体绞股蓝"。无论从鲜重还是干重比较,四倍体绞股蓝的产量在平利县数个栽培株系中都是最高的(表 12-7,2001～2003 三年平均数据)。从绞股蓝总皂苷的含量分析,四倍体绞股蓝也远高于其两个亲本的含量,较高的田间生物产量和皂苷含量决定了四倍体绞股蓝的皂苷总产量远高于一般栽培株系,因此具有极大的栽培和推广价值[146]。

表 12-7　四倍体绞股蓝及其亲本的田间产量及皂苷含量

株系	鲜重(kg/亩)	干重(kg/亩)	皂苷含量(%)
母本	800.4	200.1	0.67
父本	4 468.9	1 080.5	5.30
四倍体	5 002.5	1 280.6	6.52

12.5.5　绞股蓝总皂苷含量在不同外界条件下的变化

1. 总皂苷含量与光照的关系

绞股蓝属耐阴植物,光照为最重要的生态因子,通过光强和光质两方面作用影响绞

§12.5 绞股蓝皂苷含量在营养器官中的动态变化

股蓝的生长发育和皂苷类物质合成积累。

(1) 光照强度与总皂苷含量的关系　在绞股蓝的光照实验中,邓铭等[147]报道,相对照度在70%左右时绞股蓝的干物质生产量、总皂苷含量及种子产量最高。一定范围内光照强度越大,大田栽培的绞股蓝皂苷含量越高[148]。我们以具有七小叶和五小叶的两个类型的绞股蓝为材料,测定了它们在全日照下和棚网遮阴(30%全日照)条件下的绞股蓝总皂苷含量,结果见表12-8[44]。

表12-8　不同光照条件对绞股蓝皂苷含量的影响　　　　　　　　　　(%)

种　群	遮阴处理	测定部位	总皂苷含量
七小叶	全日照	茎叶	5.39±0.09
	棚网遮阴	茎叶	3.80±0.12
五小叶	全日照	茎叶	1.90±0.05
		果实	5.29±0.13
	棚网遮阴	茎叶	1.73±0.04
		果实	3.78±0.15

2个种群的绞股蓝都是以全日照下的总皂苷含量高于棚网遮阴下的含量。七小叶和五小叶类型在全日照下的皂苷含量分别比遮阴下的含量高出41.84%和9.83%,这显示七小叶类群比五小叶类群对光照强度的变化更敏感。七小叶类型的总皂苷含量远高于五小叶类型,再结合前者的净光合速率高于后者的事实,可以认为七小叶类型绞股蓝的种植价值比五小叶类型要高。五小叶类型果实的皂苷含量在全日照下比遮阴下高出39.95%,果实的平均皂苷含量要比茎叶高出149.86%。

(2) 光质与总皂苷含量的关系　绞股蓝总皂苷的合成积累不仅与光强有关,还与光质有关,充足的蓝光和红橙光有利于光合速率的提高和干物质的积累[149]。用红色滤光

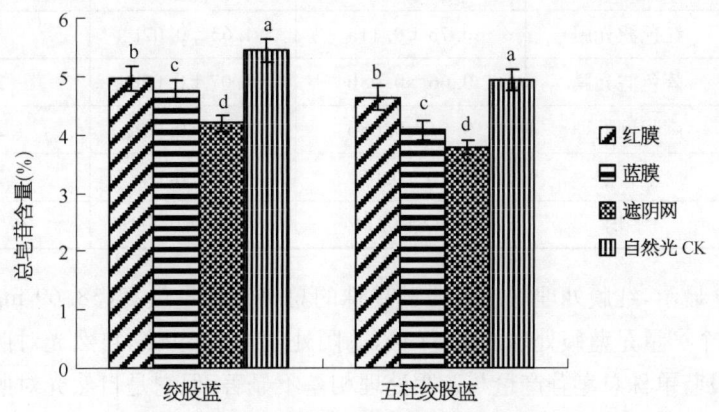

图12-14　红色和蓝色滤光膜处理下的绞股蓝和五柱绞股蓝的总皂苷含量
不同小写字母显示0.05水平差异显著

膜和蓝色滤光膜处理绞股蓝和五柱绞股蓝的幼苗45 d,然后测定其绞股蓝总皂苷含量,结果如图12-14和表12-9所示[138]。

从图12-14可见,自然光下的绞股蓝总皂苷含量最高,为5.45%,显著高于其他处理组的含量。红色滤光膜处理的绞股蓝总皂苷含量为4.96%,蓝色滤光膜处理组为4.75%,遮阴网处理的最低,为4.19%,三组间的差异达显著水平。五柱绞股蓝的总皂苷含量也具有相似的趋势,自然光下为4.94%,红膜处理下为4.63%,蓝膜处理下为4.07%,遮阴网处理为3.78%,各组间的差异达显著水平。虽然各处理下绞股蓝的总皂苷含量高于五柱绞股蓝,但差异不显著。自然光照下(相对光强100%)的绞股蓝和五柱绞股蓝的总皂苷含量都高于两种滤光膜和遮阴网的处理(相对光强平均33%),但由于光照强度影响绞股蓝总皂苷含量,故上述总皂苷含量的差异并非完全是由滤光膜颜色差异所贡献的,排除光强差异而将具有相似光强的滤光膜处理组与遮阴网处理组进行比较则更为合理。在相似的光照条件下,红色滤光膜处理的绞股蓝的总皂苷含量是遮阴网处理的1.18倍,蓝色滤光膜处理的则是1.13倍,五柱绞股蓝的上述数据则分别为1.22倍和1.08倍。可见在相似的光强下,红光和蓝光都有利于绞股蓝总皂苷的积累,红光的效应更显著。

由于绞股蓝单株的总皂苷产量是由绞股蓝的生物量和总皂苷含量所构成。滤光膜对两种绞股蓝单株总皂苷产量也产生影响(表12-9)。

表12-9　不同光质处理下的绞股蓝和五柱绞股蓝的单株总皂苷产量

物　种	处理条件	单株生物量(g·DW)	总皂苷含量(%)	单株总皂苷产量(mg)
绞股蓝	红色滤光膜	0.78 ± 0.07a	4.96 ± 0.03b	38.69a
	蓝色滤光膜	0.61 ± 0.10b	4.75 ± 0.02c	28.98b
	遮阴网处理	0.58 ± 0.06b	4.19 ± 0.02d	24.30b
	全日照	0.35 ± 0.08c	5.45 ± 0.04a	19.08c
	平均	0.60 ± 0.21	4.84 ± 0.52	27.76 ± 8.33
五柱绞股蓝	红色滤光膜	0.75 ± 0.11a	4.63 ± 0.02b	34.73a
	蓝色滤光膜	0.66 ± 0.08b	4.07 ± 0.02c	26.86b
	遮阴网处理	0.64 ± 0.05b	3.78 ± 0.03d	24.19b
	全日照	0.43 ± 0.07c	4.94 ± 0.04a	21.24c
	平均	0.62 ± 0.14	4.36 ± 0.53	26.76 ± 5.79

表12-9显示,红膜处理下的绞股蓝单株的总皂苷产量最高(38.69 mg),显著高于其他各组,这个产量是蓝膜处理的1.34倍,遮阴处理的1.59倍,自然光对照的2.03倍;蓝膜处理绞股蓝单株总皂苷产量与遮阴处理相差不显著,但它是自然光对照的1.52倍;遮阴处理比自然光对照高出27.36%。五柱绞股蓝单株的总皂苷产量也以红膜处理下最高(34.73 mg),它是蓝膜处理的1.29倍,是遮阴处理的1.44倍,是自然光对照的1.64

倍;蓝膜处理与遮阴处理相差不大,但它是自然光对照的 1.26 倍;遮阴处理比对照则比自然光对照高出 13.89%。两个物种在自然光下的总皂苷产量都最低,但种间的差异不显著。上述结果显示,适当的遮阴有利于绞股蓝总皂苷的积累,在相似的光照强度下,红膜处理有利于绞股蓝总皂苷产量的提高,而蓝膜处理对总皂苷产量的提高并不显著。

对黄色滤光膜和绿色滤光膜的光质实验具有相似的结果[137]。如图 12-15 所示,自然光下的绞股蓝总皂苷含量最高,为 1.52%,显著高于其他处理组。黄色滤光膜下的绞股蓝总皂苷含量为 1.36%,绿色滤光膜下为 1.29%,两者差异不显著。遮阴网处理下的含量最低,为 1.19%,显著低于黄膜处理。五柱绞股蓝的总皂苷含量也具有相似的趋势,自然光下为 1.34%,黄色滤光膜下为 1.23%,两者差异不显著,但自然光下的含量显著高于绿色滤光膜下的含量(1.13%)和遮阴网下的含量(0.95%),黄膜与绿膜处理组的差异不显著,但遮阴下的总皂苷含量显著低于黄膜和绿膜处理组。在相似的光照条件下,黄色滤光膜下处理的绞股蓝总皂苷含量是遮阴网处理的 1.14 倍,绿色滤光膜处理的则是 1.08 倍,而五柱绞股蓝的上述数据分别是 1.29 和 1.19 倍。可见相似的光强下,黄光和绿光都有利于绞股蓝总皂苷的积累,黄光的效应更显著。

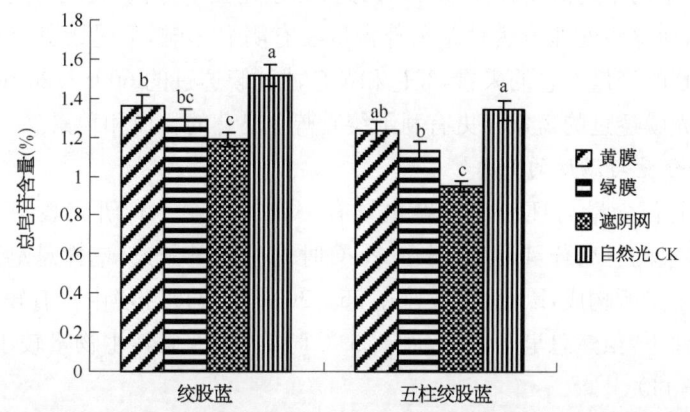

图 12-15 黄色和绿色滤光膜处理下的绞股蓝和五柱绞股蓝的总皂苷含量

不同小写字母显示 0.05 水平差异显著

两种颜色滤光膜对两种绞股蓝单株总皂苷产量的影响见表 12-10。

表 12-10 不同光质处理下的绞股蓝和五柱绞股蓝的单株总皂苷产量

物 种	处理条件	单株生物量(g·DW)	总皂苷含量(%)	单株总皂苷产量(mg)
绞股蓝	黄色滤光膜	0.19±0.03a	1.36±0.02b	2.58a
	绿色滤光膜	0.11±0.01c	1.29±0.04bc	1.42b
	遮阴网处理	0.15±0.02b	1.19±0.04c	1.79b
	全日照	0.17±0.01a	1.52±0.02a	2.58a
	平均	0.16±0.03	1.34±0.14	2.09±0.06

(续表)

物 种	处理条件	单株生物量(g·DW)	总皂苷含量(%)	单株总皂苷产量(mg)
五柱绞股蓝	黄色滤光膜	0.26±0.04a	1.23±0.02ab	3.20a
	绿色滤光膜	0.13±0.02c	1.13±0.03b	1.47b
	遮阴网处理	0.18±0.02b	0.95±0.03c	1.71b
	全日照	0.23±0.01a	1.34±0.04a	3.08a
	平均	0.20±0.06	1.16±0.17	2.37±0.09

由表12-10可知,黄膜处理与自然光处理的绞股蓝单株总皂苷产量相同,均为2.58 mg,显著高于遮阴网处理和绿膜处理。这个产量是遮阴处理的1.44倍,而绿膜处理的产量只有遮阴处理的79.3%。黄膜处理下的五柱绞股蓝单株总皂苷产量最高,其次是自然光处理,其产量均显著高于遮阴处理和绿膜处理。黄膜下的五柱绞股蓝单株的总皂苷产量是遮阴处理的1.87倍,而绿膜下的产量只有遮阴下的85.96%。两个物种相比,其总皂苷产量的平均值差异不显著。因此,相似光强下,黄膜处理有利于绞股蓝总皂苷产量的提高,而绿膜处理虽然对总皂苷含量没有明显影响,但是因其降低生物量而显著降低了总皂苷的产量。总的来看,红色和黄色滤光膜透过的600~720 nm的红橙光比绿色和蓝色滤光膜透过的蓝紫光更有利于绞股蓝总皂苷的合成和积累。

2. 总皂苷含量与温度的关系

绞股蓝总皂苷含量与环境的温度也具有一定的关系。有研究表明[150],绞股蓝在30 ℃左右所含量的总皂苷量最高,而在25 ℃时的生物量最大,单株总皂苷产量是由生物量和总皂苷含量所构成,因此,绞股蓝在25~30 ℃的温度环境中具有较高的总皂苷产量。较低温条件下,虽然总皂苷含量高于25 ℃时的含量,但其生物量较小,单株总产量仍较小(表12-11)。

表12-11 不同处理温度下绞股蓝和五柱绞股蓝的单株总皂苷产量

物 种	处理条件	单株生物量(g·DW)	总皂苷含量(%)	单株总皂苷产量(mg)
绞股蓝	10 ℃	0.12±0.08c	/	/
	15 ℃	0.63±0.12b	1.11±0.04b	6.99b
	20 ℃	0.83±0.09b	1.13±0.03b	9.38b
	25 ℃	1.23±0.08a	1.06±0.04b	13.04a
	30 ℃	0.95±0.06b	1.40±0.02a	13.30a
	平均	0.75±0.41	1.18±0.15	10.68±3.04
五柱绞股蓝	10 ℃	0.32±0.07b	/	/
	15 ℃	0.65±0.13b	0.71±0.02ab	4.62c

§12.5 绞股蓝皂苷含量在营养器官中的动态变化

（续表）

物　种	处理条件	单株生物量(g·DW)	总皂苷含量(%)	单株总皂苷产量(mg)
五柱绞股蓝	20 ℃	1.52 ± 0.12a	0.55 ± 0.04b	8.36b
	25 ℃	1.87 ± 0.46a	0.52 ± 0.03b	9.72b
	30 ℃	1.64 ± 0.55a	0.91 ± 0.05a	14.92a
	平均	1.20 ± 0.67	0.67 ± 0.18	9.41 ± 4.26

由表 12 - 11 所知，绞股蓝单株的总皂苷产量是随温度的增加而增加的。30 ℃ 处理的绞股蓝单株总皂苷最高，为 13.30 mg，25 ℃ 的总产量(13.04 mg)与之相近，两者均显著高于 20 ℃ 下的 9.38 mg 和 15 ℃ 下的 6.99 mg。30 ℃ 下的总皂苷产量分别是 25 ℃、20 ℃ 和 15 ℃ 下的 1.02 倍、1.42 倍和 1.90 倍。30 ℃ 处理的五柱绞股蓝的单株总皂苷产量高达 14.92 mg，显著高于 25 ℃ 下的 9.72 mg、20 ℃ 下的 9.38 mg 和 15 ℃ 下的 4.62 mg，是 25 ℃ 下产量的 1.54 倍、20 ℃ 的 1.78 倍和 15 ℃ 下的 3.23 倍。两个物种相比，在相同温度处理下，绞股蓝的总皂苷含量均显著大于五柱绞股蓝的总皂苷含量。

3. 总皂苷含量与物种和原产地的关系

中国绞股蓝属植物种类多，生境复杂，不同区域、不同物种的绞股蓝其皂苷含量有很大的差异。我们曾对比了 5 种绞股蓝的含量(表 12 - 12)，其中以广西绞股蓝最高，以五柱绞股蓝最低[121]。但这种比较也是相对的结果，因为材料的取材地域、时间各不相同，其影响因素应该是多因子的。

表 12 - 12　绞股蓝属 5 种植物的总皂苷含量比较　　　　　　　　(%)

物　种	采集地	采集时间	总皂苷含量	
			茎	叶
绞股蓝	陕西省平利县	2003 - 08	4.77	8.06
长梗绞股蓝	陕西省平利县	2003 - 08	3.98	4.68
光叶绞股蓝	湖南省桑植县	2004 - 08	5.77	5.59
广西绞股蓝	贵州省贵阳市	2004 - 08	4.26	9.40
五柱绞股蓝	湖南省吉首市	2004 - 08	2.64	3.33

综合其茎叶的含量分析，广西绞股蓝含量最高，绞股蓝和光叶绞股蓝的皂苷含量较高，长梗绞股蓝和五柱绞股蓝的含量最低。统计分析表明，以上 6 种绞股蓝的皂苷含量多少与它们的茎和叶的各项解剖指标之间没有相关性，即绞股蓝属植物的形态结构不能直接反映其皂苷含量的多少。

丁树利等[120]测定过 7 种绞股蓝地上部分的总皂苷含量(表 12 - 13)，发现在 7 种内广西绞股蓝(6.98%)、喙果绞股蓝(6.32%)和光叶绞股蓝(5.69%)的总皂苷含量较高，绞股蓝(浙江产)含量最低(2.37%)，其余的种类居中。从表 12 - 12 和表 12 - 13 综合分析,表明广西绞股蓝和光叶绞股蓝的总皂苷含量较高,而陕西平利县产的绞股蓝含量也较高,故总体上可以认为广西绞股蓝和光叶绞股蓝是皂苷含量较高的种类,绞股蓝居中,而长梗绞股蓝和五柱绞股蓝的含量较低。中国的绞股蓝属植物有15种和2变种,因为采集引种的困难,国内尚未有建立栽培规范、物种齐全的种质园,绞股蓝属的比较植物化学研究还处于零星的状态。因此,今后对这些植物种类进行引种驯化、规范管理、合理评价,将有利于筛选出遗传稳定的、能够适应当地小气候的优良品种,有利于绞股蓝资源的开发和利用。

表 12-13 丁树利测定 7 种绞股蓝总皂苷含量比较表[120]　　(％)

物 种	采集地	采集时间	总皂苷含量
绞股蓝	浙江	1990-08	2.37
喙果绞股蓝	浙江	1990-08	3.88
疏花绞股蓝	安徽	1991-08	3.07
光叶绞股蓝	广西	1990-07	5.69
毛绞股蓝(现归入绞股蓝)	湖北	1991-08	5.49
广西绞股蓝	广西	1991-07	6.98
扁果绞股蓝	广西	1991-07	6.32

研究发现同一个物种,因产地不同其总皂苷含量也不同。丁树利[120]等测定不同产地的绞股蓝干燥地上部分的含量分别为:云南产绞股蓝3.04％,广西产绞股蓝3.19％,浙江产绞股蓝2.37％,四川产绞股蓝2.65％,广东产绞股蓝(引自日本)3.77％,浙江产绞股蓝(引自日本)5.91％。张袖丽等[81]测定了安徽岳西的光叶绞股蓝茎(1.43％)和叶(1.92％)的总皂苷含量,比湖南产(桑植县八大公山)的光叶绞股蓝低(表12-12)。王昌利等[95]测得陕西宁陕县长梗绞股蓝的总皂苷含量为11.68％,远高于陕西平利县的长梗绞股蓝(表12-12),反映了同种植物皂苷含量的地域性差异。总结以上各外界环境因子对绞股蓝的影响,反映出绞股蓝皂苷的含量随产地、气候、采集部位与时间等的不同而有很大变化,因此绞股蓝引种时应注意适宜环境。

4. 总皂苷含量与化学调节的关系

组织培养方法常用来研究绞股蓝皂苷的积累与化学调节。研究发现,固体培养时总皂苷积累峰期滞后于愈伤组织生长峰期4～8 d,悬浮培养时皂苷含量最高期是细胞生长的静止期[54]。罗光明等[151,152]报道,绞股蓝原植株合成皂苷能力越强,其愈伤组织的皂苷含量越高;醋酸钠或香叶醇与氨硫脲协同作用可提高绞股蓝愈伤组织的皂苷产率,因为醋酸钠和香叶醇是皂苷或甾醇的生物合成前体的中间体,而二胺衍生物能阻止甾醇类的形成,使合成朝向有利于皂苷积累的方向。在培养基内同时添加NAA、2,4-D和BA三种激素也能使愈伤组织的总皂苷含量提高[50,51]。20 mg/L的有机锗能够促进绞股蓝愈伤组织的生长和皂苷的积累[153]。

§12.6 讨论

12.6.1 绞股蓝是具有根状茎的耐阴植物

1. 绞股蓝具有根状茎特征

葫芦科植物具有一年生和多年生类型,一年生植物不存在根状茎,而多年生的绞股蓝是否具有根状茎? 曾存在不同观点。一部分专家如廖衍伦和叶能干等[133]报道绞股蓝具有"匍匐茎""老茎",未提"地下茎",也没见到鳞片叶,故认为绞股蓝没有根状茎。根状茎是一种地下茎,具明显的节和节间,节上有鳞片叶,叶脱落后留有叶痕,叶腋内有腋芽,前端的顶芽能在地下生长。根据以上标准来考查绞股蓝是否具根状茎,首先从位置上看,绞股蓝有伸展于空中的茎、又有匍匐于地面的茎,更有生长于地面下 5~20 cm 土层中的茎,这些茎嫩者偏白,老者偏黄,交错连成一体。其次从外形看,绞股蓝的地下茎具有根状茎的上述特征,并在节上着生不定根,这在幼嫩的茎上更明显,老茎也有其痕迹,图 12-6(a)显示了这些特征。从解剖结构上看,绞股蓝的地下茎具维管束多个,木质部与韧皮部内外相对排列,中央有髓,具有茎的基本结构特征。另外,郭文源和王万贤编著的《绞股蓝栽培与产品开发》[25]、刘敏华编著的《绞股蓝》[4]、南京农业大学李扬汉教授指导的博士论文《绞股蓝的生物学特性、生长发育与生理生化的研究》[136]都提到绞股蓝具地下茎、根状茎,并描述了其形态结构等,因此,我们认为绞股蓝是具有根状茎的特征。

2. 绞股蓝属于耐阴植物

对湖南省八大公山自然保护区的野外调查表明,绞股蓝种群多生长于林缘水沟边,周围有乔、灌木层植物遮阴,日照时间短,年平均气温 11.5 ℃,空气湿度在 80% 以上,土壤含水量达 60% 以上,pH 偏小,有机物含量高,这与国内报道的若干自然生长的绞股蓝生态环境基本相似。

叶片是植物营养器官中对环境变化最为敏感的器官,其形态结构特征被认为最能体现环境因子的影响或植物对环境的适应。郭素枝等[154]的研究认为,不同生境使绞股蓝营养器官的形态结构和数量特征发生了不同程度的变化,尤其是叶的解剖特征差异更为明显,叶片厚度、栅栏组织厚度、栅/海的比值、主脉直径、主脉维管束的发达程度均为阳生＞中生＞阴生,而绞股蓝叶面积的大小则是阴生＜中生＜阳生。关于绞股蓝叶组织的发育分化状况,有两种看法,王庆亚[136]认为栅栏组织和海绵组织的分化不明显,而廖衍伦和叶能干[133]认为绞股蓝的两类组织分化明显,分化不明显者是受外界环境影响所致,这是绞股蓝的生态特性之一。光照是植物最重要的环境因子之一,相关的遮阴试验表明,光照能够影响绞股蓝叶肉组织的分化状态,全日照条件下的绞股蓝具有中生植物叶的形态结构特点,栅栏组织和海绵组织分化明显,而遮阴下的绞股蓝叶片变大变薄,叶绿素含量增加,栅栏组织和维管组织欠发达,海绵组织疏松,胞间隙增大,叶绿体增多,栅栏组织和海绵组织分化不明显,表现出阴生植物叶的结构特点。这种形态双重性与其光合表现是高度一致的,在遮阴条件下具有阴生叶结构特征的绞股蓝比全日照下具有中生叶结构特征的绞股蓝,其净光合速率明显要高。黄成林等[43]也在绞股蓝光合作用的研究中指出,绞股蓝是极耐阴的植物。虽然绞股蓝能在无遮阴的环境中生长,也能在相当荫蔽的环境中生存,但从叶的形态结构变化和光合生理变化来看,再结合野生绞股蓝的自然生长环境,我们认为绞股蓝属于耐阴植物,而不是阴生植物或中生植物。

12.6.2 绞股蓝皂苷在营养器官中的合成和积累部位

绞股蓝植物体内所含的人参皂苷是该种植物的主要药用成分,应用组织化学定位技术来确定其药用成分在器官组织中的分布和积累是一种有效的研究手段。特定的显色剂能与人参皂苷发生作用,生成的大分子复合物具特定的颜色,故常作为人参皂苷定性的一种检测试剂。前人对人参、西洋参、竹节参等都进行过组织化学显色研究,发现西洋参根中人参皂苷主要分布于周皮和韧皮部中,其中以分泌道最多,人参根中人参皂苷不仅存在于韧皮部中,还存在于木质部导管附近的薄壁组织细胞和木射线细胞中,且这些材料中的人参皂苷具有由红色到紫红色的变化现象[155]。刘世彪等采用5%香草醛-冰醋酸和高氯酸等量混合液作为人参皂苷显色剂,能使绞股蓝组织产生从淡红色—红色—紫红色的颜色变化,不同的组织颜色深浅不同,其色度与人参皂苷含量有正相关趋势。结合植物解剖学与组织化学方法相印证,证明绞股蓝皂苷主要分布在绞股蓝营养器官的同化组织及韧皮薄壁组织细胞中,木质部及髓薄壁组织中无皂苷的分布和积累,并且发现绞股蓝龙须茶加工后的组织细胞内的皂苷并未降解或相互渗运,仍积累于特定的部位,同时还发现皂苷含量的多少与营养器官的发育状态有直接的关系,即分化程度低的组织(幼嫩部位)所含皂苷多,分化成熟的组织含量少,而衰老的组织(靠近地面部位的茎)内皂苷减少或消失。从而推测此种现象的原因是皂苷优先积累于幼嫩组织,因此幼叶和幼茎含量高。地上茎可能是皂苷的转运器官,因为茎中所显红色主要存在于维管束的外生韧皮部,其中的筛管可以运输皂苷。粗大的根状茎主要功能是储藏营养和繁殖,以备越冬和来年萌发,所以其相关部位具有较高含量的总皂苷储存。

王英平等[156]在人参研究中,采用^{14}C标记醋酸盐底物在酶液中加入人参组织碎片来测定各器官的放射强度,发现叶片＞茎＞韧皮部＞木质部,并初步认为人参植株的根、茎、叶均具有合成皂苷的能力,以叶片的合成能力最大,茎次之,根最少。但皂苷类物质在绞股蓝中合成的场所目前尚不清楚。曾有人报道[119,157]在绞股蓝茎尖和幼叶的超微结构研究中观察到细胞的液泡中存在一些具有膜包被的电子致密物,组化方法证明这只是一种参与细胞分化和细胞形态建成的蛋白体,而不是细胞的次生代谢物。刘世彪和胡正海[158]对绞股蓝营养器官储藏皂苷细胞的电镜观察并未见到幼叶液泡中的蛋白体,虽然在筛管的原生质中发现包含有大量内容物的大小不等的囊泡,它们与液泡和细胞膜相融合,释放其中的内含物,但尚不能肯定这种物质就是皂苷,因为在组织化学所证明了的皂苷积累较多的叶肉细胞、韧皮薄壁组织细胞甚至叶绿体中都没有发现特殊的电子致密物或嗜锇颗粒,虽然韧皮薄壁组织细胞内的线粒体和内质网比较丰富,这启示我们皂苷可能不能仅用锇酸固定或常规的电镜方法来观察。免疫电镜方法是确定皂苷类物质所在部位的有效手段,李鹄鸣[159]在盾叶薯蓣的研究中,成功地把胶体金定位在叶绿体的类囊体膜上,证实了薯蓣皂苷元是由叶绿体合成的,这种方法今后值得在绞股蓝研究中借鉴。随着分子生物学的发展,今后如能够根据绞股蓝皂苷合成关键酶鲨烯合成酶和鲨烯环氧酶的基因序列,设计引物,通过 PCR 扩增获得两关键酶基因的 ORF,连接到表达载体上,转化原核生物,诱导其表达而获得鲨烯合成酶和鲨烯环氧酶的重组蛋白,以此蛋白制备多克隆抗体。抗体用于两种关键酶的免疫定位,就有可能精确地揭示皂苷在细胞和亚细胞水平上的合成部位。

12.6.3 绞股蓝皂苷含量的变化规律与科学采收

1. 绞股蓝采收的最佳时期是秋季的花果期

研究表明,不同生长季节绞股蓝的总皂苷含量是不同的,从营养生长期、开花期至果熟期,其动态变化趋势是从低到高再降低,以 6 月最低,7~9 月上升,10 月达最高峰,11 月下降至约七八月的水平(图 12-11)。由绞股蓝顶芽及幼嫩茎叶制成的龙须茶的总皂苷测定也表明,从 8 月以前的营养生长期到花期皂苷含量逐渐上升,9 月的花果期其总皂苷积累最多,10~11 月的果熟期和枯萎期皂苷含量则略有下降(图 12-12)。虽然全国各地的具体情况略有差异,绞股蓝地上部分总皂苷含量随季节而呈规律性变化的这种规律都是类似的[21,120,160-162]。

形成这种变化规律的原因,刘敏华[4]认为,7 月以前为绞股蓝的营养生长旺季,消耗大量的养分和水分,总皂苷积累较少。7 月以后营养生长变缓,开始进入生殖生长,总皂苷含量上升,至 9,10 月进入雌花后期,早期开花的果实逐渐成熟,这时营养生长已趋稳定,生殖生长高峰已过,是皂苷积累的最佳时期,同时该期间绞股蓝的生物量也最大。11 月以后随着气温下降,绞股蓝体内高分子物质开始分解和转化,为越冬作生理准备,部分叶片开始黄枯,茎秆老化,这时期总皂苷含量下降。另外,从气象条件与总皂苷积累的关系看,我们的研究显示 8 月以后采收制作的龙须茶皂苷含量较高,品质较好,说明夏季后日照适中、湿润和凉爽的气候条件有利于绞股蓝的生长和有效成分的积累。月总降雨量与总皂苷含量呈正相关的研究结果,与何维明等人[41]得出的降雨是影响绞股蓝皂苷动态变化的主要环境因子相符合。当然,皂苷含量的多少除受外部环境条件影响外,还由其本身的遗传特性和代谢特性所控制。

绞股蓝总皂苷的季节性变化规律可用于确定绞股蓝的最佳采收时期,比如在陕西南部地区,绞股蓝最佳采收期可以确定在秋季 9,10 月的花果期,如一年收割 2 次,第一次可安排在 7 月,第二次在 10 月,这样可以保证获得生物产量和皂苷含量都较高的药材。再如 8 月以后采收制作的龙须茶皂苷含量高,品质高,可以分级销售。

2. 绞股蓝采收的最佳部位是地上部分

关于绞股蓝营养器官中皂苷含量的报道很多,普遍认为不同营养器官的总皂苷含量不同,叶高于茎,但涉及根状茎和芽中含量的结论尚不一致。据郭文源和王万贤[25]资料,日本德岛县绞股蓝的根(包括根状茎)中皂苷含量为 3.1%,茎 4.3%,叶 6.7%,由茎和叶组成的地上部分为 5.6%,冲绳的绞股蓝的以上部位分别为 4.9%,6.2%,10.8% 和

8.1%，一般叶比茎高，果实再次之，根和根状茎的含量最低。葛来平等[145]的测定认为芽的含量低于叶和茎，根的含量最低。而刘承勋和聂刘旺[144]的测定数据表明根状茎含量最高，高于叶和茎。本实验结果也显示根状茎的皂苷含量显著高于叶和茎，幼嫩部分（包括芽）含量高于成熟部分和衰老部分。我们认为，根状茎中的皂苷含量高于茎和叶，且由夏至冬逐渐增加，符合越冬草本植物的生活规律，它有助于绞股蓝的营养储藏和来春萌发。至于为什么绞股蓝的幼嫩部分含有较高的皂苷的原因，还未见明确的解释。次生代谢产物的含量随着植物器官的成熟而下降的现象在其他植物中也有表现，如金钗石斛、细茎石斛中的总生物碱都是茎上部的含量大于中部和下部[163,164]，喜树幼枝和幼叶中的喜树碱含量大于老枝和成熟叶[165]。药用植物的这种"梢部最苦"的现象可能与植物生态上的防御功能有关[166]。因为幼嫩枝叶质地嫩，氮素丰富，易吸引动物的摄食和微生物的侵袭，高含量的次生代谢产物（如多数绞股蓝具苦味）可以抵御草食动物、病原微生物以及其他生物的侵袭[167,168]，因而表现出化学防御功能。随着叶的成熟，叶面积扩大，木质化程度增大，表面覆盖了蜡质和角质层，这些结构以物理防御方式对成熟组织起保护作用，次生代谢物的含量就逐渐下降[169]。

以上研究结果对于指导绞股蓝的科学采收及资源保护具有重要意义，它提示绞股蓝在一般种植区域一年可收割 2 次，在亚热带热带地区收割 3 次是完全可行的，这不仅增加了绞股蓝的田间生物产量，还使收获材料相对幼嫩，皂苷含量相对较高，有利于提高药材的产量和品质，也表明商家采摘绞股蓝幼嫩茎叶制作商品"龙须茶"是符合科学道理的。同时，我们必须看到，虽然绞股蓝地下茎的皂苷含量最高，但与地上茎、叶相比，其生物量相当有限，所含的皂苷总量仍比不上地上部分。而绞股蓝的根（不定根）生物产量极小、皂苷含量最低，已为研究者所共识。有的药农按传统习惯挖取绞股蓝的地下部分用作药材，不仅收益有限，而且耗费工时，更破坏了绞股蓝的生存状态，不利于绞股蓝资源特别是野生资源的保护，因此在生产中应提倡综合利用绞股蓝的地上茎叶而保留其地下的根状茎，以此促进绞股蓝资源的可持续开发利用。

3. **绞股蓝雄株的皂苷含量高于雌株**

我们的测定表明，同一生长期中，绞股蓝雄株的茎和叶中总皂苷含量高于雌株，幅度达 20%～60%，这与励建荣和顾振宇[80]对雌、雄株绞股蓝的皂苷测定的结果趋势相符。雌株含量较低的原因应该与雌株在开花结果、果实生长中消耗了大量的有机物有关。野生状态下绞股蓝种群的雌雄比例约为 1∶20，这提示我们，如果在不需要采收种子时，这样的比例有利于获得高品质的药材原料，生产中可选择多种植雄株绞股蓝。

4. **四倍体绞股蓝的皂苷含量高于二倍体绞股蓝**

植物界中的多倍体植株一般比二倍植株高大，生长势强，生物产量或有效成分含量高。国内绞股蓝的多倍体育种未见报道，但从日本引种栽培及云南盈江的六倍体植株和安徽金寨的八倍体植株明显比二倍体和四倍体粗壮，果实和种子更大[56]。我们在陕西省平利县也观测到，四倍体绞股蓝比其亲本二倍体绞股蓝的生长势强，其枝条分级数和总长度、叶数、叶面积、叶绿素含量、单果体积和重量、单位面积鲜重和干重及皂苷含量都高于其亲本和其他株系,因此栽培四倍体绞股蓝能获得较高的皂苷总产量,值得在生产中推广。

12.6.4 光照设计对于绞股蓝栽培的指导意义

绞股蓝的净光合速率日变化曲线表现为双峰型,峰值分别在上午和下午,在高光强下有明显的"午休现象",这与前人的研究结果相似。遮阴是绞股蓝种植中常用的一种栽培措施,它有助于植物的生长发育和产量提高。大田试验显示,同一遮阴程度对不同类型的绞股蓝的形态结构和光合作用的影响是不同的,全日照下净光合速率相差很小的七小叶与五小叶类型,在30%全日照光强下前者净光合速率的增加大于后者,叶绿素含量和叶绿素a/b的增加也要显著,表明前者更适应于30%透光度的遮阴环境。盆栽试验显示30%全日照比10%、10%比100%全日照下的绞股蓝净光合速率要高,生长势要强。与生长势、叶绿素含量和净光合作用不同的是,总皂苷含量则以全日照下高于遮阴条件下,其茎、叶及果实要高出约10%～40%。综合七小叶和五小叶类型绞股蓝的光合特性和皂苷含量,可以确定前者更有栽培价值。至于本试验中30%全日照光强以上的遮阴结果如何、何种程度最佳,尚有待于进一步的试验。但前人对绞股蓝的最适遮阴程度已作过一些探索,郭文源等[36]提出相对照度为64.39%～74.51%时,绞股蓝的干物质累积量最多,总皂苷含量最高,果实和种子产量最大。柳秀春等[148]认为,强光和高温抑制绞股蓝的生长而导致其产量下降,透光率在25%～45%时绞股蓝的产量最高,在一定范围内皂苷含量与光照强度呈正相关,全日照条件下皂苷含量最高,而与遮阴下提高更大的生物产量综合折算后,还是遮阴下的总皂苷产量要高。邓铭等[147]的研究表明,70%左右的相对照度下绞股蓝的干物质生产量和总皂苷含量最高。但是绞股蓝的遮阴程度并不是越大越好,有耐阴试验表明,白昼把绞股蓝置于10～15 lx漫射光环境中,平均23 d就会死亡[135]。野生绞股蓝种群很难在过于荫蔽的密林或多重灌木覆盖的环境中分布,例如当林下入射光比林窗入射光的相对日总光强低63.2%、严重缺乏光谱中的蓝光和红橙光时,绞股蓝的净光合速率、干物质积累量、日茎净伸长量和总皂苷含量都比林窗下的相应指标要低。这与不同光环境下的蓝光和红橙光的光强及其光谱成分有关,因为林窗中蓝光(400～510 nm)和红橙光(610～720 nm)光强及其光谱成分较其他色光明显高于林下,而在植物的各种光化学反应中,起决定作用的是其叶片所吸收的光合有效辐射(400～700 nm),在最有效的蓝紫光(400～510 nm)和红橙光(610～720 nm)范围内,430～450 nm和640～660 nm是叶绿素吸收最强的光谱区[149]。在光合有效辐射减弱条件下,绞股蓝形成以捕捉更多的光能和降低消耗为对策、通过增大总叶面积、叶面积率和比叶面积,以有效地适应低光环境的反应模式。因此,在绞股蓝种植地区,可根据种植地的具体环境,选择背阳山地或有树木遮阴的田地,或采用适当的遮阴措施,将有效促进绞股蓝的生长,增加叶绿素的含量,提高生物产量和皂苷的总产量,如果制作龙须茶,还能使茶叶更鲜绿,因而提高茶叶的品质。

参考文献

[1] Jeffrey C. Systematics of the cucurbitaceae. An overview[M]//Bates D M, Roabinson R W, Jerrrey C, eds. Biology and utilization of the cucurbitaceae. Itaca and London: Comstock publishing associates. Cornell University Press,1990.

[2] 吴征镒,路安民,汤彦承,等.中国被子植物科属综论(葫芦科)[M].北京:科学出版社,2003.

[3] 陈书坤.绞股蓝属植物的分类系统和分布[J].植物分类学报,1995,33(4):403-410.

[4] 刘敏华.绞股蓝[M].北京:中国中医药出版社,2001.

[5] 王正平,谢权中.葫芦科之一新属[J].植物分类学报,1981,19(4):481-484.

[6] 薛祥骥,毛节琦,张志明,等.关于喙果藤的归属问题[J].植物分类学报,1983,21(1):76-78.

[7] 吴征镒,陈书坤.中国绞股蓝属(葫芦科)的研究[J].植物分类学报,1983,21(4):355-368.

[8] 丁建南.再论喙果藤属的归属问题[D].南京:南京大学硕士论文,1987.

[9] 王正平.绞股蓝属及苔草属四新种[J].云南植物研究,1989,11(2):165-170.

[10] 丁建南.喙果藤一新变种[J].植物研究,1990,10(3):71-72.

[11] 陈秀香,覃德海.广西绞股蓝属一新种[J].云南植物研究,1988,19(4):495.

[12] 陈秀香,梁定仁.广西绞股蓝属药用植物一新种[J].广西植物,1991,11(1):13-14.

[13] 张智.绞股蓝属一新种[J].植物分类学报,1991,29(4):370-371.

[14] 张智.绞股蓝属一新种[J].安徽农业大学学报,1995,22(2):177-180.

[15] 薛祥骥,徐火亮.绞股蓝属(*Gynostemma*)一新种[J].植物研究,1995,15(4):447-449.

[16] 何顺志.贵州绞股蓝属(葫芦科)一新种[J].植物分类学报,1996,34(2):207-209.

[17] 路安民,陈书坤.葫芦科.中国植物志(第一卷)[M].北京:科学出版社,1986,73(1):265-277.

[18] 李纯,孟洁.安徽省绞股蓝资源调查及质量评价[J].安徽农学通报,1997,3(3):22-24.

[19] 陈涛,朱学灵,李爱琴,等.伏牛山野生绞股蓝的种类及栽培技术[J].河南林业科技,1998,18(3):43-44.

[20] 祁承经,喻勋林.湖南种子植物总览[M].长沙:湖南科学技术出版社,2002.

[21] 肖小河,陈士林,尹国萍.四川绞股蓝属生态分布及资源利用[J].中药材,1991,14(3):16-19.

[22] 何顺志.贵州绞股蓝属植物资源调查及生态环境的研究[J].中草药,1996,27(5):299-301.

[23] 丁树利,朱兆仪,李勇.绞股蓝及同属植物的生药学研究[J].中国药学杂志,1994,29(9):79-83.

[24] 江苏新医学院.中药大辞典(上册)[M].上海:上海人民出版社,1977.

[25] 郭文源,王万贤.绞股蓝栽培与产品开发[M].成都:电子科技大学出版社,1993.

[26] 刘世彪,张代贵,陈功锡,等.八大公山自然保护区绞股蓝伴生群落特征研究[J].生命科学研究,2007,11(2):172-176.

[27] 王庆亚,郭巧生,孙建云,等.绞股蓝雌雄株的识别及内源激素变化的研究[J].中国中药杂志,2004,29(9):837-840.

[28] 何维明,钟章成.绞股蓝雌雄种群觅源行为和繁殖对策比较[J].云南植物研究,2000,22(1):59-64.

[29] 萧运峰,高洁.耐荫保健地被植物绞股蓝的研究[J].四川草原,1996(2):10-13.

[30] 何维明,钟章成.攀援植物绞股蓝当年生枝种群数量动态的初步研究[J].西南师范大学学报(自然科学版),1998,23(3):311-316.

[31] 陈震.绞股蓝繁殖方法的初步研究[J].特产研究,1989(2):17.

[32] 李羡月,周国芬.绞股蓝气候适应性分析[J].中国农业气象,1994,15(1):18-19.

[33] 何和明,李健勇,吴毓.海南岛绞股蓝生物学特性与物候期观察[J].中国野生植物资源,1996(1):20-24.

[34] 王光陆.绞股蓝的生长与环境条件的研究[J].水土保持学报,1994,8(3):92.

[35] 何维明,钟章成.攀援植物绞股蓝幼苗对光照强度的形态和生长反应[J].植物生态学报,2000,24(3):375-378.

[36] 郭文源,杨毅,陈建平.光强和溶液pH值对绞股蓝生长发育的影响[J].湖北大学学报(自然科学版),1994,16(2):207-210.

[37] 何维明,钟章成.不同地区绞股蓝中几种生化成分动态特征[J].应用生态学报,2000,11(1):149-151.

[38] 李跃春,张国彬,冯玲玲,等.不同因子对绞股蓝培养细胞的总皂苷和总黄酮的初步分析[J].华中师范大学(自然科学版),2004,38(1):95-97.

[39] 张立新.秦巴绞股蓝的生态环境气候特征[J].气象,1993,19(4):53.

[40] 季强彪.绞股蓝生态特性研究[J].贵州农学院学报,1995,14(2):38-41.

[41] 何维明,钟章成.绞股蓝种群次生代谢产物的动态及其生态学意义[J].云南植物研究,1998,20(4):434-438.

[42] 周霞,何和明,郑觉.绞股蓝生态生理特性的研究[J].中国野生植物资源,1999,18(2):1-4.

[43] 黄成林,吴泽民,姚永康,等.遮荫条件下绞股蓝光合作用特点的研究[J].应用生态学报,2004,15(11):2099-2103.

[44] 刘世彪,胡正海.遮荫处理对绞股蓝叶形态结构及光合特性的影响[J].武汉植物学研究,2004,22(4):339-344.

[45] 陈忠仁,张永田.绞股蓝生态习性和生物学特性[J].亚热带植物通讯,1992,21(1):25-30.

[46] 孙枫,郭传贵,杨耀玲.土壤水分对绞股蓝生长动态的影响[J].安徽农业科学,2001,29(2):265-267.

[47] 龙云,邓美珍,谈锋.绞股蓝对水分胁迫的适应性研究[J].西南师范大学学报(自然科学版),1999,24(1):81-86.

[48] 黄青,何和明.几种药用植物过氧化物酶同工酶的比较分析[J].中国野生植物资源,1999,18(2):32-35.

[49] 黄琴,何和明.绞股蓝超氧物歧化酶及某些理化特性的研究[J].中国野生植物资源,2000,19(3):17-19.

[50] 李纯,周立人.激素对绞股蓝愈伤组织过氧化物酶及皂苷含量的影响[J].安徽农业大学学报,1998,25(4):448-451.

[51] 项燕,章力干,李纯,等.激素对组织培养绞股蓝生长及酶活性的影响[J].安徽农学通报,1999,5(3):22-24.

[52] 施华中,程井辰.绞股蓝细胞培养及其某些生理生化特性[J].植物生理学通讯,1991,27(2):97-100.

[53] 钱万英,谢惠,胡玲玲,等.绞股蓝、菊花脑的成分分析及同工酶酶谱研究[J].安徽大学学报(自然科学版),1988(2):88-92.

[54] 袁带秀,袁志忠,刘世彪.绞股蓝属三种植物的 POD、EST 和 SOD 同工酶研究[J].中国野生植物资源,2012,31(1):38-41.
[55] 李汝娟,尚宗燕,张继祖.三种绞股蓝的染色体研究[J].植物学通报,1989,6(4):245-247.
[56] 高信芬,陈书坤,顾志建,等.绞股蓝属的染色体研究[J].云南植物研究,1995,17(3):312-316.
[57] 杨启银,韦平和.疏花绞股蓝的核型研究[J].南京师范大学学报(自然科学版),1995,18(1):85-87.
[58] 魏小勇,张铭.铁皮石斛与绞股蓝原生质体融合的初步研究[J].中草药,2004,35(7):811-813.
[59] Han J Y, In J G, Kwon Y S, et al. Regulation of ginsenoside and phytosterol biosynthesis by RNA interferences of squalene epoxidase gene in *Panax ginseng*[J]. Phytochemistry, 2010, 71(1): 36-46.
[60] Lee M H, Jeong J H, Seo J W, et al. Enhanced triterpene and phyotsterol biosynthesis in *Panax ginseng* overexpressing squalene synthase gene[J]. Plant Cell Physiology, 2004, 45: 976-984.
[61] 蒋军富,李雄英,吴耀生,等.绞股蓝鲨烯环氧酶基因的克隆与序列分析[J].西北植物学报,2010,30(8):1520-1526.
[62] 林毅,陈国强,吴祖建,等.绞股蓝抗 TMV 蛋白的分离及编码基因的序列分析[J].农业生物技术学报,2003,11(4):365-369.
[63] 林毅,林奇英,谢联辉.绞股蓝核糖体失活蛋白的分离、克隆与表达[J].分子植物育种,2003,1(5-6):759-761.
[64] 林毅,吴祖建,谢联辉,等.抗害虫基因新资源:绞股蓝核糖体失活蛋白基因[J].分子植物育种,2003,1(5-6):763-765.
[65] 林毅,吴祖建,谢联辉,等.绞股蓝 RIP 基因双子叶植物表达载体的构建及其对烟草叶盘的转化[J].江西农业大学学报,2004,26(4):589-592.
[66] 林毅,孙国强,吴祖建,等. C 末端缺失和完整的绞股蓝核糖体失活蛋白在大肠杆菌中的表达[J].江西农业大学学报,2004,26(4):593-595.
[67] 费厚满,梅康凤,沈昕,等.发根农杆菌对绞股蓝的转化及毛状根中皂苷的产生[J].植物学报,1993,35(5):626-631.
[68] 黄天芳.绞股蓝种子发芽特性的初步研究[J].孝感师专学报(自然科学版),1991(4):44.
[69] 甘赞琼,李峰,韦霄,等.绞股蓝繁殖试验研究[J].广西植物,1993(1):84-86.
[70] 彭小列,王莎莎,刘世彪,等.温度和植物生长调节剂对绞股蓝种子萌发的影响[J].湖南农业科学,2011(19):28-30.
[71] 吴永朋,肖娅萍,原雅玲,等.不同处理对绞股蓝生根的影响[J].陕西林业科技,2009(5):1-4.
[72] 黄天芳.秋季扦叶繁殖绞股蓝[J].中草药,1995,26(11):598-599.
[73] 吴成妹.绞股蓝的育苗技术[J].中国林业,2003,1(A):43.
[74] 黄天芳,田春元.磁处理对绞股蓝种子出土萌发的影响[J].孝感师专学报(自然科学版),1998,18(4):52-53.
[75] 刘松青,武成荣.绞股蓝茎尖组织培养和植株再生研究[J].中国野生植物资源,2000,19(6):60-61.
[76] 刘晓燕.绞股蓝的茎段培养及试管繁殖[J].耕作与栽培,2000(1):46-47.
[77] 朱素琴,谢焕松,曹云英,等.绞股蓝快速繁殖的新方法[J].种子,2004,23(11):96.

[78] 张航宁,吴琴生,刘大钧.绞股蓝悬浮细胞的原生质体再生植株[J].生物工程学报,1995,11(3):285-287.

[79] 邓世林,周晓娟.绞股蓝中氨基酸、维生素及多种化学元素的分析[J].湖南医科大学学报,1994,19(6):487-490.

[80] 励建荣,顾振宇.浙江千岛湖地区七叶甜味绞股蓝的生物活性成分分析[J].浙江农业大学学报,1997,23(S):43-44.

[81] 张袖丽,檀华蓉,胡颖蕙.光叶绞股蓝营养成分的研究[J].安徽师范大学学报(自然科学版),1997,20(3):273-276.

[82] 鸥守珍,何和明.海南岛绞股蓝属植物中总氨基酸分析[J].中国野生植物资源,1999,18(1):27-29.

[83] 李兰芳,陈玲燕.河北引种绞股蓝中总皂苷总黄酮、多糖及氨基酸的分析[J].时珍国医国药,1997,8(2):151-153.

[84] 唐晓玲,蒋桂平.绞股蓝粗多糖的提取与初步分析[J].中成药,1995,17(7):7-8.

[85] 马丽萍,赵培荣,张惠芳,等.绞股蓝不同部位多糖含量的测定[J].河南医科大学学报,2000,35(5):445-446.

[86] 叶毓琼,黄荣.绞股蓝水煎液中微量元素与铁铜锰锌形态分析的研究[J].光谱学与光谱分析,1994,14(2):73-78.

[87] 李新凤,邓世林.原子吸收光谱法测定绞股蓝中20种微量元素[J].分析试验室,1995,14(3):73-76.

[88] 张太强.原子吸收法测定中草药绞股蓝中11种微量元素[J].微量元素与健康研究,2000,17(2):58-59.

[89] 李馨芸,刘世彪,易浪波,等.绞股蓝属3种植物的总皂苷、总黄酮和矿质元素含量的季节性变化[J].中药材,2012,35(1):26-30.

[90] 郭巧生.绞股蓝中维生素C含量测定[J].现代应用药学,1989,61(2):19-21.

[91] 许益民,刘兴福.绞股蓝磷脂成分分析[J].中国野生植物资源,1990(2):40-42.

[92] 周和平.葫芦科绞股蓝的皂苷成分与药理.药学通报,1988,23(12):720-724.

[93] 布坎南 B B,格鲁依森姆 W,琼斯 R L.植物生物化学与分子生物学[M].瞿礼嘉,顾红雅,白书农,译.北京:科学出版社,2004.

[94] 赵争胜,任宏峰,邢黎明,等.绞股蓝总皂苷提取工艺研究与改进[J].中草药,1995,26(11):580-581.

[95] 王昌利,宋小妹.长梗绞股蓝总皂苷提取工艺研究[J].中成药,1994,16(2):3-5.

[96] 宋小妹,崔九成,强军,等.超声波提取绞股蓝总皂苷的工艺研究[J].中成药,1998,20(5):4-5.

[97] 刘鸿洲,童庆宣,吴良才.薄层扫描法测定绞股蓝中人参皂苷Rb_1[J].亚热带植物通讯,1995,24(2):31-34.

[98] 郭锡勇,彭小冰,潘定举,等.薄层扫描法测定引种绞股蓝中人参二醇的含量[J].贵阳中医学院学报,1998,20(3):58-59.

[99] 程存归,李冰岚.绞股蓝及其伪品乌蔹莓的FTIR法直接鉴定研究[J].四川中医,2003,21(1):25-26.

[100] 郭萍,袁亚莉,熊平.中草药绞股蓝的傅里叶变换红外和拉曼光谱分析[J].光谱学与光谱分析,

2004,24(10):1210-1212.

[101] 侯冬岩,回瑞华,关崇新.绞股蓝中总黄酮的分析研究[J].沈阳师范学院学报(自然科学版),2003,22(1):39-42.

[102] 刘芳,胡坪,Annika Küster,等.绞股蓝药材的 HPLC 指纹图谱[J].中成药,2008,30(10):1494-1498.

[103] 杨玉英,陈正清.绞股蓝提取液的毒理研究简介[J].南京大学学报,1993(绞股蓝研究专辑):154-157.

[104] Lin C C, Huang P C, Lin J M. Antioxidant and hepatoprotective effects of Anoectochilus formosanus and *Gynostemma pentaphyllum*[J]. American Journal of Chinese Medicine, 2000, 28(1):87-96.

[105] Zhu S H, Fang C X, Zhu S Q, et al. Ingibitory effects of *Gynostemma pentaphyllum* on the UV induction of bacteriophage 5 in sogenis escherichia coli[J]. Current Microbiology, 2001, 43(4):299-301.

[106] 叶红.绞股蓝总甙片有关抗衰老作用的探讨[J].上海医药,2001,22(11):77-78.

[107] Wang Q F, Chen J C, Hsieh S J, et al. Regulation of Bcl-2 family molecules and activation of caspase cascade involved in gypenosides-induced apoptosis in human hepatoma cells[J]. Cancer Letters, 2002, 183:169-178.

[108] 付乙.绞股蓝提取液对提高运动耐力的实验研究[J].成都体育学院学报,2002(2):63-65.

[109] 倪受东.绞股蓝皂苷对心血管系统药理作用的研究进展[J].中国中医药科技,2002(6):127-128.

[110] 史先振,周建俭.绞股蓝的研究进展[J].食品研究与开发,2003,24(5):38-39.

[111] 孙广利,边洪荣.长梗绞股蓝与绞股蓝最新研究进展[J].中华实用中西医杂志,2003,3(16):1823-1824.

[112] 姜彬慧,杨万春,赵余庆.绞股蓝抗肿瘤作用研究现状[J].中药材,2003,26(9):683-686.

[113] 单磊,张卫东,张川,等.皂苷类成分抗肿瘤活性的研究进展[J].中草药,2005,36(2):295-298.

[114] 刘海鑫.绞股蓝降血糖活性物质的作用研究[D].武汉:湖北中医药大学硕士论文,2012.

[115] 王君明,王帅,崔瑛.绞股蓝提取物抗抑郁活性研究[J].时珍国医国药,2012,23(4):815-817.

[116] 张智.绞股蓝资源质量评价指标的研究[J].安徽农业大学学报,1995,22(3):312-316.

[117] 彭小列,刘世彪.绞股蓝是一种有开发前景的植物性饲料添加剂[J].饲料研究,2005,5:26-27.

[118] 林如,曹玉芳,胡正海.绞股蓝营养器官的结构及其人参皂苷的组织化学定位研究[J].西北植物学报,2002,22(4):796-800.

[119] 计巧灵,吕文渊,陈睦传,等.绞股蓝茎尖和幼叶细胞蛋白体研究初报[J].植物学报,1990,32(12):916-922.

[120] 丁树利,朱兆仪.绞股蓝及同属植物的总皂苷测定[J].中草药,1992,23(12):627-629.

[121] 刘世彪,林如,胡正海.绞股蓝属5种植物的茎叶结构和总皂苷含量差异[J].福建农林大学学报(自然科学版),2006,35(5):495-499.

[122] 叶能干.绞股蓝的形态解剖研究 II.绞股蓝生殖器官的解剖特征[J].贵州农业科学,1991,5:19-22.

[123] 张智,李凡庆.绞股蓝属花粉形态观察[J].武汉植物学研究,1995,13(4):295-298.

[124] 张建军,吴海清,石泽,等.不同类群绞股蓝的形态学研究[J].江苏农业研究,2000,21(4):51-53.

[125] 李明.绞股蓝胚胎学研究[J].西南农业大学学报,1991,13(6):636-639.

[126] 孙航,陈书坤.绞股蓝属植物种皮微结构特征及其分类学意义[J].云南植物研究,1998,20(3):309-311.

[127] 王庆亚,李扬汉.绞股蓝大小孢子发生和雌雄配子体的发育[J].南京农业大学学报,2002,25(3):17-21.

[128] 王庆亚,张守栋,孙建云,等.绞股蓝果实的发育解剖学研究[J].广西植物,2003,23(4):323-326.

[129] 唐朝正.绞股蓝与乌蔹莓鉴别[J].时珍国医国药,2000,11(11):1003.

[130] 王太霞,李金亭,李景原,等.绞股蓝与乌蔹莓药用部分的显微鉴别[J].中草药,2003,34(5):465-467.

[131] 刘世彪,张代贵,胡正海.绞股蓝与易混淆品雪胆的鉴别[J].中国民族民间医药杂志,2007,1:46-49.

[132] 林如,曹玉芳,胡正海.绞股蓝扦插生根的解剖学研究[J].福建农林大学学报(自然科学版),2003,32(4):464-467.

[133] 廖衍伦,叶能干.绞股蓝的形态解剖研究 I.绞股蓝的外部形态和营养器官的解剖特征[J].贵州农业科学,1989,6:9-15.

[134] 刘世彪,易萍,罗奥,等.低温胁迫对绞股蓝和五柱绞股蓝抗寒性生理指标的影响[J].热带作物学报,2008,29(5):572-576.

[135] 周湛芬,张智,李瑶.绞股蓝属叶表皮形态与生态环境的关系[J].安徽农业大学学报,1993,20(1):79-85.

[136] 王庆亚.绞股蓝的生物学特性、生长发育形态及生理生化的研究[D].南京:南京农业大学,1998.

[137] 刘世彪,李馨芸,李朝阳,等.影响绞股蓝和五柱绞股蓝生长和总皂苷积累的有效光质研究[J].热带作物学报,2011,32(1):50-54.

[138] 李馨芸,刘世彪,唐克华.滤光膜对绞股蓝和五柱绞股蓝的生长和总皂苷积累的影响[J].热带作物学报,2011,32(5):915-920.

[139] 刘世彪,彭小列,李馨芸,等.温度对绞股蓝和五柱绞股蓝生长及总皂苷积累的影响[J].广西植物,2012,32(2):253-256.

[140] 肖崇厚.中药化学[M].上海:上海科学技术出版社,1997.

[141] Kubo I. Histochemistry I: Ginsenosides in ginseng (*Panax ginseng* root)[J]. Journal of Natural Products,1980,43(2):278-284.

[142] 郑友兰,李向高.吉林人参与西洋参生药学和组织化学的比较研究[J].吉林农业大学学报,1986,8(4):30-35.

[143] 胡正海,苏红文.西洋参根的形态发育与主要药用成分积累的关系[J].中草药,1996,27(AO29):162-164.

[144] 刘承勋,聂刘旺.绞股蓝总皂苷的比色测定[J].南京大学学报,1993(绞股蓝研究专辑):231-235.

[145] 葛来平,胡林,曹华盖.绞股蓝总甙含量的影响因素研究[J].南京大学学报,1993(绞股蓝研究专

辑)：118-122.

[146] 刘世彪,张钊,徐家振.四倍体绞股蓝的特征特性及其栽培技术要点[J].陕西农业科学,2004(3)：63-64.

[147] 邓铭,钟山,任波,等.光照强度对绞股蓝总皂苷含量的效应研究[J].湖北医科大学学报,2000,21(2)：102-103.

[148] 柳秀春,刘向阳,程箴荣.光照强度对绞股蓝产量及皂苷含量的影响[J].南京大学学报,1993(绞股蓝研究专辑)：43-47.

[149] 韦朝领,孙启祥,彭镇华.江淮分水岭落叶阔叶林林窗光环境特征及其对绞股蓝生长特性的影响[J].应用生态学报,2003,14(5)：665-670.

[150] 刘世彪,彭小列,李馨芸,等.温度对绞股蓝和五柱绞股蓝生长及总皂苷积累的影响[J].广西植物,2012,32(2)：253-256.

[151] 罗光明,唐福圃,刘贤旺,等.绞股蓝原植物及愈伤组织总皂苷动态分析[J].中草药,1994,25(5)：266-268.

[152] 罗光明,刘贤旺,唐福圃.绞股蓝愈伤组织的生长和总皂苷合成的化学调节[J].中药材,1994,17(10)：3-5.

[153] 杨宁生,张馥,钟青萍,等.有机锗对绞股蓝愈伤组织生长及皂苷含量的影响[J].植物生理学通讯,1994,30(4)：313.

[154] 郭素枝,张育松,马庆奎,等.不同生境的绞股蓝营养器官解剖特征及品质分析[J].热带作物学报,2008,29(4)：473-477.

[155] 刘世彪,林如,胡正海.绞股蓝人参皂苷的组织化学定位及其含量的变化[J].实验生物学报,2005,38(1)：5460.

[156] 王英平,张连学,王克坚,等.人参皂苷生物合成部位研究[J].特产研究,1994(4)：18-20.

[157] 吕文渊,计巧灵.绞股蓝叶片细胞超微结构研究初探[J].淮北煤炭师院学报,1990,11(3)：85-86.

[158] 刘世彪,胡正海.绞股蓝营养器官中皂苷积累组织的超微结构观察[J].西北植物学报,2008,28(6)：1139-1144.

[159] 李鹄鸣.盾叶薯蓣适光生理生态及机理的研究[D].长沙：中南林学院,2002.

[160] 朱绍雄,邹贤德.不同采收期绞股蓝总皂苷含量测定[J].湖南中医杂志,1990(4)：52-53.

[161] 陈震,赵杨景,马小军.绞股蓝在河北的引种栽培研究[J].中国中药杂志,1991,16(4)：208-211.

[162] 李兰芳,陈素南,刘赤萍,等.河北绞股蓝不同采收期总皂苷的含量变化[J].河北医药,1997,19(1)：32-33.

[163] 吴庆生,丁亚平,徐玲,等.金钗石斛茎的不同部分中有效成分分析及其分布规律研究[J].中国中药杂志,1995,20(3)：148-149.

[164] 陈云龙,张铭,华允芬,等.细茎石斛不同部位有效成分及分布规律研究[J].中国中药杂志,2001,26(10)：709-710.

[165] 刘文哲.通过组织培养筛选高含量喜树碱细胞系[J].实验生物学报,2003,36(4)：275-278.

[166] Mann J.次生代谢作用[M].曹日强译.北京：科学出版社,1983.

[167] Werker E. Function of essential oil-secreting glandular hairs in aromatic plants of the Lamiaceae — a review[J]. Flavour Fragrance J, 1993, 8：249-255.

参 考 文 献

[168] Duke S. Commentary on glandular trichomes — a focal points of chemical and structural interactions[J]. Intern J Plant Sci, 1994, 155: 617–620.

[169] 刘文哲, 王自芬. 喜树幼枝的喜树碱积累及其组织内定位[J]. 植物生理与分子生物学学报, 2004, 30(4): 405–412.

索 引

B

白芍　268—271,274—278,280,283,287,289—297
北柴胡　60,61,126—132

C

柴胡　2,38,43,57,59—66,68—84,86,92,93,95,97,99,105—132,341
柴胡皂苷　66—70,105—107,111—113,116—118,123—125,128—130,132,620
柴胡属　60,61,63,66,70,71,73,114,118,126—130
川白芍　276,277,291,292
粗茎秦艽　300,303,304,307,317,318,321—326,332,333,338,340,341

D

大黄酚　141,383—385,388,416
大黄素　44,45,141,383—385,388,530
地骨皮　525,528,530,588,589
地黄　47,48,57,196,343—358,360—378,387,475,484
地黄属　47,344,377
盾叶薯蓣　449,467,469,471—479,481—488,490,493,495,501,504,508,512—521,523,632,642

E

二苯乙烯苷　384—387,408—411,413,414,416,418

F

分泌囊　55,56
分泌细胞团　1,55—58

G

甘草苷　425—430,449—453,461,462,464,466
甘草酸　22,336,420,424—430,448—453,459—462,464,466,467
甘草属　419,420,424—427,430,458,463,464,467
枸杞多糖　528,529,532,539,555,557,558,574,579,580,586,587,590,591
枸杞属　524—526,531,558,584,585,589
枸杞子　524,525,528—530,532,541,558,579,584,586—589
枸杞总糖　528,558,579,580,591
贯叶金丝桃　55,58
光果甘草　419,420,422—427,429,461

H

杭白芍　276,291,292
何首乌　4,7,57,333,341,367,379—389,

391，392，394，395，397，398，401，404，406—418

何首乌属 379,388

菏泽白芍 269,277,291,292

怀地黄 344，345，348—351，354—356，360—362,366—371,373,375,376,378

怀牛膝 133—135，138—141，143—147，179,188,189,191,193—199

环烯醚萜苷类 302，305，307，318，335，345,358

黄姜 471,472,477,481,485,486,523

挥发油 19,22,36,37,41—43,48,55,66—68，70，83，141，196，263，274，275，298，303,337,340

J

架杞果 559—561,580

绞股蓝 57，123，130，132，188，258，267，414，418，459，467，468，513，514，523，595—642

绞股蓝皂苷 414,595,598,601,602,606—609，617，619，621，622，625，630，632，633,640

绞股蓝属 595—598，600，602，616，621，624,629—632,636,638—641

金丝桃素 55—58

金丝桃属 1,44,55—58

精杞1号 531,559—561,580

K

库拉索芦荟 49,54,55

醌类 43—45，48—50，54—56，58，333，384，385，387，388，404，406—408，413，414,416,418,530

L

裂分中柱 333

零余子 470,485

龙胆苦苷 298，302，303，305—307，309，310,316—321,325—329,333—341

龙须茶 622,632—635

芦荟素 49,50,54,55,58,341

芦荟素细胞 49,50,52,53,58,333

芦荟属 48,50,54,58

卵叶远志 200—202，204—206，211，221，222，224—226，242，244—249，254—259,266

M

麻花秦艽 300,303,304,306—308,340,341

马钱苷酸 305,318—320

N

南柴胡 60,126

宁杞1号 526，531，559—561，563，580，586,589

宁夏枸杞 17，524—533，535—544，550，557—561，563，565，566，572，573，576—591,593,594

牛膝 4，57，133—168，170—183，185—199,333,341,351,459,468

牛膝甾酮 140

牛膝属 133,134,138,140,145,147,187

Q

齐墩果酸 39，40，138—140，142，173—176，180—183，188—195，198，199，204，275,302

秦艽 4,57,298—341

秦艽属 307

R

人参皂苷 123，130，414，459，467，468，513,514,523,595,598,599,602,606,607,620,621,632,639,640,642

S

三生结构 136，137，162—164，167，168，

185—189,333,412,459
三萜皂苷 38,39,46,105,133,139,172—174,188—191,194,198,204,235,236,243,333,341,424,446—448,459,460,468,620
芍药 57,268—278,280—296
芍药苷 268,274,275,287—291,293,295—297
芍药属 268,274,295
生长轮 7,8,283—286,292,293
生地黄 343—351,370,373—375
生甘草 422,423,428,429,432,433,451,452,460,462,466
生首乌 379,380,384,385,387,406,408,410,411,413,414
生远志 208,213,214
熟地黄 343,345—347,349,370,372—376
薯蓣皂苷 469,474,475,477—479,481,493—495,501—504,513—516,518,521
薯蓣皂苷元 40,46,472,473,475,478,479,481—485,504—510,512,514—516,519—521,523,633
薯蓣属 469,470,472—478,480—483,517,518,520—522
双韧维管束 539,541,576,610,611,613,616

T

萜类 23,25,36—39,41,48,105,139,258,274,275,302,316,317,339,345,424,446,461,463,602,606
脱皮甾酮 197

W

乌拉尔甘草 342,419—423,425—440,442,443,445—449,452—454,458—462,465—468

狭叶柴胡 59—64,66—68,71,84,86—92,100—111,113—125,127,129—132
鲜地黄 343,345—348,370,373—375
腺毛 10,12,17,41,147,344,394,401,406,419,420,433,434,438,439,454,456,458,460,461,467,468,491,493,512,610,613—615,621
小秦艽 300—304,306,307,321—326,328—334,338,339,341

Y

异常维管束 4,135,137,149,333,367,382,398,400,401,404,407,409,413,414
远志 2,9,10,34,38,57,60,200—222,224,226,228,230—232,234,235,237—239,241,243,244,246—267
远志筒 211
远志皂苷 204,206—208,212,213,237—239,241—246,248—251,257—260,262—266
远志属 200,202,204,205,209,250,261,262,264
云锦花纹 4

Z

甾体 25,39,45—48,301,469,472,473,475,478,479,481,482,484,517—520,522,523,620
胀果甘草 419—423,425—427
制甘草 428
制首乌 379,380,384,385,387,388,406,408,410,411,414,416
制远志 213
质外体途径 49,578,579
中华芦荟 48,49,54,55
梓醇 343,345—347,358,360—362,365—369,373,374

图　　版

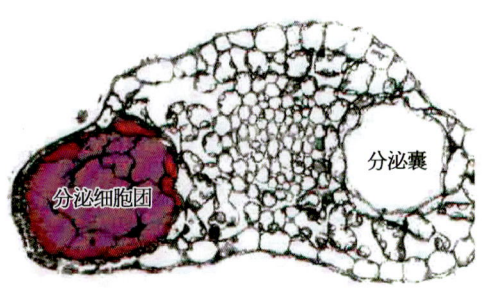

图 1-62　叶半薄切片经醋酸镁甲醇液处理，分泌细胞团呈紫红色，分泌囊无色

图 1-64　贯叶连翘叶冰冻切片经 5% NaOH 水溶液处理后，分泌细胞团由红色变成绿色

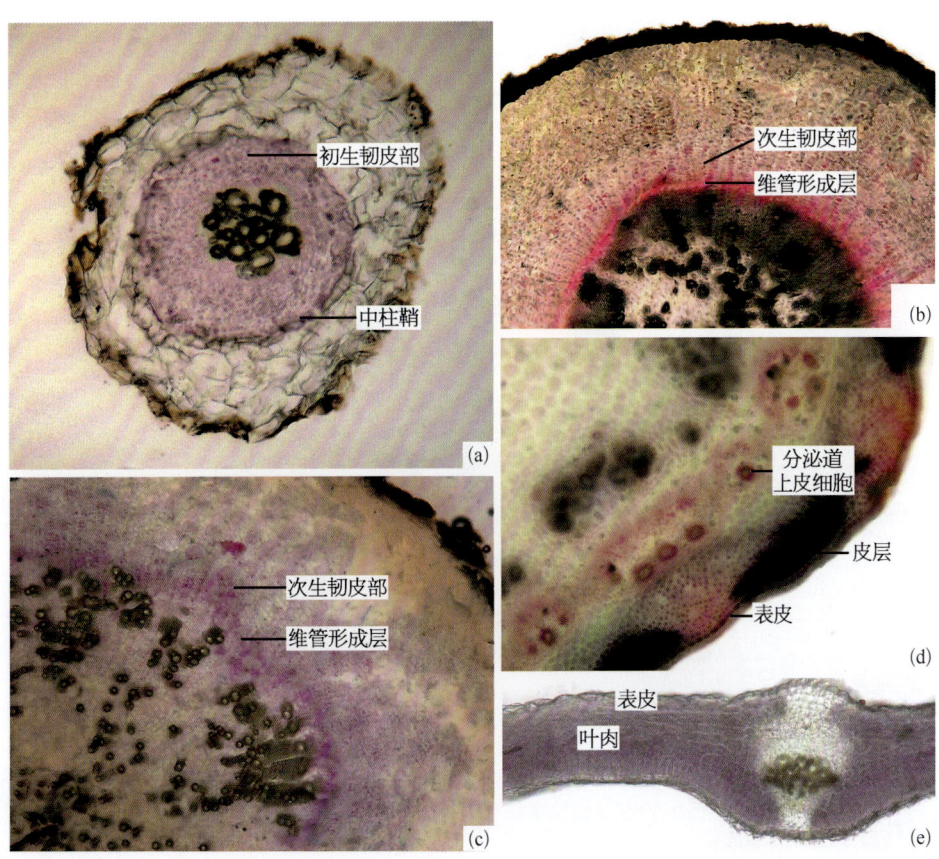

图 2-25　柴胡营养器官中柴胡皂苷的组织化学定位
(a) 一年生幼根切面，示柴胡皂苷的分布；(b) 一年生成熟根横切面，示柴胡皂苷的分布；(c) 二年生根横切面，示柴胡皂苷的分布；(d) 茎横切面，示柴胡皂苷的分布；(e) 叶横切面，示柴胡皂苷的分布

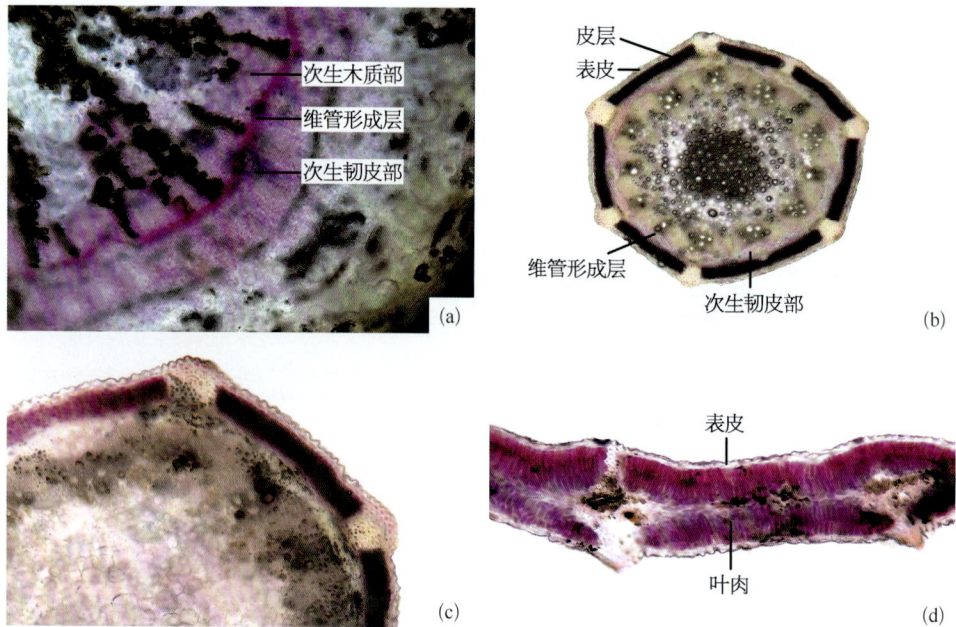

图 2-26 狭叶柴胡营养器官中柴胡皂苷的组织化学定位
(a) 根横切面,示柴胡皂苷的分布;(b)、(c) 茎横切面,示柴胡皂苷的分布;(d) 叶横切面,示柴胡皂苷的分布

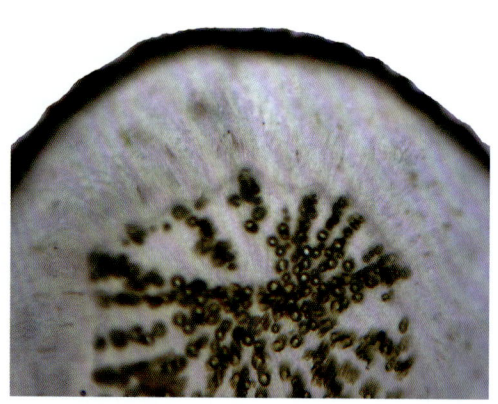

图 2-27 柴胡根对照材料的横切面(示无显色反应)

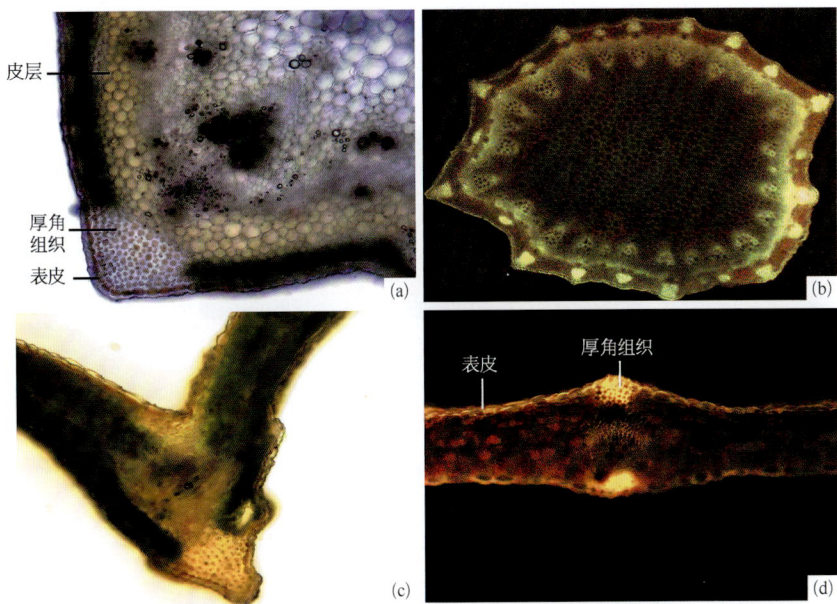

图 2-28 柴胡茎叶中黄酮类化合物的组织化学定位

(a) 柴胡茎横切片经 5% NaOH 溶液染色;(b) 柴胡茎横切片经 NA 溶液染色;(c) 柴胡叶横切片经 5% NaOH 溶液染色;(d) 柴胡叶横切片经 NA 溶液染色

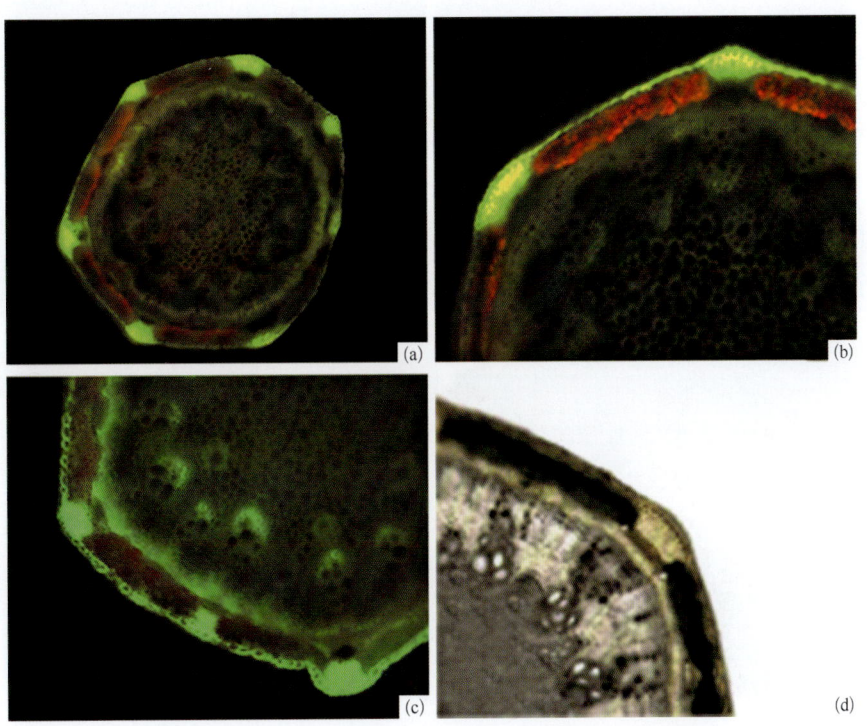

图 2-29 狭叶柴胡茎中黄酮类化合物的组织化学定位

(a)、(b) 狭叶柴胡茎横切片经 NA 溶液染色;(c) 狭叶柴胡茎横切片经 1% 醋酸镁甲醇溶液染色;(d) 狭叶柴胡茎横切片经 5% NaOH 溶液染色

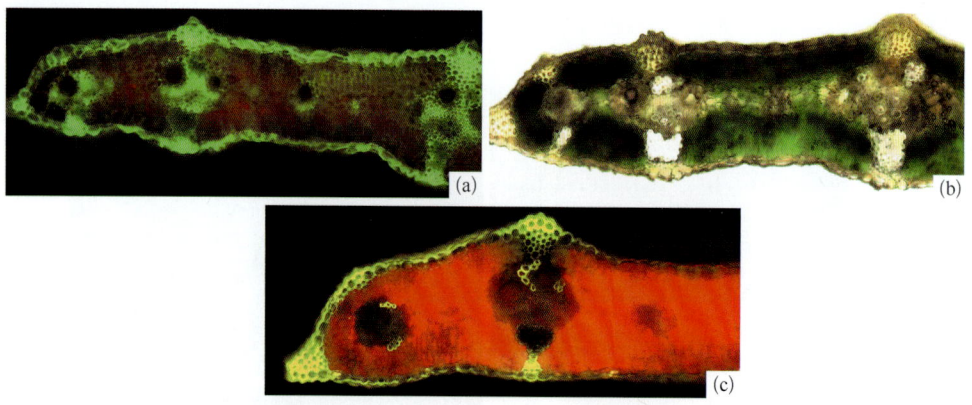

图 2-30 狭叶柴胡叶中黄酮类化合物的组织化学定位

(a) 狭叶柴胡叶横切片经 1% 醋酸镁甲醇溶液染色;(b) 狭叶柴胡叶横切片经 5% NaOH 溶液染色;(c) 狭叶柴胡叶横切片经 NA 溶液染色

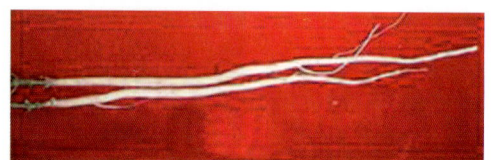

图 3-10 牛膝根

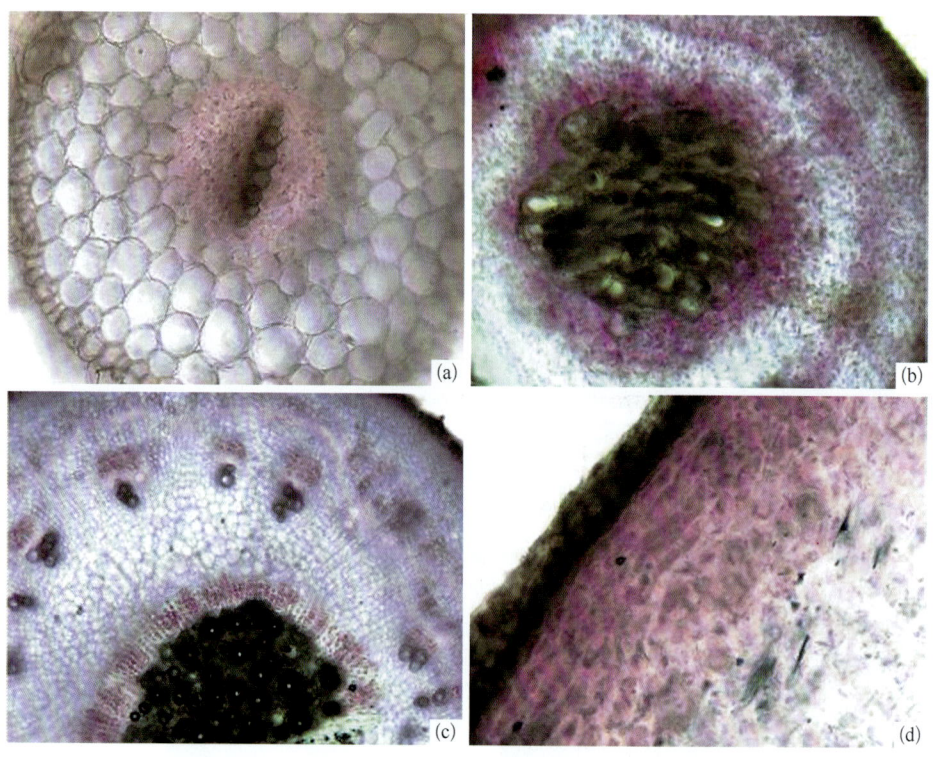

图 3-44 牛膝根横切面(示三萜皂苷的组织化学定位)

(a) 示初生韧皮部及中柱鞘细胞呈淡红色;(b) 示次生韧皮部、额外形成层及栓内层细胞呈深红色;(c) 示次生韧皮部、三生维管束韧皮部细胞呈紫红色;(d) 示栓内层细胞呈深红色

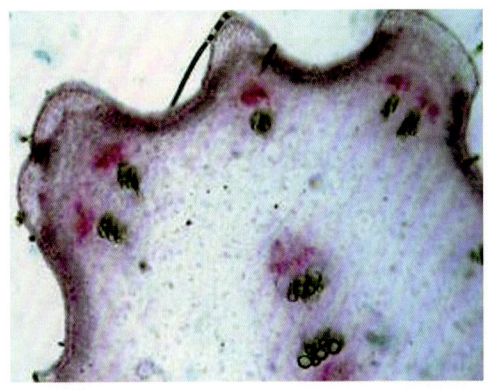

图 3-45 牛膝茎横切面(示三萜皂苷的组织化学定位)

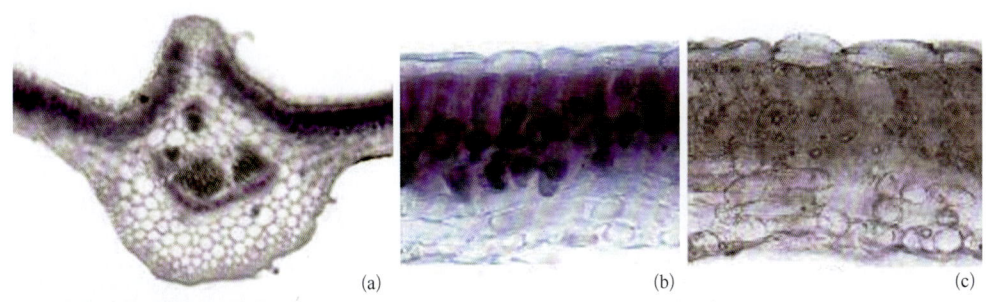

图 3-46 牛膝叶横切面(示三萜皂苷的组织化学定位)

(a) 示叶脉维管束韧皮部呈紫红色；(b) 示栅栏组织细胞呈紫红色；(c) 老叶横切面,示叶肉组织不显色

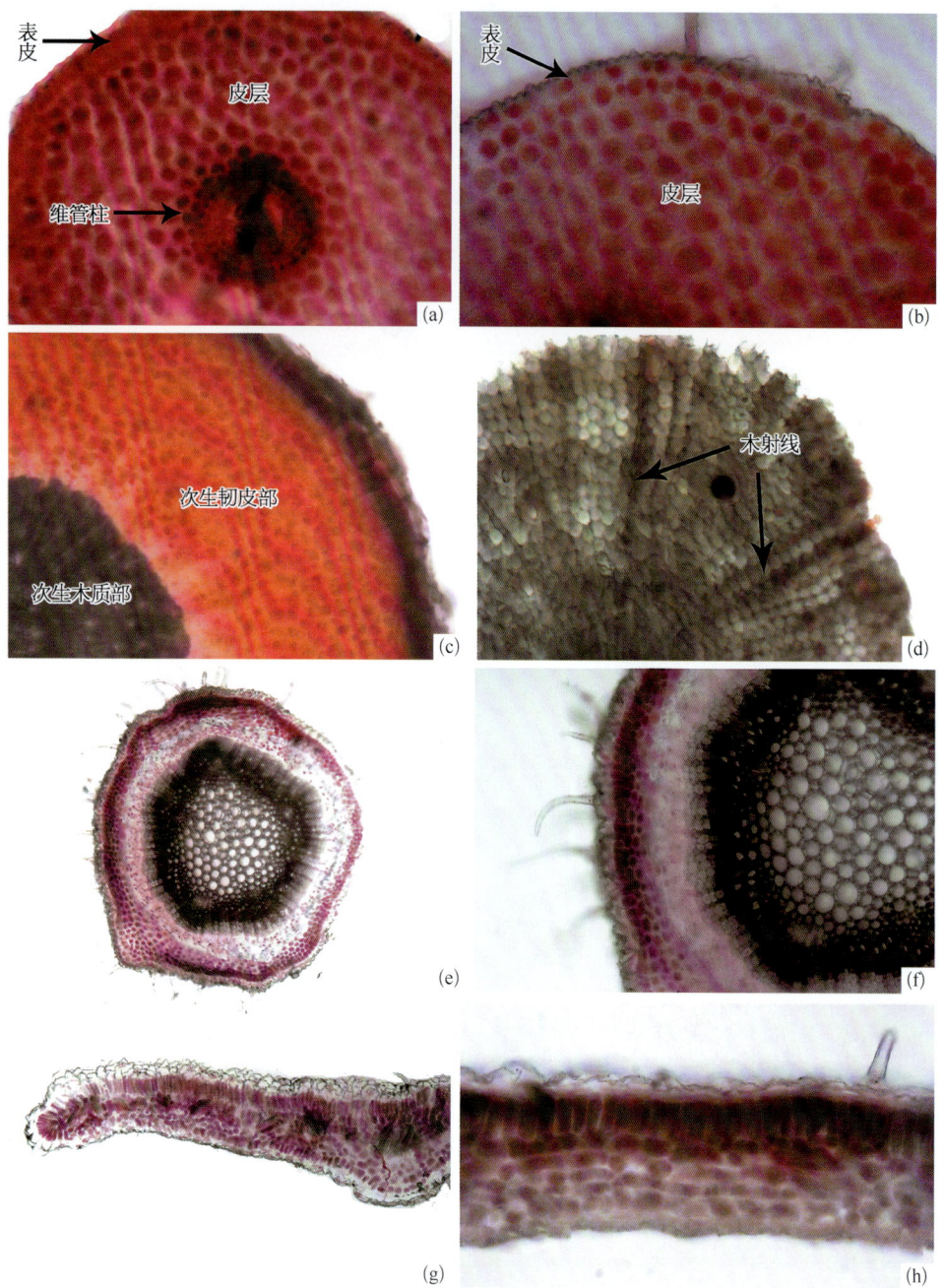

图 4-29　细叶远志营养器官中皂苷的定位

(a) 根初生结构的横切面;(b) a 图的局部放大;(c) 根次生结构的横切面;(d) c 图的局部放大;(e) 茎横切面一部分;(f) e 图的局部放大;(g) 叶横切面一部分;(h) g 图的局部放大

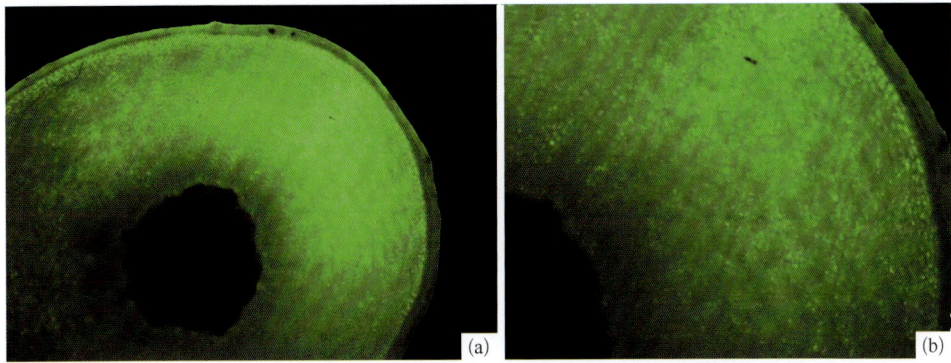

图 4-30　细叶远志根中叫酮的定位
(a) 根横切面；(b) a 图的局部放大

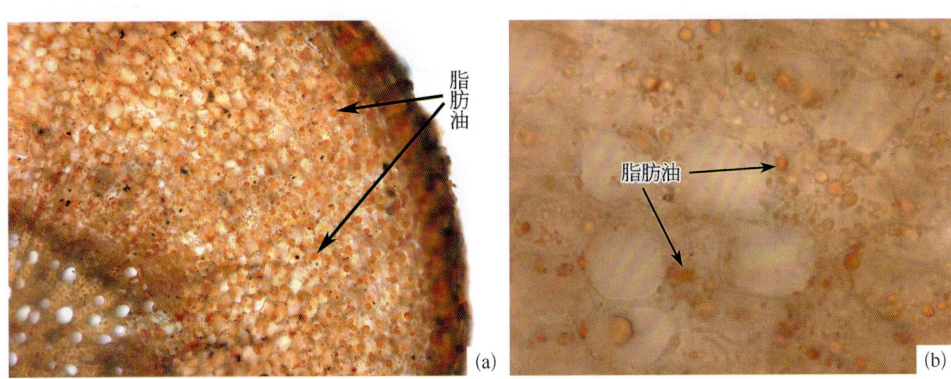

图 4-31　根中脂肪油的定位
(a) 根横切面；(b) 韧皮部的局部放大

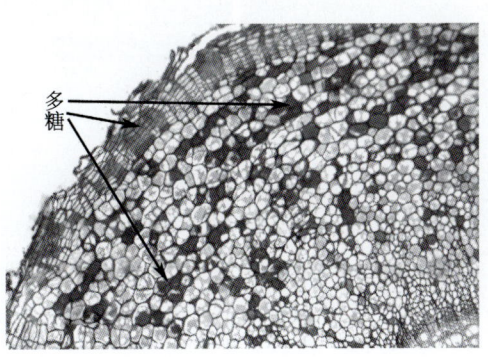

图 4-32　根中多糖的定位

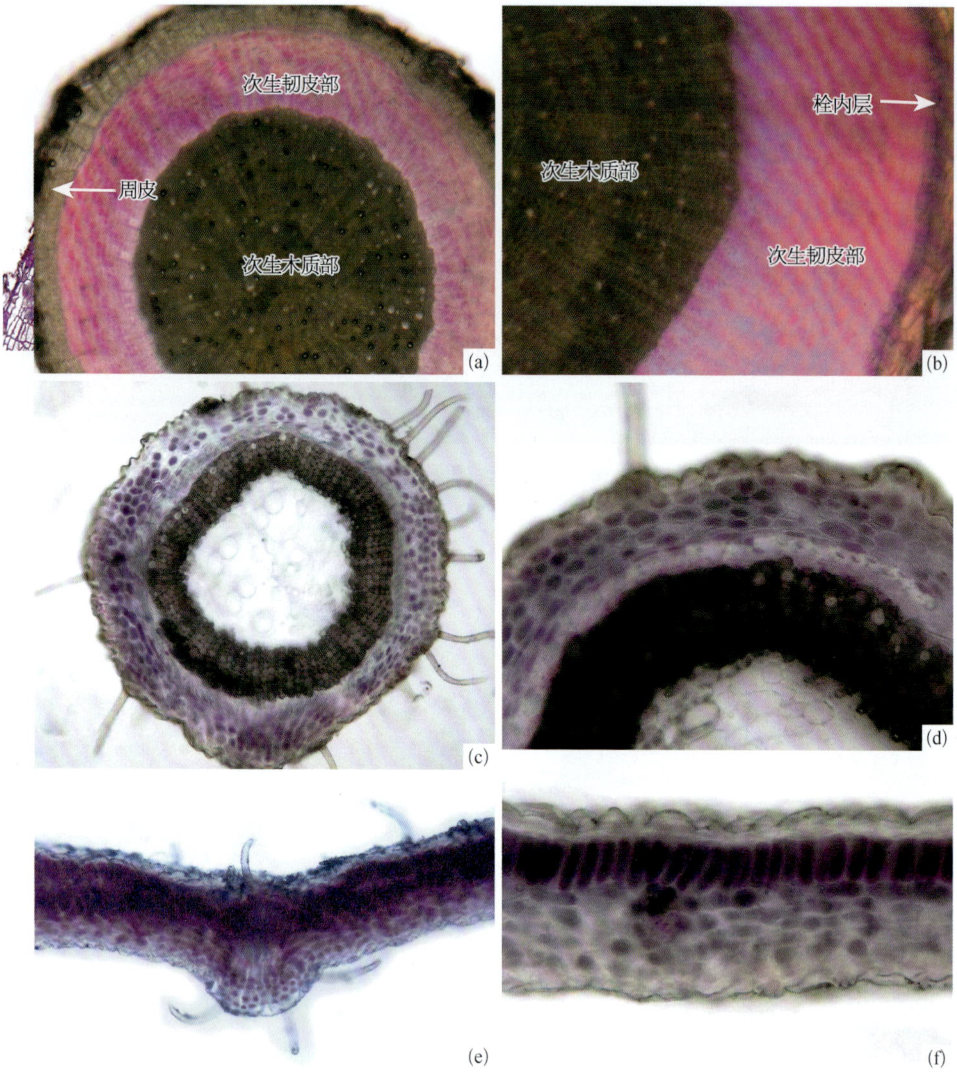

图 4-41 卵叶远志营养器官中皂苷的定位

(a) 主根横切面;(b) a 图的局部放大;(c) 茎横切面一部分;(d) c 图的局部放大;(e) 叶片横切面;(f) e 图的局部放大

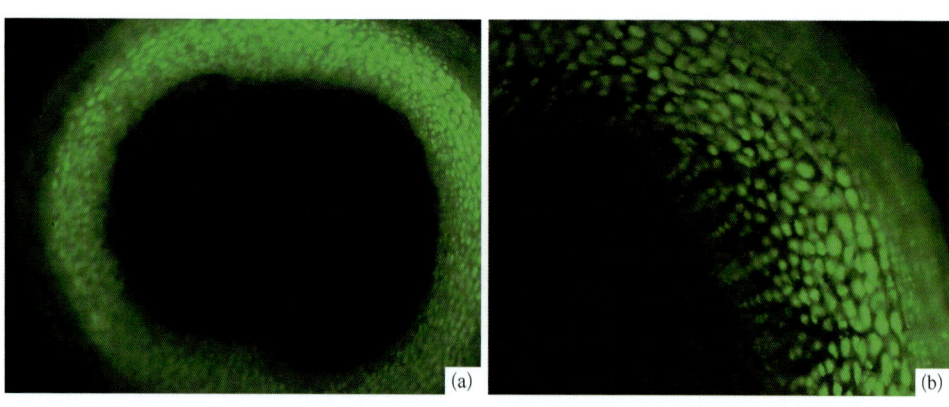

图 4-42 卵叶远志根中咄酮的定位

(a) 主根横切面;(b) a 图的局部放大

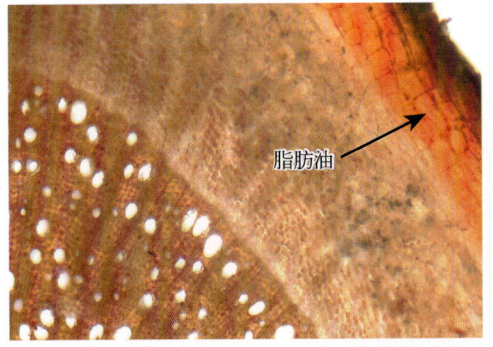

图 4-43 卵叶远志根中脂肪油的定位

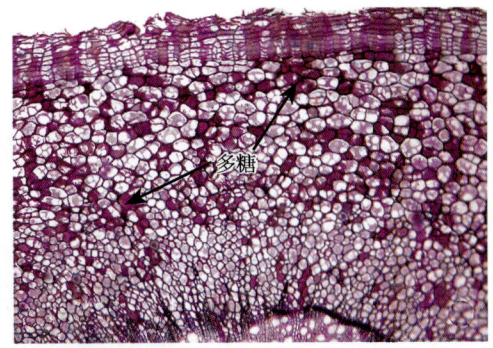

图 4-44 卵叶远志根中多糖的定位

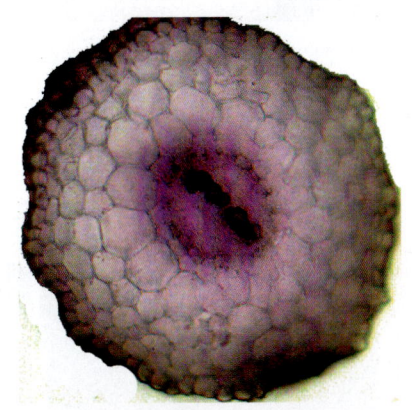

图 5-15 芍药根的初生结构中芍药苷类化合物的
组织化学定位

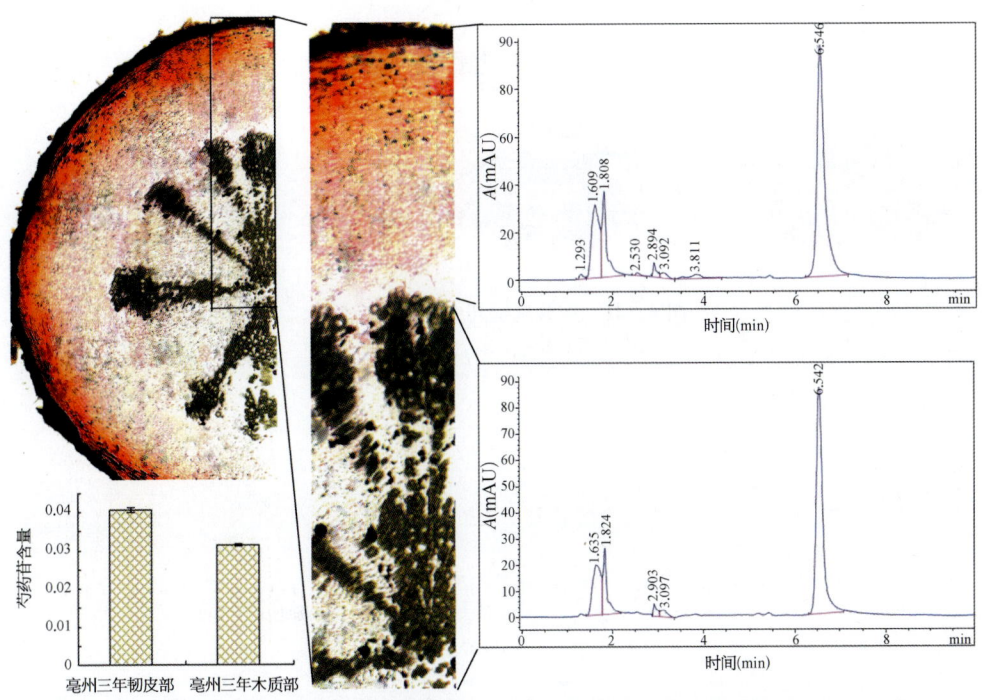

图 5-16 芍药根木质部与韧皮部的芍药苷组织化学定位及含量测定

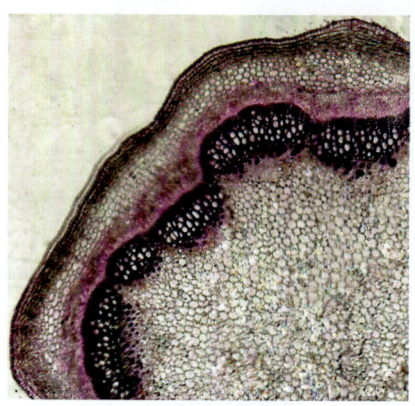

图 5-17 芍药茎中芍药苷类化合物的组织化学定位

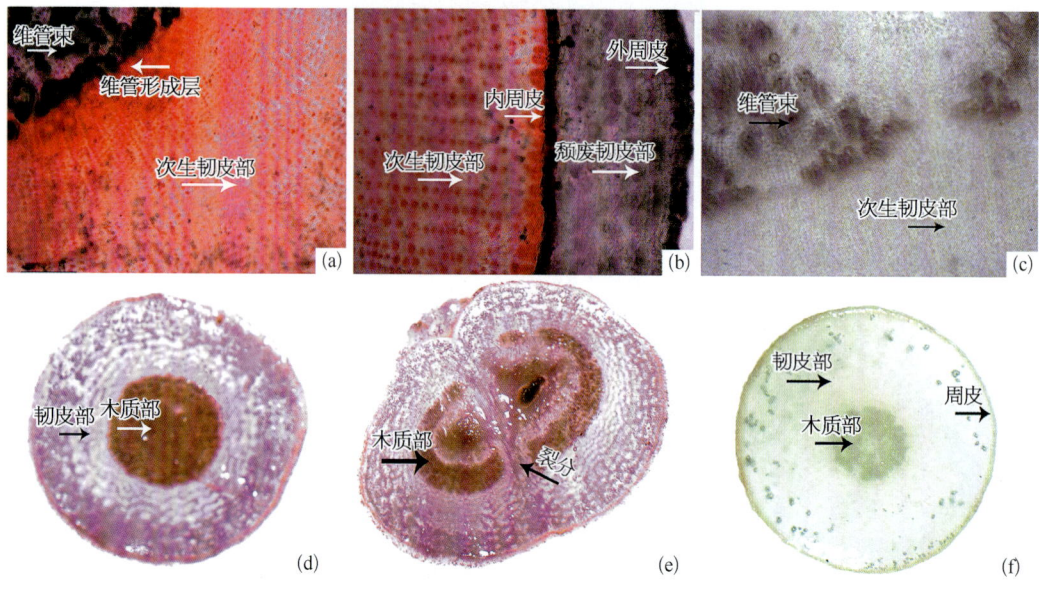

图 6-21 秦艽根横切面与香草醛反应
(a)～(c) 为秦艽；(d)～(f) 为粗茎秦艽

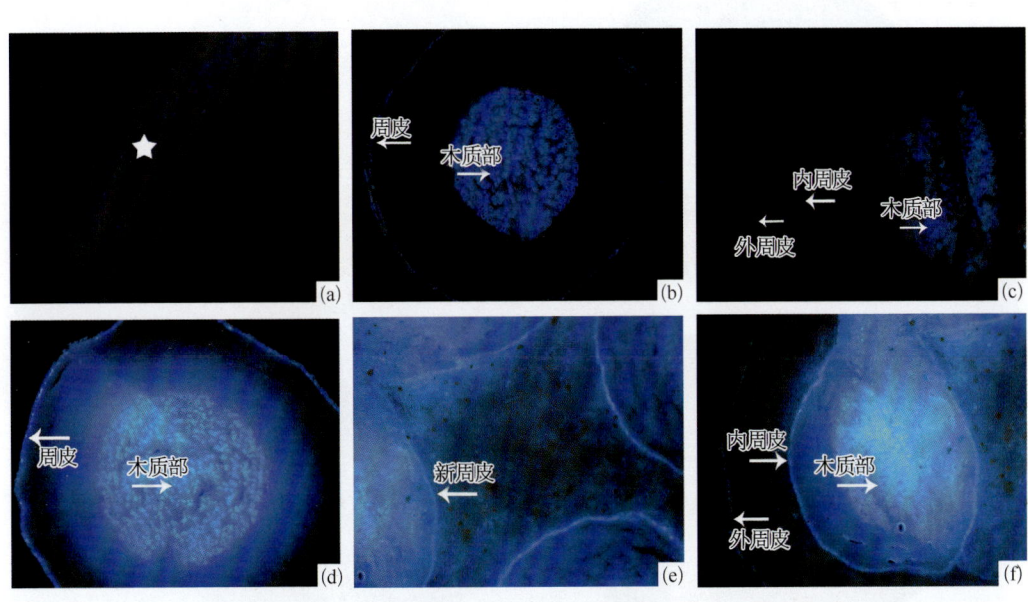

图 6-22 粗茎秦艽根荧光反应

(a) 标准品;(b)、(c) 未滴加氨水的切片;(d)~(f) 加氨水的切片

图 8-8 何首乌营养器官中蒽醌类物质的组织化学定位

(a) 块根横切面,示周皮和韧皮薄壁组织细胞中的部分细胞呈现出黄色至红棕色;(b) 块根横切面,示周皮和韧皮部显深红色,木质部不显色;(c) 老茎横切面,示周皮、皮层和次生韧皮部浅红色,髓、髓射线和皮层的厚壁组织均不显色;(d) 幼茎横切面,示表皮、皮层和初生韧皮部具极浅的红色,初生木质部、髓和髓射线不显色;(e) 叶柄横切面,示表皮、基本组织和维管束显红色,其他细胞不显色;(f) 叶脉横切面,示韧皮部显色,木质部及两木质部之间的基本组织不显色;(g) 幼叶横切面,示表皮和维管束显红色,栅栏组织和海绵组织未分化,该部分不显色;(h) 叶片横切面,示表皮和基本组织显色

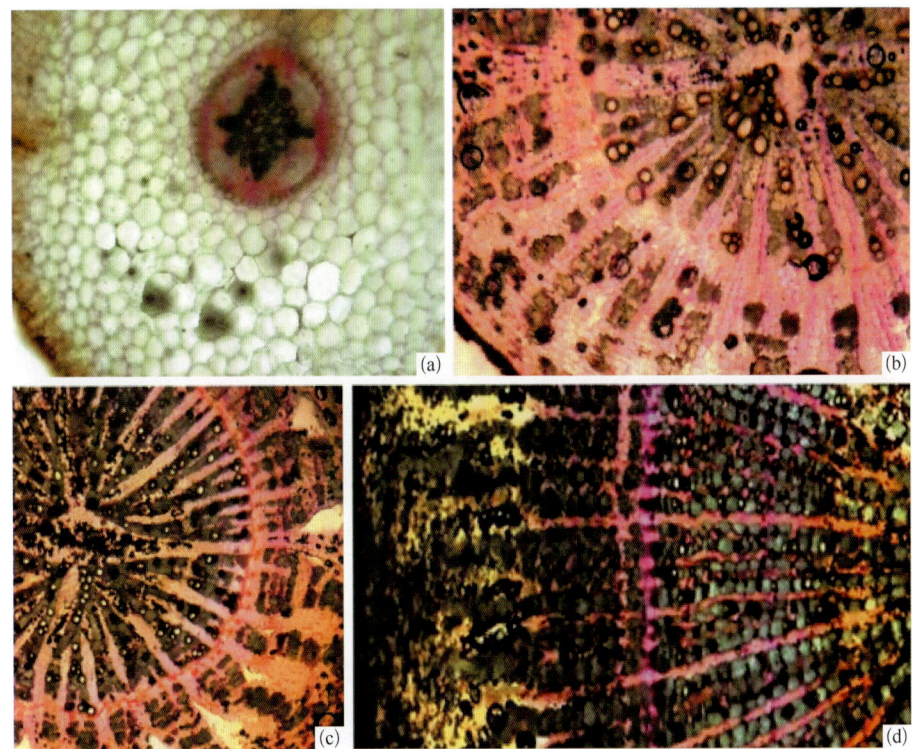

图 9-17 三萜皂苷在不同发育时期乌拉尔甘草根中的组织化学定位

(a) 根横切面,示中柱鞘细胞、初生韧皮部和木质部之间的薄壁组织细胞显紫红色;(b) 幼根横切面,维管射线、次生韧皮部、栓内层显粉红色;(c) 二年生根横切面,示形成层新分化的组织显深红色,维管射线和韧皮部显粉红色;(d) 三年生根横切面,示靠近形成层次生韧皮部、木质部显紫红色—红色,维管射线向两端逐渐显红色—橙红色—黄色

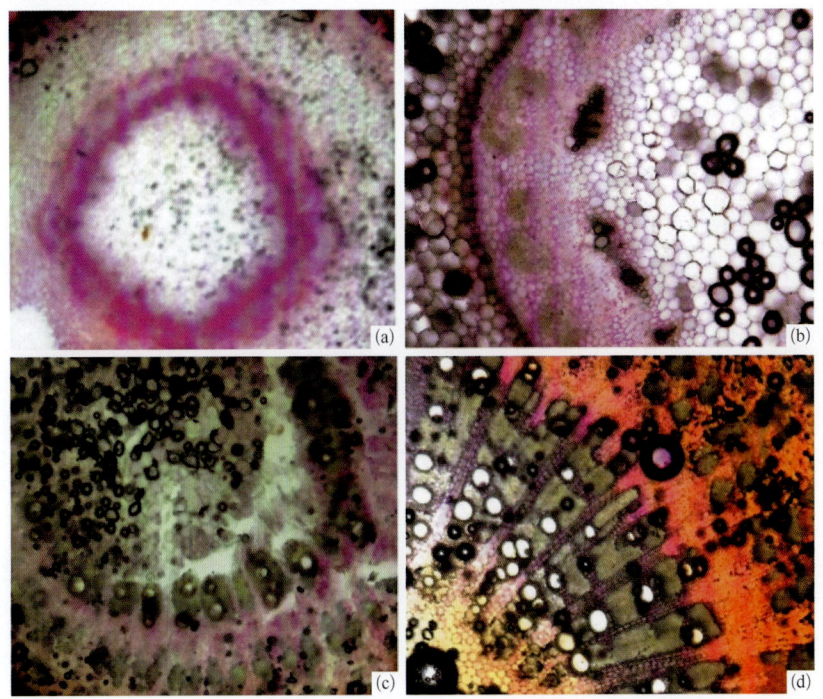

图 9-17 三萜皂苷在不同发育时期乌拉尔甘草根状茎中的组织化学定位

(a) 根状茎横切面,示初生韧皮部、皮层细胞显紫红色;(b) 根状茎横切面,示韧皮部及髓射线显紫色;(c) 一年生根状茎横切面,次生韧皮部显紫红色;(d) 二年生根状茎横切,示射线、靠近形成层的次生韧皮部显粉色—粉红色,髓不显色

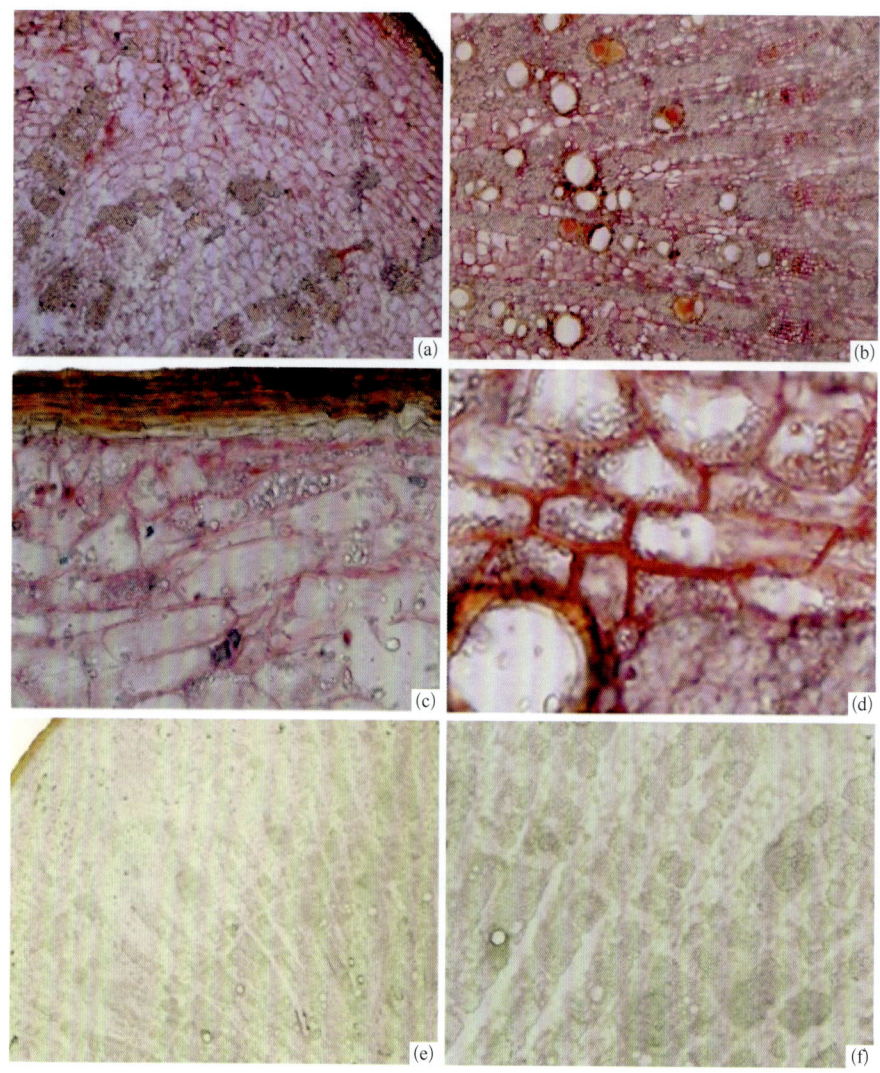

图 9-18　三年生乌拉尔甘草根中甘草酸免疫组织化学定位

(a) 根横切面,示韧皮部韧皮薄壁组织细胞显红色;(b) 根横切的一部分,示射线细胞(木射线与韧皮射线)显红色;(c) 根横切的一部分,示韧皮薄壁组织细胞中显色的主要部位为薄壁组织细胞的细胞壁,细胞壁显红色;(d) 根横切的一部分,示射线细胞显色的主要部位为射线细胞的细胞壁,细胞壁显红色;(e)、(f) 根横切,示对照材料不显色

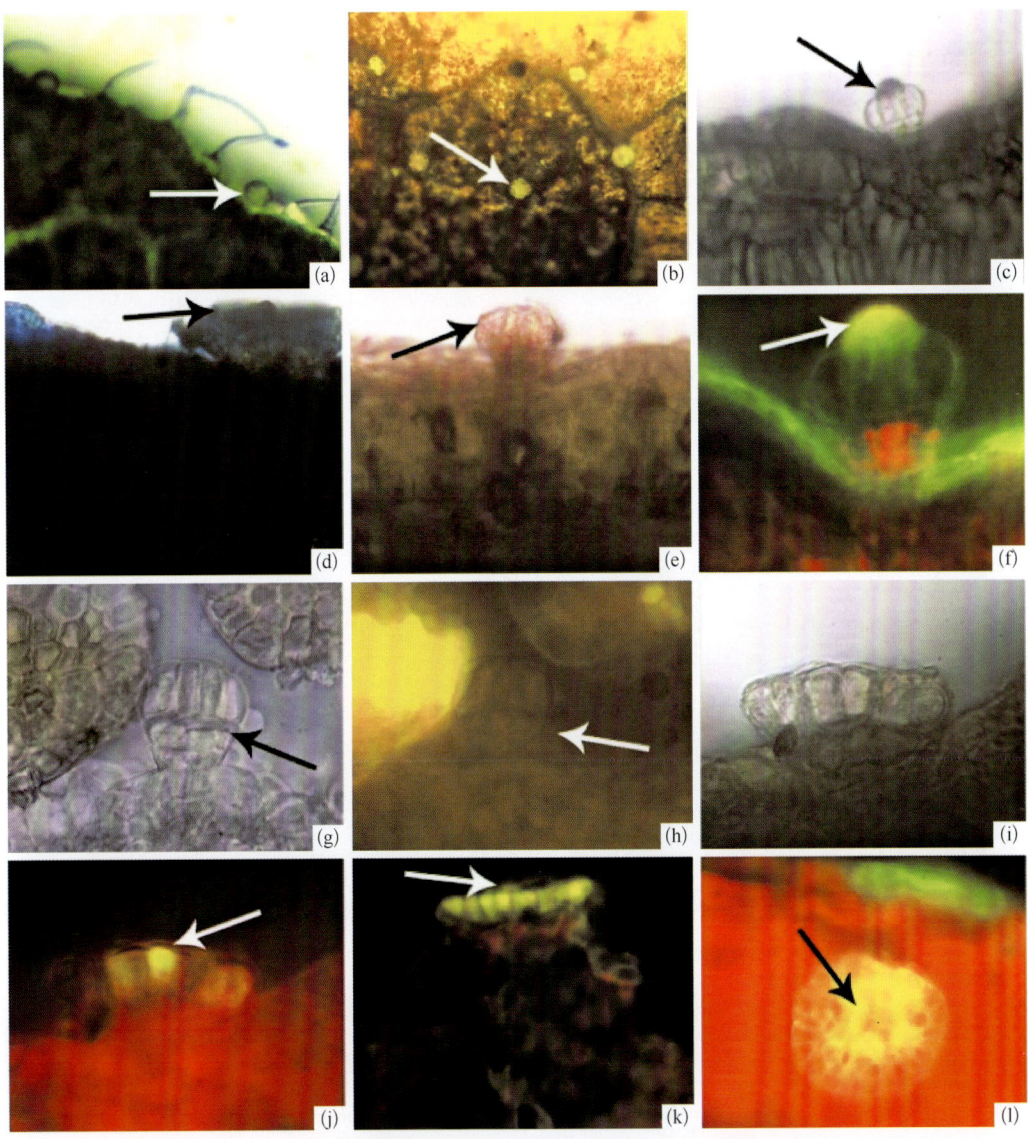

图 9-28　甘草叶腺毛组织化学定位

(a) 示新鲜甘草叶上腺毛和非腺毛；(b) 示叶表面盾状腺毛自发荧光；(c) 钌红试剂染色后，腺毛分泌细胞与隆起的角质层之间被染成浅紫红色；(d) Nile blue 染色后，腺毛头部分泌细胞呈现阳性(蓝色)；(e) 苏丹Ⅲ染色后，盾状腺毛细胞呈现粉红色；(f) Neu's 试剂染色后，在荧光显微镜下，腺毛分泌细胞与隆起的角质层之间呈现橙黄色荧光，表明分泌物中黄酮类物质存在；(g) 示腺毛分泌前期，其基细胞、柄细胞形成，分泌细胞产生 6~8 个呈近球形；(h) 示腺毛分泌前期经 Neu's 试剂染色后，在荧光显微镜下未观察到橙黄色荧光(白色箭头)；(i) 示腺毛头部形成 10~12 个分泌细胞构成的扁平盘状结构，细胞开始进入分泌期；(j) 示腺毛进入分泌期后，经 Neu's 试剂染色，在分泌细胞中出现少量的橙黄色荧光；(k)、(l) 腺毛完全进入分泌阶段，经 Neu's 试剂染色后，橙黄色荧光大量积累在腺毛头部并逐渐移动到头部的中央位置

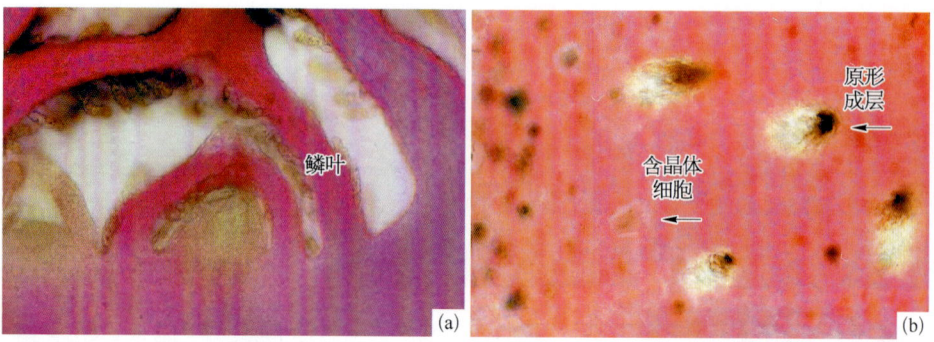

图 10-19 一年生的根状茎组织化学显色
(a) 根状茎顶端纵切；(b) 原形成层

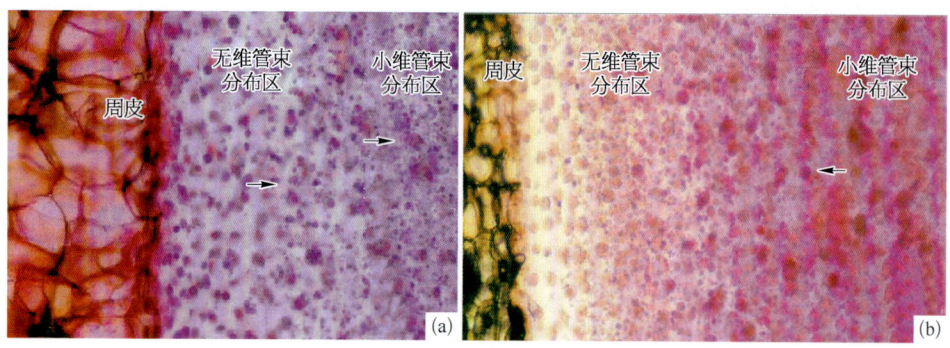

图 10-20 一年生的根状茎组织化学显色
(a) 周皮刚形成时期,示无维管束分布区域细胞内薯蓣皂苷液滴(箭头)；(b) 周皮已形成时期,示有小维管束分布区域细胞内薯蓣皂苷液滴(箭头)

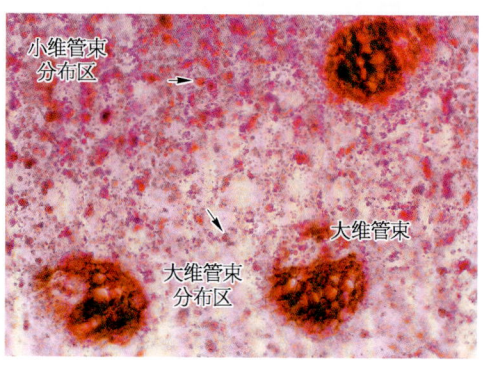

图 10-21 一年生的根状茎大维管束及其周围薄壁组织的组织化学显色,示液滴(箭头)

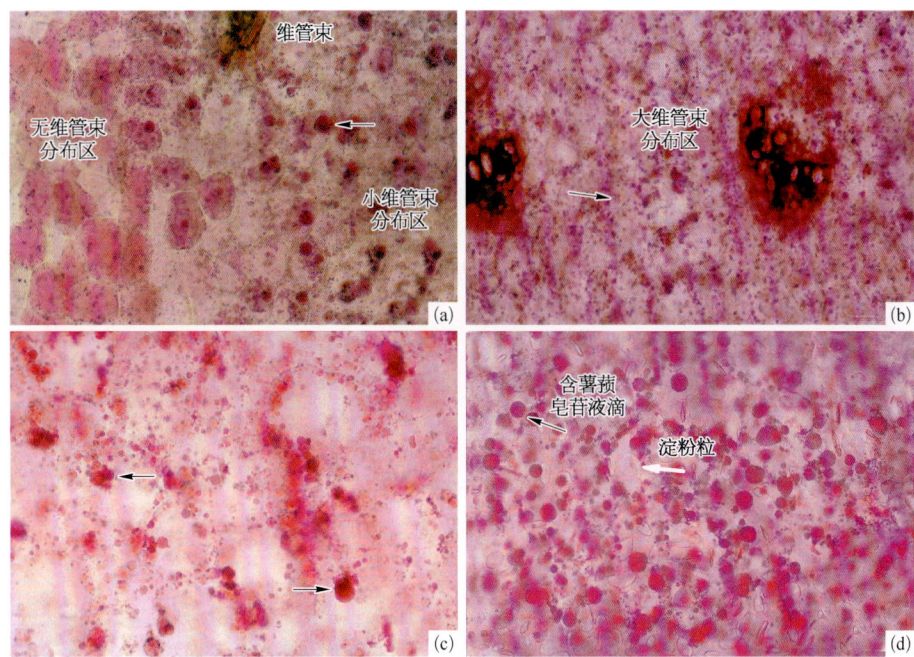

图 10-22 二年生的根状茎组织化学显色
(a) 无维管束和有小维管束分布区域;(b) 示大维管束分布区域;(c) 示薯蓣皂苷液滴沿着细胞壁分布;(d) 示含有薯蓣皂苷的液滴(黑色箭头)与淀粉粒(白色箭头)的区别

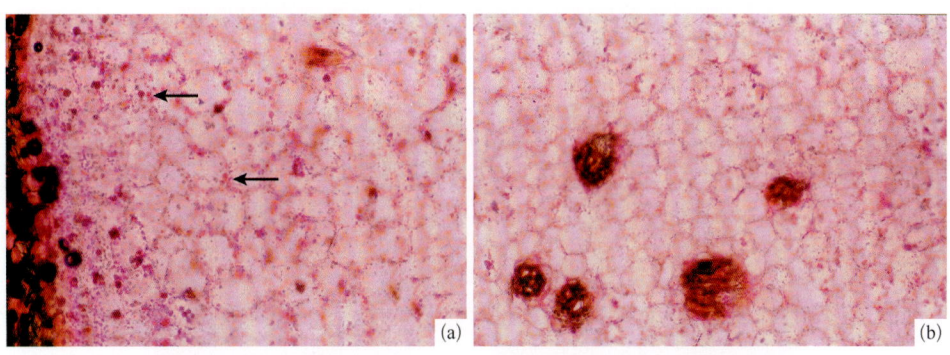

图 10-35 由种子繁殖形成的小根状茎横切,示薯蓣皂苷(箭头)的分布
(a) 示根状茎外部无维管束分布区;(b) 示根状茎中部有维管束分布区

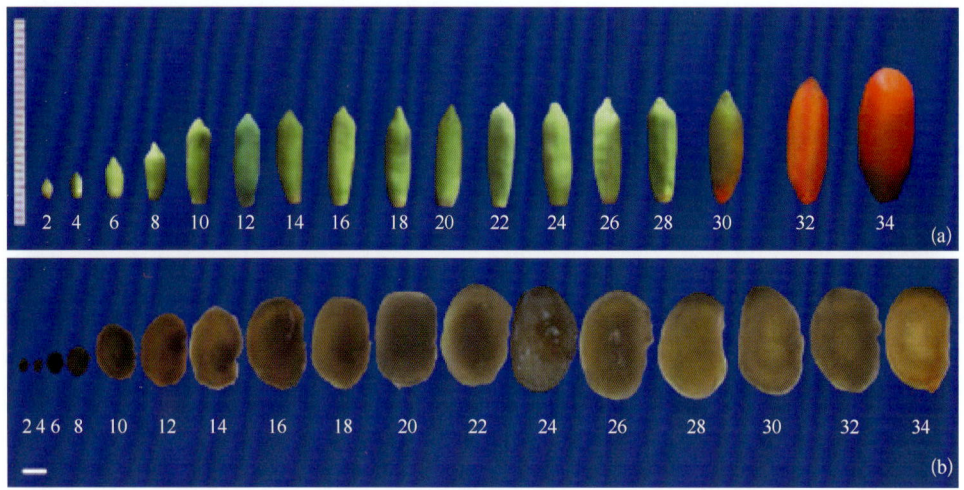

图 11-6 不同发育时期宁夏枸杞果实和种子外部形态变化

(a) 果实外部形态变化；(b) 种子外部形态变化

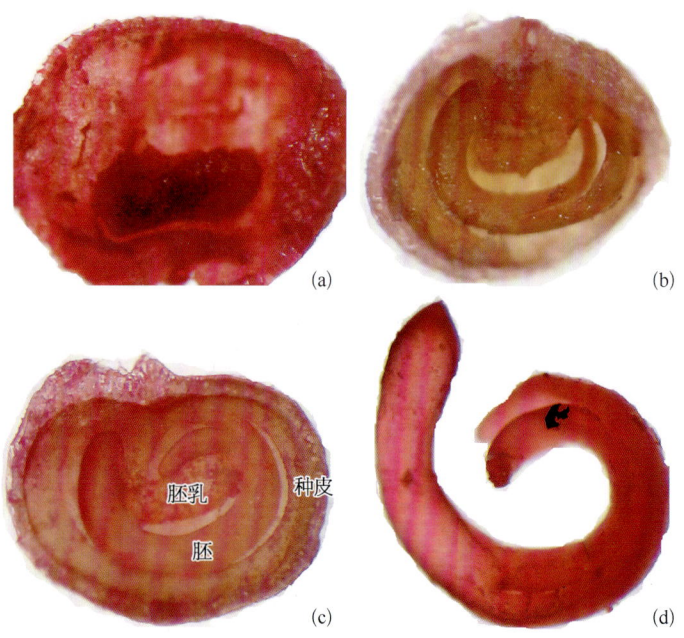

图 11-9 不同发育时期宁夏枸杞种子内胚和胚乳外部形态变化

(a) 宁夏枸杞果实花后 10 d 胚和胚乳的变化；(b) 宁夏枸杞果实花后 24 d 胚和胚乳的变化；(c) 宁夏枸杞果实花后 34 d 胚和胚乳的变化；(d) 果实花后 34 d 胚的放大

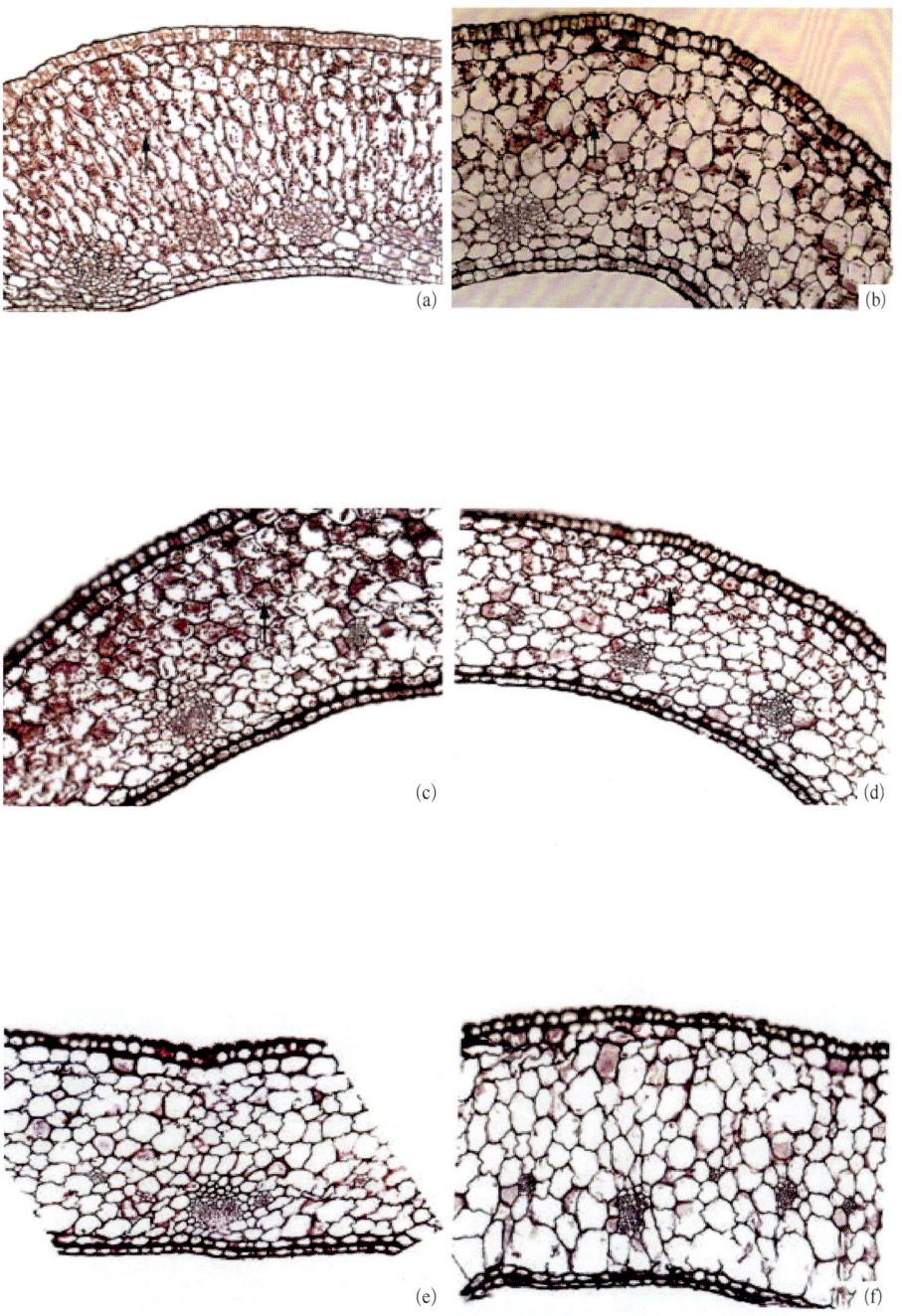

图 11-25　不同发育时期宁夏枸杞果实果皮石蜡切片 PAS 反应

(a) 花后 4 d 的果皮横切面,示细胞内许多颗粒状淀粉粒;(b) 花后 8 d 的果皮横切面,示细胞内淀粉粒体积增大;(c) 花后 14 d 果皮横切面,示淀粉粒颗粒聚集在一起成片状,被染成紫红色;(d) 花后 24 d 果皮横切面,示细胞内淀粉粒数量减少;(e) 花后 30 d 果皮横切面,示细胞内无淀粉粒的分布;(f) 花后 34 d 果皮细胞 PAS 反应,示细胞壁染成紫红色

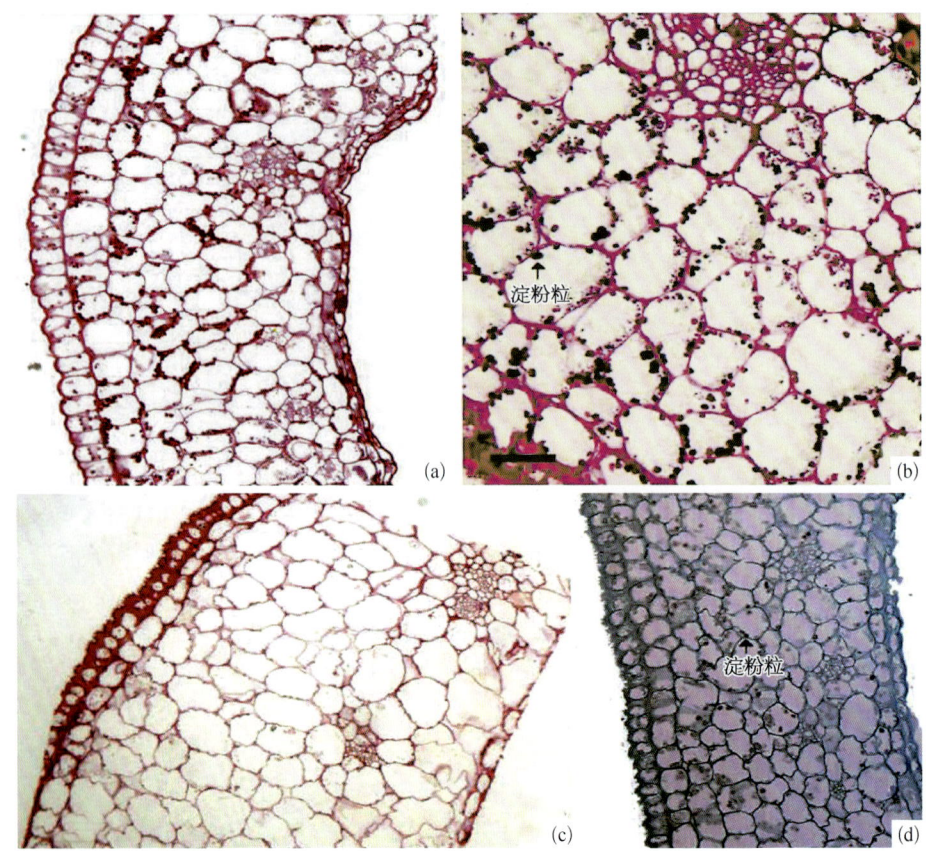

图 11-26 不同发育时期枸杞果实果皮半薄切片 PAS 反应和石蜡切片的 I-KI 反应

(a) 花后 8 d 果皮细胞内多糖类物质 PAS 反应,示许多颗粒状淀粉粒;(b) 花后 14 d 果皮细胞内多糖类物质 PAS 反应,示淀粉粒数量增多;(c) 花后 30 d 果皮细胞内多糖类物质 PAS 反应,无淀粉粒存在,细胞壁被染成紫红色;(d) 花后 14 d 果皮细胞的 I_2-KI 反应,示淀粉粒被染成蓝紫色

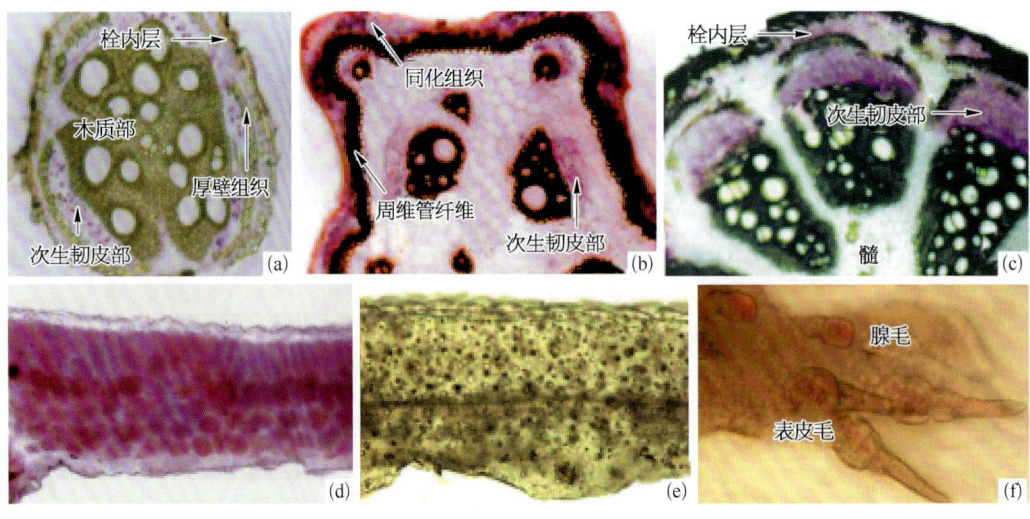

图 12-10 人参皂苷在绞股蓝中组织化学定位

(a) 老根横切面,示次生韧皮部呈红色,周皮的栓内层显浅红色;(b) 成熟茎横切面,示外生韧皮部和同化组织呈紫红色;(c) 根状茎横切面,示次生韧皮部呈紫红色,周皮栓内层显浅红色;(d) 成熟叶横切面,叶肉细胞染成红色;(e) 衰老叶横切面,叶肉组织解体,不着色;(f) 叶上的表皮毛和腺毛被染成淡红色